U0073028

人體百科

The Human Body Book

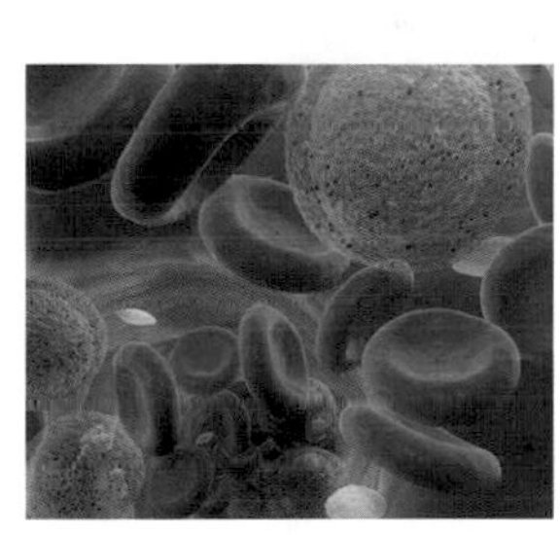
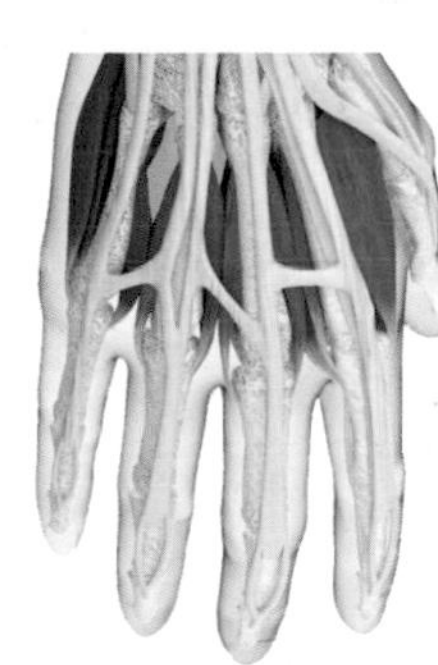

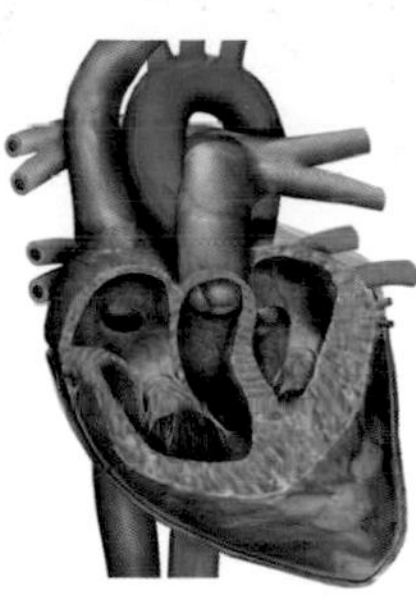
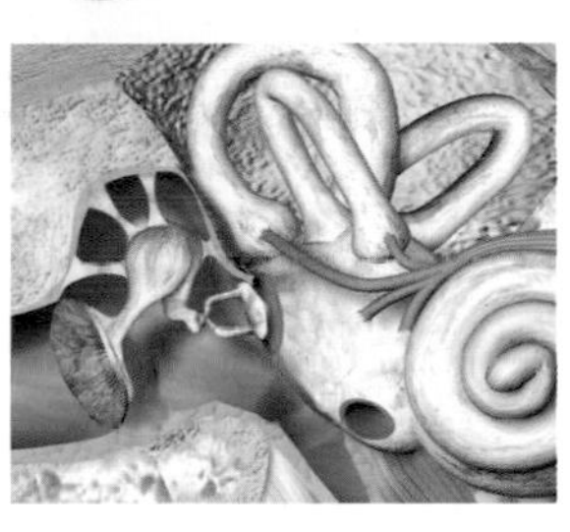

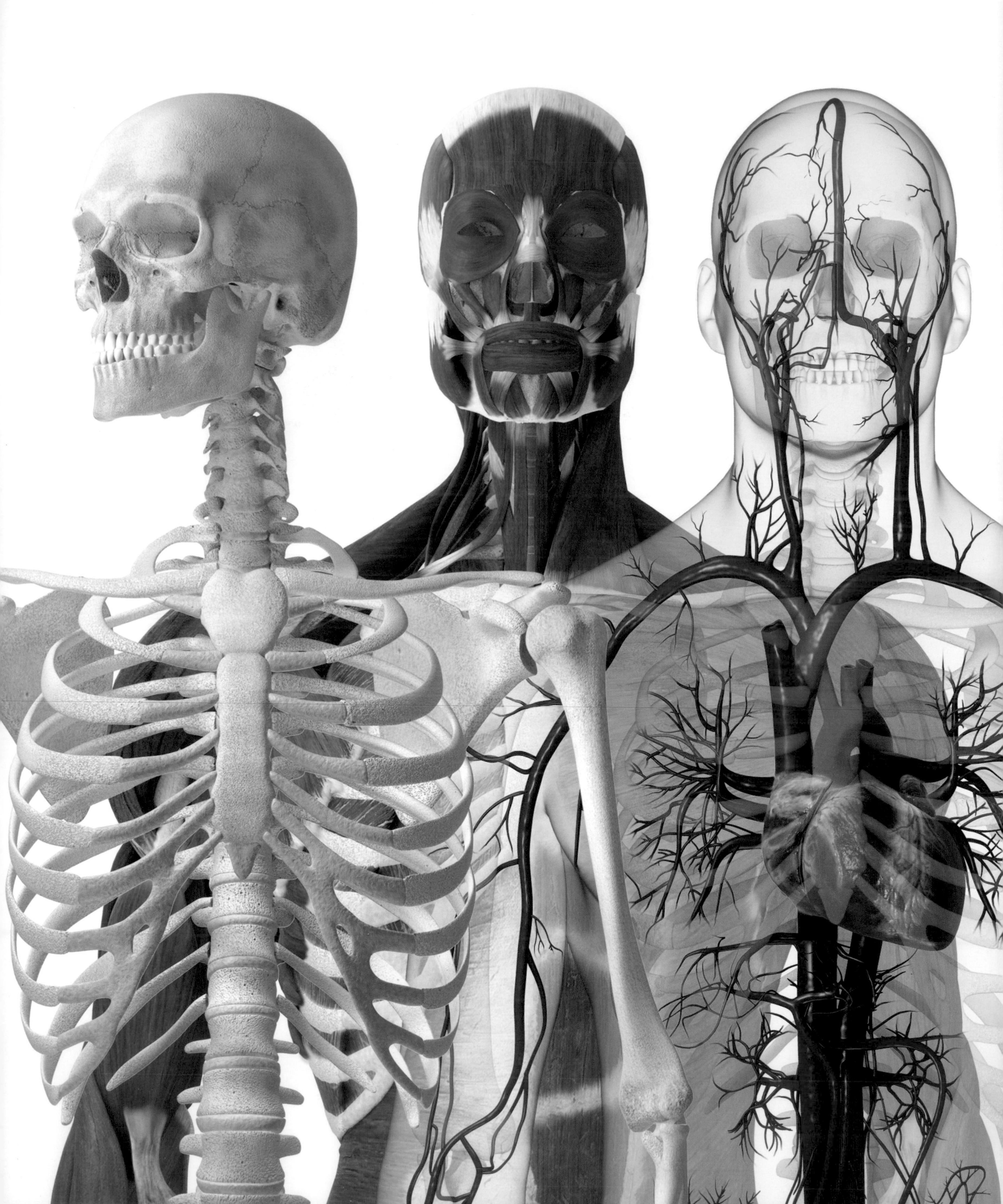

人體百科
The Human Body Book

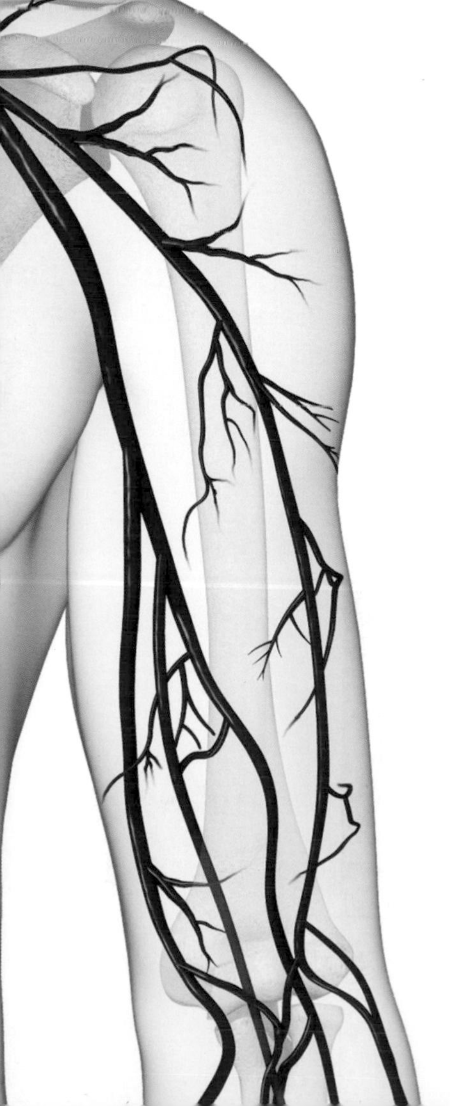

CONTENTS

Penguin Random House

A Dorling Kindersley Book
www.dk.com

Original Title: The Human Body Book

國家圖書館出版品預行編目資料

人體百科 / 史蒂夫．帕克作；郭品纖譯. -- 初版. -- 新北市：楓書坊文化, 2018.09
面； 公分
譯自：The Human Body Book
ISBN 978-986-377-395-5（平裝）
1. 人體學
397 107010475

出　　版／楓書坊文化出版社
地　　址／新北市板橋區信義路163巷3號10樓
郵政劃撥／19907596 楓書坊文化出版社
網　　址／www.maplebook.com.tw
電　　話／02-2957-6096
傳　　真／02-2957-6435
作　　者／史蒂夫．帕克
翻　　譯／郭品纖
企劃編輯／陳依萱
總 經 銷／商流文化事業有限公司
地　　址／新北市中和區中正路 752 號 8 樓
電　　話／ 02-2228-8841
傳　　真／ 02-2228-6939
網　　址／ www.vdm.com.tw
港澳經銷／泛華發行代理有限公司
定　　價／900元
出版日期／2018年9月

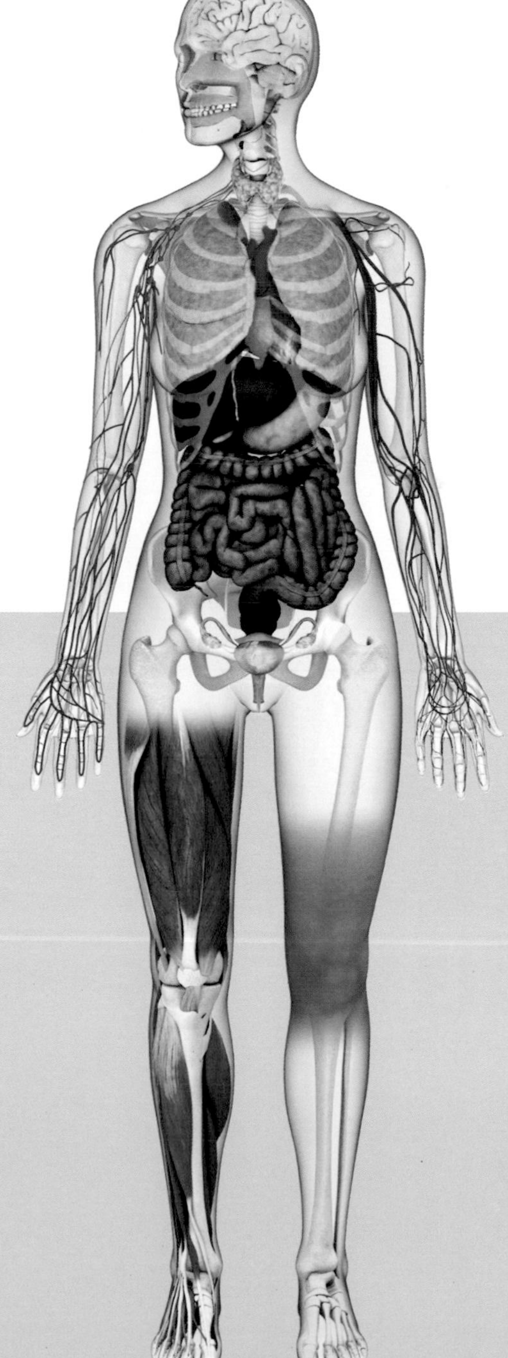

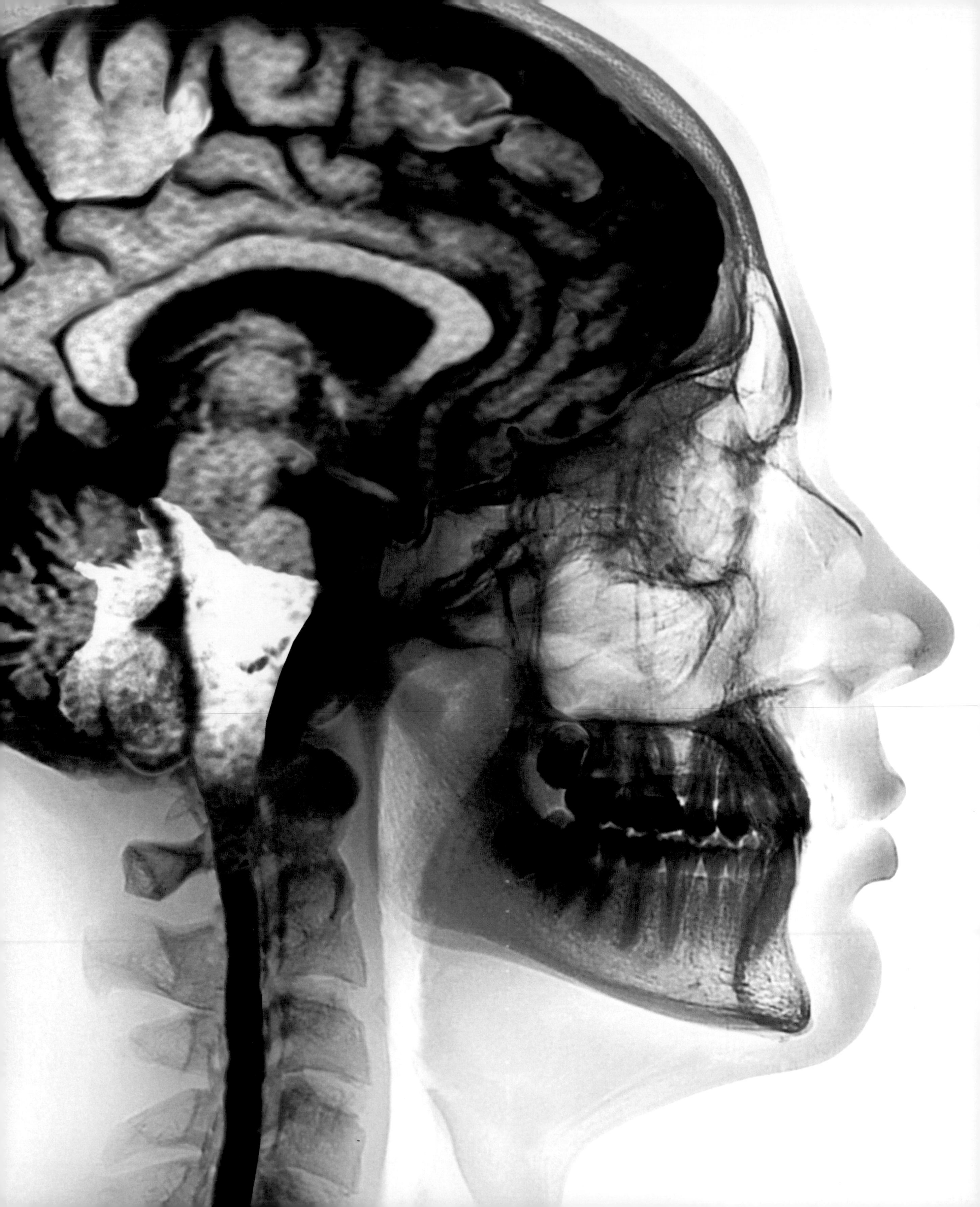

序言

本書史無前例、鉅細靡遺地向讀者展示了人體精密的構造。人類已有數百年人體解剖的經驗，但今日的科技更帶來了巨大的貢獻。我們之所以能深入檢視人體皮膚表層下的奧秘，首先必須透過電腦斷層掃描（分段的X光局部攝影），然後利用這些斷層掃描圖，以先進的計算方式，建構出精美、準確的立體圖像。近幾年，斷層造影技術開始蓬勃發展，主要使用於核磁共振掃描上。當你的身體被放置在巨大的磁鐵之中，你身體組織裡的每個分子也都會像羅盤中的指針般，以無害的方式依序排列起來，而當無線電波被射向受磁的組織時，不同的組織結構將會產生不同方式的振盪。當我們檢測到這些振盪之後，便可計算建構出立體圖像，製作出精準的人體解剖圖。當然，本書中也有不少筆繪圖，得以展現顯微鏡之下的世界。顯微解剖學及立體圖像的結合，非常具有教育及啟發性，透過本書，我們可以真正窺看人體的奧秘。本書不只適合對人體構造有興趣的讀者，也非常適合醫療相關領域的專業人士。要是四十年前，當我還是醫學院學生時，就能拜讀到這本書，那該有多好啊！

Robert Winston.

羅伯特·溫斯頓 教授

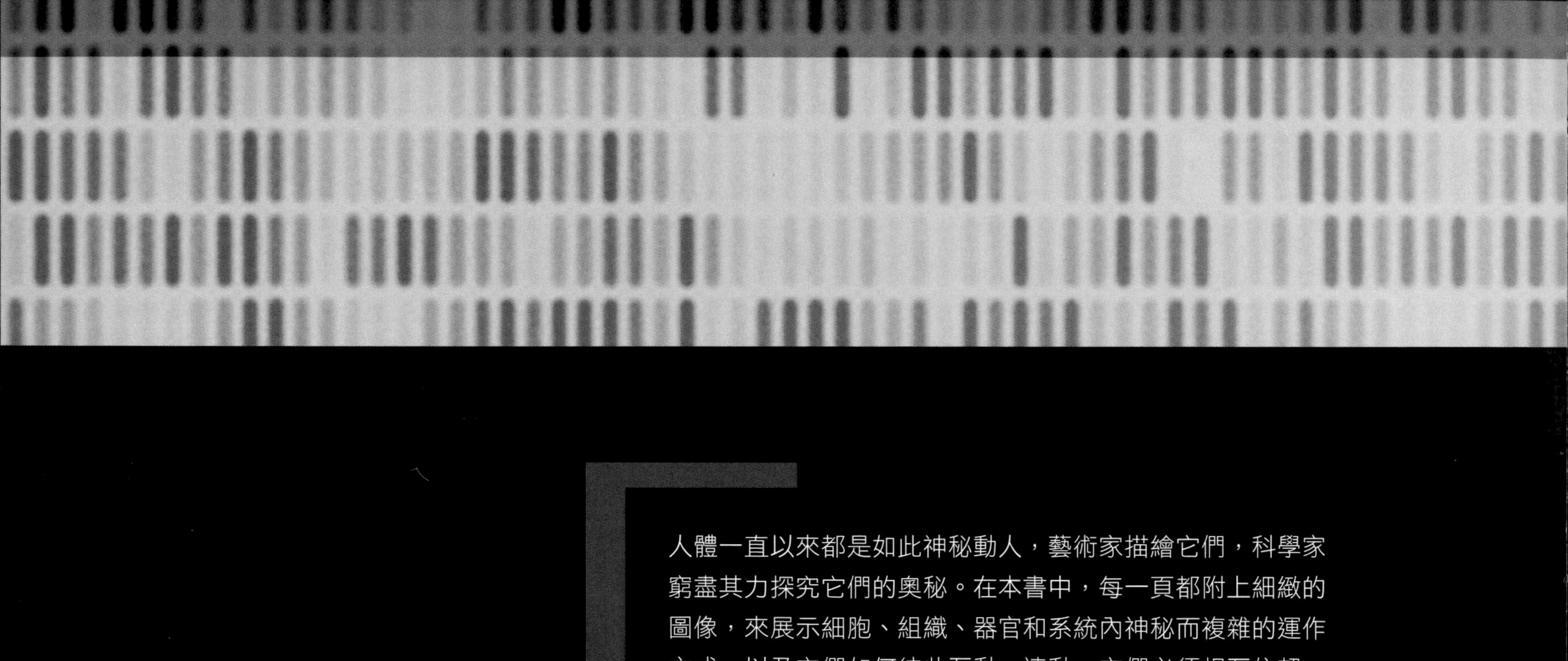

「

人體一直以來都是如此神秘動人，藝術家描繪它們，科學家窮盡其力探究它們的奧秘。在本書中，每一頁都附上細緻的圖像，來展示細胞、組織、器官和系統內神秘而複雜的運作方式，以及它們如何彼此互動、連動。它們必須相互依賴，

綜觀人體

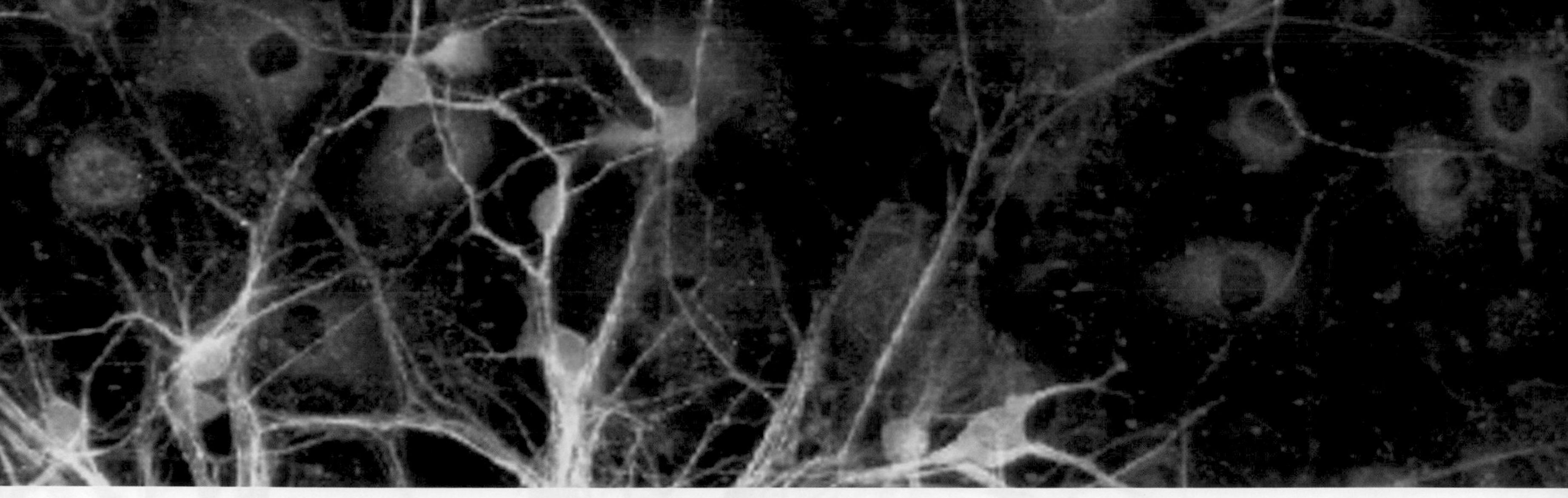

簡介

如今，全球人口數已經超過七十億人。每分鐘有250個嬰兒出生，每天有十五萬人死亡，人口增加的速度幾乎是每秒三個人。每個人在生活、思考、煩惱、做白日夢時，都在使用著一個最複雜、最奧妙的工具：人體。而人們一直以來，都有一個不變的特色：對自我感到好奇。我們不斷地探索自己的身體，而且隨著科技演化，越漸深入。透過本書，你可以全面探究人體的每個細節。

組織層次

本書借用工程學等不同科學領域的概念，將人體視為多個整合型系統組合而成的「活機器」，讓讀者藉此瞭解人體的內部構造與運作方式。每個系統都扮演著重要的角色，能執行重要的任務，例如：在心血管系統中，心臟將血液打入血管，以供應所有身體部位所需的氧氣與養分。系統中又含有許多構成要件，即所謂的器官。舉例來說，消化系統是由胃、腸道和肝臟等器官所構成。接著往下探，又可發現器官是由組織構成，而組織是由細胞構成。

細胞可說是身體的基礎建材。然而，它們並不像牆壁上的死磚塊。它們活力十足，而且隨時都在變化。細胞不斷地成長、特化、發揮機能，而且每秒鐘都有數百萬個細胞死亡，又同時自我更新。一個成人全身上下的細胞數量為一百兆左右，其中至少有兩百種不同的類型。科技的進步，帶領我們不斷往細胞更深處探尋，不只進入了胞器，還挖掘到更內部的原始成分：分子和原子。

解剖學

人體解剖學旨在研究身體構造，以及內部細胞、組織和器官是如何組裝成一體。一般都會以剖面、截面和「分解」視圖等技術，拆解人體的各個組成構造後，再逐一展示，不但清晰度高，且能讓人充分理解。然而實際上，人體內部是相當擁擠的，各個組織與器官之間相互推擠，沒有閒置的空間，也沒有靜止不動的時候。就在我們活動、呼吸和進食的當下，我們身體內的各種構造都在不停地挪動著。舉例來說，我們吞嚥的食物並不會直接掉進食道。食道在非進食期間，會受胸內壓的影響而呈扁平狀，因此必須要有一波波的肌肉收縮力量，才能迫使食物向下推移，使之進入胃中。

生理學

一般的解剖繪製圖，可以呈現大型工廠或辦公室中各個隔間的排列樣貌，以及機器、傢俱和水、電、空調等公共管線的擺

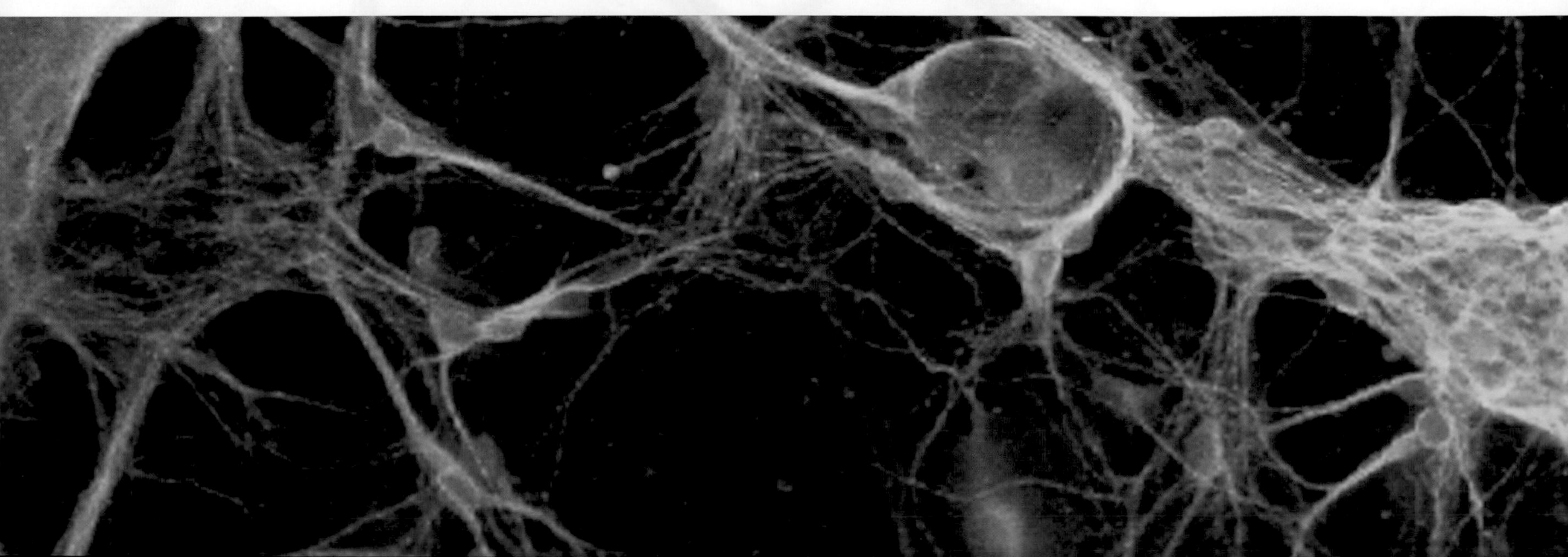

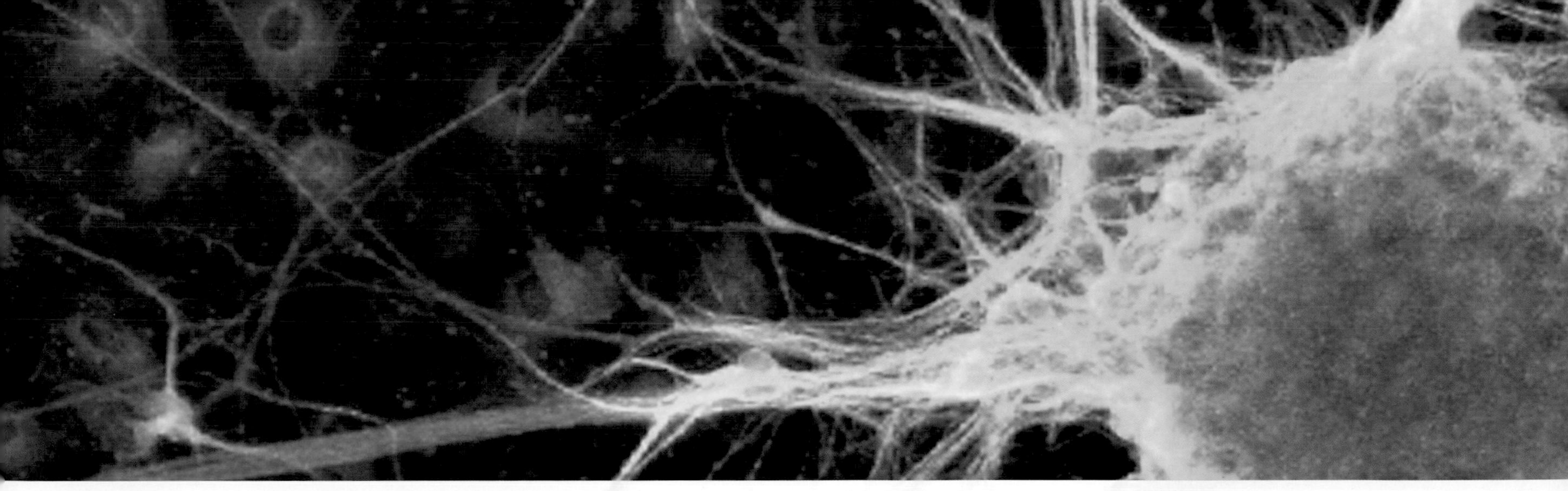

放位置。然而，即便我們有了構造和佈局的靜態快照，但我們看不見動態的人、物和資訊傳遞方式，所以仍不能瞭解整個建築的實際運作方式。同理，人體解剖學與生理學息息相關，必須合在一起看。生理學研究的是人體的運作方式和機能，從原子、離子跟分子的層級細察動態的化學變化過程，探討酵素的作用、激素的分泌、去氧核糖核酸的合成，以及身體如何儲存並使用食物能量等種種細節。研究學者探查得越仔細、越用心，就能發掘到越多的生化途徑，同時也揭開更多的生理學秘辛，以利尋找更有效的方法來預防和治療疾病，或是減緩疾病的進程。這些過程也有助於人們研發各種新型特效藥，或是能有效減緩症狀的藥物。

健康與疾病

醫藥科學界每年都統合多項數據，試圖瞭解哪些方法最能幫助人體保持健康、預防生病。就目前所知，每個人的健康狀態，首先奠基於遺傳所得到的基因。近年，遺傳學診斷和基因治療（用於體外授精等輔助性生殖技術上）都能找出基因中的危險因子，將之移除或使其失去作用。此外，一個人的健康狀態也會受發育過程中的種種因素影響。以飲食為例：飲食太豐盛可能會導致過重，飲食太少又可能造成營養不良。而受飲食影響最大的族群又屬孩童，因為他們的身體仍在發育中。人體會被各式各樣的疾病影響，比如：病毒或細菌感染、有缺陷的基因或有毒的環境中、意外或長期重複性動作所導致的傷害……等。

關於本書

接下來的篇章，將從各個面向詳述人體的各種構造和運作方式。首先將介紹構成生物體的各個層級，從去氧核糖核酸的分子結構延伸到胞器與細胞，再由細胞擴大到組織和器官。接著則以各項功能分類，逐一講解人體的各個系統。每章開頭會先概要介紹該章系統，再接續探討該系統的器官和組織，以進一步瞭解其功能與運作方式。

各章總結前，也會討論與該章系統相關的常見病症，包括遺傳變異、老化、感染以及受傷所引起的種種病變。

以下各章的主題依序為：支撐與動作（骨骼和肌肉）；控制與協調（神經和激素）；維持、保護、滋養生命的基本要素（心臟、肺臟、皮膚、免疫、消化和廢物處理）以及生殖。最後一章則探討發育、老化和遺傳。

緊密的神經網
在這張神經細胞（神經元）的顯微影像中，可以看見連結各個細胞體的細絲（軸突和樹突）。身體各處（尤其腦部和脊髓）都有神經元在傳輸電子訊號。每個神經元都和數百個其他的神經元相連，形成緊密的神經網。

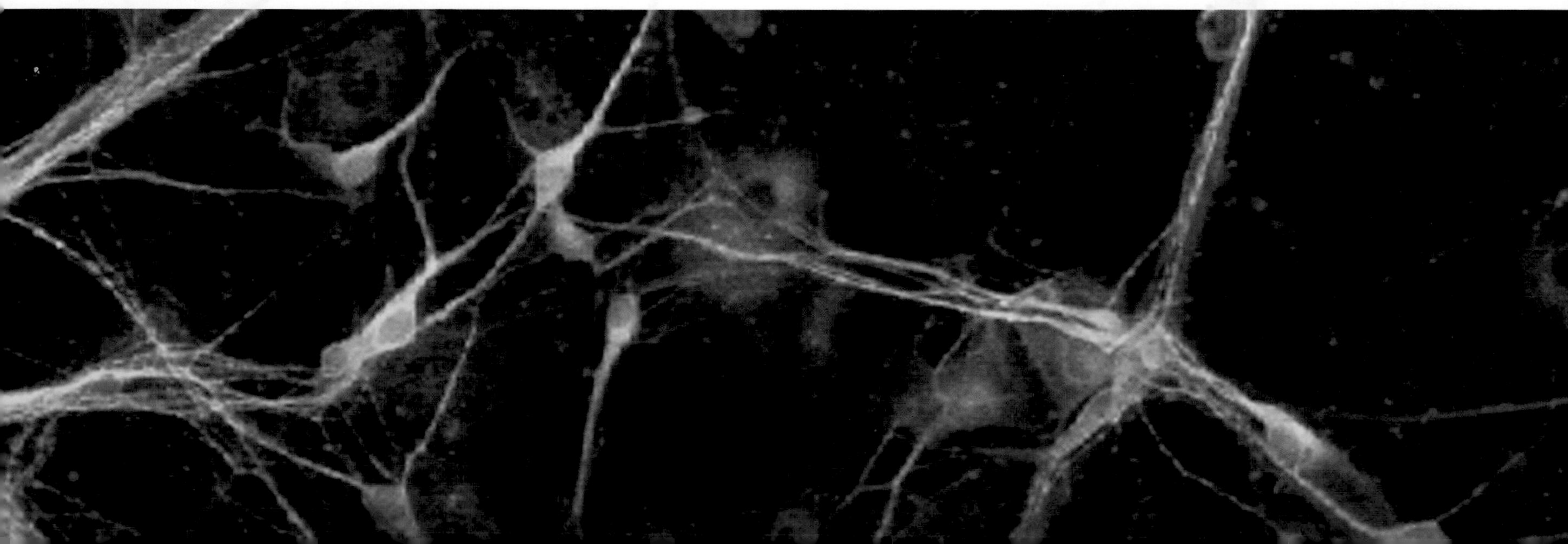

身體成像

造影術至關重要，能幫助醫師診斷疾病、瞭解疾病發作歷程，並加以評估、治療。現有的技術能讓病患的不適感降到最小限度，並找出詳細的資訊，而且大半已能在不動手術的情況下，確定疾病的存在與否，以及嚴重程度。顯微鏡學也對生物學研究的進步與發展，提供很大的助益。

X光的發明，讓人們得以使用非侵入式療法。假使人們沒辦法預先看見身體內部，很多潛在的病變都只能在開大手術之後才能發現。現今的電腦造影術，讓醫師能做出早期診斷，很多時候也大大增加了復原的可能性。電腦能處理並整理原始數據、強化圖像，以輔助我們的視覺理解力，比如：將X光片或掃描片中難以察覺的不同灰階色彩編碼，並重新詮釋成容易區別辨認的色彩。雖然強化圖像很有用，直接觀察法有時也很重要，而儀器的進步（如內視鏡）已大幅降低了查視技術的侵入性（請參閱對頁）。本書除了使用大量真實人體的影像，也使用了許多筆繪插圖。

顯微鏡檢查術

光學顯微鏡是利用放大鏡，將光線聚焦的一種技術。使用時，光線會穿過切成薄片的材料，放大倍數可達2000倍之高。使用電子（一種次原子粒子）束的顯微鏡，則可將物品放大到更高的倍數。掃描式電子顯微鏡的觀察方式，是以電子束射向裹著金膜的樣本，電子打到樣本表面會造成反彈，從而創造出立體圖像。

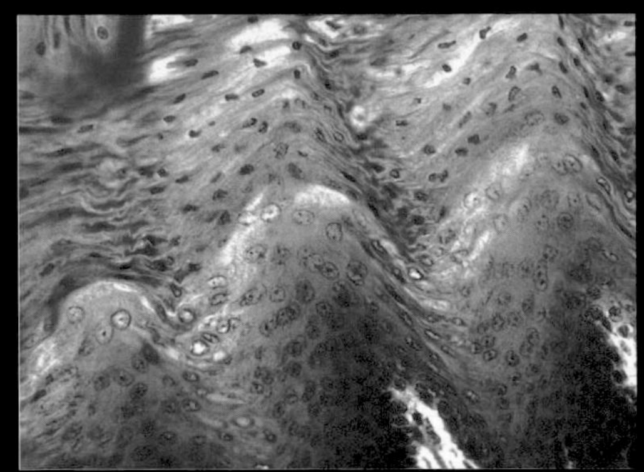

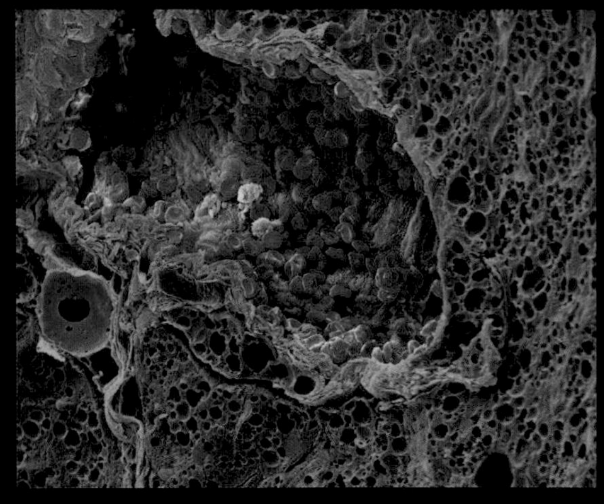

掃描式電子顯微鏡下的腫瘤血液供應樣貌

這是一張以冷凍碎裂法製成的圖像。製備方法是將標本冷凍後敲破，再進行掃描。圖中可見到一條血管，裡面還含有許多血球正長成黑色素瘤（皮膚癌的一種）。

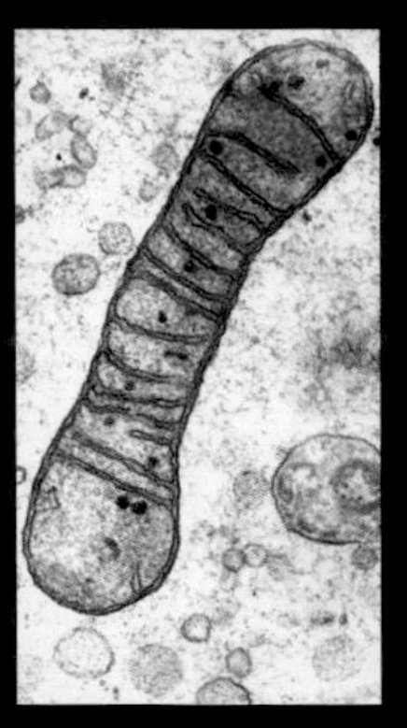

穿透式電子顯微鏡下的粒線體

穿透式電子顯微鏡能夠將物品放大數百萬倍。這張彩圖是細胞裡一顆粒線體被放大了約12,000倍的影像。

光學顯微鏡下的舌頭乳突

這張使用光學顯微鏡觀察到的影像，顯示了舌頭上稱為乳突的微小突起物。供光學顯微鏡使用的樣本通常會先用化學製劑染色，為不同結構（如細胞核）上色。

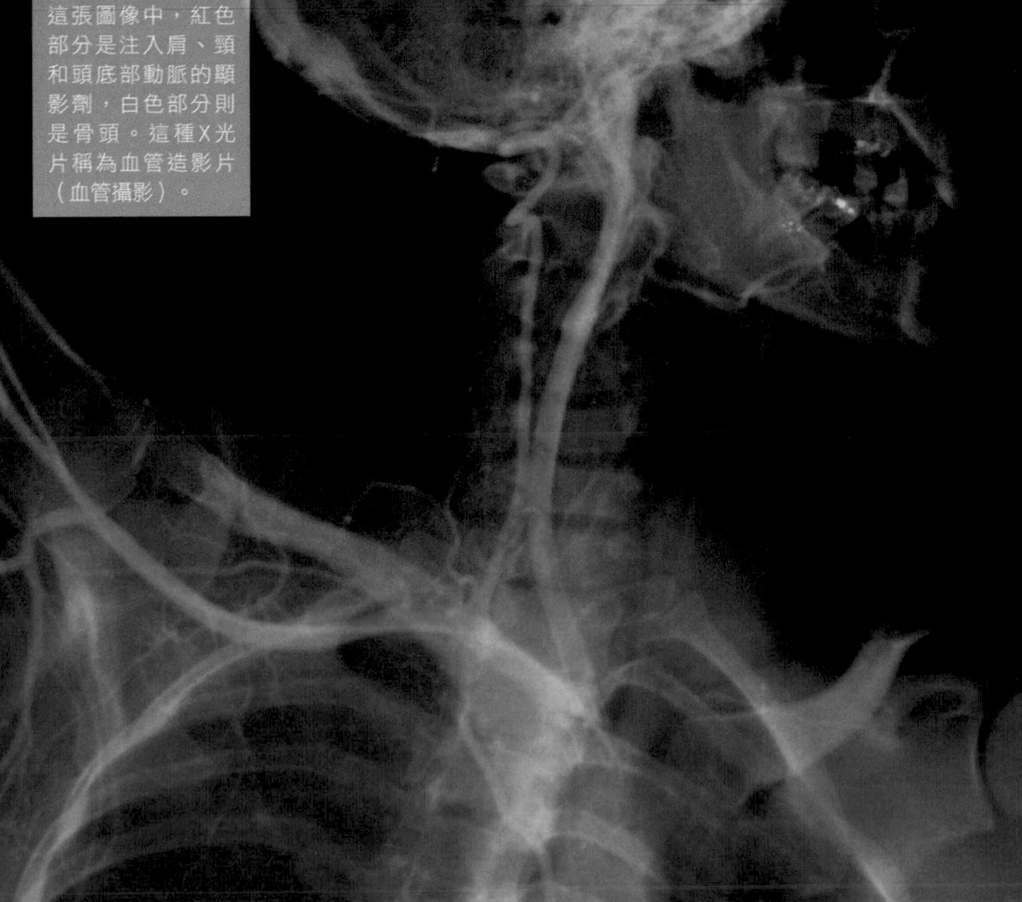

血管造影片

這張圖像中，紅色部分是注入肩、頸和頭底部動脈的顯影劑，白色部分則是骨頭。這種X光片稱為血管造影片（血管攝影）。

X光

X光跟光線一樣是一種電磁能，差別只在於X光的波長非常短。穿過身體打在底片上後，會產生影子圖像（X光透視片）。緻密組織（如骨頭）會吸收較多的X光，在X光片上呈白色；軟組織（如肌肉）則會顯現為明暗度不同的灰色。如果要清楚地檢視中空或充滿液體的構造，就得先將這些構造塗附以一種能吸收X光的物質（顯影劑），例如：若要檢視食道，受檢者必須先吞下不可溶的鋇劑。

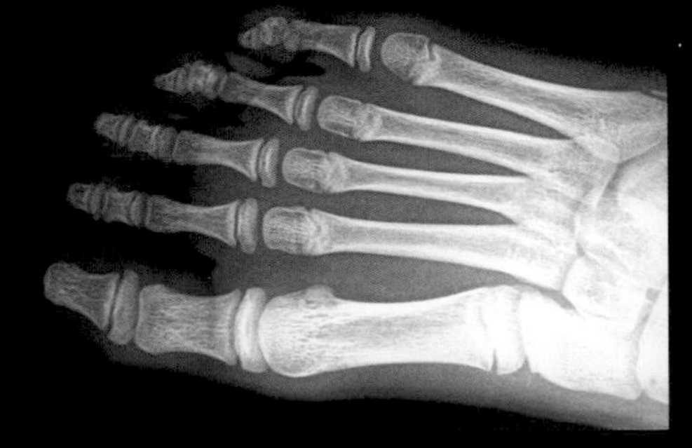

足部的純X光片

純X光攝影對於檢視骨骼等緻密組織來說特別有用。這張影像顯示的是一個九歲小孩的腳骨。靠近骨頭尾端的空隙處為軟骨，也就是骨頭還在成長的部位。

磁振造影與電腦斷層掃描

電腦斷層與磁振造影能展現許多不同種類組織的細部樣貌。電腦斷層掃描會用少量X光來產生圖像。電腦斷層掃描術中，X光掃描機繞著受檢者旋轉的同時，電腦會紀錄不同密度組織吸收電磁能的量，並利用不同位置得來的數據，創建切面圖。接受磁振造影檢查的人會躺在磁鐵室中，讓體內的氫原子排列整齊後，再發射無線電波將原子打亂，而被打亂的原子會重新排列，排列的同時會發射無線電訊號，該訊號便可用來產生圖像。

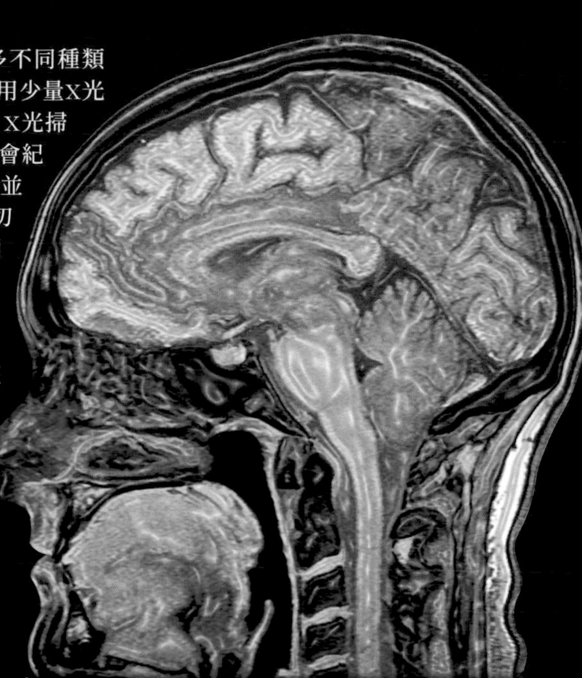

頭部磁振掃描

在這張數位強化的磁振掃描影像中，橘色與黃色部分為腦組織和脊髓，而肌肉和骨骼則編碼為藍色。

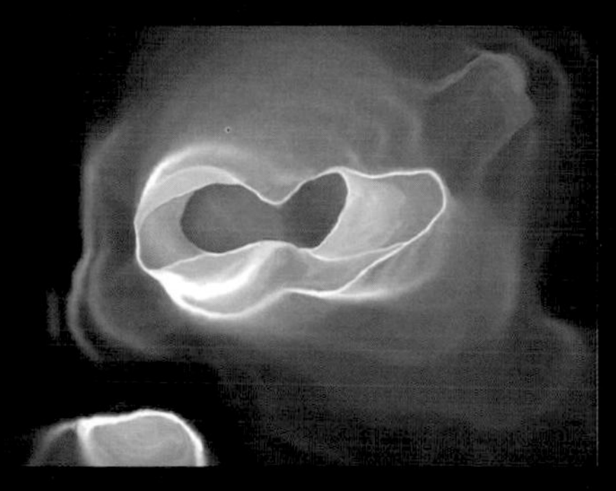

動脈掃描

用電腦斷層掃描產生的多層圖像，能再利用電腦重建成一張立體圖像。這張影像顯示的是一條窄化頸動脈的內部樣貌。

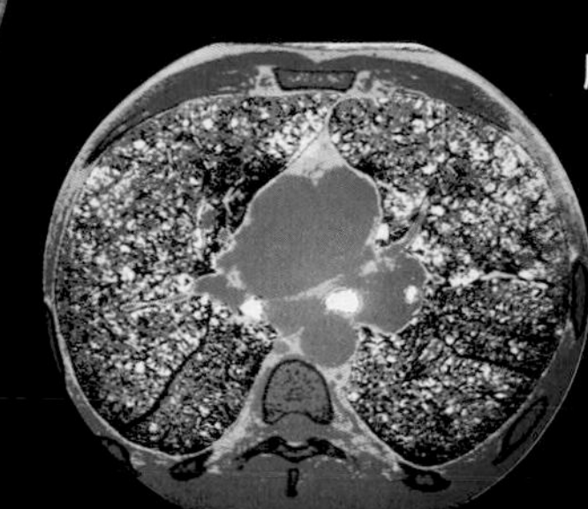

肺部的電腦斷層掃描影像

在這張胸部的水平切面圖中，可以清晰看見健康肺臟裡的海綿狀組織和氣道（橘色和黃色部分）。兩肺之間的心臟和主要血管呈淡藍色，而椎骨（背脊）、肋骨和胸骨則呈深藍色。

放射性核素與正子電腦斷層造影掃描影像

使用放射性核素造影時，會將放射性物質注入體內要造影的部分，使之吸收。再利用電腦接收該物質衰變時放射的伽瑪射線，造出影像。正子電腦斷層掃描是放射性核素掃描的一種。將化學物注入身體後，會有一種稱為正子的放射性物質射出。正子電腦斷層掃描術的功能不在於顯現結構的細部樣貌，而在於紀錄神經活動之類的徵狀，以提供與身體機能相關的資訊。

放射性核素骨掃瞄

在這張掃描影像中，放射性核素集中在脊髓、肋骨和骨盆，顯現為褐色、紅色和黃色的區域。這種掃描可顯示出細胞活動增加的區域。細胞活動增加為罹患癌症的可能性指標。

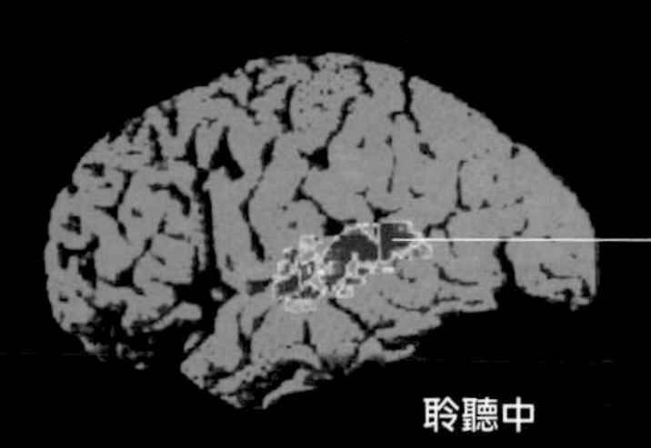

正子電腦斷層掃描

這些腦部的側視圖顯露出腦部的活動情形。上圖是在受試者聆聽口頭詞語期間所拍攝，影像中可見其聽覺皮質顏色特別亮。下圖中，受試者正同時聆聽並重複說出聽到的語句，可見其腦部的運動區中，控制負責說話的肌肉變得活躍。

聽覺皮質 聽覺區

聆聽中

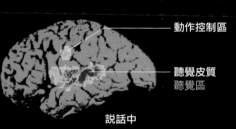

動作控制區

聽覺皮質 聽覺區

說話中

超音波

超音波的原理，是使用探頭發射極高頻率的音波（音調高到我們聽不見的程度），使之穿過要檢查的身體部位。音波會依據其碰撞的組織密度大小而產生不同的回音，並傳回探頭，最後再由電腦分析回聲，並產生影像。超音波可用於監測子宮中胎兒的發育狀態，而且公認極為安全，因為全程無需使用放射線。另外還一種改良型的超音波術，稱為超音波心臟動態診斷法，可即時顯示心臟的搏動。

胎兒超音波造影

在這張圖像中，可清楚看見一個六個月大、浸泡在羊水中的胎兒。

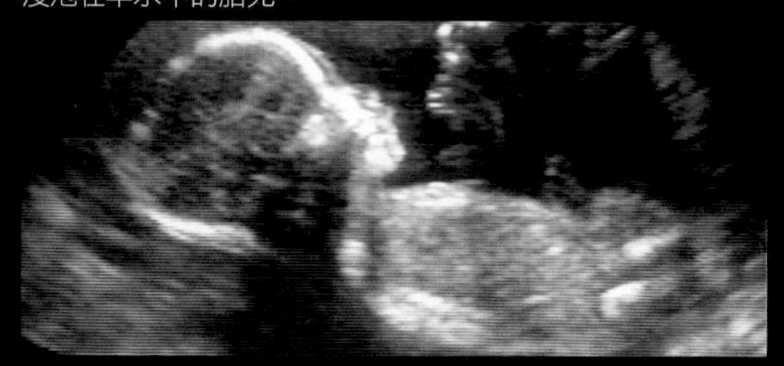

內視鏡檢法

內視鏡檢法的原理，就是利用內視鏡插入自然腔道或切口，以生成身體內部的影像。內視鏡有些為硬式，但多為軟式。軟式內視鏡是利用光纖科技所製成，可以彎曲，也可以在人為控制下引導向前推進。內視鏡本身附有光源，除此之外亦可裝配其他器具，如用以注入或移除液／氣體的軟管、用以動手術的刀片、用以採樣的鉗子（做切片檢查），或是用以燒灼受損組織的雷射裝置。現已開發出可插入不同身體部位的各種內視鏡，例如：用於呼吸道的支氣管鏡、用於食道和胃的胃鏡、用於腹部的腹腔鏡以及用於下腸道的直腸鏡等。

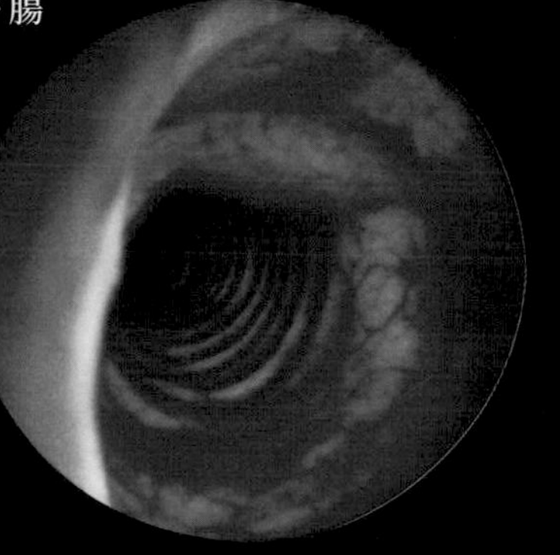

氣管

此為支氣管鏡拍攝到的氣管內部影像，圖中可看到一圈圈防止氣管塌陷的軟骨環。

電活動

在皮膚貼上感應墊，以偵測活動中肌肉與神經所傳出電訊。經過整合和擴大的訊號，會即時顯示為描跡，描跡通常為多尖角型或波浪型的橫線。此類技術包括用於心臟的心動電流描記法（或稱心電圖術，請參見下圖）以及用於監測腦中神經活動狀態的腦電流描記法（或稱腦電波檢查）。

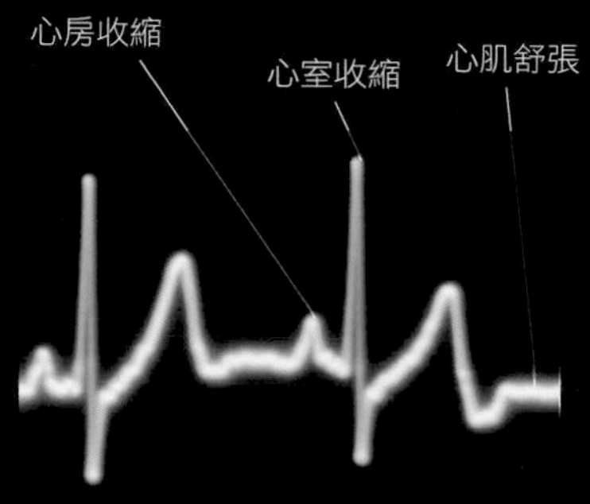
心房收縮
心室收縮
心肌舒張

頭部與頸部造影術

可讓頭、頸部顯影的技術有許多種，包括可伸進喉部等中空構造的內視鏡，以及能使腦部深處構造顯影的電腦輔助型技術。

頭頸部內含受顱骨保護的（1）腦、脊髓和椎骨；（2）眼睛和耳朵；（3）構成上呼吸系統的鼻咽（鼻腔和咽喉）和喉頭；（4）位於消化系統起始處的牙齒、舌頭和上食道。以上構造有一些可以直接檢視，例如：喉頭和鼻咽可以利用內視鏡查視。如果要查視更深、更細的部位，可以用純X光產生顱骨和椎骨的影像，軟組織的影像則難以藉由純X光清楚呈現，但可使用電腦斷層造影或磁振造影掃描來產生精細的軟組織影像。功能性磁振造影術和放射性核素掃描術等也可顯現出組織的運作狀態。

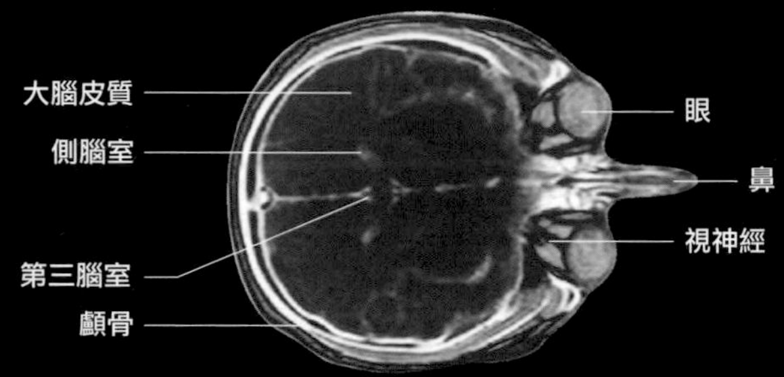
大腦皮質
側腦室
第三腦室
顱骨
眼
鼻
視神經

1 頭部上部橫斜向磁振造影掃描

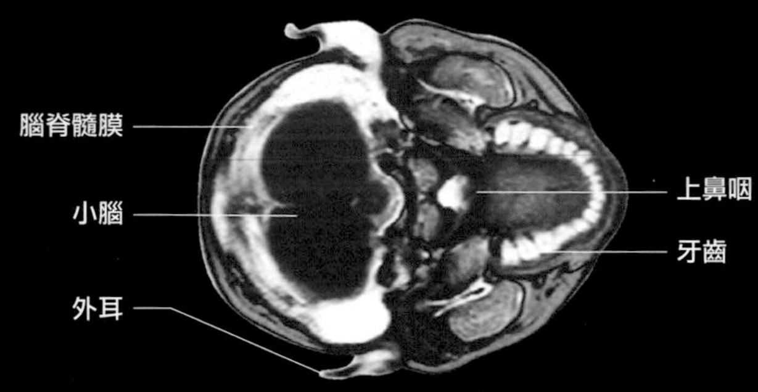
腦脊髓膜
小腦
外耳
上鼻咽
牙齒

2 頭部中部橫斜向磁振造影掃描

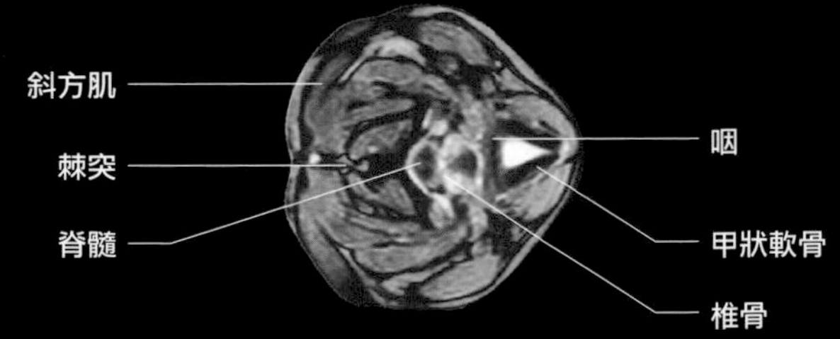
斜方肌
棘突
脊髓
咽
甲狀軟骨
椎骨

3 頸部斜橫向磁振造影掃描

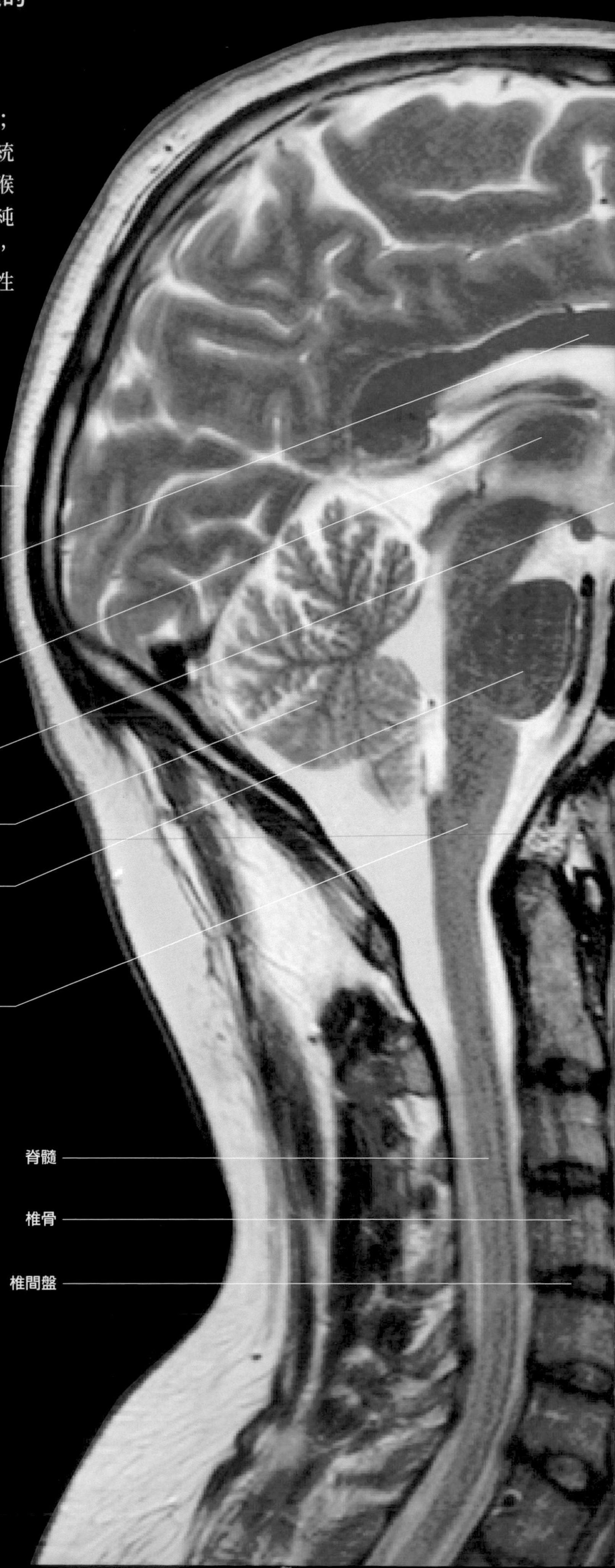

1、2、3 頭頸部水平切面磁振造影掃描

這些水平切面圖顯示出不同位置的主要構造：
1 腦部的皮質與腦室以及眼球；
2 小腦、上鼻咽與牙齒；
3 咽、脊髓與椎骨。

顱骨
胼胝體
視丘
下視丘
小腦
橋腦
延腦
脊髓
椎骨
椎間盤

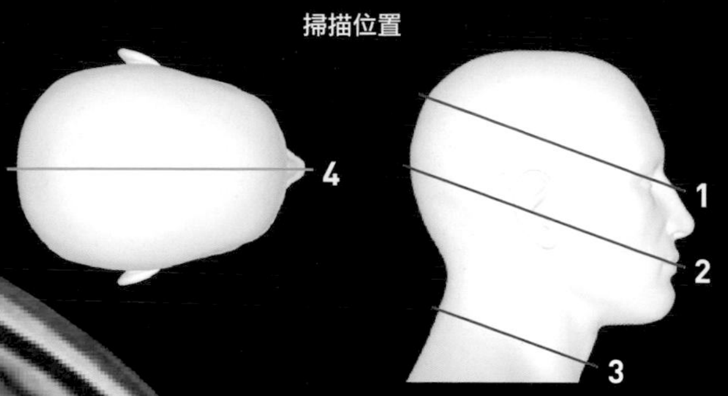

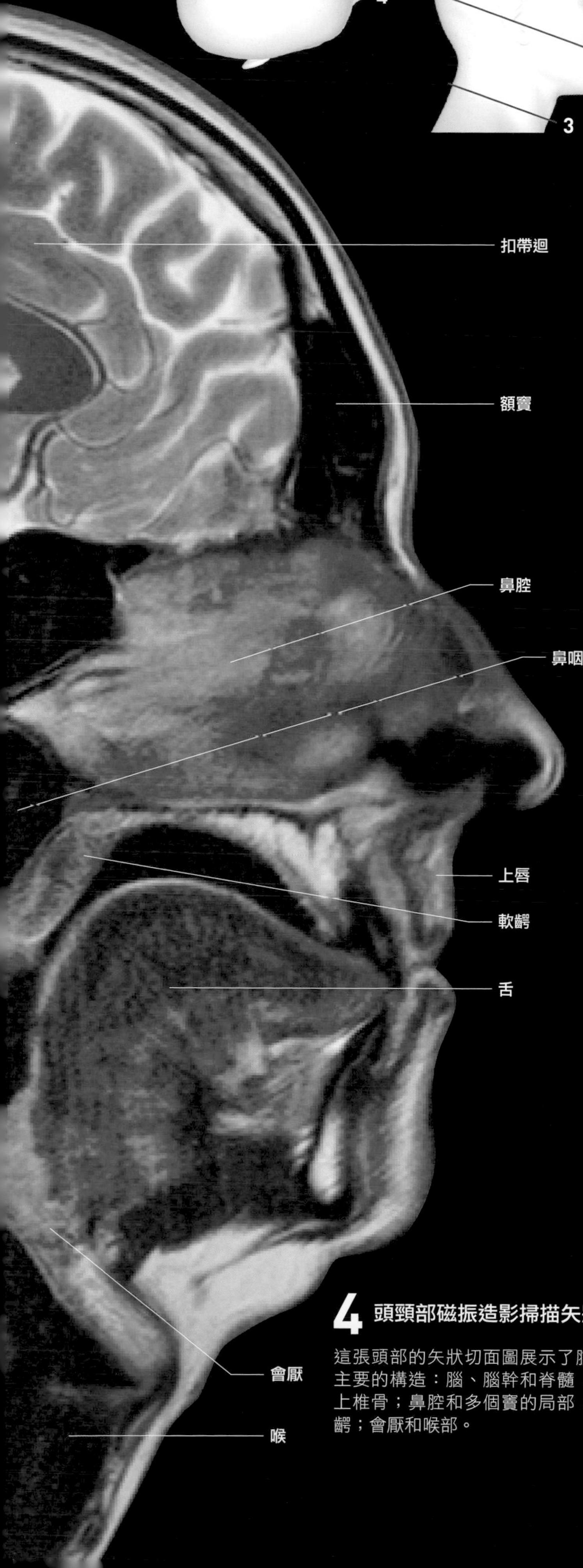

掃描位置

4

1

2

3

扣帶迴

額竇

鼻腔

鼻咽

上唇

軟齶

舌

會厭

喉

4 頭頸部磁振造影掃描矢狀切面

這張頭部的矢狀切面圖展示了腦內多數主要的構造：腦、腦幹和脊髓；顱骨和上椎骨；鼻腔和多個竇的局部；舌和軟齶；會厭和喉部。

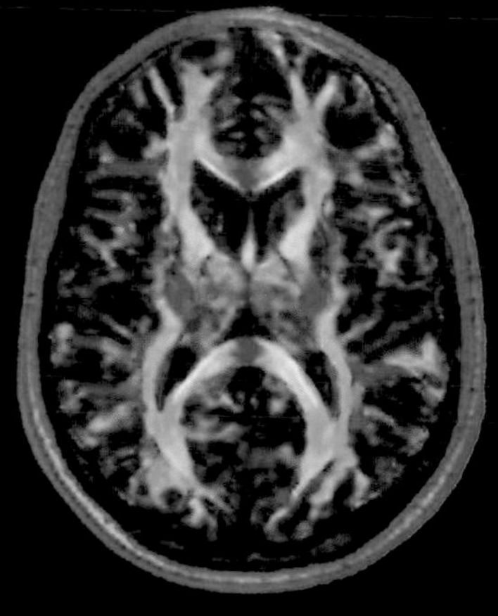

腦部擴散張量造影掃描

擴散張量造影是核磁造影的一種，能夠顯現出組織架構的細部樣貌。這張圖像中，綠色部分為由前腦延伸至後腦的神經纖維，紅色部分為左右延伸的神經纖維，而紫色部分則為上下縱走的神經纖維。

神經系統

電腦斷層造影與磁振造影掃描能夠顯現腦、腦幹和脊髓的細部樣貌，這些圖像大多都以平面的組織「切片」樣貌呈現，但可用電腦將多張圖像合併起來，造出一個腦部立體模型。電腦斷層造影和磁振造影掃描經常被用來診斷腫瘤或顱內出血等病症。功能性磁振造影術能夠顯現出腦部的血流狀態，可由此了解腦中不同部位的神經活動程度。正子電腦斷層造影和單光子電腦斷層造影掃描等放射性核素掃描，可以顯示腦組織內部的新陳代謝活性高低，如氧與葡萄糖的消耗量等，並可藉此顯露過分活躍的部位，即表示該部位可能有腫瘤生長；同時也可顯示出不夠活躍的部位，此即患有阿茲海默症的可能跡象。

心血管系統

血管造影術可讓頸部動脈、靜脈以及其他頭頸部血管的細部顯影。在併用顯影劑的血管造影術中，一種不透X光的化學物（顯影劑）被注入血管，藉此讓血管在X光或電腦斷層造影掃描下可以清楚顯現。這種掃描可以顯露出受阻、窄化或變異的部位，如動脈瘤（動脈壁上凸出且脆弱的部位）。另外，杜卜勒超音波（一種非侵入性的技術）也可用於顯示頸動脈的血流狀況。以上所有顯影技術都可以協助評估罹患中風等嚴重疾病的風險。

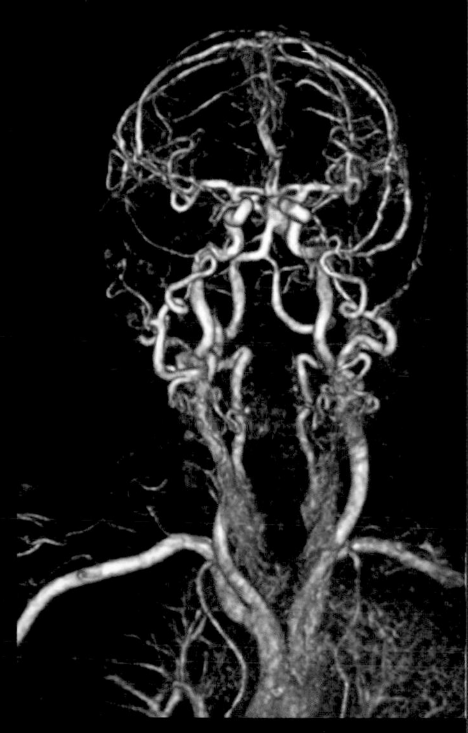

頭頸部血管造影片

這張圖像顯示了頸動脈和腦部的動脈（正面圖）。動脈已用顯影劑標出，拍攝出許多張平面的切片圖後，再將之合併造出這張立體圖像。

呼吸系統

從鼻孔通過鼻腔和咽部，再下行至喉部的上呼吸系統，能藉由內視鏡直接查視。直接查視法讓醫師能夠看見鼻腔內部和扁桃腺、咽扁桃腺以及聲帶等構造。若要查視鼻腔和咽部，可將軟內視鏡從單邊鼻孔置入，再往下推入喉嚨。若只需要查視咽部和喉部，則可以從口部置入內視鏡。

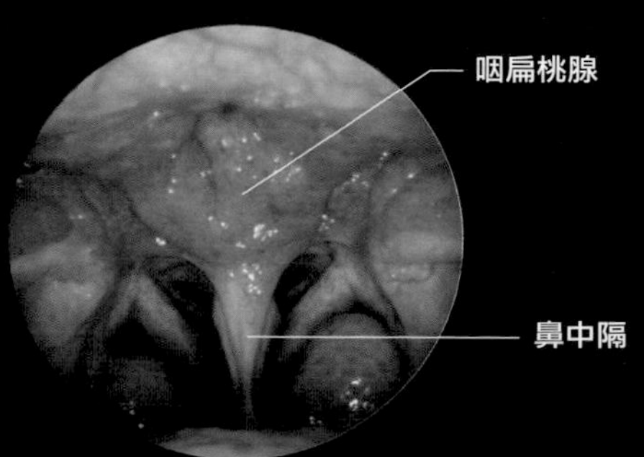
咽扁桃腺
鼻中隔

鼻腔的內視鏡視圖

這是後鼻腔的結構。後鼻腔是吸入的氣體傳入鼻咽的部位，即咽部頂端。

胸部造影術

胸部的內部構造最常以傳統X光和電腦斷層或磁振掃描造影檢查，但如果要達到其他特殊目的，也可以使用其他技術，例如：用冠狀動脈血管造影術可讓心臟的供血狀態顯影。

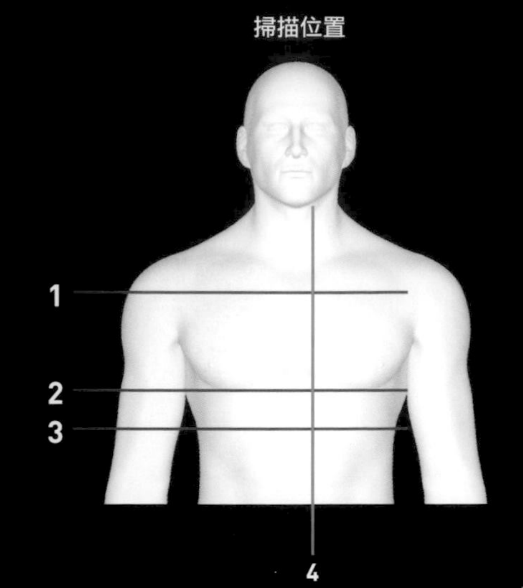
掃描位置
1
2
3
4

胸部的範圍從脖子底部延續到橫隔膜，由胸廓、胸骨和胸脊的椎骨所保護。肺臟、心臟和一些重要血管等佔據了大部分胸腔空間的構造，尤以主動脈、腔靜脈以及肺的動靜脈等為主。其他位於胸部的主要構造有食道、氣管和支氣管。氣管、支氣管和食道等中空的構造可用內視鏡查視，而其他構造則可用傳統X光、電腦斷層掃描和磁振造影檢查。血管造影術可用於顯露血管，而一種稱為超音波心臟動態診斷法的超音波掃描術，則可用於使心臟顯像。

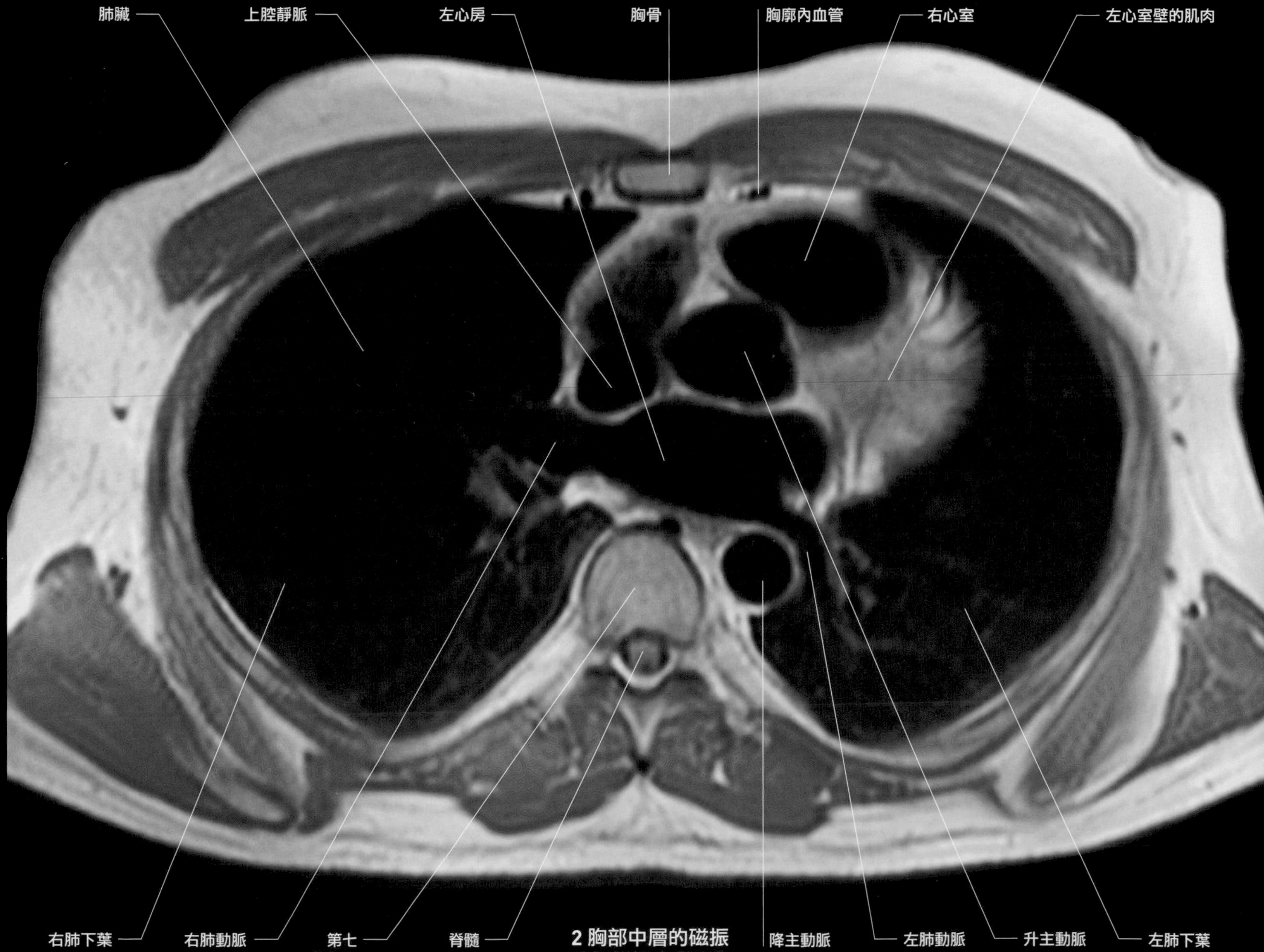

肺臟
上腔靜脈
左心房
胸骨
胸廓內血管
右心室
左心室壁的肌肉

右肺下葉
右肺動脈
第七胸椎骨
脊髓
降主動脈
左肺動脈
升主動脈
左肺下葉

2 胸部中層的磁振造影掃描水平切面

骨骼系統

肋骨、脊柱、胸骨以及其他相關的骨頭，如肩胛骨和鎖骨等，都可以藉由胸部X光攝影檢查。這種檢查方式常被醫生用來瞭解骨折、某些骨癌或骨質疏鬆症等疾病，或是脊柱側彎等骨骼變異之病情。藉由電腦斷層造影和磁振造影掃描，則能查知更精確的細部狀態以及更難察覺的損傷症狀（如軟組織損傷）。肋骨或椎骨骨折等傷勢，可能會因骨頭斷裂而造成肺臟、心臟或脊髓損傷，造影術在這種情況下就特別有用。

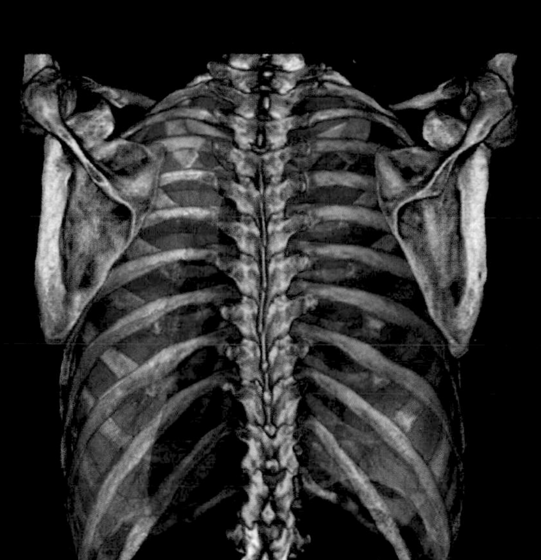

胸部的立體電腦斷層造影掃描

這張彩色掃描影像顯示了胸部的背面觀。位於中間的是脊柱，從胸脊向外伸展出去的是肋骨，而圖像兩側頂端所見則為肩胛骨。藍色部分顯示的是肺臟的位置。

呼吸系統

呼吸系統中下部由氣管、支氣管、細支氣管和肺臟所組成，此部位的造影方式有許多種。一般常用傳統X光攝影檢查，X光片中充滿氣體的肺臟呈暗色，而呼吸道則呈白色。X光片可以顯現受傷處，例如：肺萎陷或罹患肺結核等呼吸道疾病時，其病徵皆可在X光片中現形。支氣管造影術是一種併用顯影劑的X光攝影檢查，可以用來標示出呼吸道。不過，這個技術已經逐漸被電腦斷層掃描與磁振造影術取代，這兩項新技術可製出呼吸道構造、肺部組織以及腫瘤的平面或立體精細影像。

支氣管造影片

在這張上色的X光片中，可以看到健康左肺的氣管、左主支氣管和一些細支氣管。造影前，為了提升影像的清晰度，呼吸道內面已先上了一層顯影劑。

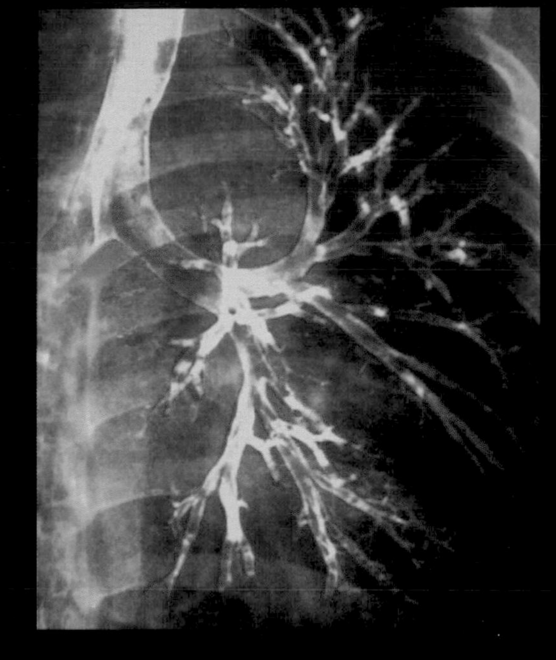

心血管系統

造影術可以用來評估心臟和主要血管的結構與機能。電腦斷層攝影與磁振造影可顯現心臟的房室以及瓣膜，也可顯露出有問題的地方，如心臟瓣膜滲漏。血管造影術可用於顯現冠狀動脈與肺動脈，藉此偵查到窄化或受阻的部位。可以用來評估心臟房室以及心肌內血流量的放射性核素掃描技術，包括正子電腦斷層造影、單光子電腦斷層造影及多門電路放射性核素血管造影術。利用超音波心臟動態診斷法，也可以即時查看心臟泵血功能和冠狀血管的血流量。

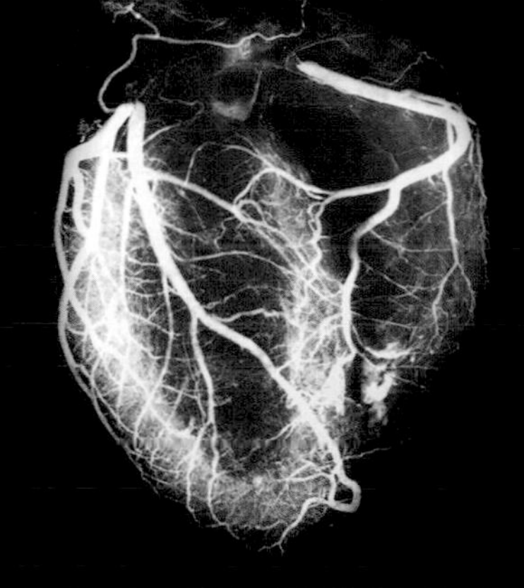

冠狀動脈血管造影

做冠狀動脈血管造影時，會先將顯影劑送入供血給心臟的動脈中，再照射X光。這張圖片看到的是健康的冠狀動脈；環繞著心臟的動脈呈白色。

1、2、3 胸部的磁振造影掃描水平切面圖

胸部水平切面圖顯示了：

1 兩肺的肺尖（肺的頂部）、第一胸椎骨和脊髓；
2 兩肺中層和心臟房室之切面；
3 左肺下葉、主動脈和肝臟右葉。

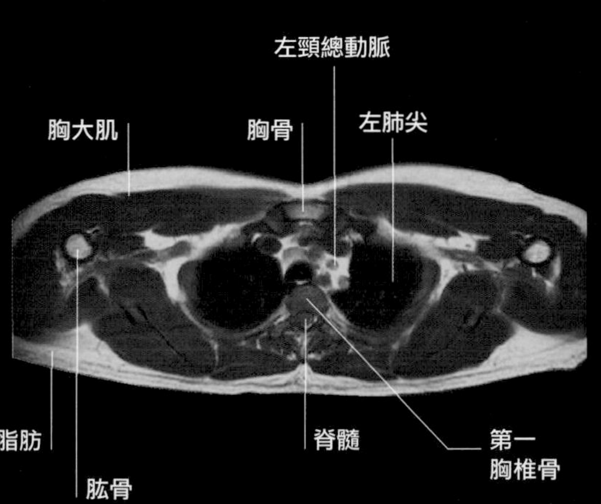
左頸總動脈
胸大肌
胸骨
左肺尖
脂肪
肱骨
脊髓
第一胸椎骨

1 胸部上半部磁振造影掃描水平切面圖

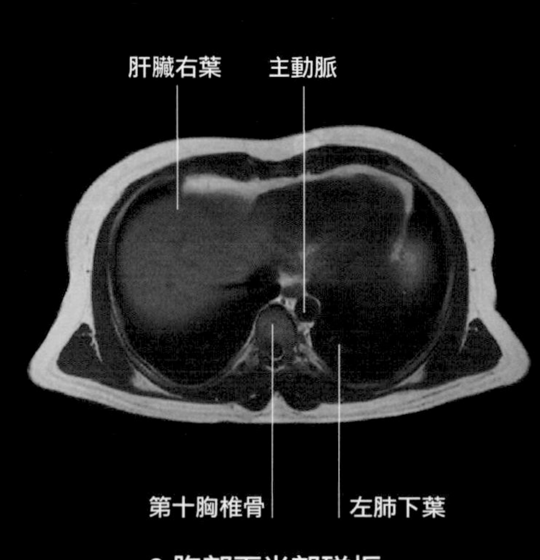
肝臟右葉
主動脈
第十胸椎骨
左肺下葉

3 胸部下半部磁振造影掃描水平切面圖

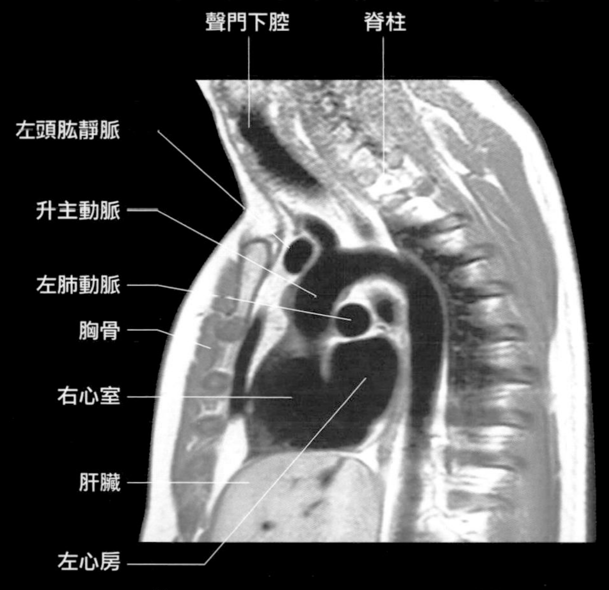
聲門下腔
脊柱
左頭肱靜脈
升主動脈
左肺動脈
胸骨
右心室
肝臟
左心房

4 胸部磁振造影矢狀切面圖

這張掃描影像可以看到兩個心腔（右心室與左心房）、主動脈等主要血管、脊髓以及胸骨。同時，也可以看到肝臟（位於腹部）。

腹部與骨盆造影術

下軀幹是由腰椎骨以及腹腔和骨盆腔所組成。骨盆腔裡有泌尿系統、生殖系統以及下消化系統。這些構造都可以用內視鏡直接檢視，或以多種造影技術進行非侵入性檢視。

腹腔位於橫隔膜與骨盆的髂嵴之間。骨盆腔緊接於其下。骨盆腔狀似水槽，被前方和兩側的兩塊骨盆（無名）骨與後方的骶骨包圍。腹腔與骨盆腔內含胃、肝臟、腎臟、脾臟、胰臟、大小腸和內生殖器以及供應下半身所需的重要血管和神經。成層的薄膜（又稱腹膜）以及腹部深處的內臟脂肪，都有助於保護這些內部構造。這些構造當中，有些可以用內視鏡檢視；也有些可以用純X光或併用顯影劑的X光、超音波掃描和磁振造影掃描，使之顯像。

掃描位置

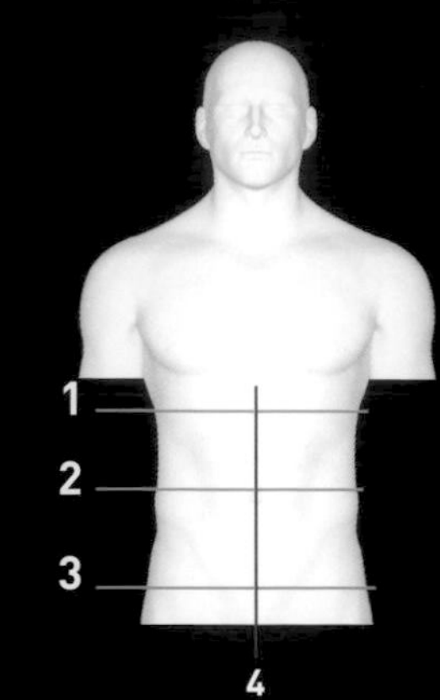
1
2
3
4

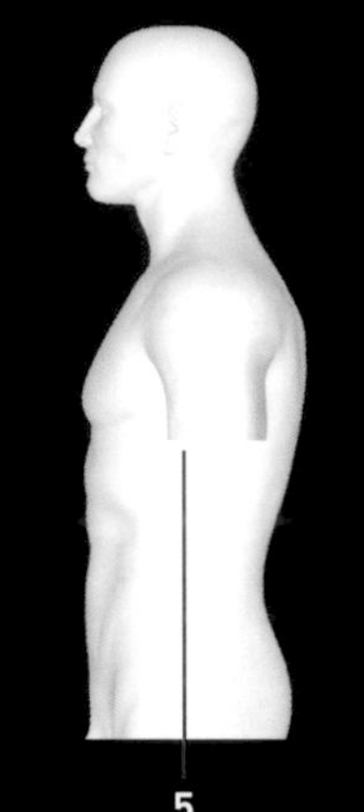
5

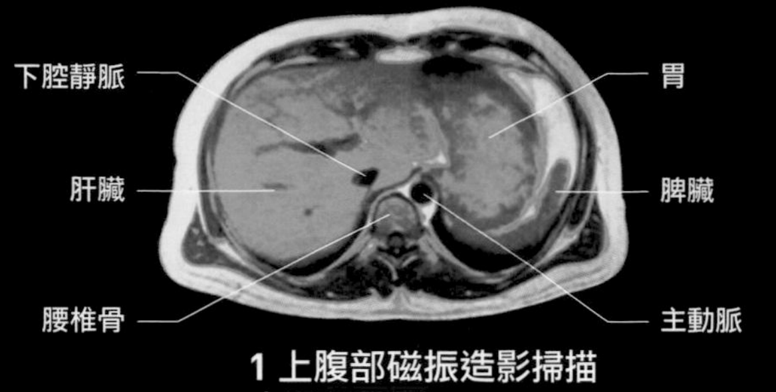
下腔靜脈
胃
肝臟
脾臟
腰椎骨
主動脈

1 上腹部磁振造影掃描水平切面圖

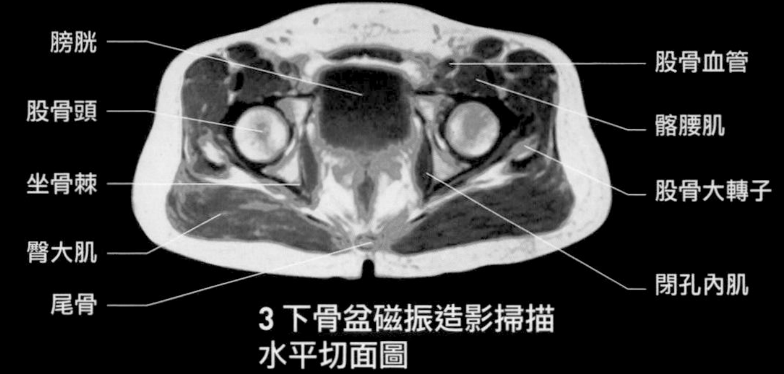
膀胱
股骨血管
股骨頭
髂腰肌
坐骨棘
股骨大轉子
臀大肌
閉孔內肌
尾骨

3 下骨盆磁振造影掃描水平切面圖

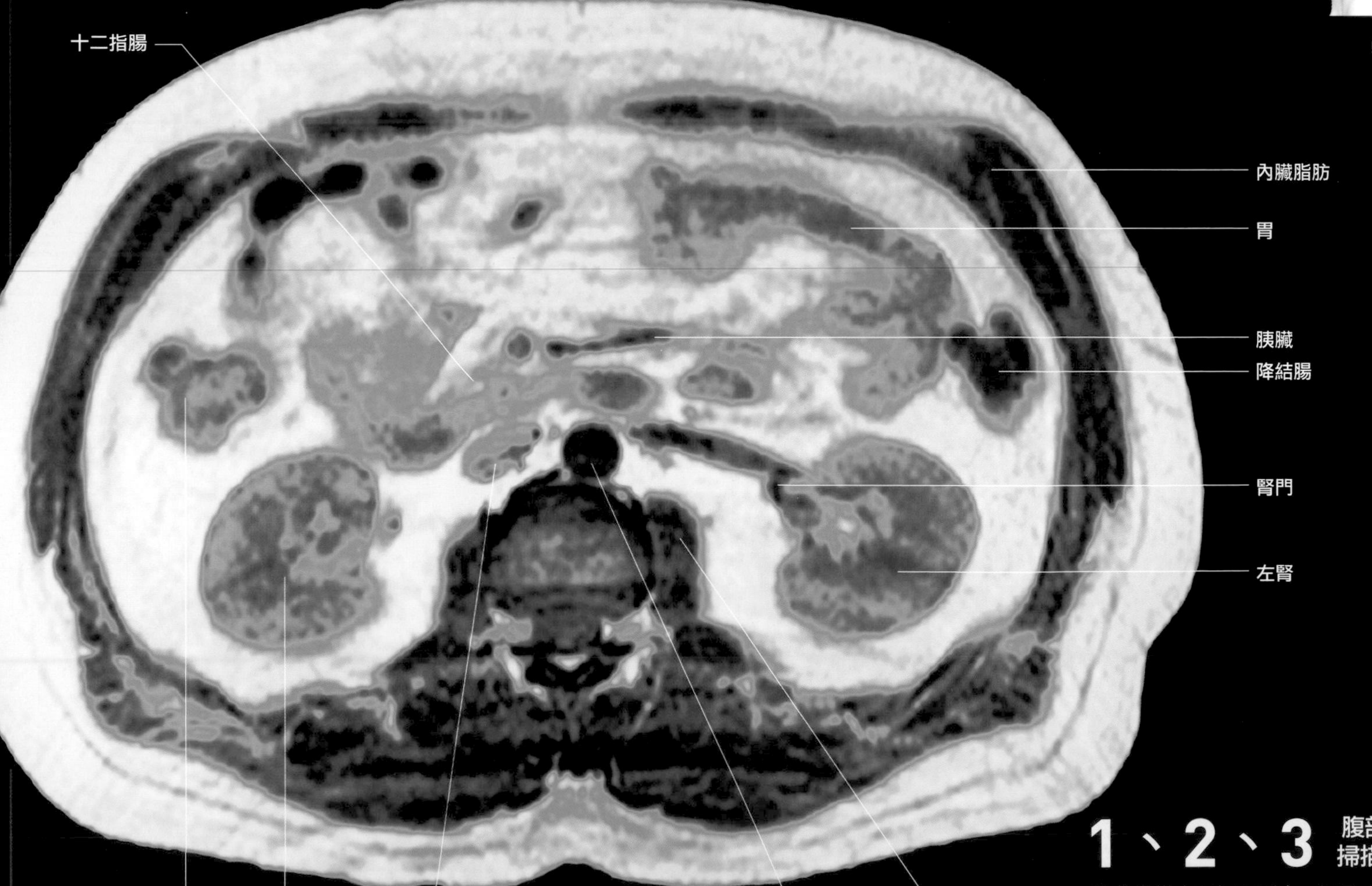
十二指腸
內臟脂肪
胃
胰臟
降結腸
腎門
左腎
升結腸
右腎
下腔靜脈
主動脈
腰大肌

2 腹部中層磁振造影掃描水平切面圖

1、2、3 腹部和骨盆的磁振造影掃描水平切面圖

這些掃描水平切面圖中，可見到的重要構造有：

1 腹部頂端的肝臟、胃和脾臟；
2 腹部中層的腎臟、胃、胰臟和腸道；
3 骨盆腔的膀胱。第三張影像也示有一些不屬於骨盆腔的構造，比如股骨頭。

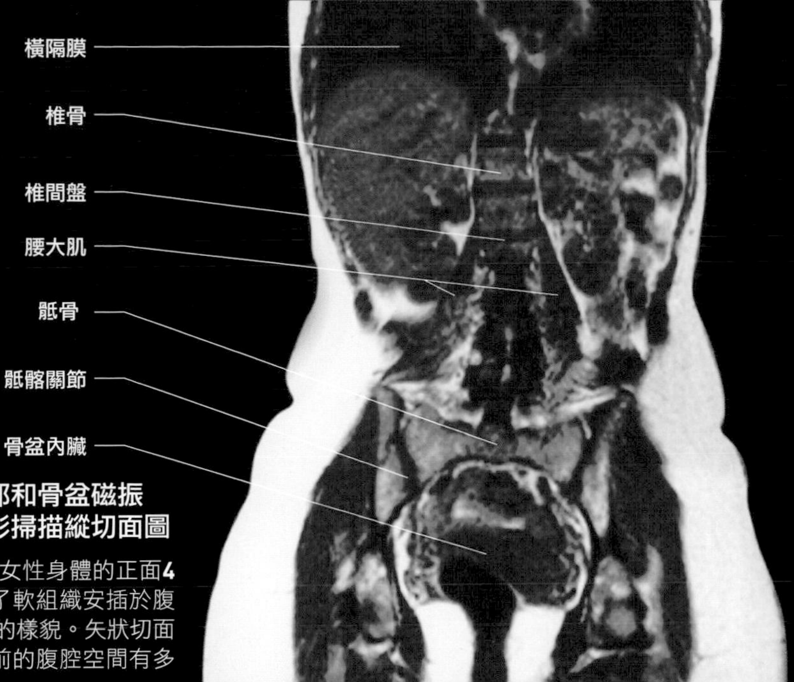
橫隔膜
椎骨
椎間盤
腰大肌
骶骨
骶髂關節
骨盆內臟

4、5 腹部和骨盆磁振造影掃描縱切面圖

這些掃描影像為一位女性身體的正面**4**與側面**5**，當中顯示了軟組織安插於腹部和骨盆的骨架之間的樣貌。矢狀切面圖**5**中顯示出腰脊柱前的腹腔空間有多麼薄。

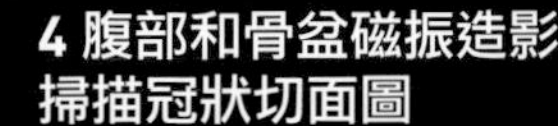

4 腹部和骨盆磁振造影掃描冠狀切面圖

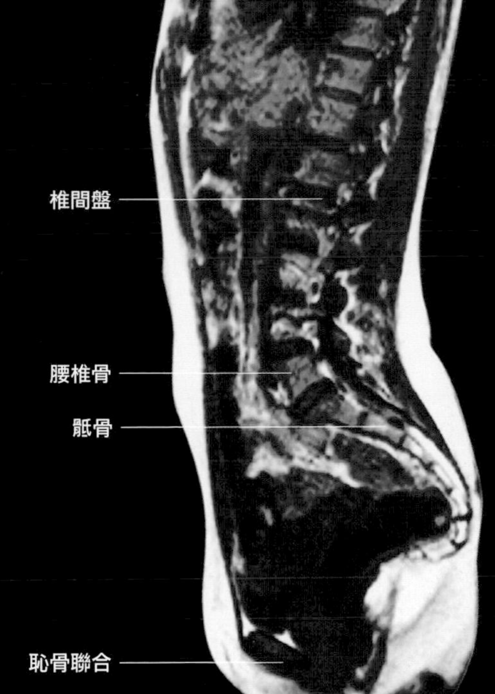
椎間盤
腰椎骨
骶骨
恥骨聯合

5 腹部和骨盆磁振造影掃描矢狀切面圖

泌尿系統

泌尿系統（腎臟、輸尿管、膀胱和尿道）可用靜脈注射尿路攝影術檢視，進行時會先將顯影劑注入血流，帶入腎臟後，進入尿液。在顯影劑流經輸尿管進入膀胱的過程中拍攝一系列X光片，含有顯影劑的構造會顯現為亮色部分。這種檢查方法能夠顯示堵住或異常的部位。另一種使用顯影劑的X光檢查方法稱為膀胱攝影術，需要將顯影劑經由輸尿管傳入膀胱；可於尿液排放過程拍照（名為：排尿中膀胱尿道攝影術）。超音波掃描亦可用來查看腎臟、膀胱和男性的前列腺。一般X光攝影檢查、電腦斷層掃描和磁振造影等也都可以用來顯示泌尿道的細部狀態。

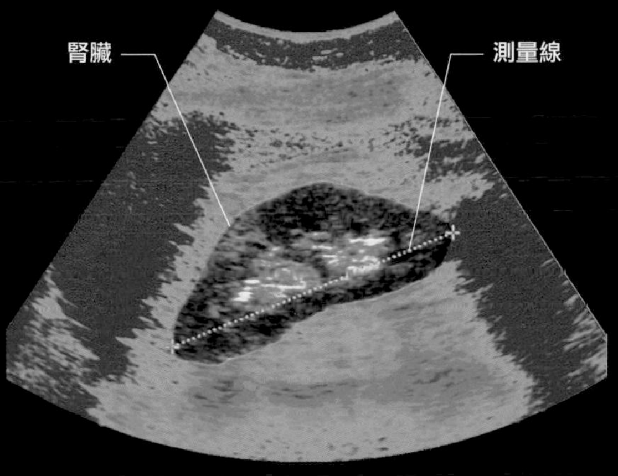
腎臟
測量線

腎臟超音波掃描

這張彩色超音波掃描影像中顯示的是一顆健康的成人腎臟（圖中的深藍色部位）。虛線的使用是為了測量腎臟，正常大小的成人腎臟長軸應為10公分上下。

生殖系統

超音波掃描可用於檢查男性的睪丸、陰囊、陰莖和一些其他的內部構造，也可用於診察諸如睪丸瘤和鞘膜積液（陰囊內液體積累）等問題。女性方面，超音波掃描則常用來檢視子宮、卵巢和輸卵管；也經常用於檢查懷孕期間的胎兒。此外，也有內視鏡（一種用於檢視的器械）插入腹壁，檢查女性生殖器官的檢查方式。電腦斷層掃描和磁振造影可以用於讓生殖系統顯影，兩性皆適用。

子宮
輸卵管
卵巢

女性生殖系統的內視鏡影像

這張內視鏡影像顯示的是女性的主要生殖構造：子宮（圖頂部）、兩條輸卵管以及兩個卵巢。

消化系統

腹部超音波、電腦斷層掃描和磁振造影都可以用來使消化器官顯影。要檢查胰臟、膽管和膽囊，可使用經內視鏡逆行性膽胰管攝影術這種內視鏡，以及顯影劑型X光攝影併用的技術。胃、大小腸和直腸可以用軟式內視鏡直接查視，也可以用X光鋇劑顯影術做檢查：先讓受檢者吞入顯影劑，或從直腸將顯影劑置入，再拍攝X光片。

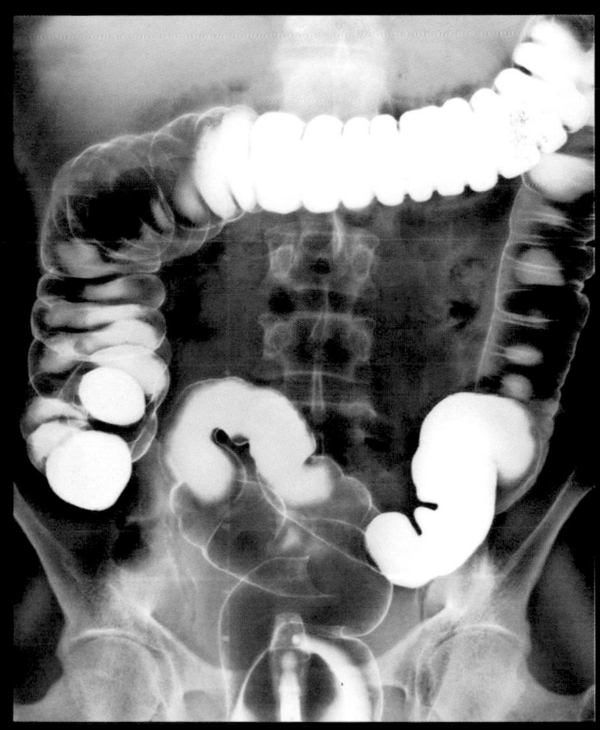

結腸X光鋇劑顯影術

這張併用顯影劑所拍攝的彩色X光片顯示的是健康的結腸與直腸。影像中呈白色的部分是使用含鋇顯影劑的效果，由此可讓結腸和直腸清楚顯現於片中。

上下肢造影術

骨、關節和肌肉佔據了上下肢的大部分區域，一般X光攝影、電腦斷層掃描和磁振造影能清楚地顯現這些部位，因此成了最常用的造影技術。

上下肢與軀幹的連接處分別位於肩關節和髖關節，而這兩個關節分別由肩帶（由鎖骨和肩胛骨組成）和骨盆帶（由骶骨、尾骨和數塊髖骨組成）的骨架支撐。上下肢各有30塊骨頭，除了骨頭，四肢還含有大量肌肉、韌帶和肌腱，因為有它們，四肢才能做出許多複雜的動作。除此之外，四肢也含有神經和血管。X光攝影、電腦斷層和磁振造影掃描、放射性核素掃描（請參閱第13頁）等都可以用來診候傷勢和腫瘤之類的異常徵狀；有時，也可以用內視鏡察視關節內部。血管造影術和超音波可用於讓血管顯影，藉以偵察受阻或受損部位。

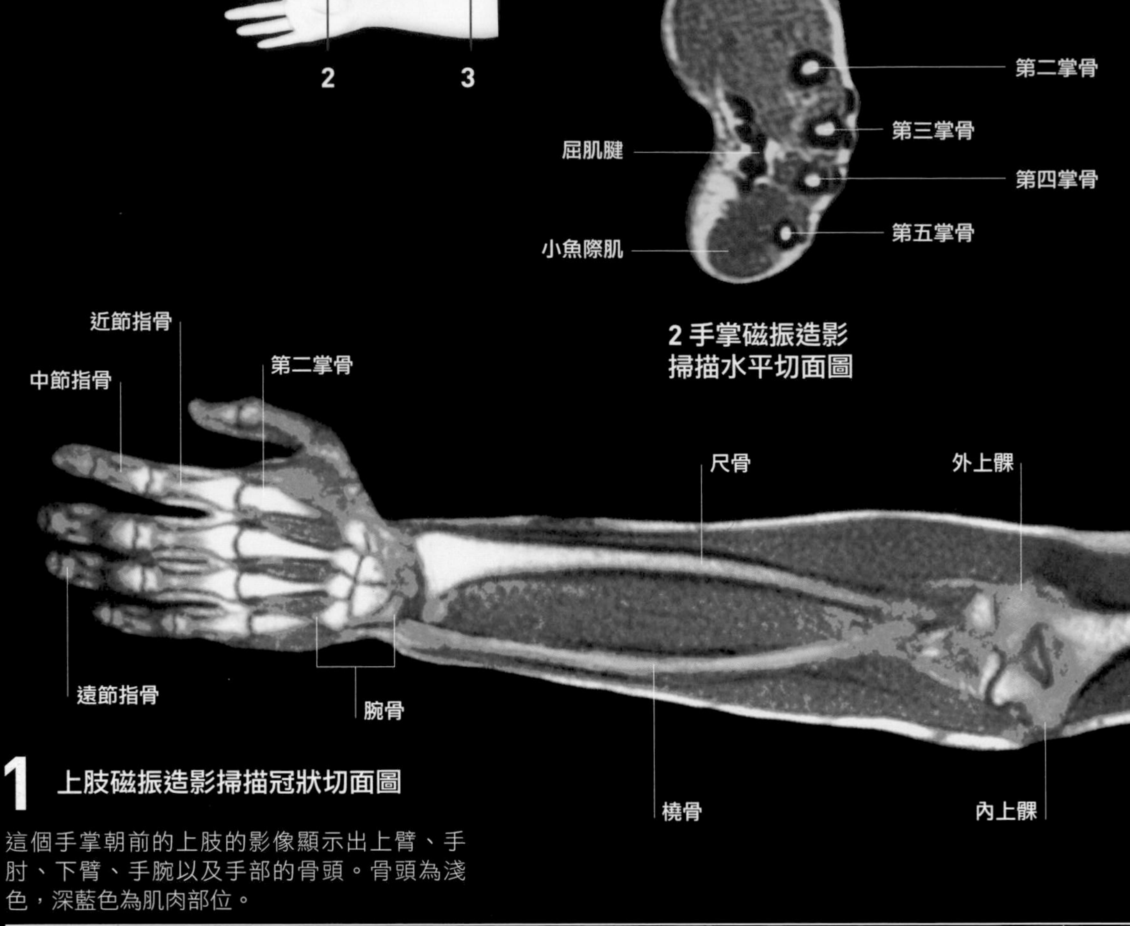
掃描位置
2
3
拇指球肌
第一掌骨
第二掌骨
屈肌腱
第三掌骨
第四掌骨
小魚際肌
第五掌骨
近節指骨
中節指骨
第二掌骨
尺骨
外上髁
遠節指骨
腕骨
橈骨
內上髁

2 手掌磁振造影掃描水平切面圖

1 上肢磁振造影掃描冠狀切面圖

這個手掌朝前的上肢的影像顯示出上臂、手肘、下臂、手腕以及手部的骨頭。骨頭為淺色，深藍色為肌肉部位。

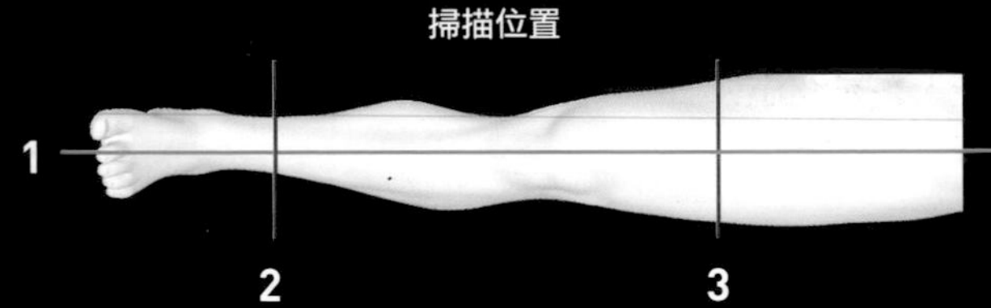
掃描位置
1
2
3

1 下肢磁振造影掃描矢狀切面圖

這張圖像顯示了腿部、腳踝以及足部的重要骨頭和肌肉，片中可見的足部構造包含了一根腳趾的骨頭（趾骨）、三個楔骨中的一個、舟骨與距骨（踝骨）、跟骨（踵骨）以及腓腸肌和股四頭肌。

2、3 下肢磁振造影掃描水平切面圖

從這張腿部（下半部）的掃描圖**2**，可以看到脛骨和腓骨以及小腿骨和小腿肚的肌肉。這張切在大腿中段的圖像**3**則顯示股骨和其周圍的肌肉。

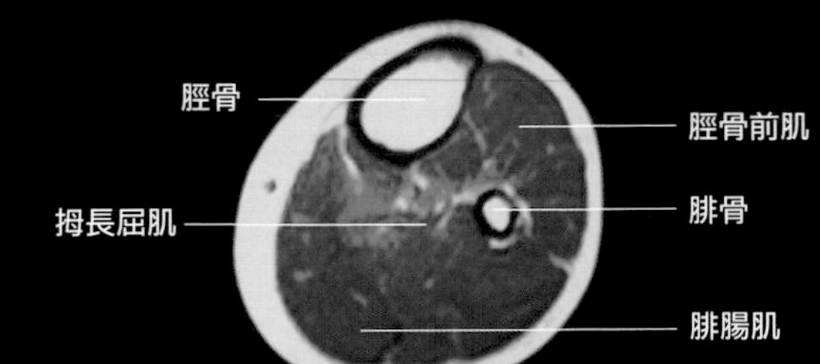
脛骨
脛骨前肌
拇長屈肌
腓骨
腓腸肌

2 腿部（下半部）的磁振造影掃描水平切面圖

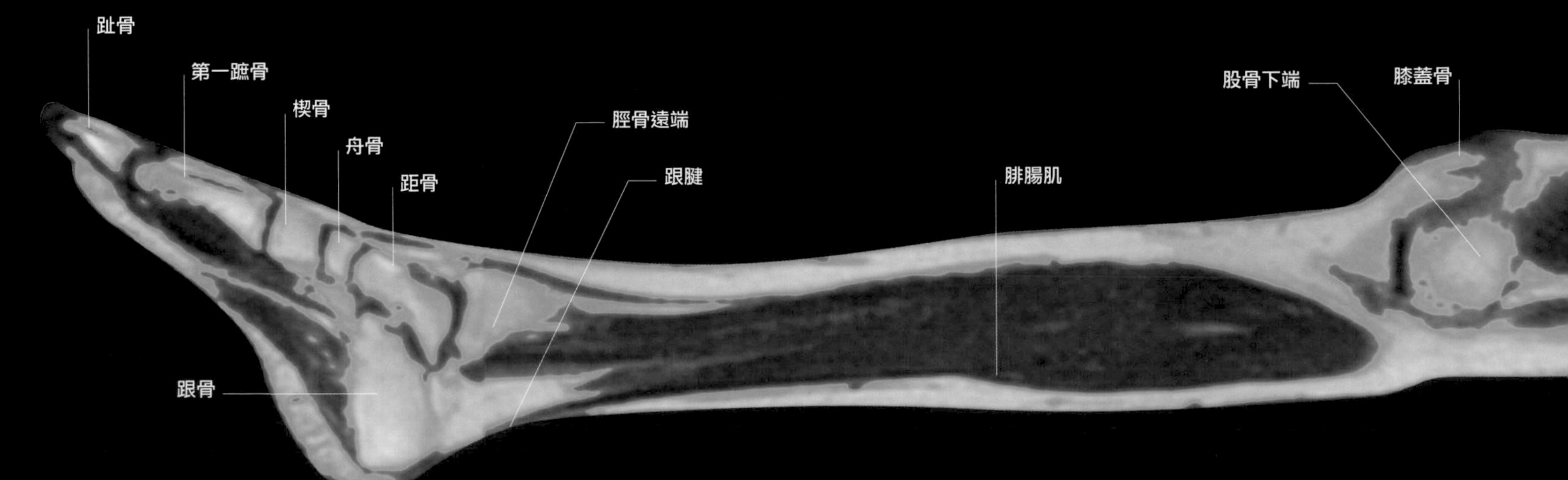
趾骨
第一蹠骨
楔骨
舟骨
距骨
脛骨遠端
跟腱
腓腸肌
股骨下端
膝蓋骨
跟骨

2、3 手臂和手掌磁振造影掃描水平切面圖

從這個部分的手掌切面2，可以看到作用在拇指的小型肌肉（拇指球肌）、位於手腕前方腕管的屈肌腱，以及各個掌骨。剖穿前臂的掃描影像3則顯示出尺骨、橈骨、屈肌以及伸肌。

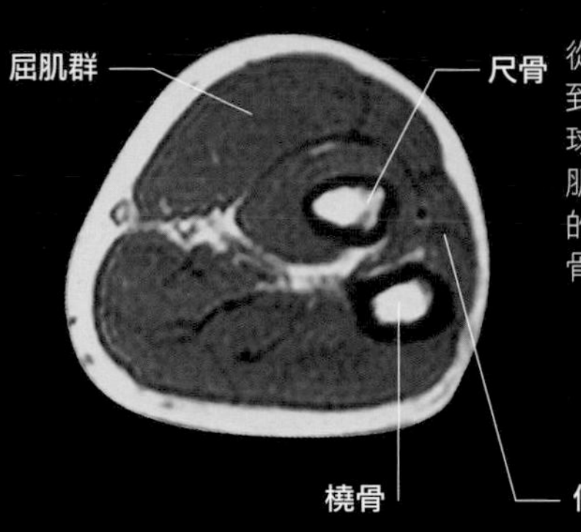
屈肌群
尺骨
橈骨
伸肌群

3 手臂（下半部）磁振造影掃描水平切面圖

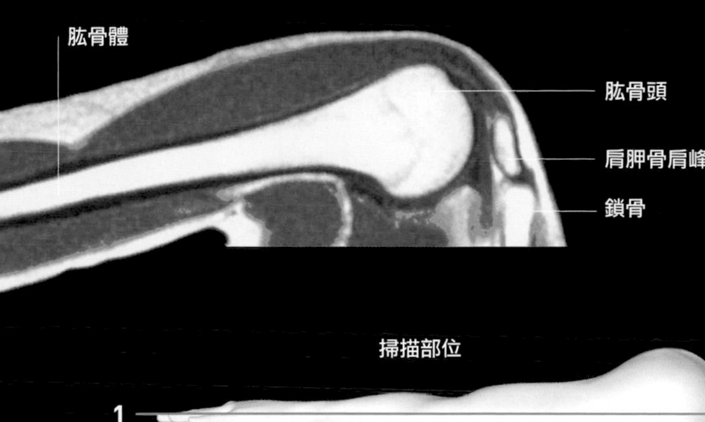
肱骨體
肱骨頭
肩胛骨肩峰
鎖骨
掃描部位
1

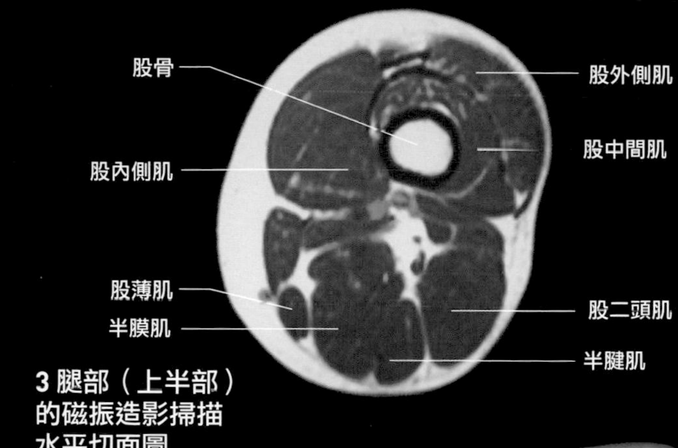
股骨
股外側肌
股中間肌
股內側肌
股薄肌
半膜肌
股二頭肌
半腱肌

3 腿部（上半部）的磁振造影掃描水平切面圖

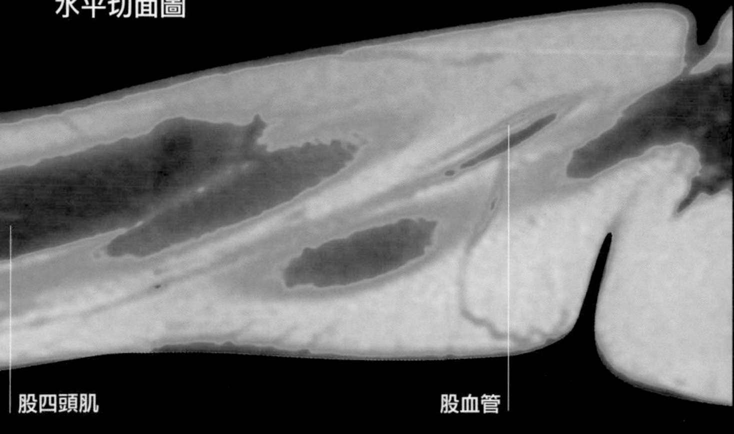
股四頭肌
股血管

骨骼系統

一般X光攝影術應該是最常被用來檢查骨頭和關節的技術，可用以評估骨折之類的傷勢，以及一些疾病造成的傷害，如骨質疏鬆症。電腦斷層掃描和磁振造影術可用來仔細察視骨頭、關節內部和其他組織，如肌肉、肌腱和韌帶等。關節內部也可以用關節鏡直接察視。骨和骨髓中的細胞活性可用放射性核素掃描術做評估，如正子電腦斷層掃描（請參閱第13頁），這種掃描能顯現出細胞過度活躍的部位，例如，腫瘤生長的部位，就會呈現出顏色比周遭骨質還要亮的「熱點」。

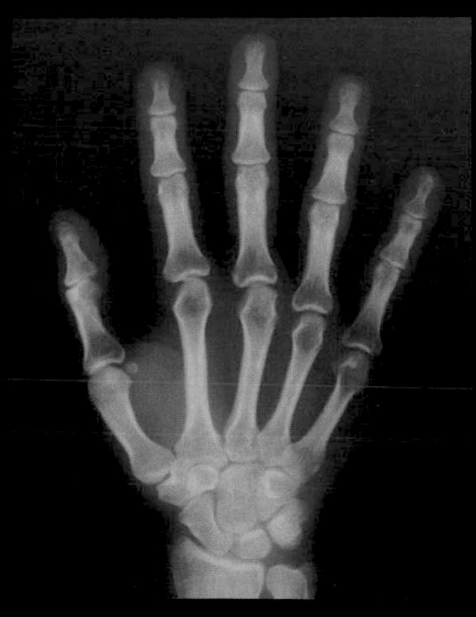

手部的X光片

在這張純X光片中，手部和手腕的骨頭清晰可見。雖然現在有更新的造影術可以使用，但普通X光還是經常被用來讓骨頭顯影。

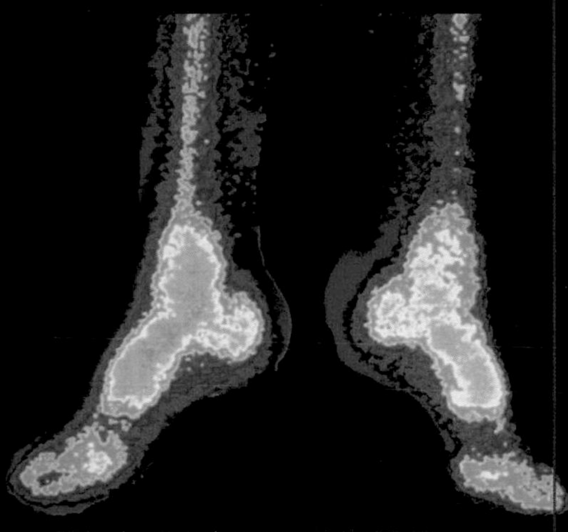

腿部（下半部）的放射性核素掃描

從這張腿部（下半部）和足部的掃描影像，可看見骨頭（藍色部分）吸收的放射性核素比其他組織吸收的還多。這種掃描方式能顯露細胞活性增加之處。細胞活性增加，代表此處可能已發生癌變。

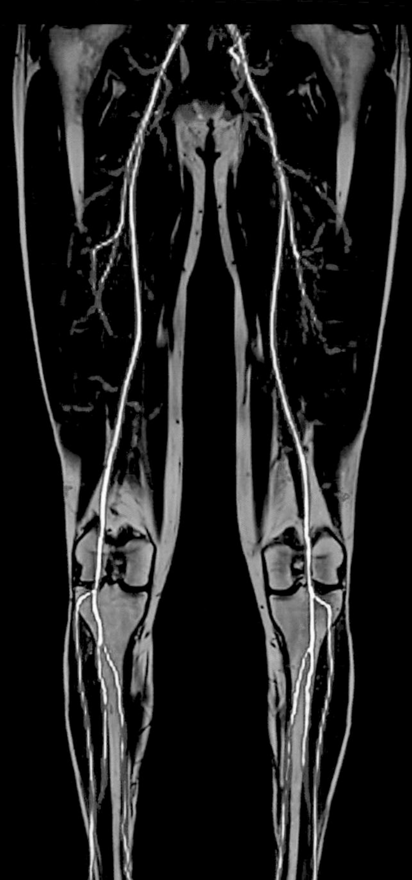

下肢血管造影術

這張偽色圖像是併用顯影劑的磁振造影掃描所產生，因為有顯影劑，主要動脈和動脈的一些分支都得以突顯。

心血管系統

上下肢的血管可以用血管造影術來查看（有時名為四肢血管造影術）。術中會將不透放射線的顯影劑注入血流，好讓血管顯現在X光片或電腦斷層掃描片上。這種技術有用之處在於可以偵測到一些像是存在於下肢靜脈的血凝塊（深靜脈血栓）以及發炎或受傷等病徵。不使用顯影劑的電腦斷層掃描或磁振掃描有時也可以用來讓血管顯影。血管內的血流狀況可以用杜卜勒超音波來評估，藉此即時透露受阻或異常的血流，也可以用來診斷某些病情，像是下肢的靜脈曲張或是發生在手指的雷諾氏現象等。

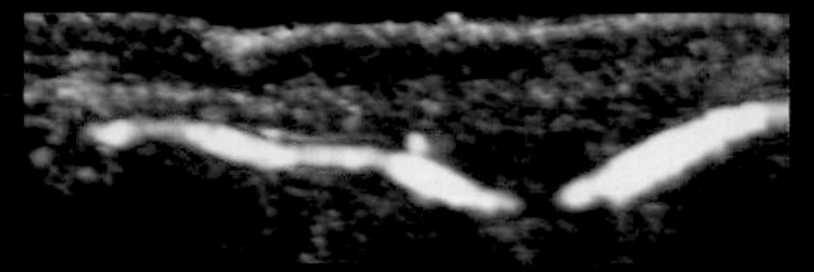

手指血流的杜卜勒超音波掃描

杜卜勒超音波可以偵測到液體的流動。這張影像顯示了健康手指的血流（橘色部分）。

骨骼系統

詳細介紹請參閱第48至第69頁

骨骼系統是支撐整個身體、具移動力的堅實架構，系統中的骨頭有槓桿和錨定板的功能，賦予其活動的能力。骨頭也為人體其他系統工作，例如：骨頭內層富含脂肪的組織（紅骨髓），就是孕育血球的地方。另外，身體礦物質短缺時（比如為了保持神經機能正常，而需要鈣離子時），會從儲存了礦物質的骨頭中抽取。

組成結構

- 顱骨、脊柱和肋骨（中軸骨）
- 四肢骨、肩膀和臀部（附肢骨）
- 軟骨和韌帶

肌肉系統

詳細介紹請參閱第70至第81頁

肌肉與骨骼合作，供以拉力，才能做出強而有力或是複雜精細的動作。不隨意肌多數時候會自動工作，控制內部作業程序，如血液的配給和消化作用等。肌肉需要由神經來指揮，並需要血液供氧和供能。

組成結構

- 骨骼肌（附著於骨頭上）
- 器官內的平滑肌
- 肌腱
- 心肌

神經系統

詳細介紹請參閱第82至第119頁

腦部是意識和想像力的起源之地，並經由脊髓和神經分支輸出運動的訊號，指揮全身做出各種動作。腦會從身體內外接收感官資訊，每分每秒都與內分泌腺體相互合作，進行著絕大部分不在我們意識範圍內的活動，並從而監測和維護身體中其他的系統。

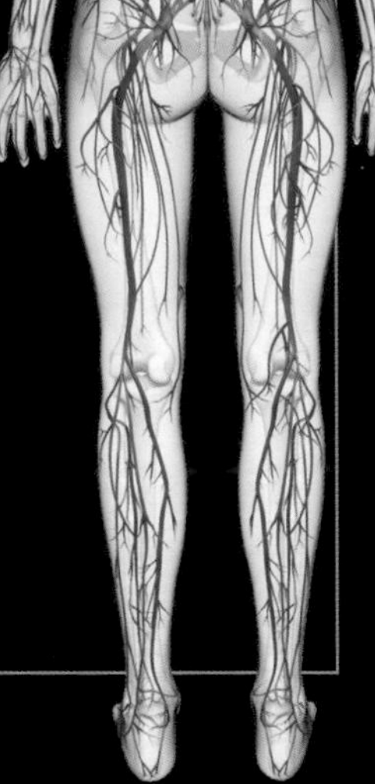

組成結構

- 腦
- 脊髓
- 末梢神經
- 感覺器官

內分泌系統

詳細介紹請參閱第120至第129頁

內分泌系統的腺體和細胞負責製造激素。激素是一種化學傳訊物，會經由血液和其他體液分送至身體各處，並藉由對生理性回饋做出反應，將體內環境維持在最理想的狀態。人體中一些長時間持續的作用也受激素支配，像是發育、身體青春期時發生的改變以及生殖相關活動等。內分泌系統與神經系統之間的互動極為密切，以腦作為中介，一同監控指揮身體其他的系統。

組成結構

- 腦下腺
- 下視丘
- 甲狀腺
- 胸腺
- 心臟
- 胃
- 胰臟
- 腸道
- 腎上腺
- 卵巢（女性體內）
- 睪丸（男性體內）

男性

心血管系統

詳細介紹請參閱第130至第145頁

心血管系統亦稱循環系統，將血液泵至身體各處是此系統最基本的功能，不僅能供給所有器官和組織富含養分的充氧血，血液在離開時，也會一併帶走該部位產生的老廢物質。經由循環系統運送的重要物質也包括養分、激素及免疫細胞等。

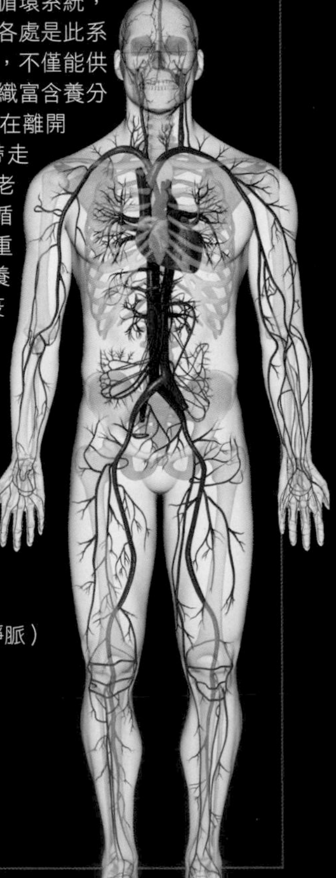

組成結構

- 心臟
- 血液
- 主要血管（動脈和靜脈）
- 次要血管（小動脈和小靜脈）
- 微血管（毛細血管）

呼吸系統

詳細介紹請參閱第146至第161頁

呼吸道由呼吸肌推動，將空氣帶入並帶出肺臟。氣體交換在肺臟深處進行，除了吸收空氣中人體賴以為生的氧氣，也將二氧化碳置入要排出身體的氣體當中。此系統的一個次要功能為發聲。

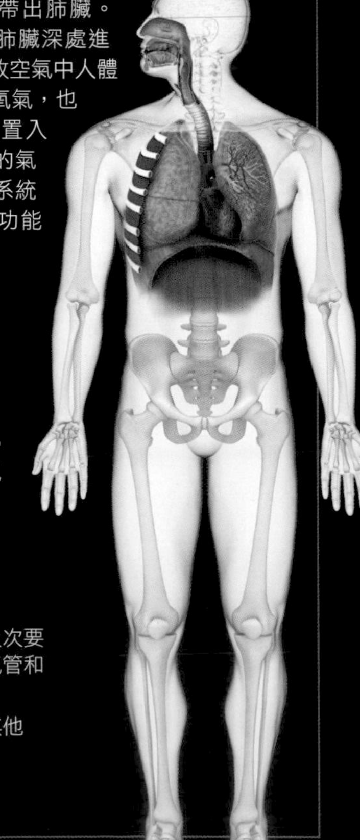

組成結構

- 鼻道和顱骨中其他的氣體通道
- 喉嚨（咽）
- 氣管
- 肺臟
- 肺中主要及次要氣道（支氣管和細支氣管）
- 橫隔膜和其他呼吸肌

人體系統

人體的各個系統相互支持並合作共事，不但各自盡責地履行份內的工作，更天衣無縫地與其他系統配合作業，攜手維繫整個身體的健康與效能。

人體與其他種生物有一處相同，即其本能的首要之務，就是要製造出存活力強的後代來代替自己。然而人體不僅僅是個基因載體，或是一個額外「附加」了一些配件的生殖系統而已，反之，事實非常奇妙：一個人體可以失去生殖系統，卻不危及生命。人體究竟可細分為多少系統，而各個系統的涵蓋範圍又多大，是一直以來都頗具爭議性的問題。舉例：肌肉、骨骼和關節系統有時候合而為一，統稱為肌肉骨骼系統。雖然每個系統都可作為獨立的存在體來探討，但請切記，無論在物理或是生理方面，各個系統都必須互相依存才可運作。幾乎每個系統都有一些「共通的」組織，例如結締組織就是許多器官都有的組織，具有分界、支撐與緩衝等作用。

皮膚、毛髮和指甲

詳細介紹請參閱第162至第171頁

皮膚、毛髮和指甲為身體最外層的保護構造，統稱為表皮系統。這些構造能共同抵禦物理性傷害和微生物、輻射能等危害。皮膚有調節身體溫度的功能，過熱時會藉由流汗降溫。皮膚底下的皮下脂肪層則具保溫、儲存能量以及物理性減震的作用。

組成結構

- 皮膚
- 毛髮
- 指甲
- 皮下脂肪層

淋巴與免疫系統

詳細介紹請參閱第172至第187頁

免疫系統中，物理性防禦、細胞防禦和化學性防禦三者之間的相互作用極為複雜精密，在遇到傳染病和內部作業失常等問題時，免疫系統能產生抵抗力以幫助人體存活。緩速循環於體內的淋巴液能幫忙分送養分和回收老廢物質，並在需要時遞送具有免疫功能的白血球。

組成結構

- 白血球（例如：淋巴球）
- 抗體
- 脾臟
- 扁桃腺和咽扁桃腺
- 胸腺
- 淋巴液
- 淋巴管和淋巴竇（腺體）

消化系統

詳細介紹請參閱第188至第209頁

消化道長約九公尺，始於口部，止於肛門的管道系統，各種管道的口徑大小不一，且功能各異。消化道可將食物切段、嚼碎、儲存以及消化，除去老廢產物後，將養分遞交給主要腺體：肝臟。而肝臟會將各種消化過的產物做最佳利用。消化功能的健康有賴免疫系統與神經系統一同維持。此外，心理狀態也會大大影響消化功能。

組成結構

- 口和喉嚨（咽）
- 食道
- 胃
- 胰臟
- 肝臟
- 膽囊
- 小腸（十二指腸、空腸和迴腸）
- 大腸（結腸、闌尾和直腸）
- 肛門

泌尿系統

詳細介紹請參閱第210至第219頁

尿液為腎臟所製造，可將老廢物和血液中多餘的物質排出，以維持體內水分、體液、鹽類和礦物質的平衡。尿液的製造受數種激素控制，也受以下因素影響：血流量與血壓、攝入的水分和養分多寡、體液流失量（比如流汗或流血等）、外在環境（特別是溫度）以及規律性生理週期（如自然入睡與甦醒週期等）。

組成結構

- 腎臟
- 輸尿管
- 膀胱
- 尿道

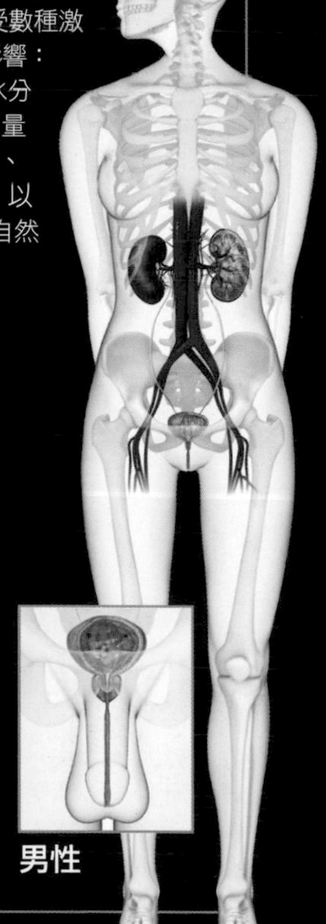

男性

生殖系統

詳細介紹請參閱第220至第245頁

生殖系統有別於人體其他系統之處包括：構造在男性與女性體內差異甚大；只在生命中某一階段有作用；可以手術移除而不危及生命。男性生殖系統可持續不斷地製造精子，而女性生殖系統則按週期製造成熟卵子。男性的精子與尿液均從尿道排出，但不會同時排出。

組成結構

女性：

- 卵巢、輸卵管以及子宮
- 陰道和外生殖器
- 乳房

男性：

- 睪丸、輸精管、精囊、尿道以及陰莖
- 前列腺和尿道球腺

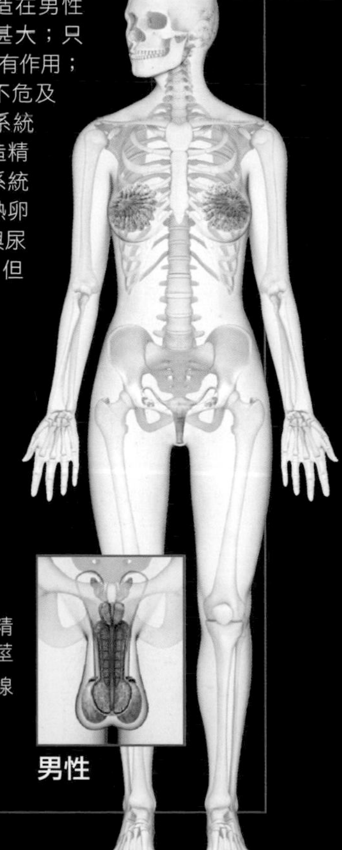

男性

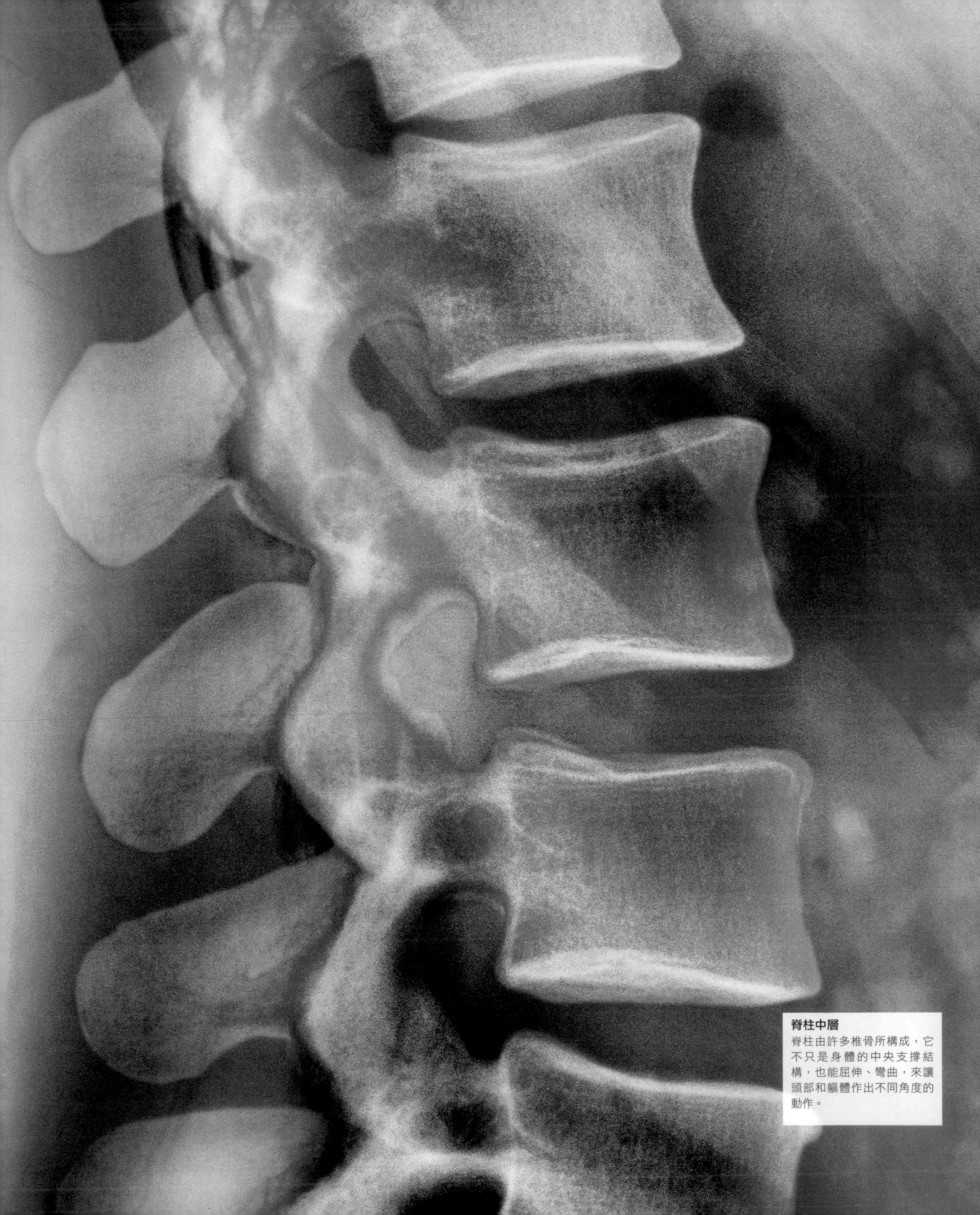

脊柱中層
脊柱由許多椎骨所構成，它不只是身體的中央支撐結構，也能屈伸、彎曲，來讓頭部和軀體作出不同角度的動作。

支撐與活動

肌肉、骨骼和關節是提供身體支撐力的架構，能做出各種不同的動態運動。肌肉和骨骼也會與身體其他系統產生許多交互作用，尤其是負責控管協調的神經系統，以及負責供應基本需求給高耗能性肌肉的血液系統。

細胞類型和組織 40–41
骨骼系統 48–69
肌肉系統 70–81
皮膚、毛髮和指甲 162–171

活體的肌肉系統絕無靜止不動的時候，即便在睡眠期間，身體依然得繼續呼吸，心臟得繼續跳動，而腸道的蠕動也不會中斷。睡眠時，大部分的肌肉都呈鬆弛狀態，然而還是有些肌肉會做出間歇性收縮，讓身體做出不同的姿勢，來預防神經和脈管因受壓而造成某部位缺血及損傷，這是身體保護各個系統的機制。

協力作業的肌肉

除了一些像是眨眼的簡單動作，各種肢體動作都是由許多不同的肌肉收縮而產生。舉例來說，微笑之類的精細動作就動用了20條臉部肌肉，寫字則需使用胳臂、手部和腕部等60條以上的肌肉。胳臂移動時，肩膀的肌肉也開始作用，同時，重量的轉移對主軀幹來說會形成負擔，使得更多肌肉需要使力來維持身體平衡。除此之外，其他肌肉也並非呈現鬆弛狀態，相反地，它們必須維持一定程度的緊繃狀態，以使其對向的肌肉有阻力，產生拉拔動作。透過不間斷的交互作用，肌肉隨時都在進行即時調整。

壓力與柔韌性

骨骼稍具柔韌性，能吸收正常壓力而不會斷裂。肌肉、骨骼、關節及其相關部位（如肌腱和韌帶）內建有防範受傷的感覺系統，存在於其中的微型感測器會測定拉力和壓力的大小，再由神經傳達訊息給腦部作為警示，將骨骼承受的壓力標記為不適或疼痛。意識到疼痛時，會刺激身體做出行動。

姿勢與回饋

回饋訊號會將身體姿勢和各個部位的精確位置等資訊都提供給腦部，這就是所謂的本體感覺。因為有本體感覺，我們不需用眼睛看，就能「感知」手指緊握或屈膝等狀態。學習新的動作技能時，我們會先用眼睛看動作如何進行，並用皮膚接收當下的感覺，與此同時，腦部也會反覆嘗試，進行肌肉控制的微調。經過足量的練習後，運動神經纖維會建立出固定的模式，並確立本體感受的回饋機制來作出調適。最後，身體所練習的動作會自動化，並由位於下腦勺的小腦系統化。這一系列的步驟完成之後，未來我們做這個動作時，就不再需要全神貫注才能做出來了。

相互配合的健康關係

肌肉、骨骼和關節要相互依存，才能有正常的運作並維持整體健康狀態。在靜止狀態下，心臟只有五分之一的血液輸出會流往肌肉。進行激烈運動時，輸出的血量卻有高達三分之二都流往肌肉，對心肌來說也是種體能訓練。在極端情況下，過度操練肌肉會導致施加在骨骼的力量過大，進而折斷骨頭；反之，肌肉如果軟弱無力，則無法讓骨骼承受正常該有的壓力，因而造成骨骼逐漸衰弱敗壞。

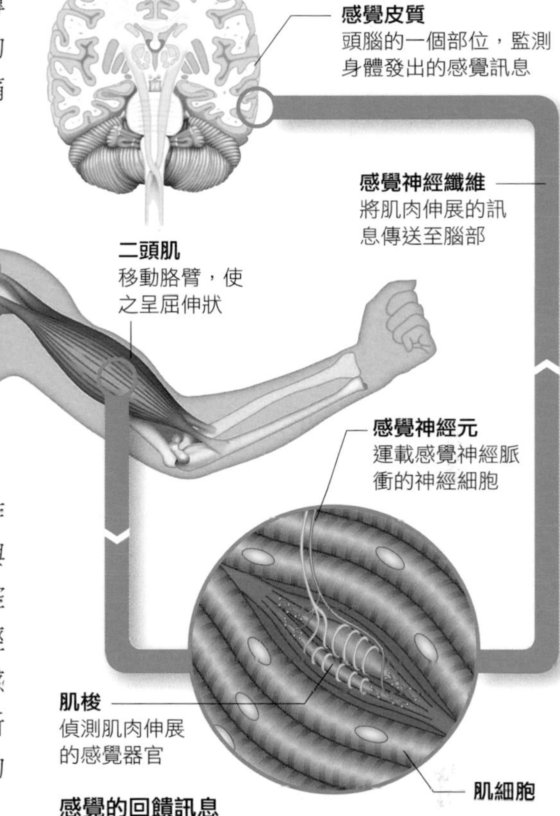

感覺皮質
頭腦的一個部位，監測身體發出的感覺訊息
感覺神經纖維
將肌肉伸展的訊息傳送至腦部
二頭肌
移動胳臂，使之呈屈伸狀
感覺神經元
運載感覺神經脈衝的神經細胞
肌梭
偵測肌肉伸展的感覺器官
肌細胞

感覺的回饋訊息
許多神經末梢集結在同個肌肉裡，即形成一種迷你感覺器官（稱為肌梭）。肌梭這種特化的器官會對拉力與伸展產生反應，反應時會發射訊號，經由神經纖維傳到頭腦的感覺皮質，並告知頭腦發生了什麼事。

維持柔韌性
我們能藉由規律進行「3S」運動不斷擴增潛能，讓自己能做出許多不同的動作，並增進骨骼和肌肉的健康。3S運動的項目分別為：肌力〈strength〉訓練、耐力〈stamina〉訓練和柔力〈suppleness〉訓練。運動前後都需要進行暖身操和收操，可預防身體因承受不了突然增加的壓力而造成運動傷害。

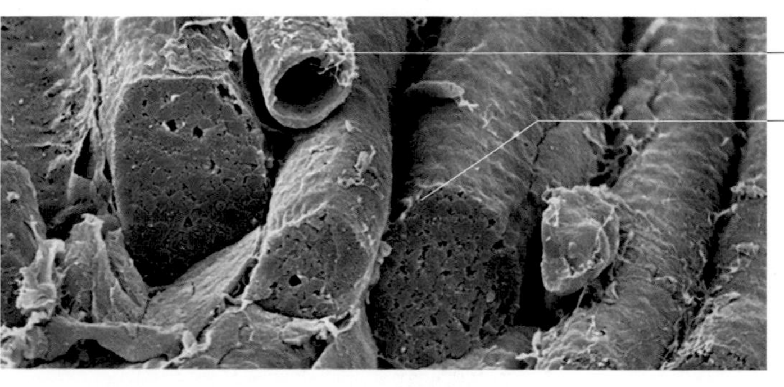

血管
肌纖維

肌纖維
這張以電子顯微鏡拍攝的偽色圖像，顯示了肌肉組織切口處狀似毛髮的肌纖維。肌纖維是一種大型細胞，每個纖維都內含許多更細的肌絲束。

訊息處理

活體中充滿著各式訊息。如此複雜、不斷變化的生物體要能夠控制、調節體中相互依存、相互作用的各個部位，必須倚賴訊息的傳遞。體內負責命令控制和管理資訊的兩個系統為：神經系統和內分泌系統。

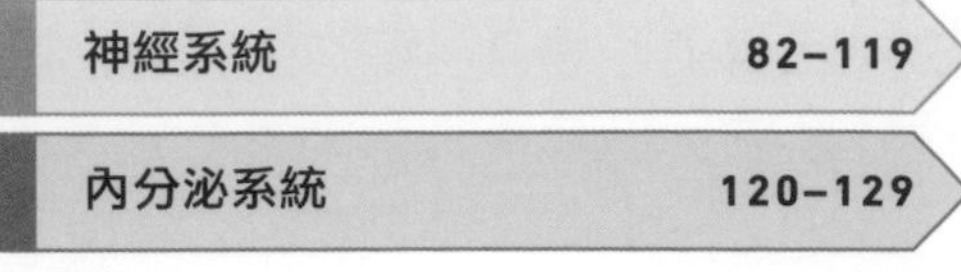
神經系統 82–119
內分泌系統 120–129

訊息的處理流程包含「訊息的輸入」、「輸入後的評估」、「評估後所下的決策」以及「決策訊息的輸出」。訊息的輸入來自於視覺和聽覺等不同的人體感官。頭腦是人體的「中央處理器」，由頭腦輸出的訊息，控制了肌肉的物理行為和腺體的化學反應。神經和激素也參與了訊息管理的程序。

神經系統與內分泌系統

微量電脈衝是神經系統的內部「語言」，量多、電量小且速度快：單個脈衝的電量為十分之一伏特，只會持續好幾千分之一秒。神經纖維網中，每秒都有數百萬個脈衝流經。神經纖維為長條、淡色、如絲線般的路徑。來自各種感官的訊息，會形成電脈衝，往腦部湧去，抵達腦部之後，頭腦會進行篩選、分析和評估。與此同時，數百萬計的訊號仍會在腦內多個複雜的區域四處傳遞。頭腦一旦下了決策，就會製作電脈衝，作為指令並發出。腦部輸出的電訊號經由運動神經傳入肌肉後，會刺激並調節肌肉收縮的程度，以做出動作。體內還有另一種訊息載體，稱為激素，作用是讓各個內分泌腺知道，要達到預期效果，分泌時間和產量應該為何。循環於血流的激素有50種之多，不同種類的激素各有獨特的分子構造，體內細胞必須要有對應的表面受器才會受刺激，受刺激的細胞會依照指示執行特定任務。大體而論，神經的作業時間都相當短，是一秒的好幾千萬分之一，而激素發揮功用的時間大多比較長，從數分鐘、數日到數月都有，像生長激素這類的激素效用就相當持久，因為它的分泌時程達數年之久，且分泌期間不曾間斷。

腦部活動狀態
這張功能性磁振造影立體影像顯示了人在說話時，腦部的活動狀態。紅色部分為活動量高的區域，黃色為活動量中等的區域，而綠色則為活動量低的區域。

內建生理時鐘

人體有內建的生物活動節律。實驗證明，置身於「無時間性」的環境（光線、溫度、食物供給及其他狀態都保持不變的環境）中，受試者大抵上依然會按24小時的週期進行各種活動，如睡眠、起床、進食、清醒和四處走動等。「生理時鐘」位於視交叉上核，即左右視神經（請參閱第95頁）交會之處正上方的一小塊部位。光線亮度、氣溫波動等外在環境的各種刺激，以及我們心理上對時間的認定等，都會使視交叉上核不斷進行調整，並將整理出的資訊提供給頭腦的不同部位，任其處理該部位負責的週期性活動，如激素的排放、組織的修補、體溫的控管、尿液的製造和消化性活動等。如此一來，人體各部位的自然節律才能保持協調一致。

選擇性專注能力
鼻子會不斷偵測到氣味，並將之轉化為源源不絕的神經訊號傳到腦中，但人腦有能力去選擇性地感知輸入的資料，因此可選擇忽略或專注於不斷湧入的氣味資訊。

輸入訊息的重要性

從生理時鐘的運作方式可得知，將資訊供給腦部處理中心這件任務，並不只由五種感官進行。由於生理時鐘必須持續不斷地根據外在環境進行調整，感官輸入的訊息必定極為精密複雜。體內上千個微型受器，每天不眠不休地監測血壓、體溫等各種變數以及氧分子、廢二氧化碳和血糖等重要化學物質的含量。這些資訊會提供給腦中「自動化」或潛意識作業的部位，任其在下意識中作出決策。由此，極大量的資訊就在我們毫未知覺的情況下處理好了。

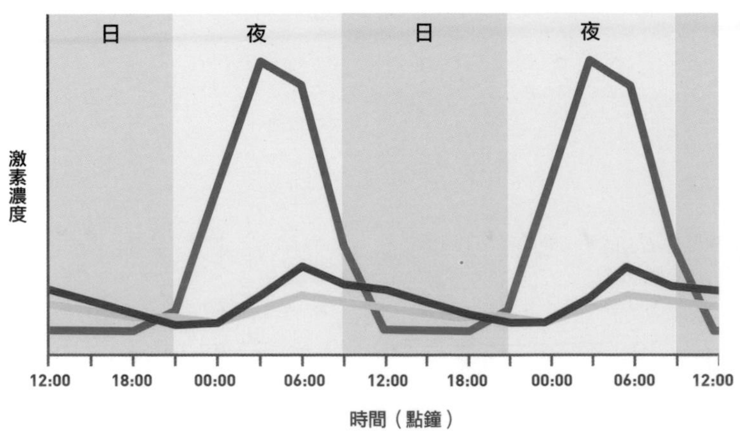
日
夜
日
夜
激素濃度
12:00
18:00
00:00
06:00
12:00
18:00
00:00
06:00
12:00
時間（點鐘）
醛固酮
褪黑激素
皮質固醇

約日節律
圖為依循24小時一週期分泌的激素量。褪黑激素是「讓人睡覺的激素」，可維持節律控管系統正常運作，也會受節律控管系統的影響。醛固酮影響的是尿液的製造。而皮質固醇則在許多不同的人體機制中產生作用，除了影響血糖濃度，也能促進癒合並消除心理壓力。

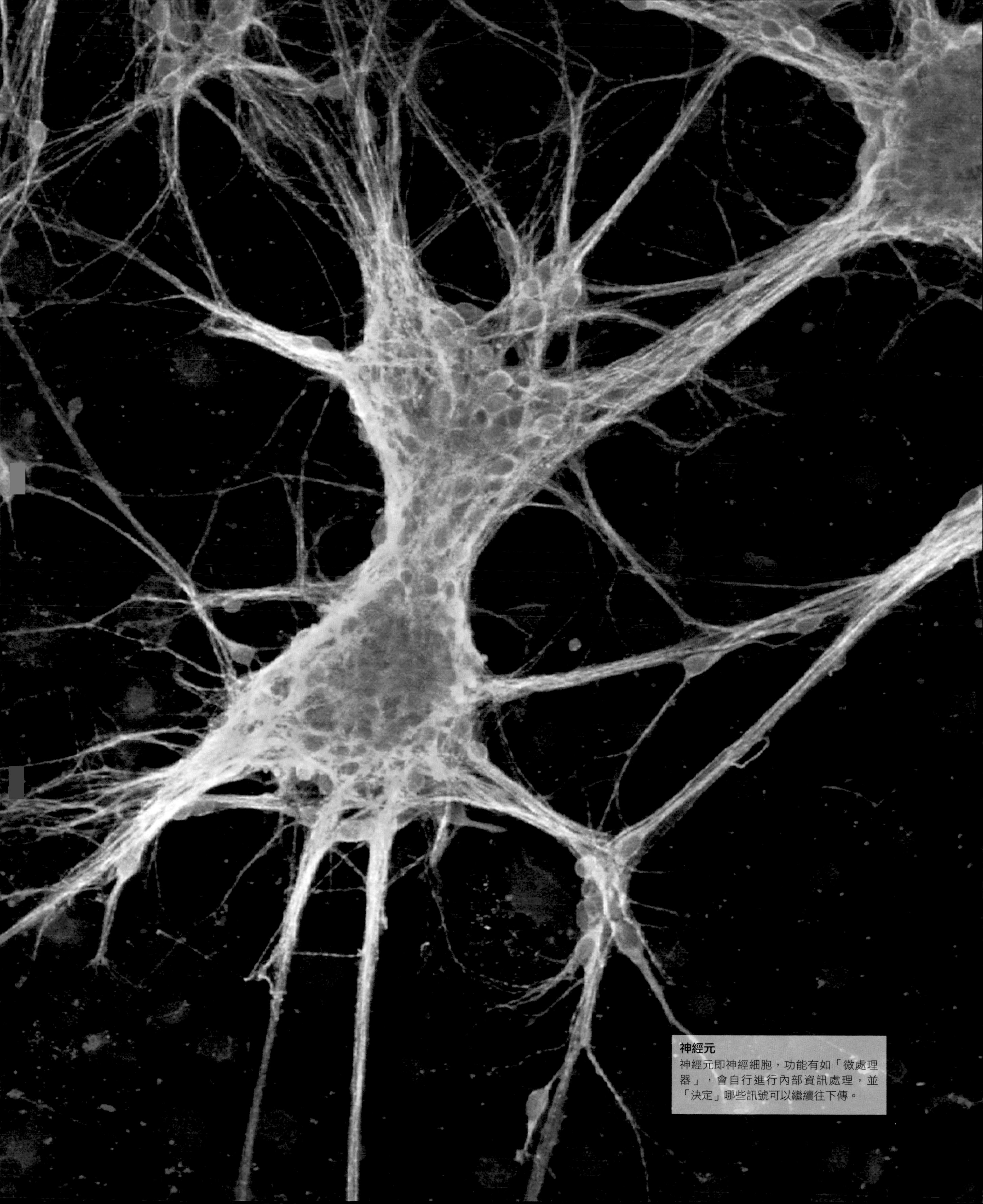

神經元

神經元即神經細胞，功能有如「微處理器」，會自行進行內部資訊處理，並「決定」哪些訊號可以繼續往下傳。

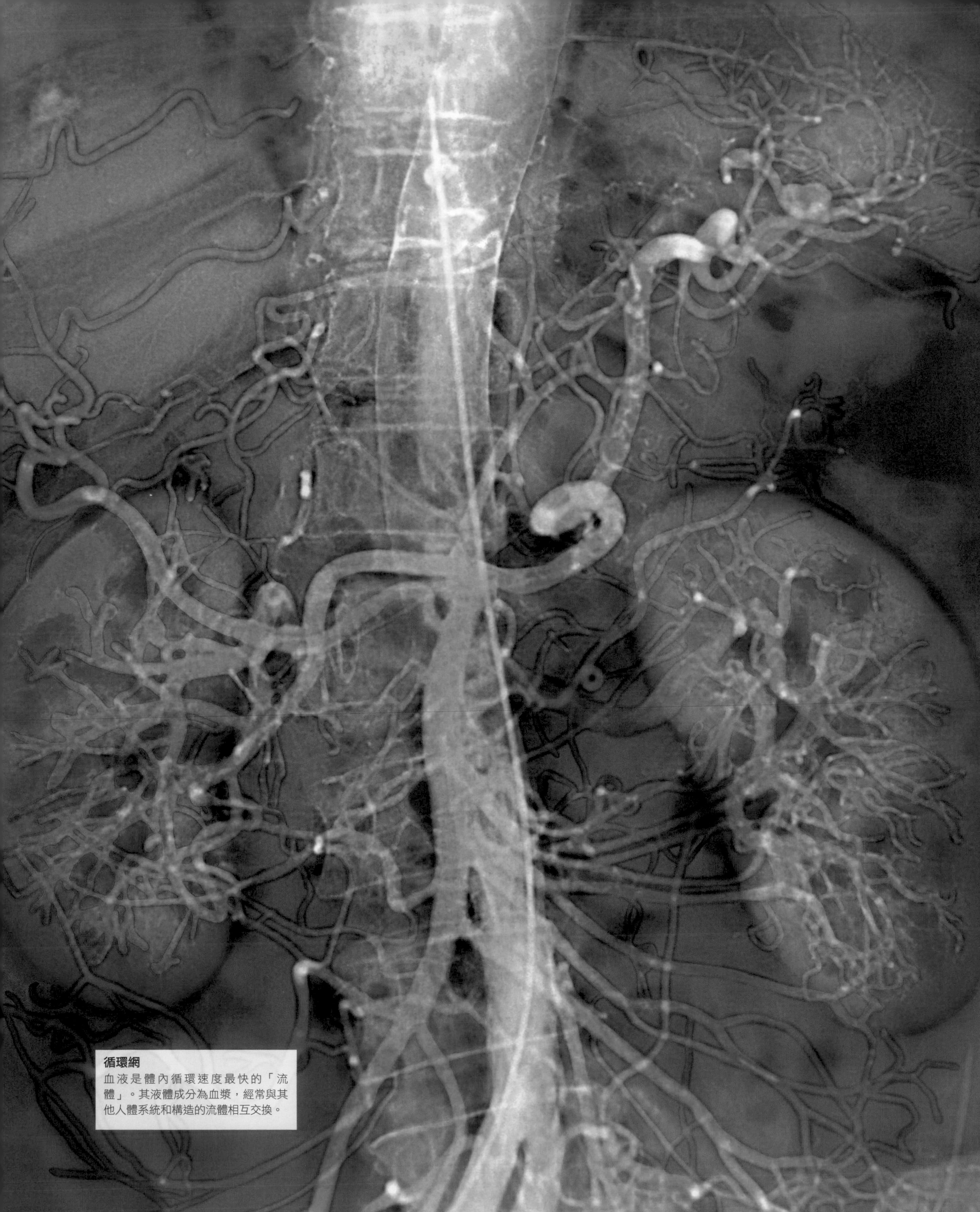

循環網
血液是體內循環速度最快的「流體」。其液體成分為血漿，經常與其他人體系統和構造的流體相互交換。

流體之身

人體的組成約有三分之二為水，以及溶於其中的多種基本物質。各式各樣的流體在人體的許多系統中都有相當重要的作用。流體存在於血液及淋巴液中，以及細胞和人體組織周圍。

心血管系統 130–145
淋巴與免疫系統 172–187

大多數人體部位的主要構成物為水分。組織中有七成至八成為流體。典型的腦部和腸道中，有三分之一為水分。血漿中九成為水，骨骼中的水分佔了百分之二十五之多，而脂肪的組成有百分之十至百分之十五為水。

流體隔層

身體中的流體可依其生理性質歸類為兩大流體隔層：細胞內液和細胞外液。細胞內液（亦稱細胞質或胞體漿）存在於人體的細胞內。細胞外液則為前述之外其他所有的流體，其中又可再細分為幾個不同的次隔間：介於細胞與組織之間的組織間液；血漿和淋巴液；骨骼、關節和緻密結締組織中的流體；唾液、他種消化液、黏液、汗液和尿液等跨細胞流體。

流體的功能

水是一種極佳溶劑，其中的數千種物質都是體內各種生化反應所需要的成分。水也是一種高效的運輸系統，在體內四處遊走，除了分送養分之外，也回收運遞老廢物質。流體可將過熱的溫度從活動中的身體部位（例如：運動中的肌肉）發散至較為低溫的區域，藉此調節體溫。體內流體也有避震作用，為腦、眼和脊髓等較為脆弱的部位提供緩衝。除此之外，流體還可作為體內潤滑液，因為各種組織、器官彼此緊密黏靠，滑動時會產生摩擦力，流體則有助於將此摩擦力減至最低。少數專責執行此功能的特定流體包括：肺臟周圍的胸膜液、心臟周圍的心包液以及關節內部的滑液。

血漿
心臟泵血所產生的壓力會將血漿榨出微血管壁。

血漿和淋巴液循環
血漿會從微血管中滲出，變成組織間液。一部分的組織間液會緩慢釋入淋巴管，變成淋巴液，最後在淋巴管接上大型靜脈的地方，再次排回血液循環。

淋巴液
淋巴管會將流體收集起來，置入淋巴系統中循環，再按既定路線將其送回血液循環。

組織間液
進入幾乎無受壓狀態的流體，會在細胞和組織周圍緩慢地任意流動。

血液與淋巴液

血液循環系統與淋巴液循環系統關係密切，因為流體經常在兩者之間互換。血漿是各種血球懸浮之處，可將紅血球（負責運載氧與移除二氧化碳）運送至身體各個部位。血漿從微血管中滲出，進入附近的組織，成為組織間液。這種滲出的流體大多都會再被吸收回血液中，但有些會被吸入淋巴系統的毛細管，成為淋巴液。淋巴液可將白血球（製造抗體對抗感染和疾病）運送至身體各處。淋巴液流經淋巴系統之後，再緩慢排出回到血流，作為血漿使用。

均衡狀態與回收作用

一般成人體內含有約40公升的水。每天，身體中的水分都會以尿液、汗液和糞便等形式流失。身體進行生化反應時，會將水分耗盡。而身體也會製造水分，製造唾液和消化液的腺體即為一例。為維持流體良好的均衡狀態，我們每天必須喝至少2公升的水。不過，幸好人體具備優良的水分守恆回收系統（例如：將血漿回收作為淋巴液，淋巴液再回收作為血漿），否則我們每日就必需攝取至少200公升以上的水。

淋巴液1.4公升
細胞內液20.3公升
組織間液16.6公升
靜脈血液4.15公升
動脈血液1.1公升
微血管血液0.28公升

體內的主要流體量
細胞內的流體（細胞內液）和細胞與組織周圍的流體（細胞外液）在全身體液中佔的比例最大。這張圖表省略了許多其他種類的流體，如唾液和他種分泌物以及骨骼、關節和結締組織中的流體。

血漿成分

血漿為運送血球的液體，約佔總血量的百分之五十五之多。血漿的成分則有九成為水，且含有許多重要物質。

血漿蛋白	例如：白蛋白（用於防止水分滲入組織）、纖維蛋白原（用於凝血）和球蛋白（例如：抗體）。
電解質	主要成分為礦物鹽類，溶解後會變成離子。最重要的幾種電解質有鈉離子、氯離子、鉀離子、鈣離子和磷離子。
激素	例如：胰島素和抗胰島素（用於調節血糖濃度）、各種甲狀腺激素（控管細胞新陳代謝的速率）以及性激素。
養分	例如：葡萄糖（作為能量）、各類胺基酸以及膽固醇和三酸甘油脂等多種脂質（作為細胞組成物和能量）。
老廢物質	例如：二氧化碳、乳酸、肌酸酐和尿酸等，會由腎臟從血液循環中抽出運走。

平衡狀態

體內的細胞和組織相當纖弱，且極易受擾而失常。要讓它們正常運作，必須不斷進行全面性的調整，使其化學環境與物理環境保持穩定平衡。身體中有數個不同的系統共同合作，維持內在環境的恆穩，此即保持體內恆定性的程序。

心血管系統 130–145

呼吸系統 146–161

皮膚、毛髮和指甲 162–171

消化系統 188–209

泌尿系統 210–219

每個細胞中發生的各種化學變化都會為保持協調而適應各種特定情況，比如：體內流體的濃度、含氧量、血糖和重要補給物、酸鹼平衡以及溫度、氣壓等外在境況。人體必須將內部環境條件保持在一定範圍內，否則其中的生化途徑就會出錯，使得老廢物質積累、能量耗盡，導致許多有害效應產生，並迅速傳到其他部位。

體內恆定系統

體內恆定狀態是由數個人體系統合作所達成。呼吸系統要負責確保提供給身體持續而穩定的氧分子量，因為人體從營養素中分離出能量時，氧分子是這個程序必須的材料，但體內卻不能將氧分子存起來放。消化系統負責攝取並處理養分，一部分養分會用於修補和維護老舊細胞及組織。循環系統負責確保全身各處都有得到氧分子與養分，同時收取老廢產物，交由泌尿系統和呼吸系統清除。表皮系統（皮膚、毛髮和指甲）負責保護人體內部，降低外界帶來的影響，好比不斷變化的氣溫、濕度以及輻射能等。

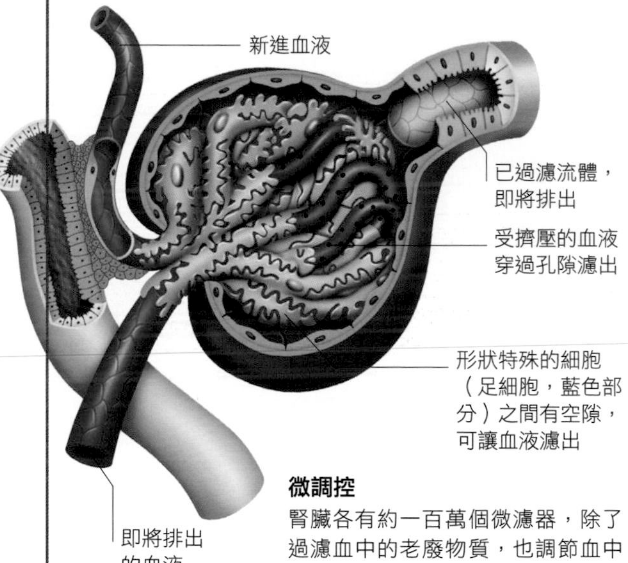

新進血液
已過濾流體，即將排出
受擠壓的血液穿過孔隙濾出
形狀特殊的細胞（足細胞，藍色部分）之間有空隙，可讓血液濾出
即將排出的血液

微調控
腎臟各有約一百萬個微濾器，除了過濾血中的老廢物質，也調節血中水分、鹽類和礦物質的含量。

控管系統與回饋機制

人體兩大控管系統為神經和內分泌系統，主要負責利用回饋迴路來調節恆定機制。舉例來說，組織、血液的水含量如果稍微降低，造成其他流體濃度提升，就會引發監測中的各種感測器啟動作業，將此資訊回饋給腦部作為警示。腦部的體內恆定中心會觸發一系列調控行動，控管尿液排放的激素會有所調整，進行水分節約，神經活動會使我們有意識地警覺口渴，並攝取液體以補充水含量。流體濃度逐漸恢復正常時，體內的感測器會偵測到這個變化，並停止發出警示，等到下次需要時再度啟動。如此一來，持恆的內部條件監測作業便能將內部環境維持在穩定的狀態，細胞與組織便能以最高效能運作。

體溫調節

體溫調節能證明體內恆定維持程序之複雜精細，且穩定體溫的維持亦可於人體外觀明顯觀察得到。其運作原理與恆溫電暖器相似，恆溫感測器偵測到溫度降低時，會啟動電暖器。溫度高達預設點時，會自動停止增溫。人體中，活動中的肌肉會生熱，熱能會藉血流散逸至身體各部分。然而，單單攝氏1度的溫度改變就會開始影響細胞內的化學反應，蛋白質分子受影響的程度特別大，控制反應速率的酵素也是一種蛋白質，對溫度極為敏感，溫度太高時就會開始變形，使其精緻的立體架構毀損。因此，過高的溫度會觸發人體負責感溫的神經末梢，並啟動體溫調節的作業程序。皮膚血管會擴張以增加血流，進而加快體溫發散至周遭空氣的速度。與此同時，身體也會開始流汗，藉由汗液水分的蒸發，將體內溫度吸出。如此便能將體內的物理與化學環境維持在相對穩定的狀態，進而持續不間斷地達到體內平衡狀態。

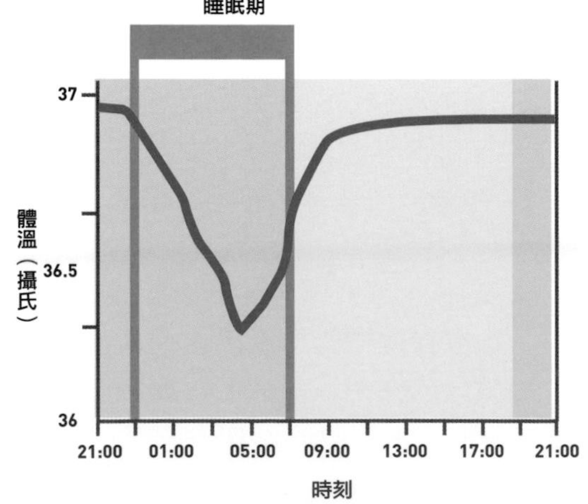

睡眠期
37
36.5
36
體溫（攝氏）
21:00
01:00
05:00
09:00
13:00
17:00
21:00
時刻

動態平衡
人體清醒且活動中時，正常的核心溫度約為攝氏37度，睡眠時則會降至攝氏36度左右。因為平衡點會依情況而變化，所以稱之為動態平衡。

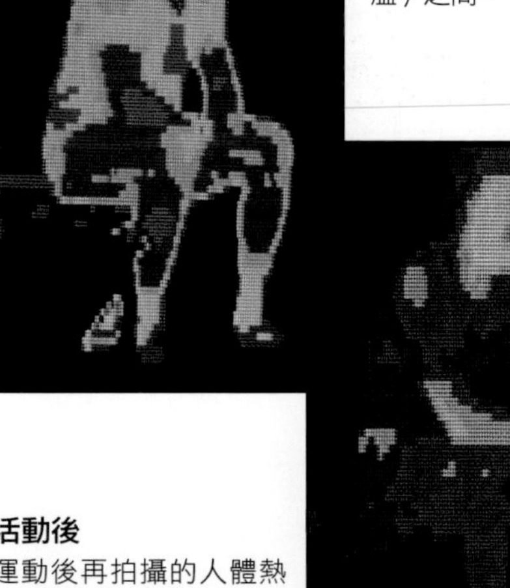

活動前
活動前拍攝的人體熱影像，溫高介於藍色（較低溫）與紅色（較高溫）之間。

活動後
運動後再拍攝的人體熱影像顯示，暴露在外的皮膚大部分區域都較一般狀態高溫。

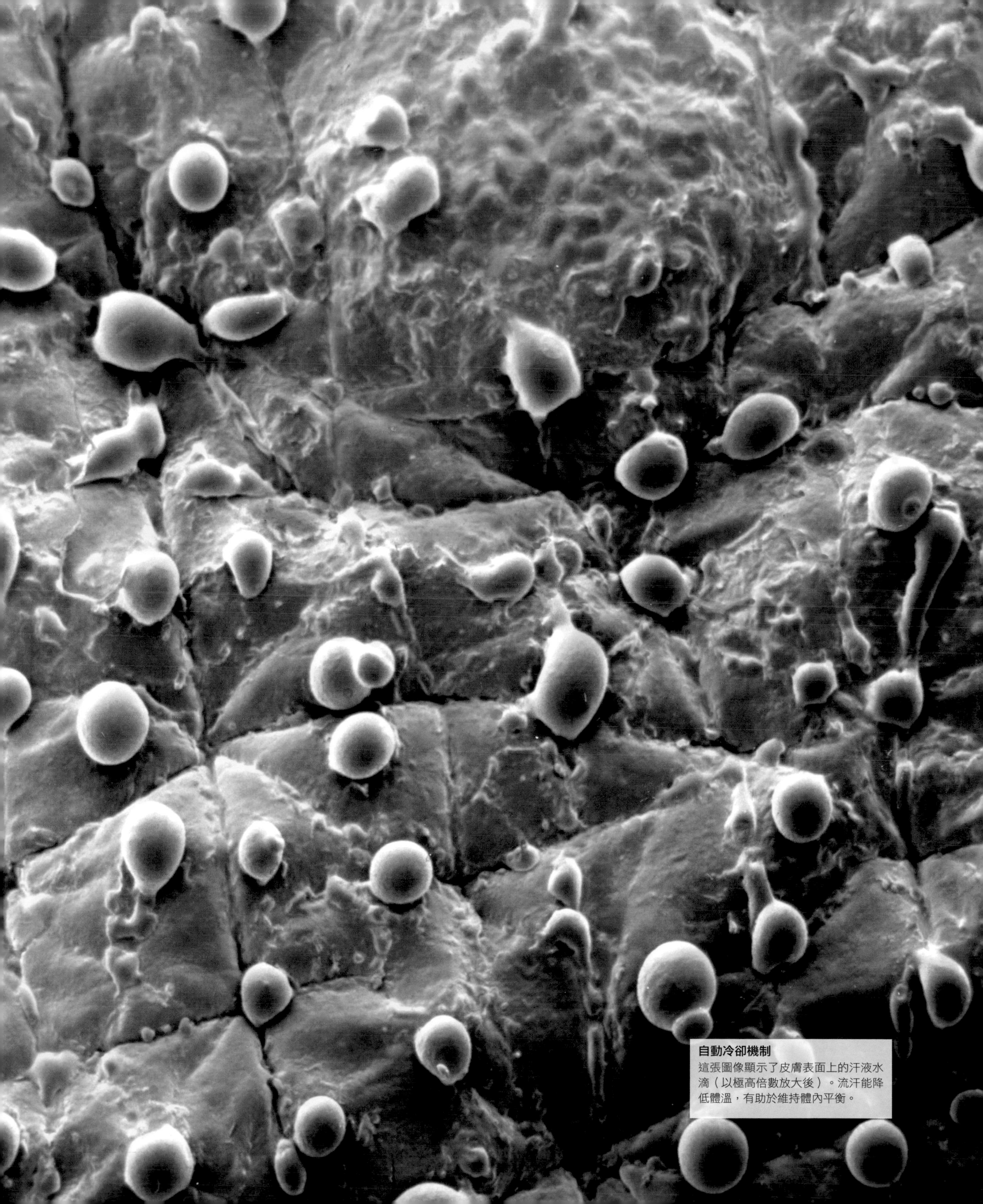

自動冷卻機制

這張圖像顯示了皮膚表面上的汗液水滴（以極高倍數放大後）。流汗能降低體溫，有助於維持體內平衡。

極端環境下的調適方式

人體若能攝取足量食物和流體，並生活在具有合宜溫度、正常氣壓和正常重力的舒適環境，承受的壓力最小。然而人體也具備應付極端環境的優秀能力。若極端情況持續時間短，人體會採取緊急應變措施應對；若極端情況長期持續，則採漸進式調整，讓自己適應新環境。

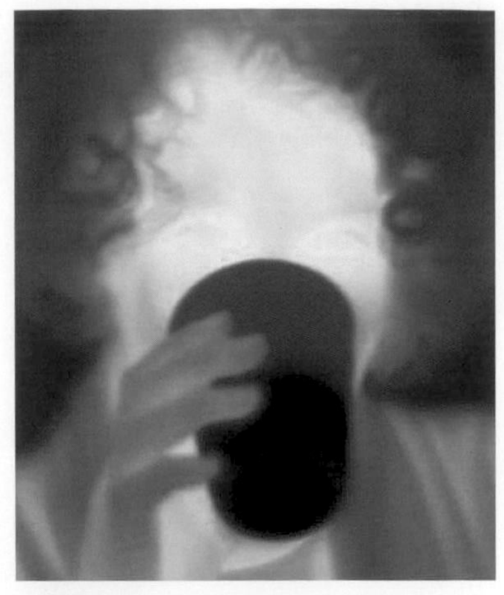

冷卻效應
這張熱影像顯示的溫度顏色，黃色部分為最高溫，靛藍為最低溫。從中可見一杯清涼飲料，喝下後可冷卻口部、喉嚨和身體核心，進而幫助緩和高溫壓力。

適溫範圍

人體內部有無數種作業程序和化學變化，統稱為新陳代謝。經過世代演化至今，攝氏36.5至37.5度是作業效能最高的核心溫度。人體有溫度調節功能，可自動產生反應，為平衡、維持內在環境的能力之一，此能力可以保持體內恆定性（請參閱第30頁）。自動化反應包括：溫度過高時，皮膚的血管會擴張，溫度過低時則收縮。我們也會有意識地作出反應性舉動，例如：覺得冷時，就會尋找保暖方式；覺得熱時，就會尋找蔭涼之處。然而，一旦身體偏離核心溫度超過攝氏1.5度，且偏離時間超過可忍受範圍時，身體就會開始採取更多、更激烈的反應，而且可能造成損傷。體溫低於攝氏35度時，即可診斷為體溫過低症，相當不利於新陳代謝的正常運作。同理，核心溫度若高於24小時週期中各時刻的正常體溫攝氏1度，即可判定為體溫過高症。

適溫範圍

顫抖、流汗等生物反應能在短時間內保護人體不受極端溫度傷害。然而，在嚴寒環境中，人體的四肢將處於危險中，可能於數分鐘內產生凍瘡之類的嚴重傷害，並導致永久性的組織損毀。即便如此，重要器官為了生存，依然能維持核心溫度一段時間。

核心體溫：35° C ← 37° C → 40° C

極度寒冷	中度寒冷	稍微寒冷	稍微炎熱	中度炎熱	極度炎熱
開始有體溫過低症的症狀，雖然心跳速度可能因心律不整而變快，但呼吸速率卻減緩。	心跳速率（脈搏）變得更慢，來為腦部保留能量。	心跳速率（脈搏）和呼吸速度稍微減緩。	口渴感覺增強，以補充因流汗及呼出氣息所喪失的水分。	容易感到頭痛和噁心，導致嘔吐及腹瀉。	確定罹患體溫過熱症，患者意識混淆且可能有攻擊性，接著會昏厥；體內組織受永久性傷害。
表面組織凍傷，形成不可逆的凍瘡；核心器官開始停止作業。	皮膚和四肢的血液循環受限更嚴重，造成蒼白的外貌，而凍瘡的形成機率也因此增加。	皮膚的血管收縮，限制血流和皮膚發散溫度的能力，由此保留核心溫度，也使膚色稍顯蒼白。	皮膚的血管擴張，增加血流並散熱，使皮膚顏色變紅。	如果發生脫水現象，血液會變濃稠，使之容易凝結，因而提高中風或心臟病發的風險。	即便體內水含量已經過低，降至危險的程度，卻不再感到極度口渴（矛盾性補償作用）。
記憶喪失和意識混亂，可能導致非理性寬衣行為（亦即「反常脫衣現象」）。	喪失肢體感覺和敏捷性，對於疼痛的知覺也變鈍；行動變得遲緩。	與皮膚上毛髮相連的肌肉收縮，使毛髮豎起，阻止皮膚旁的空氣逸散（導致「雞皮疙瘩」）。	黏附在皮膚毛髮的微小肌肉鬆弛，使毛髮平躺，讓皮膚中的熱氣容易穿出，進入空氣。	血壓陡降，使站立和走動的能力受影響，變得更容易跌倒。	低血壓及含氧量不足，使皮膚顏色變藍，肌肉開始抽搐。
人腦通常是最後停止運作的器官。	劇烈顫抖也無效的話，身體會靜止不動，以保留重要器官剩下的能量和溫度。	肌肉不受控制地顫抖以生熱，由血液分送所產生的熱能。	皮膚的汗腺分泌汗液，蒸發後可使身體表面冷卻。	可能會停止流汗，使得皮膚變得又熱又乾，為體溫過熱症的主要病徵。	失去意識，心搏變弱且不規律，重要器官衰竭。

受寒警訊
顫抖和肌膚喪失敏感度是兩種警告患者的初期身體訊號，目的是驅使患者多穿一點衣服（特別要保護頭、頸部）並動身前往室內，以防止寒風不斷將體溫吹散（即稱為風寒的效應）。

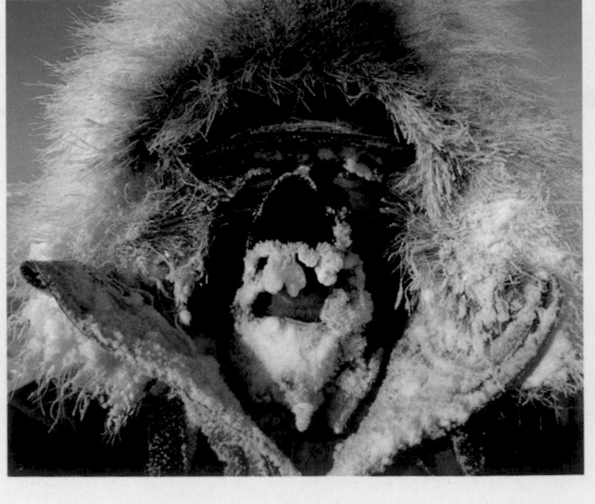

過熱警訊
極熱的環境會使人流汗、暈眩並感到口渴。這些訊號會使人想要攝取液體，並到涼爽的遮蔭處休息，最好是到有微風的地方，好使蒸發的汗液能夠被吹走，以強化冷卻效果。

氣壓和海拔高度

水分子對於壓力升高、降低時造成的壓縮力和膨脹力，具有極佳的抗性。身體大部分的組織基質都是水分子，因此外在壓力的改變對身體造成的影響不大。外部壓力增加所產生的主要問題，就是呼吸道和肺部的氣體會被壓縮。以潛水為例，當潛水深度增加時，裝備會用和周遭水壓相同的壓力，給予使用者呼吸用的氣體。至於外部氣壓的降低，通常發生於海拔高度增加時，會產生的主要問題則變成空氣含氧量減少，而不在於壓力。人到了海拔高於2,400公尺的地方，可能因為缺氧而罹患高山症，產生呼吸頻率增加（過度換氣）、心跳加快、頭痛、疲倦、噁心、眩暈、昏厥及虛脫等症狀。

正常血氧含量

海拔高（或紅血球減少，或組織需氧量增加）而使可用氧氣減少，造成**血氧含量降低**。

腎臟和肝臟釋出更多的紅血球生成素。

紅血球生成素刺激骨髓，使之加快製造紅血球的速率。

數量增加的紅血球使血液有能力攜帶更多氧分子。

高空生理適應

若數日或數週以來，呼吸的都是低含氧量的空氣，會使腎臟和肝臟釋出更多的紅血球生成素。這種激素會使骨髓加快製造紅血球，讓更多紅血球進入血流，強化身體吸收和運送氧氣的能力。

自由潛水

自由潛水者潛水時不使用呼吸輔助裝備，身體的氣體空間會被壓縮，但因為人類有「哺乳動物潛水反射」這種將傷害減到最小的本能，會迫使更多血液進入肺部血管，將肺中大部分的氣體推出，使肺臟較不容易塌陷。

高重力與低重力

人體發展出的物理結構，特別是骨骼、關節和肌肉，都是能適應並承受地心引力下拉力量的結構。車子或火箭等交通工具突然加速的時候，乘客會感到地心引力的拉力增加。乘坐雲霄飛車時，忽上忽下、不停急速轉彎的狀況下，也會造成同樣的效果。「高地心引力」會使人暈眩、失去方向感，患上動暈症，並反射性地張開四肢。持續時間過長，可能會使人感到無力，體內血液會積聚在某處，迫使血液不能回流的力量太大，心臟必須費力抵抗，進而可能造成呼吸困難、關節有壓迫感，或是失去意識。若身處太空，在無重力的環境下，也會使人失去方向感和物理反射動作能力，並伴有噁心和血液積聚的症狀。久而久之，肌肉會退化並衰敗，關節會變軟弱，而骨骼內含的礦物質會流失。

低重力訓練

置身無重力環境中可能會使人產生噁心和失去方向感等症狀，稱為太空病。太空人可在改裝過的飛機進行訓練，以適應無重力的環境。

睡眠不足

睡眠健康與否除了要看24小時週期中睡眠的總時長，也與睡眠品質以及快速動眼期和非快速動眼期（請參閱第95頁）等不同的睡眠週期息息相關。睡眠匱乏或經常性地改變睡眠時間，都會擾亂松果腺的分泌，使之無法在深夜時增加褪黑激素的分泌（請參閱第126頁）。剛開始會使人感到疲倦、呵欠連連、易怒及行動笨拙。如果這種情況持續下去，則會進一步造成記憶障礙、意識混亂、沮喪抑鬱、情緒起伏不定，甚至產生幻覺，並伴有頭痛、顫抖和步態不穩等症狀，同時，血壓異常、糖尿病、胃潰瘍及意外事件的風險亦會隨之增加。

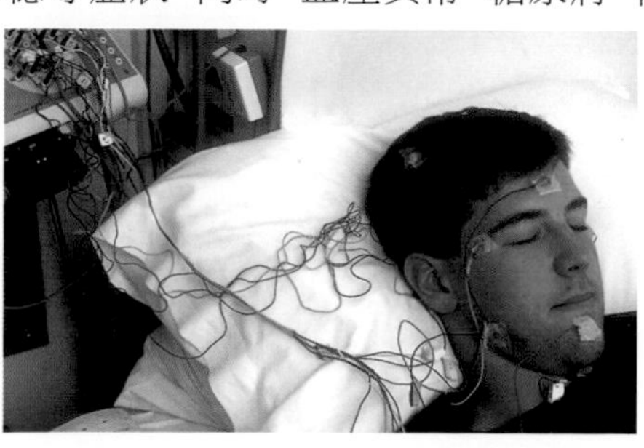

睡眠實驗室

腦電波圖能顯示出被擾亂的睡眠週期之潛在發生原因以及發生過程。其中一個常見因素為褪黑激素的製造異常。

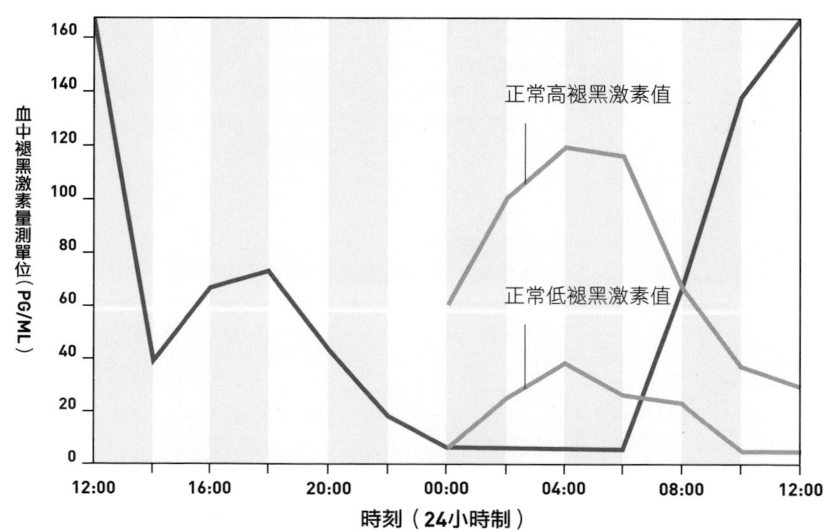

血中褪黑激素量測單位（PG/ML）
160
140
120
100
80
60
40
20
0
正常高褪黑激素值
正常低褪黑激素值
12:00
16:00
20:00
00:00
04:00
08:00
12:00
時刻（24小時制）

夜間褪黑激素正常值

史密斯-馬吉利氏症候群患者的褪黑激素值

史密斯-馬吉利氏症候群

史密斯-馬吉利氏症候群是一種遺傳性疾病，患者的褪黑激素製造週期會變成6至12小時一週期，使患者在夜間感到清醒，日間卻感到昏昏欲睡。

脫水

流體不足對身體造成的傷害比養分不足更大，且速度更快。尿液的輸出對於老廢物溶液的清除極為重要，可防止老廢物囤積於血液中，造成毒害。若是數小時的短期水分匱乏，身體會做相應之調整。舉例來說，腎元中的腎小管會對抗利尿激素（血管加壓素）量的增加產生反應，從尿液中取回更多的水分子，使得尿液濃度增加（請參閱第215頁）。除此之外，發自下視丘的口渴感覺訊號強度也會大幅增加。如果此階段仍然得不到水分，就會因為血液變濃稠等全身性效應的產生，而使組織開始遭到毀損。

脫水對人體的影響

測量是否脫水，有一種簡易方式：將失重率與一般健康的含水體重進行比較。脫水造成的影響不只是因為水分不夠，也因為溶於水中的重要鹽類和礦物質都隨著尿液一起流失。舉例來說，鈉離子含量下降，會影響神經訊號在腦和神經纖維中的傳遞。

失重率	對身體造成的影響
1%–2%	感到口渴；因口中唾液減少而感到口乾舌燥；因為流汗量降低而導致皮膚乾燥、潮紅；尿液輸出量減少；便秘；疲勞。
3%–4%	更加口渴；食慾減少；流汗量減少，使得核心體溫上升，尤其發生於活動後的身體；暈眩或頭暈；肌肉無力。
5%–6%	體溫持續升高；心跳和呼吸速率加快；嚴重頭痛；肌肉抽搐；熱衰竭（中暑）和體溫過高症的風險增加。
高於6%	無法控制肌肉；皮膚皺縮；視力出現障礙；吞嚥疼痛；意識混亂；記憶出差錯；出現幻覺；虛脫、失去意識。

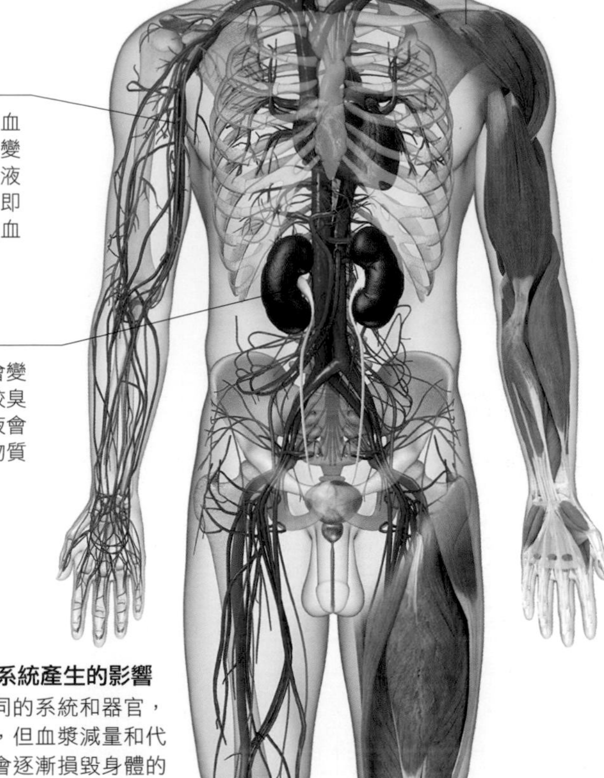

腦和神經系統
口渴感變強烈；腦部供血不足導致產生暈眩感和頭暈症狀；頭痛，並可能暈厥及失去意識。
肌肉
老廢物質清除的效率減低，導致痙攣；血糖不足加重疲勞感。
循環系統
因為液體成分（血漿）減量，使血液變濃稠，導致產生血液凝塊的風險提升；即便心跳速率增加，血壓卻下降。
泌尿系統
一開始，尿液濃度會變高且呈深色、味道較臭且呈混濁；接著尿液會停止製造，使老廢物質在體內囤積。

水分不足對人體各系統產生的影響
脫水會影響各個不同的系統和器官，影響速度快慢不一，但血漿減量和代謝廢物增加，還是會逐漸損毀身體的各個部位。

頭部和腦部
出現如意識混亂和易怒等心理問題；食慾減低或完全沒有食慾；疲勞；牙齒過早脫落或萌牙時間延遲；頭髮變少且乾燥易碎。

胸部和腹部
胸部扁平且呼吸肌軟弱無力；心搏微弱；腹部因為脂肪肝腫大而膨脹；免疫力低弱，增加受感染的風險。

皮膚和四肢
皮膚潰瘍、出疹和脫皮；皮膚色素喪失；肌肉敗壞；關節不穩；骨骼細薄。

腳部
腳部腫脹，亦稱足部水腫，為惡性營養不良症的基本病徵；其他身體部分可能也有水腫造成的皮膚腫脹狀態。

惡性營養不良症（加西卡病／紅孩症）
這種病症的主要患者為孩童，為飲食中嚴重缺乏蛋白質所致，即便食物能量以及其他每日膳食需求都攝取足量，也無法彌補蛋白質之缺乏。

營養不良和飢餓

健康的人體都有足以供數日之用的生命必需營養素儲備量。身體急需之物為現成可用的能量。一般情況下，能量來自於人體消化含澱粉的食物後，產出以葡萄糖為主的糖類物質。如果無法取得上述營養素，則人體會將肝臟庫存的肝糖分解成糖分供應所需，這種供應模式最多只能維持一天，接著身體中的脂肪（脂質）和蛋白質（特別是肌肉）就會開始代謝成能量。必要維生素（大多身體無法自行製造也無法回收利用的維生素）的存量也會逐漸耗盡，進而波及消化作用、神經訊號的傳遞和激素的製造等作業程序，同時也會影響骨骼、肌肉和皮膚的健康維護能力。抵抗力會下降，視力、味覺等各種感官能力也都會受到影響。這些都是綜合性營養不良症全身性且長期的影響。若不謹慎並按階段地讓患者重新攝取較為健康的飲食，將無法幫助患者脫離飢餓狀態。

營養不良
食物供給中斷時，身體會從自身的庫存抽取能量，並首先從最容易轉換為能量的資源著手。

來自膳食葡萄糖的能量
藉分解碳水化合物而獲取的葡萄糖，是體內能量的主要來源，但游離於血液中的葡萄糖供應量不足一小時的用量。

利用肝糖生產能量
肝糖分解作用將儲備於肝臟和肌肉的肝糖（動物性澱粉）分解成葡萄糖後，由血液分送至各個身體部位。

利用脂肪生產能量
首先會用血液中的游離脂肪酸生能，過幾個小時後，身體會將脂肪組織分裂成產能的物質，例如：酮體和甘油（用於進行糖質新生作用，生成葡萄糖）。

利用蛋白質生產能量
飢餓狀態下，身體會從肌肉分離出胺基酸，供肝臟（進行糖質新生）和腎臟（進行產氨作用以產出葡萄糖）使用。

人體性能

天生體格、密集的強化訓練、絕佳的設備和堅定的決心，都是讓人體能夠在體育或其他體能表現方面登峰造極的要素。

天生體格和能力

有些人與生具備了特別適合某一類型運動或競技的身材，和看似與生俱來的能力。以籃球運動為例，雖然運球技術、球場中移動的靈活性和戰術的拿捏都很重要，但天生長得特別高，在這項運動中依然是個贏在起跑點的優勢。以跑步運動為例，短跑運動員的體型通常較高壯並有一雙長腿，而中長跑運動員的體型則通常較瘦小且較為精實。然而，遺傳學研究也顯示，東非的長跑運動員較優秀，不僅僅是因為有利的遺傳特徵，還包含了其他與社會經濟有關的重要因素，像是日常生活中習慣性或因缺少交通運輸工具而必須大量走路或跑步，以及以碳水化合物為主的傳統飲食（請參閱下文）。最後，是對成功的強烈心理動機，因為對於他們來說，贏得一場比賽的獎金可能等同於好幾輩子的收入。

高個子的天下
美國國家籃球協會的球員平均身高將近200公分，但身高較矮的球員如果能以特快速度移動，也能有不錯的表現。

飲食習慣與生活型態

現代運動科學極為注重人們全日的食物和流體攝取，全日包含休閒、訓練和比賽等各種活動期間。身體的總能量是否足夠供體能活動，也同樣受到重視，而能量來源種類也是重點之一。耐力運動員通常較注重碳水化合物的攝取，如義大利麵、米飯、麵包和馬鈴薯之類的澱粉類食物，消化後能以肝糖的型態儲存於體內，而需要在一或數小時內不斷使用能量時，能輕易分解成葡萄糖，是十分便利的能量來源。在訓練期間及比賽前吃下特別大量的碳水化合物（稱為肝醣超補法）有助於讓身體儲備能量，供應長時間耗能。

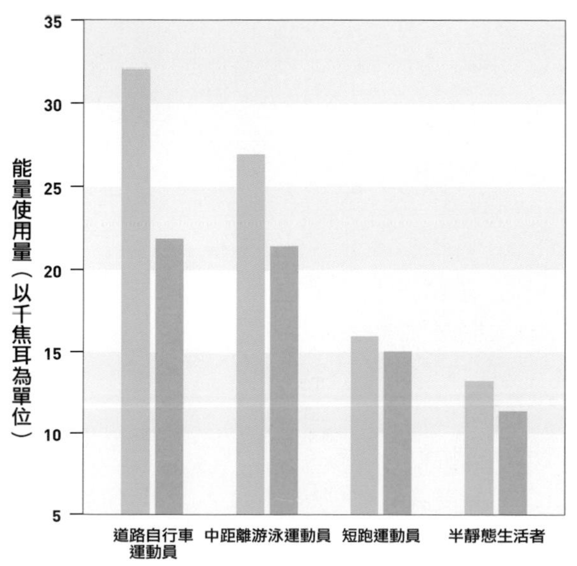

能量使用量（以千焦耳為單位）
35
30
25
20
15
10
5
道路自行車運動員
中距離游泳運動員
短跑運動員
半靜態生活者
男性
女性

運動員的能量使用量
競技比賽時，一流的運動員需要使用的能量大約是半靜態生活者的四到五倍。一般道路自行車運動員每天會花4到5小時騎車，是一項相當嚴苛的運動訓練。

健身運動和體能訓練

運動的各個層面都需要使用特定的肌肉群，而強化訓練的目的即在於以個別及合併的方式鍛鍊某一特定肌群。有些像是舉重之類的運動用到的肌群範圍較小，其他像是游泳、划船和越野滑雪等活動就有較多樣化的動作，使用的肌群範圍也較廣。即便如此，所有體能訓練的終極目標都是一樣的：均衡發展體態、協調性、平衡能力、骨骼強度、關節靈活度以及整體體適能。心肌和呼吸肌的強度訓練也包括在內，因為良好的呼吸和心血管狀態對於整體健康極為重要。體能訓練須包含暖身和收操等步驟，讓肌肉和關節不至於突然進入緊繃狀態。

北歐式健走
這是個新興的活動，用下半身走路的同時併用健走杖，讓臂膀也參與運動，可適用於各年齡層和各種體適能程度的人。

打破紀錄

打從人們開始精準記錄以來，幾乎所有的人類體能紀錄都在不斷更新。原因有許多：飲食變豐富、醫療保健品質的提升、訓練方法和設備的進步，以及人們對於運動和人體有了更多的瞭解。很少紀錄能維持多年都不被打破，除非是靠運氣。比方說，1968年的夏季奧林匹克運動會在墨西哥市舉行，因為當地海拔高，「空氣較稀薄」，使得阻力變小，加上剛好有容許值內的最大順風，美國跳遠選手 勃．比蒙創下了世界紀錄，達到8.90公尺的跳遠距離，比先前的紀錄整整多了55公分，而該紀錄一連23年都沒人能打破。

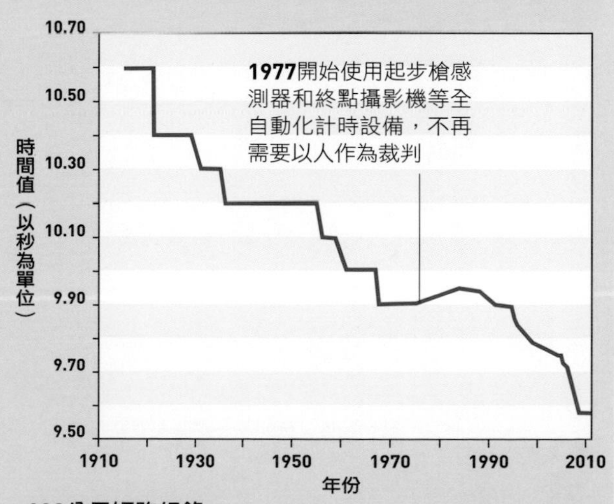

時間值（以秒為單位）
10.70
10.50
10.30
10.10
9.90
9.70
9.50
1910
1930
1950
1970
1990
2010
年份
1977開始使用起步槍感測器和終點攝影機等全自動化計時設備，不再需要以人作為裁判

100公尺短跑紀錄
既有的運動紀錄總是能被後人打破，但偶爾會有特別傑出的選手，帶來「巨大突破」的表現，2008年的牙買加短跑選手博爾特即為一例。

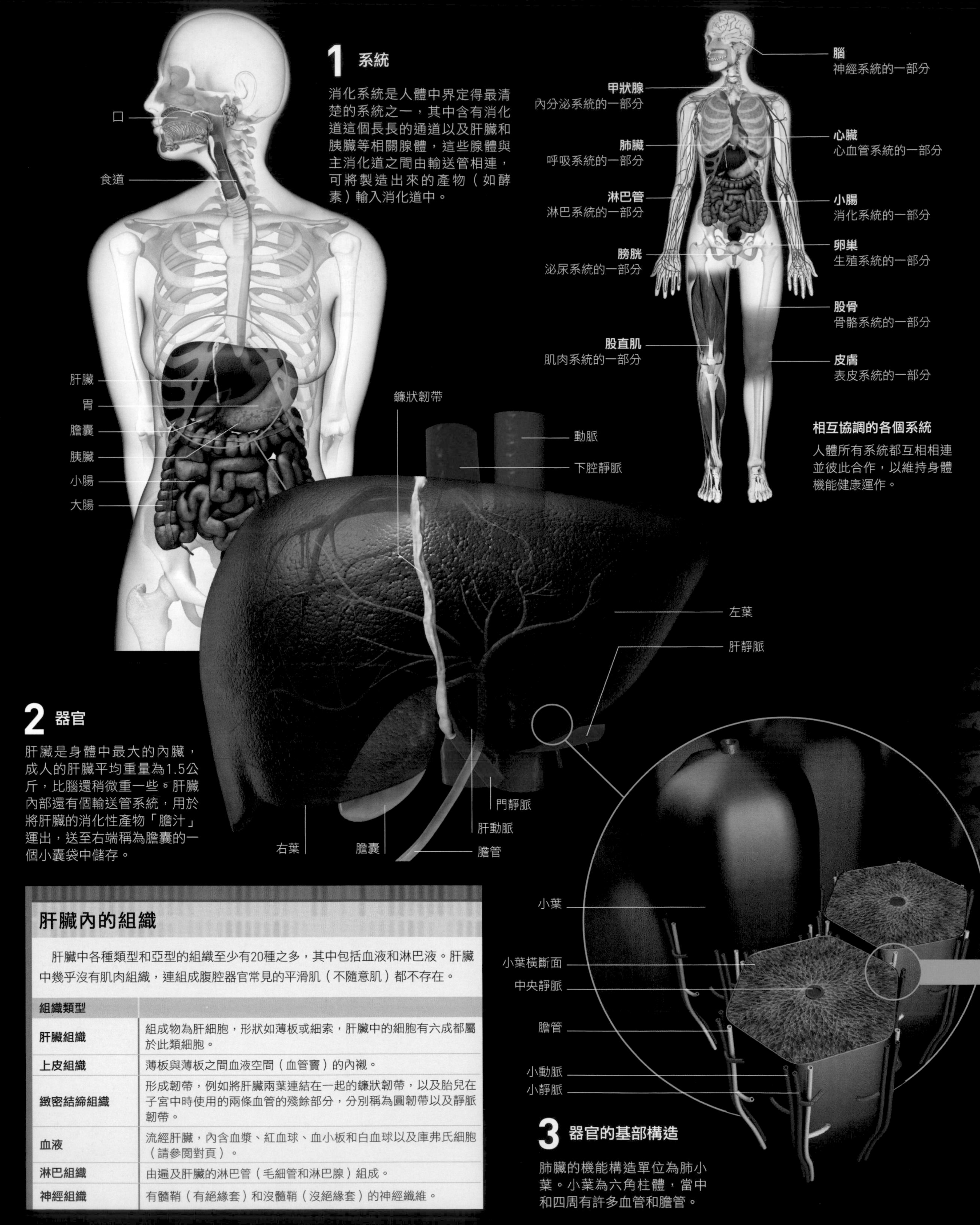
口
食道
肝臟
胃
膽囊
胰臟
小腸
大腸
腦
神經系統的一部分
甲狀腺
內分泌系統的一部分
肺臟
呼吸系統的一部分
心臟
心血管系統的一部分
淋巴管
淋巴系統的一部分
小腸
消化系統的一部分
卵巢
生殖系統的一部分
膀胱
泌尿系統的一部分
股骨
骨骼系統的一部分
股直肌
肌肉系統的一部分
皮膚
表皮系統的一部分
鐮狀韌帶
動脈
下腔靜脈
左葉
肝靜脈
門靜脈
肝動脈
右葉
膽囊
膽管
小葉
小葉橫斷面
中央靜脈
膽管
小動脈
小靜脈

1 系統

消化系統是人體中界定得最清楚的系統之一，其中含有消化道這個長長的通道以及肝臟和胰臟等相關腺體，這些腺體與主消化道之間由輸送管相連，可將製造出來的產物（如酵素）輸入消化道中。

相互協調的各個系統

人體所有系統都互相相連並彼此合作，以維持身體機能健康運作。

2 器官

肝臟是身體中最大的內臟，成人的肝臟平均重量為1.5公斤，比腦還稍微重一些。肝臟內部還有個輸送管系統，用於將肝臟的消化性產物「膽汁」運出，送至右端稱為膽囊的一個小囊袋中儲存。

肝臟內的組織

肝臟中各種類型和亞型的組織至少有20種之多，其中包括血液和淋巴液。肝臟中幾乎沒有肌肉組織，連組成腹腔器官常見的平滑肌（不隨意肌）都不存在。

組織類型	
肝臟組織	組成物為肝細胞，形狀如薄板或細索，肝臟中的細胞有六成都屬於此類細胞。
上皮組織	薄板與薄板之間血液空間（血管竇）的內襯。
緻密結締組織	形成韌帶，例如將肝臟兩葉連結在一起的鐮狀韌帶，以及胎兒在子宮中時使用的兩條血管的殘餘部分，分別稱為圓韌帶以及靜脈韌帶。
血液	流經肝臟，內含血漿、紅血球、血小板和白血球以及庫弗氏細胞（請參閱對頁）。
淋巴組織	由遍及肝臟的淋巴管（毛細管和淋巴腺）組成。
神經組織	有髓鞘（有絕緣套）和沒髓鞘（沒絕緣套）的神經纖維。

3 器官的基部構造

肺臟的機能構造單位為肺小葉。小葉為六角柱體，當中和四周有許多血管和膽管。

從人體系統到細胞

廣義而言，人體的每個系統都可以視為由小構造組成大構造的分層體系。人體系統處於這個體系的最上層，往下一個層級為器官，再往下是構成器官的組織，到了最下層則為構成組織的細胞。

一般認定人體系統是由不同器官與部位組合而成，負責執行一項重要的生理功能。各個系統都必須相互協調、彼此依賴，但也各有其具識別性的組成物和邊界。系統最主要的組成物是器官和組織。大部分的器官都是由各個不同的組織所構成，例如：腦部不只含有神經組織，也有結締組織和上皮（遮蓋性或內襯性）組織。同理，組織也是由顯微鏡下才看得到的細胞群構成，這些細胞結構相似，且具有相同的特化功能（請參閱第40到第41頁）。

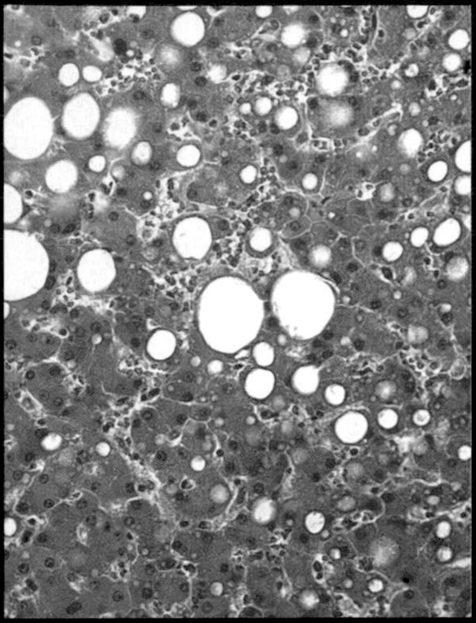

顯微鏡切片

在這張放大的肝臟組織切片中，可見細胞（粉紫色部分）和細胞核（深紫色部分）。白色圓形部分為積聚在組織中的脂肪沉積。

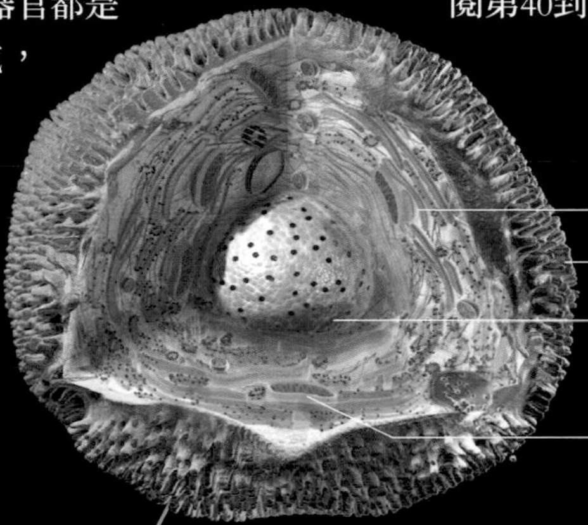

4 組織

肝臟獨特的組織是由不斷向外分枝的薄片或薄板所構成，而薄板是由肝細胞以不同角度排列所構成。其中流體瀰漫，且遍佈著兩類用顯微鏡才看得見的管道分支：血管和膽管。

5 細胞

構成所有組織活體基本單位。典型的細胞具有取得能量和處理營養素的能力。肝細胞即為體細胞的一種，當中含有許多類型的胞器。

細胞質
細胞膜
細胞核
粒線體
庫弗氏細胞
亦稱為肝巨噬細胞，是肝臟特有的一種白血球，會吞噬並消化破舊老廢的血球以及其他殘渣。
血管竇
一種具有許多孔隙，讓氧分子和營養素得以交換的血管。
肝細胞
膽小管
膽管最細的分支，在肝細胞之間迂迴而行。
膽管
收集由肝細胞製作，經由膽小管傳遞而至的膽汁。
肝門靜脈分支
肝動脈分支
淋巴管
紅血球
中央靜脈
有自己的內皮細胞作為內襯。
白血球
儲脂細胞

核膜
細胞核的雙層膜，具可讓物質進出細胞核的孔隙
細胞核
細胞的控管中心，內含染色質和細胞內大部分的去氧核糖核酸
核仁
細胞核的中央部位，對於核糖體的製造相當重要
核漿
細胞核內部的流體，為核仁和染色體漂浮之處
細胞骨架
細胞的內部框架，由微絲和中空的微管共構而成
空泡
為一種囊泡，負責儲存運輸細胞攝入的物質、老廢物質和水分
微絲
用於支撐細胞架構，有些會延伸到細胞的外層膜
粒線體
細胞內消化脂肪和糖分的場所，可製造能量
細胞質
狀似果凍的流體，有胞器漂浮於其中，主要構成物為水，其中含有一些酵素和氨基酸
微管
細胞骨架的組成部分，可幫助物質在如水般的細胞質（胞體漿）中移動
中心粒
兩條小管構成的圓柱體；為細胞增殖必需之物
微絨毛
為某些細胞具備的突起物；可增加細胞的表面積，有助於養分的吸收
核糖體
能組裝蛋白質的小型構造
釋出的分泌物
分泌物藉由胞吐作用釋出細胞，胞吐作用即分泌小泡與細胞膜融合後，將內容物釋出的過程
粗糙內質網
在細胞內四處延伸、具層層皺摺的薄膜，膜上點綴有許多核糖體，可幫忙將物質運送到細胞各處，為製造各式蛋白質的場所
分泌小泡
內含酵素等多類細胞產物的囊泡，於細胞膜釋出
溶酶體（溶小體）
製造強效酵素，幫助消化和排泄物質及老廢胞器
細胞膜
包覆細胞所有的內容物，調控進出細胞的物質
高爾基體（高基氏體）
負責將粗糙內質網製造的蛋白質加工並重新包裝後，送至細胞膜釋出的胞器
平滑內質網
由許多管道和弧形扁平囊泡所構成的網狀結構，可幫忙將物質運輸到細胞各處，為儲存鈣離子的場所和代謝脂肪之處
過氧化體
負責製造氧化有毒化學物質的酵素

細胞內部

這張概括型的人體細胞圖中，可見細胞內所有的迷你構造（胞器），各個胞器都有特定的功能。肝臟細胞可說是與圖中「概括型」細胞最相像的細胞類型。從細胞中哪一類胞器特別多，可看出該細胞的主要功能為何。

細胞

細胞是身體基本的結構和機能單位，也是能夠執行維持生命所需作業程序的最小部位，這些作業程序包括生產、活動、呼吸、消化以及排泄。然而並不是每個細胞都具備以上所有的能力。

細胞解剖

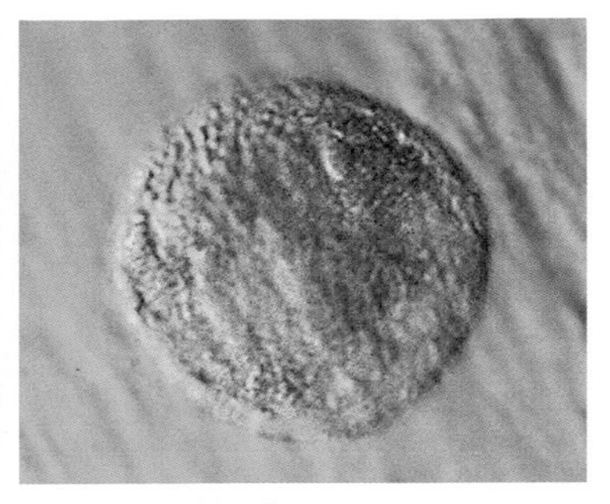

胚胎幹細胞
所有細胞都演變自兩種未分化的細胞（幹細胞）：成體幹細胞或胚胎幹細胞。

大部分細胞都必須以顯微鏡觀察，典型的細胞直徑介於20微尺與30微尺之間。神經元（神經細胞）和肌肉纖維細胞（肌纖維）等極為特化的細長型細胞長度可達30公分以上，但寬度極細。大多數細胞的外層都有漿膜，是細胞的「皮膚」，彈性佳，且可作為細胞內外的分界線。細胞內部含有各式各樣的胞器，為細胞的構造，各自具有特殊的形狀、大小和功能。胞器不會隨意四處遊蕩於細胞內，反之，細胞內部的組織架構相當井然有序，有許多由薄片和薄膜隔出來的腔室和隔間，並由具彈性且不斷改變的晶格狀「骨架」支撐著，該骨架的組成物則為寬度更細的小管和細絲。

細胞膜

細胞膜有特殊的構造，能夠保護細胞內部並允許物質進出細胞，其中最主要的組成物為雙層磷脂質，每層各由親水頭部分子群和兩條疏水性尾巴組合而成。兩層磷脂質的頭部分別朝向細胞的內部和外部，尾巴則置於兩層中間。磷脂質之間還穿插有許多蛋白質分子和可供身體其他細胞辨認的糖鏈。

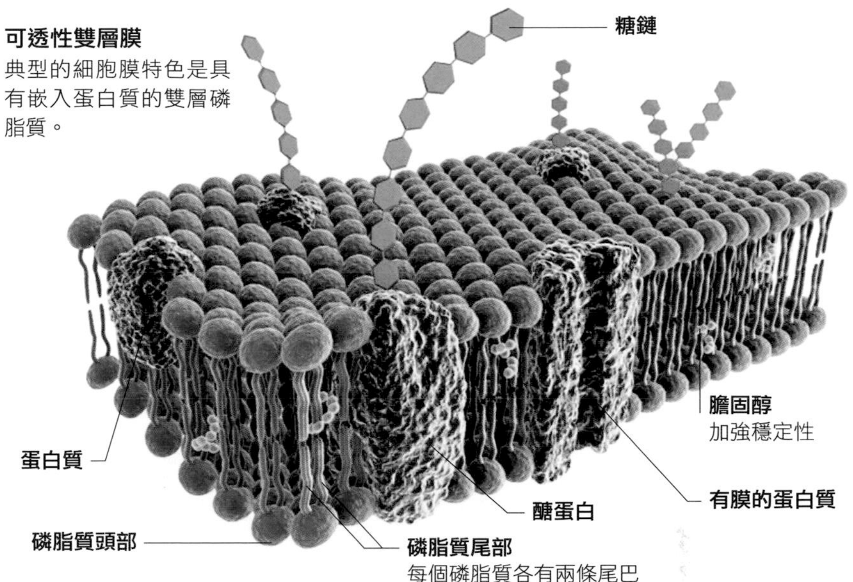
糖鏈
蛋白質
磷脂質頭部
醣蛋白
磷脂質尾部
每個磷脂質各有兩條尾巴
膽固醇
加強穩定性
有膜的蛋白質

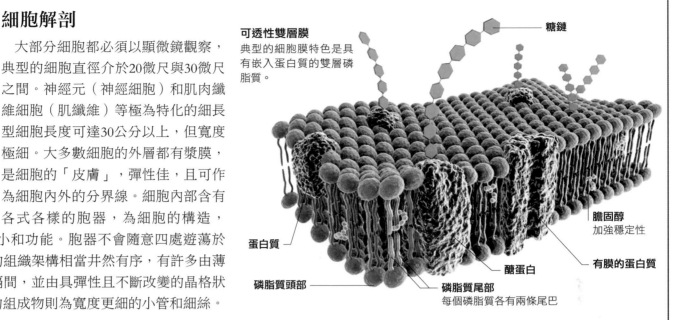

可透性雙層膜
典型的細胞膜特色是具有嵌入蛋白質的雙層磷脂質。

胞器的膜

細胞中充滿各種膜：除了將細胞質分隔成許多區域，控管物質在這些區域中進出的通道，亦可作為核糖體和他種構造的貼附點、物質的儲存場所以及允許物質移動的通道管壁。而細胞中更有一些重要的胞器，具備能自我包裹的薄膜。

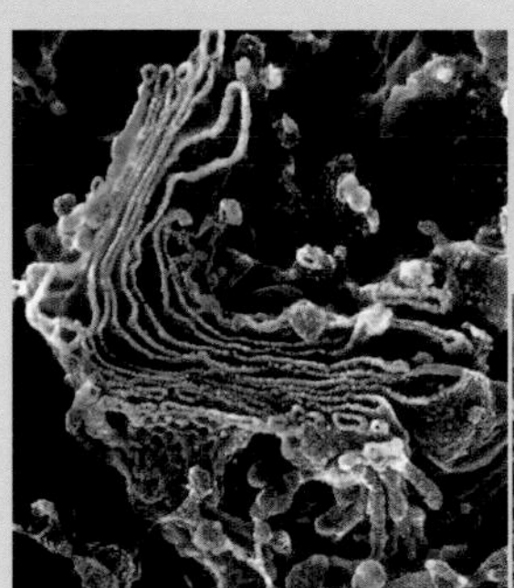

高爾基體
為扁平狀附有膜的囊泡，內質網送來的蛋白質會在此囊泡內進行修飾和重新包裝。

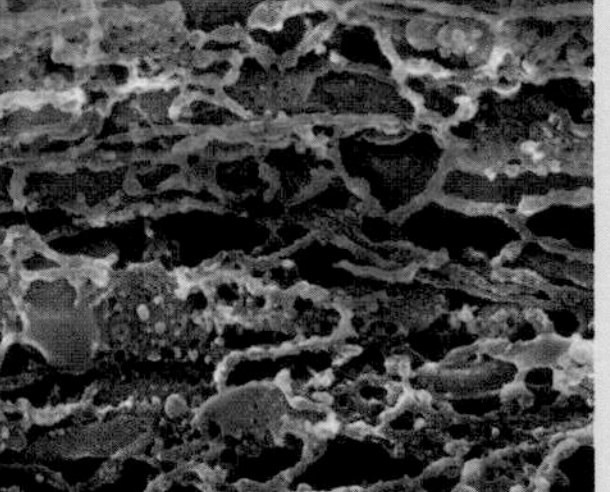

內質網
狀似迷宮的連續空間，有多處摺疊拐彎的內質網膜包覆。

粒線體
粒線體的內膜折成如同書架隔板的形狀，但不完全分隔內部空間。這種設計的目的是為了增加表面積，釋出存在於糖分和脂肪中的能量。粒線體的外膜則呈平滑狀，沒有特別突出的特色。

運輸

物質進出細胞膜的運輸方法有三種。甘油、水分子、氧分子和二氧化碳之類的小分子可藉由擴散作用穿過細胞膜。無法穿過磷脂質層的分子則必須藉由協助型擴散作用進出。如果物質（如礦物質和營養素等）的濃度在細胞外較低，在細胞內較高，則必須以耗能的主動運輸方式搬運進出。

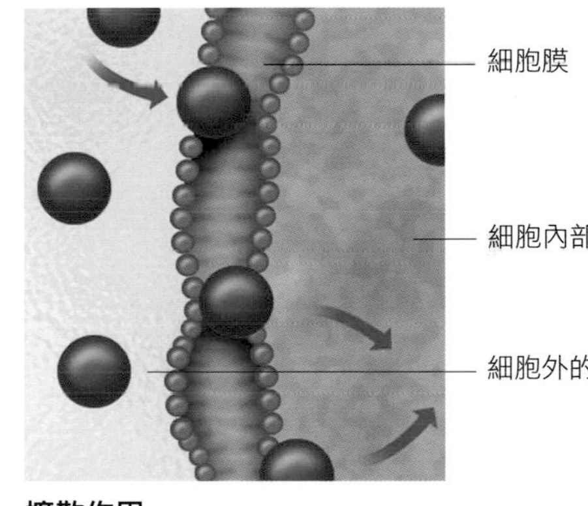
細胞膜
細胞內部
細胞外的流體

擴散作用
許多分子會自然地從濃度高的地方移往濃度低的地方。此即稱為擴散作用的作業程序。

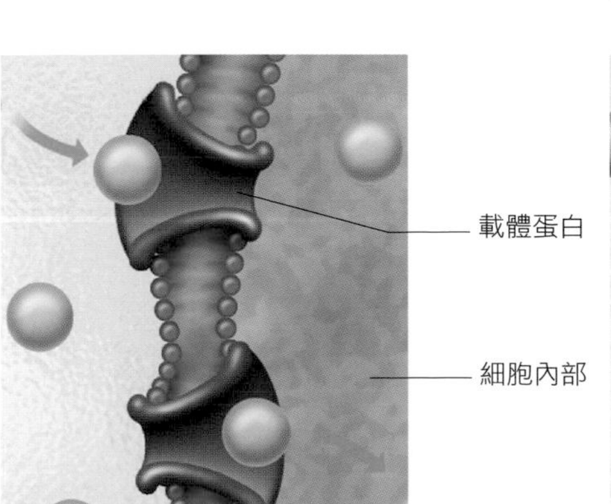
載體蛋白
細胞內部

協助型擴散作用
載體蛋白與細胞外某一類分子（如葡萄糖）結合後變形，將該分子併入細胞內。

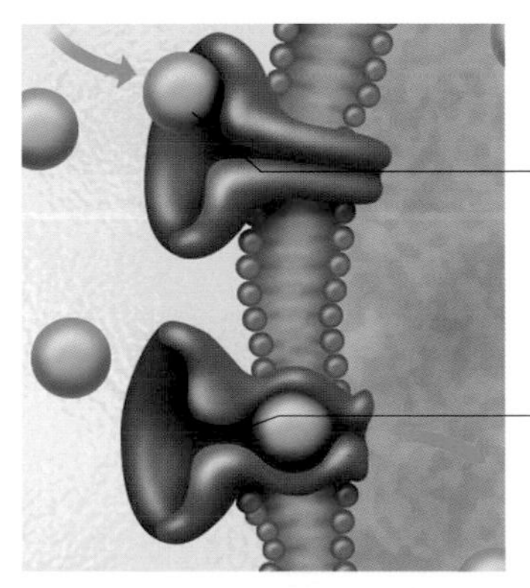
在受體部位的分子
形成通道的蛋白質

主動運輸
細胞膜上的受體與分子的結合會觸動受體蛋白，而使之改變形狀，變成可讓分子穿過的通道。

細胞類型和組織

人體的特化細胞有200多種，同類型的細胞會聚集在一起發展，形成密實的構造，亦即肉眼可辨識的特定組織類型。有時，組織會有多種不同類型的細胞組合而成。

組織類型

形成某一組織的所有細胞在構造上大都彼此相似，執行的功能也相同。傳統的組織歸類法，是依其發源自胚胎早期的細胞層而加以區分，共可分為四大類：上皮組織、結締組織、肌肉組織和神經組織。血液、骨骼、軟骨、肌腱和韌帶都屬於結締組織。表皮以及幾乎每個器官內部都有的內襯層皆屬於上皮組織。肌肉和神經組織則組成了身體所有的肌肉和神經。

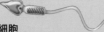

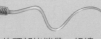

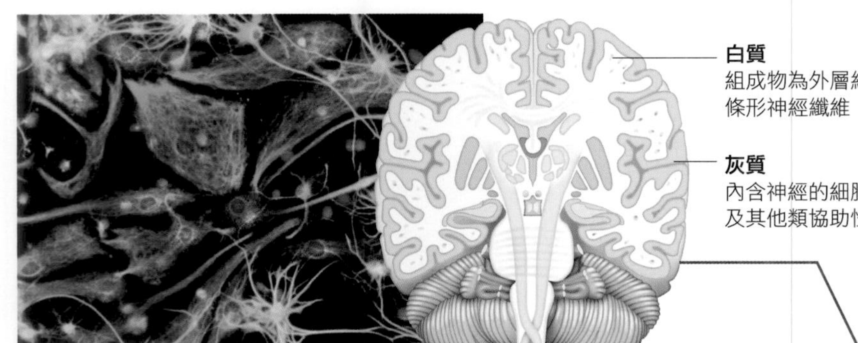
白質
組成物為外層絕緣的長條形神經纖維
灰質
內含神經的細胞體以及其他類協助性細胞
腦部正面縱切面

神經組織
這是一張以免疫螢光檢驗法觀察到的顯微鏡影像圖。圖為神經組織中，負責協助神經細胞（神經元）傳導訊息的膠質細胞，亦稱為神經膠細胞。而其中的星狀細胞（狀似蜘蛛的淡綠色部分）則負責供給養分給神經元的細胞。

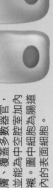

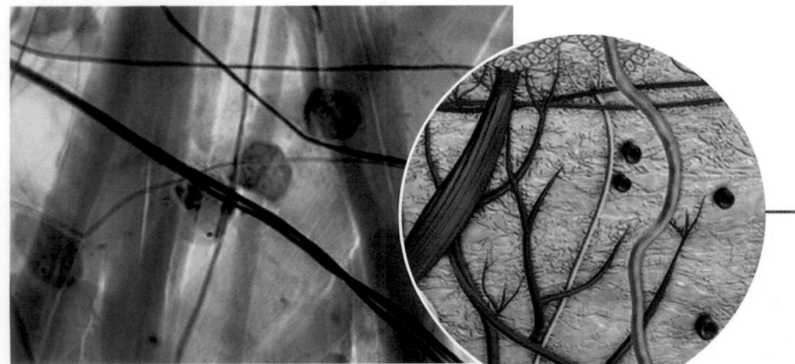

疏鬆結締組織
有些結締組織（例如皮膚下層的某些部位）的構成物為零散鑲嵌在纖維中的細胞。影像中可見散佈於彈性蛋白纖維（深色線）和膠原蛋白（紫色寬版直線）之間的纖維母細胞細胞核（深色斑點）。

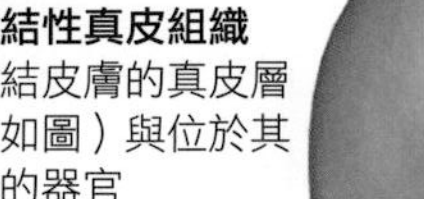

連結性真皮組織
連結皮膚的真皮層（如圖）與位於其下的器官

細胞類型

細胞在組織中依其專業功能不同而有各種不同的形狀大小。各種細胞分裂的速度也快慢不一。上皮細胞易遭物理性磨損擦傷，而必須不斷自我更新，分裂速率最快；神經細胞（神經元）等結構複雜的細胞，分裂速率則緩慢或甚至完全不分裂。

上皮細胞
此類細胞能形成皮膚、覆蓋多數器官，並能為中空腔室加內襯。圖中細胞為腸道內的表面細胞。

平滑肌細胞
一種外型巨大而長條、狀似紡錘的細胞，有肌肉纖維之稱。此形狀有利細胞內部的蛋白絲滑行而產生收縮運動。

感光細胞
視錐細胞是一種暴露於光線中時，會產生光電特性的細胞，存在於眼睛的視網膜中。視錐細胞會受光線的刺激而產生活性，負責感知顏色。

神經細胞
每個神經細胞的基本構型都有一些用於接收神經訊號的短型外展部位（樹突），以及一根用於傳送訊息到其他細胞的長型外展部位（軸突）。

紅血球細胞
紅血球（紅細胞）是由血紅蛋白分子群構成的袋狀物，有攜氧功能，呈雙盤狀（雙凹狀），這種形狀可快速吸收最大量的氧分子。

精細胞
每個精細胞的頭部皆攜帶一組遺傳物質，狀似鞭子的尾部則用於朝卵子推進。

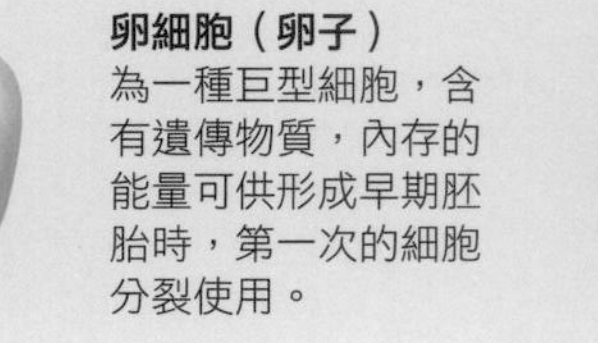

脂細胞
主要的類型為脂肪細胞，是種體積龐大的細胞，內部塞滿了油（脂質）滴，為能量的儲存處，以備飲食攝取的能量無法滿足人體需要時使用。

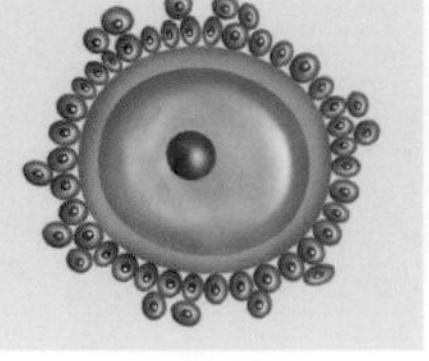

卵細胞（卵子）
為一種巨型細胞，含有遺傳物質，內存的能量可供形成早期胚胎時，第一次的細胞分裂使用。

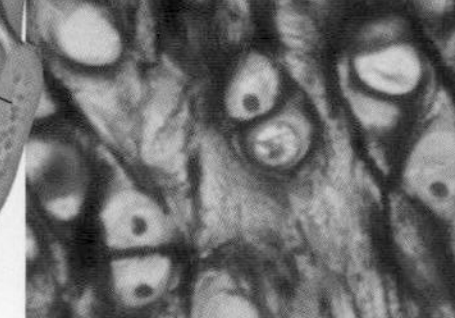
彈性軟骨
重量輕且柔韌易彎曲；用於讓喉部呈撐開狀態
透明軟骨
堅韌但具有伸縮性，為最常見的軟骨類型
喉

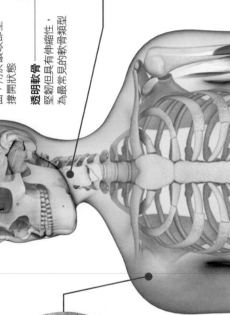

富有彈性的軟骨
軟骨組織（結締組織的一種）的特性會依細胞的占比和組織構造的類型而有所不同。這張顯微鏡拍攝影像顯示出會厭的圓形細胞（軟骨細胞）處於彈性纖維蛋白中的樣貌，這種結構的安排可使得該構造輕巧、具伸縮性且牢固。

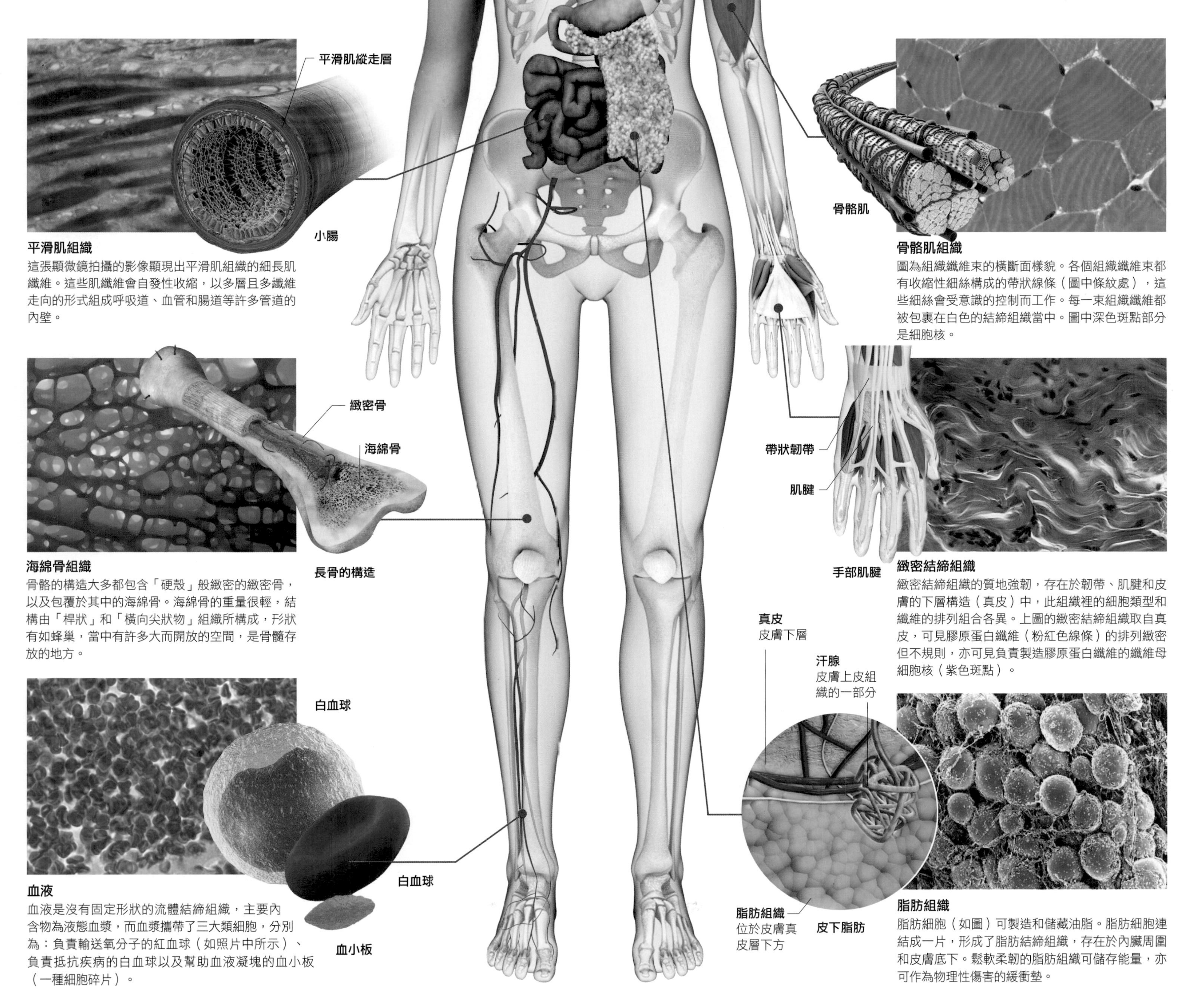
平滑肌縱走層
小腸
緻密骨
海綿骨
長骨的構造
白血球
白血球
血小板
骨骼肌
帶狀韌帶
肌腱
手部肌腱
真皮
皮膚下層
汗腺
皮膚上皮組織的一部分
脂肪組織
位於皮膚真皮層下方
皮下脂肪

平滑肌組織
這張顯微鏡拍攝的影像顯現出平滑肌組織的細長肌纖維。這些肌纖維會自發性收縮，以多層且多纖維走向的形式組成呼吸道、血管和腸道等許多管道的內壁。

海綿骨組織
骨骼的構造大多都包含「硬殼」般緻密的緻密骨，以及包覆於其中的海綿骨。海綿骨的重量很輕，結構由「桿狀」和「橫向尖狀物」組織所構成，形狀有如蜂巢，當中有許多大而開放的空間，是骨髓存放的地方。

血液
血液是沒有固定形狀的流體結締組織，主要內含物為液態血漿，而血漿攜帶了三大類細胞，分別為：負責輸送氧分子的紅血球（如照片中所示）、負責抵抗疾病的白血球以及幫助血液凝塊的血小板（一種細胞碎片）。

骨骼肌組織
圖為組織纖維束的橫斷面樣貌。各個組織纖維束都有收縮性細絲構成的帶狀線條（圖中條紋處），這些細絲會受意識的控制而工作。每一束組織纖維都被包裹在白色的結締組織當中。圖中深色斑點部分是細胞核。

緻密結締組織
緻密結締組織的質地強韌，存在於韌帶、肌腱和皮膚的下層構造（真皮）中，此組織裡的細胞類型和纖維的排列組合各異。上圖的緻密結締組織取自真皮，可見膠原蛋白纖維（粉紅色線條）的排列緻密但不規則，亦可見負責製造膠原蛋白纖維的纖維母細胞核（紫色斑點）。

脂肪組織
脂肪細胞（如圖）可製造和儲藏油脂。脂肪細胞連結成一片，形成了脂肪結締組織，存在於內臟周圍和皮膚底下。鬆軟柔韌的脂肪組織可儲存能量，亦可作為物理性傷害的緩衝墊。

去氧核糖核酸（DNA）

去氧核糖核酸常有生命分子之稱，幾乎所有的生命體都有去氧核糖核酸。去氧核糖核酸是一種內含各種指令的化學代碼，這些指令統稱為基因，指令範圍涵蓋了體內所有不同部位該如何生長、發育、運行和自我修繕等等資訊。

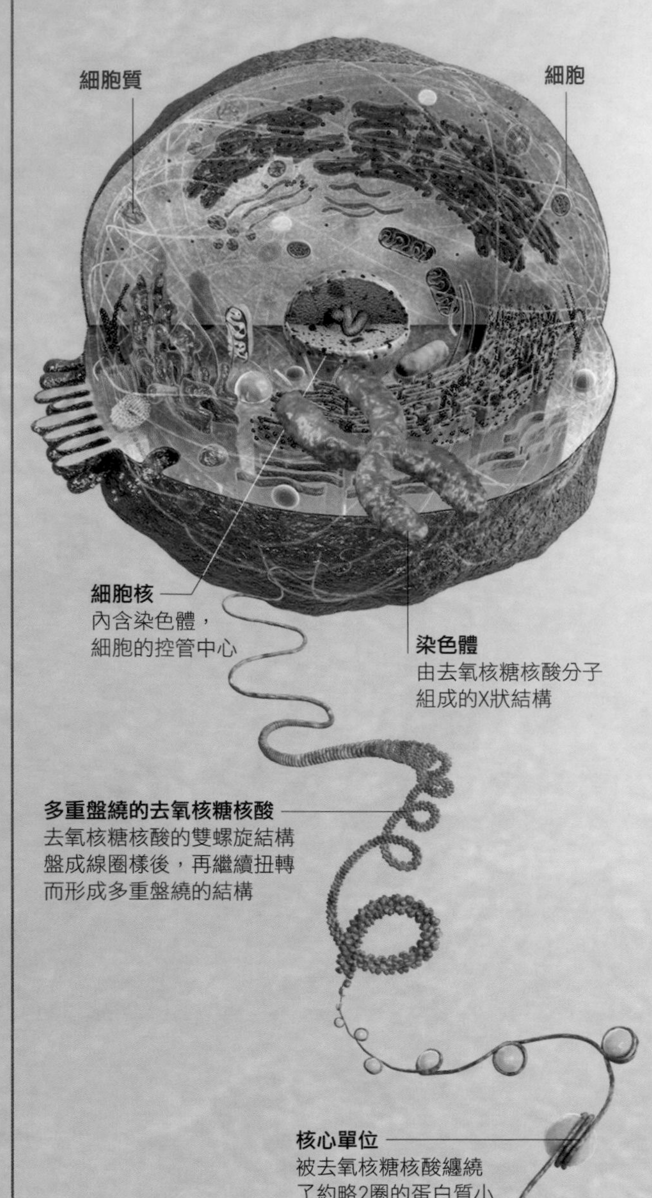
細胞質
細胞
細胞核
內含染色體，
細胞的控管中心
染色體
由去氧核糖核酸分子
組成的X狀結構
多重盤繞的去氧核糖核酸
去氧核糖核酸的雙螺旋結構
盤成線圈樣後，再繼續扭轉
而形成多重盤繞的結構
核心單位
被去氧核糖核酸纏繞
了約略2圈的蛋白質小
包，亦稱為核小體

幾乎所有的人體細胞都具有46個染色體，染色體是裝著去氧核糖核酸的「X」形包裝，位於細胞核中。去氧核糖核酸的指令清單極為冗長，由細長分子組成，每個染色體各有一個雙螺旋形的指令清單，而雙螺旋的構成物是兩股互相纏繞的長條螺絲狀線繩。這兩股線繩是整個去氧核糖核酸分子的「骨幹」，中間還有許多條橫桿將這兩股線繩固定住，形成如螺旋梯般的樣貌。中間的橫桿由鹼基對（一種化學物質）組成，鹼基對分別為：腺嘌呤、鳥嘌呤、胸腺嘧啶和胞嘧啶。每個橫桿的組合方式都只有兩種：腺嘌呤與胸腺嘧啶配對，或是鳥嘌呤與胞嘧啶配對。這種架構方式造就了去氧核糖核酸的兩個重點特徵：鹼基組的排放順序相當於染色體的遺傳代碼；橫向連接的鹼基組有利於去氧核糖核酸進行自我複製。

顯微鏡下的去氧核糖核酸
這是一張以掃描穿隧顯微鏡拍攝去氧核糖核酸照片，放大了約一百萬倍。圖中左邊一連串黃色的峰巒即為該螺旋狀分子扭轉的地方。

組織蛋白
球形蛋白質；八個組織蛋白構成一個核心單位，或稱核小體

去氧核糖核酸的骨幹
由去氧核糖（糖類的一種）和磷酸基化物交替排列而成

鹼基對
鹼基對是去氧核糖核酸這個「螺旋狀梯子」上橫向相接的「梯級」

細胞分裂的某些階段中，染色體會拆解開來，暴露出去氧核糖核酸分子內製造蛋白質的資訊，並容許進行複製程序

雙螺旋
去氧核糖核酸分子盤捲後，再繼續旋鈕成多重盤繞狀，才能夠容納在染色體中。這個分子還會不斷打環扭曲，並附帶有多種蛋白質，特別是組織蛋白。

鹼基序列
鹼基的排列有一定的順序；有些序列片段是製造蛋白質的指令代碼組

鹼基對

四個不同的鹼基相互配對時，因為化學結構的限制，只會有兩種不同的組合方式。腺嘌呤和胸腺嘧啶各有兩個形成氫鍵的位置，因此能夠互相配對，而鳥糞嘌呤和胞嘧啶則各有三個形成氫鍵的位置。

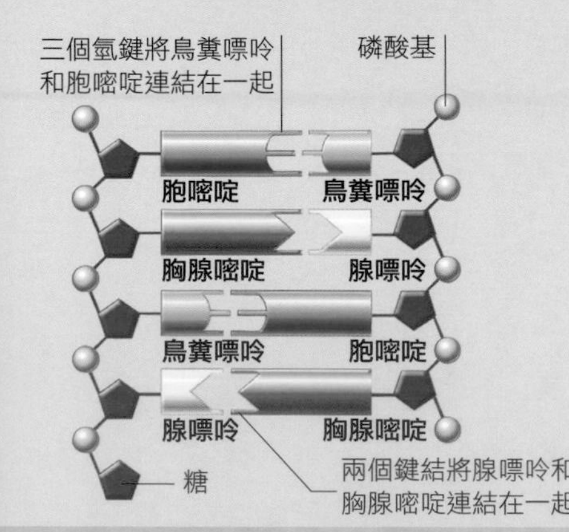
三個氫鍵將鳥糞嘌呤
和胞嘧啶連結在一起
磷酸基
胞嘧啶
鳥糞嘌呤
胸腺嘧啶
腺嘌呤
鳥糞嘌呤
胞嘧啶
腺嘌呤
胸腺嘧啶
糖
兩個鍵結將腺嘌呤和
胸腺嘧啶連結在一起

盤繞與多重盤繞

去氧核糖核酸的多螺旋結構讓非常長的物質能夠塞進極為狹小的空間內。如果把典型染色體中的去氧核糖核酸解開纏繞，全長大約為5公分。所有細胞的細胞核中都各有46個染色體（除了成熟的紅血球之外，成熟的紅血球沒有細胞核，也沒有去氧核糖核酸）。細胞不分裂時，去氧核糖核酸的線圈會呈現鬆弛狀態，並四處繞行在細胞核內，形成糾纏在一起的結構，稱為染色質。這使得分子的各部分能夠用於組裝蛋白質和發揮其他功能。細胞準備分裂時，裡面的去氧核糖核酸會緊密纏捲，變成多重盤繞狀，使整個結構的長度縮得更短且更加密實，看起來會呈典型染色體的「X」狀樣貌。

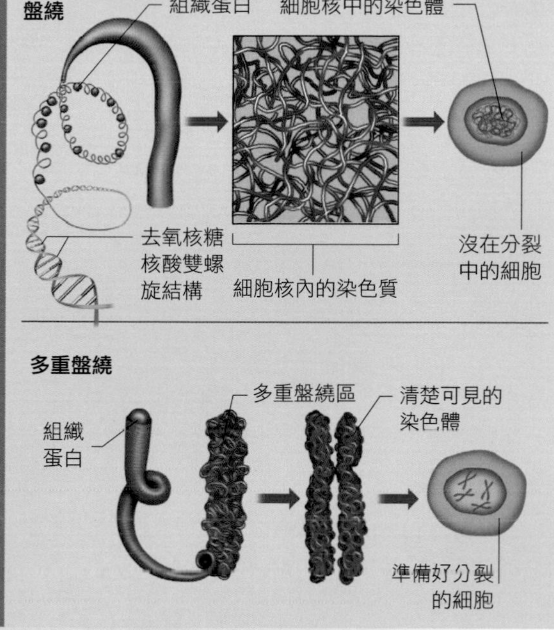
盤繞
組織蛋白
細胞核中的染色體
去氧核糖核酸雙螺旋結構
細胞核內的染色質
沒在分裂中的細胞
多重盤繞
組織蛋白
多重盤繞區
清楚可見的染色體
準備好分裂的細胞

基因是什麼？

一般認定的基因，是在去氧核糖核酸內，製造某樣蛋白質所需的一個單位。單一基因中所含的各個去氧核糖核酸片段是製造某些胺基酸的代碼，而利用這些代碼製成的各類胺基酸可用以組成某一類蛋白質。單一基因通常都位於單一染色體中。然而，單一基因在一個去氧核糖核酸分子中卻可能由位於不同區域的數個片段所組成，而各個片段都是組成某一蛋白質所需之各個胺基酸的代碼。通常情況下，在轉錄時，去氧核糖核酸中的「插入子」和「外顯子」這兩種片段會組成未成熟的信使核糖核酸。接著，細胞的分子機器會把插入子做成的信使核糖核酸片段分離掉，剩下成熟的信使核糖核酸後，再進行轉譯。去氧核糖核酸也有為自身蛋白質編碼的調控性序列片段，能夠影響基因轉錄的速率。

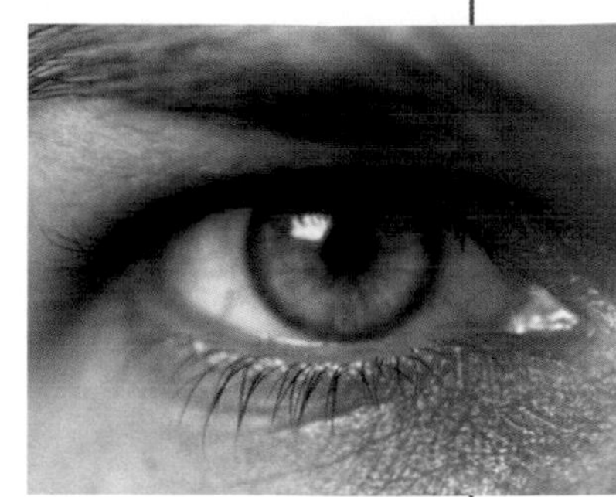

眼睛顏色
虹膜的顏色受15種基因影響，其中包括OCA2和HERC2兩種位於15號染色體的基因。

基因中的不同部分
插入子和外顯子等兩個區域都會被轉錄，作為組成蛋白質各個部位所需的各個信使核糖核酸。接著，插入子製成的片段會以化學方式裁剪掉，留下外顯子組成的部分，作為製造蛋白質的材料。

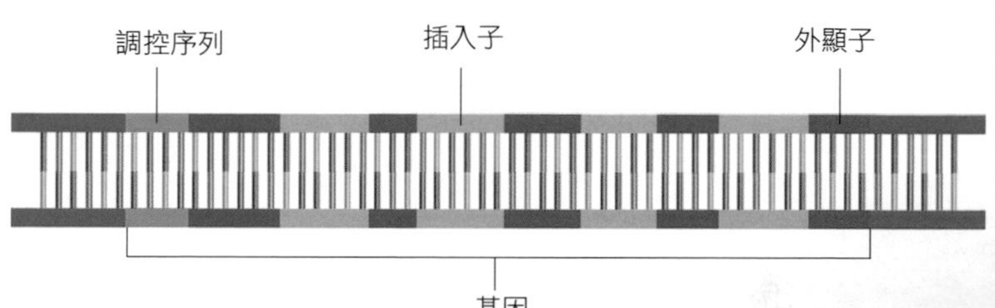
調控序列
插入子
外顯子
基因

基因的大小
基因的大小通常以其鹼基對的數量作為計量，不同基因的大小差異極大。小型基因可能只有幾百個鹼基對長，而其他種基因卻可能要以百萬個鹼基對作為單位來計量。乙型球蛋白的基因是最小的基因之一，是血紅球蛋白分子中某一部位的代碼。可與右圖中較大型的基因比對參考。

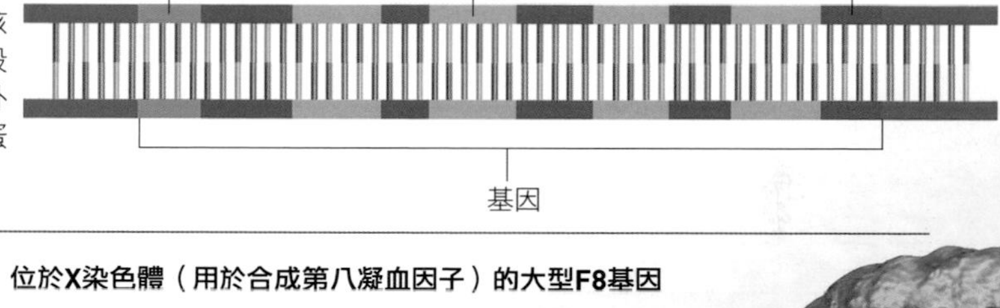
位於X染色體（用於合成第八凝血因子）的大型F8基因
外顯子
為合成蛋白質的代碼
一共186,935個鹼基對

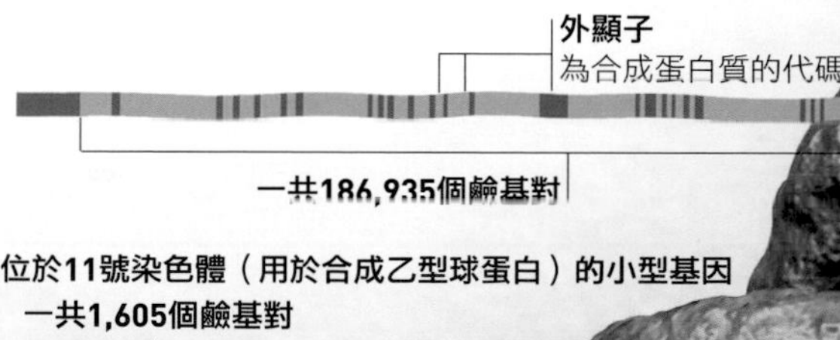
位於11號染色體（用於合成乙型球蛋白）的小型基因
一共1,605個鹼基對
外顯子

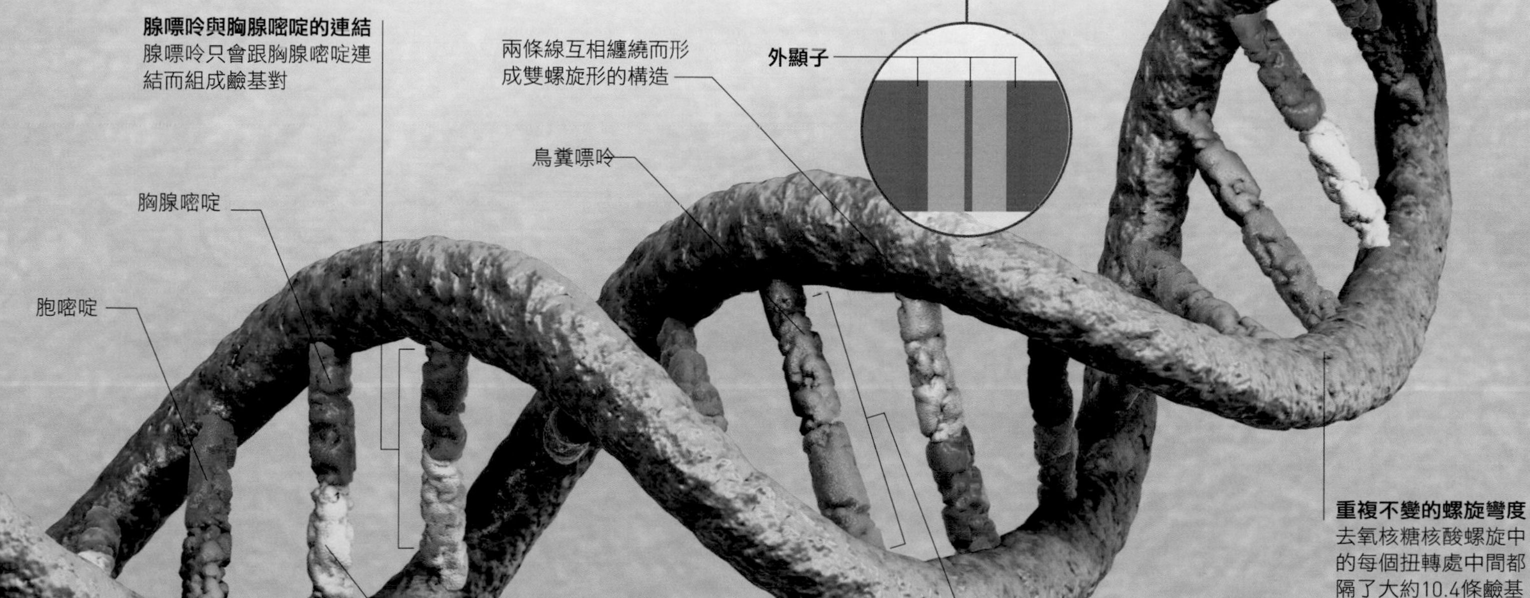
腺嘌呤與胸腺嘧啶的連結
腺嘌呤只會跟胸腺嘧啶連結而組成鹼基對
兩條線互相纏繞而形成雙螺旋形的構造
鳥糞嘌呤
胸腺嘧啶
胞嘧啶
腺嘌呤
重複不變的螺旋彎度
去氧核糖核酸螺旋中的每個扭轉處中間都隔了大約10.4條鹼基對構成的梯級
鳥糞嘌呤與胞嘧啶的連結
鳥糞嘌呤只會跟胞嘧啶連結而組成鹼基對

從細胞核到核糖體

轉錄在細胞核中進行，細胞所含有的去氧核糖核酸幾乎全在細胞核中。信使核糖核酸製造好後，會從核膜孔（核孔）穿出，進入細胞的細胞質。胞漿體中有個水泡般的構造，稱為核糖體，會將不同的胺基酸串起來，做成蛋白質。

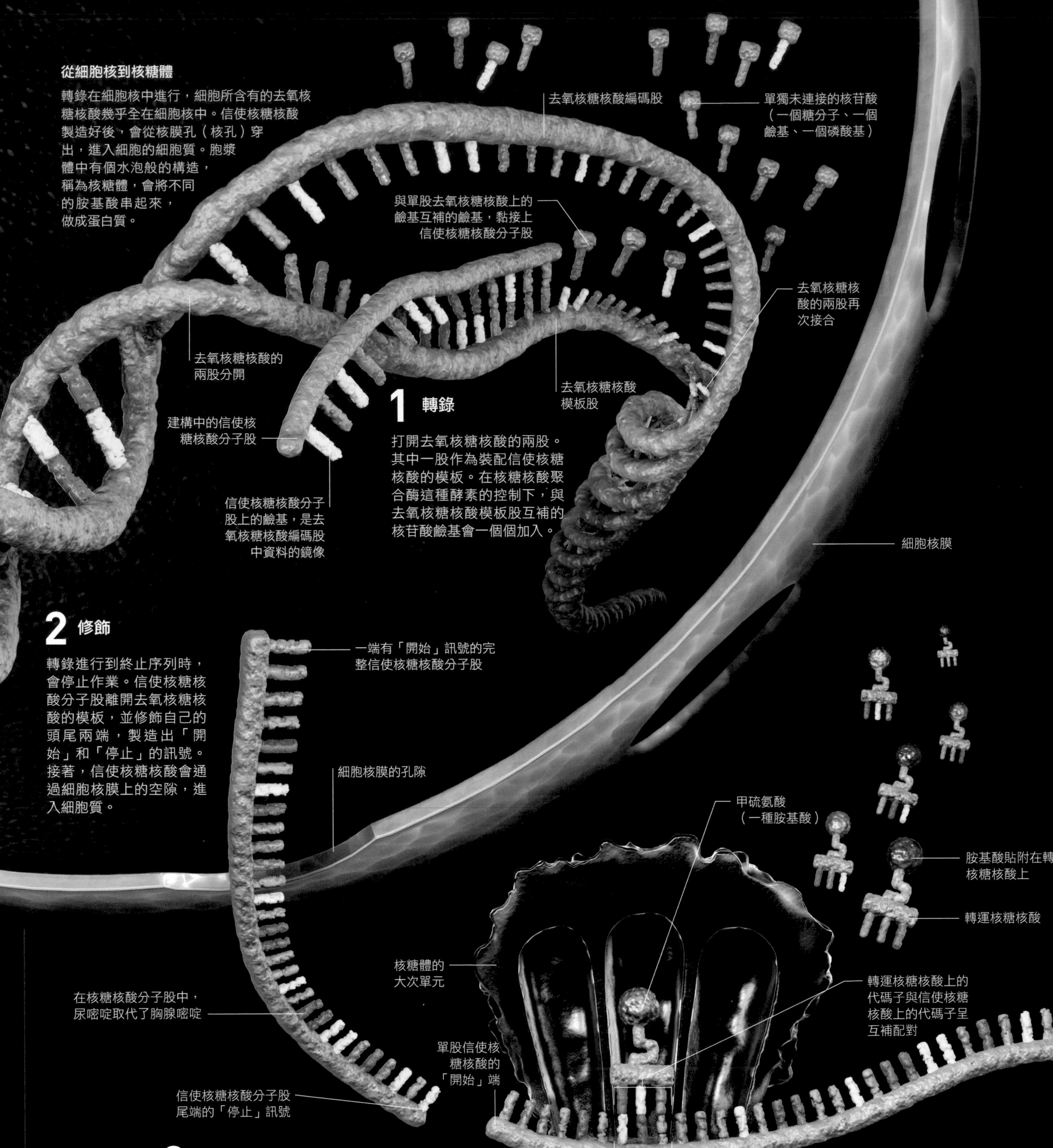

去氧核糖核酸編碼股
單獨未連接的核苷酸（一個糖分子、一個鹼基、一個磷酸基）
與單股去氧核糖核酸上的鹼基互補的鹼基，黏接上信使核糖核酸分子股
去氧核糖核酸的兩股再次接合
去氧核糖核酸的兩股分開
去氧核糖核酸模板股
建構中的信使核糖核酸分子股
信使核糖核酸分子股上的鹼基，是去氧核糖核酸編碼股中資料的鏡像
細胞核膜
一端有「開始」訊號的完整信使核糖核酸分子股
細胞核膜的孔隙
甲硫氨酸（一種胺基酸）
胺基酸貼附在轉運核糖核酸上
轉運核糖核酸
核糖體的大次單元
在核糖核酸分子股中，尿嘧啶取代了胸腺嘧啶
單股信使核糖核酸的「開始」端
轉運核糖核酸上的代碼子與信使核糖核酸上的代碼子呈互補配對
信使核糖核酸分子股尾端的「停止」訊號
起始代碼子：AUG
核糖體的小次單元

1 轉錄

打開去氧核糖核酸的兩股。其中一股作為裝配信使核糖核酸的模板。在核糖核酸聚合酶這種酵素的控制下，與去氧核糖核酸模板股互補的核苷酸鹼基會一個個加入。

2 修飾

轉錄進行到終止序列時，會停止作業。信使核糖核酸分子股離開去氧核糖核酸的模板，並修飾自己的頭尾兩端，製造出「開始」和「停止」的訊號。接著，信使核糖核酸會通過細胞核膜上的空隙，進入細胞質。

3 轉譯作業程序開始

核糖體由兩個稱為次單元的單獨部分組成。信使核糖核酸的「開始」端會先連接上核糖體的小次單元。第一個代碼子的三個鹼基為AUG（腺嘌呤──尿嘧啶──鳥糞嘌呤），即起始胺基酸：甲硫氨酸的三聯體代碼。轉運核糖核酸會將甲硫氨酸帶來。現在，核糖體的大次單元也得以加入，形成了完整的核糖體。這時，轉譯工作所需的一切都已準備就緒。

從去氧核糖核酸到蛋白質

去氧核糖核酸提供合成蛋白質所需的資料，幾乎是所有人體部位的「基本建材」。整個程序可分為兩階段。除了需要用到去氧核糖核酸之外，還需用到另外兩種核酸，分別稱為：信使核糖核酸（mRNA）以及轉運核糖核酸（tRNA）。

蛋白質的製造會經歷兩個主要的階段：轉錄和轉譯。在轉錄階段，去氧核糖核酸的資料會被複製到一種稱為信使核糖核酸的媒介型分子上。信使核糖核酸由核苷酸組成，組成方式類似去氧核糖核酸的組成方式。信使核糖核酸會移出細胞核，到打造蛋白質的裝置中，該裝置稱為核糖體。在轉譯階段中，信使核糖核酸是組成胺基酸（蛋白質的基本單位）的模板。胺基酸約有20種不同的類型。信使核糖核酸中的鹼基三個為一組，此類鹼基組稱為三聯體代碼子。每個代碼子中鹼基的排列順序不同即為不同胺基酸的代碼（因此術語稱之為遺傳代碼）。信使核糖核酸中胺基酸的序列為製造特定蛋白質類型的指令。

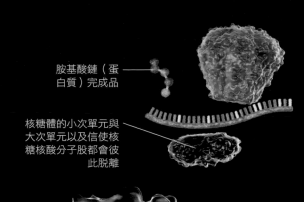

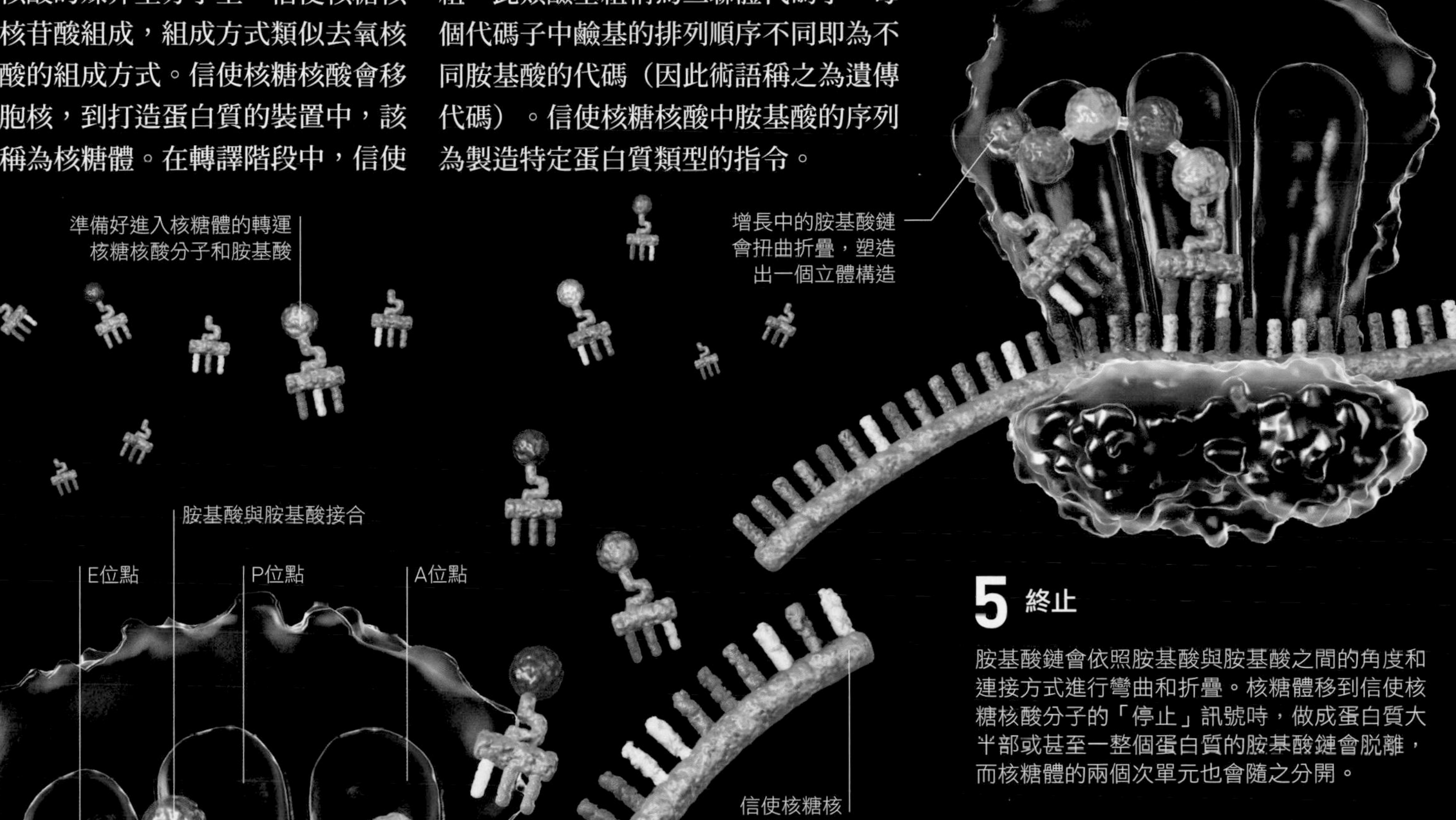
胺基酸鏈（蛋白質）完成品
核糖體的小次單元與大次單元以及信使核糖核酸分子股都會彼此脫離
準備好進入核糖體的轉運核糖核酸分子和胺基酸
增長中的胺基酸鏈會扭曲折疊，塑造出一個立體構造
胺基酸與胺基酸接合
E位點
P位點
A位點
信使核糖核酸分子股的「停止」端
核糖體沿著信使核糖核酸分子股上的各個代碼子逐一移動

5 終止

胺基酸鏈會依照胺基酸與胺基酸之間的角度和連接方式進行彎曲和折疊。核糖體移到信使核糖核酸分子的「停止」訊號時，做成蛋白質大半部或甚至一整個蛋白質的胺基酸鏈會脫離，而核糖體的兩個次單元也會隨之分開。

4 轉譯中途

信使核糖核酸代碼子會吸引攜帶有適合該序列中某一位置之胺基酸的特定轉運核糖核酸分子。核糖體裡有三個結合位點，各由A、P和E這三個英文字母標示。核糖體沿著信使核糖核酸分子移動時，轉運核糖核酸分子會在核糖體的A位點加入。到了P位點時，轉運核糖核酸分子會卸掉原本攜帶著的胺基酸，使之與前後的胺基酸銜接，形成不斷增長的胺基酸鏈。然後轉運核糖核酸分子會在E位點離開核糖體。

核糖核酸

核糖核酸與去氧核糖核酸這兩個分子雖然類似，卻仍有一些重要的相異之處。核糖核酸的「骨幹」是核糖，而非去氧核糖；核糖核酸是單螺旋股，而非雙螺旋股；核糖核酸的序列長度通常比去氧核糖核酸的短；與腺嘌呤配對的鹼基是尿嘧啶，而非胸腺嘧啶。即便如此，核糖核酸跟去氧核糖核酸一樣，兩者都載有許多以代碼表示的資訊。信使核糖核酸分子和轉運核糖核酸分子（請參閱對頁）以及部分由核糖體核糖核酸分子構成的核糖體等都屬於核糖核酸。核糖核酸中有稱為核糖酶的片段，為酵素的一種。其他類的核糖核酸還有負責操控剪接去氧核糖核酸的核糖核酸，以及調控「基因開關」，負責將基因打開及關閉的核糖核酸。

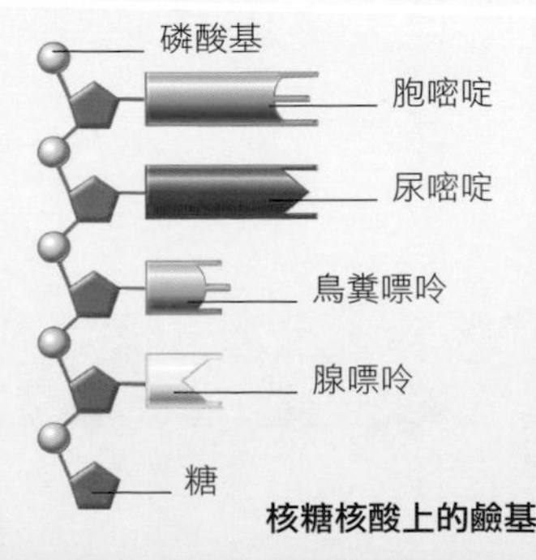
磷酸基
胞嘧啶
尿嘧啶
鳥糞嘌呤
腺嘌呤
糖

核糖核酸上的鹼基

基因圖譜

基因圖譜是生物一整組的基因指令，控管生物從單顆細胞到複雜成體的發展進程。人類的基因圖譜由約由20,000個用於製造蛋白質的基因所組成，身體大多數細胞中都有分成雙套的46條染色體承載著這些基因。

染色體與去氧核糖核酸

《人類基因圖譜計劃》（*The Human Genome Project*）是一項研究計畫，它是許多國家為了標示出人類基因圖譜中所有序列而集結的努力成果，已於2003年完成。此研究計劃從人類46條染色體裡總數高達32億個的鹼基對中，鑑定出30,000餘個不同的基因。去氧核糖核酸中有許多部分不作為任何基因的代碼，這些部分稱為去氧核糖核酸的非編碼部分以及「垃圾部分」。這些部分雖然不為任何基因編碼，卻或許可以調節各種基因機能。去氧核糖核酸中，垃圾部分不同於非編碼部分之處在於，垃圾部分與基因代碼部分的架構完全不相似。基因圖譜能夠讓我們知道一些特定的代謝作用中有哪些基因的參與。

98%
去氧核糖核酸的非編碼部分

2%
去氧核糖核酸的編碼部分（基因）

編碼和非編碼部分
基因圖譜中的去氧核糖核酸只有百分之二是用於製造蛋白質的代碼。其他大部分的去氧核糖核酸，都與用於活化、控管基因的系統有關，其中許多系統都需要利用核糖核酸進行作業。

核型
所謂的核型即單個細胞中，所有染色體按標準排列順序，成對排放好後拍攝的「集體照」。從核型可看出該細胞中的染色體是否有缺少、破損或呈現怪狀環帶。這張例圖顯示的是一位男性的核型（請注意右下角有一個形體較大、呈彎曲狀的「X」染色體以及一個形體較小的「Y」染色體）。

染色體
這張相片以掃描式電子顯微鏡拍攝，顯示了各個染色體中去氧核糖核酸雙螺旋絲盤捲和多重盤繞的樣貌，整個形狀看起來有如毛茸茸的大刷子。

染色體組
人類細胞中一整套的染色體共有46條。其中有22對為同等的染色體對，每對的兩條染色體一條源於母親，一條源於父親。如下圖所示，這22對染色體每對都以號碼標示，標號由1號（最大的染色體）開始，至22號（最小的染色體）結束。第23對染色體是性染色體，XX代表女性，而XY（如圖）則代表男性。利用化學染劑著色後，可見每條染色體上都有顏色深淺不一的條紋，這些條紋的術語稱為帶型。因為有帶型，研究學者才有辦法「標出」染色體中特定基因的所在位置。

1 2 3 4 5 6 7 8 9 10 11 12 13 14 15 16 17 18 19 20 21 22 X Y

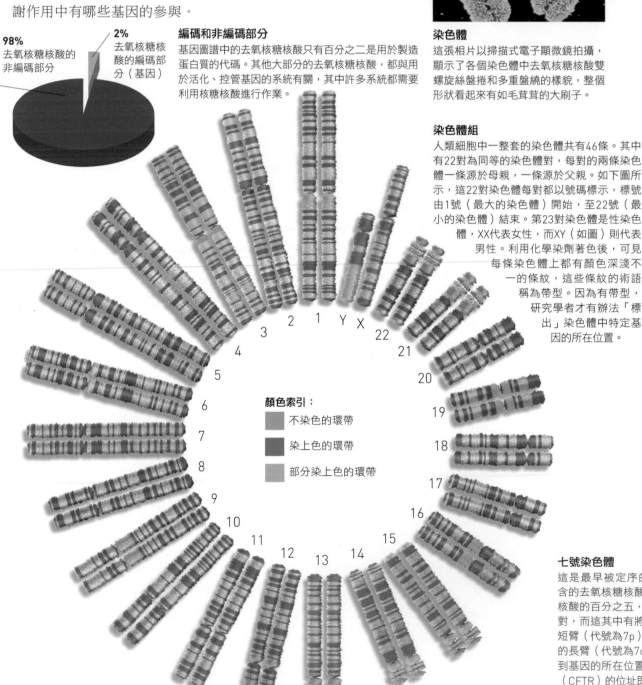

顏色索引：
- 不染色的環帶
- 染上色的環帶
- 部分染上色的環帶

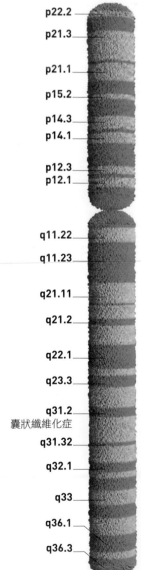

p22.2
p21.3
p21.1
p15.2
p14.3
p14.1
p12.3
p12.1
q11.22
q11.23
q21.11
q21.2
q22.1
q23.3
q31.2 囊狀纖維化症
q31.32
q32.1
q33
q36.1
q36.3

七號染色體
這是最早被定序的染色體之一，其中所含的去氧核糖核酸佔了整個基因圖譜中所有去氧核糖核酸的百分之五，當中的鹼基大約有一億五千九百萬對，而這其中有將近六千萬對鹼基是位於此染色體的短臂（代號為7p）上，其餘的鹼基對則位在此染色體的長臂（代號為7q）上。染色體的標示法讓人能夠找到基因的所在位置。舉例來說，囊狀纖維化症的基因（CFTR）的位址即為7q31.2。

染色體		
號碼	基因數	基因範例
1	2,000+	編碼神經生長因子的NGF基因、編碼凝血因子的F5基因、編碼促甲狀腺激素的TSHB基因
2	1,200+	生產膠原蛋白的基因、建造核糖體的NCL基因、轉換脂肪酸能量的HADH基因
3	1,050+	製作膠原蛋白的基因、(眼睛視網膜中)偵測光線的視紫質RHO基因、賦能給維生素B7/H的基因
4	720+	生產補體（輔助免疫功能的物質）的基因、編碼去氧核糖核酸／核糖核酸折疊位點的基因
5	850+	編碼纖維母細胞生長因子的FGF1基因、編碼特化型眼神經突觸的皮卡丘素基因
6	1,000+	平衡鐵質的HFE基因、編碼肌凝蛋白的MYO6肌肉蛋白基因
7	900+	發展身體結構的A同源異型盒基因簇、生長速率的控制因子基因
8	660+	生產甲狀腺激素的甲狀腺球蛋白TG基因、腦部蛋白中受活性調節的細胞骨架基因
9	785+	A、B、O血型基因、粒線體中代謝鐵質的共濟蛋白FXN基因
10	750+	產生發炎反應的ALOX5基因、編碼使細胞與細胞之間產生黏附的PCDH15基因
11	1,250+	負責眼睛和其他感官器官發育的PAX6控管基因、代謝脂肪的CPT1基因
12	1,000+	編碼肌凝蛋白的MYO1A肌蛋白基因、編碼膠原蛋白的COL2A1基因
13	300+	編碼鈣質代謝B型內皮素受體的EDNRB基因
14	700+	編碼耳內耳蝸蛋白的COCH基因、編碼免疫球蛋白重鏈基因座抗體成分的基因
15	570+	產生皮膚黑色素的OCA2基因和SLC24A5基因、編碼眼睛顏色的EYCL2基因和EYCL3基因
16	810+	編碼皮膚和頭髮顏色的黑皮質素1號受體MC1R基因
17	1,160+	負責神經、骨骼和關節發育的頭蛋白NOG基因、代謝尿素的N-乙醯穀胺酸合成酶基因
18	300+	編碼利用鐵質為血紅球蛋白製造血紅素的亞鐵螯合酶之FECH基因
19	1,400+	編碼頭髮和眼睛顏色的HCL1和EYCL1基因、編碼前列腺流體中血管舒緩素的KLK3基因
20	540+	負責神經系統正常運作的主要普恩蛋白PRNP基因
21	250+	編碼神經細胞中鉀離子通道及心律的KCNE1和KCNE2基因
22	440+	編碼胚胎動脈發育的TBX1基因、代謝腎上腺素和多巴胺的兒茶酚氧位甲基轉移酶COMT基因
x	1,200+	編碼粒線體雙層膜中塔法辛蛋白的TAF基因、分解糖分的IDS基因
y	80+	編碼Y染色體性別決定區域之男性SRY基因

粒線體的基因

粒線體有自己的去氧核糖核酸（粒線體去氧核糖核酸）、核糖核酸和核糖體。因此，粒線體可以自行製造許多粒線體需要使用的蛋白質。細胞核的去氧核糖核酸是排放在染色體上，而粒線體的去氧核糖核酸分子則為雙鏈環狀，長度為16,500個鹼基。每條鏈中有37個基因，其中有13個基因是製作蛋白質的代碼，另外22個基因是製作轉運核糖核酸的代碼，而剩下的2個基因則為製作核糖體核糖核酸的代碼。人體中有1,000餘個一模一樣的粒線體去氧核糖核酸分子。粒線體的去氧核糖核酸可應用於親緣關係的研究上，因為粒線體的去氧核糖核酸突變率高，而且主要遺傳自母親，因此能夠藉此回溯特定的基因系。

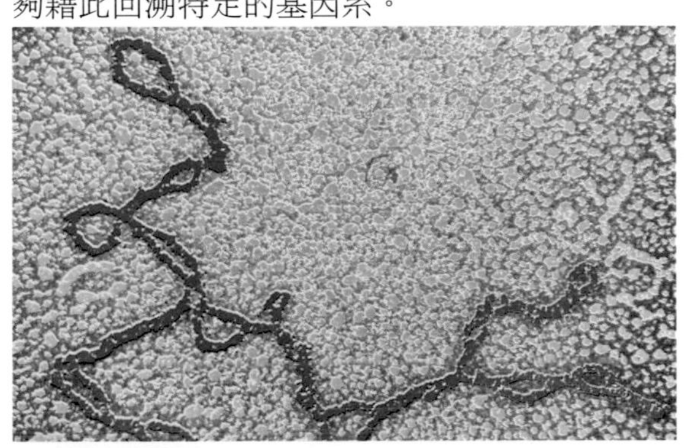

粒線體的類核體
有類核體之稱的粒線體去氧核糖核酸分子樣貌為封閉環狀，不像其他去氧核糖核酸有開放式的兩端。

幹細胞

幹細胞是未分化的細胞，能夠為了自我更新增殖而不斷繼續分裂，也能在特定條件下轉變成特化的細胞。

胚胎幹細胞存在於早期胚胎中，有能力分化為各種成體中200多個類型的特化細胞。

成體幹細胞存在於某些組織中，藉由快速增殖來進行日常的修繕工作。骨髓中的成體幹細胞每秒都製作出數百萬個不同類型的血球。

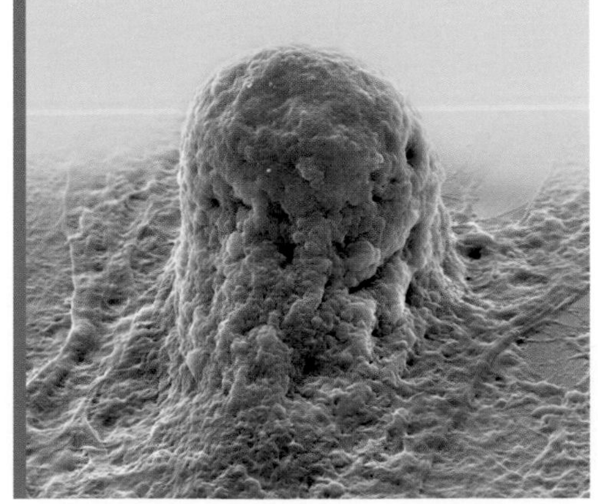

細胞的基因控管機制

並非所有細胞中的所有基因都具活性且呈運作狀態。讓某個基因能夠製作蛋白質或其他物質的程序，稱為基因的表現。有些類型的基因在大部分細胞中會呈「開啟」狀態，且會自我表現。這類基因與維生基本作業程序和「人體家務的料理」有關，例如：將葡萄糖分解為能量，以及建造細胞膜等。有些基因則呈關閉狀態，像是負責製造激素，或集結成肌肉細胞的肌動蛋白和肌凝蛋白絲等特化產物的基因。細胞的特化與特定基因呈開啟或關閉狀態有關，而基因是否開啟或關閉，又依該細胞接觸到的化學物質而定，像是生長因子和調控物等其他基因的產物，都是會產生影響的化學物質。

細胞分化
受精卵第一次分裂產出的是「未分化」的細胞。隨著分裂的細胞數量增加，預先編定的分化指令就會開始生效。細胞間往來的模式以及細胞周遭的化學環境都會通知胚胎中某些部分的細胞，讓它們知道是時候該分化，變成神經、肌肉和皮膚等組織。

前驅細胞

前驅細胞
前驅細胞能夠變成許多不同種類的細胞，其子代細胞當中，有些系別會保留特化的能力，有些系別則直接分化成特化的細胞。

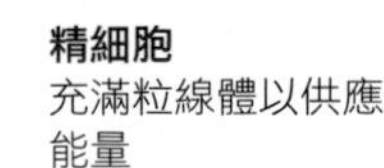

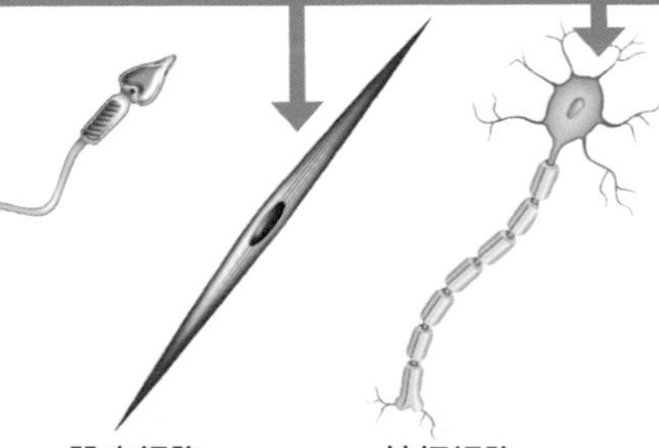

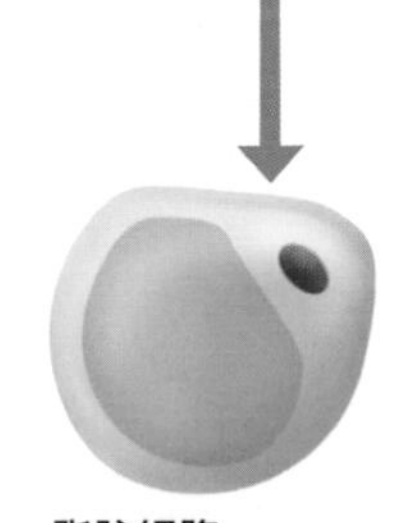

精細胞
充滿粒線體以供應能量

肌肉細胞
充滿收縮性蛋白質的細長型細胞

神經細胞
具極端特化的形體和連接部位

上皮細胞
會按編程快速增殖，而後死亡

脂肪細胞
會儲存能量，以備能量不足時使用

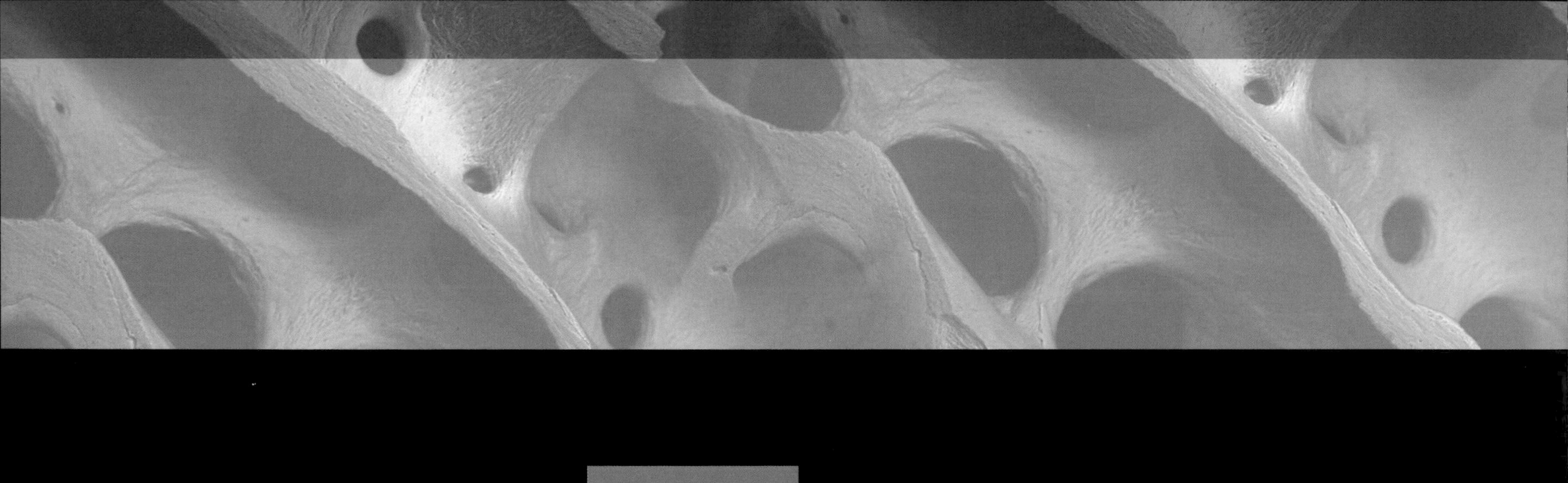

人體的骨骼附有精密設計的關節，與肌肉系統有著密不可分的關係。整個人體架構中，除了堅硬的槓桿之外，也有穩固的平板，能讓人做出各式各樣的動作。骨骼系統和心血管系統關係也十分密切，因為每一秒都有數百萬個新鮮血球源源不絕地從

骨骼系統

人體的骨骼

在標準的體重中，骨骼的重量就佔了將近五分之一。骨骼架構支撐著身體所有其他部分和組織，如果沒有骨骼的強化作用，身體必定會坍塌。骨骼也保護著某些重要器官，例如纖弱的腦組織。此外，骨頭更是重要礦物質（尤其是鈣質）的儲集庫，還可以為血液製造新細胞。

一般人體中有206塊骨頭，但也有自然變異的情況：大約每200個人當中，會有一個人有一根多出的肋骨，而融合成顱骨的小骨數量也各不相同。骨頭是有活性的組織，雖然當中有百分之二十二是水分，但卻是極為堅固，輕巧且具彈性的構造。利用高科技複合材料製成的類似結構還比不上骨骼的輕巧性、堅固性和耐久性。骨骼受損時還能夠自我修復。某些區域的骨頭也能自我重塑，使之變厚以承受一些活動帶來的額外壓力，像是騎馬和舉重等。

骨骼主要可分為兩大部分：中軸骨骼和附肢骨骼。組成中軸骨骼的骨頭有顱骨、脊柱、肋骨及胸骨。附肢骨骼則包括肩膀、上臂、腕部、手部、臀部、腿部、踝關節和腳部的骨頭。在這206塊骨頭中，有80塊屬於中軸骨骼，64塊屬於上附肢骨骼，62塊屬於下附肢骨骼。

360度視圖

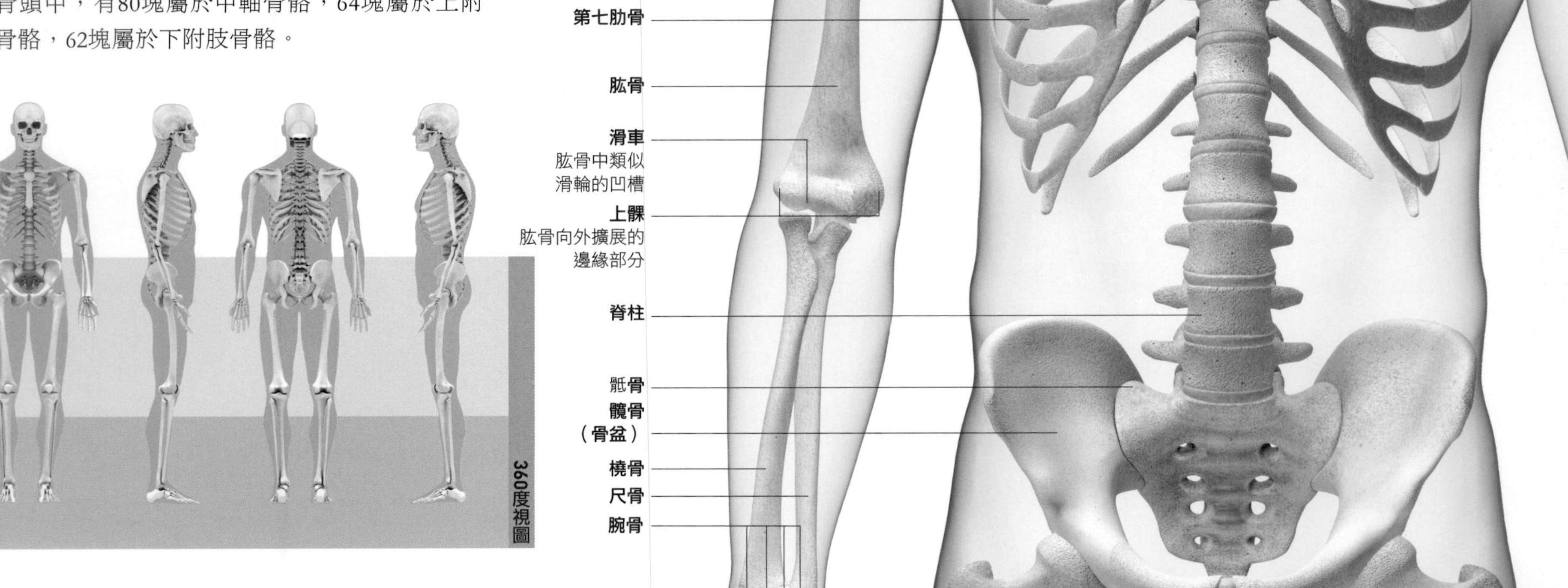

顱骨
頭骨
下頜骨
顎骨
鎖骨
肩胛骨喙突
胸骨柄
胸骨
胸骨體
劍突
第七肋骨
肱骨
滑車
肱骨中類似滑輪的凹槽
上髁
肱骨向外擴展的邊緣部分
脊柱
骶骨
髖骨
（骨盆）
橈骨
尺骨
腕骨

各種形狀的骨頭
骨頭的功能可從其形狀一窺究竟。肩胛骨等寬扁型骨頭表面積大，可讓許多肌肉附著。上臂、前臂、大腿和小腿的長骨則具槓桿的作用，能讓四肢做許多不同位置的移動，例如：伸手的動作。種子骨體積小，鑲嵌於肌腱的骨頭。

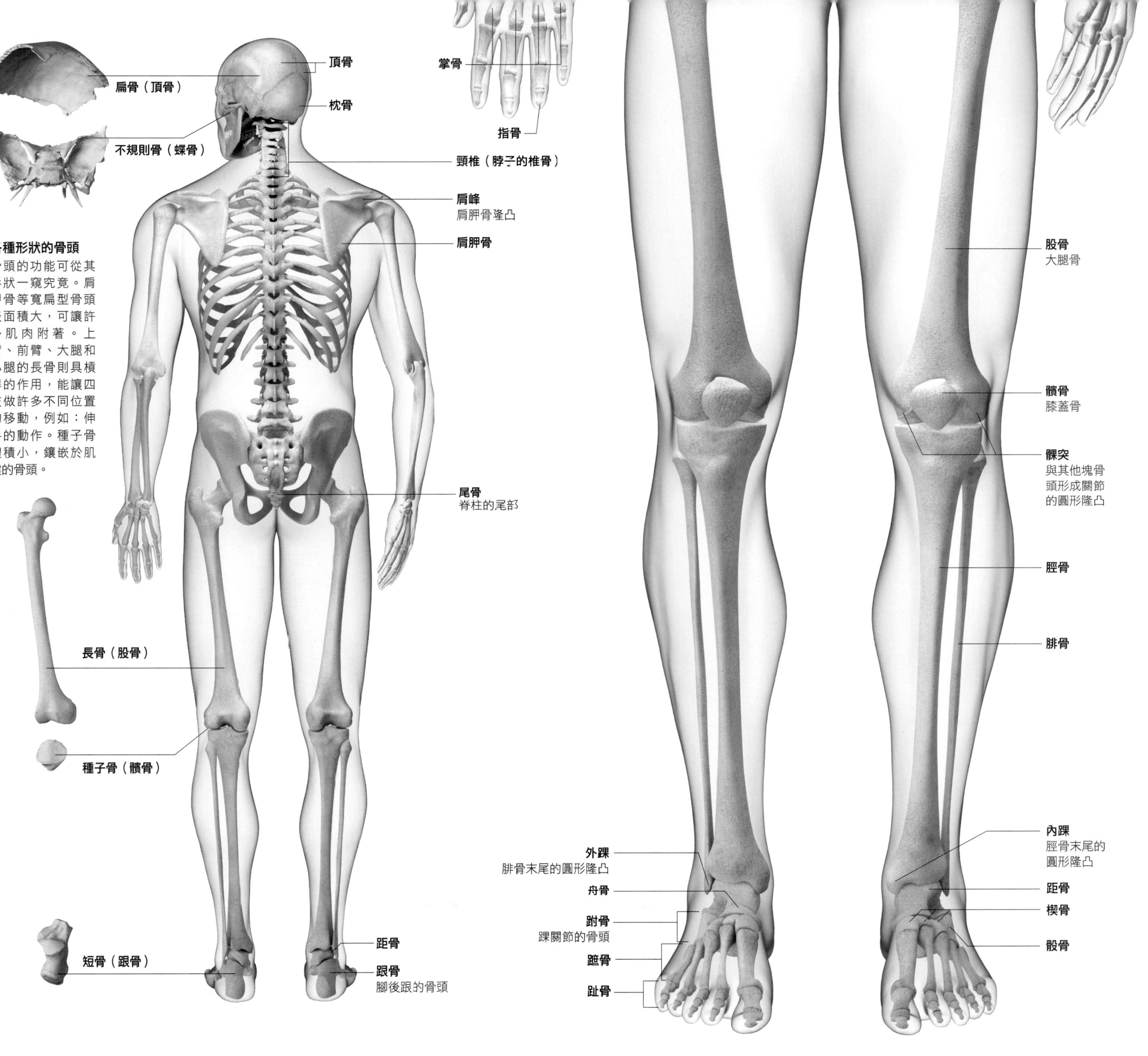

扁骨（頂骨）
不規則骨（蝶骨）
長骨（股骨）
種子骨（髕骨）
短骨（跟骨）
頂骨
枕骨
掌骨
指骨
頸椎（脖子的椎骨）
肩峰
肩胛骨隆凸
肩胛骨
尾骨
脊柱的尾部
距骨
跟骨
腳後跟的骨頭
股骨
大腿骨
髕骨
膝蓋骨
髁突
與其他塊骨頭形成關節的圓形隆凸
脛骨
腓骨
外踝
腓骨末尾的圓形隆凸
舟骨
跗骨
踝關節的骨頭
蹠骨
趾骨
內踝
脛骨末尾的圓形隆凸
距骨
楔骨
骰骨

骨的結構

骨骼是一種堅硬卻又輕巧的結締組織，由特化的細胞和蛋白質纖維組成。骨骼不是靜止不動或沒有生命的組織，相反地，骨骼隨時隨地都在不斷分解與自我重建。每個骨塊都會因應成長發育、外界造成的損傷以及壓力而持續調整自身大小和形狀。

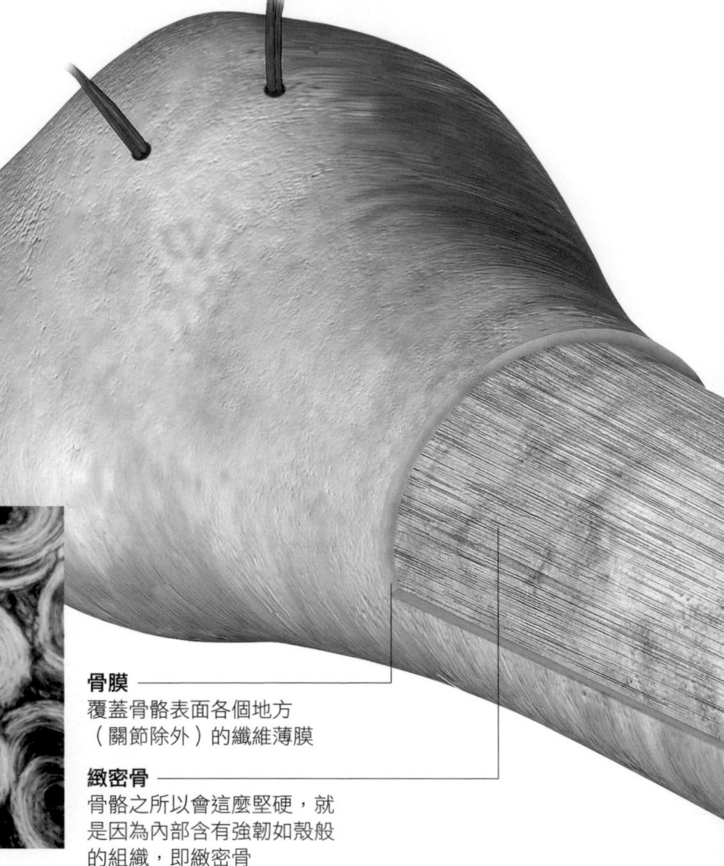

血管
綿密的血管網滋養著骨骼
骨骼的內部構造
長骨（像是腿部的骨骼）裡含有的骨組織類型最多。緻密骨和海綿骨的比例會隨著年紀和活動量而改變，反映出骨骼承受的物理壓力大小。
骨膜
覆蓋骨骼表面各個地方（關節除外）的纖維薄膜
緻密骨
骨骼之所以會這麼堅硬，就是因為內部含有強韌如殼般的組織，即緻密骨

骨的結構

長骨（如股骨、脛骨或肱骨等）的中心軸有一條髓管，或稱髓腔。髓腔裡有負責製造紅血球的紅骨髓、充滿脂肪組織的黃骨髓以及大量的血管。髓腔周遭有一層海綿骨（疏鬆骨）圍繞著，海綿骨是長得像蜂巢的空腔，裡面也裝有骨髓。海綿骨再往外一層就是像殼一樣的緻密骨（皮質骨），質地堅硬、緻密且強韌。髓腔與骨膜之間有小型管道互相連接，骨膜是覆蓋骨骼表面的一層薄膜。骨組織的組成物有特化的細胞，還有多數是膠原蛋白的多類蛋白纖維，這些組成物又跟水、礦物晶體和鹽類、碳水化合物以及其他物質交織在一起，形成了基質。骨骼中含有多個不同的細胞類型，包括造骨細胞、骨細胞以及蝕骨細胞。造骨細胞的功能是在骨骼形塑過程中將骨骼鈣化。骨細胞負責將骨骼構造維持在健康的狀態。蝕骨細胞則負責吸收退化中或身體不再需要的骨組織。

緻密骨
緻密骨也叫皮質骨，由迷你短棒狀的細胞組成，這種細胞名叫骨元。用顯微鏡觀察，可以看見許多骨元被緊緊捆在一起，也因為這樣的排列方式，才能夠讓它們有強大的支撐力。

骨骼的細胞

骨骼要健康，要靠三種細胞，而這三種細胞的製造地點都位於骨髓。一開始，骨骼還在成長的時候，造骨細胞會製造骨骼。接著，造骨細胞會變為骨細胞，任務是養護周邊的骨組織。蝕骨細胞是一種大型細胞，胞內有好幾個細胞核，可以把不要的骨骼或不健康的骨骼分解掉。

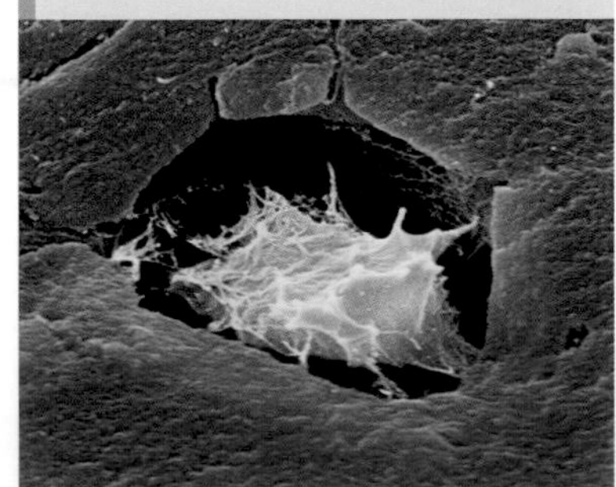

骨骼裡的骨細胞
在這張超高倍數放大的影像中，可以看到緻密骨中一個迷你腔室（陷窩）的骨細胞。

骨骼的生長

人的骨骼在母體子宮中和嬰兒時期大多都是由軟骨發育而成。骨化作用是軟骨組織轉化成骨組織的程序，進行時利用的是礦物鹽類和結晶體的沉積作用，而骨化作用使用的礦物鹽類和結晶體主要是磷酸鹽和碳酸鈣。童年期身高的增長大多都是因為長骨長度的增加。長骨靠近尾端的地方有一個叫做生長板的區域，生長板就是讓骨骼變長和骨化作用發生的地點。軟骨細胞（請參閱對頁）會在這個地方增殖，朝骨幹形成柱狀物。軟骨細胞的體積會隨著生長而變大，最後死亡。死亡之後，它們原先所佔據的空間就會由新的骨骼細胞填補。如此一來，生長板就會滯留在骨幹與骨的頭端之間，隨不斷變長的骨幹移動。

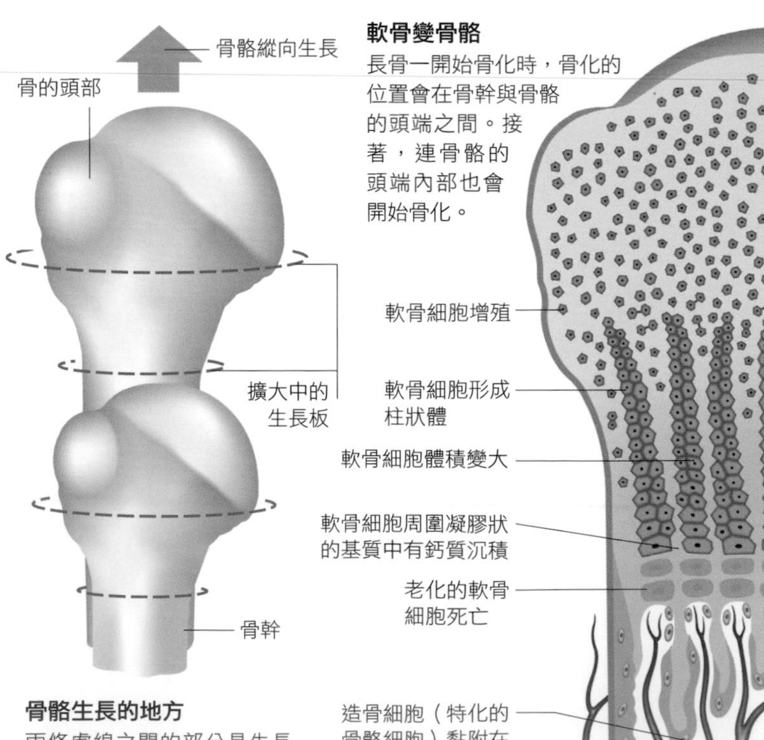

骨骼縱向生長
骨的頭部
擴大中的生長板
骨幹
軟骨變骨骼
長骨一開始骨化時，骨化的位置會在骨幹與骨骼的頭端之間。接著，連骨骼的頭端內部也會開始骨化。
軟骨細胞增殖
軟骨細胞形成柱狀體
軟骨細胞體積變大
軟骨細胞周圍凝膠狀的基質中有鈣質沉積
老化的軟骨細胞死亡
造骨細胞（特化的骨骼細胞）黏附在鈣化的組織上
形成新的血管和骨組織

骨骼生長的地方
兩條虛線之間的部分是生長板縱向擴展的地方。生長板位於身體中所有主要長骨的兩端。

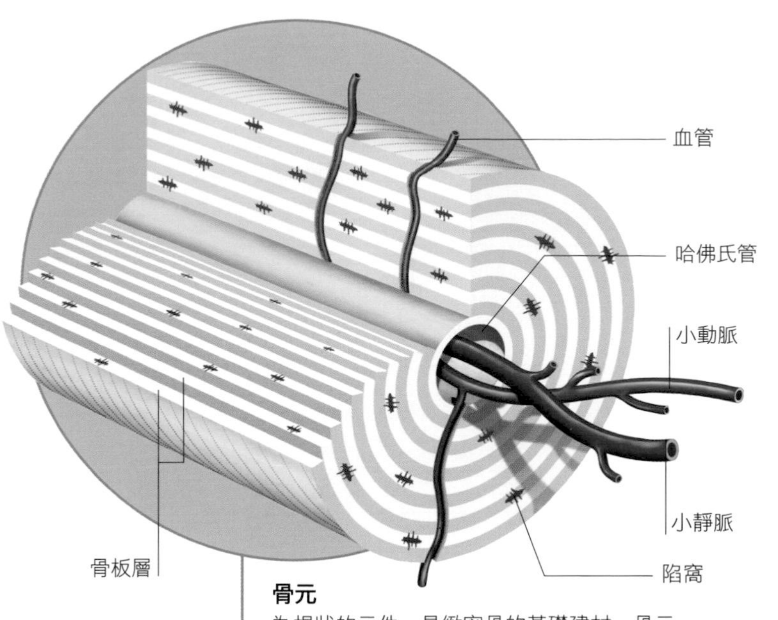
血管
哈佛氏管
小動脈
小靜脈
陷窩
骨板層

骨元
為桿狀的元件，是緻密骨的基礎建材。骨元的中間有一條中央管道（哈佛氏管），管道中有血管和神經，以這個管道為中心向外擴散的多層組織稱為骨板層。骨板層組織中有許多縫隙（陷窩），當中住著骨細胞，骨細胞的作用在於維持骨骼的健康。

骨元

骨髓
為填滿骨骼中央腔室的組織；長骨的骨髓一開始是紅骨髓（如圖所示），然後會由紅骨髓變成黃骨髓

靜脈

海綿骨
由釘子狀的骨骼（骨小梁）組成的網格結構，骨小梁排放的路徑會依循承受最大壓力的地方走

骺
骨骼兩端膨大的部分，內部主要是海綿骨組織

骨幹
長型骨幹內部主要是骨髓和緻密骨

動脈

軟骨

軟骨是一種堅韌、適應力強的結締組織，由凝膠狀基質組成，當中含有許多如蛋白質和碳水化合物等不同的化學物質。這基質當中還鑲嵌有多種不同的纖維質和軟骨細胞。軟骨細胞的功用在於製造組織並維持整個組織的健康。軟骨細胞住在小型腔室中，這腔室叫做陷窩。軟骨當中很少會有血管存在，因此要靠擴散作用取得養分和氧氣，製造出的老廢物質也用擴散作用往反方向回傳出去。軟骨有好幾種，包括透明軟骨、纖維軟骨和彈性軟骨等。軟骨的分類是依內部基質凝膠、軟骨細胞和纖維的含量占比而定。其中最有伸縮性的是彈性軟骨，因為其中彈性蛋白纖維佔了很大的比例，而基質的含量相對來說較少，能為外耳耳垂、會厭和喉頭等身體部位提供輕盈又有彈性的支撐力。

透明軟骨
這種軟骨因為組成物是緻密的膠原蛋白纖維，所以具有特別堅韌、抗性較高的特性。透明軟骨覆蓋在骨骼連接關節的端點上，將肋骨與胸骨連接在一起。氣管和鼻子中也有透明軟骨。

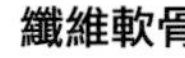

纖維軟骨
主要由緻密的膠原蛋白纖維束構成，當中有少量凝膠狀的基質。下頜、膝關節的半月板和椎間盤當中都有纖維軟骨。

製血工廠

紅骨髓裡含有造血組織，主要功能是製造三種不同的血液細胞：紅血球、白血球和血小板。人出生時，所有骨骼裡都有紅骨髓，但隨著年紀增長，長骨中的紅骨髓會逐漸轉變成黃骨髓，並失去製造血液的功能。

血液細胞的形成
這張顯微圖像中，可見紅骨髓中佈滿了即將進入血液中循環的紅血球。

汰舊換新

骨質重塑的流程包括分解老舊骨骼、清除廢棄產物和建造新的骨組織等步驟，而這些步驟的平衡由一系列相互影響的物質操控，這些物質包括激素、類固醇、維生素D以及一種稱為細胞激素的發訊蛋白質。

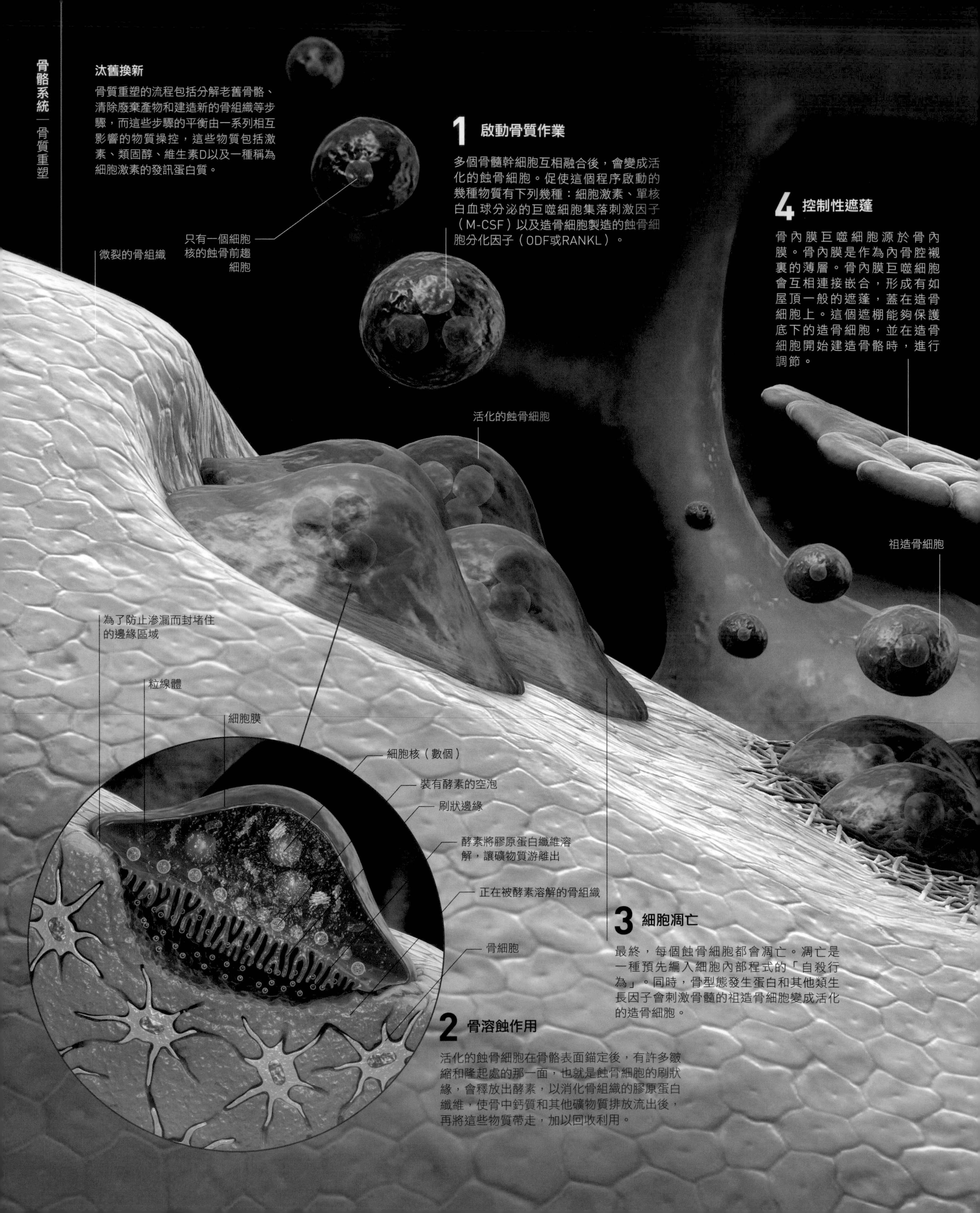

1 啟動骨質作業

多個骨髓幹細胞互相融合後，會變成活化的蝕骨細胞。促使這個程序啟動的幾種物質有下列幾種：細胞激素、單核白血球分泌的巨噬細胞集落刺激因子（M-CSF）以及造骨細胞製造的蝕骨細胞分化因子（ODF或RANKL）。

4 控制性遮蓬

骨內膜巨噬細胞源於骨內膜。骨內膜是作為內骨腔襯裏的薄層。骨內膜巨噬細胞會互相連接嵌合，形成有如屋頂一般的遮蓬，蓋在造骨細胞上。這個遮棚能夠保護底下的造骨細胞，並在造骨細胞開始建造骨骼時，進行調節。

只有一個細胞核的蝕骨前趨細胞
微裂的骨組織
活化的蝕骨細胞
祖造骨細胞
為了防止滲漏而封堵住的邊緣區域
粒線體
細胞膜
細胞核（數個）
裝有酵素的空泡
刷狀邊緣
酵素將膠原蛋白纖維溶解，讓礦物質游離出
正在被酵素溶解的骨組織
骨細胞

3 細胞凋亡

最終，每個蝕骨細胞都會凋亡。凋亡是一種預先編入細胞內部程式的「自殺行為」。同時，骨型態發生蛋白和其他類生長因子會刺激骨髓的祖造骨細胞變成活化的造骨細胞。

2 骨溶蝕作用

活化的蝕骨細胞在骨骼表面錨定後，有許多皺縮和隆起處的那一面，也就是蝕骨細胞的刷狀緣，會釋放出酵素，以消化骨組織的膠原蛋白纖維，使骨中鈣質和其他礦物質排放流出後，再將這些物質帶走，加以回收利用。

骨質重塑

骨骼雖然看起來好像靜止不動，實際上卻是不斷地在變動當中。如果用顯微鏡觀察的話，可以看見好幾百萬個細胞正忙碌地為自身組織進行保養、修復以及重整的工作。

骨骼與其他組織一樣，都會因久用而損耗。如果負責供給氧分和營養素的微血管出現了細微撕裂傷，有些骨骼的細胞會因此而死亡。人如果遭到碰撞，會造成骨骼的微型斷裂、碎裂或其他類型的損傷。不當的飲食習慣則可能導致身體必須從骨骼抽取鈣質和其他礦物質，提供給其他更急需這些物質的身體部位使用。而往後如果飲食中有攝取到這些礦物質，身體會再把攝取到的礦物質放回骨骼中。骨骼也會因應承受的物理壓力而逐漸有所改變，特別是來自於定期運動的壓力，例如：長跑運動、舉重、打網球和騎馬等。骨骼在承受壓力而變形的地方會長得更粗，礦物質的密度也會更高，讓這些骨骼更禁得起壓力。這整個程序叫做骨質重塑，成人的骨骼每年大約有百分之十會進行重塑。骨質重塑主要有四類細胞參與作業（請參閱第52頁）：負責破壞的蝕骨細胞、負責建蓋的造骨細胞、負責養護的骨細胞以及賦能的「骨內膜巨噬細胞」（請參閱右方文字框內解說）。骨質重塑的過程中，如果產生不平衡，就有可能會使人罹患骨質疏鬆症等疾病。

巨噬細胞

巨噬細胞是白血球的一種，在人體防禦系統中扮演著重要的角色，有些負責對抗病菌（請參閱第177頁），有些則四處漫遊，吞噬殘渣和入侵的微生物。巨噬細胞是一種大型的捕食細胞，這種細胞一生當中能夠吃掉多達200個細菌或好幾千個病毒。身體每個組織都有自己的定駐型巨噬細胞群落。定駐在骨骼的群落稱為：駐骨組織巨噬細胞，或骨內膜巨噬細胞。

巨噬細胞
巨噬細胞的邊緣有很多皺褶，而這些皺褶處具有伸縮性，能夠找到其他細胞、細胞膜及類似構造之間的隙縫，將皺褶處滲入後，再帶著整個巨噬細胞鑽身而入。

準備就緒的蝕骨前趨細胞和祖造骨細胞待命上場

遮蓬結構

成熟的造骨細胞

骨內膜巨噬細胞

由膠原蛋白和其他纖維組成的類骨質

鈣質和其他礦物質被加進類骨質中

重塑後的骨質

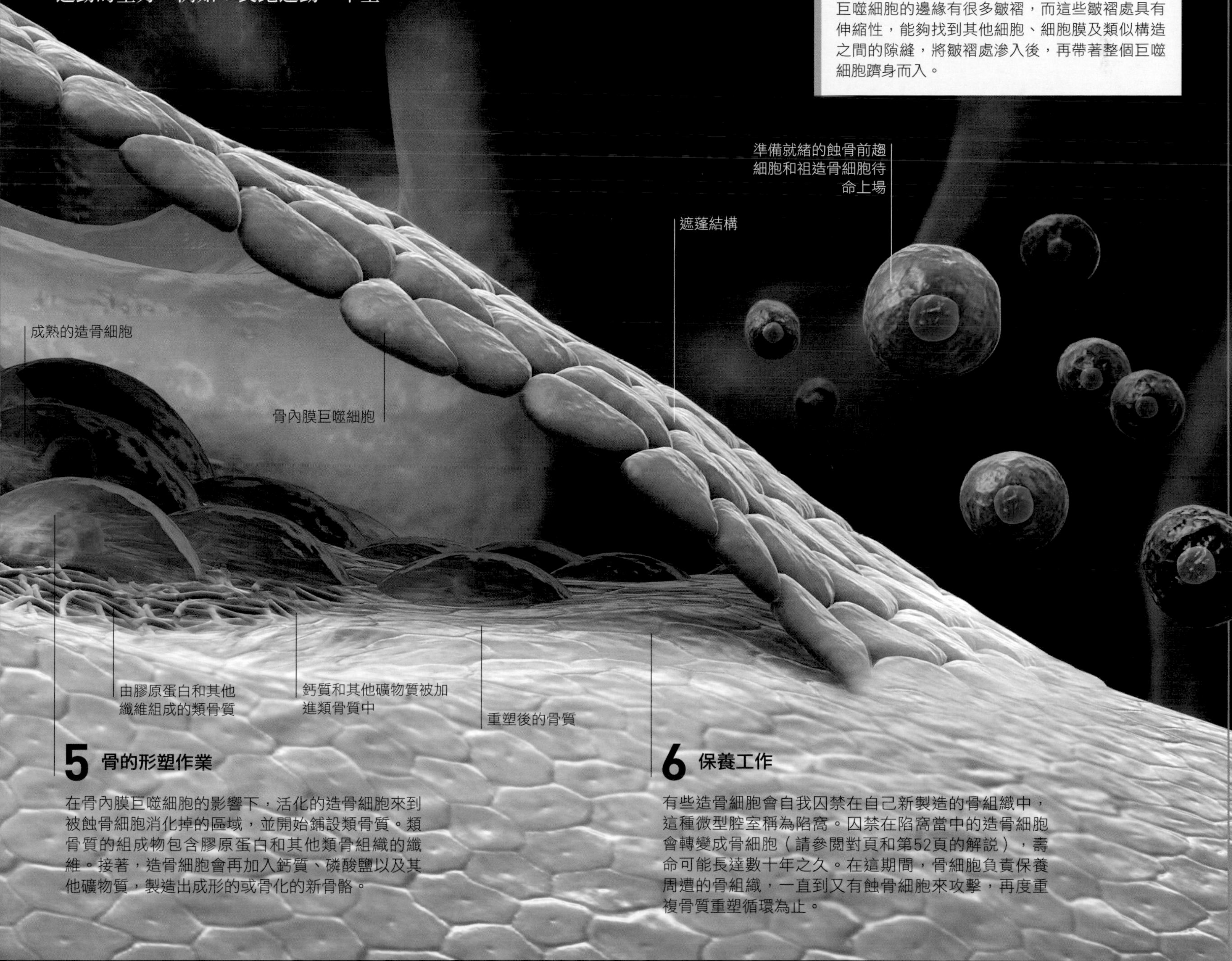

5 骨的形塑作業

在骨內膜巨噬細胞的影響下，活化的造骨細胞來到被蝕骨細胞消化掉的區域，並開始鋪設類骨質。類骨質的組成物包含膠原蛋白和其他類骨組織的纖維。接著，造骨細胞會再加入鈣質、磷酸鹽以及其他礦物質，製造出成形的或骨化的新骨骼。

6 保養工作

有些造骨細胞會自我囚禁在自己新製造的骨組織中，這種微型腔室稱為陷窩。囚禁在陷窩當中的造骨細胞會轉變成骨細胞（請參閱對頁和第52頁的解說），壽命可能長達數十年之久。在這期間，骨細胞負責保養周遭的骨組織，一直到又有蝕骨細胞來攻擊，再度重複骨質重塑循環為止。

關節

兩個骨頭連接的地方叫做關節。關節分類的方式可以依照關節的構型，也可以依照關節能做出的活動類型區分。人體當中有超過300種不同的關節。

滑液關節

人體數量最多、用途最廣、活動最自如的關節稱為滑液關節。如果使用得當，並經常但不過度使用的話，滑液關節的使用年限可達好幾十年。滑液關節有個保護性的外罩包裹著，這個外罩叫做關節囊。關節囊的內襯叫做滑膜。滑膜會製造像油一般溼滑的滑液來潤滑關節，將互相接觸的關節表面在滑動時造成的磨損率降至最低。人體中的滑液關節大約有230個。

半動關節和不動關節

有些關節的用途不像其他關節，可用來做出許多不同的動作，而是用來給予成長的空間或者是提供更高的穩定性。這些關節裡的骨頭通常由軟骨或由組成物為膠原蛋白類物質的堅韌纖維所連接。顱骨的不動關節在發育完成時，原本彼此分開的骨板會被彼此嵌合的纖維組織牢牢地連結固定住，形成縫合關節。

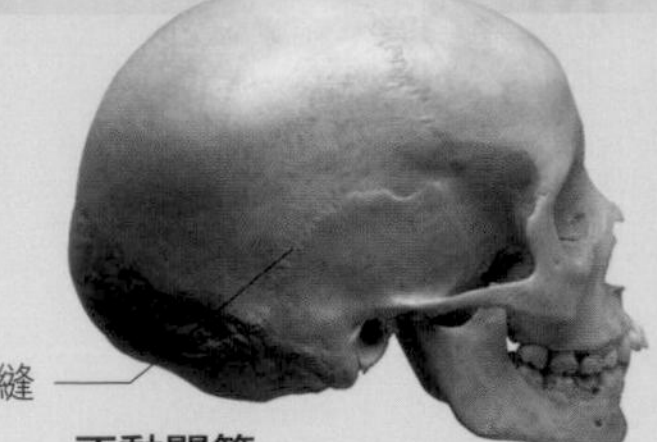
骨縫

不動關節
成人顱骨的縫合關節呈現彎曲的線狀。這些關節相連的地方在嬰兒期時比較鬆弛，好讓快速成長的腦部有空間發展。

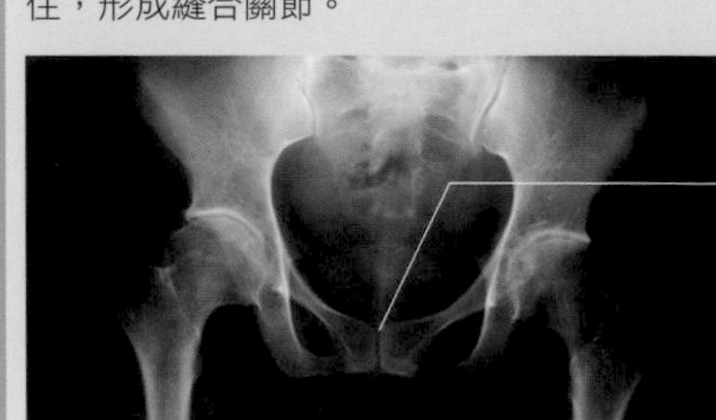
恥骨聯合

半動關節
在恥骨聯合等稍具彈性的關節中，骨頭之間是藉由纖維組織或軟骨連結。

滑液關節的類型
滑液關節活動的幅度取決於關節中關節軟骨表面的形狀（請參閱第57頁）以及其組合方式。

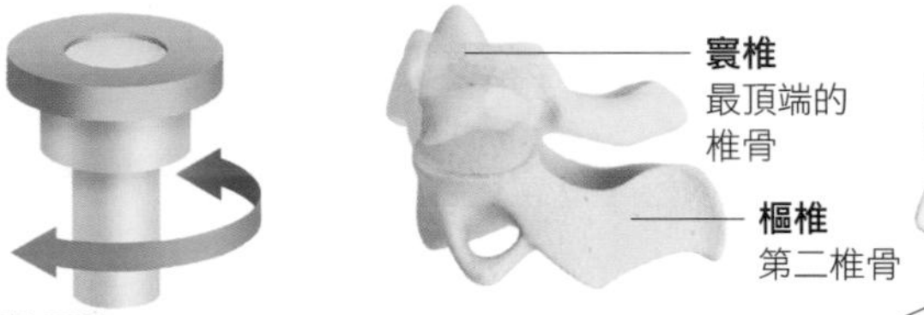

寰椎
最頂端的椎骨
樞椎
第二椎骨

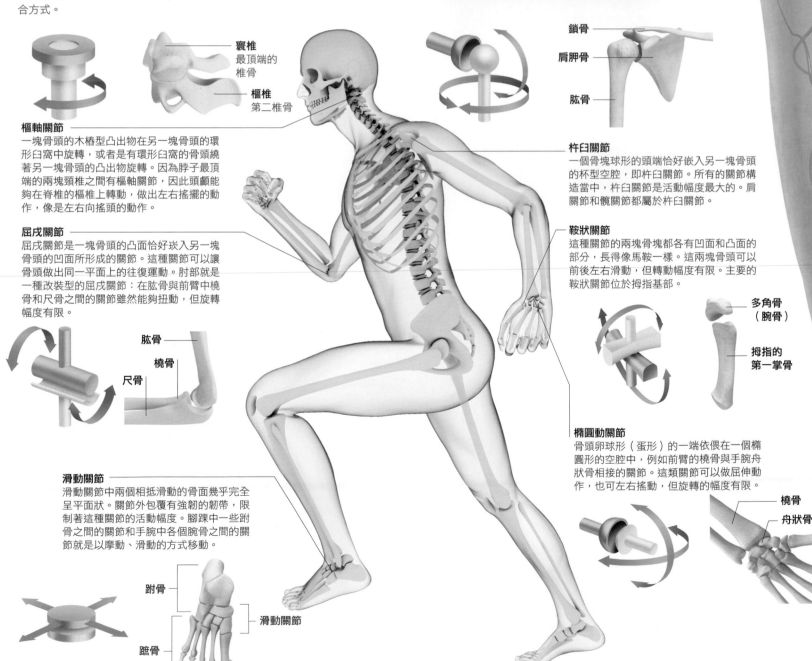

樞軸關節
一塊骨頭的木樁型凸出物在另一塊骨頭的環形臼窩中旋轉，或者是有環形臼窩的骨頭繞著另一塊骨頭的凸出物旋轉。因為脖子最頂端的兩塊頸椎之間有樞軸關節，因此頭顱能夠在脊椎的樞椎上轉動，做出左右搖擺的動作，像是左右向搖頭的動作。

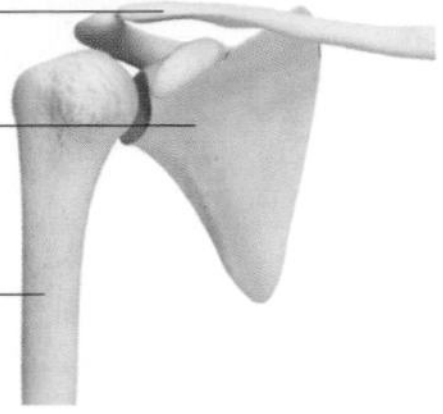

屈戌關節
屈戌關節是一塊骨頭的凸面恰好崁入另一塊骨頭的凹面所形成的關節。這種關節可以讓骨頭做出同一平面上的往復運動。肘部就是一種改裝型的屈戌關節：在肱骨與前臂中橈骨和尺骨之間的關節雖然能夠扭動，但旋轉幅度有限。

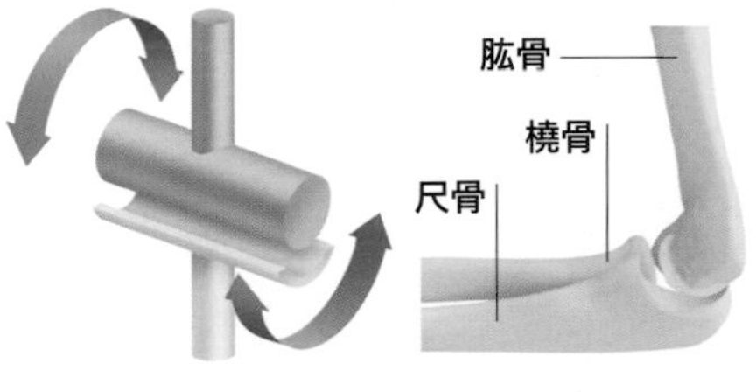

肱骨
橈骨
尺骨

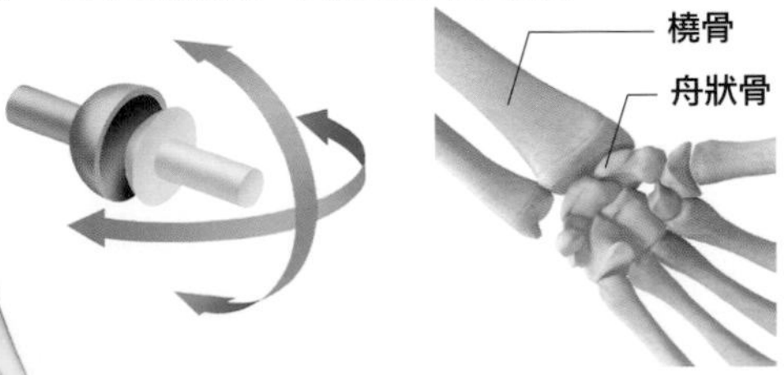

滑動關節
滑動關節中兩個相抵滑動的骨面幾乎完全呈平面狀。關節外包覆有強韌的韌帶，限制著這種關節的活動幅度。腳踝中一些跗骨之間的關節和手腕中各個腕骨之間的關節就是以摩動、滑動的方式移動。

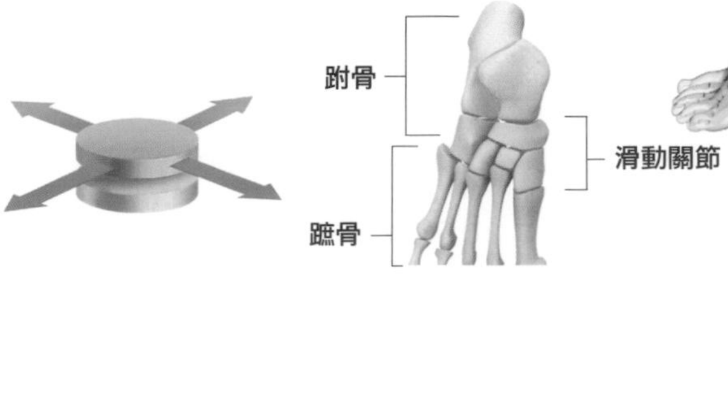

跗骨
滑動關節
蹠骨

鎖骨
肩胛骨
肱骨

杵臼關節
一個骨塊球形的頭端恰好嵌入另一塊骨頭的杯型空腔，即杵臼關節。所有的關節構造當中，杵臼關節是活動幅度最大的。肩關節和髖關節都屬於杵臼關節。

鞍狀關節
這種關節的兩塊骨塊都各有凹面和凸面的部分，長得像馬鞍一樣。這兩塊骨頭可以前後左右滑動，但轉動幅度有限。主要的鞍狀關節位於拇指基部。

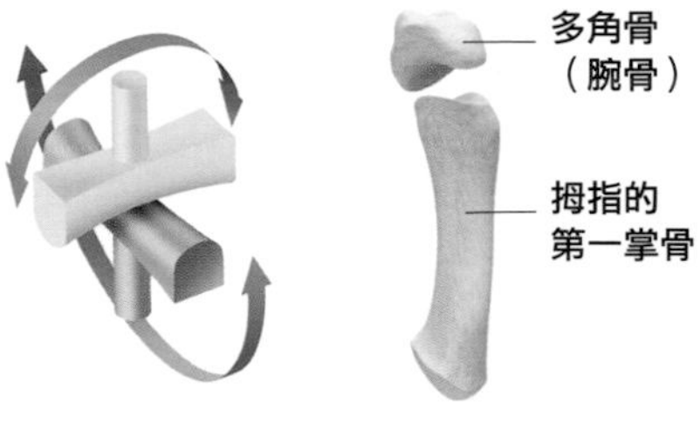

多角骨（腕骨）
拇指的第一掌骨

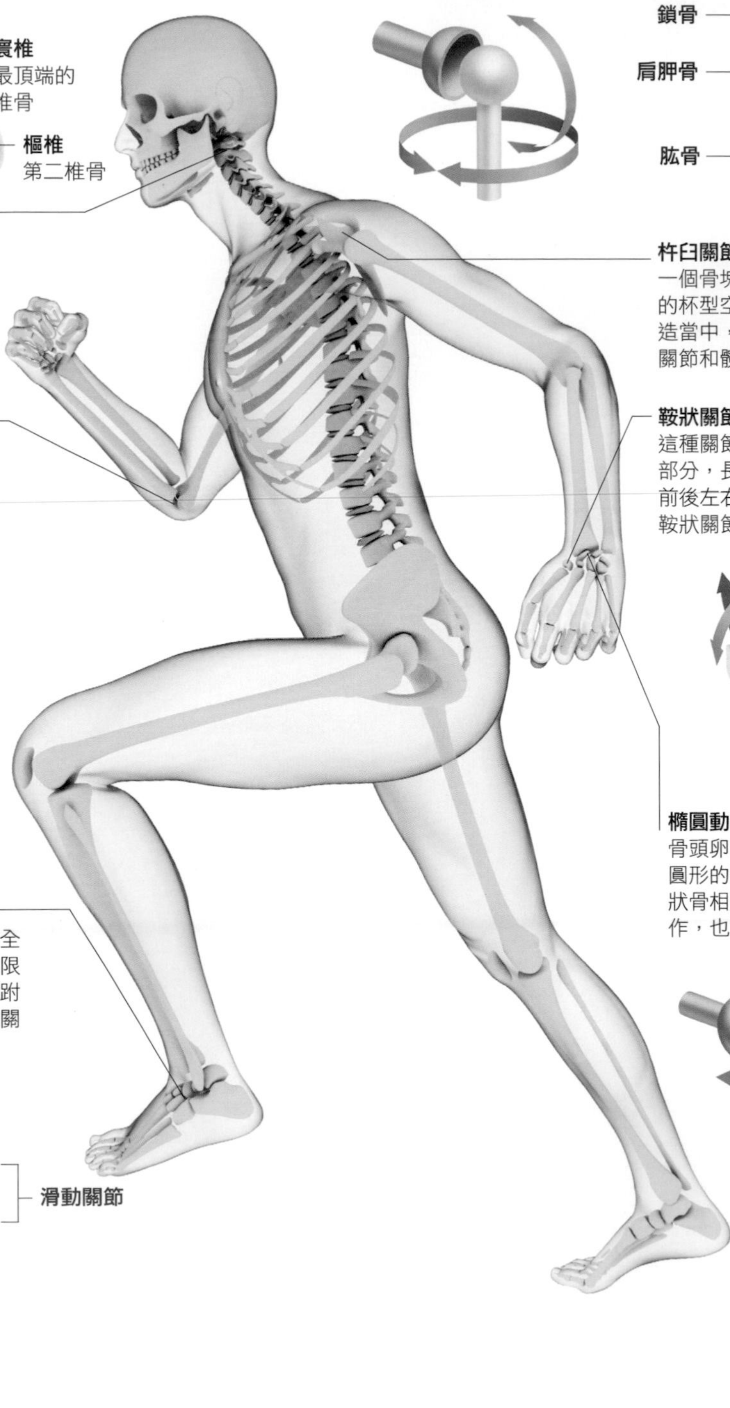

橢圓動關節
骨頭卵球形（蛋形）的一端依偎在一個橢圓形的空腔中，例如前臂的橈骨與手腕舟狀骨相接的關節。這類關節可以做屈伸動作，也可左右搖動，但旋轉的幅度有限。

橈骨
舟狀骨

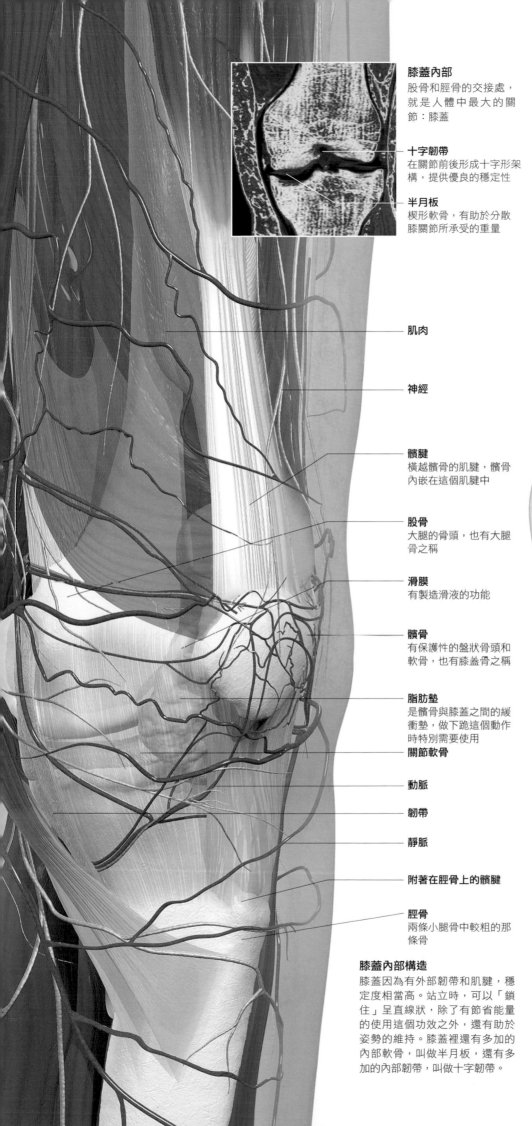

膝蓋內部
股骨和脛骨的交接處，就是人體中最大的關節：膝蓋

十字韌帶
在關節前後形成十字形架構，提供優良的穩定性

半月板
楔形軟骨，有助於分散膝關節所承受的重量

肌肉

神經

髕腱
橫越髕骨的肌腱，髕骨內嵌在這個肌腱中

股骨
大腿的骨頭，也有大腿骨之稱

滑膜
有製造滑液的功能

髕骨
有保護性的盤狀骨頭和軟骨，也有膝蓋骨之稱

脂肪墊
是髕骨與膝蓋之間的緩衝墊，做下跪這個動作時特別需要使用

關節軟骨

動脈

韌帶

靜脈

附著在脛骨上的髕腱

脛骨
兩條小腿骨中較粗的那條骨

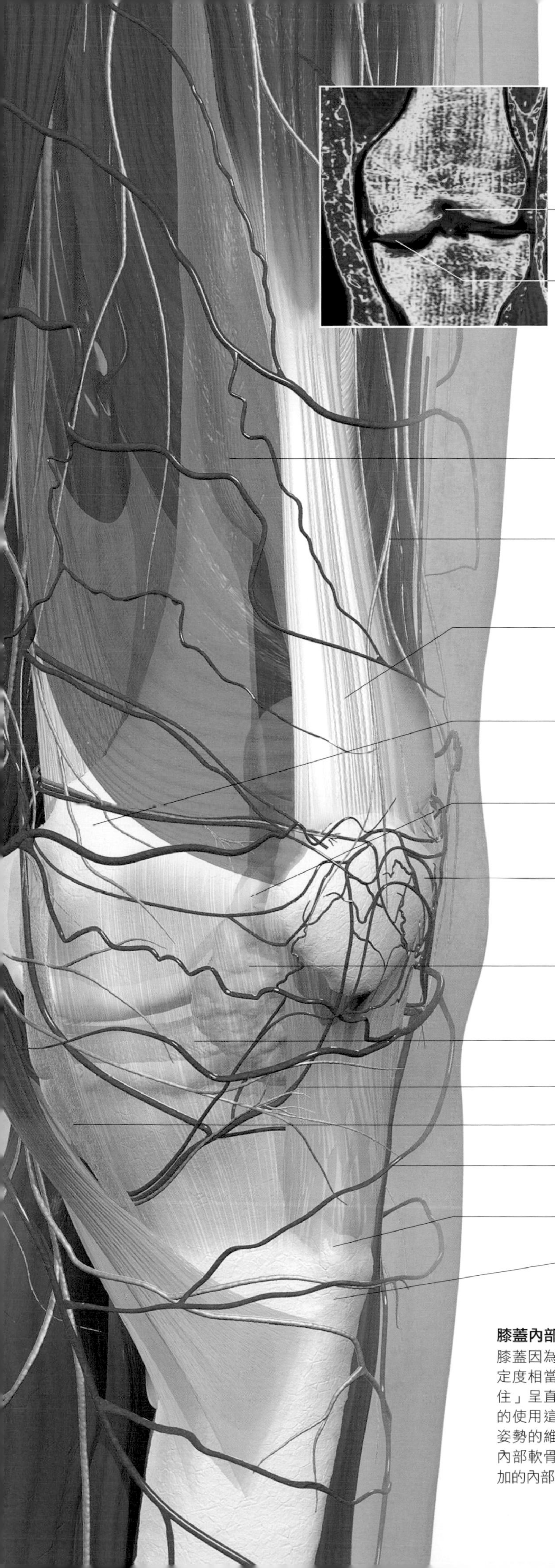

膝蓋內部構造
膝蓋因為有外部韌帶和肌腱，穩定度相當高。站立時，可以「鎖住」呈直線狀，除了有節省能量的使用這個功效之外，還有助於姿勢的維持。膝蓋裡還有多加的內部軟骨，叫做半月板，還有多加的內部韌帶，叫做十字韌帶。

關節的內部構造

滑液關節裡的骨骼末端有關節軟骨包覆與保護，關節軟骨質地平滑，且稍具壓縮性。關節外有關節囊包裹著，關節囊附著在骨的末端，組成物為質地強韌的結締組織。關節囊的內襯叫做滑膜，質地柔軟，會不斷地分泌黏稠的滑液，排放到滑液腔中，藉以持續潤滑關節。滑液當中的脂肪和蛋白質也有滋養軟骨的功效，而滑液本身會不斷地被重新吸收。關節囊中纖維性增厚的部分叫做韌帶，韌帶的兩端都固定在骨頭上，作用是防止骨頭移動程度太大，或往不自然的方向移動。關節周圍的肌肉以及藉由肌腱連接骨頭的肌肉緊繃時，可維持穩定性，收縮時，可產生運動。

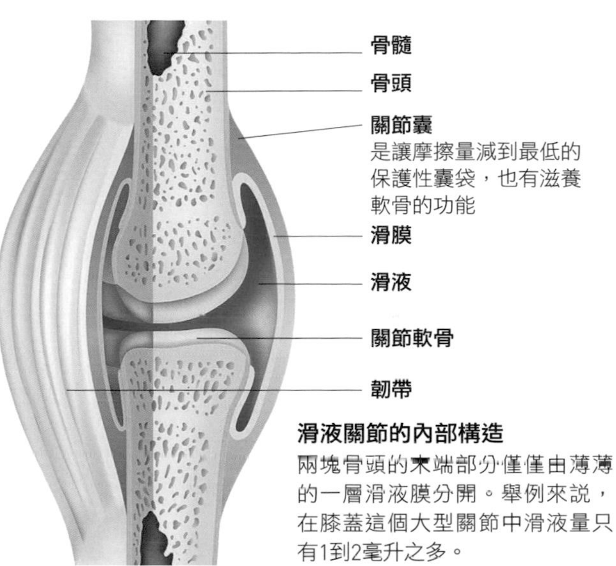
骨髓
骨頭
關節囊
是讓摩擦量減到最低的保護性囊袋，也有滋養軟骨的功能
滑膜
滑液
關節軟骨
韌帶

滑液關節的內部構造
兩塊骨頭的末端部分僅僅由薄薄的一層滑液膜分開。舉例來說，在膝蓋這個大型關節中滑液量只有1到2毫升之多。

有避震器作用的軟骨

滑液關節中，包覆著骨骼末端的關節軟骨也稱為透明軟骨（請參閱第53頁）。關節遭到突如其來的敲擊或震動時，透明軟骨能充當避震器，分散撞擊衝力，並預防震撞對較堅硬的骨頭產生傷害。某些關節中的軟骨纖維會比其他的堅韌，例如脊柱的椎骨之間，稱為椎間盤的纖維軟骨墊。纖維軟骨也存在於下頜關節、腕關節和膝蓋半月板中。

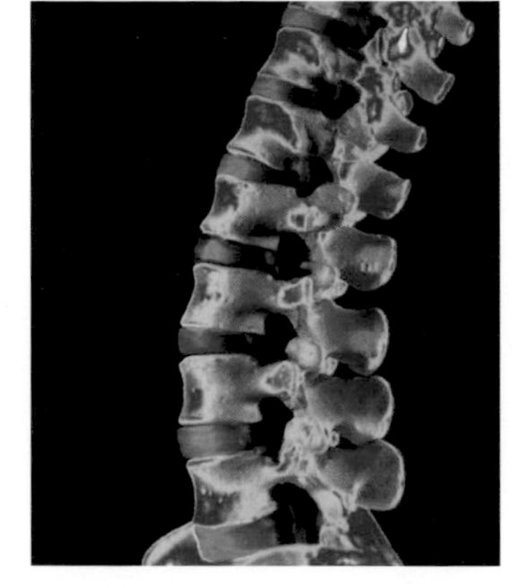

脊柱軟骨
是椎骨之間的纖維軟骨盤，有提供脊柱穩固性和緩衝等重要功能。

頭顱

人類頭部總共有29塊骨塊，其中頭顱就佔了22顆，除去下顎或稱下頜骨後，剩下的21塊骨片是合成一整大塊的牢固構造。其餘還有頸部上前方的舌骨以及耳朵的三對微型骨塊，共稱為聽小骨，分別位於兩隻耳朵的中耳。

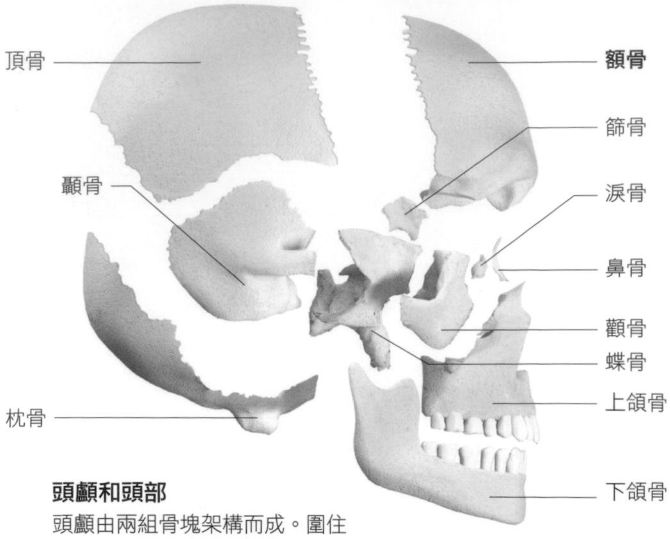

頭顱

頭顱由兩組骨塊組成。上部的八塊骨塊構成形狀如穹窿的顱骨（顱頂），裝載並保護著腦。其他14塊骨塊所構成的是臉部的輪廓。22塊骨塊中有21顆在發育過程中會緊密地癒合，在骨塊之間留下不明顯的關節線，而這些關節線的專有名詞叫做骨縫。下顎（或稱下頜骨）則維持在可動狀態，靠兩個下顎關節（或稱顳顎關節）與頭顱連結。

頂骨
額骨
篩骨
顳骨
淚骨
鼻骨
顴骨
蝶骨
上頜骨
枕骨
下頜骨

頭顱和頭部
頭顱由兩組骨塊架構而成。圍住頭顱的八塊骨塊稱為顱頂。

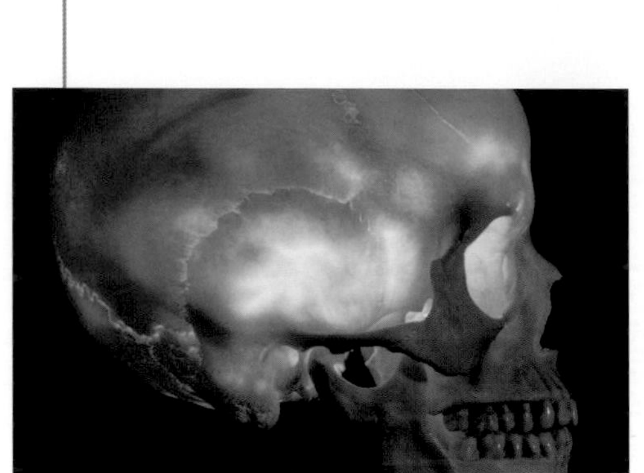

頭顱的骨縫
圖中位於頭顱表面的紋路在背光效果下明顯可見，這些紋路是頭顱多個骨頭邊緣癒合的地方。

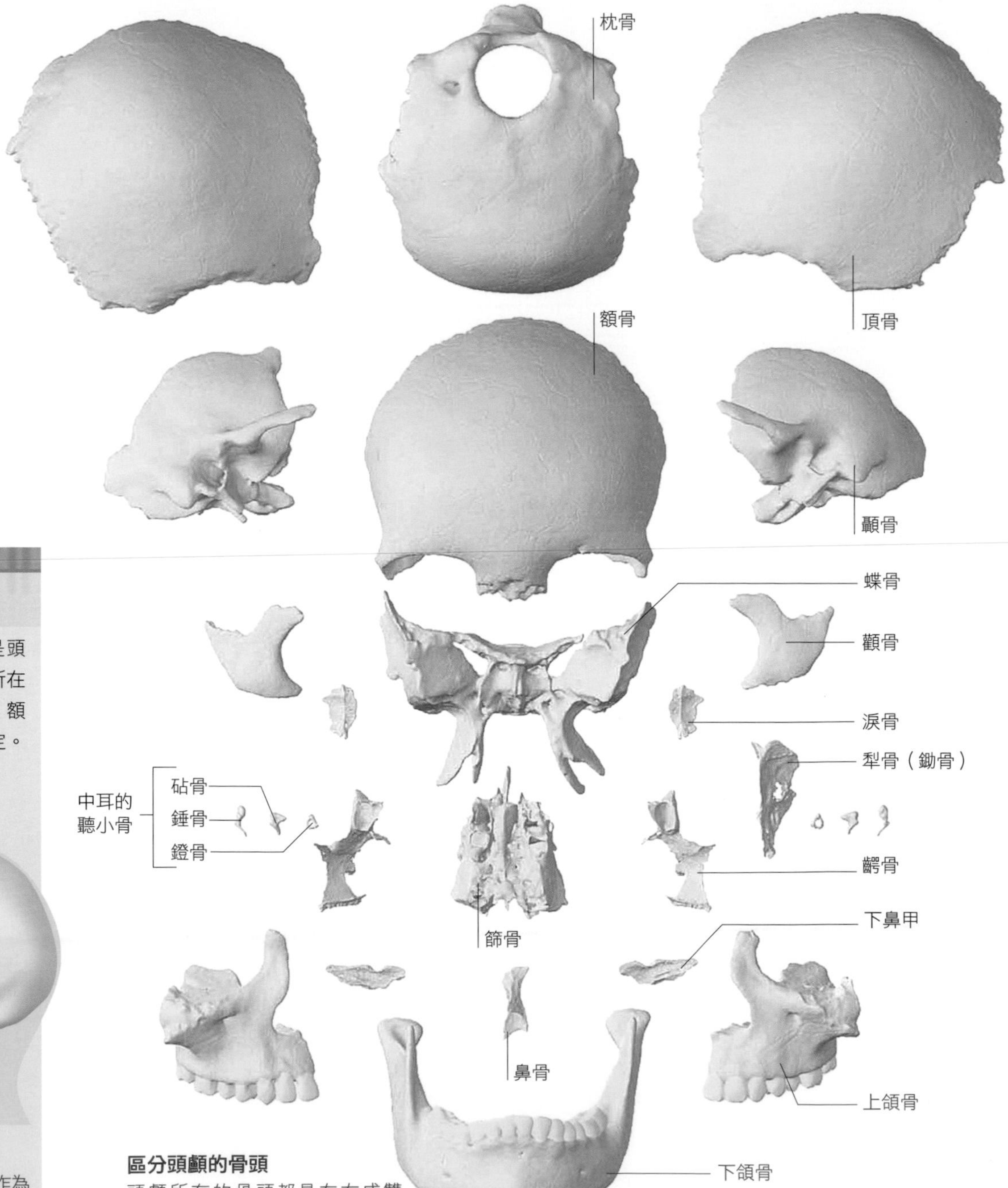

枕骨
額骨
頂骨
顳骨
蝶骨
顴骨
淚骨
犁骨（鋤骨）
中耳的聽小骨
砧骨
錘骨
鐙骨
齶骨
下鼻甲
篩骨
鼻骨
上頜骨
下頜骨

區分頭顱的骨頭
頭顱所有的骨頭都是左右成雙的，只有枕骨、額骨、篩骨、犁骨、蝶骨和下頜骨除外。

鼻竇

鼻竇又名副鼻竇或鼻旁竇，共有四對，是頭顱中充滿氣體的空腔。四對鼻竇的命名依據所在位置附近的骨塊名稱而定，分別為：上頜竇、額竇、蝶竇和篩竇。前三對鼻竇的形狀較為固定。篩竇的形狀則比較像蜂巢，且比較多變。

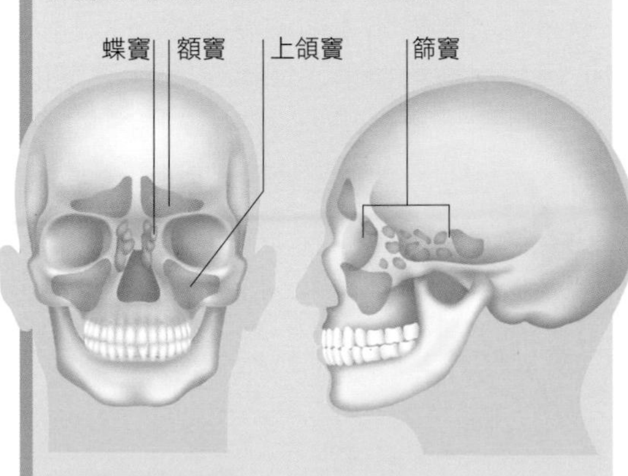
蝶竇
額竇
上頜竇
篩竇

共鳴與減重功能
鼻竇有助於減輕頭顱整體的重量，同時也能夠作為共鳴的空腔，讓每個人都有自己獨特的嗓音特質。

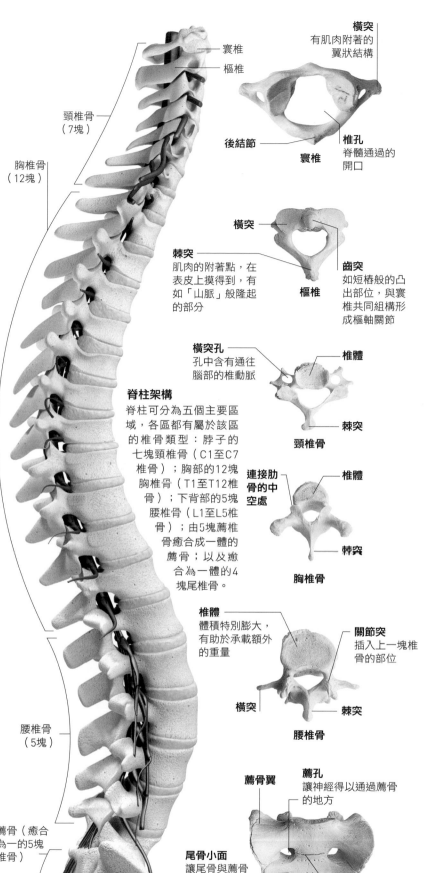

脊柱

脊柱也有脊骨、脊椎或脊樑之稱，是強韌且具伸縮性的構造。脊柱是讓頭部與軀幹能夠直立的中央支柱，也讓脖子和背部能夠彎曲及扭轉。

脊柱功能

脊柱由33顆形狀像戒指的骨塊組構而成，這些骨塊叫做椎骨。最底下的九個椎骨癒合成兩塊大型骨頭，術語上稱為薦骨（骶骨）和尾骨。脊柱其餘的26塊骨頭都是可動骨，且與一系列活動關節相互連接。各個骨塊之間的關節中還夾帶有椎間盤。椎間盤是一種有彈力的軟墊，由堅韌的纖維性軟骨構成，受壓時會稍微變扁，以吸收震動衝擊力。脊柱周圍有強韌的韌帶和許多組肌肉群，能夠穩定住椎骨，並有助於操控動作。脊椎也有保護脊髓的作用，而椎骨上的孔洞是神經根穿出的地方（請參閱第97頁）。

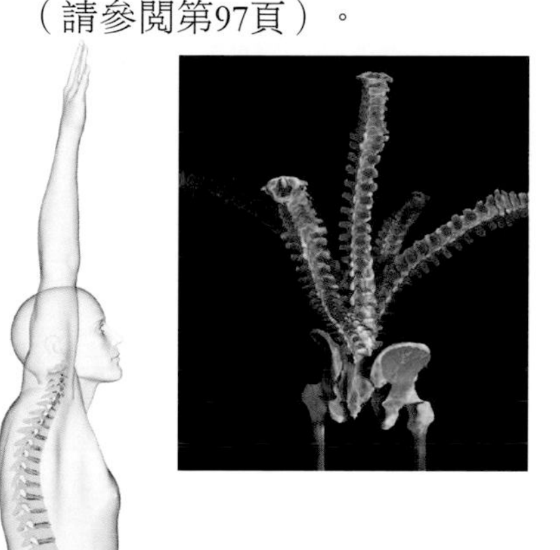

具彈性的脊柱
椎骨的形狀使得脊柱向前彎曲的角度比向後的大，而且能夠順著中軸扭動。

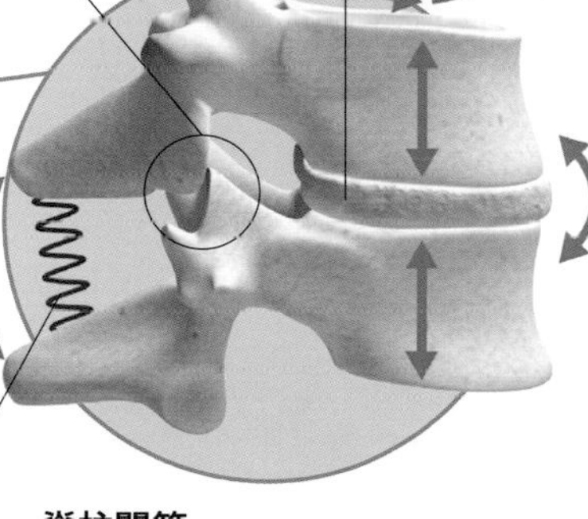

小面關節
能決定椎骨與椎骨之間的活動幅度

椎間盤
由具備伸縮性的堅韌纖維軟骨以及果凍狀的核心組構而成

有彈性的韌帶
棘突之間的韌帶能夠限制活動幅度，並儲存反彈所需的能量

脊柱關節
脊柱關節的活動幅度不大，但仍提供脊柱極大的靈活性，能後弓、扭轉與前彎。兩個小面關節有助於防止滑脫與反扭。

舌骨

馬蹄形的舌骨位於舌頭根部和喉部正上方，是人體中少數不直接和其他骨頭相連的骨頭之一。舌骨的位置藉由肌肉和位於兩側強韌的莖突舌骨韌帶固定，而莖突舌骨韌帶的另一端則連結在頭顱顳骨的莖突上。舌骨能穩定住用來吞嚥和說話的幾組肌肉群。

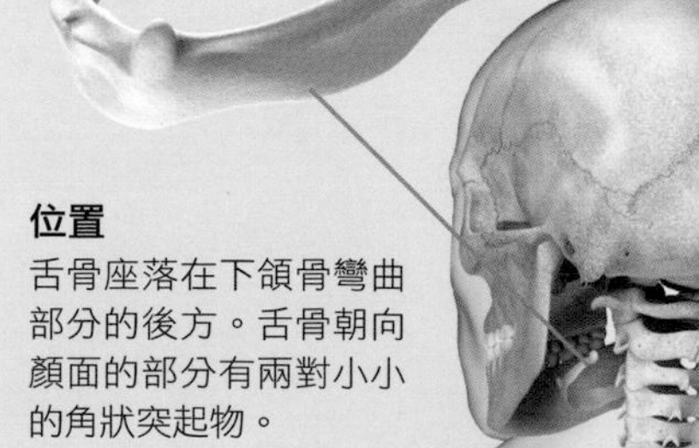

位置
舌骨座落在下頜骨彎曲部分的後方。舌骨朝向顏面的部分有兩對小小的角狀突起物。

頸椎骨（7塊）

胸椎骨（12塊）

腰椎骨（5塊）

薦骨（癒合為一的5塊椎骨）

尾骨（癒合為一的4塊椎骨）

寰椎

樞椎

脊柱架構
脊柱可分為五個主要區域，各區都有屬於該區的椎骨類型：脖子的七塊頸椎骨（C1至C7椎骨）；胸部的12塊胸椎骨（T1至T12椎骨）；下背部的5塊腰椎骨（L1至L5椎骨）；由5塊薦椎骨癒合成一體的薦骨；以及癒合為一體的4塊尾椎骨。

橫突
有肌肉附著的翼狀結構

後結節

椎孔
脊髓通過的開口

寰椎

橫突

棘突
肌肉的附著點，在表皮上摸得到，有如「山脈」般隆起的部分

齒突
如短樁般的凸出部位，與寰椎共同組構形成樞軸關節

樞椎

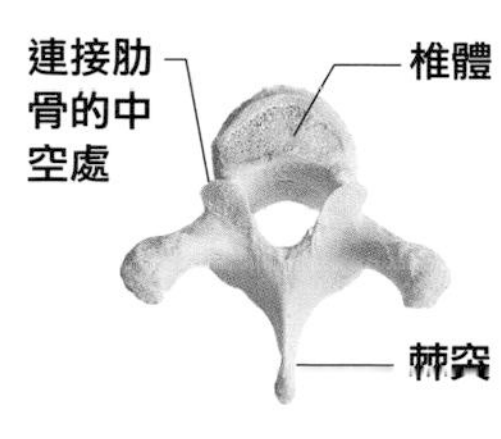

橫突孔
孔中含有通往腦部的椎動脈

椎體

棘突

頸椎骨

連接肋骨的中空處

椎體

棘突

胸椎骨

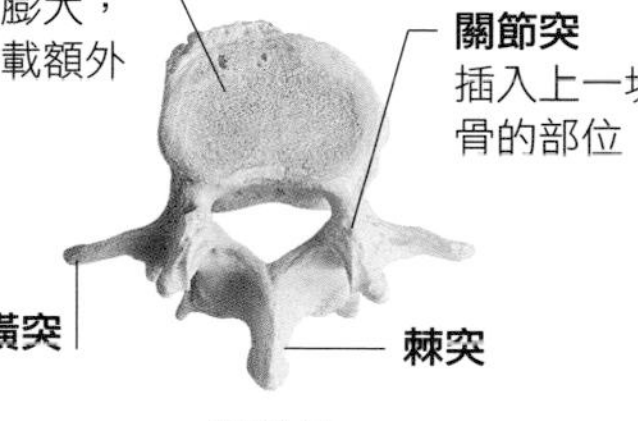

椎體
體積特別膨大，有助於承載額外的重量

關節突
插入上一塊椎骨的部位

橫突

棘突

腰椎骨

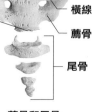

薦骨翼

薦孔
讓神經得以通過薦骨的地方

尾骨小面
讓尾骨與薦骨之間稍微具有可動的空間

橫線

薦骨

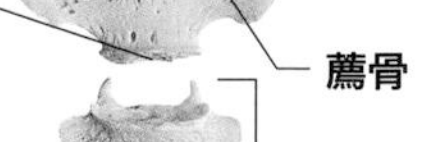

尾骨

薦骨和尾骨

脊柱底部
楔形的薦骨是五塊椎骨癒合為一體的骨頭，癒合處遺留有淺淺的細槽，這些細槽叫做橫線。尾骨通常由四塊椎骨構成，與薦骨之間的連接處有關節。

肋骨、骨盆、手和腳

肋骨和髖骨（骨盆）支撐並守護著重要的胸部和腹部器官。骨盆、腕部、手部、踝部和足部等部位的骨骼加總，就佔了全身骨骼的一半以上之多，這些骨骼對於協調運動來說極為重要。

胸廓

大多數人的肋骨都是12對，但每200個人當中就有1個人會天生多一對肋骨。身體中每根肋骨的後端都與脊柱連結。肋骨的前端方面，七對「真肋」有延伸出軟骨的部位（肋軟骨），而這些軟骨與胸骨直接接合。在真肋下的兩對或三對「假肋」前端連接在真肋的軟骨上。其餘的「浮肋」完全不與胸骨連接。由於肋骨能夠傾斜，整個胸廓都具有伸縮性。

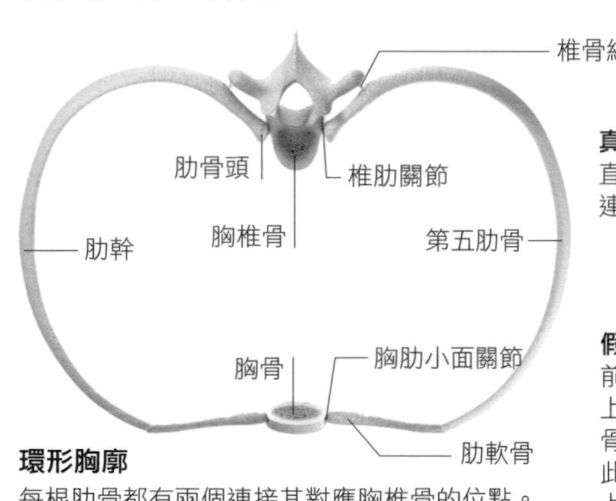
椎骨結節關節
肋骨頭
椎肋關節
肋幹
胸椎骨
第五肋骨
胸骨
胸肋小面關節
肋軟骨

環形胸廓
每根肋骨都有兩個連接其對應胸椎骨的位點。具伸縮性的肋軟骨是肋骨與胸骨之間連結的橋樑，因為有伸縮性，所以胸廓才能在呼吸時變換體積大小。

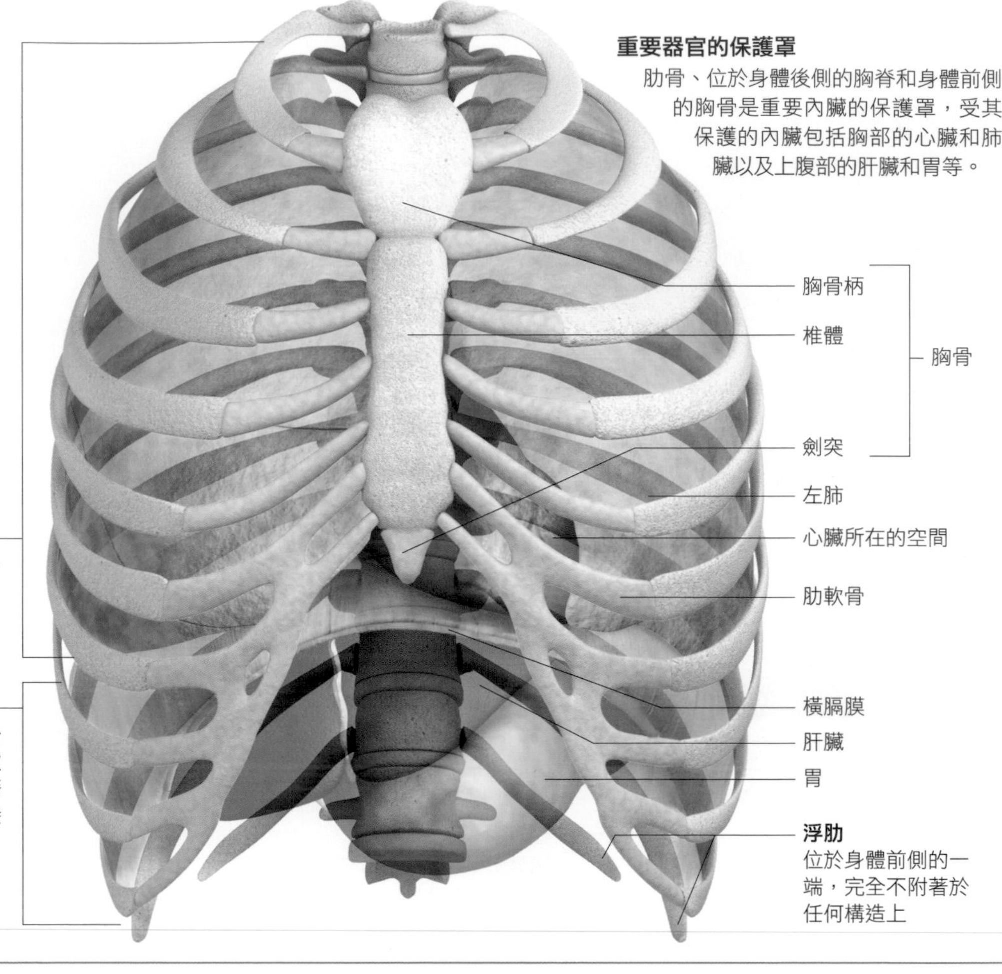
真肋
直接與胸骨連接
假肋
前端與位於上方的肋軟骨接合，藉此間接連接上胸骨
重要器官的保護罩
肋骨、位於身體後側的胸脊和身體前側的胸骨是重要內臟的保護罩，受其保護的內臟包括胸部的心臟和肺臟以及上腹部的肝臟和胃等。
胸骨柄
椎體
胸骨
劍突
左肺
心臟所在的空間
肋軟骨
橫膈膜
肝臟
胃
浮肋
位於身體前側的一端，完全不附著於任何構造上

骨盆

骨盆常稱為髖骨，是個形狀有如碗公的構造，構成的部分有左無名骨和右無名骨（或稱髖骨）以及薦骨和尾骨，而薦骨和尾骨則共同組成背部的「脊椎末端」。無名骨各由三個骨塊癒合而成：上緣外傾、體積大的髂骨，也就是在皮膚外即可觸摸得到的髖骨；位於下前方的坐骨；以及坐骨上方的恥骨。後側有成對的薦髂關節，前側則有恥骨聯合。恥骨聯合是纖維軟骨構成的一種半動關節。女性的骨盆形狀較淺而寬，裂口（或稱骨盆入口）較大，骨盆出口也較寬，有助於母體分娩時讓嬰兒通過。

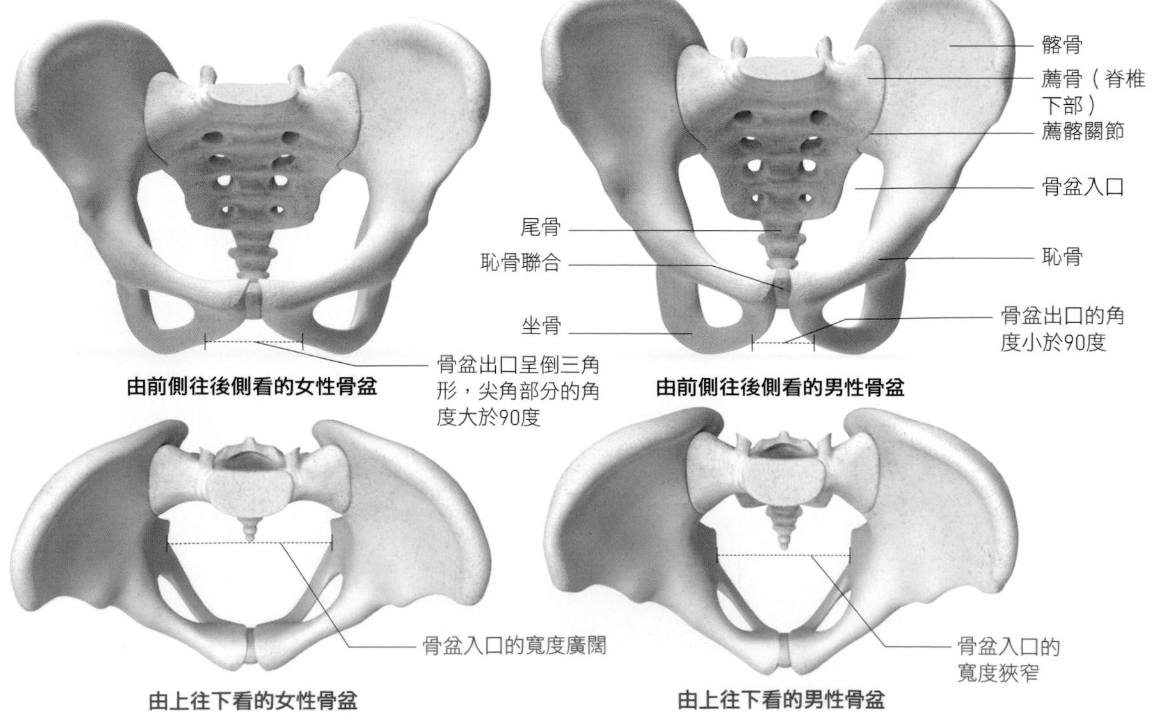
髂骨
薦骨（脊椎下部）
薦髂關節
骨盆入口
尾骨
恥骨
恥骨聯合
坐骨
骨盆出口的角度小於90度
骨盆出口呈倒三角形，尖角部分的角度大於90度
由前側往後側看的女性骨盆
由前側往後側看的男性骨盆
骨盆入口的寬度廣闊
骨盆入口的寬度狹窄
由上往下看的女性骨盆
由上往下看的男性骨盆

腕部和手部

腕部由八塊腕骨組成，大致上可分為兩排，一排當中有四塊腕骨。連接腕骨的主要是滑動關節，而橈腕關節則將腕骨和前臂的骨頭連接在一起。手掌內含有五塊掌骨。每一根掌骨的末端都連接著手指的骨塊（指骨）。拇指（第一指）有兩塊指骨，其他四指則各有三塊指骨。這整個部分的所有骨頭由超過50條肌肉控制活動，其中也包括了幾條位於前臂的肌肉。這些肌肉為這個部位帶來極佳的靈活性，能夠執行精細的動作。

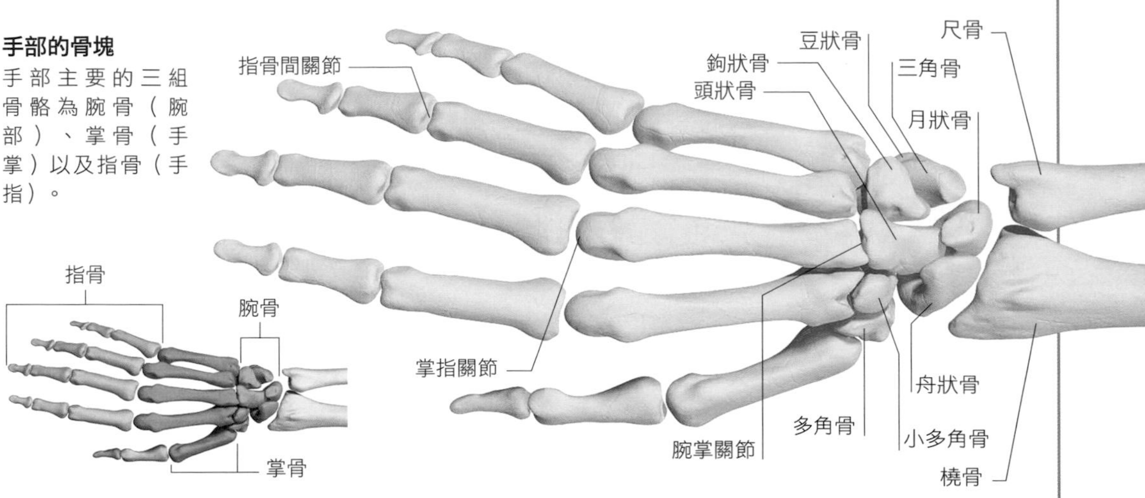
指骨
腕骨
掌骨
指骨間關節
掌指關節
鉤狀骨
頭狀骨
豆狀骨
尺骨
三角骨
月狀骨
舟狀骨
多角骨
小多角骨
腕掌關節
橈骨

手部的骨塊
手部主要的三組骨骼為腕骨（腕部）、掌骨（手掌）以及指骨（手指）。

踝部和足部

踝部和足部中骨塊的排放組合跟腕部和手部的很像（請參閱上文），不過跗骨（踝部的骨塊）只有七個。踝部和足部的骨塊比較重，強度較大，承重的穩定度較高，但也因此精準度與可動性都較低。腳掌由五塊蹠骨支撐。腳趾的部分跟手部一樣，拇趾（第一趾）有兩塊趾骨（腳趾的骨塊），而其他根腳趾則各有三塊骨塊。最後，俗稱「腳跟」的骨質隆凸是由跟骨所形成。

足部骨骼
足部主要的三組骨塊為跗骨（踝部）、蹠骨（腳掌）以及趾骨（腳趾）。

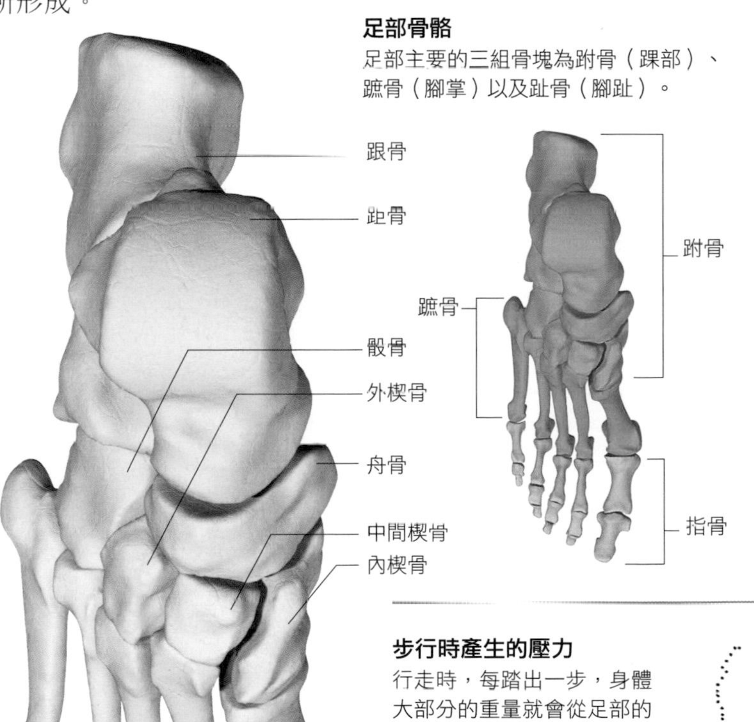
跟骨
距骨
骰骨
外楔骨
舟骨
中間楔骨
內楔骨
蹠骨
跗骨
指骨

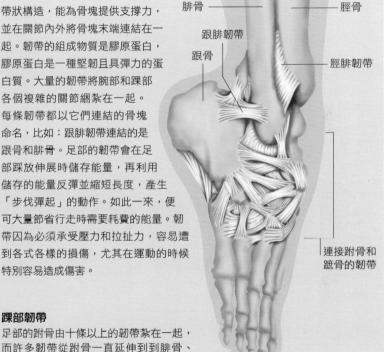

韌帶

韌帶是由纖維組織所構成的強韌帶狀構造，能為骨塊提供支撐力，並在關節內外將骨塊末端連結在一起。韌帶的組成物質是膠原蛋白，膠原蛋白是一種堅韌且具彈力的蛋白質。大量的韌帶將腕部和踝部各個複雜的關節綑紮在一起。每條韌帶都以它們連結的骨塊命名，比如：跟腓韌帶連結的是跟骨和腓骨。足部的韌帶會在足部踩放伸展時儲存能量，再利用儲存的能量反彈並縮短長度，產生「步伐彈起」的動作。如此一來，便可大量節省行走時需要耗費的能量。韌帶因為必須承受壓力和拉扯力，容易遭到各式各樣的損傷，尤其在運動的時候特別容易造成傷害。

腓骨
脛骨
跟腓韌帶
跟骨
脛腓韌帶
連接跗骨和蹠骨的韌帶

踝部韌帶
足部的跗骨由十條以上的韌帶紮在一起，而許多韌帶從跗骨一直延伸到到腓骨、脛骨及蹠骨（圖為從外側往內側看的視角）。

步行時產生的壓力
行走時，每踏出一步，身體大部分的重量就會從足部的後側移至足部的前側。腳踩地時，足跟部分會先承受壓力。這股壓力會傳到足弓，使得足弓稍微變平，然後再回彈，把能量和壓力傳到前腳掌，最後抵達拇趾，使之往下蹬，產生推進力。

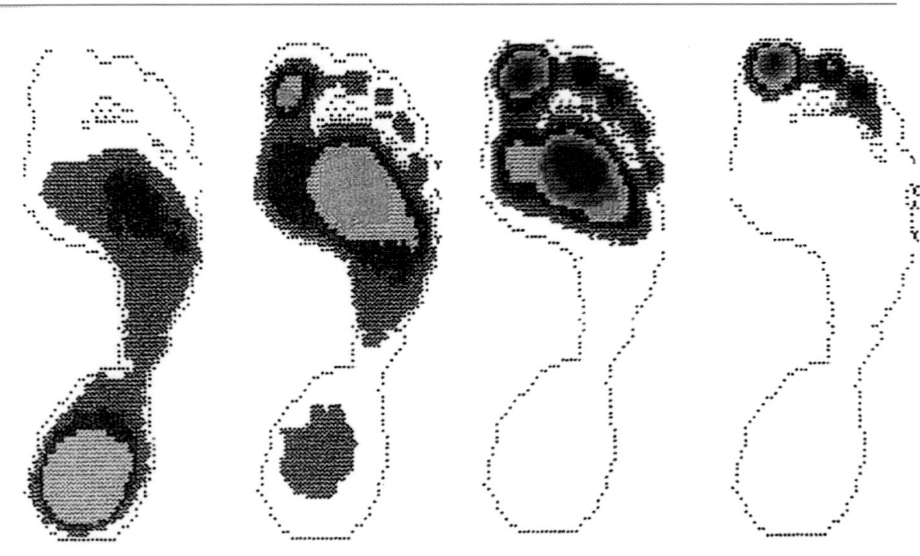

足部負重的區域
這些足跡壓痕（由左至右）顯示出步行時，身體的重量從腳跟傳送到前腳掌的樣貌。

骨骼疾病

骨骼的強度會隨著年紀增加而遞減。老年人容易跌倒，使得骨折的情況更為常見。骨折在活潑好動的孩童族群中也頗為常見。其他會影響骨骼健康的因素還有營養素和激素的缺乏，運動不足以及體重過重等。

骨折

骨折是一種骨骼破碎的情況，嚴重程度從骨骼表面輕微龜裂、整塊骨骼從中劈裂，到甚至完全折斷等。

突如其來的衝擊、壓迫或反覆的應力都有可能造成骨折。破損的骨骼表面被迫離開正常位置時，稱為移位性骨折。依據受擊角度和強度的不同，移位性骨折可分為幾種類型：椎骨之類的海綿骨被壓碎時，即壓迫性骨折；長時間或重複對骨骼施加壓力會造成壓力性骨折，這種骨折會發生在長跑運動員和老年人身上。對後者來說，如咳嗽般輕微的應力都可能造成骨折。營養不良或罹患某些如骨質疏鬆症的慢性病時，骨質強度也會削弱，繼而提高骨折的發生率。如果骨折後，斷掉的骨頭仍然在皮膚底下，則稱之為封閉性骨折或簡單骨折，這種骨折感染風險低，但如果受傷處骨頭破碎的端點突出皮膚外，則稱之為開放性骨折或複雜性骨折，有污垢進入骨組織時，就會有微生物污染的危險。

骨骼缺損修復

骨骼雖然好似乾瘠又脆弱的死物，但其實骨骼是一具有活性的組織，有大量的血液供給量，也有自己的復原程序（請參閱第54至第55頁）。跟身體其他部分一樣，骨折後受傷部分的血液會凝塊，接著會有纖維組織以及新的骨質生長出來，填補斷掉的部分，恢復原本有的強度，然而，這種狀況下通常需要有醫學療程介入，以確保修復的程序能夠有效，且復原後的組織不會長成畸形。如果骨骼移位，會以手術介入，將骨骼置擺放回正確的位置，這種手術稱為復位術，多數時候需要先麻醉患者才能進行。受傷的骨骼也需要固定住，讓碎裂的端點長回正確的位置。

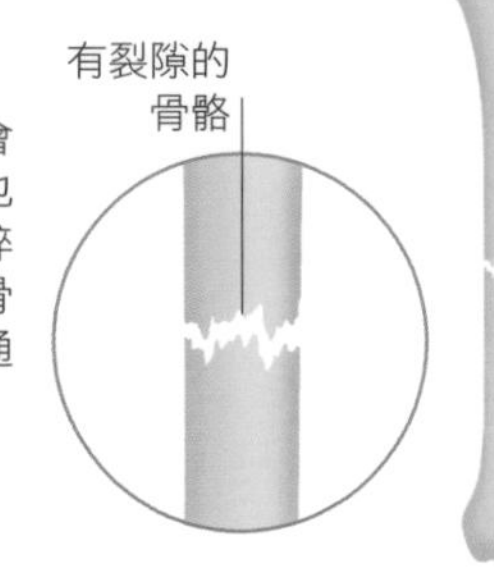
粉碎的骨骼

粉碎性骨折（揭碎骨折）
直接的撞擊力可能會造成骨骼的粉碎，也就是碎裂成成數個碎片或碎塊。這類的骨折最常見於道路交通事故等。

有裂隙的骨骼

橫向骨折
強大的力道可能會使得骨骼從橫面斷裂，這種損傷通常屬於穩定性的傷勢。

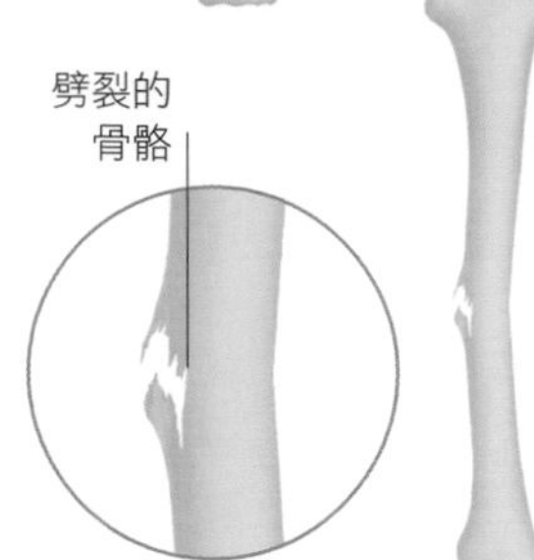
劈裂的骨骼

不完全骨折（旁彎骨折；柳條狀骨折）
長骨受力而使彎曲時，長骨的單邊會出現裂隙，常發生在骨骼仍具伸縮性的孩童身上。

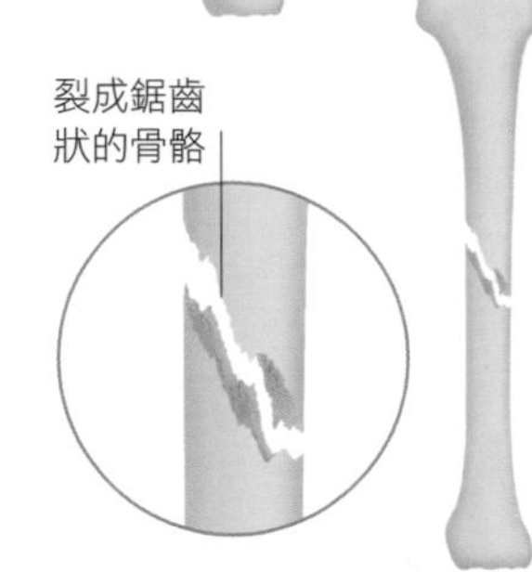
裂成鋸齒狀的骨骼

螺旋狀骨折
急劇的扭力可能會使骨幹從斜對角的地方斷裂。鋸齒狀的末端可能難以置放回原處。

常受傷的骨骼

年齡層和活動量的高低，會導致不同的典型骨折類型。肘部骨折好發於孩童時期，通常是遊戲過程中跌倒而導致的肘部正上方肱骨（上臂的骨頭）斷裂。年輕人很可能在活動中傷害到下腿，特別是在團隊運動中。骨骼會隨著年齡的增長變「薄」，也就是變得更不堅固且硬脆易碎，非常小的力道打擊就非常容易導致骨折。髖關節特別容易受傷，因而髖部骨折也是跌倒最常見的後果之一。另一個好發於老年人的損傷是柯勒斯氏骨折，一種腕部的骨折，通常是在伸展出胳臂、試圖防止跌倒的自然反應情況下造成。

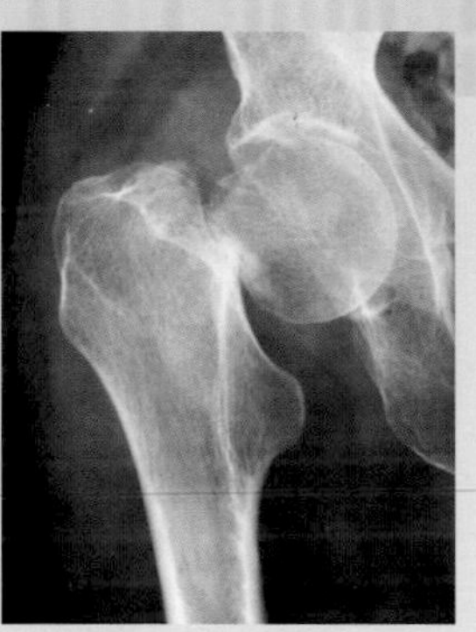
髖部骨折
好發於老年人，是發生在股骨的球狀頭端下不遠處的骨折。

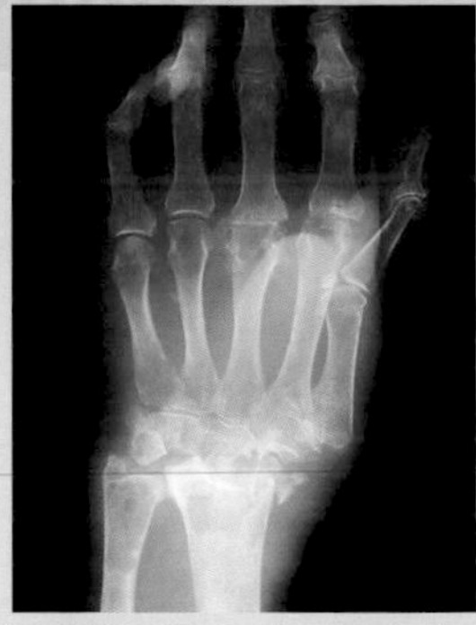
柯勒斯氏骨折（橈骨下端骨折）
屈曲手部以減緩跌倒的衝撞力時，可能會導致橈骨的末端，及尺骨的尖端斷裂。

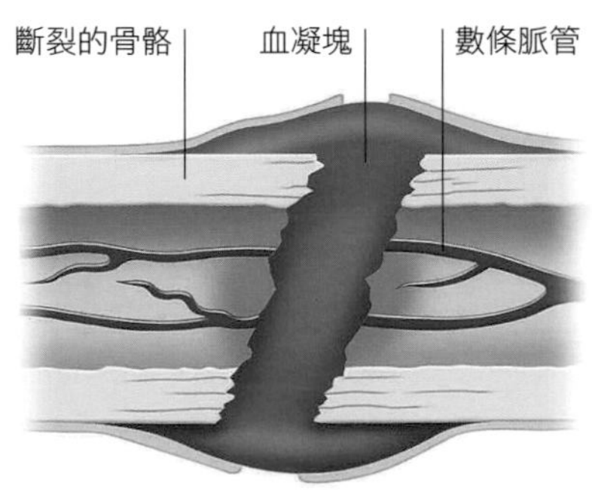
斷裂的骨骼
血凝塊
數條脈管

立即性反應
血液會從血管滲出並形成凝塊。白血球會聚集在受傷的地方，以清除受損的細胞和殘渣。

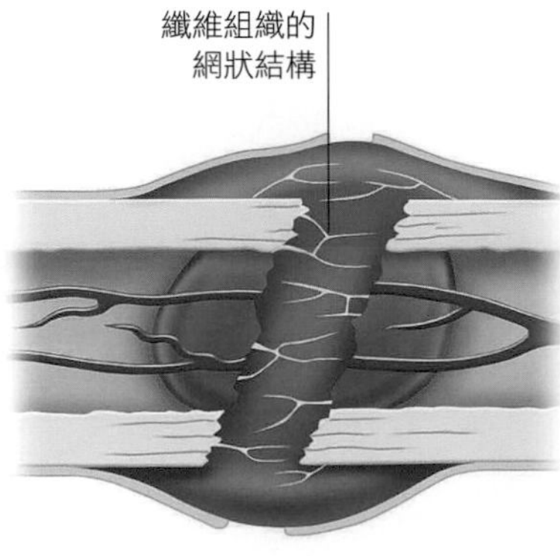
纖維組織的網狀結構

幾天過後
纖維母細胞會在斷裂處建構新的纖維組織。要固定受傷的肢體，通常會使用石膏製型或夾板。

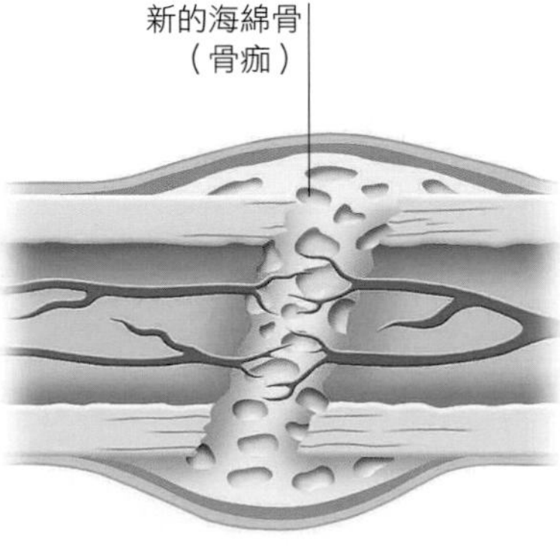
新的海綿骨（骨痂）

1至2週後
建造骨骼的細胞（造骨細胞）會增殖並形成新的骨組織。剛開始，海綿狀的組織會浸入受傷的區域，形成骨痂。

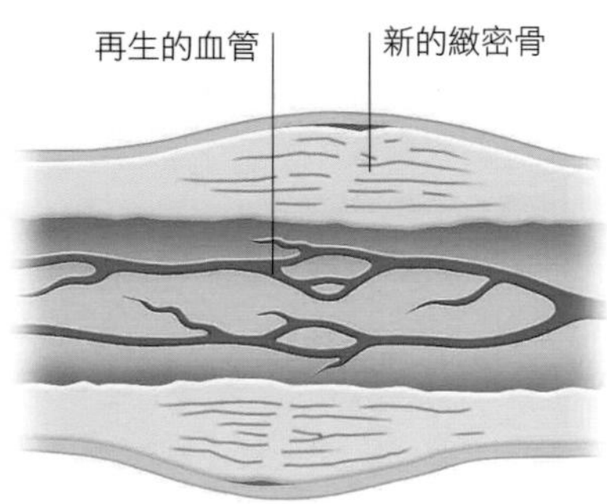
再生的血管
新的緻密骨

2至3個月過後
折斷處的血管重新連接起來。新的骨組織在重塑成緻密的緻密骨期間，骨痂會進行矯形作業。

脊柱骨折

大部分脊柱骨折的發生原因都是因為脊柱遭受嚴重的壓迫力、旋轉力或屈曲力，使其移動的程度超過正常的活動範圍。

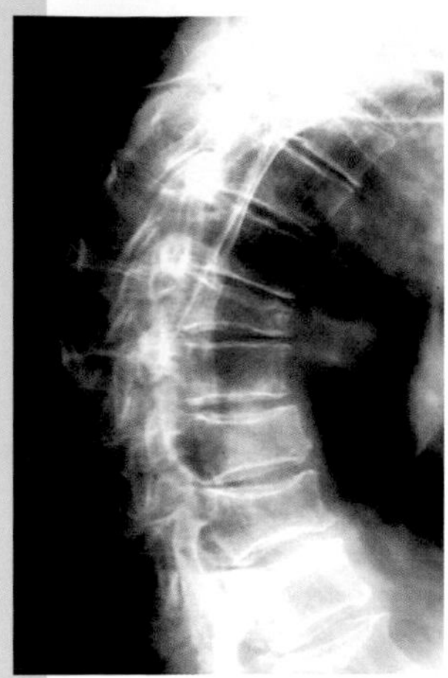

許多脊柱的傷勢都較為輕微，只會造成輕微的碰壓傷，但是如果有嚴重跌倒或意外發生，可能會導致一或多個椎骨脫臼或骨折。如果脊髓或神經受損，就可能造成感知或功能的喪失；傷勢嚴重的話，甚至可能造成癱瘓，此情形尤其可能發生於頸部的傷勢。骨質疏鬆症等骨骼疾病，有可能會影響脊柱，並增加骨折發生的可能性。脊柱骨折的後果主要取決於骨折的型態：是穩定性（不太會移動的）骨折，還是不穩定性骨折。不穩定性骨折比較可能造成脊髓或神經受損。

壓迫性骨折
這張X光片中，標示紅色的區域顯示出斷裂的椎骨陷落的狀況。這類骨折好發於老年人。

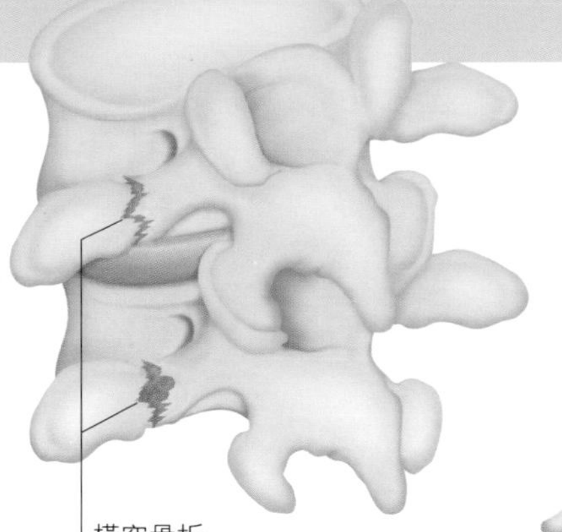
橫突骨折

穩定性骨折
橫突骨折通常比較輕微，因為椎骨仍會處於穩定狀態，通常不會偏移原本的位置，所以不會造成神經受損。這種骨折最常發生在腰椎的椎骨。

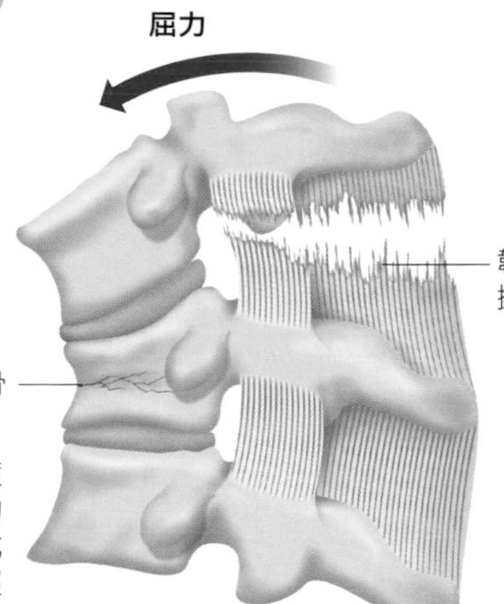
屈力
韌帶
撕裂傷
受壓迫的椎骨

不穩定性骨折
如果韌帶因承受極端屈曲或旋轉角度而撕裂，椎骨就有可能被擠離正常的對齊方式。這會對脊柱的穩定性造成威脅，並可能導致永久性脊髓或神經損傷。

坐骨神經痛

坐骨神經根受到壓迫會造成臀部和大腿後側疼痛。

坐骨神經是體內最大的神經，如果坐骨神經根遭受壓力，則可能造成疼痛感往下延伸到整隻腿。在嚴重的情況下，除了疼痛，還可能伴隨有腿部肌肉衰弱的狀況。坐骨神經根（與脊髓連接）受到壓迫的來源，通常是突出的椎間盤。導致坐骨神經痛的其他原因還包括肌肉痙攣、長時間坐姿不良、老年人罹患骨關節炎等。腫瘤也可能會造成坐骨神經痛，但屬於比較罕見的致病成因。

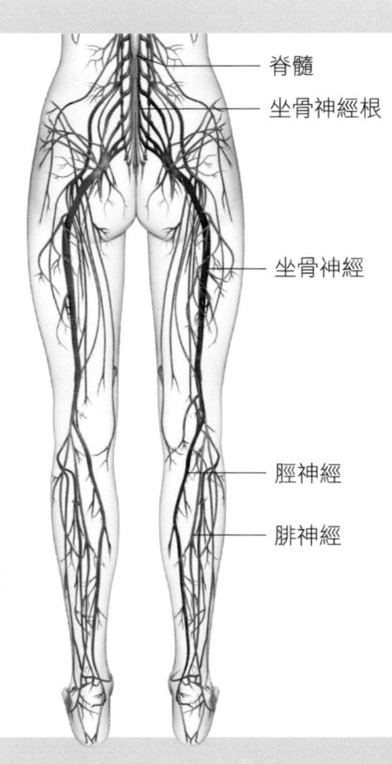
脊髓
坐骨神經根
坐骨神經
脛神經
腓神經

坐骨神經
位於大腿的坐骨神經是大型神經，根部位於脊髓，有分支經由腿部往下傳到足部。

向前及向後馬鞭性運動傷害

脊柱突然彎曲而造成頸椎受傷。

馬鞭性運動傷害通常是車禍造成。如果撞擊力來自後方，車輛會猛然向前衝，造成頭部先往後再往前快速移動。這鞭子般往後甩的動作會使頸椎椎骨過度伸展，緊接著頭部的動量會再把頸椎骨往前拉，造成屈曲，並導致下巴弧垂到下方胸口。這個強烈的動作，會使連接頸椎椎骨的韌帶遭受拉扯，或導致頸椎關節部分脫臼，甚至兩個狀況同時出現。

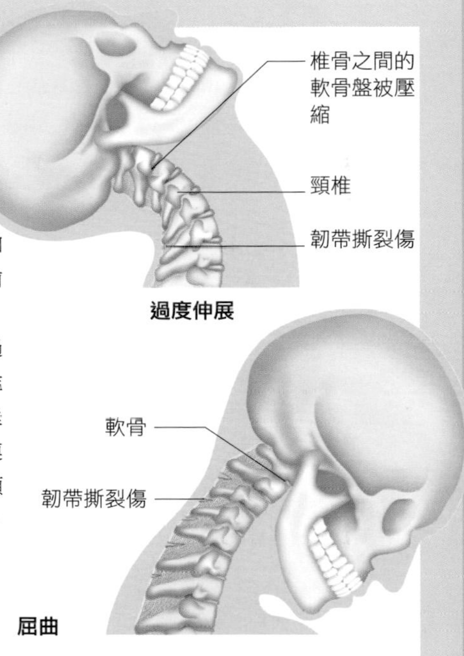
椎骨之間的軟骨盤被壓縮
頸椎
韌帶撕裂傷
過度伸展
軟骨
韌帶撕裂傷
屈曲

椎間盤突出症

椎間盤突出（椎間盤脫出）是椎骨與椎骨之間，具減震功能的襯墊挺出所造成的病症。

軟骨盤（或軟骨墊）的作用有如緩衝墊，其位置介於各個相鄰的椎骨之間。軟骨盤有硬質外罩，中心則是果凍般的物質。發生事故、久用磨損、舉重時姿勢不當而施壓過度時，椎間盤的外罩都可能因而破裂，進而過度擠壓核心的內容物，使之膨出或脫出。脫出（或突出）的部分可能會壓迫到附近的脊神經根。椎間盤突出症的症狀包括：背部受影響區域的隱隱作痛、肌肉痙攣和僵硬感；受該神經支配的對應身體部位則會有疼痛感、刺痛感、麻木感或衰弱感。病症所影響的部位通常是腿部，但椎間盤脫出的部位若在脊椎的上半部，則可能會影響到胳臂。「椎間盤突出」一詞有誤導性，因為這個病症中，椎間盤並不會整塊突出於正常位置。

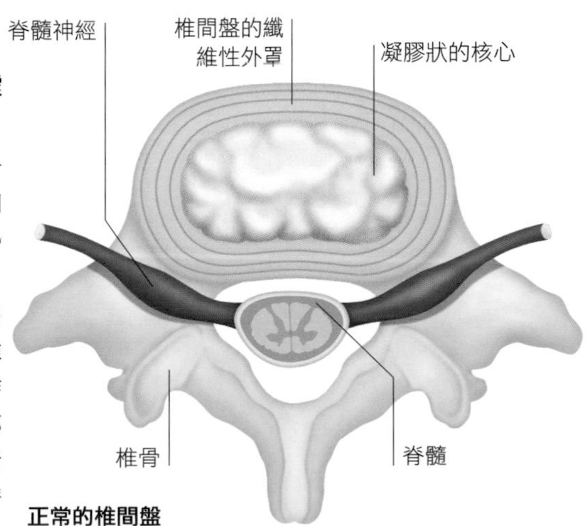
脊髓神經
椎間盤的纖維性外罩
凝膠狀的核心
椎骨
脊髓

正常的椎間盤
椎間盤的外罩（或皮膜）構造完整，密實地包裹住核心的膠狀物質。椎間盤位於相鄰椎骨的椎體之間。

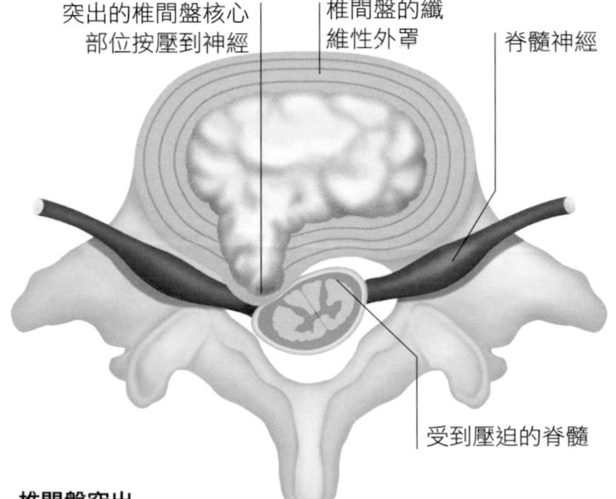
突出的椎間盤核心部位按壓到神經
椎間盤的纖維性外罩
脊髓神經
受到壓迫的脊髓

椎間盤突出
椎間盤受壓迫時，核心的膠狀物質從外罩上脆弱的部位膨出，脊神經因此而受到壓迫，使患者感到疼痛。

脊柱彎曲

脊柱後彎和脊柱前彎是脊柱上半部和下半部之間，彎度過大的病症。

脊椎有兩個主要的自然彎曲處，分別是位於胸彎和胸彎兩處。胸彎是胸部區域向背部後彎的部分，而腰彎是下背部朝身體正面前彎的部位。胸彎的凸度增加時，會造成上背部呈圓弧或隆起狀，這種病症就叫做脊柱後彎（或脊柱後凸）。罹患脊柱前彎（或脊柱前凸）的人會因為腰彎彎度過大，而造成腰背部呈現窟窿狀。這兩種病症多互相伴隨，因此有可能同時發生在同個人身上。造成原因包括骨骼或關節有問題，比如骨關節炎或骨質疏鬆症、體態不良以及體重過重等。

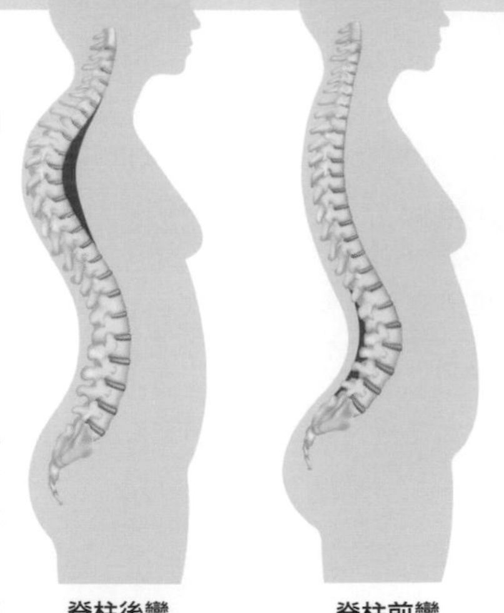

脊柱後彎
脊柱前彎

脊柱彎曲的類型
罹患脊柱後彎的人，上半部脊椎會往後凸，而罹患脊柱前彎則會影響脊椎下部（正常的脊椎彎度為紅色標示處）。

骨髓炎

骨骼的感染症通常為細菌所致，可能會導致骨組織疼痛、脆弱和受損。

骨髓炎一般好發於幼年或年老族群，除此之外，免疫力低下的族群也容易罹患這個病症，例如：服用免疫抑制藥物的患者，或是罹患鐮狀細胞性貧血等病症的族群。最常遭受攻擊的骨骼包括：兒童身上的椎骨和四肢的長骨，成人身上則是椎骨和骨盆。導致急性骨髓炎的致病菌可能是「金黃色葡萄球菌」，其症狀包括腫脹、疼痛和發燒。慢性骨髓炎則可能是肺結核所致，而患者不會有腫脹或發燒的症狀。

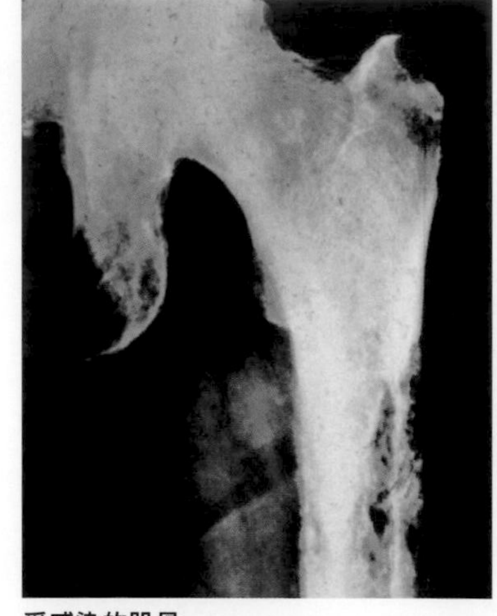

受感染的股骨
腿部罹患骨髓炎的區域（右下角顏色較暗的部位）在股骨（大腿骨）骨幹處清晰可見。

骨質疏鬆症

骨質疏鬆症是年紀越大，罹患率越高的疾病。患者的骨組織會流失或變稀薄，使得骨骼不堅固且硬脆易碎。

為了讓骨骼健康生長與修復，骨組織會不斷分解並更新。性激素是發動與維護這個作業程序相當重要的一環，男女兩性一旦過了中年，性激素的製造量就開始下降，而骨骼也會明顯變得更薄且多孔。女性過了更年期，會因體內雌激素（動情激素）的含量急劇下降，而導致骨質嚴重稀疏，或罹患骨質疏鬆症。男性體內睪固酮含量呈平緩下降，因而大體上男性罹患骨質疏鬆症的機率較低。運動是維持骨骼健康的要訣，活動量不足是引發骨質疏鬆症的誘因。骨質疏鬆的骨骼因為骨質密度下降，會提高骨折的發生機率，脊柱發生壓碎骨折（塌陷形骨折）就可能會導致脊柱彎曲，而輕微的摔跌則可能造成髖部或腕部骨折。會導致骨質疏鬆的其他因素還包括：吸菸、接受皮質類固醇治療、罹患類風濕性關節炎、甲狀腺功能亢進和長期腎功能衰竭等。

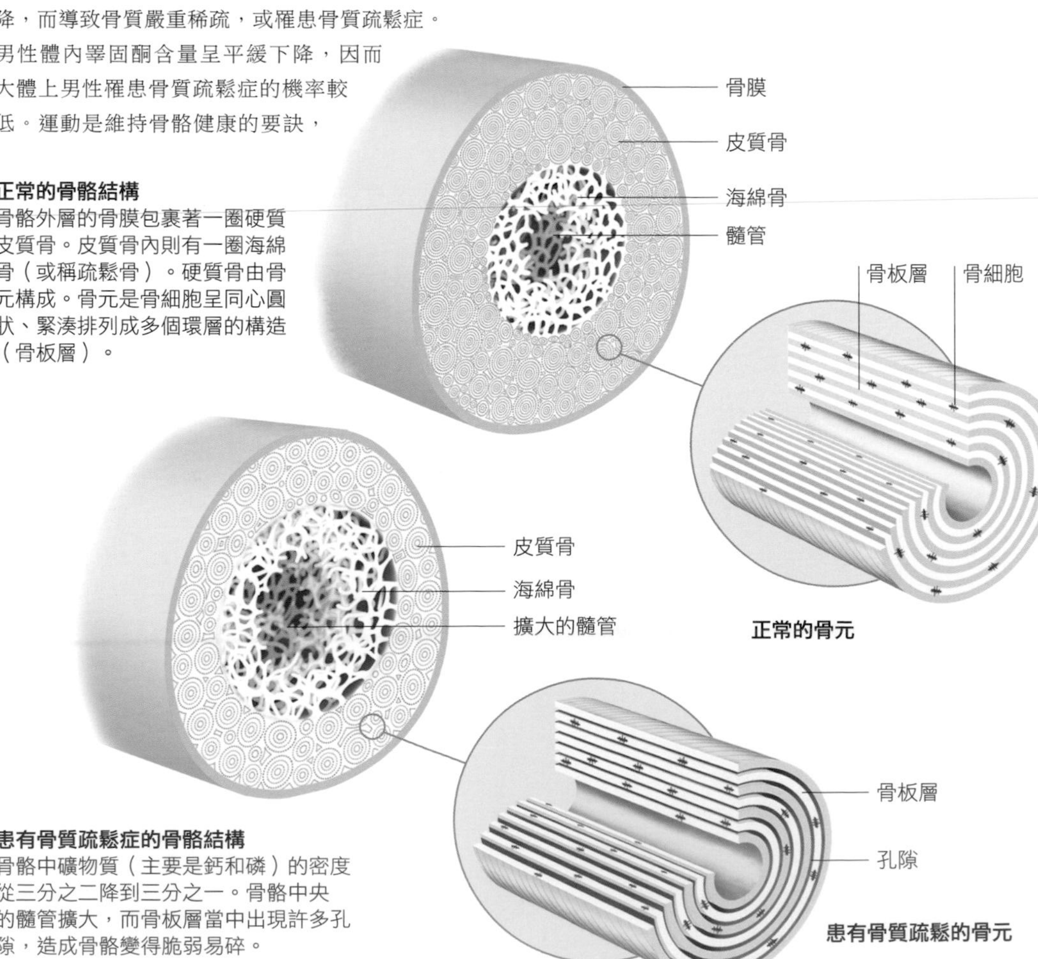

骨膜
皮質骨
海綿骨
髓管
骨板層
骨細胞
正常的骨元
皮質骨
海綿骨
擴大的髓管
骨板層
孔隙
患有骨質疏鬆的骨元

正常的骨骼結構
骨骼外層的骨膜包裹著一圈硬質皮質骨。皮質骨內則有一圈海綿骨（或稱疏鬆骨）。硬質骨由骨元構成。骨元是骨細胞呈同心圓狀、緊湊排列成多個環層的構造（骨板層）。

患有骨質疏鬆症的骨骼結構
骨骼中礦物質（主要是鈣和磷）的密度從三分之二降到三分之一。骨骼中央的髓管擴大，而骨板層當中出現許多孔隙，造成骨骼變得脆弱易碎。

骨質疏鬆症的患病成因

礦物質沉積在膠原纖維組成的框架上，形成了骨組織。

骨組織藉由不斷分解與重建而得以成長和修復。

當纖維、礦物質、細胞被分解的速率高過新組織形成的速率時，就會導致骨質疏鬆症。

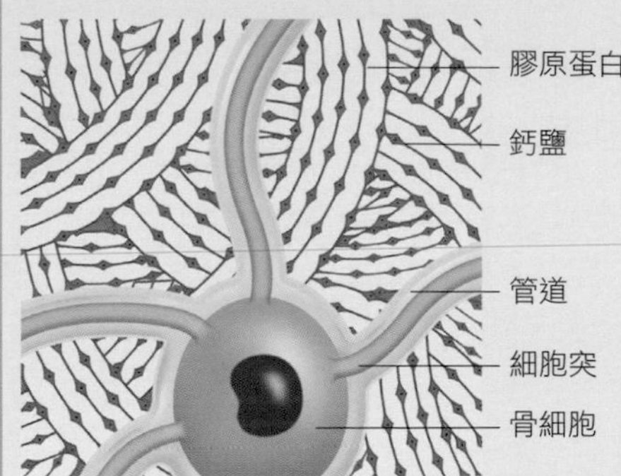

膠原蛋白
鈣鹽
管道
細胞突
骨細胞

正常的骨骼
骨細胞（保養骨骼的細胞）會製造膠原纖維，並支援鈣質的沉積作用。在激素變化的影響下，鈣質會在骨骼和血管之間的管道移動。

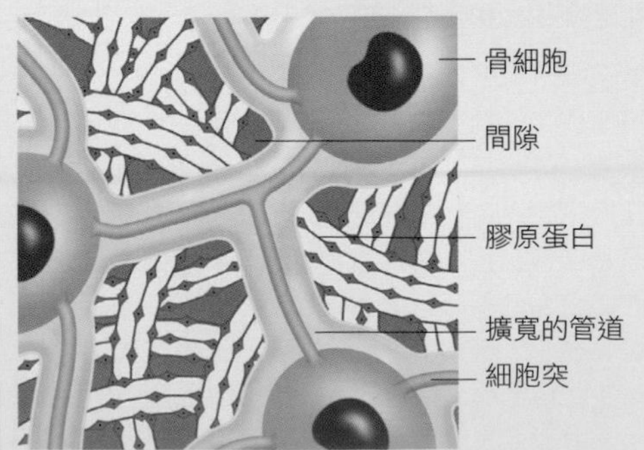

骨細胞
間隙
膠原蛋白
擴寬的管道
細胞突

患有骨質疏鬆症的骨骼
罹患骨骼疏鬆症時，膠原蛋白框架和沉積的礦物質被分解的速度比形成的快，使得管道擴寬、不停有新間隙形成，進而造成骨骼弱化。

骨軟化症（軟骨病）

流失鈣和磷可能會導致骨質弱化，而鈣和磷的流失往往源於維生素D的缺乏。

因礦物質流失（最主要是鈣質）而導致骨骼弱化的病症，稱作骨軟化症，其他症狀包括患部骨骼觸痛及變形等。骨軟化症的成因是缺乏維生素D。維生素D是讓人體能吸收鈣和磷的重要物質，維生素D除了能從飲食中攝取，也可以從皮膚曝曬於日光下的反應作用獲取。維生素D儲備量不足的可能原因有日照量不足、飲食不均衡，或患有影響維生素D吸收能力的疾病，例如粥狀瀉（乳糜瀉）。另外，部分腎臟疾病也會導致維生素D吸收不良。患者如果是兒童，病名則稱為佝僂病。

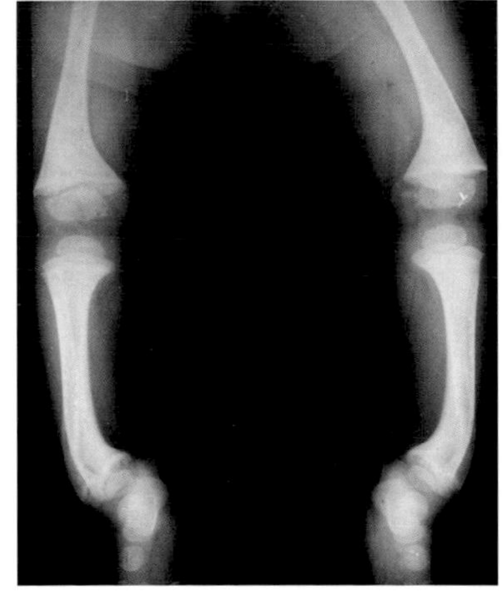

佝僂病
這張X光片是診斷出患有佝僂病的兒童腿部。如果兒童在發育早期罹患佝僂病，腿部會從膝蓋處外彎，變成弓形（是這個疾病的典型病徵）可能會導致永久性殘疾。

佩傑特氏病

骨質生成和分解之間的平衡產生異常，而導致骨骼歪扭變形的疾病。

佩傑特氏病也稱為變形性骨炎，人體中各個骨骼都可能遭受這個病症侵害，但最常見的患部是在骨盆、鎖骨、椎骨、頭顱以及腿部骨等。骨組織被分解的速率加快，且迅速被異常的骨質取代。遭到侵害的骨頭會變得脆弱、歪扭，而且往往會使人感到疼痛，且更容易骨折。如果膨大的骨骼按壓到神經，可能會造成麻木感、刺痛感、衰弱感，甚至喪失功能。這個病症罕有年輕人罹患，年過50歲的族群罹患率則較高。

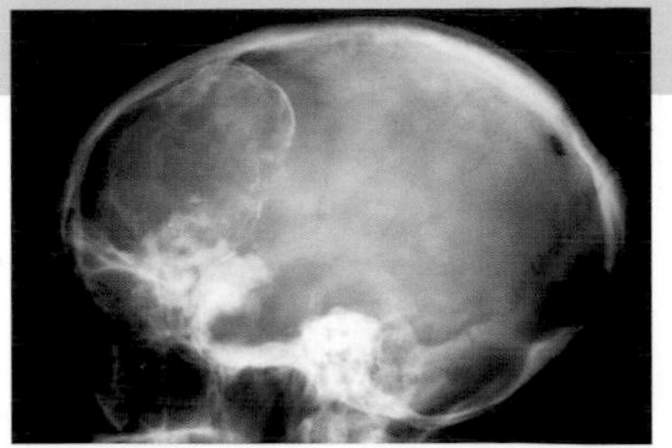

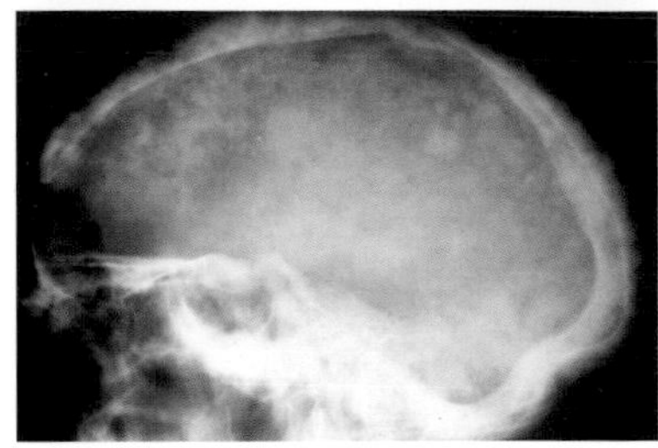

骨肥厚
這裡比較的是正常的頭顱（上圖）與患有骨肥厚的頭顱（下圖）。骨密度增加的區域顯示為白色斑塊部分。骨變形處如果壓迫到聽覺神經，則可能導致聽力損失。

骨癌

病發在骨骼的癌症有可能是原發性，也就是在骨頭裡形成的癌症，不過更常見的是續發性（次發性或繼發性）骨癌，也就是身體他處罹患癌症，或癌細胞轉移至骨骼的病症。

原發性骨癌

惡性（癌化）腫瘤發源自骨骼時，稱為原發性骨癌。發自骨骼的癌症好發率最高的族群是兒童和青少年。骨肉瘤好侵犯股骨（大腿骨）等長骨，是最常見的原發性骨癌類型。患病的腿部可能會腫脹疼痛，而且容易骨折。另外還有一類稱為軟骨肉瘤的原發性骨癌，產生病變的部位主要是骨盆、肋骨和胸骨。

續發癌（次發性骨癌）

骨骼中長續發性腫瘤的罹患率比原發性骨癌高，是人體其他部位的原發性腫瘤癌細胞散播到骨骼所造成，這類骨癌稱為轉移癌。續發性骨癌比較好發於老年人，主要因為這個年齡層中比較多人患有身體其他部位的癌症。會散播到骨骼機率最高的癌症有乳癌、肺癌、甲狀腺癌、腎癌和前列腺癌，不過有時會有原發部位不明的狀況。罹患續發性骨癌的症狀包括在夜間尤其嚴重的咬痛，以及患部腫脹和觸痛等。最常受侵害的部位為頭顱、胸骨、骨盆、椎骨、肋骨以及發生頻率較低的股骨和肱骨頂端。

續發癌
癌細胞會被血液循環帶到骨頭中。乳癌、肺癌、甲狀腺癌、腎癌、膀胱癌和前列腺癌是最常與癌症骨轉移產生關聯性的癌症類型。

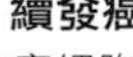

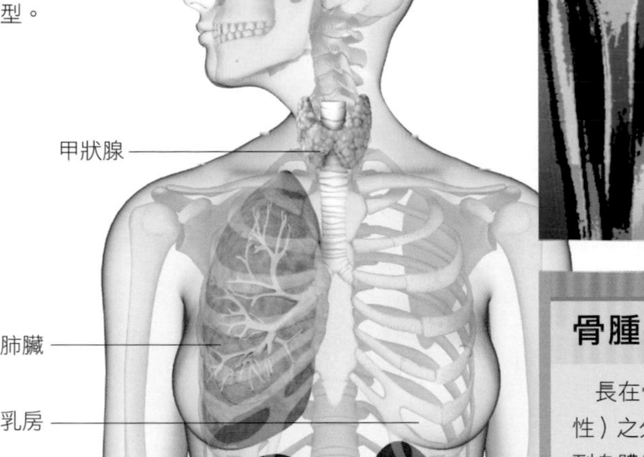
甲狀腺
肺臟
乳房
腎臟

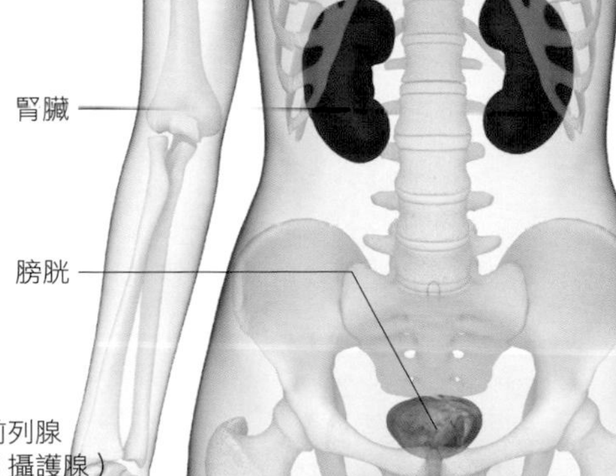
膀胱
前列腺
（攝護腺）

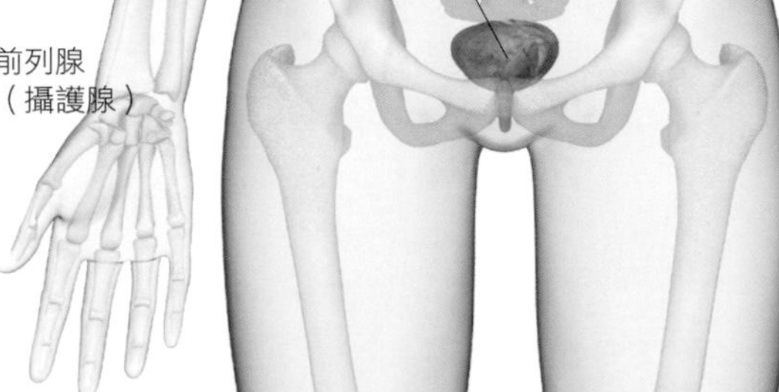

前列腺（攝護腺）
男性位於膀胱底部的前列腺是負責為精子製造分泌物的腺體。前列腺癌通常會擴散到身體各處的骨頭。

腫瘤

骨肉瘤
圖中原發性骨腫瘤的患部位於股骨下端、膝蓋正上方（掃瞄片中左上方深藍色部位）。腿部患處外觀會呈現腫脹和變形狀。

骨腫瘤

長在骨頭的腫瘤有良性（非癌性）與惡性（癌性）之分。良性腫瘤和非侵襲性惡性腫瘤不會擴散到身體的其他部位。最常長出非癌性贅生物的部位是四肢的長骨，比如股骨（大腿骨）和手部的骨頭等。這類腫瘤通常在童年或青少年時期病發，年過40才罹患這個病症的人極為罕見。長腫瘤的部位可能有疼痛、腫脹和變形的狀況，而弱化的骨頭會更容易發生骨折。

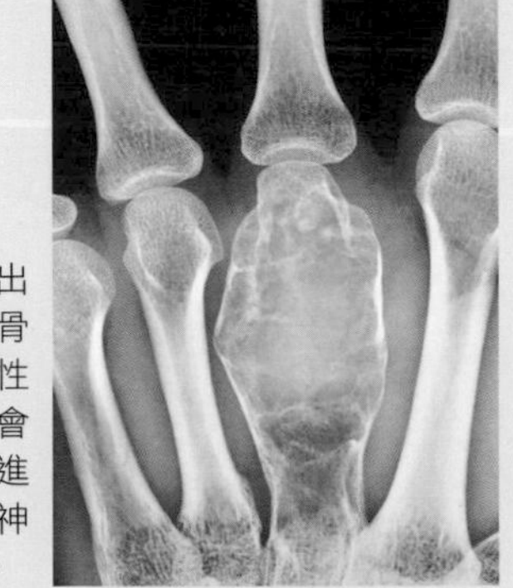

掌骨腫瘤
這張X光片顯示出長在掌骨（手部骨頭）的大型非癌性腫瘤。這個腫瘤會導致患部腫脹，進而壓迫到附近的神經、血管和肌腱。

關節疾病

關節的設計僅容許特定的運動方式，如果活動範圍超出正常限度，或者活動方向不自然，則可能導致損傷。造成損傷常見的原因包括直接撞擊或摔跌，以及從事體育活動期間的運動傷害等。損傷問題也有可能因過度使用而引起，先天性缺陷也可能會導致關節問題。

韌帶損傷

如果關節在活動時被迫超出自然範圍，通常用於防止過度移動的韌帶則可能扭傷或撕裂。

韌帶是質地強韌、具伸縮性的帶狀纖維組織，鏈連關節中相鄰的骨頭末端。如果關節中骨頭的相間距離被拉扯過度，可能會使韌帶的纖維束過度伸展或撕裂。突發的意外動作或力道強勁的動作都是常見的原因，結果往往導致腫脹、疼痛和肌肉痙攣。關節「扭傷」通常是韌帶部分撕裂所造成。扭傷不嚴重時，一般治療方式是休養、冰敷和抬高患部。傷勢嚴重的話，有可能導致關節不穩或脱臼，這種情況就需要就醫治療。

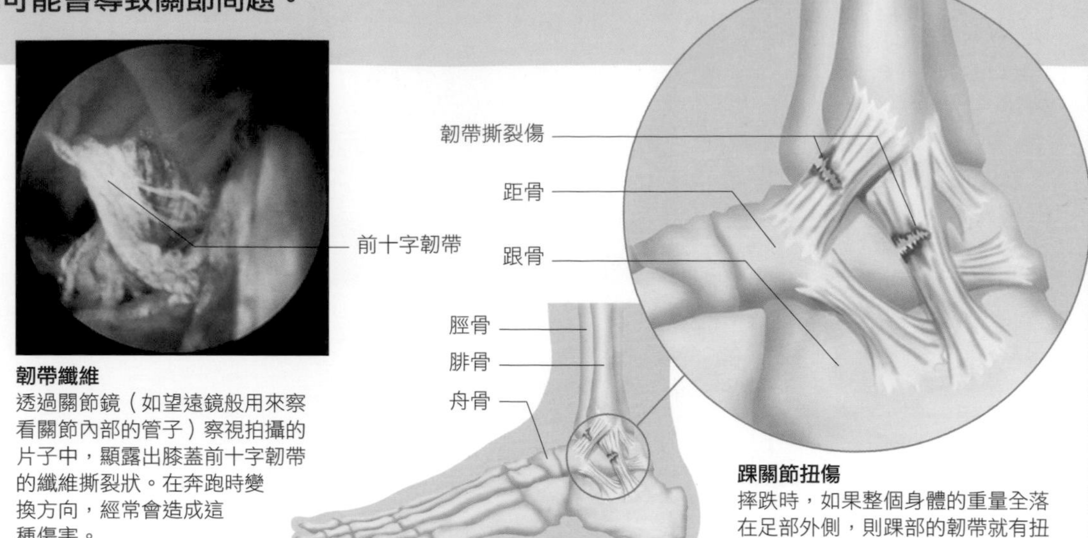
前十字韌帶
韌帶撕裂傷
距骨
跟骨
脛骨
腓骨
舟骨

韌帶纖維
透過關節鏡（如望遠鏡般用來察看關節內部的管子）察視拍攝的片子中，顯露出膝蓋前十字韌帶的纖維撕裂狀。在奔跑時變換方向，經常會造成這種傷害。

踝關節扭傷
摔跌時，如果整個身體的重量全落在足部外側，則踝部的韌帶就有扭傷的可能。

軟骨撕裂傷

許多關節中的骨頭末端都有軟骨包覆著，「軟骨撕裂傷」這個名詞通常特指膝蓋。

膝關節裡有狀似墊子的弧形軟骨「盤」，稱為半月板。半月板的形狀幾乎呈月牙形，由堅韌的纖維軟骨構成。半月板的位置處於股骨下端與脛骨上端之間，其中內軟骨位於膝蓋內側，而外軟骨則位於膝蓋外側。兩個半月板固定住關節，並於站立時幫助關節「鎖」直，也是骨頭的緩衝墊。膝蓋忽然遭受扭絞可能會壓碎或扯裂半月板，這在體育活動中經常發生。如果已造成疼痛，可以用手術切除軟骨損壞的部分。

股骨
未受損傷的外側半月板
受撕裂傷的內側半月板
關節軟骨
十字韌帶
脛骨
撕裂的軟骨纖維

軟骨撕裂傷
突然扭擰腿部可能會撕裂膝蓋中的半月板。這張圖中，受傷的是內側半月板。

髕骨軟化症

髕骨軟化症是侵害膝蓋的病症，會使彎曲或伸直的膝關節產生疼痛感，而靜止不動後則會有僵硬感。疼痛感來自於膝蓋前側，為膝蓋骨後側的軟骨異常所引起。確實病源目前尚未明朗，但常見的觸發因素包括突然的劇烈活動或膝蓋重複受傷。

沾黏性關節炎（或稱五十肩、冰凍肩）

沾黏性關節炎指因關節發炎所引發的疼痛感和活動程度受限。

沾黏性關節囊炎，可能因關節的損傷或過度使用導致，也可能因為胳臂骨折後固定一段時間或因中風導致，不過有時致病原因並不明顯。患部引起的疼痛可能會很嚴重，可能會使胳臂和肩膀完全無法動彈。可服用止痛藥和消炎藥，再配上物理治療來緩解病症，但通常過了一定時間就會康復。

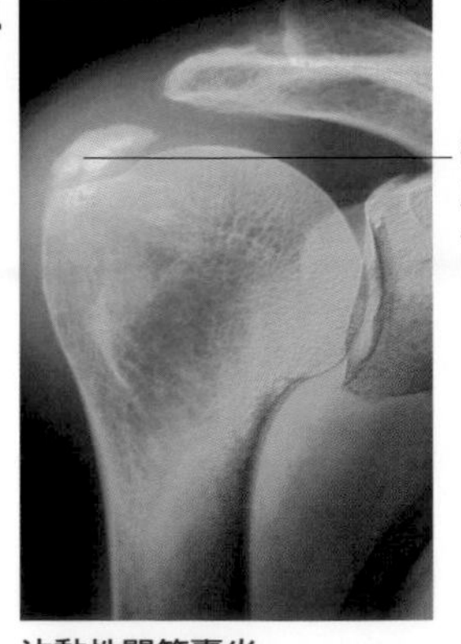
瘢痕形成與礦化作用

沾黏性關節囊炎
瘢痕組織和礦物質的沉積是肩周炎的典型病徵，可見於這張X光片中的右肩關節。

拇指粘液囊腫（拇囊腫）

拇指粘液囊腫大，意指拇趾根部的軟組織因發炎而增厚，使骨質過度生長。

拇指粘液囊腫通常由拇趾外翻引起。拇趾外翻是拇趾往同腳掌的其他腳趾方向彎曲的病症。女性的罹患率比較高，而且會遺傳。拇趾的蹠骨（足部的骨頭）朝人體中線斜彎，趾骨（腳趾的骨頭）則朝反方向彎。拇指粘液囊腫會使患者走路疼痛難耐。如果病況嚴重，可利用外科手術矯正，將一部分骨頭切除，重新排正腳趾。

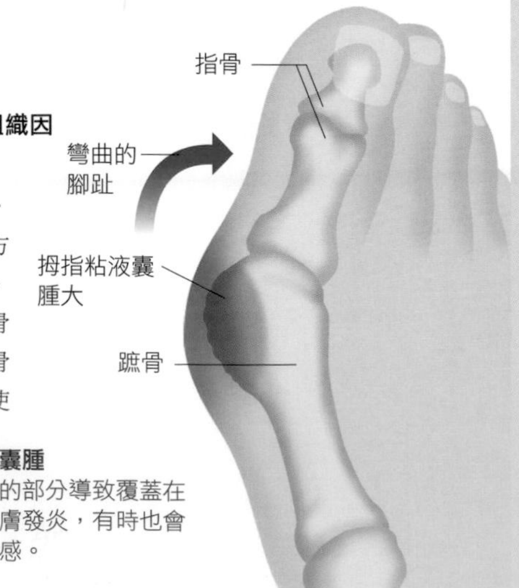
指骨
彎曲的腳趾
拇指粘液囊腫大
蹠骨

拇指粘液囊腫
蹠骨膨大的部分導致覆蓋在上面的皮膚發炎，有時也會引起疼痛感。

關節脫臼

關節裡的骨頭末端猛烈位移出正常位置，這種狀況稱為脫臼。

脫臼通常非常疼痛，如果骨頭只有一部分錯位，算是部分脫臼，而肱骨整個脫離肩膀的臼窩之類的狀況，則屬於完全脫臼。脫臼往往由摔跌或運動傷害所致。脫臼也有可能破壞神經、患部附近的血管和其他軟組織。這種情況較罕見，但發生時，患部會快速腫脹並引起疼痛。脫臼的關節可能會跟身體另一邊的正常部位有外觀上的不同。有些人的關節特別容易脫臼，部分因為骨頭末端形狀有有先天性的不同，部分則是因為韌帶鬆弛，而韌帶鬆弛可能是遺傳所致。

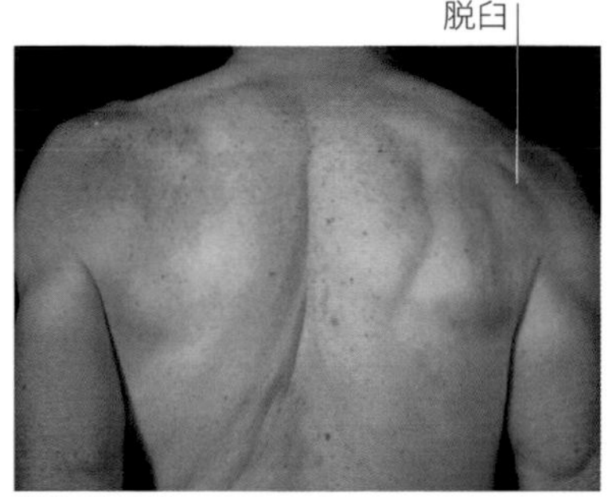
脫臼

脫臼的肩膀
跟正常的左肩比起來，右肩關節四周看起來有腫脹、歪扭變形的模樣。

黏液囊炎（滑囊炎）

滑液囊是位於關節或關節周遭的減震墊。滑液囊發炎會引起疼痛與紅腫。

滑液囊是充滿流體的囊泡，是位於關節周圍的墊子，有減震和潤滑的作用，可減少肌肉、肌腱與骨頭之間摩擦和磨損所造成的影響。長時間或反覆不斷施壓，或者關節突然承受過度應力的情況下，都可能導致滑液囊發炎腫脹。身體許多部位都可能發生這種傷害，但最常見的患部還是膝蓋和手肘。誘發黏液囊炎的病因包括類風濕性關節炎、痛風或關節舊傷。在罕見的情況下，滑囊炎是細菌感染所致。治療方式包括休息和施予消炎藥物，或併用吸引術慢慢抽出滑液囊中過量的滑液。有時可能會在患處注射皮質類固醇藥物。

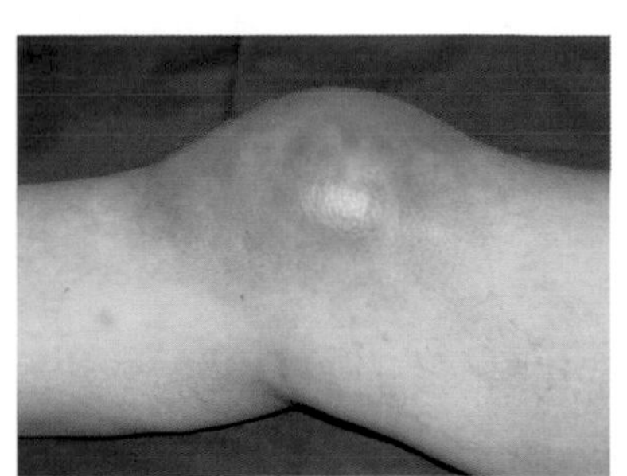

腫脹的膝蓋
膝關節滑液囊產生腫脹與觸痛，通常是因為反覆不斷的跪地動作所致，俗稱「女僕膝」或「家庭主婦膝」。

小兒髖關節疾病

雖然大多數發生在兒童身上的骨和關節異常都是因受傷所致，但造成髖部疼痛或畸形的原因可能是先天性缺陷、骨骼感染以及後天性疾病，如幼年型類風濕性關節炎（也稱為史迪爾氏症）。

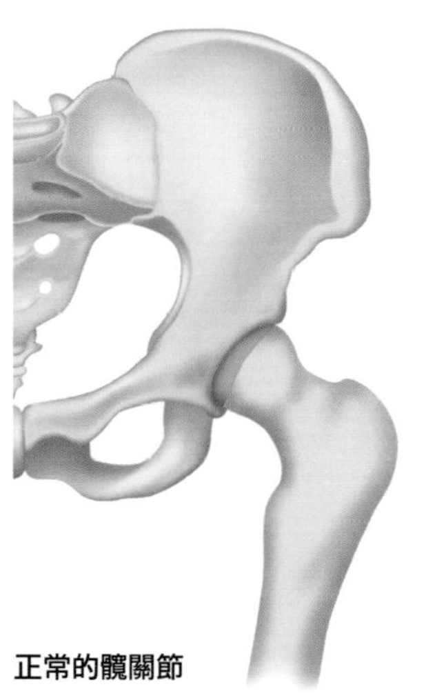

正常的髖關節

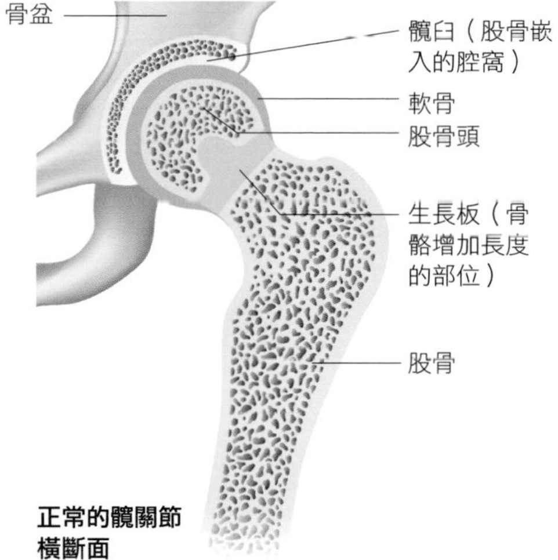
骨盆
髖臼（股骨嵌入的腔窩）
軟骨
股骨頭
生長板（骨骼增加長度的部位）
股骨

正常的髖關節橫斷面

先天性髖骨發育不全

骨盆中臼窩扁平或錯位而導致無法承載股骨的疾病。

這個疾病也有先天性髖關節脫臼之稱，通常會在嬰兒出生後不久的產後檢查中檢測到。罹患這個疾病可能會導致以下情形：關節輕微鬆動；或受外力時偶爾會脫臼；或股骨頭完全位移到髖骨的臼窩外，形成假關節（見右圖）。如果出生時就檢測出有先天性髖骨發育不全，只需在嬰兒成長期間追蹤檢測，或者用夾板、安全皮帶或硬性物固定住進行治療，或外科手術矯正。然而，如果發育不全的情況很輕微，則有可能會沒檢查到，要等兒童開始出現跛行症狀時才會發現。

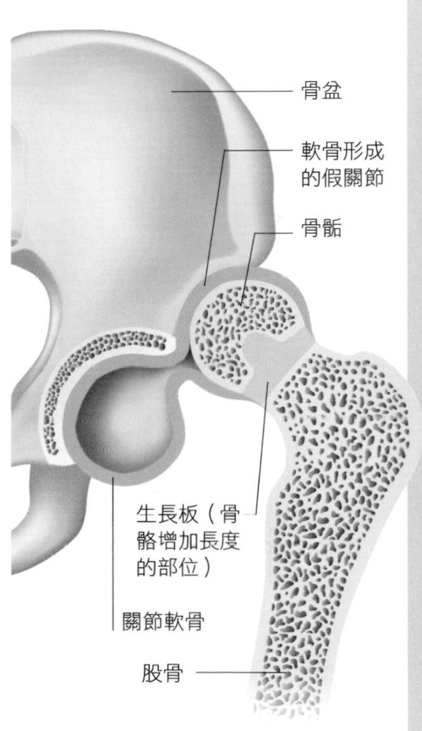
骨盆
軟骨形成的假關節
骨骺
生長板（骨骼增加長度的部位）
關節軟骨
股骨

佩提斯氏病（小頭骺骨發育不良病；骨骺骨軟骨病）

一般認為這個疾病是股骨頭裡血液循環不正常所致。

佩提斯氏病（小頭骺骨發育不良病；骨骺骨軟骨病）的患者股骨頭的半球形部位會軟化且變形，導致大腿和腹股溝（鼠蹊）疼痛，可能會使患者跛腳。這種疾病經常只影響單邊髖部。男孩罹患佩提斯氏病（小頭骺骨發育不良病；骨骺骨軟骨病）的機率比女孩更高，通常會在四歲到八歲之間病發，一般認為是血液循環異常引發的病症，必須接受治療，包括休息、小夾板固定，也可能進行牽引和手術，以幫助預防以後罹患骨關節炎。

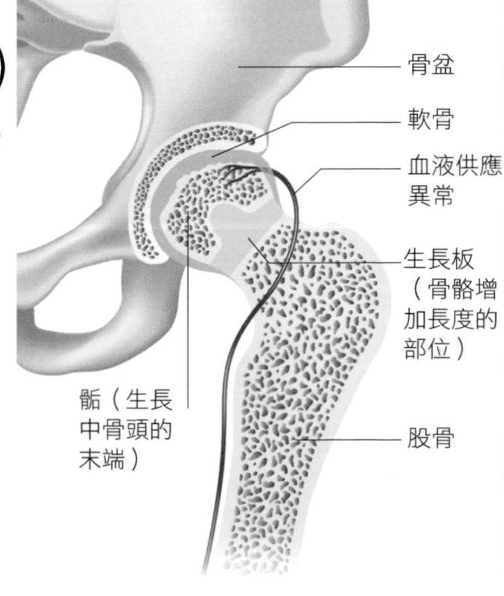
骨盆
軟骨
血液供應異常
生長板（骨骼增加長度的部位）
骺（生長中骨頭的末端）
股骨

滑脫的骺

股骨頭或近側骺可能在受傷時滑脫或逐漸變位。

股骨的球形骨質頭部（骨骺）與骨幹之間相隔一個低硬度的軟骨區，這個部位稱為生長板，是骨頭長度增加的地方，也常是滑脫的部位。不論變位的速度是慢是快，通常都會在人快速發育的階段病發，但往往發生於青春期，因青春期間，生長激素會導致組織變軟。變位的骨頭可用外科手術修復復位，然後以金屬骨釘固定。

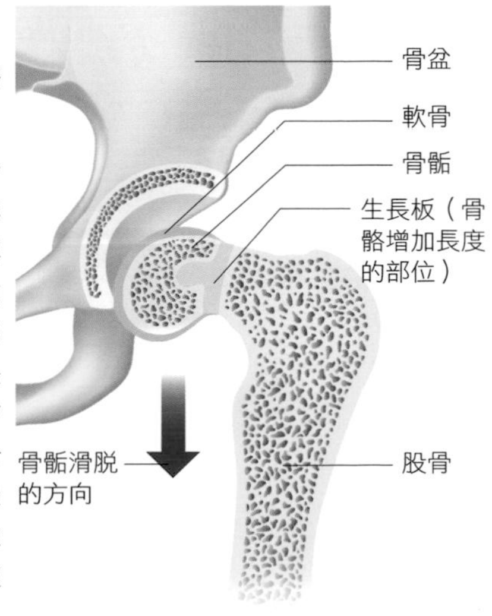
骨盆
軟骨
骨骺
生長板（骨骼增加長度的部位）
骨骺滑脫的方向
股骨

骨盆疾病

「關節炎」是好幾種不同疾病的統稱，因關節損害而導致疼痛、腫脹、行動受限等症狀。這類疾病最常見的是骨關節炎，在老年人中非常普遍。任何年紀的人都可能罹患類風濕關節炎，包括兒童，但比較好發於40歲以上的人。

骨關節炎

患有骨關節炎的人，關節內覆蓋骨骼末端的軟骨（關節軟骨）會開始退化，導致疼痛和腫脹。

骨關節炎經常與類風濕性關節炎混淆（請參閱對頁），但兩種疾病的致病因素和病程都不一樣。骨關節炎可能只會影響單一個關節，而局部部位的「長期磨損」可導致炎症不時病發，引起痛楚。先天性缺陷、損傷、感染或肥胖都可能加速關節退化。由於軟骨通常隨著身體的老化而磨損，很多人大約年過60歲都會患有輕微的骨關節炎。典型的症狀是關節疼痛和腫脹（活動就惡化，休息就好轉）；休息過後短時間內會感到僵硬；活動幅度受限；移動關節時發出輾軋音（「喀啦」聲）；以及牽涉痛（疼痛感發生在跟受損關節同一條神經通路，但距離很遠的部位）。對症治療以及改變生活方式對於病況較輕的患者有效。

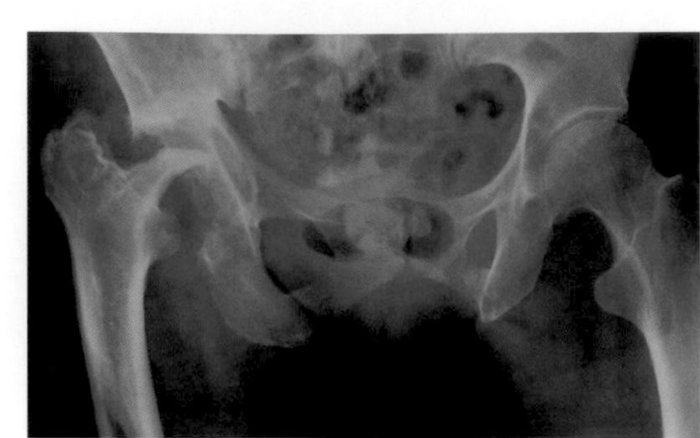

髖關節的骨關節炎
這張X光片的左側顯示，右髖關節被骨關節炎嚴重侵蝕。正常的股骨頭應該是圓的，這裡卻呈扁平狀。

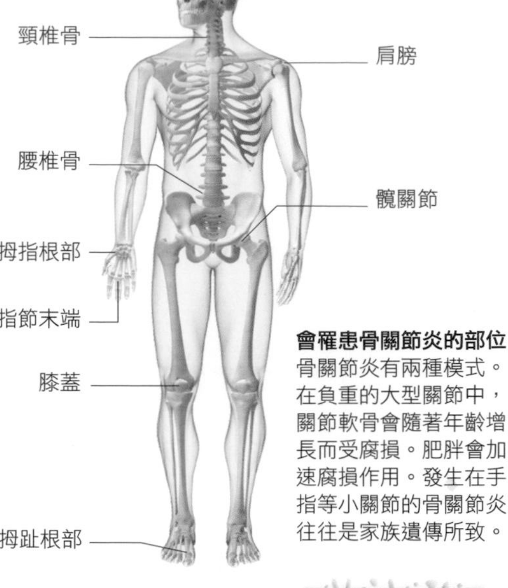
頸椎骨
肩膀
腰椎骨
髖關節
拇指根部
指節末端
膝蓋
拇趾根部

會罹患骨關節炎的部位
骨關節炎有兩種模式。在負重的大型關節中，關節軟骨會隨著年齡增長而受腐損。肥胖會加速腐損作用。發生在手指等小關節的骨關節炎往往是家族遺傳所致。

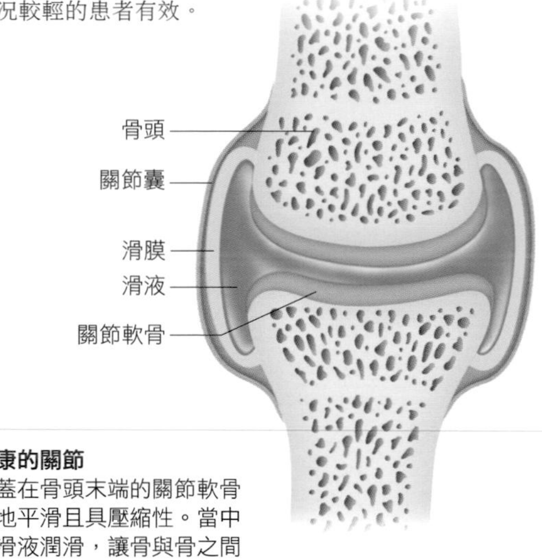
骨頭
關節囊
滑膜
滑液
關節軟骨

健康的關節
覆蓋在骨頭末端的關節軟骨質地平滑且具壓縮性。當中有滑液潤滑，讓骨與骨之間滑動時摩擦阻力減到最低。

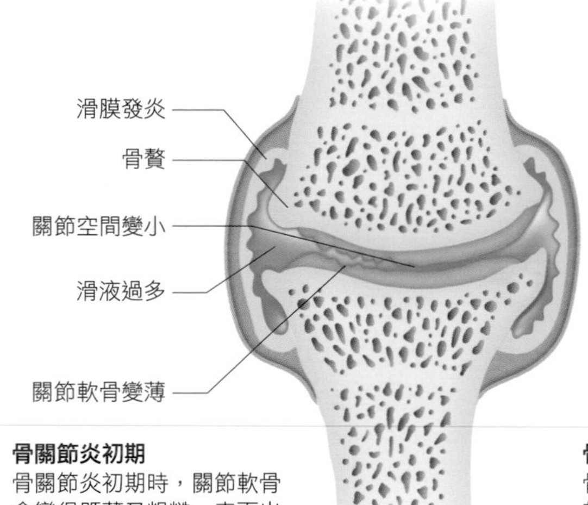
滑膜發炎
骨贅
關節空間變小
滑液過多
關節軟骨變薄

骨關節炎初期
骨關節炎初期時，關節軟骨會變得既薄又粗糙，表面出現裂隙，隨之會長出骨質贅生物（骨贅）；分泌滑液的內襯部位發炎，並製造出過多的流體。

節囊縮緊變厚
滑膜發炎
骨頭變厚
相觸的不同骨面
骨贅
骨頭裡長出囊腫

骨性關節炎後期
骨關節炎病況嚴重時，軟骨和軟骨下面的骨骼會出現裂縫並腐損。骨塊會互相摩擦、變厚並過度生長，導致極端的不適感。關節囊增厚。

關節置換術

當罹患骨關節炎的髖關節症狀已經無法用藥物治療控制病情時，可以用人工關節或假體置換髖關節。關節置換也可用於治療髖部骨折。髖關節假體材質有金屬、陶瓷和塑膠等，而構成部分包括球形頭的骨幹和杯狀的盆腔臼窩。其他可用假體置換的關節包括：膝關節、肩關節以及手部的小型關節。手術過後，關節不再疼痛，但需要接受物理治療以強化肌肉並恢復完整功能。

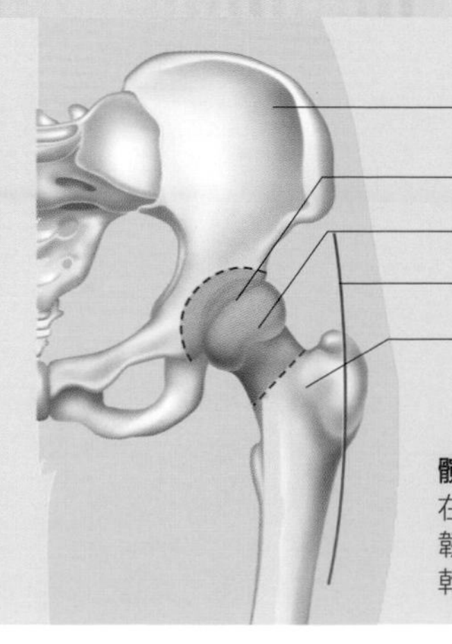
骨盆
骨盆部位掏空
股骨頭
皮膚切口
股骨骨幹

髖部預備程序
在皮膚上切口，移開肌肉和韌帶後，曝露出髖關節。清乾淨臼窩，並移除股骨頭。

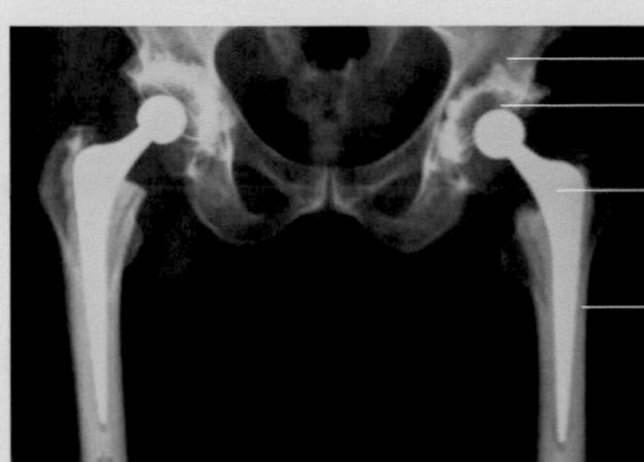
骨盆
骨盆臼窩
髖關節假體
股骨骨幹

雙髖關節置換術
這張X光片顯示出兩隻腿的髖關節假體（淺藍色部位）。球形的骨塊頭部和固定用的「釘狀物」都清晰可見。

類風濕性關節炎

這是一種自體免疫性的關節炎，患者的免疫系統會毀損自身組織，以類風濕性關節炎來說，遭到毀損的就是關節。這個疾病會侵害多個人體系統。

免疫系統生產攻擊自身組織的抗體時，就會發展出類風濕關節炎，尤其是關節內的滑膜。關節會腫大變形、行動受限並感到疼痛。早期的全身症狀包括發燒、皮膚蒼白以及虛弱感。許多小型關節會呈對稱式遭受侵害，這是典型的發病方式，例如：雙手或雙腳出現同等嚴重的炎症。承受外在壓力的部位會長出不會痛的小腫塊（或稱小結，為發炎的組織細胞簇），普遍長在前臂，而關節外的皮膚薄且脆弱。僵硬感通常在早上比較嚴重，之後會緩解。症狀可能會突然很嚴重，然後又消失一段時間。如果驗血檢測到類風濕因子（RhF）、抗瓜氨酸蛋白抗體（ACPAs）或抗環瓜氨酸抗體（anti-CCPs）等與此疾病相關的抗體，就能幫助確診。這種疾病也會影響眼睛、皮膚、心臟、神經和肺臟的組織，也可能衍生出貧血問題。治療範圍從簡單的消炎藥到抑制自身免疫作用等更強烈的藥物都有。

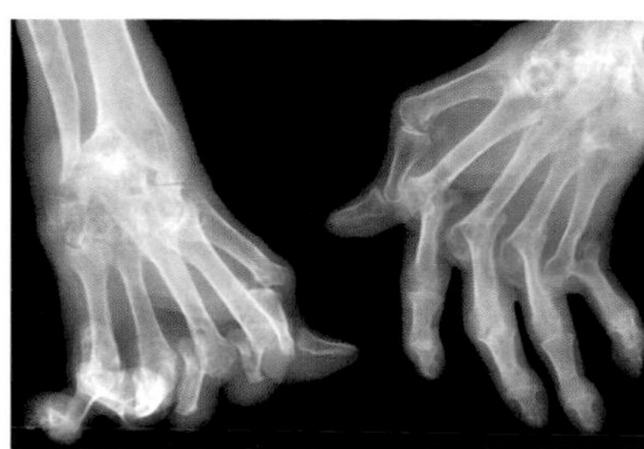

關節炎症
這張X光片中，可見中排指節因為類風濕性關節炎而嚴重受損（紅色部分）。關節的炎症導致手指異常彎曲。

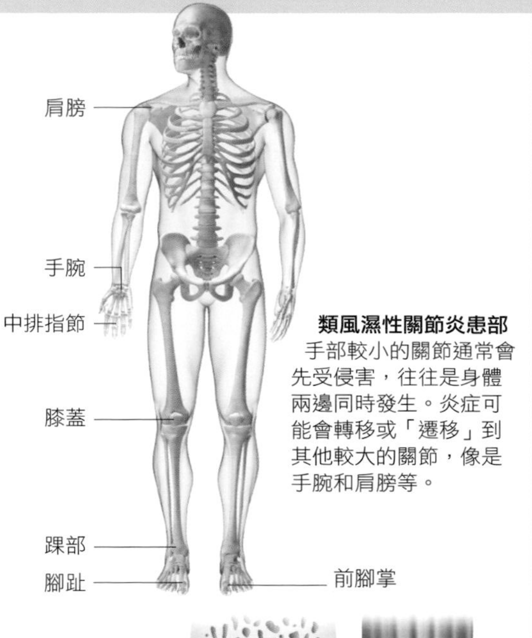
肩膀
手腕
中排指節
膝蓋
踝部
腳趾
前腳掌

類風濕性關節炎患部
手部較小的關節通常會先受侵害，往往是身體兩邊同時發生。炎症可能會轉移或「遷移」到其他較大的關節，像是手腕和肩膀等。

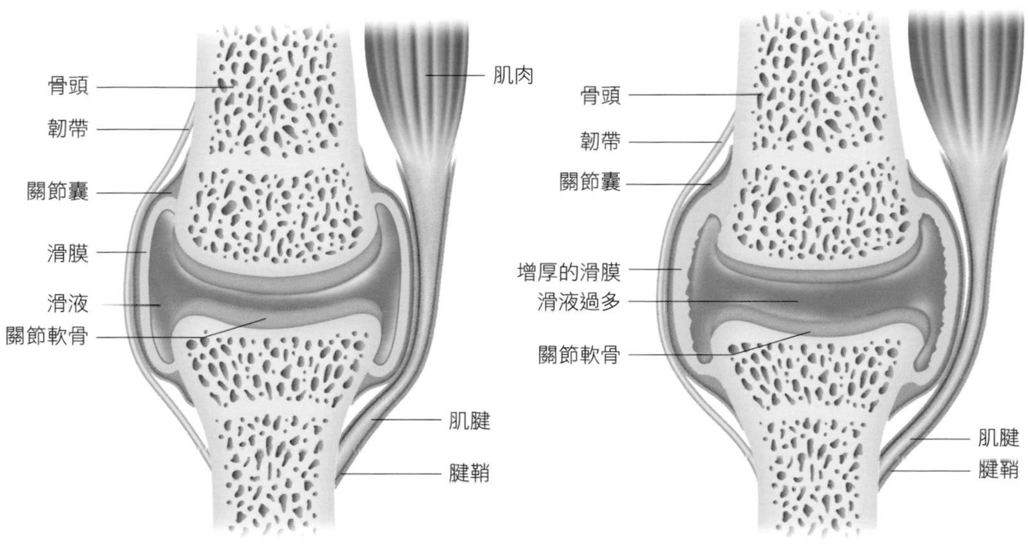
骨頭
韌帶
關節囊
滑膜
滑液
關節軟骨
肌肉
肌腱
腱鞘
骨頭
韌帶
關節囊
增厚的滑膜
滑液過多
關節軟骨

健康的關節
健康關節中的軟骨質地平滑且完整無缺。韌帶幫助維持穩定性，肌腱被肌肉提拉時，會在腱鞘裡滑動。

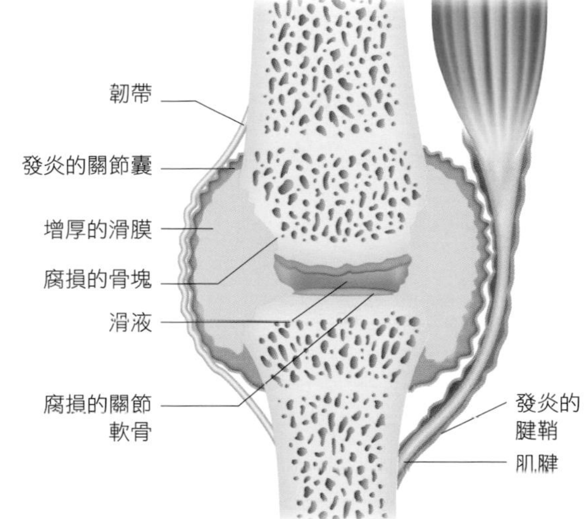
肌腱
腱鞘
韌帶
發炎的關節囊
增厚的滑膜
腐損的骨塊
滑液
腐損的關節軟骨
發炎的腱鞘
肌腱

類風濕性關節炎初期
滑膜發炎、增厚，並蔓延到整個關節各處。過多的滑液積累。

類風濕性關節炎晚期
滑膜增厚的同時，軟骨和骨的末端被腐損。關節囊和肌腱發炎。

痛風

痛風是關節炎的一種，因關節裡有尿酸結晶生成，而導致極端劇烈的疼痛感。各種關節都有可能受侵害，但拇趾是特別常見的病發部位。

痛風是一種結晶體引起的關節炎，可能導致一個或多個關節突然劇烈疼痛及紅腫。這個病症比較普遍發生在男性身上，但女性如果罹患的話，通常是在更年期以後才會出現。特定基因和生活方式會導致代謝出問題，因而使過多的尿酸積累在身體內；尿酸正常狀況下呈溶解態，由血液收集後，以尿液排出，然而罹患痛風時，關節滑液中的尿酸會從溶液中分離出來，形成針狀結晶物。受侵害的關節會有紅腫熱痛的現象，而且疼痛感會非常劇烈。痛風有自發性的痛風，也可能因飲酒、接受特定形式的手術、服用利尿劑或其他特定藥物、接受化療等引發。藥物治療能減輕發作時疼痛的程度，並有助於防止復發。

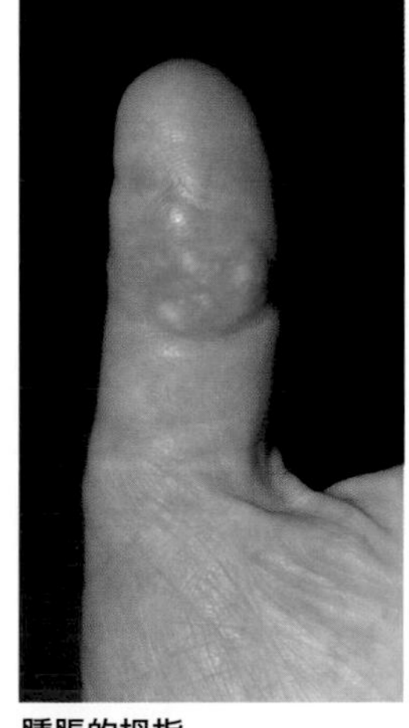

腫脹的拇指
圖中，尿酸結晶（淡黃色部分）沉積在拇指的軟組織中，最終可能會從皮膚溢出。

關節抽吸術

這個手術的進行方式是用注射針將腫脹關節中過多的流體抽出，術中可能會採局部麻醉。關節吸引術術可用來進行診斷、醫治，或同時進行兩者。舉例來說，此手術可以用來檢查患部流體，看裡面是否含有某類疾病的典型內容物（例如痛風患部的流體會存有尿酸結晶），同時將流體清除，以緩解關節的腫脹與疼痛感。也可利用類似的手術將藥物直接注射到關節裡。

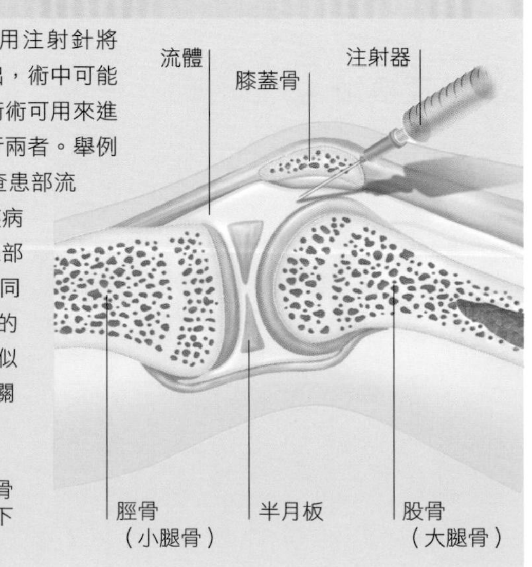
流體
膝蓋骨
注射器
脛骨（小腿骨）
半月板
股骨（大腿骨）

膝關節穿刺抽吸
膝蓋放鬆的狀態下，將膝蓋骨固定住。將針頭插入膝蓋骨下的空隙，吸出裡面的流體。

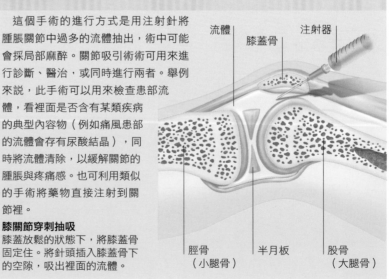

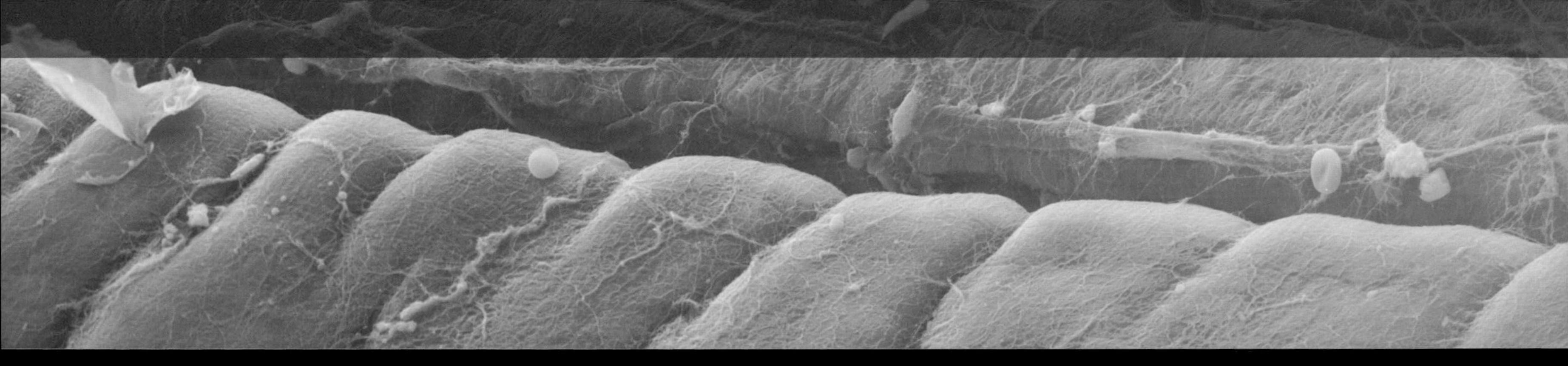

肌肉系統好比完美合作的團隊，能夠變化出無窮的動作。肌肉組織除了能創造肢體動作，也能帶動心跳、腸道蠕動、動脈直徑的調整、眼睛的聚焦等各種內部運動。肌肉的維繫方式非常物理性，經常使用就能避免敗壞，而比起病變，受傷

肌肉系統

人體的肌肉

人體的肌肉，以縱橫交錯的方式層層交疊在骨骼之上，運動時會於皮膚下拱起，藉以收縮並牽曳所附著的骨頭。肌肉很少單獨作業，通常都是以組為單位，進行角度準確、距離精確的收縮。

典型的男性身體中大約有640條肌肉，約佔全身重量的五分之二。女性的肌肉數量也一樣，但以重量比來看稍輕。典型肌肉橫跨關節處，末端寬度會遞減，形成尖細狀纖維性肌腱，牢牢繫在骨頭上。通常，比較接近身體中央的肌肉附著端比較穩固，這一端稱為肌肉的起端。肌肉收縮時，起端的移動幅度很小（甚至完全不動）。另一端稱為止端（肌止），位置比較偏向身體外圍，移動幅度比較大。有些肌肉會分岐，以黏附到不同的骨塊上。部分肌肉的名稱呼應著它們的形狀，例如肩膀三角狀的肌肉，便稱為三角肌。圖中男性身體的左半部可見淺肌，皮膚下最上層的肌肉。圖中身體的右半部是比較深層的肌肉：中間肌和深肌。

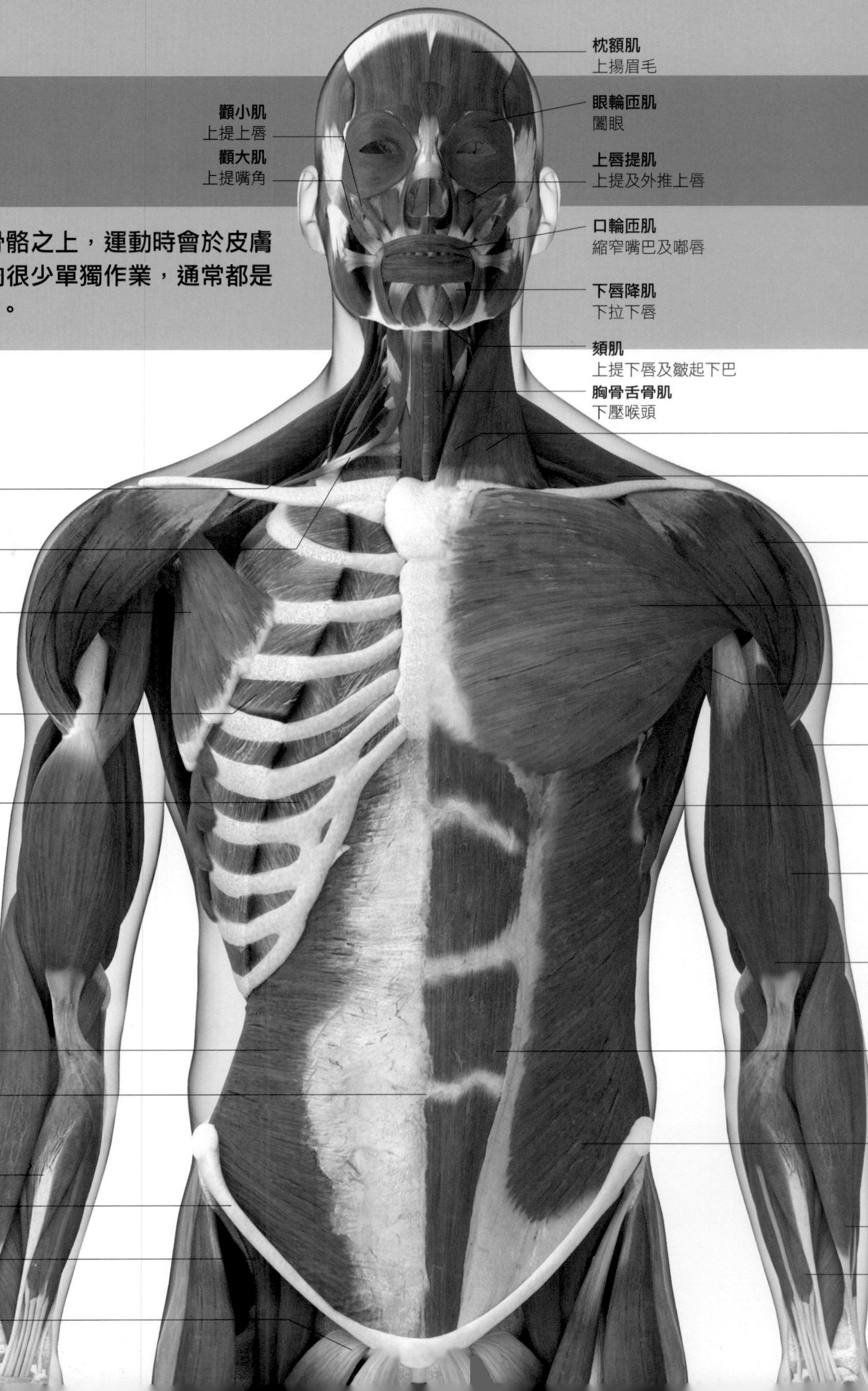

顴小肌
上提上唇
顴大肌
上提嘴角
枕額肌
上揚眉毛
眼輪匝肌
闔眼
上唇提肌
上提及外推上唇
口輪匝肌
縮窄嘴巴及嘟唇
下唇降肌
下拉下唇
頦肌
上提下唇及皺起下巴
胸骨舌骨肌
下壓喉頭
胸鎖乳突肌
傾斜及扭轉脖子
斜方肌
旋轉及縮回肩胛骨
斜角肌
幫助呼吸及屈曲頸部
肩胛舌骨肌
下壓喉頭
胸小肌
移動肩胛骨
肋間外肌
提高肋骨
肋間內肌
將相鄰的肋骨彼此拉近
三角肌
將胳臂朝身體外上舉到前方、側邊及後方
胸大肌
將胳臂朝向身體拖拉以及將上臂向內旋轉
三頭肌長頭
從肘部伸展前臂以及伸直胳臂
肱肌
讓前臂靠近肩膀
前鋸肌
牽曳肩胛骨，使之遠離脊柱
肱二頭肌
在肘部屈伸前臂以及將手掌轉成掌面朝上
三頭肌內側頭
從肘部伸展前臂以及伸直胳臂
腹內斜肌
屈伸及旋轉軀幹
白線
分成左右腹部肌肉的肌腱狀構造
橈側屈腕肌
從腕部屈伸手部
腹股溝韌帶
髂腰肌
從髖部屈伸大腿
恥骨肌
屈伸及往身體內拖拉大腿
外展拇短肌
將拇指朝手掌牽曳
腹直肌
屈伸脊柱以及將骨盆拖拉向前
腹外斜肌
屈伸及旋轉軀幹
肱橈肌
從肘部屈伸胳臂
屈指淺肌
屈曲手部和腕部的關節

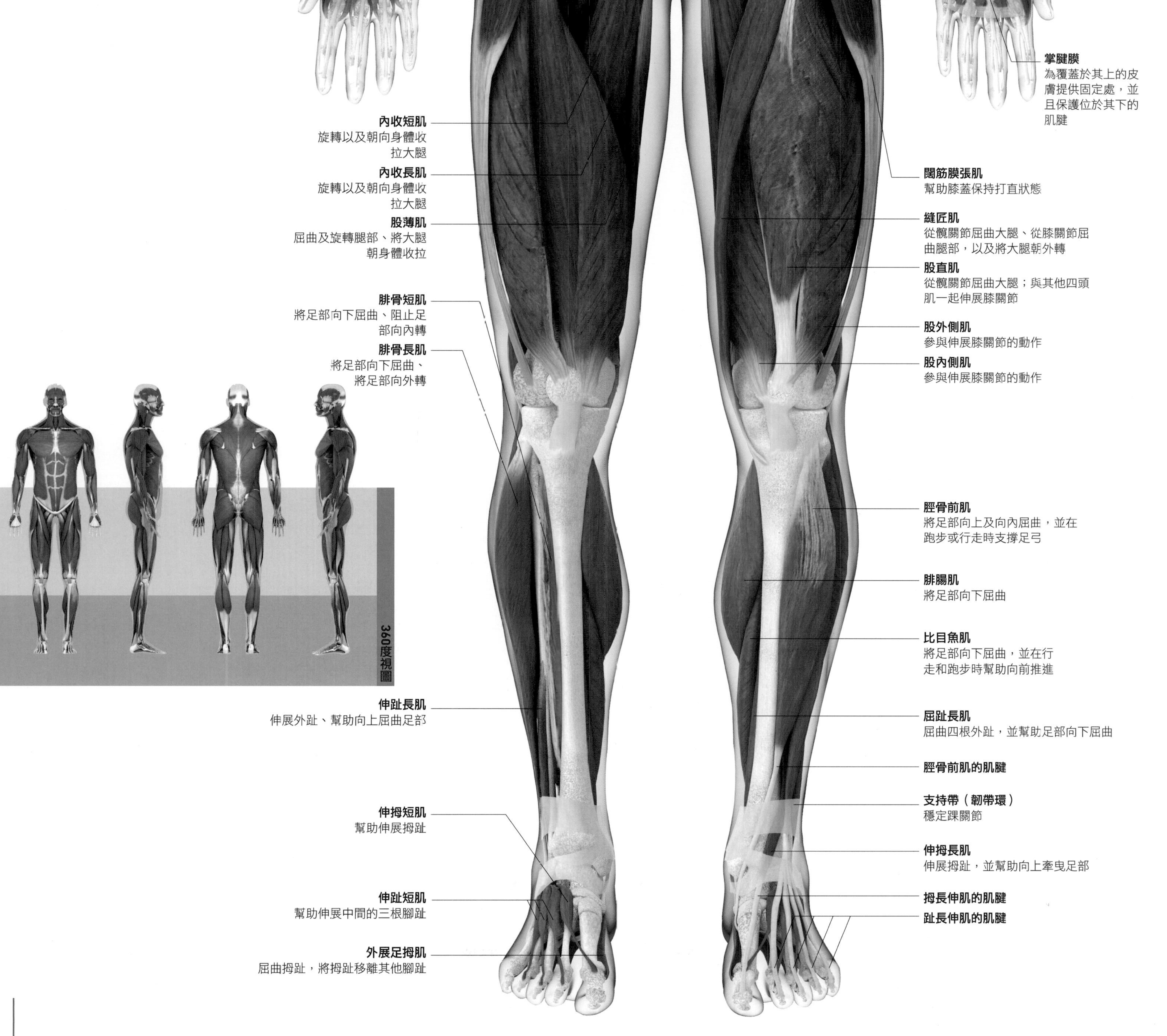
內收短肌
旋轉以及朝向身體收拉大腿
內收長肌
旋轉以及朝向身體收拉大腿
股薄肌
屈曲及旋轉腿部、將大腿朝身體收拉
腓骨短肌
將足部向下屈曲、阻止足部向內轉
腓骨長肌
將足部向下屈曲、將足部向外轉
360度視圖
伸趾長肌
伸展外趾、幫助向上屈曲足部
伸拇短肌
幫助伸展拇趾
伸趾短肌
幫助伸展中間的三根腳趾
外展足拇肌
屈曲拇趾，將拇趾移離其他腳趾
掌腱膜
為覆蓋於其上的皮膚提供固定處，並且保護位於其下的肌腱
闊筋膜張肌
幫助膝蓋保持打直狀態
縫匠肌
從髖關節屈曲大腿、從膝關節屈曲腿部，以及將大腿朝外轉
股直肌
從髖關節屈曲大腿；與其他四頭肌一起伸展膝關節
股外側肌
參與伸展膝關節的動作
股內側肌
參與伸展膝關節的動作
脛骨前肌
將足部向上及向內屈曲，並在跑步或行走時支撐足弓
腓腸肌
將足部向下屈曲
比目魚肌
將足部向下屈曲，並在行走和跑步時幫助向前推進
屈趾長肌
屈曲四根外趾，並幫助足部向下屈曲
脛骨前肌的肌腱
支持帶（韌帶環）
穩定踝關節
伸拇長肌
伸展拇趾，並幫助向上牽曳足部
拇長伸肌的肌腱
趾長伸肌的肌腱

有些肌肉是依照形狀命名，有些則是以附著的骨頭命名，例如：肋間肌就是長在肋骨之間的肌肉，背部的髂肋肌則是從肋骨延伸到骨盆的髂骨。其他也有肌肉是取名自其運動方式，例如：維持脊柱直立的肌肉稱為豎棘肌群，跨越關節並協助四肢作彎曲動作的肌肉稱為屈肌，而與屈肌作業相反的對應肌肉叫做伸肌，能把關節伸直。外展肌負責從身體中線向外拉的運動，像是把胳臂往兩側伸展的動作，而內收肌則和外展肌相反，負責向身體中線內拉的動作。這張圖中，淺肌展示於右半部，比較深層的肌肉則展示於左半部。

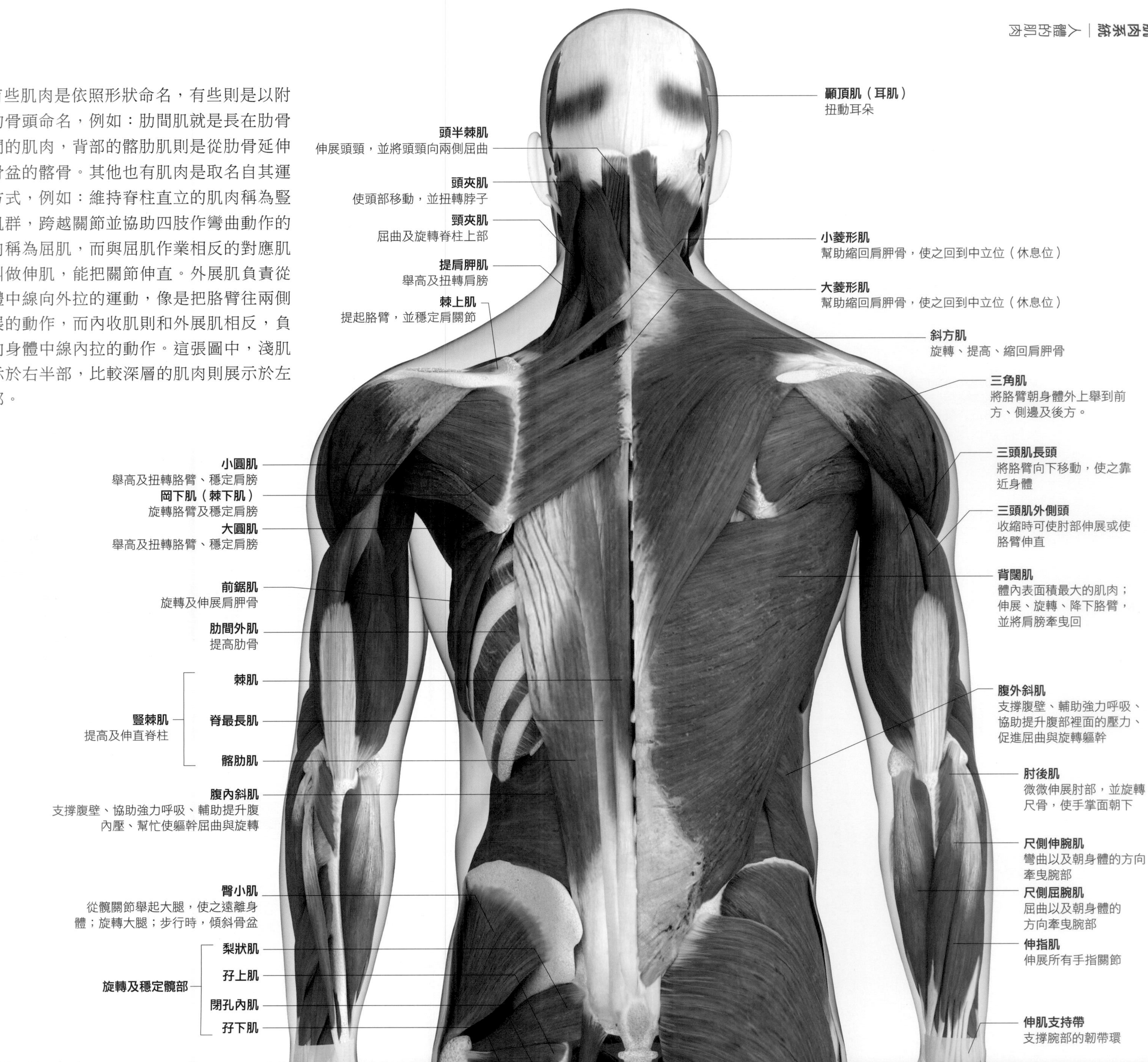
顳頂肌（耳肌）
扭動耳朵
頭半棘肌
伸展頭頸，並將頭頸向兩側屈曲
頭夾肌
使頭部移動，並扭轉脖子
頸夾肌
屈曲及旋轉脊柱上部
提肩胛肌
舉高及扭轉肩膀
棘上肌
提起胳臂，並穩定肩關節
小菱形肌
幫助縮回肩胛骨，使之回到中立位（休息位）
大菱形肌
幫助縮回肩胛骨，使之回到中立位（休息位）
斜方肌
旋轉、提高、縮回肩胛骨
三角肌
將胳臂朝身體外上舉到前方、側邊及後方。
小圓肌
舉高及扭轉胳臂、穩定肩膀
岡下肌（棘下肌）
旋轉胳臂及穩定肩膀
大圓肌
舉高及扭轉胳臂、穩定肩膀
三頭肌長頭
將胳臂向下移動，使之靠近身體
三頭肌外側頭
收縮時可使肘部伸展或使胳臂伸直
背闊肌
體內表面積最大的肌肉；伸展、旋轉、降下胳臂，並將肩膀牽曳回
前鋸肌
旋轉及伸展肩胛骨
肋間外肌
提高肋骨
棘肌
脊最長肌
髂肋肌
豎棘肌
提高及伸直脊柱
腹外斜肌
支撐腹壁、輔助強力呼吸、協助提升腹部裡面的壓力、促進屈曲與旋轉軀幹
肘後肌
微微伸展肘部，並旋轉尺骨，使手掌面朝下
腹內斜肌
支撐腹壁、協助強力呼吸、輔助提升腹內壓、幫忙使軀幹屈曲與旋轉
尺側伸腕肌
彎曲以及朝身體的方向牽曳腕部
尺側屈腕肌
屈曲以及朝身體的方向牽曳腕部
臀小肌
從髖關節舉起大腿，使之遠離身體；旋轉大腿；步行時，傾斜骨盆
伸指肌
伸展所有手指關節
梨狀肌
孖上肌
閉孔內肌
孖下肌
旋轉及穩定髖部
伸肌支持帶
支撐腕部的韌帶環

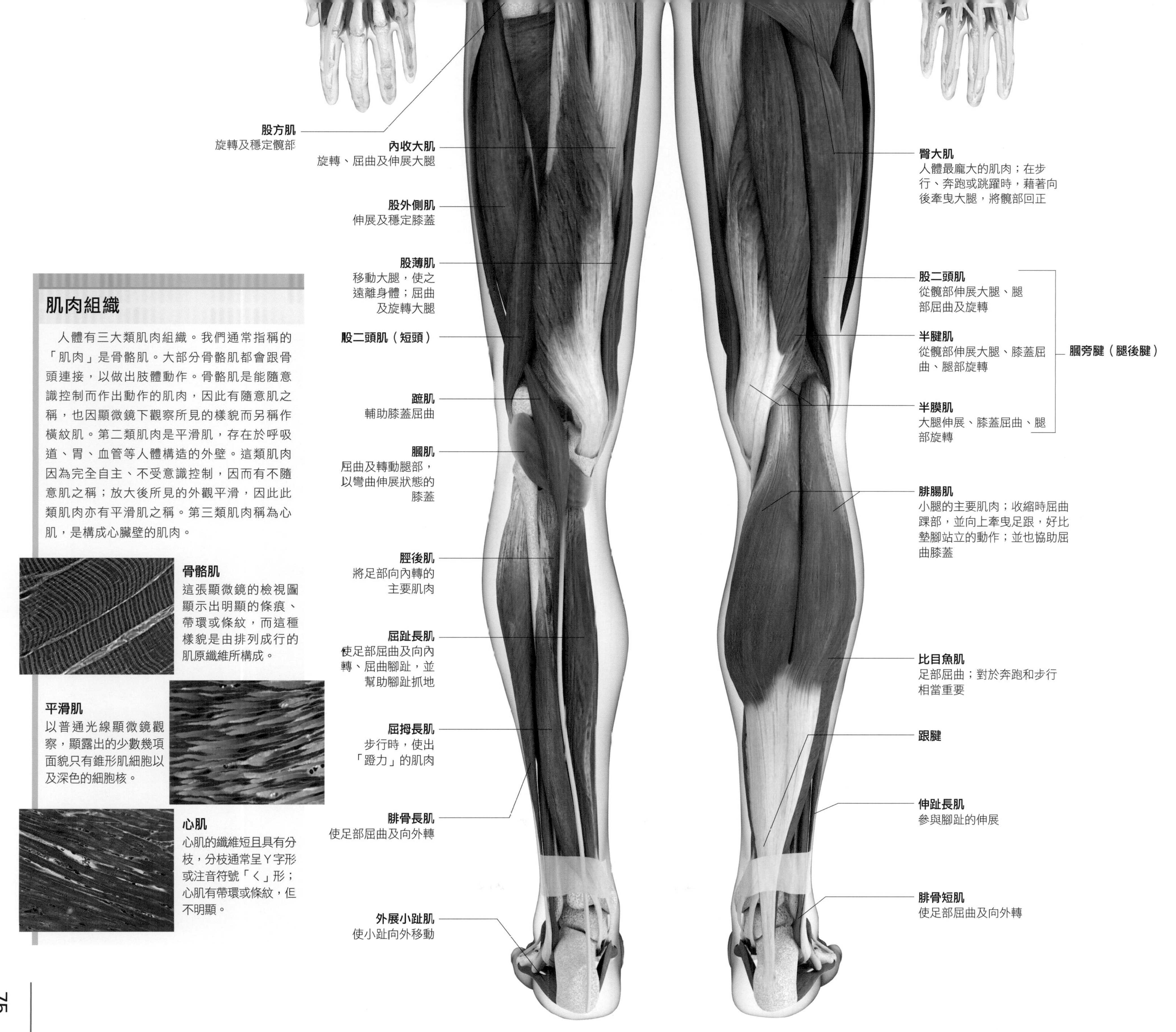
股方肌
旋轉及穩定髖部
內收大肌
旋轉、屈曲及伸展大腿
股外側肌
伸展及穩定膝蓋
股薄肌
移動大腿，使之遠離身體；屈曲及旋轉大腿
股二頭肌（短頭）
蹠肌
輔助膝蓋屈曲
膕肌
屈曲及轉動腿部，以彎曲伸展狀態的膝蓋
脛後肌
將足部向內轉的主要肌肉
屈趾長肌
使足部屈曲及向內轉、屈曲腳趾，並幫助腳趾抓地
屈拇長肌
步行時，使出「蹬力」的肌肉
腓骨長肌
使足部屈曲及向外轉
外展小趾肌
使小趾向外移動
臀大肌
人體最龐大的肌肉；在步行、奔跑或跳躍時，藉著向後牽曳大腿，將髖部回正
股二頭肌
從髖部伸展大腿、腿部屈曲及旋轉
半腱肌
從髖部伸展大腿、膝蓋屈曲、腿部旋轉
半膜肌
大腿伸展、膝蓋屈曲、腿部旋轉
膕旁腱（腿後腱）
腓腸肌
小腿的主要肌肉；收縮時屈曲踝部，並向上牽曳足跟，好比墊腳站立的動作；並也協助屈曲膝蓋
比目魚肌
足部屈曲；對於奔跑和步行相當重要
跟腱
伸趾長肌
參與腳趾的伸展
腓骨短肌
使足部屈曲及向外轉

肌肉組織

人體有三大類肌肉組織。我們通常指稱的「肌肉」是骨骼肌。大部分骨骼肌都會跟骨頭連接，以做出肢體動作。骨骼肌是能隨意識控制而作出動作的肌肉，因此有隨意肌之稱，也因顯微鏡下觀察所見的樣貌而另稱作橫紋肌。第二類肌肉是平滑肌，存在於呼吸道、胃、血管等人體構造的外壁。這類肌肉因為完全自主、不受意識控制，因而有不隨意肌之稱；放大後所見的外觀平滑，因此此類肌肉亦有平滑肌之稱。第三類肌肉稱為心肌，是構成心臟壁的肌肉。

骨骼肌
這張顯微鏡的檢視圖顯示出明顯的條痕、帶環或條紋，而這種樣貌是由排列成行的肌原纖維所構成。

平滑肌
以普通光線顯微鏡觀察，顯露出的少數幾項面貌只有錐形肌細胞以及深色的細胞核。

心肌
心肌的纖維短且具有分枝，分枝通常呈Y字形或注音符號「ㄑ」形；心肌有帶環或條紋，但不明顯。

臉、頭和頸部的肌肉

臉部、頭部及頸部的肌肉交互作用，以穩固與移動頭部，以及移動面部各個部位，如眉毛、眼瞼和嘴唇等。與其動作相關的肌肉組織複雜度極高，由此才能做出許多不同的面部表情。

面部肌肉

面部肌肉有些固定在骨頭上，有些則連接在肌腱或在緻密的薄片狀纖維性結締組織簇（稱為腱膜）上。這意味著面部的肌肉有些是彼此相連的。這些肌肉的另一端大多都探插在皮膚的深層部位，而這個複雜系統的優點是，即使輕微的肌肉收縮也會使臉部皮膚產生動作，而有表達或顯現情感的功能。幾乎所有面部肌肉都是受第七對腦神經（一種面神經）的支配（請參閱第98頁）。這個神經如果受損或病變，會導致面部可動性及產生表情的能力喪失，使得溝通能力減弱。

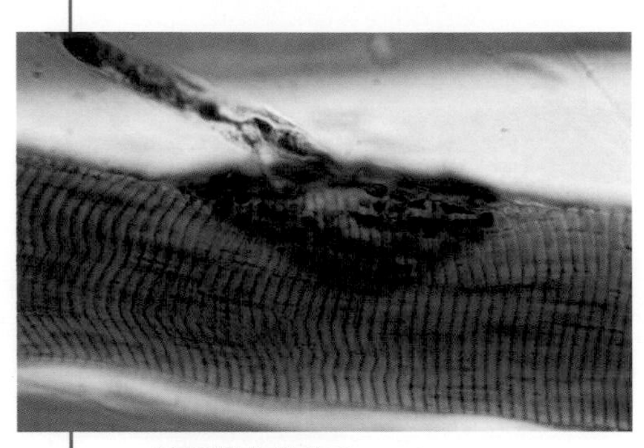

神經肌肉接合點
這張顯微鏡圖像中，可見接合在面部肌纖維上的神經細胞（圖片左上角）。在這個結合點處，有個運動終板（圖片中心），是肌纖維極易興奮的部位。

笑紋

年輕健康的皮膚內含能迅速恢復原狀的纖維，這種纖維的構成物是一種稱為彈性蛋白的蛋白質。彈性蛋白有助於讓皮膚在移動後（如微笑）回到原先的位置。彈性蛋白會隨年紀增長而逐漸退化，減弱皮膚的真皮（請參閱第164至第165頁）與其下肌肉之間的連結力。皮膚變得沒辦法輕易牽張或皺縮後，會導致皺紋產生。最初會先從眼角產生輻射狀的「魚尾紋」，接著，額部和嘴巴周圍、耳朵前方、兩條眉毛之間、下巴上和鼻樑都會長出細紋。面部皺紋一定會和肌纖維成直角，所以從皺紋就可看出面部肌肉的形狀。日曬過度或處於極冷或極熱的氣溫下也會加速皺紋的生成。

額頭皺紋
魚尾紋
臉頰皺紋

老化的跡象
皺紋和凹溝往往出現在經常使用的肌肉周圍（請參閱第258至第261頁）。魚尾紋與眼輪匝肌有聯繫關係，額頭的皺紋與額肌有關，而臉頰的皺褶則與上唇提肌有關。

枕額肌
上揚眉毛
皺眉肌
將雙眉拉近；使額頭下半部起皺
降眉間肌
將眉毛往下和往內牽曳
眼輪匝肌
閉闔眼瞼
壓鼻孔肌
閉闔鼻孔
上唇提肌
上提及外推上唇
鼻孔開大肌
開啟及向外展開鼻孔
顴小肌
上提上唇
顴大肌
將嘴角向上和向外牽曳
笑肌
將嘴角向外牽曳
口輪匝肌
縮窄嘴巴及嘟唇
降下唇肌
將下唇向下牽曳
頦肌
提高下唇；使下巴起皺
降口角肌
將嘴角向下拉
胸骨舌骨肌
下壓喉頭
闊肌（頸闊肌）
使下頜骨和嘴角下降

面部和頸部的肌肉
嘴唇周圍網狀交錯的肌肉與講話、非言語表達及吃喝等動作相關。部分面部肌肉有如括約肌一般，能開啟和關閉臉上的開口，如眼瞼、鼻孔和雙唇等。

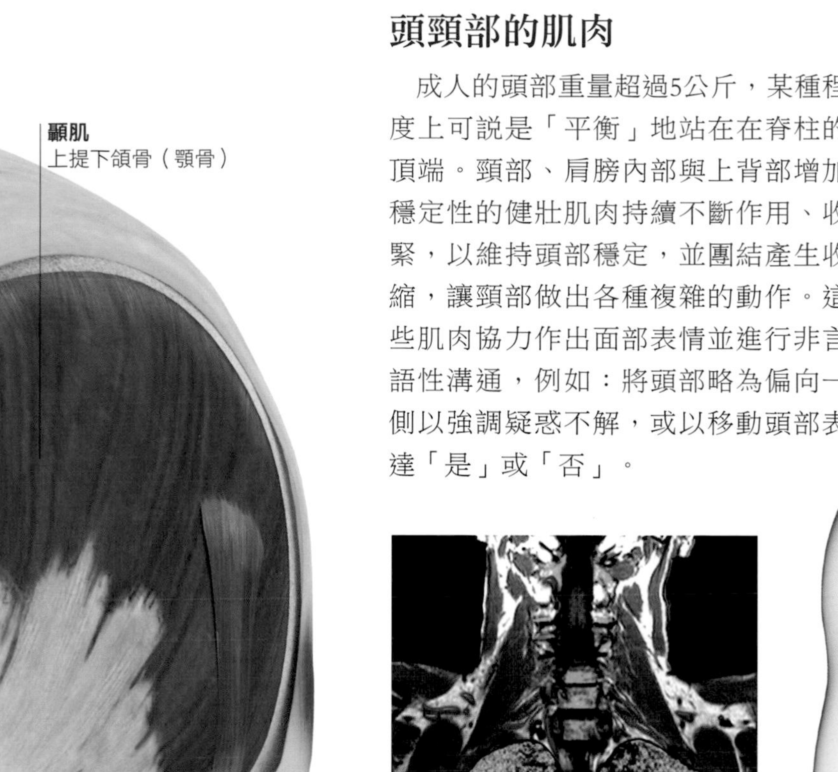

顳肌
上提下頜骨（顎骨）
顳頂肌（耳肌）
扭動耳朵
嚼肌
上提下巴（下頜骨），用於咀嚼和闔嘴等動作
胸鎖乳突肌
扭轉和傾斜脖子
斜角肌
幫助呼吸及屈曲頸部

頭頸部的肌肉

成人的頭部重量超過5公斤，某種程度上可説是「平衡」地站在在脊柱的頂端。頸部、肩膀內部與上背部增加穩定性的健壯肌肉持續不斷作用、收緊，以維持頭部穩定，並團結產生收縮，讓頸部做出各種複雜的動作。這些肌肉協力作出面部表情並進行非言語性溝通，例如：將頭部略為偏向一側以強調疑惑不解，或以移動頭部表達「是」或「否」。

頸部肌肉的掃描影像
頸部肌肉能夠移動脊柱上的頭顱（這張電腦斷層攝影片中顯示為綠色的部分），也纏繞著氣管和食道，提供支撐力。

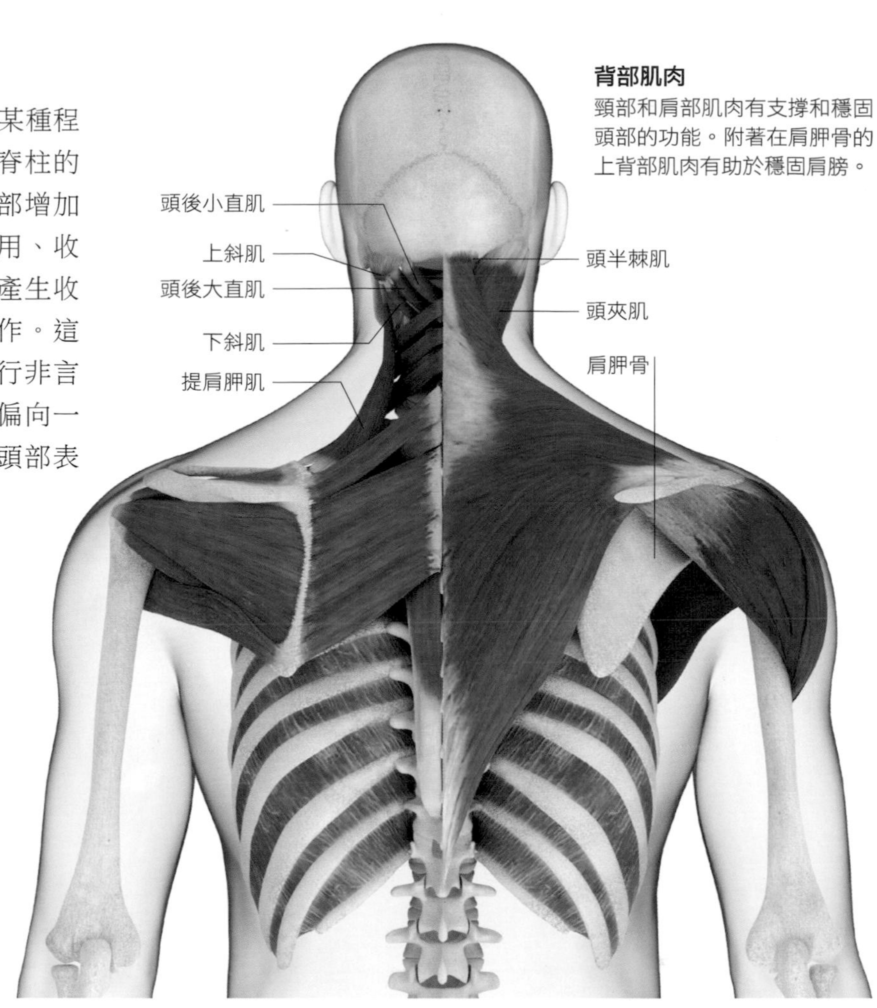

頭後小直肌
上斜肌
頭後大直肌
下斜肌
提肩胛肌
頭半棘肌
頭夾肌
肩胛骨

背部肌肉
頸部和肩部肌肉有支撐和穩固頭部的功能。附著在肩胛骨的上背部肌肉有助於穩固肩膀。

面部表情

面部表情是一種最重要的非言語性溝通方式。面部肌肉使面容能做出許多細微不同的變化，用以傳達各式各樣的情感。微笑通常表示高興，相反則以皺眉表示，不過也有例外情況。微笑是非常曖昧且多面的表情，除了高興之外，也可用來傳達安慰或遺憾；嘴部再張開點，則可變成帶有諷刺性的齜牙冷笑。同理，皺眉也可用於表達各種不同的情感，包括失望和困惑。除了嘴部之外，臉上其他部位也有增添其他意涵的作用。

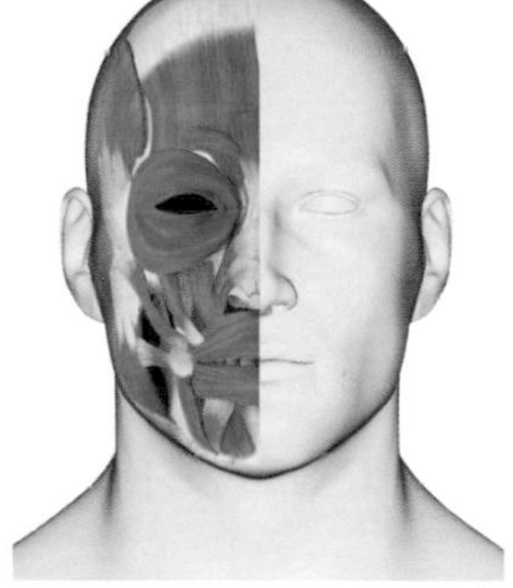

放鬆狀態下的「中立」表情

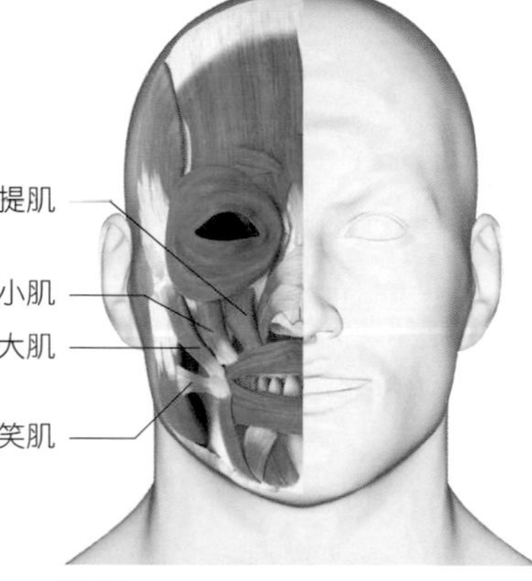

上唇提肌
顴小肌
顴大肌
笑肌

微笑
上唇提肌將上唇舉高，而顴大肌、顴小肌及笑肌將嘴巴的角度和唇角向上橫向牽曳。

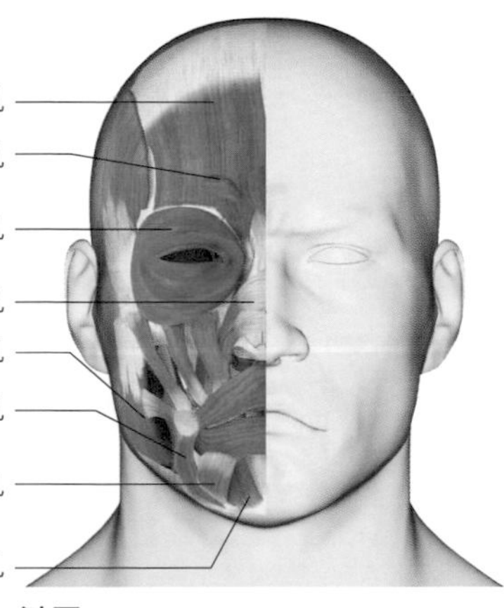

額肌
皺眉肌
眼輪匝肌
鼻孔開大肌
闊頸肌
降口角肌
下唇方肌
頦肌

皺眉
闊頸肌和降肌將嘴巴和唇角向下牽曳，而頦肌使下巴起皺。皺眉肌讓眉間出現凹溝，鼻孔開大肌使鼻孔向外撐開，而眼輪匝肌可協助做出瞇眼動作。

肌肉和肌腱

肌肉只能收縮變短，要恢復原來的形狀，就得在其他肌肉收縮時，放鬆並延長。身體運動皆由骨骼肌和肌腱的收縮產生。

肌肉結構

骨骼肌（或稱橫紋肌及隨意肌）由緊密聚集的巨大細長細胞（肌纖維）組成。肌纖維相交成組，並以「束」為單位。典型的肌纖維長2至3公分，直徑0.05公釐，由更窄細的肌原纖維所構成。肌原纖維當中又包含粗肌絲和細肌絲，而肌絲則主要由肌動蛋白和肌凝蛋白這兩種蛋白質所組成。毛細血管負責供應氧氣、葡萄糖等肌肉收縮所需的能量。

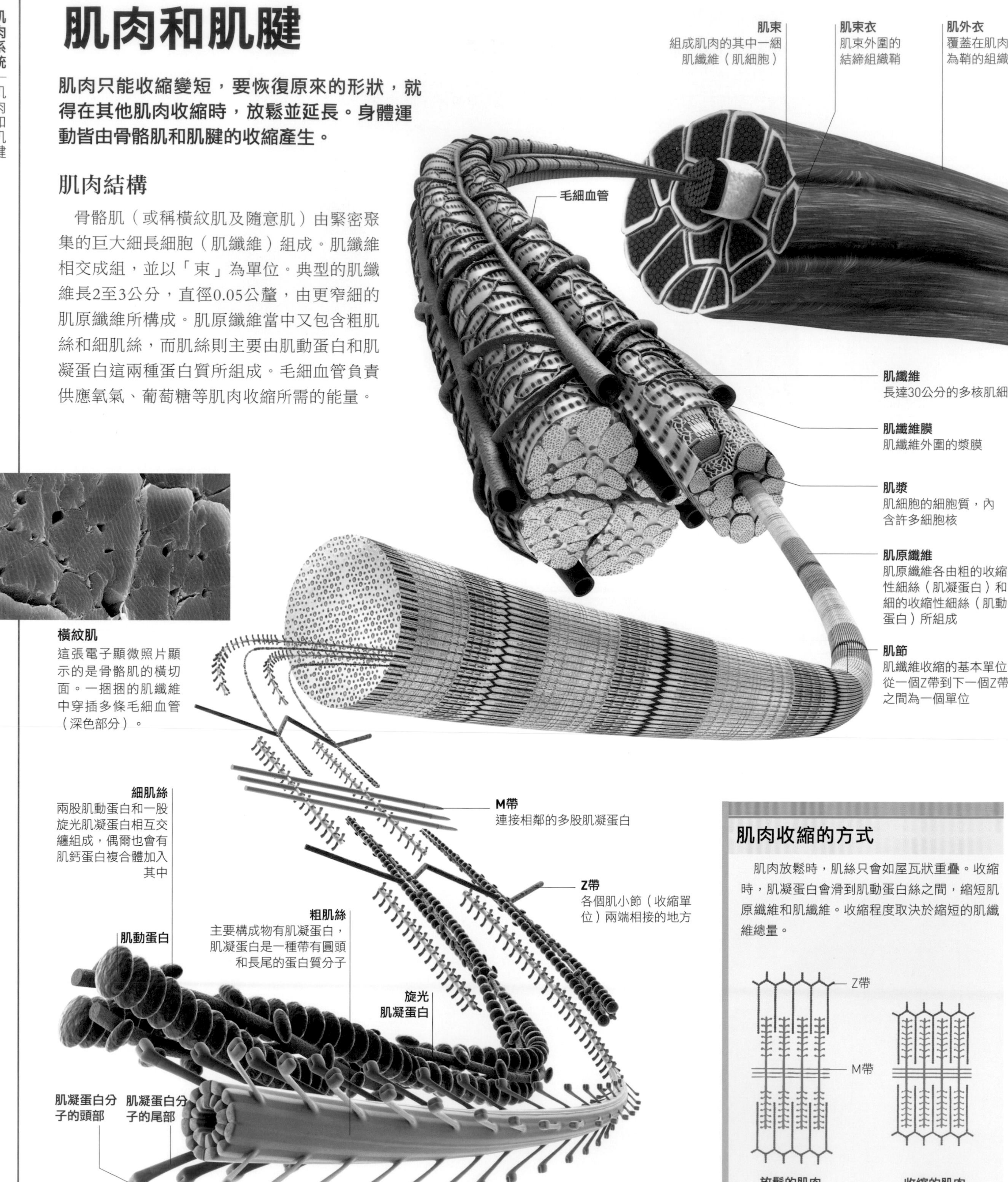

肌束
組成肌肉的其中一綑肌纖維（肌細胞）
肌束衣
肌束外圍的結締組織鞘
肌外衣
覆蓋在肌肉上作為鞘的組織
毛細血管
肌纖維
長達30公分的多核肌細胞
肌纖維膜
肌纖維外圍的漿膜
肌漿
肌細胞的細胞質，內含許多細胞核
肌原纖維
肌原纖維各由粗的收縮性細絲（肌凝蛋白）和細的收縮性細絲（肌動蛋白）所組成
肌節
肌纖維收縮的基本單位，從一個Z帶到下一個Z帶之間為一個單位
細肌絲
兩股肌動蛋白和一股旋光肌凝蛋白相互交纏組成，偶爾也會有肌鈣蛋白複合體加入其中
M帶
連接相鄰的多股肌凝蛋白
Z帶
各個肌小節（收縮單位）兩端相接的地方
粗肌絲
主要構成物有肌凝蛋白，肌凝蛋白是一種帶有圓頭和長尾的蛋白質分子
肌動蛋白
旋光肌凝蛋白
肌凝蛋白分子的頭部
肌凝蛋白分子的尾部

橫紋肌
這張電子顯微照片顯示的是骨骼肌的橫切面。一捆捆的肌纖維中穿插多條毛細血管（深色部分）。

肌肉收縮的方式

肌肉放鬆時，肌絲只會如屋瓦狀重疊。收縮時，肌凝蛋白會滑到肌動蛋白絲之間，縮短肌原纖維和肌纖維。收縮程度取決於縮短的肌纖維總量。

Z帶
M帶
放鬆的肌肉
收縮的肌肉

有槓桿作用的人體部位

人體所作的各種動作（如點頭和行走）都運用了力學的原理：在槓桿的一個部位施力，使槓桿從樞軸點（支點）傾斜，由此挑動槓桿上其他部位的重量（載荷）。肌肉負責施力，以骨頭為槓桿，而關節則形同支點。體內有一整套槓桿系統，除了讓我們做出各式各樣的動作，也可協助我們舉高和搬運物品。

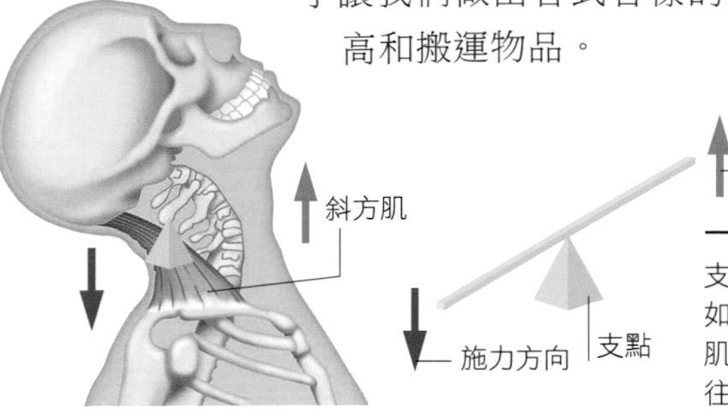

斜方肌
載荷移動
施力方向
支點

一級槓桿
支點介於施力點和載荷之間，有如蹺蹺板一般。例如：頸部後側肌肉成為槓桿，讓椎骨上的頭部往後傾。

二級槓桿
載荷介於施力點和支點之間。墊腳站立時，小腿的肌肉施力，腳跟和足部是槓桿，而腳趾則作為支點。

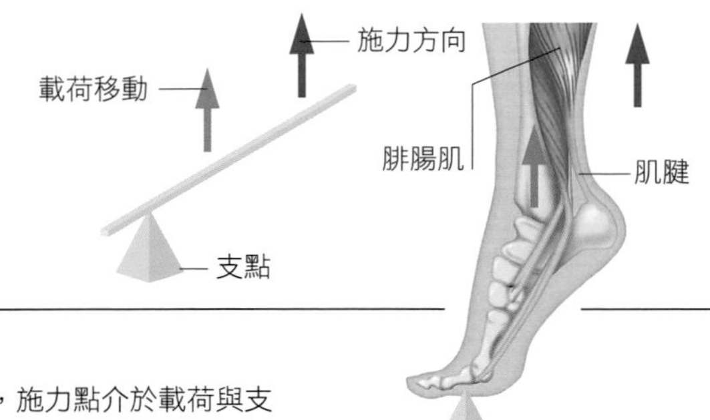

施力方向
載荷移動
腓腸肌
肌腱
支點

三級槓桿
是人體最普遍的槓桿類型，施力點介於載荷與支點之間。例如：藉由收縮肱二頭肌來使肘關節（支點）屈曲。

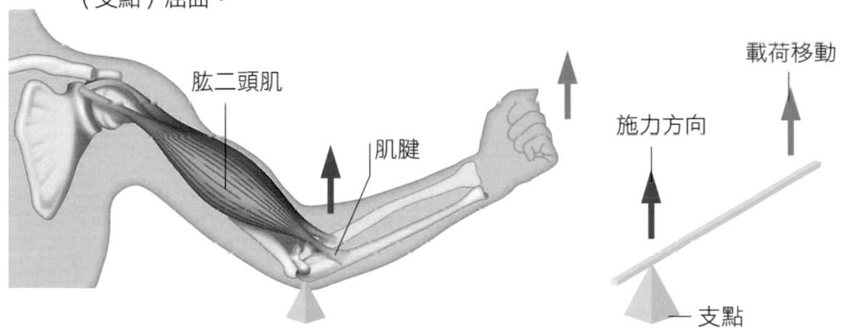

肱二頭肌
肌腱
載荷移動
施力方向
支點

位置感覺（姿勢感覺）

肌肉中含有很多微型感測器，這些感測器稱為肌梭。肌梭可視為是改造版的肌纖維，有紡錘狀的鞘或被膜，以及數種神經分佈。包在神經肌梭裡面的感覺神經（或稱傳入神經）纖維會在肌肉伸長時，將肌肉的長度和張力等資訊以接力的方式傳送到腦部。運動神經元刺激產生的反應則相反：肌肉收縮及縮短，使肌肉的張力恢復正常。韌帶和肌腱也有類似的接受器。這些接收器是人體先天具備的感覺能力，藉此得知自身所處的位置及體態，也就是所謂的本體感覺。

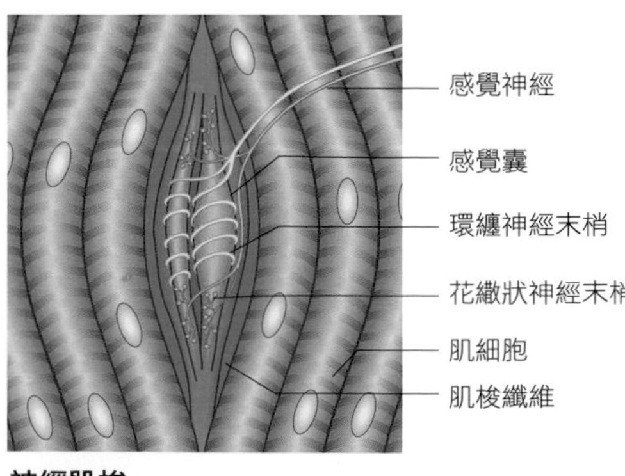

感覺神經
感覺囊
環纏神經末梢
花繖狀神經末梢
肌細胞
肌梭纖維

神經肌梭
傳到肌梭纖維的運動訊號產生作用後，會由感覺神經纖維將作用結果回傳給腦部，讓腦部測定肌肉的張力和伸長率。

肌腱

肌腱是連結骨骼肌與骨頭的堅韌索狀纖維結締組織。肌腱中的夏比氏纖維（成骨纖維）穿過骨頭的覆蓋物（骨膜），深入並包埋在骨頭內。手部和足部的肌腱都有腱鞘包覆，腱鞘能自我潤滑以保護肌腱，防止骨頭表面互相磨損。手部骨頭的肌腱往上一直延伸到肘部附近。

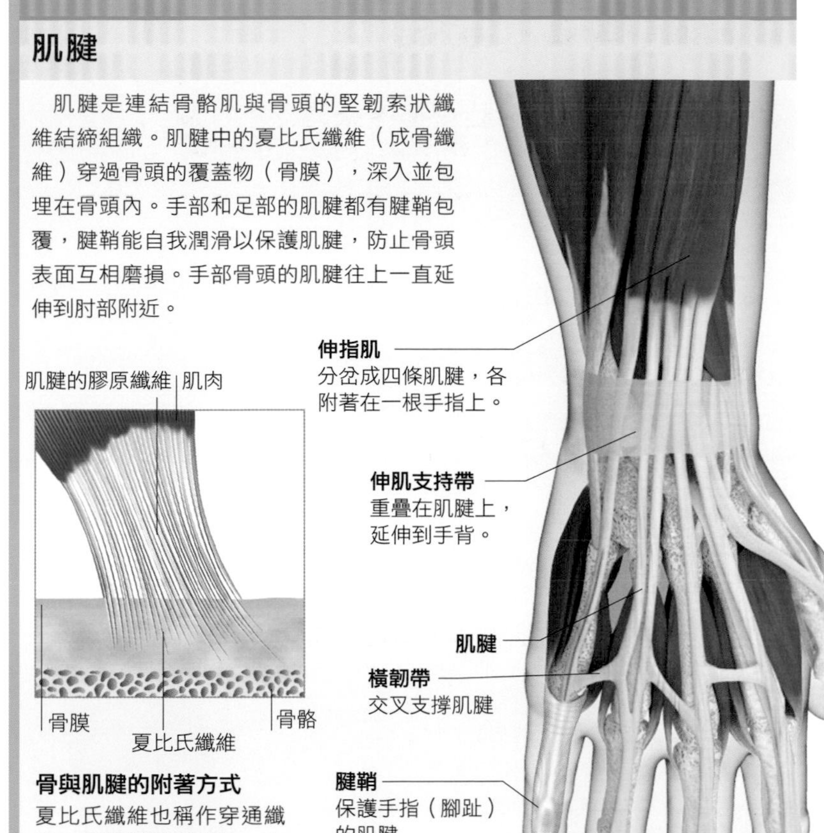

伸指肌
分岔成四條肌腱，各附著在一根手指上。
肌腱的膠原纖維
肌肉
伸肌支持帶
重疊在肌腱上，延伸到手背。
肌腱
橫韌帶
交叉支撐肌腱
骨膜
夏比氏纖維
骨骼
腱鞘
保護手指（腳趾）的肌腱

骨與肌腱的附著方式
夏比氏纖維也稱作穿通纖維，是肌腱的延伸物，由膠原蛋白纖維構成。

肌肉如何集體運作？

肌肉只能拉，不能推，因此以兩個一組的方式排列，並以彼此相對的方向合作運動。一塊肌肉所產生的運動，能被與其對向的搭檔肌肉抵銷。為產生運動而收縮的肌肉稱為主動肌（催動肌），而主動肌的對向搭檔拮抗肌（對抗肌）則放鬆，並被動伸展。現實中，很少有單需一塊肌肉收縮就能完成的動作。通常會有整團肌肉擔當主動肌，以所需的程度和方向做出精確運動；另一方面，拮抗肌則會繃緊，以避免過度伸展。

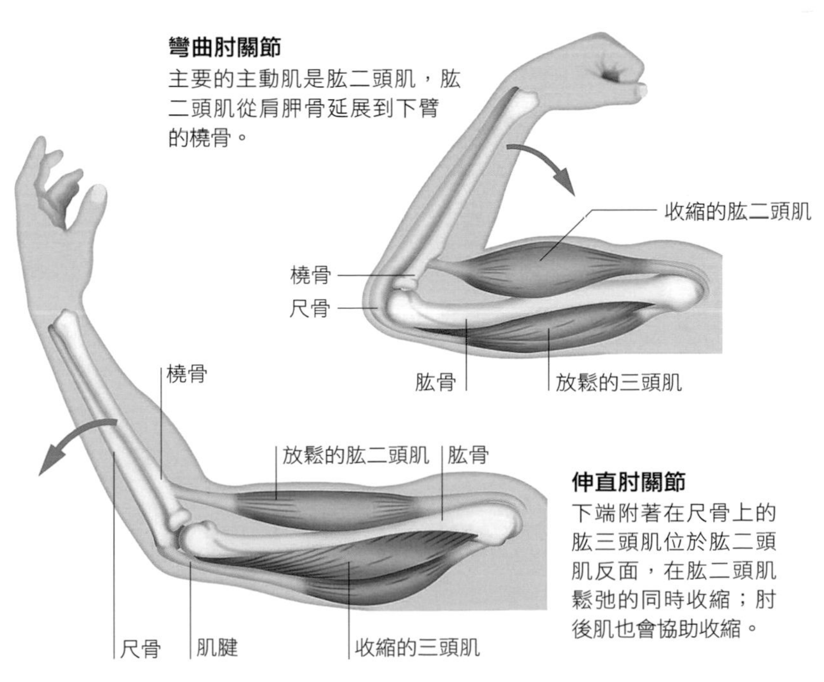

收縮的肱二頭肌
橈骨
尺骨
肱骨
放鬆的三頭肌
橈骨
放鬆的肱二頭肌
肱骨
尺骨
肌腱
收縮的三頭肌

彎曲肘關節
主要的主動肌是肱二頭肌，肱二頭肌從肩胛骨延展到下臂的橈骨。

伸直肘關節
下端附著在尺骨上的肱三頭肌位於肱二頭肌反面，在肱二頭肌鬆弛的同時收縮；肘後肌也會協助收縮。

肌肉和肌腱疾病

一般造成肌肉和附著於其上的肌腱受傷的原因，包括日常活動中過度的肢體操勞、在進行體育活動或在意外事故中遭受突如其來的拉扯或扭動、因工作而必須不斷重複某些動作等，久而久之都會使肌肉和肌腱遭到損害。一些罕見的肌肉疾患可能會造成肌肉衰弱及逐步退化。

肌肉拉傷及撕裂傷

肌肉因過度伸展而輕微受傷稱為拉傷；比拉傷更嚴重的傷勢則稱為撕裂傷。

肌肉拉傷指肌纖維的軟組織遭受中等程度的損傷，突然做出激烈動作是常見的主因。肌肉內部少量出血會導致患部觸痛及腫脹，也有可能伴隨痙攣或收縮，引發疼痛，接下來可能會出現肉眼可見的瘀青。損傷更嚴重的話，會有更多纖維撕裂或破裂，這種傷勢則稱為肌肉撕裂傷。肌肉撕裂會導致劇烈的疼痛感和腫脹。就醫檢查測定嚴重度後，常見的治療方法有休息、服用消炎藥或物理治療等。少數情況下會需要以外科手術修復嚴重撕裂的肌肉。運動前適度暖身有助於降低肌肉拉傷和撕裂傷的發生機率。

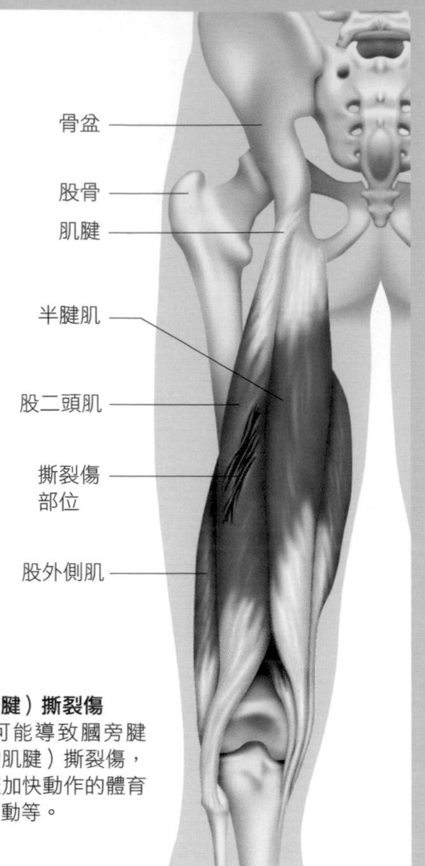

骨盆
股骨
肌腱
半腱肌
股二頭肌
撕裂傷部位
股外側肌

膕旁腱（腿後腱）撕裂傷
激烈動作有可能導致膕旁腱（大腿後側的肌腱）撕裂傷，常見於有急遽加快動作的體育活動或田徑運動等。

軟組織發炎

身體的自我防禦系統會在癒合過程開始時引起肌肉組織發炎。

肌肉跟所有軟組織一樣，會以發炎來對物理性打擊導致的傷害做出反應（請參閱第178至第179頁）。患部因細胞和毛細血管破裂，有血液和流體積聚，進而導致紅腫熱的症狀。滲漏的肌纖維（細胞）和其他組織的殘渣會吸引白血球聚集，導致血管擴張。牽動患部肌肉，會引發不適或疼痛。導致肌肉組織發炎較為長期性的原因是重複性拉傷（重複使力傷害），一般由長期慣性重複某一特定活動或動作所導致。劇烈的運動方式會增加罹患此病的風險。重複性拉傷與各式各樣的日常活動有關，從事生產線或電腦工作、進行體育運動或演奏樂器等都可能是致病因素。

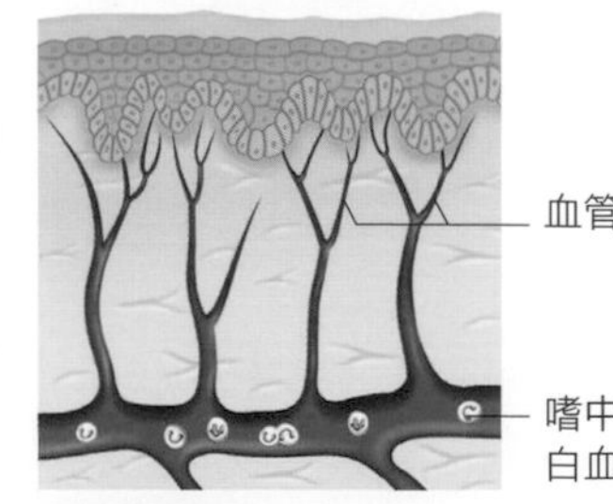

血管
嗜中性白血球

正常的組織
血液流經未受損的血管，偶爾會有嗜中性白血球之類的白血球流經，將殘渣清除，並攻擊闖進來的微生物。

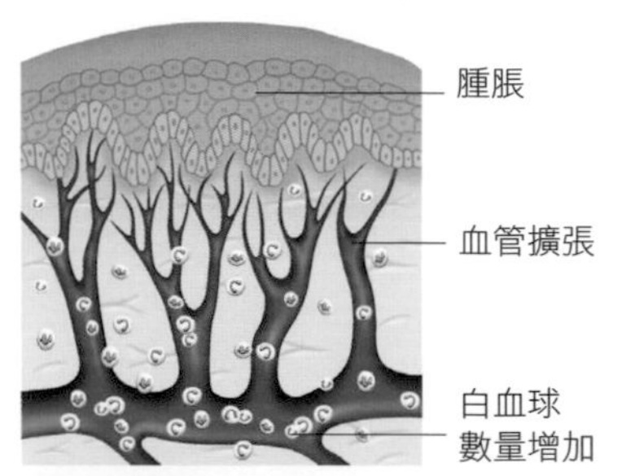

腫脹
血管擴張
白血球數量增加

發炎的組織
流體從遭受破壞的細胞和組織中滲出的同時，血管的直徑會擴張，引來更多白血球，導致發紅、發熱與疼痛感產生。

腱炎與腱鞘炎

侵害肌腱本身的炎症稱為腱炎，侵害包覆肌腱的腱鞘內壁的炎症則稱為腱鞘炎。

強力或不斷重複的動作，會使肌腱外壁與相鄰的骨頭過度摩擦，進而促發腱炎。因伸展過度或不斷重複的動作，導致包覆某些肌腱並具潤滑作用的腱鞘發炎，則稱之為腱鞘炎。這兩種疾病有可能會同時發生，也可歸類於上述軟組織炎症中的重複性傷害的一種。受侵害的部位包括肩膀、肘部、腕部、手指、膝蓋以及後腳跟。腱炎和腱鞘炎的症狀都是僵硬、腫脹、疼痛，伴隨患部皮膚發熱、發紅。

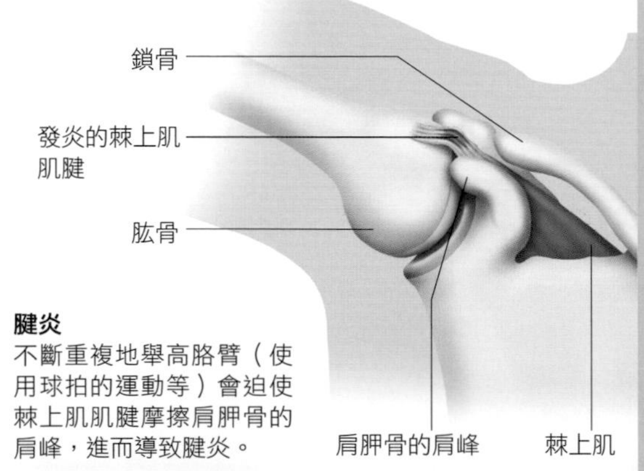

鎖骨
發炎的棘上肌肌腱
肱骨
肩胛骨的肩峰
棘上肌

腱炎
不斷重複地舉高胳臂（使用球拍的運動等）會迫使棘上肌肌腱摩擦肩胛骨的肩峰，進而導致腱炎。

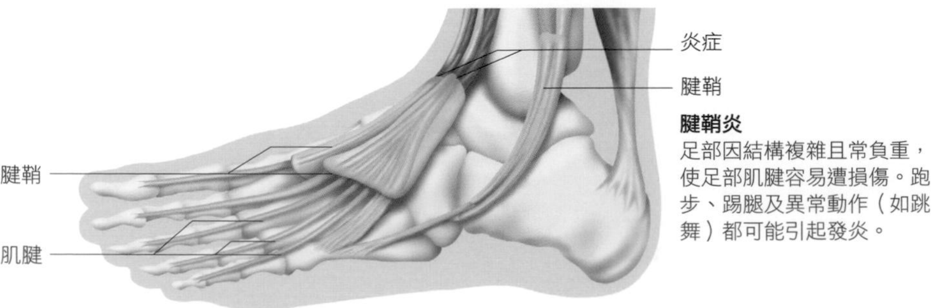

炎症
腱鞘
腱鞘
肌腱

腱鞘炎
足部因結構複雜且常負重，使足部肌腱容易遭損傷。跑步、踢腿及異常動作（如跳舞）都可能引起發炎。

網球肘

胳臂肌肉附著於肘關節附近骨頭的肌腱受損，俗稱為網球肘及高爾夫球肘。

前臂上有數條負責腕部及手部運動的肌肉，而伸肌共同肌腱則是將該肌肉固定在上臂骨頭（肱骨）外上髁（門把狀的突出部分）處的肌腱。罹患網球肘的患者通常都是這部位的肌腱出問題。高爾夫球肘與上述損傷類似，但疼痛的部位是肘關節內側的內上髁。

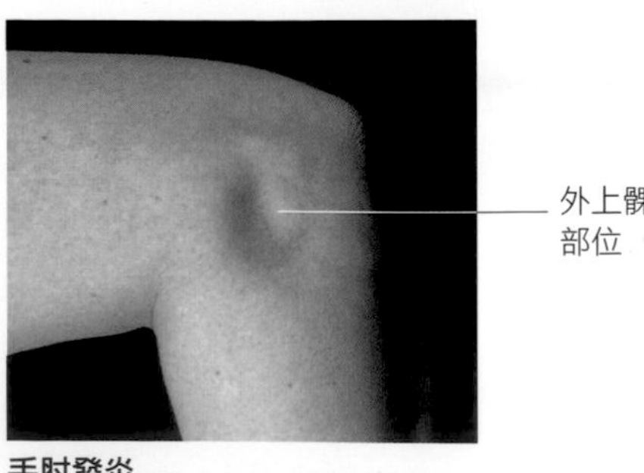

外上髁受損部位

手肘發炎
強力並反復用前臂對抗阻力會造成肌腱小型撕裂傷，進而導致關節外側疼痛和觸痛，這即是稱為網球肘的病症。

肌腱斷裂

猛然強力收縮或扭轉肌肉而受傷時，可能會完全撕裂肌腱。

進行體育運動和非習慣性舉重都可能導致肌腱撕裂或破裂，例如：連結上臂肱二頭肌的肌腱撕裂傷，或是位於大腿前側，延伸越過膝蓋的四頭肌肌腱撕裂傷等。突然發生的衝擊使指尖朝掌心彎曲時，可能會折斷手指背部的伸肌肌腱。情況嚴重時，肌腱可能從骨頭撕離。主要的症狀包括：斷裂或扭折感、疼痛、腫脹以及行動受影響等。有些像是跟腱（位於腳後跟處）破裂的傷勢會需要以石膏固定患部，防止肌腱在復原初期受拉伸。

跟腱撕裂傷
跟腱（長條跟腱）將小腿的肌肉附著在踵骨（跟骨）上。猛然使力的狀況下可能會拉斷，而需要以外科手術治療，並以石膏固定。

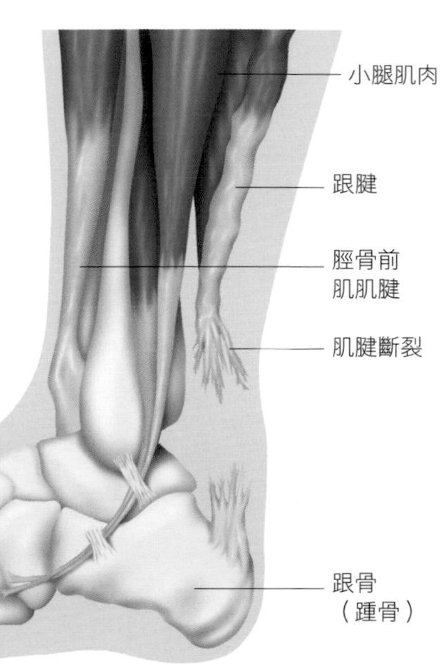
小腿肌肉
跟腱
脛骨前
肌肌腱
肌腱斷裂
跟骨
（踵骨）

重症肌無力（肌無力症）

一種會導致慢性肌肉無力的自體免疫疾病；受影響最大的是眼睛和面部肌肉。

肌無力症的致病因是體內抗體攻擊並逐漸摧毀肌纖維中接收神經訊號的接受器。肌肉因此無法受刺激而無法收縮，或只能做出非常微弱的反應。受影響的肌肉包括面部、喉嚨和眼睛，可能導致說話和視覺能力出問題。上臂、腿部及呼吸肌比較罕受影響。胸線失調可能會引發這個疾病，所以可能會採取移除胸線的方式，並加入免疫抑制劑和其他藥物作為治療手段。

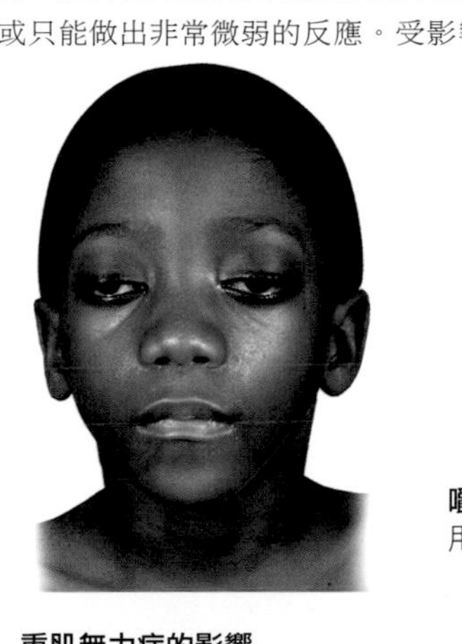

重肌無力症的影響
初期症狀包括隨面部肌肉衰弱而產生的眼瞼下垂（如上圖）。負責咀嚼與吞嚥的肌肉也會受影響，因此進食可能會變困難。

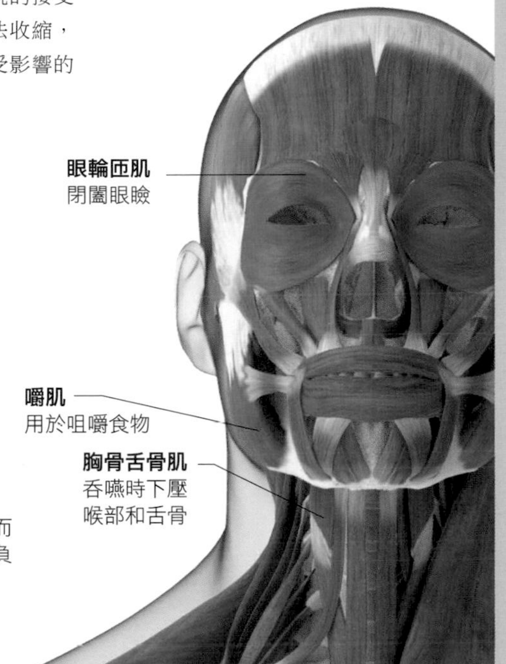
眼輪匝肌
閉闔眼瞼
嚼肌
用於咀嚼食物
胸骨舌骨肌
吞嚥時下壓
喉部和舌骨

肌肉萎縮症

肌肉萎縮症是一組遺傳性失調症，會導致肌肉退化，使得行動衰弱且受限。

各種類型的肌肉萎縮症常見的症狀為：肌肉逐漸虛損及失去行動能力。目前仍然沒有有效的治療方法能中止這個疾病的惡化。然而，有些患者能受益於提升行動性的伸展運動、緩解短化肌肉的外科手術等。杜顯氏（貝克氏）肌肉萎縮症是所有肌肉萎縮症類型中其中較為人所知的；造成此疾病的異常基因由X染色體攜帶，而患者幾乎總是男孩。

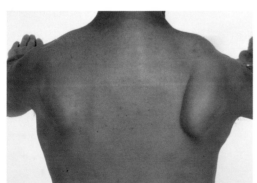

肌肉萎縮症的影響
罹患面肩胛肱型肌肉萎縮症會使面部、肩膀及上臂的肌肉變衰弱。將胳臂向前舉時，會使肩胛骨內緣往身體後方突出。

腕隧道症候群（腕管症候群）

壓迫到腕部神經會導致手部、腕部及前臂刺痛和疼痛，還有抓握力衰竭等症狀。

腕隧道（腕管）是個狹窄的通道，由腕部內部的腕骨韌帶（屈肌支持帶）以及這個韌帶下方的腕骨共同形成。穿過這個通道的肌腱上接前臂肌肉，下接手部和手指的骨頭。正中神經也穿過腕隧道，控制手部肌肉，並傳遞手指知覺。罹患腕隧道症候群時，腕隧道周遭的組織腫脹，壓迫到從中穿過的正中神經。致病原因包括糖尿病、懷孕、手腕受傷、類風濕性關節炎以及反覆進行的動作所造成的傷害等；某些狀況下，致病原因不明。腕隧道症候群傾向於影響40到60歲之間的女性，且可能兩腕都會受影響。神經壓迫會導致麻木和疼痛，特別是在拇指、食指與中指，以及無名指的一側。消炎藥和將韌帶放鬆的外科手術，或許能夠舒緩病情。

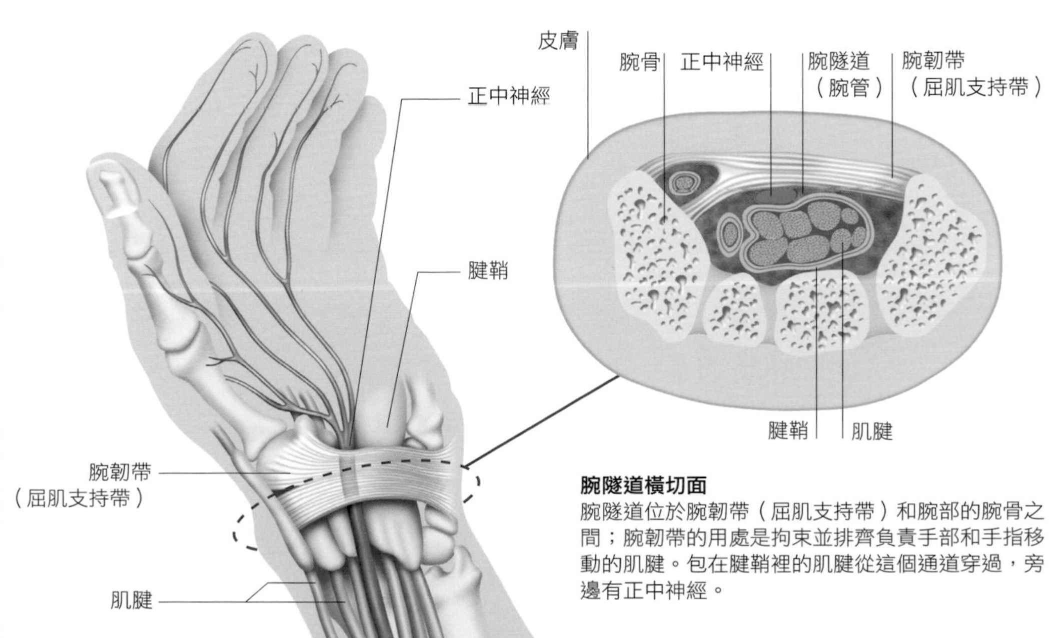
正中神經
腱鞘
腕韌帶
（屈肌支持帶）
肌腱
皮膚
腕骨
正中神經
腕隧道
（腕管）
腕韌帶
（屈肌支持帶）
腱鞘
肌腱

腕隧道橫切面
腕隧道位於腕韌帶（屈肌支持帶）和腕部的腕骨之間；腕韌帶的用處是拘束並排齊負責手部和手指移動的肌腱。包在腱鞘裡的肌腱從這個通道穿過，旁邊有正中神經。

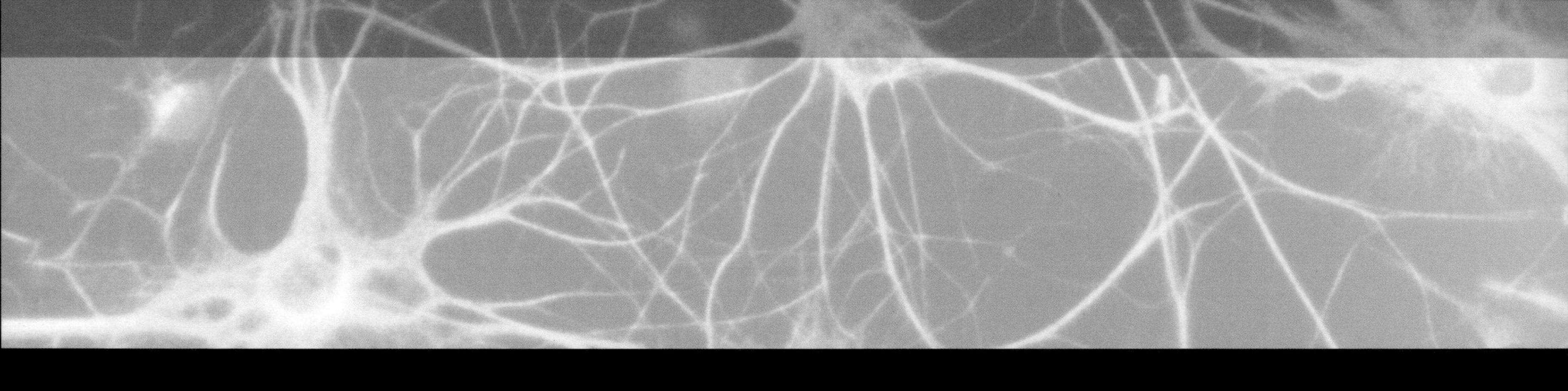

在某些方面，人類的大腦就像一台電腦，但除了邏輯性處理，腦部還能以相當複雜的方式發育、學習、產生自我意識、情感和創造力。每秒都有數以百萬計的化學訊號和電子訊號在腦部和身體複雜的神經網路當中流竄，但神經組織很嬌弱，需要物理性保護及持續性的血液供應。如果遭受破壞，修復的時間通常極其緩慢，而神經退化的相關病症依然是最有待研究的醫療難題之一。

神經系統

人體的神經系統

神經系統是張電網，是人體內部溝通和協調的主要網路。神經系統非常龐大和複雜，若將一個人的所有神經細胞端端相連，所得的長度保守估計能繞地球兩圈半。

以解剖和功能定義，神經系統實際上可分成三個系統或組成物。中樞神經系統是人體結構和運作的核心。中樞神經系統由腦（以及主要的神經）和脊髓組成。脊髓沿著體內的脊椎下行。中樞神經系統的神經分支有43對：12對發自腦部，31對發自脊髓。這些神經分支又會繼續分岔，在器官和組織之間迂迴前進，滲透到每一個微小的角落和縫隙，隨之形成周邊神經系統。中樞神經系統可以被視為協調員和決策者，而周邊神經系統則將資訊以感覺輸入的形式向中樞傳送，並接收指令，將運動輸出傳達給肌肉和腺體。第三部分是自主神經系統。自主神經系統的有一些部分位於中樞神經系統，也和周邊神經系統共用一些神經；自主神經系統自身也有沿著脊髓走的神經鏈。自主神經系統的工作主要都是「自動化」作業，處理諸如血壓控制和心率調整等我們鮮少會意識到的活動。

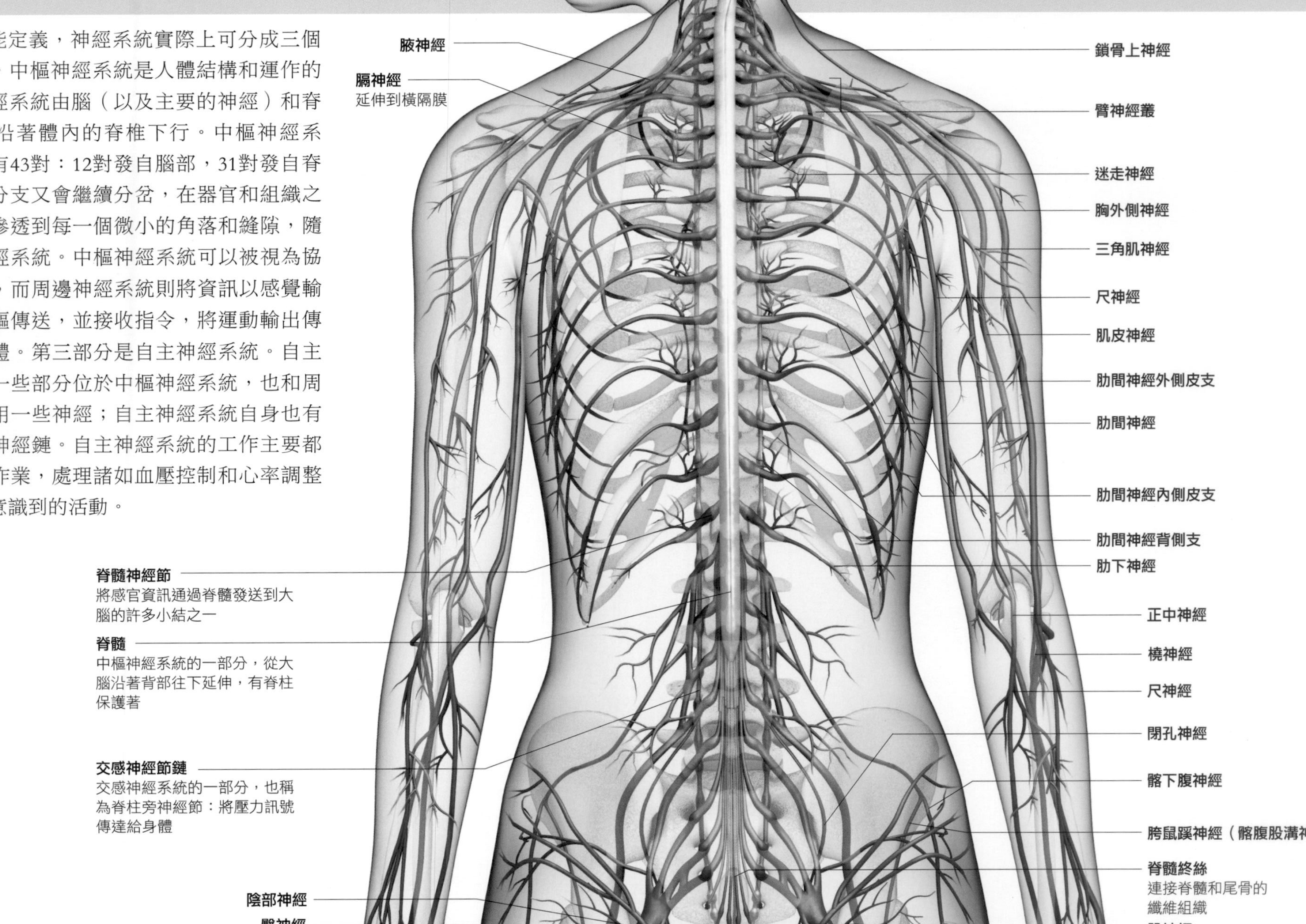
腦
耳顳神經
面神經
腋神經
膈神經
延伸到橫隔膜
鎖骨上神經
臂神經叢
迷走神經
胸外側神經
三角肌神經
尺神經
肌皮神經
肋間神經外側皮支
肋間神經
肋間神經內側皮支
肋間神經背側支
肋下神經
脊髓神經節
將感官資訊通過脊髓發送到大腦的許多小結之一
脊髓
中樞神經系統的一部分，從大腦沿著背部往下延伸，有脊柱保護著
正中神經
橈神經
尺神經
閉孔神經
交感神經節鏈
交感神經系統的一部分，也稱為脊柱旁神經節：將壓力訊號傳達給身體
髂下腹神經
腹股溝神經（髂腹股溝神經）
脊髓終絲
連接脊髓和尾骨的纖維組織
陰部神經
臀神經
股神經

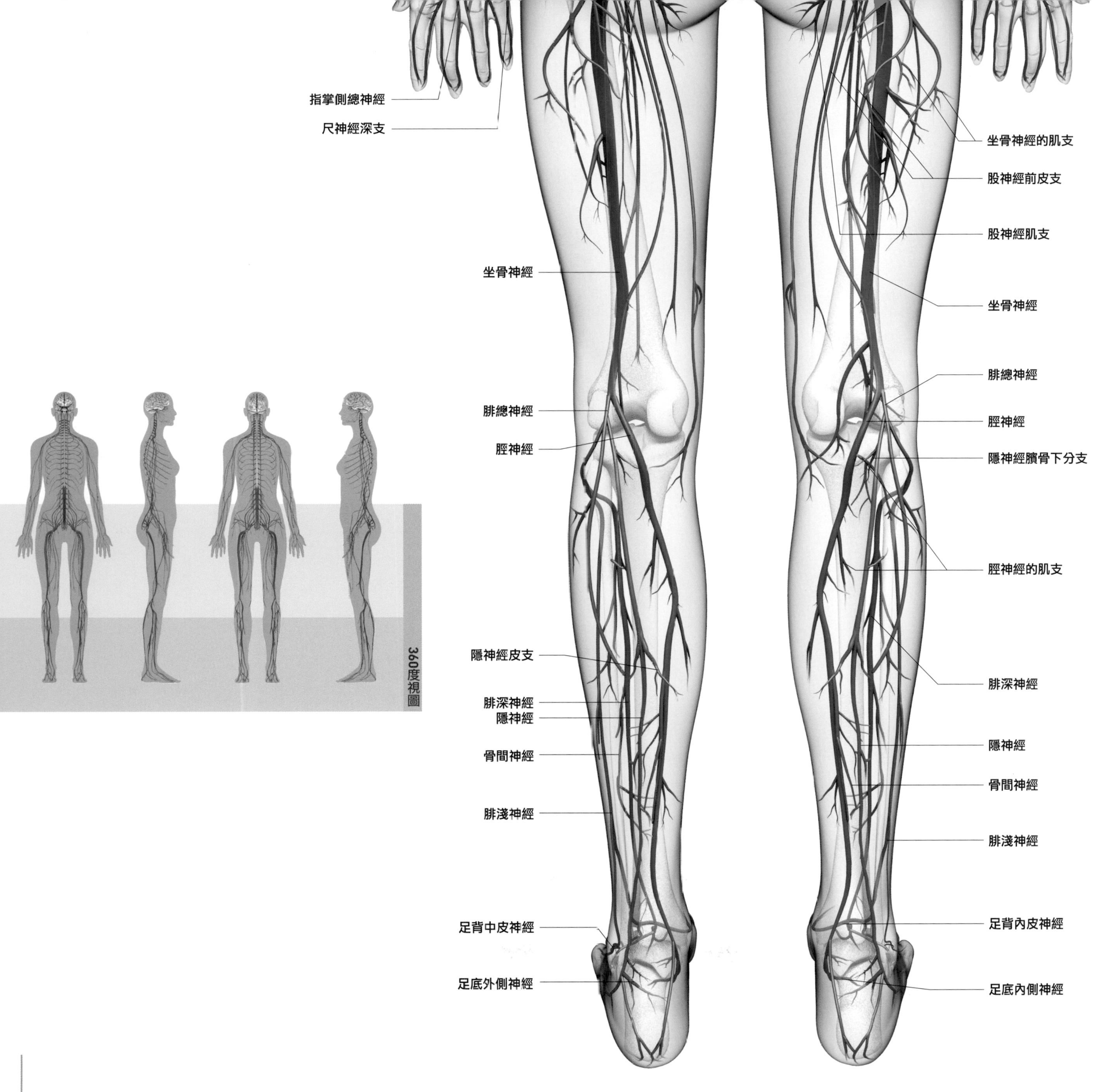

指掌側總神經
尺神經深支
坐骨神經
腓總神經
脛神經
隱神經皮支
腓深神經
隱神經
骨間神經
腓淺神經
足背中皮神經
足底外側神經
坐骨神經的肌支
股神經前皮支
股神經肌支
坐骨神經
腓總神經
脛神經
隱神經髕骨下分支
脛神經的肌支
腓深神經
隱神經
骨間神經
腓淺神經
足背內皮神經
足底內側神經
360度視圖

神經和神經元

單是人腦中就有超過1000億個神經細胞（或稱神經元），而在身體中更多出好幾百萬個。從神經元突出的神經纖維束形成了遍及全身的神經網。神經元的結構、功能和互相聯繫溝通的方式都高度特化。

神經元結構

典型的神經元有細胞體和細胞核，就像其他種細胞一樣，但神經元還有一個像電線一樣長長的突出物，這個部位會往外伸出，以將資訊在稱為突觸的交匯點傳遞給其他神經元。突出物主要分成兩種。樹突接收從其他神經元或從感覺器官中神經樣細胞取得的訊息，並將訊息傳導到神經元的細胞體。軸突將細胞體傳來的訊息傳達到其他神經元，或傳給肌肉或腺體細胞。樹突通常比較短，有許多分支，而軸突是通常比較長，而且沿著長度的分支較少。在大腦和脊髓的神經元都受稱為膠質細胞的支援性神經細胞保護和滋養。

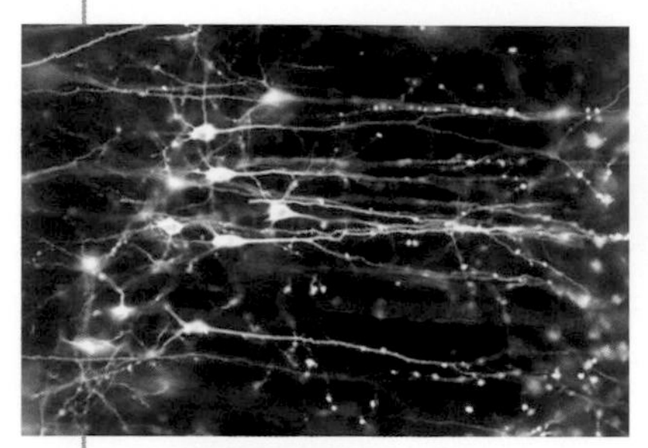

顯微鏡視圖
顯微鏡下顯示出神經細胞的細胞體與細胞核（左）以及其突出物（右）。

神經元類型

神經元的細胞體形狀和大小差別很大，神經元的類型、數量和突出部分的長度也是非常多樣。神經元依細胞體延伸出的突出物數量分類。兩極神經元是存在於胚胎的「原始」神經元設計，但人成年後，只有幾個部位有兩極神經元的痕跡，例如眼睛的視網膜和鼻子的嗅神經。腦和脊髓中大多數的神經元都是多極神經元。單極神經元主要存在於周邊神經系統的感覺神經纖維。

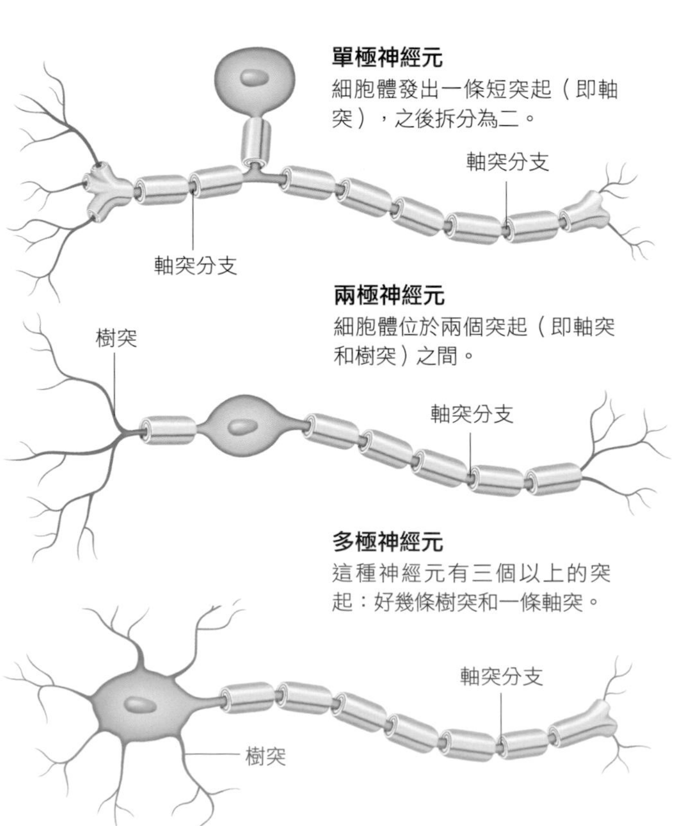
軸突分支
軸突分支
樹突
軸突分支
軸突分支
樹突

單極神經元
細胞體發出一條短突起（即軸突），之後拆分為二。

兩極神經元
細胞體位於兩個突起（即軸突和樹突）之間。

多極神經元
這種神經元有三個以上的突起：好幾條樹突和一條軸突。

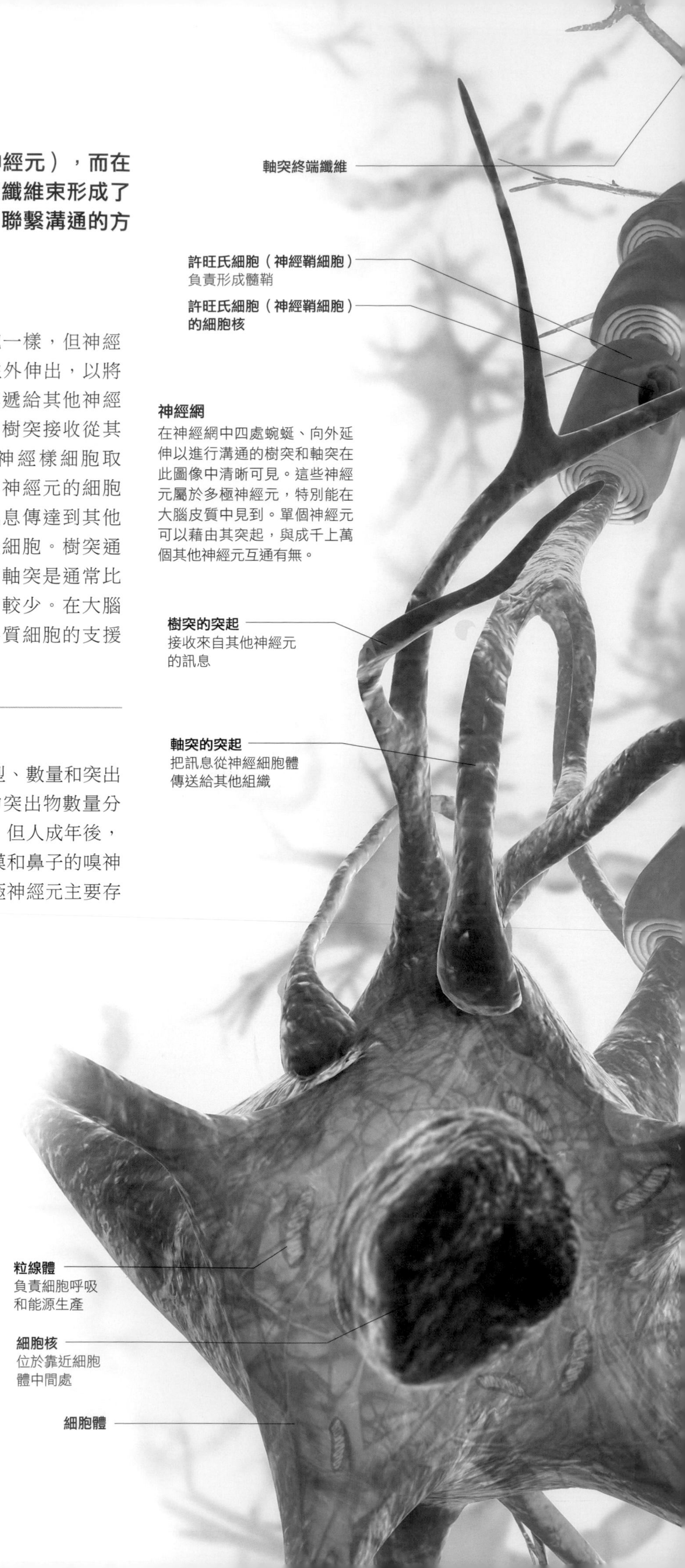

軸突終端纖維

許旺氏細胞（神經鞘細胞）
負責形成髓鞘

許旺氏細胞（神經鞘細胞）的細胞核

神經網
在神經網中四處蜿蜒、向外延伸以進行溝通的樹突和軸突在此圖像中清晰可見。這些神經元屬於多極神經元，特別能在大腦皮質中見到。單個神經元可以藉由其突起，與成千上萬個其他神經元互通有無。

樹突的突起
接收來自其他神經元的訊息

軸突的突起
把訊息從神經細胞體傳送給其他組織

粒線體
負責細胞呼吸和能源生產

細胞核
位於靠近細胞體中間處

細胞體

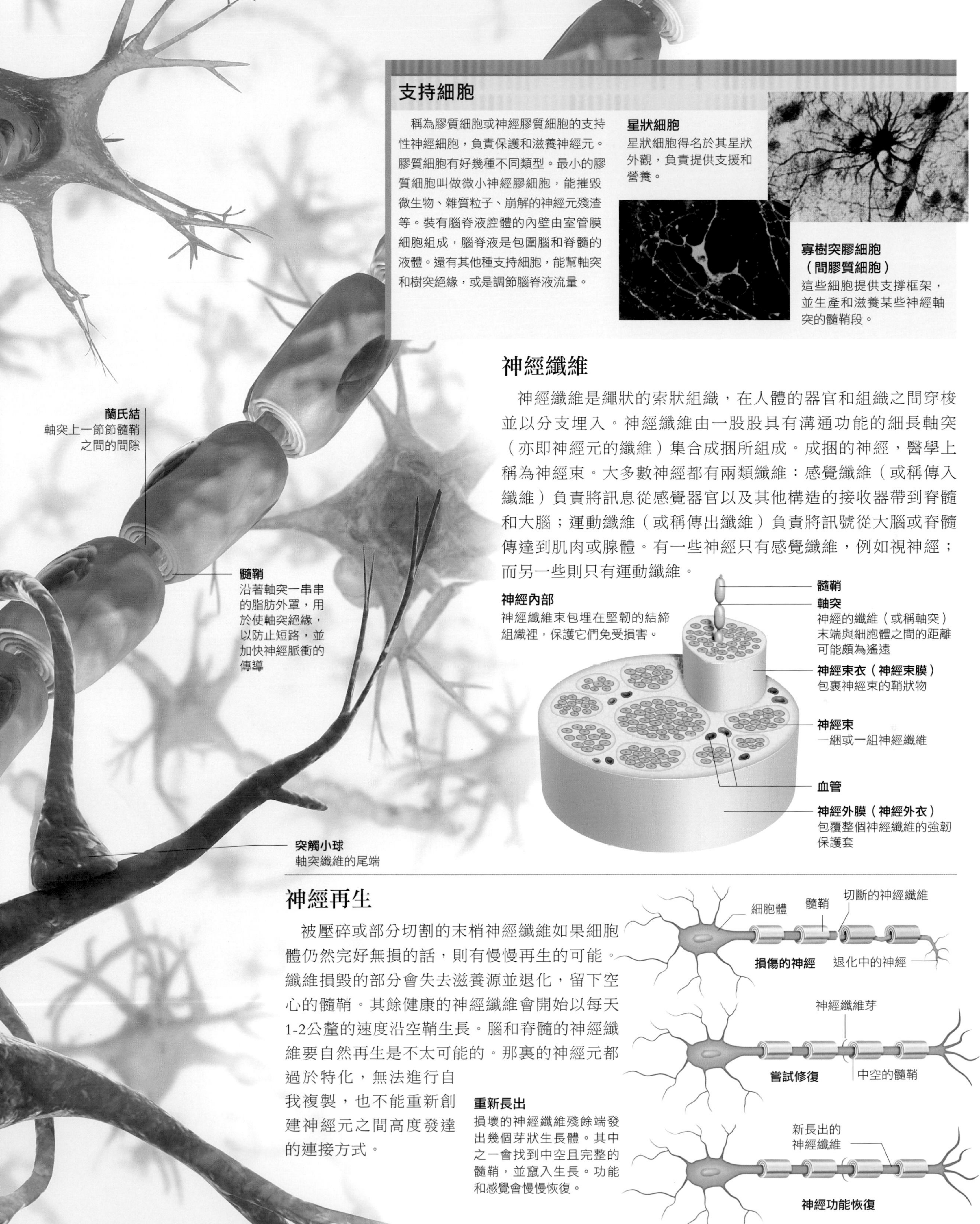

蘭氏結
軸突上一節節髓鞘之間的間隙
髓鞘
沿著軸突一串串的脂肪外罩，用於使軸突絕緣，以防止短路，並加快神經脈衝的傳導
突觸小球
軸突纖維的尾端

支持細胞

稱為膠質細胞或神經膠質細胞的支持性神經細胞，負責保護和滋養神經元。膠質細胞有好幾種不同類型。最小的膠質細胞叫做微小神經膠細胞，能摧毀微生物、雜質粒子、崩解的神經元殘渣等。裝有腦脊液腔體的內壁由室管膜細胞組成，腦脊液是包圍腦和脊髓的液體。還有其他種支持細胞，能幫軸突和樹突絕緣，或是調節腦脊液流量。

星狀細胞
星狀細胞得名於其星狀外觀，負責提供支援和營養。

寡樹突膠細胞（間膠質細胞）
這些細胞提供支撐框架，並生產和滋養某些神經軸突的髓鞘段。

神經纖維

神經纖維是繩狀的索狀組織，在人體的器官和組織之間穿梭並以分支埋入。神經纖維由一股股具有溝通功能的細長軸突（亦即神經元的纖維）集合成捆所組成。成捆的神經，醫學上稱為神經束。大多數神經都有兩類纖維：感覺纖維（或稱傳入纖維）負責將訊息從感覺器官以及其他構造的接收器帶到脊髓和大腦；運動纖維（或稱傳出纖維）負責將訊號從大腦或脊髓傳達到肌肉或腺體。有一些神經只有感覺纖維，例如視神經；而另一些則只有運動纖維。

神經內部
神經纖維束包埋在堅韌的結締組織裡，保護它們免受損害。

髓鞘
軸突
神經的纖維（或稱軸突）末端與細胞體之間的距離可能頗為遙遠
神經束衣（神經束膜）
包裹神經束的鞘狀物
神經束
一綑或一組神經纖維
血管
神經外膜（神經外衣）
包覆整個神經纖維的強韌保護套

神經再生

被壓碎或部分切割的末梢神經纖維如果細胞體仍然完好無損的話，則有慢慢再生的可能。纖維損毀的部分會失去滋養源並退化，留下空心的髓鞘。其餘健康的神經纖維會開始以每天1-2公釐的速度沿空鞘生長。腦和脊髓的神經纖維要自然再生是不太可能的。那裏的神經元都過於特化，無法進行自我複製，也不能重新創建神經元之間高度發達的連接方式。

細胞體
髓鞘
切斷的神經纖維
損傷的神經
退化中的神經
神經纖維芽
嘗試修復
中空的髓鞘
新長出的神經纖維
神經功能恢復

重新長出
損壞的神經纖維殘餘端發出幾個芽狀生長體。其中之一會找到中空且完整的髓鞘，並竄入生長。功能和感覺會慢慢恢復。

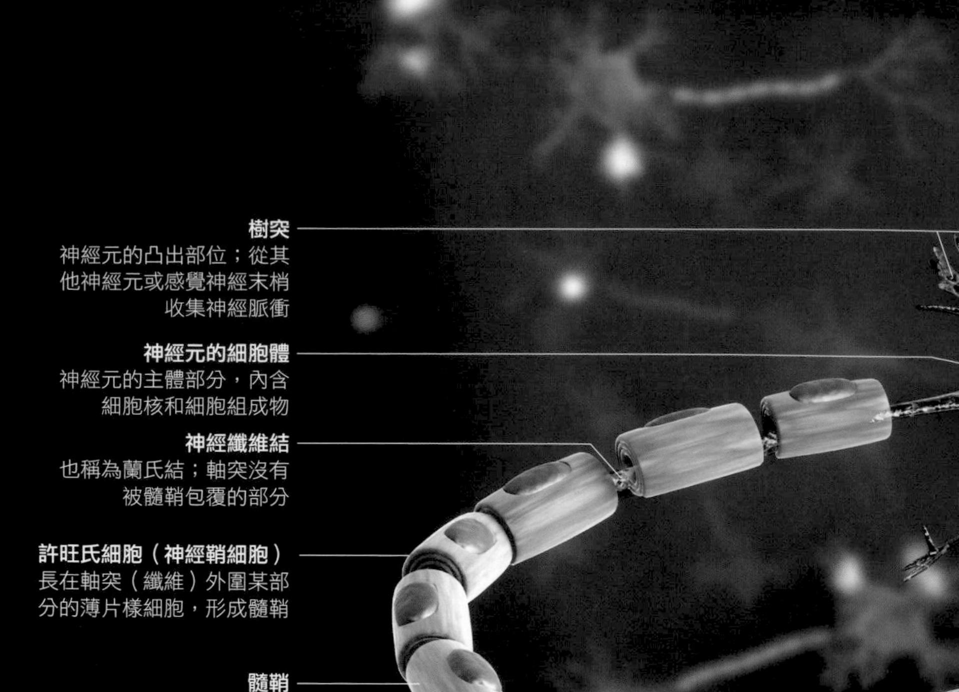
樹突
神經元的凸出部位；從其他神經元或感覺神經末梢收集神經脈衝
神經元的細胞體
神經元的主體部分，內含細胞核和細胞組成物
神經纖維結
也稱為蘭氏結；軸突沒有被髓鞘包覆的部分
許旺氏細胞（神經鞘細胞）
長在軸突（纖維）外圍某部分的薄片樣細胞，形成髓鞘
髓鞘
也稱為神經鞘或許旺氏鞘；是幫助加快脈衝移動，並防止脈衝弱化或洩漏的螺旋樣脂質髓鞘
軸突
神經元的主要神經纖維，負責輸送來自於細胞體的脈衝

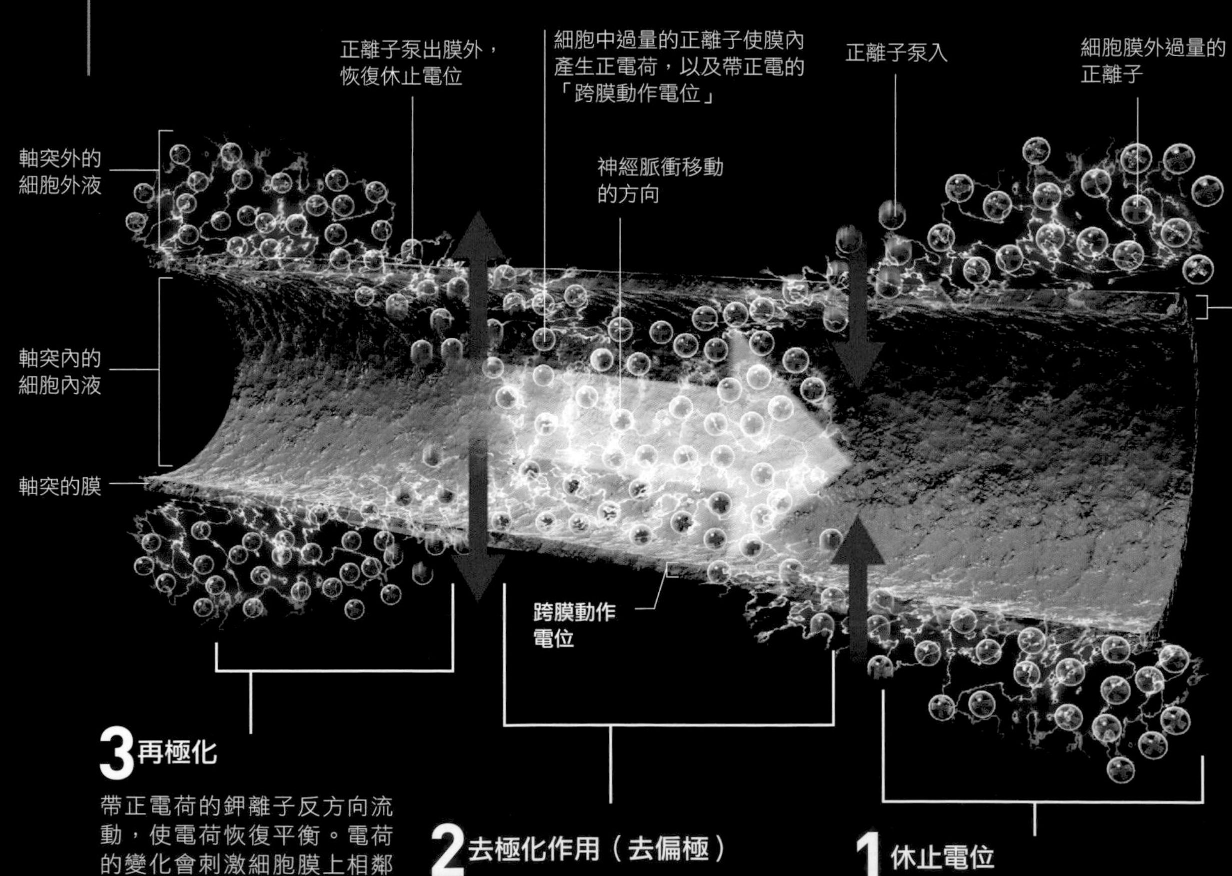
正離子泵出膜外，恢復休止電位
細胞中過量的正離子使膜內產生正電荷，以及帶正電的「跨膜動作電位」
正離子泵入
細胞膜外過量的正離子
神經脈衝移動的方向
軸突外的細胞外液
軸突內的細胞內液
軸突的膜
跨膜休止電位：跟膜外的電荷相比，膜內的電荷呈負
跨膜動作電位

3 再極化

帶正電荷的鉀離子反方向流動，使電荷恢復平衡。電荷的變化會刺激細胞膜上相鄰的區域，如此一直往下刺激。脈衝會以去極化和再極化沿著細胞膜波動前行。

2 去極化作用（去偏極）

在（去極化）這一階段，帶正電的鈉離子會衝進神經元一小塊膜上的離子通道。細胞膜首先會去極化，然後膜的極性會反過來變得略帶正電，導致膜內產生正30毫伏的「動作電位」。

1 休止電位

沒有脈衝時，細胞膜外比較多帶有正電荷的離子，特別是鈉離子，而細胞膜內則比較多負離子，這就產生了負70毫伏的「休止電位」。細胞膜是有極性的，膜內呈負電荷。

神經細胞內的脈衝活動

神經脈衝主要是帶正電荷的鈉離子和鉀離子通過神經元細胞膜的活動。取決於神經類型，脈衝移動的速度介於每秒1至120公尺之間。在有髓鞘的神經纖維中，脈衝的移動速度會快很多，因為動作電位會沿著相繼的髓鞘包覆部分，從一個節點跳到下一個節點。

神經脈衝

神經細胞（或稱神經元）受刺激時會興奮，因而發生化學變化而產生微小的前進電波，這種電波稱為神經訊號或脈衝。脈衝傳遞給其他神經元後，也會引起其他神經元類似的反應。

在神經系統中，資訊以小小的電子訊號傳達，這種訊號稱為神經脈衝或動作電位。全身上下的脈衝強度都一樣是100毫伏（0.1伏特），持續時間也一樣只有1毫秒(1/1000秒)。所攜帶的資訊則取決於脈衝於在神經系統中的位置，頻率從每隔幾秒一個脈衝到每隔幾百秒一個脈衝都有。通常，當一個神經元從其他神經元接收了足夠的脈衝時，就會觸發自己的脈衝，也就是離子（帶電粒子）如波浪般的運動。脈衝會經過一個稱為突觸的交匯口，從一個神經元跳到另一個神經元。

激發與抑制

當神經傳遞質崁入受點時，就可以激發或抑制接收訊息的細胞。這兩種反應在神經系統內中繼轉發訊息方面同樣重要。要激發接收訊息的細胞，帶正電的鈉離子必須流進那個細胞，以類似於神經脈衝產生的方式使細胞膜去極化（請參閱對頁）。去極化的效應會花幾毫秒的時間傳遍整個細胞膜，強度會隨著傳遞時間增加而衰退。如果有更多訊號進入細胞，就有可能逐漸累積，以至於強大到足以發射新的神經脈衝。要抑制細胞，就必須要有帶負電的氯離子湧入細胞。負電造成的影響會傳遍細胞膜，防止細胞膜受激發。

穿越神經元之間的間隙

當電脈衝到達交界處（突觸）時，會觸發叫做神經傳遞質的化學物質向外釋放。神經傳遞質會穿過突觸前的（發送訊息的）神經元膜和突觸後的（接收訊息的）神經元膜之間寬度極小的間隙（突觸間隙）。神經傳遞質不是在接收的神經元觸發新的脈衝，就是有效抑制脈衝射出。

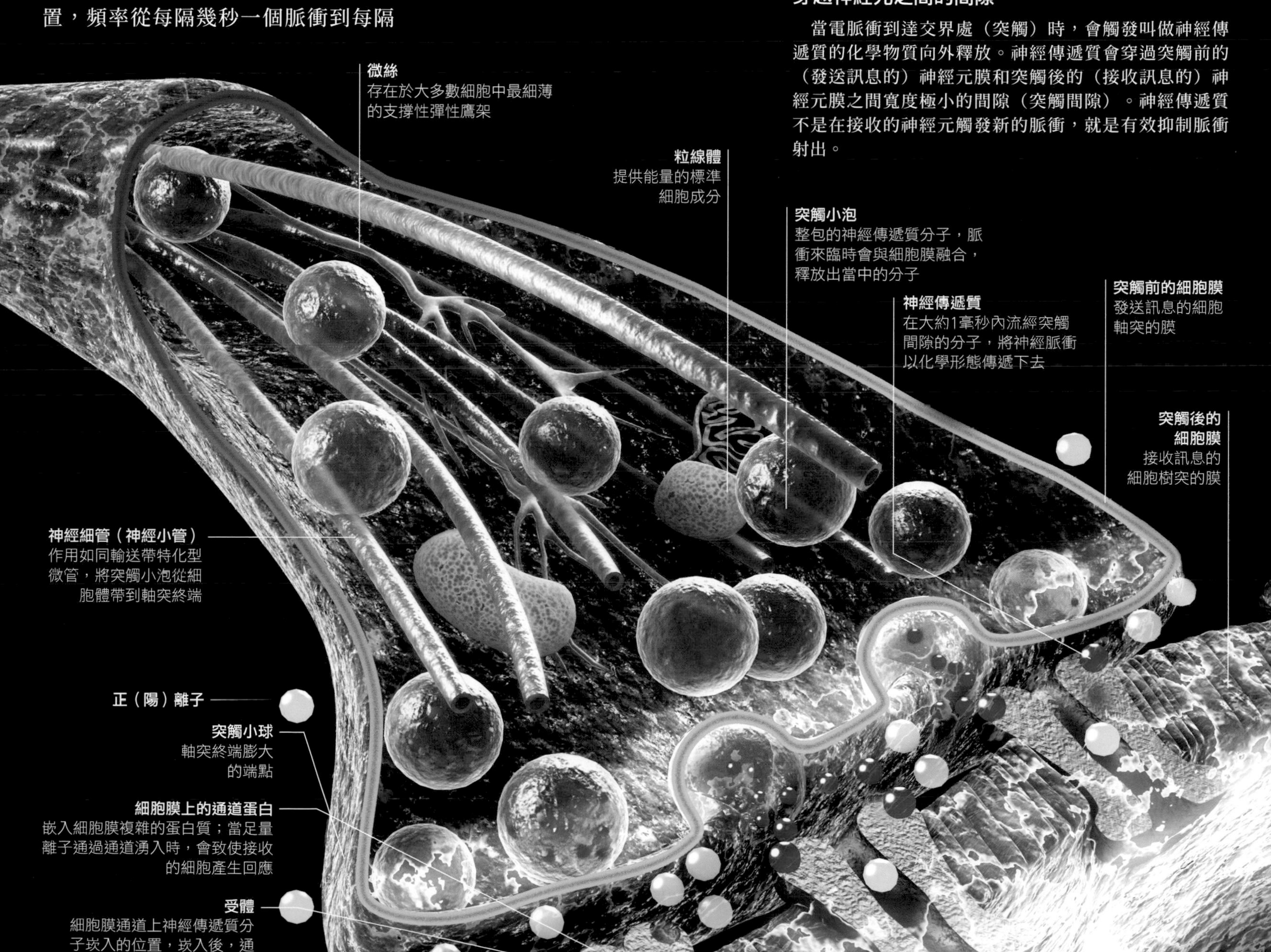

微絲
存在於大多數細胞中最細薄的支撐性彈性鷹架
粒線體
提供能量的標準細胞成分
突觸小泡
整包的神經傳遞質分子，脈衝來臨時會與細胞膜融合，釋放出當中的分子
神經傳遞質
在大約1毫秒內流經突觸間隙的分子，將神經脈衝以化學形態傳遞下去
突觸前的細胞膜
發送訊息的細胞軸突的膜
突觸後的細胞膜
接收訊息的細胞樹突的膜
神經細管（神經小管）
作用如同輸送帶特化型微管，將突觸小泡從細胞體帶到軸突終端
正（陽）離子
突觸小球
軸突終端膨大的端點
細胞膜上的通道蛋白
嵌入細胞膜複雜的蛋白質；當足量離子通過通道湧入時，會致使接收的細胞產生回應
受體
細胞膜通道上神經傳遞質分子崁入的位置，崁入後，通道的形狀會改變，允許帶電的離子通過
突觸間隙
發送和接收訊息的神經元之間充滿流體的間隙，間隙寬度只有25奈米（250億分之一公尺）

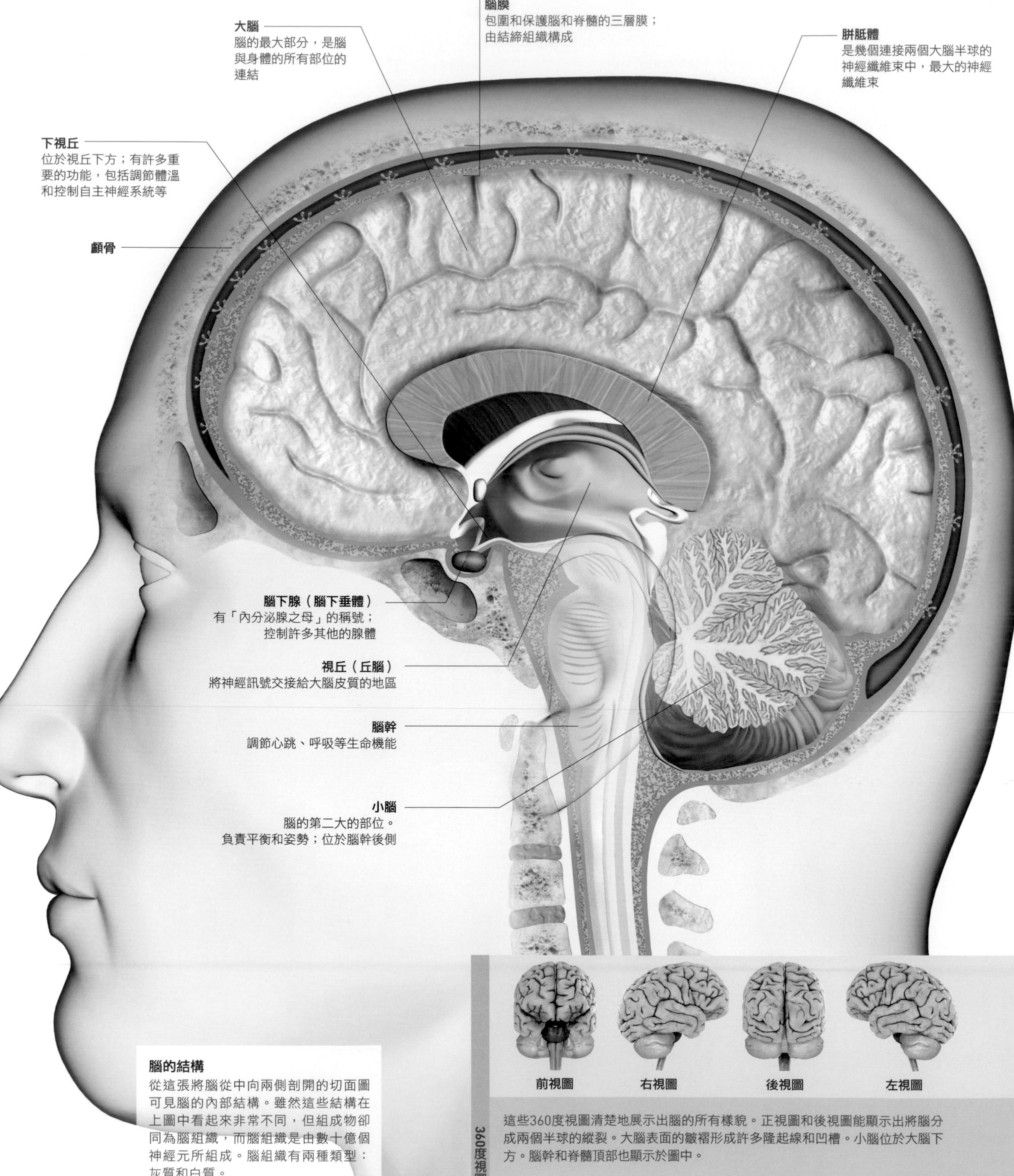

大腦
腦的最大部分，是腦與身體的所有部位的連結
腦膜
包圍和保護腦和脊髓的三層膜；由結締組織構成
胼胝體
是幾個連接兩個大腦半球的神經纖維束中，最大的神經纖維束
下視丘
位於視丘下方；有許多重要的功能，包括調節體溫和控制自主神經系統等
顱骨
腦下腺（腦下垂體）
有「內分泌腺之母」的稱號；控制許多其他的腺體
視丘（丘腦）
將神經訊號交接給大腦皮質的地區
腦幹
調節心跳、呼吸等生命機能
小腦
腦的第二大的部位。負責平衡和姿勢；位於腦幹後側
前視圖
右視圖
後視圖
左視圖

腦的結構

從這張將腦從中向兩側剖開的切面圖可見腦的內部結構。雖然這些結構在上圖中看起來非常不同，但組成物卻同為腦組織，而腦組織是由數十億個神經元所組成。腦組織有兩種類型：灰質和白質。

360度視圖

這些360度視圖清楚地展示出腦的所有樣貌。正視圖和後視圖能顯示出將腦分成兩個半球的縱裂。大腦表面的皺褶形成許多隆起線和凹槽。小腦位於大腦下方。腦幹和脊髓頂部也顯示於圖中。

腦

腦與脊髓會協同調節非意識作業，並協調大多數隨意性運動。此外，腦是意識的所在位置，讓人類能夠思考和學習。

腦的結構

大腦是人腦的最大構成部分，具有大量皺褶的表面，而每一個人的皺褶都有所不同。皺褶中凹槽淺的稱為腦溝，深的則稱腦裂。腦裂和其中一些腦溝將腦劃分出四個功能不同的區域，分別稱為：額葉、頂葉、枕葉、顳葉（請參閱第92頁）*。腦表面的隆起線稱為腦迴。腦中央含有視丘（丘腦），是腦的資訊中繼站。圍繞著視丘的是稱為邊緣系統的一組結構（請參閱第94頁），邊緣系統涉及生存本能、行為及情緒。與邊緣系統緊密相連的是下視丘（下丘腦），下視丘負責接收感覺訊息。

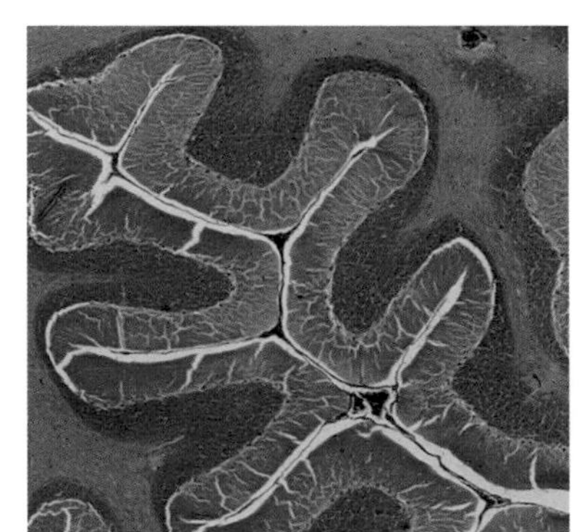

小腦
小腦（如上所示的部分）包含了數十億個聯繫腦部其他區域和脊髓的神經元，幫助身體做出精確的動作。

* 大腦的分區共有額葉、頂葉、枕葉、顳葉以及較深層的島葉

腦的血液供應

腦佔身體總重量的2%，但需要的血液量卻達整個人體血液量的20%。氧分子和葡萄糖都靠血液運輸，如果沒有這些基本要素，腦的功能會迅速惡化，並可能會出現頭暈、意識混亂和意識喪失等症狀。氧匱乏持續四至八分鐘，就會引發腦損傷或導致死亡。由多條頸動脈和兩條椎動脈衍生而出的龐大血管網提供腦部充足的血液，頸動脈沿著脖子兩側運行而上，椎動脈則沿著脊髓上行。

威列比動脈環
環繞在腦的基底部位，交互連結的一圈動脈稱為動脈環。此動脈環提供多條供應含氧血給腦中所有部位的路徑，如果其中一個路徑受阻，血液依然可從圈內其他的替代動脈供應。

血液供應
腦部有兩條一前一後的動脈提供大量的血液，如立體磁振血管造影掃描圖中這種顏色所示。血管顯示為紅色；這裡可見這些血管為腦的各個部位供應含氧血，腦部顯示為藍色區域。

保護

腦受到多重形態的保護。腦外由三個防護膜（腦膜）所包覆著，而腦中的腦室會在顱骨內製造稱為腦脊液的水性介質，負責吸收和分散過多的機械力，防止可能遭受的嚴重傷害。分析腦脊液的化學成分和流動壓能提供重要線索，藉以診斷如腦膜炎等腦與脊髓的疾病和失調症等。

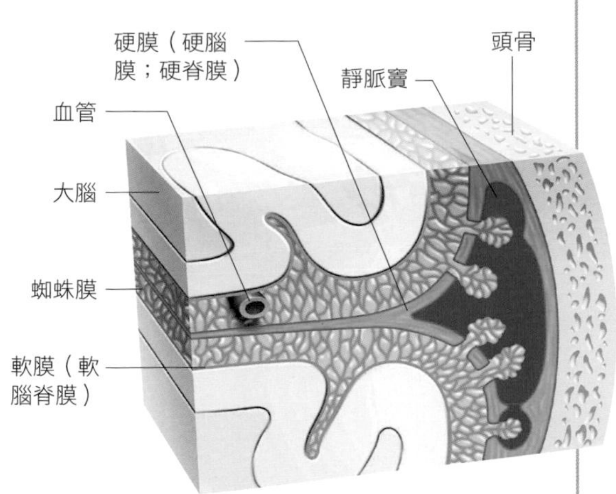

硬膜（硬腦膜；硬脊膜）
頭骨
靜脈竇
血管
大腦
蜘蛛膜
軟膜（軟腦脊膜）

腦膜
最外層的膜是硬腦膜，內含血管；中間層是蜘蛛膜，由結締組織構成；而最內層大膜則是軟腦膜，位置最接近腦部。

腦脊液的流動

腦部的軟組織漂浮在腦脊液中，盛裝在頭顱骨質的外殼裡。腦脊液是清澈的液體，每天更新四到五次。腦脊液含有提供腦細胞運作所需的蛋白質和葡萄糖等能量，也含有防範感染的淋巴細胞。腦脊液在腦與脊髓周圍流動，具有保護和滋養的功能。腦脊液是由位於側腦室的脈絡叢製造，製成後流入第三腦室，然後流入位於小腦前方的第四腦室。腦脊液依靠大腦動脈的搏動而循環。

1 製造流體的地點（脈絡叢）
腦中腦室裡的腦脊液是由一簇簇的薄壁毛細血管所製造，這些毛細血管簇稱為脈絡叢。脈絡叢形成腦室的內壁。

2 流動的方向
腦脊液從腦的側腦室流到第三和第四腦室。接著，腦脊液往上流經腦後側，往下繞過脊髓，再往上流到腦前側，如箭頭所示。

3 繞著脊髓的循環
腦脊液藉著椎運動的輔助，沿著脊髓後側，以及在中央管內向下流動，然後沿著脊髓前側向上返回。

4 重新吸收的地點（蛛網膜粒）
在腦中循環過後，腦脊液通過稱為蛛網膜粒的結構，被血液重新吸收，是蛛網膜粒是蜘蛛膜層上的凸出部位，這個部位向矢狀竇（或稱大腦靜脈）突出。

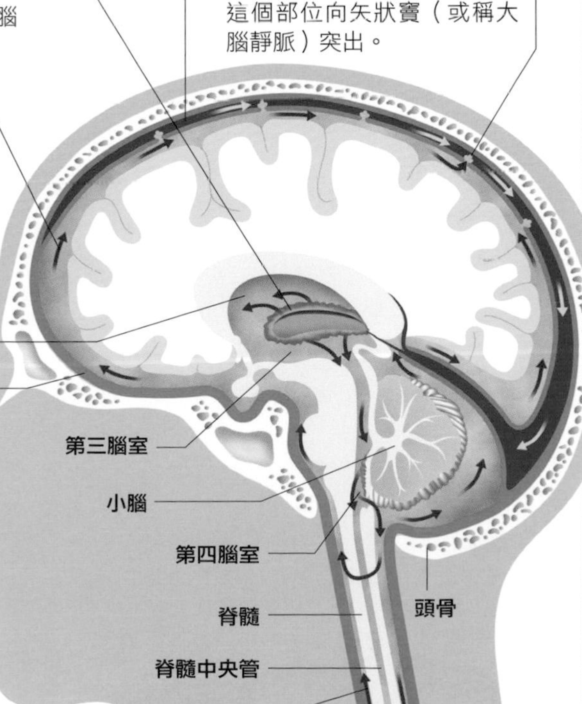

矢狀竇
側腦室
硬膜（硬腦膜；硬脊膜）
第三腦室
小腦
第四腦室
脊髓
脊髓中央管
頭骨

腦的結構

腦的重量佔整個身體的五分之一，成人的腦平均為1.4公斤重。解剖學上，腦有四個主要結構：大腦、間腦、小腦和腦幹。大腦體積大，呈半球形；間腦在更深層的內部區域（由視丘及其他鄰近結構組成）；小腦位於後下側；腦幹則位於基部。

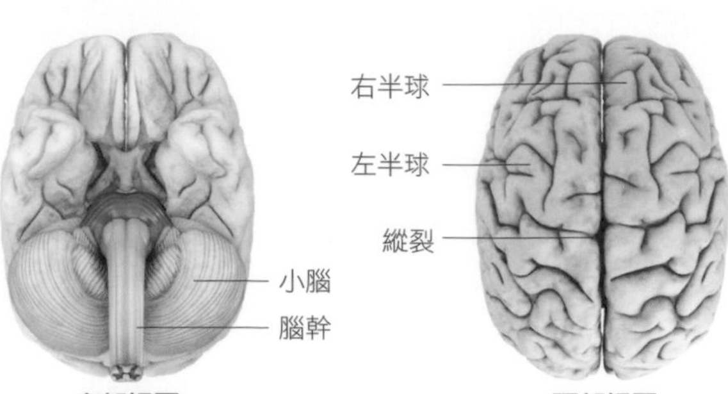

右半球
左半球
縱裂
小腦
腦幹
底部視圖
頂部視圖

腦部外層的結構
大腦由深縱裂部分分成兩半（大腦半球）。小腦是負責肌肉控制、體積較小的球狀結構。小腦下方是腦幹，是控制基本維生作用的部位。

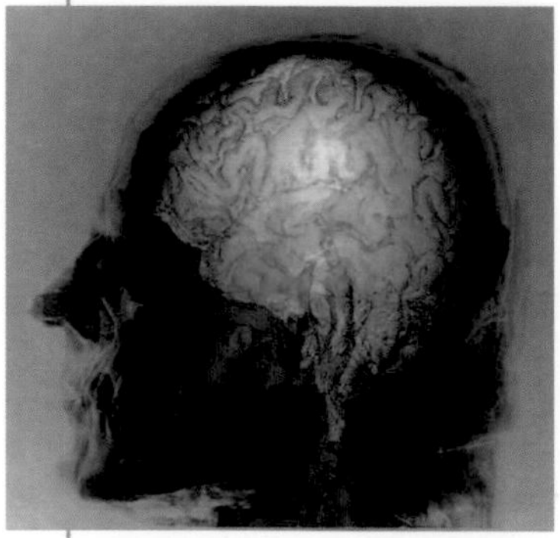

腦的外部特徵

腦最明顯的特徵是大腦，佔據了五分之四以上的腦部組織。大腦因其層層相折的表面而有著非常皺褶不平的外觀，而此外層部分為稱為大腦皮質。大腦將視丘（丘腦）、附近構造（間腦）和間腦下腦幹（請參閱對頁）的一部分裹住。體積比較小的小腦佔整個腦約十分之一的體積；主要安排發送給肌肉的運動訊息，讓人得以做出平穩、協調的動作。

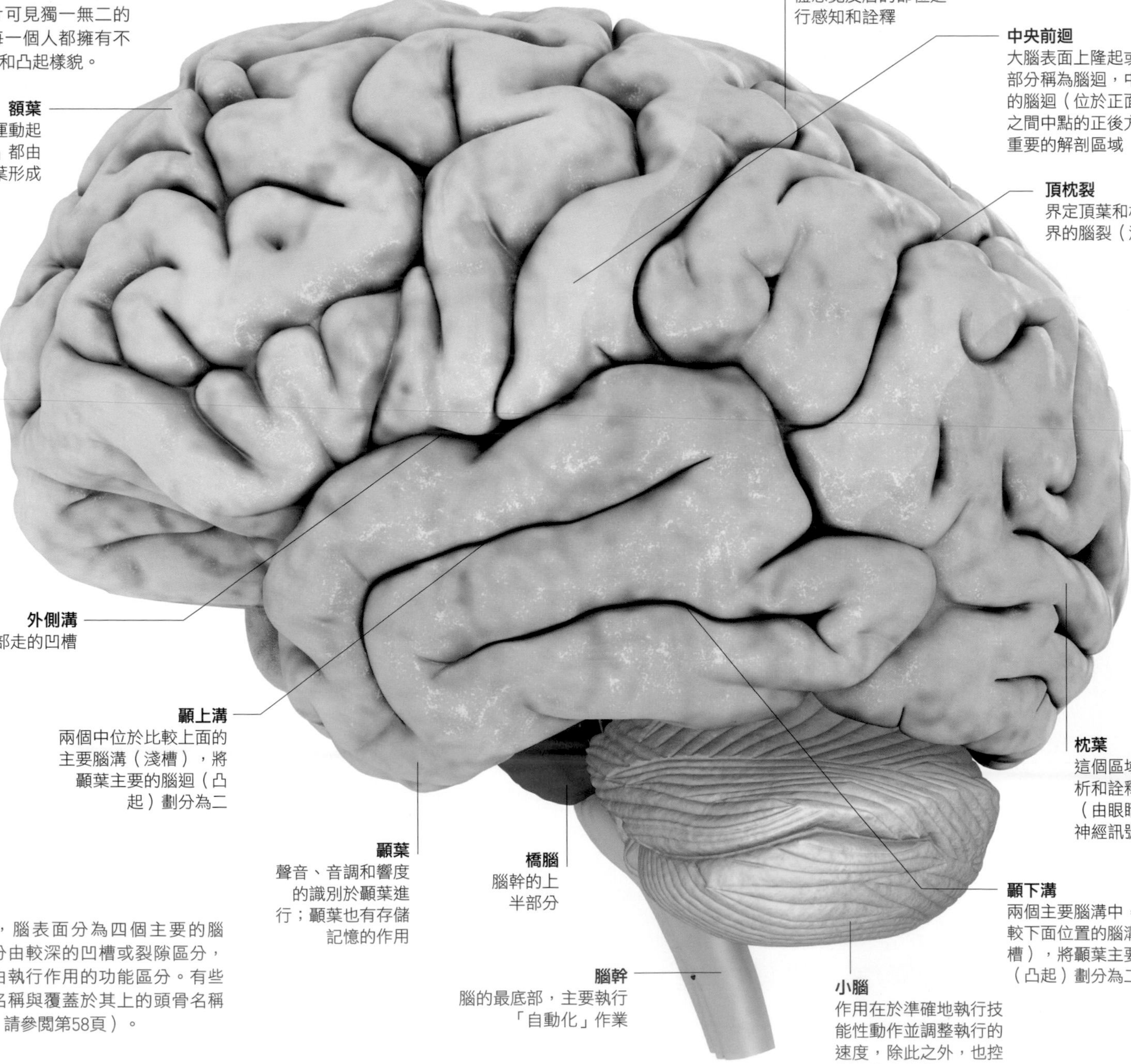

腦紋
從這張掃描片可見獨一無二的「腦紋」，每一個人都擁有不同的腦面凹槽和凸起樣貌。

頂葉
諸如觸覺、溫度、壓力和疼痛等身體的感受，都在這個稱為軀體感覺皮層的部位進行感知和詮釋

中央前迴
大腦表面上隆起或凸起的部分稱為腦迴，中央後部的腦迴（位於正面與背面之間中點的正後方），是重要的解剖區域

額葉
言語產生、運動起始和「個性」都由這個腦葉形成

頂枕裂
界定頂葉和枕葉之間邊界的腦裂（深溝）

外側溝
沿顳葉上部走的凹槽

顳上溝
兩個中位於比較上面的主要腦溝（淺槽），將顳葉主要的腦迴（凸起）劃分為二

枕葉
這個區域主要用於分析和詮釋視覺資訊（由眼睛發送的感覺神經訊號所產生）

顳葉
聲音、音調和響度的識別於顳葉進行；顳葉也有存儲記憶的作用

橋腦
腦幹的上半部分

顳下溝
兩個主要腦溝中，位於比較下面位置的腦溝（淺槽），將顳葉主要的腦迴（凸起）劃分為二

腦葉
傳統上，腦表面分為四個主要的腦葉，部分由較深的凹槽或裂隙區分，部分則由執行作用的功能區分。有些腦葉的名稱與覆蓋於其上的頭骨名稱相對應（請參閱第58頁）。

腦幹
腦的最底部，主要執行「自動化」作業

小腦
作用在於準確地執行技能性動作並調整執行的速度，除此之外，也控制平衡和姿勢

中空的腦

某種程度上來說，腦是中空的：腦中含有四個稱為腦室的空腔，腔中充滿腦脊液（請參閱第91頁）。兩個大腦半球當中各有一個側腦室，側腦室也就是腦脊液生成的地方。接著，腦脊液會通過室間孔，流入毗鄰視丘的第三腦室，再從這裡流通過大腦導水管，進入往下延伸到橋腦和小腦之間的第四腦室，並進入延髓。腦室的腦脊液總體積約為25毫升。腦脊液的循環借助於頭部運動和大腦動脈的搏動。

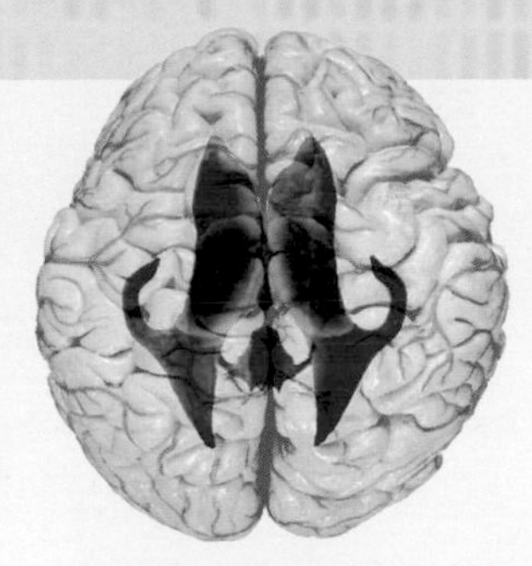

從上往下觀看
側腦室有向前、向後、向兩側凸起的角。這個視圖中可見在這幾個角之間的就是處於中央但第三腦室。

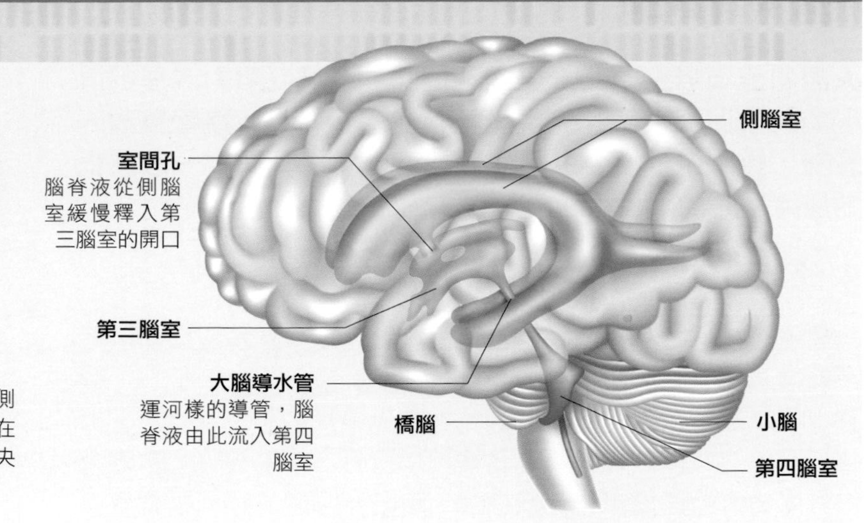
側腦室
室間孔
腦脊液從側腦室緩慢釋入第三腦室的開口
第三腦室
大腦導水管
運河樣的導管，腦脊液由此流入第四腦室
橋腦
小腦
第四腦室

灰質和白質

大腦的大部分區域主要有兩層。外層呈淡灰色，一般稱「灰質」，屬於大腦皮質。大腦皮質順著大腦的皺褶和凸起，覆蓋著整個表面，平均厚度是3至5公釐，如果攤平，面積大概跟一個枕套同樣大小。大腦更深處是一個個分隔開的灰質。這些灰質跟大腦皮質主要由細胞體和收集脈衝的神經細胞（神經元）突出部位（樹突）所組成。皮層灰質下面有灰白色的「白質」，為大腦內部大部分的構成物。白質主要由神經纖維構成。

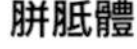

灰質
大腦皮質的最外層，當中的神經元估計有500億個之多，而這些神經元的支持細胞數量可能達神經元的十倍之多

白質內部
這裡有從較下層部位往上蔓延而至的神經元軸突（或稱纖維），以及從皮層神經元細胞體往下延伸而至的軸突

胼胝體
連接大腦兩個半球上部特定區域的幾束神經纖維中最大的一束

基底神經節
「孤立」的大腦灰質

運動神經纖維徑
將動作指示往下帶到脊髓，並在腦幹下層部位交叉的大型神經纖維束

腦幹

垂直切面
這張從腦的中間垂直切開的腦部切面可見成對的構造、外層的灰質和內部的白質。胼胝體包含一億個以上的神經纖維，是兩個半球之間主要的「橋樑」。

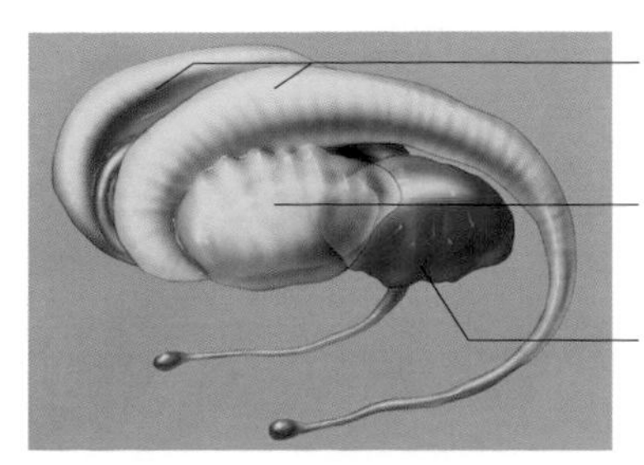
尾核
豆狀核
視丘（丘腦）

基底神經節
內含豆狀核（被殼與蒼白球）、尾核、視丘下核和黑質（後兩者在此視圖中看不到）的構造。基底神經節是個介於感覺輸入和動作技能（特別是諸如散步等半自動的動作）間，結構複雜的交接面。

垂直聯繫

有護套（髓鞘）的神經纖維構成稱為「投射徑」的神經束，在脊髓、腦部較低的區域、其上方的大腦皮層之間傳輸脈衝。這些神經徑穿過一個稱為「內囊」的通訊鏈路，也與胼胝體相交。此外，類似的神經束會穿過白質上部外層的區域，從大腦皮層的一個區域蔓延到另一個的區域。這些聯合徑直接在大腦皮層不同的區域或中心之間傳遞神經訊號。

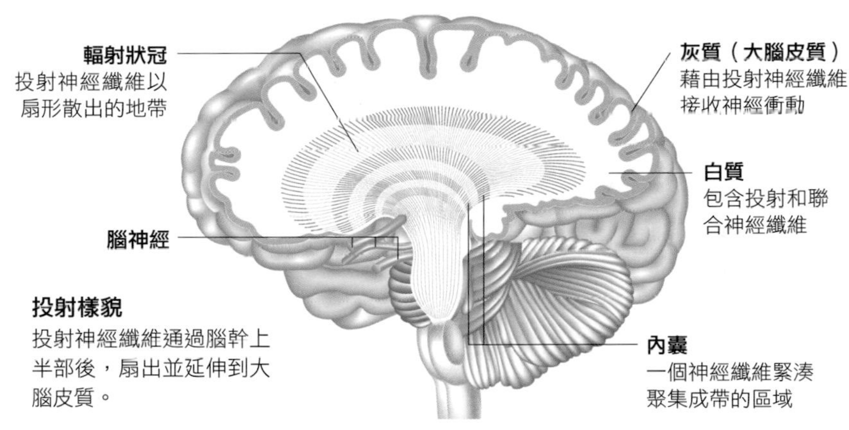
輻射狀冠
投射神經纖維以扇形散出的地帶
灰質（大腦皮質）
藉由投射神經纖維接收神經衝動
白質
包含投射和聯合神經纖維
腦神經
投射樣貌
投射神經纖維通過腦幹上半部後，扇出並延伸到大腦皮質。
內囊
一個神經纖維緊湊聚集成帶的區域

視丘和腦幹

視丘位於腦幹之上，形狀像兩個並排的雞蛋，處在幾乎是腦的「心臟地帶」位置。視丘是腦主要的中繼站，傳入的資訊要發送到上層區域之前會先由視丘監控及處理。腦幹中含有對生存至關重要的幾個功能的調節中心，其中包括心跳、呼吸、血壓以及一些如吞咽和嘔吐等反射作用。

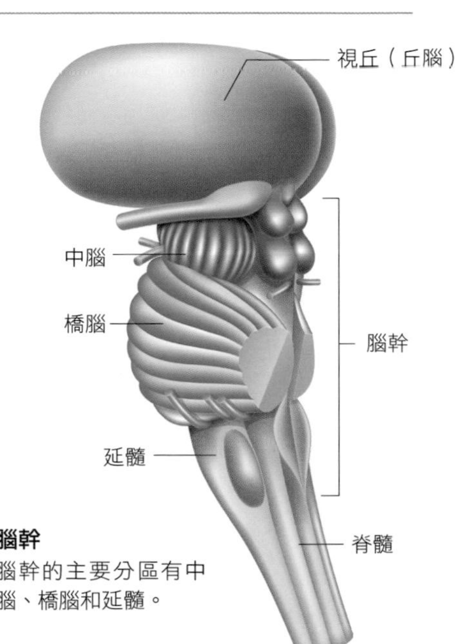
視丘（丘腦）
中腦
橋腦
腦幹
延髓
脊髓

腦幹
腦幹的主要分區有中腦、橋腦和延髓。

原始腦

人類的行為舉止並非一直由理智驅動。承受壓力或遇到危機的時候，深根蒂固的本能就會從深處湧出，接管我們的意識。負責這種反應的是「原始腦」，主要處在一系列稱為邊緣系統的部位。

前視圖　右視圖　後視圖　左視圖

360度視圖

介於腦幹中層和下層「自動化」中心，與大腦皮質中跟高等心智功能相關的「思考」區之間的幾個部位，都屬於邊緣系統的一部分。邊緣系統的皮質位於皮質葉的內側，倚著中腦層層折疊（請參閱後視圖）。

邊緣系統

邊緣系統會影響潛意識，及相似於動物存活和繁衍等反應的本能性行為。人類許多這類早期演化出的先天性「原始」行為，都是經過腦部上層區有意識性的思量後，被予以修正。這些考量包括道德、社會、文化準則以及行為結果等等。當然，這些原始衝動偶爾也會駕馭理智，而此時身體的控制權就會交由邊緣系統與其相關部位接管。其餘時候，它們在本能、慾望及情緒表達上所扮演的功能角色或許比較微弱，但卻是同等複雜且重要。

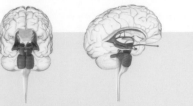

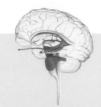

邊緣系統的結構
環形邊緣系統的組件位於腦的中下部，調解外在行為對內部深層情緒的影響。身體機能也會受邊緣系統的影響而改變，例如與消化和排尿有關的身體機能等。邊緣系統同樣也影響著情緒與感官的連帶關係。

扣帶迴
海馬旁迴和嗅球共同組成了邊緣皮質，能調整行為和情緒

穹窿
神經纖維從海馬迴和其他邊緣區域傳輸訊息到乳頭狀體的路徑

穹窿柱

乳突體
多個神經元聚集在一起形成的微型團塊，充任中繼站，主要傳輸的是穹窿與視丘之間的資訊，並也參與記憶處理流程

嗅球
腦的「氣味處理器」。嗅球「深埋」在邊緣系統中，這有助於解釋為什麼嗅覺可以喚起鮮明的記憶和強烈的情緒反應

中腦
腦幹的最上層部位；中腦的邊緣區；與大腦皮質和視丘連接，也連接基底神經節，基底神經節是成簇的神經細胞體

腦下腺（腦下垂體）

橋腦
腦幹的一部分；不屬於邊緣系統

海馬迴
弧形帶狀的灰質，參與學習、認出新體驗以及記憶，特別是短期記憶和有關近期事件的資訊

杏仁核
兩顆杏仁狀的構造，影響行為和行動，以讓行為和行動針對自身需要；也與憤怒和嫉妒等情緒，以及飢餓、口渴和性慾等慾望有關

海馬旁迴
協助調整強烈情感的表達，以及創建或溯及各種關於場景的回憶，但不包含物件、面孔及確切細節的地形記憶

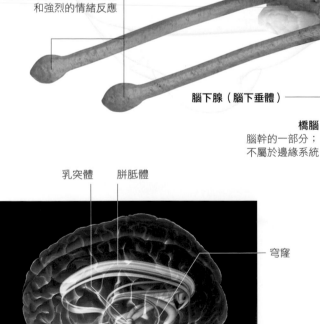

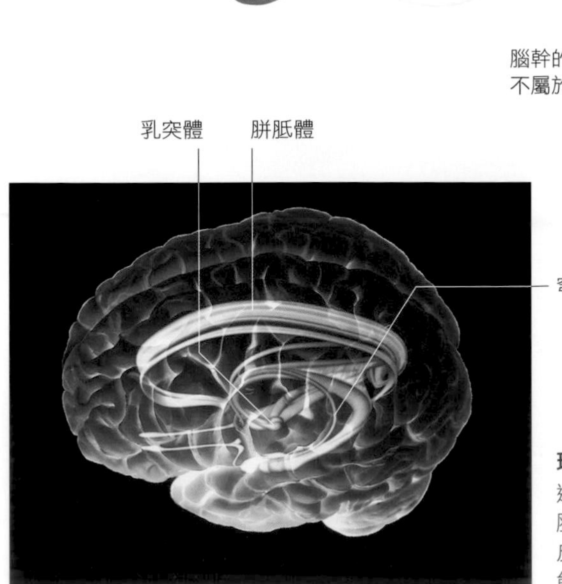
乳突體
胼胝體
穹窿

環形和拱形
邊緣系統含括了大腦、間腦和中腦的部位，並連結皮質和中腦管控自動化機能的中心下層的區域。

下視丘

下視丘（意即「位於視丘下方的構造」）大小約略同等於方糖，內含許多稱為核的微型神經元簇。下視丘通常都被視為邊緣系統重要的整合中心。下視丘底部有個連接腦下垂體（腦下腺）的梗，腦下垂體是內分泌系統的首要腺體。除了這個主要的內分泌連接點之外，下視丘還跟周遭邊緣系統的其他部分與整體神經系統的自動作業部分，都有著複雜的聯繫。下視丘的功能包括監測和調控重要的體內情況，像是體溫、營養素濃度、鹽類和水分的平衡、血液流動狀況、睡眠與清醒週期以及激素濃度等。下視丘可啟動感受、行動和諸如飢餓、口渴、憤怒和恐懼等。

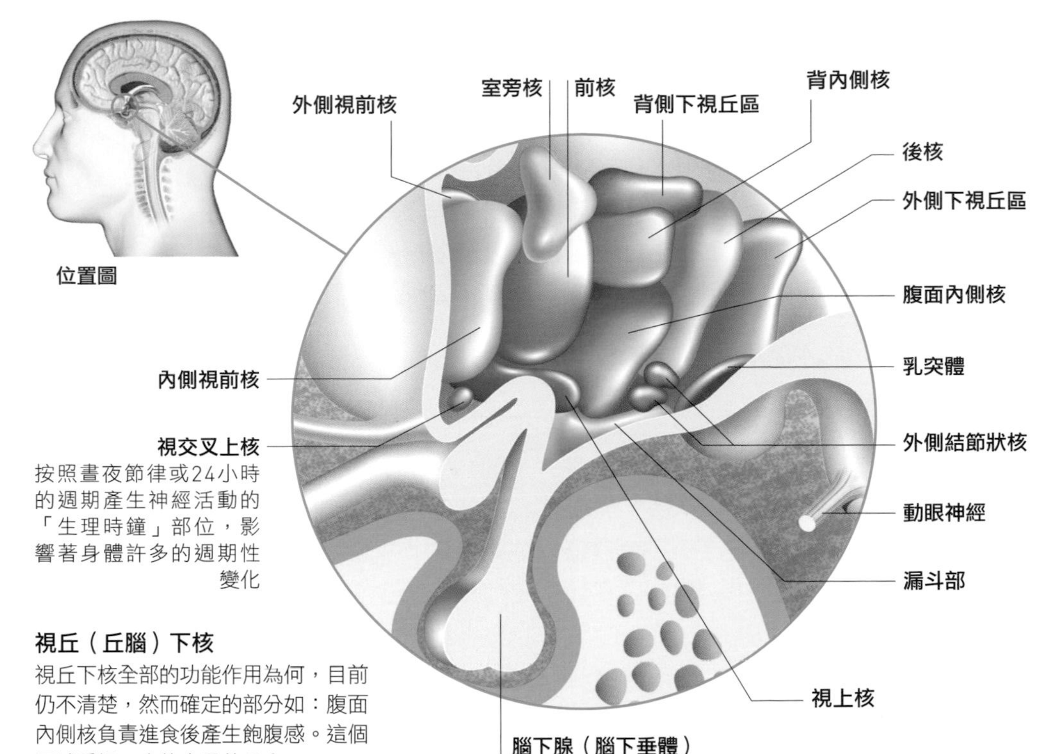
位置圖
外側視前核
室旁核
前核
背側下視丘區
背內側核
後核
外側下視丘區
腹面內側核
乳突體
內側視前核
視交叉上核
按照晝夜節律或24小時的週期產生神經活動的「生理時鐘」部位，影響著身體許多的週期性變化
外側結節狀核
動眼神經
漏斗部
視丘（丘腦）下核
視丘下核全部的功能作用為何，目前仍不清楚，然而確定的部分如：腹面內側核負責進食後產生飽腹感。這個區域受損，會使人暴飲暴食。
視上核
腦下腺（腦下垂體）

網狀構造

網狀構造是一系列修長的神經徑，佔據腦幹大部分長度，並有纖維延伸到後側的小腦、上方的間腦小腦和下方的脊髓。網狀構造由數個不同的神經系統組成，每個神經系統都有自己的神經介質（或稱神經傳遞質，指在神經元與神經元之間的交匯點或突觸，傳遞神經訊號的化學物質）。網狀構造其中一個功能是操作一個稱為網狀活化系統的喚醒興奮性系統，這個系統會讓腦清醒並具警覺性。網狀構造當中，也包含控制心率及呼吸的心臟調節和呼吸控制中心，以及其他重要的中心系統。

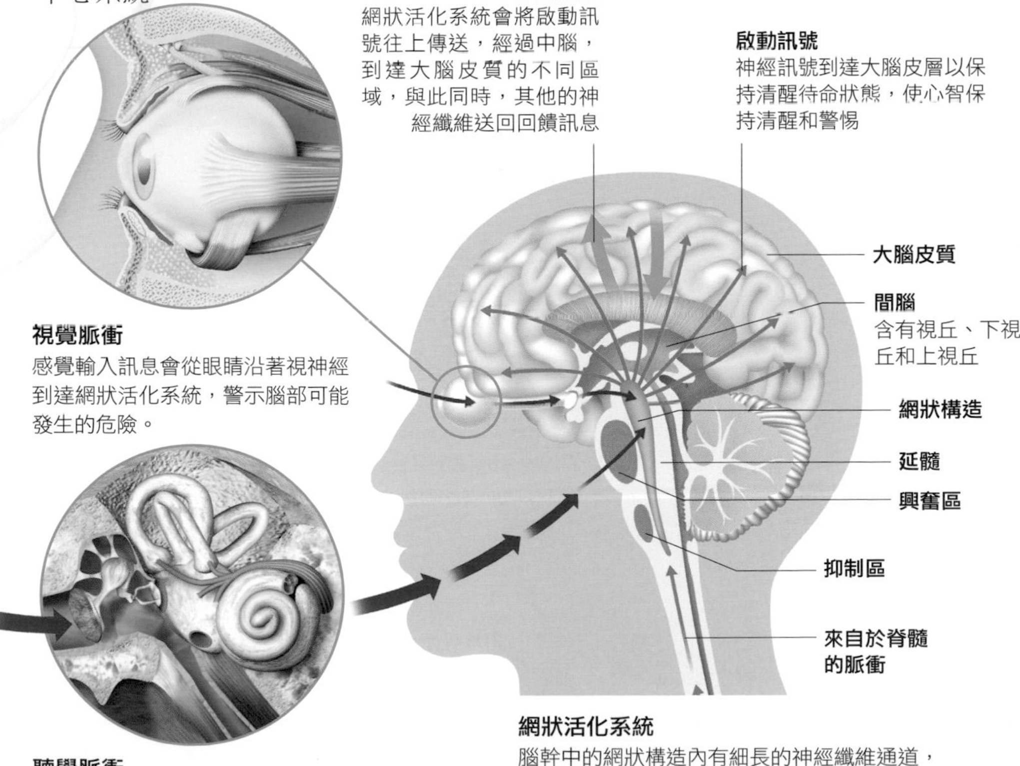
放射訊號
網狀活化系統會將啟動訊號往上傳送，經過中腦，到達大腦皮質的不同區域，與此同時，其他的神經纖維送回回饋訊息
啟動訊號
神經訊號到達大腦皮層以保持清醒待命狀態，使心智保持清醒和警惕
大腦皮質
間腦
含有視丘、下視丘和上視丘
視覺脈衝
感覺輸入訊息會從眼睛沿著視神經到達網狀活化系統，警示腦部可能發生的危險。
網狀構造
延髓
興奮區
抑制區
來自於脊髓的脈衝
網狀活化系統
腦幹中的網狀構造內有細長的神經纖維通道，能夠偵測到從多個不同源頭傳入的感官資訊。這些神經纖維會把啟動訊號傳到腦中更高層的中心系統。
聽覺脈衝
網狀活化系統會過濾掉諸如背景雜音等無關緊要的感覺訊息，並在輸入有所改變時做出反應。

睡眠週期

睡覺時，除了腦部，身體大部分部位都在休息。腦中數十億個神經元會持續不斷地發送訊號，如這張腦電圖的描跡所示。睡眠有週期性，其中延長性的階段包括做夢的快速動眼期睡眠，以及無夢的四個非快速眼動期睡眠階段。第一階段的睡眠淺：人相對容易醒來，腦波處於活動狀態。在第二階段，腦波開始慢下來。在第三階段，快波和慢波交互出現。在最後的第四階段，睡眠最深，只會出現慢波。

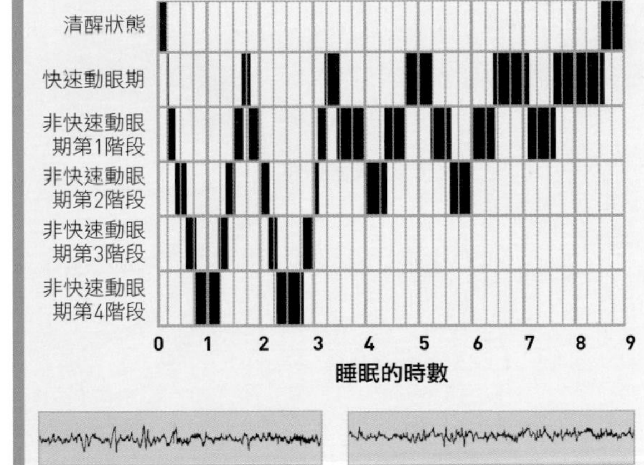
睡眠的階段
清醒狀態
快速動眼期
非快速動眼期第1階段
非快速動眼期第2階段
非快速動眼期第3階段
非快速動眼期第4階段
0
1
2
3
4
5
6
7
8
9
睡眠的時數

非快速動眼期睡眠第1階段

快速動眼期睡眠

非快速動眼期睡眠第2階段

非快速動眼期睡眠第3階段

非快速動眼期睡眠第4階段

睡眠階段

腦電圖描跡顯示了每個睡眠階段大腦活動的不同波形。當身體到達較後期的階段時，體溫、心跳速率、呼吸速率和血壓均降低。在快速眼動睡眠期間，這些機能的速率略為提升，人通常會在這個階段做夢。

脊髓

脊髓神經纖維是腦聯繫軀幹和四肢的管道。腦藉著腦神經（請參閱第98頁）直接連接頭部的感覺器官，但身體其餘部位資訊的往返則需借助脊髓。脊髓並不只是一種被動傳輸神經訊號的導管，反之，脊髓會在必要時（例如反射作用），不等腦來處理，就越級行事。

脊髓解剖

脊髓是一束結構複雜的神經纖維（軸突），約40至45公分長，從腦的基底部向下延伸到脊椎下層（腰骼）部位。脊髓的形狀像一只壓扁的圓筒，從上到下整條的寬度幾乎都只略寬於鉛筆，到了基部才逐漸變尖細，形成許多細絲，像尾巴一樣。從脊髓分支而出的有31對脊神經，這些脊神經將脊髓連接上皮膚、肌肉和四肢、胸部、腹部的其他部位。脊神經運載有關身體內部情況的感覺資訊，將之傳送給脊髓；也將來自於皮膚的觸覺傳輸給脊髓。此外，脊神經還將運動訊息轉達給整個身體的肌肉以及胸部和腹部的腺體。

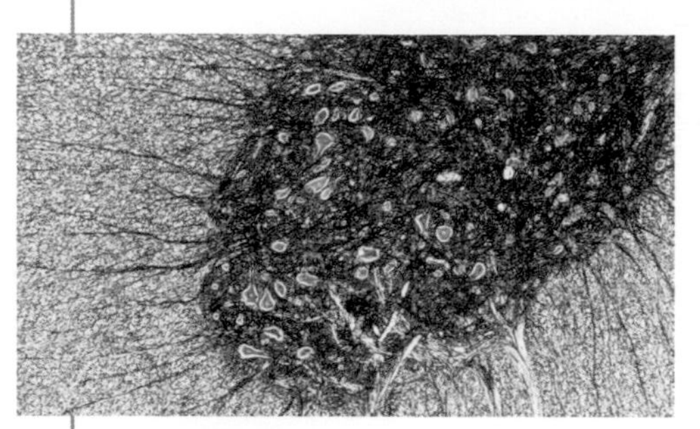

脊髓灰質
這張以顯微鏡觀察所得的脊髓橫切面視圖，顯示出位於脊髓中心，染成棕色，形狀像蝴蝶翅膀的灰質。

左右交叉的神經纖維

脊髓左右兩邊成捆的神經纖維（軸突），並不是每一束都直接往上連結到腦的左右兩邊。許多神經纖維到了脊髓的最上端和腦幹的下層部位（延髓）都會交叉跨越到另一邊：從左至右，從右至左。意思就是說來自身體左邊的觸感神經訊號會傳到大腦右側的觸覺中心（軀體感覺皮質）。同理，從右邊運動皮質和小腦右側傳出來的運動訊號，會傳到身體左側的肌肉。不同的大型神經纖維束或大型神經纖維徑會在稍微不同的高度交叉跨越。所有神經纖維中，大約有十分之一交叉跨越的地點位於脊髓上部，而其餘的則都在延髓交叉跨越。

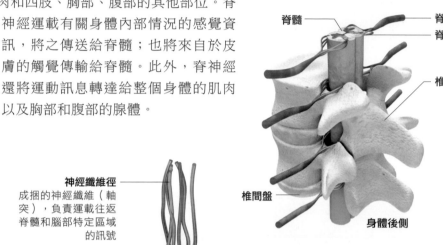

脊髓
脊髓神經
脊神經根
椎骨
椎間盤
身體後側

脊髓神經附著的方式
脊神經通過椎骨之間的間隙到達脊髓，椎骨與椎骨之間隔有稱為椎間盤的軟骨墊。脊神經會分岔，並變成脊神經根進入脊髓的後側和前側，每個脊神經根都由許多支根組成。

神經纖維徑
成捆的神經纖維（軸突），負責運載往返脊髓和腦部特定區域的訊號

脊髓中央管
狹窄的中央管中充滿腦脊液，為神經元及其周遭組織提供營養，同時也能收集廢棄物質

白質

灰質

感覺神經纖維的支根（背側）
從後方（背側）進入脊髓的神經纖維束；負責運載有關皮膚觸感和身體內部情況的傳入訊息脈衝

脊髓神經
感覺神經和運動神經的支根合併，形成脊神經

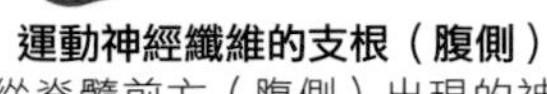

運動神經纖維的支根（腹側）
從脊髓前方（腹側）出現的神經纖維束，負責將訊號傳遞給骨骼肌（隨意肌）以及平滑肌（不隨意肌）

感覺根神經節
脊神經上成簇的神經細胞體，負責處理一部分傳入的資訊

前裂
沿著脊髓前側走的深溝，深度幾乎達到灰質和中央管

軟膜（軟腦脊膜）

蜘蛛膜下腔

蜘蛛膜

硬膜（硬腦膜；硬脊膜）

脊髓膜
保護脊髓的三層結締組織。中層與底層之間的空間充滿了腦脊液

脊髓
脊髓的內部組成好似腦部組成的「外翻版」。腦的灰質在外，白質在內。脊髓的灰質則在蝴蝶狀核心。灰質由神經元的細胞體和無護套（無髓鞘）的神經纖維構成。灰質外圍是白質，主要由有髓鞘的神經纖維束組成，這些有髓鞘的神經纖維束在腦和身體之間上下脊髓，傳遞神經脈衝。

身體前側

保護脊髓的構造

脊髓位於椎管（脊管）中，椎管是由上下對齊排列的脊椎（椎骨）組成的長隧道。脊柱以及加固脊柱的韌帶和肌肉一起讓脊髓彎曲與屈曲，同時也保護著脊髓，避免脊髓直接遭受敲擊和打擊。椎管內有不斷循環的腦脊液作為減震器，而硬膜外的空間則有脂肪和結締組織組成的緩衝層。硬膜外組織介於骨膜（形成椎管骨頭外壁的膜）與硬膜（腦脊髓膜的外層）之間。

脊髓的發育極限
人類發育期間，脊髓不會隨著脊柱的骨頭生長而繼續延長。成年後，脊髓從腦往下延伸到第一腰椎骨（第1對腰神經）。在第一腰椎骨，脊髓的尾端呈圓錐狀，逐漸變尖細，形成細長尾狀的細絲，稱為脊髓終絲。脊髓終絲向下延伸，通過腰椎、薦椎，到達尾椎。

大腦
顱骨
脊髓
脊髓終絲
軟膜的延長部分
腰椎骨區域
薦骨
尾骨

椎管（脊管）內部
這張頸部脊柱（頸椎）的橫切面圖顯示脊髓安置在骨腔中，有良好襯墊包覆的樣貌。雖然軀幹移動會使椎骨稍微移位，但椎骨內部的脊髓能受良好支撐及保護。

身體後側

硬膜外腔
減低脊髓承受的衝撞力；內含結締組織和血管

腦脊液
填滿蜘蛛膜下腔的體液，蜘蛛膜下腔位於腦膜中層和內層之間
感覺神經纖維的支根

感覺神經纖維的支根

蜘蛛膜下腔

蜘蛛膜

軟膜（軟腦脊膜）

骨膜
覆蓋骨頭並形成骨腔內壁，質地堅韌的膜

硬膜（硬腦膜；硬脊膜）

脊髓

運動神經纖維的支根

感覺根神經節

椎體

椎動脈的通道

神經根鞘

脊髓神經

身體前側

脊髓的神經纖維徑

在脊髓白質中，神經纖維分為幾個主要的神經束（或稱「徑」），分法依據的是它們運載神經訊號的方向，以及它們傳輸和回應的訊號類型，如疼痛或溫度等。有些神經徑並沒有往上與腦部相連的神經纖維，而只將少數幾個局部的脊神經對連結起來，並在這之間轉遞神經脈衝。脊髓中央的灰質成角狀或圓柱狀排列。

上行徑
將身體感覺和疼痛等內部感受器相關的脈衝沿著脊髓往上轉發給腦部的神經纖維束。

下行徑
將來自於腦部的運動訊號轉達給軀幹和四肢的骨骼肌，使骨骼肌做出隨意運動。

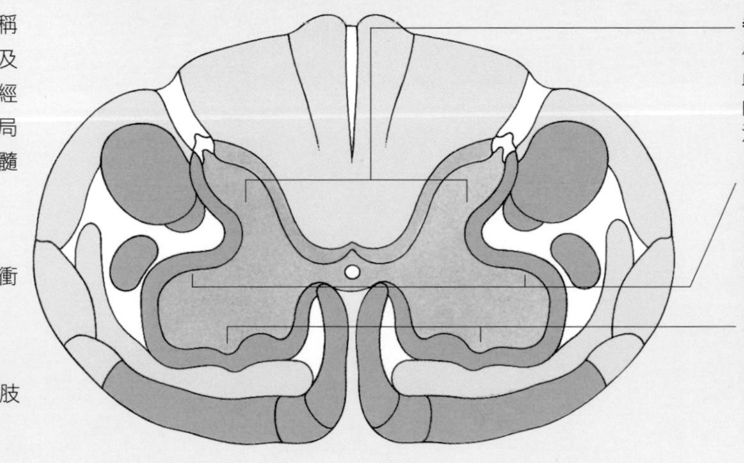

脊髓後角
位於脊髓後角的神經元負責接收全身上下感覺神經纖維發出的資訊，如觸覺、溫度、肌肉活動的意識感、平衡感等

脊髓側灰質角
脊髓側灰質角只出現在特定的幾個脊髓區域，這些區域有監測和調節心臟、肺臟、腸胃等內臟的神經元

脊髓前角
位於脊髓前角的神經元將運動神經纖維發送到骨骼肌中，使之產生收縮與運動

周邊神經

人體的周邊神經網負責將資訊送達並帶出腦和脊髓。周邊神經的感覺神經纖維遞送發自眼睛、耳朵、皮膚等感覺器與發自內臟的訊息。運動神經纖維則管控肌肉的動作和腺體的活動。

腦神經

12對腦神經都直接與腦部相連，中間不需經過脊髓。這12對神經纖維，有些執行頭頸部器官和組織的感覺功能，另一些則執行運動功能。腦神經纖維以運動神經纖維居多，但也含有感覺神經纖維，感覺神經纖維可傳達其所支配的肌肉牽張力與張力狀態，此即本體感覺的一部分（請參閱第79頁）。腦神經大多以其所支配的身體部位命名，例如：支配眼睛的神經稱為「視神經」。慣例上，每對腦神經也有自己的編號，舉例來說，三叉神經也稱為第五對腦神經。

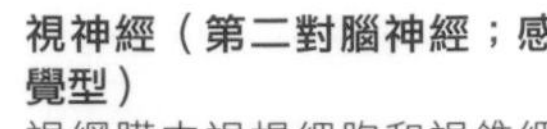

視神經（第二對腦神經；感覺型）
視網膜中視桿細胞和視錐細胞取得的視覺資訊，由視神經攜帶，遞交給腦部的視皮質；視神經的部分纖維會在「視神經交叉」（請參閱第110頁）處相交而過，並在此形成帶狀的神經纖維，稱為視徑。每一條神經徑中都有大約100萬條感覺神經纖維，視徑所能攜帶的資訊量是所有腦神經中最大的。

動眼神經、滑車神經、外展神經（第三、四、六對腦神經；主要為運動型）
這三對腦神經負責調節眼部肌肉的自主運動，移動眼球和眼瞼；動眼神經也藉支配虹膜肌而控制縮瞳作用，並藉由支配睫狀肌控制水晶體，進而改變聚焦。

嗅神經（第一對腦神經；感覺型）
鼻子中，位於鼻腔正上方的嗅覺上皮將氣味資訊遞交給嗅球和嗅徑，再傳到腦部的邊緣系統。

三叉神經（第五對腦神經；有兩條感覺型分支、一條混合型分支）
眼睛和上頜的神經分支蒐集眼睛、顏面和牙齒取得的訊息；下頜的運動型神經纖維控制咀嚼肌，而下顎的感覺型神經纖維負責遞送產生於下巴的訊號。

前庭耳蝸神經（第八對腦神經；感覺型）
前庭分支負責收集來自內耳的神經訊號，以獲取有關頭部方向和平衡感等資訊；耳蝸分支遞送源於耳朵的訊號，取得關於聲音和聽覺的資訊。

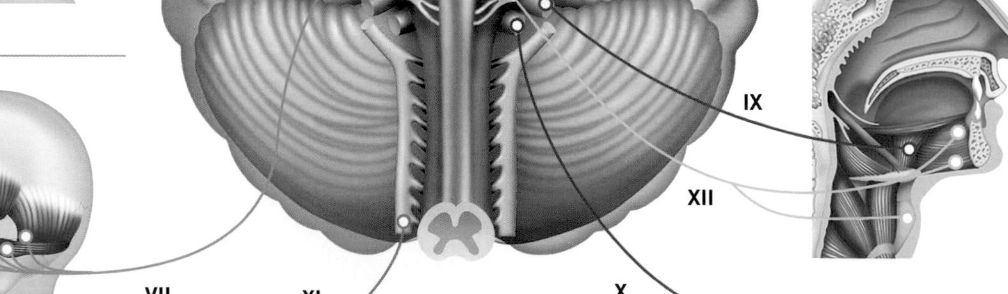

II
III
IV
VI
I
V
VIII
IX
XII
VII
XI
X

顏面神經（第七對腦神經；混合型）
顏面神經的感覺型分支支配的是舌頭前三分之二部分的味蕾；顏面神經的運動型分支則延伸至做出面部表情的肌肉、唾液腺和淚腺等。

吞嚥神經和舌下神經（第九和第十二對腦神經；兩對皆為混合型）
這兩對神經的運動型神經纖維都負責舌部運動及吞咽，而感覺型神經纖維則負責轉遞來自舌部和咽部，與味覺、觸覺、溫度等相關的資訊。

脊髓副神經（第十一對腦神經；主要是運動型）
控制頭部、頸部和肩膀肌肉的運動，也刺激咽部和喉部中執行吞嚥動作的肌肉。

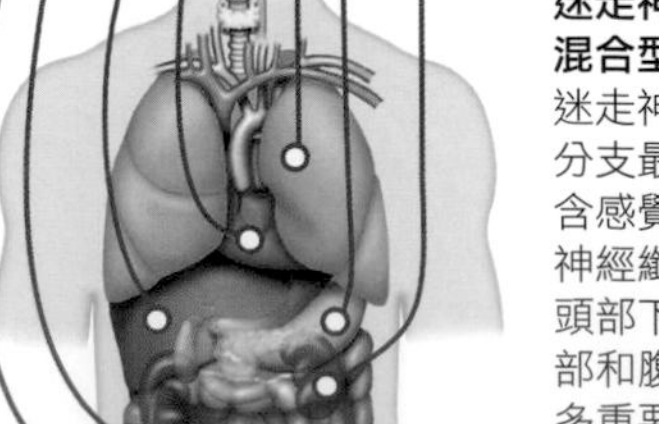

迷走神經（第十對腦神經；混合型）
迷走神經是12對腦神經中，分支最多且最長的一對，內含感覺型、運動型和自主型神經纖維，可將資訊傳遞到頭部下層、喉部、頸部、胸部和腹部；迷走神經負責許多重要的生理功能，包括吞咽、呼吸、心跳和胃酸的形成等。

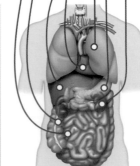

從下往上看的視圖
右上方這張腦部底面圖中，可見主要與腦下部區域相接的腦神經樣貌。這些腦神經，有些是將脈衝帶到腦部的感覺神經纖維，另一些則是將大腦發出的神經訊號遞送到肌肉和腺體的運動神經纖維，還有些是混雜型神經纖維，感覺神經纖維和運動神經纖維兼具。

脊髓性反射

反射是受到刺激時，快速、無意識且可預測的反應。反射作用大多是為了求取生存與保護身體免受損毀及傷害而產生，例如：藉咳嗽移除下呼吸道的刺激物、藉打噴嚏清理鼻腔氣道等。一般情況下，反射作用發生在一套完整的神經迴路中，產生知覺與意識的腦則不會參與這個作用；通常，當頭腦意識到反射作用的發生時，是在反應結束之後。脊髓性反射的迴路中，感覺神經纖維會將資訊饋送給脊髓，而脊髓會直接或透過中介神經元連結上運動神經纖維，由此，脊髓所產生的運動指示就會直達相關肌肉。

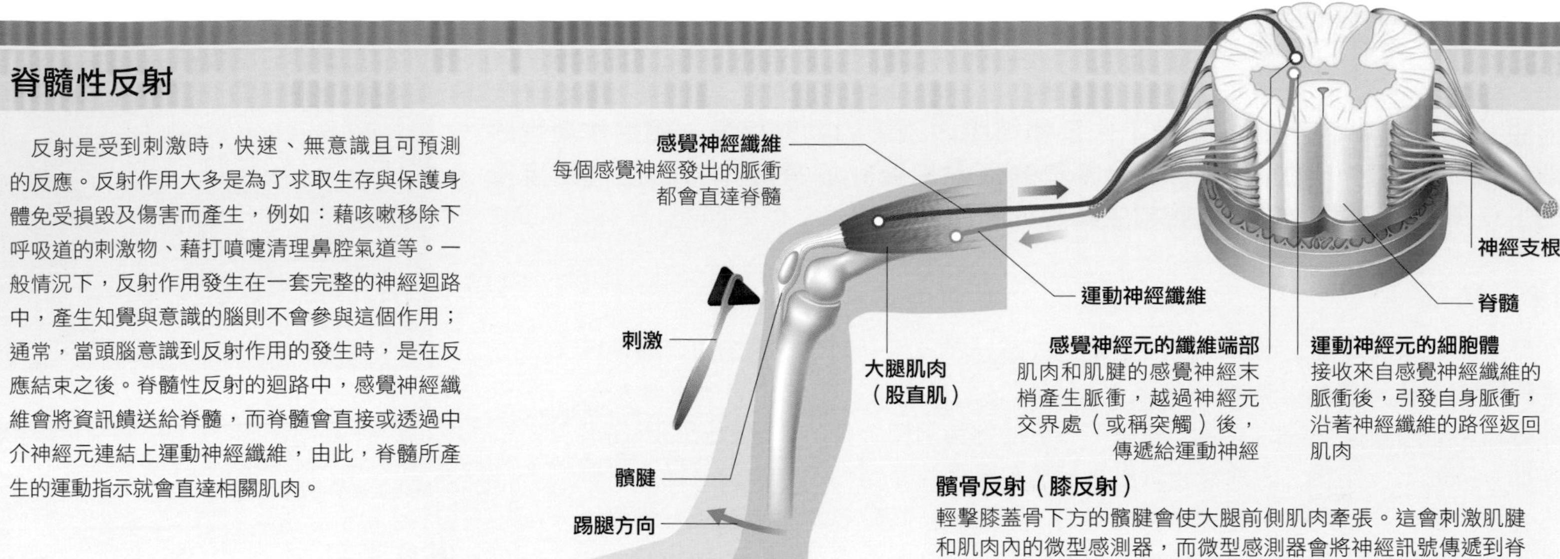
感覺神經纖維
每個感覺神經發出的脈衝都會直達脊髓
神經支根
運動神經纖維
脊髓
刺激
大腿肌肉（股直肌）
感覺神經元的纖維端部
肌肉和肌腱的感覺神經末梢產生脈衝，越過神經元交界處（或稱突觸）後，傳遞給運動神經
運動神經元的細胞體
接收來自感覺神經纖維的脈衝後，引發自身脈衝，沿著神經纖維的路徑返回肌肉
髕腱
踢腿方向

髕骨反射（膝反射）
輕擊膝蓋骨下方的髕腱會使大腿前側肌肉牽張。這會刺激肌腱和肌肉內的微型感測器，而微型感測器會將神經訊號傳遞到脊髓。運動神經纖維將訊號回傳給肌肉，使肌肉收縮並輕輕踢腿一下。

脊神經

31對周邊脊神經都發自脊髓，從椎骨之間的空隙鑽出。每條神經纖維都會一再分岔，形成若干分支；「背側支」支配身體的背部區域，而「腹側支」則支配身體前側和旁側。脊神經的分支可與其他神經纖維連接在一起，形成稱為神經叢的網狀結構，而資訊會在神經叢交互流通。神經叢發出的訊號會沿著次級運動神經分支，傳到需執行複雜功能或動作的部位。

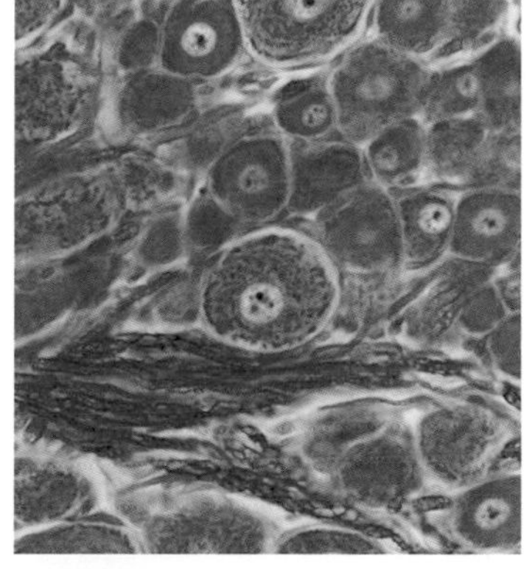

脊髓神經節
相片為一簇脊神經細胞（神經節）切面，這就是統整神經脈衝的地方。每個神經元（紫色部分）都被包在支援細胞（淺藍色部分）中。

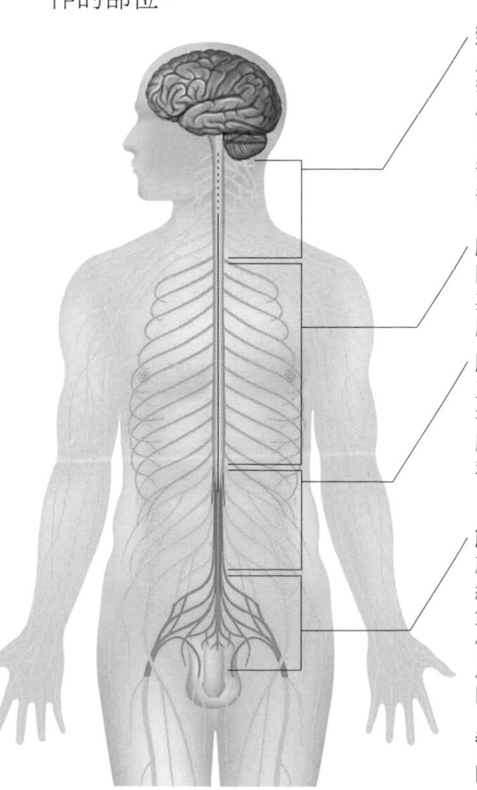

頸部（第1至第8對頸神經）
八對頸部神經形塑出兩個神經網：頸神經叢（第1至第4對頸神經）、臂神經叢（第5至第8對頸神經／第1對胸神經）。這些神經會延伸到胸部、頭部、頸部、肩膀、胳臂、手部及橫膈膜。

胸部（第1至第12對胸神經）
除了第1對胸神經屬於臂神經叢，其他對胸神經都與肋骨之間的肋間肌、背部深肌和腹部肌肉相連。

腰部（第1至第5對腰神經）
五對腰神經中有四對（第1至第4對腰神經）聚而形成腰神經叢，支配下腹腹壁和大腿、小腿的一些部位。第4和第5對腰神經與與前四對薦神經（第1至第4對薦神經）互連。

薦部（第1至第5對薦神經）
薦神經叢（第5對腰神經至第3對薦神經）和尾骨神經叢（第4對薦神經／第5對薦神經／第1對尾神經），這兩個神經網發送分支到大腿和臀部、腿足部的肌肉和皮膚、肛門和生殖器等區域。

脊柱分區
四個主要脊髓神經區域的組織和命名與其所在的脊柱區域名相對應，分別為頸部、胸部、腰部（或稱下背部）和薦部（或稱脊柱底部）。

皮膚知覺神經根範圍

皮膚知覺神經根範圍是皮膚上由一對脊神經的背根（位於背部，屬於感覺神經）支配的一塊區域。發自該區皮膚中微型感測器的觸覺、壓力、熱度、冷度、疼痛等感覺訊息，會送交給神經分支，傳送到脊神經分支的感覺神經纖維，再往下傳遞至脊神經根，而後遞交給脊髓。「皮膚位置圖」繪製的就是這些皮膚的分區，或稱「皮膚知覺神經根範圍」。現實中，神經根（也就是皮膚感覺地帶）的分佈區域略有重疊之處。

皮膚知覺神經根範圍示意圖
第1對頸部脊神經沒有源自皮膚的感覺型神經纖維，所以未顯示於圖中；顏面和額頭會透過三叉神經（第五對腦神經，英文縮寫為V）發送訊號，在此以V1至V3作為代碼。

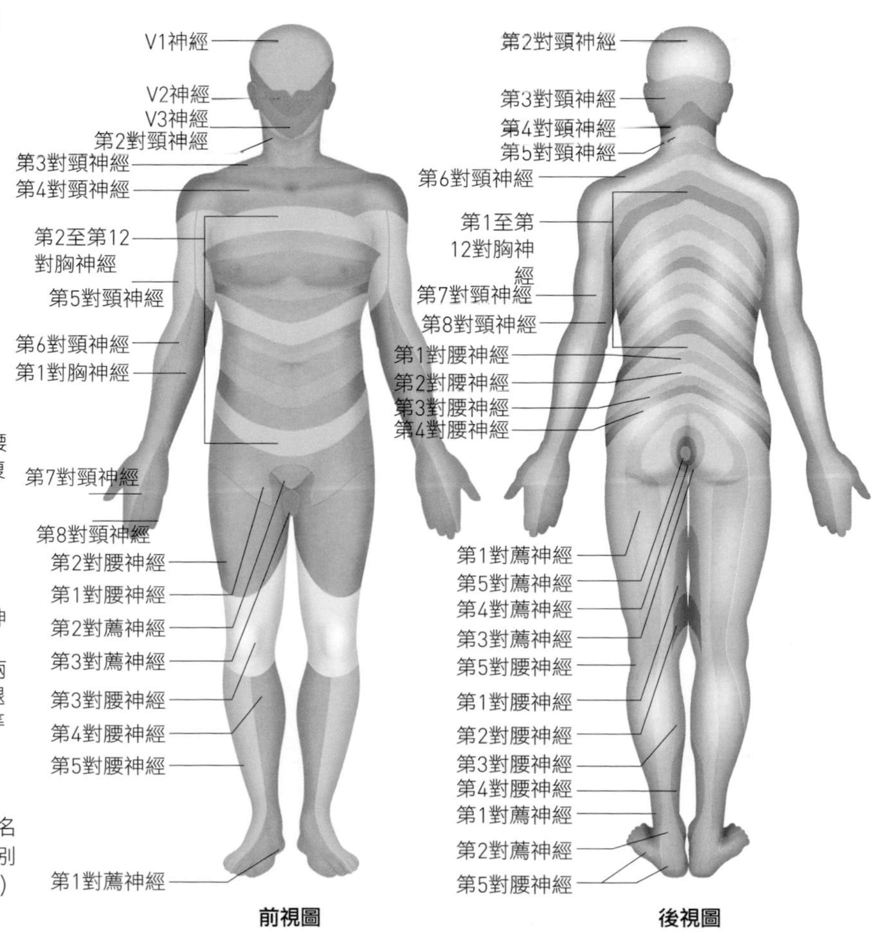
V1神經
V2神經
V3神經
第2對頸神經
第3對頸神經
第4對頸神經
第2至第12對胸神經
第5對頸神經
第6對頸神經
第1對胸神經
第7對頸神經
第8對頸神經
第2對腰神經
第1對腰神經
第2對薦神經
第3對薦神經
第3對腰神經
第4對腰神經
第5對腰神經
第1對薦神經
前視圖
第2對頸神經
第3對頸神經
第4對頸神經
第5對頸神經
第6對頸神經
第1至第12對胸神經
第7對頸神經
第8對頸神經
第1對腰神經
第2對腰神經
第3對腰神經
第4對腰神經
第1對薦神經
第5對薦神經
第4對薦神經
第3對薦神經
第5對腰神經
第1對腰神經
第2對腰神經
第3對腰神經
第4對腰神經
第1對薦神經
第2對薦神經
第5對薦神經
後視圖

自主神經系統

自主（自律）神經系統的關鍵工作是維持體內環境的動態平衡，而這作業程序稱為體內恆定。自主神經系統大多數的活動都獨立於意識（有自主性或自律力），所以我們很少會意識到自主神經的運作方式。

自主功能

自主神經系統是神經系統的三個主要組成部分之一。中樞神經系統和周邊神經系統的神經構造有部分跟自主神經系統共用，而自主神經系統也有多個鏈狀的神經節（即軸突交流處的神經細胞簇），位於脊髓兩側。自主神經系統的工作大半採「自動化」作業，能夠自發做出立即性和長期性反應。感覺神經纖維會將有關器官和心率等體內活動的資訊發送出去。下視丘、腦幹或脊髓統整所有資訊之後，自主神經系統會以發送運動神經訊號的方式，下命令給三個主要標的物：存在於許多器官和血管的平滑肌（不隨意肌）、心肌以及特定腺體。

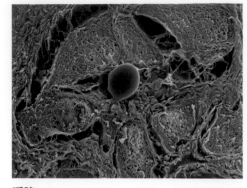

淚腺
這張電子顯微鏡觀察所得的圖片顯示的是正在製造淚液（紅色水滴）的淚腺。淚腺是自主（自律）神經系統控制的許多腺體之一。

圖標索引：
副交感神經
交感神經
神經節前的軸突
神經節後的軸突
突觸
神經節終端
側副神經節

自主（自律）神經系統的次級分類
自主（自律）神經系統當中又可細分為：交感神經和副交感神經。交感神經的神經節排成兩條神經鏈，分別位於脊柱的兩側（圖中只顯示一側）。自主神經系統中副交感神經的神經節位於器官內（如簡圖所示）。只有皮膚和血管接收來自脊髓所有位置的神經訊息。

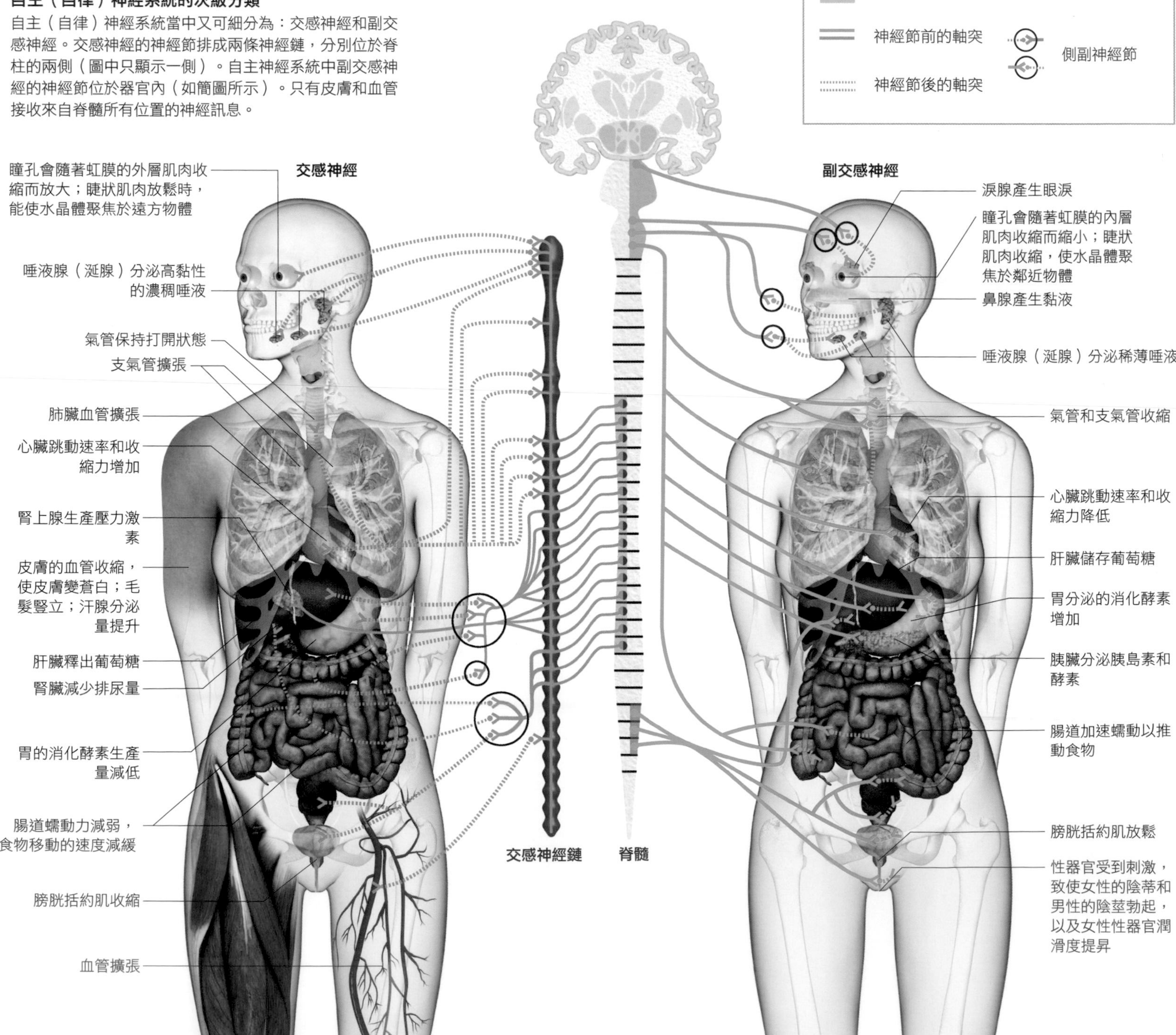
交感神經
瞳孔會隨著虹膜的外層肌肉收縮而放大；睫狀肌肉放鬆時，能使水晶體聚焦於遠方物體
唾液腺（涎腺）分泌高黏性的濃稠唾液
氣管保持打開狀態
支氣管擴張
肺臟血管擴張
心臟跳動速率和收縮力增加
腎上腺生產壓力激素
皮膚的血管收縮，使皮膚變蒼白；毛髮豎立；汗腺分泌量提升
肝臟釋出葡萄糖
腎臟減少排尿量
胃的消化酵素生產量減低
腸道蠕動力減弱，食物移動的速度減緩
膀胱括約肌收縮
血管擴張
交感神經鏈
脊髓
副交感神經
淚腺產生眼淚
瞳孔會隨著虹膜的內層肌肉收縮而縮小；睫狀肌肉收縮，使水晶體聚焦於鄰近物體
鼻腺產生黏液
唾液腺（涎腺）分泌稀薄唾液
氣管和支氣管收縮
心臟跳動速率和收縮力降低
肝臟儲存葡萄糖
胃分泌的消化酵素增加
胰臟分泌胰島素和酵素
腸道加速蠕動以推動食物
膀胱括約肌放鬆
性器官受到刺激，致使女性的陰蒂和男性的陰莖勃起，以及女性性器官潤滑度提昇

交感神經和副交感神經的功能		
交感神經和副交感神經產生的反應相反。 交感神經讓身體做好行動與面對壓力的準備。 副交感神經將身體功能恢復正常，以節省能源。		
受影響的器官	**交感神經的反應**	**副交感神經的反應**
眼睛	瞳孔擴大	瞳孔縮小
肺臟	支氣管擴張	支氣管收縮
心臟	心臟的跳動速率和強度增加	心臟的跳動速率和強度降低
胃	酵素分泌量降低	酵素分泌量提昇

平衡的協調功能

自主神經系統主要將訊號送到肌肉，使肌肉之間產生「推拉」關係。這些相反的影響力彼此互動並維持平衡。例如，眼睛瞳孔大小會不斷產生自發性變化。虹膜的平滑肌纖維排列組合方式，內環為圓形，外環為放射狀。眼中的感覺接受器會對光線產生反應，發送神經訊號到腦部，腦部再通知一條或其他條肌肉帶，使之調節瞳孔大小。

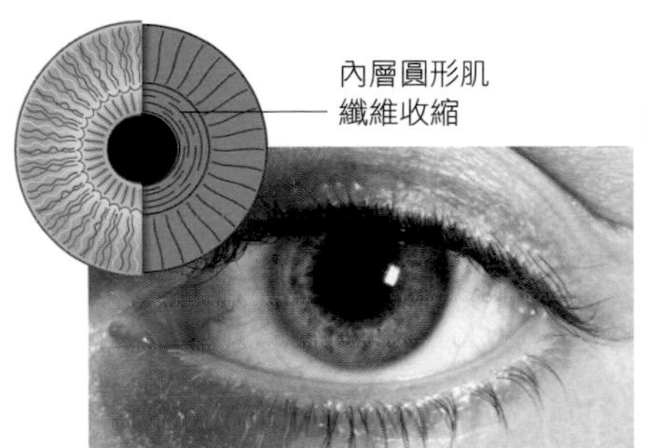
內層圓形肌
纖維收縮

瞳孔縮小
在明亮的光線下，或者要查看臨近物體時，副交感神經會影響並刺激肌肉收縮，使瞳孔縮小。

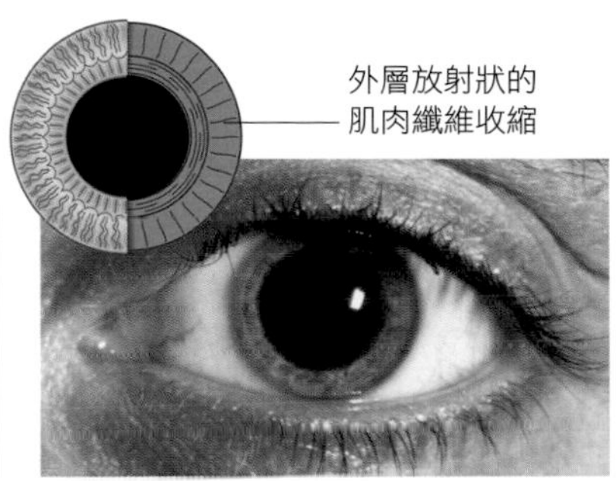
外層放射狀的
肌肉纖維收縮

瞳孔放大
瞳孔放大是人體警戒度提高的徵兆，此時交感神經會通知肌纖維縮短。

隨意控制下的反應

在隨意控制下的神經反應與自主神經系控制下的各種反應相反。受到感覺神經所傳入消息或有意識的思想和意圖刺激後，腦部的大腦皮質（外層）會為做出某一特定動作，而規劃出中控運動計畫，並發出運動神經訊號作為指示，下令隨意肌動作。運動進行當中，肌肉、肌腱和關節中的末梢感覺神經也會持續監測動作，並提供小腦最新情報，好讓大腦皮質發送訂正神經訊號傳回肌肉，使之做出協調且精準的動作。

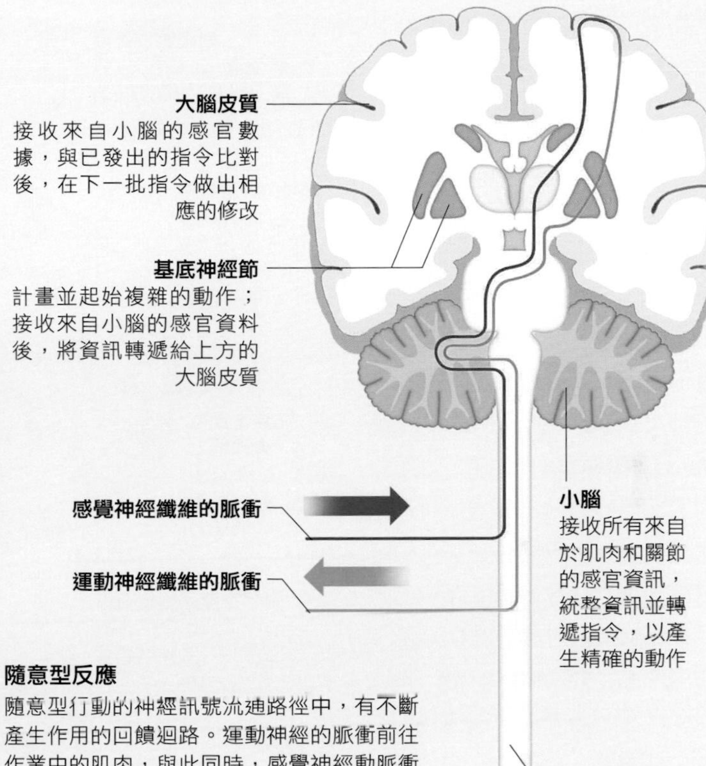
大腦皮質
接收來自小腦的感官數據，與已發出的指令比對後，在下一批指令做出相應的修改
基底神經節
計畫並起始複雜的動作；接收來自小腦的感官資料後，將資訊轉遞給上方的大腦皮質
感覺神經纖維的脈衝
運動神經纖維的脈衝
小腦
接收所有來自於肌肉和關節的感官資訊，統整資訊並轉遞指令，以產生精確的動作
脊髓

隨意型反應
隨意型行動的神經訊號流通路徑中，有不斷產生作用的回饋迴路。運動神經的脈衝前往作業中的肌肉，與此同時，感覺神經動脈衝返回小腦，回報行動的進展狀況，並作出使動作流暢所需的精細調整。

自發性反應

通常不會自覺意識到的自發性（自主性）反應可分為兩個主要類別。一類是反射作用（請參閱第99頁）。反射作用影響的主要是正常狀況下可隨意控制的肌肉。另一類反應則為自律運動作出的行為。這些反應的初始神經通路沿著脊神經到達脊髓後，跟著上行徑神經纖維往上來到腦部的自主作業區下層，特別是下視丘和邊緣系統的一些部位。這些腦部區域會分析並處理所收到的資料，然後利用自主神經束路徑送出運動型脈衝，下指示給不隨意肌和腺體。副交感神經和交感神經各有獨立的路徑傳輸回應訊號。

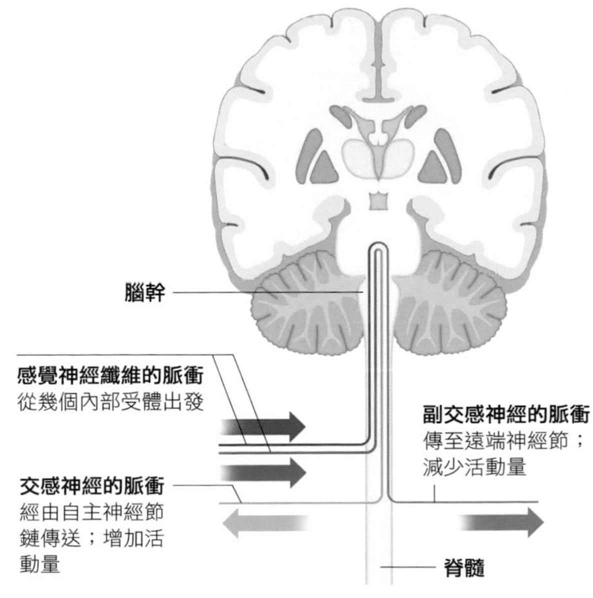
腦幹
感覺神經纖維的脈衝
從幾個內部受體出發
副交感神經的脈衝
傳至遠端神經節；減少活動量
交感神經的脈衝
經由自主神經節鏈傳送；增加活動量
脊髓

自主神經的反應
神經訊號沿著脊神經和脊髓往上傳遞到腦部的自主區下層，由此做出回應，輸出運動脈衝。

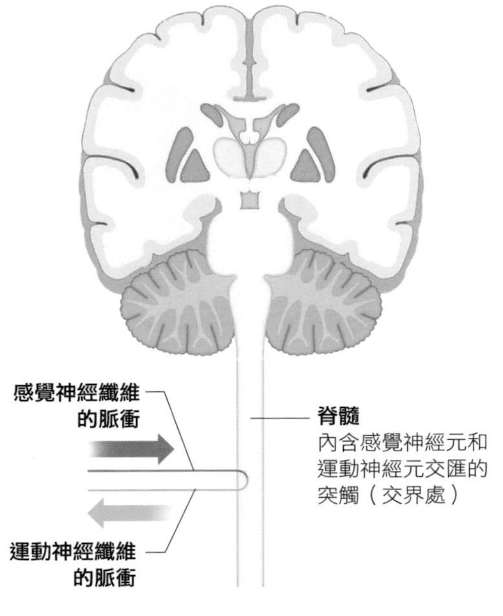
感覺神經纖維
的脈衝
脊髓
內含感覺神經元和運動神經元交匯的突觸（交界處）
運動神經纖維
的脈衝

反射作用
感官訊號抵達的地點和運動訊號離開之處全都在脊髓中，雖然腦部會在不久過後察覺到反射作用的進行，但進行中的整個作用流程，腦部完全不參與。

記憶、思想和情緒

腦是非常複雜而協調性極高的構造，其負責的很多心智機能都不只由腦部的單一部位控制。比方說，腦中並沒有單一個稱為「記憶處理中心」的區域。思想、感覺、意識、情緒、記憶等，都由人腦的許多不同部分共同處理。

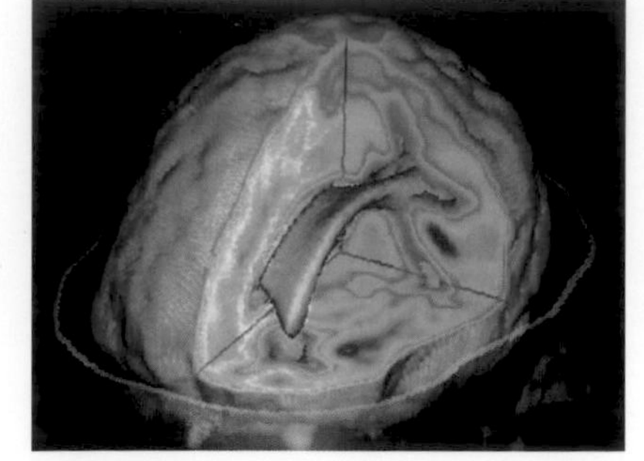

談話時下腦部的活動情形
這張正子電腦斷層掃描片是受測者說話時拍下的「快照」。顯示為紅色斑塊的部分表示該區活動度高。圖中可見掌控說話（言語）能力的布洛卡氏區（腦底部）和分析語言的沃尼凱氏區（腦後側）。大多數人的言語和語言理解中心都是位於大腦左側。

皮質部位圖

大腦皮質的某些區域稱為主要感覺區。每個主要感覺區都會接收來自特定感官的感覺資訊。比如，主要視覺皮質區負責分析眼睛傳來的資料。每個主要區域周圍都有一個聯合區，從特定感官傳來的資料會在聯合區與來自於其他感官的資料一起整合，並與原先具備的記憶和知識做比對，與感覺和情感互相聯繫。如此一來，看到某個特定的場景便能使我們認出、識別某物件，並正確說出該物的名稱，同時還可記起最後一次看到該物的地點，回想起與之相關的感覺資料（例如某些氣味），並重新體驗與之相關的情感。

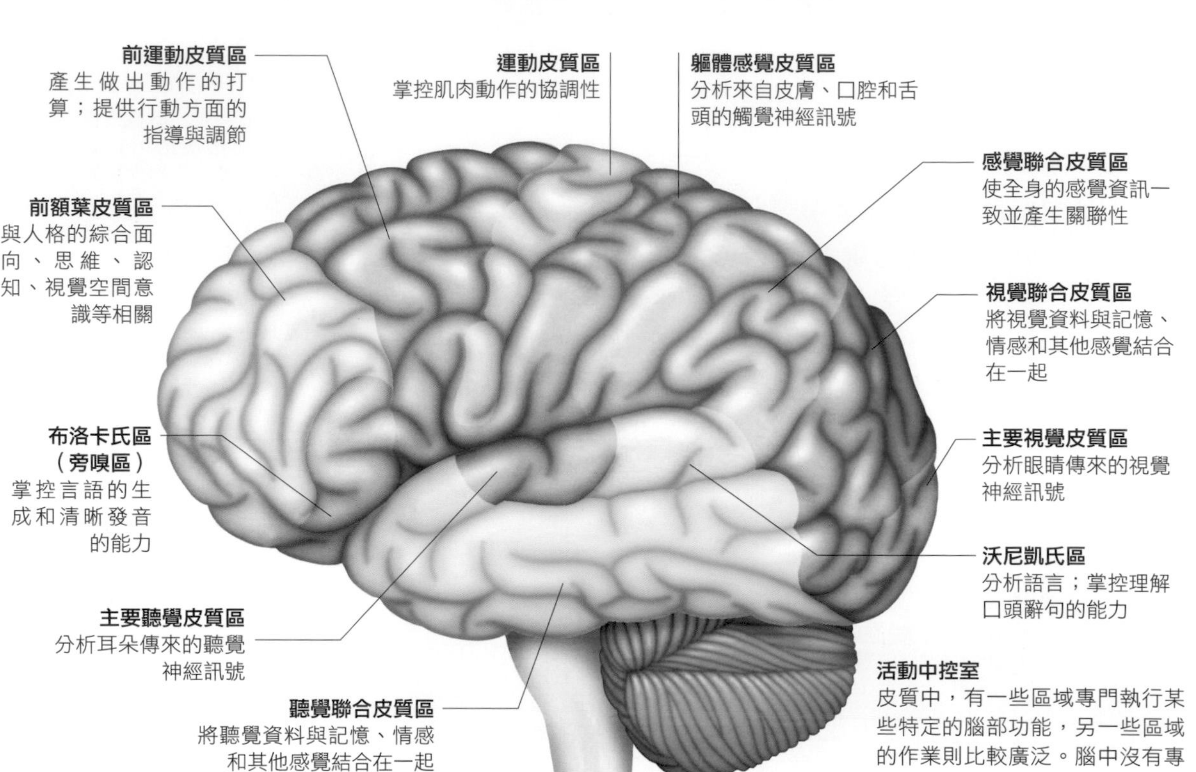

前運動皮質區
產生做出動作的打算；提供行動方面的指導與調節
運動皮質區
掌控肌肉動作的協調性
軀體感覺皮質區
分析來自皮膚、口腔和舌頭的觸覺神經訊號
感覺聯合皮質區
使全身的感覺資訊一致並產生關聯性
前額葉皮質區
與人格的綜合面向、思維、認知、視覺空間意識等相關
視覺聯合皮質區
將視覺資料與記憶、情感和其他感覺結合在一起
布洛卡氏區（旁嗅區）
掌控言語的生成和清晰發音的能力
主要視覺皮質區
分析眼睛傳來的視覺神經訊號
沃尼凱氏區
分析語言；掌控理解口頭辭句的能力
主要聽覺皮質區
分析耳朵傳來的聽覺神經訊號
聽覺聯合皮質區
將聽覺資料與記憶、情感和其他感覺結合在一起

活動中控室
皮質中，有一些區域專門執行某些特定的腦部功能，另一些區域的作業則比較廣泛。腦中沒有專一負責學習和產生意識的部位。

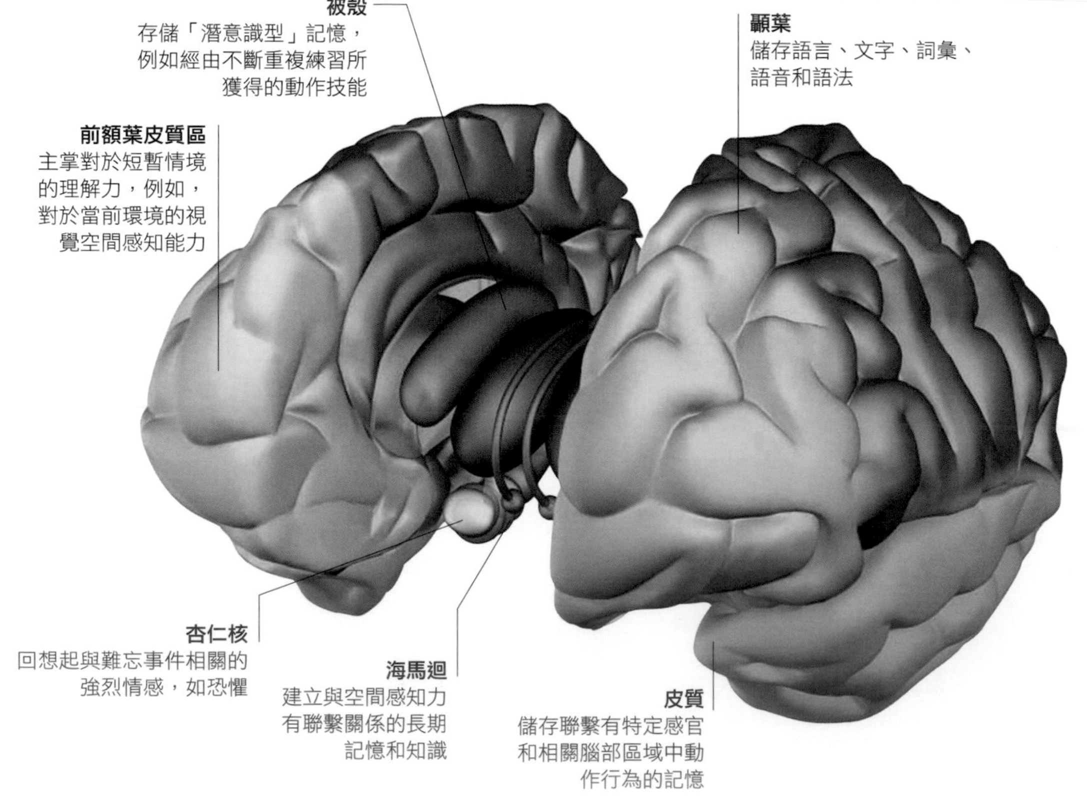

被殼
存儲「潛意識型」記憶，例如經由不斷重複練習所獲得的動作技能
顳葉
儲存語言、文字、詞彙、語音和語法
前額葉皮質區
主掌對於短暫情境的理解力，例如，對於當前環境的視覺空間感知能力
杏仁核
回想起與難忘事件相關的強烈情感，如恐懼
海馬迴
建立與空間感知力有聯繫關係的長期記憶和知識
皮質
儲存聯繫有特定感官和相關腦部區域中動作行為的記憶

記憶和回憶

記憶是人腦的資訊倉庫，不僅包含學校教育中學到的事實和資訊，也含括非教育所學的資訊，比如個人偏好，以及經歷重大感情事件時所得到的經驗。建立記憶的當下，腦部沒有一個特定部位在處理記憶，也沒有任何部位作為所有記憶的儲藏點。記憶的處理流程取決於幾項因素：記憶的重要性和時間長度、對於情緒的影響程度、與特定感官（如視力）的連結性等。例如，部分音樂性回憶來自大腦皮質中處理聽覺資訊的區域。

參與記憶存儲的區域
大腦皮質外層的灰質與記憶密切相關。海馬迴協助將立即性思緒和感覺資訊轉移到短期和長期記憶的儲存處。海馬迴受損的病患，只能回想起受損很久之前發生的事件，而無法回憶起幾小時前或甚至幾分鐘前發生的事。

記憶的形成

一般認為，創造記憶時，神經元（神經細胞）會產生新的凸出部位（軸突）及互聯點。視丘和皮質等腦的部位會不斷監測所有資訊，了解其重要性高低。某些事實、感受或如氣味等感覺資料會被杏仁核和海馬迴等腦中構造挑選出來，納入記憶形成的初階程序。記憶的各個面向分別交由相關的腦部構造處理。神經細胞會為記憶的特定面向產生新的連結點（即突觸），創造出新的迴路，這個迴路稱為記憶痕跡。

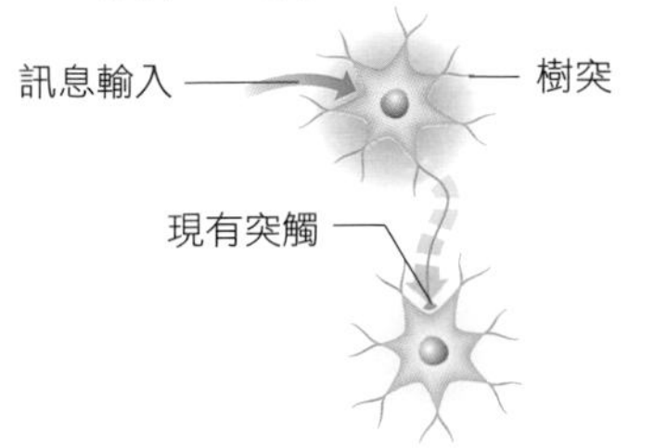
訊息輸入
樹突
現有突觸

1 訊息輸入

神經元的樹突接收與記憶相關的神經脈衝輸入訊息，再產生一系列相應的脈衝，將此訊息輸出到第二個神經元。

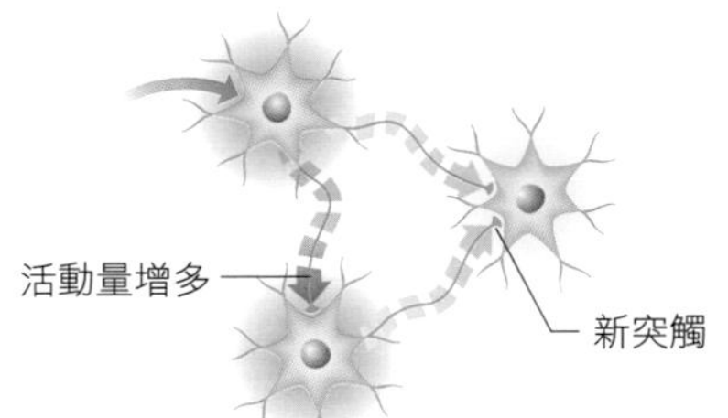
活動量增多
新突觸

2 迴路形成

第二個神經元會生成新的連結，接上第三個神經元，方法與第一個神經元連接上第二個神經元的相同。新突觸的建立，仰賴軸突終端和樹突的生長。

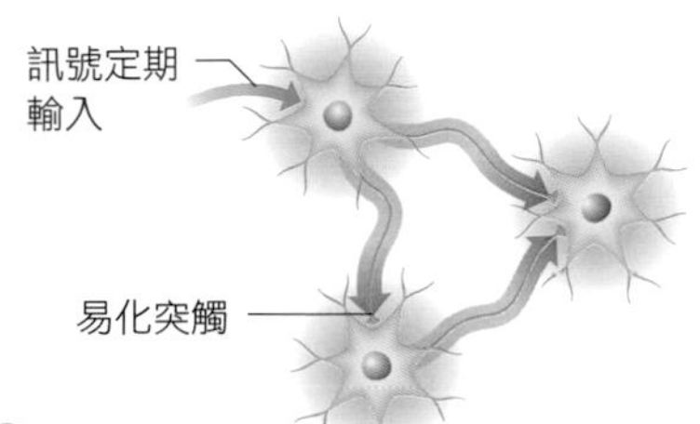
訊號定期輸入
易化突觸

3 活動量增加

活動量提昇會生成更多的神經突觸，而這些突觸會逐漸變為確立型（即「易化」）突觸。藉由回想此記憶，這個新建的迴路能再次活化，因而延長留存的時間。

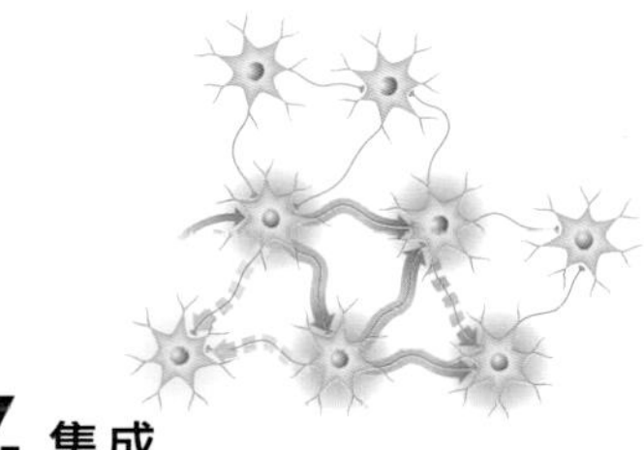

4 集成

在持續不斷地活化之下，記憶迴路周遭的神經元網會將之吸納入其中。這整個神經網代表的是單一個記憶。

長期還是短期？

有幾個系統可用於分類記憶與形成記憶的工序。其一是以「時延性」分類（以時間為根據），而此分類法又可細分為三個基本階段。「感覺記憶」（例如：短暫地識別某個聲音）轉瞬即逝，儲存在腦部的時間通常不會超過一秒。如果有意識地將這個輸入的感覺訊息保留，並予以詮釋，就有可能將之轉化為短期記憶，幾分鐘之內都能記得。短期記憶轉化為長期記憶稱為「鞏化」，專注、一再重複、聯想等都是固結記憶所需的元素。回想起資訊的難易度取決於該資訊固結成記憶的方式。

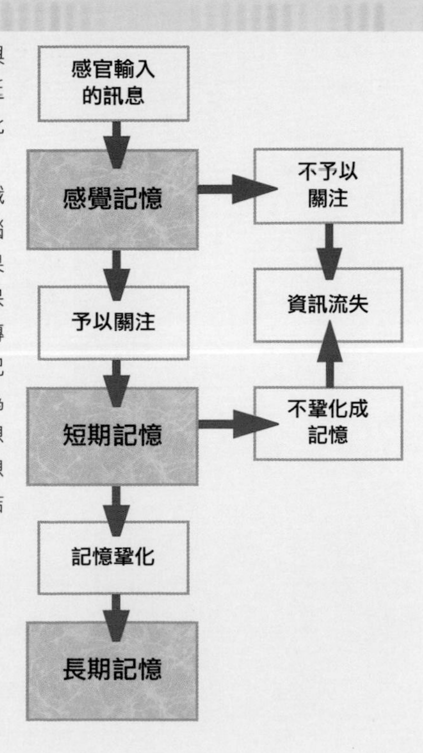
感官輸入的訊息
感覺記憶
不予以關注
資訊流失
予以關注
短期記憶
不鞏化成記憶
記憶鞏化
長期記憶

從訊息的輸入到記憶的形成

腦部會監測所有輸入的感覺訊息，挑出重要的資訊，將之短暫保留，或將之固結並儲存下來。

直擊腦部思維現場

功能性磁振造影等即時性掃描技術現世後，研究學者開始能監測腦部各個部位的活動程度。功能性磁振造影掃瞄可顯示出局部血流極少量增加的狀態（即血流動力活動度）。顯示血流動力活動度的掃瞄，可以即時形塑出腦部影像的「部位圖」，顯露出人在進行明確定義的心智活動時，腦的哪些部位會呈現忙碌狀態；明確定義的心智活動好比研究圖片的視覺細節、聆聽並瞭解話語、執行特定組合的動作等。許多心智功能在執行的時候，腦部會同時有數個區域「發亮」，由此可見，在人的思維過程中，腦部各個區域之間相互作用的複雜度有多高。

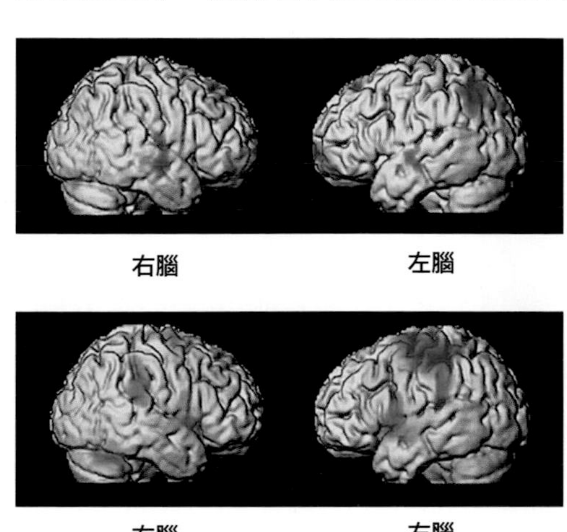
右腦
左腦
右腦
左腦

規劃動作

這張功能性磁振造影掃瞄片的受試者應要求在掃描時，盤算著執行某種動作。片中可見前額葉的左、右兩區有活動產生，左、右聽覺皮質區也有活動產生。

執行動作

實際執行動作時，左腦的前運動皮質和運動皮質中大部分的區域都發亮了。位於腦部基層的小腦協助控制，使肌肉的協作良好，做出精準動作。

情感記憶

記憶中，有很多都包含與強烈情感有關的事件，比如失去摯愛的悲痛感、接獲好消息的欣喜雀躍等。而且，往後經歷到類似或相關聯的情況時，也會使人回憶起過往的情感。例如，目睹道路交通事故的人可能會想起自己以前親身經歷過的事故。這會讓事發當時所感到的強烈恐懼和痛苦，在當下又重新湧現。封存和回憶起這種強烈情緒的其中一個重要的結構，是位於腦部兩側顳葉的杏仁核。正常情況下，其他腦部區域（尤其是前額葉皮質和視丘）會對杏仁核所引發的強烈情緒反應加以牽制。

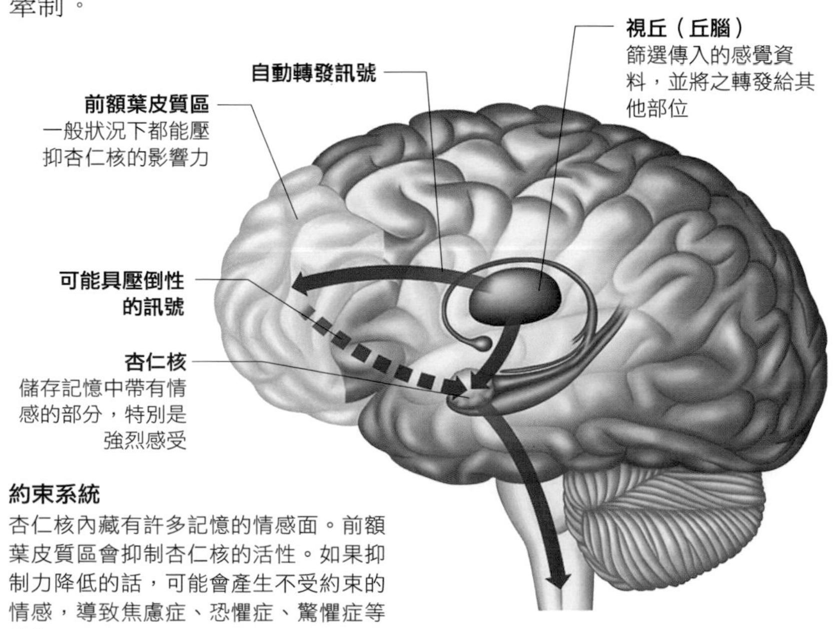
視丘（丘腦）
篩選傳入的感覺資料，並將之轉發給其他部位
自動轉發訊號
前額葉皮質區
一般狀況下都能壓抑杏仁核的影響力
可能具壓倒性的訊號
杏仁核
儲存記憶中帶有情感的部分，特別是強烈感受

約束系統

杏仁核內藏有許多記憶的情感面。前額葉皮質區會抑制杏仁核的活性。如果抑制力降低的話，可能會產生不受約束的情感，導致焦慮症、恐懼症、驚懼症等發作。

觸覺、味覺、嗅覺

全身上下各處都有能夠感覺到壓力、疼痛和溫度的接受器。相較之下，味覺和嗅覺屬於「特別的感官」，因為這兩種感官的接收器都有複雜的結構，只存在於局部區域，且能夠偵測特定的刺激物質。

嗅覺

嗅覺（同於味覺）是一種化學感覺，也就是能夠偵測化學物質的感官。嗅覺感官能夠偵測到漂浮於空氣中，稱為氣味的分子（微小粒子）。人類的嗅覺比味覺敏感得多，能夠區分一萬種以上不同的氣味。特化的上皮組織形成一個稱為嗅覺上皮的嗅覺區，位於鼻腔頂部。嗅覺除了能在遭遇危險時（例如：煙霧和有毒氣體）發出警告，也是人們有能力賞味食物飲品的一大要素。嗅覺感官的能力會隨著年齡的增長而退化，因此，比起老年人，兒童和青年能夠區分更多不同的氣味，且感受度更豐富。

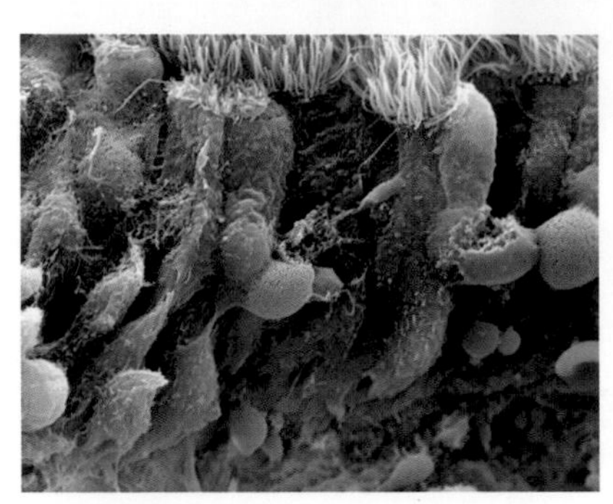

鼻腔內壁
在鼻腔內壁的上皮細胞有成簇的毛髮狀纖毛，會以搖動的方式，將誘捕病菌和氣味的黏液送到腔室後端，以行吞嚥。

嗅覺的運作機制

傳入的氣味分子會溶解在鼻腔內壁的黏液中。到了鼻腔頂部的氣味分子會觸碰到腔頂的纖毛（顯微鏡下才看得到的毛髮狀嗅覺受器細胞的尾端）。如果正確的氣味分子嵌入纖毛膜上形狀相同的受體（如同鑰匙插入相符的鑰匙孔一般），就會產生神經脈衝。如此傳出去的脈衝，會由嗅球中稱為嗅小球的中介型神經元做部分處理。

位置圖

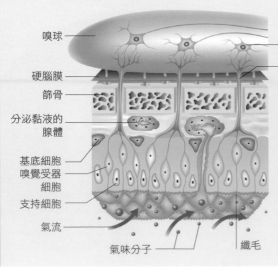

嗅球
嗅小球
神經纖維
硬腦膜
篩骨
分泌黏液的腺體
基底細胞
嗅覺受器細胞
支持細胞
氣流
氣味分子
纖毛

嗅覺上皮
氣味分子與嗅覺受器細胞上的纖毛接觸時，會觸發神經脈衝。這些脈衝沿著神經纖維一路向上，通過篩骨上的小孔。篩骨是分隔鼻腔和腦部的骨頭。

觸覺

產生觸感的是皮膚中或更深層組織中，以顯微鏡才能看得到的感覺受器（即特化的神經細胞末梢，請參閱第166頁）。有些受器外有結締組織囊包覆，另一些受器則毫無遮蔽物掩蓋。不同形狀尺寸的受器能偵測各式各樣的刺激，如熱度、冷度、壓力和疼痛等。這些受器產生的訊息，經由脊髓和腦部下層的轉遞，會傳到大腦皮質中圓弧帶狀的軀體感覺皮質區，這個區域也有「觸覺中心」之稱。

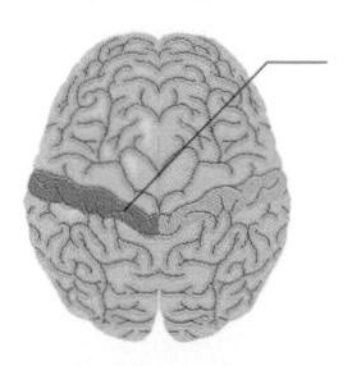
左側的軀體感覺皮質區

觸覺部位圖
軀體感覺皮質區（上圖）的各個部位都會接收來自於全身各處皮膚的觸感訊息，位置標示於這張腦部的垂直截面圖中（右圖）。

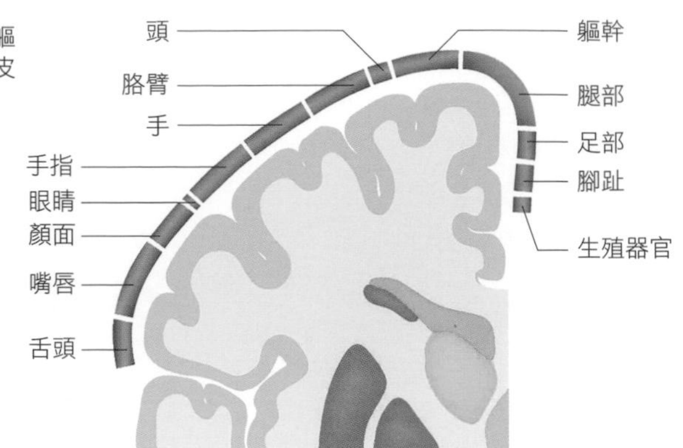
頭
軀幹
胳臂
腿部
手
足部
手指
腳趾
眼睛
顏面
生殖器官
嘴唇
舌頭

味覺

味覺的運作方式類似於嗅覺。味覺細胞受器會藉由「鎖鑰」方式（請參閱左方文字框內的說明），偵測到溶於唾液中特定的化學物質。成群的受器細胞稱為味蕾。兒童的味蕾約有一萬個，但隨著年齡的增長，味蕾的數量可能會降到少於五千個。味蕾主要位在散佈於於舌頭上側表面特定區域中，痘狀的隆凸（即舌乳突）之間。也有一些味蕾的位置處於上　（口腔頂部）、喉嚨和會厭等部位。

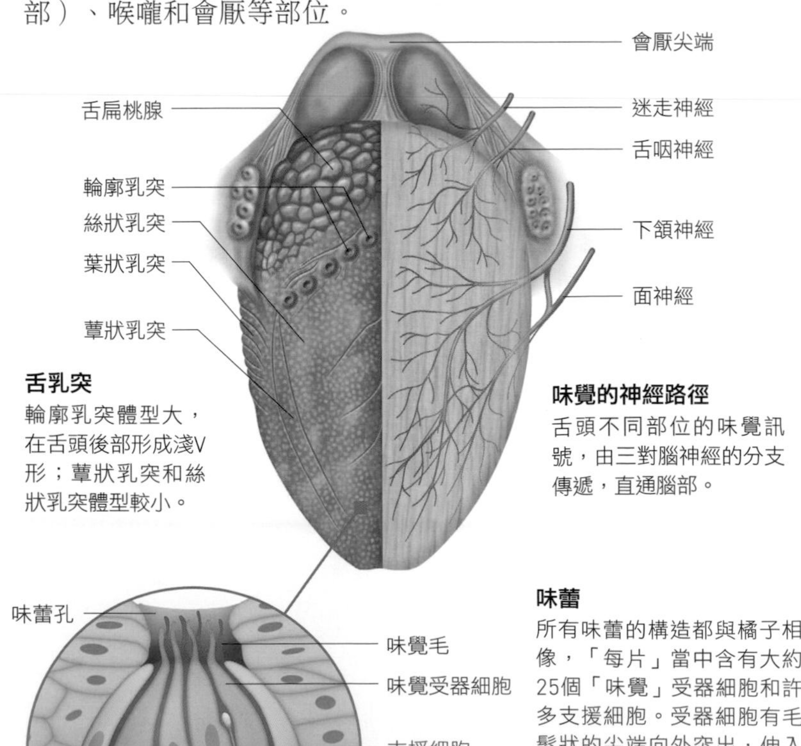
會厭尖端
舌扁桃腺
迷走神經
舌咽神經
輪廓乳突
絲狀乳突
下頜神經
葉狀乳突
面神經
蕈狀乳突
味蕾孔
味覺毛
味覺受器細胞
支援細胞
舌上皮
神經纖維

舌乳突
輪廓乳突體型大，在舌頭後部形成淺V形；蕈狀乳突和絲狀乳突體型較小。

味覺的神經路徑
舌頭不同部位的味覺訊號，由三對腦神經的分支傳遞，直通腦部。

味蕾
所有味蕾的構造都與橘子相像，「每片」當中含有大約25個「味覺」受器細胞和許多支援細胞。受器細胞有毛髮狀的尖端向外突出，伸入舌頭表面的孔洞（味蕾孔）中。這些細胞的神經纖維聚集在味蕾的基部。

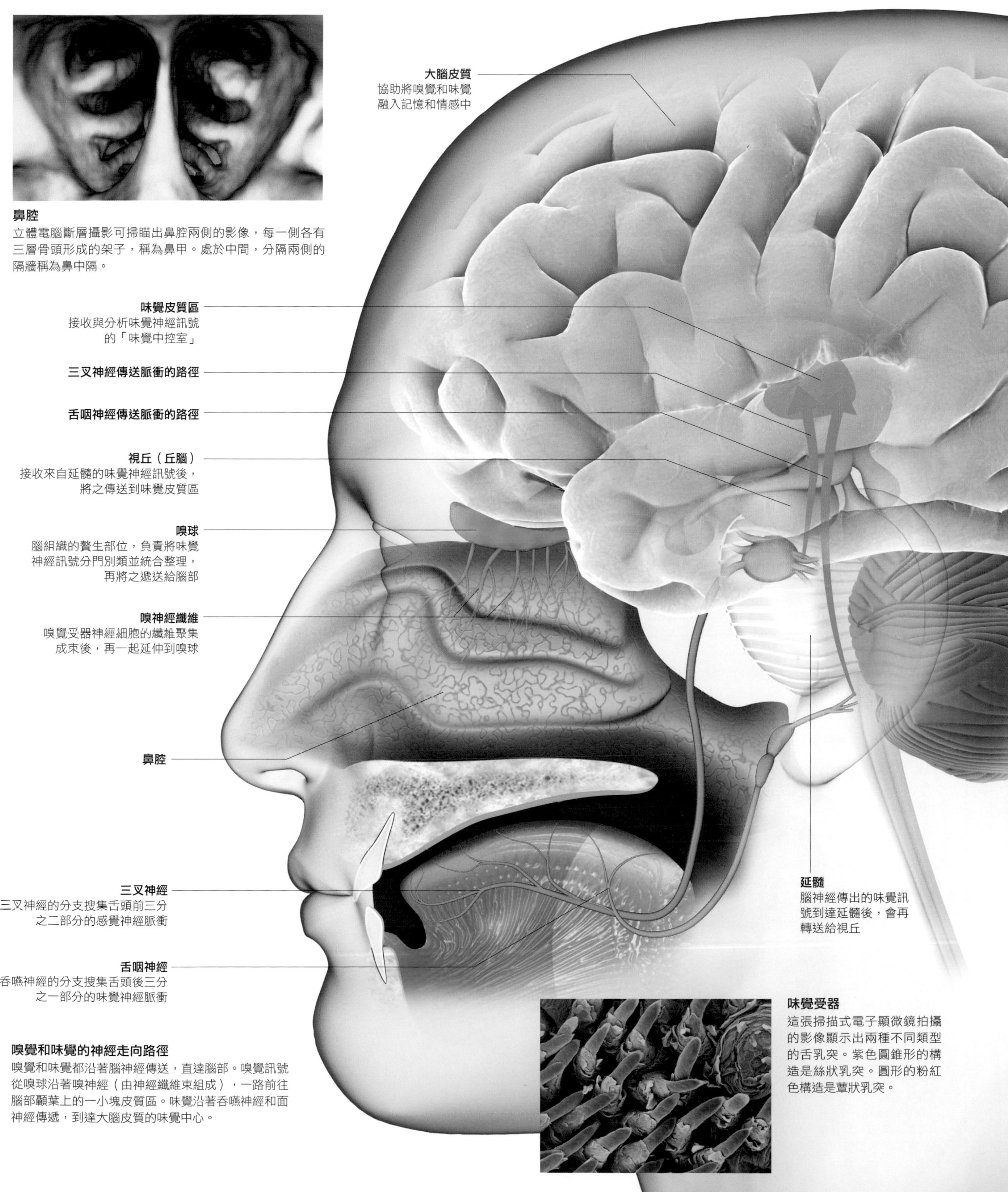
大腦皮質
協助將嗅覺和味覺
融入記憶和情感中
鼻腔
立體電腦斷層攝影可掃瞄出鼻腔兩側的影像，每一側各有
三層骨頭形成的架子，稱為鼻甲。處於中間，分隔兩側的
隔牆稱為鼻中隔。
味覺皮質區
接收與分析味覺神經訊號
的「味覺中控室」
三叉神經傳送脈衝的路徑
舌咽神經傳送脈衝的路徑
視丘（丘腦）
接收來自延髓的味覺神經訊號後，
將之傳送到味覺皮質區
嗅球
腦組織的贅生部位，負責將味覺
神經訊號分門別類並統合整理，
再將之遞送給腦部
嗅神經纖維
嗅覺受器神經細胞的纖維聚集
成束後，再一起延伸到嗅球
鼻腔
三叉神經
三叉神經的分支搜集舌頭前三分
之二部分的感覺神經脈衝
舌咽神經
吞嚥神經的分支搜集舌頭後三分
之一部分的味覺神經脈衝
延髓
腦神經傳出的味覺訊
號到達延髓後，會再
轉送給視丘
味覺受器
這張掃描式電子顯微鏡拍攝
的影像顯示出兩種不同類型
的舌乳突。紫色圓錐形的構
造是絲狀乳突。圓形的粉紅
色構造是蕈狀乳突。

嗅覺和味覺的神經走向路徑

嗅覺和味覺都沿著腦神經傳送，直達腦部。嗅覺訊號從嗅球沿著嗅神經（由神經纖維束組成），一路前往腦部顳葉上的一小塊皮質區。味覺沿著吞嚥神經和面神經傳遞，到達大腦皮質的味覺中心。

耳朵、聽覺、平衡

耳朵提供聽覺，也能偵測頭部位置和動作，因此對於平衡感至關重要。主掌聽覺與負責平衡的部位在耳朵的不同區域，但兩者都需要藉由「毛細胞的受體」，才能執行功能。

耳朵內部

耳朵可分成三個部分。外耳由耳廓（耳翼）和略成S形的外耳道（外聽道）組成。外耳道會引導聲波進入耳朵的第二個區域：中耳。中耳的內部構造能夠將聲波擴大，並將聲波從空氣傳遞至內耳的流體中。中耳的內部構造包括：耳膜（鼓膜）與橫跨中耳主體的三塊聽小骨，中耳主體為充滿空氣的中耳腔（鼓室腔）。內耳內部充滿流體，當中有蝸牛殼狀的耳蝸，聲波會在耳蝸內轉換成神經訊號。中耳的腔室透過歐氏管（耳咽管）與喉嚨相連，也就是說外界的空氣會透過這個管道與中耳接觸。這個通道讓大氣壓力能夠傳到中耳腔中，維持耳膜內外的氣壓平衡，防止耳膜因外在壓力變化而膨出。

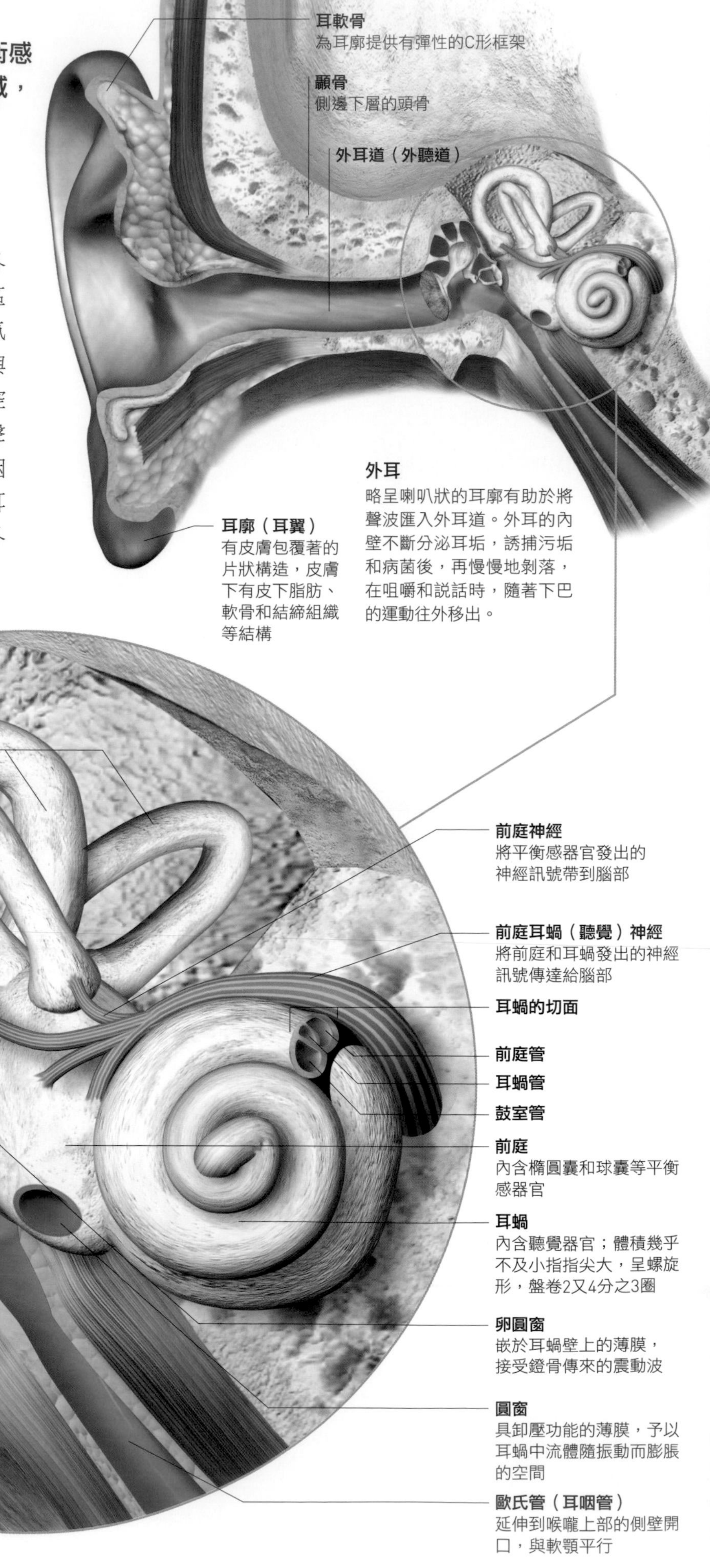
頭皮肌肉
耳軟骨
為耳廓提供有彈性的C形框架
顳骨
側邊下層的頭骨
外耳道（外聽道）
外耳
略呈喇叭狀的耳廓有助於將聲波匯入外耳道。外耳的內壁不斷分泌耳垢，誘捕污垢和病菌後，再慢慢地剝落，在咀嚼和說話時，隨著下巴的運動往外移出。
耳廓（耳翼）
有皮膚包覆著的片狀構造，皮膚下有皮下脂肪、軟骨和結締組織等結構
半規管
內含感覺器，具平衡功能
懸韌帶
聽小骨韌帶將聽小骨固定在原位，但依然給予聽小骨振動的空間
鼓室腔（中耳腔）
聽小骨
錘骨
砧骨
鐙骨
鼓膜
大小略同於指甲；貌似一張薄皮
耳道內壁
分泌耳垢，耳垢會誘捕廢棄殘渣
前庭神經
將平衡感器官發出的神經訊號帶到腦部
前庭耳蝸（聽覺）神經
將前庭和耳蝸發出的神經訊號傳達給腦部
耳蝸的切面
前庭管
耳蝸管
鼓室管
前庭
內含橢圓囊和球囊等平衡感器官
耳蝸
內含聽覺器官；體積幾乎不及小指指尖大，呈螺旋形，盤卷2又4分之3圈
卵圓窗
嵌於耳蝸壁上的薄膜，接受鐙骨傳來的震動波
圓窗
具卸壓功能的薄膜，予以耳蝸中流體隨振動而膨脹的空間
歐氏管（耳咽管）
延伸到喉嚨上部的側壁開口，與軟顎平行

中耳和內耳
內耳的耳蝸、半規管和前庭彼此相通，內部都充滿流體，外有頭顱顳骨包覆，予以保護，當中還有骨迷路，是一整套複雜的隧道和腔室。各個聽小骨位置的固定與連接有賴許多微型韌帶、肌腱和關節的幫助，就如同其他大型骨頭的周遭結構一般。

聽覺的運作機制

耳朵有轉換能量的功能，可將空氣中的壓力差（即聲波）轉換成電化學神經脈衝。聲波通常都以複雜的音頻模式出現，會讓耳膜以相同模式振動。振動沿著聽小骨鏈傳導，傳導時聽小骨會像被壓彎的槓桿輕輕搖擺，迫使鐙骨的踏板產生活塞作用，對著耳蝸的彈性卵圓窗又拉又推。這個動作會使耳蝸內的外淋巴液掀起波浪，將振動能量轉移到盤卷在耳蝸內管狀的柯蒂氏器（螺旋器）。

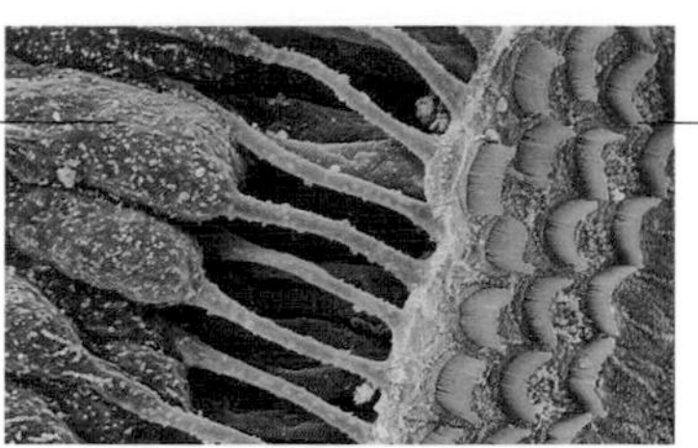

有毛細胞
毛細胞的纖毛

毛細胞

位於柯蒂氏器（螺旋器）內，圖為柯蒂氏器右側覆膜被移除的樣貌，每個有毛細胞都有40至100根纖毛，這些毛的排列呈曲線狀。神經纖維從這些細胞的基部延伸而出。

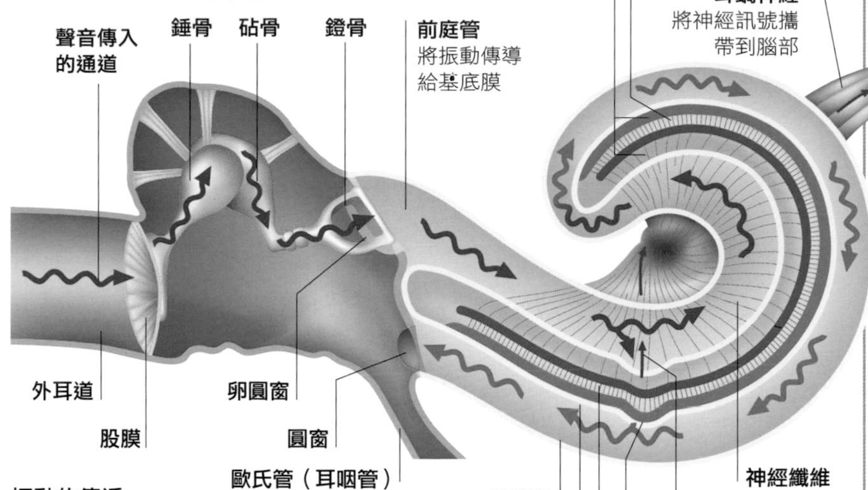

柯蒂氏器（螺旋器）
耳蝸中央有螺旋狀的部位，由覆膜和基底膜組成，中間有高敏感度的有毛細胞相連
毛細胞
對基底膜和覆膜的振動做出反應，生成神經訊號
耳蝸神經
將神經訊號攜帶到腦部
聲音傳入的通道
鎚骨
砧骨
鐙骨
前庭管
將振動傳導給基底膜
外耳道
股膜
卵圓窗
圓窗
歐氏管（耳咽管）
鼓室管
將殘留的振動波運回圓窗
覆膜
膜內包埋著毛細胞的纖毛尖端部分
基底膜
支承毛細胞的根基及毛細胞的神經纖維
神經纖維
神經訊號
頻率性反應
柯蒂氏器會根據振動頻率縱向「搖擺」

振動的傳遞

振動波從卵圓窗流經前庭管中的耳蝸液，再傳遞給柯蒂氏器（螺旋器）。柯蒂氏器中的基底膜上生長著毛細胞，毛細胞的微型毛髮頂端嵌在上方果凍狀的覆膜中。覆膜振動時，會有多種力量拉動細胞的纖毛，使細胞受到刺激，並產生神經脈衝。神經脈衝會藉由耳蝸神經，傳到聽覺皮質區，並在該區獲得詮釋。前庭管發出的振動波，還有殘留的部分會傳到鼓室管，由鼓室管遞送到圓窗。

聽力範圍

人類的耳朵能感應到的聲音頻率（聲音高低度）範圍，最低大約20赫茲（每秒振動次數），高至16,000赫茲以上。氣壓波如果超過這個範圍（超低音波和超音波），則人耳無法聽見。聽力範圍有個別差異，而且會隨年紀增長而縮小，尤其是高音頻的損失會特別嚴重。

聽覺閾值（分貝）：80、70、60、50、40、30、20、10、0、-10、-20

鋼琴「中央C」的音頻是262赫茲

人耳能聽見的最高音；比這個更高的音頻稱為超音波

人耳能聽見的最低音；比這個更低的音頻稱為超低音波

音頻（赫茲）：7.8、15.6、31.2、62.5、125、250、500、1000、2000、4000、8000、16,000

聽力圖

聽力圖是描繪可聽最小聲波壓（聽力閾值）的曲線圖，圖中顯示人類的耳朵對中頻聲音最敏感。

產生平衡感的機制

平衡感不是單獨作業的功能。平衡感的產生包含了一系列感覺訊息的輸入、腦內分析和運動訊息的輸出等程序。輸入的訊息來自於眼睛、肌肉裡的微型受器和腳底板等皮膚的壓覺感受器。內耳中，充滿流體的前庭和半規管也具有關鍵作用。這兩個部位有敏銳度高的有毛細胞，類似於耳蝸的有毛細胞。前庭主要對頭部相對於重力的位置產生反應（即靜態平衡），而半規管則多半對頭部運動的速度和方向起反應（即動力平衡）。實際上，兩個部位都會對大部分頭部所處的位置和運動產生反應。

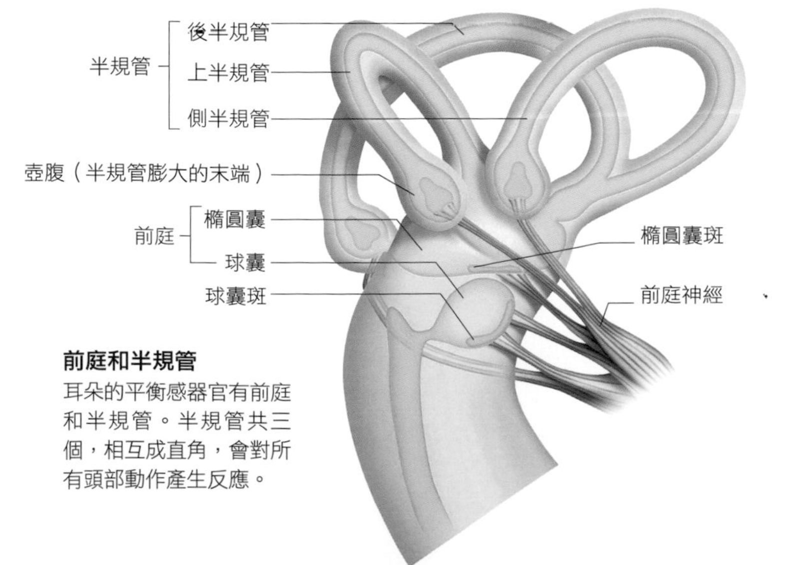

半規管
後半規管
上半規管
側半規管
壺腹（半規管膨大的末端）
前庭
橢圓囊
球囊
球囊斑
橢圓囊斑
前庭神經

前庭和半規管

耳朵的平衡感器官有前庭和半規管。半規管共三個，相互成直角，會對所有頭部動作產生反應。

前庭

前庭可分為兩個部分：橢圓囊和球囊。兩囊上都各有一塊「斑」，斑上長著毛細胞。毛細胞的毛尖伸入蓋有重型礦物晶體（耳石）的薄膜。頭部呈水平狀態時，球囊斑與地面垂直，而橢圓囊斑則與地面平行。頭往前彎時，毛細胞會監測出頭部相對於地面的位置。

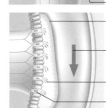

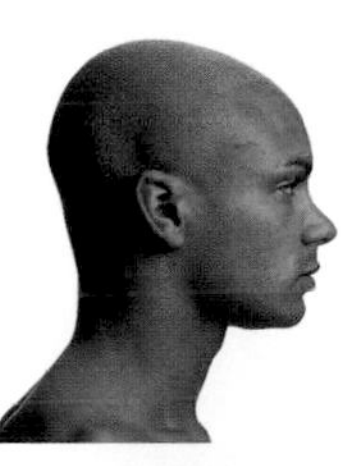

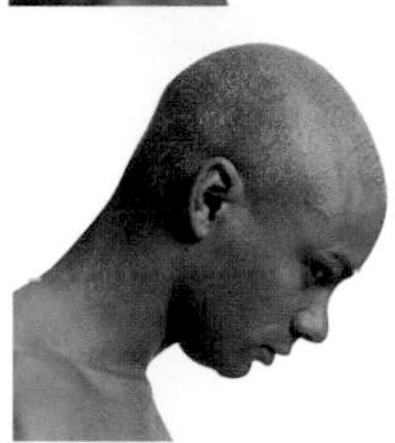

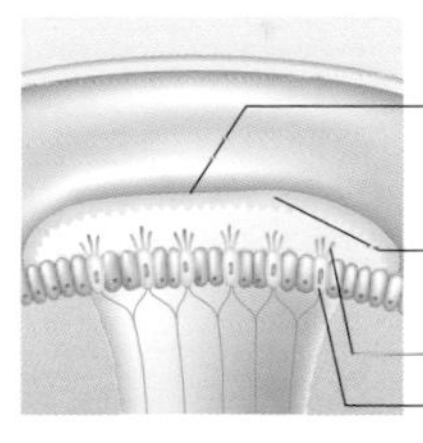

斑部作用
礦物晶體（耳石）覆蓋著薄膜
耳石膜
毛細胞的毛
毛細胞
橢圓囊斑旋轉成垂直狀態
重力牽動薄膜
纖毛偏向
毛細胞受刺激

半規管

每個半規管的其中一個末端都有一塊膨出的部位，稱為壺腹。壺腹裡有許多毛細胞，這些細胞長在一起，整堆形狀像個小丘。所有毛細胞的毛尖，都插入耳蝸頂（一個比較高的果凍狀小丘）。頭部移動時，滯後的半規管液旋流過耳蝸頂，使耳蝸頂彎曲。耳蝸頂彎曲的同時，有毛細胞的毛也被牽動，毛細胞會因而被觸動，發射神經訊號。

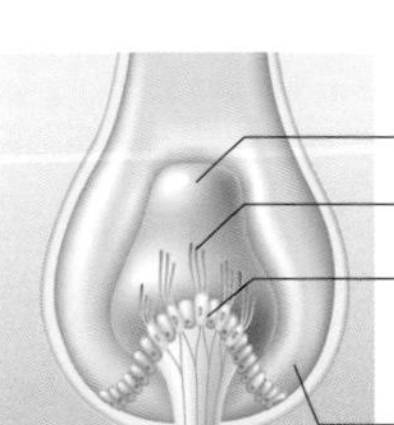

壺腹作用
頂帽
耳蝸頂毛細胞的纖毛
呈小丘狀的有毛細胞堆（壺腹嵴）
壺腹

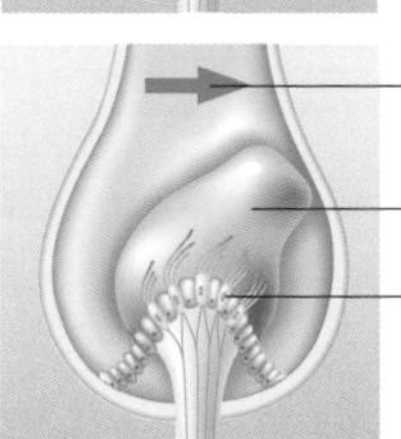

流體因頭部運動而打旋
耳蝸頂彎曲
毛細胞受刺激

眼睛和視力

視覺輸入腦部的訊息比所有其他感官輸入訊息量的加總都還來的多。一條視神經中含有一百萬條神經纖維，而人類顯意識中的資訊，估計有一半以上都來自於眼睛。

視力形成的階段順序

光線通過角膜時，會產生折射，再進入眼睛（角膜位於眼球前部，是個隆起成穹頂狀的透明構造）。接著，光線會再通過透明的水晶體（晶狀體）；水晶體會改變形狀，以微調聚焦影像，這個程序稱為「調節」。到了眼球內的光，繼續通過稱為玻璃狀液（眼後房水）的流體，照在視網膜內壁上，映出上下顛倒的圖像。視網膜中的視錐細胞數量超過1億2000萬個，而視桿細胞的數量則大約700萬個。這兩種細胞會把落到它們身上的光能量轉換成神經訊號。視桿細胞散佈在視網膜上，能對微弱光亮產生反應，但無法區分顏色。視錐細胞集中在視網膜中央小凹，需要在較為明亮的環境下才能發揮功能，是有能力區分顏色和細節的細胞。從視桿細胞和視錐細胞延伸出的神經纖維，會藉由中介型視網膜細胞連接上更內部的神經元，這些神經元的纖維（軸突）則形成了視神經。通過視神經後，傳送到腦部視覺皮質區的成像會轉正。

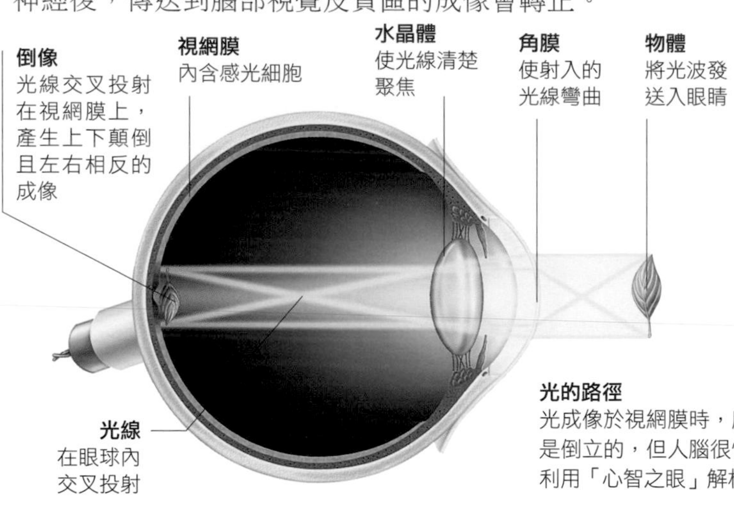
倒像
光線交叉投射在視網膜上，產生上下顛倒且左右相反的成像
視網膜
內含感光細胞
水晶體
使光線清楚聚焦
角膜
使射入的光線彎曲
物體
將光波發送入眼睛
光線
在眼球內交叉投射

光的路徑
光成像於視網膜時，所有影像都是倒立的，但人腦很快就能學會利用「心智之眼」解析倒像。

血液供應
眼睛的脈絡膜層有個由小血管構成的密集網路，作用在於提供氧氣和營養素給眼球中其他層的組織。

鞏膜
眼球的堅韌白色保護性被膜

脈絡膜
富含血液，可供應視網膜和鞏膜所需物質的一層結構

視網膜
薄薄的一層結構，內含可感光的視桿細胞和視錐細胞

視網膜中央小凹
視網膜中，視錐細胞高度集中的區域，是產生精確視覺的地方

視神經
將神經訊號傳遞到腦部

視神經盤（視乳頭）
神經纖維離開眼睛的地點；內含非感光細胞

外直肌
在座軸上將眼睛向身側外旋的小型肌肉

視網膜

視網膜中主要有三層細胞，細胞層之間的交界處（突觸）是細胞溝通的地方。含有視桿細胞和視錐細胞的感光細胞層位於視網膜後部，光必須通過較內部的兩層細胞（以及佈滿視網膜內面的血管），才能到達視桿細胞和視錐細胞，使這兩種細胞受刺激而生成神經訊號。視網膜的內兩層細胞包含神經節細胞、無軸細胞、視網膜水平細胞、雙極神經細胞等。這些細胞將視桿細胞和視錐細胞產生的神經訊號作初步處理後，把加工過的神經訊號發送到腦部的視覺皮質區（請參閱第110至第111頁）。

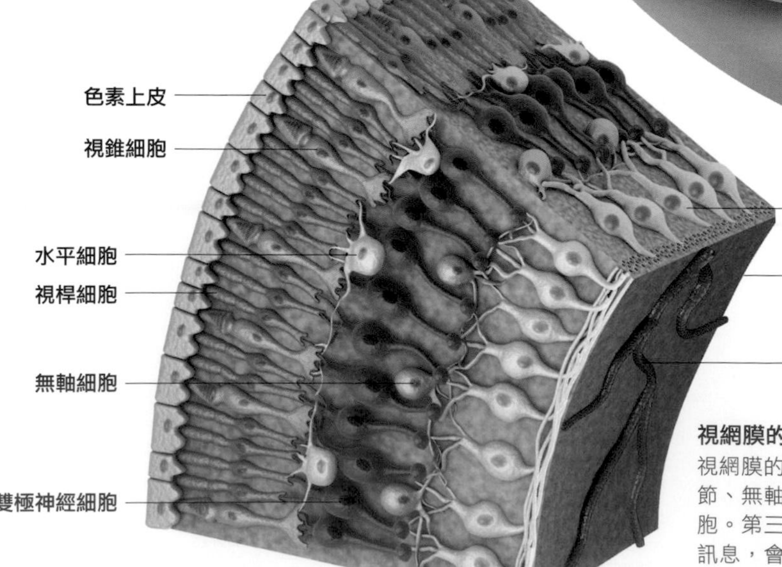
色素上皮
視錐細胞
水平細胞
視桿細胞
無軸細胞
雙極神經細胞
神經節細胞
視網膜內面
血管

視網膜的結構
視網膜的第一層和第二層中，含有神經節、無軸細胞、水平細胞和雙極神經細胞。第三層視桿細胞和視錐細胞發出的訊息，會交由這些細胞做後續處理，並轉交給視神經，傳到腦部。

調節作用

角膜可彎曲光波，使光波會聚，而更清晰地聚焦於視網膜上，是幫助眼睛產生聚焦作用的主力。環繞水晶體的睫狀肌能夠改變水晶體的形狀，進而精細地微調焦距。睫狀肌收縮時，具彈力的水晶體會膨出且增厚，提供更大的聚焦力，會聚臨近物品的光波。睫狀肌放鬆時，水晶體的形狀會變得比較扁平，且厚度變薄，讓眼睛能夠聚焦於較遠方的物品。

上直肌
讓眼睛在座軸上旋轉向上看的小型肌肉
懸韌帶
將水晶體固定在睫狀肌的圓環內部
眼後房
虹膜後方，充滿流體的腔室
虹膜
能改變瞳孔大小的環形肌肉，用於調整進入眼睛的光量
前房
介於角膜與虹膜之間，充滿水狀液（眼房水）
瞳孔
虹膜中的開孔，處於昏暗光線時會擴張
角膜
眼睛前部圓頂形的透明「窗口」
結膜
覆蓋於角膜上並形成眼瞼外壁的結構，脆弱且敏感
睫狀肌
改變水晶體形狀的環形肌肉
水晶體
盤狀的透明組織，能夠改變形狀，使人能夠看清近物或看清遠物

眼睛內部

眼球的平均直徑為25公釐，有三個主要外層：鞏膜、脈絡膜和視網膜。鞏膜到了靠近身體前側的地方，就是外觀可見的眼白，而到了最前方，則變成透明的角膜。介於水晶體和視網膜之間的空間是眼球最大的一個部位，當中充滿了一種果凍狀清澈流體，稱為玻璃狀液（眼後房水）。玻璃狀液讓眼球得以保持球形。

近視力

發自近物的光波發散度較高，因此需要以較為肥厚的水晶體來增加聚焦力，提昇光波的彎曲度，以使光波會聚。

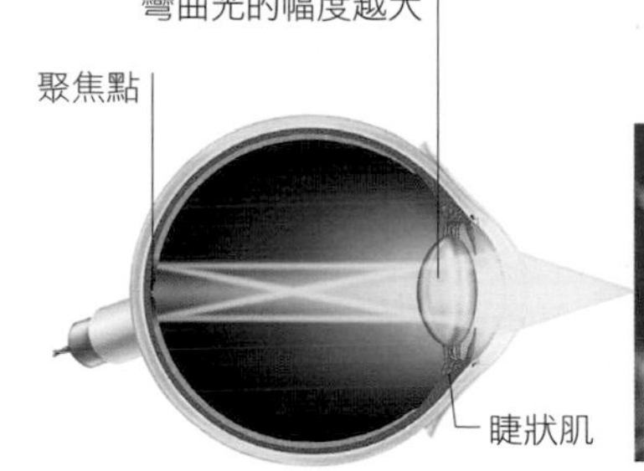
水晶體形狀越圓，彎曲光的幅度越大
聚焦點
睫狀肌

近視力

遠視力

發自遠物的光波幾乎呈平行線，較不需要利用折射來聚焦，因此睫狀肌會放鬆，降低水晶體的膨出度。

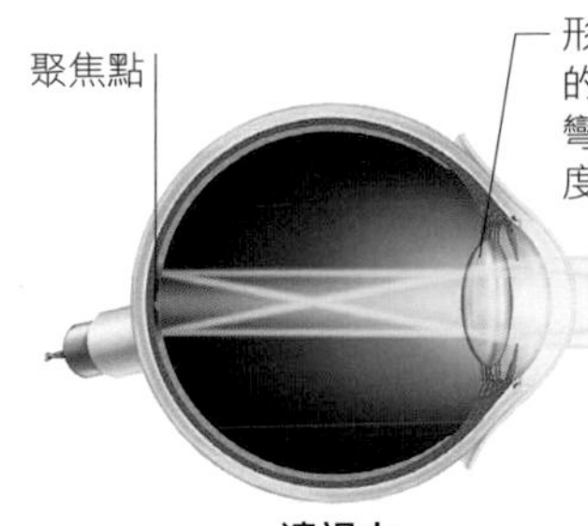
聚焦點
形狀越扁平的水晶體，彎曲光的幅度越小

遠視力

眼睛周圍的構造

眼睛周圍的附屬結構不直接參與視覺的形成，但具有幫助眼睛運作和保持眼睛健康的功能。眼瞼皮膚的褶皺處內含稱為眼輪匝肌的環形肌肉（括約肌）。正常眨眼時，眼輪匝肌的收縮能將其中央的間隙縮小，以闔閉眼皮。這個動作不只有保護眼睛的功能，還可將淚液塗抹於結膜上。淚液由淚腺流出，能洗去眼球表面的污垢和灰塵，且具有抗微生物的功效，能夠保護眼睛。此外，同屬附屬結構的還有將眼球附著在顱內眼窩後部的六條小型帶狀肌肉。這些肌肉稱為眼外肌，能夠在眼窩中的座軸上旋轉（轉動）眼球，使眼睛往上、往下、往內及往外看。眼外肌的反應相當迅速，由動眼神經、滑車神經和外展神經控制，這三種神經都屬於腦神經（請參閱第98頁）。

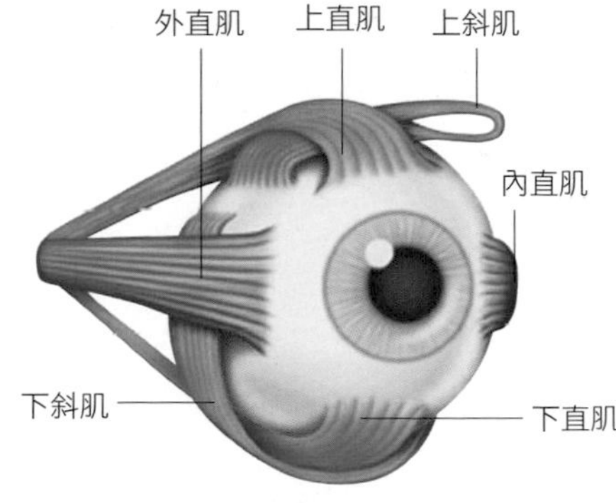
外直肌
上直肌
上斜肌
內直肌
下斜肌
下直肌

右眼的眼部肌肉

六條眼外肌的長度各為30至35公釐不等。這些肌肉彼此密切協調，使眼球得以在眼窩裡轉動。

淚腺
負責分泌淚液，以維持眼睛乾淨且濕潤
泌淚管
將流體運輸到眼睛表面的5至10條輸送管
排淚管
負責收集緩慢釋入眼瞼角邊小孔的淚液
淚囊
負責將淚水導向鼻腔
鼻淚管
通向鼻腔

淚器

淚腺位於上眼瞼外部的軟組織下方以及眼窩骨質部的下方。每天產生1至2毫升的流體。

視覺的運作原理

從視網膜到位於腦後部的視覺皮質區這一段傳送神經訊號的路程，只是我們解讀圖像的其中一個步驟。完整的視覺處理流程，還需要腦部的其他區域一起發揮作用才行。

形成「視知覺」的程序有許多階段，越是後段的發展階段，複雜度越高，向外擴展度也越大。視網膜中的視錐細胞和視桿細胞會對光的強度、顏色和動作產生反應。在視網膜內的細胞會先「預處理」這些資訊，並產生神經訊號；這些神經訊號會沿著視神經傳到視徑交叉；來自於不同視野的資訊傳到視徑交叉時，有些會左右邊對換。接著，傳到視放射的資訊會再往下傳到視覺皮質區。視覺皮質區會分析所得的資訊，將分析的資料送至背側路徑和腹側路徑，沿著這兩條主要路徑傳遞期間，資料會受鑑識並附加上意義，之後再傳到額葉，由額葉形成意識性知覺。

從眼睛到腦部，再到心智

以光線形式進入眼睛的資訊，最終會由腦部額葉詮釋為圖像。從視網膜發出訊號，到訊號變成腦海中有意識的知覺，整個流程花費的時間可能連五分之一秒都不到。

9 知覺

背側和腹側路線發送的訊號會經過好幾個不同腦葉的皮質區（請參閱對頁），最後在額葉呈現涵蓋一切的完整「知覺」。

1 眼睛前部

虹膜的肌肉會不斷調整瞳孔（虹膜中心的開孔）的大小；睫狀肌會不斷改變水晶體的厚度，以清楚聚焦；而眼外肌則負責移動眼球，以操縱凝視的方向。

2 視網膜

視桿細胞會對低亮度的光產生反應，而視錐細胞則可在明亮的光照下辨識細節和色彩。雙極神經細胞、水平細胞、無軸細胞和神經節細胞會將所有訊號結合在一起，並刪除或改變其中的一些訊號。

3 視神經

與其說視神經是眼睛的一部分，不如說是腦部的贅生構造，一束視神經中有125萬個神經元，這些神經元負責預處理發自好幾百萬個視錐細胞和視桿細胞的訊號。

4 視交叉和視丘

兩眼雙邊視野接收到的資訊，到了視交叉會結合在一起（請參閱左下圖）。然後，訊號會傳進視丘中稱為「外側膝狀體核」的一個特殊部位。外側膝狀體核如同中繼站，來自視徑交叉的資訊會在此分門別類。

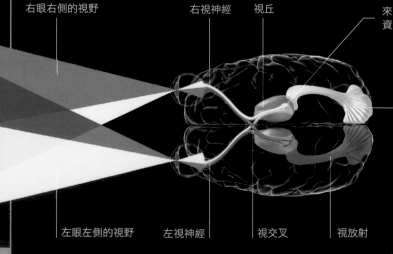

右眼右側的視野
右視神經
視丘
來自雙眼左側視野的資訊結合在一起
右側視覺皮質區接收來自雙眼左側視野的資訊
左眼左側的視野
左視神經
視交叉
視放射

視野對換

來自右視野右側的神經訊號在視徑交叉處左右對換，傳到腦部左側，反之亦然。因此，來自右視野的資料會傳到左邊的視覺皮質區，由該區評估距離和方向等資訊。

5 視放射

外側膝狀體核的訊號會沿著「視放射」這個呈扇形散開的緞帶狀構造繼續傳送，前往主要標的，即主要視覺皮質區；這個腦部區域會開始重建視網膜發送出的圖像。

皮質

視覺資訊需要由腦中好幾個部位共同處理，而位於枕葉的視覺皮質區是率先處理視覺訊號的部位。接著，其他腦葉的皮質區才會加入處理行列，將識別性、關聯性、其他環境細節等更多的資訊加入。

6 主要視覺皮質區

主要視覺皮質區（第1視區）即視覺皮質區的中央區域，是位於腦部後下方的灰質表層，專門負責視覺。視覺刺激的分析始於第1視區，再由相鄰的第2視區接續作業。接著，資訊會沿著背側路線和腹側路線等兩條路徑傳遞下去。

頂葉皮質：距離和位置
額葉：整體意識性知覺
第7視區
主要的視覺皮質區、枕葉
主要視覺皮質區的大部分區域都位於腦裂中，無法從腦部外觀看見
第4視區背側
顳葉下層：物品識別
下顳葉：人臉識別
外側枕葉區：對稱性知覺
第5視區、中顳葉：運動知覺

第6視區
第3視區A部位
第3視區背側
第2視區
第1視區
第2視區
第4視區腹側
第8視區
第3視區腹側

腦部分區

視覺皮質區的內部區塊

視覺皮質區可細分成數個功能區，各區專門負責視覺處理的不同細項。即便個體與個體之間的差異性頗大，卻還是能劃分標記出這些區域。

分區	功能
第1視區	對視覺刺激產生反應
第2視區	遞送資訊、對複雜形狀產生反應
第3視區A部位、第3視區背側、第3視區腹側	記住角度和對稱性、將動作與方向合併起來
第4視區背側、第4視區腹側	對顏色、方向、形式和運動產生反應
第5視區	對運動產生反應
第6視區	偵測出現在周邊視野的動作
第7視區	涉及對稱性知覺
第8視區	可能涉及顏色的處理程序

7 背側路線：「在哪裏」

發自第1視區的背側路線所提供的資訊包括物體在視野的位置、距離、移動性、相對於觀看者的移動方向、大略的體積和形狀等。

8 腹側路線：「是什麼」

從第1視區傳出的神經訊號經過腦的下部區域時，會在訊號中增添形狀、顏色、深度等細節，辨識訊號後，會進一步從記憶中召出與此相關的知識，比如該物體的名稱等。

視錐細胞和彩色視覺

視網膜內有好幾百萬個感光視錐細胞，但這些細胞並非一模一樣。視錐細胞可再細分成三類。感紅光的視錐細胞對波長較長的光線（光譜的紅橘黃色端）反應最佳。感綠光的視錐細胞主要對中波長的光線起反應，而感藍光的視錐細胞則對光譜中藍靛紫色端波長較短的顏色起反應。以此類推，黃光對感紅光的視錐細胞刺激最強烈，對感綠光的視錐細胞比較沒那麼刺激，而對感藍光的視錐細胞幾乎完全不具刺激性；如此生成的訊號形式到了腦中，會被解析為黃色。

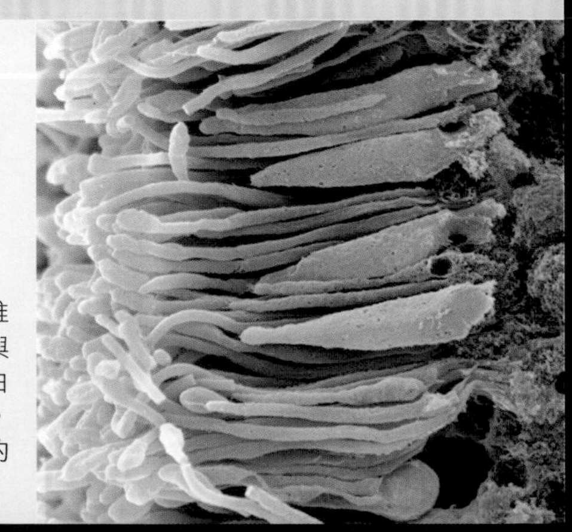

緊密相依
視網膜中，感知色彩的視錐細胞（黃綠色部分）體型與探測光強度的視桿細胞（白色部分）相比，較為寬短。這張顯微鏡視圖中，光線的來源處應該是右邊。

腦血管疾病

所有影響供血給腦部的血管的問題，都屬於腦血管疾病。中風是此類疾病中最嚴重的一種，每七位中風患者中，就有一位會立即死亡。同樣嚴重的還有顱內出血，有可能因為出生即帶有的缺陷而自然導致病發，也有可能是頭部受傷導致的結果。偏頭痛與頭皮和腦部的血管有關，但不會導致永久性功能喪失。

中風

如果供應給腦部的血液因阻塞或腦部供血動脈出血而中斷，就會導致腦部損傷。

供應腦部的血液一旦中斷，就會使一些神經細胞得不到賴以為生的氧氣和營養物質。這些受影響的細胞會因此無法與其支配的身體部位溝通，導致暫時性或永久性的功能喪失。大多數人的中風症狀都在數秒或數分鐘內迅速發作，症狀包括身體單側無力或麻木、視覺受干擾、言語困難、難以保持平衡等。如果要有防止腦部受損，就必須立即就醫治療，且需密切監測。某些類型的中風患者可服用藥物，以溶解血凝塊。至於為降低再次中風的風險所採取的長期醫治方式，會依患者中風的原因而有所不同，但通常都包含藥物治療，有時也會以外科手術治療；患者往往需要接受物理治療和語言治療等復健療程。中風的後遺症種類、程度繁多，從發音含糊等溫和、暫時性的症狀，到終身殘疾或死亡都有。

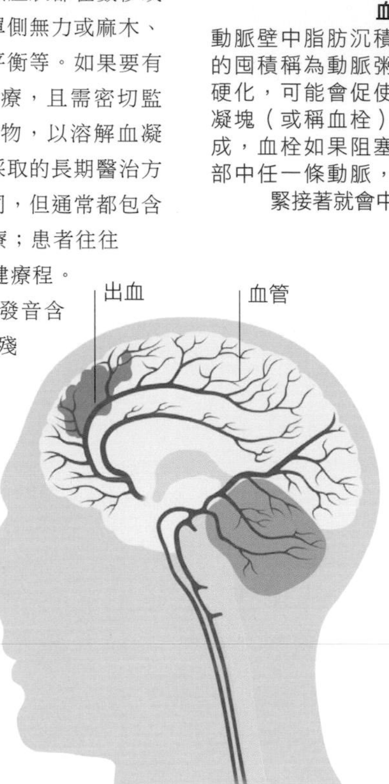
出血
血管

顱內出血
腦組織內部出血稱為「顱內出血」，是較為年長且患有高血壓的人中風的主因。高血壓可能會給腦內的小動脈帶來額外的壓力，造成小動脈破裂。

堵塞的小血管
長期患有高血壓或糖尿病可能會損害腦內的小血管，這可能會導致稱為小洞型中風的局部阻塞現象，有時會導致罹患某一類的癡呆症

大腦前動脈分支

血栓
動脈壁中脂肪沉積物的囤積稱為動脈粥狀硬化，可能會促使血凝塊（或稱血栓）形成，血栓如果阻塞腦部中任一條動脈，則緊接著就會中風

大腦後動脈

基底動脈

頸外動脈

頸內動脈

椎動脈

頸淺動脈

栓子（栓塞物）
大腦動脈阻塞所導致的中風，有可能是藉血流四處飄移的物質碎片（稱為栓子）卡在某處血管所致

阻塞的血管
動脈堵塞導致中風的因素有數種，從腦內深處的小血管局部性堵塞，到物質碎片從他處流到腦部而造成堵塞等都有。

蜘蛛網膜下腔出血

罕見狀況下，腦部附近的動脈會自發性破裂，使血液滲漏，進入蜘蛛網膜下腔。蜘蛛網膜下腔位於覆蓋人腦的中層膜和最內層膜之間。

蜘蛛網膜下腔出血最常見的原因是漿果狀動脈瘤破裂所導致。漿果狀動脈瘤是長在大腦動脈內，狀似漿果的異常腫塊。另一個主要的致病因是腦動靜脈血管畸形，一種血管異常纏結的病症。蜘蛛網膜下腔出血會危及生命，需要緊急送醫救治。要讓出血的漿果狀動脈瘤止血，會在瘤頸上施以夾閉手術。有時可以利用導管植入彈簧圈或以放射治療等小手術的方式，讓腫脹或打結的血管變得安全。

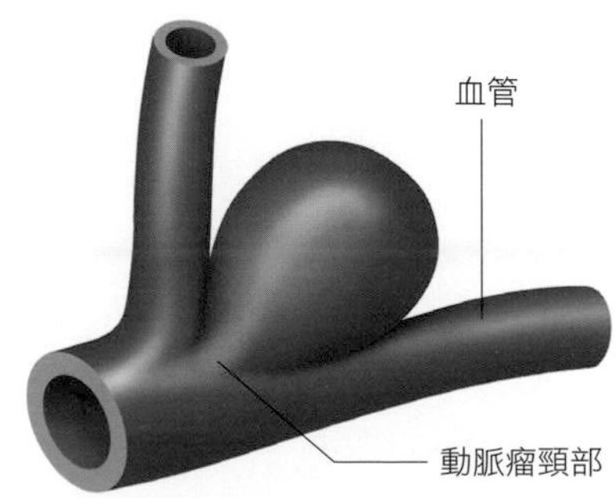
血管
動脈瘤頸部

漿果狀動脈瘤
漿果狀動脈瘤通常形成在動脈分叉處，通常在腦基部的血管（動脈環）上。漿果狀動脈瘤被認為是從出生就存在的，可能有一個或數個。

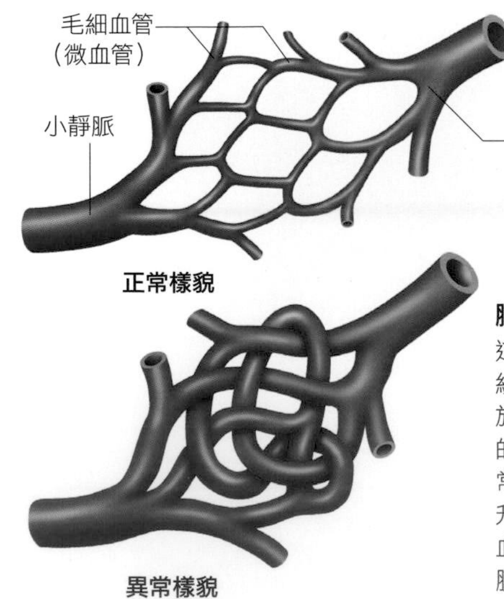
毛細血管
（微血管）
小靜脈
小動脈
正常樣貌
異常樣貌

腦動靜脈血管畸形
這是一生下來血管就絞在一起的缺陷。存在於小動脈和小靜脈之間的毛細血管微血管比正常的少。因而造成壓力升高，可能導致血液從血管漏出，滲入蜘蛛網膜下腔。

短暫性腦缺血

腦的某個部分因血液供應受堵，而突然並短暫地失去作用。

短暫性腦缺血會產生暫時性有如中風的症狀，持續時間通常從幾分鐘到幾小時不等，沒有後遺症，如果有的話也很少。症狀持續時間更長的話，表示有可能罹患可逆性缺血性神經功能缺損（可恢復性缺血神經性不足）或中風（請參閱對頁）。堵塞可能是栓子或血栓（請參閱下文）所致，而造成栓子或血栓的可能根本原因有很多，包括動脈粥狀硬化（動脈壁脂肪沉積）、過去的心臟病發作病史、心律不整和糖尿病等。短暫性腦缺血發作過的人，5個約有1個會在一年內中風。短暫性腦缺血的發生率越頻繁，將來中風的風險就越高。找出根本原因並對症治療，能夠降低短暫性腦缺血發作的風險，例如：改變生活方式、進行低脂肪飲食法和戒煙等，通常都頗有幫助。

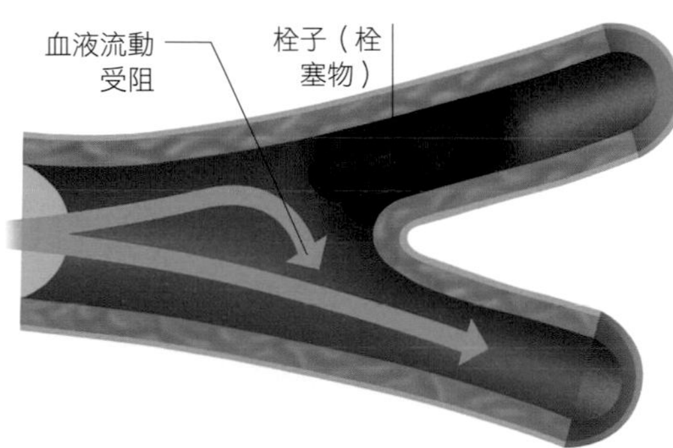
血液流動受阻
栓子（栓塞物）

堵塞
如果身體中某一部位的血凝塊有部分（稱為栓子）從本體分離，並順著血液流到他處動脈時，可能會造成供應血液到腦部的動脈受阻。稱為血栓的血凝塊也可能直接在大腦動脈中形成，這通常會是罹患動脈粥狀硬化所導致（請參閱第140頁）。

分散
正常的血流會將血凝塊分解並分散，而後，含氧血會再次能夠到達腦部因血流受擾而缺氧的部位。雖然血凝塊通常會分散，症狀也會隨之消失，但復發機率很高。可能會在一天或幾天內發作好幾次。有時也會有發作時間相隔好幾年的狀況。

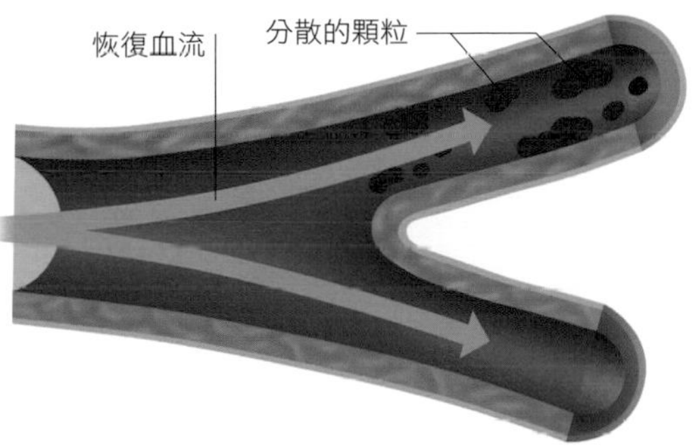
恢復血流
分散的顆粒

硬腦膜下出血

靜脈撕裂會導致包覆腦的兩層頭顱外膜之間出血。

腦部受到嚴重撞擊後，可能會突然出血（急性硬腦膜下出血），而出血連續數天或數週的時間慢慢蓄積（慢性硬腦膜下出血），則通常是伴隨輕度腦損傷而來的病徵。依類型不同，頭痛、意識混亂、嗜睡等症狀有可能會在幾分鐘內出現，也有可能會在幾個月後才出現。症狀是血凝塊形成所致，體積變大的血凝塊會壓迫到周遭的腦組織，可能會需要以外科手術將血液引流出。預後如何取決於血凝塊的大小和位置。很多人很快就能恢復，但如果出血影響到腦部很大塊的區塊，則有致命的可能。

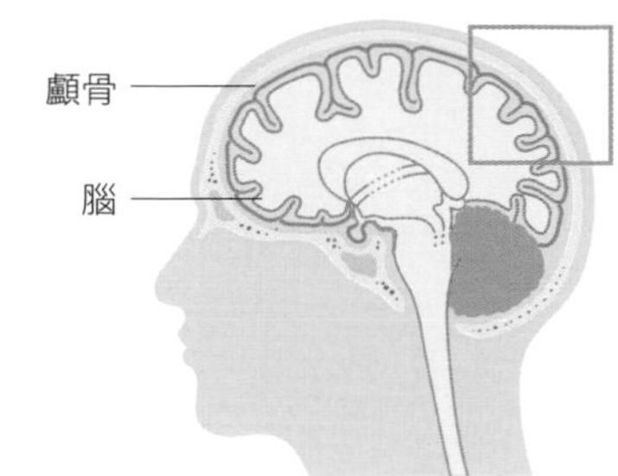
顱骨
腦

位置圖

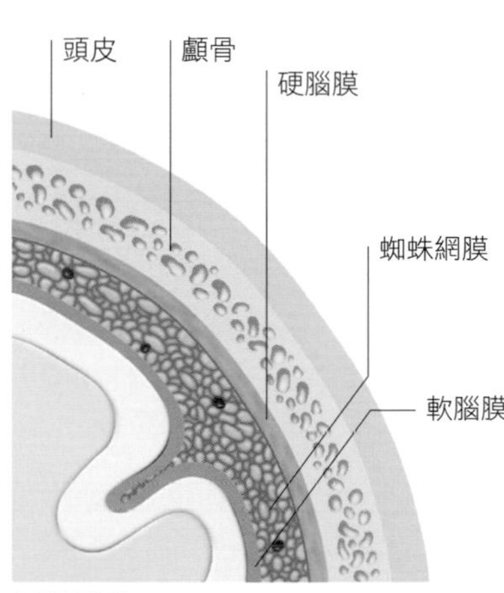
頭皮
顱骨
硬腦膜
蜘蛛網膜
軟腦膜

正常樣貌
腦外有三層膜包覆，稱為腦脊髓膜。最外層的膜是硬腦膜，硬腦膜中含有靜脈和動脈，有滋養顱骨的功能。下一層是蜘蛛網膜，由彈性組織組成。最靠近腦部的是軟腦膜。

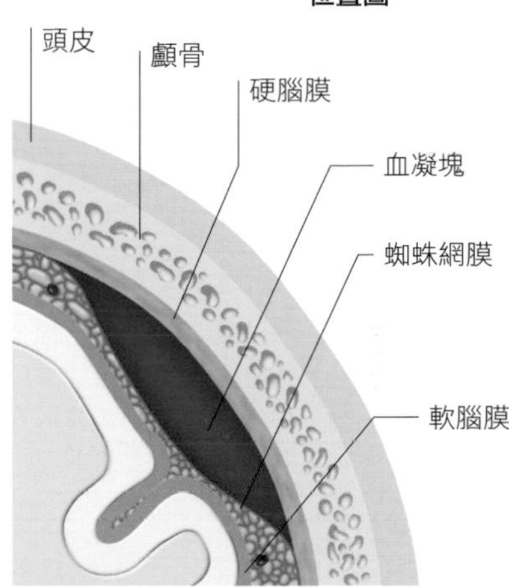
頭皮
顱骨
硬腦膜
血凝塊
蜘蛛網膜
軟腦膜

硬腦膜下出血
如果硬腦膜中的靜脈破裂，流出的血液（出血）會滲入硬腦膜與蜘蛛網膜之間的硬腦膜下腔。滲入的血液積累後，會形成血凝塊，可能會對周遭的腦組織造成壓迫。

偏頭痛

每10個人中大約就有1人患有長期偏頭痛。這些患者頭痛發作時，會相當劇烈，且伴隨有視功能障礙、噁心、嘔吐等症狀。

偏頭痛的根本原因仍為未知，但已知會有頭皮和腦中血管直徑變化的狀況。最新的研究結果顯示，偏頭痛與腦部稱為血清素的化學物質（神經遞質的一種）有關。偏頭痛的觸發因素包括睡眠不足或是特定食物，例如起司、巧克力等。對於許多女性來說，偏頭痛的發作與月經來潮也有關係。

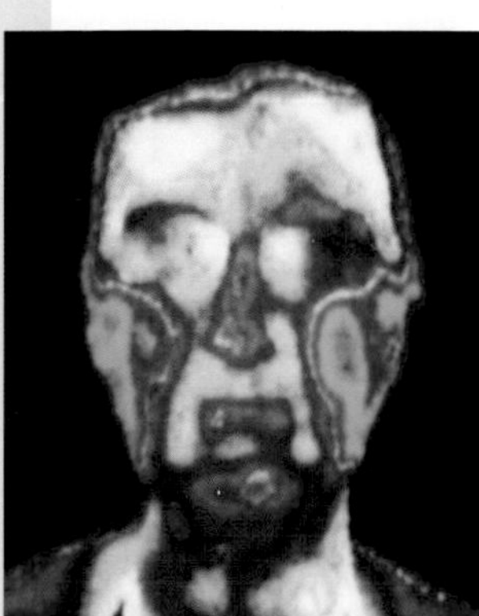

溫度的變化
這張熱影像所顯示的是嚴重偏頭痛正在發作的人腦。不同的顏色代表不同的溫度，範圍從黑色（冷）到綠色（常溫）到紅色、黃色和白色（熱）。

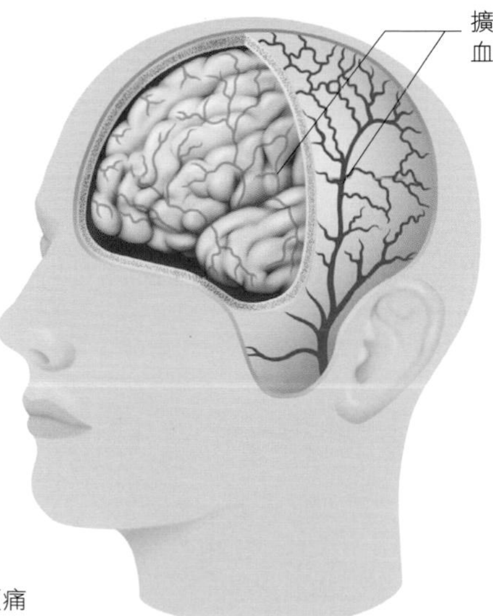
擴張的血管

頭痛階段
偏頭痛發作時，可能會因為頭皮及腦部血管擴張，而使頭部感到嚴重的搏動痛。血清素（一種神經遞質）有控制血管直徑的功能。

偏頭痛的症狀

偏頭痛在發作前可能就會有症狀，但也可能不會有知覺和感覺改變的先兆。有時，主要症狀出現前，會先出現「前驅症狀」。前驅症狀包括焦慮或心情改變、味覺和嗅覺改變、精力過剩或無精打采等。偏頭痛發作前有先兆的患者，偏頭痛真正發作前還會有其他症狀，包括：視力模糊或看見高亮度閃光等視功能受擾情形、焦躁不安、麻木、臉部或身體半邊感到虛弱等。兩種偏頭痛類型常見的主要症狀會接續產生。這些症狀包括：嚴重、搏動性的頭痛，任何動作都會讓頭痛得更厲害，疼痛處通常為頭部單邊、一隻眼睛附近區域或單邊太陽穴附近，會噁心或嘔吐，畏光和畏懼聲量大的雜音。偏頭痛持續的時間從幾個小時到幾天都有可能。

腦和脊髓疾病

腦、脊髓、源自或通往腦或脊髓的神經一旦發生結構、生化或電氣改變，就可能引發功能失調，進而導致麻痺（癱瘓）、虛弱、協調機能不良、癲癇發作、失去感覺等。人們對腦部功能的瞭解與日俱增，帶來了許多進步，但要能夠逆轉一些常見疾病的病情依然困難重重，最多只能做到症狀的緩解。

癲癇症

反覆性癲癇發作或造成知覺改變的短暫發作期是由腦部不正常放電所造成。

癲癇的致病因通常不明，不過某些狀況下，也有可能會因為腫瘤、膿腫、腦部創傷、中風、化學物質失衡等腦部疾患而引起。癲癇發作有全身型的，也有局部型的，發作的部位取決於腦中受異常放電影響的區域有多大。癲癇發作有多個不同的種類。強直陣攣性癲癇發作時，身體會先變僵硬，然後四肢和軀幹才開始不受控制地產生動作，持續時間可長達數分鐘。失神性癲癇發作的患者主要為兒童，發作時，患者會短暫性對外在世界失去知覺，但不會失去意識。另外也有影響範圍較小的發作類型，即局部型癲癇發作（或稱小發作）。單純性局部癲癇發作的患者不會失去意識，頭部和眼睛可能會歪向一邊，單隻手、胳臂及臉部單側可能會抽搐或有刺痛感。複雜性局部癲癇會使意識受到影響，患病處最常位於腦兩側的顳葉（請參閱右方說明）。

正常狀態的腦電圖

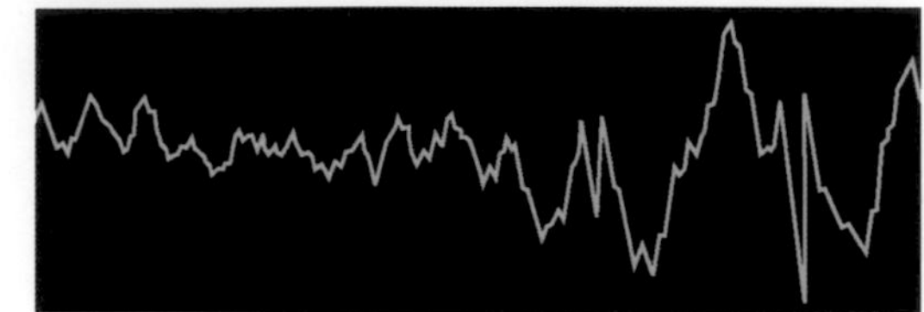

單純性局部癲癇發作時的腦電圖

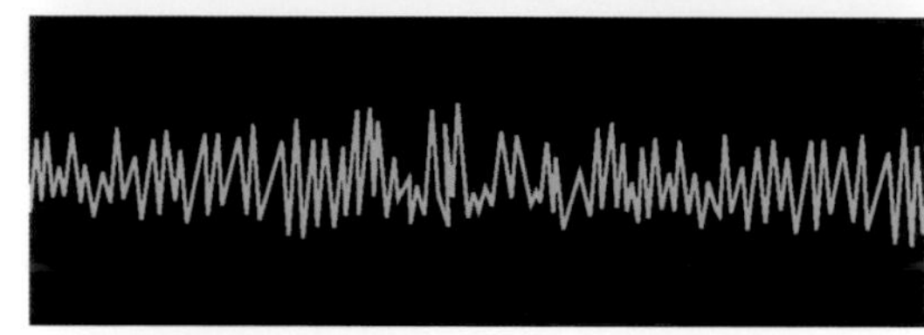

全身性癲癇發作（大發作）時的腦電圖

腦部的放電情況

腦部電脈衝正常時，腦電圖顯示的波紋具規律性。局部癲癇發作時，放電頻率變得不規律，而全身性癲癇發作時，波紋則變得混亂不堪。

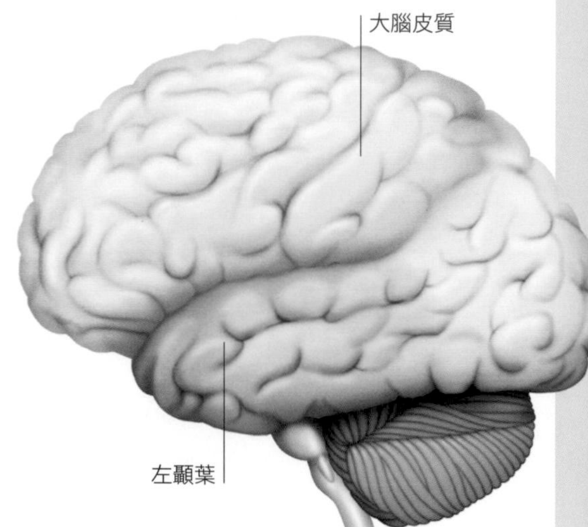
大腦皮質
左顳葉

顳葉癲癇症

此病症的癲癇發作處位於其中一個顳葉。發作前，患者可能會聞到或聽見他人無法聽聞的氣味和聲音。發作期間，患者可能會做出不隨意型的動作，特別是咀嚼和吸吮等動作，而且會失去部分意識。發作也可能引起恐懼或憤怒等非理性的感受。

帕金森氏症

腦中有一塊稱為黑質的區域，黑質裡的細胞退化，會導致抖動和活動方面的問題，這些症狀的嚴重性會不斷增加。

正常狀況下，黑質裡的細胞負責製造多巴胺這種神經遞質，多巴胺會與另一種稱為乙醯膽鹼的神經遞質一起產生作用，微調控制肌肉。罹患帕金森氏症會使多巴胺減量的幅度相對於乙醯膽鹼要大得多，對控制肌肉的能力產生負面影響。治療時，可投以提昇多巴胺活性或減低乙醯膽鹼活性的藥物。服用藥物有助於緩解症狀，但無法逆轉病情，仍會持續惡化。某些狀況下，如果患者完全對藥物沒有反應的話，施以外科手術也可能不失為合適的治療方式。目前也有人嘗試以深層腦部電刺激術和幹細胞基因療法作為治療手段。

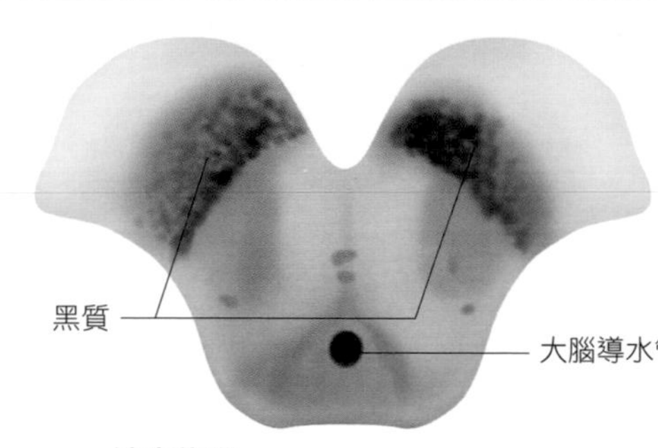
黑質
大腦導水管

健康的腦

黑質裡含有負責生產多巴胺的大型色素神經細胞，多巴胺是控制動作所需的一種神經遞質（腦部化學物質）。

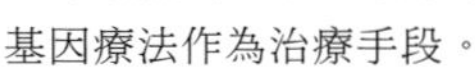

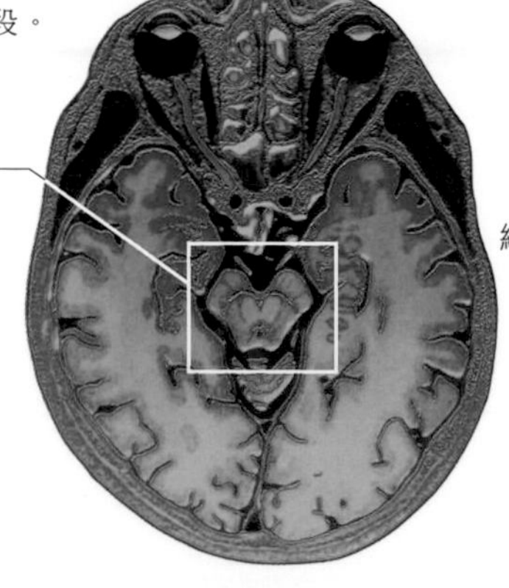
黑質的位置

黑質的位置

這張人類頭部水平切面的磁振造影掃瞄偽色影像顯示出腦部深層黑質所在的位置。頭部前側在影像頂部。

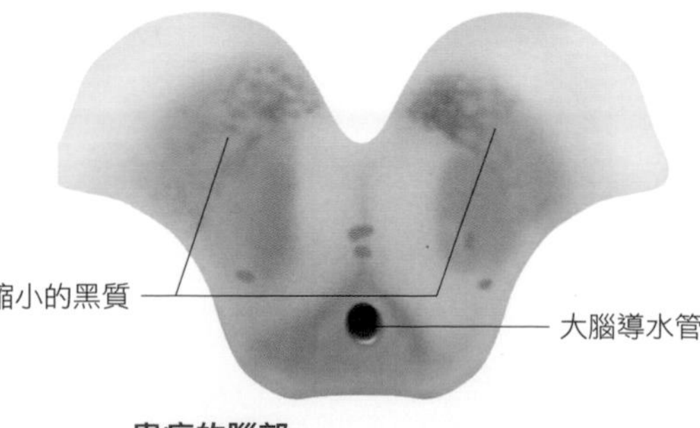
縮小的黑質
大腦導水管

患病的腦部

罹患帕金森氏症會有黑質退化的情形，使得多巴胺的產量降低，進而導致動作的控制出問題。

庫賈氏病

「普利昂蛋白」這種傳染因子在腦內一再複製，使腦組織逐漸遭受破壞，導致腦損傷。

庫賈氏病會引發各種心裡和生理功能全面性的衰退，最終致死。庫賈氏病通常感染源不明，但有一種罕見的變異體，稱為新型庫賈氏病，一般認為與攝食受牛海綿狀腦病污染的牛肉有關。庫賈氏病無藥可治，只能利用藥物減緩一些症狀。罹患此疾病的人通常會在第一次出現症狀起算的一年內死亡。

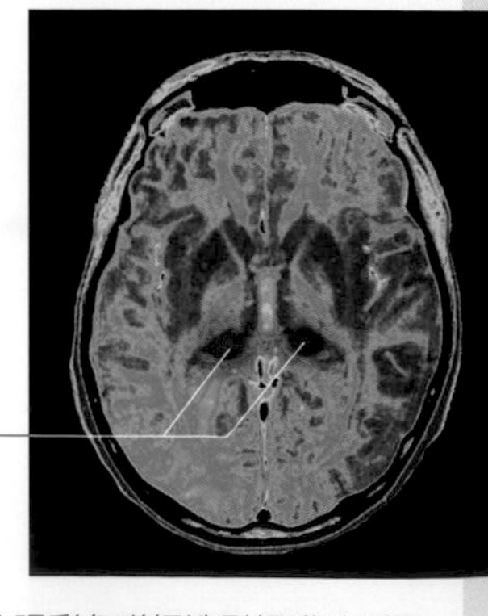
腦組織受損的
區域

庫賈氏病患者的腦部這張彩色磁振造影掃瞄片所顯示的是患有庫賈氏病的人腦。兩個紅色的區域是庫賈氏病患者視丘的部分樣貌。視丘負責將傳入的感覺資訊轉遞給大腦皮質（腦的外層）。

多發性硬化症

腦部和脊髓的神經逐漸損壞，導致肢體無力、感覺和視力出現問題。

多發性硬化症起因於免疫系統將保護神經纖維的髓鞘破壞，使得脈衝無法在神經纖維中正常傳導，進而引發影響感覺、動作、身體功能和平衡感的多種症狀。例如：脊髓的神經受損可能會影響肢體平衡。有些患者症狀持續的時間可能長達好幾天或好幾週，接著症狀便消失幾個月，甚至多年；另一些患者的症狀則會逐步惡化。多發性硬化症無法完全根治，只能用乙型干擾素延長緩解症狀的時間，並縮短發作期。此外，此病症的許多症狀都可以藉由藥物緩解。

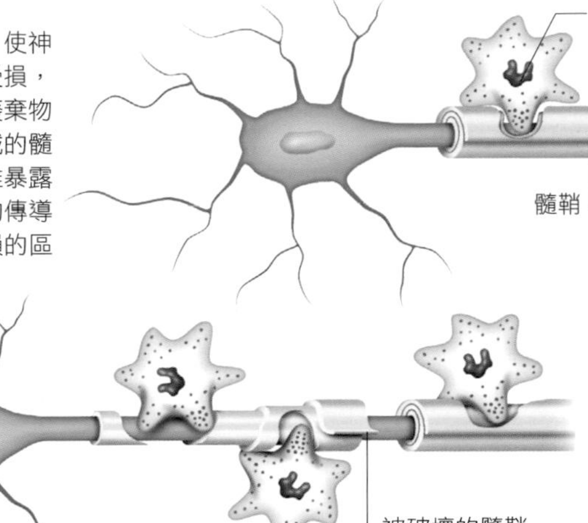
巨噬細胞
髓鞘
神經纖維
被破壞的髓鞘

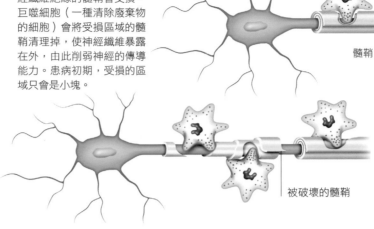

初期
罹患多發性硬化症時，使神經纖維絕緣的髓鞘會受損，巨噬細胞（一種清除廢棄物的細胞）會將受損區域的髓鞘清理掉，使神經纖維暴露在外，由此削弱神經的傳導能力。患病初期，受損的區域只會是小塊。

晚期
隨著多發性硬化症的病情發展，受損部位會逐漸增加，更進一步削弱神經纖維的傳導性，有時甚至完全阻撓傳導。此外，也還會有越來越多神經纖維遭到破壞。隨著破壞的程度和區域增加，症狀會逐漸變得更加嚴重。

失智症（癡呆症）

因腦細胞數量減少，造成腦組織體積縮小，進而導致心智能力退化。

失智症的症狀結合了記憶喪失、意識混亂、整體智力降低等。這種異常症主要發生在年紀超過65歲的人，不過有時也會有年輕的患者。罹患失智症初期，患者會因為感知到記憶的喪失而容易變得焦慮或沮喪。隨著失智症病情惡化，患者會變得更依賴他人，且最終可能需要進入療養院接受全天候的照料，連照顧患者的人（看護）都可能需要尋求支援。

阿茲海默症
失智症最常見的類型為阿茲海默症，是類澱粉蛋白因製造異常而囤積於腦內所造成之腦部損傷。阿茲海默症目前仍無藥可治，只有能夠減緩病情惡化速度的藥物。

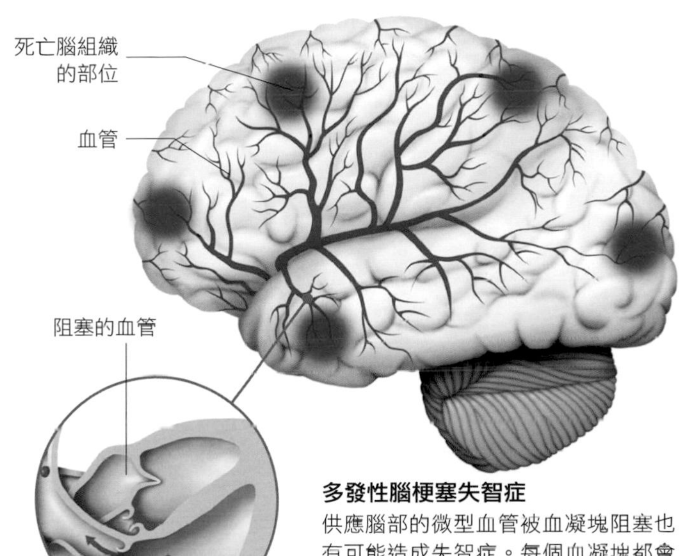
死亡腦組織
的部位
血管
阻塞的血管

多發性腦梗塞失智症
供應腦部的微型血管被血凝塊阻塞也有可能造成失智症。每個血凝塊都會使得氧氣無法送達腦的某個小區塊，使得該區塊的組織壞死（梗死）。

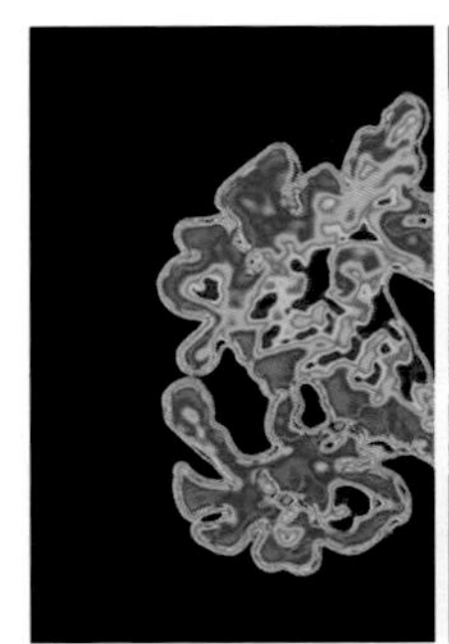
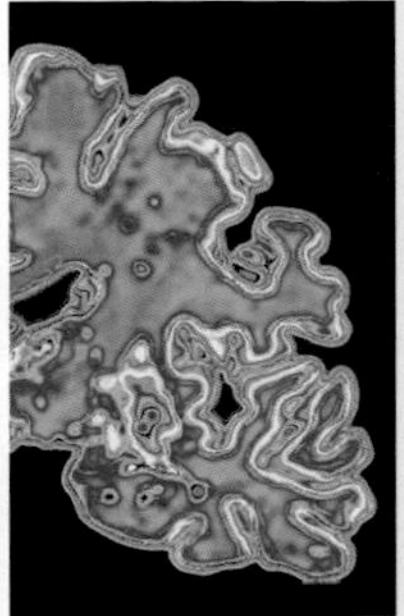
阿茲海默症
健康的腦

阿茲海默症患者的腦
這張電腦圖像所顯示的是阿茲海默症患者的腦與健康人腦的橫切面對照。阿茲海默症患者的腦因為神經細胞退化、死亡，體積明顯縮小。除了體積變小，阿茲海默症患者的腦表面也可能有更深的皺摺。

脊柱裂

因妊娠初期胚胎發育異常，導致脊椎管閉合不完全。

脊柱裂有三種型態，分別為：隱性脊柱裂、腦脊髓膜膨出、脊髓脊髓膜膨出。患有隱性脊柱裂的人可能需要以外科手術治療，以避免日後產生嚴重的神經系統併發症。腦脊髓膜膨出手術治療完的預後通常不錯。脊髓脊髓膜膨出對患者的影響可能包括雙下肢麻痺（癱瘓）或無力，以及大小便失禁。孩童如果罹患此種型態的脊柱裂，將造成永久性殘疾，且需要終身護理。葉酸（葉酸鹽）有助於預防脊柱裂，有些婦女會在計畫懷孕和懷孕的前12週期間服用葉酸補充劑。

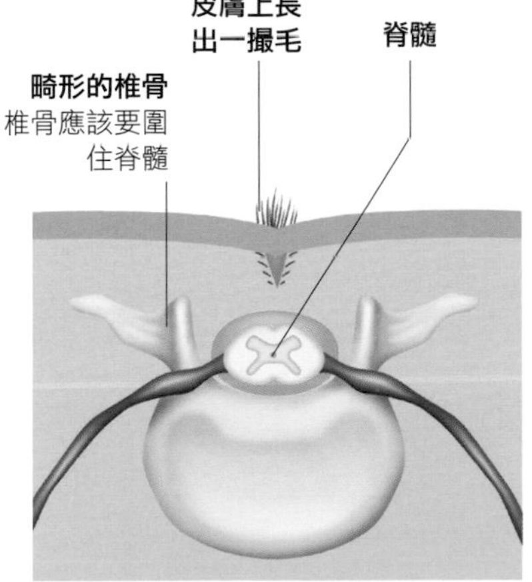
皮膚上長
出一撮毛
脊髓
畸形的椎骨
椎骨應該要圍
住脊髓

隱性脊柱裂
脊柱裂的各種型態中，最輕微的一型，椎骨畸形的數量為一或多個。脊髓不會遭受損傷，脊柱底部外觀上可能會有凹洞或長出一簇毛髮、皮膚上可能有胎記或一顆脂肪腫塊（脂肪瘤）。

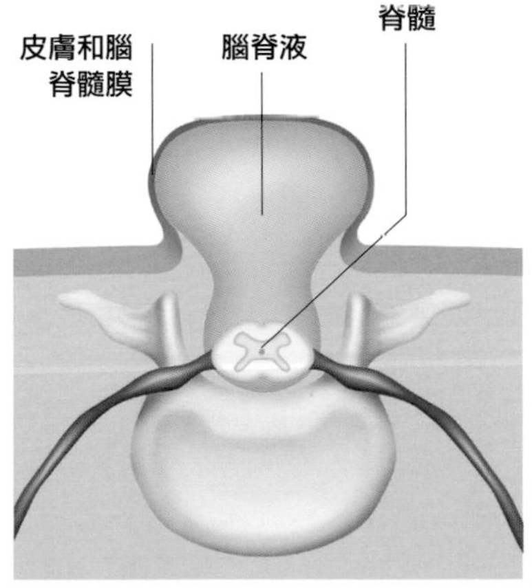
皮膚和腦
脊髓膜
腦脊液
脊髓

腦脊髓膜膨出
包覆著脊髓的保護層（腦脊髓膜）穿過畸形的椎骨向外凸出，形成外觀可見的囊包，稱為腦脊髓膜膨出，當中充滿腦脊液（腦脊髓液），內部脊髓完好無損，是能夠修復的缺陷。

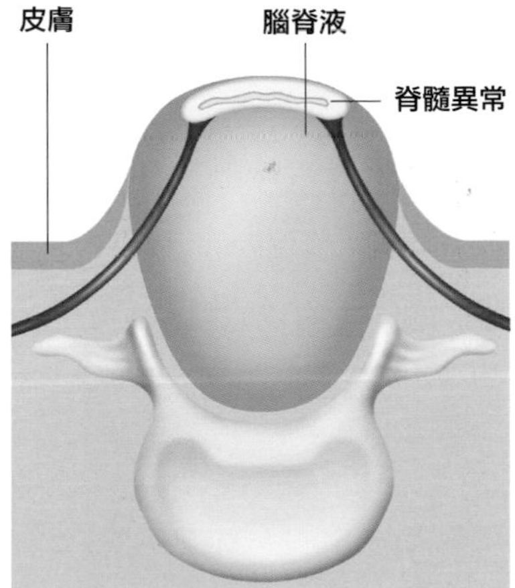
皮膚
腦脊液
脊髓異常

脊髓脊髓膜膨出
脊髓的某一部分隨著充滿腦脊液的囊包從皮膚缺損處凸出，形成大型外突的膨出物。這是脊柱裂最嚴重的一型，罹患的孩童需要接受終生護理治療。

腦部感染、損傷與腫瘤

影響腦部和神經系統的各種損傷和異常症會導致許多不同的生理及心理殘疾。因為頭骨是一個封閉型的箱子，腦內只要有腫塊，就會使壓力增加，可能會導致多個構造受到壓迫。重要神經組織可能會因此遭到損壞，致使患者喪失某些身體的控制力和功能。脊柱損傷可能會損害到神經纖維徑，進而導致感覺喪失或麻痺（癱瘓）。

腦部感染症

腦組織或其保護層的感染症病源有可能是各式各樣的病毒、細菌與熱帶寄生蟲等。

腦部受感染稱為腦炎，有可能是腮腺炎或麻疹等病毒感染所引起的併發症。這是一種偶爾會致命的病症，對於嬰兒和老人的危險性最高。

腦膜炎

腦脊髓膜發炎稱為腦膜炎，通常因病毒或細菌感染而引起。罹患腦膜炎初期的症狀與流感的症狀相似。接著可能會引發更明顯的症狀，像是頭痛、發燒、噁心、嘔吐、頸項僵直和畏懼亮光等。幼兒的症狀較不明顯，可能包括發燒和哭鬧、嘔吐、腹瀉、不願進食與嗜睡等其他身體不舒服的跡象。腦膜炎球菌（奈瑟氏球菌屬）型的腦膜炎的患者會發特別的紅紫色皮疹。若有罹患腦膜炎的疑慮，應立即就醫診治。醫護人員會以腰椎穿刺術檢查內部是否受感染，再做靜脈抗生素注射。若確診為細菌性腦膜炎，通常必須送入加護病房治療。罹患細菌性腦膜炎的人，要完全康復，可能要花好幾個星期或好幾個月的時間。少數狀況下，可能會併發記憶力受損等持續性存在的問題。細菌性腦膜炎患者儘管接受治療，還是有可能喪命。罹患病毒性腦膜炎通常要兩週才會康復，期間不須以任何特定方式治療。

腦膿瘍

膿瘍指的是蓄積的膿。腦膿瘍病例罕見，致病因通常是頭顱中靠近腦的其他組織遭細菌感染，而蔓延到腦部。治療時會施以高劑量的抗生素，也可能利用皮質類固醇來控制腦部的腫脹。視情況可能會需要以外科手術在頭骨鑽洞，將膿引流出來。及早救治的話，許多腦膿瘍患者都能康復。然而，有些人會有癲癇發作、言語不清或單肢無力等後遺症。

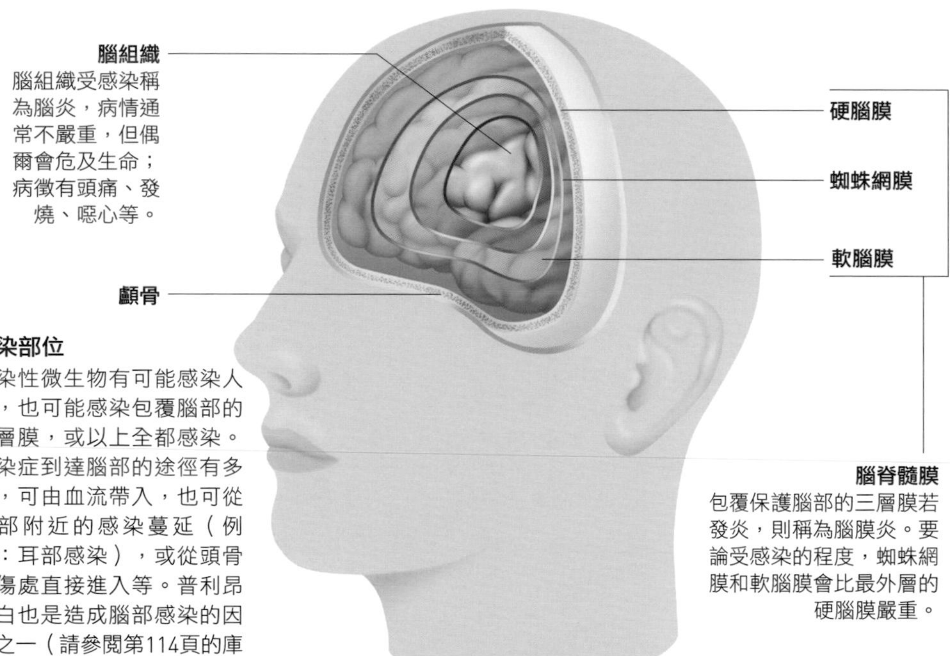

硬腦膜
蜘蛛網膜
軟腦膜

腦組織
腦組織受感染稱為腦炎，病情通常不嚴重，但偶爾會危及生命；病徵有頭痛、發燒、噁心等。

顱骨

感染部位
傳染性微生物有可能感染人腦，也可能感染包覆腦部的三層膜，或以上全都感染。感染症到達腦部的途徑有多種，可由血流帶入，也可從腦部附近的感染蔓延（例如：耳部感染），或從頭骨外傷處直接進入等。普利昂蛋白也是造成腦部感染的因子之一（請參閱第114頁的庫賈氏病）。

腦脊髓膜
包覆保護腦部的三層膜若發炎，則稱為腦膜炎。要論受感染的程度，蜘蛛網膜和軟腦膜會比最外層的硬腦膜嚴重。

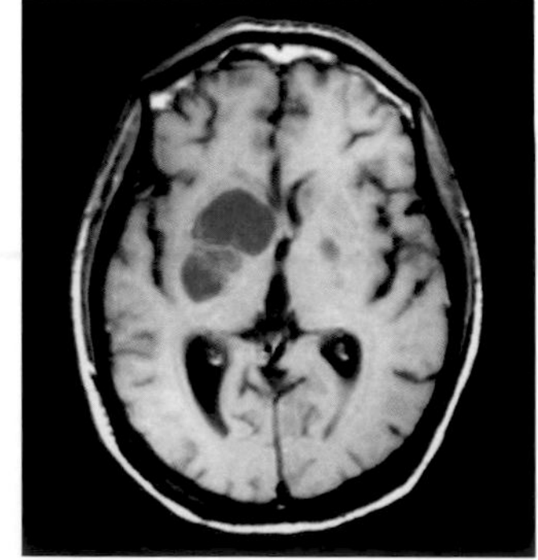

腦膿瘍
後天免疫缺乏症候群患者腦部真菌感染所造成的膿瘍（藍色部分）。後天免疫缺乏症候群患者罹患腦膿瘍的機率比其他人高。

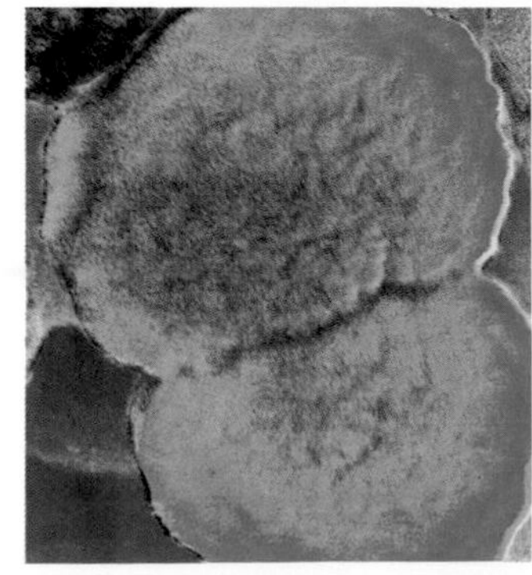

導致腦膜炎的細菌
這張以掃描式電子顯微鏡觀察到的影像顯示出腦膜炎球菌的樣貌。有些類型的腦膜炎可藉由接種疫苗的方式預防。

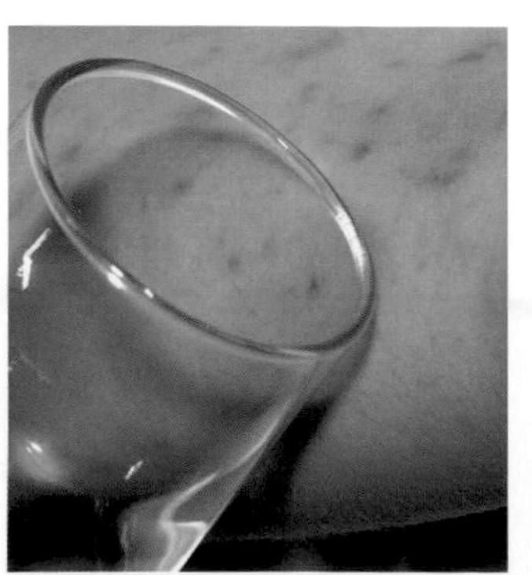

腦膜炎皮疹測試
流行性腦脊髓膜炎患者的皮膚可能會因為血液中的細菌而長出暗紅色或紫色的斑點。這種皮疹以透明玻璃杯下壓時不會褪色。

腰椎穿刺術

腰椎穿刺術也稱為脊椎穿刺，可用以尋找罹患腦膜炎的證據。這種檢查會在局部麻醉下進行，全程大約15分鐘。術中會先讓病人側臥，再將中空針頭插入脊柱，抽取腦脊液。腦脊液樣本會送至實驗室進行化驗，檢查是否有受感染的證據，並查明傳染性微生物是屬於哪一種類。

術後，病人應聽從建議繼續躺臥一小時，以免引發劇烈頭痛。

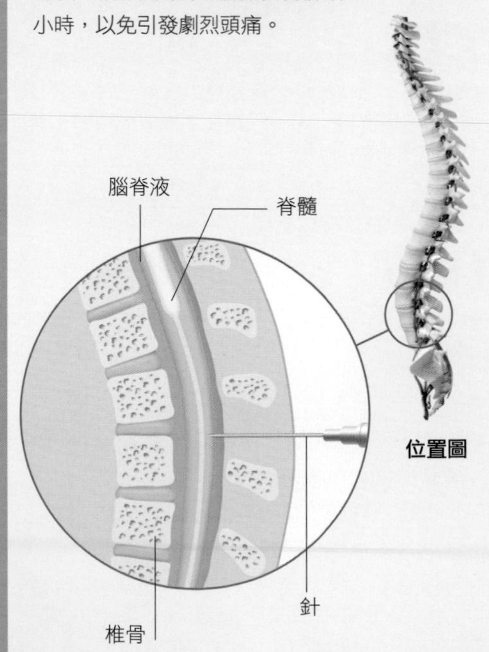

腦脊液
脊髓
位置圖
針
椎骨

檢查操作程序
將中空的小型針頭刺入脊椎下部的兩塊椎骨之間，兩塊椎骨通常是第三和第四腰椎骨，也就是在脊髓尾端下方。謹慎地將針尖推入環繞脊髓的間隙，再將腦脊液樣本抽入針筒內。

腦性麻痺

未成熟的腦部受損造成的運動和體態異常。

腦性麻痺不是單一個疾病的名稱，而是因出生前後或在幼兒期腦部發展當中遭受損傷，所導致的各種異常症的總稱。罹患腦性麻痺的孩童無法正常控制四肢和體態，也可能會有吞嚥困難、言語障礙、慢性便秘等問題；但智力通常不受影響。腦部遭受的破壞不會惡化，但破壞所造成的殘疾類型會隨著孩童長大而有所變化。輕度殘疾的兒童，生活通常都能過得既活躍又忙碌，且能夠長命，成人後也通常能獨立過活。嚴重殘疾的兒童則需要專業人員的長期支援協助。有些特別容易遭受嚴重胸部感染的患者，特別是有吞嚥困難後遺症的患者，壽命會比較短。

腦瘤

長在腦組織內或腦膜的癌性或非癌性增生物。

一開始即發自腦組織或腦膜的瘤稱為原發性腦瘤，有可能具癌性，但也有可能是非癌性的瘤。續發性（轉移性）腦瘤比原發性腦瘤更為常見，而且一定具癌性，因為這種腦瘤是從乳房或肺臟等部位的癌性瘤，藉血流帶來生長的細胞。腦瘤的後續發展如何取決於其生長的位置、體積大小與生長速率等。非癌性的瘤生長速度慢，通常後續發展都比較樂觀；這類腦瘤的患者，有許多都在外科手術治療後痊癒了。長腦轉移瘤的人，罹患後壽命大多不會超過18個月。

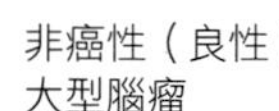
非癌性（良性）
大型腦瘤

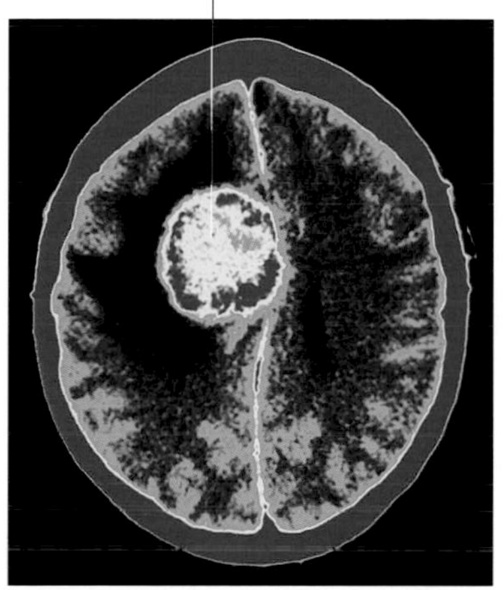

腦瘤
這張彩色的電腦斷層攝影掃瞄圖中顯示的是一塊腦膜瘤，腦膜瘤是從蜘蛛網膜（包覆腦部的其中一層腦膜）中長出的腫瘤，生長速度緩慢。可以利用外科手術將之移除。

頭部創傷

頭皮、頭骨或腦部的損傷嚴重程度不一，低則輕微，高可危及生命。

頭部遭輕微碰撞或單單頭皮創傷造成的影響通常不太嚴重，而且不會產生長期效應。然而，任何致使腦部遭到損傷的傷害都有造成極度嚴重後果的可能性。若頭皮和頭骨都遭穿透傷，則可能對腦部造成直接傷害。頭部遭受重擊，但頭骨沒有因此受損時，則會對腦造成間接傷害（請參閱下文）。這類的傷勢也有可能帶來嚴重的後果，特別是在顱內有出血的狀況下。治療方式可包括抗生素、外科手術，或兩者並用。頭部遭受嚴重傷害的人，存活機率為五成，且容易留下後遺症。

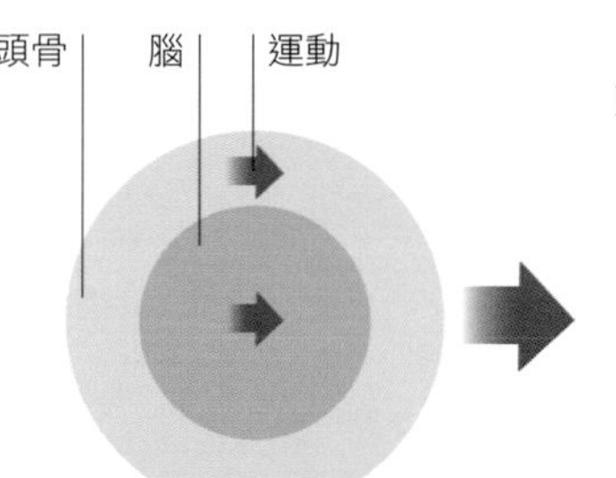
頭骨
腦
運動

1 快速移動中的人

頭骨和裡面的腦以相同速度行進。如果突然停止運動（例如：跌倒），腦部就可能會受到傷害。

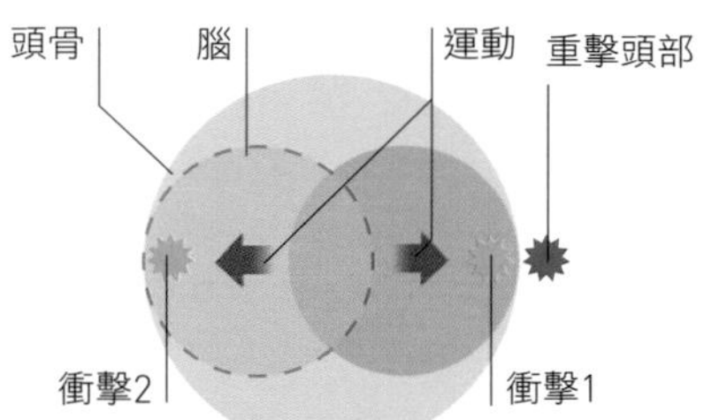
頭骨
腦
運動
重擊頭部
衝擊2
衝擊1

2 突然減速

腦砸上頭骨堅硬的內面時，可能會因此受損；反彈時，又遭到二度傷害。

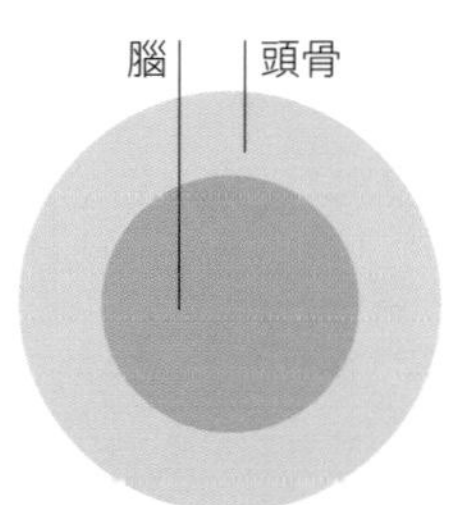
腦
頭骨

1 靜止不動的頭部

呈靜止狀態時，如果遭到撞擊（例如進行拳擊運動時），腦部就有可能遭到損傷。

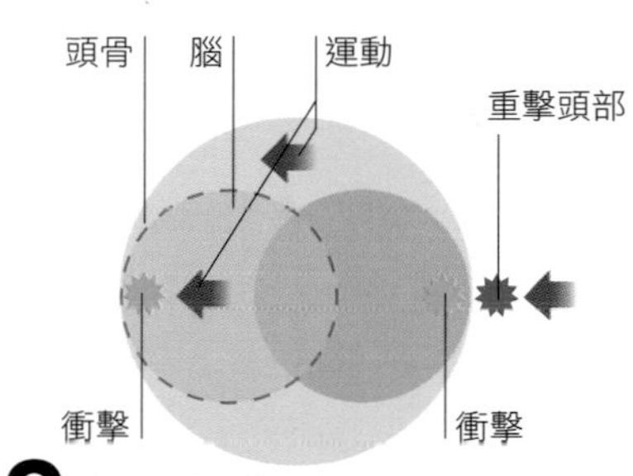
頭骨
腦
運動
重擊頭部
衝擊
衝擊

2 突然加速

腦有可能在擠壓到頭骨內部後，反彈撞擊到頭骨反邊內面上。

麻痺（癱瘓）

因腦部或肌肉受損而造成的暫時性或永久性肌肉功能喪失。

麻痺（癱瘓）的影響部位可大可小，小從面部小型肌肉，大至身體的大型肌肉群。隨意肌的活動性和自主功能（例如呼吸）都有可能受影響，還有可能造成感覺的喪失。造成麻痺的原因是腦部運動區或脊髓的神經束受損，有可能是某種肌肉異常症所導致。如果可能的話，可針對造成麻痺的根本原因進行治療。如果罹患的是暫時性的麻痺，則可進行物理治療，以預防關節鎖死，並幫助保留住肌肉。坐輪椅的麻痺患者需要予以護理照料，以免因無法移動而產生併發症。

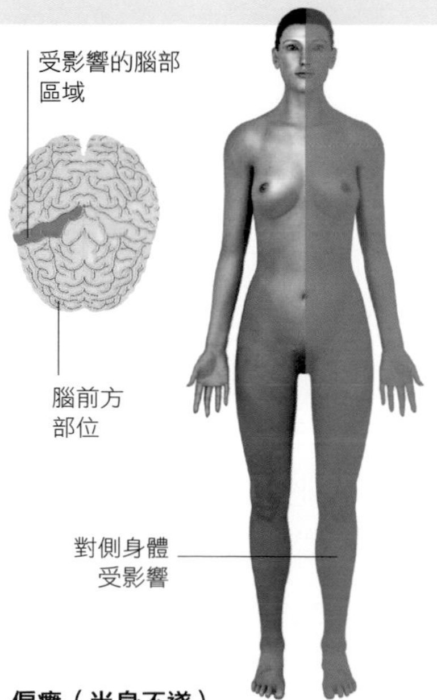
受影響的腦部
區域
腦前方
部位
對側身體
受影響

偏癱（半身不遂）
腦部單側運動區受損可導致對側身體麻痺。這種單側癱瘓稱為偏癱。

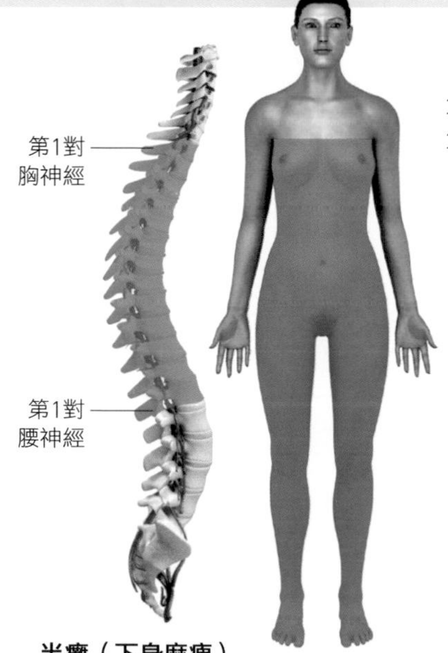
第1對
胸神經
第1對
腰神經

半癱（下身麻痺）
脊髓中層或下層區域受損可導致雙腿或甚至部分軀幹麻痺。排便及排尿的能力也可能會受影響。

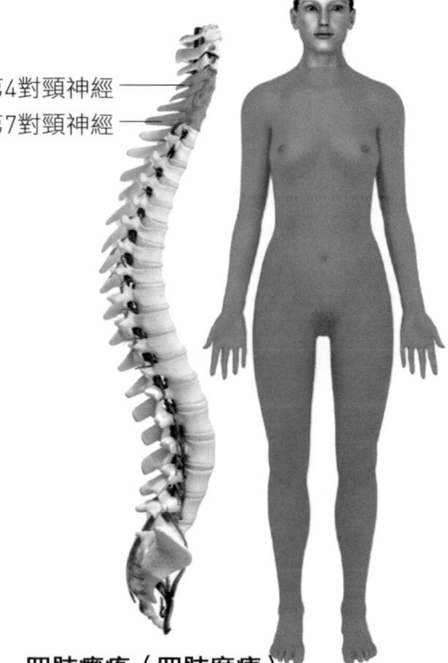
第4對頸神經
第7對頸神經

四肢癱瘓（四肢麻痺）
脖子下部的脊髓受損可導致整個軀幹和四肢麻痺。如果受損處位於第1對和第2對頸神經之間，或更高位處，則不太可能存活。

耳朵和眼睛的疾病

耳朵和眼睛很容易罹患許多異常症，其中包括音量過大的聲響和過亮的光線所造成的傷害，以至年老時感官的自然退化等等。聽力和視力相輔相成，因此當其中一項能力的功能減退時，另一項能力就可能會變得更敏銳，以作為補償。

耳聾

聽力受損可能是疾病或受傷所導致，也可能是一出生就帶有的缺陷；大多數人的聽力都會隨著年齡漸長而惡化。

聽力障礙有兩類：傳導性聽障、感覺神經性（感音性）聽障。傳導性聽障是音波傳遞至內耳的途徑受損所致，一般為暫時性。兒童罹患此型聽障最常見的致病因素為膠耳（也稱漿液性中耳炎或積液性中耳炎）。成人罹患的致病因素則以耳垢堵塞最為常見。其他致病因素還包括耳膜損壞，以及較為罕見的中耳內骨頭變硬，導致無法傳遞聲響等。感覺神經性聽障最常因年齡增長引發耳蝸退化而導致。耳蝸遭音量過大的噪音損壞或因罹患梅尼爾氏症（請參閱對頁說明）而損壞也是導致此型聽障的可能因素。另外也有因聽神經瘤或服用某些藥物導致失聰的罕見病例。傳導性聽障可利用簡單的療法有效治癒，例如：用注射器灌洗耳部以清除耳垢。罹患膠耳或耳硬化可能需要以外科手術治療。感覺神經性聽障一般無法治癒，但可借助於助聽器。人工耳蝸是以手術將電極植入耳蝸的技術，對極重度耳聾有幫助。

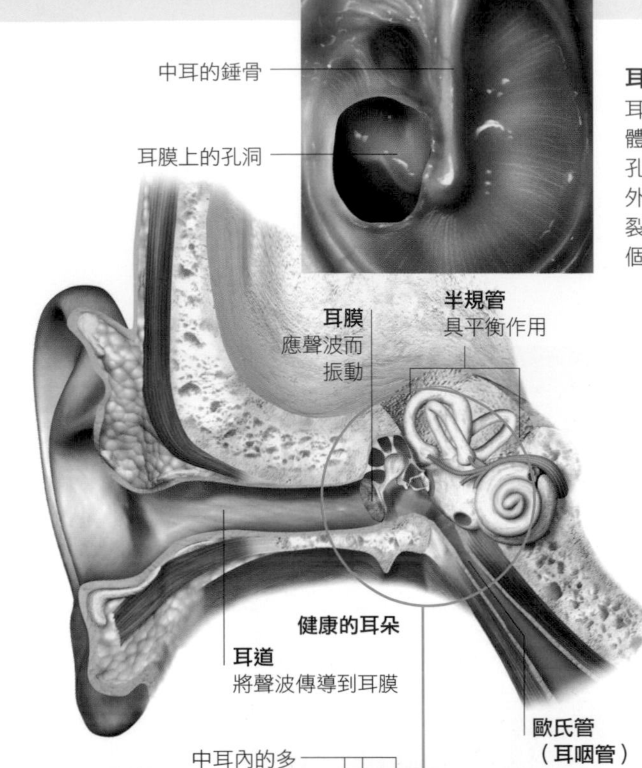
中耳的錘骨
耳膜上的孔洞
耳膜
應聲波而振動
半規管
具平衡作用
健康的耳朵
耳道
將聲波傳導到耳膜
歐氏管（耳咽管）
中耳內的多塊骨頭（聽小骨）
聽覺神經
耳蝸
膠狀流體

耳膜穿孔
耳膜會因發炎期間，中耳內的膿或流體蓄積，使壓力增加，致使破裂或穿孔。飛行時或在其他狀況下，中耳與外耳的壓力不平衡，也會導致耳膜破裂、穿孔。癒合所需的時間通常為一個月左右。

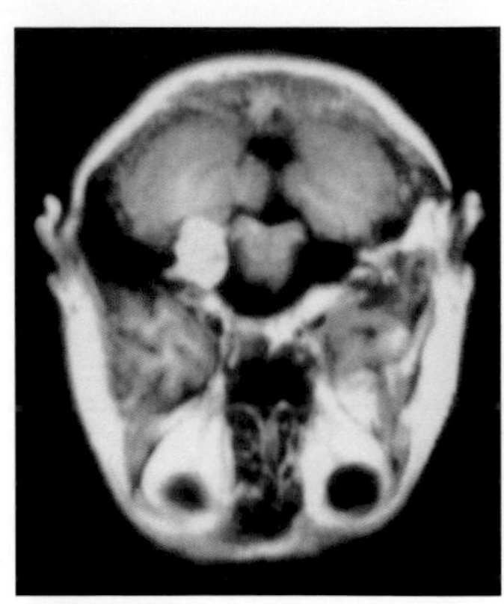

聽覺神經瘤
這張磁振造影掃瞄圖中所顯示的是稱為聽覺神經瘤的非癌性腫瘤（紅色部分）。聽覺神經瘤會生長到前庭耳蝸神經周圍，並擠壓到該神經，導致聽力逐漸喪失。

膠耳（漿液性中耳炎；積液性中耳炎；中耳積水）
為流體蓄積於中耳不消退的病症，比較好發於兒童，可能會造成聽力障礙。歐氏管（耳咽管）是讓中耳得到外界空氣灌注的管道，若是堵塞（通常為感染所致），會造成內部流體積累。

膠耳（漿液性中耳炎；積液性中耳炎；中耳積水）的治療方式

此症患者的中耳會充滿有如膠水般的濃稠黏液，使聽力受損。如果積蓄的黏液不消退，則可進行外科手術將塑膠製的耳通氣導管植入耳膜。導管能將積液引流出，並使中耳暢通。耳通氣導管通常會在植入後6至12個月掉落，而遺留在耳膜上的孔洞也會自行癒合。

眩暈症

不實的運動感與旋轉感，通常伴隨噁心的症狀，有時也會有嚴重嘔吐的狀況。

內耳的平衡器官、連結內耳與腦部的神經以及腦部與平衡有關的區域受到干擾，都可能引起眩暈症。罕見情況下，眩暈症會是其他潛在嚴重疾病的徵兆。眩暈症通常都是突然引發產生，持續時間從數秒至數天不等，有些為間歇性發作，有些則是不斷連續發作。這種病症可使人感到非常痛苦，嚴重時，患者可能會完全無法走路或站立。眩暈症通常會自行消退，或是在治癒潛在致病因後消退。

動暈症

行進期間，送至腦部的視覺資訊與平衡器官所得的資訊互相衝突時，產生的噁心及其他症狀。

動暈症一開始的症狀通常包括噁心、頭痛、暈眩、無精打采及疲倦等。如果運動狀態持續下去，該開始出現的症狀會變得更嚴重，而且還會引發其他症狀，比如：膚色蒼白、過度出汗、過度換氣及嘔吐等。行進時朝前行方向眺望地平線或遠方物體有助於避免罹患動暈症。市面上也有預防或治療動暈症的有效藥物。為避免症狀產生，應於開始行進之前，就事先服用藥物。

耳鳴

耳朵發出嗡嗡聲、嘈雜聲、哨聲、轟鳴聲或嘶嘶聲噪音等聲響的感覺。

耳鳴可為短時間的發作，但也有許多人的耳鳴是長期性的問題。耳鳴通常與失聰有關聯性，處於大聲噪音的環境下也會使耳鳴產生的風險提高。耳鳴有可能會在沒有明顯原因之下就發作，但通常與一些特定耳疾有關，比如梅尼爾氏症。如果能找到導致耳鳴的病因，並成功治癒的話，耳鳴就有可能獲得改善。若耳鳴仍持續不斷，可將一種稱為掩蔽器的裝置，像助聽器般穿戴於耳朵內部或後方，掩蔽器會發出分散注意力的聲響，藉此提供患者幫助。

梅尼爾氏症

突發的嚴重暈眩，伴隨有失聰、耳鳴及耳朵悶塞感，持續時間從數分鐘到數天不等。

梅尼爾氏症的確切致病因為何，目前仍不清楚，但知道與內耳的流體平衡調控系統（請參閱右方說明）失調有關，導致內耳裡的流體蓄積。這個疾病會突然發作，每次持續時間從數分鐘到數天不等，而兩次發作之間相隔的時間少則數日，多達數年。聽力會隨著反覆發作而遞減。現在還沒有辦法治癒梅尼爾氏症，但可利用藥物緩解症狀，並減少發作的次數。眩暈嚴重時，可考慮以外科手術將前庭神經切斷，或破壞耳內的迷路構造。

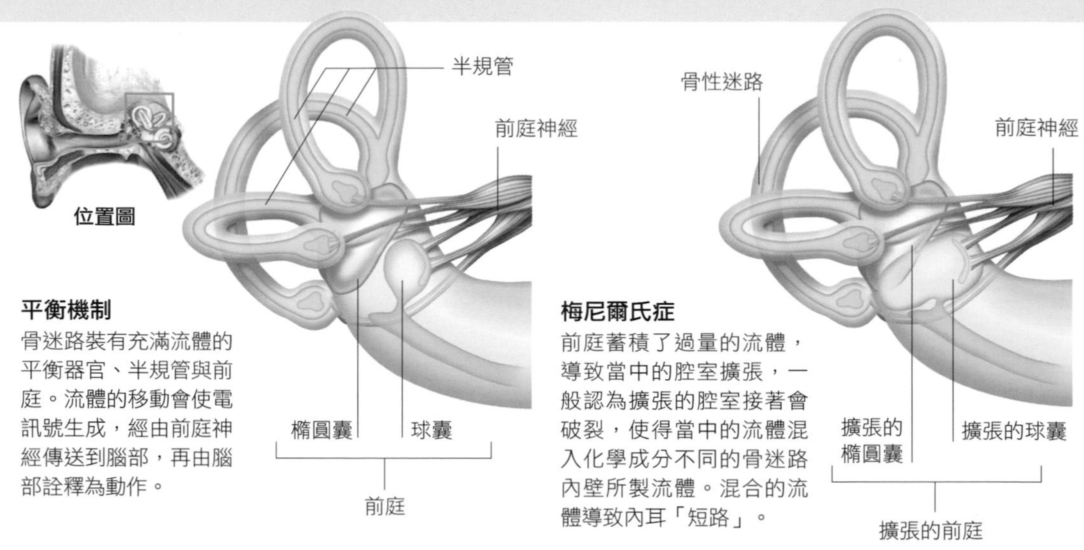
位置圖
半規管
前庭神經
橢圓囊
球囊
前庭
骨性迷路
前庭神經
擴張的
橢圓囊
擴張的球囊
擴張的前庭

平衡機制
骨迷路裝有充滿流體的平衡器官、半規管與前庭。流體的移動會使電訊號生成，經由前庭神經傳送到腦部，再由腦部詮釋為動作。

梅尼爾氏症
前庭蓄積了過量的流體，導致當中的腔室擴張，一般認為擴張的腔室接著會破裂，使得當中的流體混入化學成分不同的骨迷路內壁所製流體。混合的流體導致內耳「短路」。

眼球聚焦問題

又稱為屈光不正，是最常見的視力異常症，為眼睛聚焦出問題所致。

看近物時眼睛聚焦有問題（近視）或看遠物時無法聚焦（遠視）是因為眼球前後徑太短或太長，使得光線聚焦在視網膜後方或前方，而無法聚焦於視網膜上（請參閱下文）。罹患散光會有視力模糊的狀況，因為角膜曲度不規則，導致水晶體無法將物體發散的所有光線聚焦於視網膜上。近視力隨著老化而出現障礙是正常的，這是因為水晶體會逐漸失去彈力，變得無法輕易調整形狀，這種病症稱為老花眼。屈光不正通常都可以利用眼睛或隱形眼鏡矯正。亦可用外科手術永久性矯正某些類型的屈光不正（老花眼除外）。主要的技術有「雷射屈光角膜層狀重塑術」和「雷射屈光角膜切削術」。雷射屈光角膜層狀重塑術是用雷射重塑角膜中層，而雷射屈光角膜切削術則是用雷射削去角膜部分表面，以改變角膜形狀。

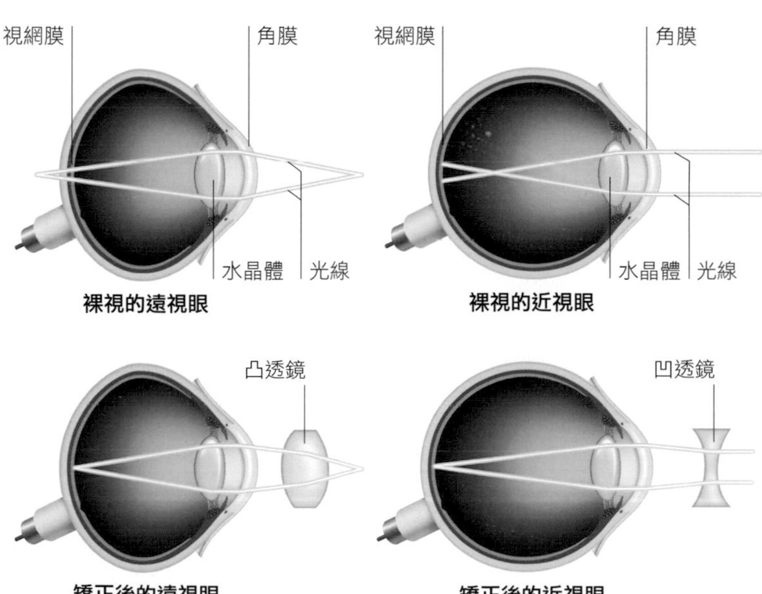
視網膜
角膜
水晶體
光線
裸視的遠視眼
視網膜
角膜
水晶體
光線
裸視的近視眼
凸透鏡
矯正後的遠視眼
凹透鏡
矯正後的近視眼

遠視
罹患遠視的眼球前後徑對於其角膜和水晶體的聚焦力來說太短。光線聚焦於視網膜後方，使得成像變模糊。凸透鏡可使光線向內彎曲（會聚），聚焦於視網膜上，從而矯正視力。

近視
罹患近視的眼球前後徑對於其角膜和水晶體的聚焦力來說太長。光線聚焦於視網膜前方，使得成像變模糊。需要利用凹透鏡將光線向外彎曲（發散），以聚焦於視網膜上。

導致失明的原因

無法以鏡片矯正的視力嚴重喪失，甚至完全喪失，其致病因有很多種。

失明的風險會隨著年齡漸長而提高；也有出生即失明的罕見病例。致病因包括因白內障、青光眼（罕發於40歲以下的人）以及糖尿病或高血壓（兩者皆較好發於老年人）所導致的視網膜損傷。年過60的人有可能會罹患黃斑部病變：即視網膜中負責精細視力的區域受損。

青光眼

眼睛內部因流體蓄積所導致眼內壓力異常地高時，即可確認罹患青光眼。這種壓力有可能會永久性損傷視網膜的神經纖維或視神經。突然發作且伴有劇烈疼痛感的屬於急性青光眼，慢性青光眼不會產生痛感，但會經年累月地不斷緩慢惡化。

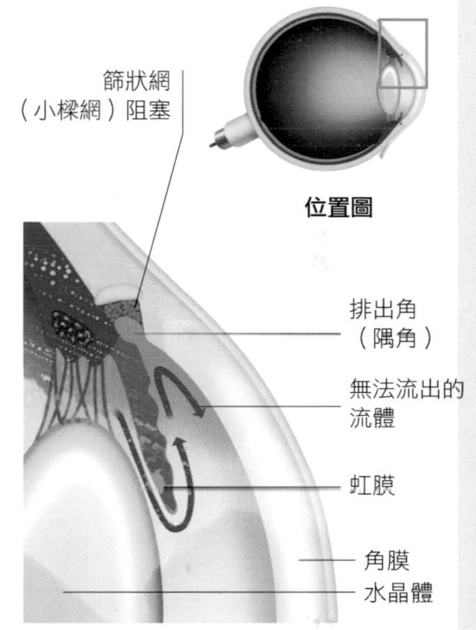
篩狀網
（小樑網）阻塞
位置圖
排出角
（隅角）
無法流出的
流體
虹膜
角膜
水晶體

慢性青光眼
流體會持續不斷地出入眼睛，滋養眼內組織並維持眼睛的形狀。正常狀況下，流體會從瞳孔流出，從排出角（隅角）中的篩狀網（小樑網）緩慢釋入。慢性青光眼患者因篩狀網（小樑網）阻塞，使得內部壓力不斷升高。

白內障

眼睛的水晶體正常時為透明無色，罹患白內障時，水晶體會因其蛋白纖維變性而變混濁。混濁的水晶體會影響光線進入眼睛的傳導性和聚焦力，降低視力的清晰度。白內障最常由人類老化所導致，大多數年紀超過75歲的人都多少會有一點白內障。有時新生兒也會有白內障，可能是母體在懷孕初期感染德國麻疹所導致。其他可能的原因也包括糖尿病和過度曝曬陽光。可利用外科手術植入人工水晶體治療白內障。

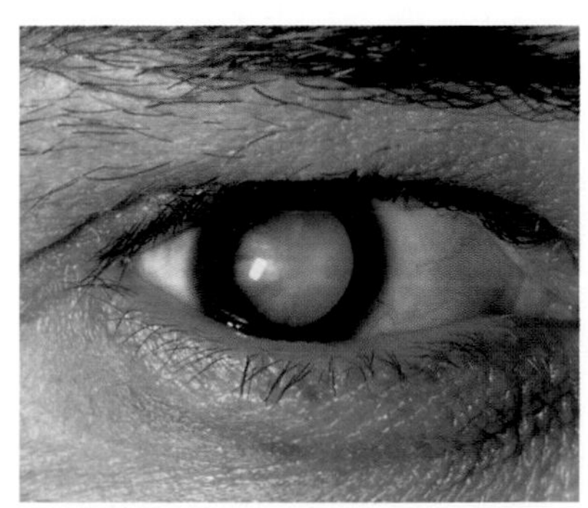

嚴重的白內障
圖中罹患白內障的眼睛可見瞳孔後混濁的區域佔據了水晶體的很大部分。這種嚴重程度的白內障會導致視力清晰度和精細視覺完全喪失，但還是能偵測到光亮和顏色深淺不同。

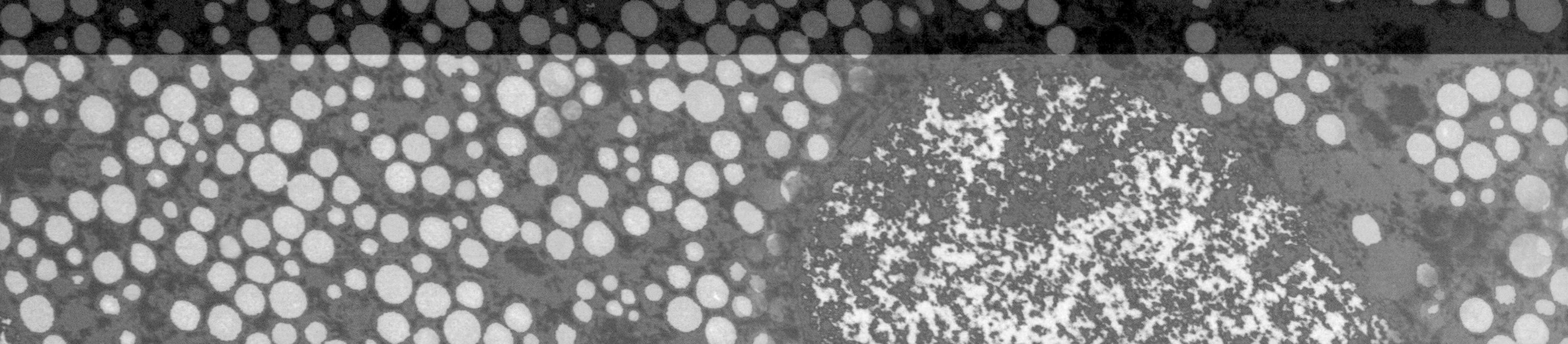

內分泌系統或許不如腦和神經複雜，但一樣是傳遞處理資訊的要角。激素攜帶的重要訊息具有廣泛的影響力，掌控身體各個層級的作用程序，下從單一細胞內能量的吸收，上至全身生長和發育的速率。當今已有人工激素替代劑，可針對功能低下的腺體使用，也有激素阻斷劑，針對活性過大的腺體發揮療效。同時，人們還不斷發現越來越多具有微妙作用的激素。

內分泌系統

內分泌系統的構造解剖

身體的化學傳訊物（激素）由內分泌腺製造，這些腺體沒有輸送管，製造出的激素會直接分泌到血液中，讓血液帶到身體的每個細胞。激素會影響特定的標的組織或器官，並調節這些組織、器官的活動。

內分泌系統的構成物，有些是甲狀腺等腺組織主體，也有則是存在於睪丸、卵巢和心臟等器官中的腺體。內分泌系統利用激素控管並協調身體的種種機能，類似於神經系統利用微電訊號的途徑。內分泌系統和神經系統彼此相輔相成，且都與腦融為一體，不過兩者作用的速度基本上是不一樣的。神經能在一剎那間起反應，但作用很快就會衰退；激素的影響力較持久，但要數小時、數週甚至數年才會產生影響。激素調節的作用包括代謝作用中化學物質的分解、流體平衡與尿液製造、身體的成長與發育、有性繁殖等。影響腺體產出激素的因素有許多，包括血液中物質的含量和神經系統的輸入訊號等。因為激素會隨著血液流動，所有激素都會到達身體的各個部位，但每個激素特定的分子形狀只能嵌入標的組織或器官的受體。

下視丘
作為神經與激素之間主要連結的神經細胞簇；製造「釋放因子」（具有調控功能的激素），並任其流到腦下腺中

腦下腺
有「內分泌腺之母」的稱號；控制許多其他的內分泌腺體

甲狀腺
控制維持體重、能源利用率和心臟跳動速率等新陳代謝率；甲狀腺不同於其他內分泌腺體的一點是具有儲存自身激素的能力

胸腺
製造三種幫助T細胞（一種可在免疫系統中起作用的白血球）發育的激素

松果腺（松果體）
位於腦部中央豌豆大小的腺體；製造松果腺素（一種對於睡眠清醒週期等生理節律很重要的激素）；也會影響性活動

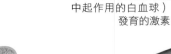

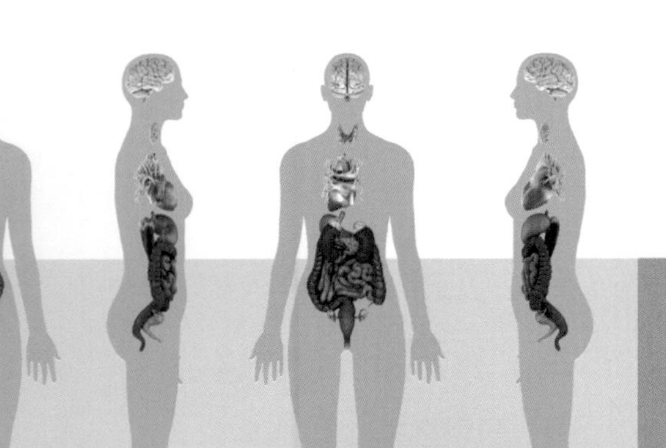
360度視圖

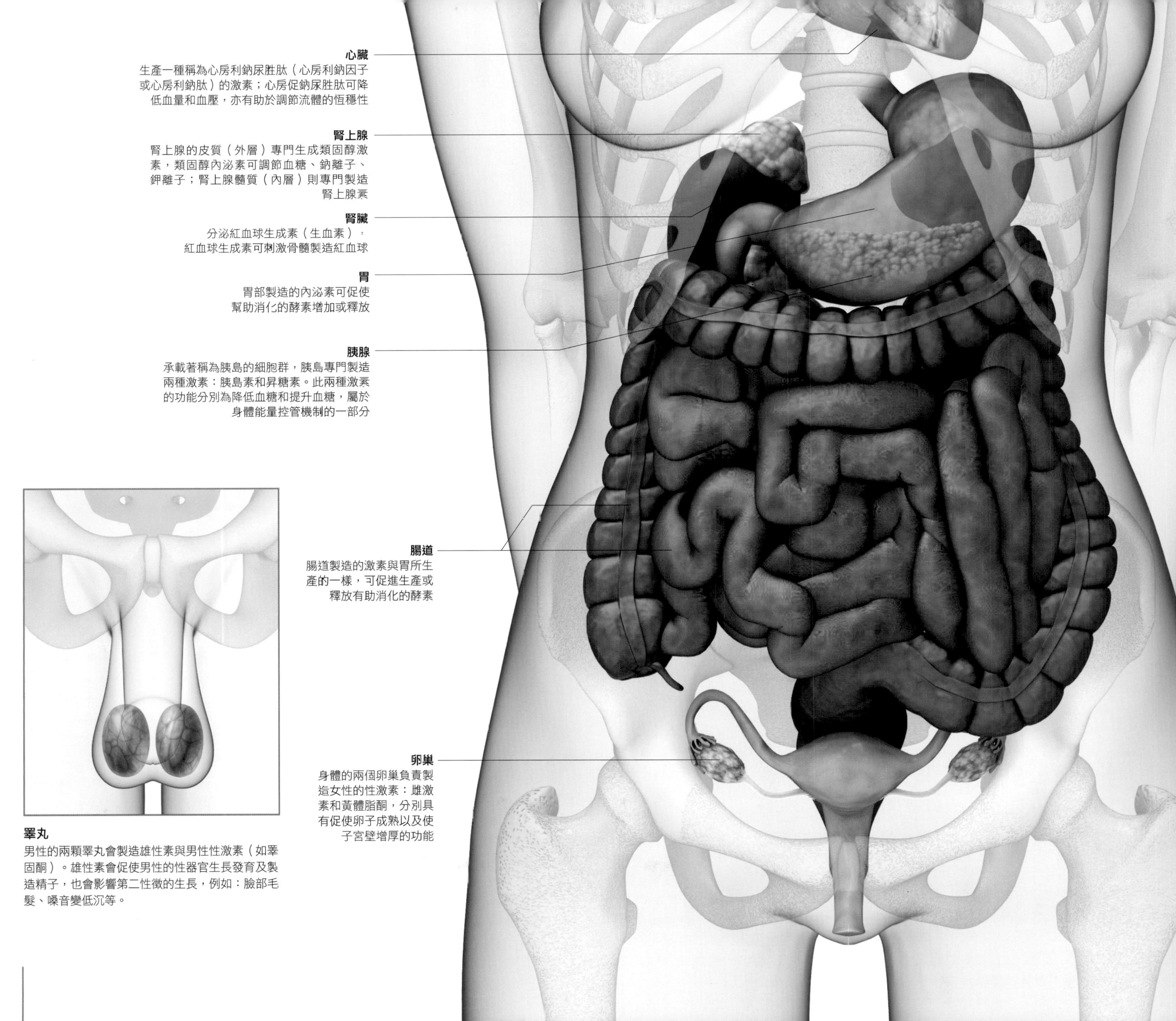

心臟
生產一種稱為心房利鈉尿胜肽（心房利鈉因子或心房利鈉肽）的激素；心房促鈉尿胜肽可降低血量和血壓，亦有助於調節流體的恆穩性

腎上腺
腎上腺的皮質（外層）專門生成類固醇激素，類固醇內泌素可調節血糖、鈉離子、鉀離子；腎上腺髓質（內層）則專門製造腎上腺素

腎臟
分泌紅血球生成素（生血素），紅血球生成素可刺激骨髓製造紅血球

胃
胃部製造的內泌素可促使幫助消化的酵素增加或釋放

胰腺
承載著稱為胰島的細胞群，胰島專門製造兩種激素：胰島素和昇糖素。此兩種激素的功能分別為降低血糖和提升血糖，屬於身體能量控管機制的一部分

腸道
腸道製造的激素與胃所生產的一樣，可促進生產或釋放有助消化的酵素

卵巢
身體的兩個卵巢負責製造女性的性激素：雌激素和黃體脂酮，分別具有促使卵子成熟以及使子宮壁增厚的功能

睪丸
男性的兩顆睪丸會製造雄性素與男性性激素（如睪固酮）。雄性素會促使男性的性器官生長發育及製造精子，也會影響第二性徵的生長，例如：臉部毛髮、嗓音變低沉等。

激素的製造者

激素帶有的化學資訊可控制腺體和其他器官作業的速率。製造激素的細胞存在於身體各處。這些細胞有許多都會聚在一起，形成像是甲狀腺等具特化功能的腺體。

腦下垂體

腦下垂體也稱腦垂體，是內分泌系統中最有影響力的腺體。腦下垂體其實是兩個不同的腺體合而為一的構造。前面部分為腦下垂體前葉，佔了腦下垂體的大部分面積。後部稱為腦下垂體後葉，或稱腦下垂體神經部。腦下垂體的八種主要激素由其前葉就地製造，並將之釋入血流中。腦下垂體後葉則負責接收來自下視丘神經分泌細胞製造的兩大激素。下視丘位於腦下垂體上方。其他種神經分泌細胞負責製造具有調控功能的激素，經由毛細血管傳送到腦下垂體前葉，控制該處激素的釋放。

下視丘

神經分泌細胞
下視丘中特化的神經細胞，負責製造抗利尿激素和催產素。這些激素會沿著神經細胞的纖維（軸突）流到腦下垂體後葉。

腦下垂體門靜脈系統
將調控性激素（釋放因子）從下視丘帶到腦下垂體前葉的血管系統

軸突

腦下垂體莖

腦下垂體前葉
內部細胞負責製造大約八個主要激素，這些激素的分泌與否由下視丘調節

動脈

靜脈

後葉
儲存下視丘神經分泌細胞所製造的激素，並在需要時釋出

皮膚
黑色素細胞刺激激素致使皮膚組織中的黑色素細胞製造更多的黑色素時，皮膚會變黑；黑色素細胞刺激激素由腦下垂體前後葉之間的一片薄層所製造。

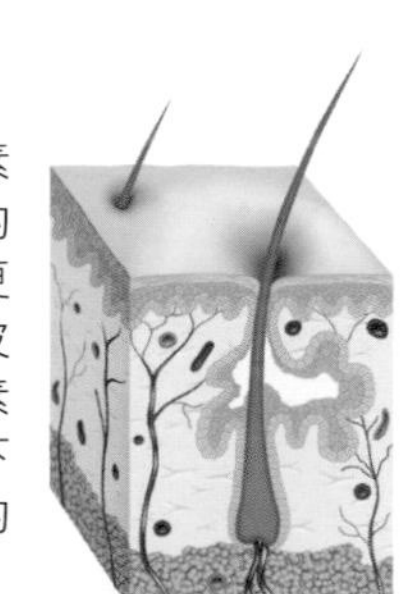

腎上腺
促腎上腺皮質素會促使腎上腺製造掌管回應壓力與人體使用脂肪、碳水化合物、蛋白質和礦物質等類固醇類激素。

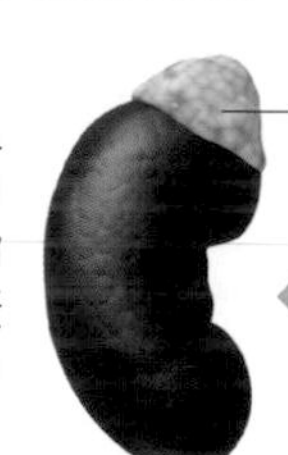
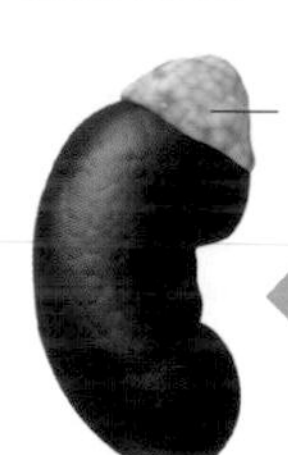
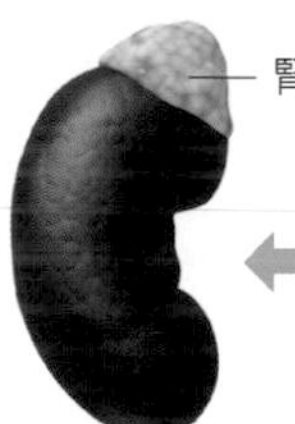
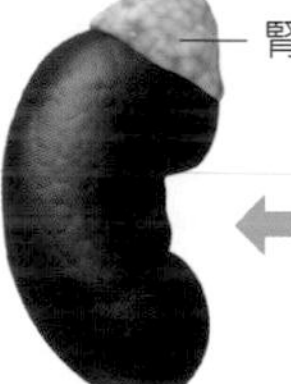
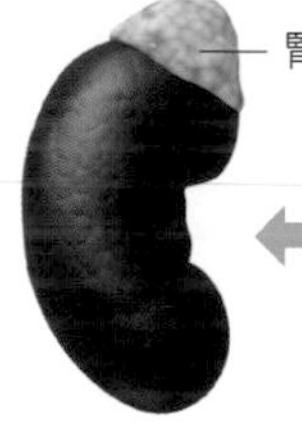
腎上腺

甲狀腺
來自於下視丘的甲狀腺促素釋素，可掌控甲狀腺促素（甲促素）的釋放與否。甲促素會促使甲狀腺活性增加，從而影響新陳代謝率。

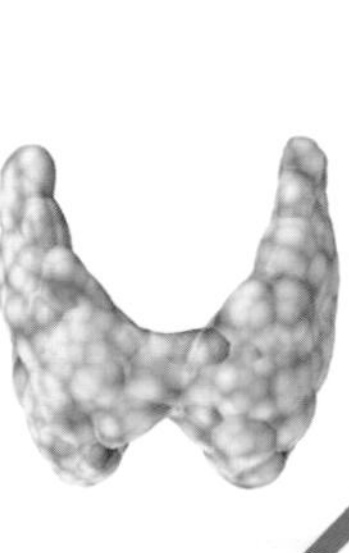
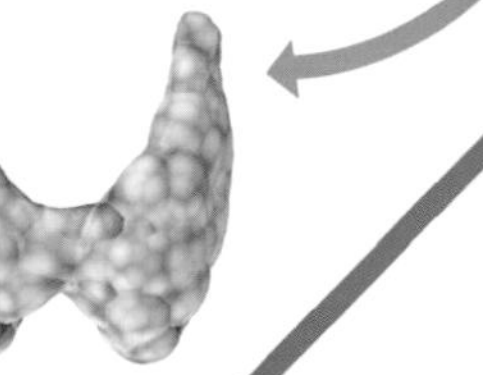

骨骼和整體生長情況
生長激素作用於全身各個部位，有促進蛋白質製造量、骨頭體積增加及終生新組織建造的功能，對於兒童的成長和發育尤其重要。

性腺
黃體生成素和濾泡刺激素會促使男女兩性的性腺製造激素，在女性體中製造出成熟的卵細胞，在男性體中製造出成熟的精細胞。

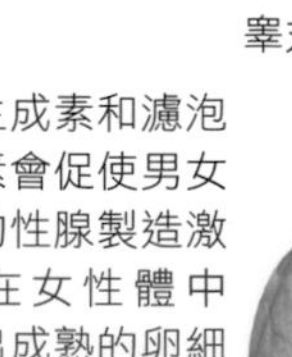
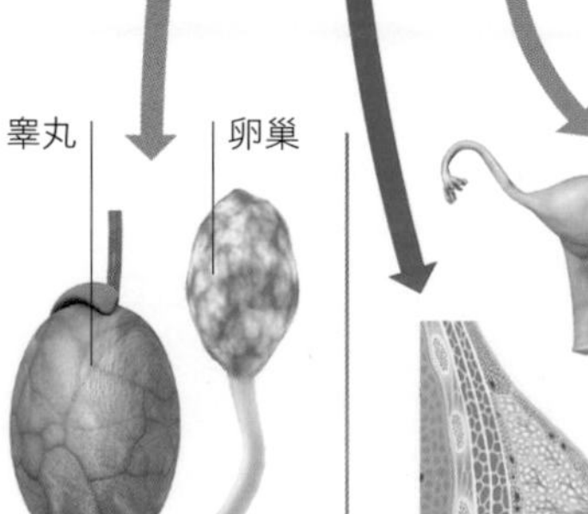
睪丸
卵巢

子宮的肌肉與乳腺
催產素會在分娩時刺激子宮收縮，也會協同腦下垂體前葉的泌乳素促使乳房的乳腺泌乳，以哺餵嬰兒。

腎小管
抗利尿激素也稱為血管加壓素，掌控腎臟中微濾器（腎元）從血中移除水分量的多寡，同時也有助於在血壓下降時收縮小動脈。

腦下垂體的脈管和神經
腦下垂體有一個短莖與下視丘相連。腦下垂體的前葉會獲取下視丘供給的血液，而後葉的供血則直接來自於心臟。下視丘與腦下垂體之間的相互作用使神經系統與內分泌系統之間產生聯繫。本示意圖標明了腦下垂體激素的多個標的器官。

箭頭指標索引
- 黑色素細胞刺激激素
- 促腎上腺皮質素
- 甲狀腺促素
- 生長激素
- 黃體生成素與濾泡刺激素
- 催產素
- 抗利尿激素
- 泌乳素

胰臟

胰臟是具有雙重功用的臟體，胰臟的腺泡細胞（一種特化的細胞）負責製造消化酵素，除此之外，胰臟還有一項內分泌功能。腺泡組織中大約有一百萬個稱為胰島的細胞簇。胰島中的細胞所製造的激素參與控制葡萄糖（血糖）的程序，而葡萄糖是人體主要的能量來源。胰島B細胞負責製造胰島素，胰島素能促進細胞吸收葡萄糖，並加速將葡萄糖轉化為肝糖，儲存於肝臟中。如此一來，胰島素便可有效降低血中葡萄糖的含量。胰臟的另一個激素是昇糖素，由胰島A細胞製造，作用與胰島素相反，可提高血中葡萄糖的含量。胰島D細胞負責製作體抑素（生長抑素），體抑素有調節A細胞和B細胞的功能。

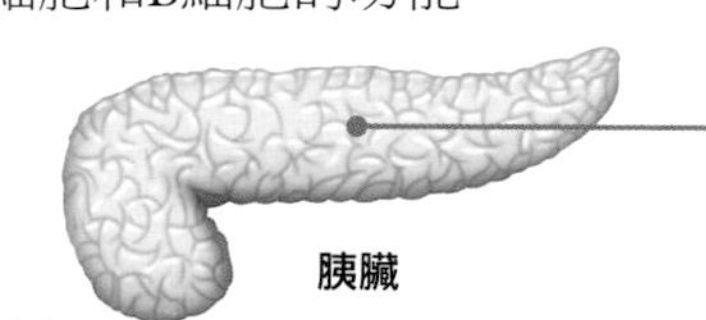
胰臟
胰島D細胞
胰島B細胞
輸送管
腺泡細胞
胰島
胰島A細胞

胰島
胰島體積極小，外圍有製造酵素的腺泡細胞圍繞，裡面則含有三種類型的細胞：A細胞、B細胞和D細胞。D細胞的分泌物有助於調節胰島素和昇糖素的製造。

腎上腺

腎上腺內層的髓質和外層的皮質分別分泌不同的激素。皮質的激素屬於類固醇類激素（請參閱第126頁），其中包括：葡萄糖皮質素，如影響新陳代謝的皮質醇（可體松）；礦物性皮質素，如影響鹽類和礦物質平衡的醛固酮；以及作用在卵巢和睪丸的性腺皮質素。內層的髓質是獨立的腺體。髓質的神經纖維連結上交感神經系統，專門製造激素以供戰鬥或逃跑，如腎上腺素。

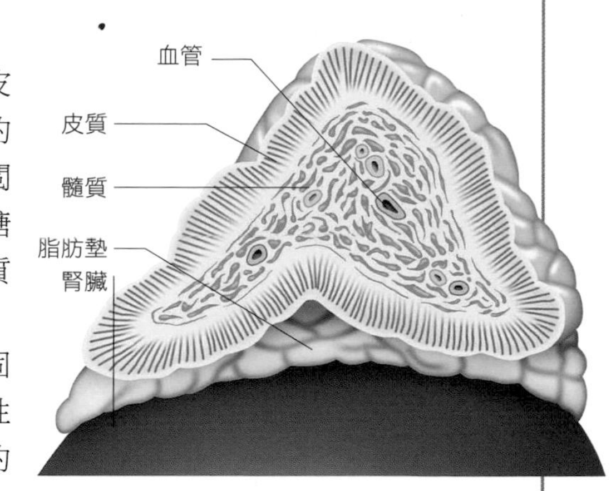
血管
皮質
髓質
脂肪墊
腎臟

腎上腺的構造解剖
腎上腺的形狀有如矮錐或低金字塔，位於腎臟之上，有一層脂肪墊作為緩衝物。腎上腺可分為兩個部分：佔了腎上腺十分之九體積的皮質（又可再細分為三層）以及內含神經纖維和血管的髓質。

腎上腺的激素	
腎上腺皮質的激素具有維繫生命的作用，有助於協調並維持內在環境（體內恆定），而腎上腺髓質的激素則跟身體對壓力產生的反應有關。	
醛固酮	這種激素由腎上腺皮質的外層分泌，能夠抑制尿液排出的鈉離子量，並促進鉀離子的流失，以維持血量和血壓。
皮質醇（可體松）	這個激素為腎上腺皮質的中層所製造，控管人體使用脂肪、蛋白質、碳水化合物和礦物質的方式，並對抗發炎作用。
性腺皮質素	由腎上腺皮質的最內層所製造的這些性激素，會影響男性精子的製造及女性體毛的分佈情況，與促腎上腺皮質素有協作關係。
腎上腺素與正腎上腺素（去甲腎上腺素）	這兩種腎上腺髓質製造的激素協同交感神經系統，使心臟跳動速率加快、血壓上升、促使碳水化合物代謝並為身體做好行動的準備。

甲狀腺與副甲狀腺

甲狀腺位於頸部前側，甲狀腺「側翼部」的最後方嵌有四粒小小的副甲狀腺。甲狀腺製造的激素對人體化學作用的影響廣泛，包括體重的維持、血中葡萄糖的能量使用及心臟跳動速率等。與其他腺體不同的是，甲狀腺能夠儲存自己製造的激素。副甲狀腺製造的副甲狀腺素能增加血液中鈣質的含量。副甲狀腺素作用於骨骼時，會使之釋出內存的鈣質；作用在腸道時，會使之增加鈣質的吸收量；作用在腎臟時，會使之防止鈣質流失。

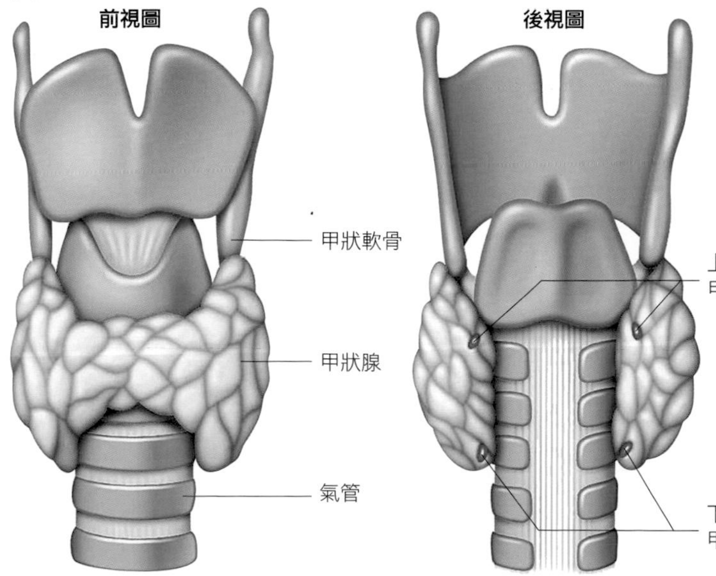
前視圖
後視圖
甲狀軟骨
甲狀腺
氣管
上副甲狀腺
下副甲狀腺

甲狀腺
貌似蝶形領結的甲狀腺橫跨在氣管上部。聚在一起成球狀的濾泡細胞負責製造調節人體新陳代謝的甲狀腺素（四碘甲狀腺素和三碘甲狀腺素）。

副甲狀腺
副甲狀腺體積小，位於氣管背側，鑲嵌在甲狀腺葉的後角中。副甲狀腺一般為四個，但實際數量和確切位置會因人而異。

性腺與激素

人類主要的性腺女性為卵巢，男性為睪丸。這些器官所製造的性激素分別促使卵子和精子的製造，且會在胚胎發育早期決定性別。出生後，循環於體內的性激素量在青春期以前都偏低。青春期開始後，男性的睪丸會增加雄性素（男性的性激素）的輸出量，如睪固酮。女性的卵巢則會製造更多的雌激素（動情激素）和黃體脂酮。

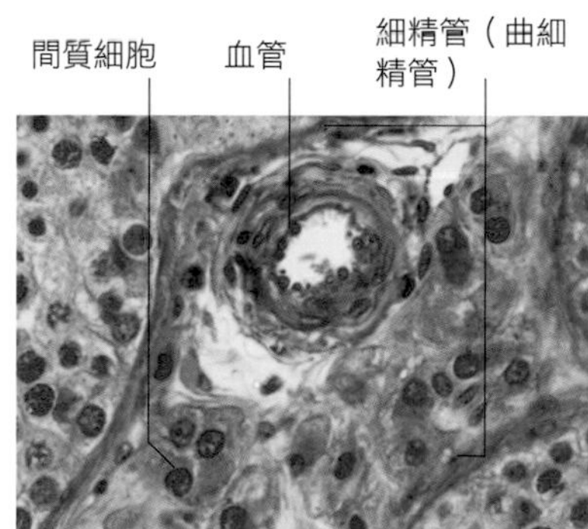
間質細胞
血管
細精管（曲細精管）

睪固酮的生產者
睪丸的間質細胞在這張顯微照片中為粉紅色部分，負責分泌睪固酮。這些細胞存在於各個細精管（曲細精管）之間的結締組織中。

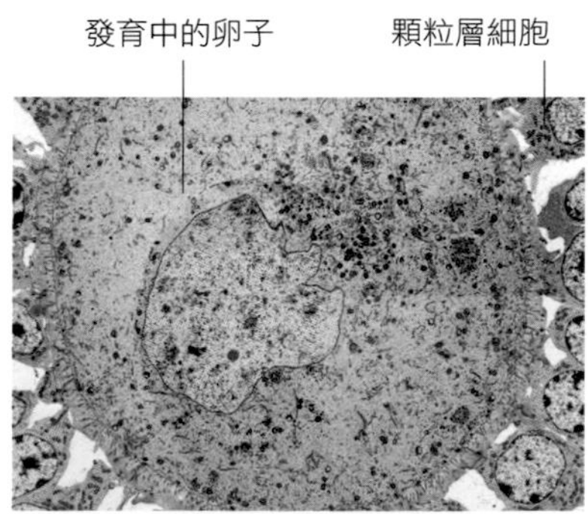
發育中的卵子
顆粒層細胞

雌激素（動情激素）製造者
這張電子顯微鏡照片所顯示的是卵巢內一顆發育中的卵子（粉紅色部分），外有顆粒層細胞（藍色和綠色部分）包圍。顆粒層細胞會分泌雌激素（動情激素）。

激素（荷爾蒙）的作用方式

激素藉由改變標的細胞的化學性質來產生作用。激素不會啟動細胞內的生化反應，但會調整生化反應的速率。排出的激素種類會隨著觸發機制的不同而變化。

激素的誘發因素

致使內分泌腺增加其激素排放量的刺激物不一。某些情況下，腺體會利用回饋迴路直接對血液中特定物質的濃度高低產生反應。其他情況下，回饋系統中則存有中介機制，例如下視丘和腦下垂體複合體。讓腎上腺起反應的因素有二。腎上腺的外層，即皮質，受腦下垂體排放的促腎上腺皮質素管控，而腦下垂體排放此激素與否又聽命於下視丘。內層的髓質則直接受下視丘發出的神經脈衝刺激。

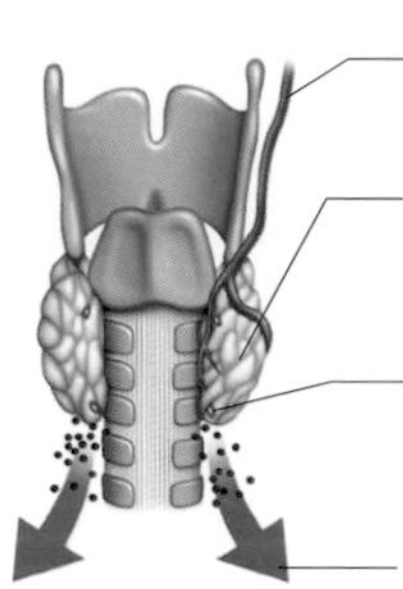
血管
偵測到血鈣濃度
甲狀腺
降鈣素會降低血鈣濃度
副甲狀腺
副甲狀腺素會提高血鈣濃度
排放激素

血中濃度的刺激
血鈣濃度降低會抑制甲狀腺排放降鈣素，並刺激副甲狀腺排放副甲狀腺素；血鈣濃度因而得以提升。

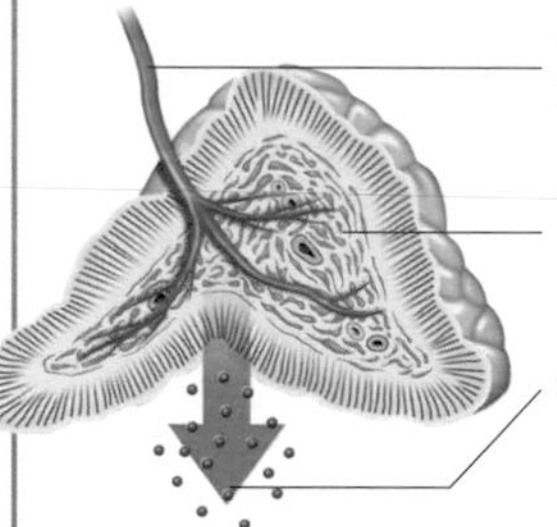
神經
刺激髓質
腎上腺髓質
製造腎上腺素
排放腎上腺素
讓身體做好行動的準備

神經直接支配
腎上腺髓質與下視丘透過交感神經系統的神經纖維相連（支配）。

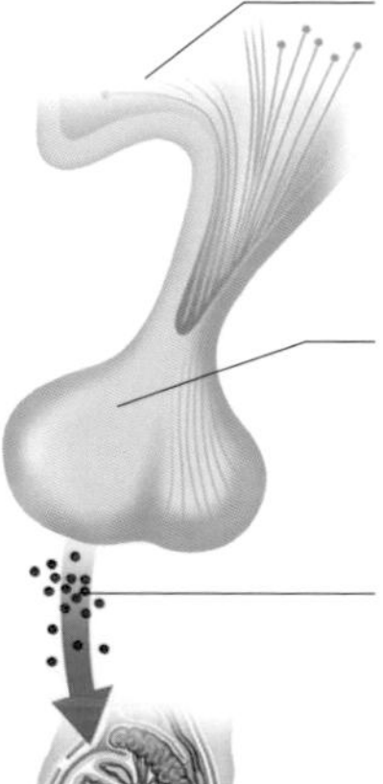
下視丘
接收來自監測激素濃度的細胞的資訊；製造促性腺素釋素
腦下垂體
受刺激時會排放促性腺素（親生殖腺素）
促性腺素（親生殖腺素）
包括黃體生成素和濾泡刺激素
性腺（睪丸）
受刺激時會生產更多的性荷爾蒙（男性主要是睪固酮；女性的卵巢主要生產雌激素）

下視丘和腦下垂體的管控機制
性激素濃度下降時，下視丘會將促性腺素釋素送到腦下垂體，使腦下垂體釋出促性腺素。促性腺素會提高性腺的活性。

激素的控管機制

以化學成分來看，激素可分為兩大類：含有蛋白質和胺類分子的；或由類固醇分子組成的。這兩類激素整體上的運作方式大同小異，都是利用生化作用改變特定物質的製造速率，通常是增加或減少製造能夠加速該物質製造率的酵素。從細胞的角度來看，這兩類激素的作用機制則大有不同。蛋白質和胺類激素發揮效用的地方是在細胞表面固定的受器部位，而類固醇激素則作用在細胞內移動型的受器。

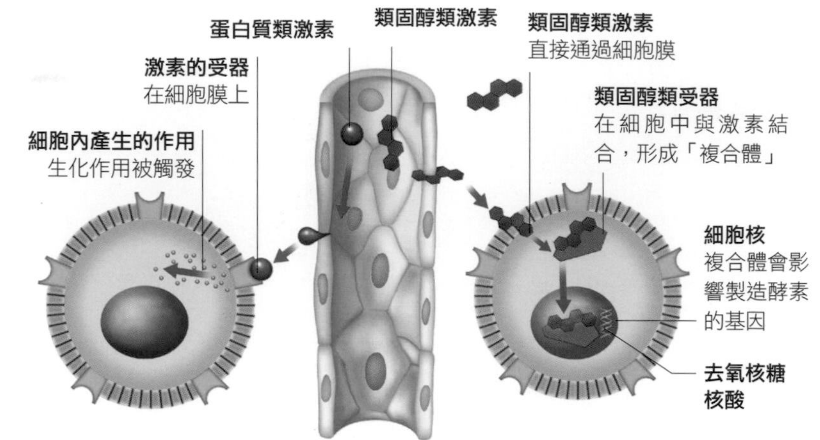
蛋白質類激素
類固醇類激素
類固醇類激素
直接通過細胞膜
激素的受器
在細胞膜上
細胞內產生的作用
生化作用被觸發
類固醇類受器
在細胞中與激素結合，形成「複合體」
細胞核
複合體會影響製造酵素的基因
去氧核糖核酸

蛋白質類激素
大多數蛋白質類的激素都可溶於水，但無法穿過脂質為主的細胞膜。這些激素會與細胞膜上的受體部位結合，活化控制細胞生化作用的酵素。

類固醇類的激素
類固醇是脂溶性物質，能穿透細胞膜進入細胞質。激素與受器結合後，會進入細胞核，觸發基因製造導致生化作用的酵素。

回饋機制

激素在血中濃度高低由回饋機制（或稱迴路）控制。這些機制的運作方式有如恆溫器控管中央供暖系統一般。人體會偵測各個激素在血液循環或分泌到血液循環的濃度，並將測得的結果交給控制器處理。許多激素的控制器都是腦部的下視丘和腦下垂體複合體，甲狀腺激素也是由其管控。如果有某種激素的濃度超過正常值，控制器就會做出反應，降低該激素的製造量。同理，如果某激素的濃度降低了，控制器也會做出回應，提升該激素的含量，使之達到必需值。

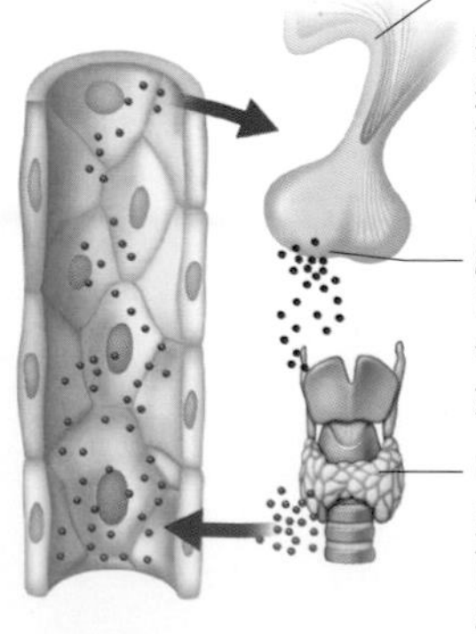
下視丘
接收有關血中甲狀腺激素濃度的訊息，製造甲狀腺促素釋素
腦下腺
甲狀腺促素釋素會增加甲促素排放至血液的量
甲狀腺
受甲促素觸動而製造更多自身的激素

濃度增加
甲狀腺激素濃度低時，下視丘會製造甲狀腺促素釋素。由此觸動腦下垂體，使之分泌甲狀腺促素。

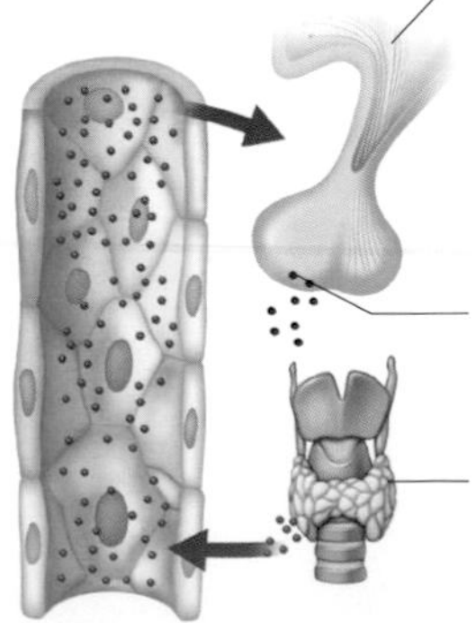
下視丘
能夠偵測到血中甲狀腺激素濃度的提升；減少製造甲狀腺促素釋素給腦下垂體
腦下腺
排放至血液的甲促素減量
甲狀腺
激素生產量減少

濃度降低
甲狀腺激素濃度高會引發負回饋，使下視丘的甲狀腺促素釋素製作減量。這會降低甲促素濃度，使甲狀腺激素的製造量下降。

松果腺的觸發機制

松果腺的大小與豌豆差不多，處在視丘正後方接近腦中央的位置。松果腺與人體的睡眠清醒週期和晝夜（24小時）節律密切相關，會受環境觸發。松果腺的活性受光線抑制。眼睛的視網膜偵測到光線後，會將此資訊經由一連串連結的神經送到松果腺。黑暗的環境會消去此抑制，使松果腺釋放出睡眠激素：褪黑激素。

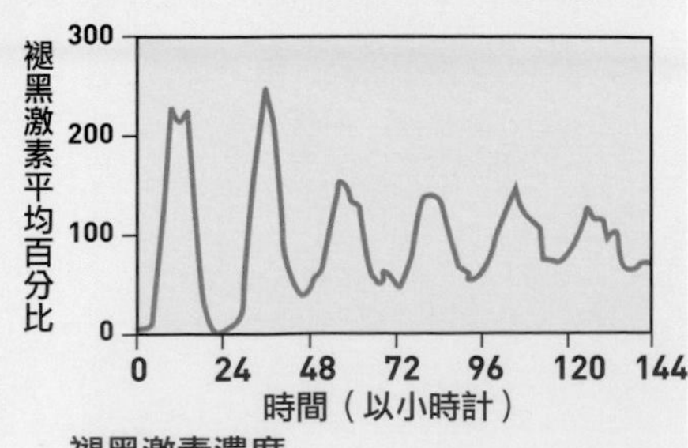
褪黑激素平均百分比
300
200
100
0
0 24 48 72 96 120 144
時間（以小時計）

褪黑激素濃度
血液循環中褪黑激素的含量會在夜晚或暗環境中升高，使激素濃度每日週期性地上升和下降。

激素異常疾病

有些激素的影響力廣泛，因此，罹患激素異常疾病會導致身體各處產生大量問題。「亢進」意指激素過量，導致標的器官過度活躍；「低下」意指激素作用減退。異常疾病通常是腺體受損所導致，而腺體受損的原因有可能是罹患自體免疫疾病或血液循環遭破壞等。

腦下垂體腫瘤

腦下垂體負責控管許多其他的內分泌腺體，也會製造自己的激素，因此如果有病變，產生的影響範圍會相當廣泛。

腦下垂體在內分泌系統的核心作用為何，可見於罹患腦下垂體腫瘤所造成的問題；這種腫瘤可能長在腦下垂體的任何一個部位；長在腦下垂體前葉的腫瘤為良性（非癌性）的可能性比較高，可能會造成生長激素過量產出，導致顏面、手部和足部之某些骨骼及組織膨大，也有可能會致使身體毛髮外觀粗糙及嗓音變低沉等。這種疾患稱為肢端肥大症。有些腫瘤會引起泌乳素分泌過剩，或過度刺激腎上腺皮質。

泌乳素瘤

患有腦下垂體腫瘤的人約有四成都屬泌乳素瘤；泌乳素瘤是一種成長緩慢的非癌性腫瘤，會引發腦下垂體前葉分泌過多的泌乳素。正常情況下，泌乳素是促進乳房發育和哺育期製造母乳的激素。泌乳素瘤的女性患者症狀包括月經不調、生育力降低，男性患者則有乳房變大和陽痿等症狀，兩性皆會有乳頭滲出流體以及性慾減退等現象。藥物治療大多有助於縮小腫瘤並降低泌乳素的產量，效果不彰的話，可視需要以外科手術或放射線治療醫治。

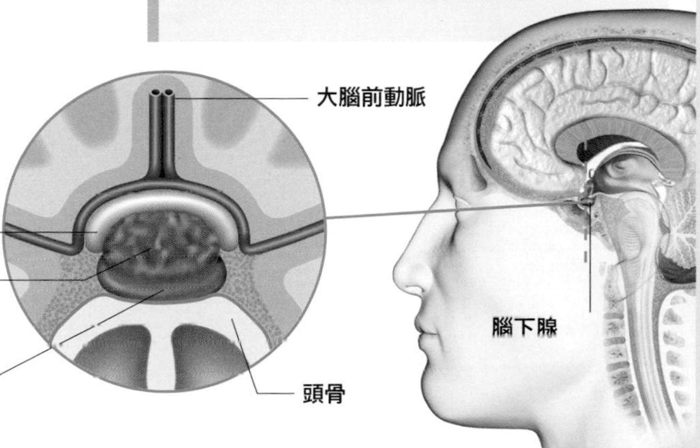
大腦前動脈
被壓迫的視神經
腦下垂體腫瘤
腫瘤壓迫到位於其上的視神經
腦下腺
可能無法正常運作
頭骨
腦下腺

腦下垂體腫瘤
腫瘤體積變大時，可能會壓迫到從其正上方越過的視神經，引起頭痛和喪失部分視野之類的視覺障礙。

庫興氏症候群

腎上腺製造的皮質類固醇激素活性過大所導致的一組特有症狀。

皮質類固醇有助於調節新陳代謝率、鹽水平衡和血壓。罹患此症候群所造成的影響，會使調節能力受擾而失常，進而導致臉部變圓變紅、體毛變明顯、月經不調或無月經、肌肉無力及抑鬱等。長期口服皮質類固醇藥物會使腎上腺自然製造的皮質類固醇功效增加，是庫興氏症候群主要的致病因。腎上腺腫瘤使皮質類固醇產量增加，或腦下垂體腫瘤過度刺激腎上腺等，是較為不常見的致病因。

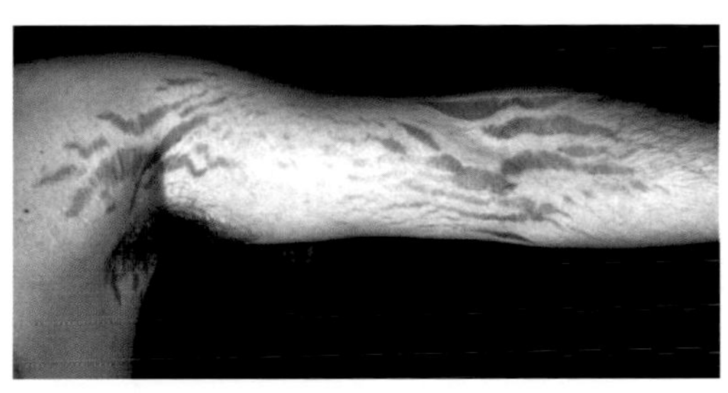

妊娠紋
庫興氏症候群患者的典型病徵包括皮膚容易瘀青，且尤其在腹部和大腿、胳臂等地方容易出現紫紅色妊娠紋。

甲狀腺機能亢進症

甲狀腺製造的激素影響的是新陳代謝率和能量的使用率。生產過量會使身體「加速」運轉。

甲狀腺受到過度刺激的病例有四分之三是葛瑞夫茲氏症所導致；葛瑞夫茲氏症的機轉是自體免疫異常，產生攻擊甲狀腺的抗體，導致甲狀腺製造過量的激素；屬於最常見的激素異常疾病之一，特別好發於介於20至50歲之間的女性。甲狀腺長出小腫塊（小結）則是較少見的致病因。激素濃度提升會使新陳代謝率連帶增高，同時出現體重因能量使用量增加而下降、心跳變快且不規律、焦慮、失眠、無力、排便次數增加等現象；體積變大的甲狀腺也可能會使脖子產生腫脹外觀（甲狀腺腫）。藥物通常都能用以控制病情。

葛瑞夫茲氏症
葛瑞夫茲氏症導致的甲狀腺機能亢進症患者眼睛會外凸，看起來猶如在瞪人，也可能會有視力模糊的症狀。

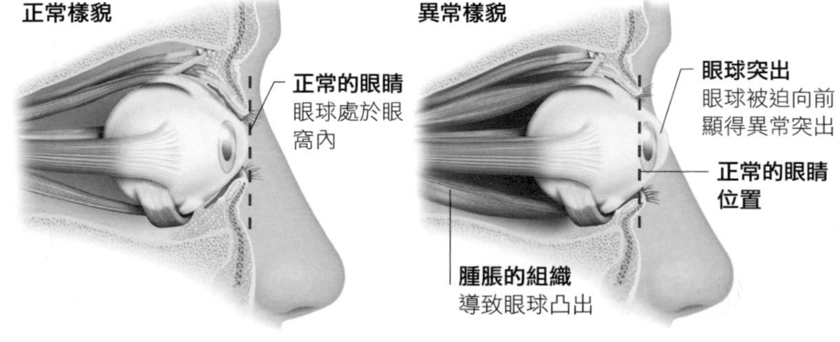
正常樣貌
正常的眼睛
眼球處於眼窩內
異常樣貌
眼球突出
眼球被迫向前；顯得異常突出
正常的眼睛位置
腫脹的組織
導致眼球凸出

甲狀腺機能低下症

甲狀腺激素產量減少，導致身體運作速率逐漸減緩的疾患。

罹患甲狀腺機能低下症的人，三碘甲狀腺素和四碘甲狀腺素這兩種甲狀腺激素產量過低。因為這兩種激素掌管許多新陳代謝程序的運作速度，一旦缺乏，就會導致生理功能減緩。症狀包括疲勞、體重增加、排便次數減少、便秘、臉部腫脹、眼睛浮腫、皮膚變厚、頭髮稀疏、嗓音嘶啞以及無法承受寒冷等。一般是因為罹患稱為橋本氏甲狀腺炎的自體免疫疾病，體內抗體誤認甲狀腺為攻擊對象，而進行破壞，導致甲狀腺發炎。橋本氏甲狀腺炎為家族性遺傳疾病，較好發於老年女性。甲狀腺可能會大幅腫起，在頸部形成一個腫塊，或稱甲狀腺腫。甲狀腺機能低下症比較少見的致病因是飲食中缺乏甲狀腺激素的原料礦物質「碘」，這在低度開發地區較為常見。較為罕見的可能性是腦下垂體遭受腫瘤破壞而導致甲狀腺機能低下症。無論致病因為何，都必須以合成的甲狀腺激素，來治療甲狀腺機能低下症患者。

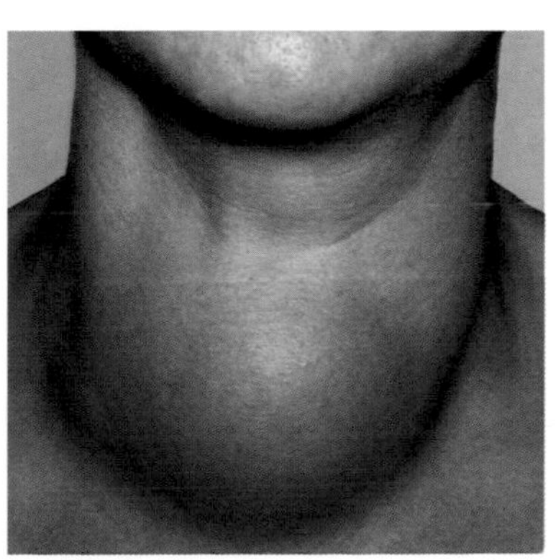

甲狀腺腫
甲狀腺炎、甲狀腺機能亢進症、甲狀腺機能低下症及甲狀腺癌都是導致甲狀腺腫的可能原因。

糖尿病

葡萄糖是人體細胞最主要的能量來源，而細胞需要胰島素的幫忙，才能從血液中吸收葡萄糖。罹患糖尿病會因這個程序運作失常，使得細胞無法吸收足量的葡萄糖，同時留在血液中的葡萄糖又太多。

血糖的調節機制

人體需要隨時調節血糖濃度，以讓細胞收到足夠的能量，恰到好處地滿足細胞的需要。

消化過程中，人體會將食物和飲品中的營養素分解成細胞能夠利用的物質，作為能量供給或自我修復的材料。能量供給最主要的來源是從血液帶來給細胞的葡萄糖（血糖）。過剩的葡萄糖會儲存在肝臟、肌肉細胞和脂肪細胞中，待需要時釋出。人體必需不斷調整血糖濃度，以維持其穩定性。血糖濃度降得太低，細胞會得不到足夠的能量；濃度太高，又會引發自體免疫性疾病和胰腺炎。負責調節的是胰腺的胰島中兩組會分泌激素的細胞。胰島B細胞分泌的胰島素，可降低高濃度血糖，而胰島A細胞分泌的昇糖素則可拉高過低的血糖濃度。

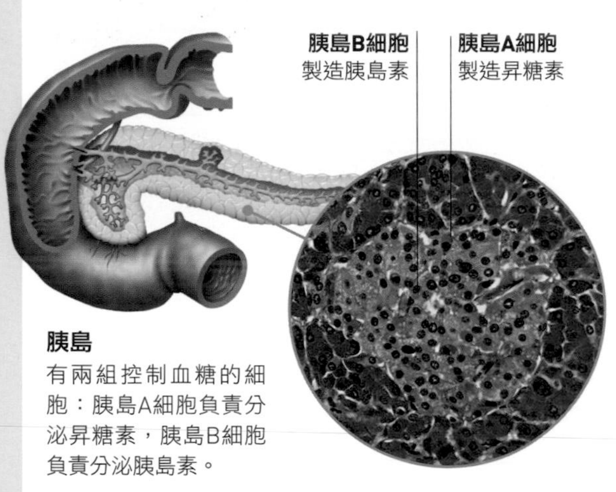
胰島B細胞
製造胰島素
胰島A細胞
製造昇糖素

胰島
有兩組控制血糖的細胞：胰島A細胞負責分泌昇糖素，胰島B細胞負責分泌胰島素。

高血糖
用餐過後血中葡萄糖的濃度會增加，葡萄糖過量會刺激胰腺的胰島B細胞排出胰島素，讓多餘的葡萄糖能以肝糖和脂肪酸的型態儲存起來。如此一來，血糖濃度就得以恢復正常。

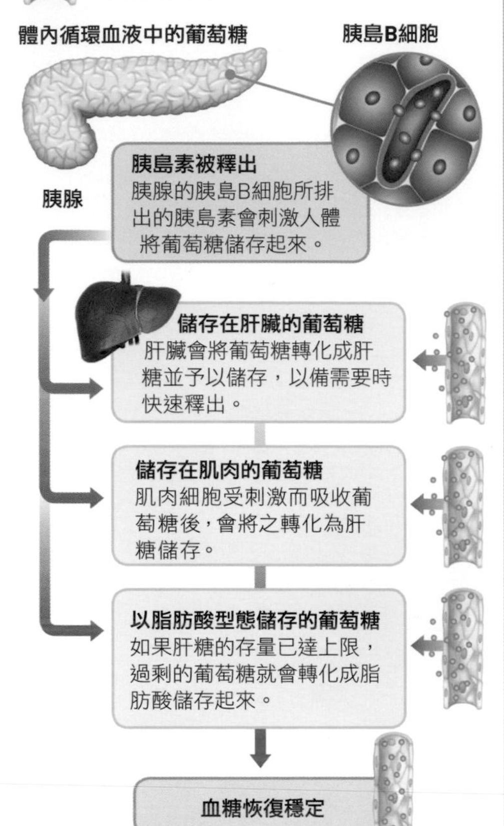
體內循環血液中的葡萄糖
胰島B細胞
胰腺
胰島素被釋出
胰腺的胰島B細胞所排出的胰島素會刺激人體將葡萄糖儲存起來。
儲存在肝臟的葡萄糖
肝臟會將葡萄糖轉化成肝糖並予以儲存，以備需要時快速釋出。
儲存在肌肉的葡萄糖
肌肉細胞受刺激而吸收葡萄糖後，會將之轉化為肝糖儲存。
以脂肪酸型態儲存的葡萄糖
如果肝糖的存量已達上限，過剩的葡萄糖就會轉化成脂肪酸儲存起來。
血糖恢復穩定

低血糖
人體數小時未進食的狀況下，血糖濃度會下降，進而刺激胰腺的胰島A細胞分泌昇糖素，使體內釋出儲備的葡萄糖，接著血糖濃度就會恢復正常。

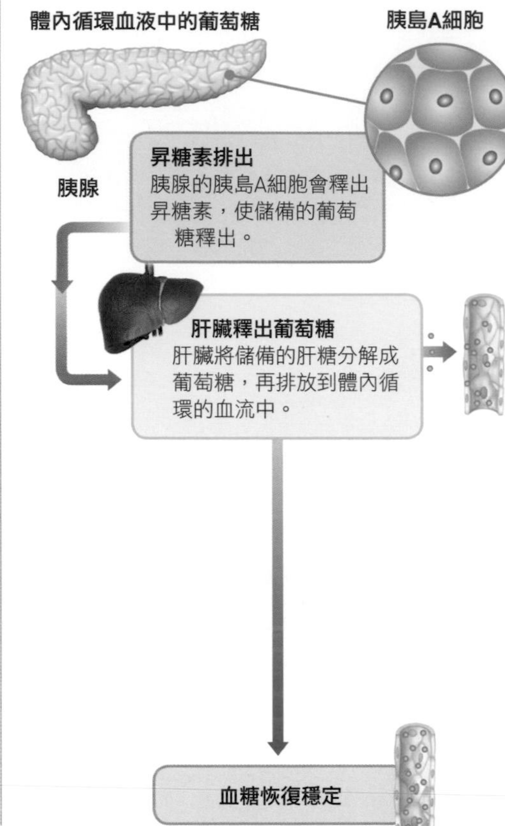
體內循環血液中的葡萄糖
胰島A細胞
胰腺
昇糖素排出
胰腺的胰島A細胞會釋出昇糖素，使儲備的葡萄糖釋出。
肝臟釋出葡萄糖
肝臟將儲備的肝糖分解成葡萄糖，再排放到體內循環的血流中。
血糖恢復穩定

第一型糖尿病

此型糖尿病中，胰腺的胰島B細胞遭摧毀，導致胰腺的胰島素製造量過低，或甚至等於零。

第一型糖尿病屬於自體免疫異常的疾病（請參閱第186至第187頁），是免疫系統錯認胰島B細胞為異物，而將之摧毀所導致。第一型糖尿病的致病因仍不明確，但已知可由病毒感染或胰腺炎症引起，通常會在幼年或青春期迅速加劇。症狀包括口渴、口乾、飢餓、頻尿、疲勞、視力模糊及體重減輕等。如果不治療的話，可能會因血液中稱為酮體的有毒化學物質蓄積，而導致酮酸中毒。患者需要緊急送醫治療，否則可能會陷入昏迷。這個疾病可能會伴有長期的併發症（請參閱對頁的第二型糖尿病說明），需頻繁注射胰島素作為治療。第一型糖尿病無法根治，腎臟和胰腺移植能夠達到緩解效果，但需終身用藥，以使身體不排斥移植的器官。

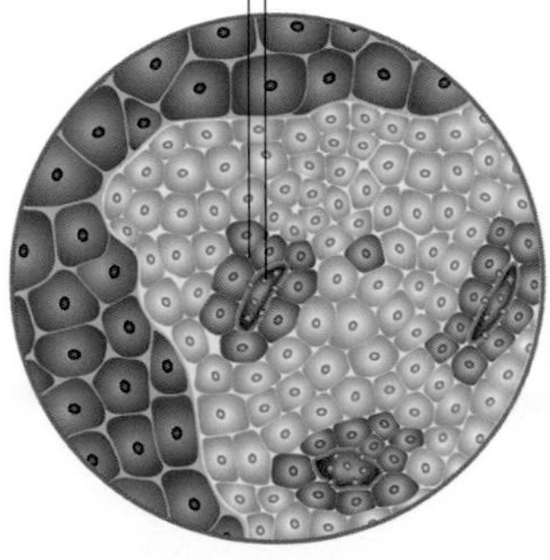
胰島B細胞
製造胰島素的細胞
胰島素
胰島素分泌到毛細血管中

胰島B細胞的正常功能
人體在消化食物和飲品的同時，腸道中存有葡萄糖、胺基酸和脂肪酸會刺激胰島B細胞將胰島素釋放到充斥胰島的毛細血管中，進入體內血液循環。

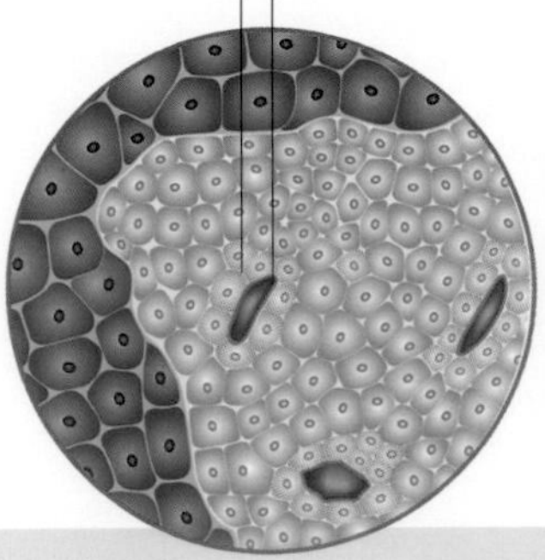
損壞的胰島B細胞
製造胰島素的細胞被破壞
毛細血管
沒有胰島素分泌到毛細血管中

損壞的胰島B細胞
胰島B細胞一旦受損，就無法釋出胰島素。全身的細胞會因此無法吸收葡萄糖，使得血糖濃度過度升高。當身體意識到細胞中葡萄糖不足時，會刺激昇糖素的製造，進而把血糖濃度升得更高。

胰島素療法

以注射的方式補償身體無法生產的胰島素。療程遵循胰島素生產的自然模式，在用餐以前施以短效型胰島素，增加體內胰島素濃度，以處理進入人體的葡萄糖。長效型胰島素則每日施打一至二次，使體內有持續而穩定的胰島素量。

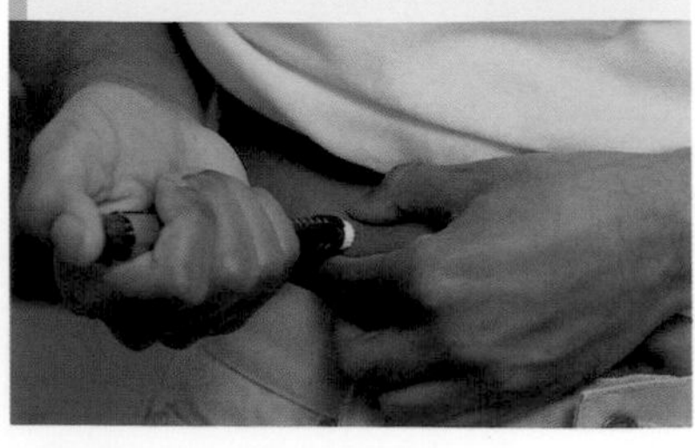

第二型糖尿病

第二型糖尿病為最常見的糖尿病型態，是人體細胞抗拒胰島素作用時產生的疾病。

第二型糖尿病患者的胰腺會分泌胰島素，但卻無法使體內細胞產生反應。致病因相當複雜，含括遺傳傾向和生活方式等因素。這一型的糖尿病大抵與肥胖症有關，在富裕社會是個日益嚴重的問題。這是一種進程緩慢的疾病。一開始可能會有經常口渴、疲勞和頻尿等症狀，有些人罹患糖尿病過了許多年都毫未察覺，併發症可能會因此而產生。葡萄糖濃度居高不退可能會對身體各處的小血管造成傷害。罹患第二型糖尿病的人也容易患上高膽固醇血症、動脈粥狀硬化（請參閱第140頁）以及高血壓等問題。健康飲食、規律運動、每日監測血中葡萄糖等都能達到病情的控制。然而某些狀況下，會需要投以藥物來促進胰島素的製造，或幫助細胞吸收葡萄糖。

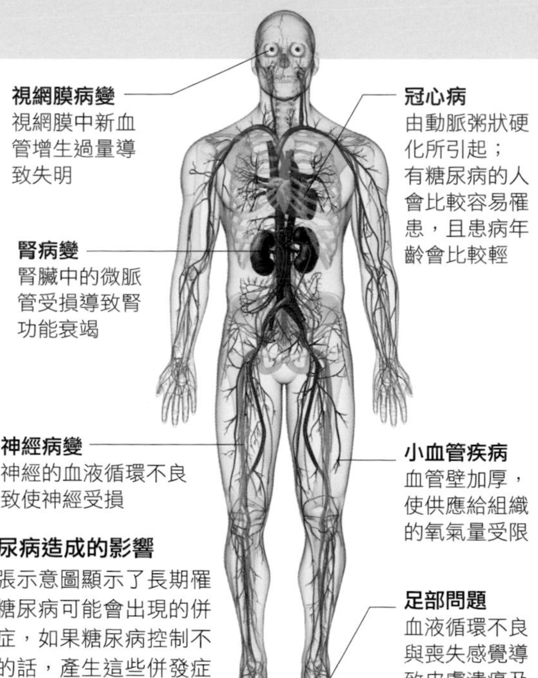
視網膜病變
視網膜中新血管增生過量導致失明
冠心病
由動脈粥狀硬化所引起；有糖尿病的人會比較容易罹患，且患病年齡會比較輕
腎病變
腎臟中的微脈管受損導致腎功能衰竭
神經病變
神經的血液循環不良致使神經受損
小血管疾病
血管壁加厚，使供應給組織的氧氣量受限
足部問題
血液循環不良與喪失感覺導致皮膚潰瘍及壞疽

糖尿病造成的影響
這張示意圖顯示了長期罹患糖尿病可能會出現的併發症，如果糖尿病控制不良的話，產生這些併發症的機率尤其高。

妊娠糖尿病

懷孕的婦女20位有1位會罹患此型糖尿病，好發於超重、年過30與有糖尿病家族病史的婦女。妊娠期間，胎盤製造的某些激素有抗胰島素的作用。如果身體的胰島素產量不足以抵銷此作用，血糖濃度就會過度升高，使人罹患妊娠糖尿病。症狀包括疲勞、口渴、頻尿等，也可能會發生念珠菌感染或膀胱感染。糖尿病若不加以控制，胎兒可能會長得過大，可能會造成生產困難。此病症是藉由血液和尿液檢查測得葡萄糖含量來確診。患者可利用低糖飲食控制病情，而此病通常會在胎兒出生後痊癒。不過有些罹患妊娠糖尿病的婦女會在幾年後罹患第二型糖尿病。

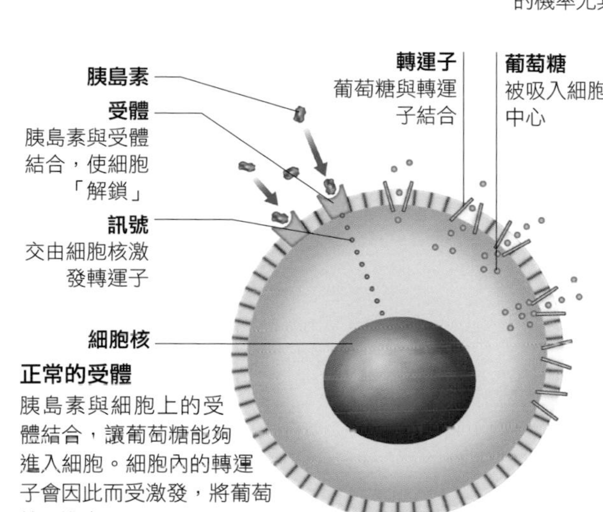
胰島素
受體
胰島素與受體結合，使細胞「解鎖」
訊號
交由細胞核激發轉運子
細胞核
轉運子
葡萄糖與轉運子結合
葡萄糖
被吸入細胞中心

正常的受體
胰島素與細胞上的受體結合，讓葡萄糖能夠進入細胞。細胞內的轉運子會因此而受激發，將葡萄糖吸進來。

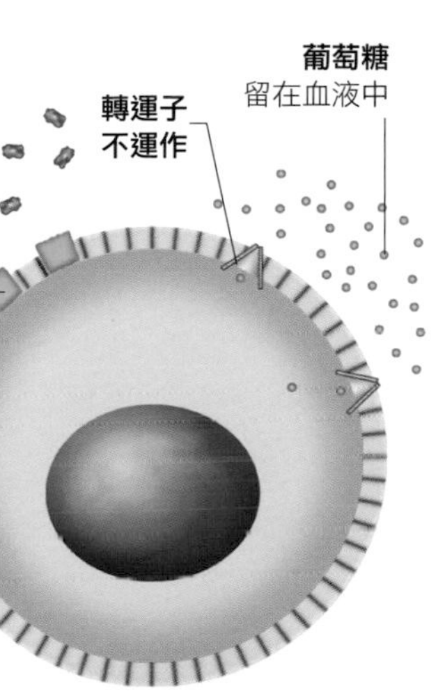
胰島素
轉運子不運作
葡萄糖
留在血液中
抗性受體
細胞受體不允許胰島素與之結合

故障的受體
罹患第二型糖尿病的人體內有足夠的胰島素，但因為受體對胰島素產生抗性，使葡萄糖無法被帶入細胞中。

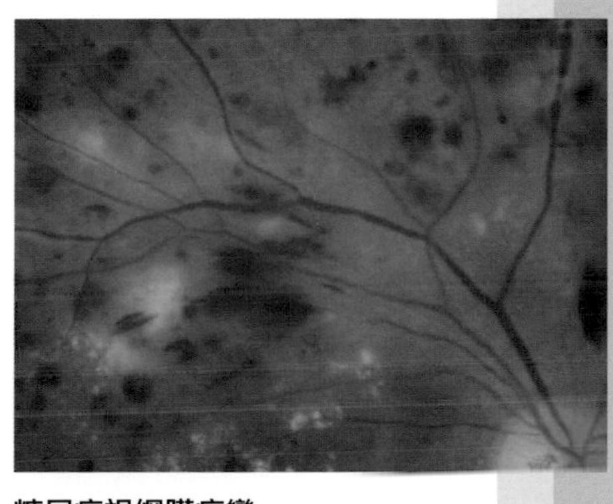

糖尿病視網膜病變
這張圖片顯示的是受損的視網膜血管（糖尿病視網膜病變）。圖中斑點部分是動脈瘤和血管滲漏的出血處。

肥胖症

身體脂肪過量稱為肥胖症，通常因暴飲暴食和缺乏運動所造成。肥胖症是富裕國家的一個主要問題，但在世界各地也越來越普遍。患有肥胖症的人罹患嚴重異常疾病的機率較高。主要風險包括冠心病（請參閱第140頁）、因脂肪沉積蓄積於動脈中導致的中風（請參閱第112頁）以及第二型糖尿病（請參閱上文）；這些都是腹部脂肪過多的人特別會面臨的風險。其他也有可能產生的問題包括某些類型的癌症，好比乳癌和大腸癌等。體重過重會對肌肉和關節造成壓力，臉部和頸部脂肪過多會在睡眠中干擾呼吸。計算身體質量指數（請參閱右文說明）是罹患肥胖症的一個衡量標準，指數與所屬體型健康體重的最大值相比，超過20%者，即定義為肥胖。然而，這個指數並沒有將骨骼體積大小和肌肉質量納入考量，有些肌肉發達的人以此算法也可能被歸類為「過重」族。測量腰圍是另一個好用的指標。男性腰圍超過102公分，女性超過89公分表示腹部脂肪可能已過量。

過多的身體脂肪
身體脂肪的所在地有的在皮膚正下方（皮下脂肪），有的則積在腹腔中（中央脂肪或內臟脂肪）。脂肪的分佈位置部分取決於性別：男性過多的脂肪比較集中在腹部周遭和內部，女性的多餘脂肪則傾向於囤積在髖部、大腿和臀部。

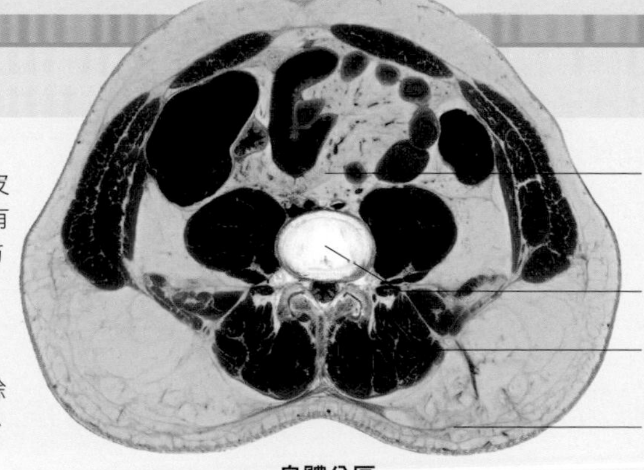
中央脂肪或內臟脂肪
積聚在腹腔和器官周圍
脊椎
背部肌肉
皮下脂肪
堆積在皮膚下方的一層脂肪

身體分區

過重
身體質量指數高於25
理想範圍
身體質量指數介於18.5和25之間
過輕
身體質量指數低於18.5
體重：公斤（0, 25, 50, 75, 100）
身高：公分（140, 150, 160, 170, 180, 190, 200）

身體質量指數（BMI）
身體質量指數（BMI）是用來判定體重相對於體型是否在健康範圍內的依據。身體質量指數一般以數字表示。理想的指數範圍介於18.5到25之間（圖中顯示為紅色長條部分）。指數超過25的皆為過重，指數超過30的則為肥胖症患者。身體質量指數低於18.5的屬於體重過輕。

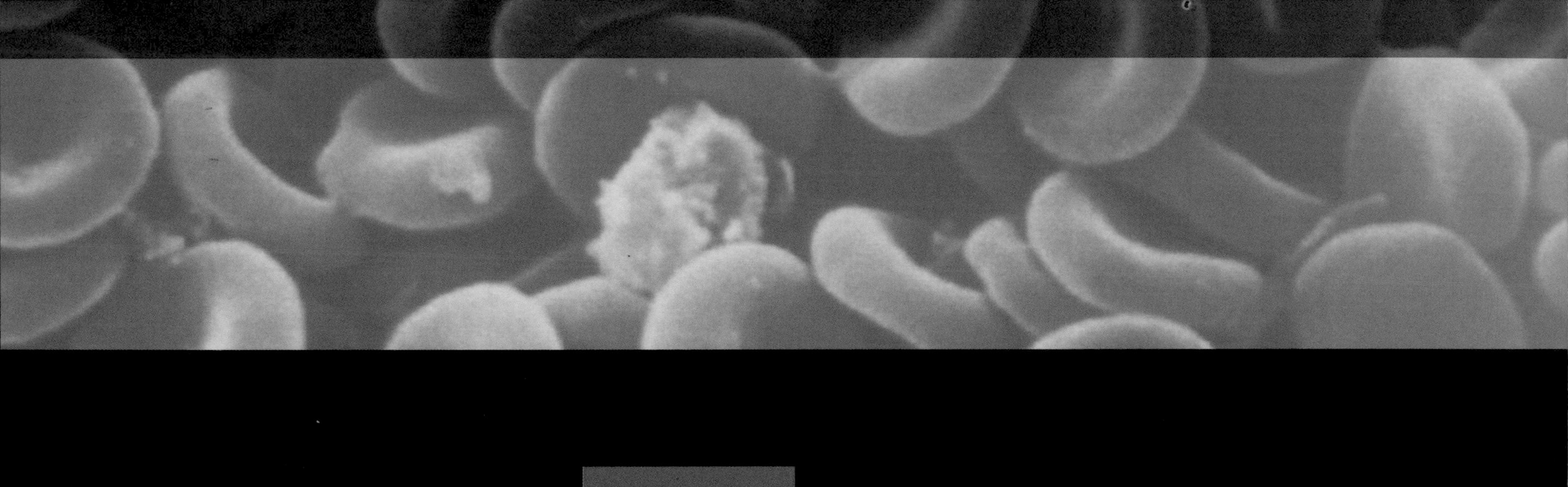

「跳動的心臟、搏動的脈管、從傷口流出的血液——全身各個部位都仰賴著維持生命的血液穩定地流動，而泵血的重要器官是心臟，主要由肌肉構成，如果沒有得到妥善對待，就有可能虛弱、受損，危及自身的血液供應機制。心臟和循環系統的異常疾病通

心血管系統

心血管系統解剖

循環系統（或稱心血管系統）負責將氧氣運送到幾乎所有體內的細胞，並從中帶走二氧化碳和其他老廢物質；這個複雜的網絡跟神經系統和淋巴系統一樣，觸角廣及身體的各個角落。

循環系統由心臟、血管和血液所組成。心臟實質上是一個肌肉製成的幫浦，藉由規律跳動將血液送入動脈這堅韌又有彈性的管道中，動脈再分支成更小的脈管，將富含氧分子的血液輸送到全身各處。動脈隨著分支不斷變小，最終形成極細小的毛細血管，毛細血管的管壁薄得可以讓氧分子、營養素、礦物質和其他物質穿出，進入周遭的細胞和組織。老廢物質會從組織和細胞流出，交由血液處置。毛細血管會匯合並擴大成管道，最終變成將血液帶回心臟的靜脈。運載含氧血的脈管（通常是動脈）顯示為紅色，運載缺氧血的脈管（通常是靜脈）為藍色。錯綜複雜的血管網全長達150,000公里，相當於環繞地球將近四圈的長度。

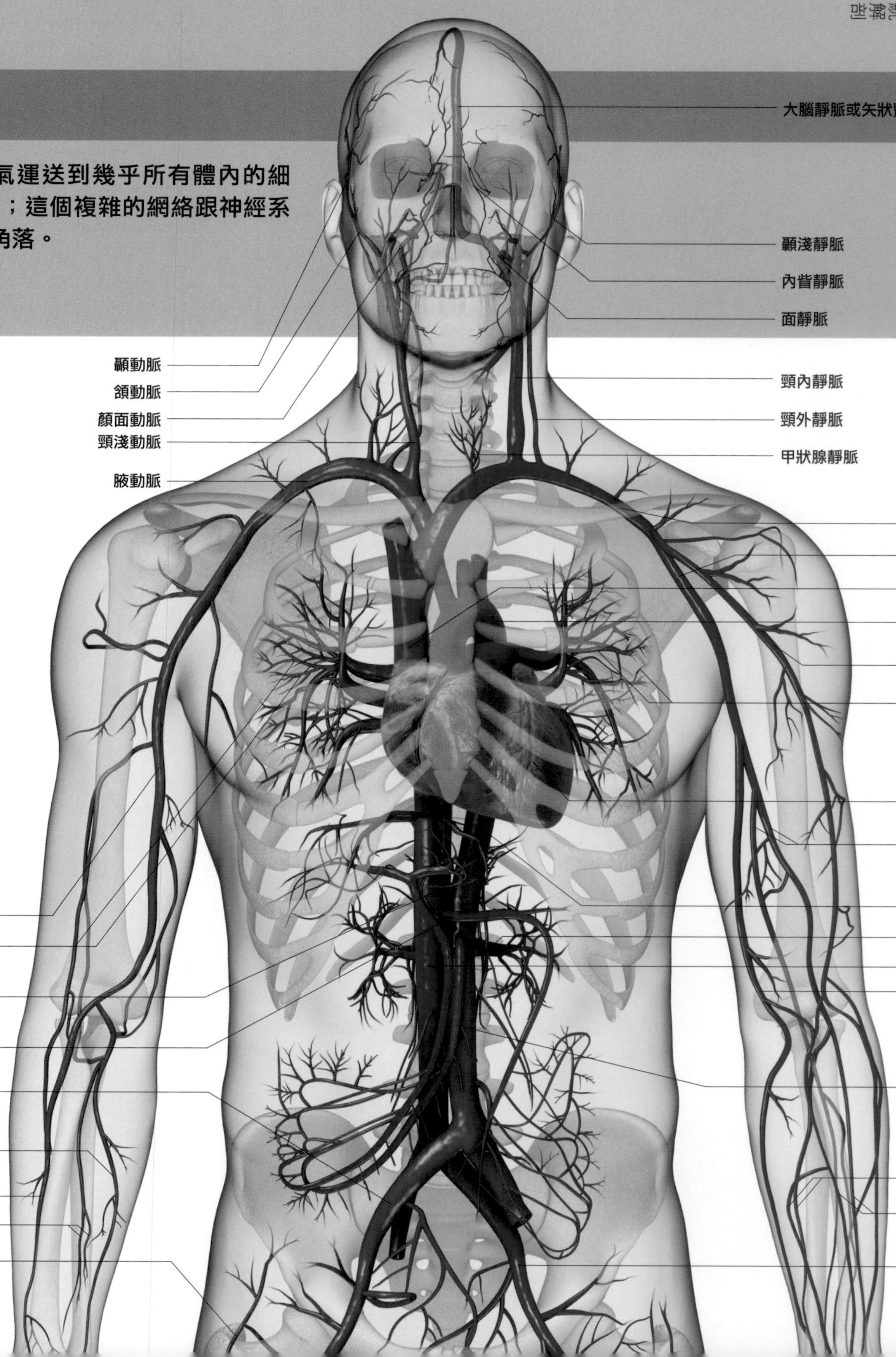

大腦靜脈或矢狀竇
顳淺靜脈
內眥靜脈
面靜脈
顳動脈
頜動脈
顏面動脈
頸淺動脈
腋動脈
頸內靜脈
頸外靜脈
甲狀腺靜脈
鎖骨下靜脈
腋靜脈
上腔靜脈
主動脈
頭靜脈
肺動脈（藍色）
心臟
臂靜脈
降主動脈
腎動脈
下腔靜脈
貴要靜脈（肱內靜脈）
腸繫膜上動脈
尺靜脈
橈靜脈
髂總靜脈
肱動脈
肺靜脈（紅色）
胃動脈
肝總動脈
髂總動脈
尺動脈
橈動脈
骨間動脈
旋股動脈

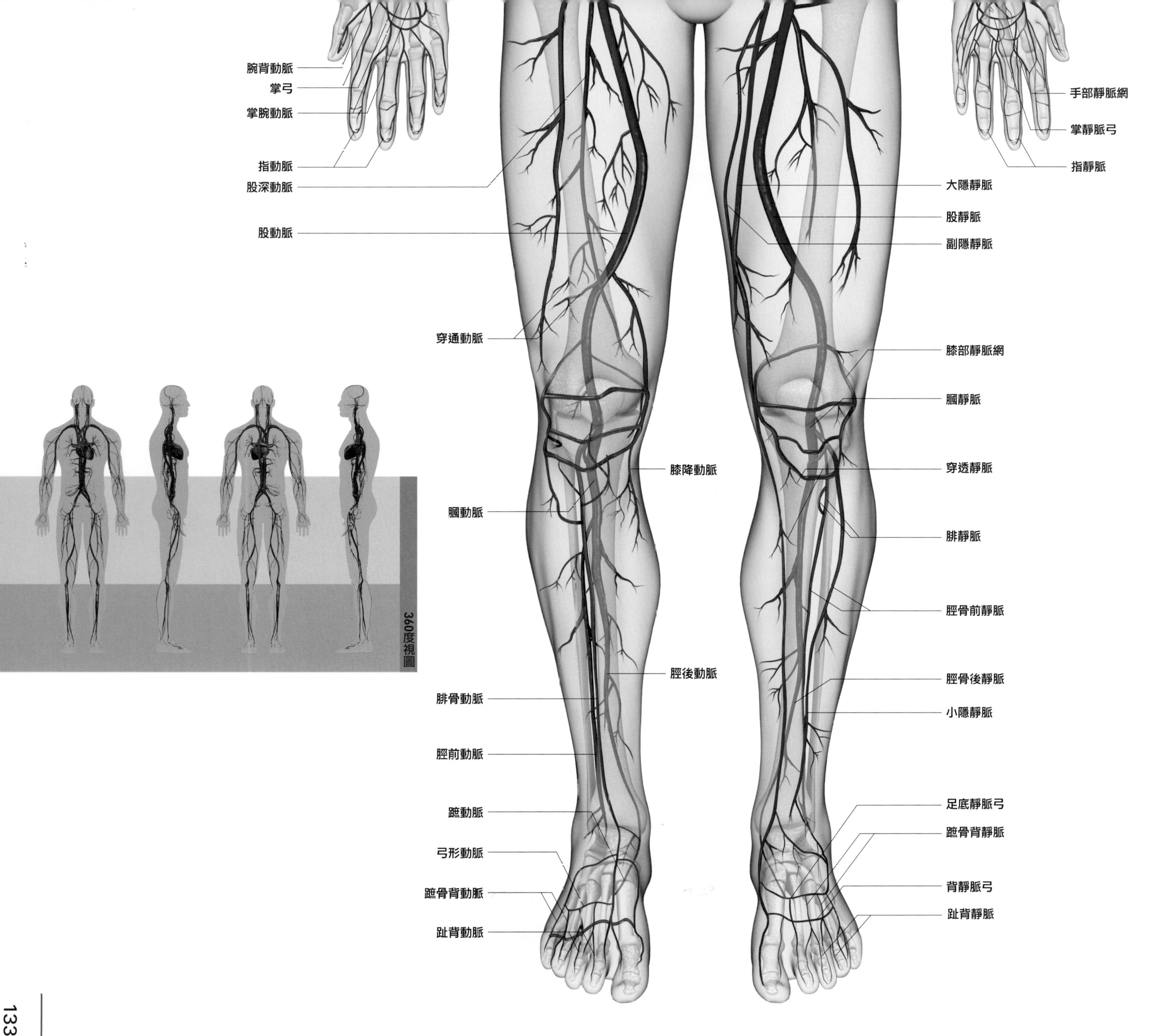

腕背動脈
掌弓
掌腕動脈
指動脈
股深動脈
股動脈
穿通動脈
膕動脈
膝降動脈
脛後動脈
腓骨動脈
脛前動脈
蹠動脈
弓形動脈
蹠骨背動脈
趾背動脈
手部靜脈網
掌靜脈弓
指靜脈
大隱靜脈
股靜脈
副隱靜脈
膝部靜脈網
膕靜脈
穿透靜脈
腓靜脈
脛骨前靜脈
脛骨後靜脈
小隱靜脈
足底靜脈弓
蹠骨背靜脈
背靜脈弓
趾背靜脈
360度視圖

血液和血管

血液是許多特化細胞漂浮在乾草色液體（血漿）上的集合體。血液將氧分子和營養素運送給體內細胞、收集廢物、分發激素、將熱能散佈到全身以控制體溫，也幫助抵禦感染和癒合受傷處。

血液是什麼？

成人體內的血液重量大概佔了體重的十二分之一，等同於五公升的容積。血液的成分大約百分之五十到百分之五十五是血漿，血漿純粹是液體，而血液的細胞組成物則散佈於其中。血漿的構成有九成是水，當中含有葡萄糖（血糖）、激素、酵素等溶解物質以及尿素和乳酸等廢棄產物。血漿中也含有白蛋白、纖維蛋白原（凝血功能的重要成分）、球狀蛋白（或稱球蛋白）等蛋白質。甲型球蛋白和乙型球蛋白可幫助運送脂質（如膽固醇之類的脂肪物質）。丙型球蛋白大多是抵禦疾患的物質，有「抗體」之稱。其餘百分之四十五到五十的血液成分由三類特化細胞組成：紅血球也稱紅細胞，負責攜帶氧分子；白血球又稱白細胞，可細分為許多種類，屬於身體防禦系統的一部分；血小板（一種細胞碎片）與凝血作用有關。

血漿（約佔50～55%）
白血球和血小板（1～2%）
紅血球（約佔45～50%）

血液的各個組成部分
血液由液體部分（血漿）、紅血球和一小部分的血小板與白血球所組成。

紅血球的構造
紅血球呈雙凹圓盤狀，沒有細胞核，也沒有清晰可辨的內部構造，每個紅血球約含有30億個血紅蛋白分子。

細胞質
細胞膜
血紅素分子，當中含有鐵原子
游離的氧分子（溶解在血漿中）
血液流到肺臟
氧合血紅蛋白
還原血紅蛋白
球蛋白鏈
氧分子與血紅蛋白分離，進入體液和身體的細胞中
血液流向組織
氧分子與血紅蛋白裡的血紅素鍵結

血紅蛋白的作用
血紅蛋白由血紅素和珠蛋白構成，血紅素是富含鐵質的色素，而珠蛋白是帶狀的蛋白質鏈。肺臟的氧分子揪住血紅素，形成氧合血紅蛋白。在此結合體中的氧分子順著體內循環的血流移動到身體的所有部位。

血型

所有人都屬於四種血型的其中一種，而血型為何，取決於紅血球上稱為抗原（凝集原）的標記物。抗原可為A、B、兩者兼具（AB）或兩者皆無（O），而血型便是以對應抗原的方式命名。血漿中含有不同的抗體（同種血球凝集素）。例如：血型為A的人，血漿中就含有B型抗體；如果與B型血液（其血漿中有A型抗體）摻雜在一起，A型抗體會與A型抗原凝結成一塊（或稱凝集）。這就是為什麼一定要先確認血型相同，才有辦法安全地將捐血者的血液輸給受血者。

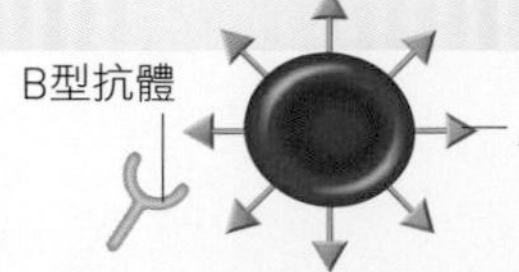
B型抗體
A型抗原

A型
紅血球帶有A型抗原，血漿中含有B型抗體。

B型抗原
A型抗體

B型
紅血球帶有B型抗原，血漿中含有A型抗體。

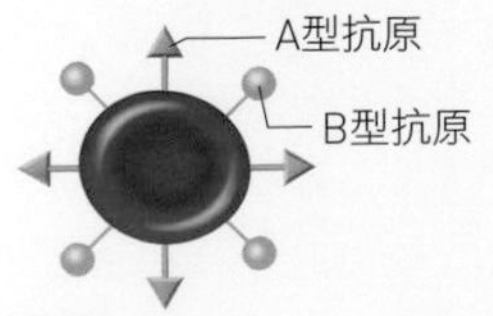
A型抗原
B型抗原

AB型
紅血球帶有A和B型抗原，血漿中A型和B型抗體都沒有。

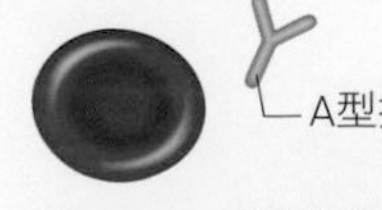
A型抗體
B型抗體

O型
紅血球A型或B型抗原都沒有，但血漿中A型和B型抗體都含有。

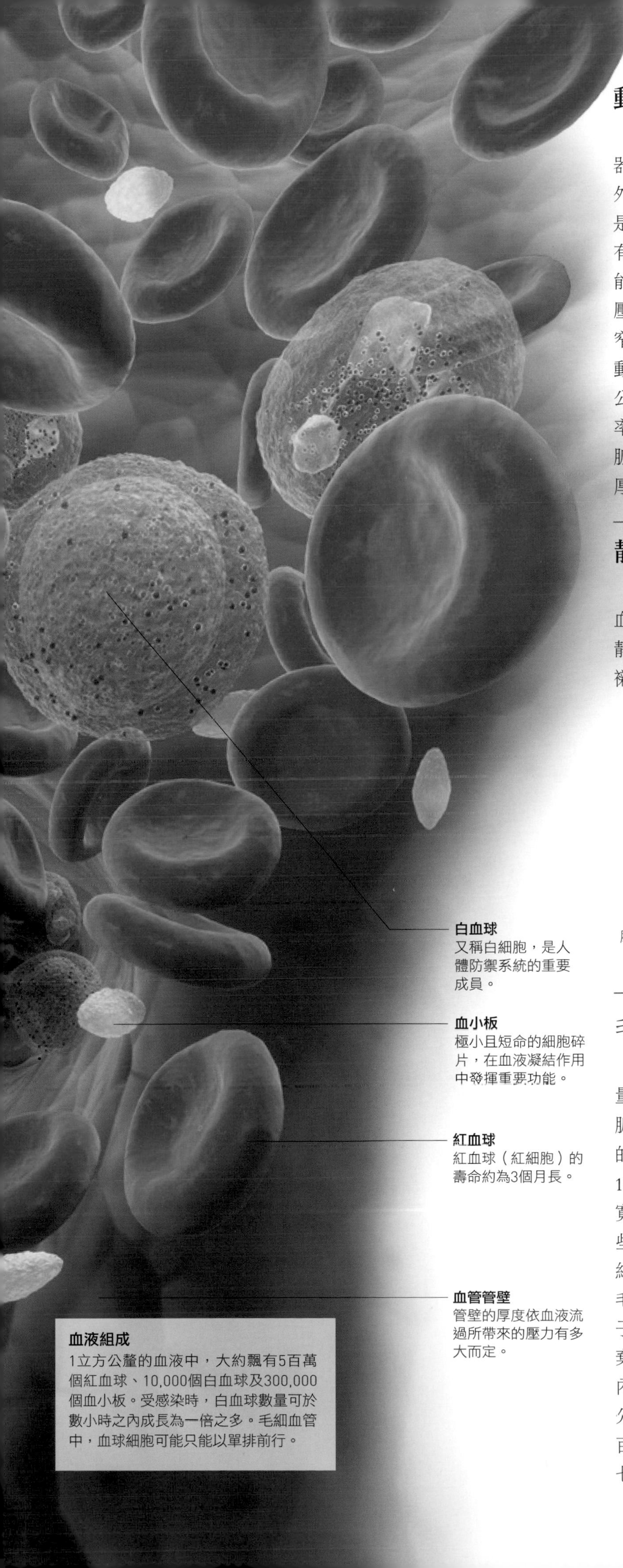

動脈

動脈將血液從心臟帶到各個器官和組織。除了肺動脈以外，其他所有的動脈運載的都是含氧血。動脈的管壁厚，且有許多肌肉構成的彈力內層，能夠承受心臟收縮時產生的高壓。心臟放鬆時，動脈會變窄，藉此把血液向前推送。主動脈是最大的動脈，直徑為25公釐，運送來自心臟的血液速率高達每秒40公分。其他的動脈直徑大多為4到7公釐，管壁厚度為1公釐。

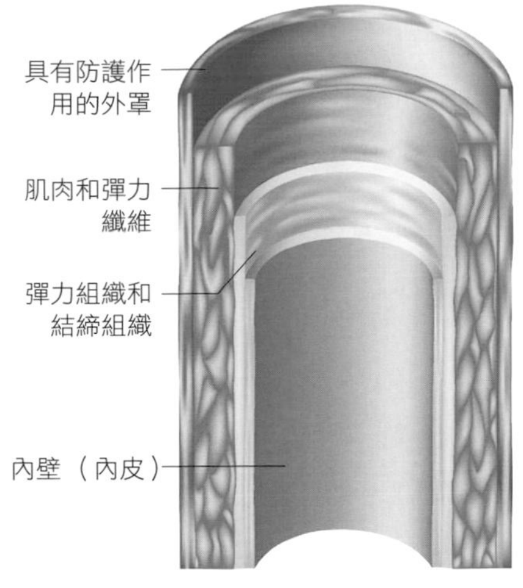
具有防護作用的外罩
肌肉和彈力纖維
彈力組織和結締組織
內壁（內皮）

動脈切面
動脈有四個各不相同的內外層，而中央運載血液的空間則稱為管腔。

靜脈

靜脈的伸縮性比動脈大，管壁厚度比動脈薄得多。靜脈裡的血液承受的壓力相對低，因此流動速度緩慢而平穩。許多大型靜脈（特別是腿部的長條靜脈）都含有瓣膜。瓣膜由單細胞內襯組織（內皮）形成的袋狀物所組成，可防止血液往回流下腿部。靜脈旁的肌肉也會在運動時收縮，輔助防止血液回流。將上半身和下半身血液送回心臟的兩條主要靜脈，各為上腔靜脈和下腔靜脈。

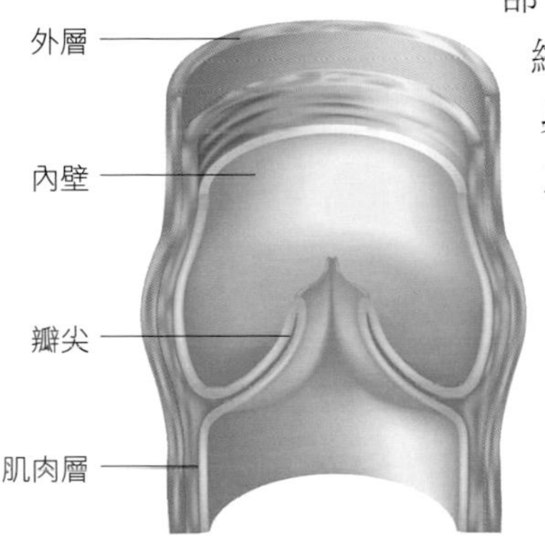
外層
內壁
瓣尖
肌肉層

靜脈切面
靜脈的肌肉層薄，其上還覆蓋有兩層組織，有些靜脈的最內層有規律間隔出現的瓣膜。

毛細血管

毛細血管是體積最小、數量最多的血管，負責運送動脈和靜脈之間的血液。典型的毛細血管長度等於或小於1公釐，直徑大約0.01公釐，寬度只比紅血球稍微大一些，為0.007公釐寬。許多毛細血管進入組織後，會形成毛細管床。毛細管床是氧分子和其他養分釋出，以及廢棄物質交給血液的區域。體內的血液無論何時都只有百分之五在毛細血管中流動，百分之二十在動脈，百分之七十五在靜脈。

毛細管床
毛細血管是小動脈與小靜脈之間的連繫構造。

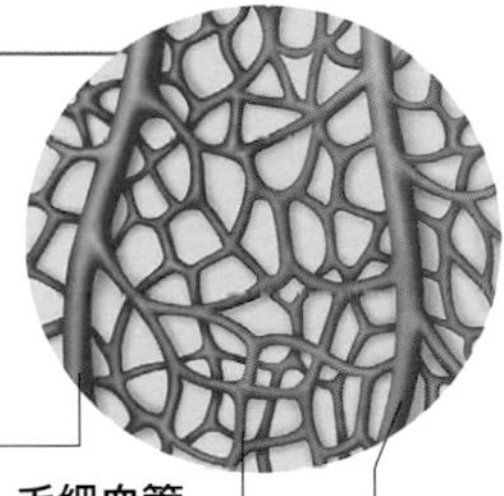
小動脈
運載富含氧分子和養分的紅血球
毛細血管
小靜脈
內含氧含量低的棗紅色血液

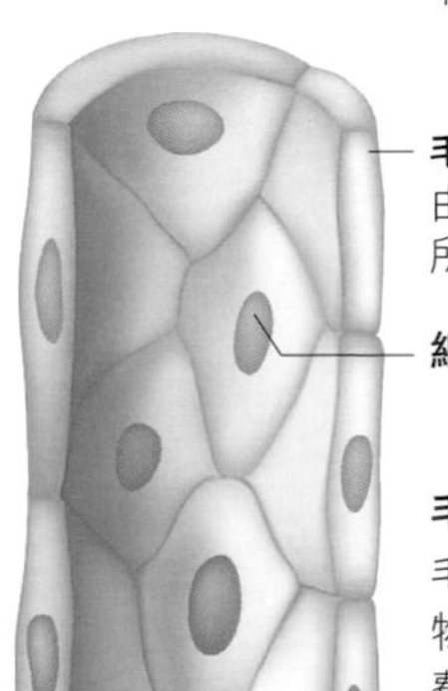
毛細血管壁
由單層弧形細胞所組成
細胞核

毛細血管切面
毛細血管壁薄得讓物質能夠流暢、不費力地進出周遭的組織。

白血球
又稱白細胞，是人體防禦系統的重要成員。

血小板
極小且短命的細胞碎片，在血液凝結作用中發揮重要功能。

紅血球
紅血球（紅細胞）的壽命約為3個月長。

血管管壁
管壁的厚度依血液流過所帶來的壓力有多大而定。

血液組成
1立方公釐的血液中，大約飄有5百萬個紅血球、10,000個白血球及300,000個血小板。受感染時，白血球數量可於數小時之內成長為一倍之多。毛細血管中，血球細胞可能只能以單排前行。

心臟的結構

心臟是個強健有力的器官，大小約等同於緊握的拳頭。所處位置在兩肺之間，中間偏左側的地方，運作方式有如兩個協調一致的幫浦，將血液送往身體各處。

心臟的血液供應

心臟的肌肉壁（或稱心肌）不斷呈現活躍狀態，需要血液供應大量的氧和能量。心臟的肌肉自備了一套血管網，以供給自身所需，這套血管網稱為冠狀動脈。左冠狀動脈和右冠狀動脈是主動脈的分支，分支處在主動脈剛離開心臟處的心臟表面上，而冠狀動脈又分支出更小的血管，伸入心臟肌肉中。從肌肉組織收集廢物的冠狀靜脈架構與冠狀動脈差不多。冠狀靜脈中大部分的血液都遞交給冠狀竇（心臟後方的大型靜脈），再注入右心房。

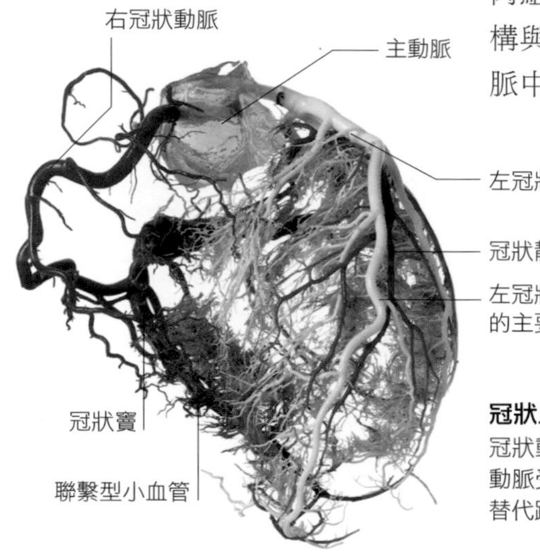
右冠狀動脈
主動脈
左冠狀動脈
冠狀靜脈
左冠狀動脈的主要分支
冠狀竇
聯繫型小血管

冠狀血管
冠狀動脈之間有許多聯繫型血管。若有動脈受阻，聯繫型血管就可作為血流的替代路徑。

雙循環

心臟右側將血液泵入肺臟充氧後，血液再回到心臟左側（肺循環）。心臟左側將富含氧分子的血液泵到全身組織，缺氧血再回到心臟右側（體循環）。

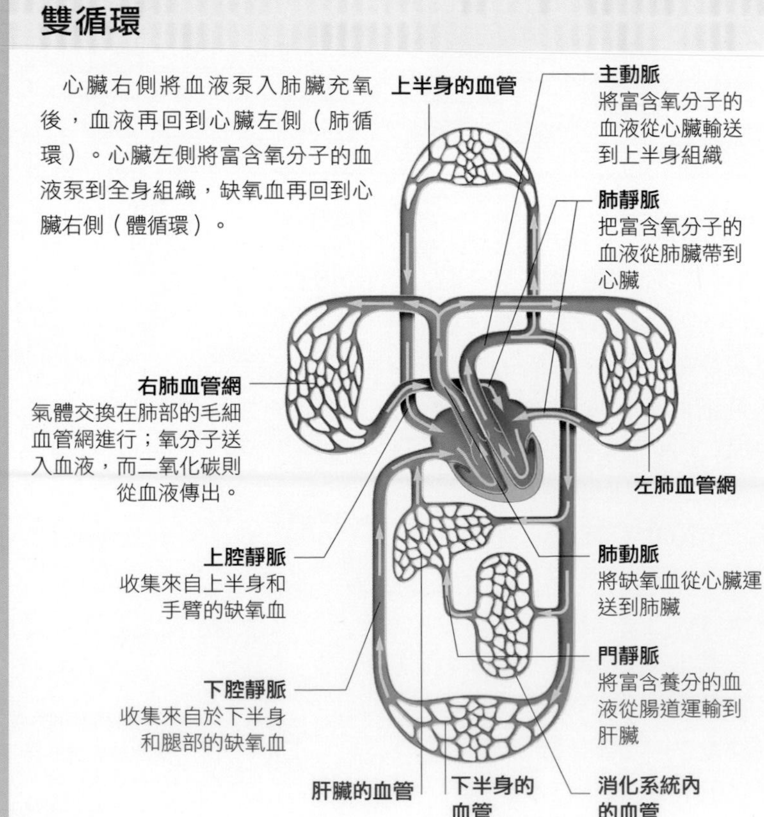
上半身的血管
主動脈
將富含氧分子的血液從心臟輸送到上半身組織
肺靜脈
把富含氧分子的血液從肺臟帶到心臟
右肺血管網
氣體交換在肺部的毛細血管網進行；氧分子送入血液，而二氧化碳則從血液傳出。
左肺血管網
上腔靜脈
收集來自上半身和手臂的缺氧血
肺動脈
將缺氧血從心臟運送到肺臟
門靜脈
將富含養分的血液從腸道運輸到肝臟
下腔靜脈
收集來自於下半身和腿部的缺氧血
肝臟的血管
下半身的血管
消化系統內的血管

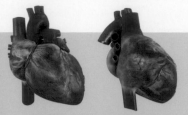

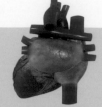

前視圖
右視圖
後視圖
左視圖

360度視圖

心臟是個小型器官，只有12公分長、9公分寬。外觀呈錐狀或梨形，尖端（心尖）向左下傾。這張立體影像清晰顯示運送血液進出心臟的大血管大小；心臟這個幫浦體積雖小，卻相當高效。

心臟瓣膜

心臟有四片控制血流的瓣膜，雖然細節處有不同的地方，但基本架構是一樣的。兩片房室瓣位於心房和心室之間。左邊的僧帽瓣（二尖瓣）有兩個瓣尖，右邊的三尖瓣則有三個瓣尖。兩片半月瓣處於心室的出口處：右心室和肺動脈之間的肺動脈瓣、左心室和主動脈之間的主動脈瓣。

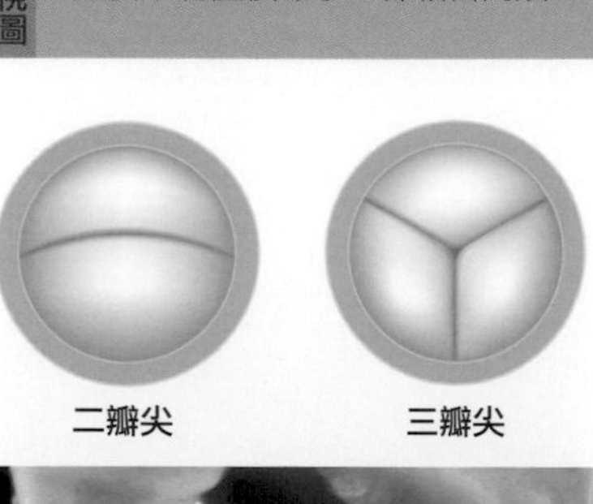
二瓣尖
三瓣尖

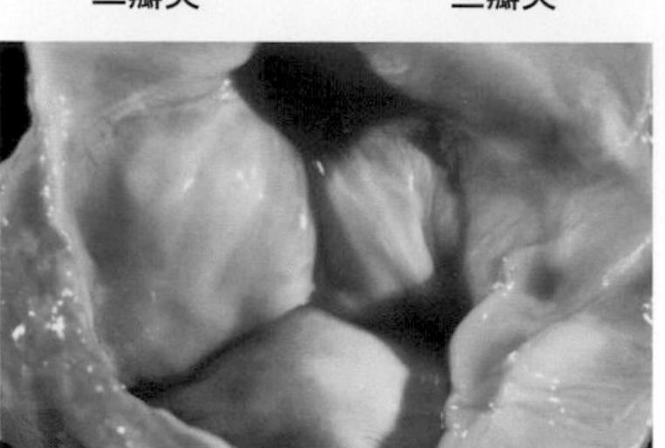

肺半月瓣
這個瓣膜位於右心室和肺動脈之間，在右心室收縮時開啟，迫使血液離開心臟，往肺臟流。

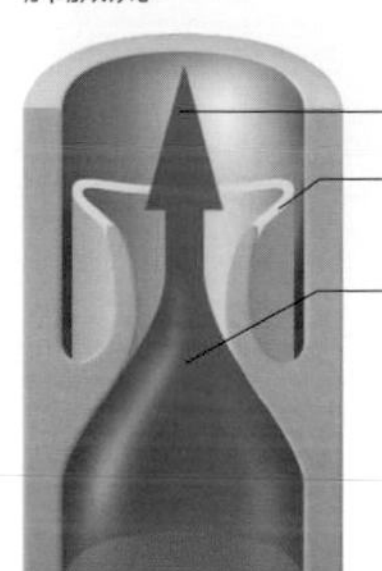
血流方向
瓣尖開啟
血液推向瓣膜

心臟瓣膜開啟
心臟收縮時，血液形成的壓力迫使具伸縮性的瓣尖分開。

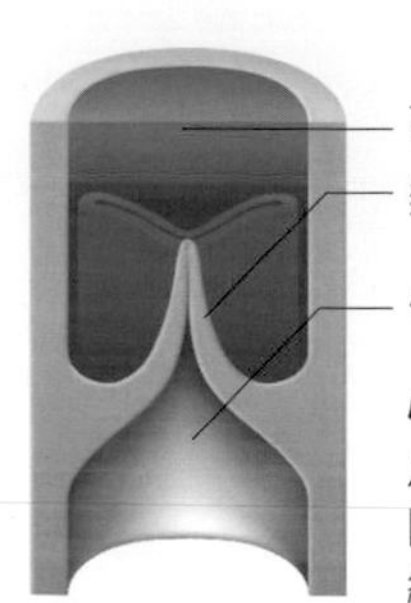
高壓下的血液
瓣尖閉合
低壓下的血液

心臟瓣膜關閉
反壓力會使瓣尖關閉，並在各個瓣膜邊緣接縫處密封，防止血液反向回流。

心臟架

為架構在心臟上部的四個手銬狀纖維環，提供穩固的附著點給四片心臟瓣膜和心肌的各個部分。心室壁肌纖維環繞型的排列方式和收縮時間點使得心室的血液穿過肺動脈瓣和主動脈瓣，從心尖（尖型下端）往上噴 出，而不是將血液向下擠壓，使之匯集於心尖區域。

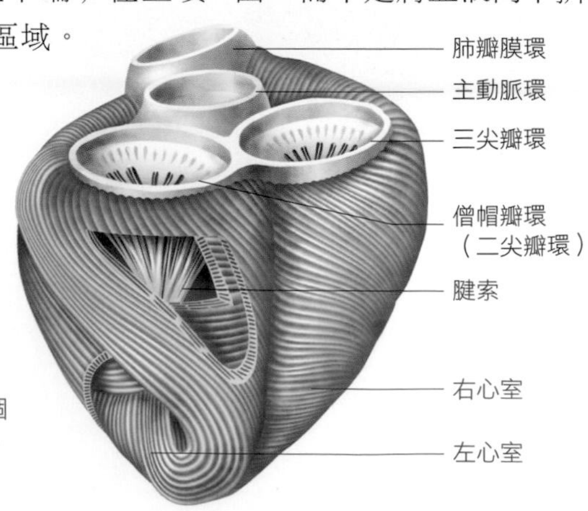
肺瓣膜環
主動脈環
三尖瓣環
僧帽瓣環（二尖瓣環）
腱索
右心室
左心室

纖維架構
心臟內纖維組織構成的四個環稱為心臟架，質地堅固，可防止瓣膜變形。

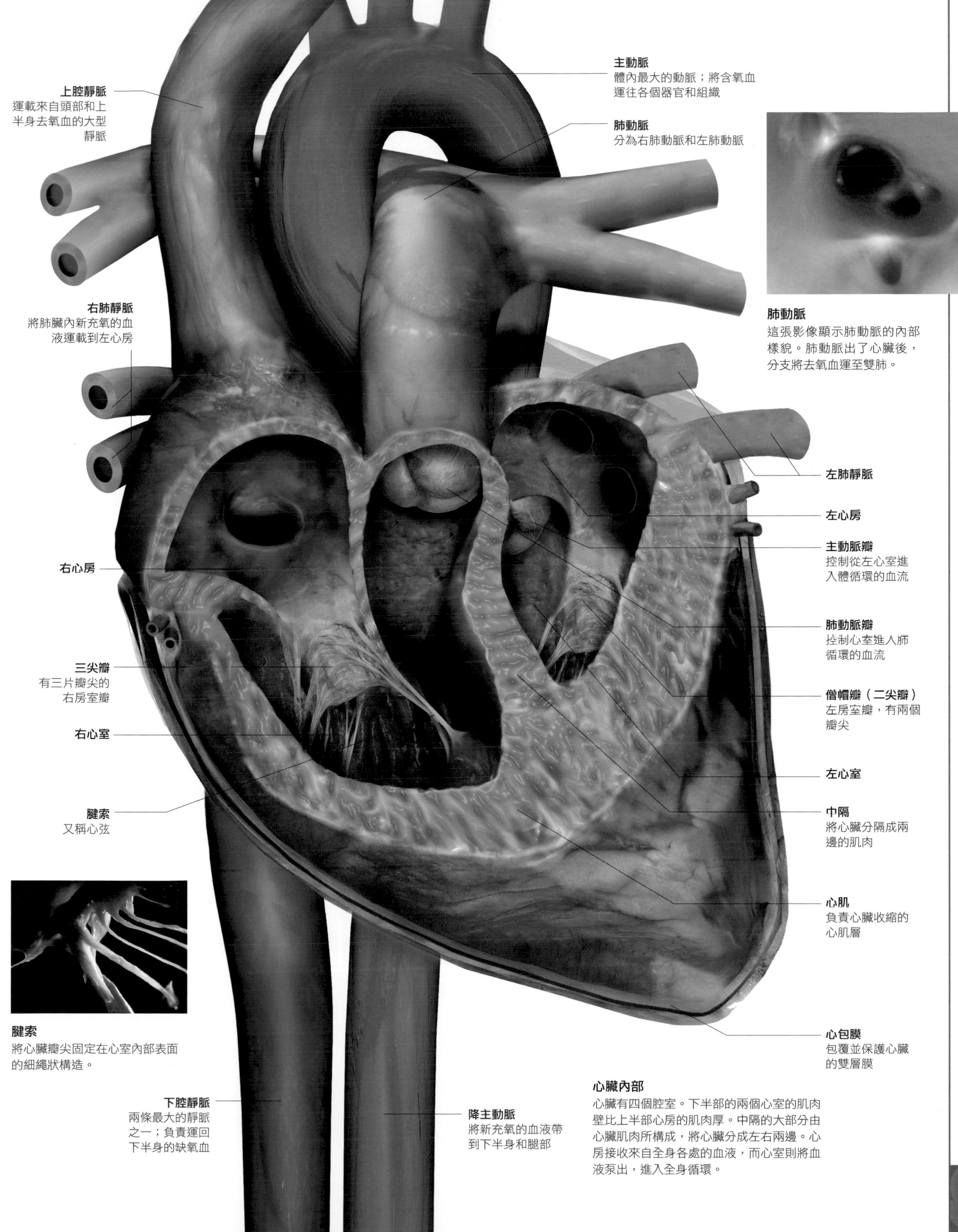
主動脈
體內最大的動脈；將含氧血
運往各個器官和組織
上腔靜脈
運載來自頭部和上
半身去氧血的大型
靜脈
肺動脈
分為右肺動脈和左肺動脈
右肺靜脈
將肺臟內新充氧的血
液運載到左心房
左肺靜脈
左心房
主動脈瓣
控制從左心室進
入體循環的血流
右心房
肺動脈瓣
控制心室進入肺
循環的血流
三尖瓣
有三片瓣尖的
右房室瓣
僧帽瓣（二尖瓣）
左房室瓣，有兩個
瓣尖
右心室
左心室
腱索
又稱心弦
中隔
將心臟分隔成兩
邊的肌肉
心肌
負責心臟收縮的
心肌層
心包膜
包覆並保護心臟
的雙層膜
下腔靜脈
兩條最大的靜脈
之一；負責運回
下半身的缺氧血
降主動脈
將新充氧的血液帶
到下半身和腿部

肺動脈
這張影像顯示肺動脈的內部樣貌。肺動脈出了心臟後，分支將去氧血運至雙肺。

腱索
將心臟瓣尖固定在心室內部表面的細繩狀構造。

心臟內部
心臟有四個腔室。下半部的兩個心室的肌肉壁比上半部心房的肌肉厚。中隔的大部分由心臟肌肉所構成，將心臟分成左右兩邊。心房接收來自全身各處的血液，而心室則將血液泵出，進入全身循環。

心臟搏動的方式

心臟是個充滿活力、持續不衰、可精準調整的雙幫浦，可強力將血液推送到全身龐大血管網各處，推送次數一生可能超過三十億次。

心臟的力量來自於其下半部的兩個腔室（心室），心室肌肉壁厚，收縮時可將血液擠入動脈。心臟上半部的腔室（心房）腔壁較薄，部分功能為被動的儲血庫，收集主要靜脈流入的血液。心臟每次搏動都分為兩個階段：在第一個階段（舒張期），心臟會放鬆並重新充血；在第二階段（收縮期），心臟會收縮，迫使血液流出。整個週期所費時長大約少於一秒。進行劇烈活動或面臨壓力時，心臟的跳動速度和血流量都會大大增加。

傳導纖維

心臟的傳導纖維是特化的長條纖細心肌細胞，稱為傳導性肌纖維或蒲金氏纖維。這些細胞會將電脈衝傳遍心臟。

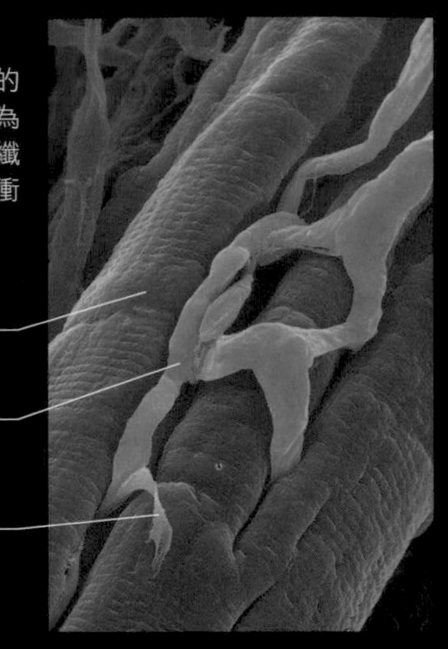

心肌纖維
毛細血管
心臟的傳導性肌纖維

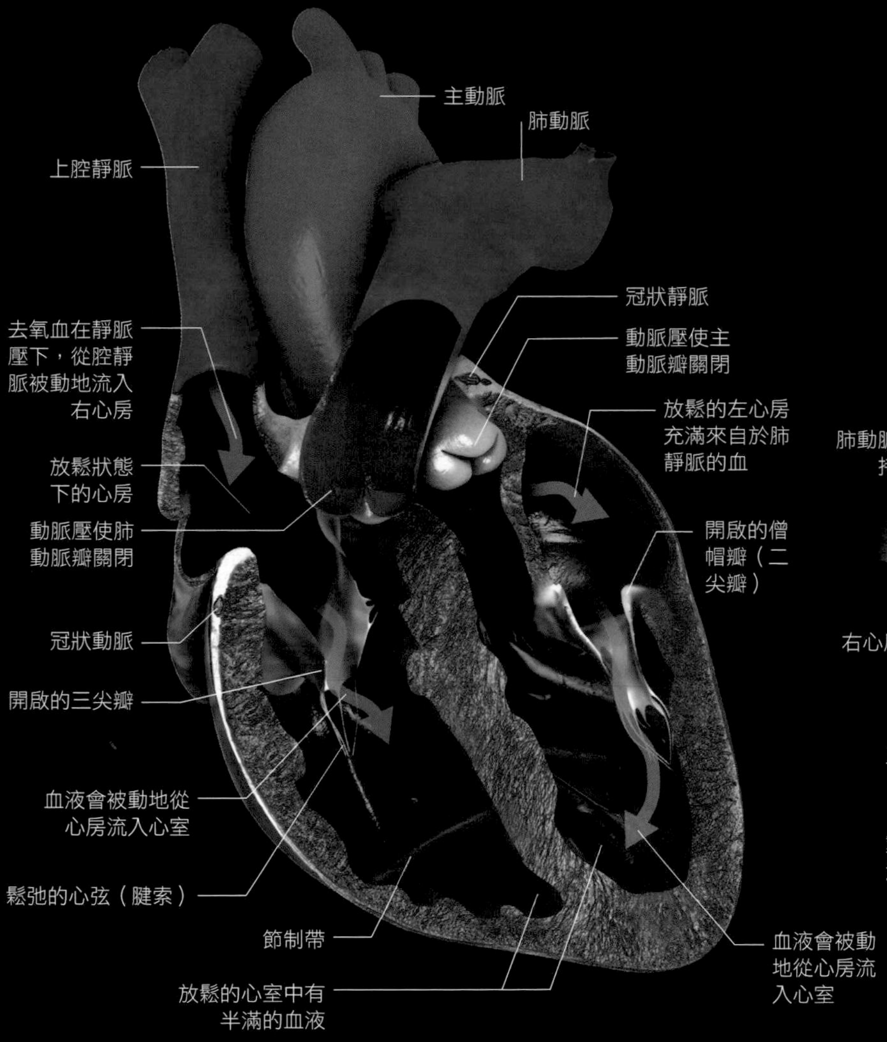

主動脈
肺動脈
上腔靜脈
冠狀靜脈
動脈壓使主動脈瓣關閉
去氧血在靜脈壓下，從腔靜脈被動地流入右心房
放鬆的左心房充滿來自於肺靜脈的血
放鬆狀態下的心房
動脈壓使肺動脈瓣關閉
開啟的僧帽瓣（二尖瓣）
冠狀動脈
開啟的三尖瓣
血液會被動地從心房流入心室
鬆弛的心弦（腱索）
節制帶
血液會被動地從心房流入心室
放鬆的心室中有半滿的血液

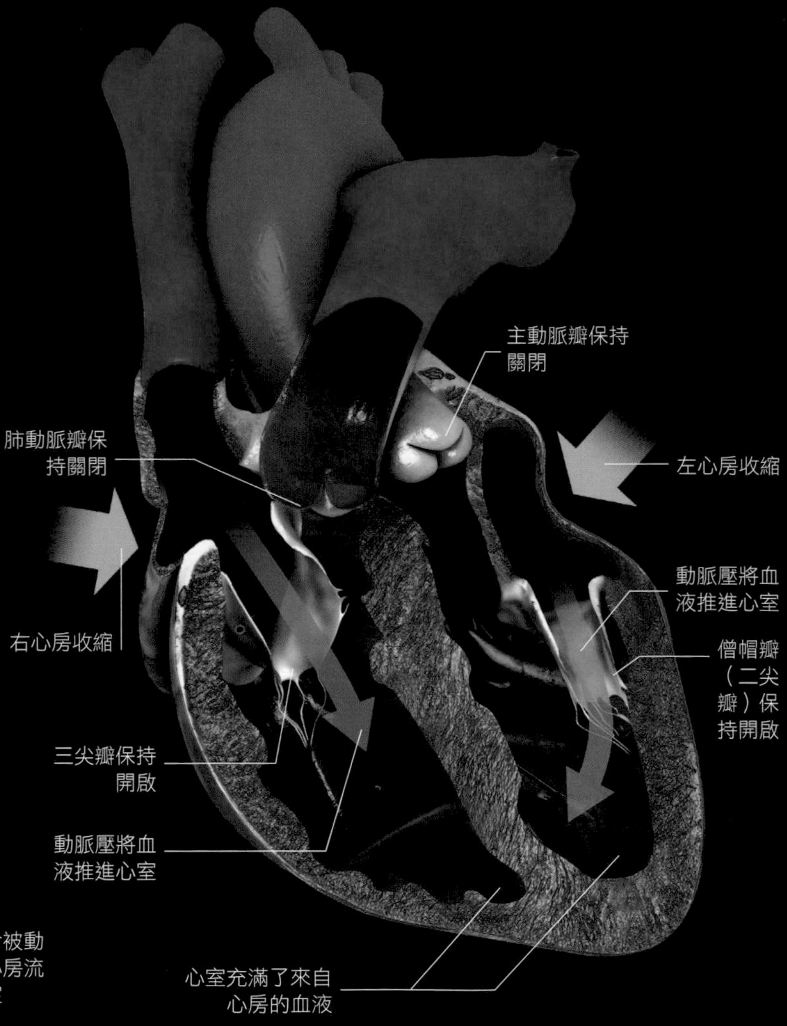

主動脈瓣保持關閉
肺動脈瓣保持關閉
左心房收縮
動脈壓將血液推進心室
右心房收縮
僧帽瓣（二尖瓣）保持開啟
三尖瓣保持開啟
動脈壓將血液推進心室
心室充滿了來自心房的血液

1 鬆弛（舒張期）

在這個心跳階段中，心臟的肌肉壁會放鬆。隨著來自主要靜脈的血液在頗為低壓的狀態下充入，心房的腔室會微微鼓起。身體的去氧血流進右心房的同時，來自肺臟的含氧血進入左心房。心房中有些血液會向下流入心室。這個階段要結束時，心室的血液大約為八成滿。

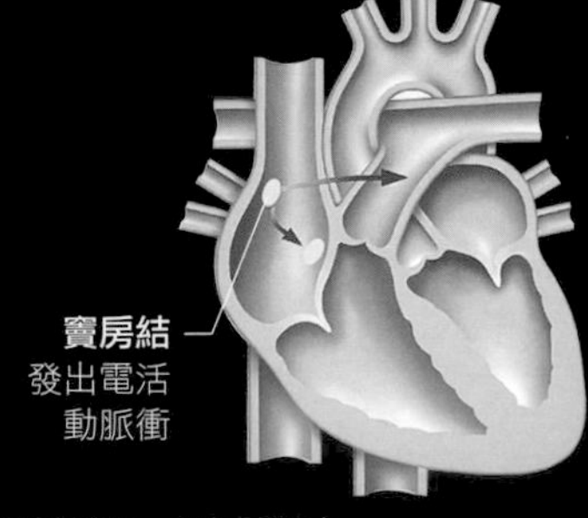

竇房結 發出電活動脈衝

心律調節器（竇房結）

舒張期的大部分時間，竇房結都沒有在運作。要進入收縮期時，竇房結會開始發送電脈衝波，以調節心跳。

2 心房的收縮作用（心房收縮期）

心臟天生具備的心律調節器稱為竇房結，位於右心房的上部。竇房結會「發射」電脈衝（相當類似於神經生成的電脈衝），並引發收縮期開始。有些脈衝會傳遍所有心房壁，並刺激當中的心肌收縮，將心房內的血液擠出房室瓣（三尖瓣和僧帽瓣），進入腔室壁仍呈放鬆狀態的心室。

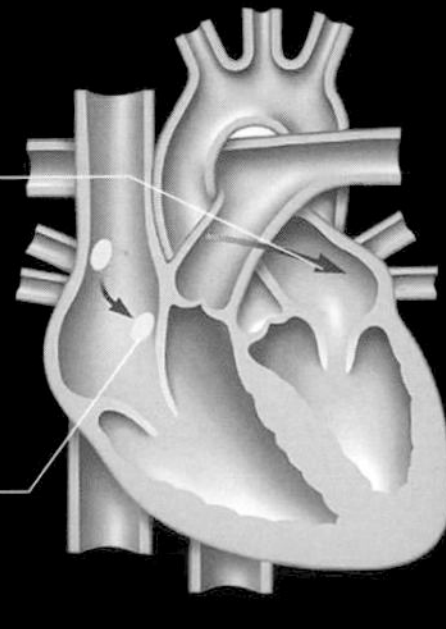

電脈衝 傳遍兩個心房的表面，造成刺激，使心房收縮

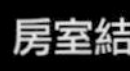

房室結

電脈衝遍佈

電脈衝傳經心房肌肉時，會使之在0.1秒內收縮。某些訊號經由傳導性纖維傳到房室結的速度較快。

心臟跳動速率的控制

毫無控制之下的心臟，固有的跳動速率大約為每分鐘100下。然而，腦幹延髓中有一個稱為心臟調節中樞的區域，會發送電脈衝到神經（特別是腦神經當中的迷走神經），將平均靜止心率設定成每分鐘搏動大約70次。進行活動或面臨壓力期間，受下視丘控制的心臟交感神經會轉發有最高優先權的訊號，使心臟跳動速率加快。其他的激素（如腎上腺素）也會影響心跳的速率。

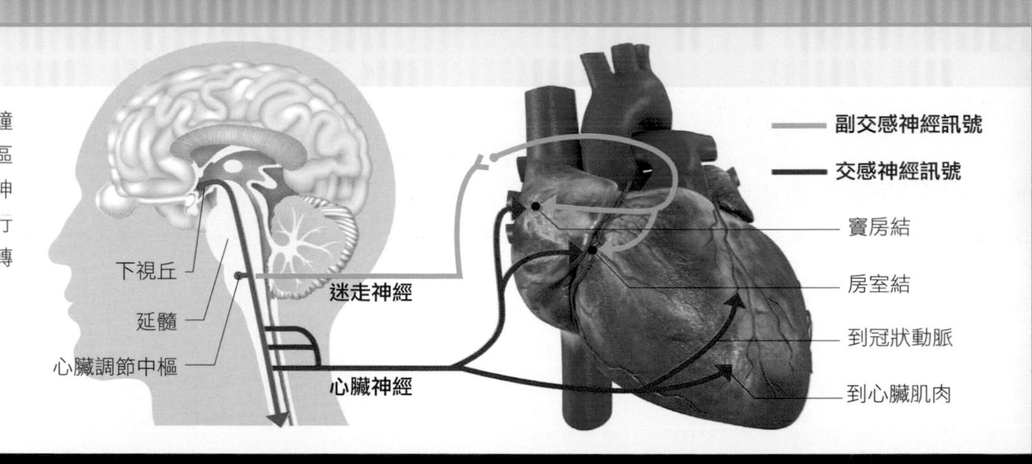
副交感神經訊號
交感神經訊號
下視丘
延髓
心臟調節中樞
迷走神經
心臟神經
竇房結
房室結
到冠狀動脈
到心臟肌肉

腦部的影響
心臟可控制自己的節律，但速率卻是由中樞神經系統控制。

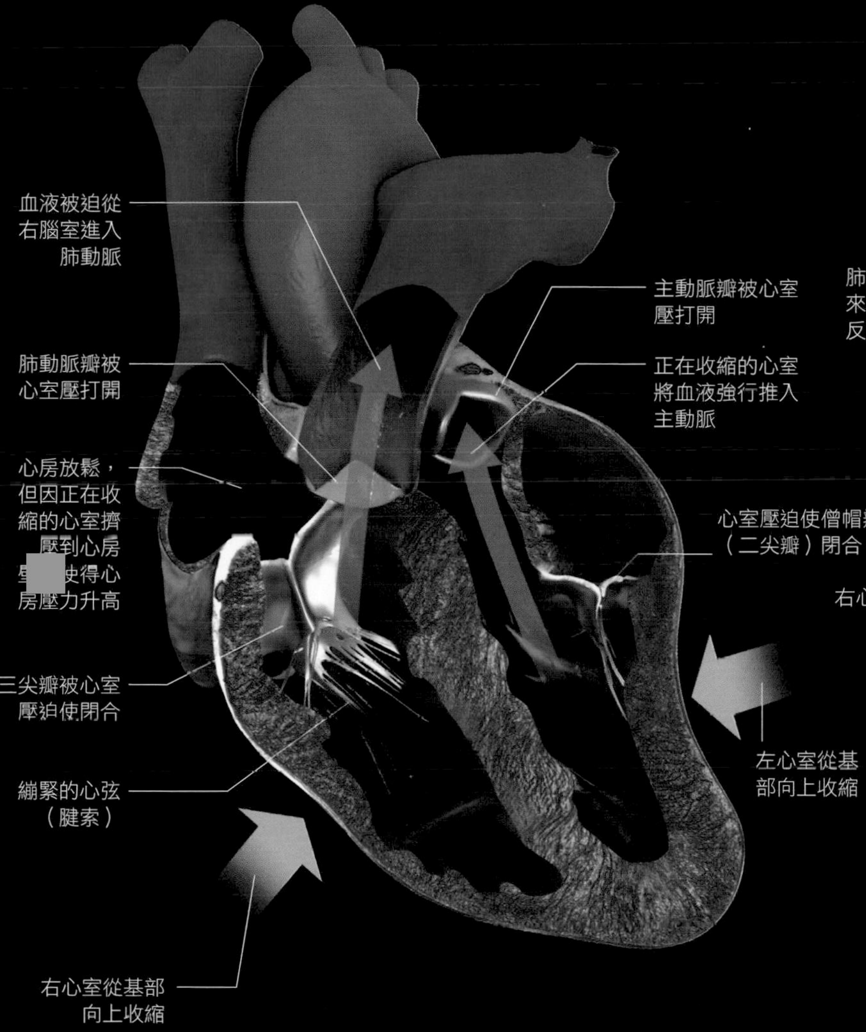

血液被迫從右腦室進入肺動脈

肺動脈瓣被心室壓打開

心房放鬆，但因正在收縮的心室擠壓到心房壁，使得心房壓力升高

三尖瓣被心室壓迫使閉合

繃緊的心弦（腱索）

右心室從基部向上收縮

主動脈瓣被心室壓打開

正在收縮的心室將血液強行推入主動脈

心室壓迫使僧帽瓣（二尖瓣）閉合

左心室從基部向上收縮

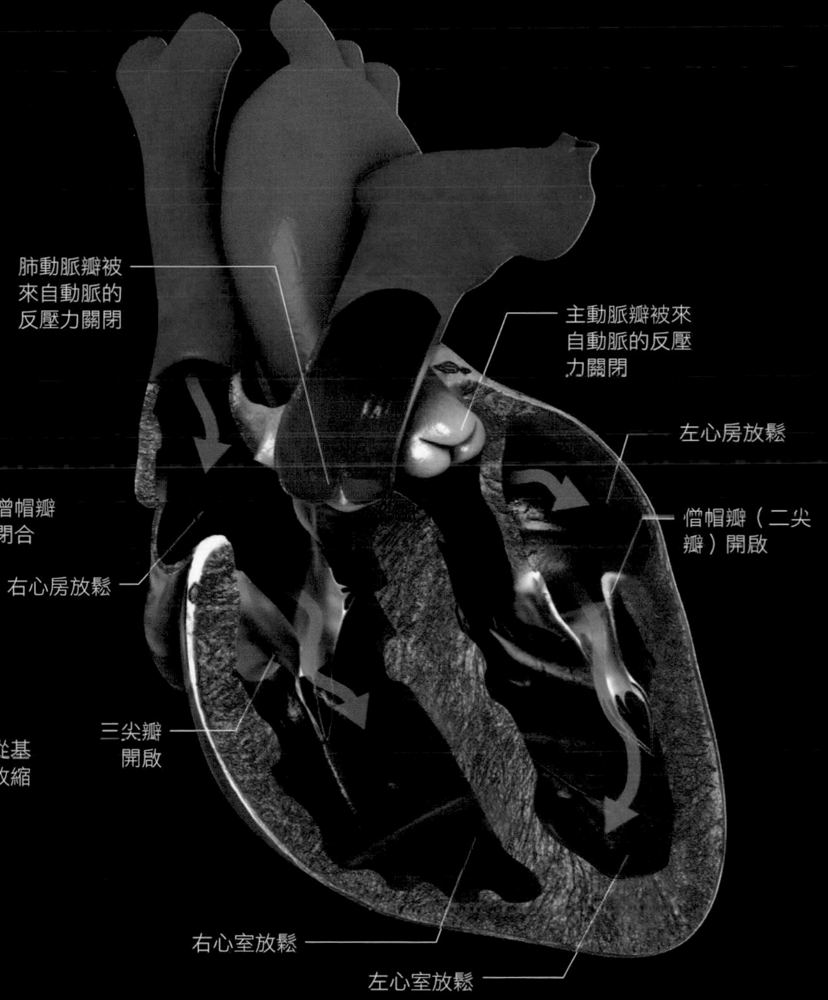

肺動脈瓣被來自動脈的反壓力關閉

主動脈瓣被來自動脈的反壓力關閉

左心房放鬆

僧帽瓣（二尖瓣）開啟

右心房放鬆

三尖瓣開啟

右心室放鬆

左心室放鬆

3 心室的收縮作用（心室收縮期）

在這最活躍有力的心搏階段，心室壁很厚的心肌會被房室結轉發的電脈衝刺激而收縮，導致心室壓增加，進而使心室出口處的主動脈瓣和肺動脈瓣張開。血液被推出心室，進入主要的動脈，使得房室瓣啪地一聲闔上。

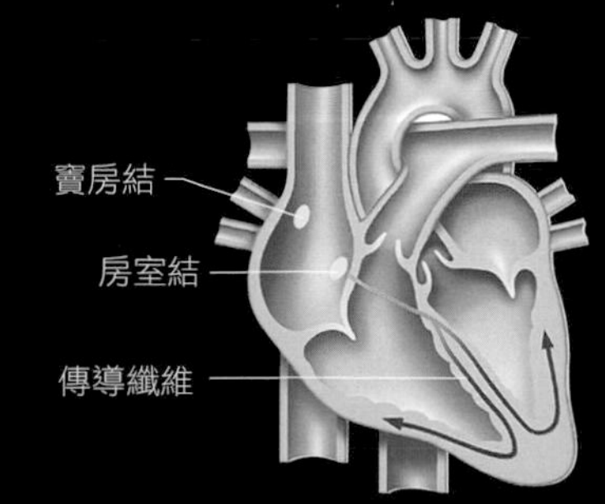
竇房結
房室結
傳導纖維

發射房室訊號

房室結「加快」脈衝沿著中隔內傳導性纖維移動的速度，到達下部心室後，再透過心室肌肉往上。

4 放鬆（舒張期）

心室壁開始放鬆，使得心室壓降低。剛被射入主要動脈的血液使得動脈壓力變大，進而關閉主動脈瓣和肺動脈瓣，防止血液回流到心室。心室對房室瓣的施壓減少，房室瓣因而得以開啟。這降低了心房的壓力，讓主要靜脈的血液得以再次進入。

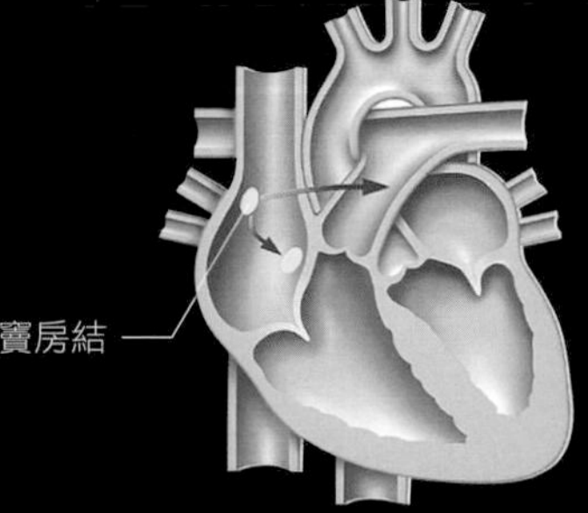
竇房結

電脈衝衰減

竇房結發出的脈衝會在0.2秒之內傳遍心室壁並回到心房，然後竇房結會再次發射脈衝，重新起始循環。

冠心病（冠狀血管疾病）

心臟壁的心肌仰賴冠狀動脈持續而穩定地提供血流維生。如果供應受到限制，氧分子和營養素就無法到達肌肉，可能導致罹患某一型態的冠心病。冠心病的症狀範圍取決於血液供應受限的位置、嚴重程度和發病速度。

動脈粥狀硬化

動脈粥樣硬化是由於脂肪沉積（稱為粥瘤）積聚在動脈壁上，使得動脈變窄和變硬所引起。

導致動脈粥狀硬化的程序始於血液中過量脂肪和膽固醇的濃度異常地高。這些物質會在微小損傷處滲入動脈內層，形成稱為粥瘤的沉積物。身體各處的動脈都有可能發生，如果發生在提供腦部血液的動脈上，下場可能會是中風。粥狀硬化的沉積物會逐漸形成凸起的斑點，稱為斑塊。斑塊長在動脈壁內部，核心為脂肪，外層由纖維頂冠覆蓋。斑塊會窄化動脈內的空間（或稱管腔），進而使過了該部位後的整體血流量受限。斑塊還會引起擾流，讓血液無法平順流過，而斑塊表面上也會有漩渦出現，血液會因此更容易凝結。動脈粥狀硬化的主要危險因子包括吸煙、高飽和脂肪的飲食習慣、缺乏運動和過重。

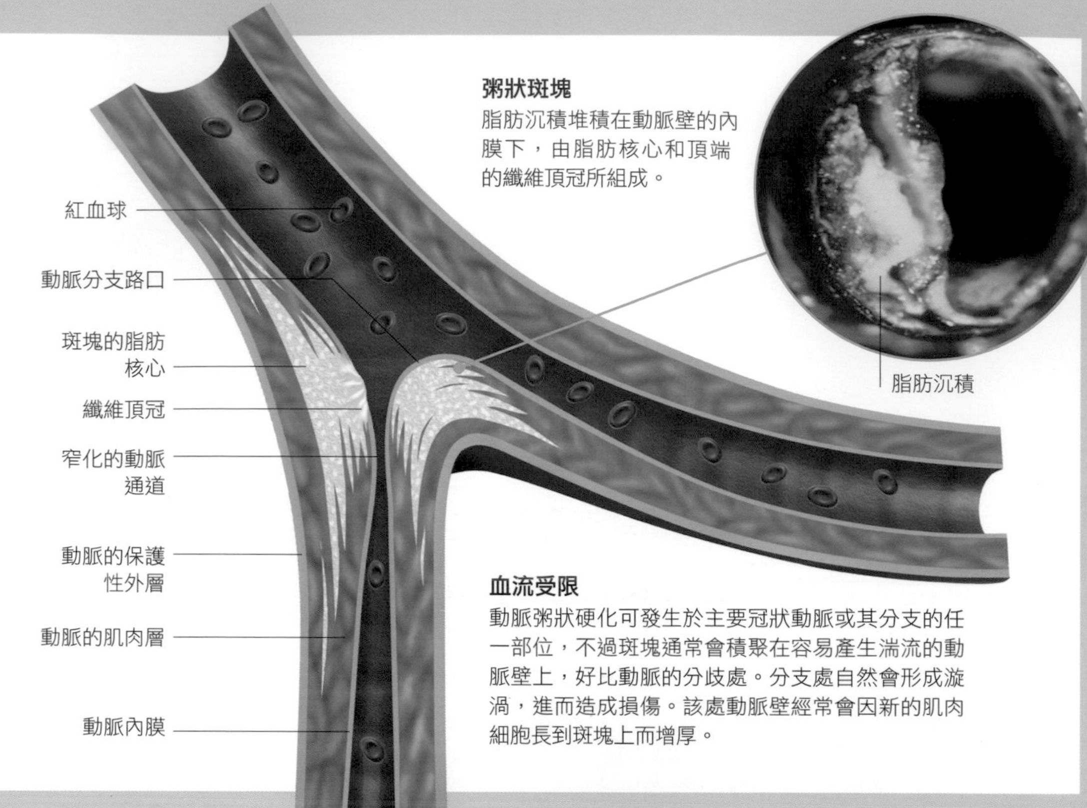
紅血球
動脈分支路口
斑塊的脂肪核心
纖維頂冠
窄化的動脈通道
動脈的保護性外層
動脈的肌肉層
動脈內膜
脂肪沉積

粥狀斑塊
脂肪沉積堆積在動脈壁的內膜下，由脂肪核心和頂端的纖維頂冠所組成。

血流受限
動脈粥狀硬化可發生於主要冠狀動脈或其分支的任一部位，不過斑塊通常會積聚在容易產生湍流的動脈壁上，好比動脈的分歧處。分支處自然會形成漩渦，進而造成損傷。該處動脈壁經常會因新的肌肉細胞長到斑塊上而增厚。

心絞痛

心絞痛是隨疲累而產生的胸痛，休息即可緩解；是心臟肌肉沒有得到足夠血液供應的跡象。

心絞痛是由暫時的心臟肌肉血液供應不足所引起，通常是因動脈粥狀硬化，導致動脈變窄所致。疼痛最常發生在心臟負荷增加的時候（例如運動時），一旦得到休息，疼痛感就會慢慢逐漸消失。其他觸發心絞痛的因素還有心理壓力、寒冷的天氣或剛吃了大餐等。心絞痛發作通常會先感到胸骨後方有沉重而收縮性的痛楚。痛感接著會散播到喉嚨和下巴，並往下傳到胳臂，特別是左邊的胳臂。這種疼痛通常會在10到15分鐘內消退。心絞痛患者一般會服用能使冠狀動脈擴大（擴張），以減輕疼痛的藥物。

心絞痛發生的原因
冠狀動脈粥狀硬化導致血管變窄及血流減少。肢體耗力時，心跳會變快，而肌肉需要的氧氣量會增加。但因額外的血液沒辦法通過變窄的動脈，使得肌肉「抽搐」。

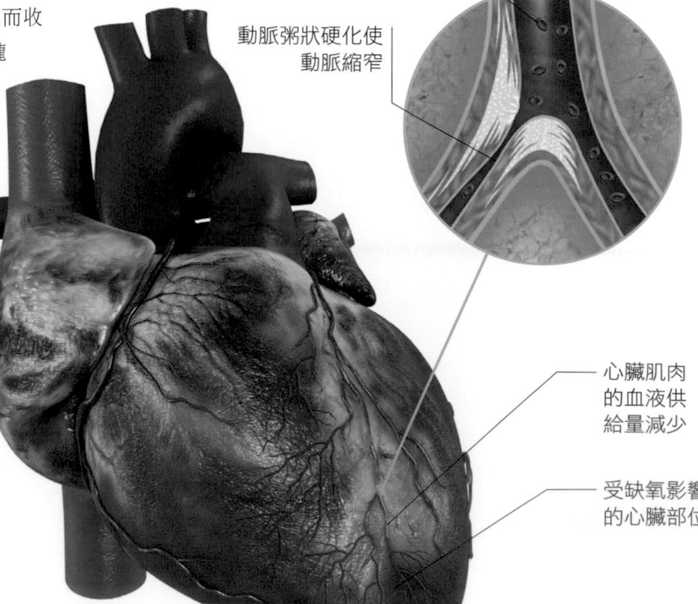
血液通過冠狀動脈進入心臟
動脈粥狀硬化使動脈縮窄
心臟肌肉的血液供給量減少
受缺氧影響的心臟部位

受損的心肌
在心絞痛期間，窄化動脈下游的心臟肌肉會缺氧。發作之後，肌肉會復原。

血管造影術

血管造影術這種診斷程序可使血管的輪廓在X光影像（稱為血管造影片）中顯現。術中會將一根細導管（中空管）插到動脈（通常從腿部插入），沿著主動脈往心臟的方向上穿。從導管注入顯影劑（不透X光的染料）後，再拍攝X光，並利用顯示器看X光片。片中可見染料流經冠狀動脈網，顯露出變窄或堵塞的地方。

X光片
大部分心臟中冠狀動脈的樣子都相似。這張冠狀動脈的血管造影片顯露出一個變窄的地方，使某區心肌的血流受限。

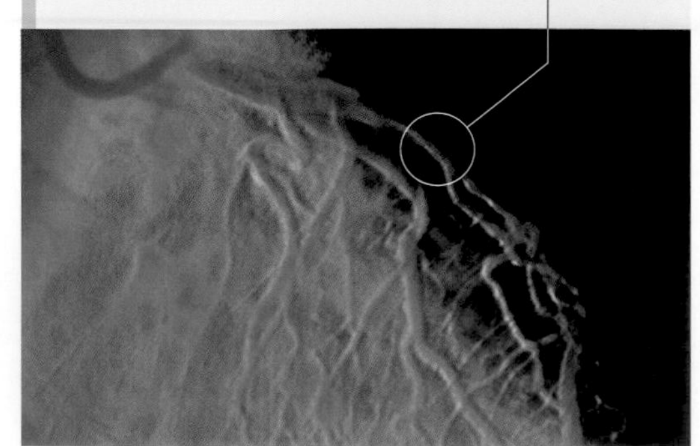
變窄的冠狀動脈

心臟病發作

因動脈堵塞，而導致心臟肌肉的某一區域血液匱乏造成缺氧時，就會心臟病發作。

心臟病發作（心肌梗塞）是由於動脈粥狀硬化，隨後形成血凝塊（或稱血栓）而導致冠心病所造成的結果。血凝塊一旦形成，就有可能完全阻斷要到達某個心臟肌肉區域的血流，使該區缺乏血液，最終導致組織壞死。如果可能的話，必須儘快恢復受損細胞的血流。心臟病發作通常都在完全沒有預警的情況下突然發生。患者感到的胸痛可能類似於心絞痛的痛感，但痛得更厲害，引發痛感的因素不一定是肢體勞累，而且就算休息了還是一樣痛。心臟病發作也會導致出汗、氣喘、噁心或意識喪失。

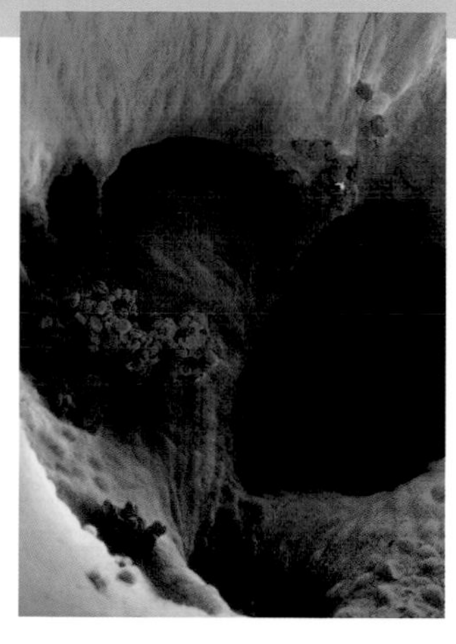

有凝塊的動脈
血管健康內膜可以讓血液順利地滑過。血管壁上的凸出部位（如圖中左方所示）會干擾血流，使之不順暢，導致該部分容易有血液凝結的狀況。

血栓溶解劑

治療心臟病發作的關鍵在於速度。動脈堵塞物越早被移除，受損區域的血流就越快能恢復。心臟病發作後，通常會將溶栓藥物直接注入血流中。此作法可藉由增加可預防更多血凝塊形成，並分解將血凝塊綁在一起的纖維蛋白絲的各種物質濃度，來幫助溶解堵塞冠狀動脈的血凝塊。一般會開立抗血小板的藥物給出院的患者定期服用一段時間；這種藥物可使血液變稀，防止更多血塊形成。

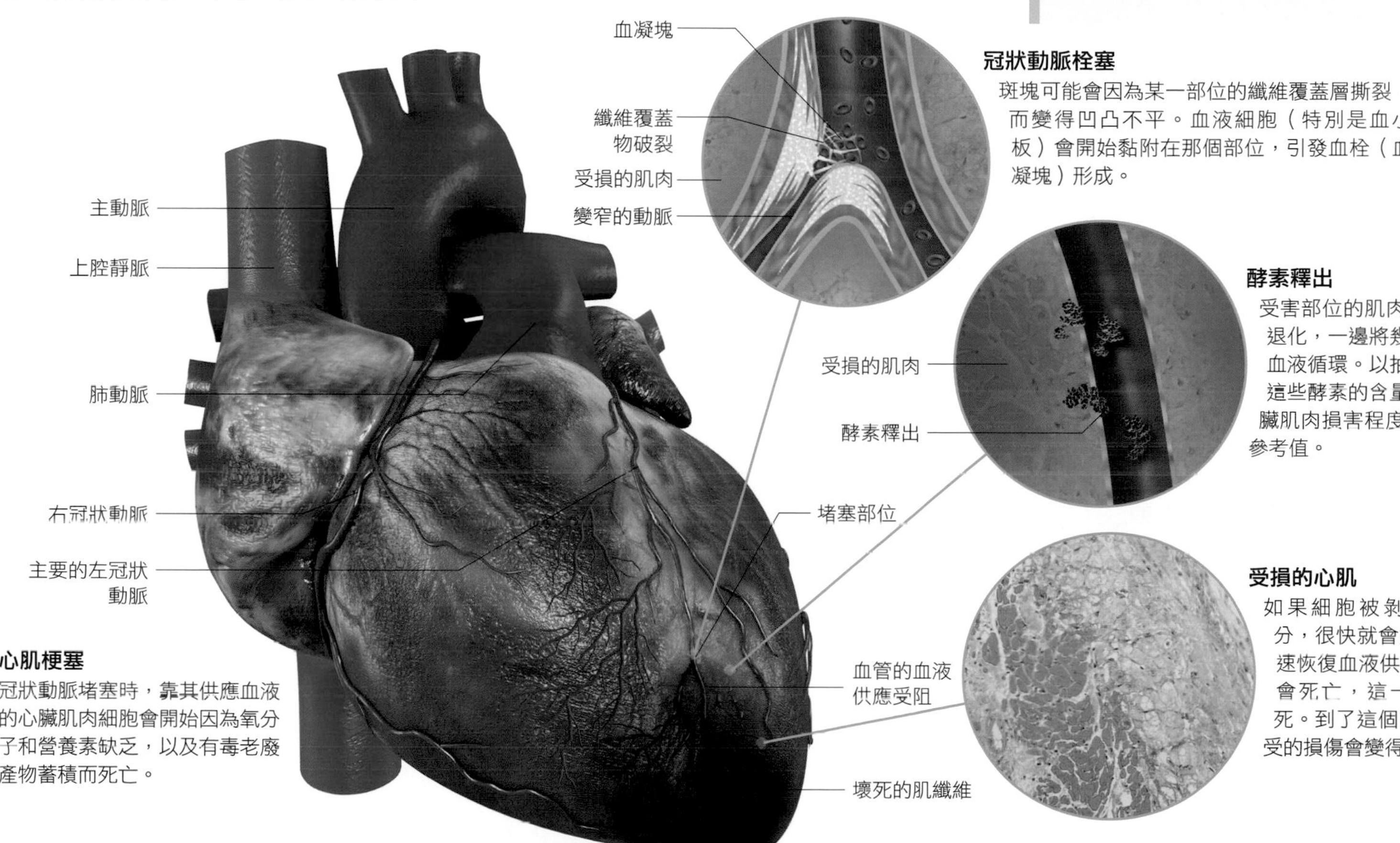

血凝塊
纖維覆蓋物破裂
受損的肌肉
變窄的動脈
主動脈
上腔靜脈
肺動脈
右冠狀動脈
主要的左冠狀動脈
受損的肌肉
酵素釋出
堵塞部位
血管的血液供應受阻
壞死的肌纖維

冠狀動脈栓塞
斑塊可能會因為某一部位的纖維覆蓋層撕裂，而變得凹凸不平。血液細胞（特別是血小板）會開始黏附在那個部位，引發血栓（血凝塊）形成。

酵素釋出
受害部位的肌肉纖維會一邊退化，一邊將幾種酵素釋入血液循環。以抽血檢驗測量這些酵素的含量，可作為心臟肌肉損害程度多高的指標參考值。

受損的心肌
如果細胞被剝奪了氧和養分，很快就會退化。若不迅速恢復血液供應，組織最終會死亡，這一過程稱為壞死。到了這個階段，細胞所受的損傷會變得不可逆。

心肌梗塞
冠狀動脈堵塞時，靠其供應血液的心臟肌肉細胞會開始因為氧分子和營養素缺乏，以及有毒老廢產物蓄積而死亡。

血管成形術

這個手術的作用在於將因長粥瘤而變窄或被堵住的冠狀動脈部分擴寬。通常作為嚴重心絞痛或心臟病發作後的治療。血管成形術可作為血管造影術的一個步驟一併進行。血管造影術是一種使冠狀動脈顯影於X光片的檢查（請參閱對頁）。進行方式是先局部麻醉，再將細導管（中空管子）從腹股溝（鼠蹊）的股動脈插入（有時則是從上臂插入），然後沿著主動脈往上穿，進入冠狀動脈網。到達患處時，導管末端的一顆迷你氣球會膨脹，將變窄的區域推寬。通常還會在氣球導管取出後，將可擴張的不鏽鋼網狀血管內支架永久性地留在血管內，藉以防止動脈再次變窄。

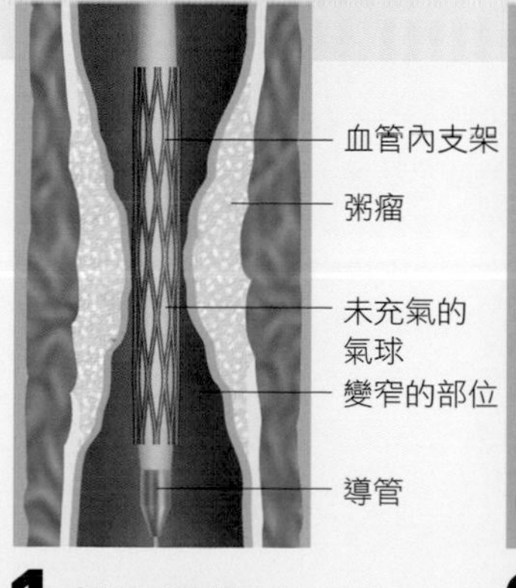

血管內支架
粥瘤
未充氣的氣球
變窄的部位
導管

1 插入導管
導管靠近末端的地方裝有一個可膨脹的小氣球，這裏顯示的是個可自行擴張的管子上的金屬網，稱為血管內支架。

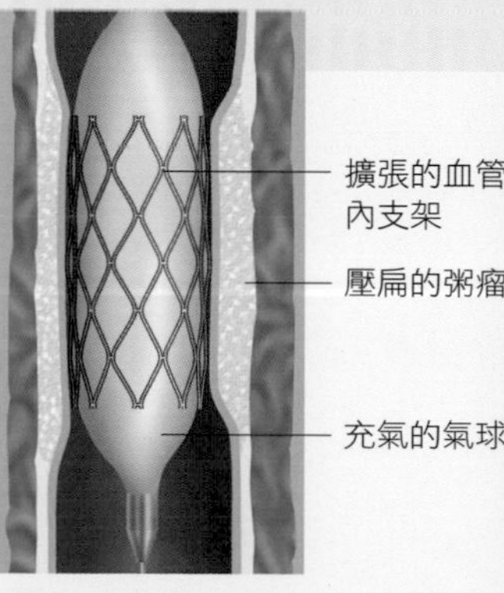

擴張的血管內支架
壓扁的粥瘤
充氣的氣球

2 將氣球充氣
氣球放到變窄的部位時，將氣體或液體充入，使之膨脹，將動脈撐開，並擴張血管內支架。

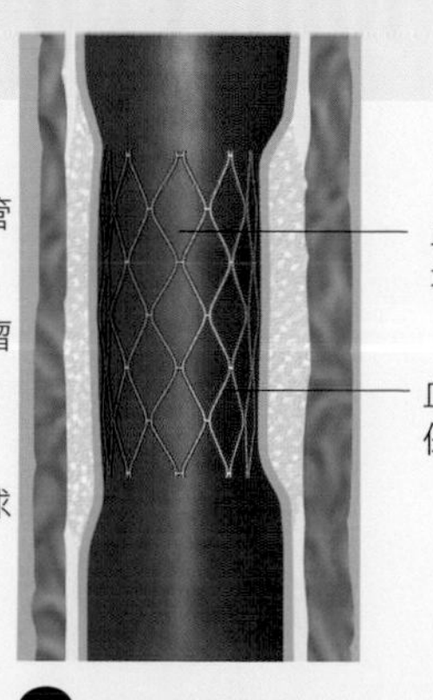

血流量增加
血管內支架保持在原位

3 移除導管
將扁掉的氣球抽出，擴張的血管內支架則留在原位。幾週過後，細胞會長到血管內支架上，形成一薄層。

心肌疾病

心臟主要由特化的肌肉組成，這些肌肉稱為心肌。有些心臟疾病是由於這種肌肉或心臟外圍的囊狀心包膜產生問題所引起的。心臟肌肉長期有問題，或問題很嚴重的時候，心臟的泵血功率會降低，導致心衰竭。

心肌疾病

心臟肌肉發炎稱為心肌炎；非炎症型的心肌疾病稱為心肌病變。

心肌炎有許多病例都是感染引起，感染源通常是病毒，如克沙奇病毒等。心肌炎可能毫無症狀，但嚴重時，會導致胸痛和長期心衰竭。其他心肌炎的致病因包括風濕熱、暴露於放射線中、接觸某些藥物或化學物質以及全身性紅斑性狼瘡等自體免疫疾病。心肌病是非發炎性的心肌疾病，罹患時，肌肉會無力、受損且伸長。這個疾病有好幾種不同的型態，致病因各異，詳細請參閱下文。

正常心臟

正常心臟的肌肉壁（特別是心室的肌肉壁）相當結實，且伸縮性佳，可以在收縮時彎曲，將血液擠出。泵血速率和量會根據身體對含氧血液的需求做調整。

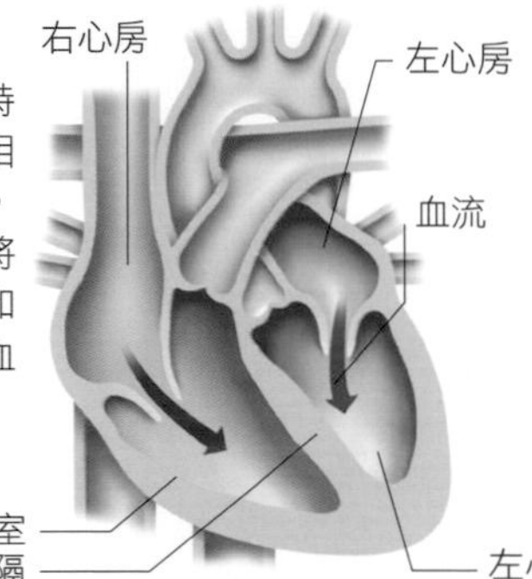
右心房
左心房
血流
右心室
中隔
左心室

擴張型心肌病變

心肌擴張會導致心室壁變薄。某些病例中，血凝塊會形成於心臟內膜上。致病因包括過量飲酒、罹患病毒性疾病、罹患自體免疫異常疾病等。

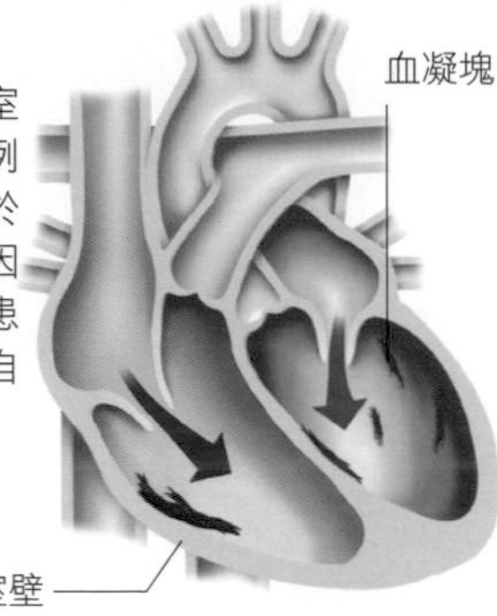
血凝塊
擴張的心室壁

肥厚型心肌病變

這種病症會使心臟肌肉變厚（特別是左心室和中隔的肌肉），使得心臟無法填以充足的血液。肥厚型心肌病變通常屬於遺傳性疾病，且是青壯年人猝死的常見因素。

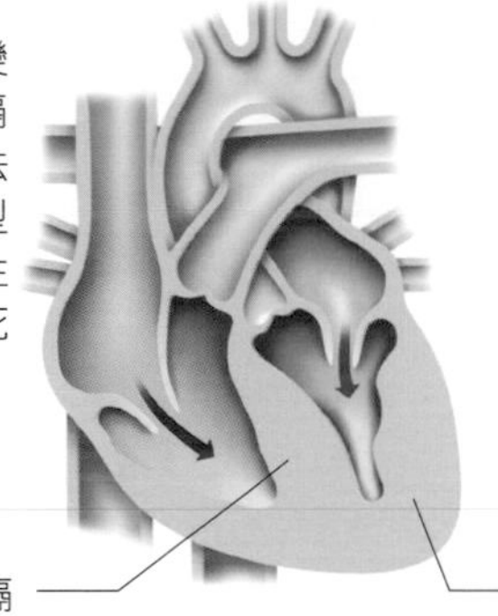
變厚的中隔
變厚的左心室壁

限制型心肌病變

因心室壁變僵硬，心室充滿血液時所需的牽張力和排出血液時需要的屈曲收縮力都受限。這個疾病通常是由疤痕組織、鐵或異常蛋白沉積所引起。

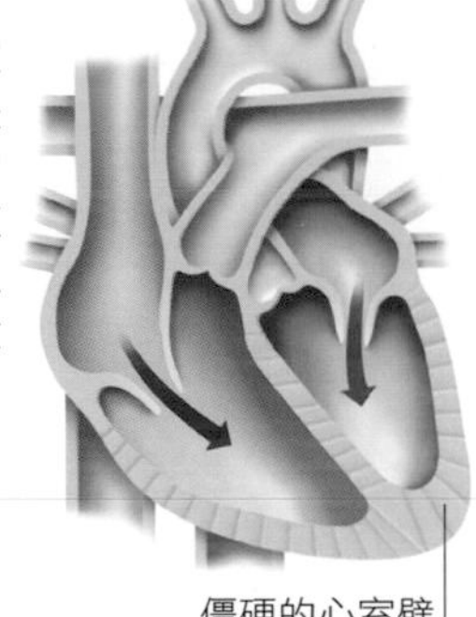
僵硬的心室壁

心包炎

心包膜（包裹心臟的雙層膜囊）發炎通常都是由病毒感染或心臟病發作所致。

心包炎最常見的致病因是病毒感染導致心包膜發炎。其他致病因包括細菌性肺炎、肺結核、癌腫瘤細胞擴散到心包膜、自體免疫性疾病（如類風濕性關節炎）、腎功能衰竭、心臟病發作、該部位有穿通創傷等。心包膜只要發炎就會摩擦和互刮，無法讓心臟搏動順暢。症狀包括胸部中央疼痛（可藉由姿勢向前傾而緩解，但會因深呼吸而更痛）、呼吸困難或發燒。

心包滲液

心包膜的外層（纖維層）堅韌且有彈性。心包膜的內層是由含有潤滑液的薄膜分隔的雙層內膜（漿膜）所形成。心包滲液是漿膜發炎造成潤滑液過多，干擾心臟搏動的疾病。

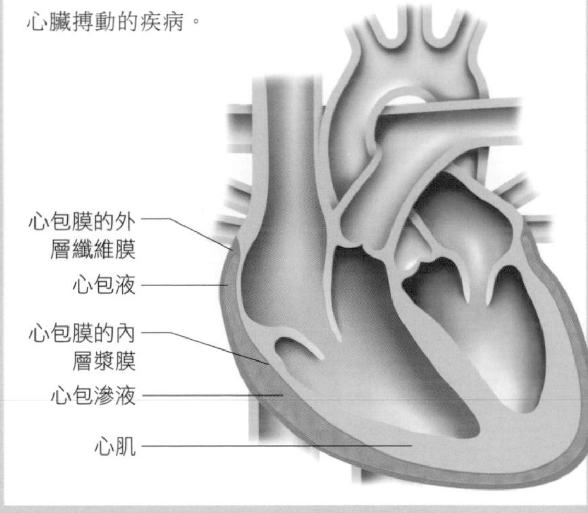
心包膜的外層纖維膜
心包液
心包膜的內層漿膜
心包滲液
心肌

心衰竭

是心臟無法有效率地輸血到肺臟和身體組織的疾病，可分為急性（突然發作）和慢性（隨時間推移惡化）。

急性心衰竭是由於心臟損傷（如心臟病發作或瓣膜受損）所致。心臟左半部衰竭會使肺臟快速積液，導致患者產生哮喘、呼吸困難、皮膚發白冒汗、咳嗽帶血痰等症狀。急性心衰竭通常發生在心臟兩側。慢性心衰竭是長期疾病，致病因多樣，包括冠心病、持續高血壓、心肌病變、心臟瓣膜或心跳異常、慢性阻塞性肺病（請參閱第160至第161頁）。心臟左半部有慢性心衰竭時，左心室輸出的速度比由肺臟輸血入心臟的速度慢。因此，血液會堵塞在肺靜脈和肺臟，導致充血。肺臟內部的壓力會導致流體蓄積於肺臟（這個病症稱為肺水腫），使氧氣的吸收率變低，產生呼吸困難、咳嗽和疲勞等症狀。右心有慢性心衰竭時，右心室輸血到肺臟的速度比身體組織送回血液的速度慢。血液堵塞在主要靜脈中，也會導致充血。靜脈壓的上升迫使毛細血管內的流體滲出，流到組織中，造成腳踝和下背部明顯的水腫。其他症狀還包括呼吸困難、疲勞和噁心。

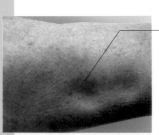

壓痕

體液滯留

因慢性心衰竭引起的體液積累會導致組織腫脹和濕軟。在皮膚上按壓產生的壓痕，在壓力移除後仍不會消退。

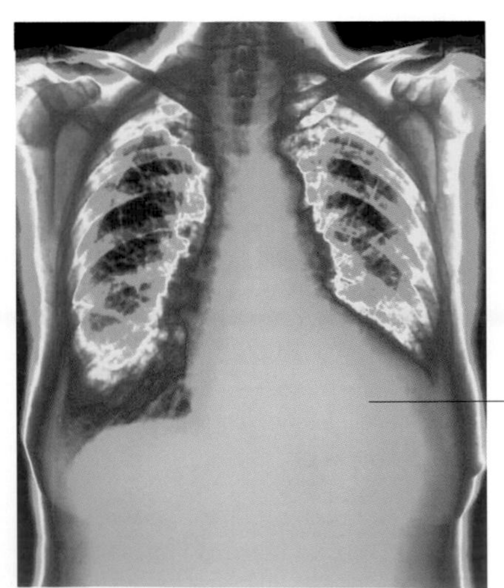
心衰竭導致的心臟膨大

心臟膨大

心衰竭患者的心臟必須不斷費力擠壓，以將血液輸到全身循環，隨著時間推移，心臟會嚴重膨大。

結構異常疾病

結構性心臟疾病的患者分佈各年齡層；先天性心臟病在出生時就存在，而瓣膜異常疾病通常較晚才產生。醫學進步至今，已有外科手術技術能夠有效治療一些心臟的缺陷。同樣地，病變瓣膜也可藉由手術撐開或替換。

先天性心臟病

出生就有的（先天性）心臟缺陷可能是早期胚胎發育過程中發育出錯造成。

某些類型的先天性心臟病會發生在同一個家族的許多成員身上，意味著這些疾病可能受某些基因的影響，不過通常不會有明顯的原因。然而，有些病例也與母親在懷孕期間受感染（如德國麻疹）或接觸到包括酒精在內的某些藥物有關係。罹患先天性心臟病的症狀包括呼吸困難（可能會影響攝食）和體重增加緩慢。超音波掃描可發現某些類型的先天性心臟病，以便醫務人員提前設定治療計畫。

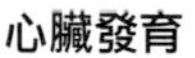

心臟發育

在胚胎時期，心臟的發育始於一節管壁變厚的血管開始扭轉迴圈，形成心房和心室空腔。複雜的動靜脈連結開始成形。許多先天性心臟病都在這個發育的最初階段出現問題。本圖中去氧血是藍色的；紅色代表含氧血。

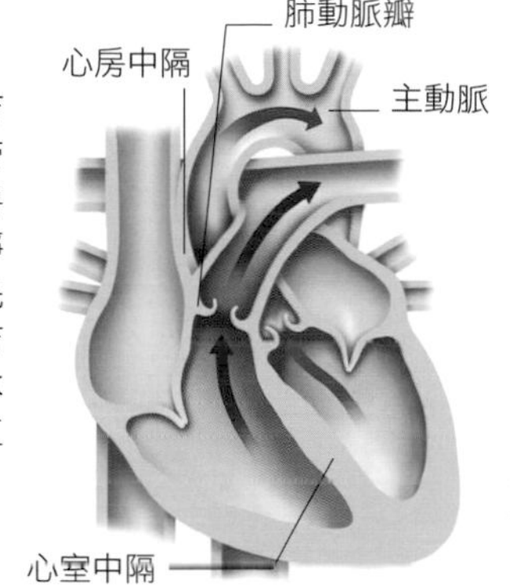
肺動脈瓣
心房中隔
主動脈
心室中隔

主動脈窄縮

一小段主動脈變窄，通常是在主要動脈分岔，分支成往頭部、腦部、上臂和上半身血管的地方。主動脈窄縮會限制通往下半身和腿部的血流。心臟的補償反應會使之更賣力輸血，導致上半身的血壓上升。患者通常面色蒼白、難以呼吸或進食。需要緊急以外科手術介入矯正。

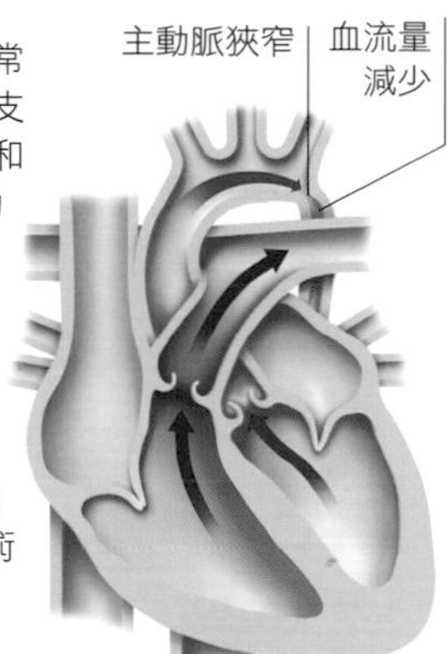
主動脈狹窄
血流量減少

心室中隔缺損

兩心室之間的隔牆（心室中隔）有破洞，導致當中的血液混雜在一起（紫色部分）。左心室的含氧血從中隔的缺損流到右心室，導致右心室注入肺臟的血液過量。小型缺損可能會隨著兒童成長而自然癒合，但如果缺損大的話，就需要手術修復。

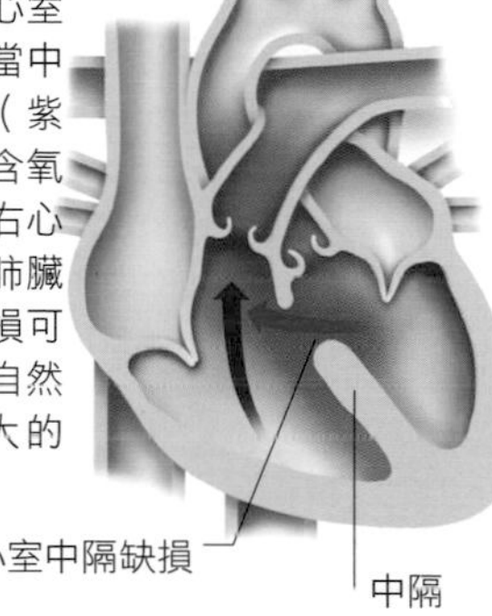
心室中隔缺損
中隔

心房中隔缺損

在心臟上半部兩個空腔（心房）之間隔牆（心房中隔）的異常開口。血液會因此而從壓力較大的左心轉流入右心（紫色區域），造成流到肺臟的血液增加，而輸到身體的血液減少。心房和心室中隔缺損兩者都常見於患有唐氏症（蒙古症）的兒童。

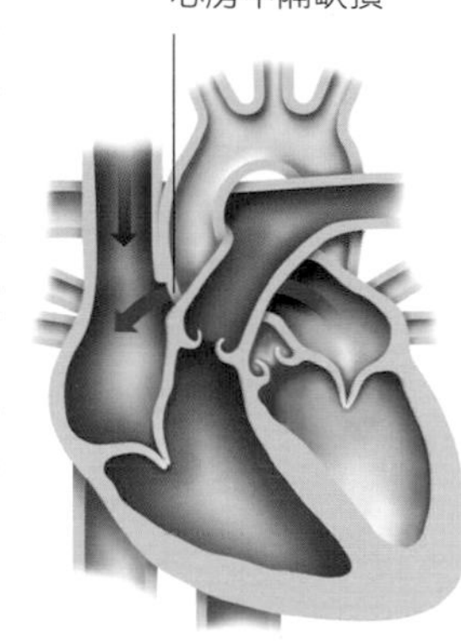
心房中隔缺損

法洛氏四重畸形症

合併四種結構性缺損的病症：心室中隔缺損；主動脈向右偏移，致使去氧血流入和流出右心室（紫色區域）；肺動脈瓣狹窄；右心室肥大。患者可能會呼吸急促、皮膚發藍發紫發紺。

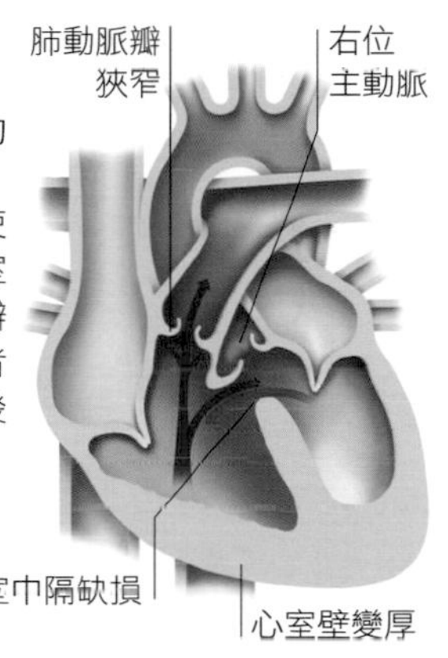
肺動脈瓣狹窄
右位主動脈
心室中隔缺損
心室壁變厚

瓣膜異常疾病

會影響心臟四個瓣膜作用效率的疾病，分為以下數種。

瓣膜異常疾病有兩大類。狹窄症是瓣膜口太窄，以至於使血流受限的疾病。這種疾病有可能是先天造成，也有可能是風濕熱等感染所引起。人體老化也會引發狹窄症。閉鎖不全症是瓣膜無法完全閉合，讓血液能夠倒流的疾病，可能會因心臟病發作或瓣膜受感染而導致。

僧帽瓣（二尖瓣）

這張健康人體心臟瓣膜的圖片中可見心臟的腱索和瓣尖。僧帽瓣（二尖瓣）位於左心房和左心室之間。

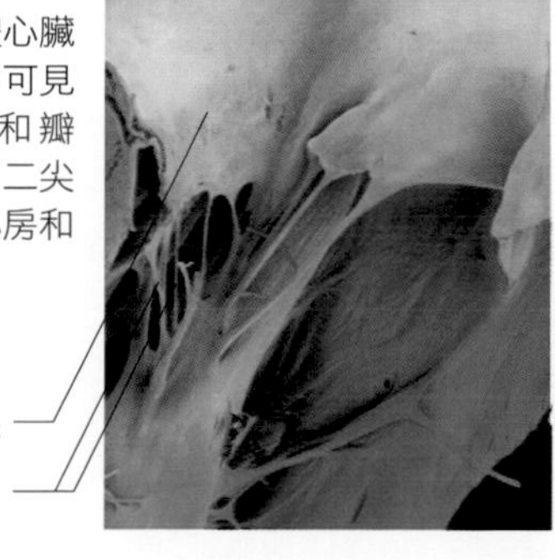
瓣尖
腱索

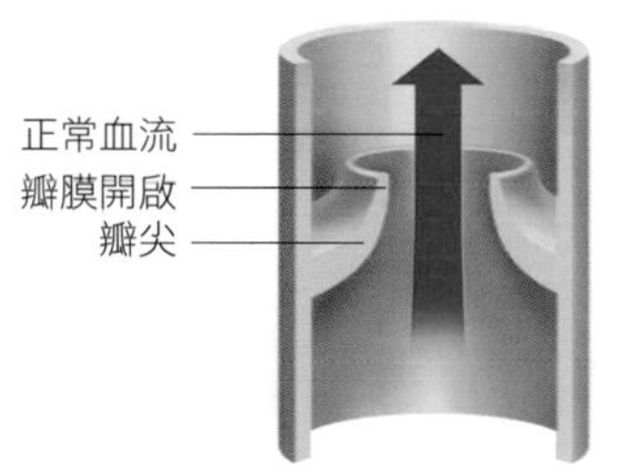
正常血流
瓣膜開啟
瓣尖

瓣膜正常開啟

心臟腔室收縮時，會產生高壓推向瓣尖，迫使瓣膜打開，並允許血液流過。

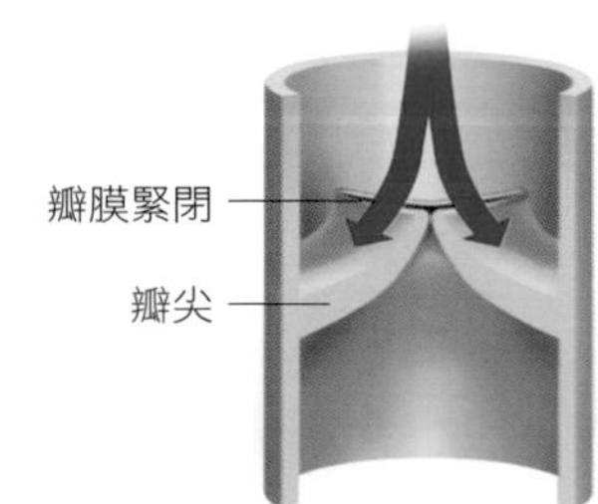
瓣膜緊閉
瓣尖

瓣膜正常閉合

瓣膜另一面的壓力增加，使瓣尖緊密闔上，防止血液倒流。

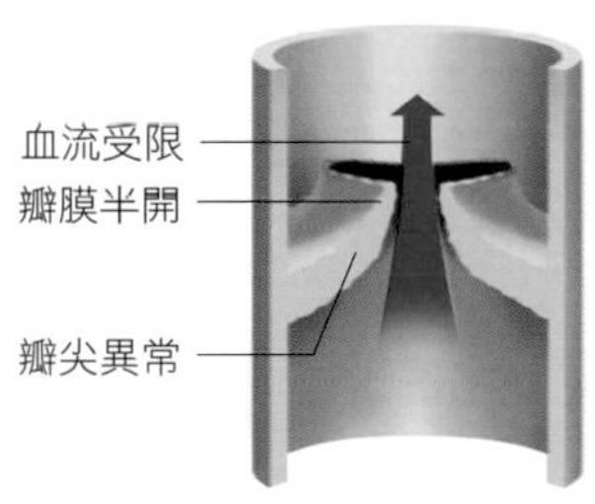
血流受限
瓣膜半開
瓣尖異常

狹窄症

瓣膜組織變硬，無法完全開啟。通過的血量受限，讓心臟必須更費力搏動，才能維持輸出的血量。

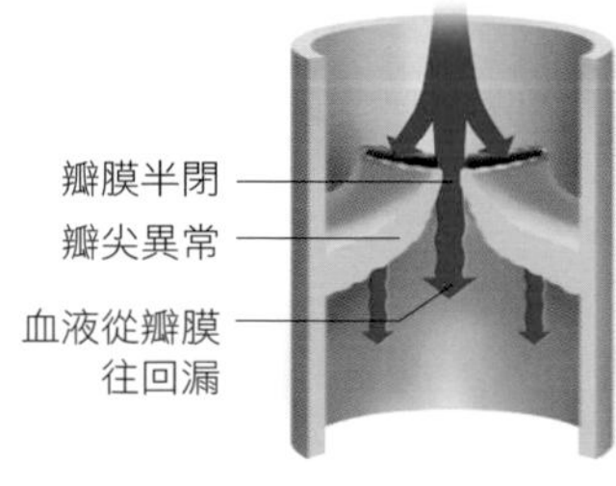
瓣膜半閉
瓣尖異常
血液從瓣膜往回漏

閉鎖不全

瓣尖無法完全閉合，使血液往回漏。因此，心臟必須更使勁工作，以將血液送入身體循環。

心雜音

心臟血液流動產生亂流引起的異常心臟聲音，可能為心臟瓣膜缺損所致。

心跳的「撲通」聲是健康的瓣膜閉合時製造出的聲音。有些類型的異常聲音稱為「雜音」，是心臟異常的可能徵狀。然而，有許多類心雜音並不是瓣膜異常的徵狀（尤其是兒童）。

異常血流

血液在變窄的瓣尖處衝撞或因血液從閉鎖不全的瓣膜反向滲漏，與對向血液碰撞而引起亂流時，可能會產生心雜音。

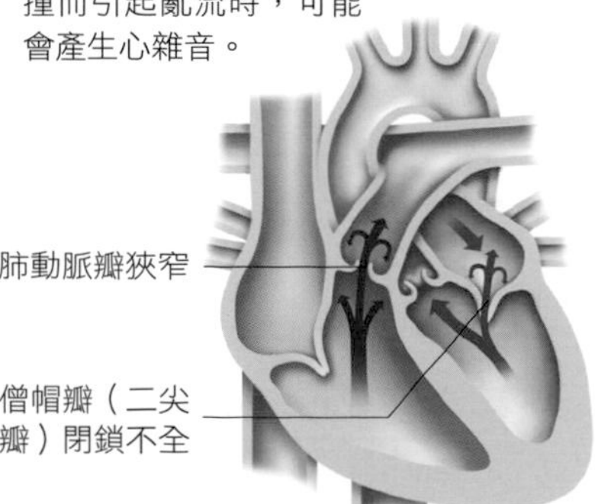
肺動脈瓣狹窄
僧帽瓣（二尖瓣）閉鎖不全

循環和心臟跳動速率異常疾病

身體組織要健康，必須要有穩定和充足的血液。如果血管阻塞了，可能造成堵塞處下游組織缺氧，使組織受到損傷，嚴重的話還會導致組織死亡。負責維持心臟跳動頻率和節律穩定的電訊系統若是受到干擾，就會連同影響心臟。

栓塞

栓子是從原發處脫落物質碎片，可能造成血管部分或完全受阻。

栓子大多是剝離原本位置後，隨血流飄移並卡在他處血管的血凝塊（血栓）的碎片，或甚至是一整塊的血栓。動脈壁上粥狀硬化斑塊（請參閱第140頁）的脂肪物質、膽固醇凝結體、因骨折而流入血液循環的骨髓脂肪組織、氣泡、羊水等也都可能形成栓子。肺栓塞是源自身體其他部位的血塊隨著靜脈的血液飄入肺臟所致。在心臟或動脈形成的血塊有可能會使身體任一部位的血液循環受阻。栓子最有可能阻塞血管狹窄或分支的地方，從而使下游組織得不到重要的氧氣。產生的症狀為何取決於栓塞的部位；例如供血給腦部的動脈被栓子阻塞，有可能導致中風。如果栓子是血塊碎片，可施以溶栓或「抗血栓」藥物治療。

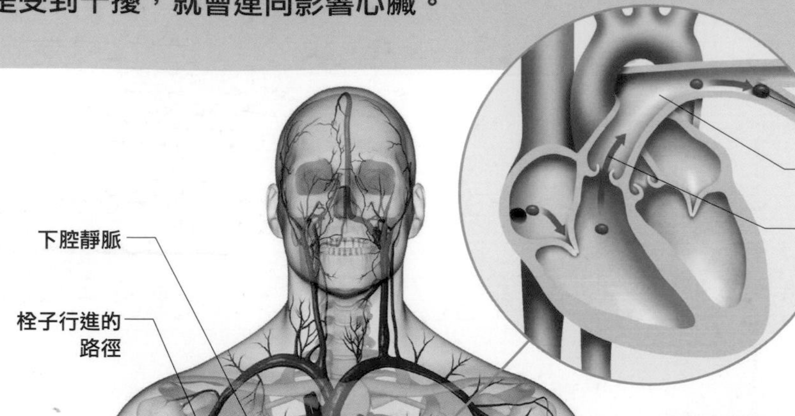
飄往肺臟的栓子
肺動脈
栓子行進的路徑
下腔靜脈
栓子行進的路徑

肺動脈栓塞
腿部靜脈血凝塊的碎片可以順著靜脈系統飄移到達右心，再隨著肺動脈進入肺臟。進入之後，有可能會被卡住，使肺組織得不到重要的氧氣，並減少肺循環中氧氣的攝取量。

血栓栓塞
材料為血凝塊（血栓）物質的碎片（栓子）；可能出現在身體各處，但常見於腿部和骨盆的靜脈。

血栓形成

循環系統出問題，使血栓形成是導致動脈、靜脈或甚至心臟部分或全部堵塞的可能原因。

正常順暢的血液流動被打亂處，會減慢或產生亂流，是最有可能引起血栓的地方。這種擾亂可能是由動脈壁上的脂肪粥狀組織斑塊或血管發炎所引起。最終，血塊會將血液通道縮窄或阻斷，使下游組織失去氧氣和養分的供給。這種情形所造成的影響為何，取決於血栓形成的位置。

血栓的形成
動脈和靜脈都有可能有血栓形成，但比較常發生於有動脈粥狀硬化的動脈壁上，因為血流在那裏會受到阻礙。

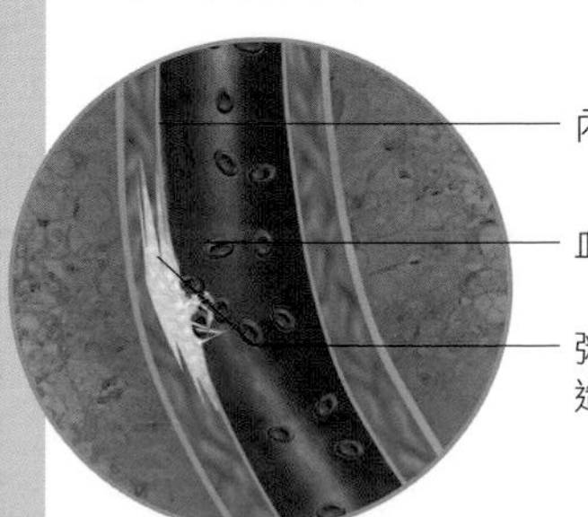
內壁
血小板
粥瘤（斑塊）造成的損傷

1 內部損傷

動脈內壁被斑塊損壞時，損壞區域內會有血小板聚集在一起，黏在動脈壁上，並釋放出起始凝結或凝固程序的化學物質。

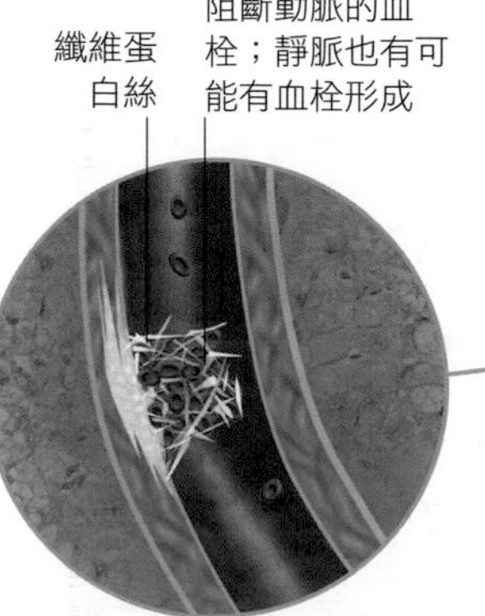
纖維蛋白絲
阻斷動脈的血栓；靜脈也有可能有血栓形成

2 血塊形成

這些化學物質有助於將纖維蛋白原轉化為不溶性纖維蛋白絲。纖維蛋白絲會困住血小板和其他種血球，使血塊的形成加劇。

深靜脈血栓

流動緩慢的血液比較容易發生栓塞（即凝結成塊）。可能的發生地點為腿部和下半身的深靜脈，這些地方的深靜脈一定程度上需要依賴肌肉的收縮來幫助血液流動。深靜脈血栓往往在身體靜止不動期間產生，特別容易發生於進行長途旅行時，因為肌肉呈放鬆狀態，血液會蓄積在靜脈。增加活動量並飲用非酒精性飲料有助於預防血栓形成。深靜脈血栓的症狀包括腿部壓痛、疼痛和腫脹，以及明顯的靜脈腫脹。用抗凝藥物治療可以降低部分血栓脫落並飄往肺臟的風險（請參閱上圖）。

X光診斷
此圖為將不透輻射線的染料注入血液循環後，拍攝X光所顯示出的小腿肚深靜脈血栓。

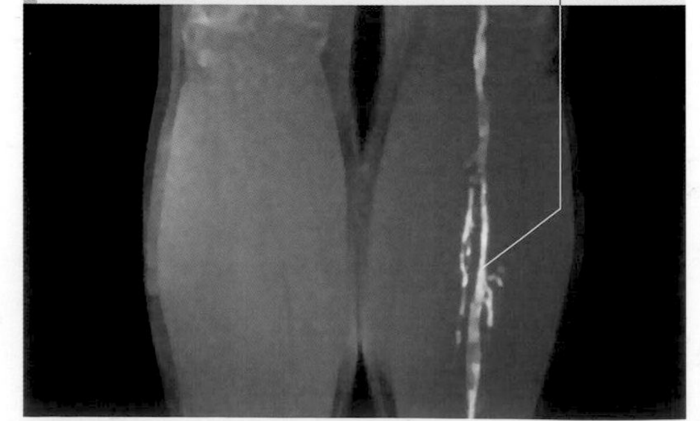
明顯的血塊

動脈瘤

變脆弱的動脈壁異常腫脹，使得動脈壁像氣球一樣膨出。

這種動脈壁的缺陷可能是因疾病或受傷造成，也可能是先天異常所致。雖然動脈瘤可能發生在身體任何地方的動脈，最主要的好發位置還是在從心臟出來的主要動脈，即主動脈。大多數主動脈瘤都發生在腎臟下方的腹部區域，而不是在胸部，這種類型的動脈瘤往往有家族遺傳性。小型的主動脈瘤通常不會產生症狀，大型的則可能導致局部疼痛。動脈瘤可以外科手術介入治療，其目的是搶在動脈瘤解體或破裂前，預先修復動脈（請參閱右方說明）。漿果狀動脈瘤發生在腦部基底的小動脈。數量可能為一或多個，一般認為是出生就有的動脈瘤。如漿果狀動脈瘤破裂了，會引起蜘蛛網膜下腔出血（請參閱第112頁），並導致劇烈頭痛。

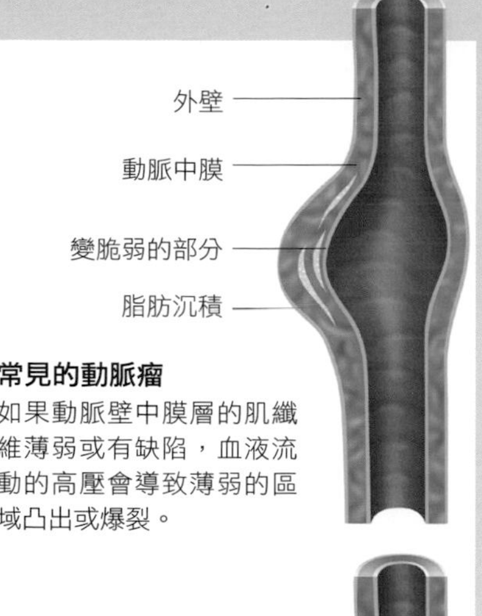
外壁
動脈中膜
變脆弱的部分
脂肪沉積

常見的動脈瘤
如果動脈壁中膜層的肌纖維薄弱或有缺陷，血液流動的高壓會導致薄弱的區域凸出或爆裂。

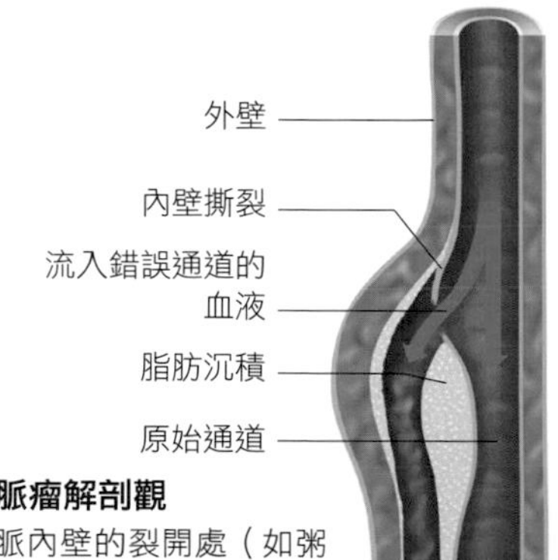
外壁
內壁撕裂
流入錯誤通道的血液
脂肪沉積
原始通道

動脈瘤解剖觀
動脈內壁的裂開處（如粥瘤斑塊附近），使血液能夠滲入。動脈壁隨著腫脹而變薄，隨時可能破裂。

高血壓

持續性高於正常值的血壓，如果不加以治療，可能會使內臟受損。

正常情況下，在心臟會施壓使血液流經整個循環系統。罹患高血壓時，這種壓力會高於正常限度。初罹患時不會有症狀，但卻會隨著時間的推移導致罹患中風、心臟病、腎衰竭等多種嚴重疾病的風險增加。導致高血壓的因素包括某些遺傳的影響、飲食和生活方式因素，如超重、飲酒過量、吸煙和高鹽飲食等。高血壓是最常見於中老年人的疾病。生活壓力大可能會導致病情惡化。高血壓無法根治，但可以控制。患者可能只需要改變飲食和生活方式即可，但病情嚴重時，可以使用降血壓藥物治療。

血壓圖
血壓正常時，會根據活動量而變化。這張圖表顯示出：收縮和舒張壓（請參閱第138至第139頁）在睡眠期間比其他時間要低得多。

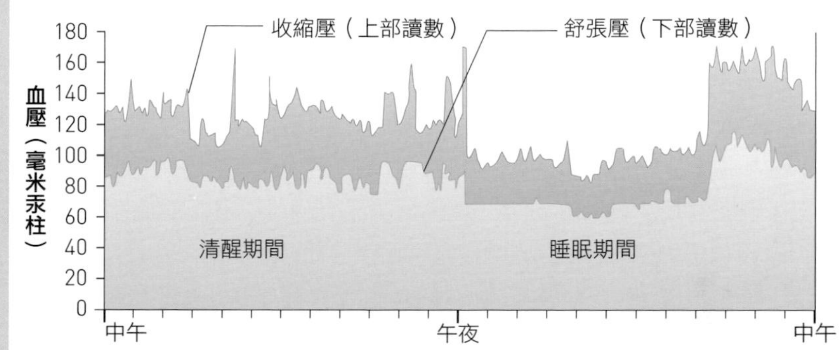
收縮壓（上部讀數）
舒張壓（下部讀數）
血壓（毫米汞柱）
180
160
140
120
100
80
60
40
20
0
清醒期間
睡眠期間
中午
午夜
中午

心臟節律不整

由控制心肌收縮的電訊系統受干擾所引起的心律失常。

心臟節律不整的病徵為心臟跳動速率異常緩慢、快速或忽快忽慢。正常的心跳由右心房頂部竇房結（人體天生具備的「心律調節器」）的特化細胞所發起。這些特化細胞會發出類似神經脈衝的電訊號，傳遍整個心房的肌肉組織，刺激其收縮。這些訊號到了房室結，會轉遞到與神經類似的心肌纖維，通過中隔（心臟中間的分隔壁），到達心室壁的渾厚肌肉組織。此系統的故障，會導致上文說明的心臟節律不整。

治療方式

心臟節律不整通常都可以利用藥物治療。另一種治療方式則是將人工心律調節器植入胸壁。心律調節器與心臟藉由導線連接後，即發揮供應心肌電訊號的功能。某些情況下也可以植入進行心臟整流術（或稱去顫術），將約為拇指大小的植入式心臟去顫器植入鎖骨正下方。去顫器可用於監測心率，並能偵測到危及生命的心臟節律不整。植入式心臟去顫器藉由電擊心臟產生作用，使心臟節律恢復正常。

竇性心動過速
竇性心動過速的病徵為心率規律但過快，通常為每分鐘高於100次搏動，可能在發燒、運動、面臨巨大的壓力或攝取興奮劑（如咖啡因）時發生。

竇房結
房室結
心房
心室
心跳很快

心房顫動
心房纖維化顫動的病徵是極快而無序的微弱收縮作用，速率可高達每分鐘500次。房室結受阻可使心房發生纖維化顫動，而心室也可能因此而跳得更快，速率可能高達每分鐘160下。

房室結的可變阻滯
不規則的脈衝傳遍心房
極快且不規律的心跳

束支傳導阻滯
運載電訊號的神經類似的心肌纖維束中，如果有分支受損，會阻礙電訊號的流動。有些訊號可能會從另一束，也就是健康的纖維束「滲漏」過來。如果左右兩束纖維都患病，心率會變得極為緩慢。

堵塞
從健康纖維束傳來的脈衝
心室作業不協調所導致的雙峰值
有些脈衝從健康的纖維束跨入
心跳減慢

心室心搏過速
引起心室快速收縮的原因可能是心臟病或心臟病發作造成心肌受損所致。電脈衝難以通過有傷疤的心臟肌肉，以致於只能不斷再循環。

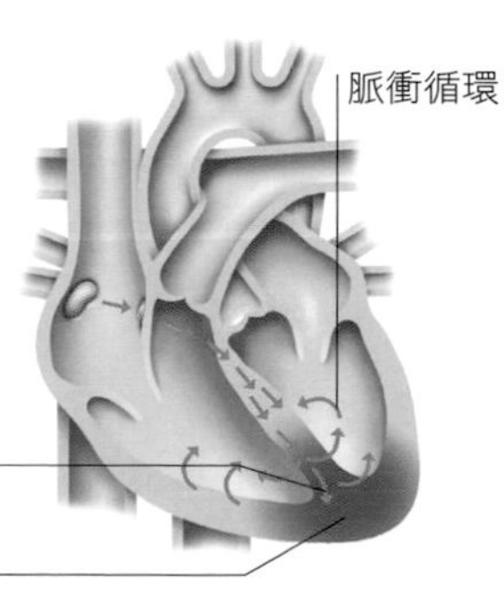
脈衝循環
經過受損區域時，傳導速度減慢
受損的心肌

快速心跳

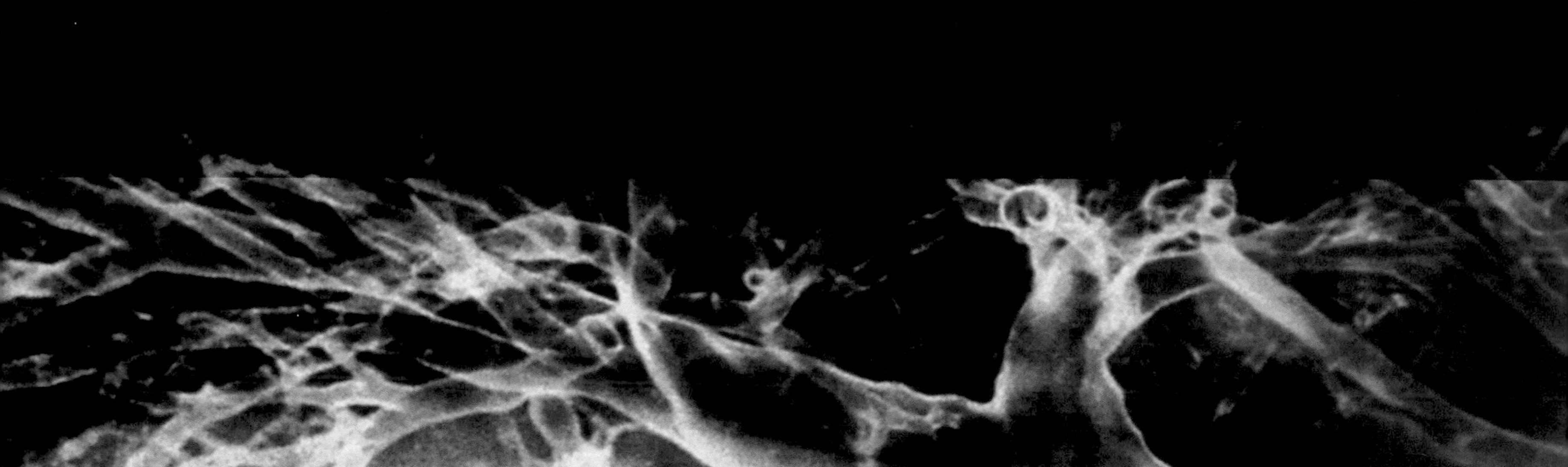

氧對生命至關重要。呼吸系統將氧從空氣中轉移到血液中，由心血管系統分發到全身各處，於此同時，肌肉和骨骼系統負責驅動呼吸動作。空氣中經常含有灰塵微粒、有害微生物、過敏原或者危險且具刺激性的致癌化學物質。吸煙的習慣，更會將「具刺激性的致癌化學物質」的含量提高。這些物質都會對呼吸系統的嬌弱部位造成傷害，讓呼吸道疾病成為常見疾病之一。

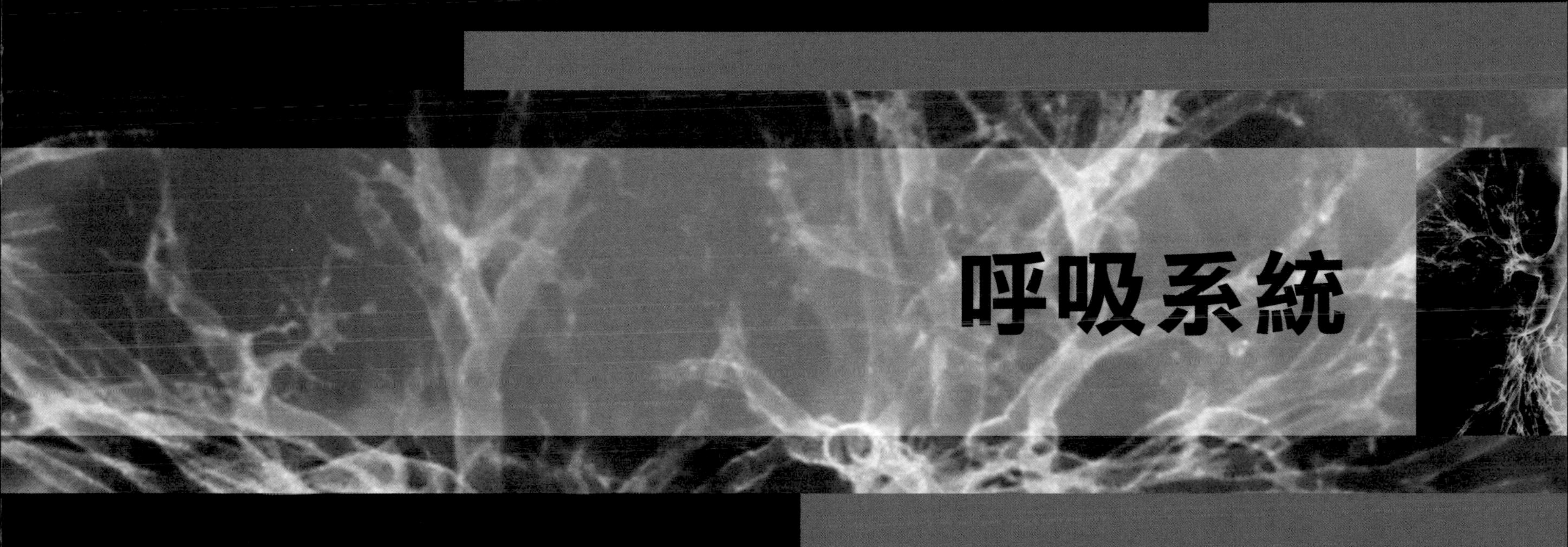

呼吸系統

呼吸系統解剖

呼吸系統與循環系統緊密相連，負責為身體所有細胞提供必需的氧氣，並從體內去除有潛在害的二氧化碳。口和鼻將身體外的空氣輸送到一系列不斷縮小的管道，最終到達胸腔內位於心臟兩側的兩個肺臟。

空氣主要由鼻孔進入身體（有時也由嘴進入）。鼻孔通向顱骨內空間較寬廣的鼻腔，鼻腔的後部則與咽（喉嚨的一部分）連接。咽是個漏斗形的短管，延伸到脖子中部。咽的上部只運送空氣，但下部則還有食物和液體通過。喉是聲帶的所在地，介於咽和氣管之間。喉的正上方有一片鬆弛的軟骨，稱為會厭，可在吞咽時堵住喉，防止食物和液體進入氣管。氣管會分成兩條稱為主支氣管的氣道，一條進入右肺，另一條進入左肺。主支氣管再分成次級支氣管和三級支氣管，最後分支成細支氣管。這種連續分支形式稱為支氣管樹。氣體交換則在肺臟深處進行。

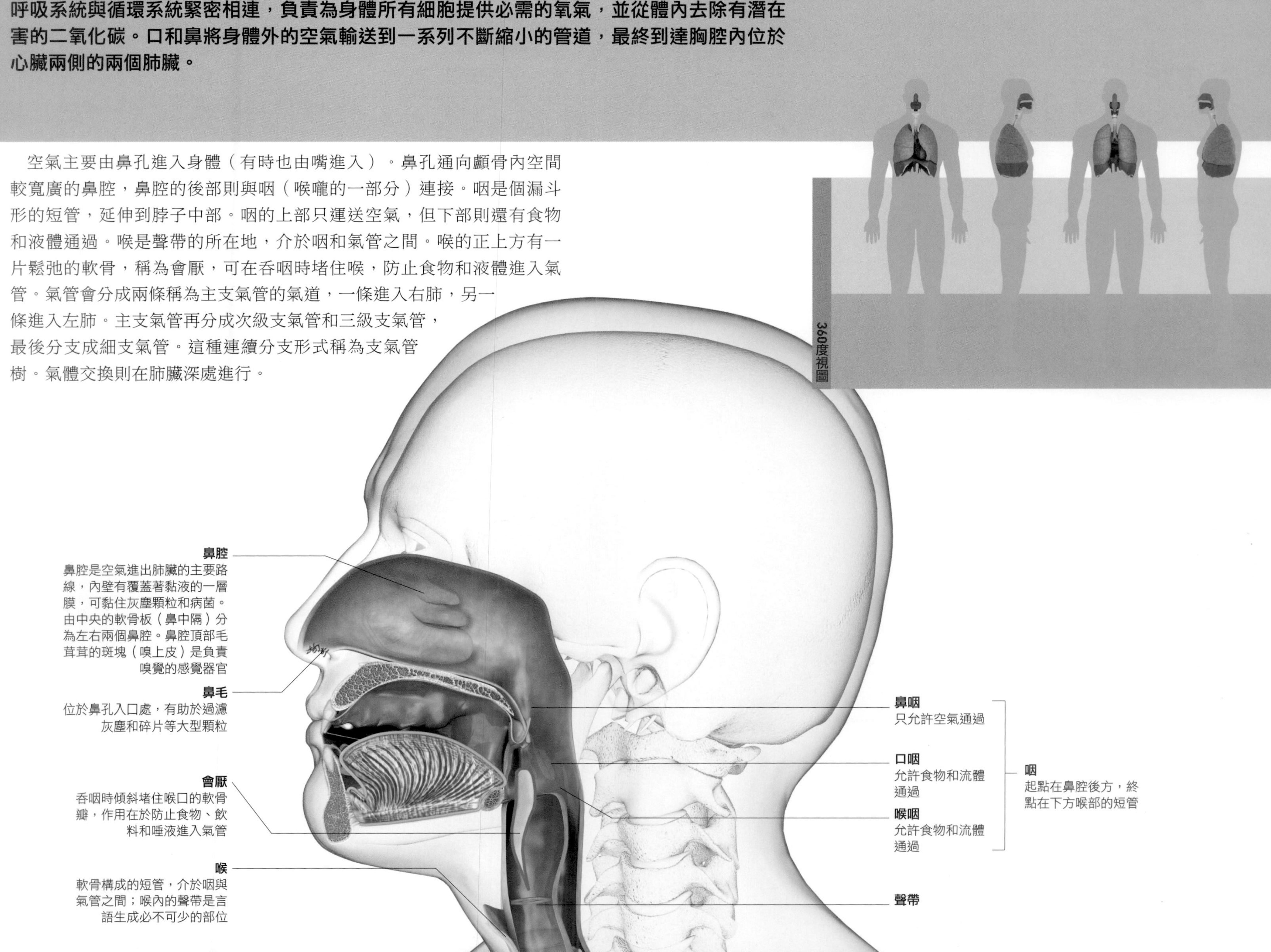
360度視圖
鼻腔
鼻腔是空氣進出肺臟的主要路線，內壁有覆蓋著黏液的一層膜，可黏住灰塵顆粒和病菌。由中央的軟骨板（鼻中隔）分為左右兩個鼻腔。鼻腔頂部毛茸茸的斑塊（嗅上皮）是負責嗅覺的感覺器官
鼻毛
位於鼻孔入口處，有助於過濾灰塵和碎片等大型顆粒
會厭
吞咽時傾斜堵住喉口的軟骨瓣，作用在於防止食物、飲料和唾液進入氣管
喉
軟骨構成的短管，介於咽與氣管之間；喉內的聲帶是言語生成必不可少的部位
鼻咽
只允許空氣通過
口咽
允許食物和流體通過
喉咽
允許食物和流體通過
咽
起點在鼻腔後方，終點在下方喉部的短管
聲帶

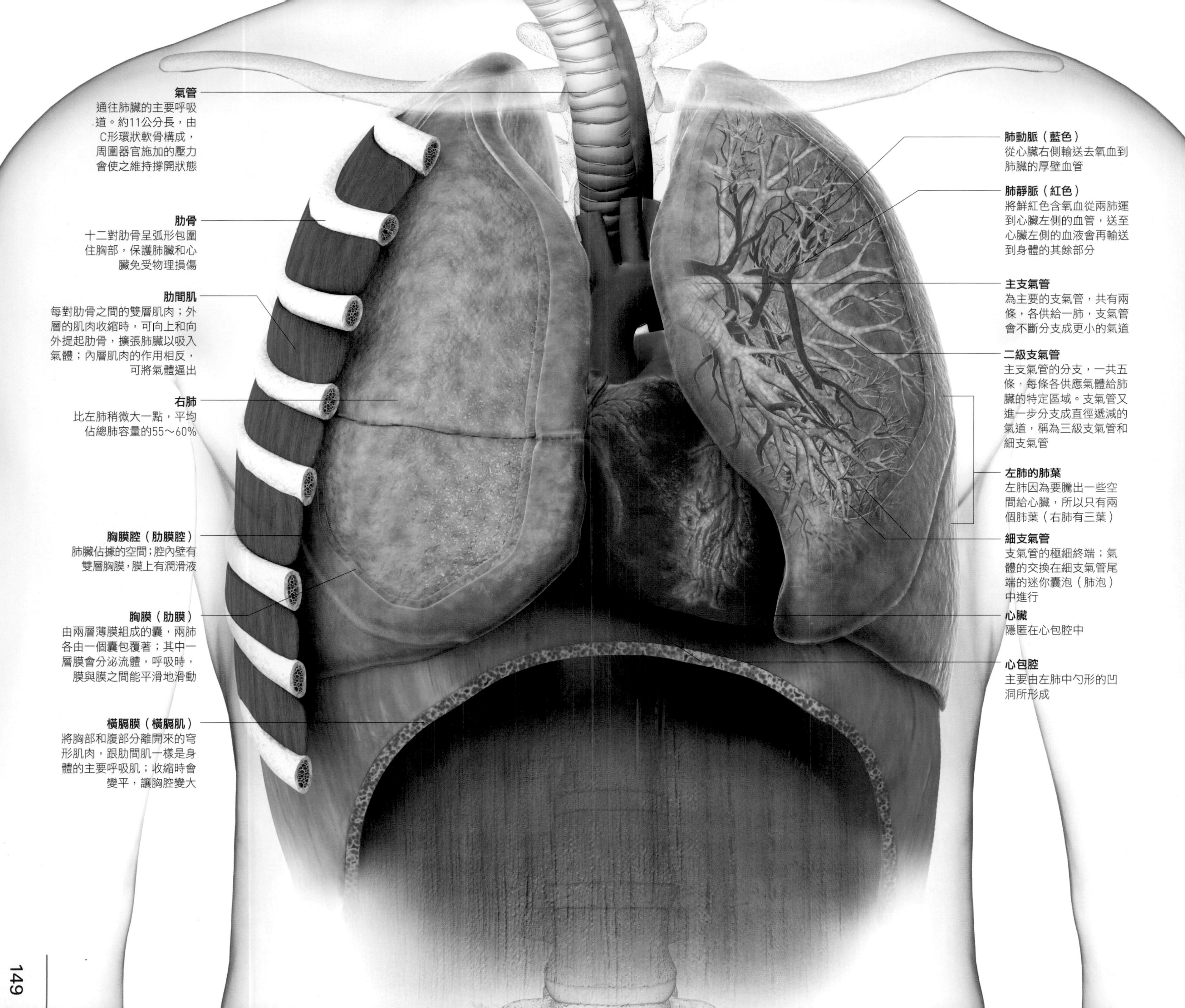
氣管
通往肺臟的主要呼吸道。約11公分長，由C形環狀軟骨構成，周圍器官施加的壓力會使之維持撐開狀態
肋骨
十二對肋骨呈弧形包圍住胸部，保護肺臟和心臟免受物理損傷
肋間肌
每對肋骨之間的雙層肌肉；外層的肌肉收縮時，可向上和向外提起肋骨，擴張肺臟以吸入氣體；內層肌肉的作用相反，可將氣體逼出
右肺
比左肺稍微大一點，平均佔總肺容量的55～60%
胸膜腔（肋膜腔）
肺臟佔據的空間；腔內壁有雙層胸膜，膜上有潤滑液
胸膜（肋膜）
由兩層薄膜組成的囊，兩肺各由一個囊包覆著；其中一層膜會分泌流體，呼吸時，膜與膜之間能平滑地滑動
橫膈膜（橫膈肌）
將胸部和腹部分離開來的穹形肌肉，跟肋間肌一樣是身體的主要呼吸肌；收縮時會變平，讓胸腔變大
肺動脈（藍色）
從心臟右側輸送去氧血到肺臟的厚壁血管
肺靜脈（紅色）
將鮮紅色含氧血從兩肺運到心臟左側的血管，送至心臟左側的血液會再輸送到身體的其餘部分
主支氣管
為主要的支氣管，共有兩條，各供給一肺，支氣管會不斷分支成更小的氣道
二級支氣管
主支氣管的分支，一共五條，每條各供應氣體給肺臟的特定區域。支氣管又進一步分支成直徑遞減的氣道，稱為三級支氣管和細支氣管
左肺的肺葉
左肺因為要騰出一些空間給心臟，所以只有兩個肺葉（右肺有三葉）
細支氣管
支氣管的極細終端；氣體的交換在細支氣管尾端的迷你囊泡（肺泡）中進行
心臟
隱匿在心包腔中
心包腔
主要由左肺中勺形的凹洞所形成

肺臟

肺臟有兩個，狀似海綿，幾乎佔據了整個胸腔的空間，外有伸縮性佳的肋骨保護。氣體交換是肺臟的基本功能，不僅將極其重要的氧氣吸入，也將廢棄不要的二氧化碳排出。

心臟
右肺佔據的區域
左肺佔據的區域
椎骨
降主動脈
肋骨

胸部切面
這張電腦斷層攝影掃描片中顯示的是胸部的水平切面。心臟座落在胸腔左側。

肺臟結構

空氣進入肺臟前，會先經過氣管，氣管的底部再分支成兩個主要的氣道，稱為主支氣管。兩條主支氣管各進入一個肺臟，進入肺臟的入口稱為「肺門」，主要血管也是從肺門進出肺臟。主支氣管分支成二級支氣管後，又再分支成三級支氣管，管徑會隨著分支次數增加而遞減。最終分枝為人體最細的氣道，為終末細支氣管或呼吸性支氣管，以分配空氣給肺泡。這個錯綜複雜的空氣通道網人稱支氣管樹，因為形狀就像一棵倒置的樹，樹幹為氣管。肺動脈和動脈有相應的網絡，能從心臟右側、肺靜脈、靜脈帶出低氧血，並將高氧血回流到心臟的左側。

清潔功能
氣道的內壁上有好幾百萬根纖毛（極纖細的毛髮）。這些纖毛如波浪般拍動，將黏液、微生物和灰塵推上氣管，促使人將之咳出。

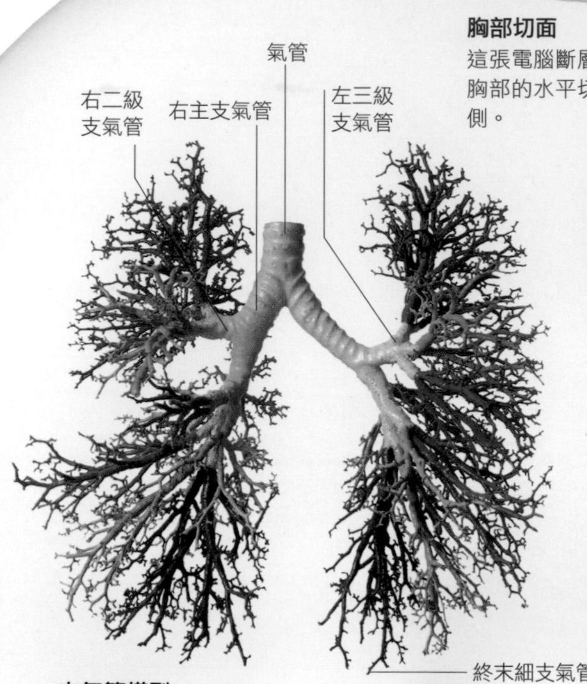
氣管
右二級支氣管
右主支氣管
左三級支氣管
終末細支氣管

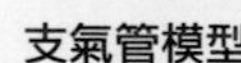
支氣管模型
用樹脂填充肺臟的氣道，待樹脂硬化，即可製造出圖中所示的支氣管樹模型。由三級支氣管（或稱小葉支氣管）換氣的各個支氣管肺節皆以不同顏色代表。

右肺
跟左肺一樣有十個支氣管肺節

上葉
含有三個支氣管肺節

平行裂隙
位於右肺上葉與中葉之間

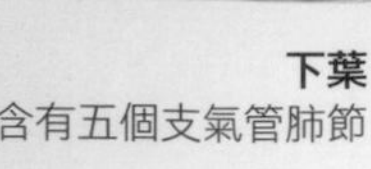
下葉
含有五個支氣管肺節

肺泡

肺泡是肺臟中用顯微鏡才能看見的囊泡，是有彈力、壁薄的構造，成簇聚攏在呼吸性細支氣管的尾端，形貌類似葡萄串，不過肺泡與肺泡之間有部分融合在一起。肺泡內面駐有巨噬細胞（一種白血球），負責消滅自空氣傳播的刺激物，例如細菌、化學物質和灰塵等。肺泡周圍有毛細血管網。肺泡裡空氣中的氧會藉由擴散作用，穿過肺泡壁和毛細血管壁，進入血液（請參閱第152頁）。血液中的二氧化碳也藉擴散作用進入肺泡。兩個肺臟中有超過5億個肺泡，製造出極大的表面積（約為體外表面積的40倍大）供氣體交換使用。

終末細支氣管
肺泡簇
當中的肺泡有部分彼此融合
肺小動脈
將使用過的低含氧量血液帶到肺泡
單顆肺泡
平滑肌纖維
細支氣管
彈力纖維
肺小靜脈
將新鮮、高含氧量的血液帶走
毛細血管網氣體交換的地點

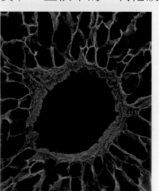

細支氣管和肺泡
這張顯微視圖中顯示的是細支氣管（紅色部分）的橫切面，細支氣管外有肺泡包圍，此圖的肺泡為剖開樣貌，形狀有如海綿內的氣孔。

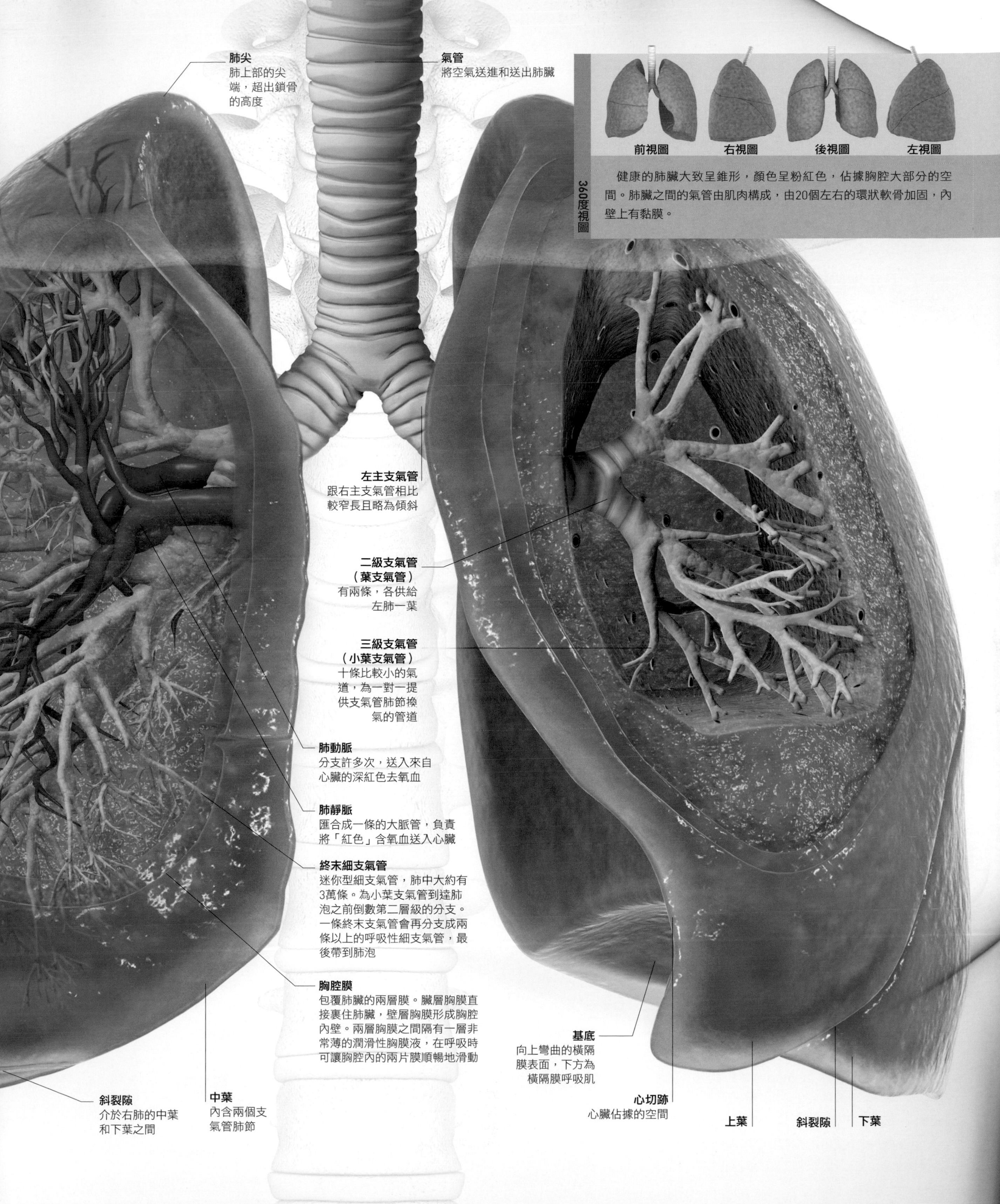
肺尖
肺上部的尖端，超出鎖骨的高度
氣管
將空氣送進和送出肺臟
前視圖
右視圖
後視圖
左視圖
360度視圖
健康的肺臟大致呈錐形，顏色呈粉紅色，佔據胸腔大部分的空間。肺臟之間的氣管由肌肉構成，由20個左右的環狀軟骨加固，內壁上有黏膜。
左主支氣管
跟右主支氣管相比較窄長且略為傾斜
二級支氣管（葉支氣管）
有兩條，各供給左肺一葉
三級支氣管（小葉支氣管）
十條比較小的氣道，為一對一提供支氣管肺節換氣的管道
肺動脈
分支許多次，送入來自心臟的深紅色去氧血
肺靜脈
匯合成一條的大脈管，負責將「紅色」含氧血送入心臟
終末細支氣管
迷你型細支氣管，肺中大約有3萬條。為小葉支氣管到達肺泡之前倒數第二層級的分支。一條終末支氣管會再分支成兩條以上的呼吸性細支氣管，最後帶到肺泡
胸腔膜
包覆肺臟的兩層膜。臟層胸膜直接裹住肺臟，壁層胸膜形成胸腔內壁。兩層胸膜之間隔有一層非常薄的潤滑性胸膜液，在呼吸時可讓胸腔內的兩片膜順暢地滑動
基底
向上彎曲的橫隔膜表面，下方為橫隔膜呼吸肌
斜裂隙
介於右肺的中葉和下葉之間
中葉
內含兩個支氣管肺節
心切跡
心臟佔據的空間
上葉
斜裂隙
下葉

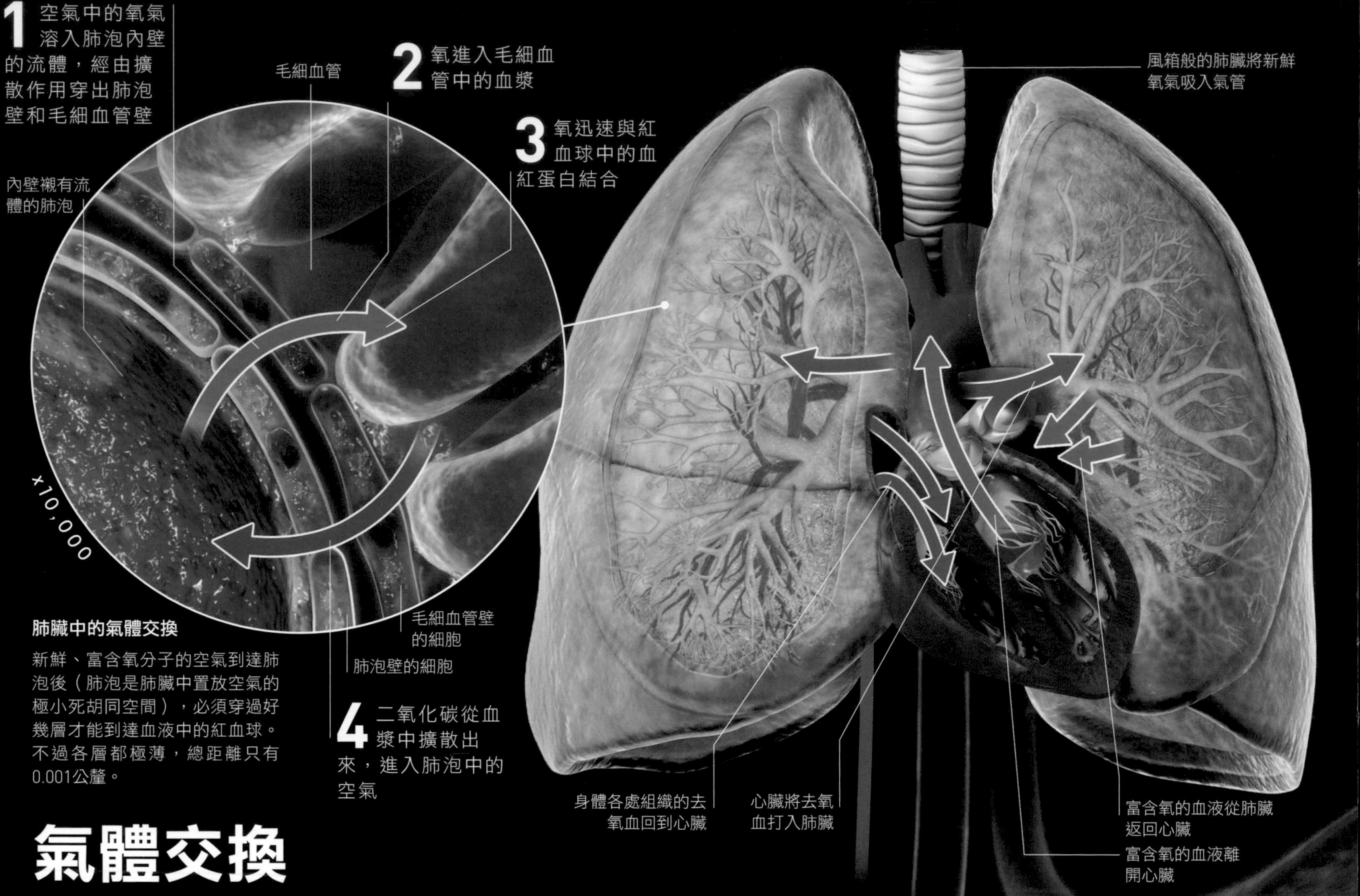

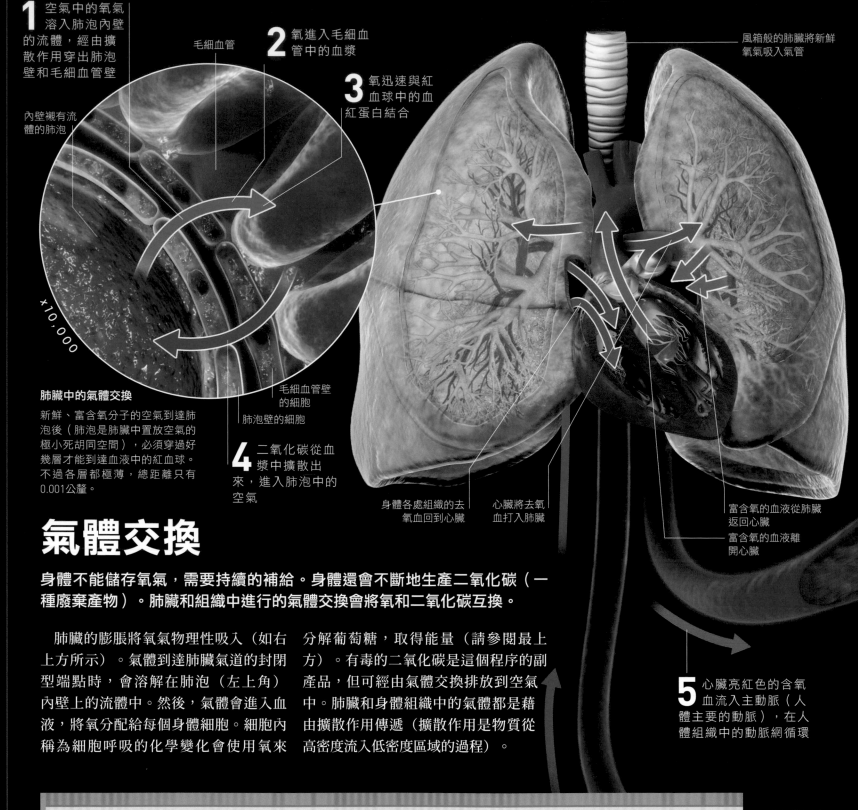

1 空氣中的氧氣溶入肺泡內壁的流體，經由擴散作用穿出肺泡壁和毛細血管壁

毛細血管

2 氧進入毛細血管中的血漿

3 氧迅速與紅血球中的血紅蛋白結合

內壁襯有流體的肺泡

x10,000

風箱般的肺臟將新鮮氧氣吸入氣管

肺臟中的氣體交換

新鮮、富含氧分子的空氣到達肺泡後（肺泡是肺臟中置放空氣的極小死胡同空間），必須穿過好幾層才能到達血液中的紅血球。不過各層都極薄，總距離只有0.001公釐。

毛細血管壁的細胞

肺泡壁的細胞

4 二氧化碳從血漿中擴散出來，進入肺泡中的空氣

身體各處組織的去氧血回到心臟

心臟將去氧血打入肺臟

富含氧的血液從肺臟返回心臟

富含氧的血液離開心臟

氣體交換

身體不能儲存氧氣，需要持續的補給。身體還會不斷地生產二氧化碳（一種廢棄產物）。肺臟和組織中進行的氣體交換會將氧和二氧化碳互換。

肺臟的膨脹將氧氣物理性吸入（如右上方所示）。氣體到達肺臟氣道的封閉型端點時，會溶解在肺泡（左上角）內壁上的流體中。然後，氣體會進入血液，將氧分配給每個身體細胞。細胞內稱為細胞呼吸的化學變化會使用氧來分解葡萄糖，取得能量（請參閱最上方）。有毒的二氧化碳是這個程序的副產品，但可經由氣體交換排放到空氣中。肺臟和身體組織中的氣體都是藉由擴散作用傳遞（擴散作用是物質從高密度流入低密度區域的過程）。

5 心臟亮紅色的含氧血流入主動脈（人體主要的動脈），在人體組織中的動脈網循環

下腔靜脈（人體的兩個主要靜脈之一）將下半身的去氧血送回心臟

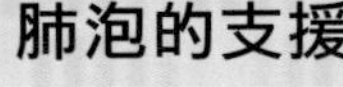

肺泡的支援

肺泡在充飽氣時，寬度只有0.2公釐。肺泡內壁上的流體有強大的表面張力，因此理應會像癟掉的球一樣向內坍塌。之所以不會向內坍塌，是因為肺泡中有一種性質同洗滌劑的天然物質，稱為表面張力素。表面張力素由肺泡細胞生產，主要由膽固醇、磷脂質和蛋白質等脂質所構成。它除了讓肺泡保持膨脹外，還可以使細菌無能，進而防止某些肺臟感染。

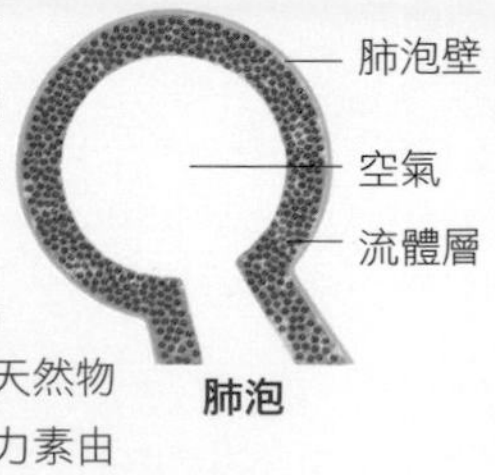

肺泡壁

空氣

流體層

肺泡

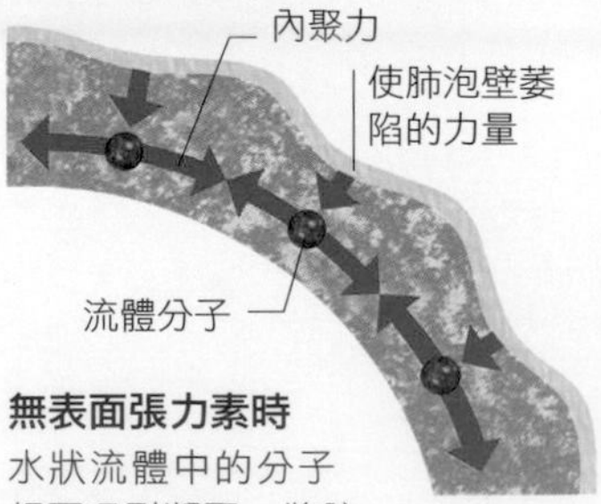

內聚力

使肺泡壁萎陷的力量

流體分子

無表面張力素時

水狀流體中的分子相互吸引凝聚，將肺泡壁向內拉而萎陷。

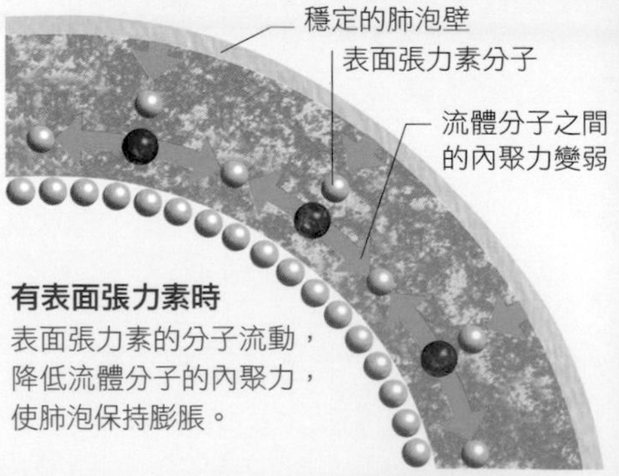

穩定的肺泡壁

表面張力素分子

流體分子之間的內聚力變弱

有表面張力素時

表面張力素的分子流動，降低流體分子的內聚力，使肺泡保持膨脹。

細胞呼吸

葡萄糖（血糖）是人體主要的能量來源。體內每個細胞都會進行細胞呼吸作用。作用中，氧遇上葡萄糖所引起的反應會將葡萄糖的能量以化學型態釋出。作用的最後產物是二氧化碳和水（即所謂的代謝性水分，每天產量約300毫升）。這整個流程稱為有氧（需要氧的）細胞呼吸或內呼吸。

細胞呼吸反應

細胞會吸收氧，用以進行重要的呼吸反應，使葡萄糖釋出能量。

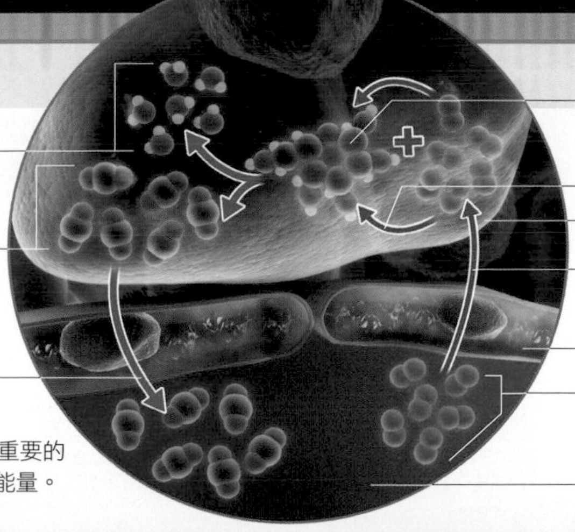

六個水分子
六個二氧化碳分子
二氧化碳經由擴散作用進入血液
葡萄糖分子
氧與葡萄糖結合
組織細胞
氧藉由擴散作用離開血液
毛細血管壁
六個氧分子
血漿

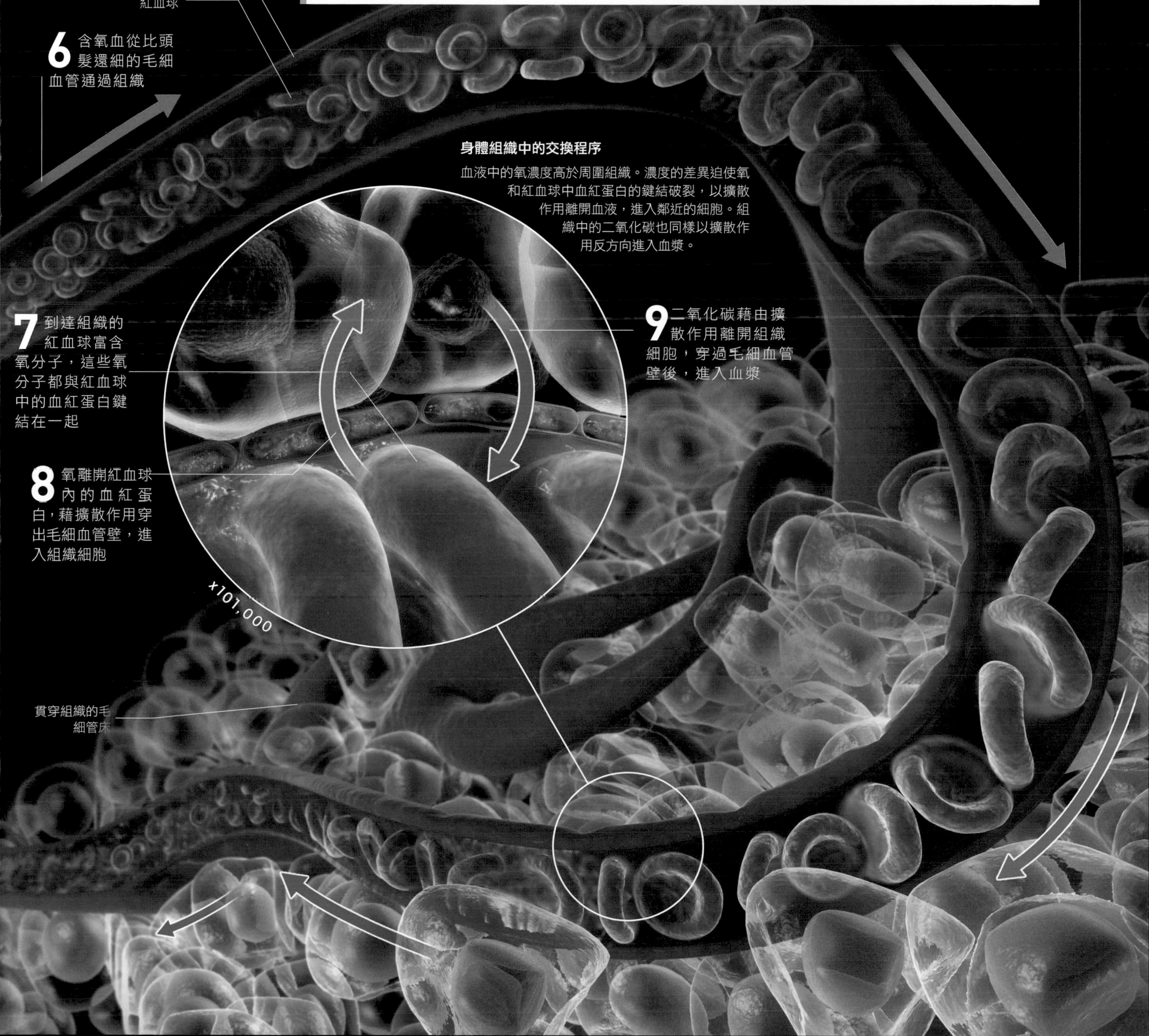

毛細血管
紅血球

6 含氧血從比頭髮還細的毛細血管通過組織

身體組織中的交換程序

血液中的氧濃度高於周圍組織。濃度的差異迫使氧和紅血球中血紅蛋白的鍵結破裂，以擴散作用離開血液，進入鄰近的細胞。組織中的二氧化碳也同樣以擴散作用反方向進入血漿。

7 到達組織的紅血球富含氧分子，這些氧分子都與紅血球中的血紅蛋白鍵結在一起

9 二氧化碳藉由擴散作用離開組織細胞，穿過毛細血管壁後，進入血漿

8 氧離開紅血球內的血紅蛋白，藉擴散作用穿出毛細血管壁，進入組織細胞

x101,000
貫穿組織的毛細管床

呼吸和發聲

呼吸運動也稱為體呼吸作用（外呼吸作用），功能為將新鮮含氧空氣送入肺臟深處，並將含帶二氧化碳的污濁氣體送出。

呼吸

空氣進出肺臟的物理運動源自於肺內壓與體外周遭大氣壓之間的差異。而此壓力差則來自於胸部和肺臟因肌肉動作大幅擴張後，又放鬆收縮回原來的大小。呼吸的速率和深度可以靠意志改變。然而，基本的呼吸需求由腦幹當中的一些部位控制，這些部位會根據血液中的二氧化碳和氧濃度來調節呼吸肌的反應作用（我們通常不會意識到）。

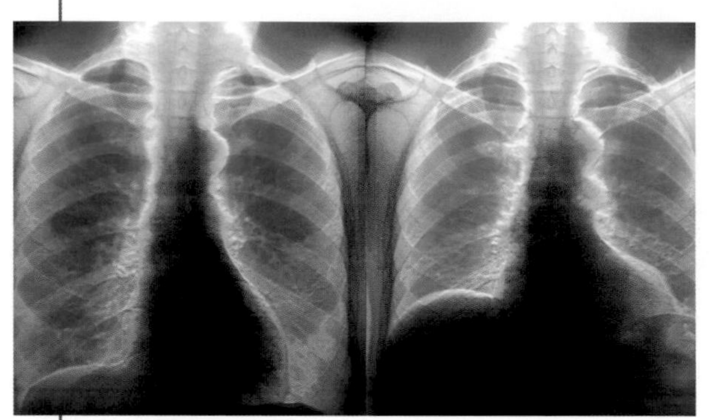

橫隔膜的運動
腹部的內容物（此X光片底部的深色部位）在吸氣（左）時會被橫隔膜肌肉壓扁，再隨著吐氣（右）而升起。

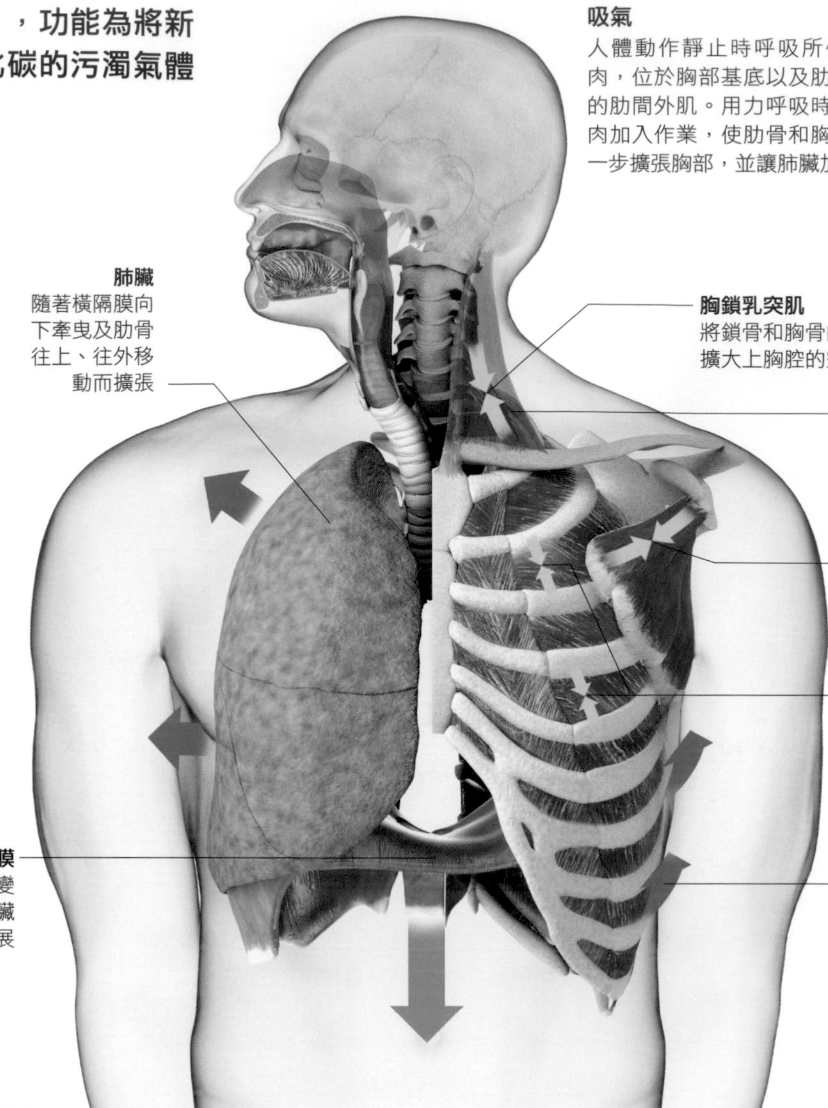
吸氣
人體動作靜止時呼吸所使用的主要肌肉，位於胸部基底以及肋骨與肋骨之間的肋間外肌。用力呼吸時，會有其他肌肉加入作業，使肋骨和胸骨移動，以進一步擴張胸部，並讓肺臟加倍伸展。
肺臟
隨著橫隔膜向下牽曳及肋骨往上、往外移動而擴張
胸鎖乳突肌
將鎖骨和胸骨向上牽曳，以擴大上胸腔的空間
斜角肌
這三條斜角肌有助於提升最上方的兩對肋骨。
胸小肌
將第三、四、五對肋骨向上牽
肋間外肌
縮小肋骨與肋骨之間的縫隙，使肋骨向上和向外擺動
橫膈膜
收縮時會變平，讓肺臟往下伸展
肋骨
向上和向外傾斜以使胸部擴張

容積和壓力

呼吸會改變胸腔的容積。肺臟會「吸附」在胸腔內壁上，以隨著胸腔擴張而變大。擴張的力量主要來自於橫隔膜和肋間肌。靜止時，由橫隔膜進行大部分的工作，每次呼吸都有0.5公升的空氣（潮氣容量）進出身體（每分鐘12到17次）。身體需要更多氧氣時（好比運動期間），呼吸的速率和容量都會自動調升。用力吸氣可多吸入2公升的氣體，用力吐氣時，多排出的氣體量也差不多，如此一來，健康、體型大的成人的總氣體更換量（或稱肺活量）便可達到4.5公升以上。人體呼吸速率最多可提升三倍之多，總氣體交換量可達靜止時的20倍。

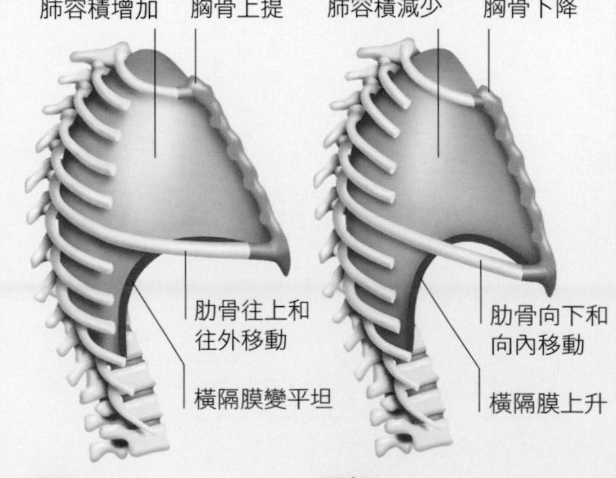
肺容積增加
胸骨上提
肋骨往上和往外移動
橫隔膜變平坦
肺容積減少
胸骨下降
肋骨向下和向內移動
橫隔膜上升

吸氣
橫隔膜收縮，使得原本呈圓頂的形狀變得比較平坦，同時，肋骨往上和往外擺動，將胸骨提高。

呼氣
橫隔膜放鬆，本來受拉伸彈力的肺臟縮回，體積再次變小，使得胸骨和肋骨跟著往下和往內移動。

負壓
內部氣壓隨著肺容積的增加而下降。體外的大氣壓力變得比體內大，使得空氣沿著氣道吸入，進到肺臟（實質上，空氣是被「抽吸」進入體內的）。

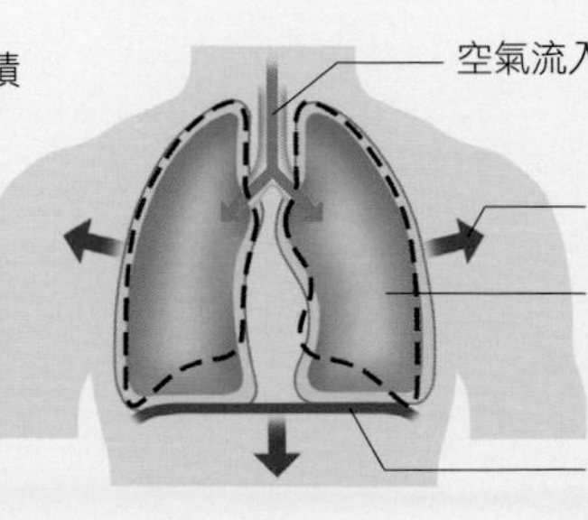
空氣流入
胸部空間加大
內部壓力下降
橫隔膜降低

正壓
當肺容積隨著吐氣變小時，肺臟內部的壓力會因為氣體被壓縮而升高。如此一來，氣體就被推回氣道，一路往上到鼻子和嘴巴。

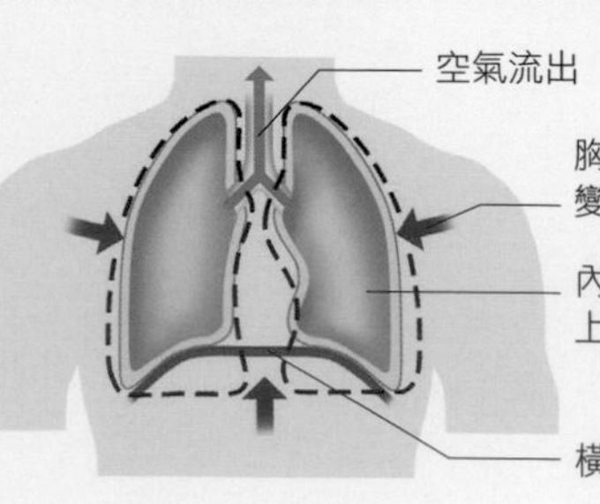
空氣流出
胸部空間變小
內部壓力上升
橫隔膜上升

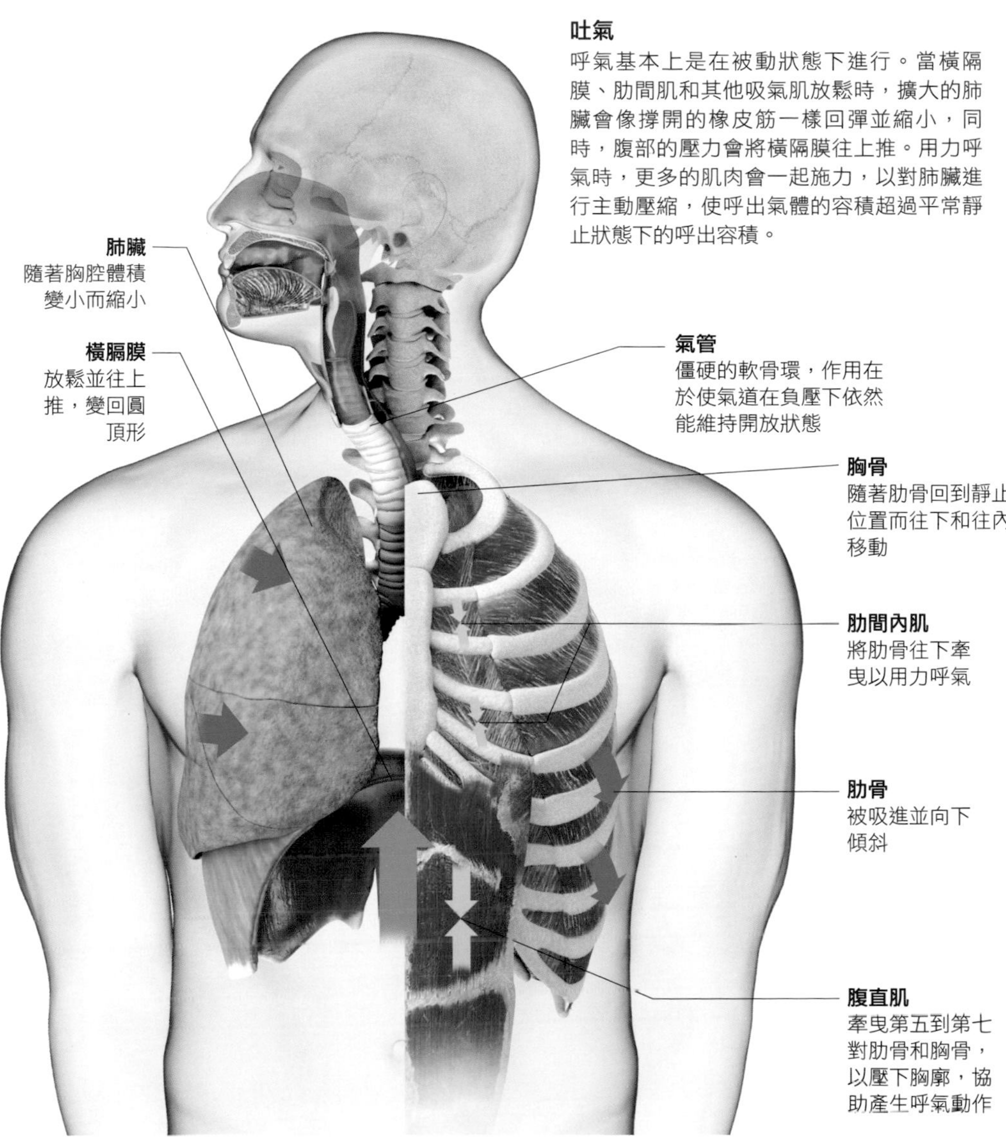
吐氣
呼氣基本上是在被動狀態下進行。當橫隔膜、肋間肌和其他吸氣肌放鬆時，擴大的肺臟會像撐開的橡皮筋一樣回彈並縮小，同時，腹部的壓力會將橫隔膜往上推。用力呼氣時，更多的肌肉會一起施力，以對肺臟進行主動壓縮，使呼出氣體的容積超過平常靜止狀態下的呼出容積。
肺臟
隨著胸腔體積變小而縮小
橫膈膜
放鬆並往上推，變回圓頂形
氣管
僵硬的軟骨環，作用在於使氣道在負壓下依然能維持開放狀態
胸骨
隨著肋骨回到靜止位置而往下和往內移動
肋間內肌
將肋骨往下牽曳以用力呼氣
肋骨
被吸進並向下傾斜
腹直肌
牽曳第五到第七對肋骨和胸骨，以壓下胸廓，協助產生呼氣動作

發聲

聲帶（聲皺襞）是一雙帶環狀纖維組織，位於喉部基底附近。正常呼吸時，兩條聲帶之間會有個V形的縫隙，叫做聲門。兩條聲帶因肌肉動作而閉合，而肺臟送出的空氣會在穿過中間的空隙時使聲帶振動，因而產生了聲音。聲帶的張力越大，產生的音調（頻率）就越高。聲帶上方有假聲帶（前庭皺襞）。假聲帶不會製造聲音，但有助於在吞嚥時堵住喉部。

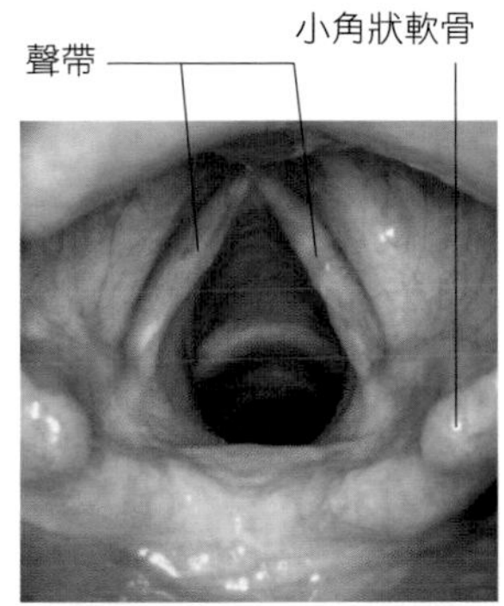
聲帶
小角狀軟骨

分開的聲帶
這張以喉鏡檢查所得的照片可見聲帶在正常呼吸時，往兩邊斜向打開，讓氣體從打開的縫隙進出。

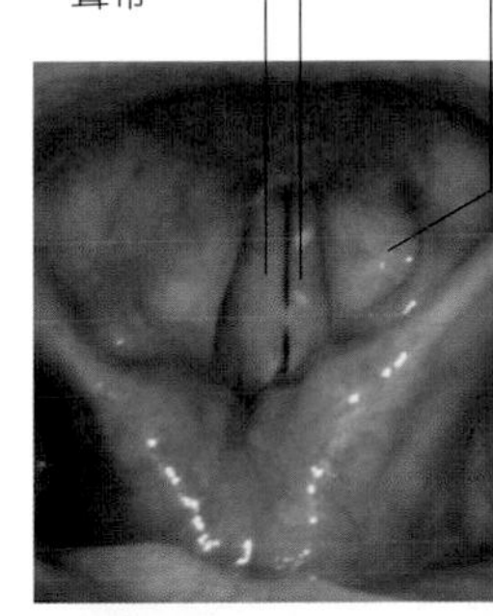
聲帶
假聲帶

毗鄰的聲帶
喉部肌肉使杓狀軟骨擺動，而因杓狀軟骨有聲帶附著，便連帶闔上聲帶。

喉

喉位於咽和氣管之間，由九種軟骨架構而成：成對的杓狀軟骨、楔狀軟骨、小角狀軟骨以及不成對的會厭軟骨、甲狀軟骨、環狀軟骨等。甲狀軟骨形成頸部皮膚的隆凸，稱為「喉結」，在成年男性身上較大、較明顯。軟骨由許多肌肉和韌帶固定，而喉也與其正上方的舌骨有所牽連；舌骨固定了這些肌肉的一部分。

內部結構
喉部為一中空的腔室，正常呼吸時，氣體會無聲地流經，而喉部的軟骨傾斜時，可使聲帶彼此靠近，產生語音。

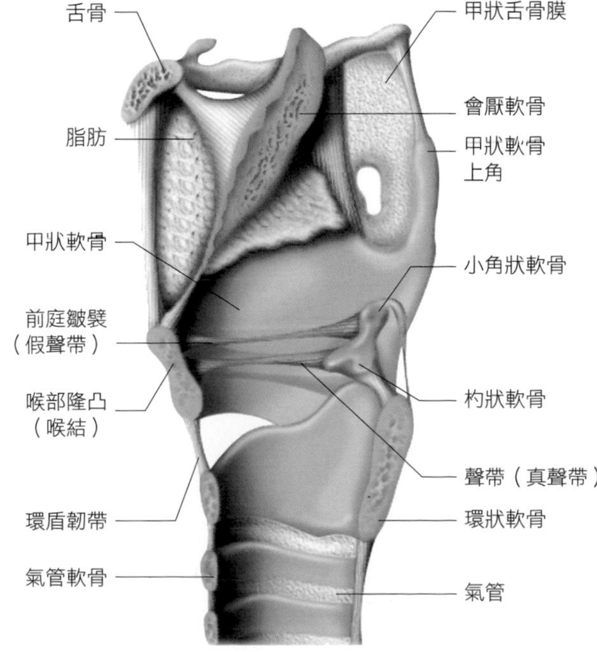
舌骨
脂肪
甲狀軟骨
前庭皺襞（假聲帶）
喉部隆凸（喉結）
環盾韌帶
氣管軟骨
甲狀舌骨膜
會厭軟骨
甲狀軟骨上角
小角狀軟骨
杓狀軟骨
聲帶（真聲帶）
環狀軟骨
氣管

呼吸反射

咳嗽和打噴嚏是兩種重要的呼吸反射。這兩個動作的目的都是將多餘的黏液、灰塵、刺激物和阻塞物吹出；咳嗽時清理的地方為下咽、喉、氣管和肺部氣道，而打噴嚏時清理的部位則為鼻腔和鼻咽。兩個動作的進行都是先深吸氣，然後參與用力呼氣作用的肌肉再突然收縮（請參閱左上文）。咳嗽時，下咽、會厭和喉會先關閉，使氣壓在肺臟蓄積後，再爆發性地釋出，導致聲帶發出巨響。打噴嚏時，舌頭會把嘴巴堵住，以強迫氣體往上跑，從鼻子出去。

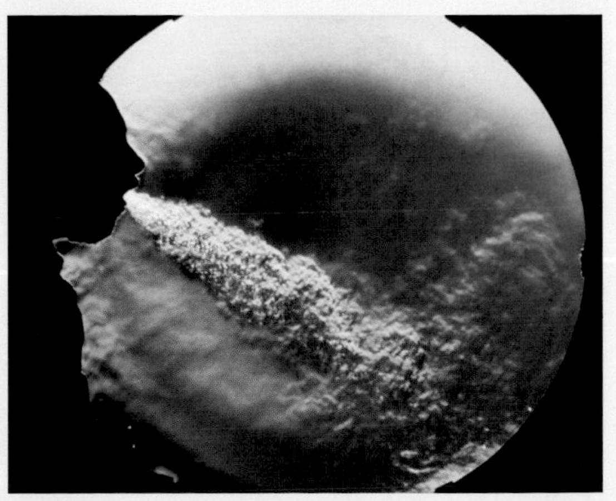

黏液飛沫
咳嗽和打噴嚏都會從呼吸道中噴出極微小的黏液滴，這飛沫射出的距離可達3公尺遠。這張圖片所顯示的是咳嗽所噴出的飛沫。

呼吸道疾病

再怎麼乾淨的空氣中，都有數百萬個微生物在其中飄揚，而人體即便有黏液和纖毛等防禦系統，仍會在每次呼吸中將這些微粒帶入呼吸道，這些微生物會增加呼吸道感染的風險。如果感染的是鼻子、咽喉或喉部，即稱為上呼吸道感染。

普通感冒

這是一種相當常見的病毒感染，有些人每兩到三年會感染一次，有些（特別是兒童）則一年感染兩到三次。

普通感冒是最常見的疾病之一，但通常病情不會太嚴重。可使人罹患此病的高度傳染性病毒至少有200種。漂浮在空中的流體、患者咳嗽或打噴嚏時噴出的黏液小滴、近距離接觸時（例如握手）轉移到他人身上的水氣薄膜、共用物品（例如杯子）等，都是病毒傳播的管道。症狀包括頻繁打噴嚏、流鼻涕（剛開始的鼻涕透明稀薄，接著可能會變濃稠，且呈黃綠色）、頭痛、體溫輕微升高，也可能伴有喉嚨痛、咳嗽和眼睛紅腫。服用抗生素效果不彰，因為抗生素對病毒不起作用。感冒病毒改變（突變）其外膜速度之快，即便能夠製造出可對付現有病毒株的抗病毒藥物，該藥物也無法有效制服新出現的病毒株。感冒療法大多用於治療症狀，例如緩解鼻塞的解除充血劑或吸入型藥物，讓身體的免疫系統同時間攻擊入侵的微生物。

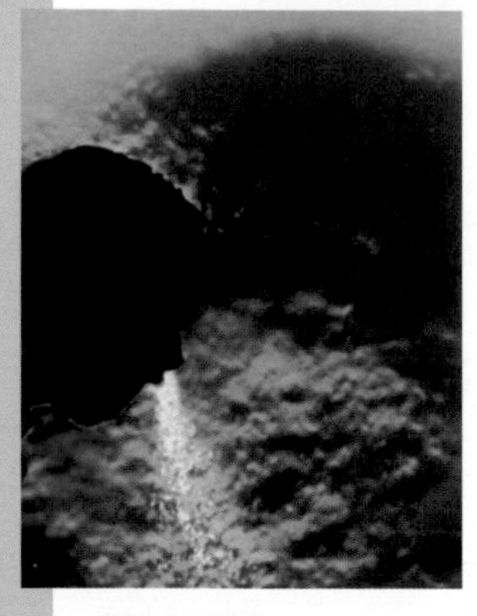

感冒的傳播
咳嗽和打噴嚏會傳播疾病，特別是普通感冒病毒，患者噴出的黏液小滴中就可能含有超過三百萬個此類病毒。

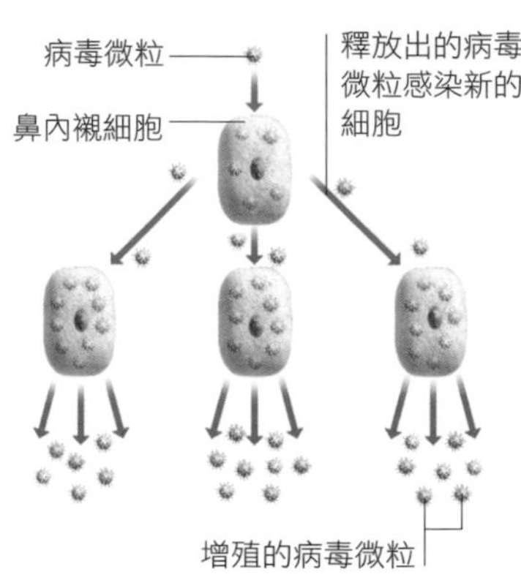
病毒微粒
釋放出的病毒微粒感染新的細胞
鼻內襯細胞
增殖的病毒微粒

1 病毒入侵細胞
空氣中的病毒微粒飛落在鼻子和喉嚨內壁細胞層上，入侵後，快速增殖，將宿主細胞殺死。

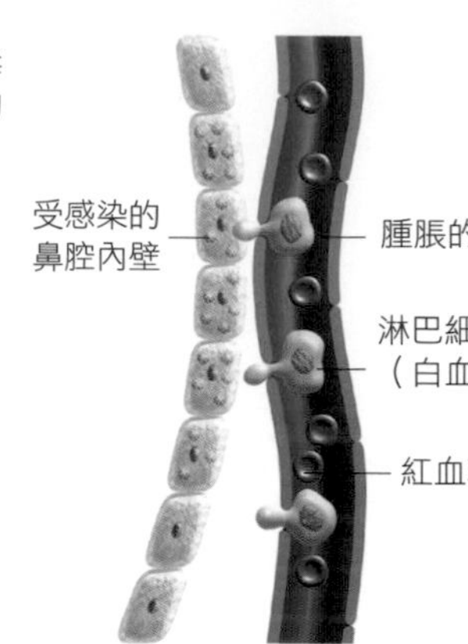
受感染的鼻腔內壁
腫脹的血管
淋巴細胞（白血球）
紅血球

2 白血球抵達
防禦性白血球從毛細血管鑽出，往被感染的（正在製造稀薄黏液的）內層細胞而去。

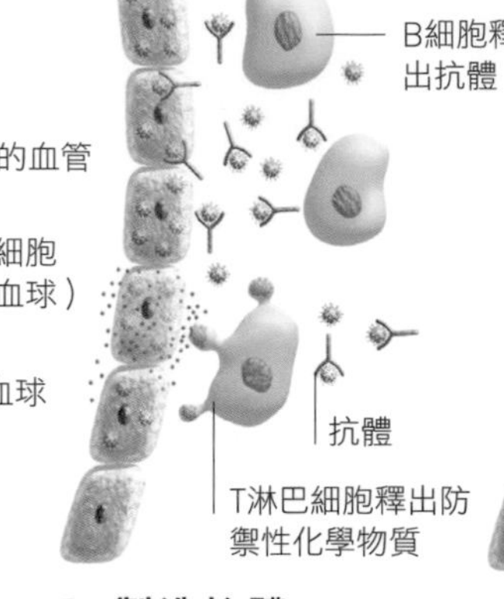
B細胞釋出抗體
抗體
T淋巴細胞釋出防禦性化學物質

3 製造抗體
稱為B細胞的白血球負責製造制動病毒的抗體；其他白血球則負責摧毀被感染的細胞。

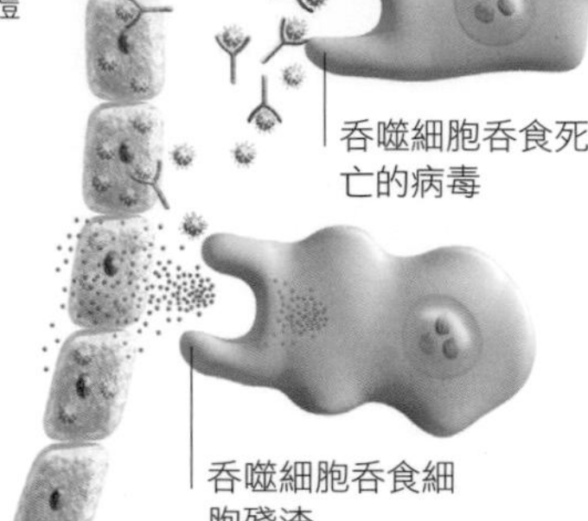
吞噬細胞吞食死亡的病毒
吞噬細胞吞食細胞殘渣

4 清理
其他白血球（稱為吞噬細胞）負責將病毒微粒、遭毀壞的鼻內層細胞和其他殘渣吞食。感冒消退。

流行性感冒

這種感染通常稱為流感，引起的症狀包括發燒、惡寒、打噴嚏、喉嚨痛、頭痛、肌肉痠痛和疲勞等。

流行性感冒感染的部位主要是上呼吸道，但也會有全身性症狀出現：體溫升高、交替出現發熱出汗與寒冷發抖的感覺、肌肉酸痛、精疲力竭等。即便主要症狀消退了，抑鬱和疲勞感還是有可能遲遲不消退。流行性感冒病毒分為A、 B、 C三型，傳染力都很強。A型流行性感冒經常會引起定期性的疫情爆發，連豬、馬和禽類等家畜都會被波及。B型流行性感冒通常在許多人聚集和互動的地方引起偶發性疫情的爆發。C型流行性感冒不太會引起嚴重症狀。A型流感病毒最有可能改變或產生突變。有引起併發症風險的人（比如已有疾病纏身的人）可趕在罹患風險最高的冬季來到之前接種疫苗。流感病毒會產生突變，所以每年都會製作新的疫苗。肺炎和急性支氣管炎等呼吸道感染都是流感可能造成的併發症。年幼和年老的族群罹患流行性感冒極有可能造成生命危險；發生重大疫情時，各年齡層的人都會因患病而死亡。

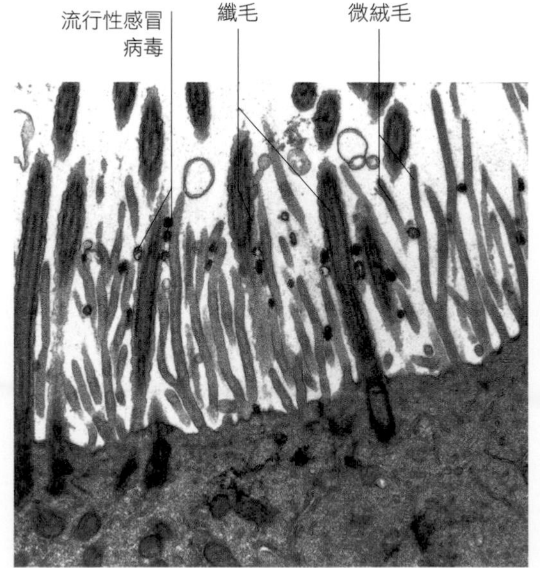
流行性感冒病毒
纖毛
微絨毛

病毒入侵
流行性感冒病毒（藍色部分）黏附在上呼吸道內面細胞的微絨毛和纖毛上後，進入細胞並開始增殖，最終導致細胞死亡。這時，流行性感冒的症狀就會漸趨明顯。

禽流感

甲型流行性感冒病毒（嚴格地來說，是歸類為正黏液病毒科的病毒）源於鳥類，會導致一種通稱為禽流感的疾病。近數年來，這個病毒也開始感染哺乳類動物，其中包括人類。甲型流感病毒H5N1亞型會感染數種鳥類，雞也包括在內。這個病毒株能感染人類，導致嚴重的流行性感冒，且會有呼吸道併發症產生，高達半數患者都會因此死亡。然而，只有在密切接觸患病鳥類時才會被感染。目前還沒有明確證據顯示這個類型的流感病毒會像其他流感病毒一樣在人與人之間傳染。

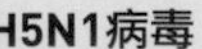

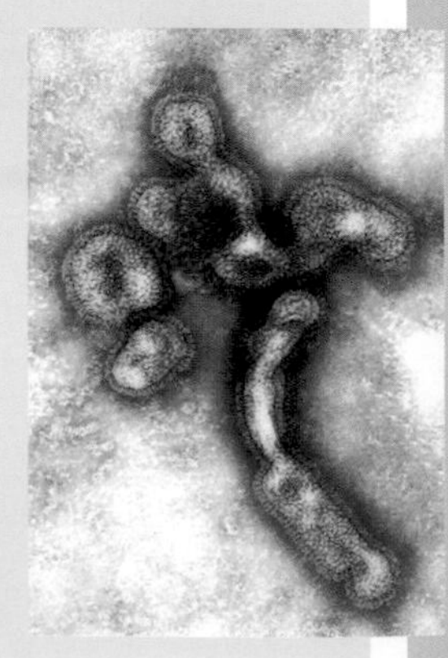

H5N1病毒
穿透式電子顯微鏡下的H5N1病毒。脂質包膜（綠色部分）中含有血球凝集素（H）和神經胺酸酶（N）。

上呼吸道感染

許多細菌和病毒都會引起上呼吸道感染，病名依症狀最嚴重的部位而定。

每次呼吸，上呼吸道都會不斷接觸到許多吸入的微生物。有害的微生物可能會穿過內層表面的黏液和許多部位的其他種防禦物，並在該處建立感染區。罹患普通感冒時，承受最大打擊的是鼻腔，其他也可能遭到侵害的部位包括竇道、咽部和喉部。竇道是從鼻呼吸道分支出來，往顱骨方向形成的空腔，當中充滿空氣。上呼吸道也有許多淋巴組織形成的團塊，感染時可能會明顯腫脹；其中包括位於鼻腔後方咽上段（鼻咽）處的咽扁桃腺，以及軟齶後段附近，咽中段兩邊的齶扁桃腺。不同的感染區域會導致特定的症狀。咽、齶扁桃腺、喉等多處或單處發炎、疼痛，一般通稱為「喉嚨痛」。致病原通常為病毒，可能與普通感冒散播的感染有關。幼年時期免疫系統尚未發育完成，罹患傳染病的頻率較高，因此腺樣增殖體和扁桃腺的體積通常較大。

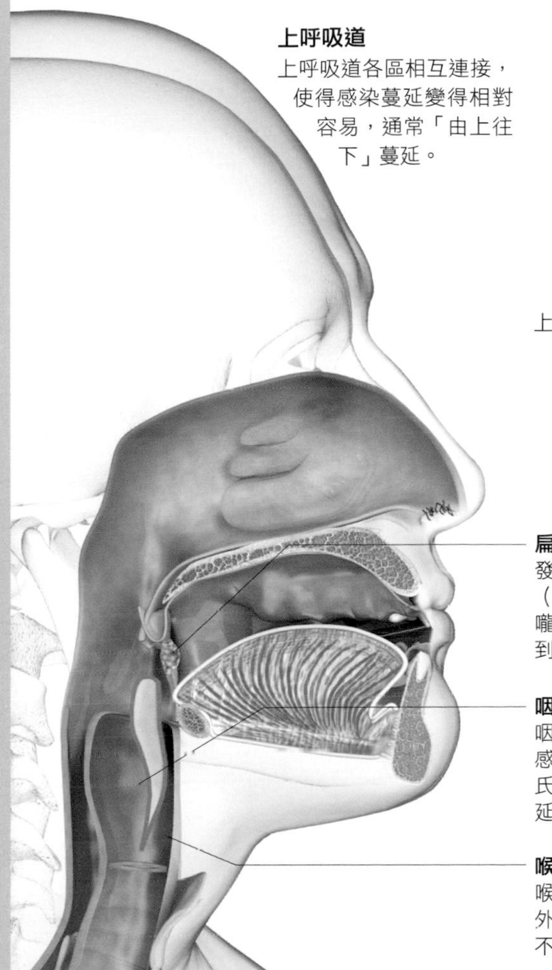
上呼吸道
上呼吸道各區相互連接，使得感染蔓延變得相對容易，通常「由上往下」蔓延。
扁桃腺炎
發紅、發炎、腫脹的扁桃腺（齶扁桃腺）可能會導致喉嚨嚴重疼痛，吞嚥時也會感到疼痛。
咽炎
咽炎的疼痛與其他上呼吸道感染一樣會蔓延，從稱為歐氏管（耳咽管）的呼吸道蔓延到耳朵。
喉炎
喉炎除了會引發喉嚨痛之外，還有可能使人說話時有不適感，甚至完全失聲。

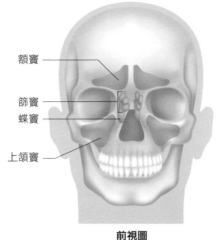

額竇
篩竇
蝶竇
上頜竇

前視圖

額竇
篩竇
蝶竇
上頜竇

鼻竇炎
竇道內層的表面發炎會導致額頭或臉頰疼痛。如果竇道因腫脹而無法排流出內容物，使得壓力逐漸增加，就會導致劇痛。

側視圖

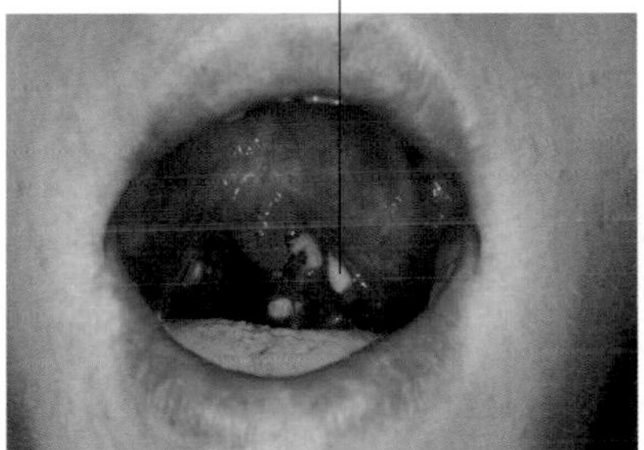
被感染的扁桃腺

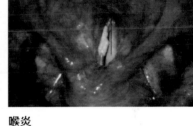

扁桃腺炎
這張咽內部的視圖顯示出兩側的扁桃腺呈腫大、發紅和發炎狀態。表層上出現白色區塊是這類感染常見的病徵。

被感染的喉

喉炎
聲帶（聲皺襞）和喉組織腫脹且疼痛。腫脹使得聲帶無法振動，導致嗓音變沙啞或完全失聲。

急性支氣管炎

支氣管炎，顧名思義為支氣管發炎。支氣管是由氣管基底分支而出，進入肺臟的人型呼吸道。

急性支氣管炎會在24到48小時之內發病，來得相當突然。症狀包括持續的咳嗽、顏色透明的痰、胸悶、哮喘，也可能呼吸困難、咳嗽時疼痛，且體溫通常會略微升高。這個疾病有可能是上呼吸道其他地方感染（如扁桃腺炎）所引發的併發症。通常只會感染大型或中型支氣管，使其發炎且縮窄。健康成人通常幾天過後就能痊癒，不需醫療介入。然而，如果患者是老年人，或患有其他呼吸道疾病的人，此惡況就有可能深入肺臟，引發續發性感染，譬如肺炎。

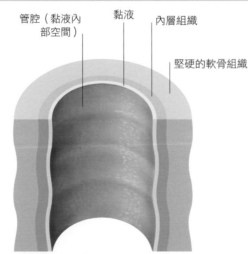

管腔（黏液內部空間）
黏液
內層組織
堅硬的軟骨組織

正常的支氣管
氣道內壁會分泌一層適量的稀薄黏液作為保護。中間剩下的寬廣通道即為管腔，可讓進出肺臟組織的氣體通過。

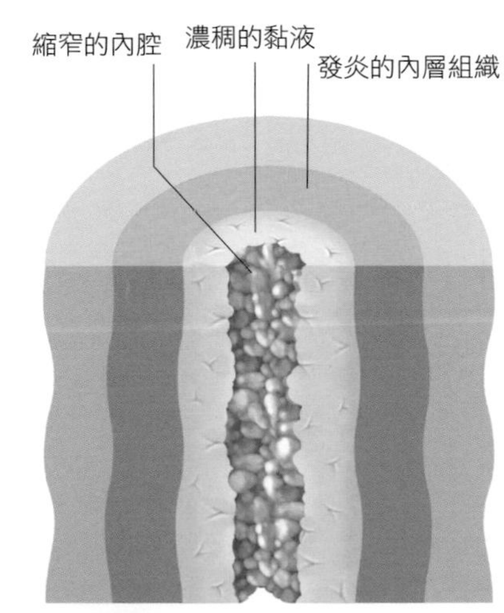
縮窄的內腔
濃稠的黏液
發炎的內層組織

發炎的支氣管
內壁組織腫脹且製造出過量的黏液，其中一些會被咳出來。沒被咳出的黏液可能會使感染蔓延到肺臟更深處。

肺炎

肺臟中肺泡（極微小的氣囊）和細支氣管（最細的氣道）發炎稱為肺炎。

肺炎可於肺臟中的不同區域發病。大葉性肺炎侵害的部位為肺臟的一葉（大分區）。支氣管肺炎侵害的是單一肺或兩肺中一塊塊的組織。致病因通常是細菌感染，致病菌一般為肺炎鏈球菌。上呼吸道病毒感染（如普通感冒）也有可能引發續發性肺炎。致病菌包括許多其他種細菌，以及流行性感冒和水痘等病毒，原生生物（原生動物門）和真菌等其他類微生物則較為罕見。主要症狀為咳嗽、咳出的痰混有血液、呼吸困難、胸痛、發高燒且意識混亂。如果導致感染的是細菌，會以抗生素治療。

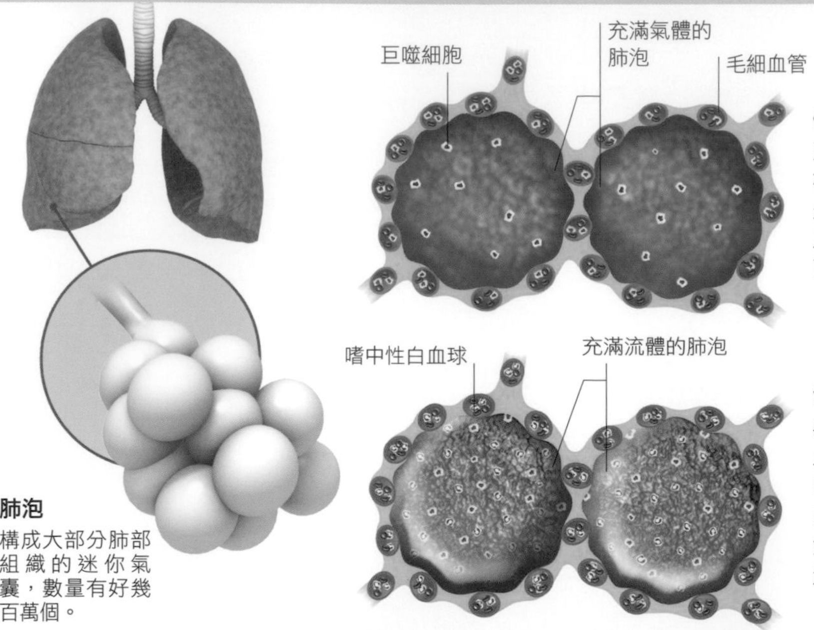

巨噬細胞
充滿氣體的肺泡
毛細血管
嗜中性白血球
充滿流體的肺泡

肺泡
構成大部分肺部組織的迷你氣囊，數量有好幾百萬個。

健康的肺泡
巨噬細胞為一種白血球，在健康的肺泡中擔任清道夫。可吞食塵埃微粒和吸入的惰性刺激物，但對細菌的反應速度緩慢。

發炎的肺泡
感染過程的刺激會使毛細血管壁發生改變，包括嗜中性白血球在內的其他類白血球會前來攻擊細菌。流體的積聚使得氧的吸收量下降。

雷吉納氏病（退伍軍人病）

雷吉納氏病是退伍軍人桿菌造成的肺部感染，型態與肺炎相似。

1976年於美國退伍軍人協會爆發類似肺炎的嚴重疫情後，雷吉納氏病（退伍軍人病）首度有人描述紀錄。男性比女性更常罹患此疾病。症狀與其他肺炎相似，特別是有關呼吸道的問題，但除此之外，患者還可能有腹瀉、腹痛或黃疸等症狀。好發於中老年人，而若免疫功能低下的人罹患此病，則有可能使病情加劇，甚至導致死亡。

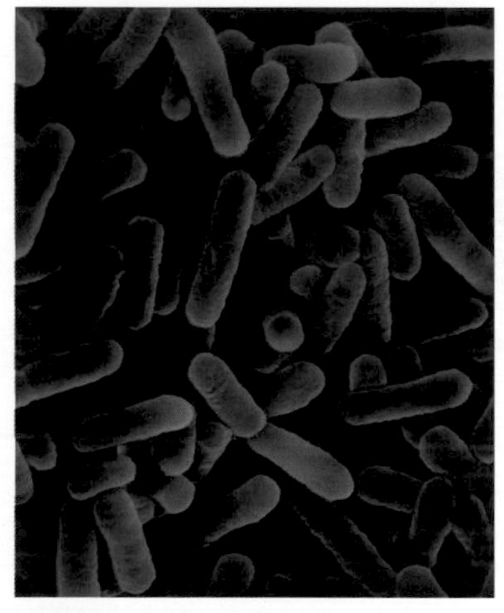

軍團菌
桿狀的軍團菌存在於大部分的給水系統中，會在水冷式空調系統、自來水管道等水的滯留處迅速繁殖。

胸膜滲液

肺臟外圍兩層膜之間的流體過量稱為胸膜滲液。

胸膜（肺臟外圍的兩層膜）由少量的流體潤滑，讓肺臟能夠在胸腔壁內滑順地擴張和收縮。肺炎和肺結核等感染、心衰竭及某些類型的癌症可導致胸膜之間的流體積聚到多達3公升，對肺臟產生壓迫，使人感到呼吸困難和胸痛。治療方式一開始可能先用空心針或從胸腔壁插入導管（胸腔引流管）清除流體。

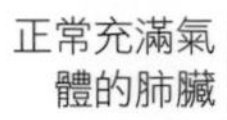
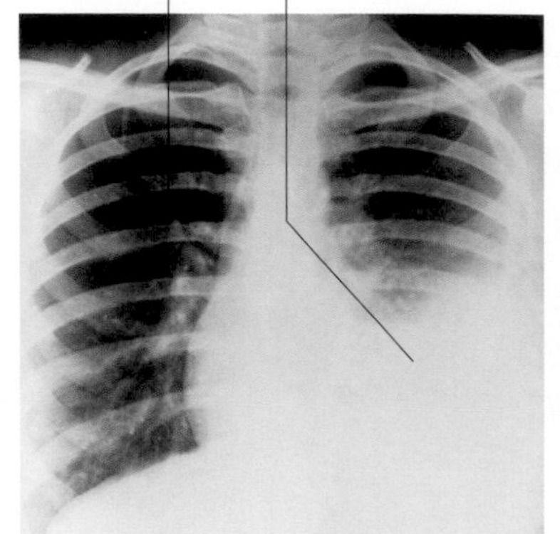

正常充滿氣體的肺臟
介於胸膜之間的流體

胸膜滲液
左肺下部的白色區域是胸膜滲液患處。正常為深色的肺組織有部分已被患處遮住。

肺結核

這種傳染性疾病主要侵害肺部組織，致病原為結核桿菌。

許多人體內都藏有肺結核致病菌，但只有少部分人才會發病，例如免疫力或抵抗力低弱的人。症狀包括發燒、持續性咳嗽、食慾不振及全身虛弱。有些新病例是因為罹患愛滋病毒／後天免疫缺乏症候群，免疫力降低所引發。然而總的來說，以疫苗接種和口服抗生素預防和治療肺結核非常成功，全球新病例的數量自西元2000年以來即不斷緩慢下降。

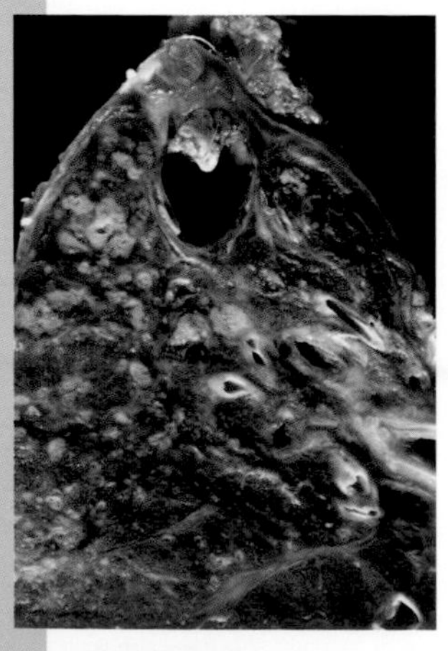

受損的組織
肺結核晚期，肺部組織會滿佈結節；結節是為了封閉感染部位中心所形成的堅硬小團塊。

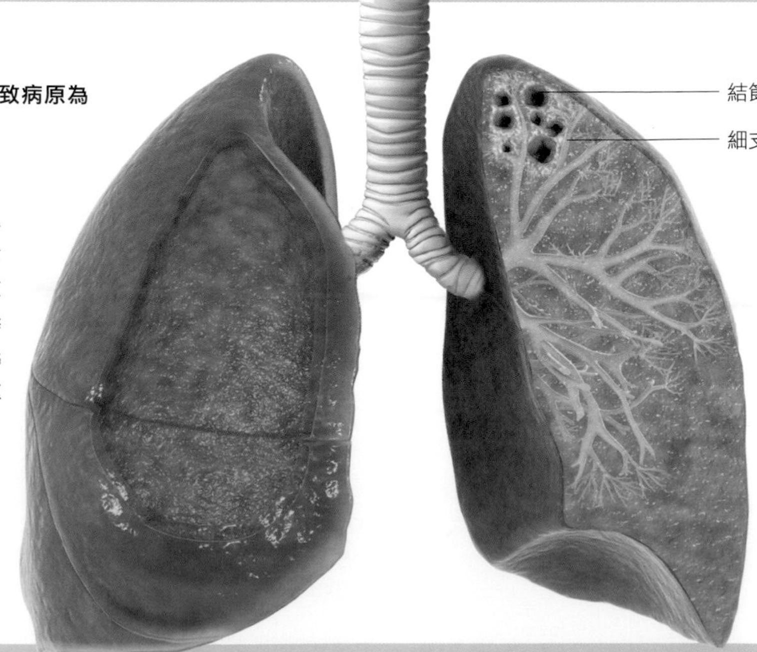

結節形成的凹洞
細支氣管

肺上的孔洞
壞死（細胞和組織死亡）的結節區好發於肺的上部；流動於受感染組織和支氣管之間的氣體會將釋放出的肺結核細菌帶到呼吸道。

氣胸

單層或雙層胸腔膜上出現缺口，使氣體進入胸膜之間的空隙，造成肺臟萎陷，即為氣胸。

兩層胸腔膜之間有薄薄一層胸膜液，在呼吸運動時起潤滑作用。胸壁、胸膜層和肺組織之間的壓力平衡使肺臟「吸附」在胸壁的內側。罹患氣胸時，有氣體進入胸膜層於層之間的空隙中，使得壓力不平衡，進而導致肺臟萎陷，患者會因而感到胸悶、胸痛及呼吸困難。如果有更多氣體進入間隙，且無法排出（壓力性氣胸，又名：張力性氣胸、高壓性氣胸），肺臟會受到周遭壓力更大的壓迫，可導致生命危險。自發性氣胸的發生可能起因於肺表面異常膨大的肺泡破裂，或氣喘之類的肺部疾病。肋骨骨折和胸部創傷等則為外傷性致病因。

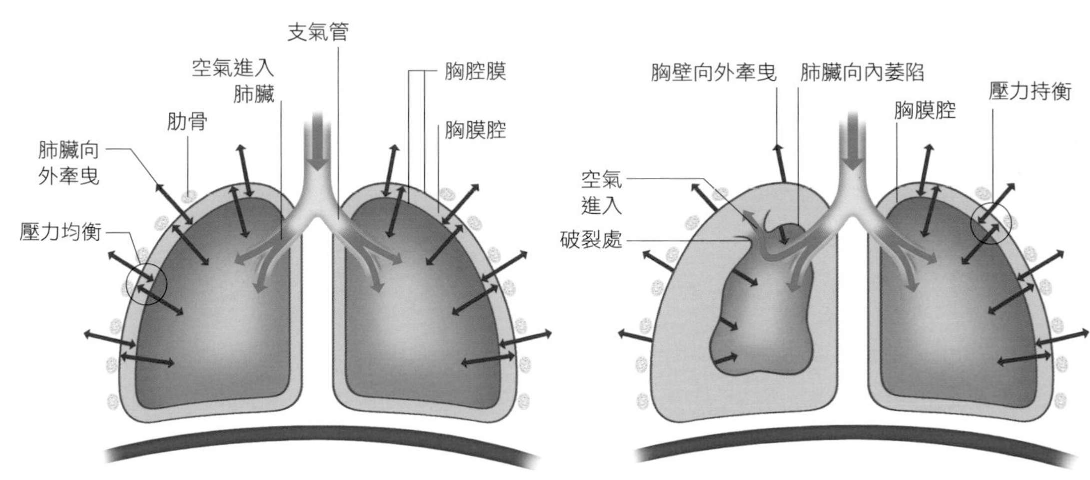
支氣管
空氣進入肺臟
胸腔膜
肋骨
胸膜腔
肺臟向外牽曳
壓力均衡
胸壁向外牽曳
肺臟向內萎陷
壓力持衡
胸膜腔
空氣進入
破裂處

正常呼吸
肺臟會隨「吸附」到胸壁上而被向外牽曳，藉此充氣。充滿液體的胸膜腔內壓持恆。

萎陷的右肺
空氣從右肺進入肺外圍的胸膜腔，破壞了壓力平衡性。肺臟內縮，遠離胸壁。

氣喘（又名哮喘）

氣喘是一種炎症性肺病，因為肺部氣道縮窄，而導致呼吸困難和哮鳴反復地發作。

氣喘是其中一種最常見、最多樣化的肺部疾病，有些地區的人患病率奇高，每四個兒童就有一個患有此疾。有些人偶爾輕微發作一次，另一些人發作時則會嚴重呼吸困難，甚至可能有生命危險，還有些人發作情況多變，沒有一天是能夠預測的。氣道壁的肌肉痙攣性收縮，使氣道收縮，引起一陣呼吸困難。如果同時又有黏液分泌過多的狀況，會使氣道窄化更嚴重。大部分患者幼年時期就開始出現徵狀，且有可能與過敏性疾病（如濕疹）有關，而兩者都具遺傳性質。許多孩童會在對異物或過敏原（包括花粉、塵蟎糞便裡的黴菌、動物毛髮或羽毛微粒等微小吸入性顆粒）產生過敏反應時引起氣喘發作。也有其他病患會因對食物、飲品或某些藥物過敏、焦慮、心理壓力、呼吸道感染和在寒冷天氣中激烈活動等等，引起氣喘發作。

受侵害的氣道
氣喘傷害的部位比較少在大支氣管，較常在管徑細的氣道（紅色部分），包括三級支氣管和連接到肺泡的細支氣管。

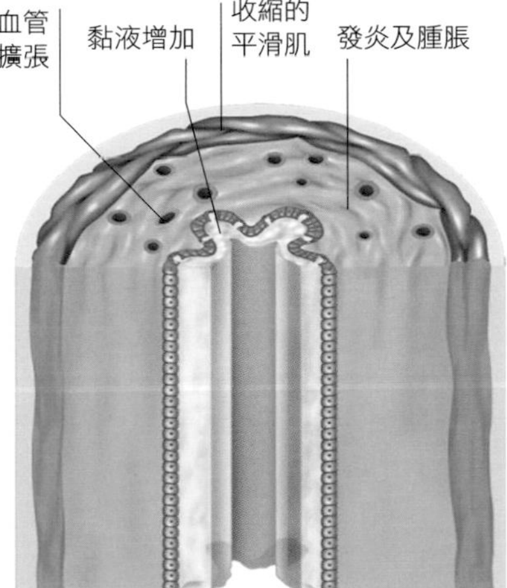
二級支氣管
三級支氣管
終末細支氣管
主支氣管

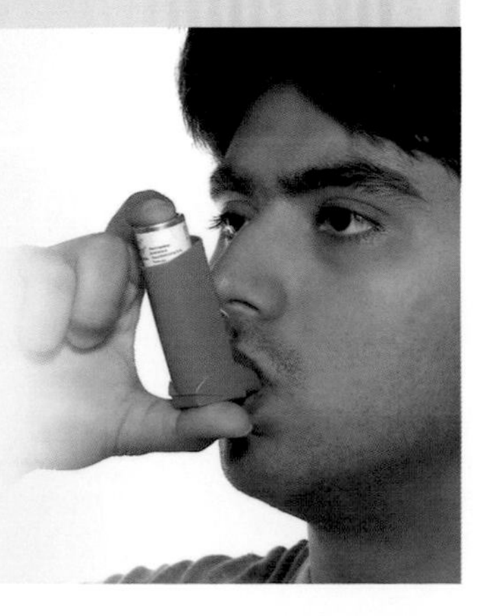

峰值流量計
氣喘的嚴重度高低可利用峰值流量計（用以測量氣流速率的儀器）監測。

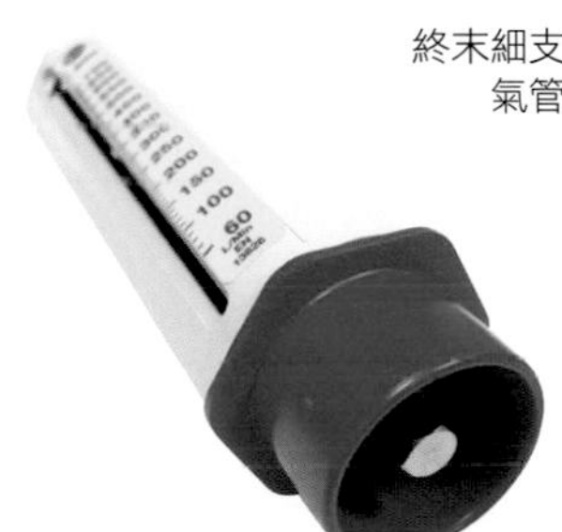

血管
黏液
鬆弛的平滑肌

健康的氣道
正常的細支氣管管壁的平滑肌呈鬆弛狀態，壁上蓋著一層薄但適量的黏液。氣體的通道（即管腔）寬度足以讓含氧的空氣流到肺泡。

血管擴張
黏液增加
收縮的平滑肌
發炎及腫脹

患有氣喘的氣道
氣喘發作時，平滑肌會收縮。產生過敏反應所導致的炎症會使氣道血管擴張，氣道壁的組織腫脹，黏液層也因此變厚，造成管腔縮窄。

氣喘的治療方式

氣喘有兩種主要的治療手段，通常都會兩者併用。皮質類固醇藥物（又稱預防藥）可抑制炎症反應，應當作預防劑定期服用。支氣管擴張劑（又稱緩解劑）可快速緩解發作初期的症狀，藥效快，但功效只能維持幾個小時。少接觸過敏原可降低氣喘發作的頻率和嚴重度。

吸入器
以噴霧形式吸入的抗氣喘藥能直達肺中受損的小氣道。

慢性阻塞性肺病

慢性阻塞性肺病包括慢性支氣管炎和肺氣腫，這兩種病症通常會發生在同一個人身上。這是一種長期性的異常疾病，隨著疾病的進展，肺組織會逐步遭到破壞，而喘不過氣的病徵會越來越嚴重。進出肺臟的氣體量受限，使肺臟吸收氧以供給身體正常作業的能力下降。到目前為止，罹患慢性阻塞性肺病的致病因最主要為吸菸。

慢性支氣管炎

肺臟氣道的慢性炎症通常由吸菸導致。少數情況下，急性感染復發也會引發慢性支氣管炎。

罹患慢性支氣管炎時，支氣管（即通往肺臟的主要氣道）因受到菸草的煙、經常性感染或長時間暴露於污染物質所造成的刺激而呈發炎、堵塞、窄化的狀態。發炎的呼吸道會開始產生過量黏液（痰），引發此疾病典型的咳嗽，一開始會在溼冷的季節咳得比較厲害，過後則一年四季都會持續不斷地咳。聲音嘶啞、哮鳴和呼吸困難等症狀也會出現。最後，患者即便於休息狀態下，也會呼吸困難。如果有續發性呼吸道感染，痰液就有可能從透明無色轉為黃或綠色。

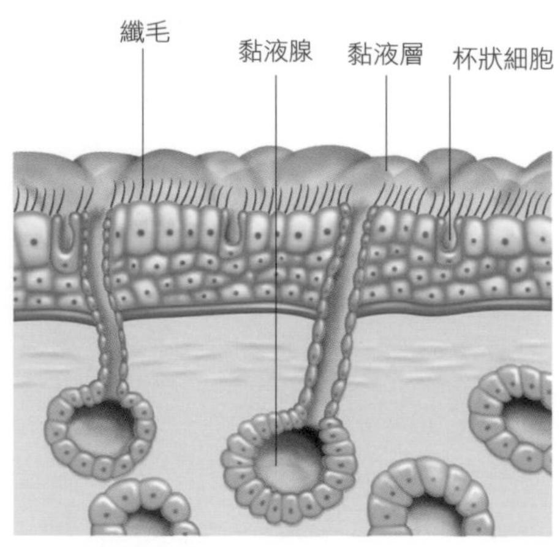
纖毛
黏液腺
黏液層
杯狀細胞

正常的氣道內壁
腺體會生產黏液來黏住吸入的灰塵和病菌。壁上微小的表面毛髮（纖毛）負責將黏液向上推入咽喉，使人將之咳出或吞下。

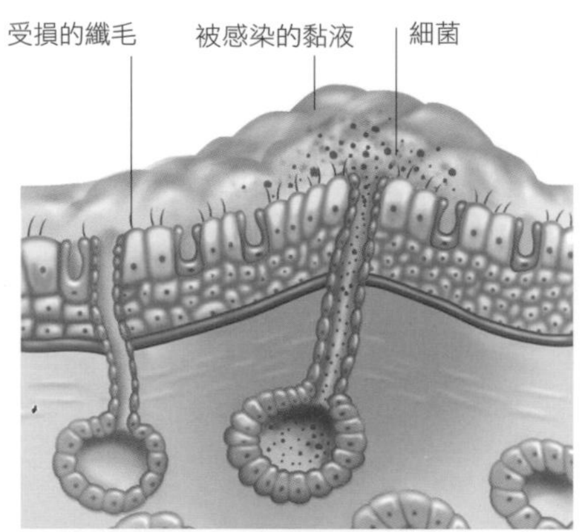
受損的纖毛
被感染的黏液
細菌

罹患慢性支氣管炎的氣管
吸入的刺激物會致使腺體增加黏液的製造量。受損的纖毛無法將黏液推出，使得該處變成細菌的滋生地。

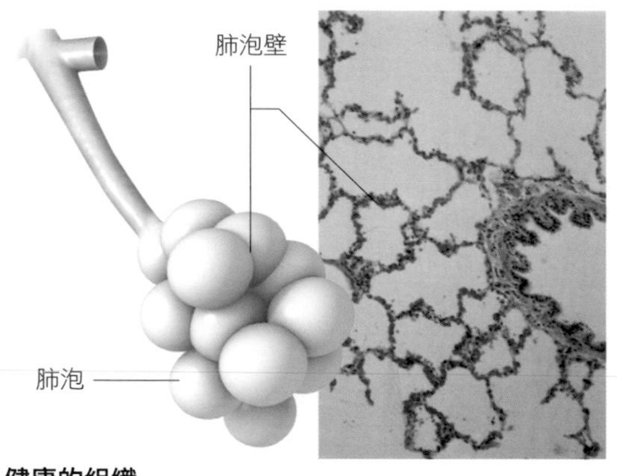
肺泡壁
肺泡

健康的組織
像葡萄串般長成一簇簇的肺泡，粒粒皆有部分不相連之處。肺泡壁薄且具彈力，能夠伸縮。

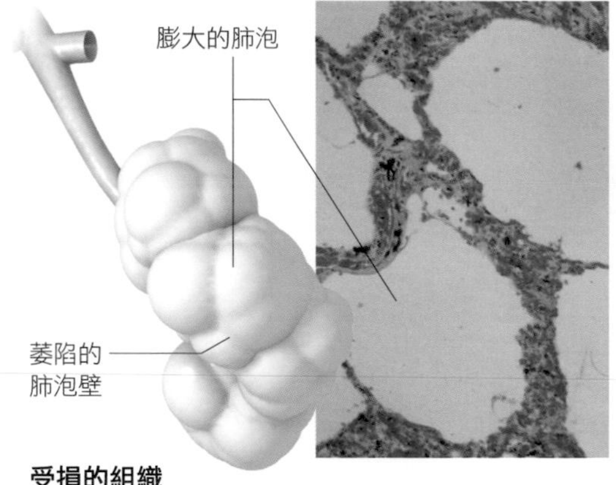
膨大的肺泡
萎陷的
肺泡壁

受損的組織
香菸或其他污染物會刺激生產出讓肺泡壁分解並融合的化學物質，使得能夠進行氣體交換的面積減少。

肺氣腫

發生肺氣腫時，伸展過度的氣囊（肺泡）破裂，與其他肺泡合而為一，使得能夠吸收氧的表面積變少。

肺泡不僅失去氣體交換的功能性區域，還會因囊壁的彈力減少，而使氣體被困在肺泡中。肺臟會因此過度膨脹，使得進出肺臟的空氣量降低，吸收到血流中的氧也因而減少。許多肺氣腫患者都是重度吸煙者，但罹患α1-抗胰蛋白酶缺乏症這種罕見遺傳性疾病的人也可能引發肺氣腫。雖然肺氣腫所造成的傷害通常為不可逆，但戒菸有時可減緩此疾病的進程，並使纖毛有復原的機會。

職業性肺部疾病

石綿沉滯病、矽肺病和肺塵埃塵著病都是因為吸入使肺部組織受到刺激而發炎的微粒，進而引發組織纖維化所致。

罹患職業性肺部疾病（如上述幾項）的高風險族群為工作中須長年暴露於有害微粒中的人，例如礦工、採石工人和石匠等。職業性肺病患者的肺組織會逐漸變厚（纖維化），最終長成不可逆的疤痕組織。呼吸困難和咳嗽等症狀，可能會在遠離有害環境之後慢慢出現，且會不斷惡化。這類疾病在已發展國家已越來越少見，因為在危險環境中工作的人都會穿戴防護衣和防護罩，但在發展中國家，這類的法規通常較沒有確實實施。

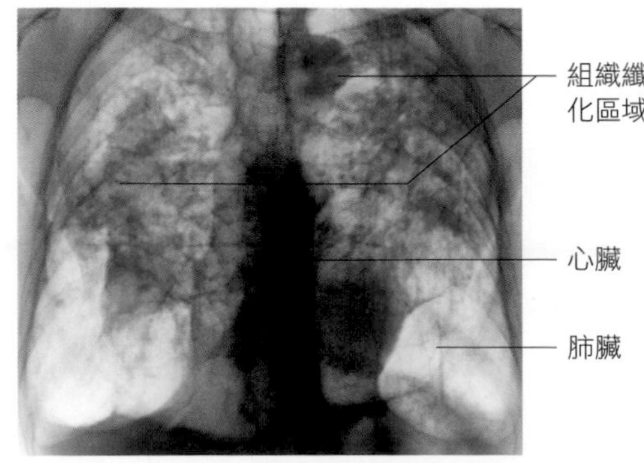
組織纖維
化區域
心臟
肺臟

矽肺病
這個胸部X光片中肺部的橙色斑塊是矽肺病引起的纖維化部位。吸入的二氧化矽微粒被清掃工白血球（巨噬細胞）吞食。巨噬細胞爆裂，釋出胞內的二氧化矽和化學物質，導致肺組織受損。

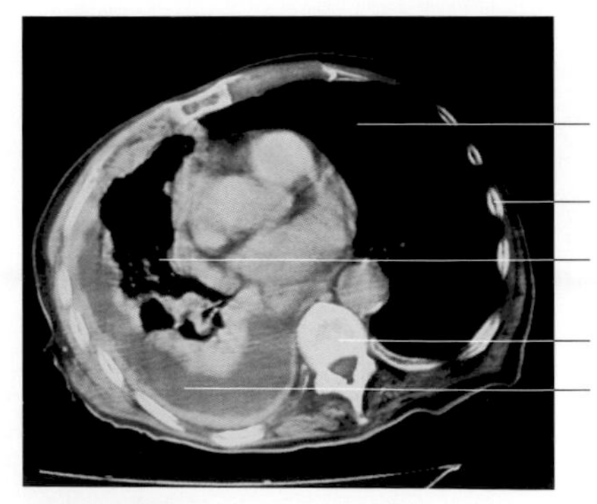
正常的肺臟
肋骨
受壓迫的
肺臟
脊柱
腫瘤

石綿沉滯病
石綿是一種吸入會導致肺部嚴重損傷的物質。一些人罹患石綿沉滯病後，會發展成肺癌。這張電腦斷層攝影掃描圖顯示出長在胸膜（包圍肺臟的薄膜）上的間皮瘤（一種惡性腫瘤）。

肺癌

肺臟長出惡性腫瘤即肺癌，是全世界最常見的癌症，每年有超過100萬新病例確診。

肺癌致病因以吸菸最為常見，佔了九成之多。以前罹患肺癇的男性比女性常見，因為男性吸煙者比女性多。但現今比較沒有這種男女差異，而且也有越來越多非吸菸者因吸二手或三手菸而罹患肺癌。在發展中國家，隨著吸菸的盛行度提高，以及城市人口的增加，也逐漸有越來越多人罹患肺癌。許多吸入的刺激物都會刺激細胞異常生長，而菸草的煙含有好幾千種已知的致癌物質。極少數情況下，石綿、有毒化學物質或放射性氡氣也會引發肺癌。

肺癌的症狀

持續性咳嗽通常是最早期的症狀。因為大多數罹患肺癌的人都是吸煙者，所以出現這種症狀時，常以為只是「吸煙過多引起的咳嗽」而不予理會。其他症狀還包括咳血、哮鳴、體重減輕、持續性聲音嘶啞及胸痛等。如果檢驗證實罹患肺癌，就可能會進行葉切除術（切除某一肺葉）或肺切除術（切除一整顆肺臟）。而這些手術只有在腫瘤還小且還沒擴散的情況下才建議施行。化學治療和放射線治療可用以緩解症狀，但無法根治此疾病。

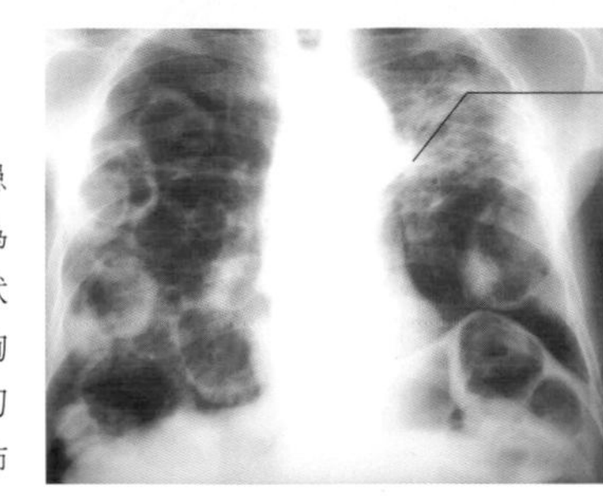
長在肺門的腫瘤

腫瘤
可見肺中有好幾個腫瘤（白色斑點處）。其中一個腫瘤長在肺門上，肺門是主要氣道進入肺臟的地方。

肺癌的擴散
肺癌有可能擴散（轉移）到身體的其他部位。轉移到骨骼可導致疼痛和骨折，轉移到腦部可導致頭痛和意識混亂，轉移到肝臟則可導致體重減輕和黃疸。

腦轉移
淋巴結轉移
原發性瘤
癌症骨轉移
腎上腺轉移
肝轉移

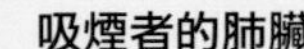

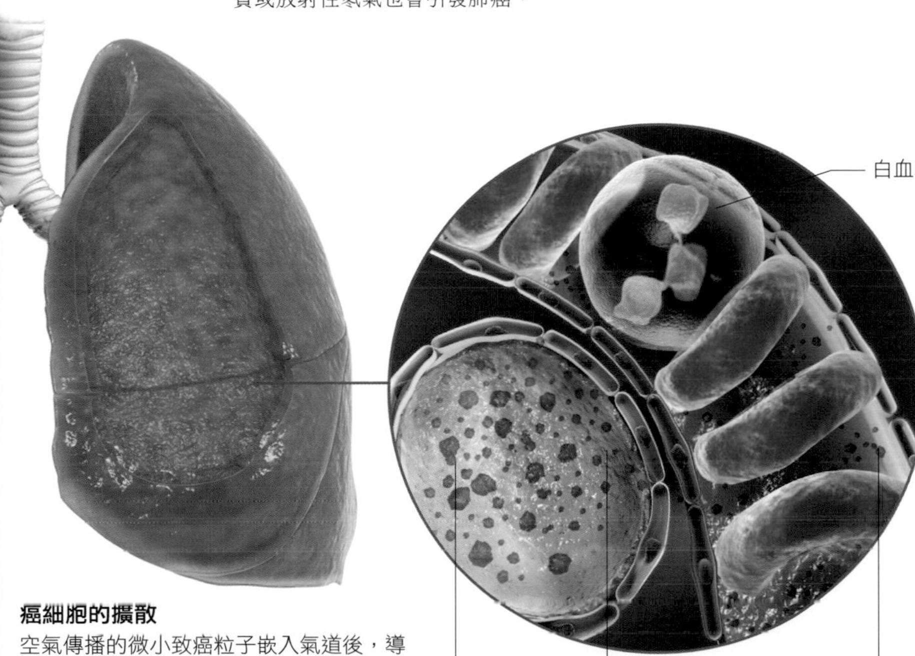
白血球
致癌物質
肺泡
毛細血管

癌細胞的擴散
空氣傳播的微小致癌粒子嵌入氣道後，導致癌細胞形成。有些癌細胞會脫落，隨著血液或淋巴液流到別處，引起續發性瘤的生長。

吸菸與肺癌

菸草的煙是成分複雜的混合物，當中含有3000種以上不同的物質，包括使人成癮的興奮劑：菸鹼（或稱菸草素、尼古丁）、苯、氨、氰化氫、一氧化碳和焦油等。煙中燃燒的焦油成分是眾所周知的高度致癌物。罹患肺癌的風險會隨著每天所吸的香煙數量、香菸中焦油的含量、菸齡以及吸入肺部的深度增加而提高。經常暴露於他人吸菸所產生的煙（稱為二手菸或三手菸）也屬於致病的風險因了之一。

吸煙者的肺臟
香菸的煙中有數以千計種化學物質，焦油只是其中一種。吸菸者原本健康的肺部組織佈滿焦油沉積物，如圖所示。

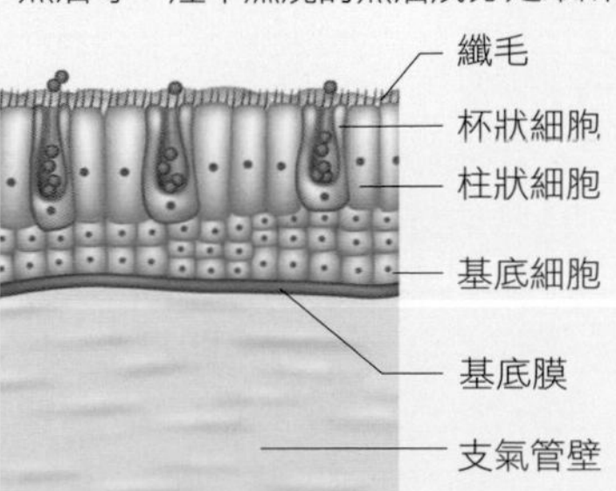
纖毛
杯狀細胞
柱狀細胞
基底細胞
基底膜
支氣管壁

1 健康的呼吸道內壁
健康的呼吸道（支氣管）的內壁柱狀細胞上方有微小的纖毛。基底細胞會不斷分裂出新的細胞，以取代自然受損的柱狀細胞。

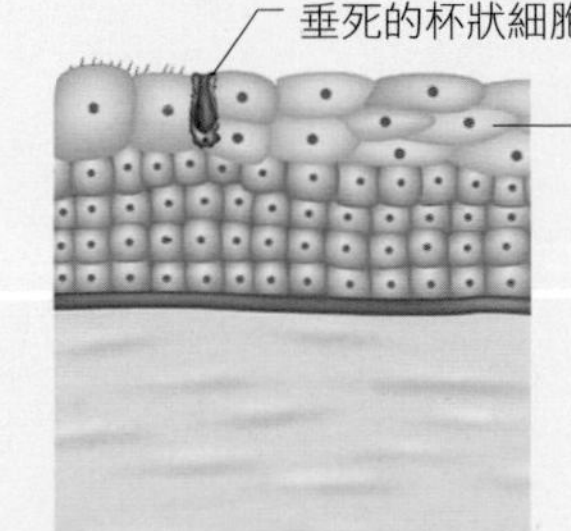
垂死的杯狀細胞
鱗狀細胞

2 初始損傷
久而久之，被香菸破壞的柱狀細胞變成鱗狀細胞，並漸漸失去上方的纖毛。分泌黏液的杯狀細胞死亡。

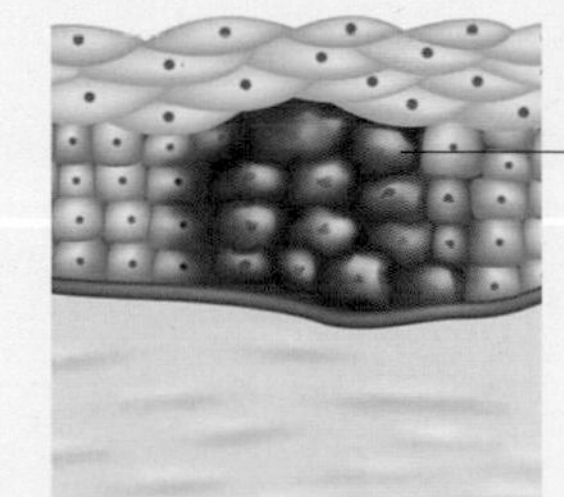
基底細胞
癌變

3 癌症開始
為了取代受損的細胞，基底細胞開始加快增殖的速度。其中一些新的基底細胞會長成癌化細胞。

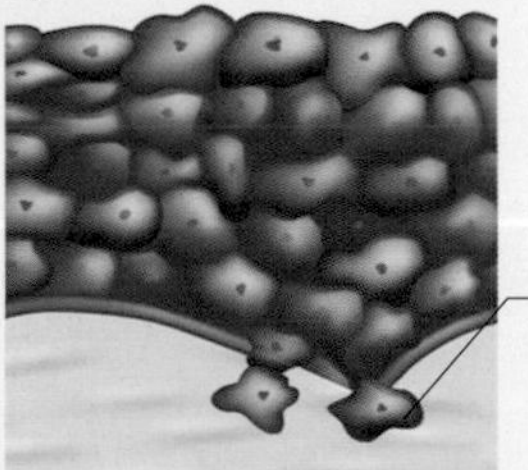
不斷增殖的
癌細胞穿破
基底膜

4 癌症擴散
癌細胞取代了健康的細胞。如果這些細胞穿出基底膜，就有可能進入血管，隨血液流到他處。

綜觀人體，能像皮膚一樣如此迅速自我更新的部位很少。表皮的最外層每個月都會全部更換，更換的速率為：每分鐘卸除3萬片屑狀的老死細胞。頭髮和指甲（及趾甲）也一樣有自我修復的能力。皮膚反應了整體健康的狀態，特別是飲食和生活方式。由於皮膚暴露在外且不斷變化，可能會遭受皮疹、丘疹、瘡和濕疹等問題困擾。皮膚在暴露於有害化學物質、致癌的紫外線或其他危險輻射線後，也有可能增生。

皮膚、頭髮和指甲

皮膚、頭髮和指（趾）甲的結構

皮膚、頭髮和指（趾）甲三者合稱表皮系統。皮膚是身體數一數二大的器官，重達3至4公斤，表面積達2平方公尺。這個複雜的器官可分為兩大層，當中含有許多不同種類的細胞，其中有些能夠製造毛髮和指（趾）甲組織。

皮膚的結構

皮膚不只是覆蓋人體的防水薄層，還是個複雜的器官，內含許多種特化細胞。皮膚的厚度不一，眼瞼等處的皮膚厚度僅為0.5公釐左右，而腳底等需承受磨損的部位則可達5公釐以上的厚度。皮膚可分為兩大結構層：外層為表皮，保護作用為其主要功能；內層則為真皮，內含許多功能各異的不同組織。真皮中含有數以千計可帶來觸覺的微型感測器，還有汗腺和能夠伸縮以調控體溫的血管。真皮下方的皮下脂肪層有時也歸類於皮膚的一部分，作用為提供緩衝，並於酷熱和嚴寒氣候中提供額外的保溫效果。

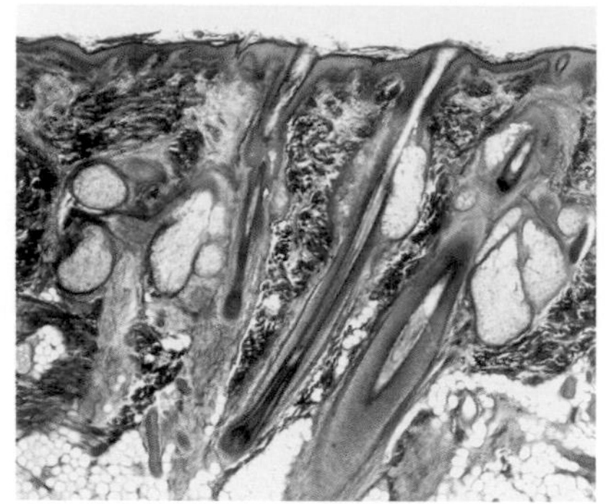

皮膚切面
這張顯微照片顯示出真皮（藍色部分）裡的三個毛囊和脂肪球，頂部有一層薄薄的表皮（粉紅色部分）。

皮膚的更新能力

皮膚外層的表皮藉由細胞分裂，不斷地更新及自我取替。表皮的基地層由箱子狀的細胞構成，這些細胞不斷快速增殖，底下不停冒出的新細胞會逐漸將上面的舊細胞推上表面。細胞往上移動的同時，會長出迷你棘狀突起或尖刺，使之與周圍細胞緊密結合在一起。接著，這些細胞會開始變平，並填入具防水功能的角蛋白（一種蛋白質）。最後，這些細胞會死亡，完全角質化，並被推到皮膚表面，變得像凌亂而相互緊扣的鱗狀屋瓦。隨著日日損耗，這些細胞會剝落，並由更多從下方推遞而至的細胞取代。細胞從表皮的基底部分上移至表面所費時間約為四週，一般人每年脫落的皮膚重量達0.5公斤以上。

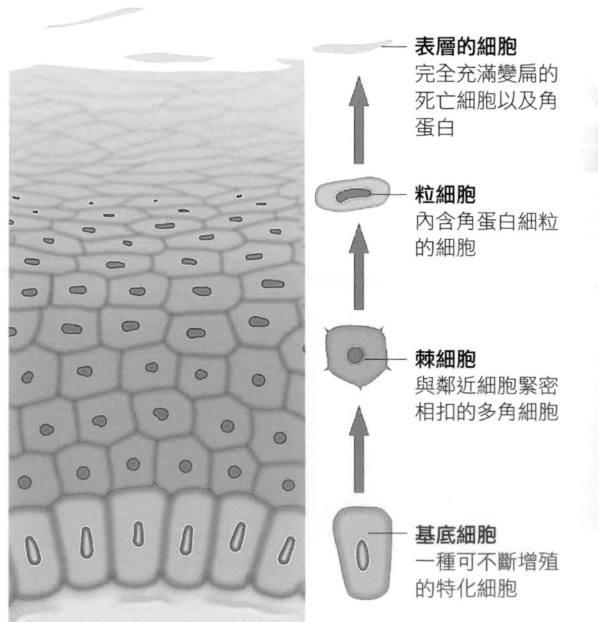
表層的細胞
完全充滿變扁的死亡細胞以及角蛋白
粒細胞
內含角蛋白細粒的細胞
棘細胞
與鄰近細胞緊密相扣的多角細胞
基底細胞
一種可不斷增殖的特化細胞

表皮層
表皮從基底到表面的以長列細胞可分為四層（經常摩擦的部位有五層，例如手掌和腳掌）。這些細胞往上移的同時，胞內的細胞質和細胞核會跟著變成角蛋白。

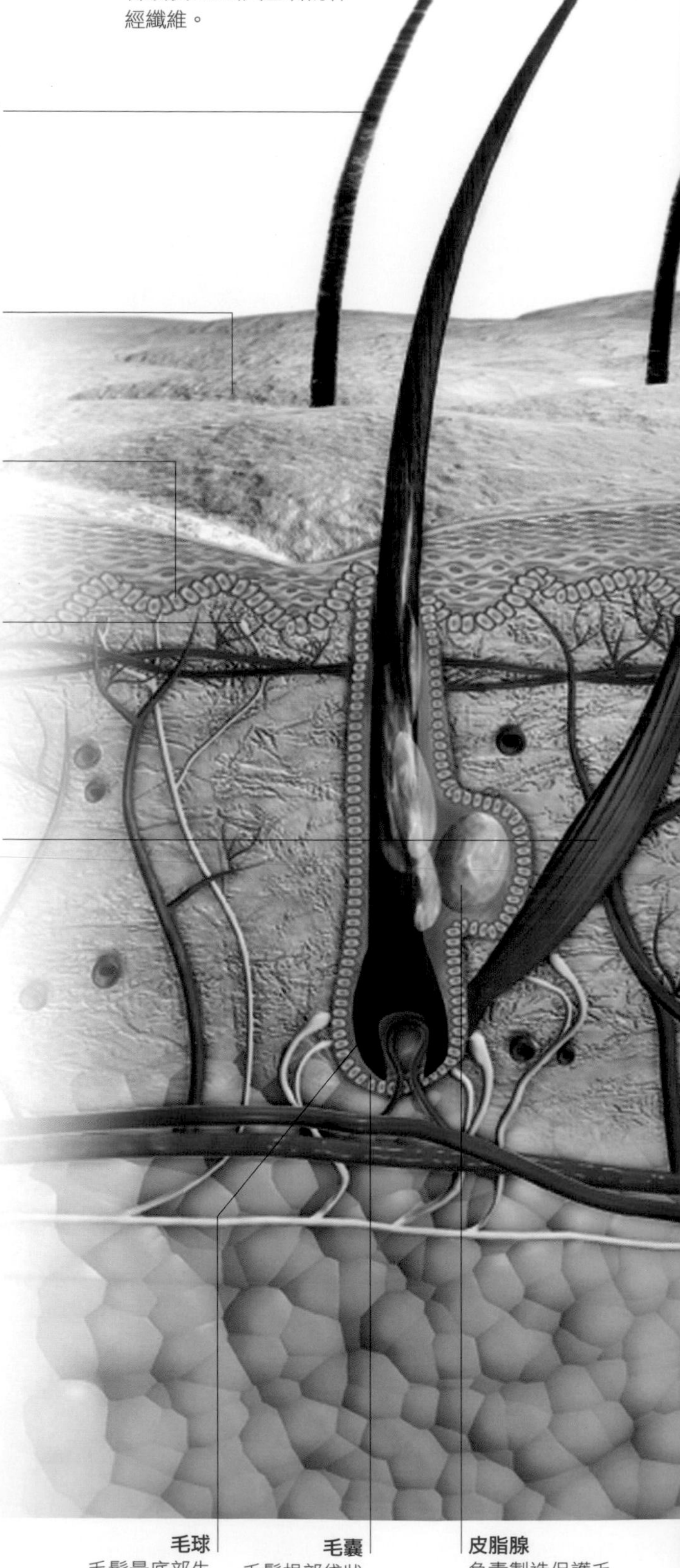
皮膚的結構
如指甲般大小的一塊皮膚當中含有5百萬顆以顯微鏡才看得到的細胞，這些細胞至少可分為十二大類，除此之外，還有100個汗腺和其毛孔、100多根毛髮與其皮脂腺、長達1公尺的微型血管以及0.5公尺左右的神經纖維。
毛幹
毛髮突出於皮膚表面的部分
表皮的表面
由鱗片狀扁平死亡皮膚細胞構成的角化層
表皮的底層
此層當中的細胞會快速分裂，以更新表皮上層的細胞
觸覺的感受器
在表皮外緣的特化神經末梢；其他類型的觸覺感受器在較深處的真皮中
立毛肌
在身體感到寒冷時將毛髮往上拉的微型肌肉
毛球
毛髮最底部生長的地方
毛囊
毛髮根部袋狀的表皮
皮脂腺
負責製造保護毛髮和潤滑皮膚的皮脂

皮膚的修復機制

皮膚的所在位置使其所遭受的物理傷害比身體的其他器官都還要多。然而，皮膚能夠快速修補小傷口，在表面破洞時，遭破壞的細胞內容物會流出，並刺激啟動修復作業。血液中的血小板和具有凝血作用的纖維蛋白原（一種蛋白質）會合作形成網狀纖維堵住紅血球，開始形成血凝塊。同時，負責製造組織的纖維母細胞會在此區域聚集，嗜中性白血球也會來此吞噬殘渣和污垢、病菌等異物。凝塊會隨著底下組織的癒合而逐漸硬化，將液體排出並結痂。

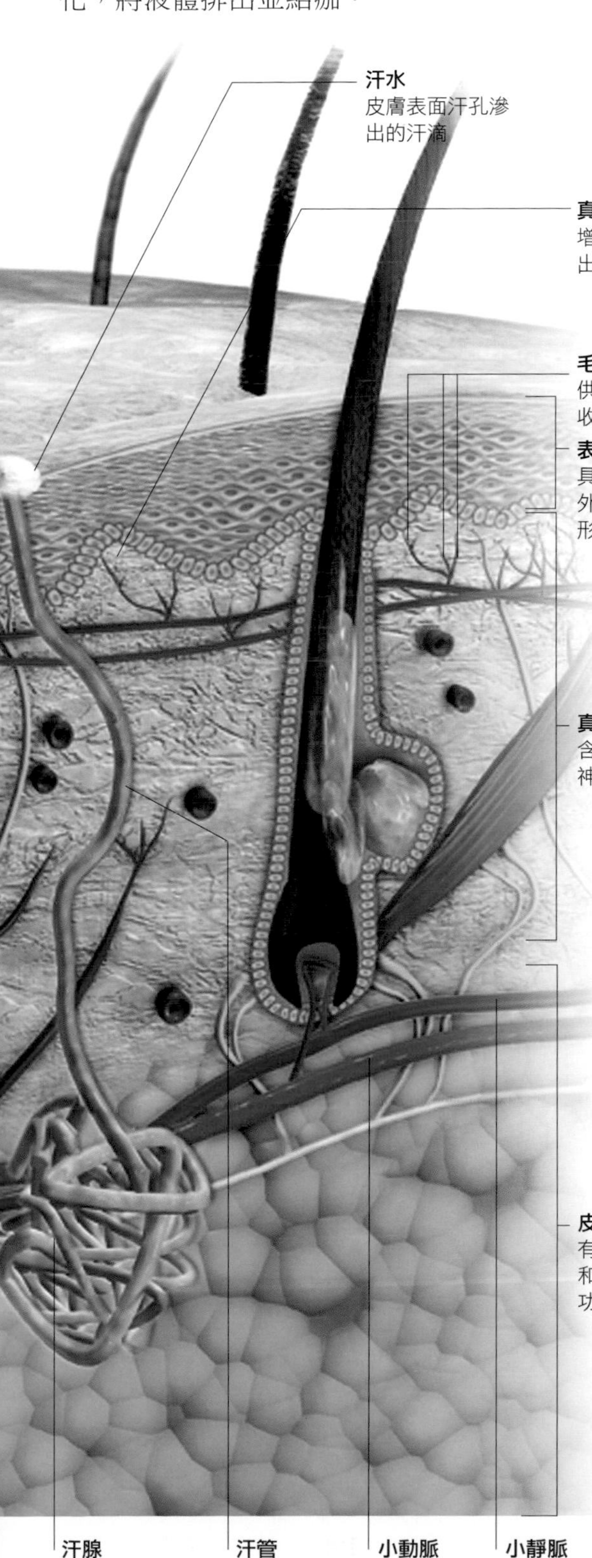

汗水
皮膚表面汗孔滲出的汗滴
真皮乳突層
增加表面積的手指狀凸出部位
毛細血管
供給氧和營養素給組織並收集老廢物質的微型血管
表皮
具保護作用的皮膚外層，含有堅韌、形狀扁平的細胞
真皮
含有血管、腺體和神經末梢的皮膚層
皮下脂肪
有保溫、減震和儲存能量的功能
汗腺
分泌水樣汗液，呈管狀盤纏成結
汗管
將汗液傳輸到皮膚表面
小動脈
供應含氧血
小靜脈
帶走老廢物質

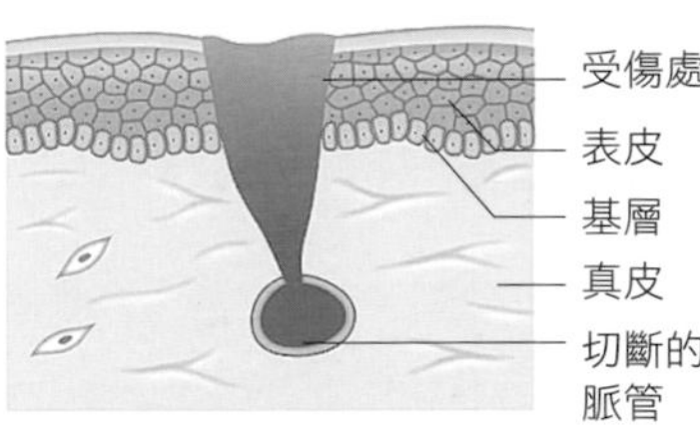

受傷處
表皮
基層
真皮
切斷的脈管

1 受傷
傷口使細胞破開，釋出其中內容物。這些成分會吸引各種防禦型和修復型細胞前來。

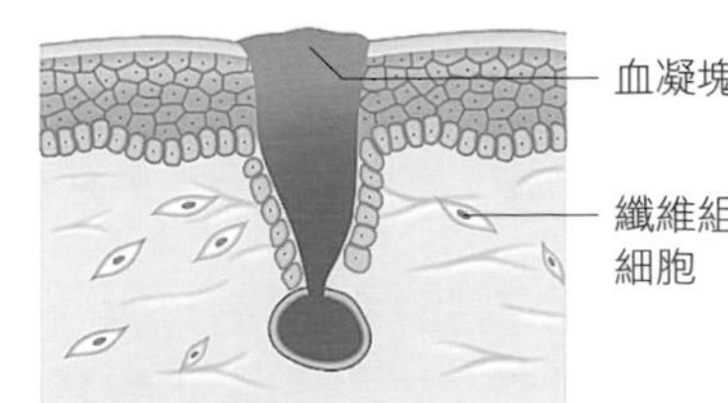

血凝塊
纖維組織母細胞

2 結塊
血液從血管滲出並凝結成塊。纖維組織母細胞增殖並遷移到受損部位。

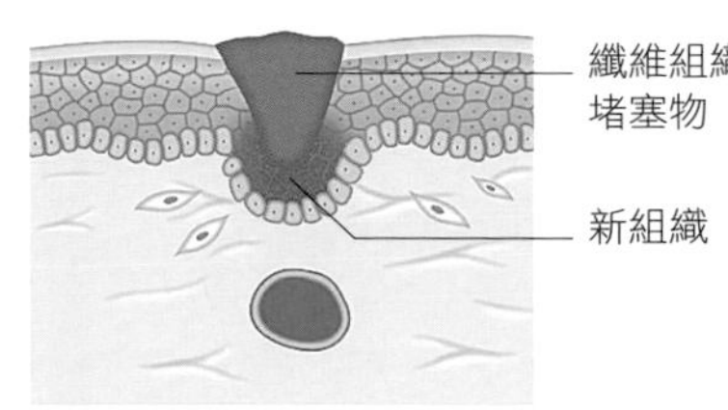

纖維組織堵塞物
新組織

3 堵塞
纖維組織母細胞在凝塊中製造出的纖維組織堵塞物會收縮並變小。新的組織開始形成於下方。

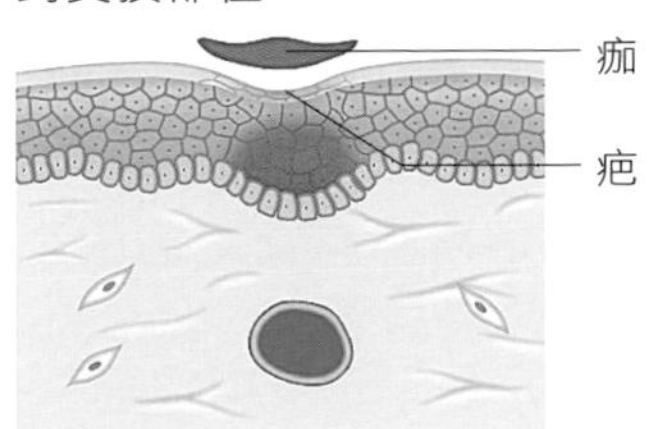

痂
疤

4 結痂
堵塞物變硬變乾後結痂，而痂最終會脫落。遺留下的疤痕通常過一段時間就會淡化。

毛髮的生長

毛髮為條狀死去的扁平細胞，當中充滿角蛋白，主要作用為保護。毛髮的根部稱為毛球，埋在稱為毛囊的坑洞裡。毛髮隨著細胞不斷加入到根部而從基底部分延長。毛髮的生長速率依毛髮類型而定，頭皮的毛髮每天約長0.3公釐。然而毛髮並不會連續不斷地生長。毛囊每三到四年會進入休止期，期間毛髮可能會從基底處脫落。三到六個月之後，毛囊又會重新活化，並製造新的毛髮。

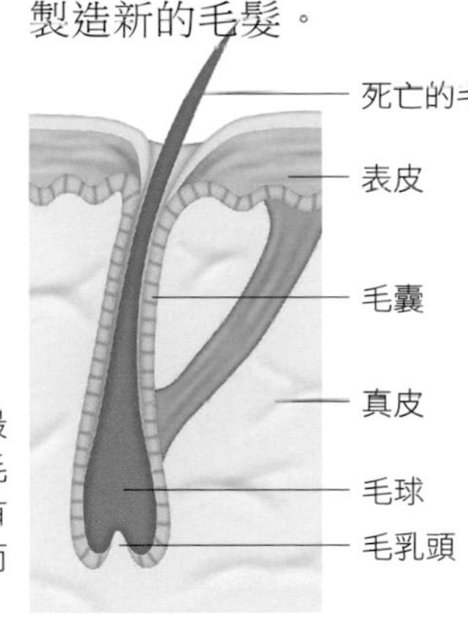

死亡的毛髮
表皮
毛囊
真皮
毛球
毛乳頭

休止期
毛髮已長到最長的長度。毛髮隨毛囊所有活動的停止而死亡。

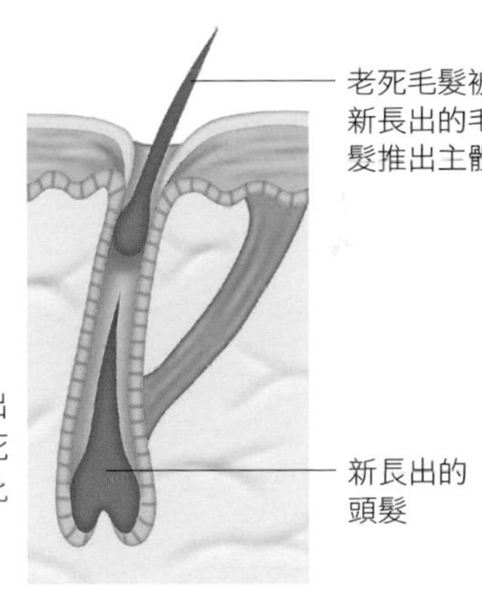

老死毛髮被新長出的毛髮推出主體
新長出的頭髮

生長期
毛囊基底長出新的毛髮。死去的毛髮與此同時脫落。

指（趾）甲的結構

指甲和趾甲為角蛋白（一種堅韌的蛋白）組成的硬板。甲的生長地點位於甲底部肉的皺摺處（即甲床表皮）。角質化的細胞會在「甲床」這個部位加入甲根，整塊甲就這麼不斷地沿著甲基質往外推向甲的前緣。甲的生長速率多半為一週0.5公釐左右，而指甲生長的速度比趾甲快。

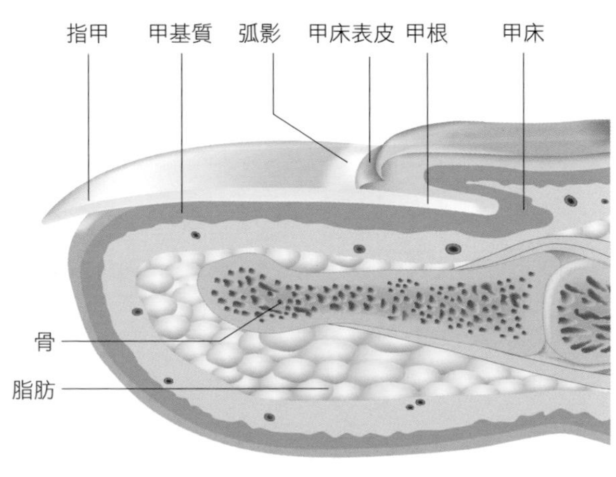

指甲
甲基質
弧影
甲床表皮
甲根
甲床
骨
脂肪

指甲和手指的橫切面

皮膚和上皮組織

皮膚能包裹並保護位於其下方的嬌弱組織，除此之外也有提供觸覺的重要功能。作為身體最外層的皮膚屬於特化的上皮類型。上皮組織普遍存在於身體各處，替幾乎所有的身體部位和器官提供披覆和襯裡。

觸感的複雜性

觸覺立基於皮膚的真皮層。觸覺需靠微型感測器運作；微型感測器是極小神經細胞的末端，是多種物理變化的接收器，可接收的範圍從極輕微的接觸到沉重、帶來疼痛的壓力都有。微型感測器分佈廣泛，但數量多寡與密度大小隨身體部位不同而有差異。平均來說，指甲大小的一塊皮膚中大約含有1,000個各種類型的受器。不過，指尖皮膚的受器就有超過5,000個，能夠偵測到輕微的觸碰，以傳達精確的感覺。位於真皮毛囊中的毛髮基部也有受器神經纖維包住。不同類型的受器會對某些類型的刺激特別容易起反應，但幾乎所有類型的受器都會對大部分的刺激起反應。一般認為腦部會快速瀏覽過乍看毫無章法的傳入性神經訊號，辨認並選出重複性模式，以鑑別碰觸到的物品是軟或是硬、冷或熱、粗糙或平滑、乾或溼、呈移動或靜止狀態等。

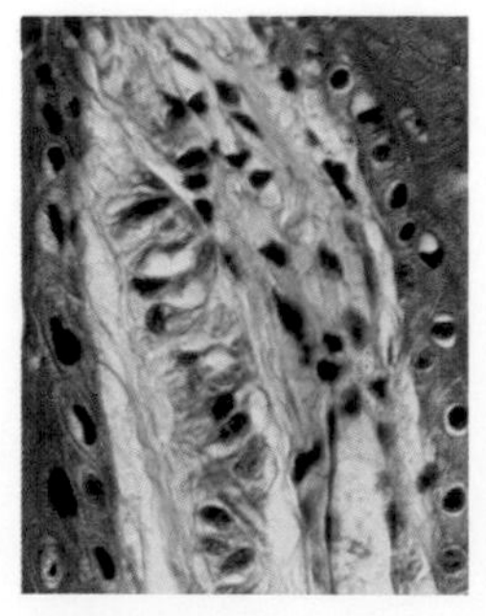

輕觸式感受器
此圖為顯微鏡觀察所見的麥斯納氏小體，又稱觸覺小體（綠色部分），位於指尖，有辨識細微不同觸感的重要功能。

感測器的類型

每種微型感測器，都位於最適合其功能的深度。環層小體是最大的受器，位於最深處、靠近真皮基部的地方。偵測輕觸的感測器位於接近表皮層的地方。

游離神經末梢
感應溫度、輕觸、壓力和疼痛的感測器，有許多分支，通常無鞘，存在於身體各處和所有類型的結締組織中。

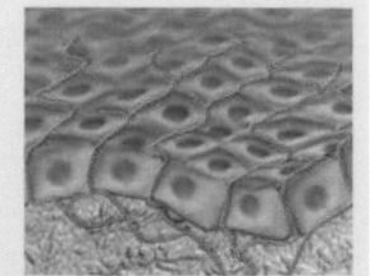

麥斯納氏小體（觸覺小體）
是皮膚真皮上層中包以被膜的神經末梢，尤其可見於手掌、腳底、嘴唇、眼瞼、外生殖器和乳頭等處。會對輕微的壓力產生反應。

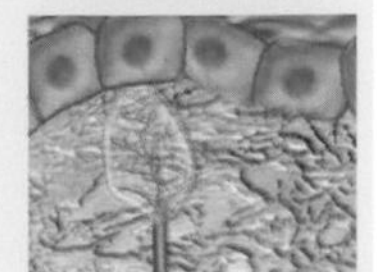

莫克爾氏小體
赤裸的（無包以被膜的）受器，通常存在於真皮上層或表皮下層，尤其是在無體毛的部位。可感應微弱的觸感和輕微的壓力。

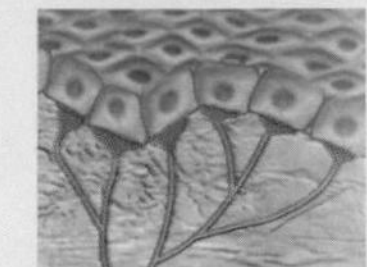

路夫尼小體
皮膚和深組織中包以被膜的受器，會對持續性觸感和壓力起反應。位於關節囊的路夫尼小體會對旋轉運動產生反應。

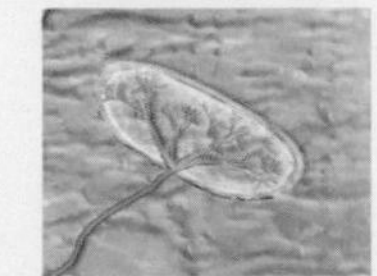

環層小體
體積大且有包膜的受器，位於真皮深處，也存在於膀胱中以及關節和肌肉附近。可感應較強而持久的壓力。

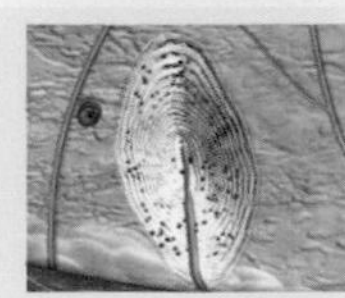

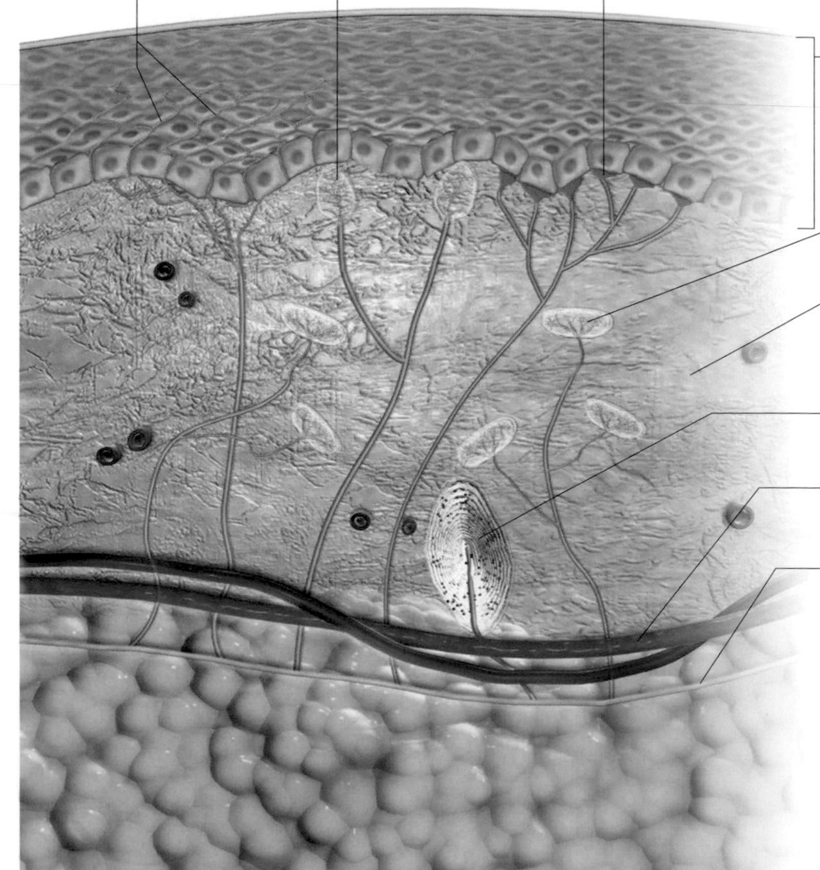
表層神經末梢
穿透到表皮層的神經末梢；存在於皮膚各處，游離神經末梢也屬於此類
麥斯納氏小體（觸覺小體）
真皮上層的神經末梢；大多位於表皮基底的正下方
莫克爾氏小體受器
交界處的神經末梢；所處位置在表皮和真皮邊界的正上方或正下方
表皮
不斷有細胞更新的皮層；細胞的增殖處位於基底；往上移的細胞會變硬並死亡
路夫尼小體
位於真皮中層的神經末梢；大多分佈於真皮中層或下層
真皮
混有膠原蛋白、彈性蛋白和其他結締組織的皮層；大部分的觸覺受器都在真皮內
環層小體
位於真皮深處
血管
遞送養分到皮膚各層以及觸覺受器
神經纖維
受器的神經纖維聚集成束並將訊號交遞給主要神經

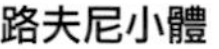

皮膚的微型受器

受器所在的皮層變形，以及因為溫度改變造成的擴張或收縮都會產生神經脈衝。脈衝沿著受器的神經纖維前行，在真皮深處或更下方，接上其他神經纖維聚在一起形成的神經束。大多數受器在沒有受到刺激時「發射」神經訊號的頻率不高，也不規律。而當皮膚被觸碰時，發射訊號的頻率則會提升。

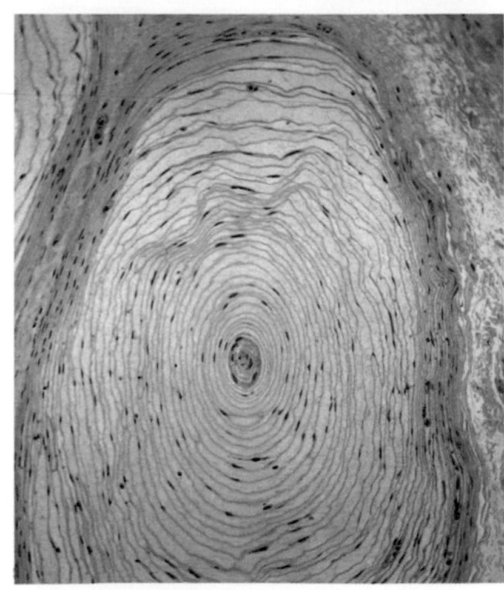

深部壓力感測器
環層小體具有多層結構，是所有皮膚受器中最大的類型，在一些部位中可達一公釐長。

溫度調節

體溫調節是皮膚的功能之一，能維持體溫恆穩。調節體溫的機制主要有三種：血管的擴張及窄縮、流汗、毛髮調整。身體變熱時，真皮中的血管會擴張，引進更大量的血流，以讓熱氣從表面流出。這時，皮膚可能會潮紅，同時汗液會從汗腺滲出並蒸發，將身體的熱氣吸出。身體感到寒冷時，周邊血管會緊縮，以使溫度的流失減到最少，流汗量也會降低。微小的體毛也會受立毛肌拉扯而豎起，以阻止空氣離散，形成保溫層。

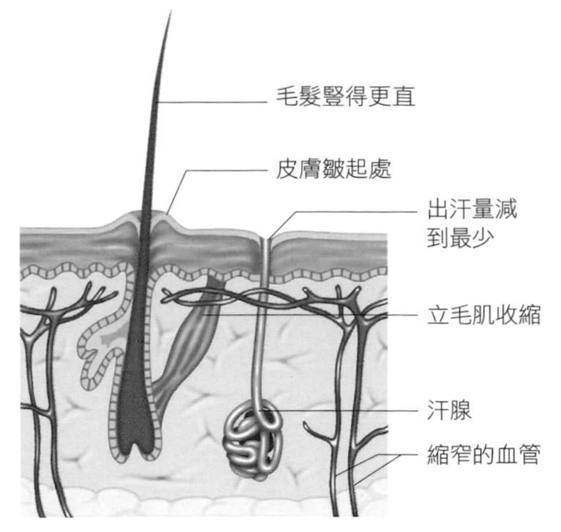

毛髮豎得更直
皮膚皺起處
出汗量減到最少
立毛肌收縮
汗腺
縮窄的血管

感覺寒冷時
細小的體毛因立毛肌收縮而豎起，毛髮的基底部分隨之隆起呈小丘狀，即所謂的雞皮疙瘩。周邊血管收縮，汗腺活性減低。

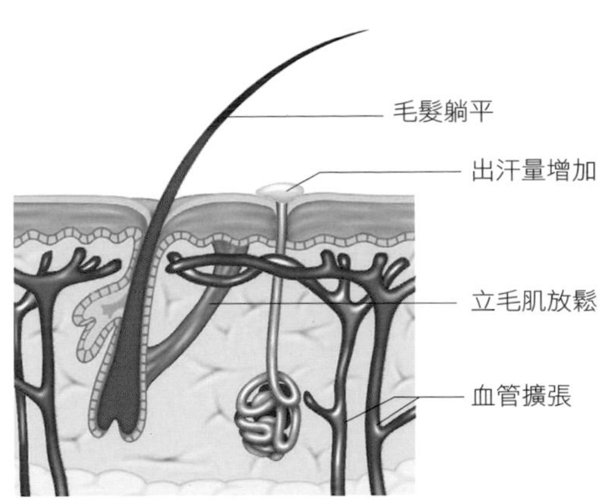

毛髮躺平
出汗量增加
立毛肌放鬆
血管擴張

感覺熱時
細小的體毛因立毛肌放鬆而躺得更平，毛髮基底的小丘消失。真皮裡的血管擴張，使血流量增加，而汗腺也提高汗液的輸出量。

上皮

上皮組織也稱為上皮，是重要的結構性元素，能夠成為其他身體組織的襯裡或覆蓋物。上皮的歸類方法可依個別細胞的形狀和佈局模式來區分（請參閱下方說明），也可依細胞呈單層或多層排列來區分。大多數的上皮組織都是體內各種膜的組成物，專門負責保護、吸收或分泌。上皮內部不含血管，而其細胞通常都附著固定在基底膜上。其他類型的細胞也可存在於上皮中，例如杯狀細胞會分泌黏液滴並釋出於表面。

上皮細胞的類型

組成上皮層的細胞以其形狀分類。大多數上皮因其所處地理位置，容易遭受摩擦、壓迫等類似的物理磨損，對此，上皮細胞能以快速分裂以自我更替。

鱗狀 盤狀或扁平形的細胞，寬度大於深度，貌似鋪路板或鋪路的不規則形石板；細胞核形狀扁平。	特點：細胞層因為很薄，所以某些物質可以直接通過。選擇性擴散作用（即選擇性滲透）可於這些細胞中進行。
立方形 立方體或盒形的細胞，有些為六邊形或多邊形；細胞核通常位於細胞中心。	特點：此細胞層自一邊所吸收的物質，經過骰形細胞的細胞質，要從另一邊離開之前會被改變。
柱狀 高而纖細的細胞，通常為正方形、長方形或多邊形；大而橢圓形的細胞核位於細胞基底附近。	特點：這些細胞負責保護並隔絕其他組織；有的頂部有用來移動細胞外流體的纖毛，或用來吸收物質的微絨毛。
腺性 有分泌能力的改裝型上皮細胞，通常為骰形或柱狀，內含分泌性細粒或液泡。	特點：這些細胞構成的細胞層有的向內摺，形成窩、袋囊、凹槽或輸送管（好比汗腺）。

假複層上皮

這種柱狀上皮看似如上下多層細胞排列組合而成，但其實是由多種不同形狀和高度排列形成的單細胞層。不同類型細胞的細胞核（中控室）也位於不同的高度，使之看起來好像是複層一樣。此細胞層中體型較高大的細胞，有的會特化成負責製造黏液的杯狀細胞，或負責困住外來微粒的纖毛細胞。這類上皮存在於呼吸道內壁、排泄道和男性的生殖通道及輸送管。

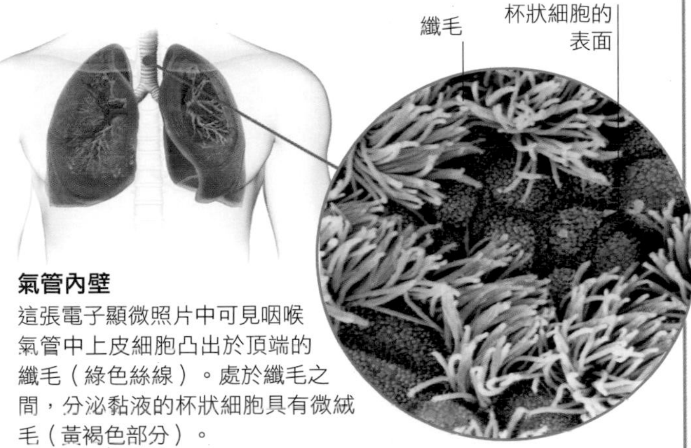

纖毛
杯狀細胞的表面

氣管內壁
這張電子顯微照片中可見咽喉氣管中上皮細胞凸出於頂端的纖毛（綠色絲線）。處於纖毛之間，分泌黏液的杯狀細胞具有微絨毛（黃褐色部分）。

變圓的上皮細胞

膀胱內壁
這張電子顯微照片可見膀胱內壁上緊密塞滿了上皮細胞。這些細胞既軟又具韌性，讓膀胱可於充滿尿液時向外擴張。

過渡上皮

這種上皮組織與複層上皮類似，不同處在於能夠延展而不會撕裂。基底層通常由柱狀細胞構成，越往上層的細胞就越圓。這些細胞層延展時，當中的細胞會變扁，或變得較呈鱗狀。泌尿系統中，腎臟、輸尿管、膀胱和尿道內壁都有過渡上皮；過渡上皮為相當適合泌尿系統的上皮類型，可於尿液流經這些管道時，讓管道膨出。這種上皮也會分泌黏液，以自我保護，免受酸性尿液的侵蝕。

單層上皮和複層上皮

單層上皮由單層細胞組成，通常存在於需要讓物質容易通過的部位，單一細胞的厚度能讓阻力減到最小。複層上皮有兩層以上的細胞，保護作用較佳。有些複雜的上皮有超過五層細胞，但兩到三層較為常見。這種上皮中，不同層的細胞可能有不同的形狀。

眼睛中的上皮
眼睛中含有兩種上皮：視網膜色素層的單層上皮、角膜半球形的「前窗」複層鱗狀上皮。

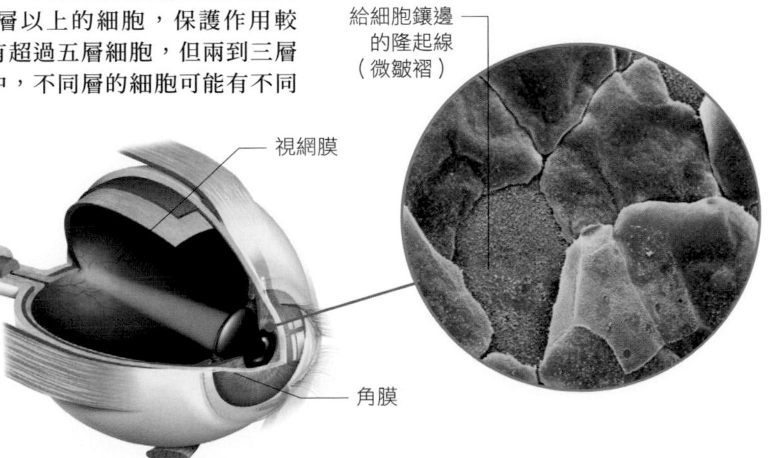

視網膜
角膜
給細胞鑲邊的隆起線（微皺褶）

角膜的結構
覆蓋在角膜的上皮是透明的，約有五層細胞厚，可讓光線進入眼睛。

皮膚和毛髮的防禦功能

皮膚是身體抵禦潛在傷害的第一條防線。因此，裝備精良的皮膚具減震的特質，能夠防範物理損傷。組成皮膚最外層的表皮細胞彼此緊密相扣，但仍留有一定程度的柔韌度。表皮細胞幾乎完全由堅韌的角蛋白構成，能夠抵禦多種化學物質的侵襲。數百萬個皮脂腺（各個都與一個毛囊搭配共存）的天然分泌物在體溫下略呈油狀，容易擴散，具一定程度上的防水性和抗菌性，能抑制某些微生物生長，並防止毛髮變得太過硬脆易碎。

頭髮
頭髮有助於防止頭皮受到雨淋，將敲打或撞擊的能量吸收或轉移，並保護頭部免受極冷或極熱溫度的直接影響。

眉毛

睫毛

眉毛和睫毛
眉毛呈弓形生長，相對來説較為粗硬，且生長速度較快，能使額頭上的汗水或雨水轉向流下，以免滴入眼睛中。睫毛會在眨眼時製造旋轉氣流，將飄浮在空氣中的微粒推開，遠離眼球表面。

皮脂和耳垢
富含脂質（軟脂酸、硬脂酸、油酸、亞麻油酸及其他脂肪酸）的各種分泌物之混合體，可以軟化、潤滑皮膚，並有防水作用

防禦紫外線的能力

陽光中含有各種顏色波長的光譜，包括紅外線（暖化的元素）以及紫外線。長波紫外線和中波紫外線都是人眼看不到的波長，但暴露於中波紫外線特別與許多類皮膚癌有關聯性（請參閱對頁）。對此，皮膚的自衛機制為其內含的深色物質（色素）：黑色素。黑色素在表皮上層形成遮擋物，保護著表皮底部不斷增殖的細胞。

黑色素的生產製程
黑色素細胞是位於表皮底部，生產黑色素的細胞。它們製造出一團團的黑色素細粒後，將之送入周圍其他細胞中。

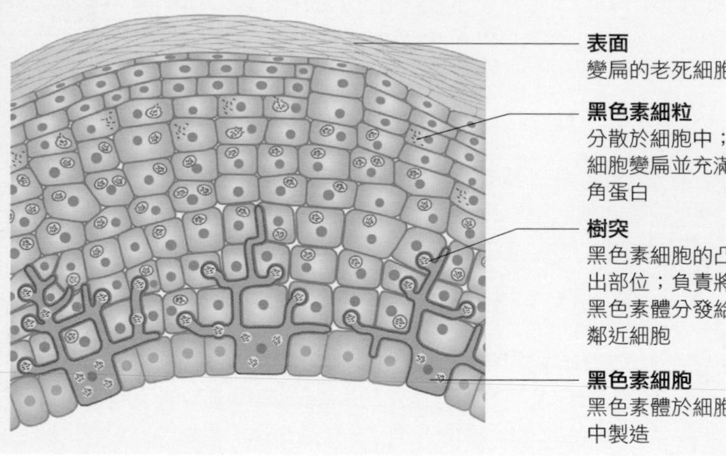
表面
變扁的老死細胞
黑色素細粒
分散於細胞中；細胞變扁並充滿角蛋白
樹突
黑色素細胞的凸出部位；負責將黑色素體分發給鄰近細胞
黑色素細胞
黑色素體於細胞體中製造

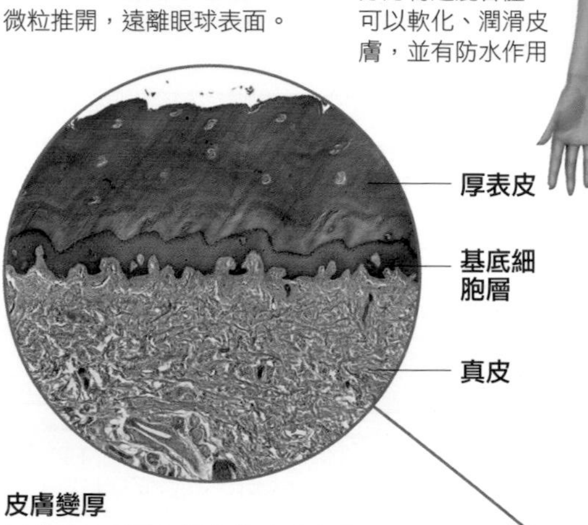
厚表皮
基底細胞層
真皮

皮膚變厚
規律性承受壓力的皮膚區域會因應而使其表皮層加厚，加強保護和緩衝作用，這裏足部皮膚的放大圖即為一例。

趾甲
由幾乎完全為固體的角蛋白所組成

皮膚色素沉著

膚色取決於表皮中兩種主要黑色素色素的種類（偏紅的褐黑色素及棕黑色的真黑素）和量的多寡，以及色素細粒的分佈方式。每個黑色素細胞都有手指狀的樹突，觸及周圍的30至40個細胞（基底角質細胞）。黑色素細胞製造色素細粒的地點位於其稱為黑色素體的帶膜胞器中。它們會沿著樹突移動，並被「掐斷」進入細胞。膚色較深的皮膚中，黑色素細胞的體積較大，當中含有較多的黑色素體，瓦解後，色素會平均分散到各個皮膚細胞之間。膚色較淡的皮膚中，黑色素細胞和其內含的黑色素體群的體型較小。暴露於紫外線中會刺激黑色素細胞，使膚色變深，也可稱之為曬黑。

膚色差異性
與顏色較淺的膚色相比，顏色較深的皮膚中，製造黑色素的細胞體型通常較大，會製造較多、較大且密度較高的黑色素體。顏色較深的皮膚中，黑色素細胞會釋出內含的色素細粒，而淺色皮膚中黑色素細胞的色素細粒則成簇集中在一起。

深色皮膚

棕色皮膚

淺色皮膚

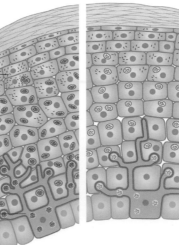

上層角質細胞
黑色素分佈平均

黑色素體
釋出黑色素細粒

基底層的角質細胞
黑色素體用量較大

黑色素細胞
有許多樹突，且性質活躍

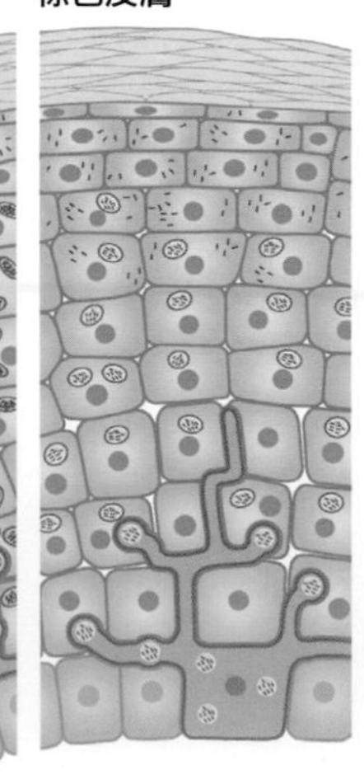

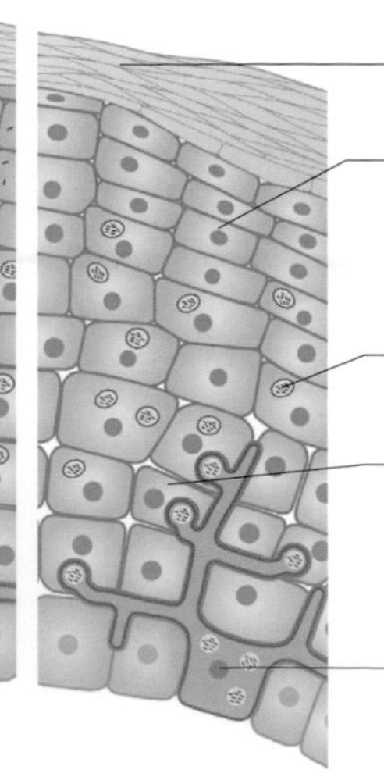

表面
狀似瓦片的細胞

上層角質細胞
當中含有較少散開的黑色素

黑色素體
保持原封不動狀態

基底層的角質細胞
吸收較少、質量較輕的黑色素體

黑色素細胞
樹突少；性質不太活躍

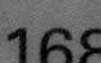

皮膚損傷和疾病

皮膚中的細胞增殖速度與身體其他種身體細胞相比，非常地快。部分皮膚的疾病起因於自我更新的系統發生了問題，其中包括各類皮膚增生及腫瘤等。皮膚作為身體的第一條防線，很容易遭受傷害、起過敏反應而出疹，或遭受細菌、真菌或其他種類的微生物感染。

皮膚癌

皮膚的惡性腫瘤類型有好幾種，嚴重程度不一，大部分都起因於長時間暴露在有害太陽輻射之下。

基底細胞癌通常進程緩慢，且不太容易擴散到其他身體部位（稱為轉移）。通常一開始會出現一顆平滑無痛的小型團塊，顏色為粉紅色或棕灰色，團塊外觀呈珍珠或臘般的質感。隨著團塊變大，中央可能會出現凹陷，凹陷處的邊緣為不規則樣。鱗狀細胞癌的致病因可為長期曝曬紫外線或接觸致癌物質（如焦油和石油化學物質）等。團塊一開始為紅色或紅褐色，邊緣不規則，質地堅硬，無痛感，接著可能會開始滲出液體，並呈潰瘍狀。惡性黑色素瘤可由本來就存在的痣或快速變大的深色不對稱形丘疹發展而成。特色包括體積增大、邊緣形狀不規則、出血和結硬皮等。這些類型的皮膚癌都需要儘速就醫治療。

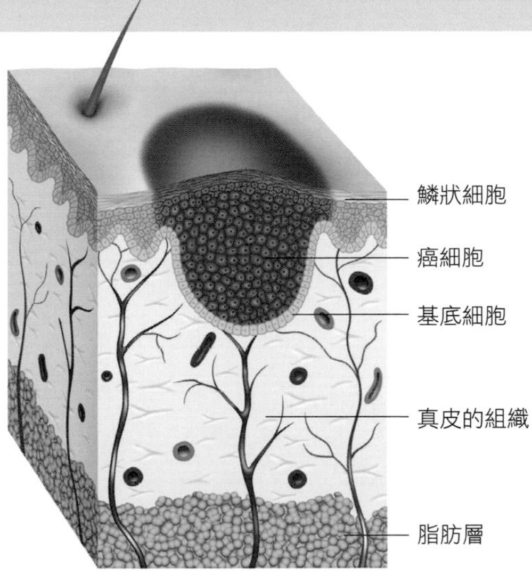
鱗狀細胞
癌細胞
基底細胞
真皮的組織
脂肪層

基底細胞癌
表皮底部快速分裂的細胞被紫外線曝曬破壞，開始失控增殖，許多變扁平或變鱗狀的細胞會堆積在一起，形成小丘。這個增生侷限於局部表皮中。

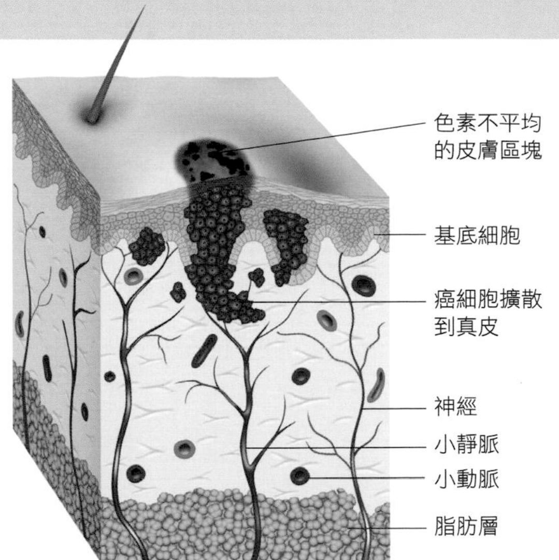
色素不平均
的皮膚區塊
基底細胞
癌細胞擴散
到真皮
神經
小靜脈
小動脈
脂肪層

惡性黑色素細胞瘤
輻射能會破壞黑色素細胞（即製造色素的細胞），使其失控地增殖，形成深色、形狀不規則的塊狀物。同時，有些癌細胞會侵入真皮，並可能隨著血液流到其他部位。

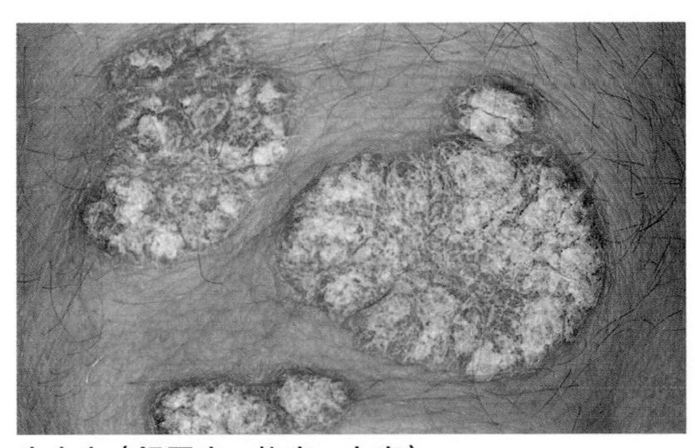

牛皮癬（銀屑病、乾癬、白癬）
牛皮癬有好幾種類型，大部分的特徵都是某幾塊皮膚有死去的表皮細胞堆積，而外觀出現發紅、加厚及脫皮等現象，伴隨間歇性發癢。好發患部有膝部、肘部、下背部、頭皮和耳後區域。

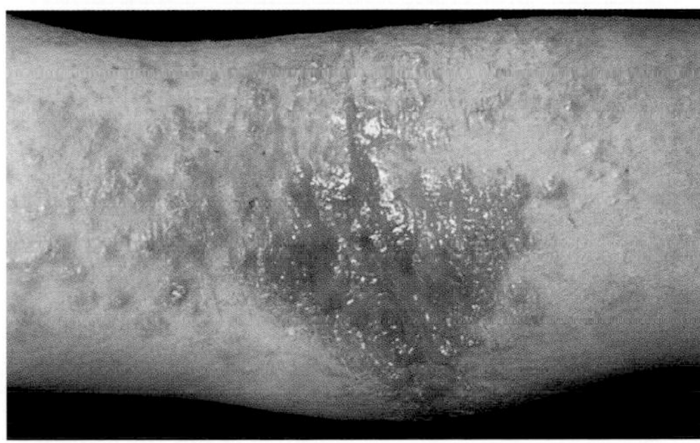

濕疹
典型濕疹會發紅、發炎及發癢，伴隨充滿流體的水疱或一陣陣的皮膚乾裂、脫皮及加厚症狀。好發患部為手部和皮膚上有皺紋的部位，如腕部、肘部及膝部等。

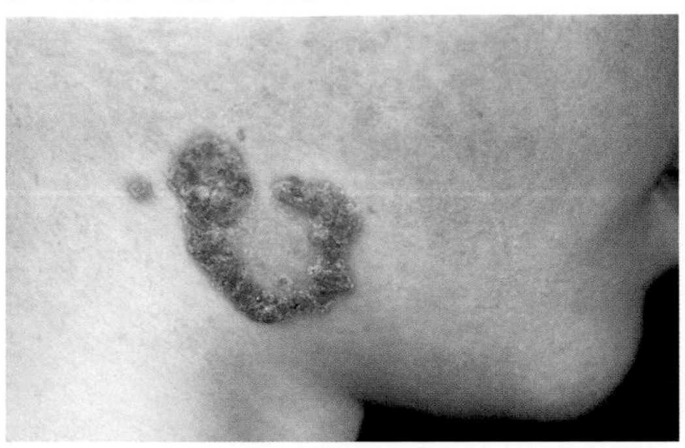

膿疱病（膿皰病）
這種細菌感染好發於面部，最常病發於鼻子和嘴巴周圍。患處的皮膚會發紅，並長出充滿流體且會脹破的水疱。水疱破後，會發紅及滲出液體，過後所結的硬皮可能會發癢。

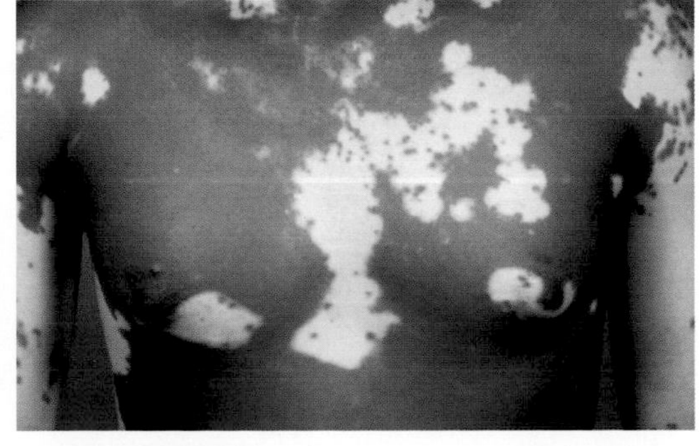

白斑病（白癜風）
費時數月或數年長出的皮膚脫色塊，特別常見於面部和手部，且通常在20歲以前病發。脫色區塊在膚色較深的人身上較為明顯，但不會危害健康。

皮疹

皮疹大多為皮膚發炎的區域。有些是皮膚本身有疾病所致，有些則是全身性異常疾病連帶影響內臟所致。

皮疹有些為局部性，有些範圍較廣。局部性皮疹可能會在身體接觸陽光、摩擦或刺激性化學物質的部位出現。皮疹有些有強烈遺傳性，但真正的致病因或致病機轉一般尚不清楚。這種疾病不至於危及生命安全，但可能造成的不雅觀樣貌會影響生活品質，並需要伴以自助預防措施進行長期控制，以及持續性藥物治療。牛皮癬是一種常見普遍的疾病，時不時會有分佈不勻的皮疹冒出。感染、受傷、壓力或藥物治療的副作用都可能促使牛皮癬發作。濕疹（此詞常與皮膚炎一詞交替使用）是所有皮膚疾病當中非常常見的，特別好發於嬰兒和兒童，但許多人長大後就自然痊癒了。濕疹通常與氣喘、過敏反應有關，常年性鼻炎或季節性鼻炎（乾草熱或花粉熱），可能會青春期時或成年後冒出。膿疱病（膿皰病）是皮膚因細菌感染引起水疱生長的疾病，一般形成於皮膚表面有裂痕的地方，像是切傷、口唇疱疹（單純疱疹病毒）或抓破而有液體滲出的濕疹。白斑病（白癜風）基本上是自體免疫的問題，患者身體中的抗體攻擊自身皮膚中製造色素的細胞：黑色素細胞。白斑會零散長在各處局部區域，通常有對稱性；而有三分之一的病人色素都會自發性恢復正常。

皮膚色斑和瘢點

青春期的皮膚，容易長出充滿膿汁的丘疹，小型的稱為膿疱，大型的稱為癤子和痤瘡。另外，局部細胞數量增加（比如長疣或長痣）也可能形成色斑或膨大。不同類型的囊腫也可能造成腫塊形成。有些瘢點是外在因素所致，例如壓力和曝曬陽光等，另外，病毒感染也是可能的致病因。

痤瘡

一下子冒出一連串丘疹，且通常發作於臉部，原因是皮膚中腺體堵塞而發炎。

一般痤瘡的皮膚起因於皮脂腺產生過量的油性蠟樣分泌物（即皮脂）。皮脂接觸到空氣後，在皮膚的毛孔形成堵塞物，外觀可能因帶有色素而呈深色（非污垢），此即黑頭粉刺，也可呈淺色，即所謂的粟粒疹。卡住的皮脂、老死細胞和細菌感染結合在一起的部位會發炎，導致膿疱產生。青春期因激素激增，罹患痤瘡是常見的現象。

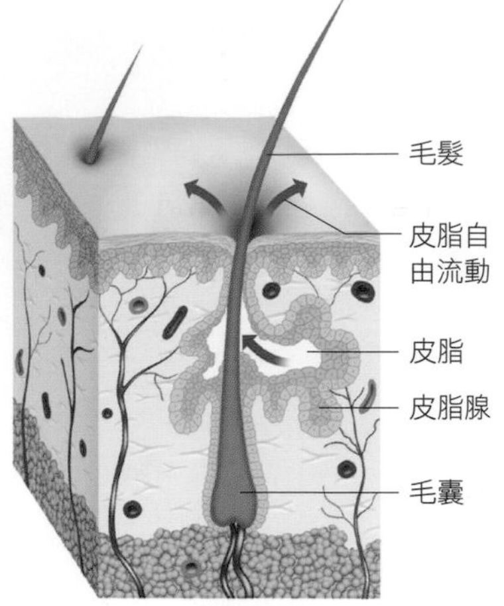
毛髮
皮脂自由流動
皮脂
皮脂腺
毛囊
正常的毛囊

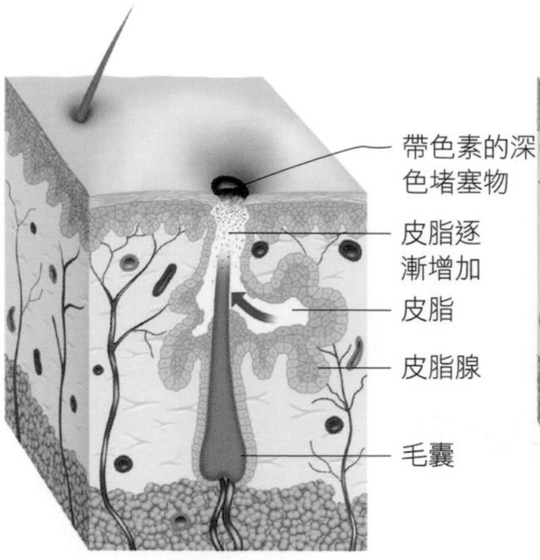

帶色素的深色堵塞物
皮脂逐漸增加
皮脂
皮脂腺
毛囊

毛囊有黑頭粉刺

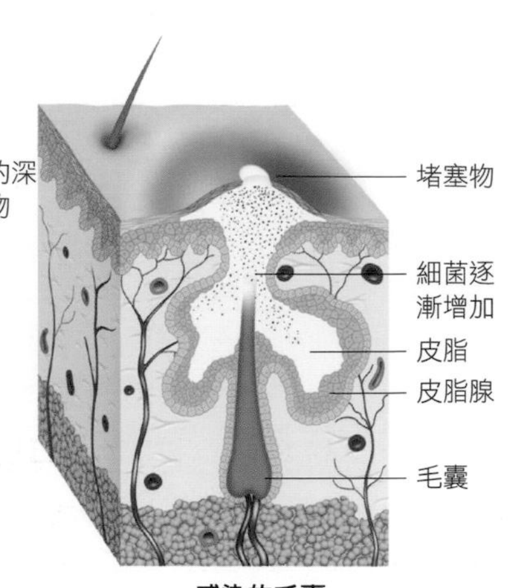
堵塞物
細菌逐漸增加
皮脂
皮脂腺
毛囊
感染的毛囊

痣

痣為扁平或凸起的色斑，形狀、顏色和質地各不相同，可為單個或多個。

痣或斑痣為局部皮膚的色素細胞（黑色素細胞）過度生產及聚集，伴隨黑素色素增加所致。痣非常常見，多數成年人年屆30都會有10到20顆痣。身體各處都有可能長痣，痣的大小不一，但通常寬不超過1公分。痣少有變惡性的情形，但如果發現痣的大小或樣貌改變、開始發癢或流血等，都應該諮詢醫師。

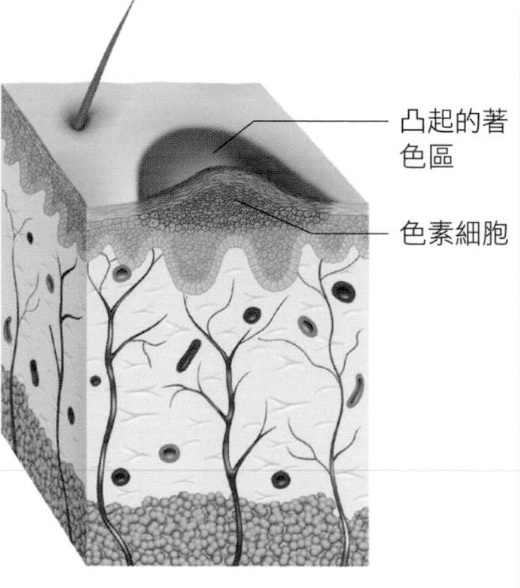
凸起的著色區
色素細胞
痣的橫切面
此痣雖然是向外凸出，但著色區域並未擴展到表皮下方的細胞。

囊腫

位於皮膚下方，內含流體或半固態物質的無害囊狀腫塊即稱作囊腫。

最常見的囊腫類型為形成於毛囊的皮脂腺囊腫（或稱粉瘤）。囊腫中，含有困在強韌袋狀被膜中的皮脂腺分泌物和老死細胞。囊腫於皮膚表面隆起的地方通常觸感平滑，有些中央區域的顏色會特別深或特別淺。好發於頭皮、面部、軀幹和生殖器等身體部位，但其他部位也都有可能罹患。囊腫如果增大、變不雅觀、發疼或遭感染，則可能需予以治療。

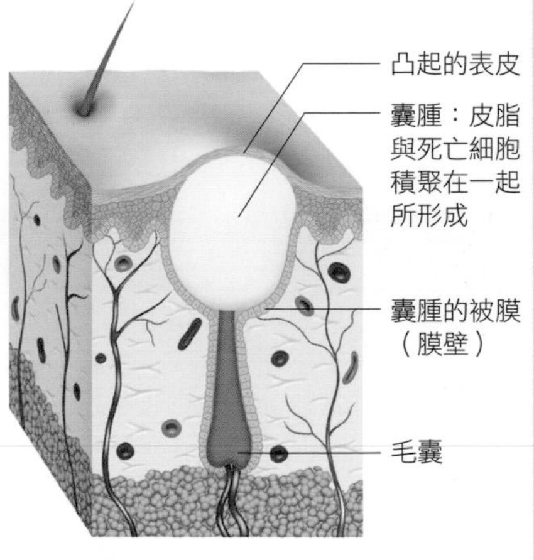
凸起的表皮
囊腫：皮脂與死亡細胞積聚在一起所形成
囊腫的被膜（膜壁）
毛囊
囊腫橫切面
從真皮層突出的皮脂囊腫將表皮撐大，上凸形成圓頂狀小丘。

癤子

癤子存在於皮膚上，為發紅、發炎、充滿膿汁、觸碰會感到疼痛的區域，由細菌感染所造成。

癤子為毛囊或皮脂腺中膿汁積聚所形成，有可能持續擴展到毛囊或皮脂腺中都有癤子分佈。癤子通常為細菌感染所致，特別是各種葡萄球菌屬的細菌所造成的感染，一開始的樣貌為小型紅色腫塊。毛囊或腺體中，細菌繁殖的同時，膿汁也積聚，在癤子中央形成白黃色膿頭，引起該部位觸痛與腫脹等症狀。癤子成簇聚在一起時，可能會相連形成癰。癤子如果不斷復發，則可能為身體有潛在異常疾病的徵兆。

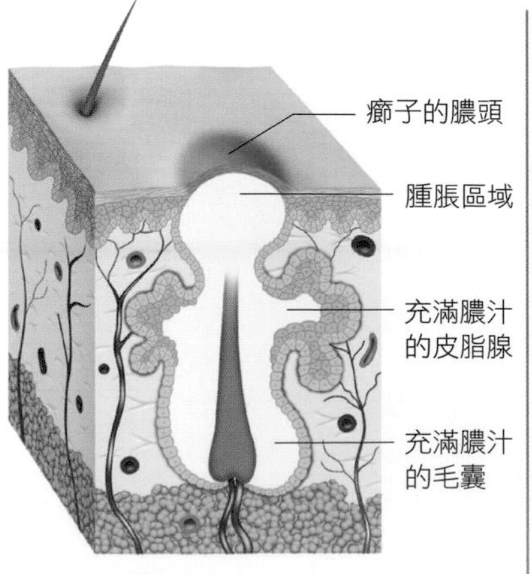
癤子的膿頭
腫脹區域
充滿膿汁的皮脂腺
充滿膿汁的毛囊
癤子的橫切面
毛囊和皮脂腺都充滿了膿汁，使得上覆的皮膚發紅、腫脹且有觸痛感。

疣

疣是病毒感染造成的小型皮膚增生；外觀可為扁平或凸起狀，觸感可為平滑或粗糙。

疣是人類乳頭狀瘤病毒感染皮膚所致。這種病毒入侵皮膚後，導致表皮細胞局部增殖。多餘的細胞被往上和往外推擠而出，在皮膚表面形成一顆腫塊。疣有尋常疣和扁平疣之分。長在腳底的疣人稱足底疣（掌疣），會呈扁平狀長入皮膚內，導致疼痛感。疣經常會自行消失，但可能會要一段時間。

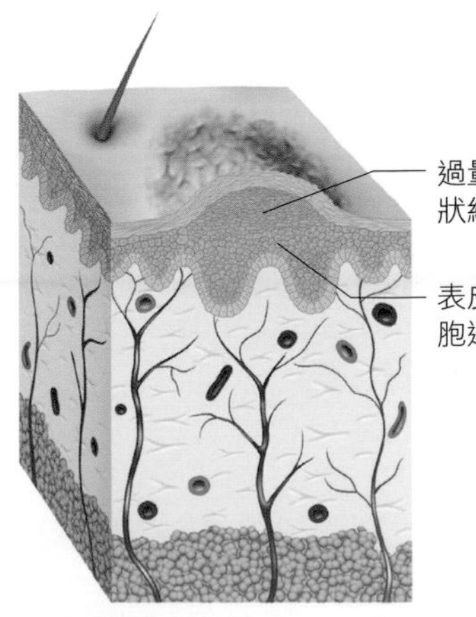
過量的鱗狀細胞
表皮中細胞過剩
疣的橫切面
皮膚表面上尋常疣的典型外觀即為表皮細胞過度增殖所導致。

創傷

皮膚表面因創傷而受損時，可任其自行癒合或予以醫療輔助癒合。

創傷的起因可能源於意外事故，也可源於外科手術所造成的切口。創傷復原的程度如何，取決於其寬度和深度、傷口邊緣的平整度、患者的年齡和健康狀態，以及預防感染的舉措施行情形。傷口乾淨且閉合良好的話，通常幾週過後就會癒合，幾乎不留瘢點。有鋸齒緣的開放傷口癒合所需的時間較長，且可能會留下皺疤痕。縫線（縫合）和黏合劑封口都有助於癒合作用的進行。

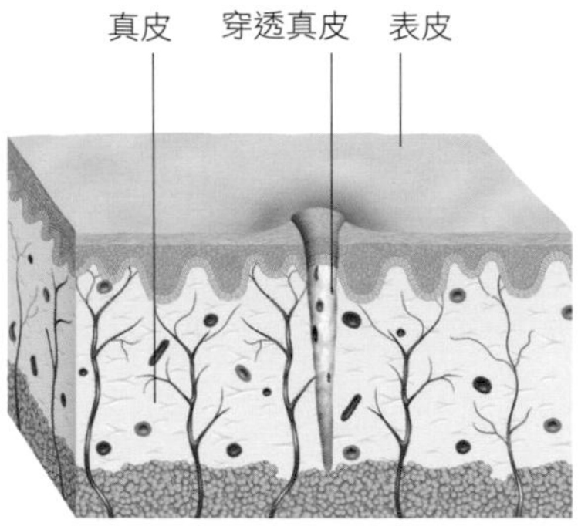
真皮
穿透真皮
表皮

穿刺傷
穿刺傷區域小但穿透度深。癒合的速度通常快速，但有微生物進入深組織造成感染的風險，特別是存在土壤中的破傷風梭狀桿菌。

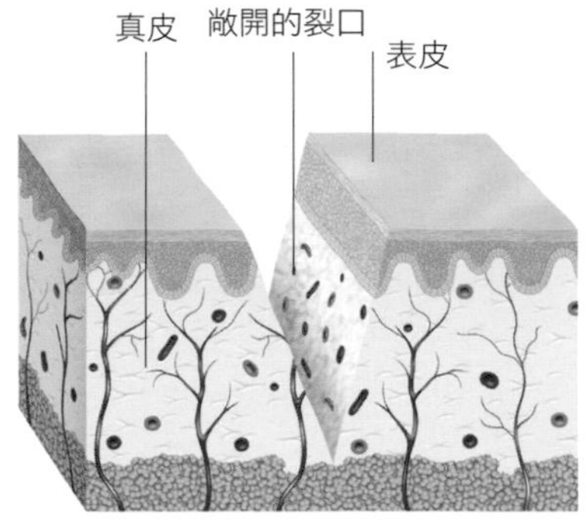
真皮
敞開的裂口
表皮

切傷
裂口邊緣整齊的切傷如果清理乾淨、將開口閉合以促進傷口邊緣的皮膚癒合並予以包裹以防止感染的話，癒合後通常只會留下極小的疤痕。較深的切傷就有可能需要予以縫合，以預防產生疤痕。

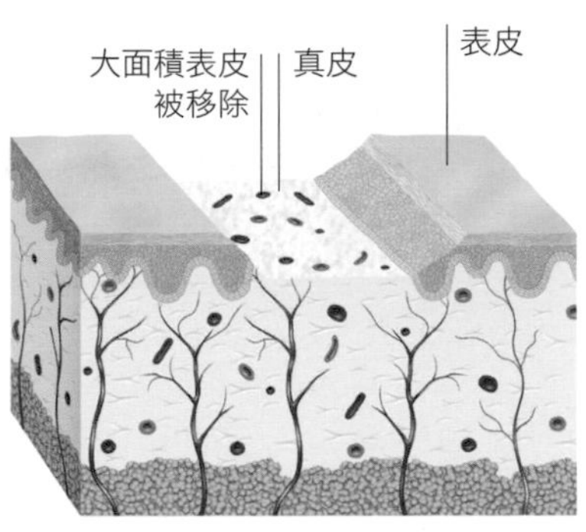
大面積表皮被移除
真皮
表皮

擦傷
破皮或擦傷可能會刮除大片皮膚，造成許多神經末梢受損，並導致劇痛。擦傷的部位在表皮的話，癒合之後通常不會留疤。傷到較深的部位則比較可能留疤。

燒傷、瘀傷、水疱與曬傷

各類外傷和高溫都有可能傷害到皮膚，並導致許多問題，比如過度摩擦、壓力過量及燒燙傷都會造成起水疱。

灼傷可由高溫、電流、放射性或化學物質導致，會造成大量細胞損傷，甚至可能危及生命。挫傷或稱瘀傷，是皮膚因出血滲到底層組織而產生的一個變色區域，通常為物理性撞擊所導致。眼周瘀傷又稱「眼瘀斑」。局部物理性損傷（比如摩擦和壓力）可能會產生一塊充滿流體的凸起部位，即所謂的水疱。水疱也可能由高溫所導致，包括太陽的紫外線。曬傷是劇烈或長時間過度曝曬太陽的紫外線所造成的皮膚傷害。皮膚會先變紅、發熱、腫脹且發疼，接著會開始脫皮。過度曝曬陽光，又沒有施以足夠保護措施的話，有可能會導致罹患皮膚癌。

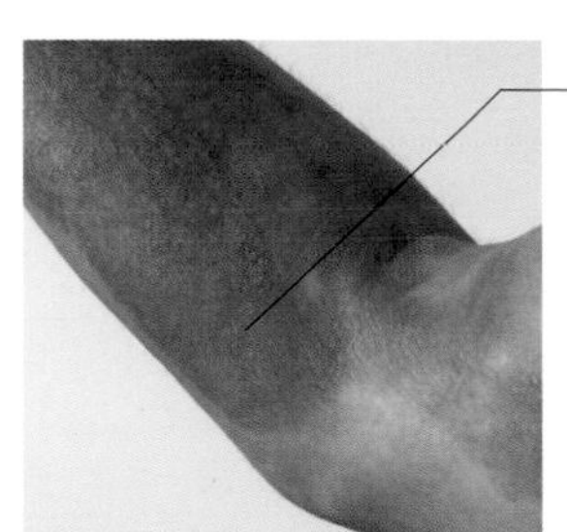
發紅且發炎的皮膚

灼傷
灼傷部位的皮膚變紅（如左圖），而表皮受損。如果表皮下方的真皮也受損的話，很快就會起水疱。

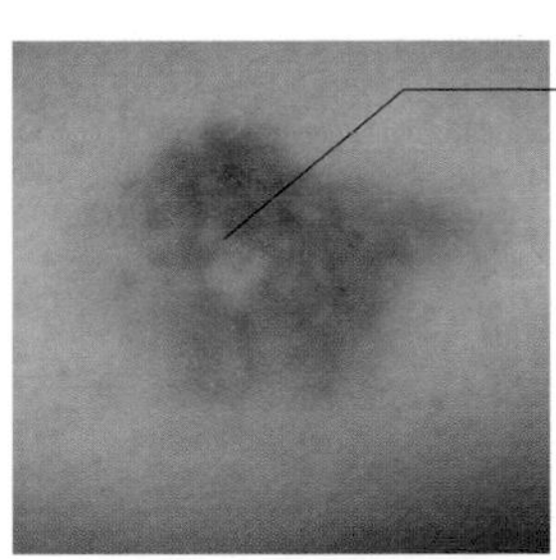
瘀傷處的顏色會改變

瘀傷
血球漏出後，在血管外分解，致使瘀傷的顏色由藍變為棕黃色。如果無緣無故出現瘀傷的話，應尋求醫療諮詢。

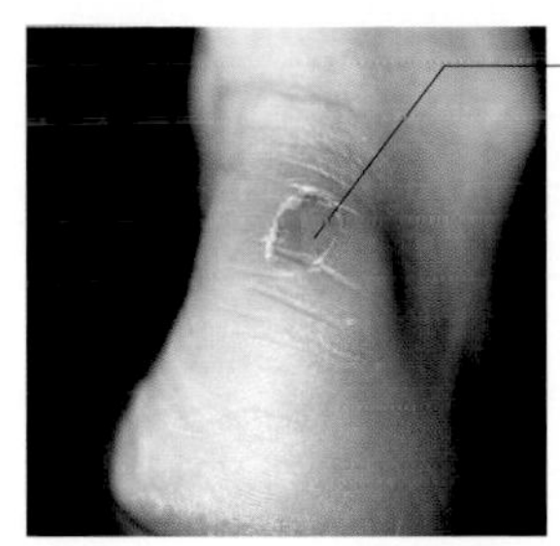
水疱破裂的話，須予以包紮

水疱
流體從破損的脈管流出，積聚在皮膚表面底下。新的皮膚在水疱底下形成，水疱破裂時，舊的皮膚會變乾而剝落。

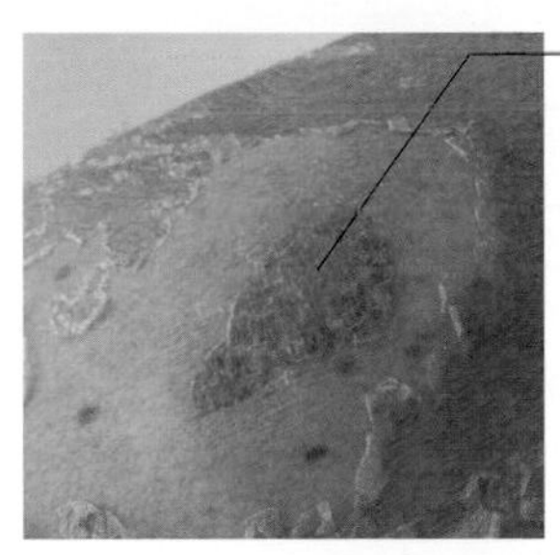
因乾燥而脫皮的皮膚

曬傷
過度曝曬於陽光中的紫外線會使皮膚發熱、發紅、瘙癢與腫脹；接著，皮膚會變乾燥而脫皮。嚴重時可能會起水疱。

頭皮病態脫屑與禿髮

頭皮病態脫屑為頭皮的皮膚過度成片脫落；禿髮即脫髮，有些為永久性。

頭皮病態脫屑對健康無害，但不雅觀且令人感到尷尬。患者頭皮的皮膚細胞脫落速度比正常人還快。白色的皮屑會顯現於頭皮上和頭髮中，有可能會發癢。這個病症在青年人身上最為常見，且與一種稱為「球形馬拉色菌」的酵母生物體有關。禿髮即脫髮，患部可為局部或全身、症狀可為暫時性或永久性；患部位於頭皮時最為明顯。致病因有許多，包括對睪固酮敏感等等，會導致雄性禿、簇圓禿（一種自體免疫異常疾病）等。

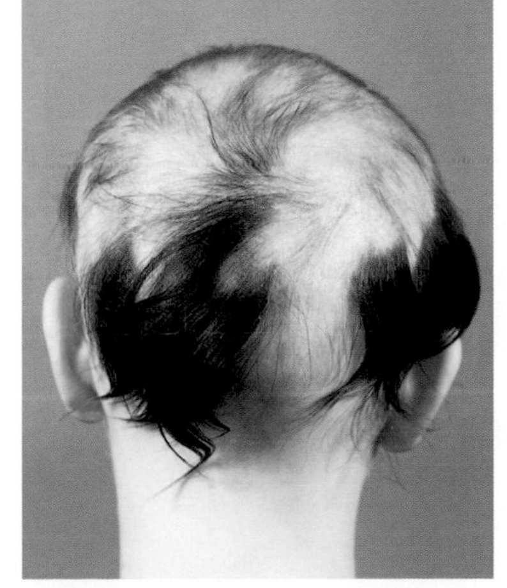

簇圓禿
罹患這種疾病時，頭髮會一簇簇地脫落，導致頭皮上出現一塊塊圍有斷裂短髮的禿髮部位。這些部位的頭髮通常過幾個月後又會再長出來。在極少數情況下，這種疾病會導致全身永久性脫髮。

嵌甲

甲沿著單邊或雙邊手指或腳趾邊緣彎入，硬是長入指（趾）肉中。

嵌甲會穿刺長入指或趾兩邊的組織中，導致發炎、不適、疼痛及感染風險。大拇趾是最常見的患處，患者大多為年輕男性。嵌甲可因不合腳的鞋子施壓在趾甲和腳趾所引發，也可因修剪趾甲外緣的方式不正確所致，修剪時，應橫向剪成一直線，而非剪成圓弧狀。另一個可能的致病因為腳趾受傷。足部衛生不良會增加感染的風險，並加重問題的嚴重度。治療方面，可利用小手術將嵌入的甲移除，並破壞其甲基質，避免再次生長。

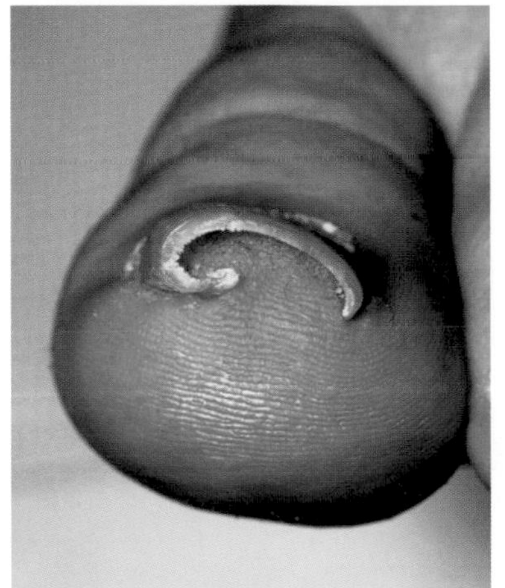

嵌甲
此圖例中大拇趾的趾甲明顯向內彎，刺入趾肉中，造成該處發紅、腫脹與皮膚裂傷，有可能會裂開並滲出膿汁、透明流體或甚至血液。對此，皮膚可能會做出過度生長並將甲包住的反應。

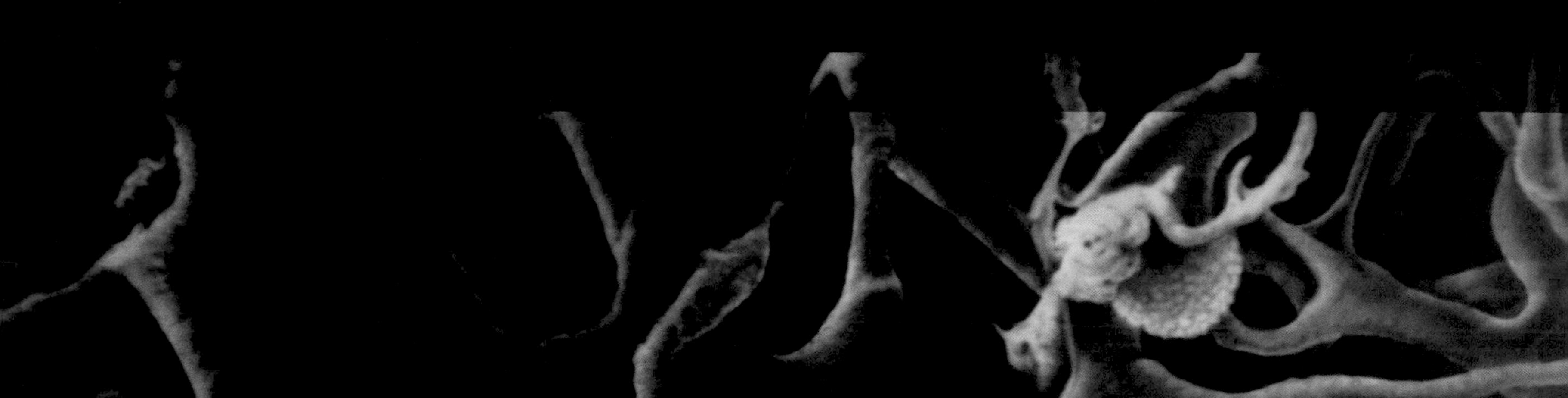

皮膚和淋巴與免疫系統每秒鐘都在保護著人體。人體要經常面臨兩種敵意攻擊，一種為外部的：物理性的傷害以及外部病菌的侵襲。另一種為內在禍患，例如已經侵入體內的病菌，以及自身細胞病變所產生的疾病，如癌症等。免疫系統負責在這兩條戰線上衝鋒陷陣，主力部隊為四處流動的白血球，並利用血液、流體、脈管及淋巴系統的淋巴結（腺體）等作為運輸和支援網。

淋巴與免疫系統

淋巴與免疫系統解剖

人體有好幾個系統都能防衛各種危害侵襲，可防禦太陽的紫外線、高溫、有害的化學物質、物理性傷害及諸如細菌、病毒等可能會帶來危險的微生物。不過，保護身體不受入侵最主要的系統，仍是結合了淋巴系統的免疫系統。

淋巴系統是免疫系統的一個組成部分，在人體防禦疾病功能中有著重要的作用。淋巴系統具有活性的部分是淋巴液，淋巴液原本為組織間液，負責在全身細胞之間四處做採集。流入組織間隙中的毛細血管網，毛細血管網又再結合形成較大的脈管，稱為淋巴管。淋巴結（淋巴腺）是淋巴系統的過濾和存儲部位，沿著淋巴管線路散佈。淋巴液不像血液般有心臟推動，而是需要在人體運動時，肌肉的收縮壓迫到附近淋巴管，才能夠被動產生流動。淋巴液會從左和右鎖骨下靜脈進入血液循環。除此之外，此系統還包括了淋巴器官（如胸腺和脾臟等）以及淋巴組織（如扁桃腺和集合淋巴結等），當中含有大量的特化白血球，特別是保護身體免受異物（例如入侵微生物）傷害的淋巴細胞。

360度視圖

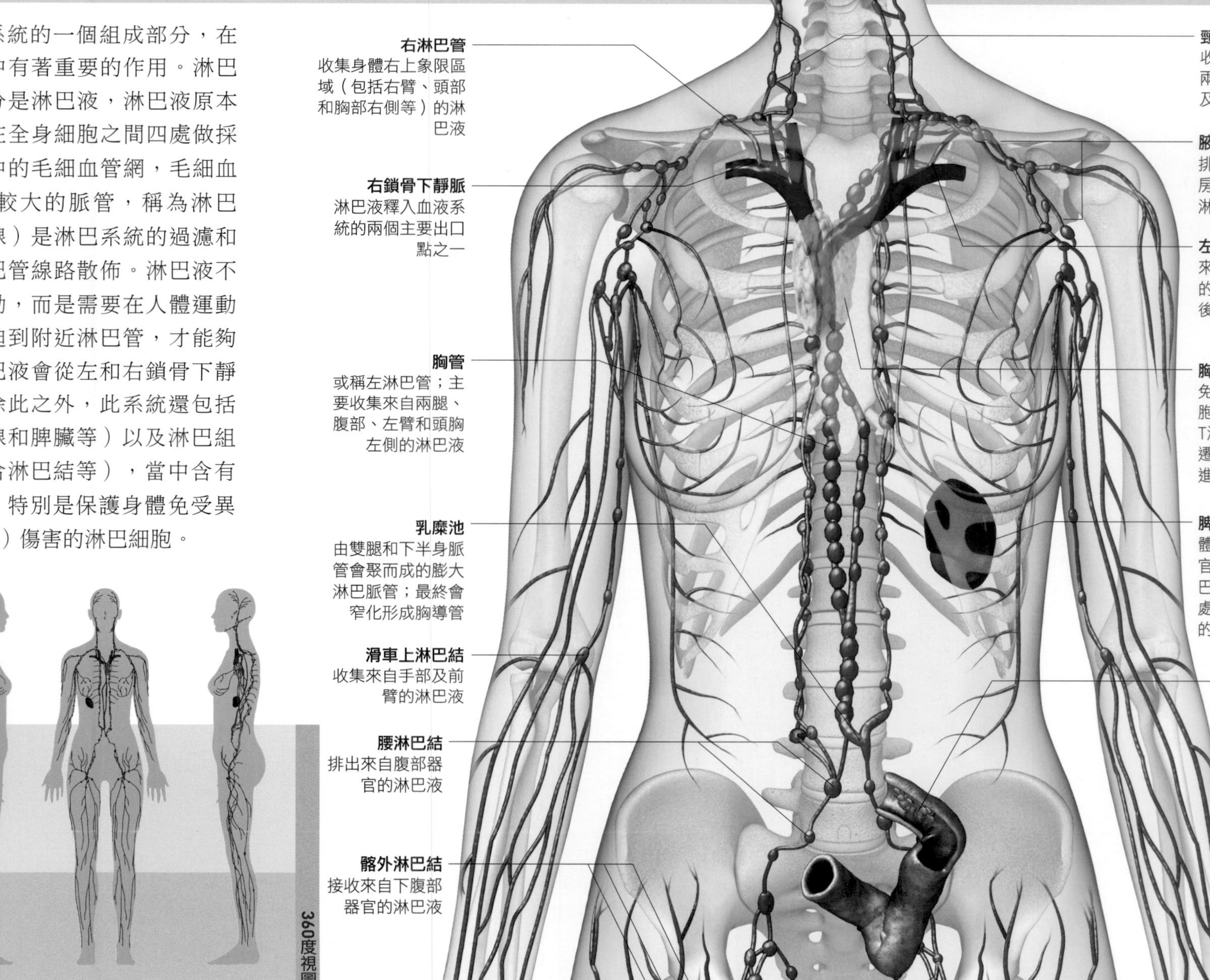
腺樣增殖體
或稱咽扁桃腺；位於鼻腔後部；協助過濾新進空氣及摧毀微生物
扁桃腺
在口後部咽兩側與舌底部的兩對扁桃腺（齶扁桃腺和舌扁桃腺），負責協助防範吸入的微生物
右淋巴管
收集身體右上象限區域（包括右臂、頭部和胸部右側等）的淋巴液
頸淋巴結
收集來自面部左右兩側、頭皮、鼻腔及喉嚨的淋巴液
腋淋巴結
排出來自於胳臂、乳房、胸壁和上腹部的淋巴液
右鎖骨下靜脈
淋巴液釋入血液系統的兩個主要出口點之一
左鎖骨下靜脈
來自左半身和下半身的淋巴液匯入胸管之後，流進血液的地方
胸管
或稱左淋巴管；主要收集來自兩腿、腹部、左臂和頭胸左側的淋巴液
胸腺
免疫系統中T淋巴細胞變成熟的部位。T淋巴細胞是由骨髓遷移而來，並在此進行分化的幹細胞
乳糜池
由雙腿和下半身脈管會聚而成的膨大淋巴脈管；最終會窄化形成胸導管
脾臟
體積最大的淋巴器官；脾臟是某些淋巴細胞類型的儲存處，也是過濾血液的主要部位
滑車上淋巴結
收集來自手部及前臂的淋巴液
集合淋巴結
位於小腸下段的數個成簇淋巴小結；有助於保護身體免受攝入食物中微生物的侵害
腰淋巴結
排出來自腹部器官的淋巴液
髂外淋巴結
接收來自下腹部器官的淋巴液

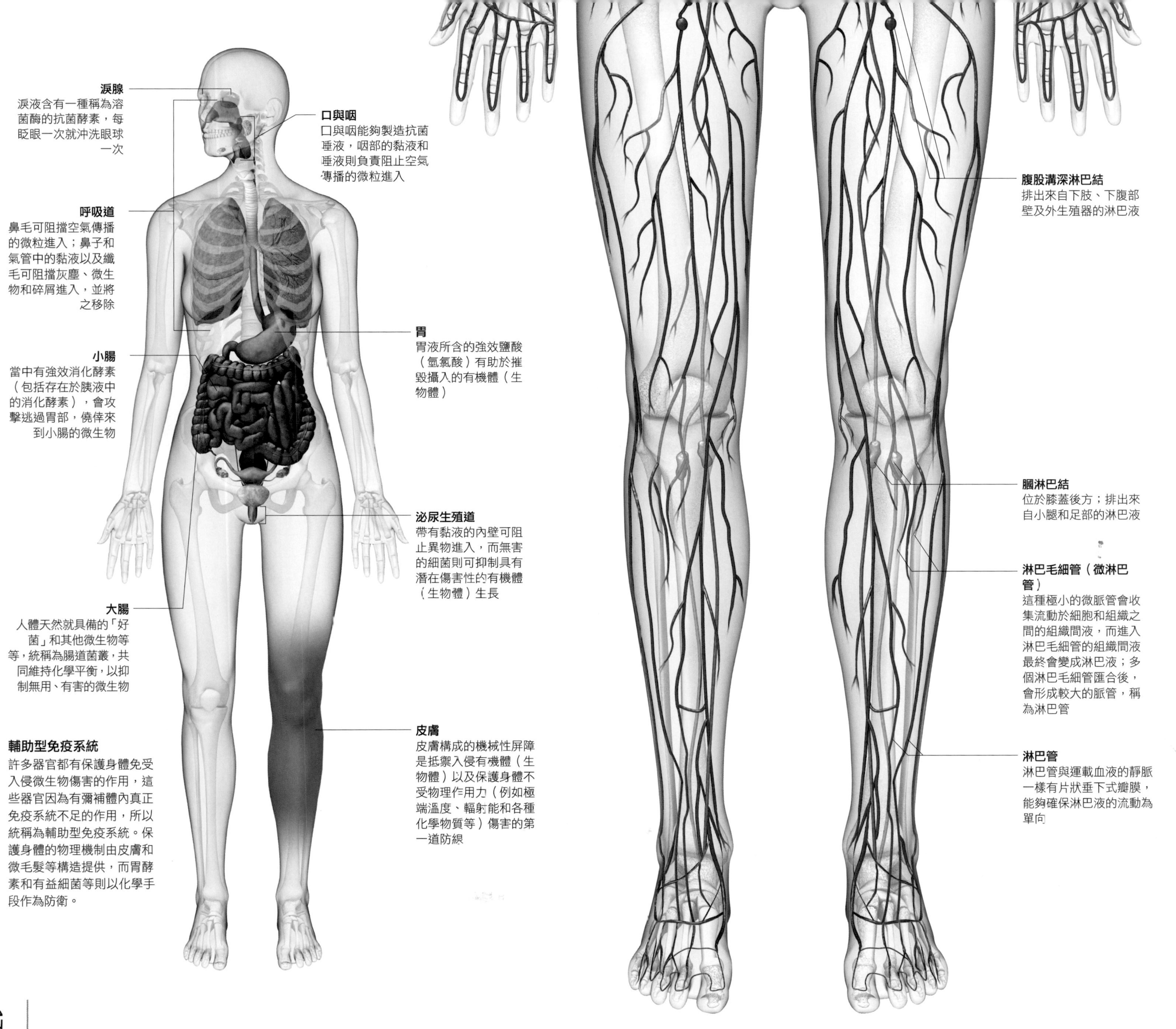
淚腺
淚液含有一種稱為溶菌酶的抗菌酵素，每眨眼一次就沖洗眼球一次
口與咽
口與咽能夠製造抗菌唾液，咽部的黏液和唾液則負責阻止空氣傳播的微粒進入
呼吸道
鼻毛可阻擋空氣傳播的微粒進入；鼻子和氣管中的黏液以及纖毛可阻擋灰塵、微生物和碎屑進入，並將之移除
胃
胃液所含的強效鹽酸（氫氯酸）有助於摧毀攝入的有機體（生物體）
小腸
當中有強效消化酵素（包括存在於胰液中的消化酵素），會攻擊逃過胃部，僥倖來到小腸的微生物
泌尿生殖道
帶有黏液的內壁可阻止異物進入，而無害的細菌則可抑制具有潛在傷害性的有機體（生物體）生長
大腸
人體天然就具備的「好菌」和其他微生物等等，統稱為腸道菌叢，共同維持化學平衡，以抑制無用、有害的微生物
皮膚
皮膚構成的機械性屏障是抵禦入侵有機體（生物體）以及保護身體不受物理作用力（例如極端溫度、輻射能和各種化學物質等）傷害的第一道防線
腹股溝深淋巴結
排出來自下肢、下腹部壁及外生殖器的淋巴液
膕淋巴結
位於膝蓋後方；排出來自小腿和足部的淋巴液
淋巴毛細管（微淋巴管）
這種極小的微脈管會收集流動於細胞和組織之間的組織間液，而進入淋巴毛細管的組織間液最終會變成淋巴液；多個淋巴毛細管匯合後，會形成較大的脈管，稱為淋巴管
淋巴管
淋巴管與運載血液的靜脈一樣有片狀垂下式瓣膜，能夠確保淋巴液的流動為單向

輔助型免疫系統

許多器官都有保護身體免受入侵微生物傷害的作用，這些器官因為有彌補體內真正免疫系統不足的作用，所以統稱為輔助型免疫系統。保護身體的物理機制由皮膚和微毛髮等構造提供，而胃酵素和有益細菌等則以化學手段作為防衛。

免疫系統

在這個具有調適力的身體防禦系統中，淋巴細胞（一種特化的白血球）是要角，會對各種微生物的入侵做出反應。這個系統之所以複雜，是為了創造免疫的條件，也就是在身體第一次遭受某個特定種類的微生物攻擊後，未來就有防衛或抵抗此類微生物的能力。

淋巴結

淋巴結（或稱淋巴腺）是身體防禦系統中必不可少的一部分：為製造防禦身體生病的免疫細胞（淋巴細胞），並供其發育的部位。淋巴結散佈於全身各處，也有群集在一起的。每個淋巴結都是一整團淋巴組織，當中有稱為「小樑」的結締組織，所形成的隔膜將淋巴結內部分隔成許多小間。大部分組織或器官的淋巴液都會流經一個以上的淋巴結，由淋巴結過濾淨化後，再緩緩釋入靜脈血液循環中。淋巴液經由幾個小型淋巴管帶到淋巴結後，會再送入較大的淋巴管，任其運走。淋巴管內部有瓣膜，可確保淋巴液單向流動。

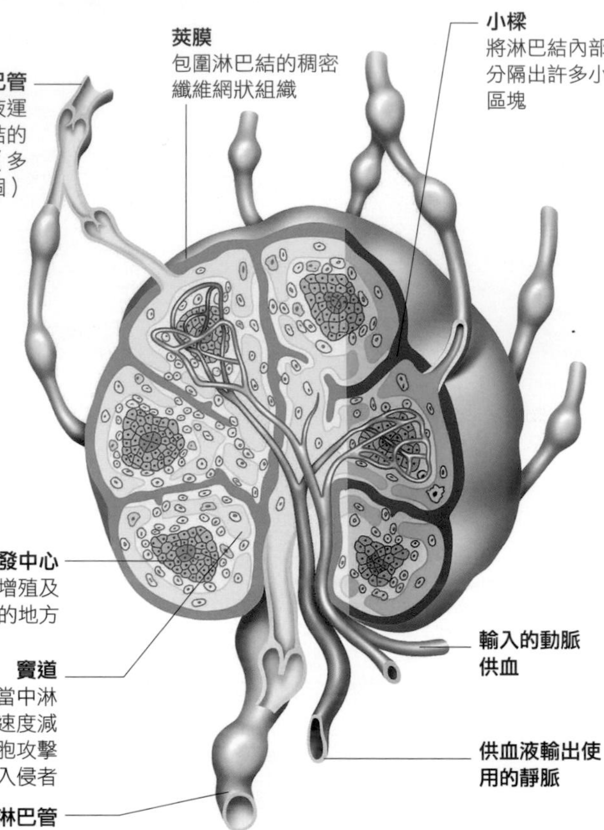

輸入淋巴管
將淋巴液運到淋巴結的脈管（多個）
莢膜
包圍淋巴結的稠密纖維網狀組織
小樑
將淋巴結內部分隔出許多小區塊
生發中心
淋巴細胞增殖及初步成熟的地方
竇道
寬敞的通道，當中淋巴液的流動速度減緩，讓巨噬細胞攻擊入侵者
輸入的動脈供血
供血液輸出使用的靜脈
輸出淋巴管
將濾過淋巴液輸出的單一脈管

淋巴結的內部構造
淋巴結的直徑從1到25公釐不等，但遭感染或生病時還可能會腫得更大。淋巴結外有纖維性被膜包覆，內部有多個竇道；竇道中有許多稱為巨噬細胞的清道夫型白血球，負責吞食細菌、異物與殘渣。

白血球的類型

白血球（又名白細胞）可分為好幾種類型，有些會成長，並在成熟後變成其他類型的白血球。所有的白血球都來自骨髓。

單核白血球
血液中最大的細胞，內含巨大渾圓或邊緣呈鋸齒狀的細胞核；可吞噬病原。

淋巴細胞
主要的淋巴細胞，巨型細胞核幾乎佔滿了整個細胞內部的空間；發育後可變成B淋巴細胞或T淋巴細胞。

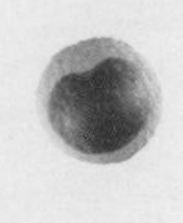

嗜中性白血球
具有多葉細胞核的粒細胞（細胞質內含有許多微粒）；可吞噬病原。

嗜鹼性白血球
具分葉細胞核的循環性粒細胞；為產生過敏反應的一部分。

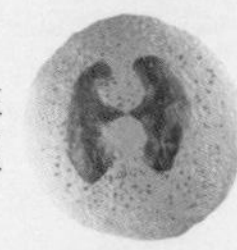

嗜伊紅性白血球
在過敏反應發作期間有重要作用的粒細胞；細胞核呈英文字母B形；可毀壞抗原－抗體複合物。

局部感染

有害微生物進入人體組織時，發炎反應和免疫反應會迅速啟動，以限制這些微生物的擴散範圍。感染範圍可能局限於自然劃定的區域中，例如限於兩組組織之間。活著與死亡的白血球和入侵物連同流體、毒素及一般性殘渣積累於患處，由此產生的混合物稱為膿汁，而局部區域膿汁的積累稱為膿腫。越積越多的膿汁會對周遭組織造成壓迫，可能導致不適與疼痛，尤其可見於周遭組織沒有彈性的情況，如牙髓腔的牙膿腫。腦膿腫所造成的壓力可能會嚴重影響腦部運作。

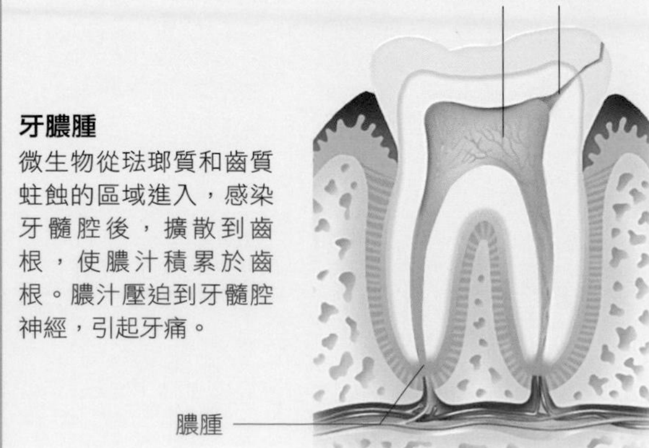

膿汁
髓腔
膿腫

牙膿腫
微生物從琺瑯質和齒質蛀蝕的區域進入，感染牙髓腔後，擴散到齒根，使膿汁積累於齒根。膿汁壓迫到牙髓腔神經，引起牙痛。

非專一性反應

免疫反應包含對特定微生物或其所製造的毒素（有害物質）所發動的攻擊（如對頁說明）。非特異性反應會對物理性敲擊、燒傷、極冷溫度、腐蝕性化學物質和各類輻射線，以及從微生物到大型寄生蟲（如蠕蟲和蛭）等入侵生物產生反應。炎症是主要的非專一性防禦反應（請參閱第178至第179頁）。組織受損時會釋出吸引白血球的化學物質。受損處的毛細血管（最小的血管）壁通透性和孔隙數量會提高，讓白血球、防禦性化學物質和流體通過，而流體會隨著戰鬥的進行而積聚。白血球會包圍、吞噬並摧毀入侵的病原。血液也可能會凝結，以形成屏障封住裂縫，防止更多微生物滲入。

發炎的組織
發紅、腫脹、發熱及不適或疼痛感為四個常見的發炎症狀。損傷、刺激或感染等各種型態的傷害都會導致發炎，以限制傷害，並啟動修復和癒合作用。

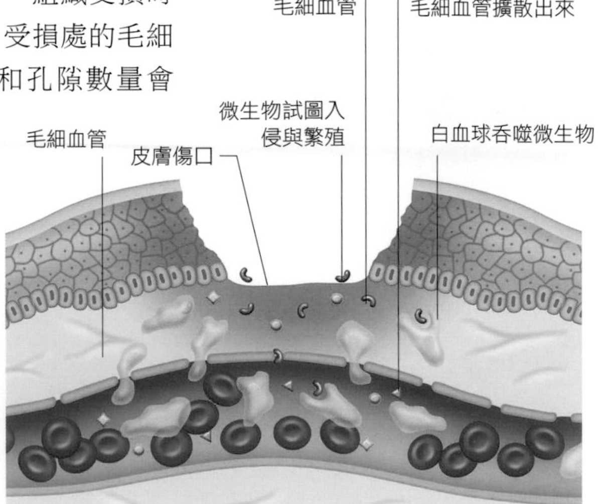

白血球擠出毛細血管
防禦性化學物質從毛細血管擴散出來
微生物試圖入侵與繁殖
毛細血管
皮膚傷口
白血球吞噬微生物

專一性反應

專一性免疫反應可能會與非專一性免疫反應（如炎症）同時發生，也可能在非專一性反應產生後，感染仍持續不斷的情況下，接續產生特異性反應。特異性防禦反應可分為兩大類：「細胞媒介性免疫反應」以及「抗體媒介性（體液）免疫反應」。兩種免疫的運作都有賴兩種不同類型的淋巴細胞：B淋巴細胞和T淋巴細胞。B淋巴細胞會製造稱為丙型球蛋白的蛋白質抗體。丙型球蛋白會對抗原（外來蛋白物質）產生反應，抗原與人體本身具備的蛋白質不同。T淋巴細胞會增殖並侵襲病原細胞。

細胞媒介性免疫反應

細胞性（或稱細胞媒介性）免疫反應中，有各種不同類型的T淋巴細胞（或稱T細胞）參與。T細胞一旦認出抗原，就會開始迅速繁殖後代，而其後代細胞會分化成多種不同的細胞類型。輔助性T淋巴細胞會將兩種B淋巴細胞一起活化，以協助進行抗體媒介性免疫反應，使巨噬細胞吞噬微生物與殘渣。殺傷性（也稱細胞毒性）T淋巴細胞可在一種稱為「淋巴因子」的蛋白質協助下攻擊微生物和被感染的人體細胞。抑制性T淋巴細胞會約束其他細胞對入侵微生物所產生的反應。

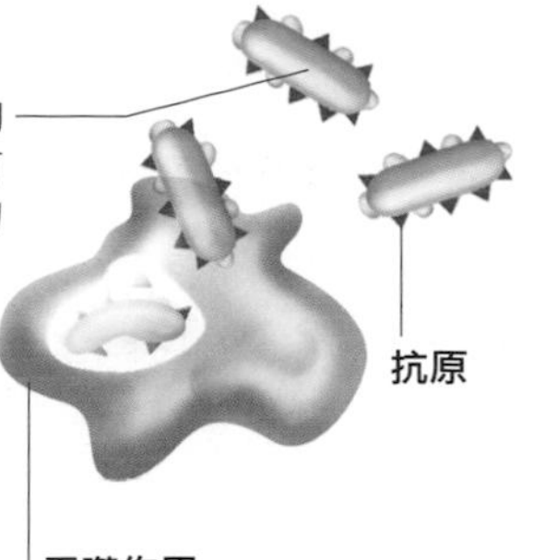

入侵的微生物
如細菌之類的（有害）病原微生物
運輸到淋巴結
巨噬細胞隨血液和淋巴液移動
抗原
吞噬作用
巨噬細胞吞噬微生物與其抗原
淋巴結
巨噬細胞吞噬微生物與殘渣後，將抗原呈現給T淋巴細胞

抗體媒介性免疫反應

B淋巴細胞不像T淋巴細胞能夠直接攻擊入侵的微生物，只能在「遠端」製造稱為抗體的化學物質。抗體通常呈Y或T形。每一種抗體都會藉由黏附在某種微生物或「非己物質」表面的抗原上來發揮作用。抗原的出現會引致B淋巴細胞開始繁殖。繁殖出的下一代有些會發育成漿細胞，為製造抗體的主要細胞。跟細胞媒介性免疫反應一樣，製造出來的記憶性細胞多年過後，仍能辨識出相同的抗原，並起始防禦機制。

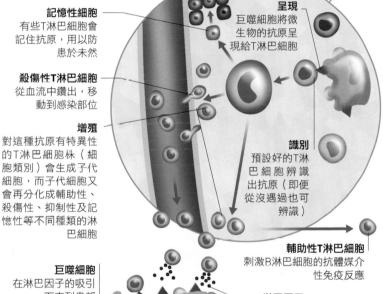

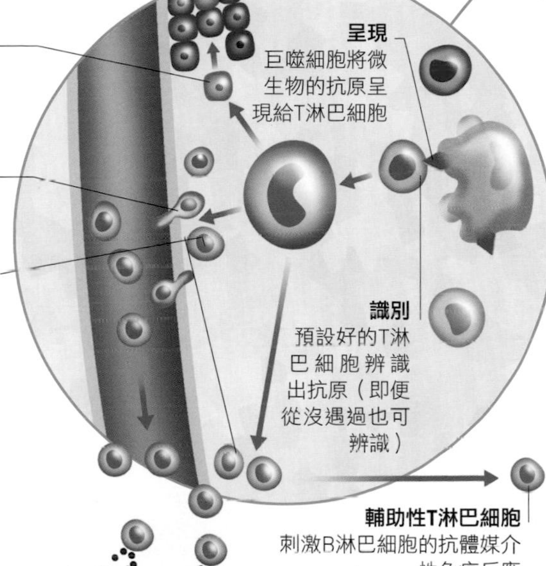

記憶性細胞
有些T淋巴細胞會記住抗原，用以防患於未然
呈現
巨噬細胞將微生物的抗原呈現給T淋巴細胞
殺傷性T淋巴細胞
從血流中鑽出，移動到感染部位
增殖
對這種抗原有特異性的T淋巴細胞株（細胞類別）會生成子代細胞，而子代細胞又會再分化成輔助性、殺傷性、抑制性及記憶性等不同種類的淋巴細胞
識別
預設好的T淋巴細胞辨識出抗原（即便從沒遇過也可辨識）
輔助性T淋巴細胞
刺激B淋巴細胞的抗體媒介性免疫反應
巨噬細胞
在淋巴因子的吸引下來到患部
淋巴因子
殺傷性T淋巴細胞製造的蛋白質，對微生物有毒性
吞噬作用
巨噬細胞吞噬抗原

記憶性B淋巴細胞
有些B淋巴細胞能記得以前遭感染時遇過的抗原
增殖
對這種抗原有特異性的B淋巴細胞株（細胞類別）會生成子代細胞，而這些子代細胞又會再分化成漿細胞或其他類型的細胞
識別
預設好的B淋巴細胞辨識出抗原（即便從沒遇過也可辨識）
漿細胞
製造對於抗原蛋白質有特異性的抗體
抗體
在血液和其他體液中漂移
呈現
巨噬細胞將微生物的抗原呈現給B淋巴細胞
巨噬細胞
吞噬抗原—抗體複合物和其他殘渣；嗜酸性白血球（嗜伊紅性白血球）也有此功能
抗體—抗原反應
抗體黏上微生物的抗原部位，形成抗原—抗體複合物（免疫複合物）

補體（防禦素）系統

血液循環中有超過25種蛋白質及相關物質或因子共同組成的補體（防禦素）系統。抗體、T淋巴細胞製造的某些淋巴因子（如上所述）、小片細胞膜或細胞的去氧核糖核酸或其他物質等都會活化補體（或輔助加強性）蛋白質。補體（防禦素）一旦開始反應，補體蛋白質就會像雪崩般，一活化二，二活化三地如此不斷進行下去（類似於血液凝塊的一連串反應）。補體系統一般有助於損毀微生物，以防它們攻擊人體細胞。補體系統亦有助於促進巨噬細胞等白血球的活動力、擴張血管以及清除抗原—抗體複合物。

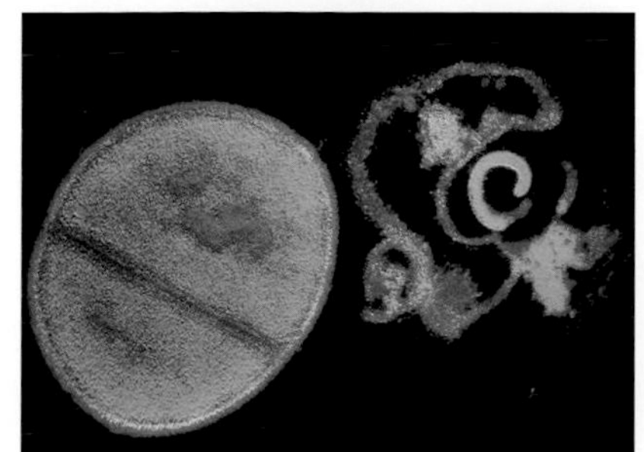
被溶解的細菌
補體（防禦素）會干擾入侵物（如細菌細胞）的外膜，導致入侵物溶解（細胞如右所示）。

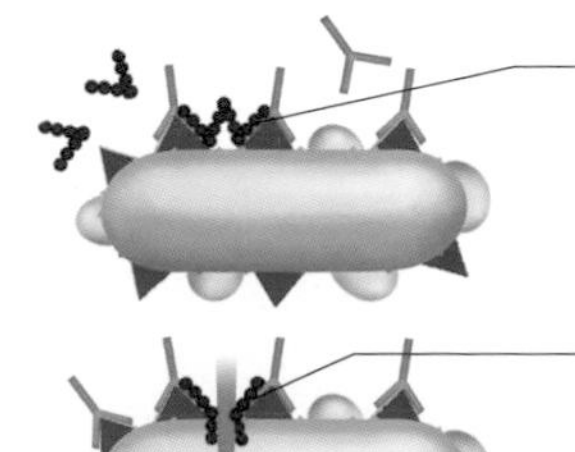

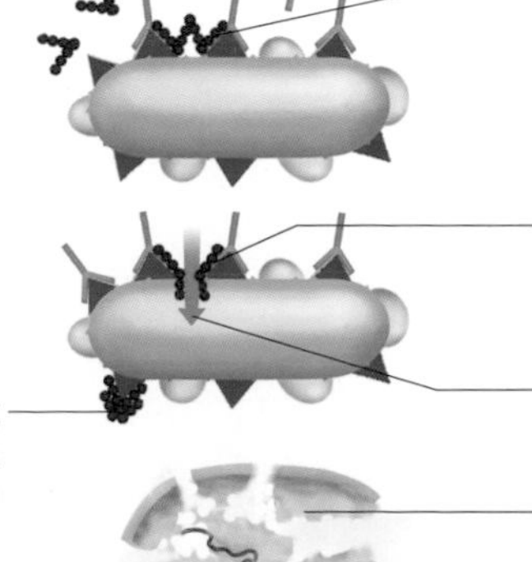

補體蛋白質與複合物結合
補體黏上入侵微生物的抗原—抗體複合物
補體的活化作用
接二連三的補體反應作用製造出更多的補體蛋白
膜面破洞
補體蛋白質弄破外膜
其他協助方式
補體途徑可藉由溶解作用摧毀微生物（如細菌）
腫脹並爆裂
流體湧入微生物，使之膨脹而爆破

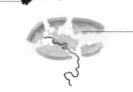

發炎反應

發炎是人體對所有損傷類型（例如：物理性創傷、導致感染的生物體之類的異物、化學毒素、高溫或輻射能等）所產生的概括性快速反應。

免疫反應對入侵的物質具有特異性，而炎症則為非特異性的反應。發炎是一種迅速而概括性的反應，期間會經歷明確界定的階段，且有各種類型的白血球和防禦性化學物質參與。發炎四種最重要的病徵為：紅、腫、熱、痛。發炎作用的目的在於攻擊、分解及清除所有的入侵物質，無論是死是活，並除去自身受損的細胞和組織，同時起始癒合作業。

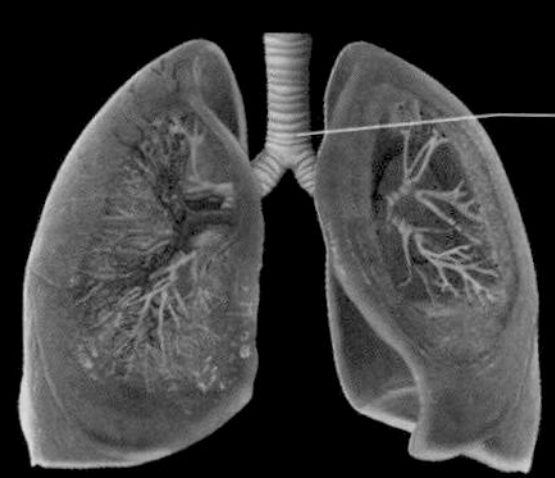
損壞部位
氣管：人體的主要氣道

防禦性細胞

多種類型的白血球都會加入發炎作用，其中包括嗜中性白血球和單核白血球。單核白血球離開血管，進入組織時，仍未成熟，但會快速發育成具有活性的細胞，稱為巨噬細胞，並接任嗜中性白血球的工作。

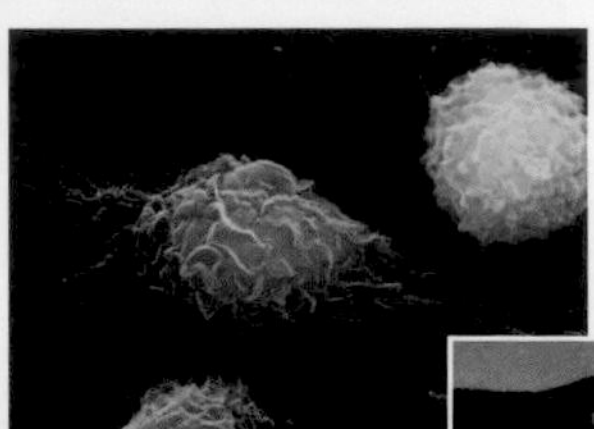
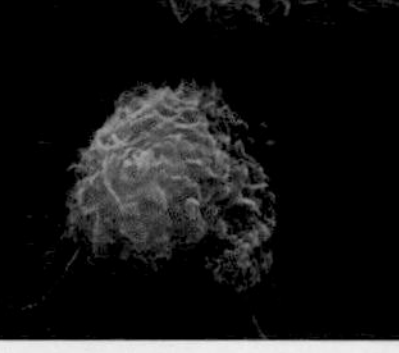

嗜中性白血球
其中一個首先採取行動的細胞，體型雖小，卻有辦法吞噬好幾片受損的組織和細菌。

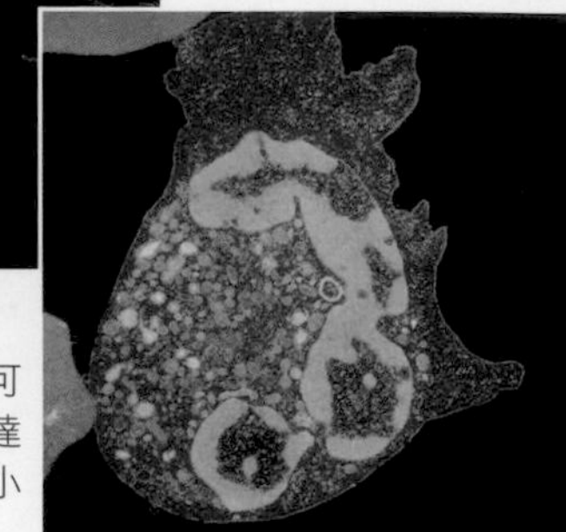

巨噬細胞
單一個巨噬細胞就可以在死亡前吃掉多達100個細菌或類似大小的物質。

發炎的起因

呼吸系統持續不斷地遭受吸入的灰塵和碎渣微粒的威脅以及感染性微生物的攻擊。在此，氣管的內襯（上皮）會對灰塵和細菌產生發炎反應。實際上，炎症通常會與針對特定外來物質所產生的特異免疫反應同時發生（請參閱第177頁）。

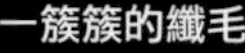

紅血球

毛細血管壁的細胞

一簇簇的纖毛
氣管內襯中一些細胞具備的毛髮狀凸出部位；纖毛的拍動可將覆蓋細胞的保護性黏液清除

1 導致問題的物體
外來微粒（如玻璃纖維的微碎片和空氣傳播的細菌等）隨著吸入氣流沖進氣管。

2 物理損傷
隨著氣流速度減緩，微粒衝撞上氣管內壁，被困在保護性黏液中；這種黏液是由某些氣管內壁（上皮）細胞所分泌的。

3 物理損傷
尖銳的微粒可割破上皮細胞，使脆弱的細胞膜破裂。

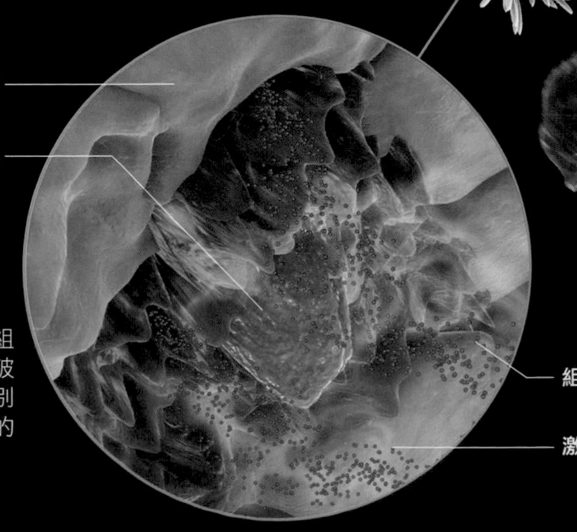
上皮表面
外來微粒
組織胺
激肽

4 傳播之始
訊息物質（如組織胺和激肽等）從破裂的細胞漏出，特別是散佈於此組織的「肥大細胞」。

肺的氣道
提供肺臟空氣的通道網

吞噬作用

多種不同種類的白血球會包圍、吞噬並吞食小型物體，如細菌和細胞殘渣，即所謂的「吞噬作用」（又稱「細胞攝食」）。此類細胞胞內有微管和微絲等組成物（請參閱第38頁），形成具有伸縮性與可動性的內部鷹架，使之能夠發揮改變形狀和移動的能力。吞食費時通常不及一秒，而攝入的物質會漸漸被胞內酵素和其他化學物質分解（請參閱第55頁）。

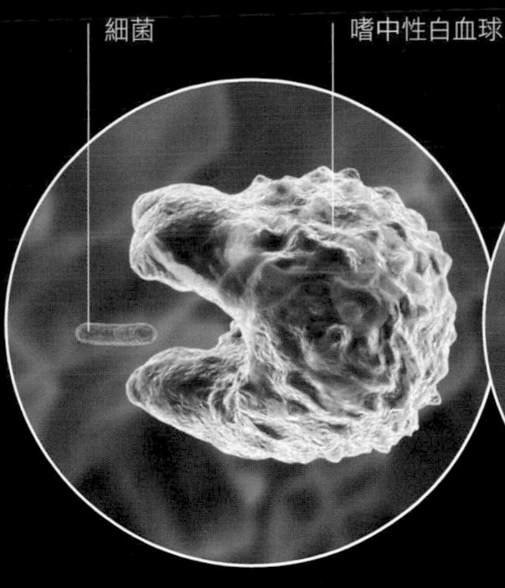
細菌
嗜中性白血球
細菌被消化
消化性囊泡
排出廢棄產物

1 吞噬階段 白血球延展偽足（假足），並包圍不需要的物質，例如此圖中的細菌。偽足融合不要的物質，並將之吞噬。

2 溶解階段 物體被困在吞噬性囊泡中，囊泡中，多個內含酵素的溶酶體形成吞噬溶酶體，溶解（分解）作用即於此進行。

3 胞吐作用階段 細胞吞食後所產生的無害物質從白血球的細胞膜（或裝在微小的有膜胞吐囊泡）排到細胞外液。

1 毛細血管擴張 組織胺的刺激使血管舒張，尤其是毛細血管。組成毛細血管壁的細胞因向外拉伸而變薄，且細胞與細胞之間出現縫隙，使得通透性（即流體穿過的簡易度）提高。

2 流體滲漏 血流增加導致發紅和發熱。血漿（血液的液體成分，圖中以黃色顯示）從細胞之間的縫隙滲漏而入，隨之帶進多種蛋白質，例如在皮膚破洞時，幫助血液凝塊的纖維蛋白原。

3 流體積累 血漿和從受損細胞中漏出的流體積聚於組織間隙中，導致該部位腫脹，神經末梢因而受到壓迫，以致於引起發炎的第四個病徵：疼痛。

4 嗜中性白血球抵達 患部釋出的化學物質會將白血球（如嗜中性白血球）吸引前來。嗜中性白血球會緊貼住毛細血管的內面，這個階段稱為「著邊」。接著，在稱為「血球滲出」的步驟中，嗜中性白血球會從毛細血管壁的細胞之間擠出，離開血液，進入組織。

5 嗜中性白血球進入組織 嗜中性白血球受失常細胞所釋放的物質吸引來到受損部位。這種化學性刺激所造成的移動稱為「趨化性」。

微粒 依然嵌在細胞受損部位，繼續釋出組織胺和激肽（紅色與藍色部分），流到循環血流之中。

外來微粒

細菌

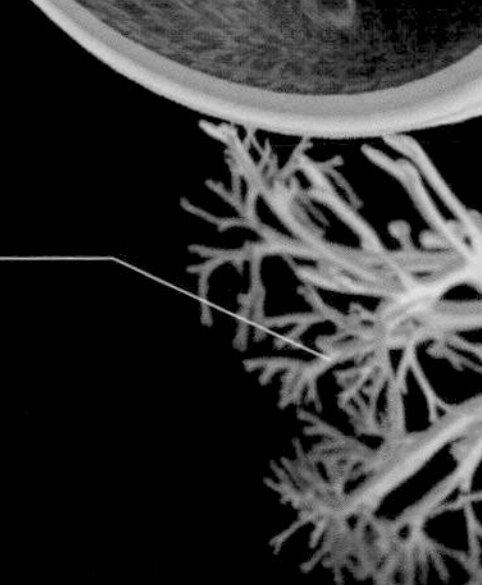

支氣管樹 可能會全受炎症影響，又或者問題部位也可能只局限於氣管的一小塊區域。

反應

發炎反應一旦觸發，流到受損區域的血流量就會增加。血管（特別是毛細血管）會擴張，毛細血管壁變薄且通透性增加，讓血漿和流體滲入細胞之間的間隙。接下來，嗜中性白血球等各種白血球接踵而至。嗜中性白血球會離開血液，進入組織，被失常細胞所釋放的化學物質吸引到受損區域。

抗戰感染病

微生物進入人體後，存活、繁殖，並擾亂正常細胞功能，此即感染。感染範圍可限為局部，比如在一小塊皮膚或傷口中，而如果微生物被血液或淋巴液帶到身體各處，入侵許多部位的話，這種感染就屬於全身性。

病毒

病毒是有害或致病微生物中重要的一類。病毒是所有微生物中體型最小的；大頭針針頭的面積就足以容納好幾百萬個病毒。許多病毒都可以長時間處於非活化狀態，經冷凍、滾沸及化學物質的攻擊，依然能存活；當入侵活體細胞的機會來臨時，可突然活化。病毒是「專性活物寄生菌」，亦即病毒必得在活體細胞（或稱寄主細胞）中才有辦法自我複製。典型的病毒微粒內含單股或雙股遺傳物質（即核酸，可為去氧核糖核酸或核糖核酸），外有稱為「殼體」的蛋白質套（有時為保護性外包膜）包覆。

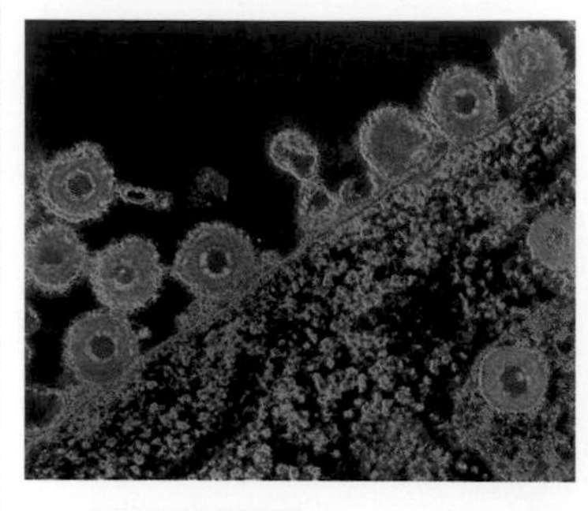

單純疱疹病毒
這是一簇單純疱疹病毒的電子顯微照片（橘色部分）。第一型單純疱疹病毒是口唇疱疹的致病菌，而第二型單純皰疹病毒則是生殖器皰疹的致病菌。

病毒形狀

病毒的類型數以千計，各個外形迥異，包括球形、磚形、多邊形、香腸形、高爾夫球形、螺旋形，甚至還有狀似迷你「火箭」的病毒外形。分類病毒的方式可依照其大小、形狀、對稱性以及導致的疾病類別而定。

螺旋形
病毒的蛋白衣呈螺旋狀，病毒的遺傳物質纏繞於其中。黏液病毒與副黏液病毒皆屬此類。

蛋白質次單元（病毒粒）
遺傳物質

二十面體
二十個等邊三角形相連所形成的多面體。腺病毒和疱疹病毒皆屬此類病毒。

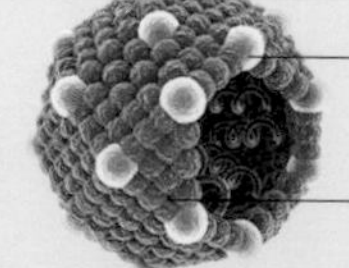
表面蛋白質（抗原）
三角面

複合體
外形類似迷你火箭，具有「著陸腳架」，可停在宿主細胞上。這種病毒只攻擊細菌，因此，當它們在人體內攻擊病原細菌時，即可發揮重要的保健醫療功能。T4噬菌體即為一例。

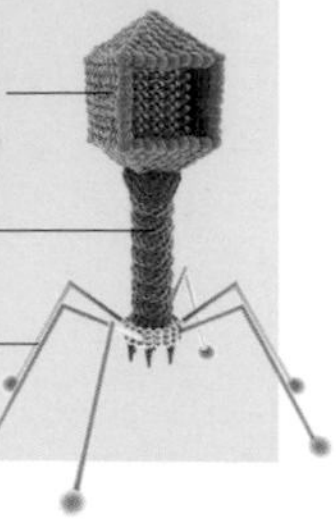

頭部內含遺傳物質
螺旋狀尾部
腳架

流行性感冒病毒的生命週期病毒的基因非常少（一般為100至300個）。病毒並非由細胞所組成，也沒有細胞用以獲取能量或原料的「裝置」，因此無法處理營養素，也無法自行生殖。要進行自我複製的病毒必須先入侵宿主細胞，並奪走細胞對自身裝置的控制權，使宿主細胞因而死亡或產生功能異常。

1 無定所的病毒微粒
有獨立生存與感染能力的完整病毒微粒，稱為病毒體。

2 病毒吸附和穿入期
病毒表面的蛋白質會附著上宿主細胞表面上的特定受體部位。附著好後，病毒的一部分或整體會穿入宿主細胞。

3 核酸插入期
病毒的核糖核酸移到宿主細胞的細胞核，自行插進宿主的核糖核酸中，致使病毒的核糖核酸大量複製，複製好的成品再移動到細胞的表面。

4 複製核酸
宿主細胞利用宿主的原料，有時也會利用其酵素製造出許病毒核糖核酸的副本。宿主細胞內的生產工具也被利用來製作病毒的蛋白質次單元。

5 冒出芽體的病毒
核酸（核糖核酸）股和蛋白衣的次單元結合，形成新的病毒微粒。這些病毒微粒在宿主細胞的細胞膜上形成芽體，並將細胞膜加以利用，作為芽體外層的保護性包膜。

6 釋出
芽體與細胞分離，變成自由的病毒微粒，具有散播和感染更多細胞的能力。病毒如果要成功地繼續感染其他細胞，其遺傳物質（核糖核酸）中的八個部分缺一不可。

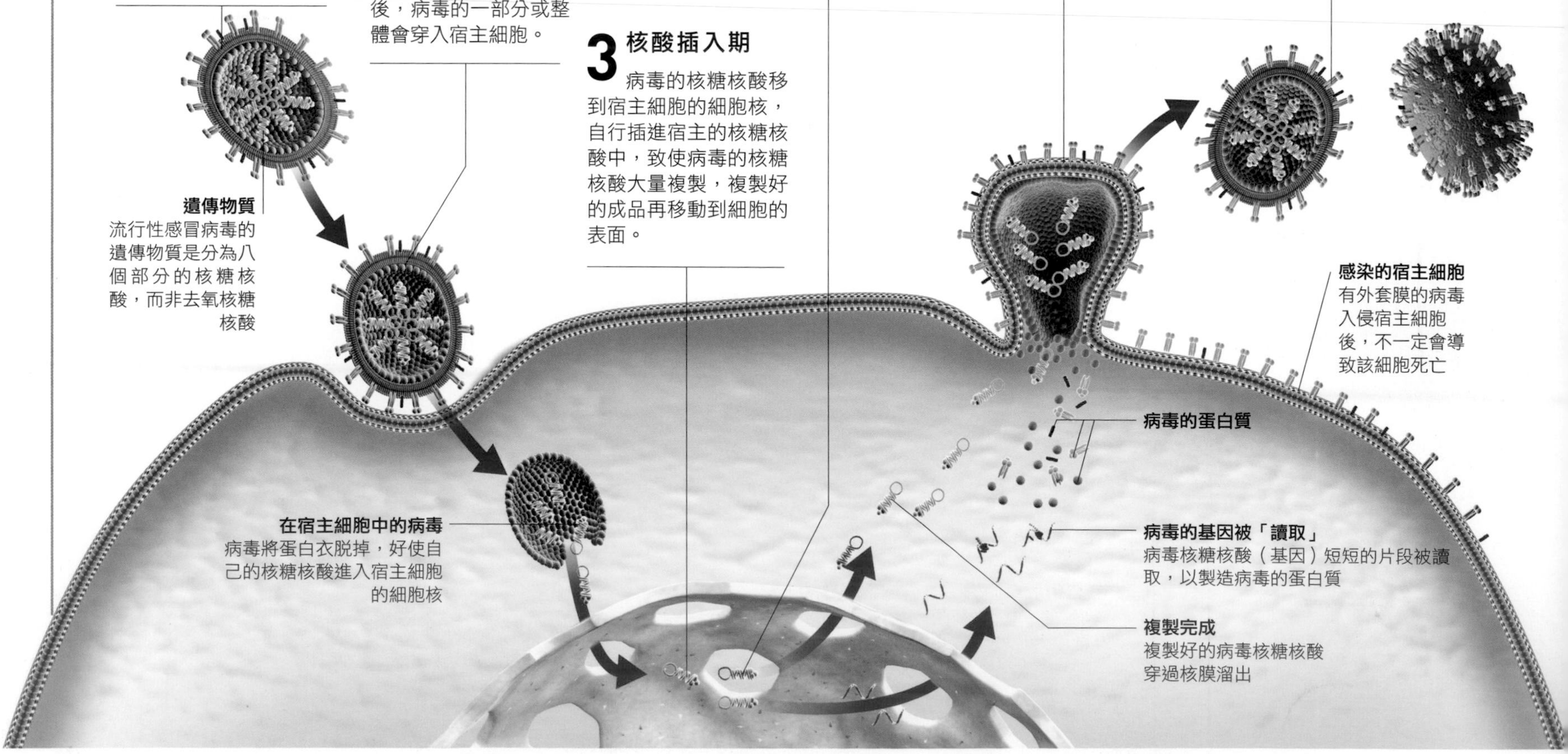

遺傳物質
流行性感冒病毒的遺傳物質是分為八個部分的核糖核酸，而非去氧核糖核酸

在宿主細胞中的病毒
病毒將蛋白衣脫掉，好使自己的核糖核酸進入宿主細胞的細胞核

感染的宿主細胞
有外套膜的病毒入侵宿主細胞後，不一定會導致該細胞死亡

病毒的蛋白質

病毒的基因被「讀取」
病毒核糖核酸（基因）短短的片段被讀取，以製造病毒的蛋白質

複製完成
複製好的病毒核糖核酸穿過核膜溜出

疫苗接種

免疫系統擊退大多數入侵的微生物之時，有些稱為淋巴細胞的白血球會轉變成為記憶細胞。這些細胞會保有認出微生物表面外來物質（即抗原）的能力。若是同樣的微生物又再度入侵，記憶細胞就會刺激引起迅捷的免疫反應，搶在這些微生物贏得陣地之前，將之一舉殲滅。受到感染而對特定微生物產生抵抗力（免疫力）的過程，屬於天然免疫機能。抵抗力也可利用人工手段取得，作法可採用「主動免疫接種」（如右圖所示）：將死亡或致病力弱（活性減毒）的微生物變異型或其製造出的毒素注射到人體中，引起免疫反應，並帶動抗體的製造，但不會演變成疾病。另也可採用「被動免疫接種」，將預先製備好的抗體注射到人體內。

快速反應
這張偽色顯微影像中可見一顆白血球（巨噬細胞）正在吞噬特意弱化的細菌。之所以將這些細菌注入身體，是為了模擬主動免疫作用。

減毒活菌

巨噬細胞

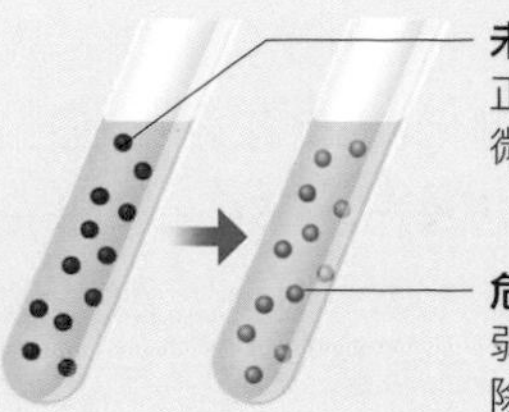
未減毒
正常的有害微生物
危險度降低
弱化或能力被移除的微生物

1 疫苗的生產製作

疫苗含有微生物的完整體或一部分，或者是微生物所製造出的毒素，施用時，可在不導致症狀的情況下刺激免疫系統的反應作用。

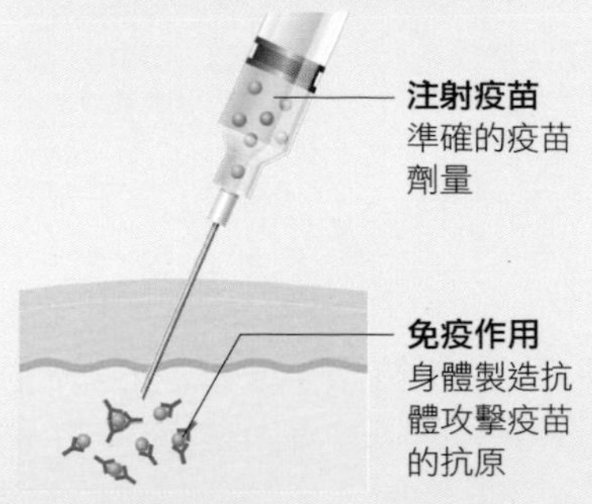
注射疫苗
準確的疫苗劑量
免疫作用
身體製造抗體攻擊疫苗的抗原

2 遞送疫苗

將疫苗注入身體的這個動作稱為接種。這會刺激免疫系統提高抗體產量來對付病原生物上的抗原。

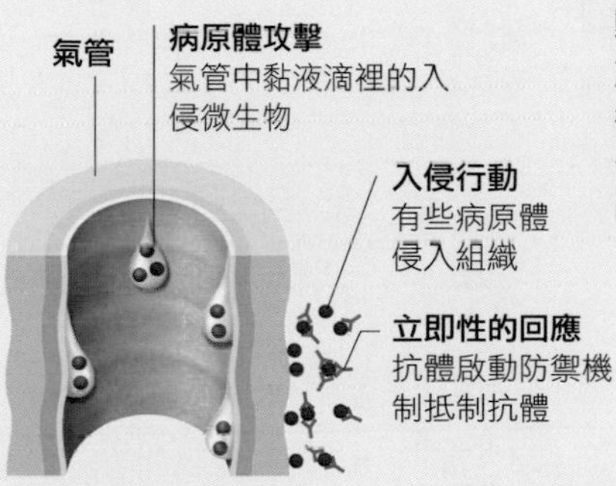
氣管
病原體攻擊
氣管中黏液滴裡的入侵微生物
入侵行動
有些病原體侵入組織
立即性的回應
抗體啟動防禦機制抵制抗體

3 免疫反應

人體遇到施打預防針接種過的病原體時，記憶性細胞已經準備好讓免疫系統能夠立即啟動防禦機制。

疫苗接種與公共衛生

疫苗接種可讓個體有抵抗傳染病的能力，也能使整個群體受到保護，是重要的公共衛生措施。要達到群體保護作用，免疫的人口數量就得夠高，才能把未受保護者接觸該疾病的機率減至最低。最終甚至可能有辦法根除這個疾病。如果接種的人數太低，未免疫的人不僅有可能受感染，而且還有可能會變成微生物的宿主，讓微生物在人體內產生變化，突變成新的病毒株，而現有的免疫法對新的病毒株並不會產生作用。有些個體因本身帶有其他疾患，醫師可能會建議不要進行免疫。

德國麻疹病毒
這張顯微照片中可見被德國麻疹病毒（粉紅色小圓點）感染的細胞。利用聯合免疫法（麻疹、腮腺炎、德國麻疹三合一疫苗）給嬰兒接種後，即可使之終生受到保護。

被動免疫法

主動免疫法（如左）施用後，身體需要一段時間逐漸發展出防疫效用，施用於健康的人身上效果優良。如果需要予以緊急保護措施，或是在免疫系統虛弱的情況下，則可採用被動免疫法。從對該微生物免疫的人類或動物取出專門對付該微生物的抗體，予以純化，再施用於需要的人身上。得到抗體的人可極為快速地具備對該微生物的抵抗力，但若是不繼續補充的話，輸人的抗體會漸漸退化，因為藉此所得的抗體不存在於人體的記憶中，無法自行再度製造。

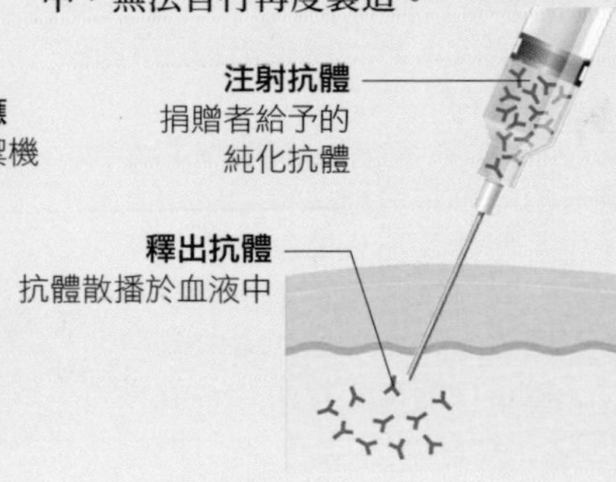
注射抗體
捐贈者給予的純化抗體
釋出抗體
抗體散播於血液中

短期性保護作用
特定抗體的施用可治療現有感染，亦可保護人短期免受某種疾病感染。

病毒與細菌

有害微生物的兩種主要類型為病毒和細菌。沒有宿主的病毒只是個沒有活性的化學構造，反之，細菌具有取得能量、處理養分及自行繁衍等細胞機制。細菌所需要進行的活動使其容易受到化學物質的干擾，抗生素就是利用細菌的這種特性來對付細菌。有些如破傷風等細菌感染，可利用免疫法預防罹患。抗生素對病毒不起作用，但有些時候可以利用抗病毒藥物治療病毒感染。有時也可以藉由免疫法來預防病毒感染。

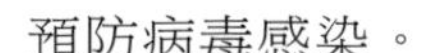

含有抗生素的圓盤

無細菌生長

抗生素處理
在營養培養皿中置入含有不同抗生素的圓盤，再塗上細菌。哪個圓盤附近沒有細菌生長，就代表該圓盤中的抗生素是有效的。

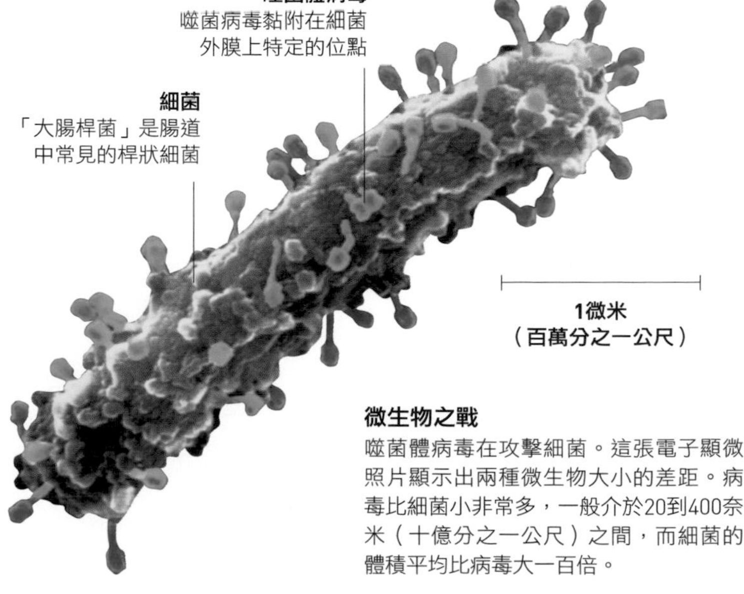
噬菌體病毒
噬菌病毒黏附在細菌外膜上特定的位點
細菌
「大腸桿菌」是腸道中常見的桿狀細菌
1微米
（百萬分之一公尺）

微生物之戰
噬菌體病毒在攻擊細菌。這張電子顯微照片顯示出兩種微生物大小的差距。病毒比細菌小非常多，一般介於20到400奈米（十億分之一公尺）之間，而細菌的體積平均比病毒大一百倍。

細菌

細菌這種微生物幾乎無所不在，土壤裡、水裡、空氣中、食物和飲品中等各處都有它們的蹤跡，就連人體也不例外。許多種細菌是無害的；事實上，人體腸道中的「腸道菌叢」甚至對人體有益，有助於從食物中提取養分。不過，還是有細菌會導致感染，而且數量達好幾百種，致病嚴重度從輕微到致命不等。跟其他種單細胞生物體相比，細菌的結構相對簡單，因為它們的遺傳物質（去氧核糖核酸）在細胞中是處於游離狀態，而不是被包在以膜為界的細胞核中。

細菌的結構

典型的桿狀細菌（桿菌屬）有細胞膜圍住細胞質和遍佈於細胞質中的胞器（如核糖體）。細胞膜外還有一層半硬式的細胞壁，這點是一般動物細胞沒有的。

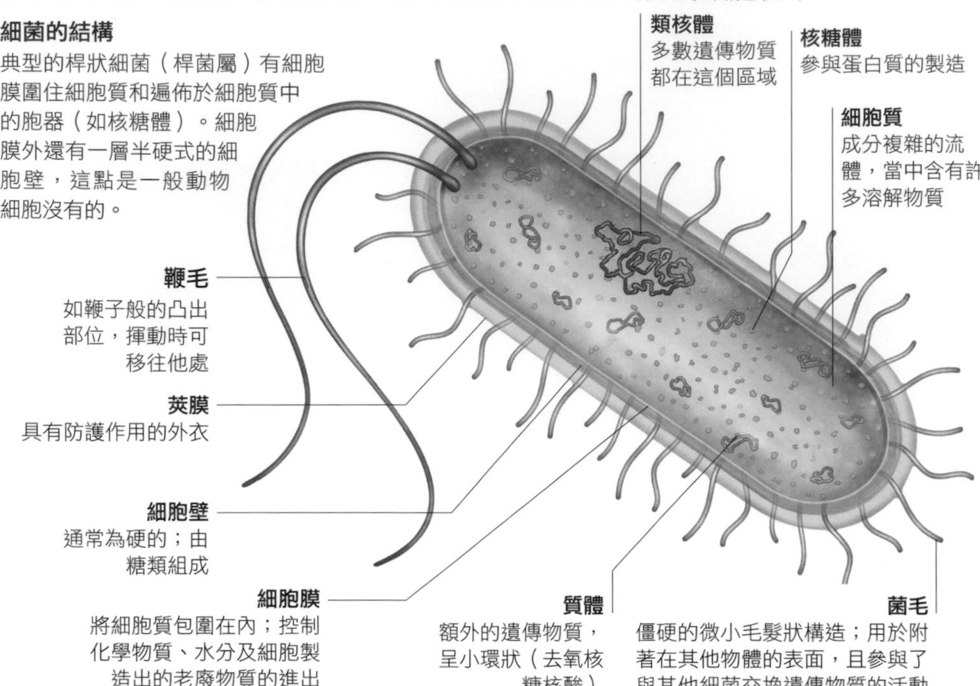
類核體
多數遺傳物質都在這個區域
核糖體
參與蛋白質的製造
細胞質
成分複雜的流體，當中含有許多溶解物質
鞭毛
如鞭子般的凸出部位，揮動時可移往他處
莢膜
具有防護作用的外衣
細胞壁
通常為硬的；由糖類組成
細胞膜
將細胞質包圍在內；控制化學物質、水分及細胞製造出的老廢物質的進出
質體
額外的遺傳物質，呈小環狀（去氧核糖核酸）
菌毛
僵硬的微小毛髮狀構造；用於附著在其他物體的表面，且參與了與其他細菌交換遺傳物質的活動

細菌造成人體損害的方式

致病菌可藉好幾種方式進入人體：由呼吸道、消化道、性器官或是從皮膚裂口進入。到了人體內，有些細菌就會附著並入侵人體細胞，例如導致痢疾的志賀氏痢疾桿菌。其他種細菌則會製造細菌毒素或毒素有毒物質。這種物質有許多都會改變人體細胞中的生化反應。「白喉棒狀桿菌」的白喉毒素會藉由抑制蛋白質的製造而使心肌遭到破壞。細菌所產的毒素有些非常危險；一個水桶的「臘腸（肉毒）桿菌」神經毒素就足以殺死全世界所有人。

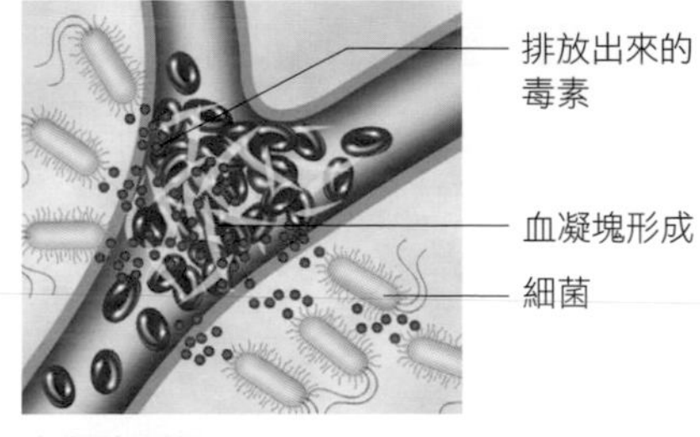
排放出來的毒素
血凝塊形成
細菌

滲漏的脈管

有些細菌會排放出毒素，導致產生小血管中的血液凝塊，造成許多組織和器官的正常血流供應停擺。

超級細菌

有些細菌的生命週期20分鐘內就結束。這種異常快速的繁殖率加上細菌數量之多，大大增加了突變的機會。服用抗生素的人無意中給細菌提供了試驗場，進行天然的淘汰，留下抗性最佳的細菌。現在已經出現了許多「對抗菌範圍廣泛的廣譜抗生素有抗藥性」的細菌株，又稱為「超級細菌」。較有專一性的窄譜抗生素或許還是能整治這類的細菌，但服用這種抗生素的副作用也通常會比較多。許多醫師會等到真的需要時才開抗生素，藉此將超級細菌的出現機率拉低。

抗甲氧苯青黴素金黃葡萄球菌

金黃色葡萄球菌在二十世紀六〇年代開始有甲氧苯青黴素（一種抗生素）抗藥性。這種細菌現稱為「抗甲氧苯青黴素金黃葡萄球菌」（簡稱耐藥葡萄球菌）。

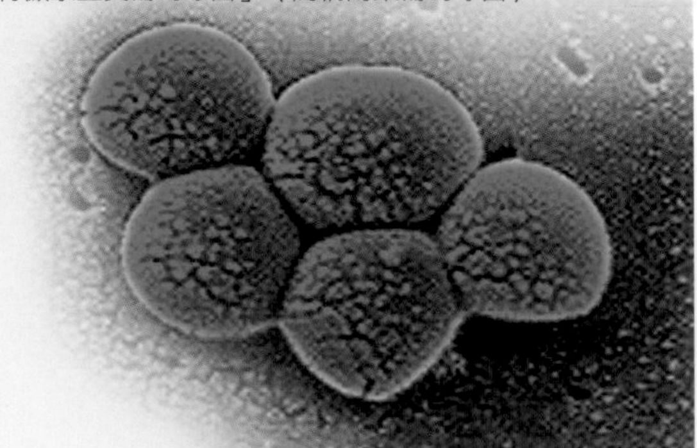

細菌的形狀

細菌的典型形狀有數種，而這些形狀加上以實驗室染劑染出的顏色，能協助將細菌歸類並瞭解其由來和相互之間的關係。目前已知的細菌類型有好幾千種，而每年都還有新發現。

球菌

一般為球形（圖中顯示的球菌正在分裂當中）。「葡萄球菌」和「鏈球菌」都屬於此類細菌。

分裂中的球菌

桿菌

橢圓形或桿狀，有些有表面毛髮（菌毛）和鞭子狀鞭毛，有些則沒有。「鏈桿菌」和「梭狀芽孢桿菌」皆屬此類細菌。

表面上的菌毛

螺旋菌

呈螺旋形，外觀如螺絲起子，有開放式盤卷或拉緊式盤卷等。「鉤端螺旋體」和「密螺旋體」皆屬此類細菌。

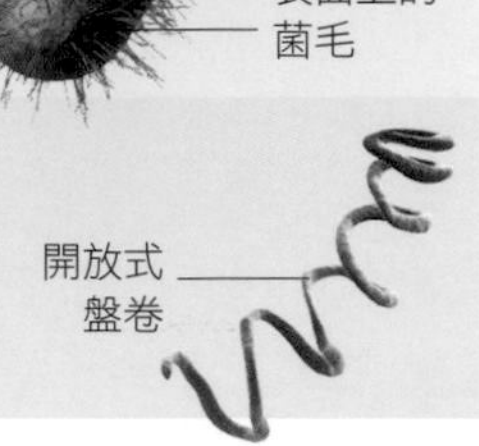
開放式盤卷

抗生素抗藥性

許多細菌都會藉由改變（突變），來為新的細菌株發展出對抗生素的抗藥性。其中最有效的機制為質體（包在小環中的細菌遺傳物質—去氧核糖核酸）在細菌種群之間的快速移轉。意外剪接有抗生素抗藥性基因的細菌能藉由接合作用（或稱「細菌的性行為」，即質體遺傳物質的捐贈或交換），將基因傳給其他細菌。

1 質體的作用

質體可使細菌製造抗拒抗生素的酵素，或更改細菌表面的受體部位，不讓抗生素結合。接著，質體會自我複製。

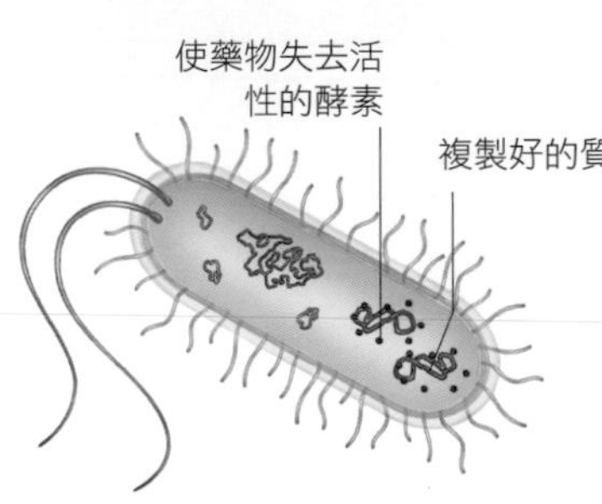
使藥物失去活性的酵素
複製好的質體

2 轉移質體

質體的轉移在「接合作用」時進行。質體複製品通過捐贈者細菌的菌毛傳入接受者細菌。

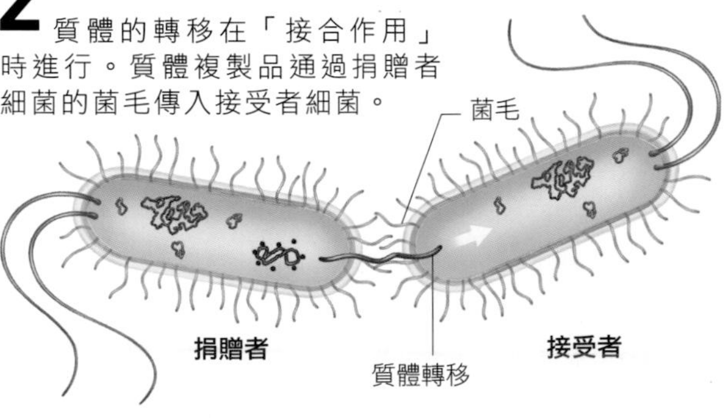
菌毛
捐贈者
質體轉移
接受者

3 具有抗藥性的細菌株

接受者細菌將抗藥性基因遺傳下去。質體的轉移造出許多對各類抗生素有抗藥性的細菌種群。

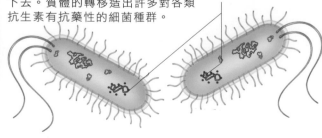

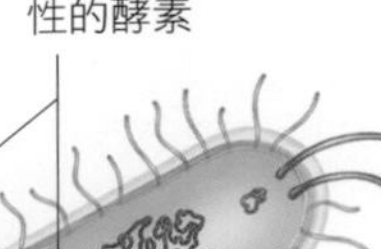
使藥物失去活性的酵素

原生生物（原蟲）

單細胞生物體與細菌的相異處在於，其遺傳物質的存放地點位於細胞核中，一般稱此生物為原生生物。原生生物中，有些與動物相似，能夠自行移動，並藉由進食來獲取能量（而非從陽光取得能量），像這樣的原生生物有時也稱作原蟲。原蟲的種類上千萬種，大多都無害地生存於土壤或水中，但有些卻是寄生蟲，會使人類罹患嚴重的疾病。「瘧原蟲」這種原生生物會害人罹患瘧疾，全世界受害者有數百萬人之多。單細胞寄生蟲會利用各種機制來逃避人體免疫系統的偵查。例如：導致利什曼病的「利什曼原蟲」會在白血球中繁殖，而正常狀態下，白血球是應該將這類微生物摧毀的細胞。許多原生生物都具有可伸縮的細胞膜和大型細胞核，有些還具備如尾巴般的附屬肢體，稱為鞭毛，可助其移動。

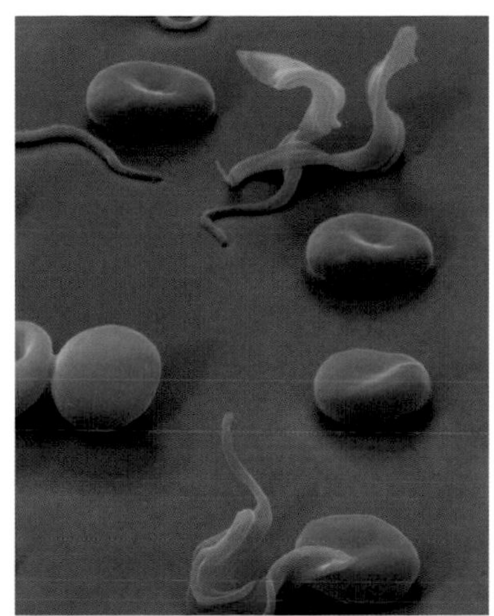

血液中的錐蟲
錐蟲是一種長得像蠕蟲的原生生物（紫色部分），圖中錐蟲身處於紅血球之中。錐蟲會導致錐蟲病，或稱昏睡病。

瘧疾病菌的生命週期

瘧原蟲這種原生生物有五類會導致瘧疾。傳播方式是藉由雌性瘧蚊的叮咬。罹患瘧疾的人會有週期性畏寒和發高燒等症狀，若是不加以治療，可能會喪命。不同類瘧原蟲的生命週期大多彼此相似，如下圖之說明。

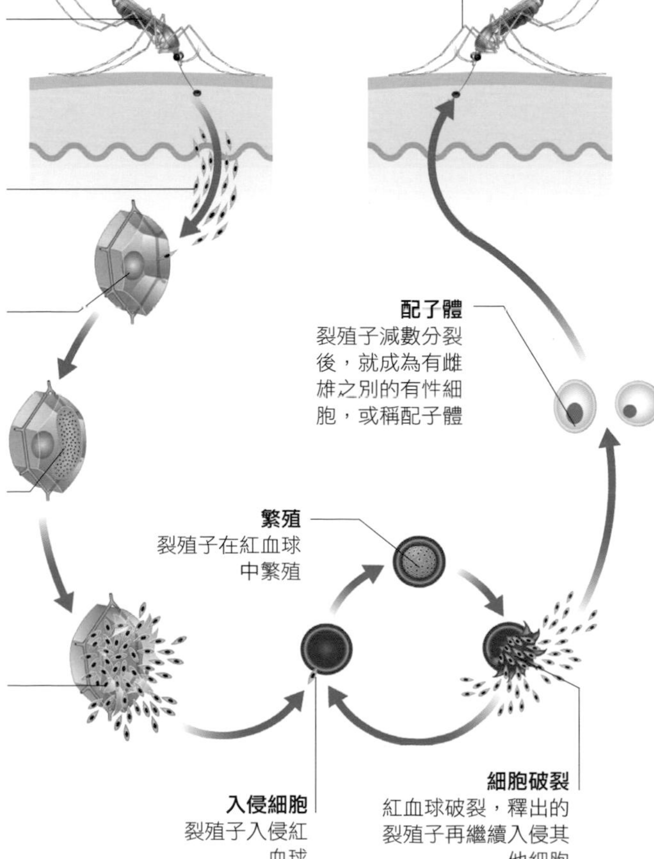
注入
蚊子叮咬時，會將其唾液注入，當中含有寄生蟲的子孢子
前往肝臟
子孢子隨著血流移動到肝臟細胞
肝臟細胞
子孢子進入肝臟細胞，在裡面行裂殖生殖
寄生蟲的轉變
這種寄生蟲的子孢子發育之後，轉型成裂殖子
釋出
肝臟細胞爆裂釋出的裂殖子進入血液循環，導致發燒
入侵細胞
裂殖子入侵紅血球
細胞破裂
紅血球破裂，釋出的裂殖子再繼續入侵其他細胞
繁殖
裂殖子在紅血球中繁殖
配子體
裂殖子減數分裂後，就成為有雌雄之別的有性細胞，或稱配子體
週期再度循環
配子體經由瘧蚊叮咬吸入後，在蚊蟲體內成熟變成子孢子；循環便由此週而復始

真菌

真菌組成了一整個生物界，其中包括為人所熟知的蘑菇與黴菌，以及超微小的單細胞酵母菌。真菌能以有機物為食。致病性真菌可分為兩大類：一為「絲狀真菌」，型態上有許多分支絲線的網狀結構；另一類為單細胞酵母菌。有些種類的真菌導致相對上無害（但可能不雅觀）的表淺性疾病，可發生於皮膚、毛髮、指甲／趾甲或黏膜（比如鵝口瘡，即「念珠菌症」）等處。其他像是組織胞漿菌病等真菌引起的疾病，則可能使某些維持生命所必要的器官遭到致命性感染，例如肺臟。有些真菌感染與某幾個特定的職業大有關聯，好比農業或食物生產業等。另外也有一些真菌感染病（例如長癬，即「皮癬菌病」）較傾向於侵害免疫系統受損的族群，像是被愛滋病毒感染而罹患後天免疫缺乏症候群的病人。

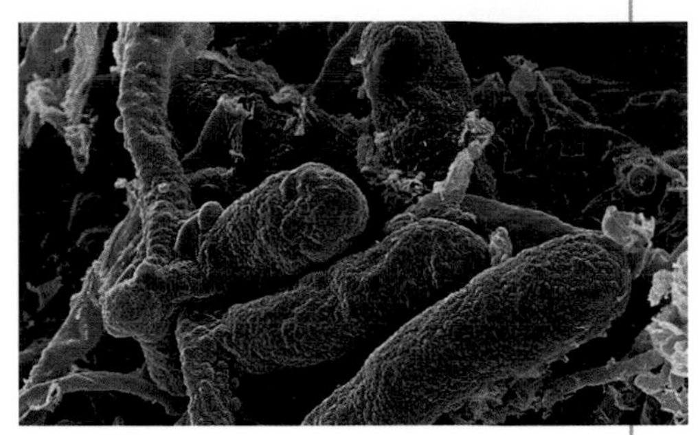

香港腳的致病源
圖中可見「絮狀表皮黴菌」的超微菌絲，這種黴菌讓皮膚出現發白、發癢症狀。

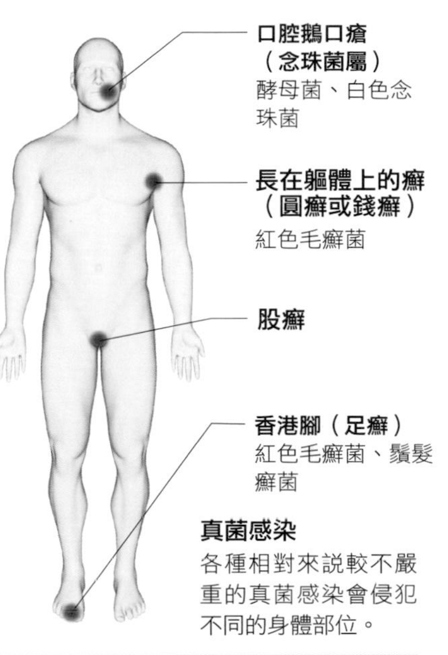
口腔鵝口瘡（念珠菌屬）
酵母菌、白色念珠菌
長在軀體上的癬（圓癬或錢癬）
紅色毛癬菌
股癬
香港腳（足癬）
紅色毛癬菌、鬚髮癬菌

真菌感染
各種相對來說較不嚴重的真菌感染會侵犯不同的身體部位。

寄生性蠕蟲

人類和大多數其他的動物一樣會可能遭受大量寄生性蠕蟲的侵害，這類蠕蟲所賴以生存的營養素全取自其宿主身上。會寄生於人體的蠕蟲類動物至少有20種。這些寄生蟲大多一生當中都會在腸道中至少待個一段時間，其中有少數屬於環節動物（身體分成許多環節的蠕蟲類），包括常見的蚯蚓。有好幾種則屬於蛔蟲，或稱線蟲，比如住在腸道、身長1公分的十二指腸鉤蟲。其他類似於蠕蟲的寄生蟲類為扁蟲；扁蟲又包括條蟲（例如住在腸道的條蟲）以及吸蟲（例如血吸蟲，會導致血吸蟲病，俗稱大肚子病）。

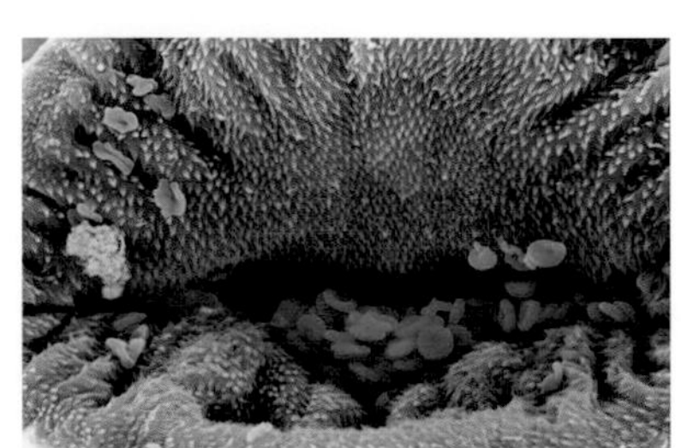

血吸蟲
成年吸蟲（例如1到2公分長的血吸蟲）寄居在血管中。這張特寫圖所顯示的是吸蟲嘴部，其中含有許多紅血球。

鉤蟲
這張顯微照片可見成年鉤蟲的頭部，嘴巴中含有數個長得像牙齒的構造，鉤蟲利用它來緊抓住寄主腸道的內壁。

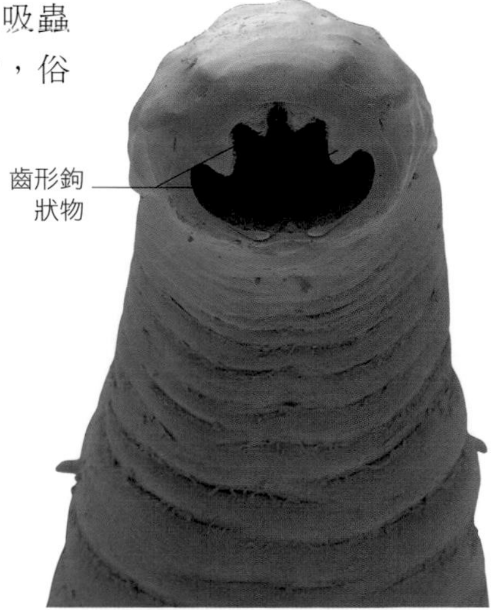
齒形鉤狀物

過敏

正常狀況下，免疫系統會防止人體受到感染、癌症、損傷和破壞性物質的傷害。然而有時免疫系統會反應過度，去攻擊無害的外來物質。像這樣的反應稱為過敏反應，嚴重度不一，從症狀輕微到危及生命都有。

過敏反應

免疫系統開始對某種外來物質（過敏原，又稱變應原）有敏感現象時，即是過敏反應的表現。

免疫系統在第一次接觸到諸如花粉、堅果或青黴素等過敏原時，即製造抗體與之搏鬥。抗體包覆著肥大細胞的表面，而肥大細胞存在於皮膚、胃部內壁、肺臟和上呼吸道。過敏原要是又再次進入人體，這些肥大細胞就會啟動過敏反應。

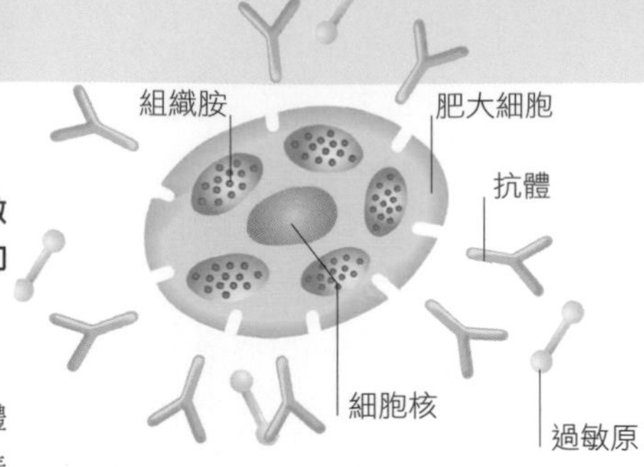
組織胺
肥大細胞
抗體
細胞核
過敏原

1 暴露於過敏原時

抗體結合在肥大細胞的表面上。肥大細胞內含組織胺，組織胺通常會引起發炎反應。

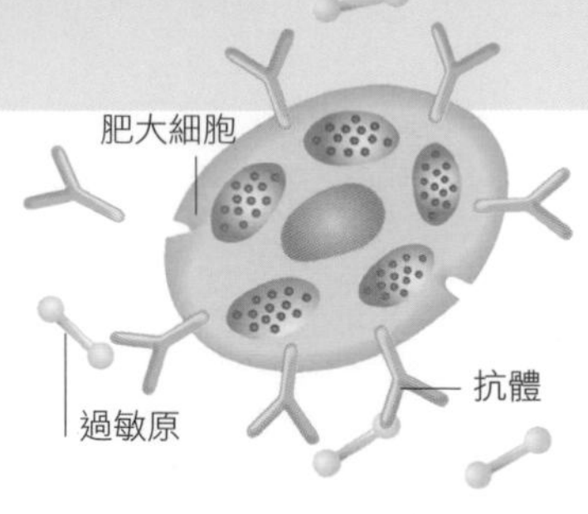
肥大細胞
抗體
過敏原

2 抗體受到觸發

過敏原接觸到抗體時，若將兩個以上的抗體連結在一起，就有可能造成細胞爆裂。

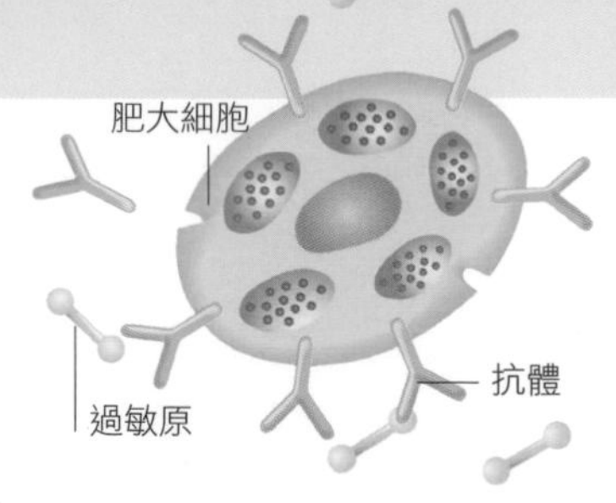
過敏原結合到抗體上
排放組織胺
爆裂的肥大細胞

3 釋放組織胺

肥大細胞爆破的同時，包裹於其內的細粒釋放出組織胺。組織胺會引起發炎反應，而發炎反應會對人體組織形成刺激，產生過敏症狀。

過敏性鼻炎

會對鼻子和喉嚨內壁造成刺激的空氣，若傳播過敏原則會導致過敏性鼻炎；這種過敏症的發作時間可為季節性或全年性。

過敏性鼻炎患者在接觸空氣傳播的過敏原時，鼻子和喉嚨內壁會發炎。其中一種過敏性鼻炎叫做花粉症，是由出現於春夏兩季的花粉粒所引起。另一種過敏性鼻炎稱為常年性鼻炎，可能引發過敏的有塵蟎、鳥類羽毛或動物的毛髮或皮屑，任何時間都有可能發作。這兩種過敏性鼻炎都會引發打噴嚏、鼻塞、流鼻水和眼睛發癢流淚等，這些症狀通常在花粉症發作時會比較嚴重。鼻炎的致病因通常都很容易找出。如果無法避免接觸過敏原，可在發作前或發作中利用抗過敏藥物緩解眼睛發癢或鼻塞等症狀。抗過敏藥有直接施用在鼻子或眼睛內的，也有口服的。

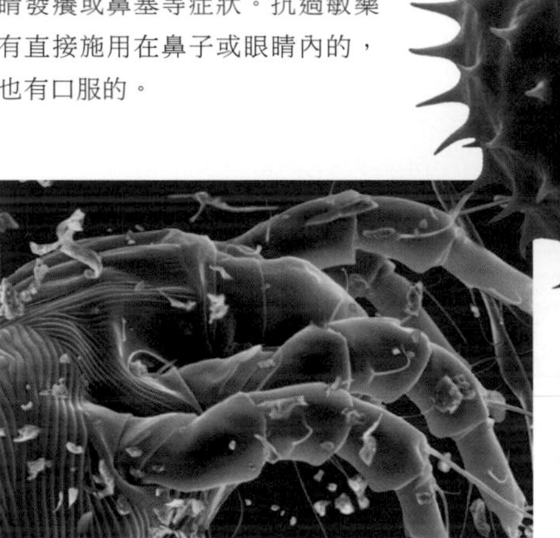

常見過敏原

許多人都對花粉粒（上圖）過敏，因此罹患了花粉症（又稱乾草熱）。塵蟎的屍體和排泄物（左圖）也會引起鼻炎。

食物過敏

有些過敏症患者會對某些食物產生極度激烈的免疫反應，最常見的為堅果、海鮮、雞蛋和牛奶。

食物過敏的症狀可能一吃就發作，也可能過了幾個小時才顯現。有些症狀影響的是消化系統，會導致嘴巴和喉嚨腫脹發癢、噁心嘔吐及腹瀉。其他也有影響全身的症狀，會引起皮膚出疹、組織腫脹（請參閱下方血管性水腫之說明）以及呼吸短促。在非常嚴重的情況下，食物過敏會引起無防禦性過敏（請參閱左下方無防禦性過敏之說明）。避免食用會產生問題的食物是唯一有效的治療方法。

全身性過敏反應

這是一種罕見但有潛在致命危險的過敏反應，為對過敏原極端敏感所致。

全身性過敏反應是大範圍的免疫系統反應，全身都會受到影響。大量組織胺大範圍釋出，使得血壓驟降（休克）及呼吸道縮窄，如果不立即治療，可能會有致命危險。其他可能產生的症狀包括發紅發癢的塊狀皮疹（又稱蕁麻疹）、臉唇舌腫脹（請參閱右方血管性水腫之說明）以及意識喪失。引起無防禦性過敏的誘因包括食物（例如堅果）、藥物（例如青黴素）和昆蟲叮咬等。無防禦性過敏症發作的患者需要緊急就醫治療。如果已知病患可能會發作全身性過敏反應，醫師可開立含有腎上腺鹼（腎上腺素）的針劑給該病患，讓病患一發作就可自我注射。易患此病的人應避免接觸所有誘發物質。

典型的白色疙瘩

蕁麻疹

為發癢的紅疹，通常帶有白色疙瘩，可因各種過敏而導致。也可能是無防禦性過敏反應的症狀。

血管性水腫

導致身體組織腫脹的過敏反應稱為血管性水腫。

腫脹的發作通常為突發性，發生位置在皮膚正下方的組織與黏膜。血管性水腫通常發作於臉唇，也可能會發作在嘴巴、舌頭和呼吸道，使得呼吸和吞嚥受到干擾。最常見的誘因為堅果與海鮮等食物。其他可能的誘因還包括抗生素和昆蟲的叮咬。血管性水腫嚴重時，需要緊急就醫治療。發作較為輕微時，可施以皮質類固醇或抗組織胺劑，以減輕腫脹。

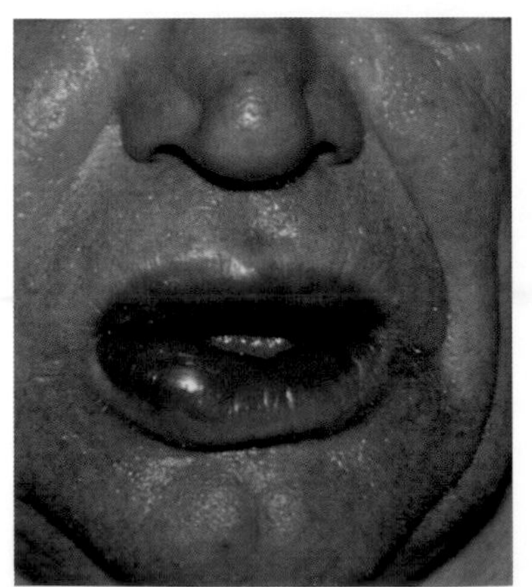

唇部血管性水腫

突然發作的臉、唇或喉軟組織嚴重腫脹稱為血管性水腫。通常因對某些食物產生過敏反應所引起。

愛滋病毒：後天免疫缺乏症候群

人類免疫缺陷病毒（愛滋病病毒）的感染會破壞人體自身的自衛系統。接著可導致罹患後天免疫缺乏症候群（愛滋病）。罹患這種危及生命的病症，會使免疫系統衰弱，以至於即便無害的微生物都可導致嚴重感染。

後天免疫缺乏症候群（愛滋病）

特定的血液或體液檢測可驗出愛滋病病毒。測試愛滋病病毒若呈陽性反應，則有可能罹患後天免疫缺乏症候群以及其他相關疾病，特別是伺機性感染。伺機性感染對健康者無害，但對免疫低下者有危險。伺機性感染由生物體所引起，例如導致鵝口瘡的白色念珠菌感染。後天免疫缺乏症候群患者也可能因而患上各種癌症，尤其是卡波西氏肉瘤。

卡波西氏肉瘤

卡波西氏肉瘤以輪廓分明的棕色突起小結為特徵，此圖中可見於眼睛下方。這種瘤的生長地點可為身體各處，內臟也包括在內。

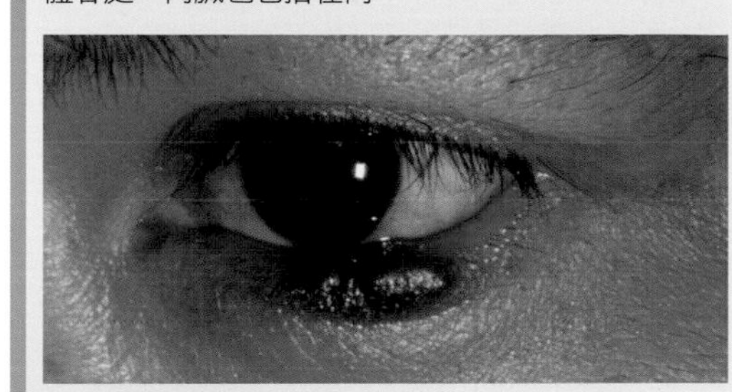

愛滋病病毒感染

愛滋病病毒由體液傳播，例如血液、精液、陰道分泌物和母乳。受感染的體液進入他人身體時，病毒就會連同帶入。

這種病毒最常透過性行為傳播，也可能經由受感染的針頭傳染給吸毒者，或由母親傳染給她的胎兒。愛滋病病毒進入血流後，就會感染表面上有「表面抗原分化簇4受體」分子的細胞。這種細胞是負責抵抗感染病的白血球。進駐具有表面抗原分化簇4受體細胞的病毒會迅速繁殖，同時將此細胞摧毀。感染初期可能會有幾週的時間出現類似流感的病徵，過後好幾年都不會有其他的症狀。愛滋病病毒若不予以醫治，則表面具抗原分化簇4受體的淋巴細胞數量最終會低到使免疫系統嚴重衰弱的地步，並發展出許多嚴重的異常疾病。

愛滋病病毒的複製

愛滋病病毒屬於反轉錄病毒，具備的遺傳物質型態為核糖核酸。入侵人體細胞後，會利用細胞本身的機制來繁衍後代。

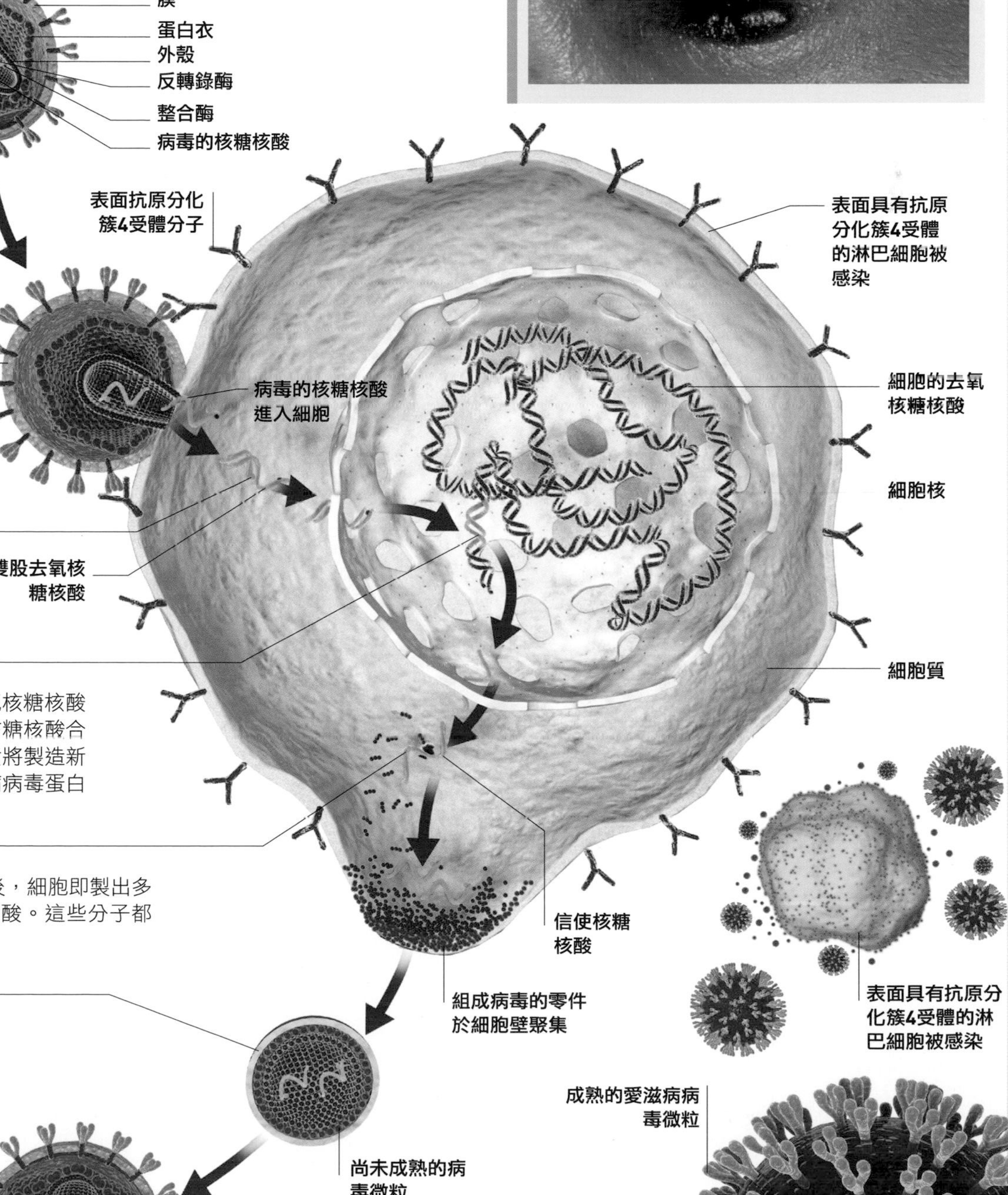

醣蛋白120抗原（對接蛋白）
膜
蛋白衣
外殼
反轉錄酶
整合酶
病毒的核糖核酸
表面抗原分化簇4受體分子
表面具有抗原分化簇4受體的淋巴細胞被感染
病毒的核糖核酸進入細胞
細胞的去氧核糖核酸
細胞核
雙股去氧核糖核酸
細胞質
信使核糖核酸
組成病毒的零件於細胞壁聚集
表面具有抗原分化簇4受體的淋巴細胞被感染
成熟的愛滋病病毒微粒
尚未成熟的病毒微粒
自由漂移的成熟愛滋病病毒微粒（橫切面顯示）再次起始循環

1 游離的愛滋病病毒微粒

病毒的核心（稱為「外殼」）內含兩條單股核糖核酸，各自帶有一組病毒基因。外殼表面上的鹿角狀物是稱為醣蛋白（gp）120抗原的蛋白質（對接蛋白），能讓病毒「對接」上表面具抗原分化簇4受體的細胞表面。

2 結合與注入

醣蛋白120與表面抗原分化簇4受體分子嵌合後，再與細胞表面的共受體嵌合。病毒與細胞融合後，從細胞表面穿透進入。然後再從病毒的外殼釋出其核糖核酸股。

3 反轉錄

病毒將稱為反轉錄酶的酵素釋放的細胞中。這個酵素再將病毒的單股核糖核酸複製成雙股去氧核糖核酸。

4 病毒將自己的去氧核糖核酸插入

病毒的去氧核糖核酸進入細胞核後，病毒去氧核糖核酸藉由自己的整合酶（酵素）作用，與細胞的去氧核糖核酸合為一體。接著，細胞所製造出的信使核糖核酸負責將製造新蛋白質的指令傳遞下去，當中也包含了製造愛滋病病毒蛋白質的指令。

5 生產蛋白質

信使核糖核酸進入細胞質被「讀取」後，細胞即製出多條愛滋病病毒的蛋白鏈和此病毒的核糖核酸。這些分子都將是新愛滋病病毒微粒的組成零件。

6 新愛滋病病毒製成

愛滋病病毒的結構成分在細胞壁聚集，形成尚未成熟的病毒，從細胞內部向外凸出呈芽體狀，同時將一部分細胞膜占為己有。病毒體內的酵素使之產生改變，轉化為成熟的病毒微粒。

自體免疫與淋巴疾病

正常情況下，免疫系統能夠保護身體不受感染，然而一旦失常，又有可能產生自體免疫異常疾病，即免疫反應出錯，誤認自身組織為外來物質，並製造抗體攻擊之。淋巴系統負責摧毀具有感染力的微生物以及癌化細胞，但這個系統本身也有可能受到感染或癌化。

紅斑性狼瘡

紅斑性狼瘡影響範圍大得異常，罹患此病會使免疫系統對自身結締組織發動攻擊。

全身性紅斑性狼瘡別稱蝴蝶病，患有此病會導致結締組織發炎腫脹（結締組織是將皮膚、關節和內臟黏結在一起的身體結構）。症狀的嚴重度因人而異，且可能會不時突然有幾週症狀加劇的情況。紅斑性狼瘡致病因不明，但病毒感染、壓力或太陽曝曬都可能成為誘因。女性與黑人或亞洲人的好發率較高，而且有些還有世代相傳的特徵。這種病目前仍無法根治；各種治療方式目的都在於緩解症狀及控制病況，然而紅斑性狼瘡在某些情況下也有可能致命。

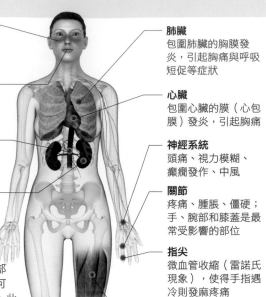

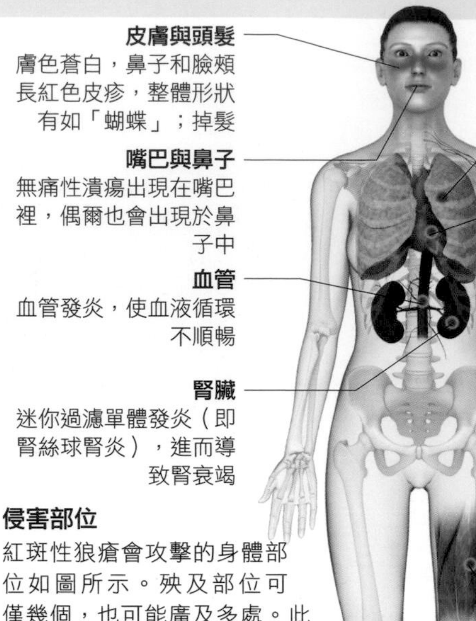
皮膚與頭髮
膚色蒼白，鼻子和臉頰長紅色皮疹，整體形狀有如「蝴蝶」；掉髮
嘴巴與鼻子
無痛性潰瘍出現在嘴巴裡，偶爾也會出現於鼻子中
血管
血管發炎，使血液循環不順暢
腎臟
迷你過濾單體發炎（即腎絲球腎炎），進而導致腎衰竭
肺臟
包圍肺臟的胸膜發炎，引起胸痛與呼吸短促等症狀
心臟
包圍心臟的膜（心包膜）發炎，引起胸痛
神經系統
頭痛、視力模糊、癲癇發作、中風
關節
疼痛、腫脹、僵硬；手、腕部和膝蓋是最常受影響的部位
指尖
微血管收縮（雷諾氏現象），使得手指遇冷則發麻疼痛
肌肉
肌肉疲勞疼痛

侵害部位
紅斑性狼瘡會攻擊的身體部位如圖所示。殃及部位可僅幾個，也可能廣及多處。此病也可能影響全身，使人感到疲勞、發燒、抑鬱及對陽光敏感。

硬皮病

抗體破壞皮膚、關節組織和其他結締組織的罕見疾病。

硬皮病是免疫系統攻擊結締組織（其功能為將身體各個結構黏合在一起）的自體免疫異常疾病。人體組織開始發炎變厚，且可能會變硬而緊繃。皮膚是最經常受此疾病影響的部位，可能會變僵硬而緊繃。身體關節（特別是手部的關節）可能會腫脹疼痛。手指可能會出現潰瘍與硬塊，且遇冷敏感而疼痛（此症稱為雷諾氏現象）。硬皮病的致病因仍不明。目前還沒有根治方法，但醫學治療可緩解症狀及減緩此疾進程。

囊狀纖維化

若抗體攻擊肺部組織，就可能造成肺泡（放空氣的囊泡）的纖維變性（即變厚與結瘢）。

囊狀纖維化為自體免疫反應導致肺泡發炎的疾病。佈滿傷疤的肺泡壁會降低吸收氧氣的能力。此病症狀包括乾咳和呼吸短促，情況嚴重時，會需要供氧給病患。致病因目前仍不明，沒有根治方法，但可藉皮質類固醇藥物減緩肺臟受損速度。

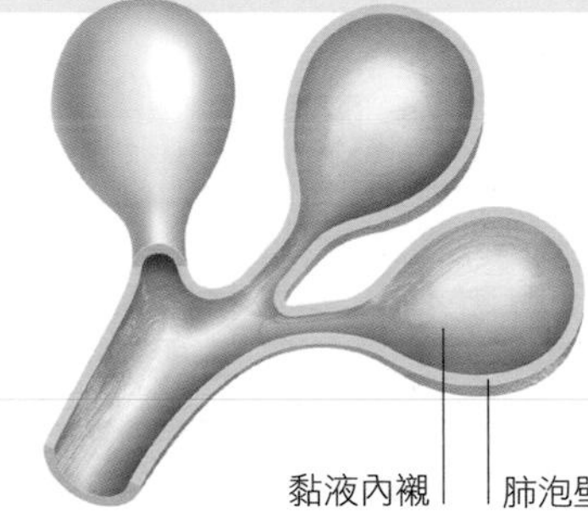
黏液內襯
肺泡壁

1 正常的肺泡
柔弱的肺泡壁厚度只有一顆細胞，讓空氣中的氧分子能輕易穿進血液，並讓二氧化碳離開身體。肺泡的內面有一層黏液作為保護。

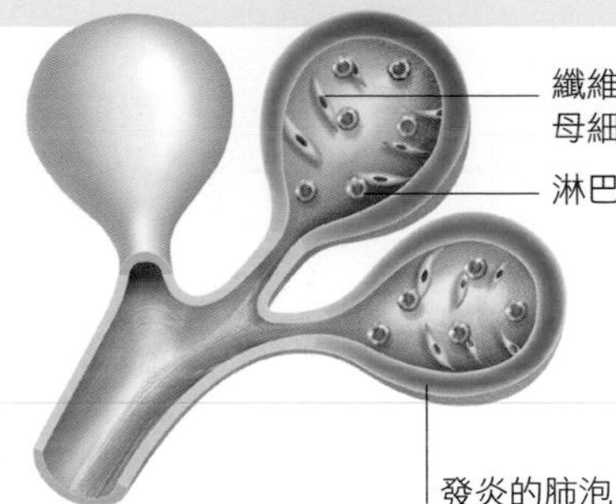
纖維組織母細胞
淋巴細胞
發炎的肺泡

2 發炎
大量淋巴細胞（對抗疾病的細胞）湧入肺泡，在裡面分解時，分泌引起發炎的物質。這個變化過程刺激了纖維母細胞，使之形成纖維組織。

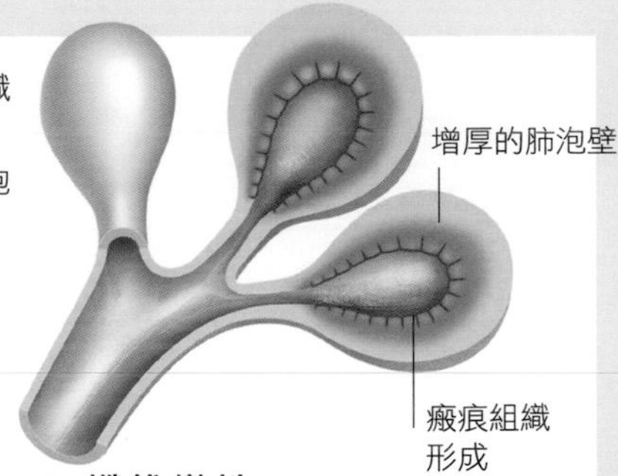
增厚的肺泡壁
瘢痕組織形成

3 纖維變性
瘢痕組織的形成（即纖維變性）導致肺泡壁變厚，使流穿肺泡壁的氣體量受限。纖維變性會逐漸毀損肺泡，而瘢痕組織可能會使肺臟擴張的能力受限。

多發性動脈炎

為罕見而嚴重的自體免疫異常疾病，會導致多處小動脈和中型動脈受損。

結節性多發性動脈炎為動脈壁因自體免疫反應而發炎，造成許多身體組織的供血受阻。症狀包括皮膚病變和潰瘍、腹痛、關節疼痛及手指和腳趾發麻等。多動脈炎也可能進一步引起腎功能衰竭或心臟病發作。病因不明。沒有根治方法，但可施用皮質類固醇來緩解症狀。

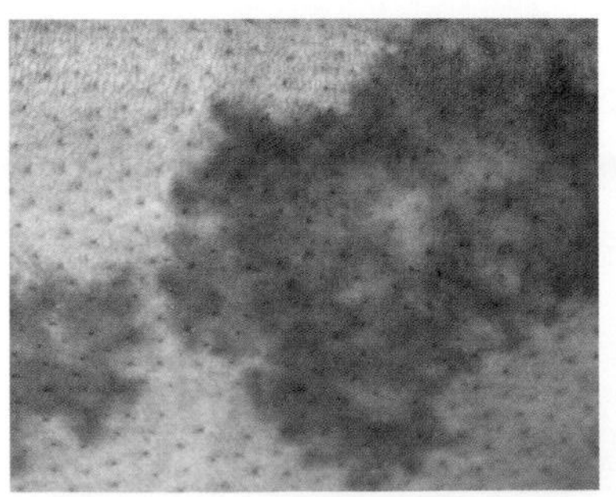

多發性動脈炎造成的損傷
圖中罹患多動脈炎的腿部略帶紫色的區域，顯示出該區域因為血管發炎，血流受限，而導致組織缺血缺氧。

肉狀瘤病

類肉瘤病可能為急性或慢性，會導致肉芽腫（一種瘤）的形成。

一般認為類肉瘤病的起因是對這種疾病有遺傳易感性的人，因化學物質或感染引起過度激烈的免疫反應所致。最常侵犯的部位為肺臟，會使人咳嗽和呼吸短促，除此之外，也可能發生在淋巴結、脾臟、腎臟、皮膚或眼睛。此病尚無根治方法，但大多數病患的症狀都會自行消失。

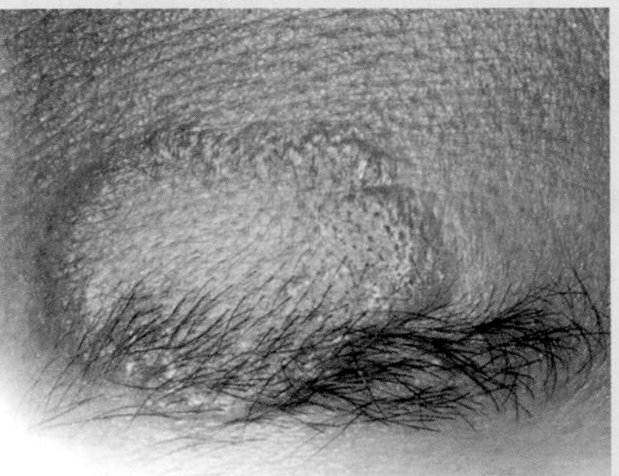

肉芽腫
這張照片中可見一顆長在眼睛上方的肉芽腫。巨噬細胞（抵抗疾病的細胞）成簇聚集在觸發免疫反應的地方，形成肉芽腫。

貧血

包括免疫反應異常在內的多種疾病都可能導致貧血。

「貧血」一詞用於形容血紅蛋白（讓紅血球呈紅色的色素）不足或變異的異常疾病。血紅蛋白負責在血液中攜帶氧氣，所以如果不足的話，就沒辦法供給足夠的氧氣給身體組織。貧血有多種不同的類型。溶血性貧血起因於紅血球受到大範圍且快速的毀損（溶血作用）。這類疾病若屬於自體免疫型，則為免疫反應過度激烈，身體製造抗體來攻擊紅血球。這樣的反應可能由其他反應觸發，或許是某種自體免疫異常疾病，或是某些藥物（好比青黴素或奎寧）。最常見的貧血類型是由需要用以製造健康紅血球的物質（例如鐵質）不夠所引起。其他類型的貧血則可因罹患遺傳性異常疾病，導致身體製造出不正常型態的血紅蛋白所引起，例如鐮狀細胞病患者的紅血球變形，呈弧形鐮刀狀。第三類為成形不全性貧血，發生於骨髓無法製造出足夠的紅血球的時候。

溶血（紅血球溶解）
在這張彩色電子顯微照片中可見一種稱為巨噬細胞的白血球（褐色）正在破壞紅血球。由此造成的紅血球的喪失，稱作自體免疫溶血性貧血。

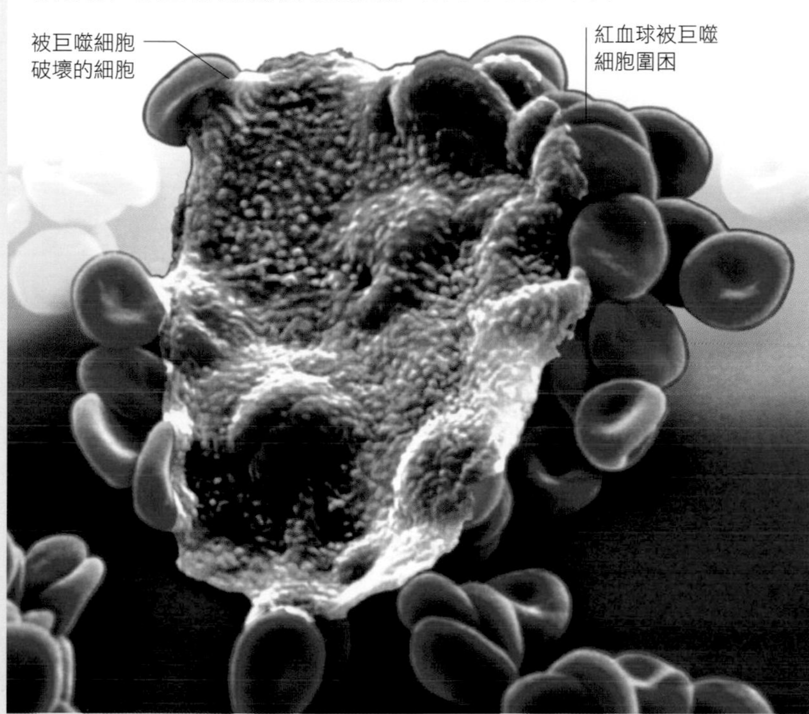
被巨噬細胞破壞的細胞
紅血球被巨噬細胞圍困

白血病

白血病有好幾種類型；所有類型都有骨髓中癌化白血球的狀況。

白血病是一種白血球的癌症。癌化細胞在骨髓中繁殖，而正常狀況下，骨髓是製造血球的地方。這個疾病發展過程會將健康紅血球、白血球和血小板的製造量減低到不正常的程度。紅血球不足會導致貧血（請參閱左方說明）。白血球的減少會讓人體不能抵抗感染。血小板不夠會讓血液無法在佈及受傷處，導致失血過多。癌化的細胞通常會在血流中擴散，導致淋巴結、脾臟和肝臟膨大。白血病可為急性或慢性。通常予以化學治療，有些則先予以放射線治療，再做幹細胞移植。預後情形取決於罹患的是哪一型的白血病以及嚴重程度如何，但整體來看，治療的成功機率在兒童身上較高。

血球的生產製造
所有的血球都是在骨髓當中製造，骨髓是個柔軟的脂肪性組織，位於大型扁骨中央部位，例如肩胛骨、肋骨、胸骨和骨盆等。各種血球的始祖都是單一種細胞，稱為幹細胞。紅血球負責運載氧氣到各個組織。淋巴細胞（一種白血球）負責對抗感染。血小板可幫助血液在受傷部位凝塊，減少血液的流失量。

急性淋巴胚細胞白血病
急性淋巴胚細胞白血病為癌化的淋巴胚細胞（又稱母淋巴球，即尚未成熟的淋巴細胞）失控增殖，並囤積於骨髓中所致。正常血球的製造因此受擾而失常，以致於製造量降得過低。除此之外，淋巴胚細胞（母淋巴球）會入侵體內血液循環，在當中繼續繁殖，並將癌症帶到身體的其他器官和組織中。

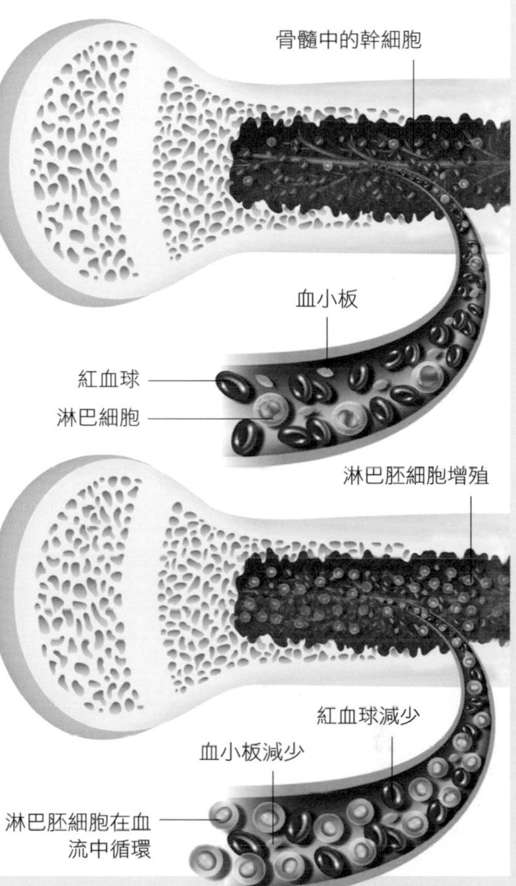
骨髓中的幹細胞
血小板
紅血球
淋巴細胞
淋巴胚細胞增殖
紅血球減少
血小板減少
淋巴胚細胞在血流中循環

淋巴瘤

淋巴瘤始於淋巴系統，是一種與淋巴細胞有關的癌症。

淋巴系統跟血液一樣內含淋巴細胞（即幫助身體對抗感染的白血球）。這些細胞癌化，並在淋巴結中增殖時，即稱作淋巴瘤。這種癌症可能會擴散到其他組織，像是脾臟和骨髓等，也可能擴及其他淋巴結。淋巴瘤有超過50種型態，其中包括何杰金氏和非何杰金氏淋巴瘤。大多數都會引起頸部、腋窩或腹股溝（鼠蹊）等部位的淋巴結腫脹、發燒、疲勞和盜汗。長在一整群淋巴結的淋巴瘤可施以放射線治療，若發生於身體多處，則可利用化學治療方式。

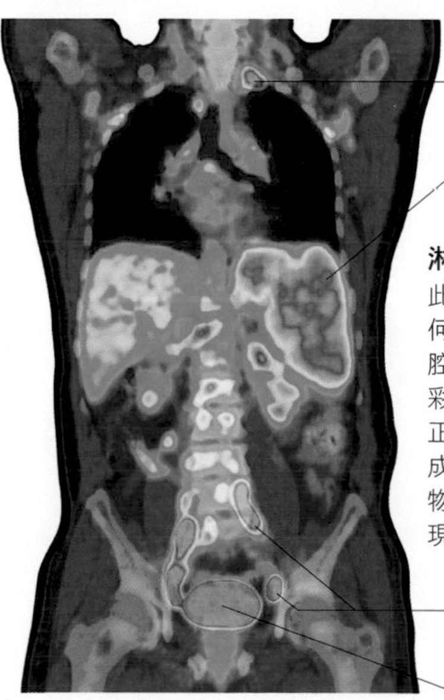
淋巴結的癌症
脾臟內的癌化組織
癌化淋巴結
膀胱

淋巴瘤的掃描檢查
此影像顯示出一位罹患某一型非何杰金氏淋巴瘤的病人腹腔和胸腔中的惡性贅瘤。這張影像由彩色合成電腦斷層攝影掃描片和正子放射斷層攝影掃描片結合而成。注射到病人血流中的放射性物質被腫瘤吸收，在攝影片中顯現為桃紅色斑塊。

何杰金氏淋巴瘤

這類淋巴瘤涉及一種膨大且異常的細胞，稱為立德一史登堡氏細胞。病因不明。何杰金氏淋巴瘤好發於介於15到30歲以及介於55到70歲之間的人。最常見的症狀為淋巴結膨大。其他症狀還包括疲勞、皮膚發癢或皮疹。有些患者會有發燒、盜汗、體重減輕或飲酒後淋巴結疼痛等症狀。罹患這個疾病會更容易遭到感染，因為免疫系統的細胞無法正常運作。醫師可驗血檢測病人是否患有貧血，並在腫脹的淋巴結取樣，做活體組織切片檢查，看是否為癌化細胞。醫師也可能安排病人進行電腦斷層攝影掃描，並做骨髓活體組織切片檢查，看癌細胞是否已擴散。治療方式有放射線治療以及化學治療等。

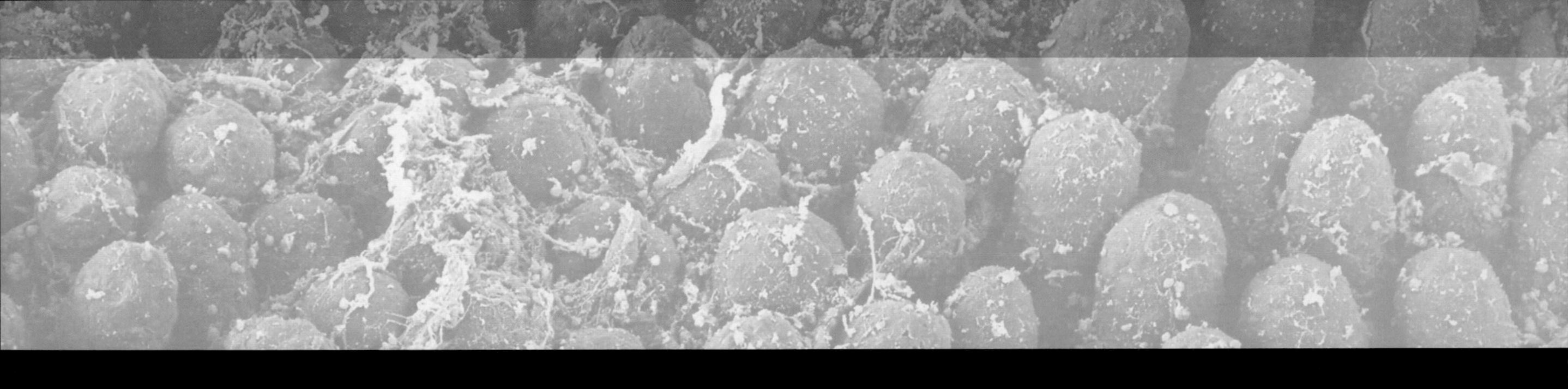

「比起其他系統，一般人可能比較常意識到消化系統的存在，因為消化系統總是頻繁發出訊息。饑餓、口渴、食慾、放屁以及排便的頻率和性質等都影響著人們的日常生活。良好飲食習慣加上規律運動是健康的基石。攝取大量新鮮蔬果、足

消化系統

消化系統解剖

消化系統的組成包括一條長長的通道（稱為消化道）以及其他如肝臟、膽囊與胰腺等相關器官。消化道始於嘴巴，中間通過食道、腸道等，最終到達肛門。分解食物、提取養分和除去廢棄物質等各種流程，都在其間進行。

食物嚥下的那一刻，這趟旅程就開始了。旅途長達9公尺，走完全程費時高達24小時，中間經過多個肌肉管道和空腔。作業流程始於嘴巴，咀嚼時，由牙齒初步將食物磨碎。由此形成的食團會繼續往下進入咽部，行經食道，一路穿過胃部、小腸、大腸，直到肛門。食物到小腸時，會經由化學性消化分解成能夠吸收到血流中的小分子，而無法消化的部分在大腸被壓縮成糞便，並從肛門排出。食物之所以能在消化系統中移動，靠的是稱為「蠕動」的肌肉收縮作用（請參閱第199頁）。消化系統跟消化道含有若干腺體：製造唾液的唾液腺（涎腺）、生產強效消化液的胰腺，以及人體最主要的營養素處理器：肝臟。

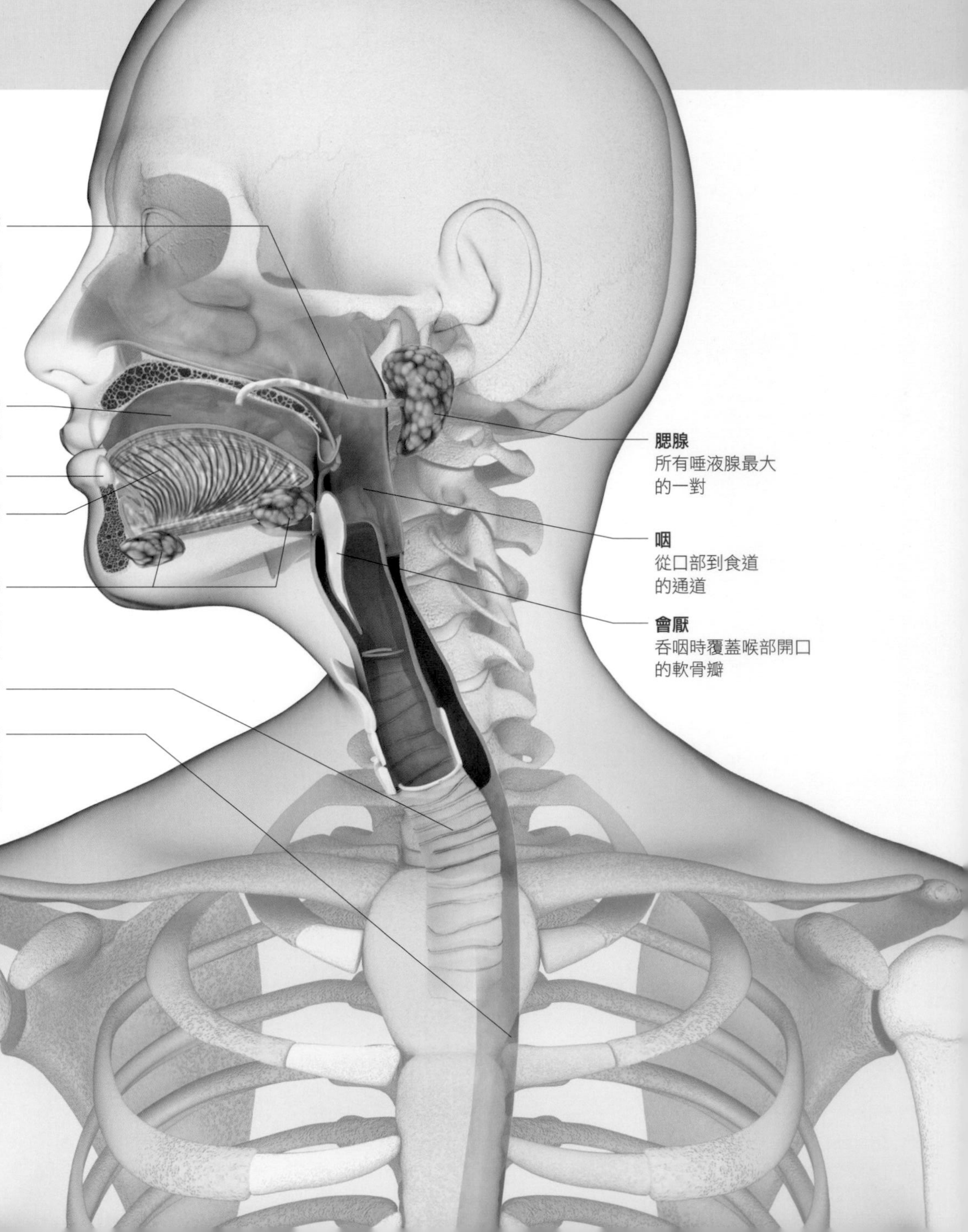

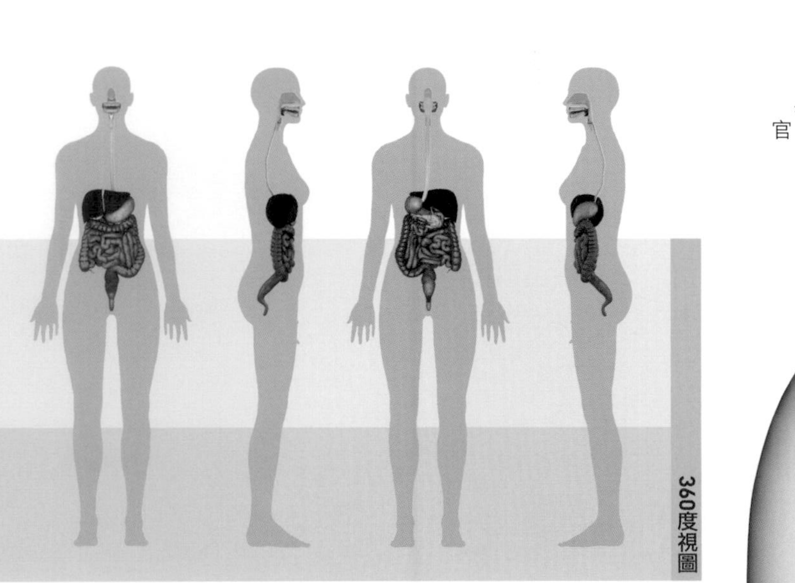
360度視圖

腮腺導管（耳下腺導管）
將腮腺分泌物運輸到嘴部的管狀器官

嘴
食物進到消化系統的入口處

牙齒

舌頭

舌下（左邊）和頜下唾液腺
負責分泌唾液；唾液有潤滑食物的功能，並含有啟動消化的酵素

氣管

食道
具有厚實肌肉壁的管狀器官，全長約25公分，上接咽部，下接胃臟

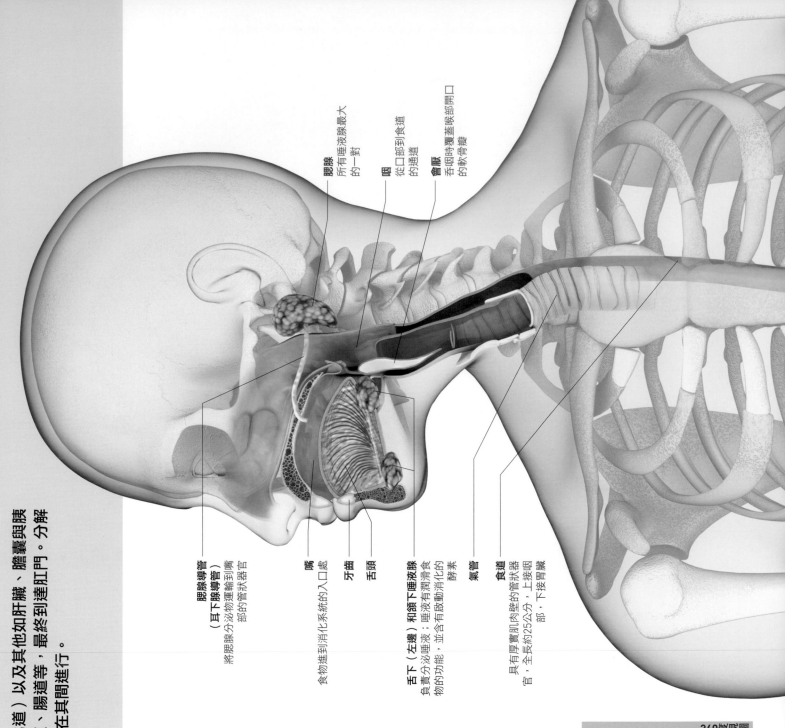

腮腺
所有唾液腺最大的一對

咽
從口部到食道的通道

會厭
吞咽時覆蓋喉部開口的軟骨瓣

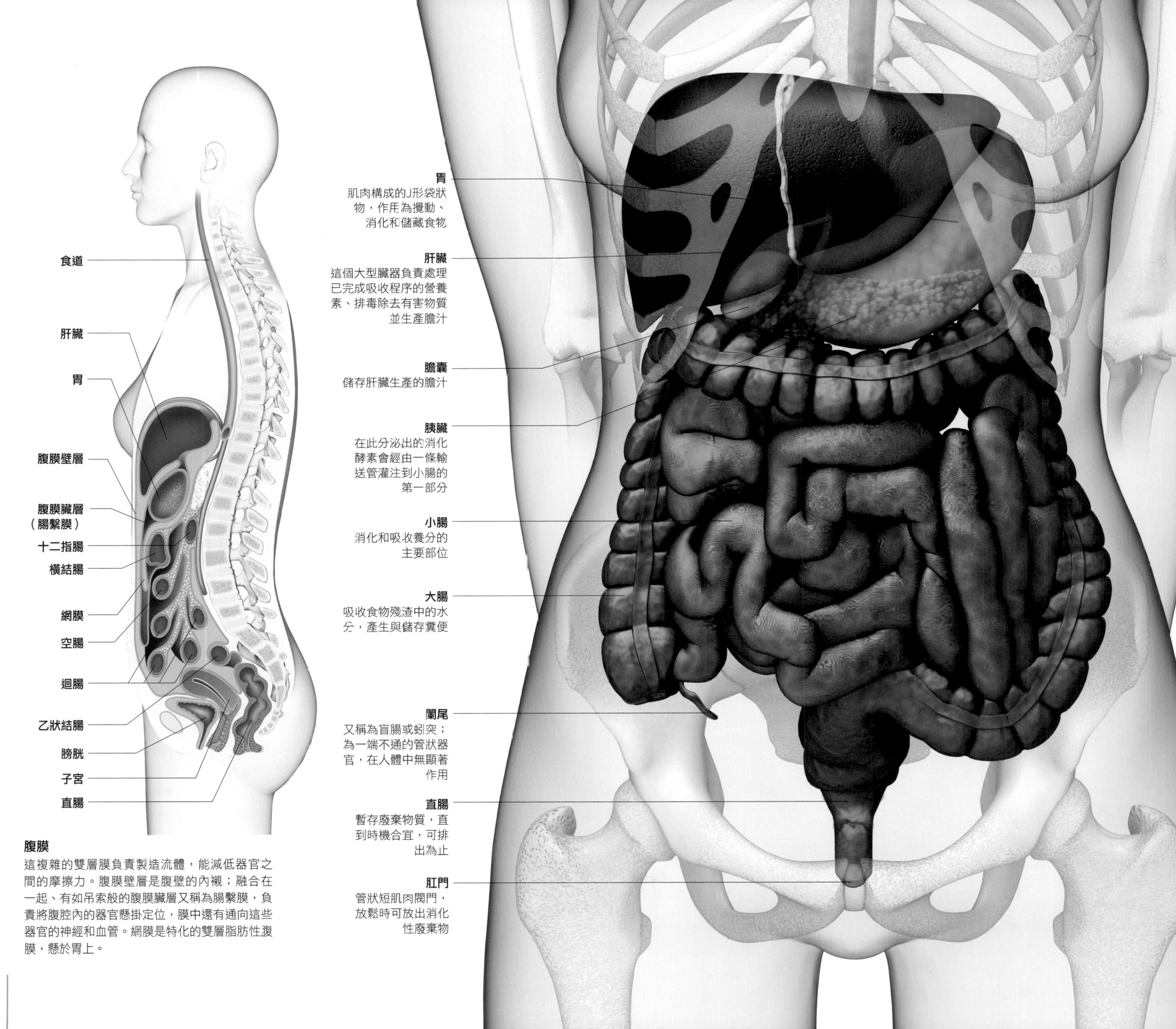
食道
肝臟
胃
腹膜壁層
腹膜臟層
（腸繫膜）
十二指腸
橫結腸
網膜
空腸
迴腸
乙狀結腸
膀胱
子宮
直腸
胃
肌肉構成的J形袋狀物，作用為攪動、消化和儲藏食物
肝臟
這個大型臟器負責處理已完成吸收程序的營養素、排毒除去有害物質並生產膽汁
膽囊
儲存肝臟生產的膽汁
胰臟
在此分泌出的消化酵素會經由一條輸送管灌注到小腸的第一部分
小腸
消化和吸收養分的主要部位
大腸
吸收食物殘渣中的水分，產生與儲存糞便
闌尾
又稱為盲腸或蚓突；為一端不通的管狀器官，在人體中無顯著作用
直腸
暫存廢棄物質，直到時機合宜，可排出為止
肛門
管狀短肌肉閥門，放鬆時可放出消化性廢棄物

腹膜

這複雜的雙層膜負責製造流體，能減低器官之間的摩擦力。腹膜壁層是腹壁的內襯；融合在一起、有如吊索般的腹膜臟層又稱為腸繫膜，負責將腹腔內的器官懸掛定位，膜中還有通向這些器官的神經和血管。網膜是特化的雙層脂肪性腹膜，懸於胃上。

口到咽

消化作用始於食物進入嘴巴的那一刻。嘴巴咀嚼並用唾液潤滑食物，還用舌頭將之四處推移。約略一分鐘過後，食物就變成一顆濕軟的「食團」。每顆食團都會經由咽部吞下，進入食道。

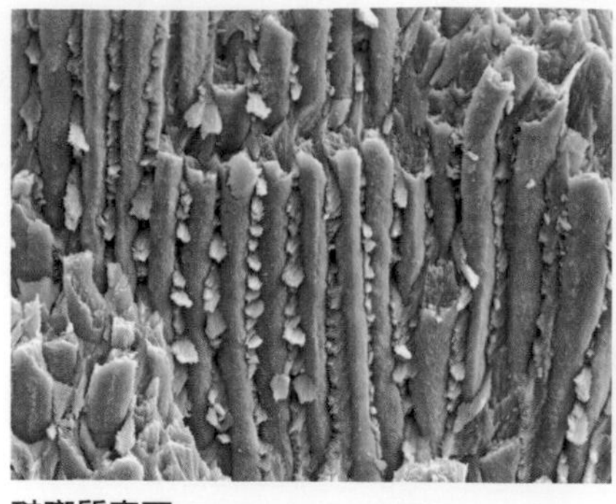

珐瑯質表面
這張顯微照片所顯示的是珐瑯質。珐瑯質是一種堅硬的材質，由U形釉質柱構成，當中塞滿了羥磷灰石（一種結晶礦物質）。

牙齒

牙齒可分為四類，其功能依類型而不同。門齒位於最前方，形狀如鑿子，有用於切割的尖銳邊緣。而有尖角的犬齒（又稱虎牙）則專門用來撕裂食物。前臼齒（小臼齒）上有兩條隆起線，而位於口部後側的臼齒（磨齒）形狀則較為平坦，是最大、最堅韌的牙齒；這兩類牙齒的作用在於碾壓磨碎食物。暴露於牙齦之上的牙齒部位叫做齒冠；嵌入顎骨的牙齒部位稱為齒根；而上述兩個部位相接之處，即牙齦最上方表面稱為齒頸部。齒冠的最外層由堅固的骨樣材質構成，這個材質稱為珐瑯質，是整個人體中最堅硬的物質。珐瑯質下方有一層比較軟，但還是很強韌的組織，稱為齒質，有吸震的功能。牙齒的中央部位是柔軟的牙髓腔，當中含有血管和神經。牙齦之下有類似於骨骼的牙骨質以及牙周韌帶組織，兩者的功能皆是將牙齒固定在顎骨中。

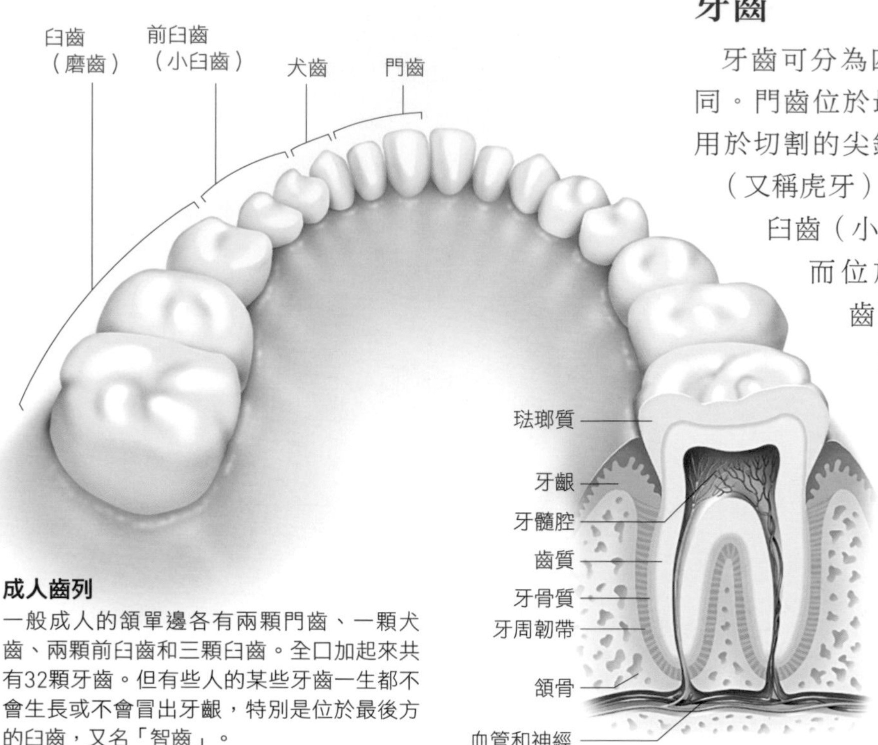
臼齒
（磨齒）
前臼齒
（小臼齒）
犬齒
門齒
珐瑯質
牙齦
牙髓腔
齒質
牙骨質
牙周韌帶
頜骨
血管和神經

成人齒列
一般成人的頜單邊各有兩顆門齒、一顆犬齒、兩顆前臼齒和三顆臼齒。全口加起來共有32顆牙齒。但有些人的某些牙齒一生都不會生長或不會冒出牙齦，特別是位於最後方的臼齒，又名「智齒」。

吞咽

吞嚥作用一開始是隨意性動作：食團被後半段舌頭推到嘴巴後部。吞嚥通常於咀嚼一段時間後進行；人需要集中注意力，才能在不咀嚼的狀況下吞嚥如藥片等固體。藥片連同開水一併嚥下會比較好吞，因為通常人在喝東西時，都是在液體進入嘴巴後直接吞飲。吞嚥的後續階段則由自主性反射動作接管，在咽部肌肉收縮下，食團往後下方移動，並被擠入食道頂端。稱為「會厭」的軟骨瓣作用在於防止食物「進錯門」而跑到喉部或氣管裡。

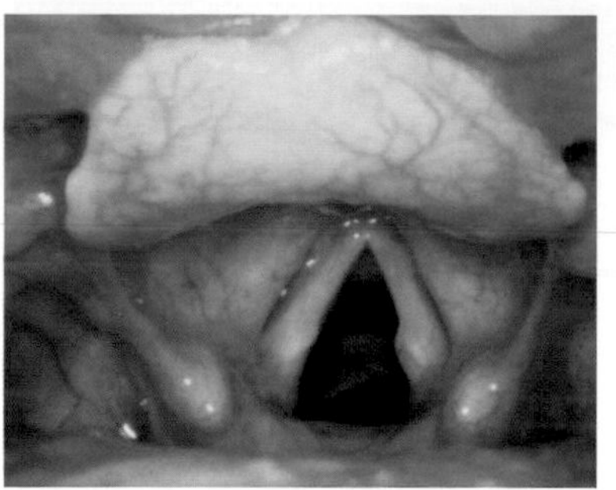

喉的內部樣貌
這張影像的頂部可見蒼白、形狀如葉子的會厭瓣，下方為倒V形的聲帶。

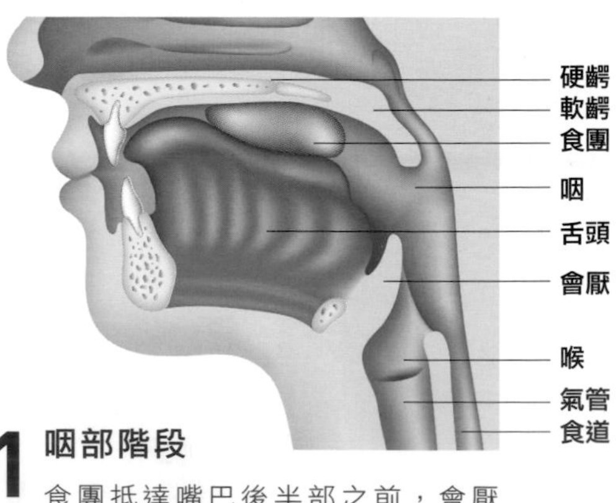
硬齶
軟齶
食團
咽
舌頭
會厭
喉
氣管
食道

1 咽部階段
食團抵達嘴巴後半部之前，會厭處於上提直立的正常位置，讓空氣能夠從鼻腔自由進出氣管。食道為放鬆狀態。

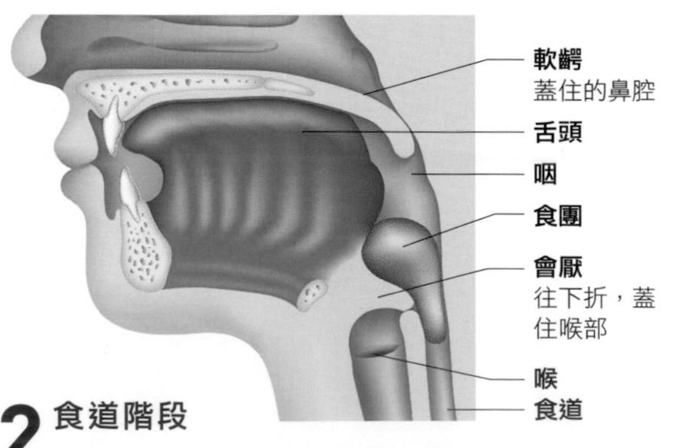
軟齶
蓋住的鼻腔
舌頭
咽
食團
會厭
往下折，蓋住喉部
喉
食道

2 食道階段
喉部提升觸及傾斜的會厭，阻斷進入氣管的開口，而軟齶則上提，把鼻腔蓋起來。食物進入食道後，被往下推。

呼吸或吞咽

咽是個具有雙重用途的通道：呼吸時給空氣通過，吞嚥時給食物、飲料和唾液通過。腦部發出的神經訊號控制嘴巴、舌頭、咽、喉及上食道的肌肉運動，預防食物誤入氣管。若將食物吸入，呼吸道所受到的刺激會觸發咳嗽的反射動作，將吸入的微粒噴出，避免窒息。吞嚥動作複雜的肌肉運動屬於隨意性反射動作，也會發生於固體物質接觸到嘴巴後部的觸覺感測器時。

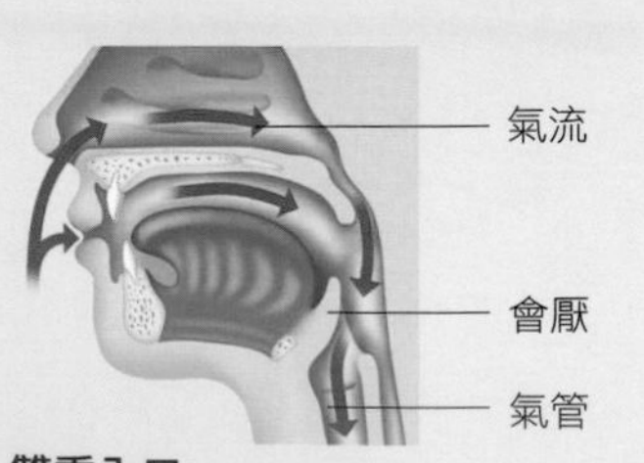
氣流
會厭
氣管

雙重入口
呼吸可藉由鼻子和嘴巴進行。嘴和鼻這兩個通道到了咽部會合而為一，讓空氣流入氣管。

口與咽部的解剖結構

嘴唇、臉頰和口腔內部都有穩固黏附的堅韌黏膜和一種稱為「非角質化鱗狀上皮」的組織作為內襯。此處細胞能快速繁殖，以取替因咬啃、咀嚼和吞嚥而磨掉的細胞。舌頭前半部下側中央有條肉質隆起線，稱為繫帶，是連接嘴巴底部的結構。舌頭是全身伸縮性最好的肌肉，舌內層有三對內部肌；舌外層有三對外部肌，範圍從舌頭一直延展到咽和頸的其他部位。舌頭根部附著於下頜骨和頸部內弧形的舌骨上。嘴巴後部連接的是咽的中段，此段稱為口咽。整個咽部涵蓋了從鼻腔到喉部的區域，全長在典型成年人身上約為13公分。

鼻子、嘴巴和喉嚨

嘴巴（或稱口腔）頂部由顱骨中一層層的上頜骨和齶骨所組成，這些統稱為硬齶。硬齶往後延展成軟齶，軟齶含有骨骼肌纖維，可在吞嚥時做屈曲動作。軟齶中央靠近後段的部位延伸出一小塊手指狀的「懸雍垂」，是張開嘴可見垂掛於後部的構造，作用在於幫助導引食物往下移動。

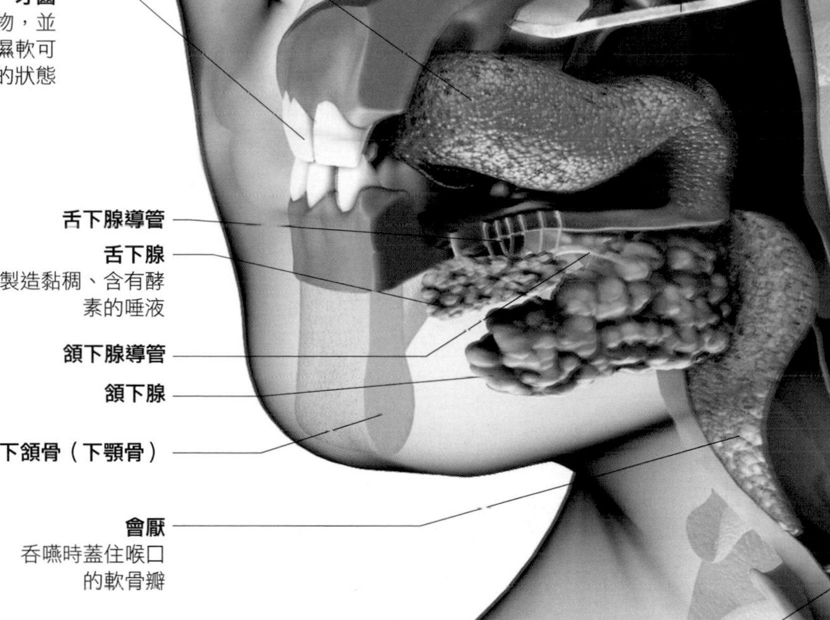

腮腺導管（耳下腺導管；史坦森氏導管）
末端開口位於上排第二臼齒旁的臉頰內襯上
鼻腔
最後段部分與咽部的鼻咽區段相接
附屬腮腺
腮腺
三對唾液腺中最大的一對；負責製造水漾唾液
軟齶
懸雍垂
舌頭
功用是在咀嚼時將食物四處推動，是具有味蕾的結構，還有助於在言語時發出清楚可辨的語音
牙齒
用於啃咬食物，並將之咀嚼成濕軟可吞嚥的狀態
舌下腺導管
舌下腺
製造黏稠、含有酵素的唾液
頜下腺導管
頜下腺
下頜骨（下顎骨）
會厭
吞嚥時蓋住喉口的軟骨瓣
喉
氣管
食道

唾液腺（涎腺）

唾液由三對唾液腺製造：位於耳朵正下方前面的腮腺、位於下頜骨內側的下頜下腺，以及位於嘴巴底部舌頭之下的舌下腺。此外，在作為嘴巴和舌頭內襯的黏膜上還有若干小型附屬腺體。雖然唾液99.5%由水分構成，但當中卻含有重要的溶質，例如消化酶：一種起始澱粉類和鹽類分解作用的消化酵素。唾液有潤滑食物的作用，可使咀嚼和吞嚥變得較為容易，也可在非進食期間保持嘴巴濕潤。

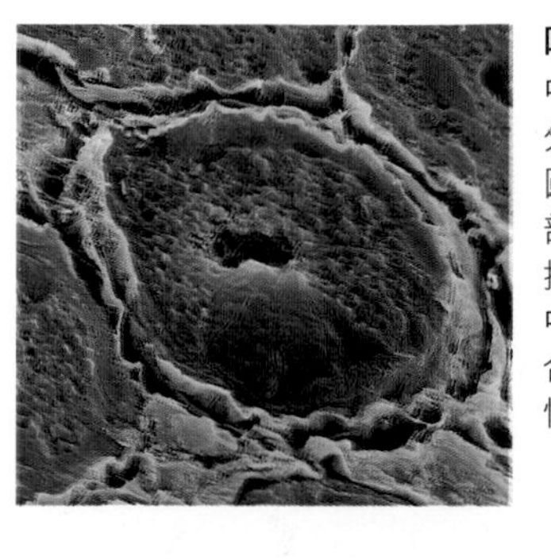

唾液腺（涎腺）的結構

中間有結締組織（粉紅色部分）隔開的許多腺泡（小而圓的腺性單元體；圖中褐色部分），其所分泌的唾液會排放到中央的迷你輸送管中。多個腺泡輸送管會聚，合而成為運載唾液的主要腺性輸送管。

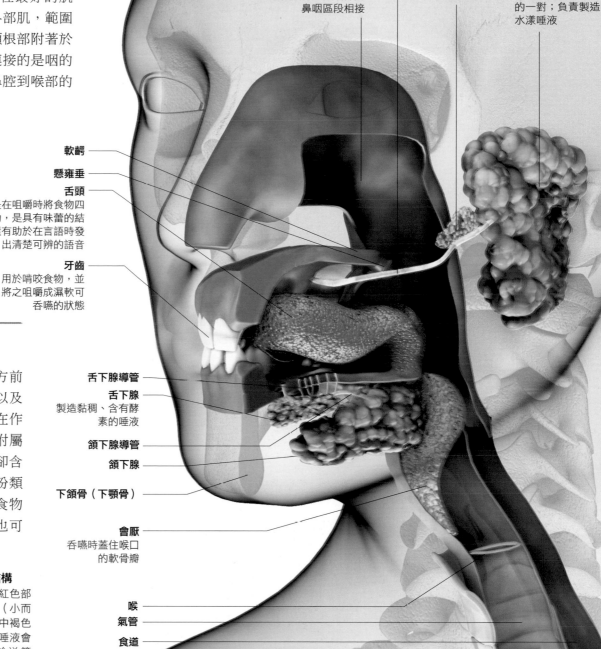

胃部和小腸

過了嘴巴、咽部和食道，下個主要的消化道節段即為胃與小腸。胃可儲存1.5公升或甚至更多食物，並進行物理性和化學性消化作用。食物到了小腸會繼續進行化學性分解作用，且小腸還是將營養素吸收到血流中的主要地點。

胃的結構

胃是整個消化管道中最寬敞的部分。這個有著肌肉壁的J形囊袋有儲存和攪動食物的功能，並將囊壁內襯所分泌的胃液與食物拌勻。這個作業程序在食物從食道通過胃食道交界處進入胃之後的幾分鐘內就啟動。胃液中含有消化酵素和鹽酸（氫氯酸），鹽酸不只具有分解食物的功能，還可殺死潛在性有害的微生物。胃壁的平滑肌層會收縮，混合並擠壓混雜了食物和胃液的半液體狀物。

皺襞及小凹

這張放大的影像中（右圖），正常狀態下應存在的黏膜覆蓋層已移除，胃內壁的皺襞（或稱襞）清晰可見。

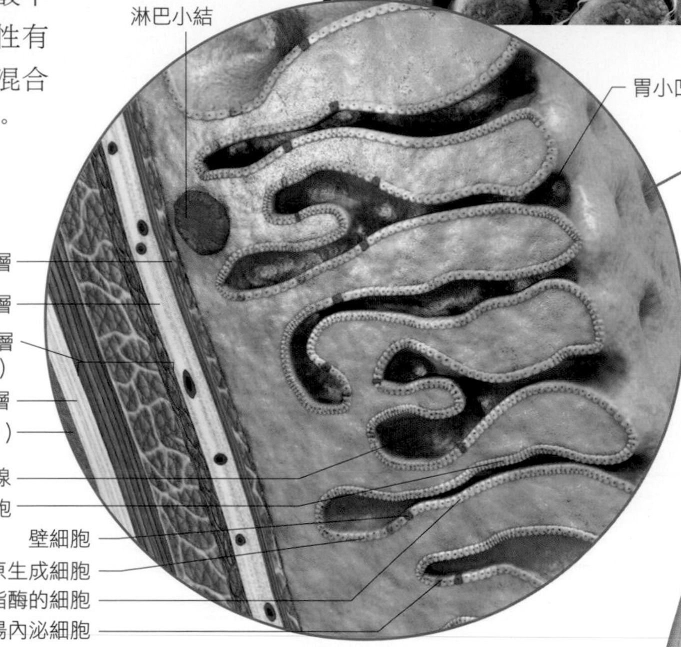
淋巴小結
胃小凹
黏膜層
黏膜下層
肌肉肌層
（三層肌肉）
漿膜下層
漿膜層（外表層）
胃腺
黏液細胞
壁細胞
酶原生成細胞
分泌解脂酶的細胞
腸內泌細胞

胃壁的多層構造

胃壁主要可分為四層：漿膜層、黏膜肌層、肌肉下層、黏膜層。黏膜層上有深凹陷處（即胃小凹），當中含有胃腺。位於各個胃小凹上部的黏液細胞負責分泌黏液作為胃壁內襯，以防胃把自己也消化了。胃小凹更深處則有製造強酸的壁細胞以及負責消化的酶原生成細胞（作用為分泌胃蛋白酶原）與分泌解脂酶的細胞。腸內泌細胞負責分泌胃泌素。

十二指腸

小腸的第一節，也是最短的一節，約25公分長

食物的移動

吞嚥動作會促使胃與食道交接口的肌肉放鬆，讓食道中的食物進入胃。胃各個平滑肌層一波波的收縮（蠕動）將食物混合起來，並將食物移經胃部（整條消化道都利用類似的蠕動性收縮波來推進消化性內容物）。胃液的製造量每天高達3公升。食物液化的同時，少量（每次僅一茶匙）液化的食物會從胃的出口（稱為幽門括約肌）噴進小腸的第一節，即十二指腸。

蠕動

肌肉收縮波推進食物，使之穿過消化道（如右圖所示）。肌肉環一次次收縮、放鬆，產生稱為蠕動的「旅行波」。

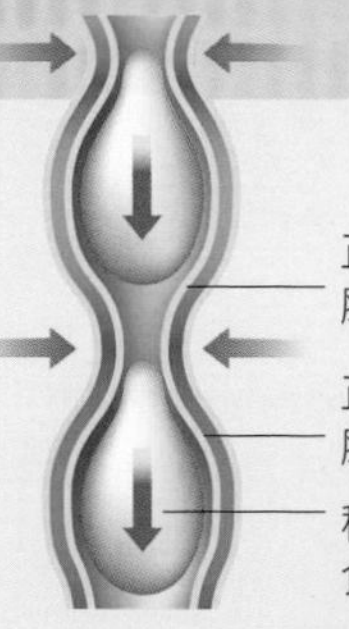
正在收縮的肌肉
正在放鬆的肌肉
移動中的食物

胃的充盈及排空

胃在進食過後充滿食物和飲品時，會像氣球般膨脹起來。由化學性分解食物和吞嚥下的空氣所產生的氣體也會在胃部聚積膨脹。在胃部最上端的氣體可藉由打嗝排出。

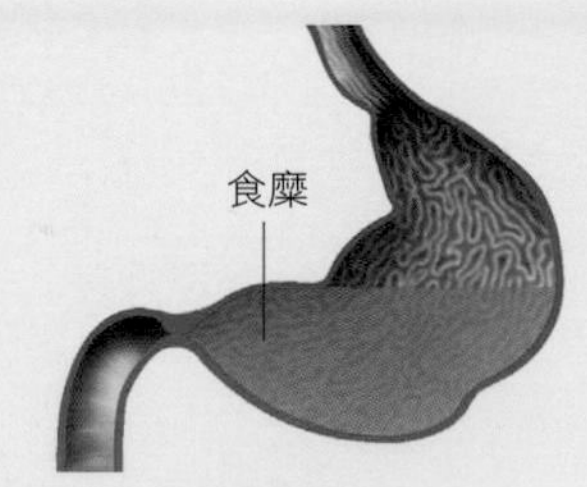
食糜

1 用餐過後

胃壁肌肉將食物混合以胃液後，再攪動形成食糜。

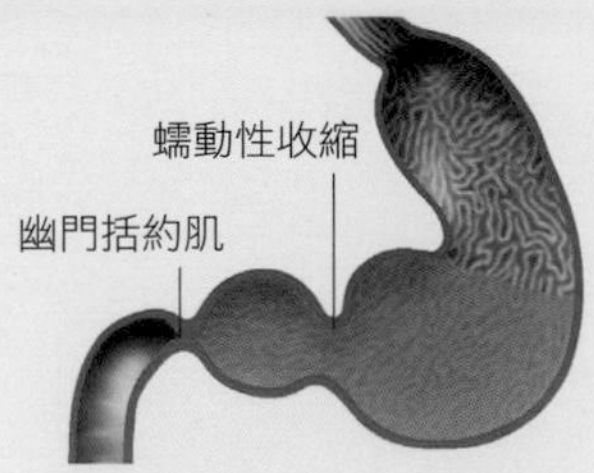
蠕動性收縮
幽門括約肌

2 1至2小時之後

蠕動波將液態胃容物移到幽門括約肌。

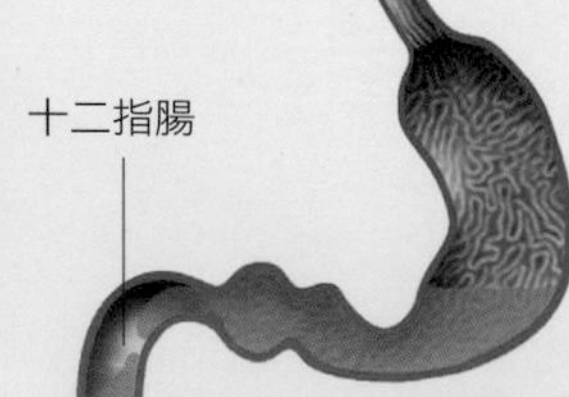
十二指腸

3 3至4小時之後

幽門括約肌開啟，讓食糜進入十二指腸。

小腸的作用

十二指腸、空腸和迴腸三節共構形成小腸。第一節為十二指腸，所接收的除了胃部處理過的食糜，還有來自肝臟和胰腺的消化性分泌物（包括膽汁）。空腸和迴腸這兩節都相當長。空腸較厚、顏色較紅，比迴腸稍微短一些。食糜到了小腸會有胰液、膽汁和小腸本身的分泌物將之進一步分解，讓養分吸收進入血液和淋巴循環。在小腸中混合及推動液體食物的肌肉性運動有分節運動（請參閱第199頁）和蠕動兩種。

小腸壁的分層

小腸壁與胃一樣可分為四層。最外面的保護性覆蓋層稱為漿膜層。接著是肌肉層，這層還可分為外部的縱走平滑肌纖維和內部的環狀平滑肌纖維。與之毗鄰的是黏膜下層，這層型態鬆散，當中攜有脈管和神經。最內層為黏膜層，這層有許多擺放成環形的皺摺，有「環狀皺襞」之稱，而環狀皺襞上又覆蓋有許多稱為「腸絨毛」的手指狀凸出部位。

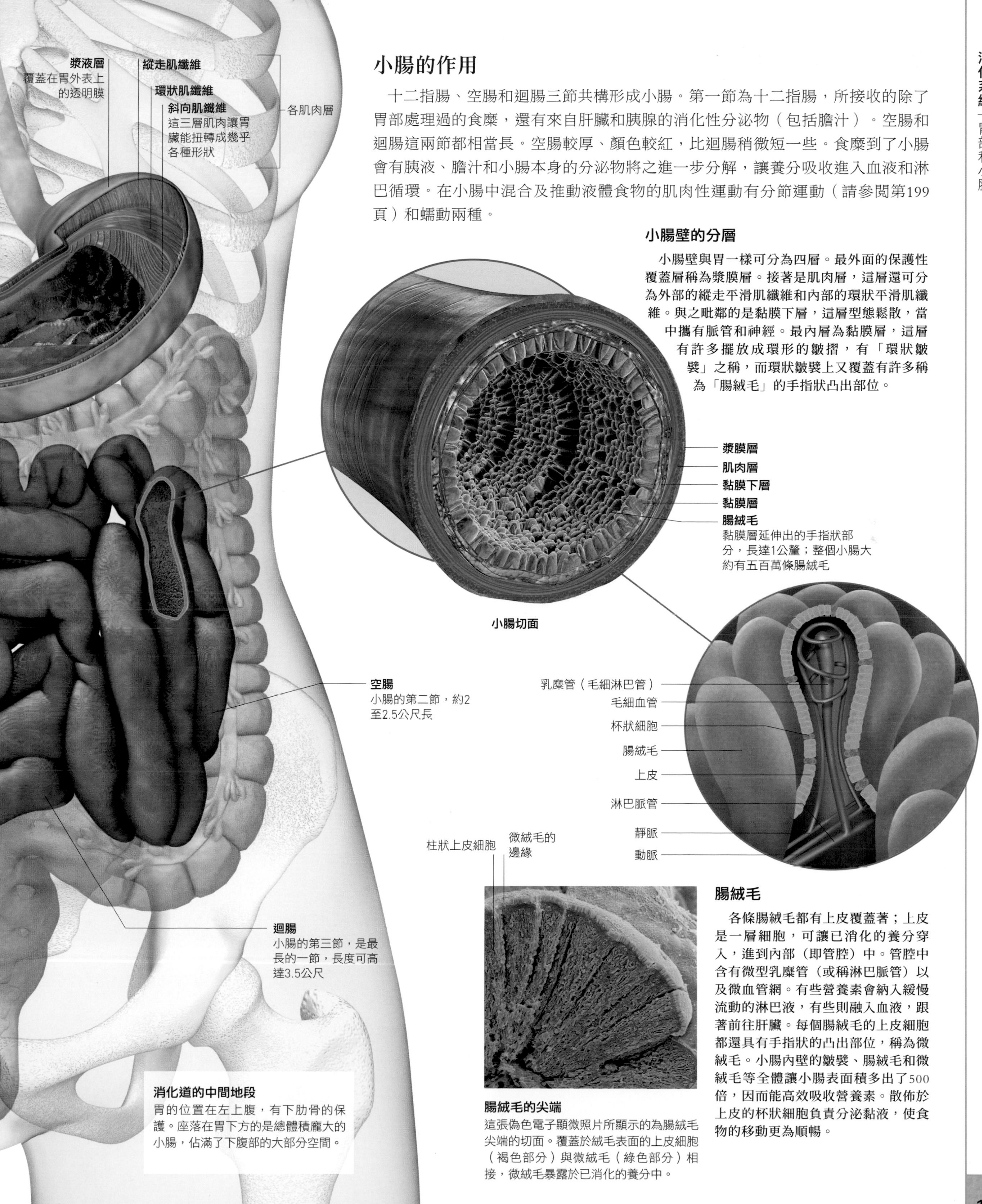
漿液層
覆蓋在胃外表上的透明膜
縱走肌纖維
環狀肌纖維
斜向肌纖維
這三層肌肉讓胃臟能扭轉成幾乎各種形狀
各肌肉層
漿膜層
肌肉層
黏膜下層
黏膜層
腸絨毛
黏膜層延伸出的手指狀部分，長達1公釐；整個小腸大約有五百萬條腸絨毛
小腸切面
乳糜管（毛細淋巴管）
毛細血管
杯狀細胞
腸絨毛
上皮
淋巴脈管
靜脈
動脈
柱狀上皮細胞
微絨毛的邊緣
空腸
小腸的第二節，約2至2.5公尺長
迴腸
小腸的第三節，是最長的一節，長度可高達3.5公尺

腸絨毛的尖端

這張偽色電子顯微照片所顯示的為腸絨毛尖端的切面。覆蓋於絨毛表面的上皮細胞（褐色部分）與微絨毛（綠色部分）相接，微絨毛暴露於已消化的養分中。

腸絨毛

各條腸絨毛都有上皮覆蓋著；上皮是一層細胞，可讓已消化的養分穿入，進到內部（即管腔）中。管腔中含有微型乳糜管（或稱淋巴脈管）以及微血管網。有些營養素會納入緩慢流動的淋巴液，有些則融入血液，跟著前往肝臟。每個腸絨毛的上皮細胞都還具有手指狀的凸出部位，稱為微絨毛。小腸內壁的皺襞、腸絨毛和微絨毛等全體讓小腸表面積多出了500倍，因而能高效吸收營養素。散佈於上皮的杯狀細胞負責分泌黏液，使食物的移動更為順暢。

消化道的中間地段

胃的位置在左上腹，有下肋骨的保護。座落在胃下方的是總體積龐大的小腸，佔滿了下腹部的大部分空間。

肝臟、膽囊、胰腺

肝臟是所有人體內臟中最大的一個，在製造、處理和儲存許多種化學物質方面有至關重要的作用，肝臟會製造稱為「膽汁」的消化性流體，並送至膽囊儲存。胰腺負責分泌重要的消化酵素。

肝臟的結構和功能

肝臟約1.5公斤重，外觀呈深紅色楔形，佔滿了橫隔膜以下右上腹的部分。顯微層面上，肝臟的結構單位為小葉，由多片肝細胞（肝實質細胞）、肝的小動靜脈以及膽管所構成。來自腸道、富含養分的血液通過肝門靜脈系統（請參閱對頁）抵達肝臟後由小葉過濾而入。肝臟有超過250種單獨的功能，其中最重要的是儲存和釋放血糖（葡萄糖）作為能量、分類處理維生素和礦物質、把毒素分解成較無害的物質以及回收老舊血球等。

中央靜脈
小葉的外觀
小葉的橫切面
動脈
膽管
靜脈

肝小葉
六邊形的小葉集中在一起，外圍有血管和收集膽汁的脈管。

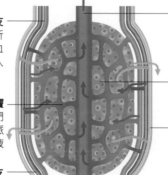

門靜脈的分支
將富含消化所得營養素的血液運入

血管竇
收到來自肝門靜脈和肝動脈的血液

肝動脈分支
把富含氧氣的血液帶到肝臟

中央靜脈
將處理過的血液運走，帶往垃圾處理部位

肝細胞（肝實質細胞）
過濾血液與製造膽汁

膽管的分支
運出肝臟的膽汁，送往執行消化作業

小葉的內部構造
肝細胞過濾流進的血液，將不同成分分類，分別送往膽管、儲存處、廢棄物質處理處等不同地點。

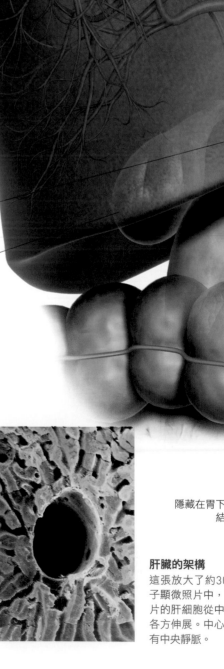

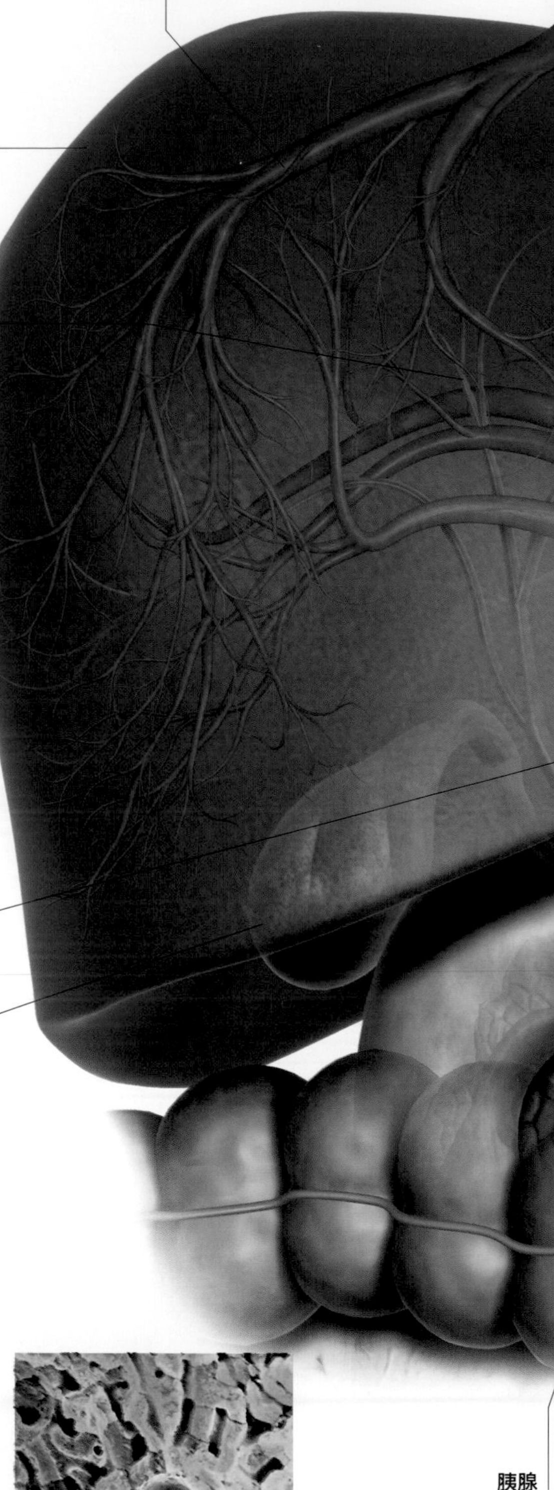
肝靜脈
將肝臟所有血液排到下腔靜脈
下腔靜脈
將肝臟和下半身的血液送到位於其正上方的心臟
肝臟右葉
約佔肝臟整體體積的三分之二
肝管
將膽汁釋入膽囊
肝門靜脈
將來自腸道的血液供給肝臟
膽囊
儲存肝臟膽汁的囊袋
胰腺
隱藏在胃下部和橫結腸後方

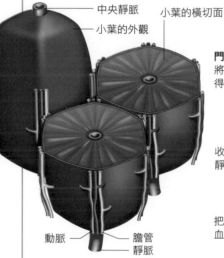

肝臟的功能	
肝臟的工作大多與代謝作用有關，包括：分解消化性產物、儲存消化所得的產物、維生素和礦物等物質的循環、複雜分子（例如酵素）的建構等等。	
生產膽汁	肝細胞將膽汁分泌到稱為膽小管的小型管道中，膽小管再匯集到穿插在小葉之間的膽管中。這些膽管匯合成總肝管，由總肝管將膽汁輸送到膽囊儲存。
處理營養素	肝臟將血液中的營養素取出，將單糖轉化為肝糖（稱為肝醣生成作用）並合成胺基酸。
調節血糖	肝臟可將脂肪和蛋白質轉化成葡萄糖，藉以維持血糖濃度，此即糖質新生作用。
排毒	將血液中的有害物質（例如酒精和其他種毒物）去毒。將廢棄產物和不需要的胺基酸轉化成尿素。
合成蛋白	肝臟合成出佈滿血液的蛋白質及用在血液中流體的蛋白質(即血漿蛋白)。
儲存礦物質和維生素	肝臟是鐵和銅等礦物質及脂溶性維生素（包括維生素A、B12、D、E和K）的儲藏所。
清理血液中廢棄物質	消滅細菌和一般外來微粒。
回收血球	分解老舊紅血球並重複使用其成分。

肝臟的架構
這張放大了約300倍的電子顯微照片中，可見一片片的肝細胞從中心管道向各方伸展。中心管道中含有中央靜脈。

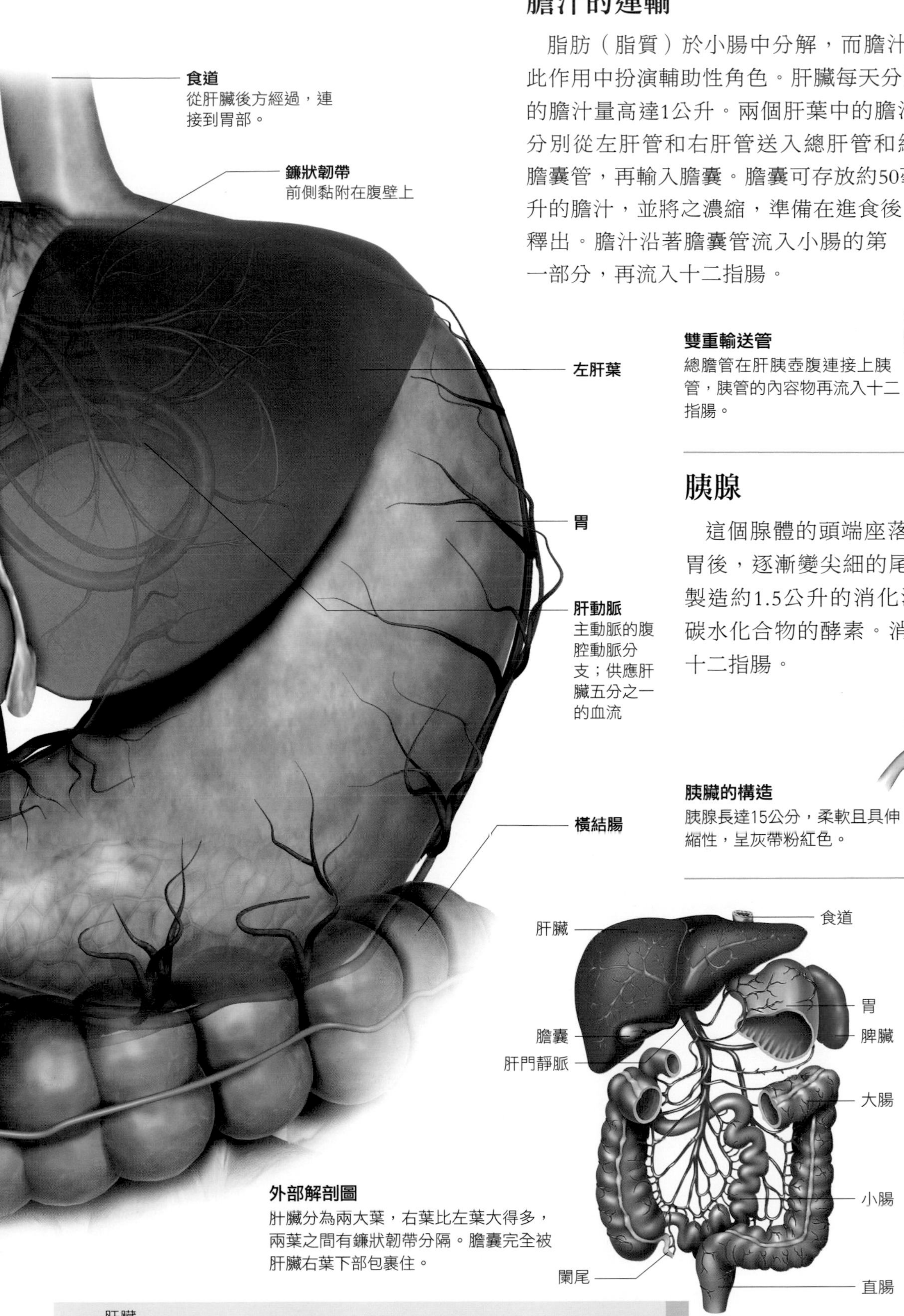
食道
從肝臟後方經過，連接到胃部。
鐮狀韌帶
前側黏附在腹壁上
左肝葉
胃
肝動脈
主動脈的腹腔動脈分支；供應肝臟五分之一的血流
橫結腸

外部解剖圖
肝臟分為兩大葉，右葉比左葉大得多，兩葉之間有鐮狀韌帶分隔。膽囊完全被肝臟右葉下部包裹住。

肝臟
膽囊
胰腺
前視圖
右視圖
後視圖
左視圖
360度視圖

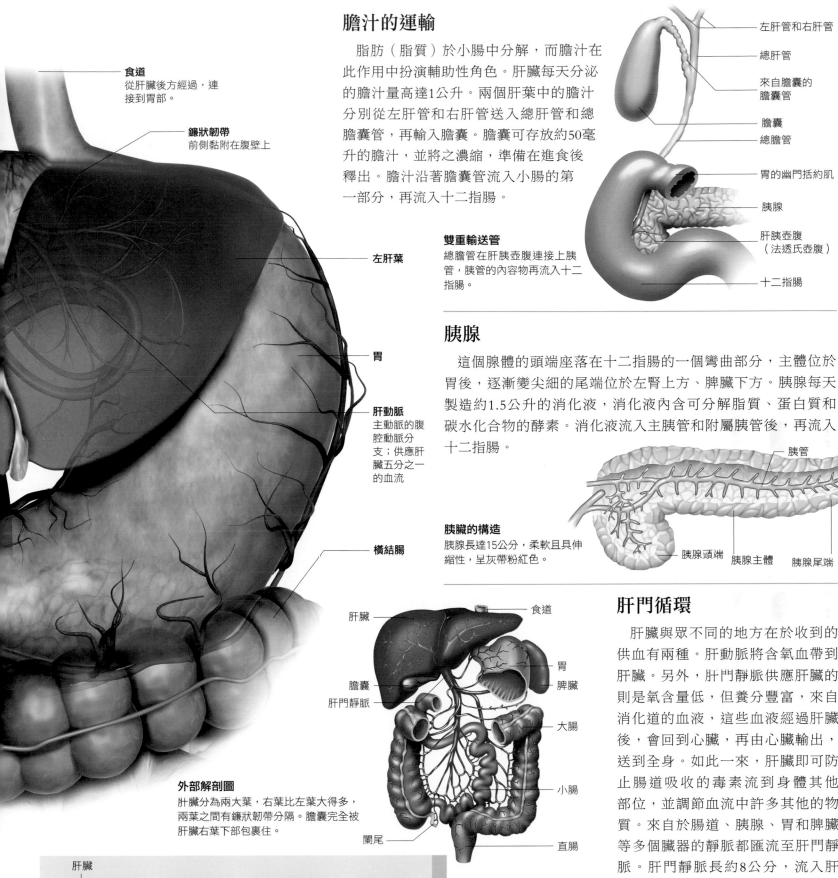

膽汁的運輸

脂肪（脂質）於小腸中分解，而膽汁在此作用中扮演輔助性角色。肝臟每天分泌的膽汁量高達1公升。兩個肝葉中的膽汁分別從左肝管和右肝管送入總肝管和總膽囊管，再輸入膽囊。膽囊可存放約50毫升的膽汁，並將之濃縮，準備在進食後釋出。膽汁沿著膽囊管流入小腸的第一部分，再流入十二指腸。

左肝管和右肝管
總肝管
來自膽囊的膽囊管
膽囊
總膽管
胃的幽門括約肌
胰腺
肝胰壺腹（法透氏壺腹）
十二指腸

雙重輸送管
總膽管在肝胰壺腹連接上胰管，胰管的內容物再流入十二指腸。

胰腺

這個腺體的頭端座落在十二指腸的一個彎曲部分，主體位於胃後，逐漸變尖細的尾端位於左腎上方、脾臟下方。胰腺每天製造約1.5公升的消化液，消化液內含可分解脂質、蛋白質和碳水化合物的酵素。消化液流入主胰管和附屬胰管後，再流入十二指腸。

胰管
胰腺頭端
胰腺主體
胰腺尾端

胰臟的構造
胰腺長達15公分，柔軟且具伸縮性，呈灰帶粉紅色。

肝臟
食道
胃
脾臟
膽囊
肝門靜脈
大腸
小腸
闌尾
直腸

肝門靜脈系統
來自於幾乎各個消化道部位（包括下食道）的靜脈會聚成一條，形成進入肝臟的肝門靜脈。本圖已將一些器官移除，以便顯露出血管的位置。

肝門循環

肝臟與眾不同的地方在於收到的供血有兩種。肝動脈將含氧血帶到肝臟。另外，肝門靜脈供應肝臟的則是氧含量低，但養分豐富，來自消化道的血液，這些血液經過肝臟後，會回到心臟，再由心臟輸出，送到全身。如此一來，肝臟即可防止腸道吸收的毒素流到身體其他部位，並調節血流中許多其他的物質。來自於腸道、胰腺、胃和脾臟等多個臟器的靜脈都匯流至肝門靜脈。肝門靜脈長約8公分，流入肝臟的血液有四分之三由肝門靜脈供應。肝門靜脈的血流速率會在用餐後提高；反之，進行體力活動時，因為血液從腹部器官轉移到骨骼肌，肝門靜脈的血流速率會降低。

大腸

大腸是消化道的最後一部分，可分為三個主要的區域：盲腸、結腸、直腸。盲腸是將小腸連接上結腸的短小袋狀物，長約1.5公尺。結腸負責將來自於小腸的液體狀消化性廢棄產物變得較呈固態，好讓身體以糞便的形式由直腸和肛門排出。

結腸的作用

食物在小腸中完成化學性分解後（請參閱第194到195頁），幾乎所有對身體運作極為重要的營養素都已吸收。吸收過程中製造出的廢棄產物即部分消化、液化的食物（食糜）。食糜會從小腸送出，經過迴盲瓣，進入盲腸。過了盲腸，會來到結腸的第一段：升結腸。結腸最主要的功能是將液態食糜轉化成半固體的糞便，暫存後予以清除。結腸內壁會吸收鈉離子、氯離子和水，送入血液和淋巴液，讓糞便變得較不那麼濕潤。結腸會分泌重碳酸鹽（碳酸氫鹽）和鉀離子作為鈉離子和氯離子的交換。結腸中還有數十億種具共生性的良性微生物。

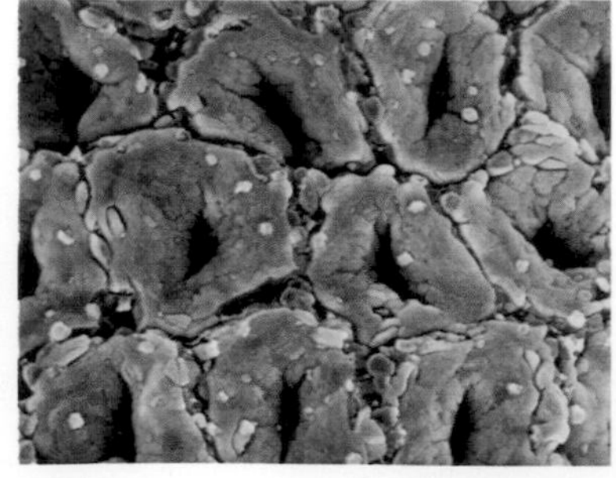

結腸腺體
這張顯微影像（放大倍數為120倍）所顯示的是結腸內壁上管狀腺的開口。管狀腺會分泌黏液，並吸收糞便中的水分。

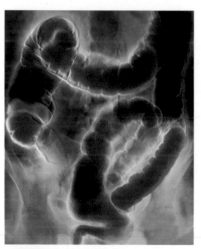

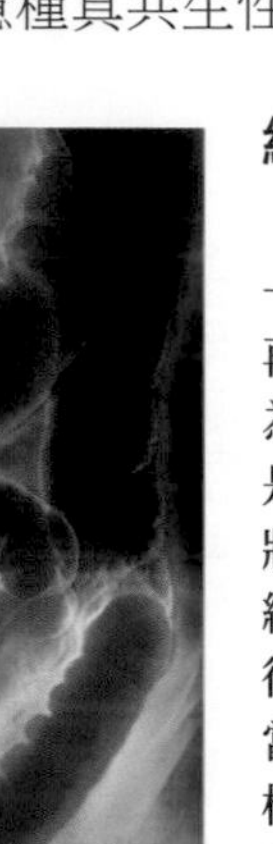

結腸造影
這張併用顯影劑的X光攝影片是由直腸將鋇劑（一種不透X光的流體）灌入大腸後拍攝所得。

結腸壁的多層構造

結腸壁可分為許多層。第一層是外覆層（漿膜層）。再往內是肌肉層，又可細分為兩層平滑肌纖維，外層是縱走肌纖維，內層是環狀肌纖維。這兩層肌纖維負責使結腸運動。再往內一層是黏膜下層，當中有許多淋巴組織構成的小葉，稱為淋巴小結。最內層是表面成波狀的黏膜層，其中含有處於腸道腺體中的杯狀細胞，會分泌具有潤滑效果的黏液，使糞便更容易移動。

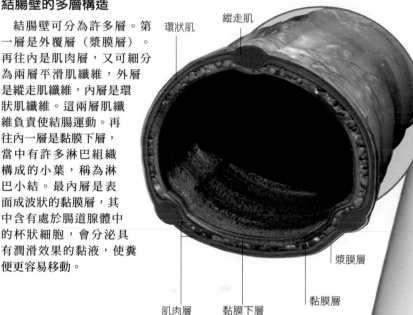

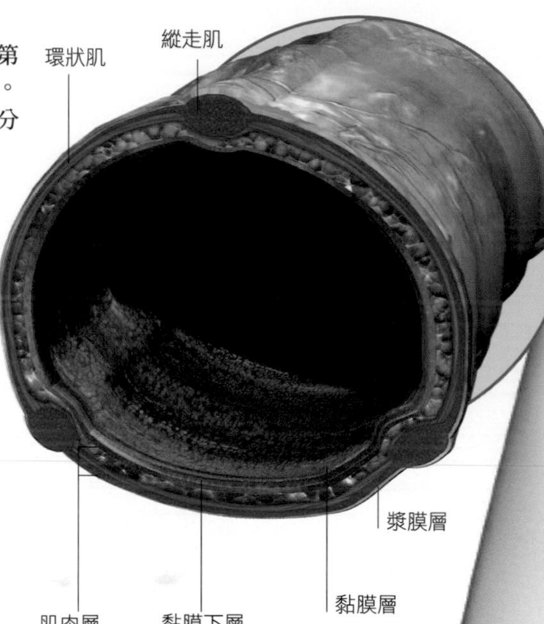
環狀肌
縱走肌
漿膜層
黏膜層
肌肉層
黏膜下層

升結腸
處於右腹中向上行的一段結腸
盲腸
袋狀大腸入口
迴盲瓣
控制來自於小腸的液化食物流入量
闌尾（蚓突）
手指狀、具有盲端的盲腸突出部位，主要作用不明

結腸的各部分
結腸的三大段組成一個近乎於矩形的「外框」，將層層盤卷的小腸包圍在內，上方有胃和肝臟，下方則為直腸。

腸道菌群

腸道（大腸為主）住有數十億隻微生物（多為細菌）。這些微生物稱為腸道菌叢，在不擴散到其他身體部位和維持平衡的正常狀態下，對身體不會造成傷害。它們製造的酵素能夠分解某些食物成分，特別是人類酵素無法消化的植物纖維素。因此，細菌便攝取糞便中未消化的纖維，能藉以提供能夠被人體吸收的營養素，並幫助減少糞便量。腸道菌叢的代謝作用還會製造出維生素K、維生素B以及氫、二氧化碳、硫化氫和甲烷等氣體。此外，菌叢還有助於控制進入消化系統的有害微生物，並促進結腸內壁中抗體的形成和淋巴組織的活性，藉以協助免疫系統抵抗疾病的侵害。整體而言，腸道菌叢和人體之間有互惠互利的共生關係。糞便排出時，至少有三分之一的重量來自於這些細菌。

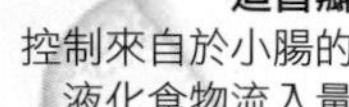

結腸中的細菌
這張電子顯微照片（放大倍數超過2,000倍）所顯示的為結腸內壁上一簇簇桿形的細菌。

結腸的運動

小腸的長型肌肉位於內壁中，組成完整的管狀器官。大腸的則是集中在一起，形成三條稱為結腸帶的帶狀物。結腸帶沿著結腸縱軸排列，使之出現許多皺縮呈囊狀的部位，稱為結腸袋。結腸壁的肌肉運動作用為攪拌和推進糞便，使之通過消化道，往直腸前進。糞便移動的速率、強度和性質不一，主要取決於內容物消化的階段為何。結腸的運動主要分為三類，分別為：分節運動、蠕動性收縮以及集塊運動。殘渣物質穿過大腸的速度比小腸的慢，使得每天能有多達2公升的水分能夠再吸收到血液中。

分節運動

有規律間隔時間的一系列環狀收縮動作。這種動作用於攪拌混合糞便，而不是將之沿著結腸管道推進。

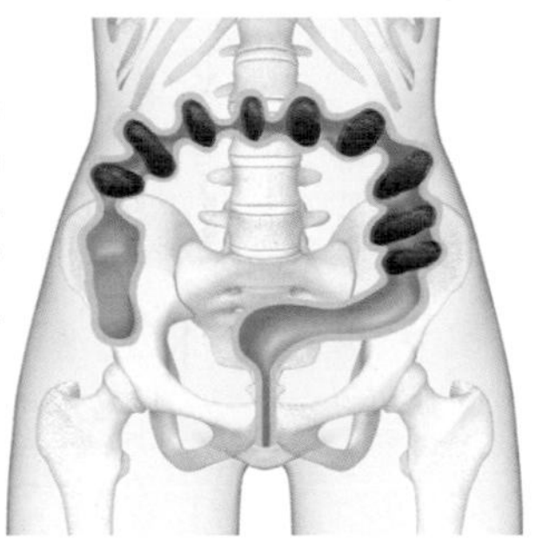

蠕動性收縮

稱為蠕動性收縮的小型運動波（請參閱第194頁）驅使糞便移向直腸。位於糞便後方的肌肉收縮，位於糞便前方的肌肉則放鬆。

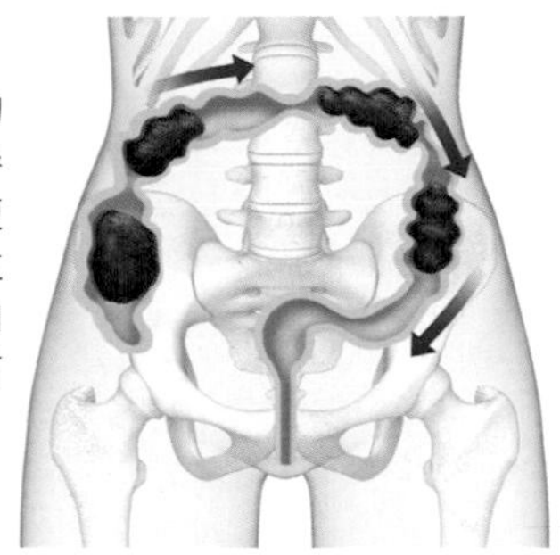

集塊運動

這種蠕動波特別強勁，始於橫結腸中段。集塊運動一天會有兩到三次，可將糞便擠到直腸。

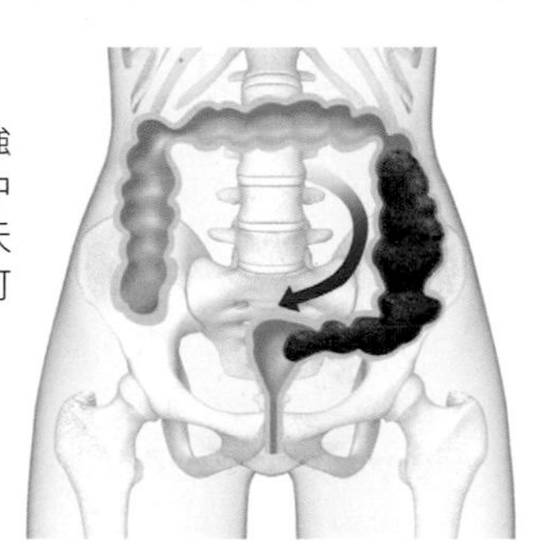

橫結腸
結腸中位置最高的一段，在胃的正下方，橫跨上腹部。

結腸袋
使結腸外觀呈皺縮樣的袋狀結構

降結腸
在左腹中向下行的一段結腸

糞便

結腸帶
走向沿著整條結腸縱軸的帶狀肌肉

乙狀結腸
結腸的最後一段，呈S形，尾端銜接直腸

直腸
大腸最尾端的部分；糞便通過的地方

肛門
消化道尾端的瓣膜狀出口

直腸、肛門與排便

直腸長約12公分，除了在即將要排便和排便當中，其餘時候都處於空的狀態。接在直腸之下的肛管長約4公分。肛管壁有兩組強韌有力的肌肉，分別構成不同的短管：肛門內括約肌，以及肛門外括約肌。排便時，結腸的蠕動波會把糞便推入直腸，誘發排便反射動作。肌肉的收縮把糞便推出，同時肛門括約肌放鬆，讓糞便通過肛門離開人體。

膀胱

前列腺
只存在於男性身體

肛門外括約肌
由骨骼肌（橫紋肌）構成，大多屬於隨意肌

直腸
介於結腸尾端與肛管之間的寬敞通道

橫向皺襞
直腸壁中形如架子的組織皺折

肛門內括約肌
由平滑肌構成；大體上屬於不隨意肌

肛管
內壁有5至10條縱向隆起線（肛柱）

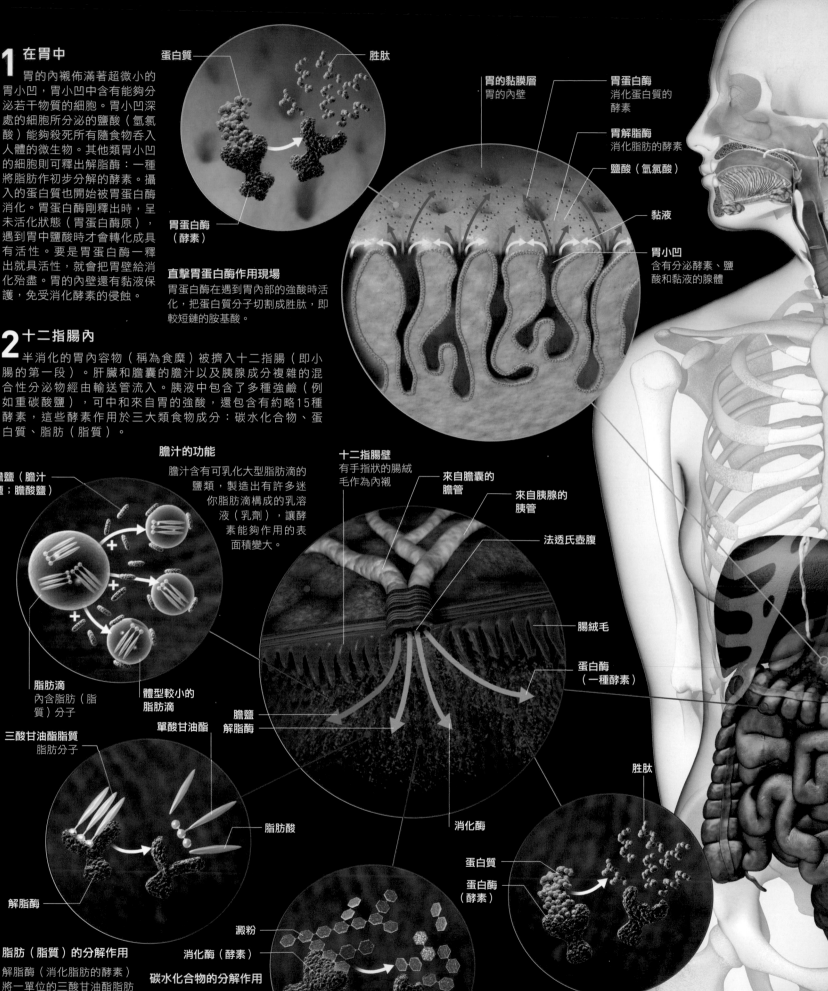

1 在胃中

胃的內襯佈滿著超微小的胃小凹，胃小凹中含有能夠分泌若干物質的細胞。胃小凹深處的細胞所分泌的鹽酸（氫氯酸）能夠殺死所有隨食物吞入人體的微生物。其他類胃小凹的細胞則可釋出解脂酶：一種將脂肪作初步分解的酵素。攝入的蛋白質也開始被胃蛋白酶消化。胃蛋白酶剛釋出時，呈未活化狀態（胃蛋白酶原），遇到胃中鹽酸時才會轉化成具有活性。要是胃蛋白酶一釋出就具活性，就會把胃壁給消化殆盡。胃的內壁還有黏液保護，免受消化酵素的侵蝕。

蛋白質
胜肽
胃蛋白酶（酵素）
胃的黏膜層
胃的內壁
胃蛋白酶
消化蛋白質的酵素
胃解脂酶
消化脂肪的酵素
鹽酸（氫氯酸）
黏液
胃小凹
含有分泌酵素、鹽酸和黏液的腺體

直擊胃蛋白酶作用現場

胃蛋白酶在遇到胃內部的強酸時活化，把蛋白質分子切割成胜肽，即較短鏈的胺基酸。

2 十二指腸內

半消化的胃內容物（稱為食糜）被擠入十二指腸（即小腸的第一段）。肝臟和膽囊的膽汁以及胰腺成分複雜的混合性分泌物經由輸送管流入。胰液中包含了多種強鹼（例如重碳酸鹽），可中和來自胃的強酸，還包含有約略15種酵素，這些酵素作用於三大類食物成分：碳水化合物、蛋白質、脂肪（脂質）。

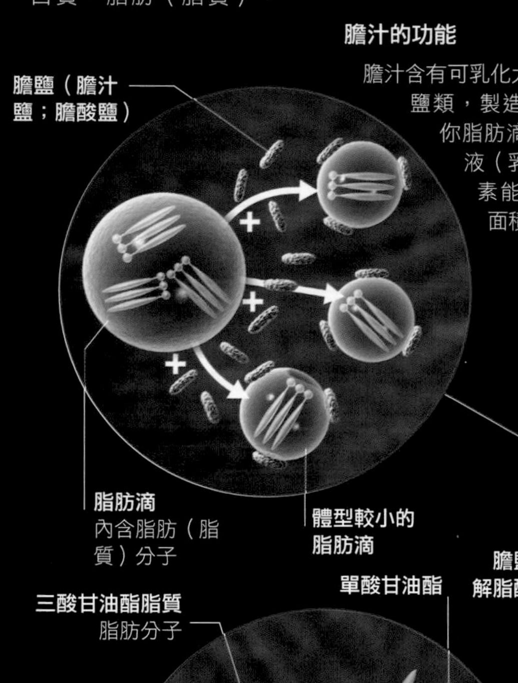

膽鹽（膽汁鹽；膽酸鹽）
脂肪滴
內含脂肪（脂質）分子
體型較小的脂肪滴

膽汁的功能

膽汁含有可乳化大型脂肪滴的鹽類，製造出有許多迷你脂肪滴構成的乳溶液（乳劑），讓酵素能夠作用的表面積變大。

十二指腸壁
有手指狀的腸絨毛作為內襯
來自膽囊的膽管
來自胰腺的胰管
法透氏壺腹
腸絨毛
蛋白酶（一種酵素）
膽鹽
解脂酶
消化酶
胜肽
三酸甘油酯脂質
脂肪分子
單酸甘油酯
脂肪酸
解脂酶
澱粉
消化酶（酵素）
麥芽糖
蛋白質
蛋白酶（酵素）

脂肪（脂質）的分解作用

解脂酶（消化脂肪的酵素）將一單位的三酸甘油酯脂肪（脂質）分解成兩個脂肪酸和一個單酸甘油酯。

碳水化合物的分解作用

胰腺的消化酶（酵素）將長鏈碳水化合物（例如澱粉）分解成小段雙醣類，尤以麥芽糖為主。

蛋白質的分解作用

蛋白酶（酵素）將蛋白質裂解為短鏈胜肽和胺基酸。

消化作用

消化作用的流程涵括了一系列物理作用和化學作用，可將食物成分分解成小到可以吸收的營養素微粒。

物理性消化作用（即搗碎和攪拌）在食物位於嘴巴裡時，進行得相當強而有力，但隨著食物進入接下來的消化道階段，物理性消化作用的重要性就逐漸降低。胃也會利用肌肉運動將食物物理性分解成小塊微粒，但跟嘴巴一樣也會分泌消化性化學物質（酵素）。當磨成粉末的食物和酵素（食糜）進入十二指腸（小腸的第一段）的時候，許多食物微粒都已經小到要用顯微鏡才看得到了，但還沒小到可以通過細胞膜進入人體細胞的程度。這時，化學性消化作用的重要性就浮上檯面，因為它能夠將大分子裂解成更小的可吸收性微粒，使之能夠進入血流。

酵素的作用原理

酵素是一種生物性催化劑：一種能夠加快生化反應速率但自身維持不變的物質。大多數酵素都是蛋白質。酵素會影響消化分解的反應作用，也會影響化學變化，以釋放出能量並為細胞和組織建造新材料。每一種酵素都有特定的形狀，因為酵素次單元（胺基酸）的長鏈折疊和捲繞的方式皆有所不同。被改變的物質（基質）與形狀相容的酵素部位（稱為活性位點或催化位點）嵌合在一起。消化作用進行中，酵素的立體構型會略微改變，以促使基質斷開其特定原子之間的鍵結。

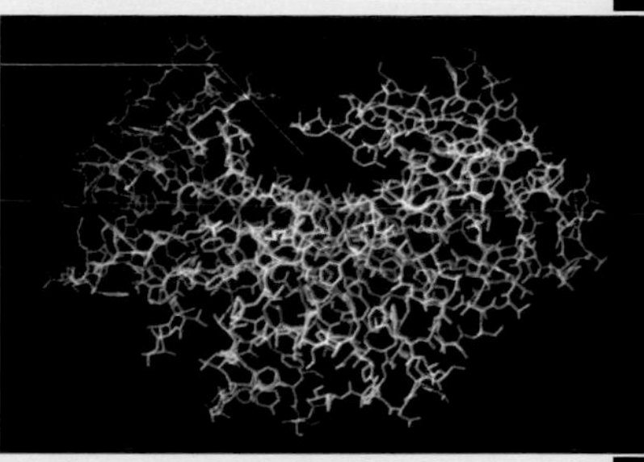

活性位點
（催化位點）

胃蛋白酶

此消化酵素的電腦模型顯示出位於其頂部的空隙。蛋白質分子嵌入這個空隙，會從中裂開。

3 小腸內

經過十二指腸後，其餘的小腸節段是食物分解及吸收進血液和淋巴液的最後部位。胰液和膽汁繼續發揮功效，但小腸釋入管腔的酵素會減少。反之，酵素會在內壁細胞的內部和表面發揮作用。這些酵素包括乳糖酶和麥芽糖酶，能夠分解雙醣類、乳糖和麥芽糖，使之變成單一單元的葡萄糖和半乳糖。腸道胜肽酶可將短鏈胜肽（胜肽源於蛋白質）轉化為其次單元：胺基酸。腸道內襯手指狀腸絨毛的表面細胞上還有自己更小的突出部位（即微絨毛），是某些最終轉化作用發生的部位。

管腔
小腸內充滿流體的空間
腸絨毛
腸絨毛裡的毛細血管
乳糜管
腸絨毛裡的毛細淋巴管
血流方向
小腸壁

腸絨毛的吸收作用

小腸手指狀的腸絨毛（如左圖）所形成的大面積可用於吸收消化性產物。圖中可見物質由左至右不斷累積於血流中。

小腸壁的上皮（內襯）細胞
葡萄糖
短鏈脂肪酸
胺基酸
脂質包
脂肪酸
小腸管腔
上皮細胞的細胞膜
形成「刷狀」微絨毛

腸絨毛表面特寫

短鏈脂肪酸、葡萄糖和胺基酸穿入腸道的上皮（內襯）細胞（如上圖），再進入毛細血管（紅色部分）。較大的脂肪酸重組成三酸甘油酯脂質，包裝好後送入淋巴毛細管（即乳糜管，紫色部分）。

細胞膜的超特寫

完成消化作用的酵素嵌於腸道上皮細胞的細胞膜表面上（如下圖）。由此產生的胺基酸和糖類接著由細胞膜上專門的蛋白質通道吸收，而脂肪酸則直接穿入。

麥芽糖酶（酵素）
將麥芽糖裂解成（單個）葡萄糖
葡萄糖
從通道蛋白穿入細胞膜
胜肽酶（酵素）
將胜肽裂解成胺基酸
胺基酸
兩個和三個成一組地由通道蛋白穿入細胞膜
上皮細胞的內部
短鏈脂肪酸
只需經由擴散作用即可穿過細胞膜
小腸管腔
上皮細胞的細胞膜

消化之旅

消化道的每一部分要將食入物質進一步拆解成這些物質的次單元，都各自有不同的條件需符合才可進行。結構簡單的鹽類和礦物質（例如鈉離子、鉀離子和氯離子）不需消化，大多都可快速溶解，由小腸吸收。

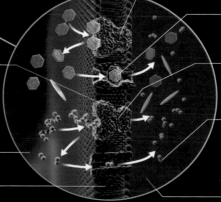

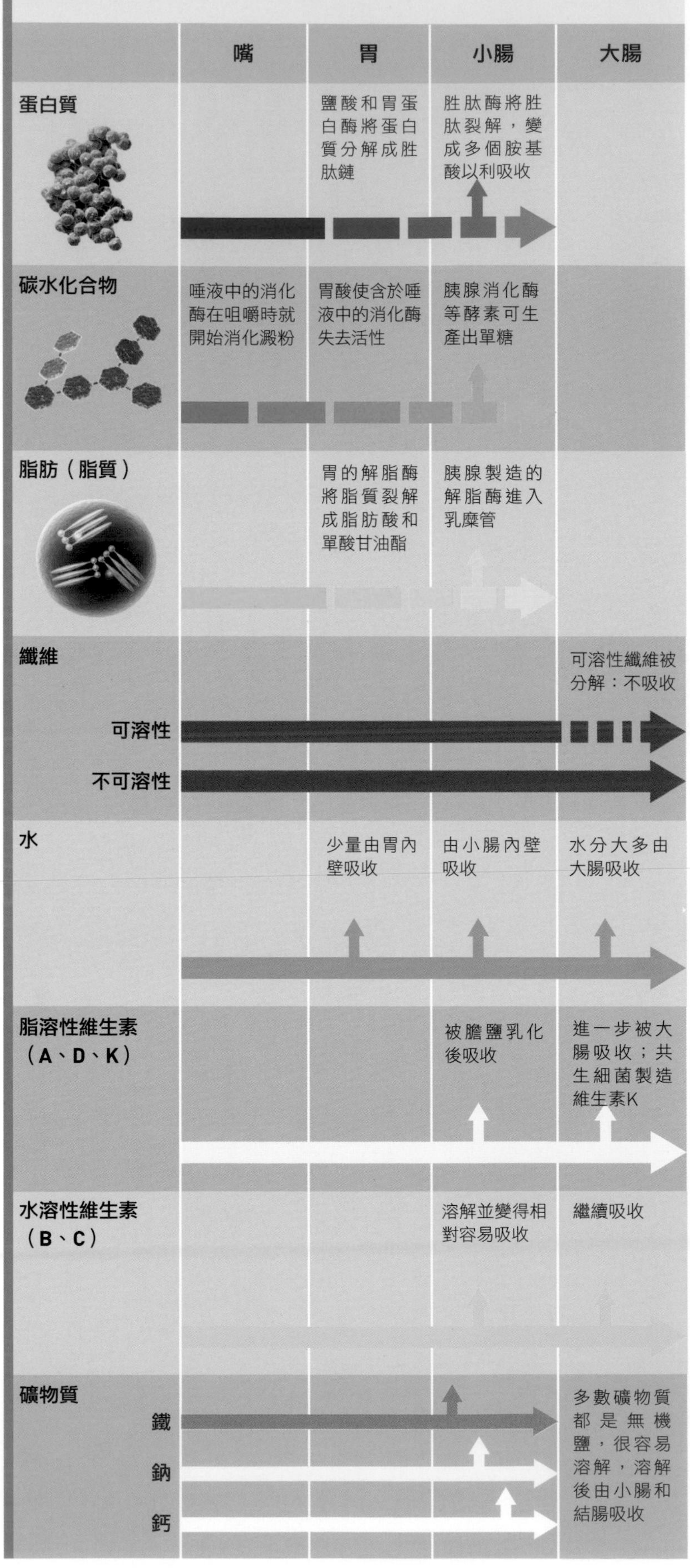

營養素的去處

消化作用全程平均花費12至24小時。食物在胃中停留2至4小時，在小腸1至5小時。大腸中消化作用的最後階段和廢棄物質的壓縮作業費時12小時。分解後所得的不同產物會在不同時段被吸收。

	嘴	胃	小腸	大腸
蛋白質		鹽酸和胃蛋白酶將蛋白質分解成胜肽鏈	胜肽酶將胜肽裂解，變成多個胺基酸以利吸收	
碳水化合物	唾液中的消化酶在咀嚼時就開始消化澱粉	胃酸使含於唾液中的消化酶失去活性	胰腺消化酶等酵素可生產出單糖	
脂肪（脂質）		胃的解脂酶將脂質裂解成脂肪酸和單酸甘油酯	胰腺製造的解脂酶進入乳糜管	
纖維				可溶性纖維被分解：不吸收
可溶性				
不可溶性				
水		少量由胃內壁吸收	由小腸內壁吸收	水分大多由大腸吸收
脂溶性維生素（A、D、K）			被膽鹽乳化後吸收	進一步被大腸吸收；共生細菌製造維生素K
水溶性維生素（B、C）			溶解並變得相對容易吸收	繼續吸收
礦物質 鐵 鈉 鈣				多數礦物質都是無機鹽，很容易溶解，溶解後由小腸和結腸吸收

營養素與代謝作用

人體內部的生化反應、變化和作用合稱為代謝作用。消化作用提供營養素作為原料，這些原料再進入所有細胞和組織的代謝途徑中。

營養素的攝取

所謂的「營養素」囊括了對人體有用的所有物質，其中包括分解後可釋放能量的複雜化學物質（主要有碳水化合物和脂肪）、主要用來建造細胞結構部分的蛋白質、確保體內運作健康的維生素和礦物質等。消化系統在消化道不同階段中將營養素吸收到血液和淋巴液中。來自於腸道主要吸收位點的血流會沿著肝門靜脈（請參閱第197頁）進入肝臟。大型腺體是處理營養素的主要部位。肝臟會根據身體的需求將某些營養素分解成更小、更簡單的分子，將某些營養素存起來，並將某些營養素釋入體內循環。

消化作用的最後階段

結腸（大腸的一部分，請參閱第198頁）是分解及吸收營養素（包括礦物質、鹽類和某些維生素）的最後一個主要部位。大量水分（主要來自於消化液）也會在此重新吸收。纖維（例如果膠和纖維素）佔了消化性殘餘物的絕大部分，也有助於提供腸道足夠的攀附力以壓縮糞便，等待排出。纖維能幫助延遲某些分子（包括糖類）的吸收，使得這些分子能一點一點地吸收，而不是「一口氣」全部吸收。此外，纖維會與某些脂肪性物質（例如膽固醇）結合在一起，有助於防止這些物質被過量吸收。

盲腸
每天都會有約100到500毫升的消化性流體、未消化的殘餘物、被磨掉的腸道內壁和其他物質會進入大腸的第一個部分：盲腸。盲腸會重新吸收大量水分。

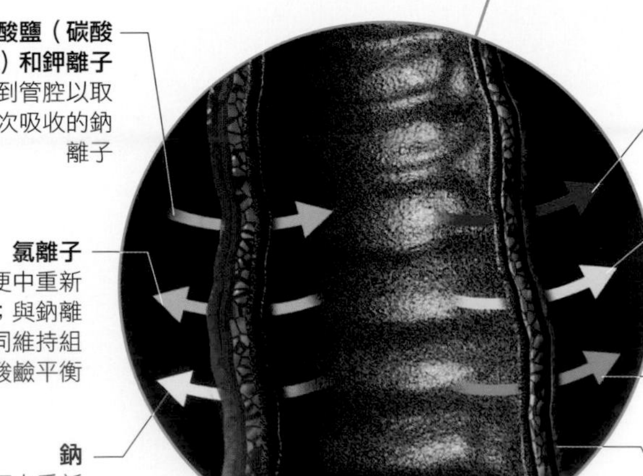
重碳酸鹽（碳酸氫鹽）和鉀離子
分泌到管腔以取代再次吸收的鈉離子
氯離子
從糞便中重新取回；與鈉離子共同維持組織的酸鹼平衡
鈉
從糞便中重新取回
維生素K
由共生細菌製造
維生素B
某幾類的維生素B是由細菌發酵所製造的
水
大腸重新吸收糞便中三分之二的水分
結腸

分解與建造

「分解代謝」作用是將較為複雜的分子分解成較為簡單的分子，是能量製造的步驟之一；例如葡萄糖和脂肪裂解時，可釋出能量。「合成代謝」與分解代謝相反，是將簡單分子組合成複雜分子的生化作用，例如：將胺基酸接在一起可製造出胜肽鏈，胜肽鏈再彼此相接，可形成蛋白質，此即蛋白質合成（生產）的步驟之一。

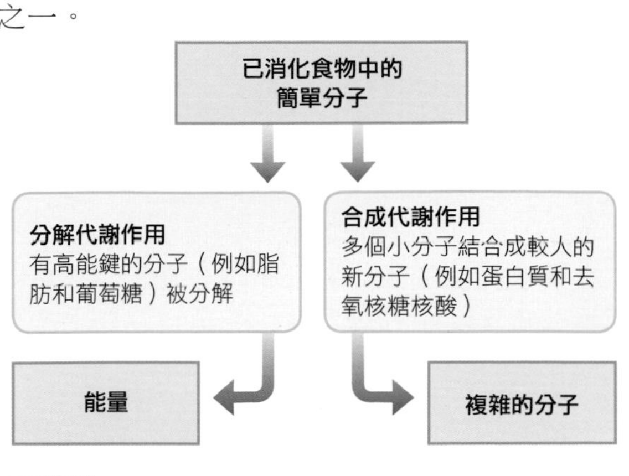
已消化食物中的簡單分子
分解代謝作用
有高能鍵的分子（例如脂肪和葡萄糖）被分解
合成代謝作用
多個小分子結合合成較人的新分子（例如蛋白質和去氧核糖核酸）
能量
複雜的分子

交互作用
代謝作用是組建與拆毀之間複雜的交互作用，進行時，參與作用中各步驟的許多分子都會回收再利用。

維生素和礦物質的功用

維生素屬於有機物質，大多會作為輔酵素的成分；輔酵素是輔助支援酵素管控代謝作用的物質。人必須規律攝取維生素，因為身體能製造的維生素類型很少。礦物質屬於簡單的無機物質，例如鈣、鐵、氯和碘等。一般代謝作用和專門用途都必須要有礦物質的加入才能夠運作，例如紅血球的血紅蛋白需要有鐵。

血液凝結	血球的形成和運作	健康的牙齒	健康的眼睛
維生素K 鈣 鐵	維生素B6和B12 維生素E 葉酸 銅 鐵 鈷	維生素C和D 鈣 磷 氟 鎂 硼	維生素A 鋅
健康的皮膚和頭髮	**心臟機能**	**骨骼形成**	**肌肉機能**
維生素A 維生素B2（核酸糖黃素） 維生素B3（菸鹼酸） 維生素B6 維生素B12 生物素（維生素H） 硫 鋅	維生素B1（硫胺素） 維生素D 肌醇（環己六醇） 鈣 鉀 鎂 硒 鈉 銅	維生素A 維生素C 維生素D 氟 鈣 銅 磷 鎂 硼	維生素B1（硫胺素） 維生素B6 維生素B12 維生素E 生物素（維生素H） 鈣 鉀 鈉 鎂

人體如何利用食物

三種主要食物成分可產出多個不同的分解性產物。碳水化合物（澱粉和糖類）可降解成簡單糖類—葡萄糖；蛋白質切割後，變成多胜肽鏈、胜肽以及最後的胺基酸；脂肪（脂質）可降解成脂肪酸和甘油（丙三醇）。葡萄糖最主要的功用是作為人體最具適應性和最容易取用的能量來源。脂肪酸的功用包括形塑細胞外圍和內部的雙脂膜。胺基酸可利用來重新組裝成人體自己的蛋白質，包括結構性蛋白質（膠原蛋白、角蛋白和其他相似的堅韌物質）與功能性蛋白質（酵素）。然而，人體能夠視情況所需作調適，並將營養素移轉他用。

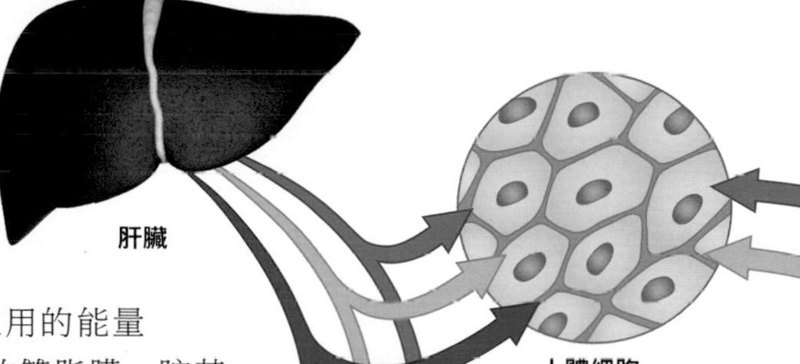
肝臟
人體細胞
碳水化合物
脂肪
蛋白質
分裂中的人體細胞
脂肪細胞
肌肉細胞
肝臟小葉

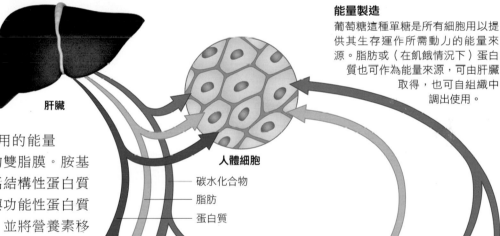

能量製造
葡萄糖這種單糖是所有細胞用以提供其生存運作所需動力的能量來源。脂肪或（在飢餓情況下）蛋白質也可作為能量來源，可由肝臟取得，也可自組織中調出使用。

生長、更新、修復
胺基酸可以多種方式組合，建造各式各樣的蛋白質構造，脂肪可用來產製各種膜，葡萄糖可用以取得能量。細胞就是靠這些材料來進行自我修護與保養。細胞在生長分裂與修復期間，這些材料的需要量都會增加。

能量的儲存
多餘的葡萄糖會轉化成肝糖（糖原），放在肝臟和肌細胞中作為應急用的儲備物資。脂肪酸是一種濃縮型能量庫存，可直接從膳食性脂肪導出，也可將過剩的胺基酸轉化或將葡萄糖轉化獲取。

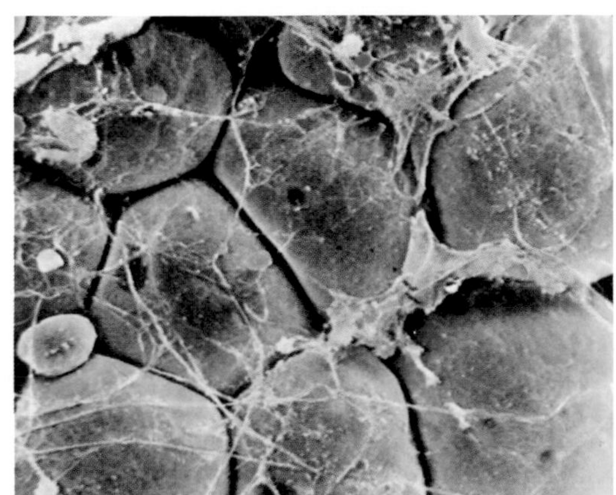

脂肪組織
脂肪性物質（或稱脂質）相對來說是人體最為集中的能量儲存處，代謝時可產生最多能量。脂肪組織含有滿載脂肪滴的細胞，脂肪滴的儲存可供短缺時使用。

上消化道異常疾病

許多食道和胃的問題都與胃中酸性內容物的腐蝕性質有關。過去二十年中，因為發現了「幽門螺旋桿菌」這種細菌的存在，人們對若干消化道異常疾病的認知和治療方式發生了革命性的改變。

牙齦炎（齒齦炎）

所有與人體健康有關的問題中，牙齦發炎是最常見的一個。

牙齦炎通常是口腔衛生不良所造成。牙菌斑（或稱齒斑，為食物微粒和其他殘渣的沉積物）會累積於牙齒基部周圍、齒冠與牙齦相接的部位。牙齦變成紫紅色，而且在刷牙時容易流血。若是不予以治療，牙齦會與牙頸分離，形成牙周袋，使得細菌可聚集於其中，導致感染。主要治療方式為清除牙菌斑。

胃食道逆流症

胃中強酸物質逆流進入食道時，會導致稱為火燒心的不適症狀。

火燒心是一種常見的症狀，通常在過度飽食和飲酒過量的時候發生，孕婦也可能有此症狀。然而，有時會因為症狀持續存在，或是變得更嚴重，而需要就醫治療。若長期有胃食道逆流的問題，可能會致使食道發炎。肥胖症和抽菸皆會增加罹患胃食道逆流症的機率。此症也可能因罹患食道裂孔疝氣（請參閱對頁）而引發。

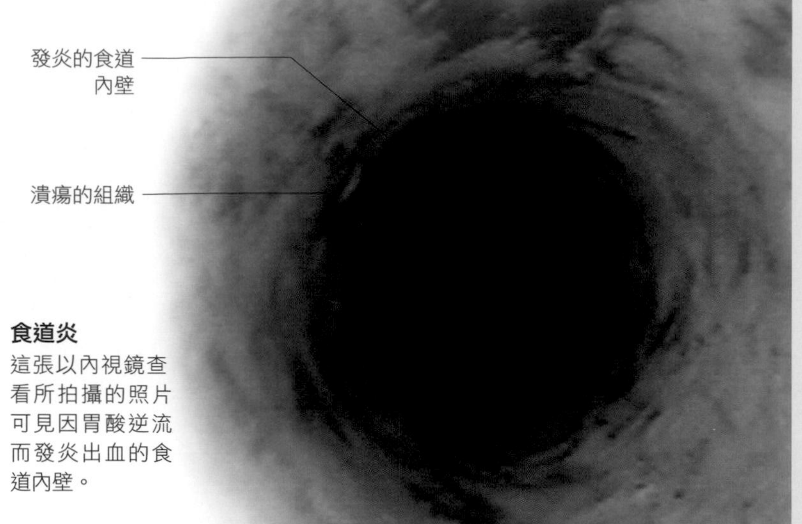
發炎的食道內壁
潰瘍的組織

食道炎
這張以內視鏡查看所拍攝的照片可見因胃酸逆流而發炎出血的食道內壁。

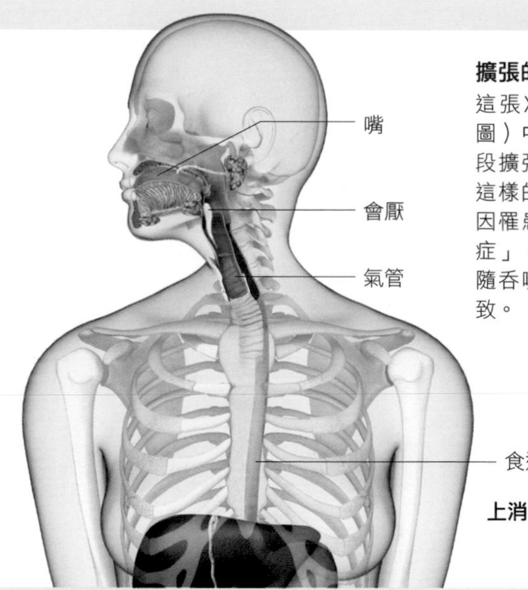
嘴
會厭
氣管
食道

上消化道

擴張的食道
這張X光片（如右圖）中可見食道下段擴張的情況。像這樣的食道擴張是因罹患「弛緩不能症」，括約肌無法隨吞嚥而放鬆所導致。

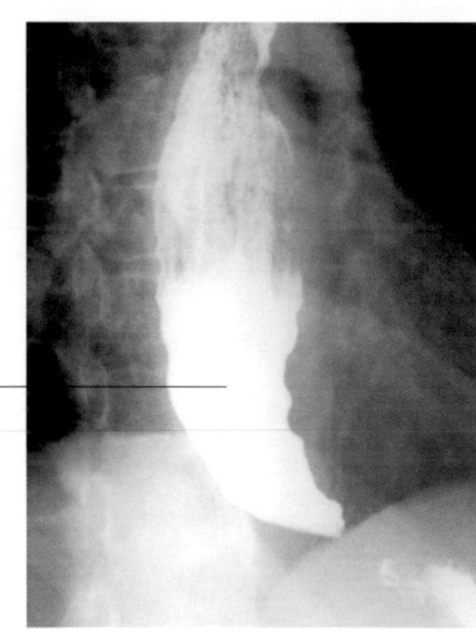
食道下段變寬

弛緩不能症（失弛症）

這種食道肌肉異常疾病會導致吞嚥困難，使食物延遲或無法通過以進入胃部。

弛緩不能症的致病因是食道下端的肌肉環（括約肌）無法在吞嚥時放鬆，加上用以推送食物進入胃部的食道肌肉壁收縮共濟不良所造成。罹患後，下食道會逐漸擴張，進而導致吞嚥困難、胸骨後方感覺不舒服或疼痛以及未消化的食物反流（尤其容易發生於晚上躺著的時候）等等症狀。治療方式含括利用氣球充氣，或施以藥物使該部位肌肉放鬆以擴張括約肌，以及藉外科手術切除下食道的肌肉組織等。

食道癌

長在食道的惡性腫瘤，通常與吸菸和飲酒過量有關。

食道癌初期的症狀可能會不太明顯。先是難以吞嚥固體食物，接著吞嚥流體也有困難。接下來，會出現食物反流的狀況，食物還會溢出跑到肺臟裡，導致咳嗽。最終，癌細胞可能會從食道壁擴散到周遭組織。治療此病可以外科手術清除腫瘤，或將管子插入縮窄的部位以幫助吞嚥。

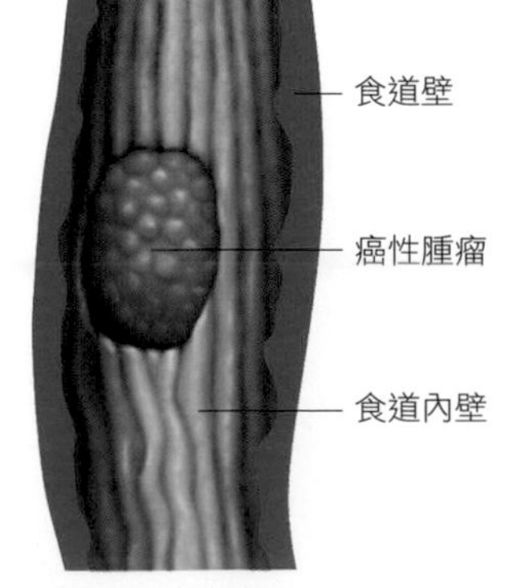
食道壁
癌性腫瘤
食道內壁

食道腫瘤
食道腫瘤會物理性縮窄或堵塞吞嚥食物的通道。可藉內腔鏡檢法（內視鏡檢查法）或鋇劑X光攝影查出。

食物中毒

食用被污染的食物或飲品可導致腹瀉、嘔吐和腹痛。

大多數的人都曾經有過食物中毒的經歷，通常發生於出國旅行期間。被污染的食物可能嚐起來很正常，但症狀會在食用後數小時或數日出現。多數情況下症狀的發作都不會太過劇烈，並可於幾天內消除。然而，如果罹患的是較為嚴重的感染病（例如沙門桿菌），就有可能需要進行抗生素和再水化治療。謹慎地製備、儲存與烹調食品，可有助於防止這類問題發生。

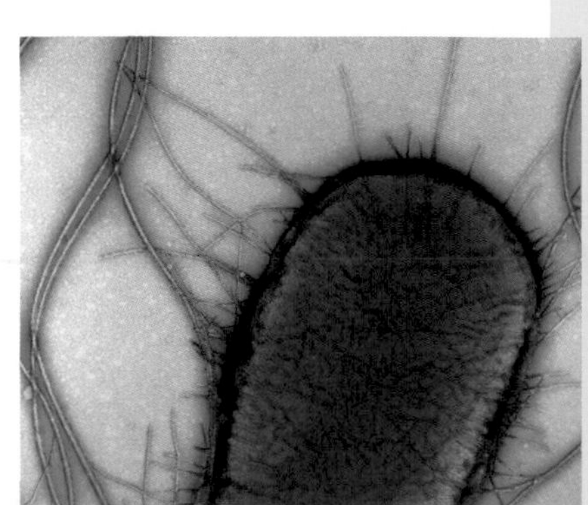

大腸桿菌
如果食品（例如肉類或開水）被大腸桿菌污染，會導致食物中毒。被大腸桿菌感染可能會引發嚴重病情（尤其是當患者為幼年孩童）。

胃炎

胃炎，即胃內壁發炎，會導致不適或疼痛以及噁心嘔吐等症狀。

急性胃炎（驟發性胃炎）的導致原因包括過度飲食（尤其是飲酒）或服用乙醯水楊酸（阿斯匹靈）等已知會影響胃內壁的藥物。慢性胃炎的病程經歷較長時間的發展，致病因可為飲酒、抽菸或服用藥物等反覆損害胃壁的行為。另一個常見的致病因是「幽門螺旋桿菌」。胃炎患者通常可於服用藥物和除去根本病因後康復。

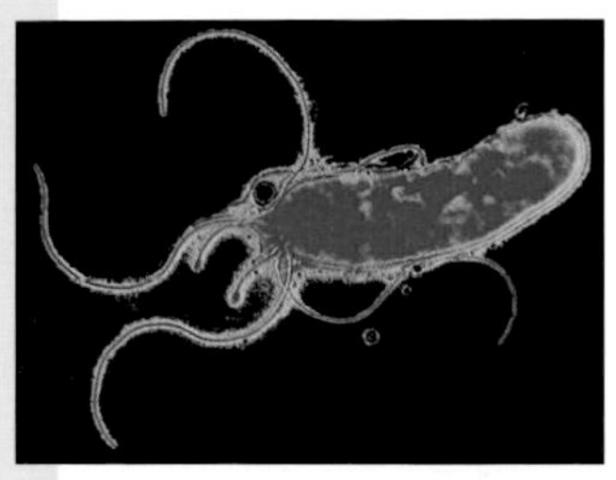

常見的致病菌
超過五成的人胃內壁中都有幽門螺旋桿菌。如果這些細菌引起症狀的話，可施以抗生素予以根除。

胃癌

抽菸、感染幽門螺旋桿菌和高鹽飲食都會使罹患胃內襯癌化腫瘤的可能性提升。

胃癌較好發於50歲以上的人和男性。這類癌症會快速擴散（即轉移）到其他身體部位，而且通常在還未察覺症狀之前就發生。症狀包括進食後上腹部不適或疼痛，並伴隨有噁心嘔吐、食慾不振以及體重減輕等。同時，因為胃內襯出血，也可能引發貧血。如果癌症發現得早，以外科手術介入治療有成功的可能。

消化性潰瘍

消化性潰瘍為胃內壁或小腸的第一段（十二指腸）腐損發炎，導致疼痛的疾病。

大多數潰瘍都與幽門螺旋桿菌有關。這種細菌會破壞胃和首段十二指腸的黏液內襯，黏液內襯在正常情況下可保護組織不受強酸胃液的損害。其他促成病因還包括酒精、抽菸、某些類型的藥物、家族史和飲食習慣等。上腹部疼痛是此病常見的症狀。十二指腸潰瘍患者的上腹疼痛通常會在飯前比較嚴重，進食後，症狀就會緩解；若罹患的是胃潰瘍，進食反而會更痛。

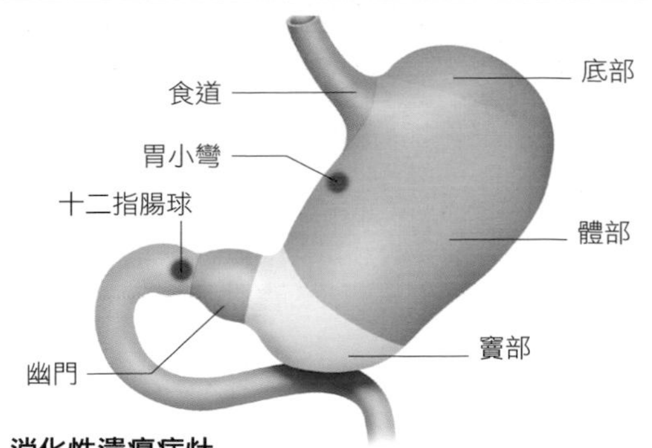

食道
底部
胃小彎
十二指腸球
體部
幽門
竇部

消化性潰瘍病灶
十二指腸中潰瘍好發的部位（十二指腸球）。胃中，多數潰瘍則好發於胃小彎。

潰瘍初期
覆蓋胃內壁的保護性黏膜屏障如果遭受破壞，含有強酸和酵素的胃液就會接觸到黏膜細胞。

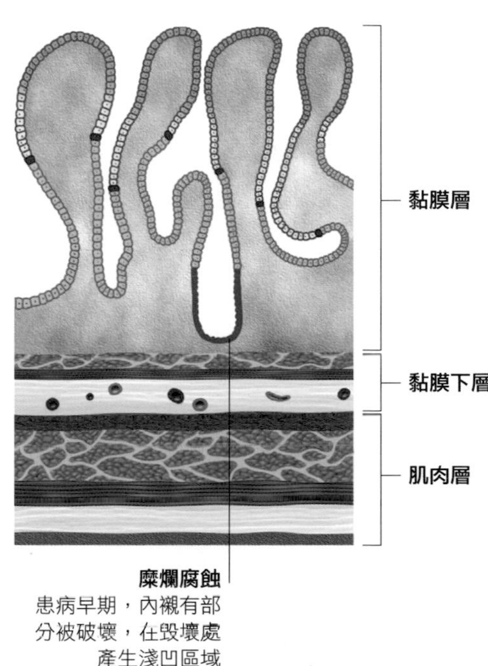

黏膜層
黏膜下層
肌肉層

糜爛腐蝕
患病早期，內襯有部分被破壞，在毀壞處產生淺凹區域

越來越嚴重的潰瘍
真性潰瘍會穿透整個內襯（黏液層）、黏膜下層和肌肉層。情況嚴重時，可使胃壁或十二指腸壁穿孔。

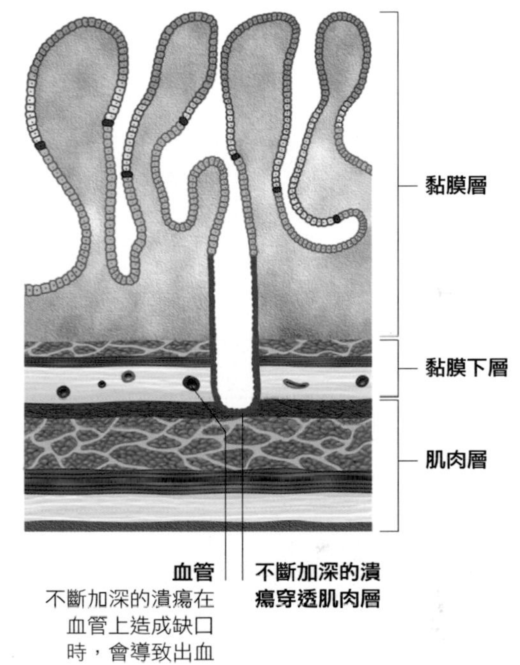

黏膜層
黏膜下層
肌肉層

血管
不斷加深的潰瘍在血管上造成缺口時，會導致出血

不斷加深的潰瘍穿透肌肉層

食道裂疝

讓食道通過的橫隔膜裂口過於脆弱，使得部分胃部往上突出，跑到胸腔。

橫隔膜是分隔腹腔與胸腔的薄片肌肉。正常狀況下，胃應完全處於橫隔膜之下，然而患有食道裂疝的人，其胃的上部卻往上突出，超過原本只容得下食道通過的食道裂孔。食道裂孔有助於食道括約肌（食道底端的肌肉環）防止胃部的酸性內容物通過進入下食道，也因此，食道裂疝的症狀會與胃食道逆流症（請參閱對頁）的症狀相同。食道裂疝有兩種：滑動疝氣與食道旁疝氣。滑動疝氣通常不會出現症狀，據估計，年過50歲的人有三分之一都會罹患此症。另一方面，罕見的食道裂疝可導致劇烈疼痛，需要以外科手術醫治。

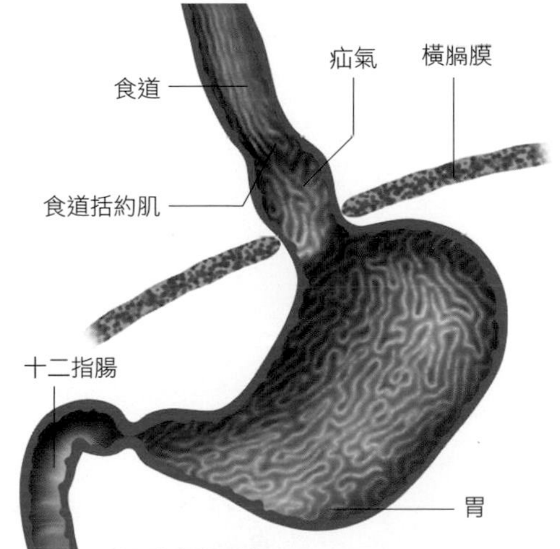

疝氣
橫膈膜
食道
食道括約肌
十二指腸
胃

滑動食道裂疝
最常見的食道裂疝類型，病徵為食道與胃之間的交接處往上滑，穿過橫隔膜。

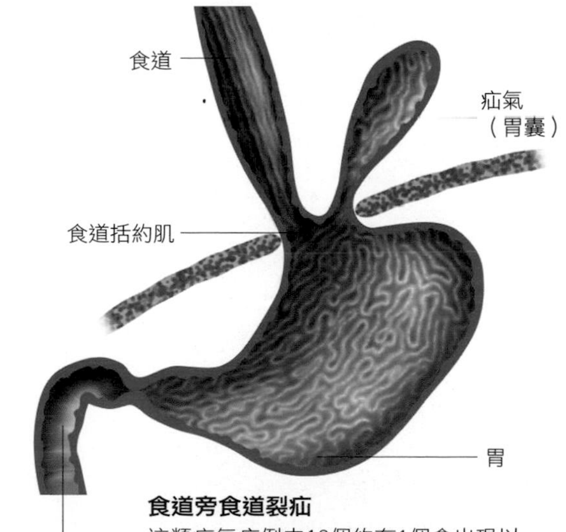

食道
疝氣（胃囊）
食道括約肌
胃
十二指腸

食道旁食道裂疝
這類疝氣病例中10個約有1個會出現以下狀況：往上推出橫隔膜的胃形成囊狀物，處於下食道旁。

肝臟、膽囊與胰臟的異常疾病

肝臟、膽囊與胰臟都是在消化、吸收及食物、飲品和藥物的代謝等方面至關重要的臟器。它們與所有其他器官一樣容易受到感染以及惡性腫瘤的侵害。一般情況下，酒精性肝病和肝炎等疾病都與生活和行為方式有關，因此屬於可預防的疾病。

酒精性肝病

長年不間斷地飲酒過量，會嚴重損傷肝臟。男性的飲酒量普遍比女性高，而照理推論，男性罹患酒精性肝病的統計數量應該比女性來得高。然而事實卻不是如此，因為女性代謝酒精的效率不如男性高，反而更容易產生酒精副作用。酒精中一些化學物質的毒性作用會以各種不同的方式破壞肝臟，而有些人會因這些毒性的作用而更易罹患肝癌。

疾病進程

酒精會導致各式各樣的肝臟疾病，罹患哪種疾病取決於持續大量飲酒的時間有多長。

幾乎所有長期重度飲酒者都患有「脂肪肝」。酒精分解成各種成分（完成代謝）後會產生脂肪。脂肪球卡在肝細胞中，導致肝細胞腫脹。脂肪肝不會引起任何症狀，但血液檢驗可顯示出異常數值。如果該患者在這個階段就停止飲酒，肝臟中的脂肪會消失，肝臟有可能恢復正常。但是如果患者還是不斷地大量飲酒，就會使肝臟發炎，並罹患酒精性肝炎。患得此病的症狀因人而異，有的人完全沒有症狀，有的人則會併發急性疾病和黃疸。酒精性肝損害的最後一期是肝硬化，有可能會致命。通常到了這一階段，唯一的治療方式就只剩下肝臟移植。

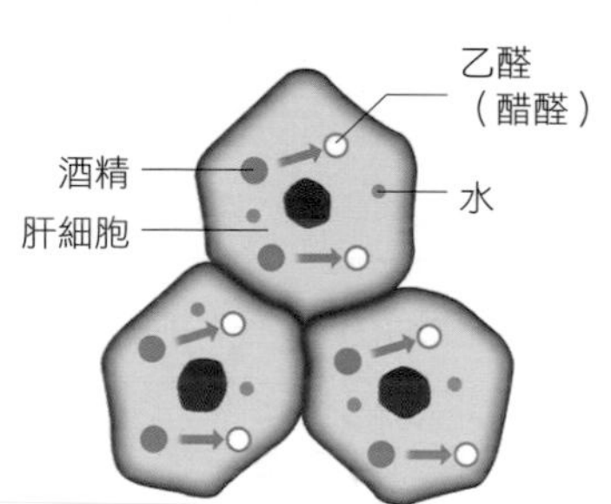
乙醛
（醋醛）
酒精
肝細胞
水

1 損壞發生的方式

酒精（乙醇）被分解後，會生成一種稱為乙醛（醋醛）的物質。一般認為這種化學物質會與肝細胞中的蛋白質產生鍵結，造成損害、發炎及纖維變性。

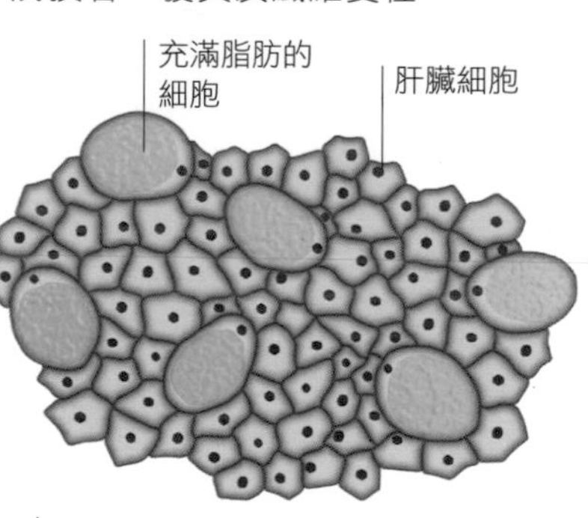
充滿脂肪的
細胞
肝臟細胞

2 脂肪肝

脂肪是酒精代謝的其中一種副產品。飲酒過量的人肝臟細胞會因充滿了脂肪球而腫脹，如果此時將肝臟切開的話，可清楚見到呈黃色或白色斑點狀的脂肪球。如果在此階段停止喝酒的話，仍可逆轉病情。

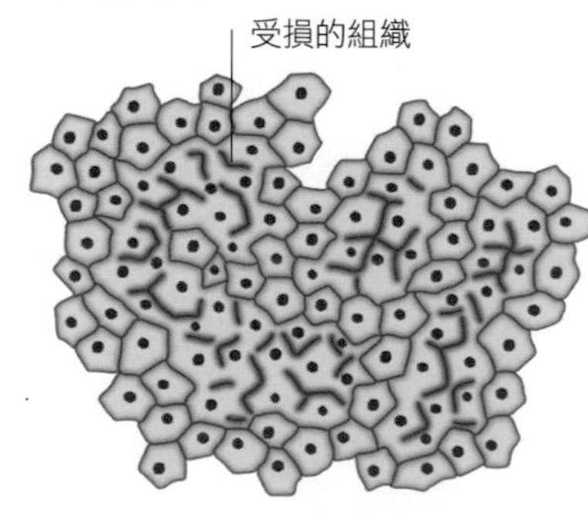
受損的組織

3 酒精性肝炎

繼續過量飲酒的話，脂肪肝就會惡化成肝炎。肝臟發炎後，會開始有白血球浸潤的現象，可能會使得肝細胞嚴重受損並死亡。

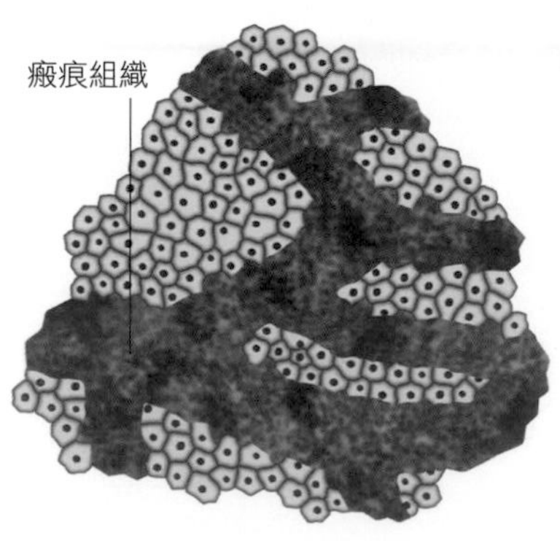
瘢痕組織

4 肝硬化（肝硬變）

這是酒精性肝病的最後階段，肝組織永久性纖維變性和結瘢會危及生命。由於細胞永久受損，肝臟會因此無法正常運作。

門脈高壓

供血給肝臟的血管壓力升高，易導致食道和胃的靜脈腫脹擴張。

門脈高壓是肝硬化（肝硬變）的其中一個併發症。肝組織結瘢和纖維變性不斷惡化的情況下，經由門靜脈進入肝臟的血流會受阻；門靜脈是將消化道的血液送入肝臟的大型脈管。積在這個靜脈的壓力會使「上游」的其他血管擴張腫脹。上游血管包括腹部和直腸的靜脈，以及其他供血給食道的脈管。腫脹的靜脈（或稱靜脈曲張）會往食道凸出，且可能出血。有些患者只會有輕微滲血的情形，但有些可能會引發大出血，並導致嘔吐出大量血液。患有肝硬化（肝硬變）的人不見得都會引發門脈高壓和食道靜脈曲張，但如果不幸引發了，可利用藥物降低血壓，或注射（類似於治療靜脈曲張的）硬化劑予以治療。

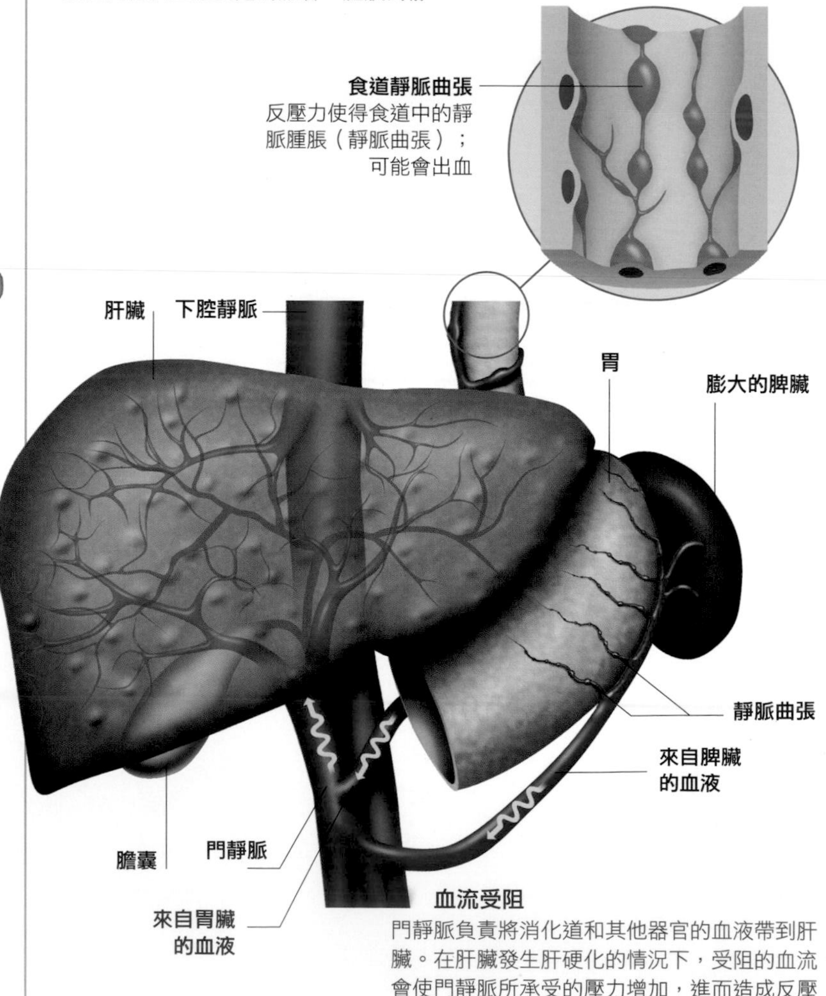
食道靜脈曲張
反壓力使得食道中的靜脈腫脹（靜脈曲張）；可能會出血
肝臟
下腔靜脈
胃
膨大的脾臟
靜脈曲張
來自脾臟的血液
膽囊
門靜脈
來自胃臟的血液

血流受阻

門靜脈負責將消化道和其他器官的血液帶到肝臟。在肝臟發生肝硬化的情況下，受阻的血流會使門靜脈所承受的壓力增加，進而造成反壓力，導致位於食道的「上游」靜脈膨脹。

肝炎

肝炎是由數種不同病毒感染所導致的肝臟發炎病症。

病毒性肝炎可分為急性與慢性（長期性）兩種。急性肝炎可能會在罹患後幾個星期就消退，但消退後可能會發展成慢性肝炎。A型肝炎是此類肝炎中最常見的，攝入受污染的食物或水皆是致病因。B型肝炎主要的傳播方式是藉由被感染的血液，但這類病毒也存在於精液中，可藉性交傳播。C型肝炎病毒也是藉血液傳播，很多人都因輸血而被感染。因使用靜脈注射藥物而被感染是最普遍的感染方式，症狀輕重不一，從稍感不適到引發黃疸和肝功能衰竭都有。

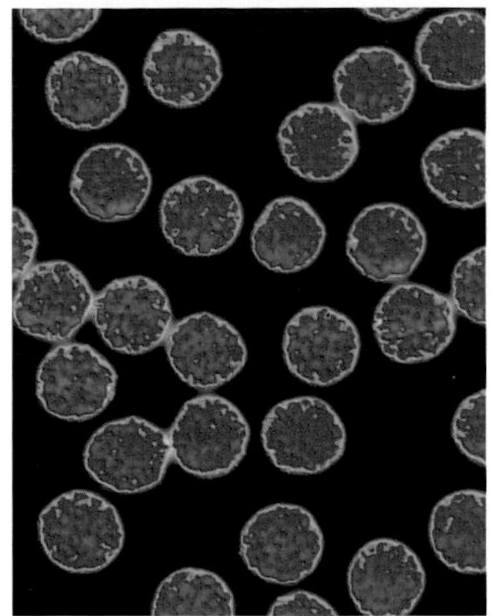

肝炎
這張影像中可見球形B型肝炎病毒被放大200,000倍的樣貌。這種病毒是導致急性肝炎（一種肝臟異常疾病）的原因之一。

肝膿瘍

肝膿瘍為一種罕見疾病。肝臟組織中生出充滿膿汁的空腔，通常是腹部感染所造成。

肝膿瘍可因身體其他部位被阿米巴原蟲或細菌感染，藉由血液散播而至所引發。感染的源頭不一，有可能是受感染的闌尾或膽囊，但通常病因不明。有些人出現的症狀非常少，可能要過好幾週以後才發現有膿腫的存在。有些人罹患此病則可能引發劇烈疼痛、嘔吐、體重減輕和發高燒等症狀。肝膿腫的膿汁通常會用大型針筒引流出。一旦鑑定出細菌的種類，就可開立抗生素作為感染病的治療。

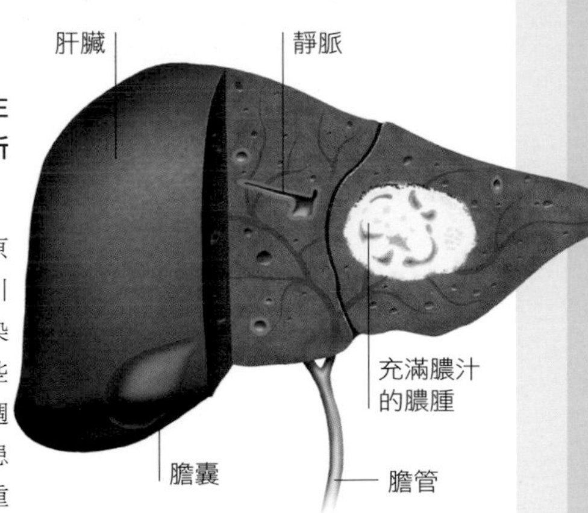
肝臟
靜脈
充滿膿汁的膿腫
膽囊
膽管

被感染的膿瘍
這種罕見的膿瘍有的只有單個病灶，有的則成群出現。通常是先有其他身體部位被感染之後，感染源經由血液散播至肝臟所引發。可利用針筒將膿汁引流出。

膽結石

膽囊中可能會出現由膽汁構成、小而堅硬的團塊。這些團塊移動而卡在輸送管中時，會引起疼痛。

在已發展國家，大多數患者的膽結石主要由膽固醇構成，膽固醇是一種脂肪性物質，經由肝臟處理過後，送到膽囊儲存，作為製造膽汁的原料之一。要是正常膽汁應含有的「混合成分」有所變異，而膽固醇含量又高，即有可能發展成膽結石。膽結石好發於女性的頻率遠高於男性，但很少會有30歲以下的女性罹患。大部分患有膽結石的人都沒有症狀，一直要到膽結石卡在其中一條離開膽囊的輸送管時才會有症狀出現。最主要的症狀為疼痛，嚴重程度因人而異，痛感通常會在吃完含油成分高的食物後，膽汁由膽囊釋出以助消化時產生。罹患膽結石一旦出現症狀，一般治療方式是以膽囊切除術或微創外科手術（栓孔手術）將膽囊切除。

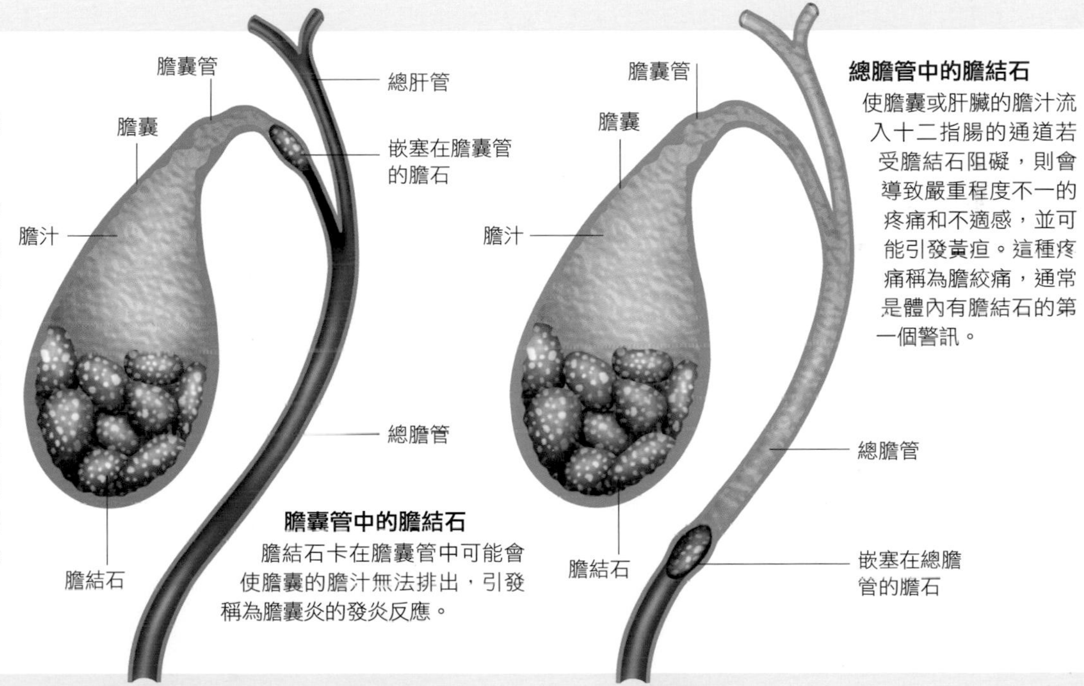
膽囊管
總肝管
膽囊
嵌塞在膽囊管的膽石
膽汁
總膽管
膽結石
膽囊管
膽囊
膽汁
總膽管
膽結石
嵌塞在總膽管的膽石

膽囊管中的膽結石
膽結石卡在膽囊管中可能會使膽囊的膽汁無法排出，引發稱為膽囊炎的發炎反應。

總膽管中的膽結石
使膽囊或肝臟的膽汁流入十二指腸的通道若受膽結石阻礙，則會導致嚴重程度不一的疼痛和不適感，並可能引發黃疸。這種疼痛稱為膽絞痛，通常是體內有膽結石的第一個警訊。

胰臟癌

一種日益普遍化的惡性腫瘤，通常與吸菸有關，會導致胰臟癌。

長在胰臟的腫瘤可以生長於胰臟體部、尾部或頭部。發於胰臟頭部的癌症會阻礙膽汁的流動，因此更又可能導致黃疸；若病灶位於體部或尾部，則通常會導致上腹部疼痛。這類癌症較好發於抽菸者，且男性患者較為常見。胰臟癌的預後不佳，且治療的目的通常只在於緩解症狀。

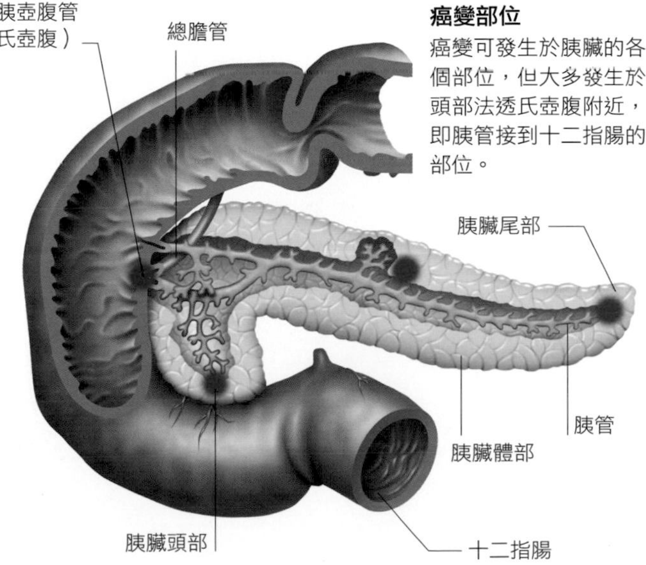
肝胰壺腹管
（法透氏壺腹）
總膽管
胰臟尾部
胰管
胰臟體部
胰臟頭部
十二指腸

癌變部位
癌變可發生於胰臟的各個部位，但大多發生於頭部法透氏壺腹附近，即胰管接到十二指腸的部位。

胰臟炎

一種嚴重的胰腺炎症，可能因飲酒過量或膽結石引起。

胰臟炎分為急性與慢性兩種。兩種炎症都是由胰腺自身製造、用來輔助食物於十二指腸進行消化的酵素所引起。這些酵素活化時，仍位於胰臟裡，因而開始對胰組織產生消化作用。急性胰臟炎的致病因有許多，最常見的為膽結石、酒精、某些藥物及特定類型的感染病（例如腮腺炎）。慢性胰臟炎通常與長期性酒精中毒有關聯性。兩種類型的胰臟炎主要病徵都是疼痛。罹患的若是急性胰臟炎，疼痛會特別劇烈，且可能伴隨有噁心嘔吐等症狀。

下消化道異常疾病

結腸、直腸和肛門等下消化道受感染，是所有消化系統疾病中最常見的。在發展中國家是主要死因，但在已發展國家通常只會造成小困擾。其他如癌症和腸道炎症等消化系統疾病則是全球性的醫療難題。

腸躁症

為一種腹痛、便秘和腹瀉間歇性發作的疾病，每五人就有一人曾在一生中罹患過。

過敏性腸綜合症（大腸激躁症；胃腸官能症）一般稱為腸躁症，是所有消化系統疾病中最常見的一種。主要病發於年紀介於20至50歲之間的人，女性罹患的頻率是男性的兩倍。確切的致病因尚不清楚，一般認為與腸道肌肉運動異常有關。胃腸炎發作或對某些物質過敏（例如咖啡因、酒精、高油脂食物或人工甜味劑等）都是可能引發腸躁症的因素。此病似乎也具遺傳性，因為有些家族世代都有罹患腸躁症的病歷。腸躁症的症狀包括腹瀉、便秘、腹痛以及脹氣與大量排氣（腸道氣體）；焦慮、抑鬱和壓力都會使病情惡化。疼痛部位通常位於左下腹，可在排氣或排便後緩解。腸躁症一般會是長期的病症，但通常都是間歇性發作，而且很少有病情十分嚴重的狀況。

發炎性腸病

包含兩類具類似症狀的疾病：潰瘍性結腸炎和克隆氏病。

這兩種疾病都屬於嚴重的腸道炎症。潛在致病因可能是免疫系統出問題，攻擊自身腸道組織。潰瘍性結腸炎和克隆氏病也有世代相傳的傾向，然而其詳細致病因尚未明朗。大部分病例都屬於長期性，病發年紀介於15到50歲之間。腹痛、腹瀉、喪失食慾、發燒、腸道出血及體重減輕是這兩種病症的共同症狀。治療方式包括施用止瀉和抗發炎藥以及進行外科手術（特別針對罹患克隆氏病的人）等等。若採用外科手術治療，作法為將大腸中被侵害的最嚴重的部分移除，這種手術稱為結腸切除術。

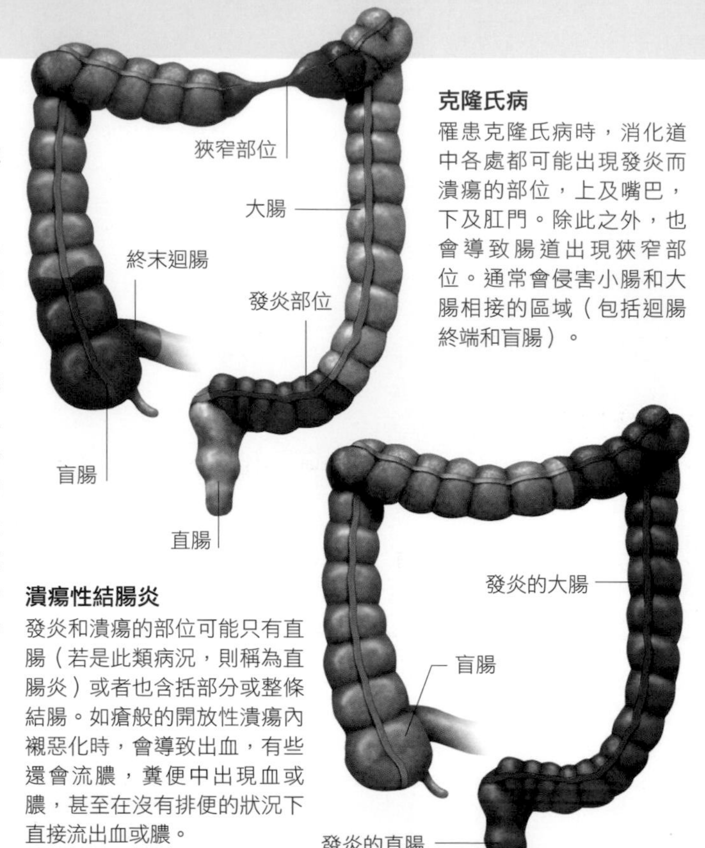
狹窄部位
大腸
終末迴腸
發炎部位
盲腸
直腸
發炎的大腸
盲腸
發炎的直腸

克隆氏病
罹患克隆氏病時，消化道中各處都可能出現發炎而潰瘍的部位，上及嘴巴，下及肛門。除此之外，也會導致腸道出現狹窄部位。通常會侵害小腸和大腸相接的區域（包括迴腸終端和盲腸）。

潰瘍性結腸炎
發炎和潰瘍的部位可能只有直腸（若是此類病況，則稱為直腸炎）或者也含括部分或整條結腸。如瘡般的開放性潰瘍內襯惡化時，會導致出血，有些還會流膿，糞便中出現血或膿，甚至在沒有排便的狀況下直接流出血或膿。

憩室病

憩室病形成於結腸壁的陷凹。

大多數罹患憩室類疾病的人都年過50歲，且多年飲食缺少纖維，需要相當費力才能夠排出糞便。年齡越大的人越容易罹患此疾病。最容易受此疾病侵害的部位為結腸最下面的部分，但也有整條結腸全受侵害的可能。罹患憩室病時，腸道壁會出現一塊塊向外凸出、帶有盲端的小囊，這種小囊稱為憩室。罹患憩室病的人有95%都不會出現症狀，但有些人會出現腹痛和排便不規律等症狀。這些小囊若是發炎了，就會變成憩室炎，會導致劇烈疼痛、發燒和便秘。疼痛部位跟發炎性腸病的疼痛部位一樣在左下腹，也可於排氣或排便之後緩解。

1 糞便乾硬
糞便柔軟且體積大時，能夠輕易通過結腸。糞便若是又硬又乾（通常因為飲食中纖維不夠而導致），結腸的平滑肌層就必須加倍用力地收縮，使結腸壁受到壓力。

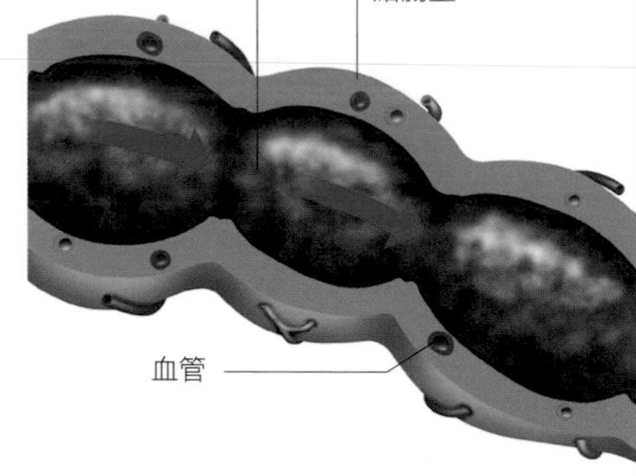
堅硬乾燥的糞便
結腸壁
血管

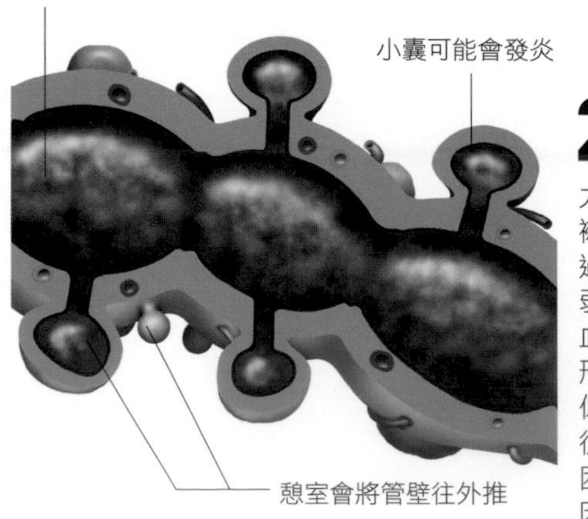
堅硬乾燥的糞便
小囊可能會發炎
憩室會將管壁往外推

2 形成小囊
不斷增加的壓力最終會使腸道內襯中小塊區域推穿過腸道壁肌肉較脆弱的位點（通常是血管附近）。如此形成的小囊大小類似於豌豆或葡萄，很容易就會將細菌困在裡面，有可能因此造成發炎。

闌尾炎（蚓突炎）

為闌尾發炎的疾病，會導致急性疼痛，疼痛的部位通常於腹部上半部或中央區域，好發於兒童和青少年。

其他闌尾炎的症狀還包括輕度發燒、噁心、嘔吐，也可能有食慾喪失和頻尿等症狀。許多病例都有發炎快速惡化的情形，使得患者必須緊急住院治療。將闌尾切除的手術稱為闌尾切除術，是所有救急手術中最常執行的一種。若是不予以治療，發炎的闌尾可能會破裂，導致腹膜炎（即腹部內壁發炎）與膿腫。

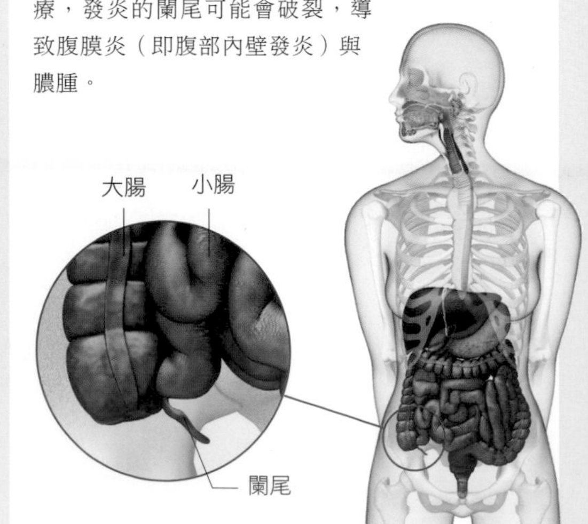
大腸
小腸
闌尾

結腸直腸癌

結腸癌、直腸癌或結直腸癌都是工業化國家最常見的癌症類型。風險因子包括家族遺傳與老化。

腸道壁的惡性腫瘤一開始通常是長在腸道壁的息肉（請參閱右圖）。高脂、低纖維的飲食、過量飲酒、運動不足以及肥胖都會增加罹患此癌症的風險。症狀包括排便習慣改變、糞便硬度變化、腹痛、喪失食慾、糞便帶血以及排便排不乾淨的感覺。結腸直腸癌可藉由糞便血液檢驗和結腸鏡檢法等篩檢查出。若夠早查出和醫治的話，有高機率能夠存活五年以上。

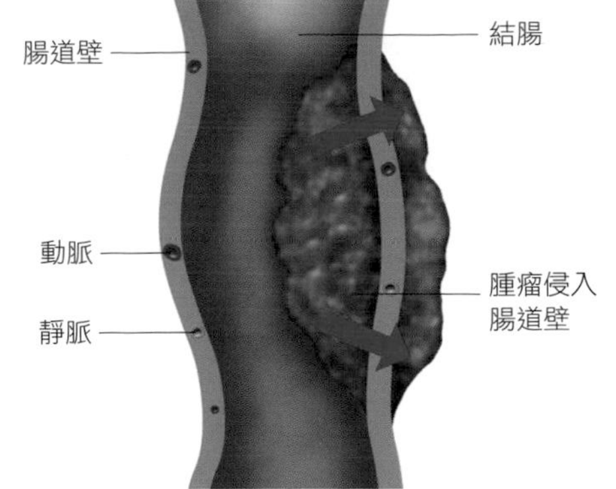
腸道壁
結腸
動脈
靜脈
腫瘤侵入
腸道壁

結腸腫瘤
惡性腫瘤會隨時間的推移長大，並侵入腸道壁，使得癌細胞從該處進入血流，散播到其他身體部位。

腸息肉

位於大腸、生長緩慢的非癌性贅瘤，從黏膜內襯突出。

好發於老年人。年過60歲的人群中，平均每三人就有一人會長腸息肉。大部分的人都不會有症狀，但長息肉會導致腹瀉、直腸出血，也可能導致貧血。罹患此病大多都可藉結腸鏡檢法查出與醫治，但需要定期作後續檢查，因為罹患此病的人患得結腸直腸癌（請參閱左方說明）的機率也比較高。

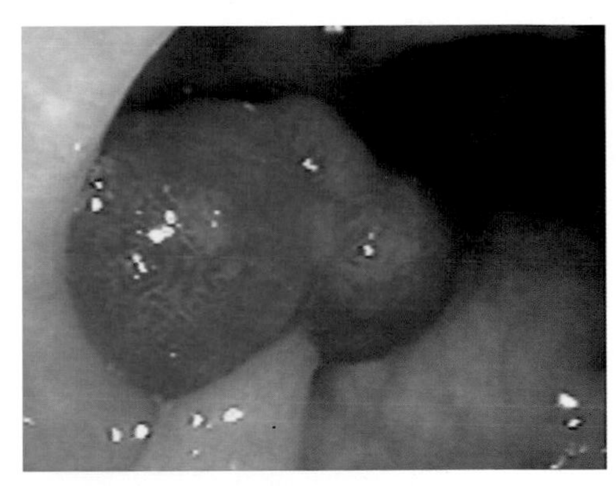

腸梗阻

腸道受阻會導致腹痛、腹脹、無法排便或排氣、嘔吐，有時也會有脫水現象。

消化性物質會因為腸道中有物理性阻塞物，或可能因腸道壁平滑肌麻痺而無法向前移動。致病因包括腫瘤造成壓迫，或是因罹患克隆氏病之類的疾病，導致嚴重發炎，以致腸道縮窄而完全堵塞等。罹患某些類型的疝氣、腸套疊與腸扭結等也都會增加罹患此病的機率。有的時候肌肉可能會因為腸繫膜梗死、嚴重腹膜炎或做了腹部大手術而無法收縮。此時，需要緊急住院治療以穩定病情與證實診斷。治療方式包括注射流體、從胃部抽吸流體，或者也可能會進行外科手術。

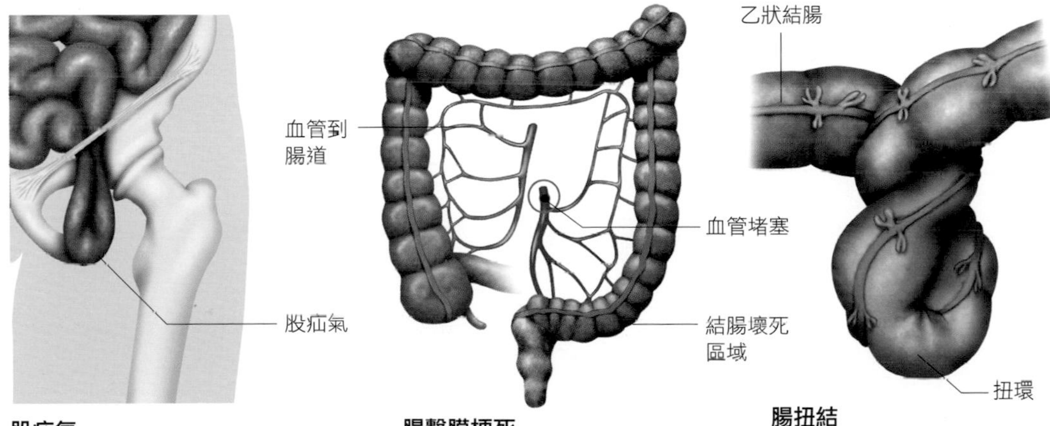
血管到
腸道
股疝氣
乙狀結腸
血管堵塞
結腸壞死
區域
扭環

股疝氣
腸道從狹窄的股管滑出，卡在該處，導致腸道阻塞與劇烈疼痛。

腸繫膜梗死
一節腸道因腸繫膜血管堵塞，導致供血匱乏，開始壞死。

腸扭結
導致劇烈疼痛、腹脹及嘔吐的間斷性腸道扭轉病症；需要以外科手術醫治。

腸套疊

年齡小於兩歲的幼兒（特別是男孩）若罹患腸梗阻，有可能是腸套疊所引起。腸套疊的病徵為某一腸段套進鄰近的另一腸段，形成管中管。症狀包括嘔吐、腹痛、臉色蒼白以及排出帶血的黏液等。這種病會快速惡化，需緊急予以醫治。鋇劑灌腸可用以進行診斷，也可用以將腸道灌通復位。

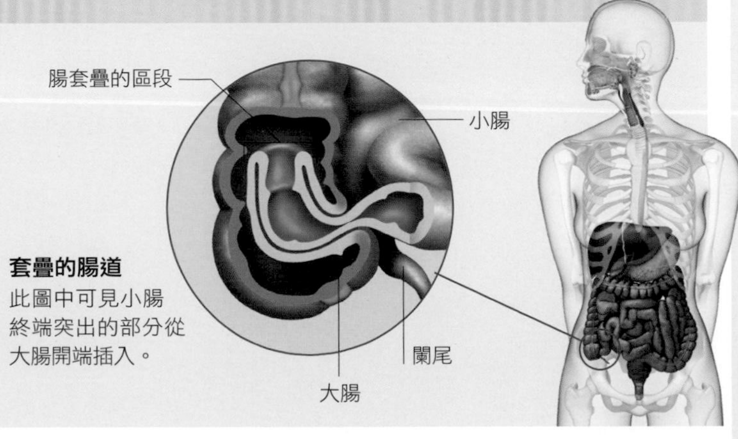
腸套疊的區段
小腸
闌尾
大腸

套疊的腸道
此圖中可見小腸終端突出的部分從大腸開端插入。

痔瘡

直腸或肛門內壁的靜脈曲張（腫脹充血）而突出即痔瘡，又稱痔核。

直腸或肛門出血及不適，普遍與痔瘡有關。因低纖維飲食而導致便秘並需費力排出糞便時，會使直腸和肛門的血管腫脹，進而引發痔瘡。懷孕期間，成長中的胎兒也會對孕婦產生類似的影響。症狀的嚴重程度差異極大，還可能會有肛門溢出黏液與肛門搔癢的情況。治療方法包括施用軟膏、注射法、結紮術、雷射手術及外科手術等。

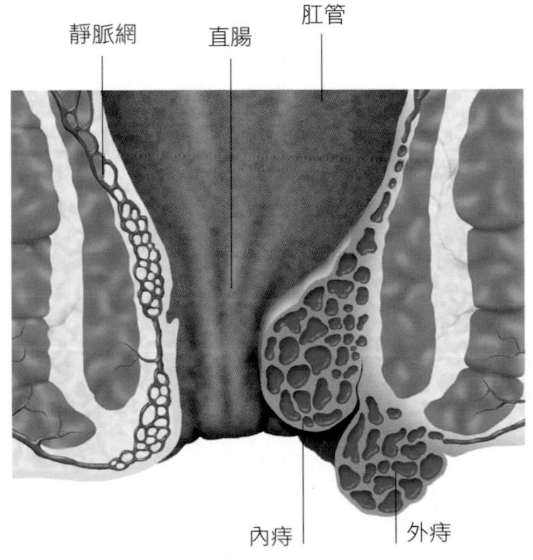
靜脈網
直腸
肛管
內痔
外痔

痔瘡
此張示意圖中，左側的靜脈網狀態正常。右側的血管則腫脹，形成了內痔與外痔。

在人體無數個細胞中進行的成千上萬種代謝作用，會產生出數以百計種老廢物質。這些老廢物質經由血液送入腎臟過濾淨化後，即可排出身體，此即泌尿系統的功能之一。泌尿系統的另一項重要功能為調控血液、淋巴液和其他體液的量、

泌尿系統

泌尿系統解剖

泌尿系統由兩顆腎臟、兩條輸尿管、一個膀胱及一條尿道所構成。這些組成物共同執行泌尿系統的功能，即：調節體內流體的容量和成分、將血液中的老廢產物清除，並以尿液的形式將體內廢水和過多的水分排出。

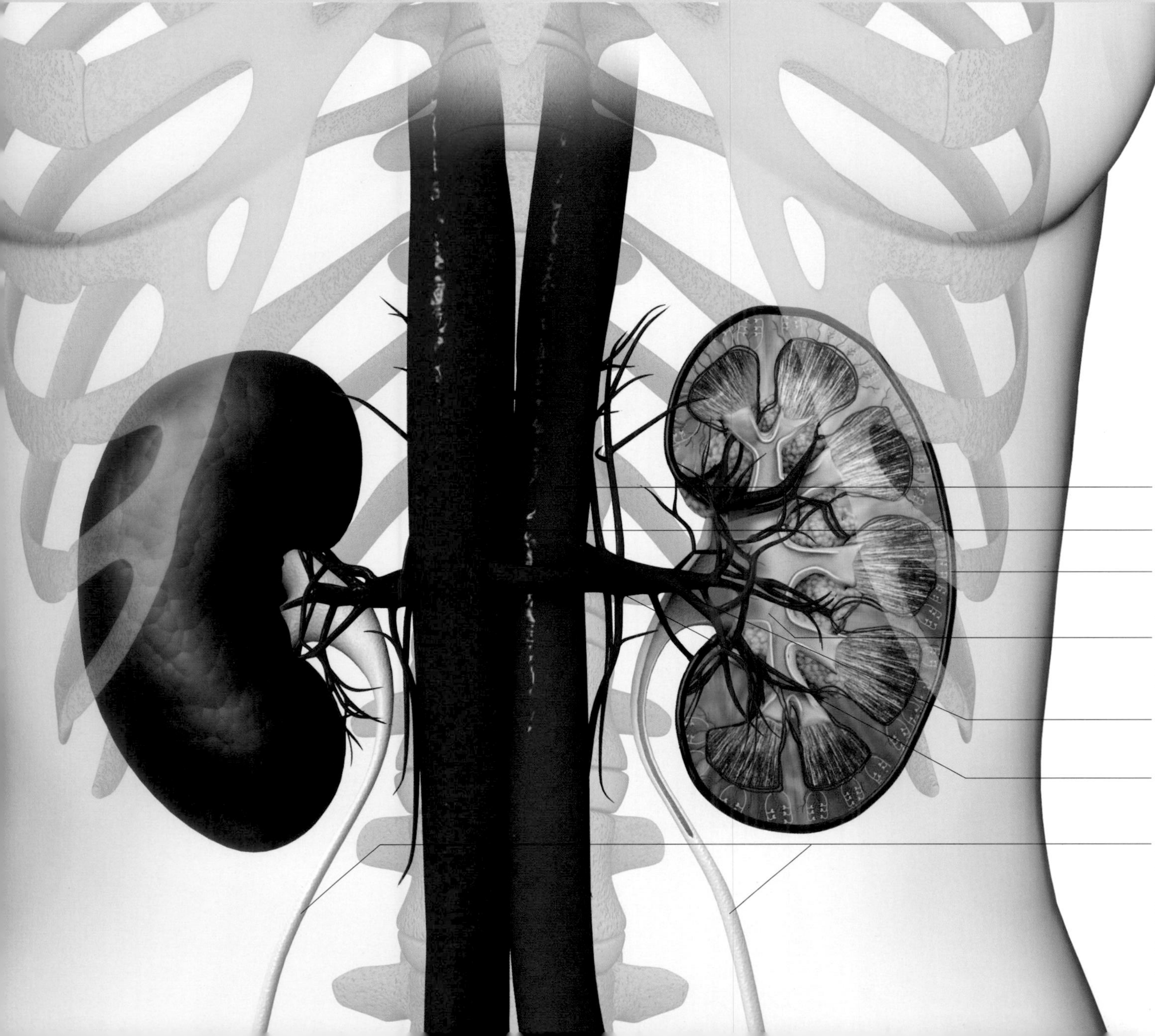

腎臟有兩顆，是呈紅色的器官，形狀如豌豆，座落於腹部兩側、腰部正上方靠背部的地方。腎臟當中含有許多超微過濾性功能單位，作用為從血液中移除老廢物質、無用的礦物質與多餘的水分，將之以尿液形式排出身體。各顆腎臟都有一根長管與膀胱相連，這兩條長管名為輸尿管，是將尿液輸出的管子。膀胱是個中空的肌肉器官，座落於骨盆中央；功能為儲存尿液，在適宜的時候排放。膀胱的形狀在解尿後有如洩氣的氣球，隨著尿液再度進入，會逐漸變成球形，滿的時候則變成西洋梨狀。容積到達某一特定的量時，膀胱壁上的牽張感受器會發射神經脈衝，使意識產生想解尿的慾望。接著，膀胱中的尿液會被引至尿道排出。

主動脈

下腔靜脈

腎臟
各顆長約10至12.5公分，內含約一百萬個過濾性功能單位

腎盂
尿液往下送入輸尿管前，收集尿液的漏斗狀空腔

腎動脈

腎靜脈

輸尿管
將腎臟的尿液運送到膀胱的脈管；管壁可分為三層：由結締組織和脂肪組織構成的外層；含有肌肉纖維，收縮時可將尿液推送到膀胱的中層；分泌黏液以防止其細胞接觸到尿液的最內層黏膜層

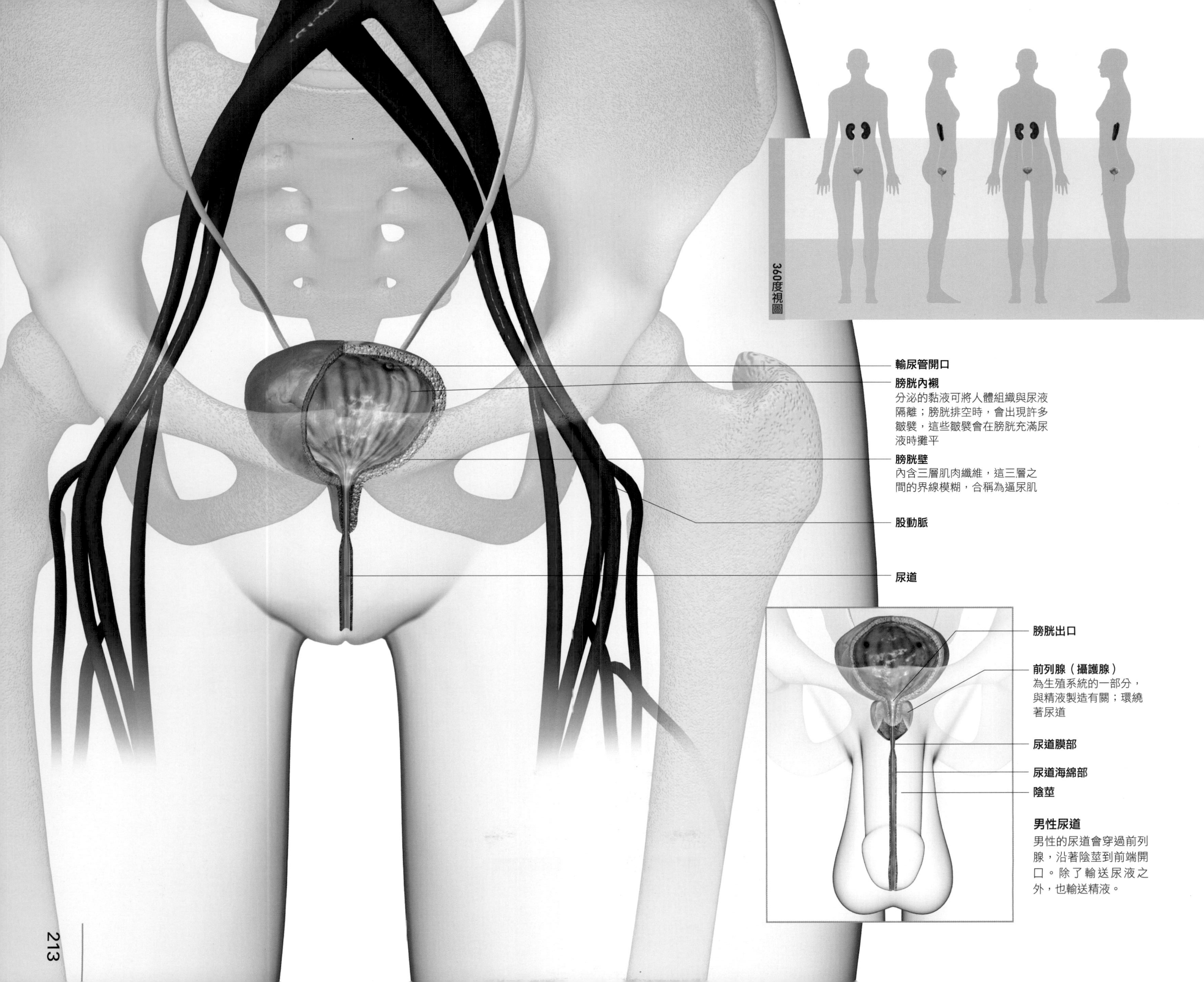

360度視圖
輸尿管開口
膀胱內襯
分泌的黏液可將人體組織與尿液隔離；膀胱排空時，會出現許多皺襞，這些皺襞會在膀胱充滿尿液時攤平
膀胱壁
內含三層肌肉纖維，這三層之間的界線模糊，合稱為逼尿肌
股動脈
尿道
膀胱出口
前列腺（攝護腺）
為生殖系統的一部分，與精液製造有關；環繞著尿道
尿道膜部
尿道海綿部
陰莖
男性尿道
男性的尿道會穿過前列腺，沿著陰莖到前端開口。除了輸送尿液之外，也輸送精液。

腎臟的結構

腎臟是成對的器官，位於腹腔後上方脊椎兩側之處，功能為過濾血液中無用成分。廢物會連同多餘水分以尿液的形式排泄掉。

腎臟的內部構造

兩顆腎臟都有外膜包覆保護，外膜可分為三層：腎筋膜是覆蓋於最外層的堅韌纖維性結締組織；腎脂囊處於中間，是一層脂肪組織；最裡面的纖維層稱作腎外鞘。腎臟的主體也有三層：充滿許多腎小球（或稱腎絲球，即纏結在一起的毛細血管團）與其被囊的腎皮質；下一層是含有毛細血管和尿液形成小管的腎髓質；中央部位稱為腎盂，是收集尿液的空間。腎臟中有上百萬個稱為腎元的超微過濾功能單位，而腎小球、被囊和小管都是功能單位的一部分。

腎小球（腎絲球）
這張顯微照片中腎小球所上的顏色為粉紅色，這纏結的毛細血管系統是腎元的第一部分，所滲出濾液由周圍的杯狀鮑氏囊（腎小球囊）收集。

腎元
各個超微型功能單位（即腎元）都橫跨皮質和髓質兩層。位於皮質的有腎小球、被囊、近曲和遠曲小管以及尿液收集導管。髓質則主要含有亨利氏環（一種長條小管）和較大的尿液收集導管。

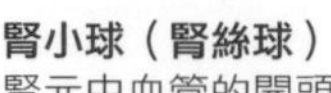

腎小球（腎絲球）
腎元中血管的開頭為纏結成球狀的微血管叢

腎小管
負責濃縮尿液、多處摺疊與打環的長條管狀器官

毛細血管
起始點位於腎小球的毛細血管，負責再次吸收重要的營養素、礦物質、鹽類和水分

亨利氏環

尿管
較大型的收集脈管，接收由腎小管流入的液體

腎皮質

腎髓質

腎皮質
為腎臟的外部區域，佈滿了外觀有如顆粒的超微球形構造（有被膜包裹著的腎小球）

腎髓質
主要由毛細血管網構成，包圍著長型成環的腎小管

腎柱
分隔腎錐體的皮質組織延伸部位

腎錐體
腎髓質中，介於腎柱之間的圓錐體部分

大腎盞
大腎盞由若干小腎盞（構成腎盂的杯狀腔窩）融合而成

小腎盞
來自主要集尿管的尿液從腎乳頭排入小腎盞

腎盂
腎盂是個漏斗狀的管子，為多個大腎盞融合而成，其縮窄的一端銜接輸尿管上端

腎被囊
包住整個腎臟的薄薄一層纖維組織覆蓋物

腎動脈
供血給腎臟；為主動脈（人體中主要的動脈）的分支

腎靜脈
將清理過的血液移除並釋入下腔靜脈（人體中主要的靜脈下段）

腎門
腎血管和輸尿管進入腎臟的交匯處

弓形動脈與弓形靜脈
在皮質和髓質之間的連結處呈拱形的血管

輸尿管
將尿液向下輸送到膀胱的管子，管壁由肌肉組成

腎乳頭
腎錐體的尖端

腎臟的橫切面
腎臟的主要分層：腎皮質和構成腎錐體的腎髓質可見於此張剖面圖中。經過腎動脈和腎靜脈循環的血液流量極大，休止時每分鐘大約12公升，達到心臟總輸出血量的四分之一。

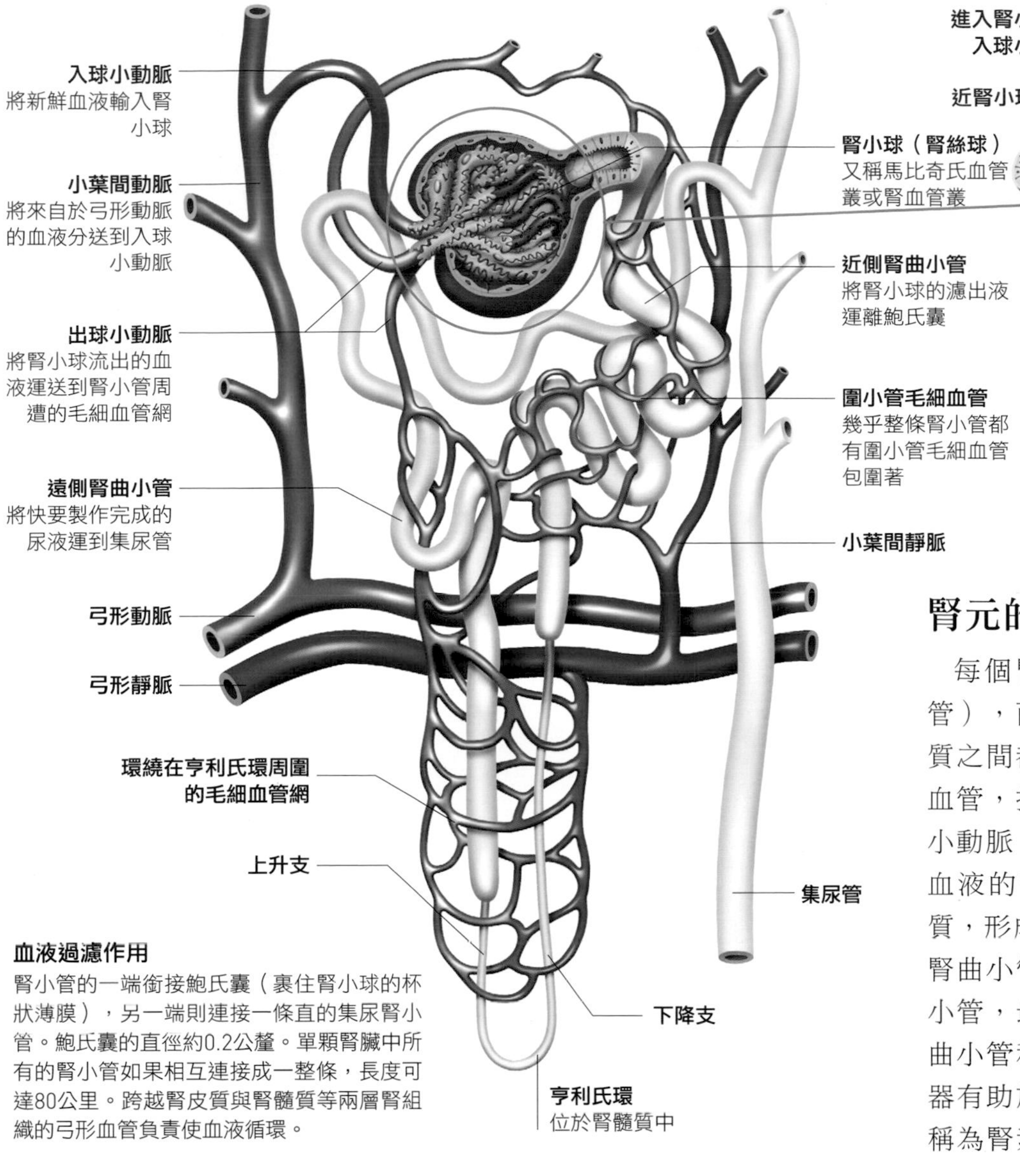

入球小動脈
將新鮮血液輸入腎小球

小葉間動脈
將來自於弓形動脈的血液分送到入球小動脈

出球小動脈
將腎小球流出的血液運送到腎小管周遭的毛細血管網

遠側腎曲小管
將快要製作完成的尿液運到集尿管

弓形動脈

弓形靜脈

環繞在亨利氏環周圍的毛細血管網

上升支

腎小球（腎絲球）
又稱馬比奇氏血管叢或腎血管叢

近側腎曲小管
將腎小球的濾出液運離鮑氏囊

圍小管毛細血管
幾乎整條腎小管都有圍小管毛細血管包圍著

小葉間靜脈

集尿管

下降支

亨利氏環
位於腎髓質中

血液過濾作用
腎小管的一端銜接鮑氏囊（裹住腎小球的杯狀薄膜），另一端則連接一條直的集尿腎小管。鮑氏囊的直徑約0.2公釐。單顆腎臟中所有的腎小管如果相互連接成一整條，長度可達80公里。跨越腎皮質與腎髓質等兩層腎組織的弓形血管負責使血液循環。

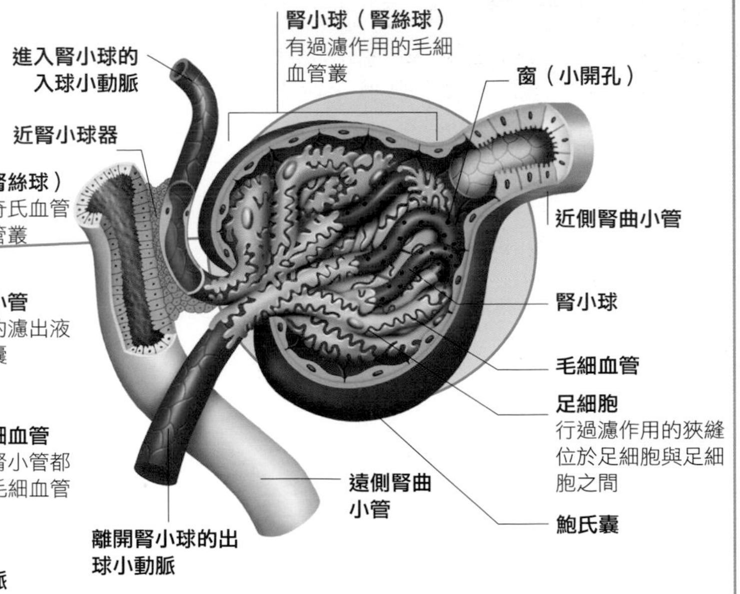

進入腎小球的入球小動脈

近腎小球器

腎小球（腎絲球）
有過濾作用的毛細血管叢

窗（小開孔）

近側腎曲小管

腎小球

毛細血管

足細胞
行過濾作用的狹縫位於足細胞與足細胞之間

鮑氏囊

遠側腎曲小管

離開腎小球的出球小動脈

腎元的結構

每個腎元都由兩條管子構成，一條運載血液（血管），而另一條用於製造尿液。兩者在腎皮質和腎髓質之間都有捲曲的節段。腎元血管的第一段是入球小血管，接著為稱作腎小球的毛細血管叢，之後為出球小動脈，再下去為圍小管毛細血管，最後一段為運走血液的靜脈。腎管始於鮑氏囊，下一段為伸入腎髓質，形成深U形的亨利氏環後，再回升到腎皮質的近側腎曲小管。回到腎皮質後，又再度捲曲形成遠側腎曲小管，最後連接上其中一支較大型的集尿管。遠側腎曲小管和入球小動脈之間有個近腎小球器。近腎小球器有助於調節進入腎小球的血流量，並還會製造一種稱為腎素（腎酵素）的激素，有調控血流量和尿液成分的作用。

尿液生產的調節作用

尿液的量、組成成分和濃度主要取決於兩種激素：抗利尿激素（或稱血管加壓素）和醛固酮。腦下腺釋出的抗利尿激素作用於腎臟時，會減低尿液量而增加尿液濃度。腎上腺釋出的醛固酮作用於腎臟時，會減少尿液中的鈉離子和水分，而在尿中增加鉀離子量。

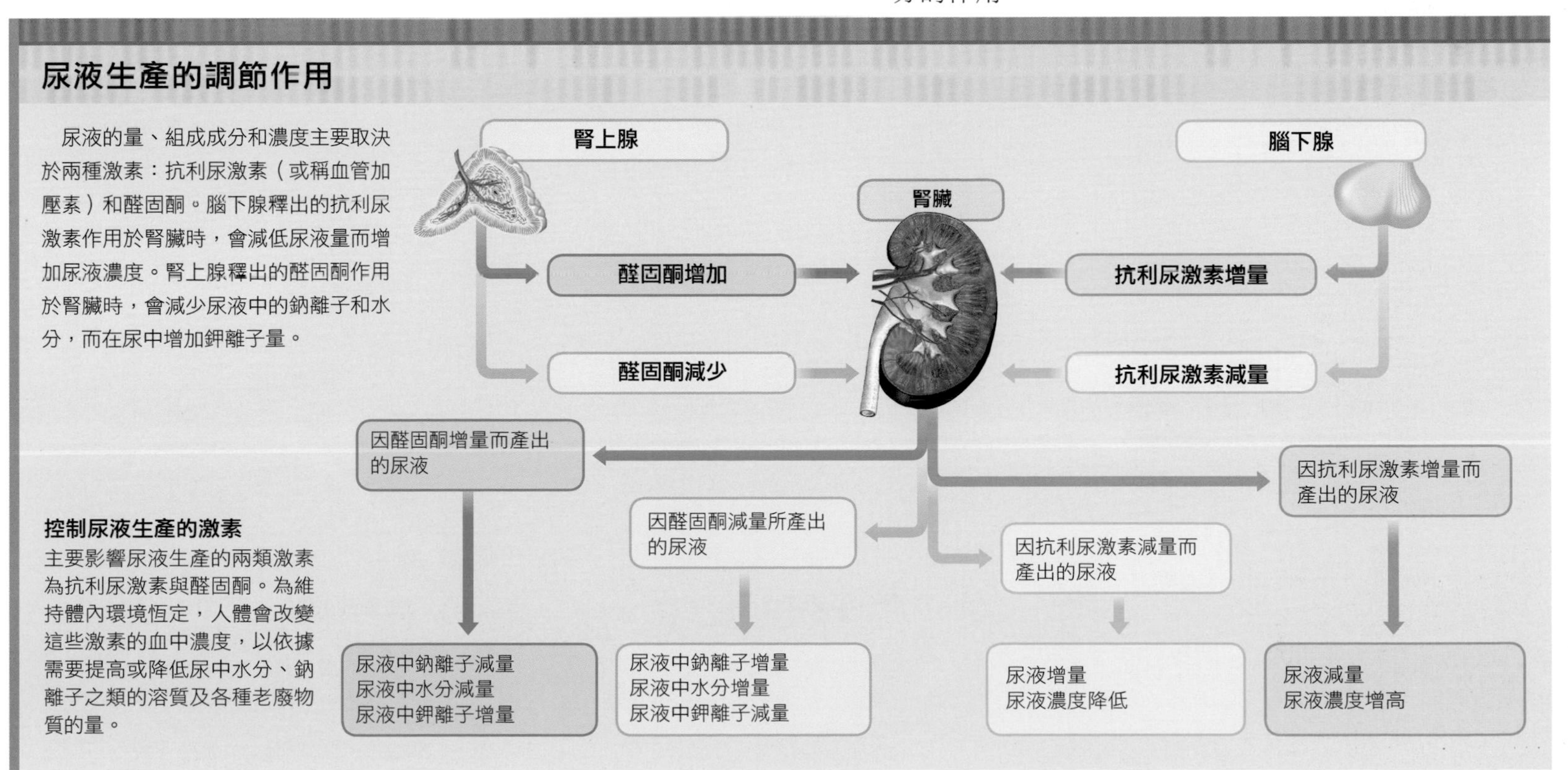

腎上腺
腦下腺
腎臟
醛固酮增加
抗利尿激素增量
醛固酮減少
抗利尿激素減量
因醛固酮增量而產出的尿液
因抗利尿激素增量而產出的尿液
因醛固酮減量所產出的尿液
因抗利尿激素減量而產出的尿液
尿液中鈉離子減量
尿液中水分減量
尿液中鉀離子增量
尿液中鈉離子增量
尿液中水分增量
尿液中鉀離子減量
尿液增量
尿液濃度降低
尿液減量
尿液濃度增高

控制尿液生產的激素
主要影響尿液生產的兩類激素為抗利尿激素與醛固酮。為維持體內環境恒定，人體會改變這些激素的血中濃度，以依據需要提高或降低尿中水分、鈉離子之類的溶質及各種老廢物質的量。

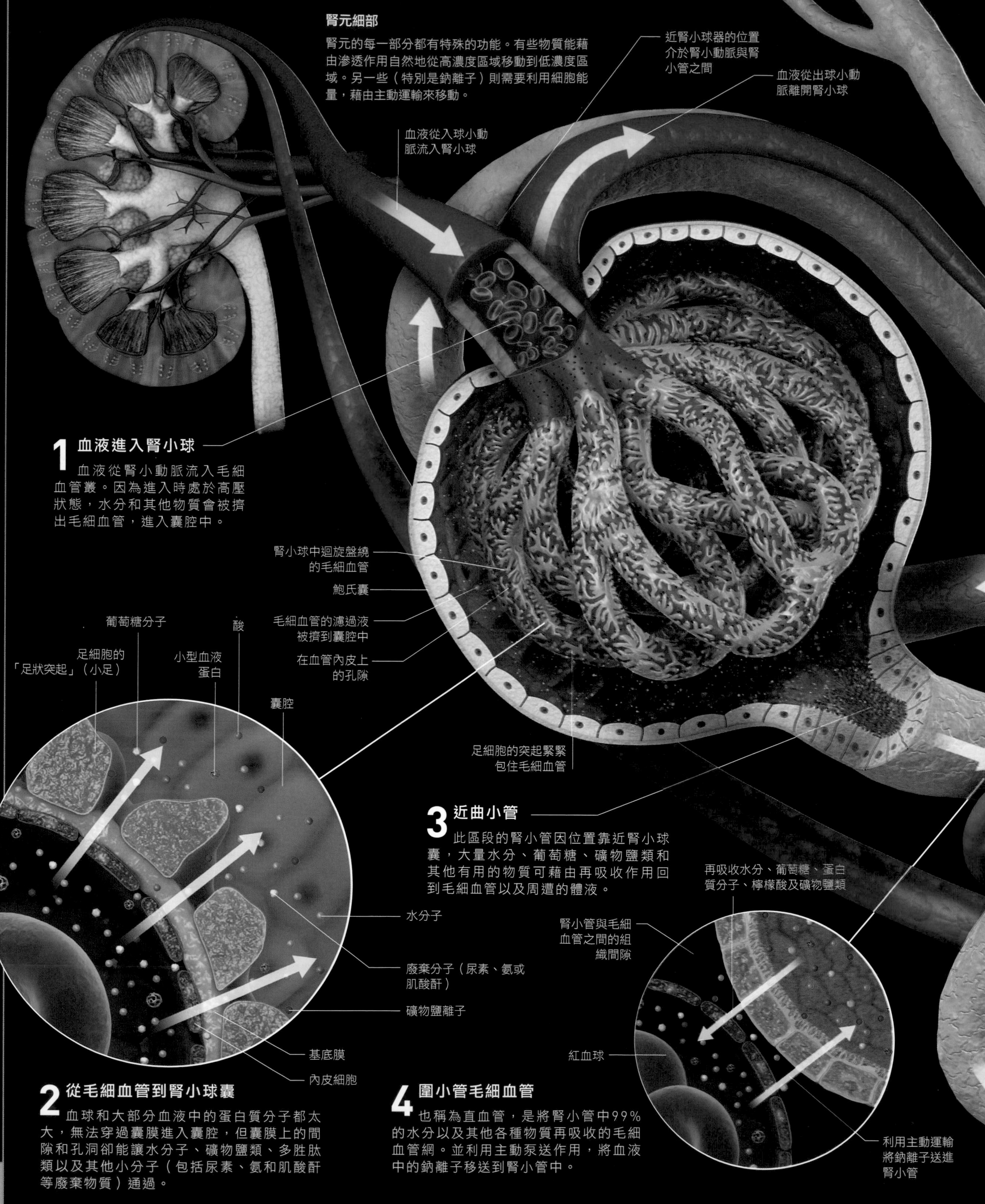
近腎小球器的位置
介於腎小動脈與腎
小管之間
血液從出球小動
脈離開腎小球
血液從入球小動
脈流入腎小球
腎小球中迴旋盤繞
的毛細血管
鮑氏囊
毛細血管的濾過液
被擠到囊腔中
在血管內皮上
的孔隙
葡萄糖分子
酸
足細胞的
「足狀突起」（小足）
小型血液
蛋白
囊腔
足細胞的突起緊緊
包住毛細血管
水分子
廢棄分子（尿素、氨或
肌酸酐）
礦物鹽離子
基底膜
內皮細胞
再吸收水分、葡萄糖、蛋白
質分子、檸檬酸及礦物鹽類
腎小管與毛細
血管之間的組
織間隙
紅血球
利用主動運輸
將鈉離子送進
腎小管

腎元細部

腎元的每一部分都有特殊的功能。有些物質能藉由滲透作用自然地從高濃度區域移動到低濃度區域。另一些（特別是鈉離子）則需要利用細胞能量，藉由主動運輸來移動。

1 血液進入腎小球

血液從腎小動脈流入毛細血管叢。因為進入時處於高壓狀態，水分和其他物質會被擠出毛細血管，進入囊腔中。

2 從毛細血管到腎小球囊

血球和大部分血液中的蛋白質分子都太大，無法穿過囊膜進入囊腔，但囊膜上的間隙和孔洞卻能讓水分子、礦物鹽類、多胜肽類以及其他小分子（包括尿素、氨和肌酸酐等廢棄物質）通過。

3 近曲小管

此區段的腎小管因位置靠近腎小球囊，大量水分、葡萄糖、礦物鹽類和其他有用的物質可藉由再吸收作用回到毛細血管以及周遭的體液。

4 圍小管毛細血管

也稱為直血管，是將腎小管中99%的水分以及其他各種物質再吸收的毛細血管網。並利用主動泵送作用，將血液中的鈉離子移送到腎小管中。

腎臟的過濾作用

腎臟含有許多腎元，腎元是複雜的網狀結構，由纏繞成團的毛細血管與曲折的導管所構成。腎臟無時無刻都有數十種物質在進出，作用在於排除老廢代謝產物以及微調尿液成分。

腎臟含有上百萬個整齊排列的腎元，而這些腎元也以相當有秩序的方式執行過濾功能。提供血液給腎小球的小動脈到了腎小球的被囊便開始蜿蜒而出，圍著腎小管形成毛細血管網。腎小管、毛細血管及周遭的流體會依據腎小管濾過液的成分及血液和流體中水分、礦物質等其他成分，在幾個不同的階段中進行物質交換。在匯合成集尿管之前，腎小管的其中一段會在近腎小球器（請參閱第215頁）這個部位重返腎小球被囊；近腎小球器為激素管控系統的一部分。

鮑氏囊內部

腎小管終端膨大如湯碗般的鮑氏囊呈杯狀托著腎小球的毛細血管團。血液中的物質要從毛細血管進入囊腔，必須先經過合稱為「囊膜」的多層構造。第一層是靠毛細血管管腔游離端的內皮細胞。第二層是形成毛細血管外層的基底膜。基底膜的表層又黏附著許多章魚狀足細胞的腳狀突起，這些突起稱為「足狀突起」；足狀突起之間的過濾間隙可讓水分子、葡萄糖、尿素和其他小分子通過。

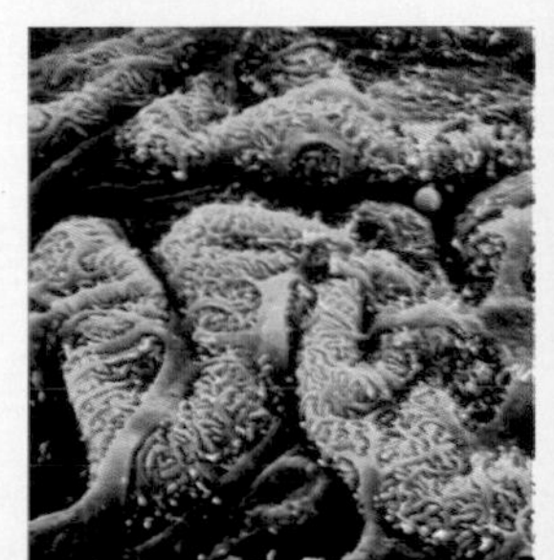

足細胞
足細胞的突起向外分支，終端形成細緻的小足。不同足細胞的小足會互相接觸，而小足也會與毛細血管的基底膜接觸。

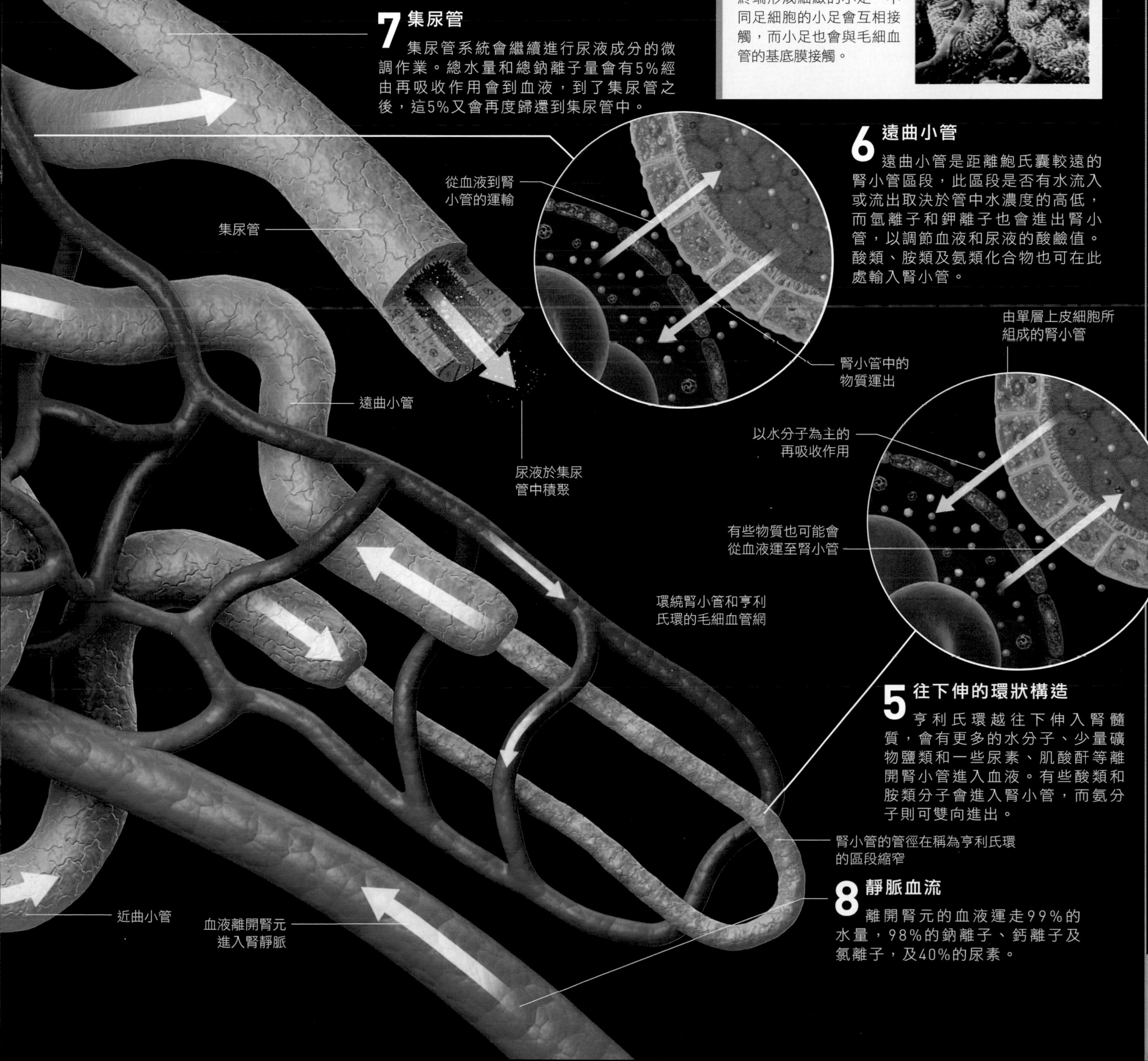

從血液到腎小管的運輸
集尿管
遠曲小管
尿液於集尿管中積聚
腎小管中的物質運出
由單層上皮細胞所組成的腎小管
以水分子為主的再吸收作用
有些物質也可能會從血液運至腎小管
環繞腎小管和亨利氏環的毛細血管網
腎小管的管徑在稱為亨利氏環的區段縮窄
近曲小管
血液離開腎元進入腎靜脈

7 集尿管
集尿管系統會繼續進行尿液成分的微調作業。總水量和總鈉離子量會有5%經由再吸收作用會到血液，到了集尿管之後，這5%又會再度歸還到集尿管中。

6 遠曲小管
遠曲小管是距離鮑氏囊較遠的腎小管區段，此區段是否有水流入或流出取決於管中水濃度的高低，而氫離子和鉀離子也會進出腎小管，以調節血液和尿液的酸鹼值。酸類、胺類及氨類化合物也可在此處輸入腎小管。

5 往下伸的環狀構造
亨利氏環越往下伸入腎髓質，會有更多的水分子、少量礦物鹽類和一些尿素、肌酸酐等離開腎小管進入血液。有些酸類和胺類分子會進入腎小管，而氨分子則可雙向進出。

8 靜脈血流
離開腎元的血液運走99%的水量，98%的鈉離子、鈣離子及氯離子，及40%的尿素。

泌尿系統異常疾病

泌尿道的某些部分特別容易受感染，進而引發膀胱炎之類的疾病。有些慢性腎臟疾病也是因罹患感染症而引發。現今，腎功能衰竭患者可利用滲析（透析）或移植等替代腎臟療法來醫治。然而一些常見的症狀（例如失禁）依然是難以解決的問題。

泌尿道感染

泌尿道中所有的器官都可能遭受感染的侵害；感染範圍通常都只侷限於單一區域，但也有可能會散播到整個泌尿系統。

泌尿道中，尿液為單向流動：從腎臟流經輸尿管到膀胱，再經尿道排出體外。排尿時，出自膀胱的流量又急又大，但在這之前，尿液會有很長一段時間滯留於膀胱中。感染源可由尿道進入人體，散播到膀胱，有時還會順著輸尿管往上感染腎臟。女性成人的尿道長度為4公分，男性的則有20公分長。女性因為尿道長度短，加上出口位置接近肛門（肛門周遭區域的細菌有可能因此而進入尿道），造成先天特別容易遭受尿道感染。所有尿路感染中，最常見的為膀胱炎（膀胱發炎）。主要的症狀為灼痛與頻繁產生想要排尿的感覺，但解尿時卻只有一點點尿液排出。

膀胱炎
此張偽色顯微照片所顯示的是受膀胱炎侵害的膀胱內壁，細菌（黃色桿狀物）在內壁的內面（藍色部分）大量繁殖，導致該區發炎。一縷縷的黏液（橘色部分）為膀胱內壁的分泌物，且因為內壁遭破壞，還有血液（紅血球）滲出，將尿液染成粉紅色。

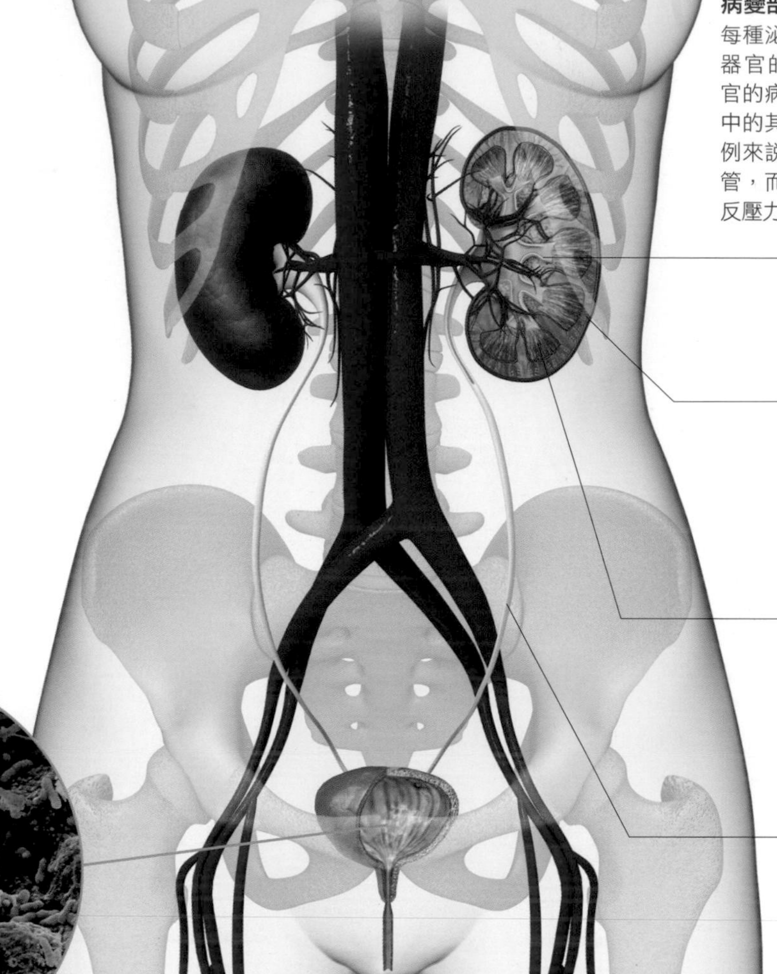

病變部位
每種泌尿系統的器官都可能遭受該器官的典型疾病侵害，而單一器官的病變還可能會對整個泌尿系統中的其他部位造成不利的影響。舉例來說：腎結石有可能會破壞輸尿管，而尿液流出的通道堵塞會造成反壓力，導致腎臟遭到破壞。

腎盂腎炎
腎臟中集尿系統的急性感染症

糖尿病性腎病變
腎臟中毛細血管改變，可導致腎功能衰竭；由長期糖尿病所引起

腎小球腎炎（腎絲球腎炎）
腎臟中負責過濾的功能單位（腎小球或腎絲球）發炎；通常為與自體免疫作用有關的逆流性腎病

反壓力
逼使尿液沿著輸尿管往上回流；引發之原因可為尿道受阻；兒童的輸尿管過於鬆弛也可能引發此疾病

失禁

尿失禁患者會容易漏尿，好發於女性、老年人與腦部或脊椎受傷者。

女性分娩後，骨盆底肌會變得較為無力，因而容易罹患尿失禁。失禁可分為幾種不同的類型。壓抑性失禁患者因為骨盆底肌無力，會在肢體用力時（比如跑步時）或在腹內壓上升時（好比咳嗽時）有少量尿液溢出。若罹患急迫性失禁，易受刺激的膀胱肌肉受觸發時，會導致膀胱收縮，將內部所有的尿液都排空，使患者產生急需解尿的感受。尿道堵塞或膀胱肌肉無力會造成充溢性失禁，導致尿液囤積，然後漏出。因罹患神經系統異常疾病（例如失智症）而使膀胱完全喪失功能則歸類為完全性失禁。

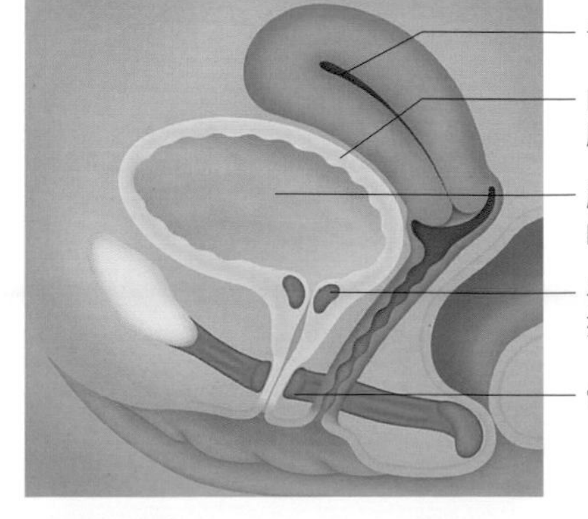
子宮
向外牽張的膀胱壁
膀胱中的尿液
收縮的括約肌
骨盆底肌

正常的膀胱
健康的膀胱充滿尿液時，會像氣球般膨脹。出口有括約肌和周圍的骨盆底肌維持緊閉狀態。膀胱壁上的牽張感測器會發送神經訊號到腦部，告知腦部有排空的需要。

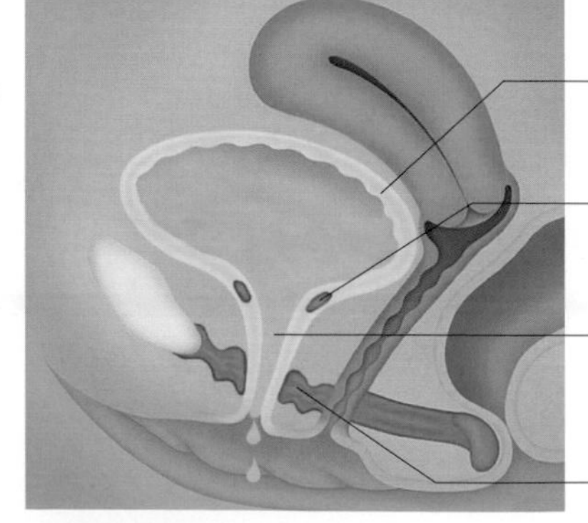
收縮的膀胱壁
放鬆的括約肌
尿道
無力的骨盆底肌

壓抑性失禁
要使膀胱排空，括約肌和骨盆底肌得放鬆，而膀胱的逼尿肌得收縮，逼使尿液往尿道流動。失禁患者的上述肌肉無力，使得尿液不受控制地漏出。

腎結石

尿液中的物質若是濃縮，可能會在腎臟中形成腎結石或腎石的結晶性沉積物。

腎結石是富含礦物質的固體物，因溶液中鈣鹽之類的化學物質量超過溶解度留滯而形成（沉澱作用）。腎結石的形成可費時好幾年，並長成各種形狀與大小。腎結石滯留在腎臟中時，不會造成太多問題，但會增加泌尿道感染的風險。

腎結石的檢測

先注入染劑，再拍攝X光（腎盂X光片），就能使腎結石現形。影像中清晰可見右腎結石的緻密材質（圖左橘色部分）。

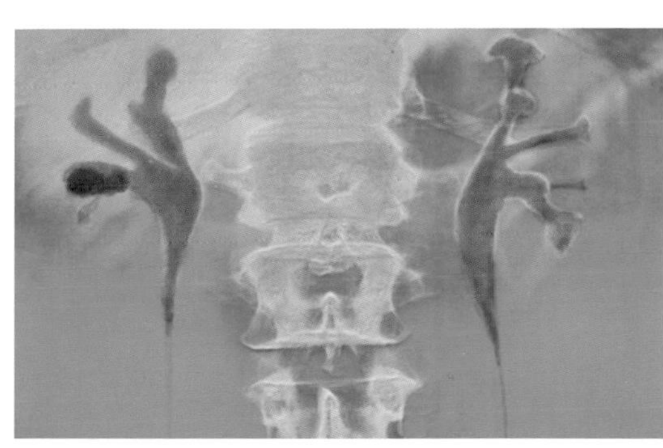

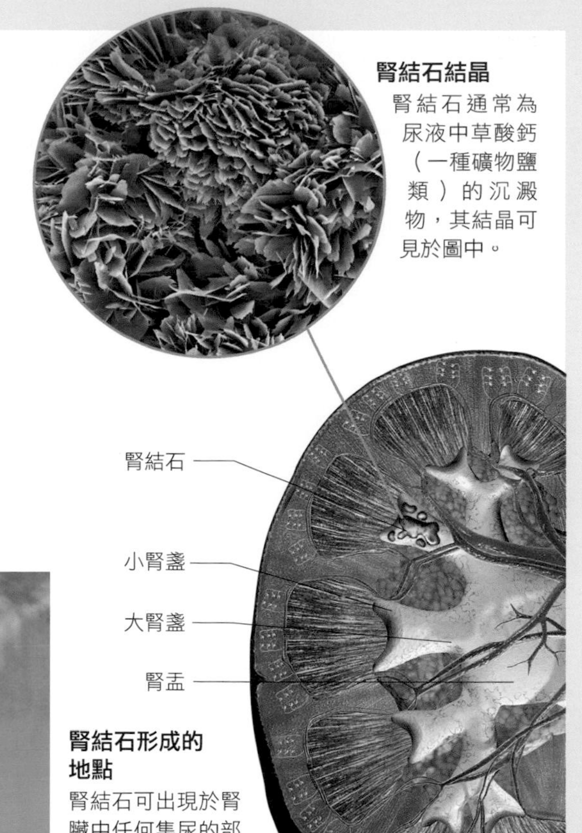

腎結石
小腎盞
大腎盞
腎盂

腎結石結晶

腎結石通常為尿液中草酸鈣（一種礦物鹽類）的沉澱物，其結晶可見於圖中。

腎結石形成的地點

腎結石可出現於腎臟中任何集尿的部位，比如腎盞或腎盂等。

膀胱腫瘤

多數膀胱的腫瘤一開始都是乳頭狀瘤，即長在表層的贅瘤，不予以醫治會癌化並擴散。

膀胱腫瘤較好發於吸煙者與男性。腫瘤變大時，會導致排尿困難、出現血尿，並增加泌尿道感染的風險。一旦腫瘤癌化，會擴散到鄰近器官（例如直腸），並跟著血液循環流到其他距離較遠的身體部位。

膀胱腫瘤

巨大的膀胱腫瘤（下圖白色部分）可能會堵住膀胱進入尿道的出口，導致完全性尿瀦留（蓄尿）；需要緊急就醫治療。

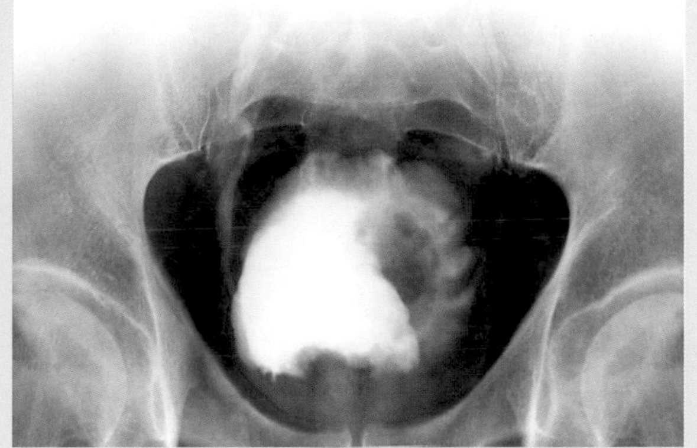

腎功能衰竭

腎臟再也無法執行其重要功能（即清除血液中廢棄物）時，稱為腎功能衰竭。

腎功能衰竭可分為數種不同的類型，可發生於單腎或雙腎。症狀的產生是由廢棄代謝產物的囤積所導致。突然病發的屬於急性腎功能衰竭，致病因可為失血、心臟病發作、中毒或腎臟感染等。症狀包括排尿量減少、困倦、頭痛、噁心及嘔吐。慢性腎功能衰竭的疾病進程緩慢。致病因可為多囊性腎病或長年高血壓。症狀包括頻尿、呼吸急促、皮膚刺激、噁心、嘔吐及肌肉牽搦（抽筋）與痛性痙攣等。腎功能衰竭到了末期，腎臟會完全喪失功能，必須以透析或腎臟移植醫治。

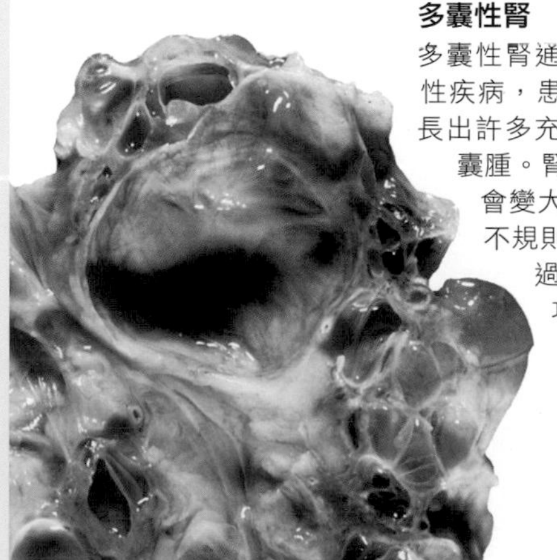

多囊性腎

多囊性腎通常為遺傳性疾病，患者腎臟會長出許多充滿流體的囊腫。腎臟的體積會變大，形狀變不規則，並喪失過濾血液的功能。

透析（洗腎）

滲析是為腎功能衰竭患者過濾血液的療法，俗稱洗腎。滲析有幾種不同的方式。將血液抽離身體進行治療者稱作血液透析和血液過濾。腹膜透析則於體內進行（請參閱右方說明）。進行血液透析時，會將體內的血液抽出，送入腎臟機器中過濾。過濾器中含有浸在透析液（一種溶液）中的半滲透膜，尿素和類似的廢棄代謝產物等小分子可穿出半滲透膜進入透析液，而蛋白質等有用的大分子則保留在血液中。濾過的血液回到體內後，即可拋棄剩下的透析液。整個流程費時3或4小時。

腹膜透析

以腹部的腹膜作為過濾器。使透析液流入腹膜腔後，過4至6小時再將之引流出。血液中的廢棄代謝產物會從腹膜腔的毛細血管流出，穿過腹膜進入透析液。

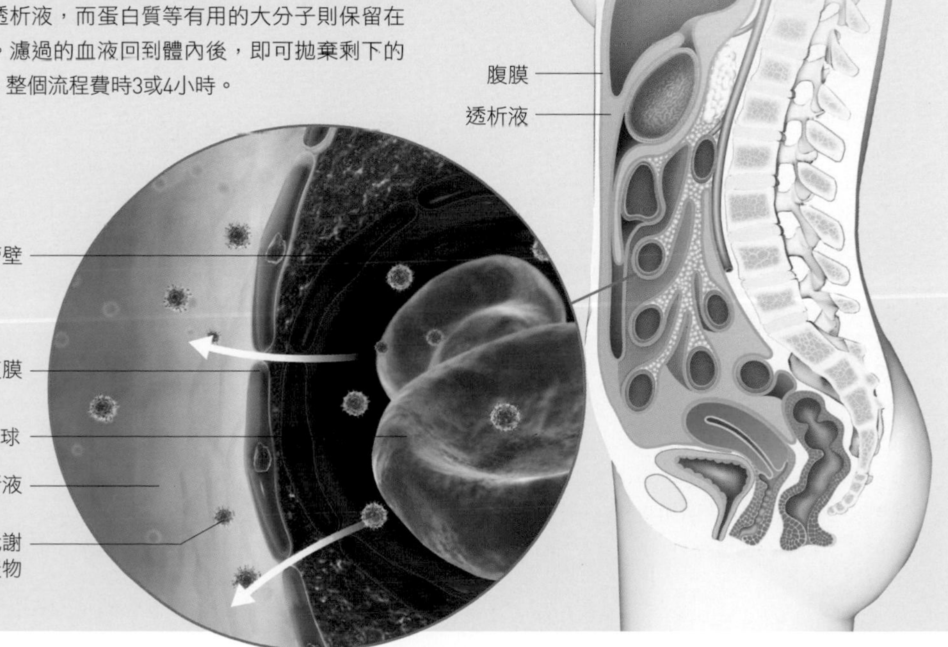

腹膜
透析液
毛細血管壁
腹膜
紅血球
透析液
廢棄代謝產物

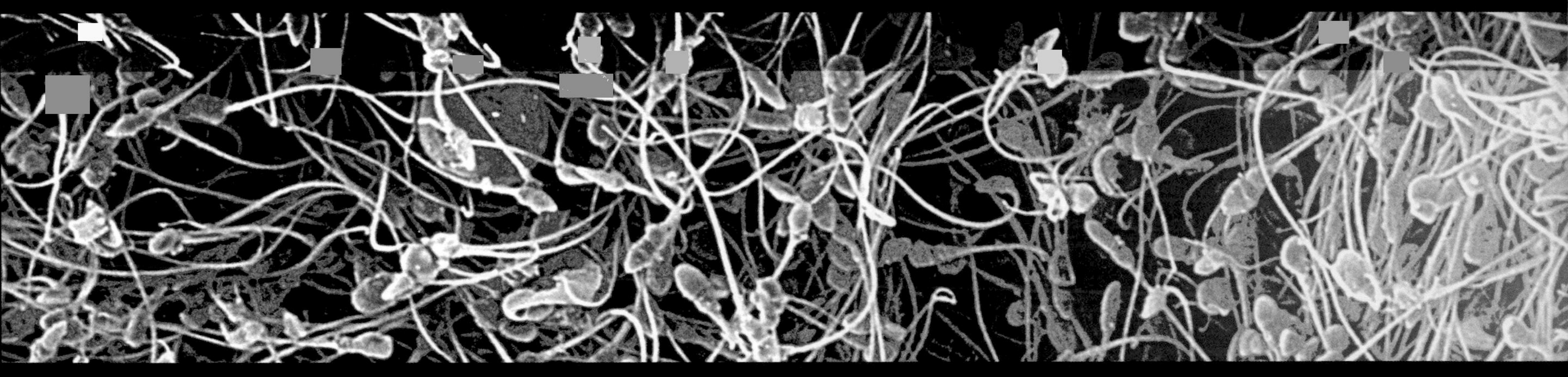

「

從生物學的角度來看，人體的首要功能是自我複製，性和養育本能是人類最基本的動力之一。然而，科學的進步卻拉遠了性行為和生殖的關係，人們因而能夠只有性行為，而不需生殖，也可以在沒有性行為的情況下生殖。這些發展與傳統文化的反差使得關於性和懷

生殖系統

男性生殖系統

主要人體系統中，男女兩性之間差異最大就在生殖系統，而且只有這個系統到青春期才開始運作。男性的生殖系統會製造稱為精子的生殖細胞（配子）。精子的製造可連續不斷，但會隨著年歲漸長而減量；女性則不然，女性卵的成熟有週期性，且會於更年期後停止。

生殖器官

男性的生殖器官包括陰莖、睪丸、若干儲存性和運輸性導管以及一些支援性構造。呈卵圓形的睪丸有兩顆，位於體外陰囊（一種皮膚囊）中，在這裡，睪丸能夠維持製造精子的最佳溫度（比體溫低攝氏3度左右）。睪丸是負責製造精子和睪固酮（一種激素）的腺體。睪丸會將精子送到副睪丸（一條彎曲迴旋的管道），進入最後的成熟階段。精子會儲存在副睪丸中，直到被分解、再吸收或射精為止；射精是精液從附屬腺體（請參閱對頁）通過輸精管強迫性噴出的動作。

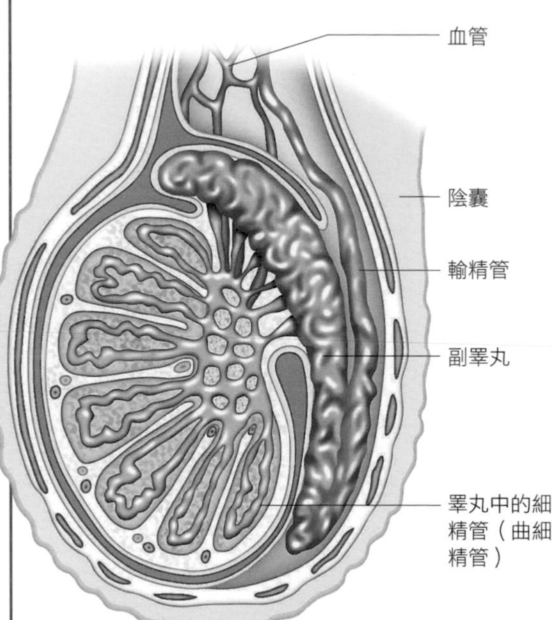
血管
陰囊
輸精管
副睪丸
睪丸中的細精管（曲細精管）

陰囊內部
陰囊內含兩顆睪丸，睪丸內的細精管（曲細精管）是製造精子的地方，副睪丸則是儲存精子的地方。副睪丸是一條長約6公尺的管道，緊緊地盤纏成一個全長僅4公分的小團塊。

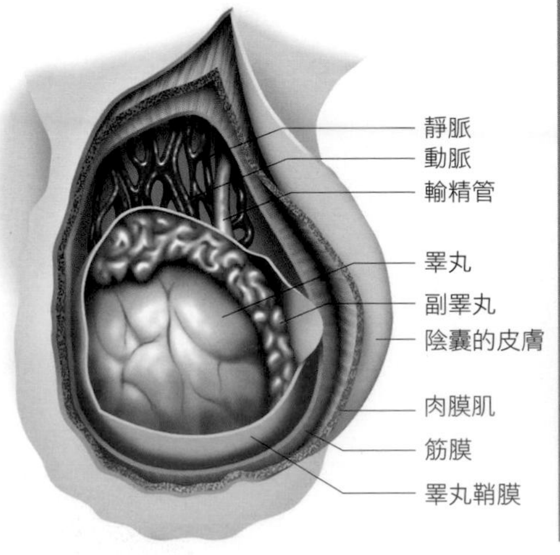
靜脈
動脈
輸精管
睪丸
副睪丸
陰囊的皮膚
肉膜肌
筋膜
睪丸鞘膜

陰囊的分層
睪丸外有一層薄薄的組織，稱為睪丸鞘膜；睪丸鞘膜外還有一層結締組織，稱為筋膜。天氣熱時，稱為肉膜的肌肉層會將睪丸降下遠離身體，以保持睪丸冷卻。天氣冷時，這個肌肉會收縮，將睪丸上提，讓他們不至於變得太冰。陰囊中，有精索將睪丸懸掛著，當中也有睪丸的動脈與靜脈、淋巴脈管、神經和輸送精子的輸精管。

精子移動的路徑

射精過程中，肌肉的收縮波會將來自副睪丸、含於流體中的精子沿著曲折的輸精管擠出。輸精管與來自於精囊的輸送管（其中一個男性的附屬腺體）匯合後，形成了射精管。左射精管和右射精管到了前列腺（另一個附屬腺體）中銜接上尿道。男性的尿道是一條雙功能的管道，解尿時運輸來自膀胱的尿液，射精時運輸來自睪丸的精子。不過，在射精時，膀胱底部的括約肌會因為尿道強大的壓力而閉合。

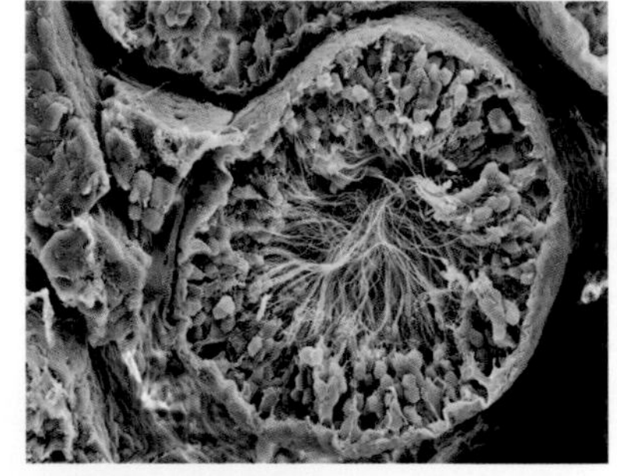
神經
陰莖背動脈
靜脈
動脈
陰莖海綿體
尿道海綿體
尿道

陰莖勃起
產生性慾時，大量動脈的血液會進入尿道海綿體和陰莖海綿體，使靜脈受壓迫。血液因此無法排出陰莖，使得陰莖變堅硬並豎起。

精子的製造

一顆睪丸中含有800餘條緊密盤纏摺疊的脈管團，稱為細精管（曲細精管）。細精管的內襯腔面上滿覆稱為精原細胞的原始精子，是長得像水滴的細胞。精原細胞變成較大的細胞時，稱為初級精母細胞，接著又變小，稱為次級精母細胞，並開始長出尾部，成為精細胞。精子會一邊發育，一邊緩步往細精管中央移動。精細胞最終會長成有長條尾巴的成熟精子。男性身體每秒鐘可製造出成千上萬個精子，這些精子約要兩個月才會成熟。

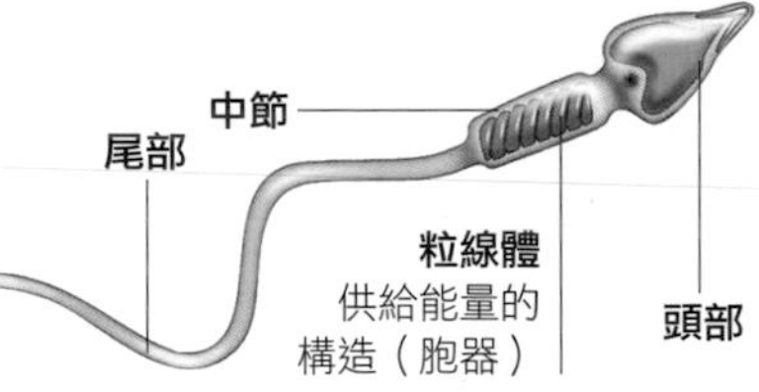

細精管（曲細精管）
精子一邊往細精管中央移動，一邊成形。這張橫切面中可見其長條尾部。

中節
尾部
粒線體
供給能量的構造（胞器）
頭部

精細胞
精子全長約0.05公釐，其尾部佔了絕大部分。精子的頭部只有0.006公釐長，大小與紅血球差不多。

精液

精液是加了流體的精子混合物，流體是由數種腺體（包括前列腺）所提供。前列腺分泌的流體會從微小的輸送管中流出，在精子從尿道射出時與精子混合在一起。最終的混合物量約為300到500毫升，而該流體中，2至5毫升為精子。

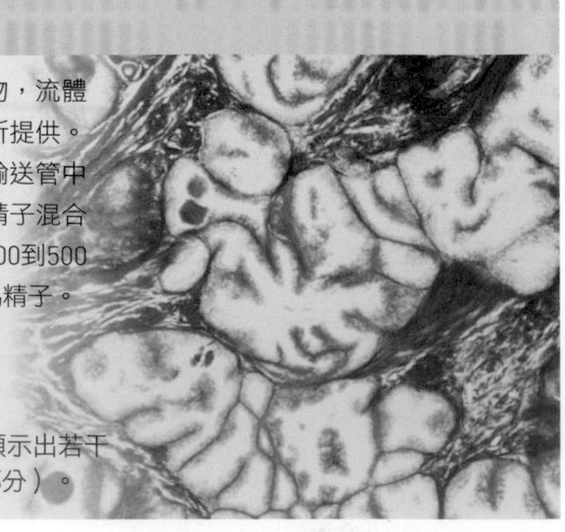

前列腺（攝護腺）
圖中前列腺組織的切面顯微觀顯示出若干分泌物的輸送管（橘色與白色部分）。

附屬腺體

精囊、前列腺和尿道球腺合稱為附屬腺體。這些腺體會在射精時收縮其肌肉鞘，將其分泌物加到精子中。來自精囊的流體約佔整體精液量的60%，當中還含有糖類（果糖）、維生素C及前列腺素。前列腺分泌物佔精液的30%左右，當中含有酵素、脂肪酸、膽固醇和鹽，有調整精液酸鹼平衡的作用。尿道球腺的分泌物佔精液的5%，且也能中和遺留在尿道中的微量酸性尿液。

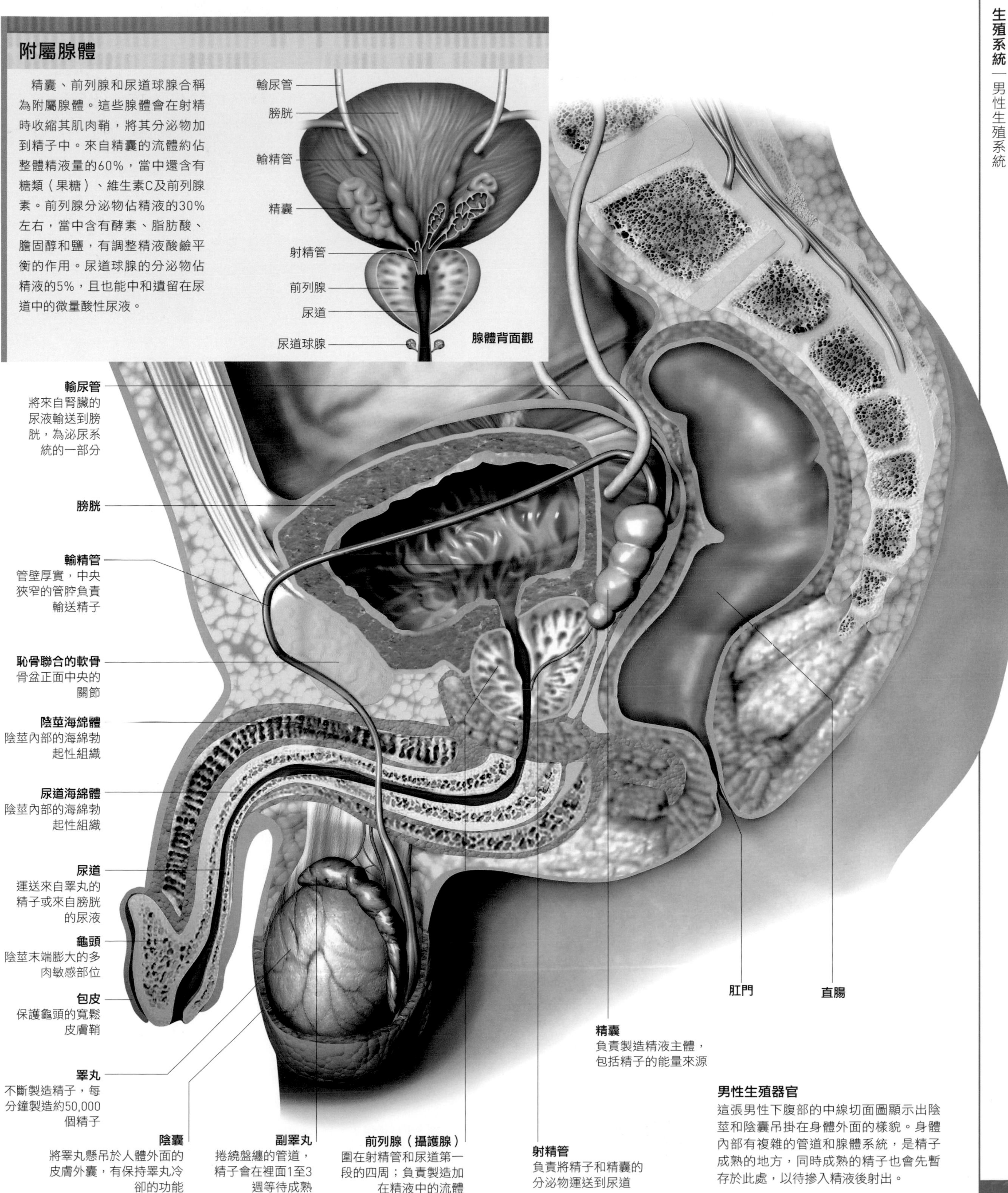
輸尿管
膀胱
輸精管
精囊
射精管
前列腺
尿道
尿道球腺
腺體背面觀
輸尿管
將來自腎臟的尿液輸送到膀胱，為泌尿系統的一部分
膀胱
輸精管
管壁厚實，中央狹窄的管腔負責輸送精子
恥骨聯合的軟骨
骨盆正面中央的關節
陰莖海綿體
陰莖內部的海綿勃起性組織
尿道海綿體
陰莖內部的海綿勃起性組織
尿道
運送來自睪丸的精子或來自膀胱的尿液
龜頭
陰莖末端膨大的多肉敏感部位
包皮
保護龜頭的寬鬆皮膚鞘
睪丸
不斷製造精子，每分鐘製造約50,000個精子
陰囊
將睪丸懸吊於人體外面的皮膚外囊，有保持睪丸冷卻的功能
副睪丸
捲繞盤纏的管道，精子會在裡面1至3週等待成熟
前列腺（攝護腺）
圍在射精管和尿道第一段的四周；負責製造加在精液中的流體
射精管
負責將精子和精囊的分泌物運送到尿道
精囊
負責製造精液主體，包括精子的能量來源
肛門
直腸

男性生殖器官

這張男性下腹部的中線切面圖顯示出陰莖和陰囊吊掛在身體外面的樣貌。身體內部有複雜的管道和腺體系統，是精子成熟的地方，同時成熟的精子也會先暫存於此處，以待摻入精液後射出。

女性生殖系統

與男性不同，女性的生殖系統全部都位於身體內部。其功能在於使卵在規律的間隔期成熟，另外一個功能則是在卵受精後，保護並滋養胚胎。女性出生之後，身體不會再製造卵，出生時具備的卵量即為一生所有的卵量。

排卵
這張上色的電子顯微鏡影像所顯示的是一顆正從濾泡排入腹腔的卵子（紅色部分）。卵子會在輸卵管末端的鬚鬚狀物（繖）引導下進入輸卵管。

生殖道

女性的生殖腺體（卵巢）位於腹部內。卵巢在進入青春期後成熟，並開始釋出女性的生殖細胞（配子），稱為卵細胞或卵子。約每個月會釋出一次卵子，是月經週期的一部分。成熟的卵子會沿著輸卵管移動，進入子宮，子宮是個肌肉構成的囊袋，卵子在這裡成長為胚胎。沒有受精的卵子和子宮內襯會從陰道離開身體。卵巢也具有製造雌激素（或動情激素，一種女性性激素）的功能。

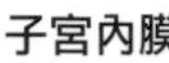

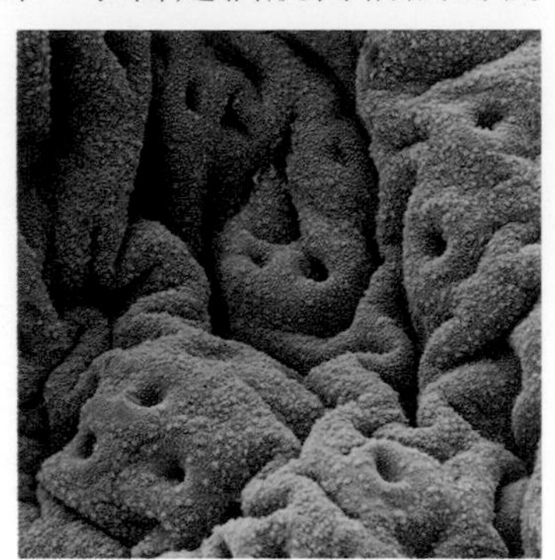

子宮內膜
電子顯微照片所顯示的是具有許多皺摺處、厚壁的子宮內膜（子宮的內襯腔面），含血量豐富，已做好迎接受精卵的準備。

乳房

女性和男性都有乳房，乳房中含有特化的汗腺，稱為乳腺。女性的乳腺比男性的乳腺大很多，而且也比較發達，負責在分娩後製造乳汁。兩個乳房各有15至20個含有複合式乳暈腺的小葉，小葉的形狀有如一長串葡萄。乳暈腺的細胞會分泌乳汁，再經由不斷合併的輸乳管流到乳頭。乳房也含有大範圍分布的淋巴脈管排流系統（請參閱第174頁）。

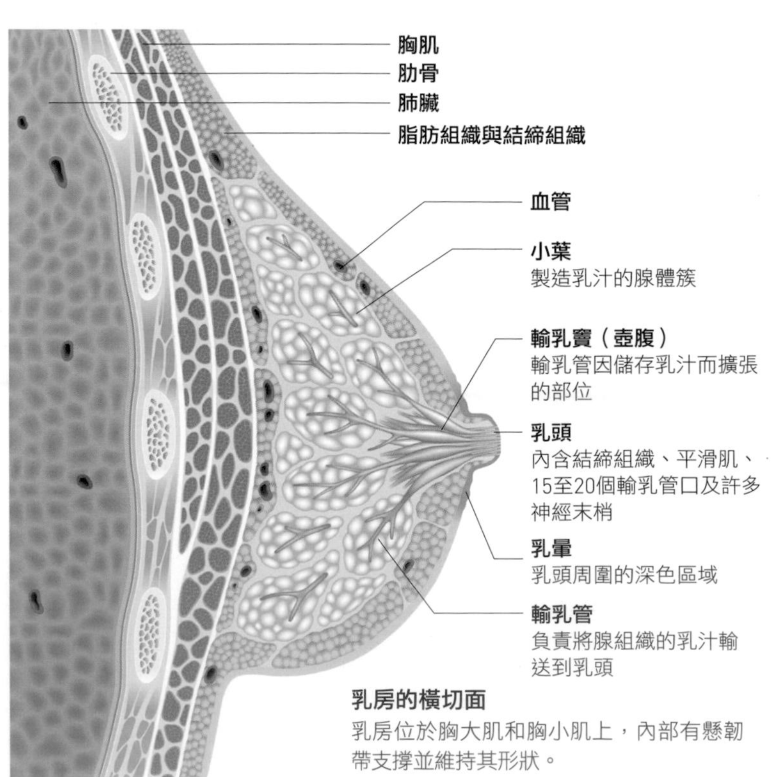
胸肌
肋骨
肺臟
脂肪組織與結締組織
血管
小葉
製造乳汁的腺體簇
輸乳竇（壺腹）
輸乳管因儲存乳汁而擴張的部位
乳頭
內含結締組織、平滑肌、15至20個輸乳管口及許多神經末梢
乳暈
乳頭周圍的深色區域
輸乳管
負責將腺組織的乳汁輸送到乳頭

乳房的橫切面
乳房位於胸大肌和胸小肌上，內部有懸韌帶支撐並維持其形狀。

排卵

卵巢中含有數以千計個未成熟的卵細胞。每次月經週期都會有一顆卵子在濾泡刺激素的影響下開始發育；此階段的發育地點位於初級濾泡。濾泡會隨著其內部細胞的增殖而膨大，並開始有越來越多的流體充入，變成次級濾泡，往卵巢表面移動。發育的同時也會增加雌激素（一種激素）的製造量。黃體生成素激增時，濾泡會破裂，釋出成熟的卵子：這就是排卵。空濾泡的內襯腔面增厚，變成黃體，成為一種暫時性的激素來源。

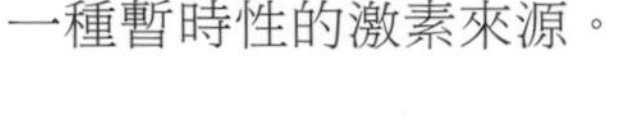

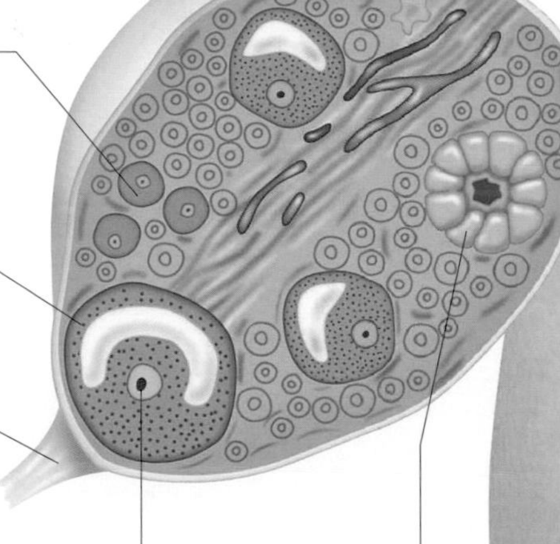
初級濾泡
為發育初期，內含初級卵母細胞（未成熟的卵子細胞）
次級濾泡
濾泡發育的成熟期，當中含有次級卵母細胞（成熟的卵子）
卵巢韌帶
穩固保持卵巢在腹部中的位置
卵細胞
黃體
空的濾泡，當中充滿製造激素的細胞

卵巢內部
圖中的卵巢含有未發育的卵子、處於濾泡中不同成熟階段的卵子以及形成黃體的空濾泡。圍繞在這些濾泡外的腺組織團稱為基質。

女陰

女性的外生殖器統稱為女陰。女陰位於陰阜下方；陰阜是覆蓋兩塊恥骨接合點（恥骨聯合）的脂肪組織。女陰最外層是片狀垂懸的大陰唇，其下則為褶皺狀的小陰唇。因為狀似嘴唇，兩者統稱「陰唇」。大陰唇中具有脂肪組織、結締組織、皮脂腺、平滑肌以及感覺神經末梢。從青春期開始，此部位裸露在外的表面會開始長出毛髮。女陰當中有陰道和尿道的開口。小陰唇的前端為陰蒂。陰蒂跟陰莖一樣相當敏感，且會在性慾激起時充血脹起。

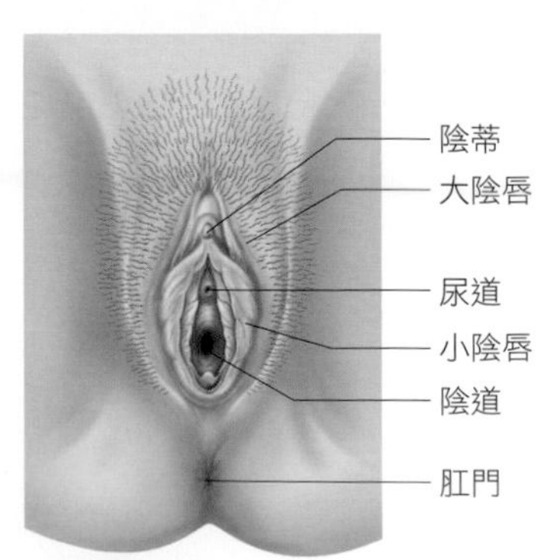
陰蒂
大陰唇
尿道
小陰唇
陰道
肛門

外生殖器
外生殖器有保護的功能，可防止感染源觸及尿道或陰道。

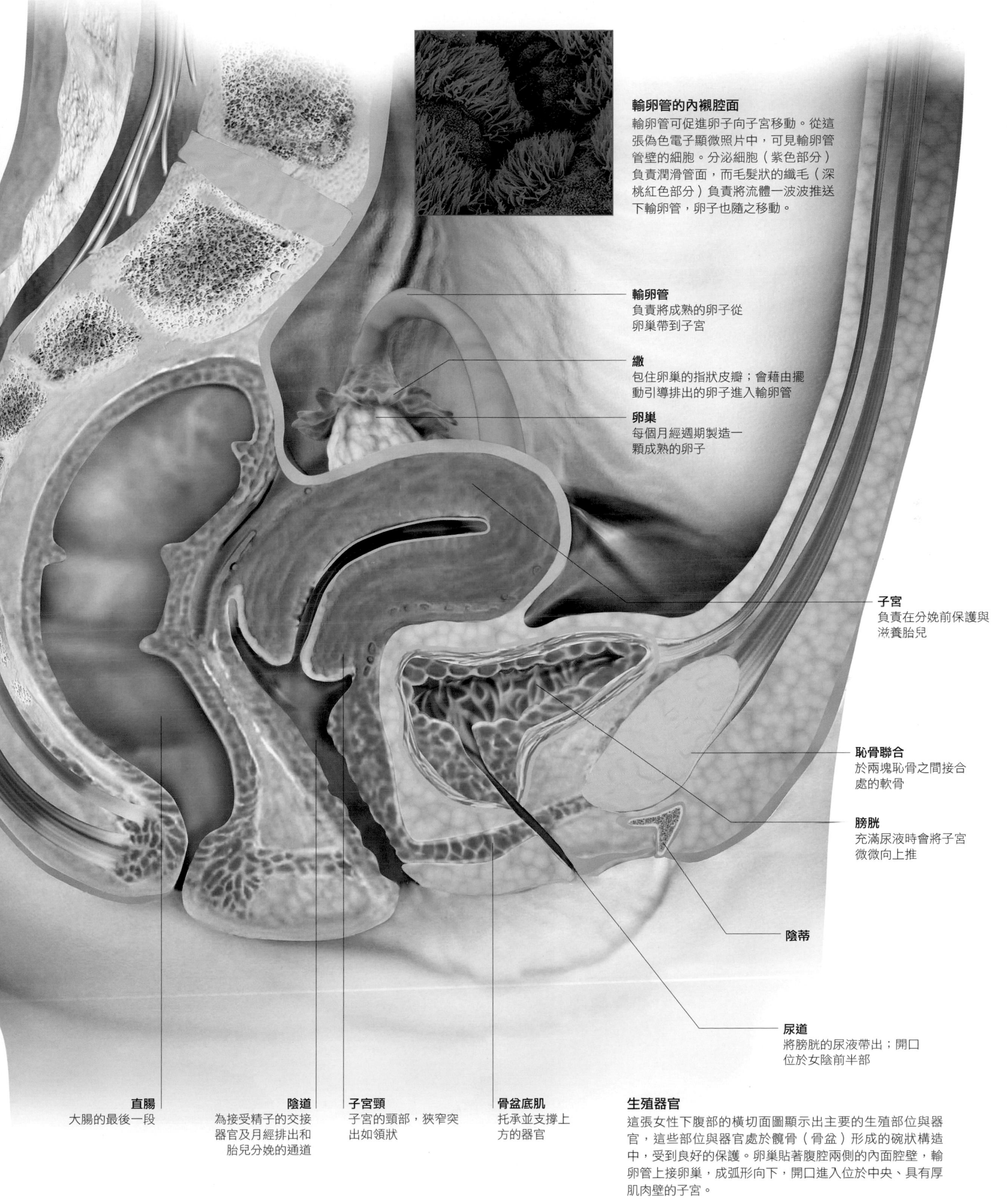
輸卵管的內襯腔面
輸卵管可促進卵子向子宮移動。從這張偽色電子顯微照片中，可見輸卵管管壁的細胞。分泌細胞（紫色部分）負責潤滑管面，而毛髮狀的纖毛（深桃紅色部分）負責將流體一波波推送下輸卵管，卵子也隨之移動。
輸卵管
負責將成熟的卵子從卵巢帶到子宮
繖
包住卵巢的指狀皮瓣；會藉由擺動引導排出的卵子進入輸卵管
卵巢
每個月經週期製造一顆成熟的卵子
子宮
負責在分娩前保護與滋養胎兒
恥骨聯合
於兩塊恥骨之間接合處的軟骨
膀胱
充滿尿液時會將子宮微微向上推
陰蒂
尿道
將膀胱的尿液帶出；開口位於女陰前半部
直腸
大腸的最後一段
陰道
為接受精子的交接器官及月經排出和胎兒分娩的通道
子宮頸
子宮的頸部，狹窄突出如領狀
骨盆底肌
托承並支撐上方的器官

生殖器官

這張女性下腹部的橫切面圖顯示出主要的生殖部位與器官，這些部位與器官處於髖骨（骨盆）形成的碗狀構造中，受到良好的保護。卵巢貼著腹腔兩側的內面腔壁，輸卵管上接卵巢，成弧形向下，開口進入位於中央、具有厚肌肉壁的子宮。

從受孕到胚胎形成

卵子和精子經由受精作用結合為一體後，胚體細胞會不斷分裂，並植入子宮內襯腔面，即胚體發育出自身支持系統（胎盤）的地方。

在子宮內前八週的發育階段稱為胚體期，受精卵在此階段會變成一個大小還未及拇指大的迷你人體。受精卵發育成不斷變大的一塊細胞團，稱為囊胚。囊胚中有些細胞會形成胎兒的身體，另一些則變成保護膜，或具有滋養胚體並清除廢棄代謝產物功能的胎盤。

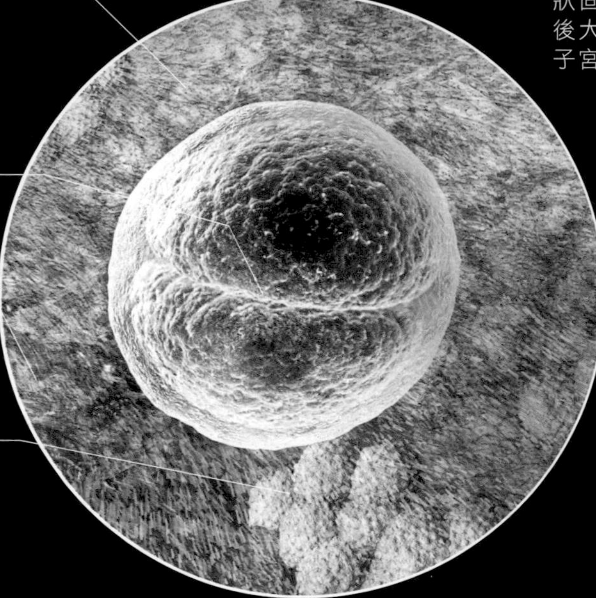

桑葚體
輸卵管的內襯腔面
纖毛

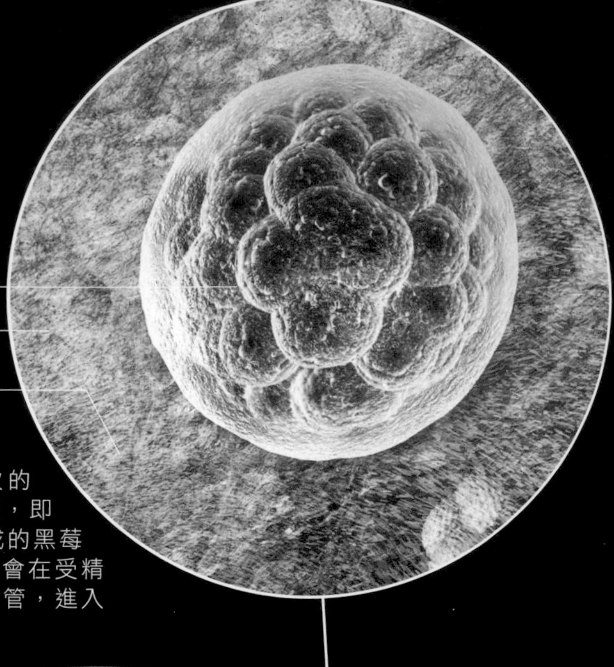

3 桑葚體

受精卵經過若干次的分裂後，會形成桑葚體，即由16至32個細胞所構成的黑莓狀固體細胞簇。桑葚體會在受精後大約3至4天離開輸卵管，進入子宮腔。

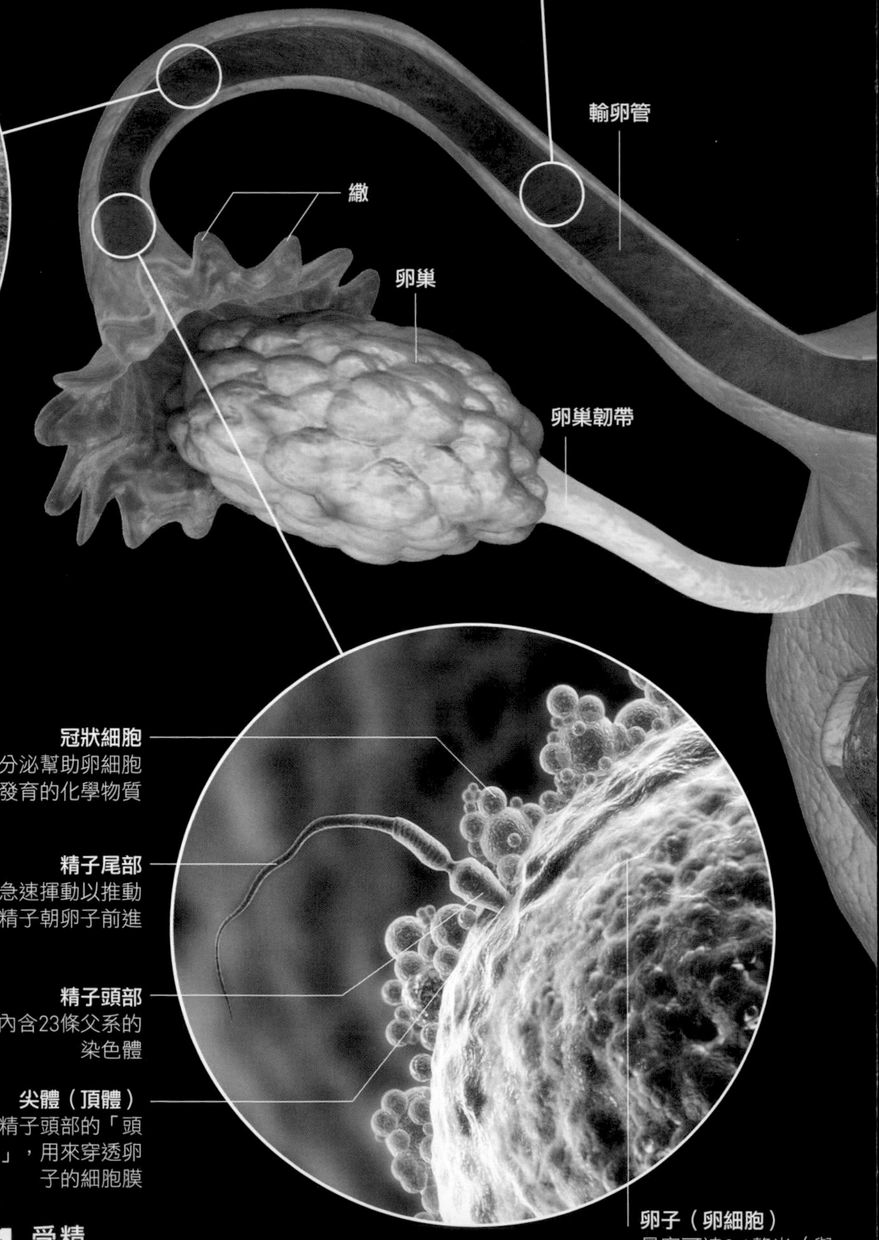

輸卵管
將接合子運送到子宮
第一次分裂
巨大的接合子劈裂成兩個細胞
纖毛
輸卵管內襯管面的超微毛髮，接合子會隨著纖毛的擺盪而移動
杯狀細胞
分泌的流體會填滿輸卵管
輸卵管
繖
卵巢
卵巢韌帶

2 受精卵

受精卵通過輸卵管向前行。在24至36小時之內分裂成兩個細胞，再12小時之後變成四個細胞，並以此類推繼續分裂下去。這個變化過程名為「分裂作用」。每個階段所產出的細胞都會變得越來越小，逐漸變成正常的人體細胞大小。

冠狀細胞
分泌幫助卵細胞發育的化學物質
精子尾部
急速揮動以推動精子朝卵子前進
精子頭部
內含23條父系的染色體
尖體（頂體）
精子頭部的「頭蓋」，用來穿透卵子的細胞膜
卵子（卵細胞）
最寬可達0.1釐米（與其他細胞相比算巨大）；內含23條母系的染色體

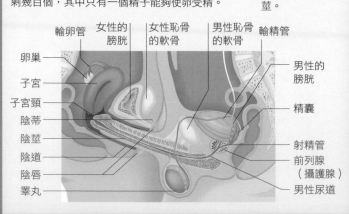

1 受精

受精位置在輸卵管，精子（或稱精蟲）的頭部會刺穿體型相對巨大許多的卵細胞（即成熟卵子）。如此合成的單一顆細胞即為含有23對染色體（請參閱第262頁）的受精卵（或稱接合子）。

性交

性交時會有超過三百萬個精子射入陰道。進入子宮頸的精子量較少，而到達輸卵管的更少，而且當中還有一半會進入錯的輸卵管（即沒有排卵的一邊）。進入對的輸卵管而到達卵子的精子只剩幾百個，其中只有一個精子能夠使卵受精。

交合
要穿入陰道，陰莖得先藉由充血而勃起。陰道會擴張以接納陰莖。

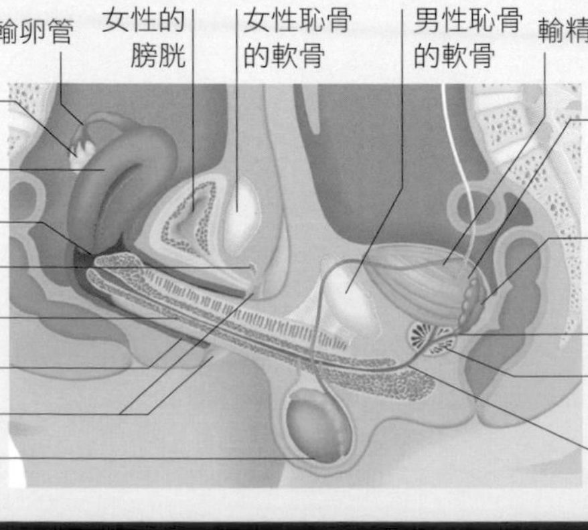

輸卵管
女性的膀胱
女性恥骨的軟骨
男性恥骨的軟骨
輸精管
卵巢
子宮
子宮頸
陰蒂
陰莖
陰道
陰唇
睪丸
男性的膀胱
精囊
射精管
前列腺（攝護腺）
男性尿道

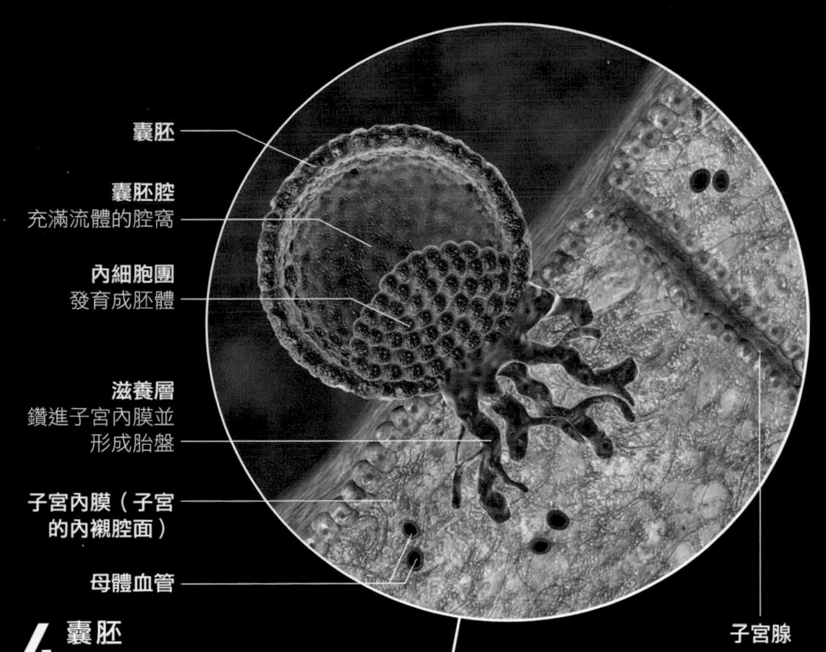
囊胚
囊胚腔
充滿流體的腔窩
內細胞團
發育成胚體
滋養層
鑽進子宮內膜並
形成胎盤
子宮內膜（子宮
的內襯腔面）
母體血管
子宮腺

4 囊胚

受精後第六天，細胞簇形成一個中空的腔窩，稱為囊胚。囊胚在子宮中漂浮了大約48小時之後，會著落在厚厚的子宮內膜上，著落點的子宮內膜會變軟，藉以輔助囊胚著床。位於內部的細胞群會發育成胚體。

生長中的胚體

發育中的細胞持續分裂。它們會移動形成群組，變成組織和器官；也會隨著細胞內染色體中基因的開關而特化成不同的細胞類型。胚胎發育時通常頭部朝下，最先成形的為腦與頭部，第二為身體，然後是小芽狀的手臂，最後為腿部。受精八週過後胚體時期結束時，所有主要器官和身體部位都已成形，從此開始稱之為胎兒。最上排示意圖為胚體實際大小。

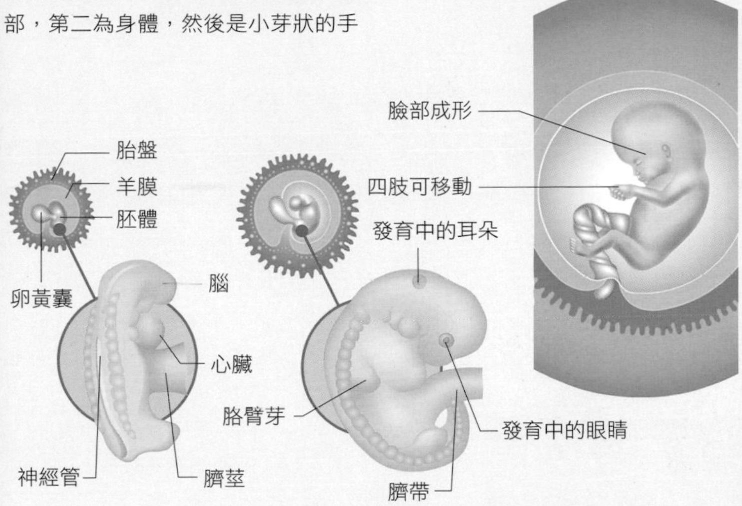
胎盤
羊膜
胚體
卵黃囊
腦
心臟
神經管
臍莖
四肢可移動
發育中的耳朵
胳臂芽
發育中的眼睛
臍帶
臉部成形

第三週
神經管成形。之後會發育成脊髓，膨大的一端為腦部。結構簡單的管狀心臟開始搏動。胚體長度為2至3釐米。

第四週
有四個房室的心臟跳動著，將血液送到結構簡單的血管中。可見腸道、肝臟、胰臟、肺臟和四肢芽體。胚體長度約4至5釐米。

第八週
到了這個階段，顏面和頸部都已成形，背部變直了，手指和腳趾也已清晰可辨。胚體開始移動。現在長度約達25至30釐米。

5 胚盤

胚盤在內細胞團中形成，從細胞簇中分隔出羊膜腔和卵黃囊；羊膜腔會繼續發育形成囊袋，這個囊袋將充滿流體，並對折包住胚體；而卵黃囊則在第二和第三週幫忙將養分運輸到胚體。胚盤會發育成圍成圓圈的板塊，稱為初級胚膜：外胚葉（外胚層）、中胚葉、內胚葉（內胚層）；所有人體構造都源自於這三個胚葉。

子宮肌層

子宮內膜（子宮的內襯腔面）

子宮頸

陰道

母體血液竇道
充滿母體血液的寬鬆囊狀空間

子宮內膜
富含血液的子宮內襯腔面

滋養層
鑽入並於子宮內襯腔面擴展而形成胎盤的胚胎細胞團

植床瘢痕

卵黃囊

胚盤

羊膜腔

內胚葉（內胚層）
形成消化道、呼吸道、泌尿生殖道、某些腺體（如甲狀腺和胸腺）的內襯腔面、肝臟和胰臟的輸送管以及內耳的內襯管面

外胚葉（外胚層）
發育成皮膚的表皮、頭髮、指甲、牙齒的琺瑯質、中樞神經系統、感覺器官的受器細胞及部分的眼睛、耳朵和鼻腔

中胚葉
形成皮膚的真皮、骨骼、肌肉、軟骨、結締組織、心臟、血球、血管、淋巴細胞、淋巴管、脾臟和其他腺體

胎兒的發育過程

從懷孕第八週到出生這段期間的發育中寶寶稱為胎兒。大部分的器官在之前的胚體發育階段都已成形，進入胎兒期之後，主要進行的為物理性生長、整體成熟以及小細節的添加（例如頭髮和指甲）。

胎兒的變化：第8至24週

妊娠期可細分為三個月為一小期的三月期，各期的時間都差不多長。第一個三月期包含了胚胎期和胎兒發育期的前四週。胚胎期的頭部和腦部生長迅速，而負責協調機能的神經束也在此期形成。胎兒生長的早期，這些神經束會開始調控主要人體系統的運作。第二個三月期剛開始時，顏面的外觀開始出現人樣，到了第二個三月期結束的時候，四肢明顯地變長，使得胎兒在比例上與嬰兒更加接近。

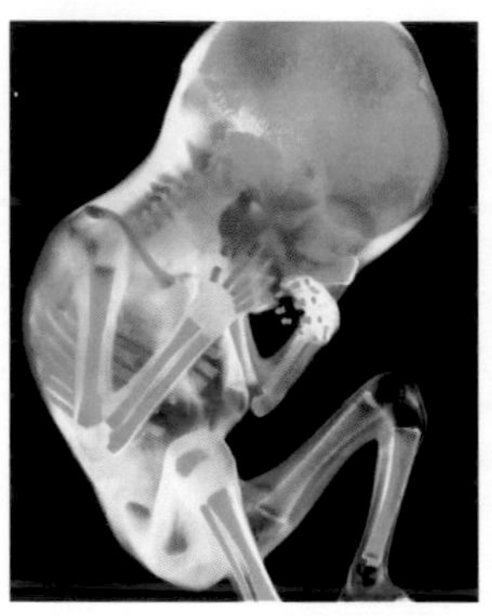

胎兒的骨骼
這張影像中16週大的胎兒，黃色部分為骨化的骨骼；長骨末端之間的間隙充滿了軟骨，為骨化骨骼發育的母質。

胎盤

胎盤（或稱胞衣）是還沒出生的寶寶賴以維生的系統，負責轉運母體的氧氣、供能性葡萄糖、重要的營養素以及其他必要物質。胎盤中，母體和胎兒的血液不會直接接觸，有構成最外層絨毛膜的多層細胞障壁將之分隔開來。然而，這個障壁卻薄得可讓胎盤陷窩中母體鬱血的氧分子、營養素和某些抗感染的抗體穿越，進入胎兒血液。通過臍帶中兩條臍動脈來到此處的胎兒血液含氧量低，也甚少營養素。補充了氧分子和營養素的血液會再由臍靜脈流回胎兒身上。胎盤的發育會在第16至18週時告終。分娩時，胎盤的重量平均400至600公克，直徑20至22公分，厚度2.5公分左右。

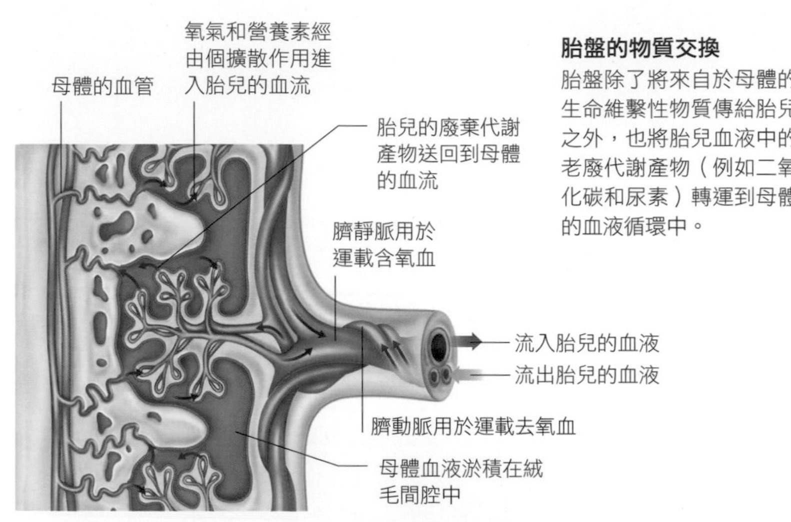
母體的血管
氧氣和營養素經由個擴散作用進入胎兒的血流
胎兒的廢棄代謝產物送回到母體的血流
臍靜脈用於運載含氧血
流入胎兒的血液
流出胎兒的血液
臍動脈用於運載去氧血
母體血液淤積在絨毛間腔中

胎盤的物質交換
胎盤除了將來自於母體的生命維繫性物質傳給胎兒之外，也將胎兒血液中的老廢代謝產物（例如二氧化碳和尿素）轉運到母體的血液循環中。

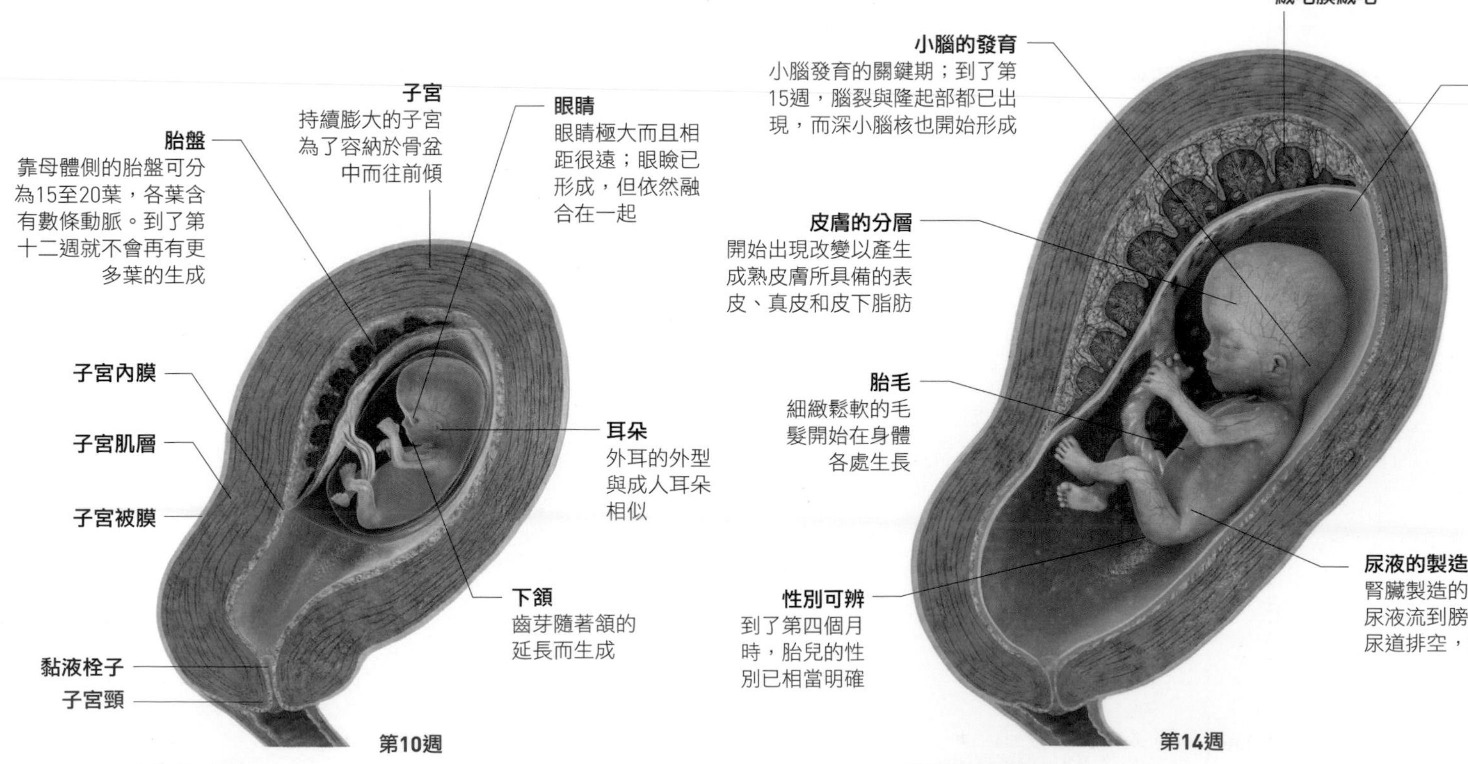
胎盤
靠母體側的胎盤可分為15至20葉，各葉含有數條動脈。到了第十二週就不會再有更多葉的生成
子宮
持續膨大的子宮為了容納於骨盆中而往前傾
眼睛
眼睛極大而且相距很遠；眼瞼已形成，但依然融合在一起
子宮內膜
子宮肌層
子宮被膜
耳朵
外耳的外型與成人耳朵相似
下頜
齒芽隨著頜的延長而生成
黏液栓子
子宮頸
第10週
絨毛膜絨毛
小腦的發育
小腦發育的關鍵期；到了第15週，腦裂與隆起部都已出現，而深小腦核也開始形成
羊水（羊膜液）
皮膚的分層
開始出現改變以產生成熟皮膚所具備的表皮、真皮和皮下脂肪
胎毛
細緻鬆軟的毛髮開始在身體各處生長
尿液的製造
腎臟製造的微量極稀釋尿液流到膀胱後，通過尿道排空，流入羊水中
性別可辨
到了第四個月時，胎兒的性別已相當明確
第14週

第8至10週
胎兒的冠臀長為5至6公分，心臟跳動速率為每分鐘170至180下。頭部的生長速度減緩。頸部長度增加，頭部由胸部舉起，腎臟於第10週即將結束時開始運作。

第11至14週
胎兒的冠臀長12公分，重100公克，心跳強度增加，而速率減低到每分鐘150至160下。每分鐘有多達25萬個新的腦細胞形成。

妊娠期間母體的變化

母體從受孕開始會出現改變，讓子宮做好懷孕的準備，並為未來發育中寶寶的需求做出調適。懷孕的典型早期跡象為月經未來潮；觸痛、乳房膨大；噁心，並可能伴隨嘔吐（亦稱「孕吐」）；有些孕婦也會開始嗜吃特定的食物。通常在第一個三月期即將結束時會出現明顯的腹部隆起。隨著妊娠的進程，持續長大的胎兒會對腸道、膀胱及肺臟造成壓迫，導致腹部不適、頻尿及呼吸短促等症狀。乳房會繼續脹大，最終會在妊娠期將結束時生產初乳。

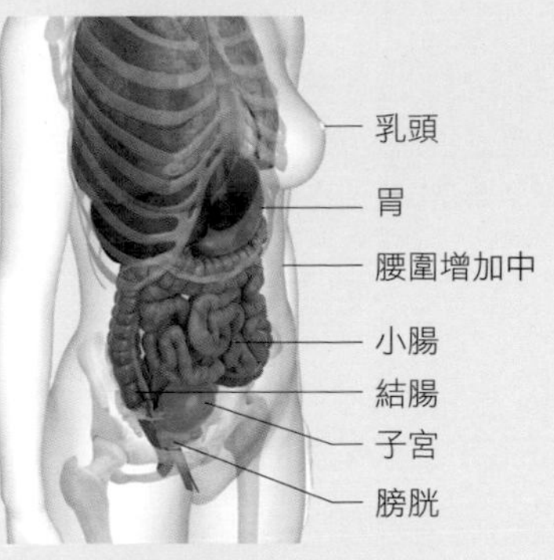
乳頭
胃
腰圍增加中
小腸
結腸
子宮
膀胱

第一個三月期（第1至10週）
不斷變大的子宮所產生的壓力一開始較為溫和，但會導致背痛和便秘等症狀。母體的血液循環、呼吸速率和代謝速度都加快，會感覺很熱。

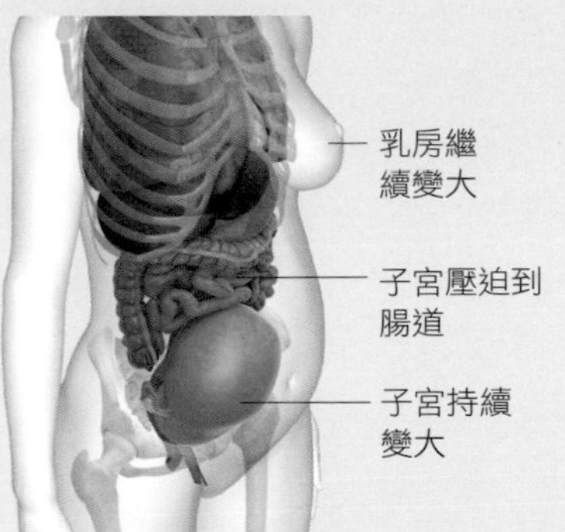
乳房繼續變大
子宮壓迫到腸道
子宮持續變大

第二個三月期（第11至24週）
噁心和疲勞等症狀往往會在第二個三月期開始時消失。母體的心跳速率會加快、心臟搏動力道增強、輸血量也會增加，以應對胎兒的營養需求。

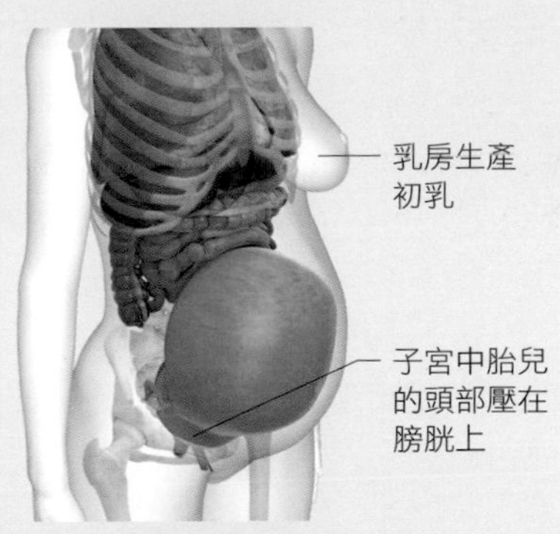
乳房生產初乳
子宮中胎兒的頭部壓在膀胱上

第三個三月期（第25至38週）
體重的增加可能會導致背痛。將滿足月時，骨盆中胎兒的頭部會往下移（進入產位），減低對母體肺臟造成的壓迫，但卻使母體膀胱承受更大的壓力。

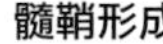

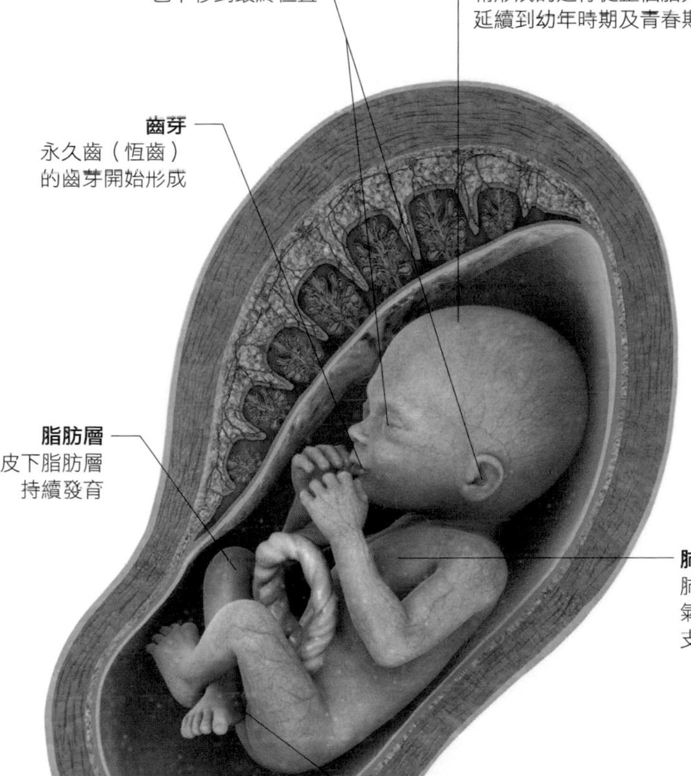
髓鞘形成
較大的神經纖維外圍形成脂肪性外罩（髓鞘），加快傳導速度，並在動作的協調機能方面發揮重要的作用；髓鞘形成的進行從整個胎兒期延續到幼年時期及青春期
眼睛和耳朵
已下移到最終位置
齒芽
永久齒（恆齒）的齒芽開始形成
脂肪層
皮下脂肪層持續發育
肺臟
肺臟的細支氣管（離氣管最遠的氣道分支）正在形成
卵子與精子
到了第19週，女性胎兒的卵巢中會含有六百萬顆卵子；另一方面，男性胎兒一直要到青春期時才會開始製造精子
第19週

第15至19週
胎兒的冠臀長25公分，體重350公克。此時，母親通常可感到胎兒的移動，稱為「胎動初覺」。

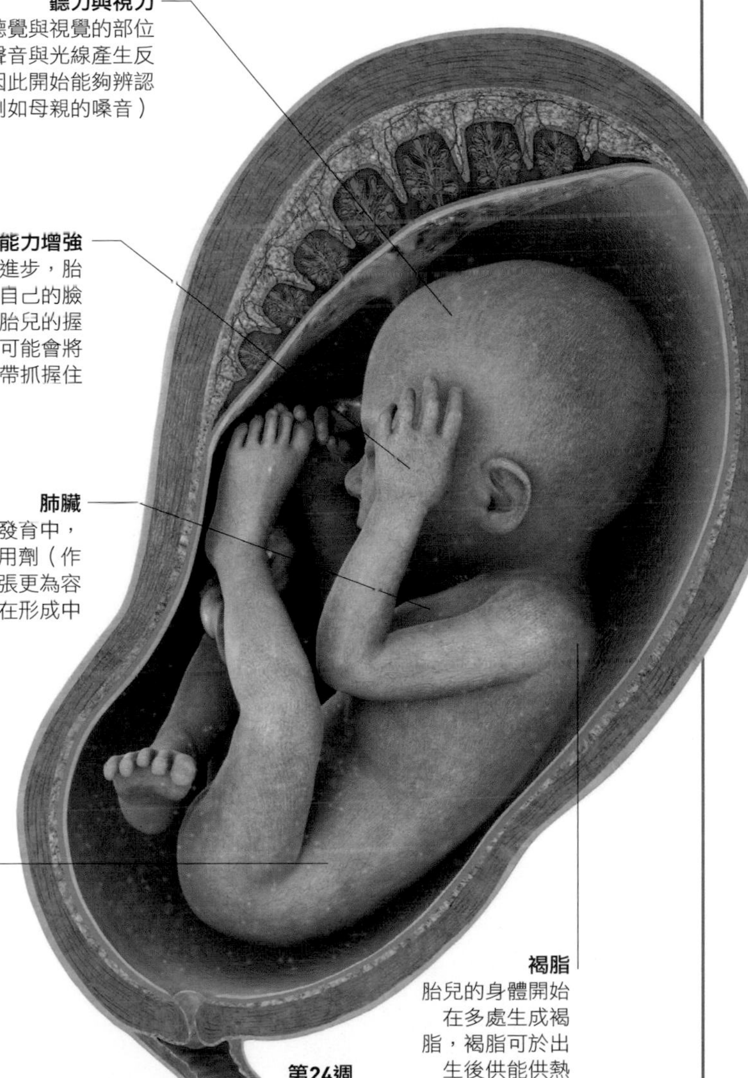
聽力與視力
腦中處理聽覺與視覺的部位會開始對聲音與光線產生反應。胎兒因此開始能夠辨認聲音（例如母親的嗓音）
協調能力增強
隨著手部協調機能的進步，胎兒會花很多時間觸碰自己的臉部，並吸吮大拇指。胎兒的握持反射已發育完成，可能會將臍帶抓握住
肺臟
肺臟的氣囊正在發育中，而將構成表面作用劑（作用在於使肺臟擴張更為容易）的細胞也在形成中
排放激素
腎上腺排放類固醇激素，為胎兒即將於出生時及出生後面臨的壓力做好準備
褐脂
胎兒的身體開始在多處生成褐脂，褐脂可於出生後供能供熱
第24週

第20至24週
胎兒的冠臀長35公分，體重750公克。體重的增加部分源於開始在肩胛骨皮下脂肪中積聚的褐脂。

胎兒的變化：第25至38週

前兩個三月期，完成了複雜的人體系統建構過程，進入第三個三月期時，主要進行的是進一步的生長。早在第25週時，眉毛和睫毛等細節都已明顯可見。幾乎所有的人體器官都很快就開始運作。然而，因為沒有空氣可呼吸，肺臟仍呈現萎陷狀態。在妊娠最後六週期間，肺臟會製造出越來越多的表面作用劑，這種物質有助肺臟在出生後擴大並並充滿空氣。到了最後的10週，胎兒體重會增加一倍，滿足月時平均體重達5.4公斤，體重的增加主要源於皮下脂肪的堆積。

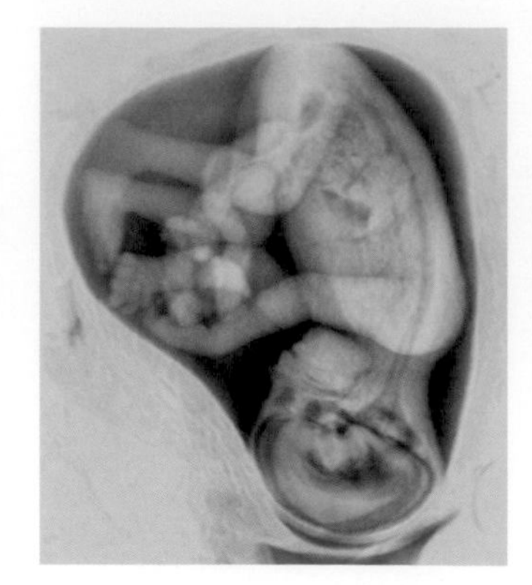

神經系統的發育

腦於早期的生長迅速，但表面平坦。到了第25週，開始出現熟悉的腦迴（膨出部位）和腦溝（凹下部位），可見於此張立體磁振造影掃描片中。葉梗狀的脊髓（於此張偽色影像中顯示為褐色）實際上是腦的延伸物；兩者共同構成中樞神經系統。

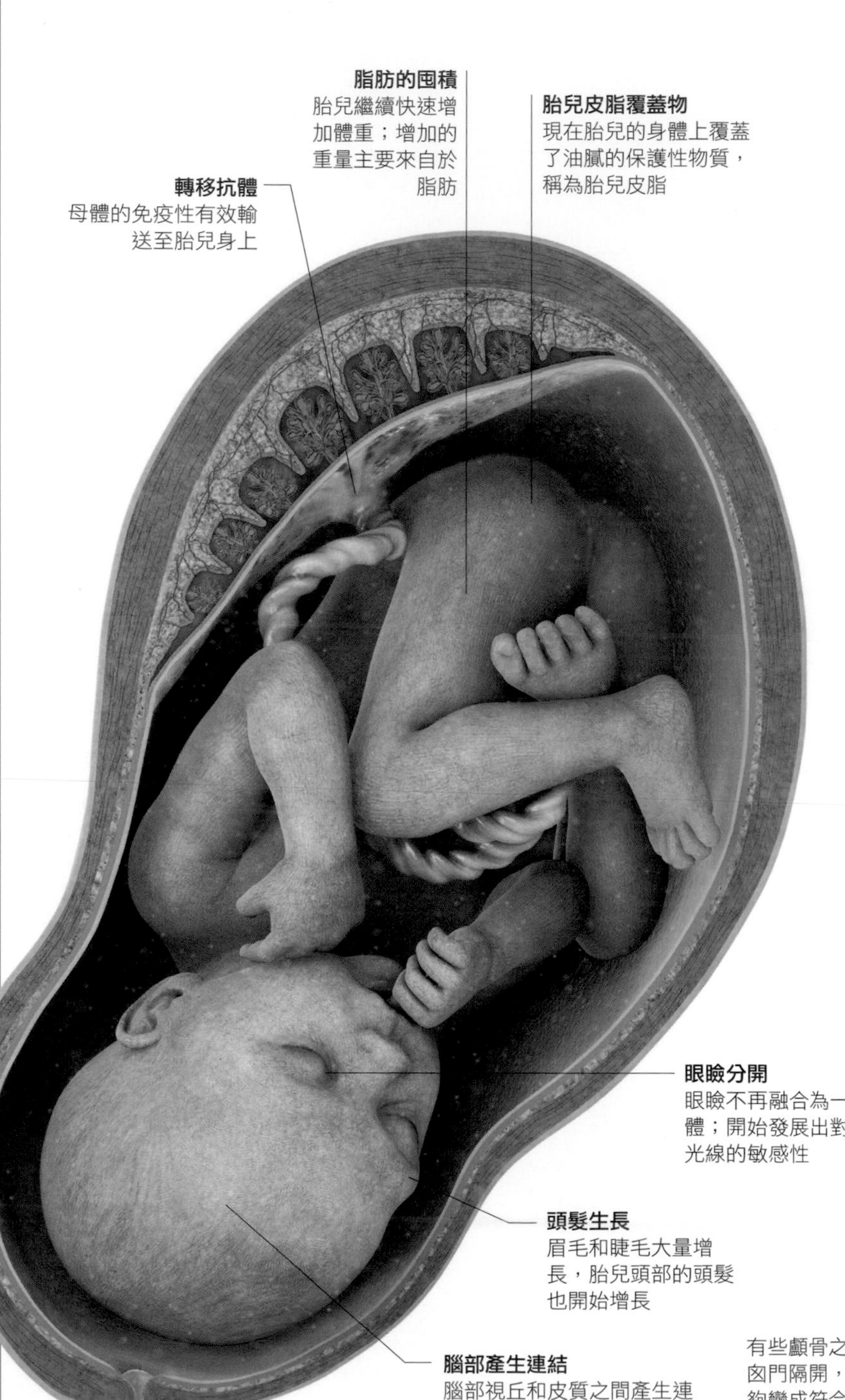

脂肪的囤積
胎兒繼續快速增加體重；增加的重量主要來自於脂肪
胎兒皮脂覆蓋物
現在胎兒的身體上覆蓋了油膩的保護性物質，稱為胎兒皮脂
轉移抗體
母體的免疫性有效輸送至胎兒身上
眼瞼分開
眼瞼不再融合為一體；開始發展出對光線的敏感性
頭髮生長
眉毛和睫毛大量增長，胎兒頭部的頭髮也開始增長
腦部產生連結
腦部視丘和皮質之間產生連結，這意味著胎兒對於感覺和動作有越來越強的意識感
第28週

第25至28週

胎兒依然很小，能夠在子宮內頗為自由地移動。胎兒也有規律的睡眠與清醒週期，有一半的時間都睡眠。

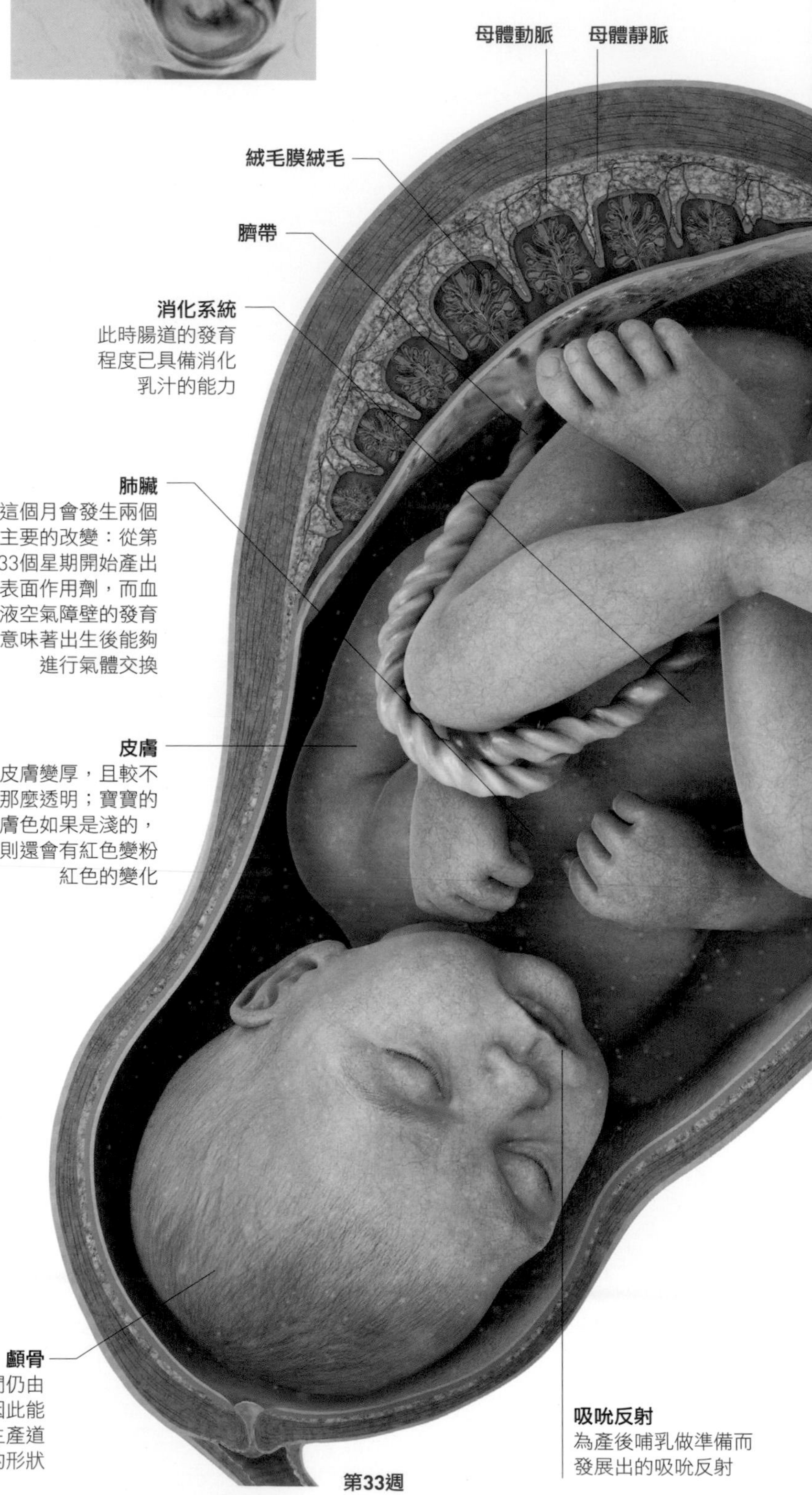

母體動脈
母體靜脈
絨毛膜絨毛
臍帶
消化系統
此時腸道的發育程度已具備消化乳汁的能力
肺臟
這個月會發生兩個主要的改變：從第33個星期開始產出表面作用劑，而血液空氣障壁的發育意味著出生後能夠進行氣體交換
皮膚
皮膚變厚，且較不那麼透明；寶寶的膚色如果是淺的，則還會有紅色變粉紅色的變化
顱骨
有些顱骨之間仍由囟門隔開，因此能夠變成符合生產道的形狀
吸吮反射
為產後哺乳做準備而發展出的吸吮反射
第33週

第29至33週

此時胎兒的冠臀長為45公分，重量約2.4公斤。胎兒會繼續吞下少量的羊水，由自身腎臟過濾後，再排泄回羊水中。

比例的改變

第一個三月期是神經系統發育的關鍵期。因此，腦部和頭部會快速成長，以致於頭部佔了整個胎兒體全長的一半。到了妊娠期的第五個月，胎兒的軀幹和四肢進入快速生長期，使得胎兒的頭部之於身體的大小比例逐漸趨近成人。從這時開始到出生的這段時間，相對於胎兒身體大量的成長，胎兒的頭部不再明顯成長了。

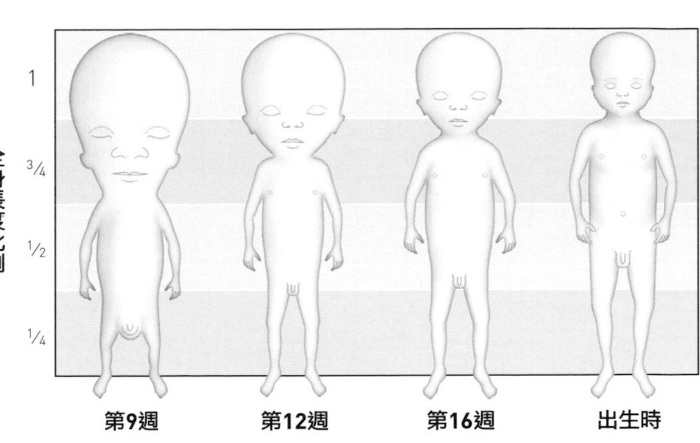
全身長度比例
1
3/4
1/2
1/4
第9週
第12週
第16週
出生時

生長速率的改變
胎兒的頭部在第一個三月期間的生長速度比身體的快。之後頭部的相對生長速度減緩，使得胎兒的頭身比例與成人越趨接近。

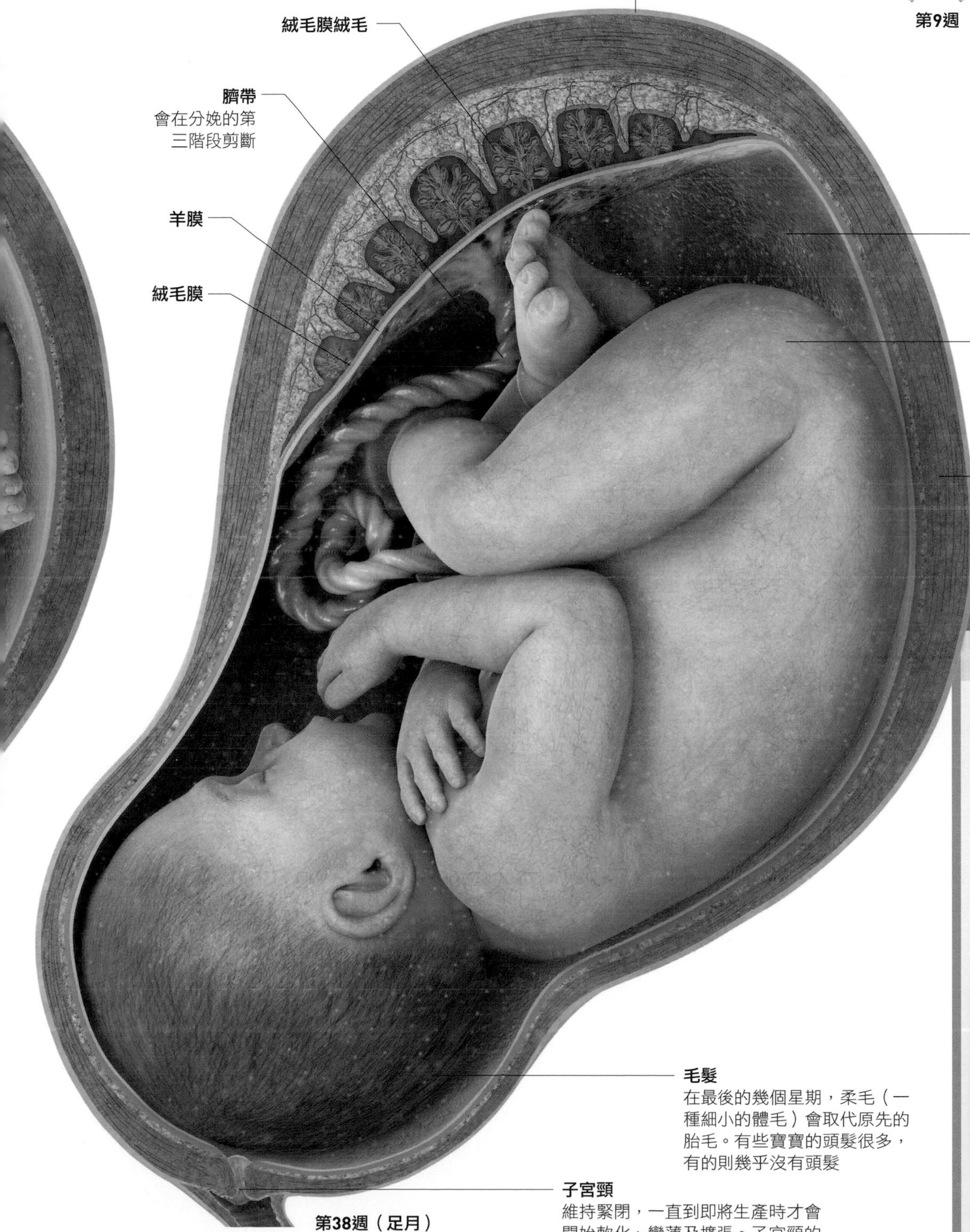

子宮漿膜

絨毛膜絨毛

臍帶
會在分娩的第三階段剪斷

羊膜

絨毛膜

羊水（羊膜液）
有減震作用的液體，從生產的前幾週開始減量

體重增加
胎兒持續增重，在妊娠期的最後一個月，每天約增加28公克

子宮肌層
強壯的子宮肌肉外層負責在分娩時產生收縮作用

毛髮
在最後的幾個星期，柔毛（一種細小的體毛）會取代原先的胎毛。有些寶寶的頭髮很多，有的則幾乎沒有頭髮

子宮頸
維持緊閉，一直到即將生產時才會開始軟化、變薄及擴張。子宮頸的黏液栓子在即將分娩前變鬆並掉出

第38週（足月）

第34至38週
胎兒會花許多時間屈曲其肋骨和橫隔膜的肌肉。一般認為做這些動作與製造肺臟發育所需的生長因子有關。轉身面向聲音來源之類的反射動作已發展良好。

超音波掃描

妊娠期間會定期利用高頻率的聲波（超音波）來評估發育的情況，並偵查胎兒是否有異常徵狀。檢查的時間點因人而異，但第一次掃描檢查通常會在受精後第6至12週之間進行，以測定預產期。第二次掃描檢查通常於第16至22週進行，此次為偵測反常現象的掃描，目的在於檢查胎兒是否有構造方面的異常。近期科技中的立體掃描技術，可利用數位方式將連續拍攝的平面掃描影像組合起來，產生一張全面且具有細節的胎兒影像。

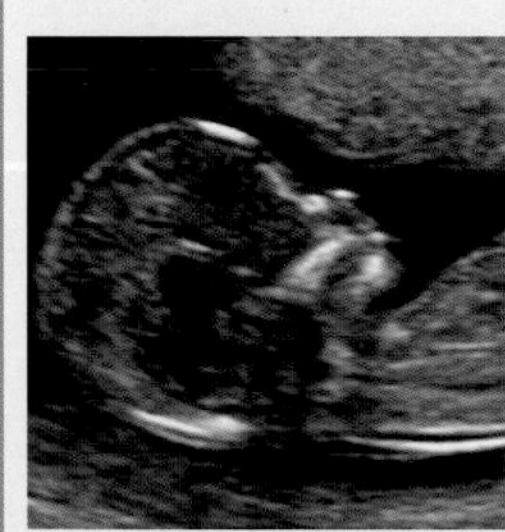

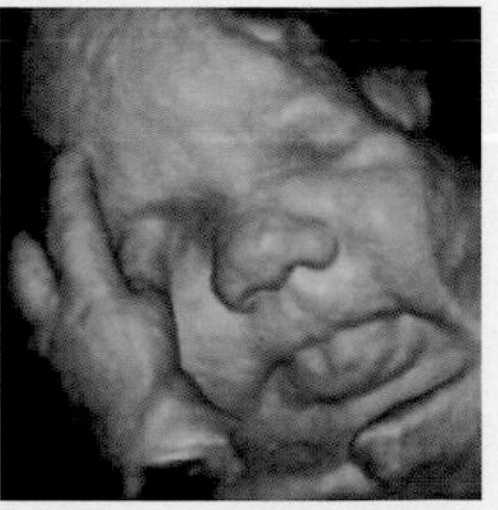

胎兒的超音波掃描片
普通平面超音波掃描片（如左圖中12週大的胎兒掃描影像），可顯現出胎兒的性別、年紀和大小等細節。立體掃描片中（如右圖中滿足月的胎兒頭部影像）則可顯現出更細緻的胎兒樣貌。

生產的準備

妊娠晚期，身體會出現改變，預示著分娩將近。骨盆中胎兒的頭部往下墜得更低；待產母親的體重可能會減輕；也可能會出現初期子宮收縮作用。

多胎妊娠與胎位

多胎妊娠為子宮當中有超過一個胎兒的現象。約每80名孕婦中會有一名生出雙胞胎，而每8,000名孕婦中會有1名生出三胞胎。近年來，生多胞胎的現象越來越普遍，產前保健的優化與體外受精等各種其他的受精方法，都是多胞胎普遍化的一部分原因。約30週過後，胎兒頭部朝下、面朝母親背側、頸部向前屈曲是最常見的胎兒體位。這種體位可使胎兒較容易穿過產道。然而，足月分娩者30個中有1個以臀位生產式出生，也就是嬰兒的屁股比頭部早出現的情況。

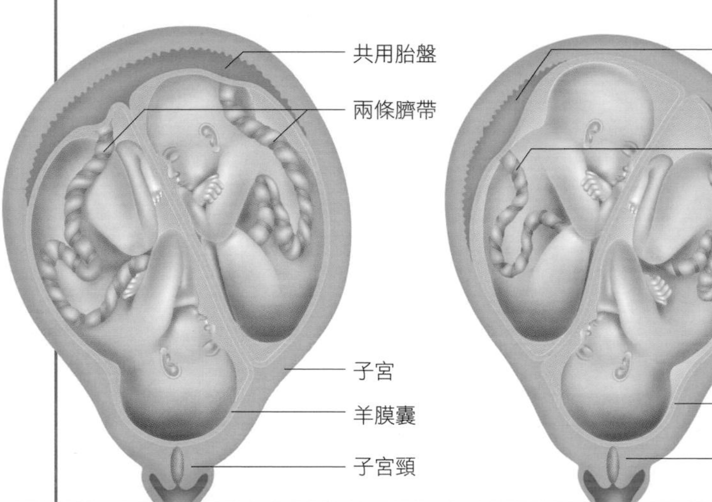
共用胎盤
兩條臍帶
子宮
羊膜囊
子宮頸
兩個胎盤
兩條臍帶
子宮
羊膜囊
子宮頸

單合子孿生（同卵雙胞胎）
單一顆受精卵形成劈裂為二的胚體，各發育成一個胎兒。兩個胎兒的基因與性別都一樣，並共用同一個胎盤。兩人長相相似，也有同卵雙胞胎之稱。

雙合子孿生（異卵雙胞胎）
兩顆卵同時受精並分開發育，各有各的胎盤。性別有可能不同，也有可能相同。別稱為「異卵雙胞胎」，外貌相似度為一般兄弟姊妹之間的相似度。

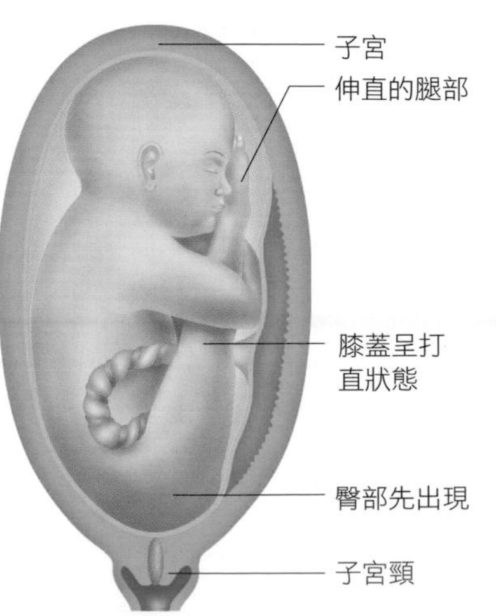
子宮
伸直的腿部
膝蓋呈打直狀態
臀部先出現
子宮頸

伸腿臀位生產式
伸腿臀位生產式又稱不全臀產式，為胎兒沒能在子宮內轉到頭朝下的姿勢所造成。胎兒的髖部屈曲，雙腿伸直，沿著身體兩側向上延伸，使得雙腳位於頭部兩旁。

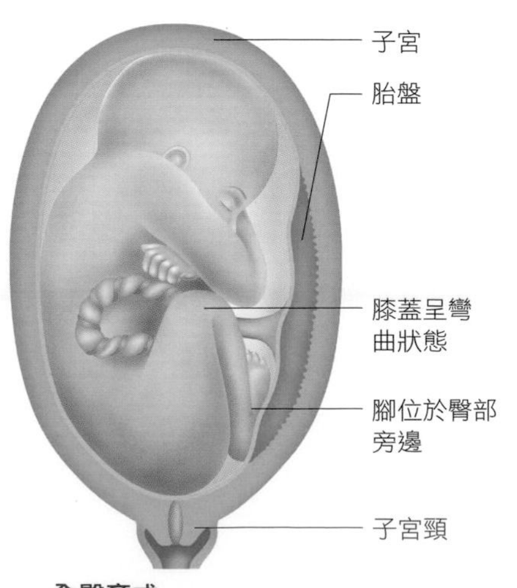
子宮
胎盤
膝蓋呈彎曲狀態
腳位於臀部旁邊
子宮頸

全臀產式
胎兒的雙腿在髖部和膝蓋兩處屈曲，使得雙腳位於臀部的兩側。與伸腿臀位生產式相比，此產式較少見。早產兒以臀位生產式出生的發生率相較而言高出許多。

子宮頸的變化

子宮頸由堅韌的肌肉環與形成頸狀構造的結締組織所構成。到了妊娠晚期，子宮頸會為準備分娩而變軟。偶發的子宮繃緊動作稱為布雷希氏收縮作用，功能為幫助子宮頸變薄，以使之與子宮的下段部位融合。布雷希氏收縮通常不會產生痛感，而且會發生於整個妊娠期，從中期開始變得顯著。

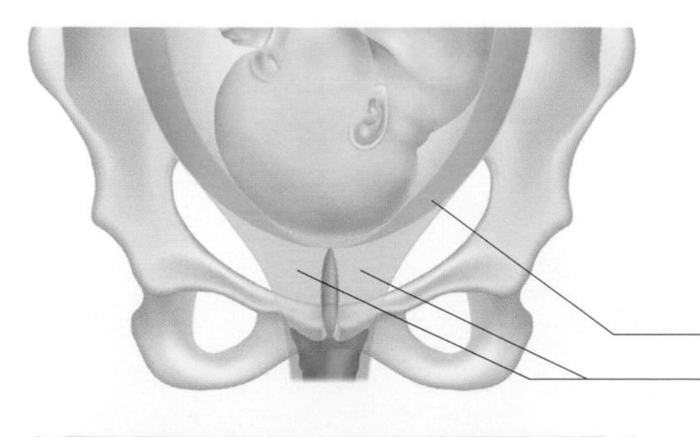
子宮的下段部位
子宮頸

子宮頸軟化
分娩逼近的同時，子宮頸的組織不再保有原本堅韌的質地，而是受血液中的前列腺素影響而變得較為鬆軟。

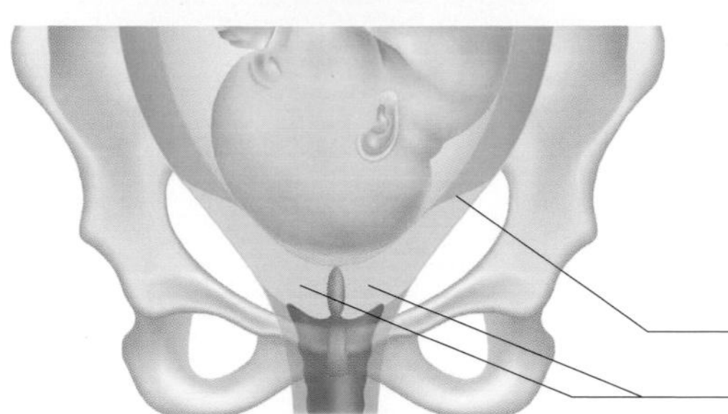
子宮頸與子宮融合
子宮頸變薄

子宮頸變薄
子宮頸變得又寬又薄，與上方的子宮壁融合為一塊平坦的部位。此軟化與變薄的變化過程稱為「消失」。

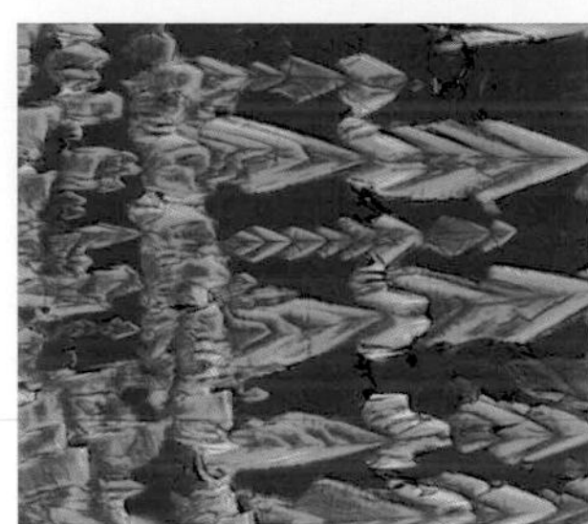

激素晶體
利用靜脈注射，注入額外的催產素（圖中顯示為晶體），可誘導或加快分娩。

收縮

懷孕滿足月時，子宮會變成女性身體中最大、最強韌的肌肉。當子宮的肌纖維為了排出胎兒而縮短時，即稱作子宮收縮或簡稱為「收縮」。真正的收縮與布雷希氏收縮不同處在於，收縮的時間規律，且會逐步增加頻繁度、疼痛度以及發作時間的長度。主要的收縮處位於子宮基底（子宮上半部），此部位的牽張會導致子宮下半部和子宮頸變薄。因為會有「虛驚」，要判斷真正的分娩何時開始，是頗為困難的一件任務。

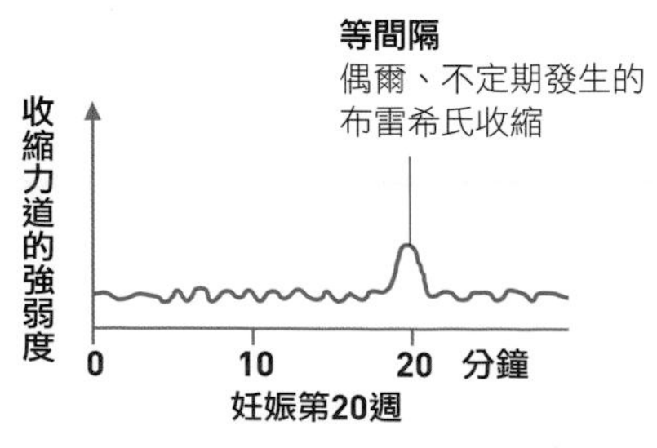
等間隔
偶爾、不定期發生的布雷希氏收縮
收縮力道的強弱度
0
10
20
分鐘
妊娠第20週

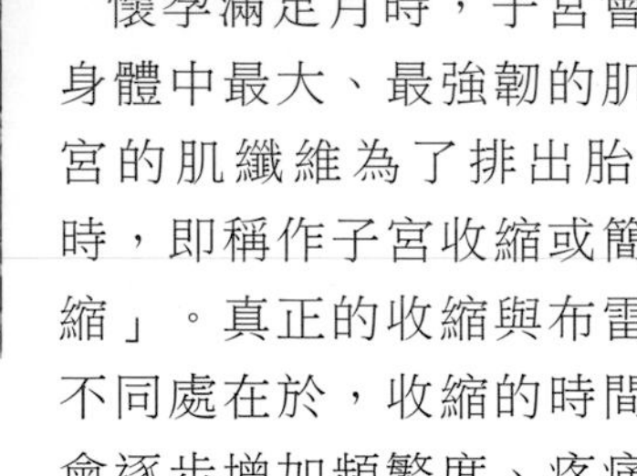
收縮次數增加
發生規律性溫和收縮
收縮力道的強弱度
0
10
20
分鐘
第36週　分娩進行前

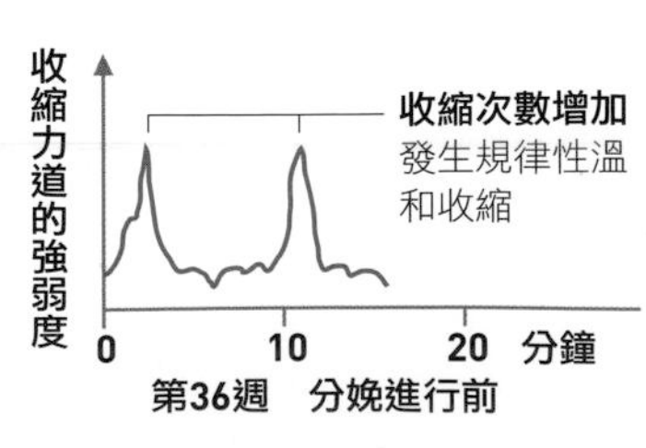
接近分娩
收縮之間的間隔時間縮短
收縮力道的強弱度
0
10
20
分鐘
第40週　分娩開始

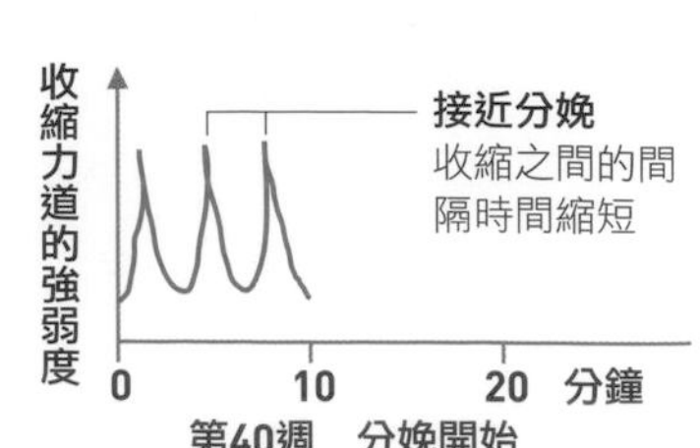

收縮的進程
整個妊娠期間都會有溫和局部的收縮產生，但真正的收縮要到妊娠晚期才會開始。剛開始收縮的發生時間中間間隔很長，而且力度相較而言還算微弱。隨著分娩加劇，收縮的速率和持續時間也跟著增加，使胎兒受到更大的下推壓力。

分娩

醫學對於分娩的定義通常包含了生產的整個流程。其又可細分為三期或三個階段：開始收縮到子宮頸完全擴張、產出嬰兒、產出胎盤（分娩後）。

胎兒進入產位

妊娠期的最後幾週中，胎兒的先露部（即未來將首先出現的部位，通常為頭部）會下降到骨盆（湯碗狀的腔窩）中。這個程序稱為胎兒進入產位。發生時，許多婦女會產生落下感與「腹輕感」。這是因為胎兒的移動使子宮上半部下降，施加於橫隔膜的壓力因而減低，讓母親呼吸時更感輕鬆。胎兒進入產位發生的時間如果是第一胎，則通常在第36週左右，但後續的其他胎可能要到分娩開始時，才會發生胎兒進入產位。

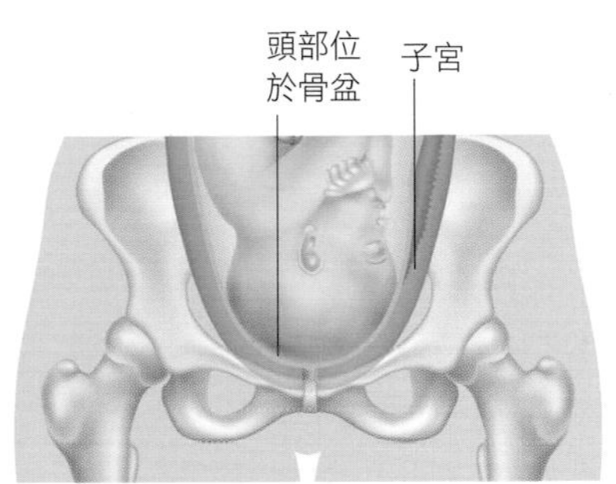
頭部位
於骨盆
子宮

頭部進入產位之前
胎兒的頭部進入產位之前，子宮頂端觸及孕婦胸骨。胎兒頭部最寬的部分還沒穿過骨盆入口。

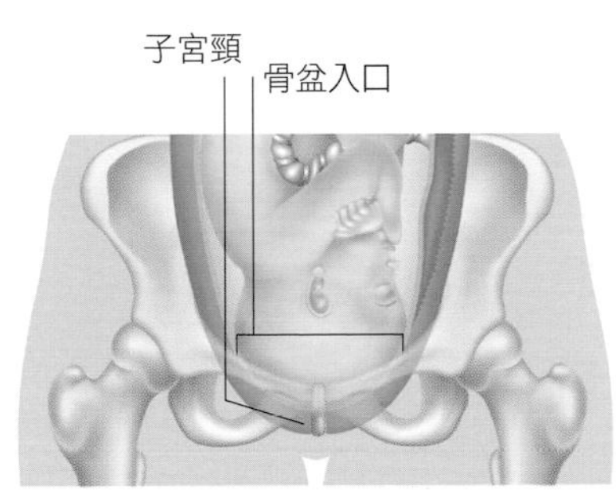
子宮頸
骨盆入口

進入產位之後
胎兒的頭部下降穿過骨盆入口，安插入骨盆腔中（或稱進入骨盆腔產位）。子宮的整體位置往下驟降，胎兒頭部頂在子宮頸口。

引產

妊娠期如果延續超過了預產日，通常在超過10至14天時，就會以醫療誘導的方式引發產兆。在產婦、胎兒或兩者的健康可能受到危害的情況下，也會建議進行引產。引產的方式若干，端視產婦在哪一個分娩階段而決定施用哪種引產方式。方式包括置入陰道栓劑、人工破水以及施打激素刺激子宮收縮等。

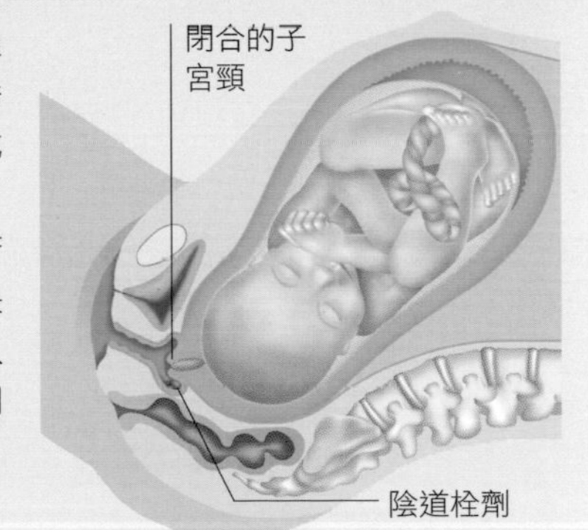
閉合的子
宮頸
陰道栓劑

置入陰道栓劑
子宮頸若維持緊閉，則可將含有前列腺素的陰道栓劑置入陰道頂端、子宮頸旁邊的地方，促進子宮頸擴張。

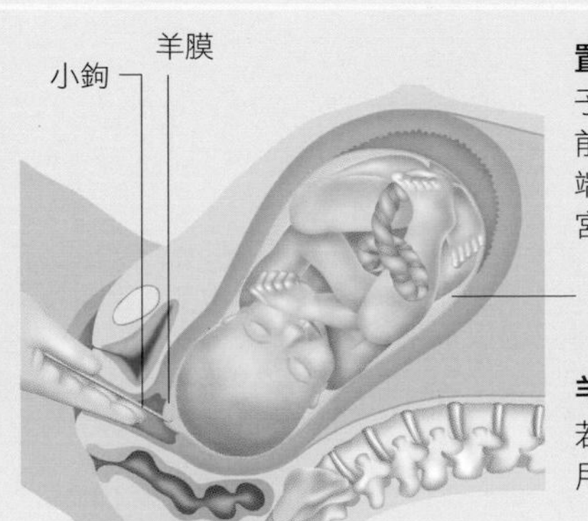
小鉤
羊膜
羊膜液

羊膜破裂
若子宮頸已經變薄且在擴張中，則可用小鉤將羊膜囊戳破，讓羊水排出。

子宮頸擴張

分娩的第一階段始於有規律而使人發疼的子宮收縮，這會讓子宮頸擴張，收縮處主要在子宮上半部，該處肌肉的變短縮緊使得子宮下半部和子宮頸受到牽曳與牽張。平均而言，頭胎子宮頸擴張的速率約為每小時1公分，後續其他胎速率通常會加快。大多數女性在子宮頸開到10公分時，已算完全擴張。

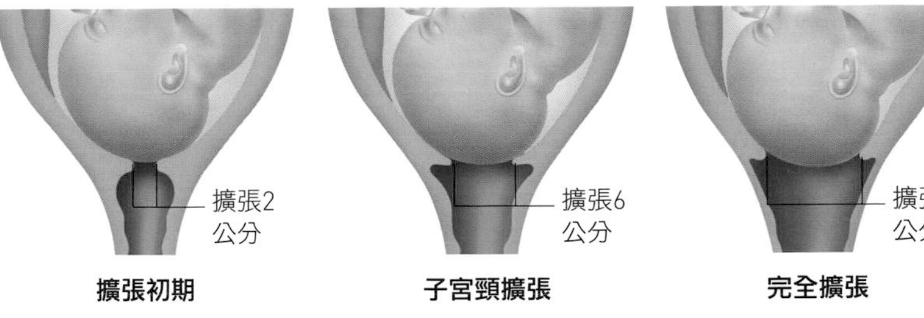
擴張2
公分
擴張6
公分
擴張10
公分
擴張初期
子宮頸擴張
完全擴張

生產初期的徵兆

每位女性的經歷都有所不同，但一般分娩前都有三個徵兆：「先露」、「宮縮」、「破水」。分娩開始前（通常為前三天之內），在妊娠期間作為子宮封條的黏液栓子會排泄出，排泄物帶血漬或呈褐色（此即「先露」）。隨著宮縮的強度與規律性增加，保存羊水的膜會破裂，使羊水從產道漏出（即「破水」）。

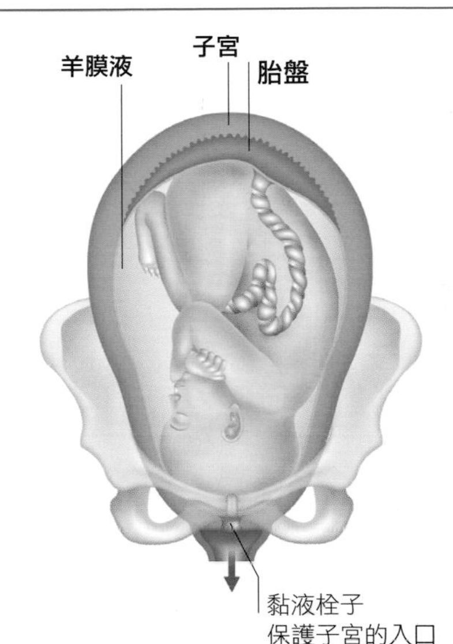
羊膜液
子宮
胎盤
黏液栓子
保護子宮的入口

1「先露」
妊娠期的大部分時間子宮頸都有黏液栓子堵住，以免微生物進入子宮。子宮頸稍微擴張時，栓子就會鬆落。

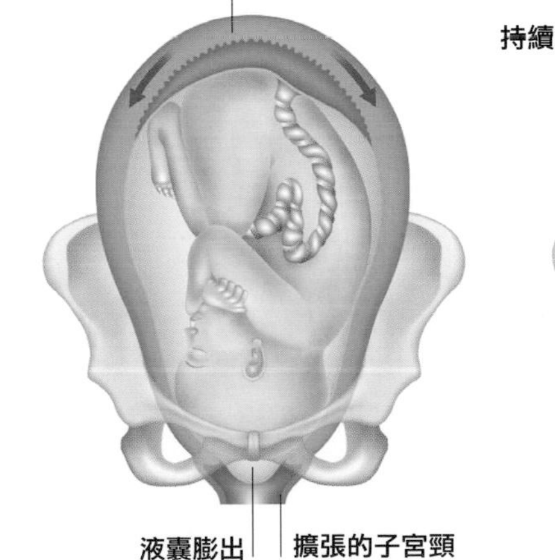
底部
這裡的肌肉壁收縮
的力道比較強勁
液囊膨出
壓力導致羊膜膨出子
宮頸開口處
擴張的子宮頸
子宮頸變薄，通
道擴寬

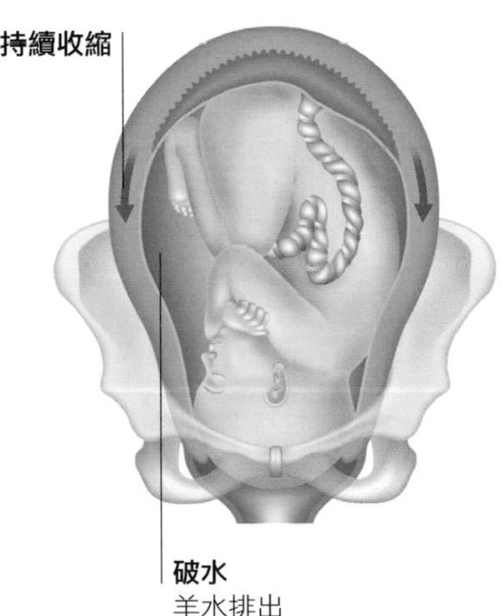
持續收縮
破水
羊水排出

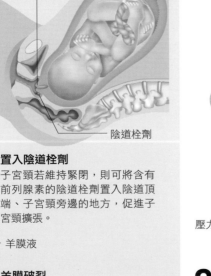

2「宮縮」
子宮上半部（底部）所產生的協調一致的肌肉收縮動作；有助於逐漸打開（或擴張）子宮頸。

3「破水」
胎兒外圍的羊膜囊破裂，無色羊水通過產道流出。

生產

將胎兒與胎盤生產出是妊娠及分娩的最終步驟，要將孩子與母親完全分離，涵括了一系列複雜的活動，完成之後才可讓雙方各自獨立。

生產三階段

激素的分泌會引起分娩期的第一次宮縮，在分娩期第一階段，子宮的收縮會不斷牽曳子宮頸，直到子宮頸組織被拉成一薄片，並完全擴張到約略10公分大為止。子宮中負責保護胎兒的羊膜囊膜破裂，這個程序稱為破水。第二階段為生產，不僅需要母體子宮的收縮，還需要胎兒轉換其位置，以將其巨大的頭部塞入並通過產道，進入母體外的世界。出生之後，胎兒的臍帶會被夾住並剪斷，緊接著進入分娩的第三階段，即胎盤（或稱「胞衣」）的生產，通常會有助產士或產科醫師藉由輕拉臍帶輔助，完成此階段的作業。

正常生產
新生兒的表面通常會有混合了血液、黏液和胎兒皮脂（保護子宮中胎兒的油脂）之覆蓋物。圖中嬰兒的臍帶還沒被夾住剪斷。

骨盆形狀

女性的骨盆先天上適合進行分娩與生產。即便如此，不同女性的骨盆形狀還是有很大的差異，其中有些比較利於生產，有些則否。淺圓形（女式）是典型的「女性骨盆」形狀，容量大且所引致的問題通常較少。有些女性則有三角形（男式）骨盆，內部較不寬敞，會導致生產困難。

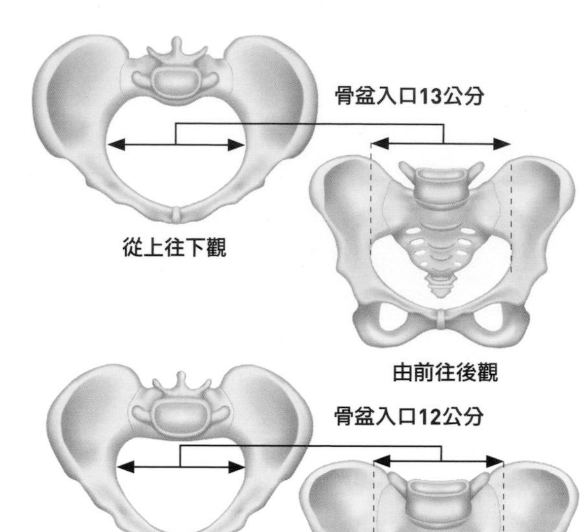
骨盆入口13公分
從上往下觀
由前往後觀
骨盆入口12公分
從上往下觀
由前往後觀

女式骨盆
女式骨盆深度淺，讓子宮可隨著胎兒長大而擴大。較寬的骨盆入口呈圓形，使得胎兒有更大的空間在生產時穿出。

男式骨盆
男式（三角形）骨盆與男性的骨盆形狀最為相像。骨盆為此形狀的女性進行陰道生產時可能會頗為困難，除非她的胎兒體積很小。

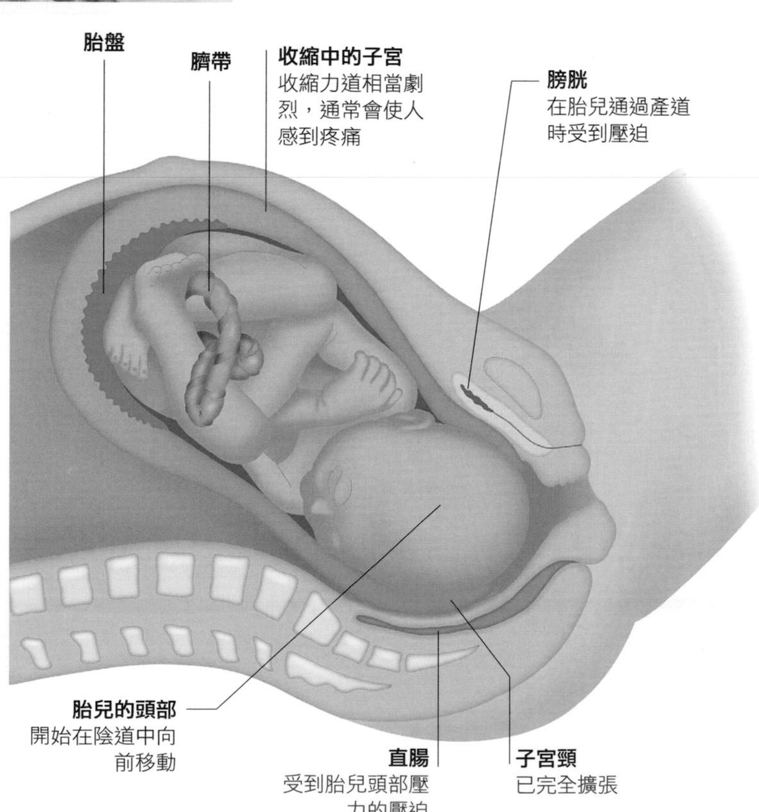
胎盤
臍帶
收縮中的子宮
收縮力道相當劇烈，通常會使人感到疼痛
膀胱
在胎兒通過產道時受到壓迫
胎兒的頭部
開始在陰道中向前移動
直腸
受到胎兒頭部壓力的壓迫
子宮頸
已完全擴張

1 子宮頸擴張
生產始於子宮頸完全擴張之時。胎兒轉身朝向母體的脊柱，使得胎兒顱骨最寬的部分對齊母體骨盆最寬的部分。胎兒下巴內縮的同時，開始移出子宮，進入陰道，陰道會為容納胎兒的頭部而牽張。

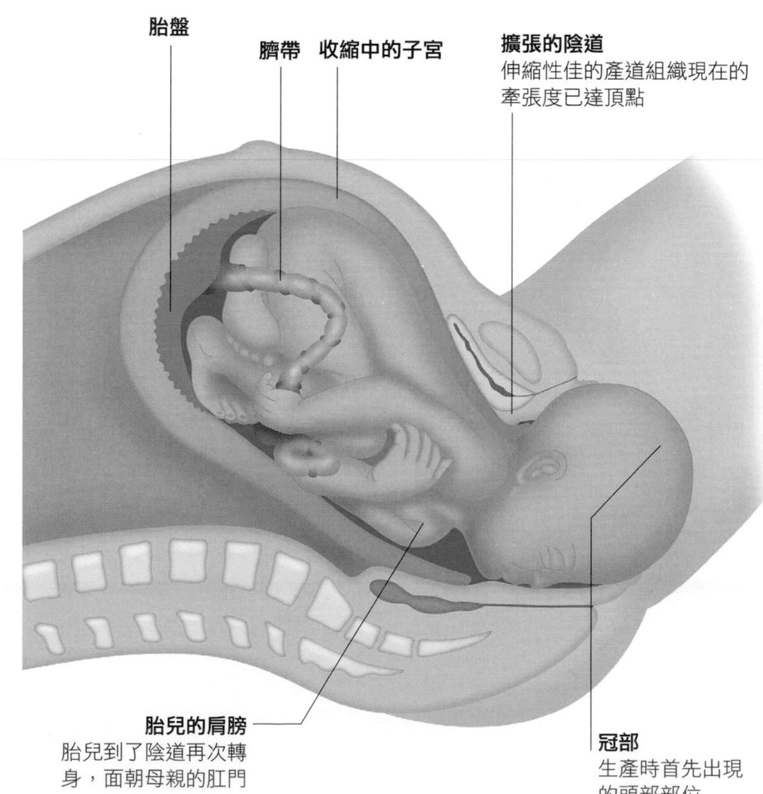
胎盤
臍帶
收縮中的子宮
擴張的陰道
伸縮性佳的產道組織現在的牽張度已達頂點
胎兒的肩膀
胎兒到了陰道再次轉身，面朝母親的肛門
冠部
生產時首先出現的頭部部位

2 通過產道往下降
胎兒的頭頂隨著胎兒通過產道往下降而首次出現。這個階段稱為「分娩時的胎頭初露」，此時，胎兒通常已為了面朝母體的肛門而再度轉身，讓露出的頭部順利通過已完全牽張的陰道彎曲處。通常這個時候嬰兒就快要出生了。

對胎兒進行監測
外部電子監測器會紀錄下胎兒的心跳和母體的宮縮情形。

胎兒的監測作業

生產進行不順利時，產科醫師（處理妊娠和生產問題的專科醫師）會藉由監測胎兒的心跳來測定胎兒是否處於危險狀態。監測胎兒可利用聽診器，偶爾也可利用杜卜勒超音波掃描。要得知更確切的監測數據，可利用電子胎兒監測儀（又稱胎兒心率數計法）從外部將兩個儀器束在產婦腹部兩側，或置入內部，用電極夾住胎兒的頭部，另一端鉤住電子胎兒監測儀進行檢測。現今已有遠距檢測心率的技術，讓產婦在分娩期間接受監測的同時，依然能夠自由活動。

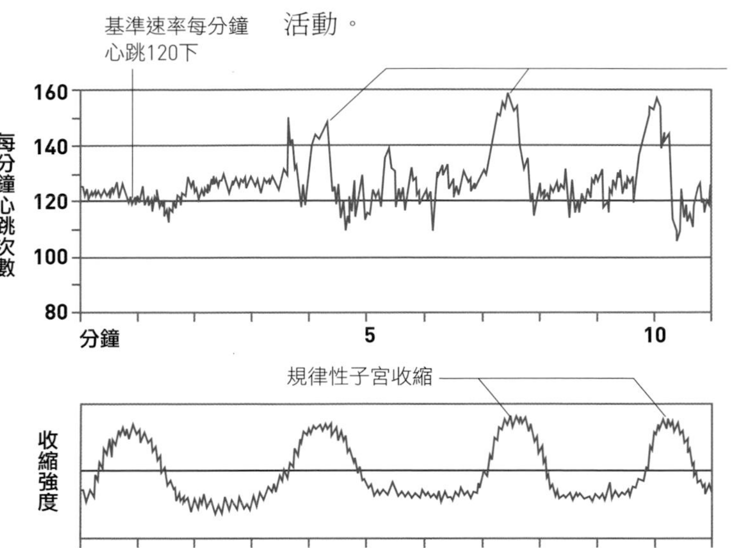
基準速率每分鐘心跳120下
速率隨收縮而增加
每分鐘心跳次數
160
140
120
100
80
分鐘
5
10
規律性子宮收縮
收縮強度
分鐘
5
10

胎兒的心臟跳動速率
以電子胎兒監測儀密切關注胎兒心臟跳動速率因應母親子宮收縮所產生的反應；胎兒的心臟跳動速率應在子宮收縮時增加。

收縮
這張描記波顯示出母體宮縮的強度，而上方的描記波顯示的是胎兒的心臟跳動速率，由此可見胎兒會對母體的收縮產生反應。

硬膜外麻醉法

硬膜外麻醉法是一種最常用於分娩和生產的疼痛緩解方法，施用時，將針頭插入背部腰椎骨區域椎骨和脊椎之間的空隙，作用在神經纖維上，使之無法感受宮縮帶來的疼痛。劑量較低的類似止痛法稱為行動式或行走式硬膜外麻醉法，可降低疼痛感，但不至於失去感覺，讓產婦能夠在分娩期間活動，並積極參與生產過程。

位置圖

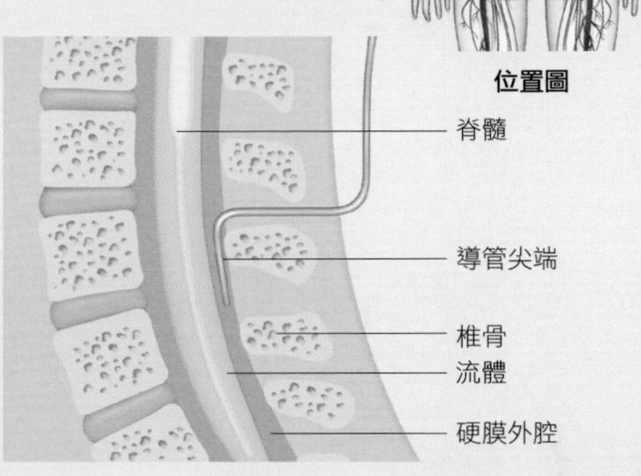
脊髓
導管尖端
椎骨
流體
硬膜外腔

插入導管
將細針穿過導管，插入硬膜外腔。將導管留在該處，以利分娩期間需要加藥時使用。

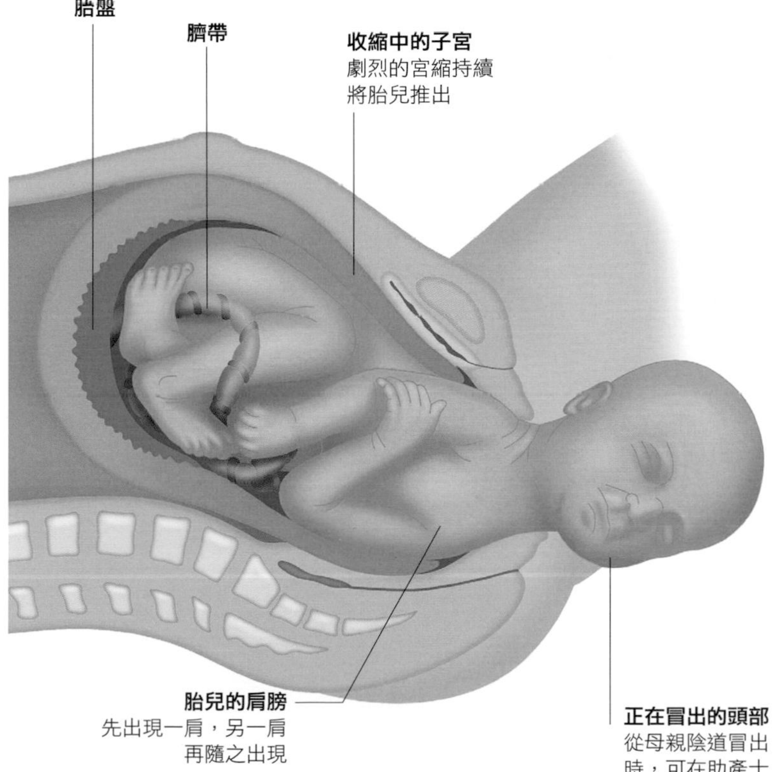
胎盤
臍帶
收縮中的子宮
劇烈的宮縮持續將胎兒推出
胎兒的肩膀
先出現一肩，另一肩再隨之出現
正在冒出的頭部
從母親陰道冒出時，可在助產士的引導下，輔助向外移動

3 生產胎兒

胎兒頭部從母體冒出後，產科醫師會先確認臍帶沒有繞在胎兒的頸部上，接著幫胎兒把鼻子和嘴巴的黏液清除，好讓胎兒呼吸。胎兒再次旋轉身體，將肩部轉到容易滑出的位置，一肩出來後，另一肩很快就會隨之出現。

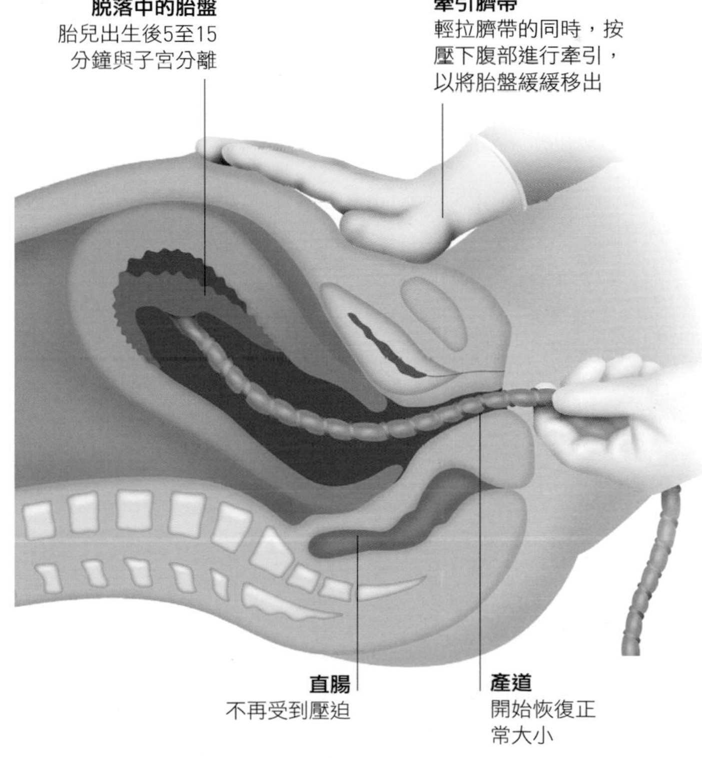
脫落中的胎盤
胎兒出生後5至15分鐘與子宮分離
牽引臍帶
輕拉臍帶的同時，按壓下腹部進行牽引，以將胎盤緩緩移出
直腸
不再受到壓迫
產道
開始恢復正常大小

4 生產胎盤

胎兒出生後，子宮很快會再次產生溫和的收縮作用，將仍在出血的血管封閉。胎盤會與子宮的內襯腔面分離，可藉由輕拉臍帶與下壓下腹部而使之緩緩流出。有些人會給產婦服用激素型藥物以加速此程序的進行。

出生之後

受精卵在40週之內生長成一個複雜、多細胞的人體，並從胎兒變成新生兒。人體所有的器官系統在出生時都已就定位了，其中有些能快速適應沒有臍帶的生活，有些則要到青春期才會發育完成。

阿帕嘉新生兒評分

為了評估新生兒是否需要急診護理，會在嬰兒出生後一分鐘和出生後五分鐘時，分別做一次有五項評分標準的阿帕嘉新生兒評分。在「膚色」這一項，如果嬰兒為深色皮膚的人種，則以其嘴巴、手掌和腳掌部分作為評斷標準。

徵象	評分：0	評分：1	評分：2
心臟跳動速率	無	低於100	高於100
呼吸速率	無	緩慢或不規律；哭聲微弱	有力
肌肉緊張度	無力	四肢稍微彎曲	動作
反射作用反應度	無	臉部扭曲或嗚咽抽泣	啼哭、打噴嚏或咳嗽
膚色	蒼白或發青	四肢發青	粉紅

新生兒解剖圖

從這張新生兒的解剖圖中可看出幾個典型特徵，這些特徵有助於離開母體子宮的嬰兒繼續成長與發育；人類在出生後第一年成長的速度是一生中最快的。不同塊的顱骨之間有纖維性囟（囟門）隔開，讓頭顱的骨骼在人腦長大期間能隨之擴大；囟門會在嬰兒18個月大左右開始硬化變成骨頭（即骨化作用），一直持續到6歲才會完成。關節和長骨末端的軟骨讓骨骼系統能夠快速生長。一生當中，胸腺的大小在剛出生時最大，因為在胎兒時期，胸腺是免疫系統的發育中心。肝臟也是一樣在剛出生時最大，因為在胎兒時期，製造紅血球的工作只由肝臟負責；出生後，這個工作就轉交給骨髓了。

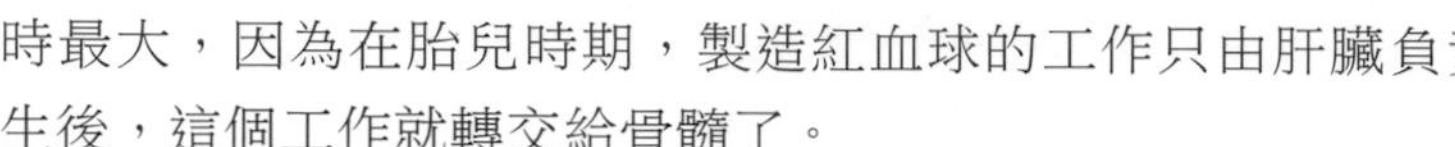

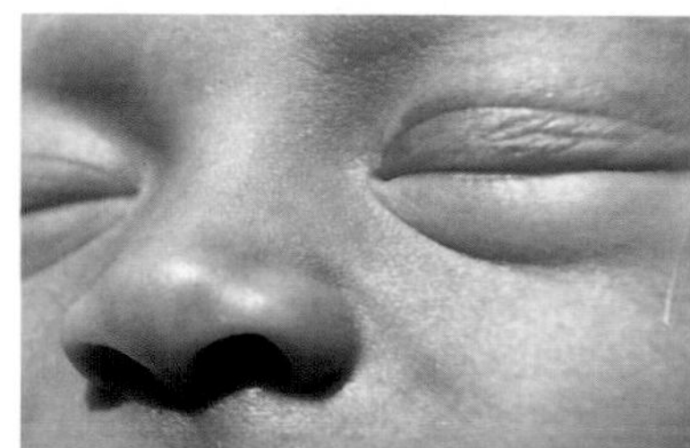

眼睛浮腫
新生兒的眼瞼通常浮腫。有些嬰兒出生後沒多久就罹患急性結膜炎，致病因可為淚管受阻或受產道中細菌的感染。

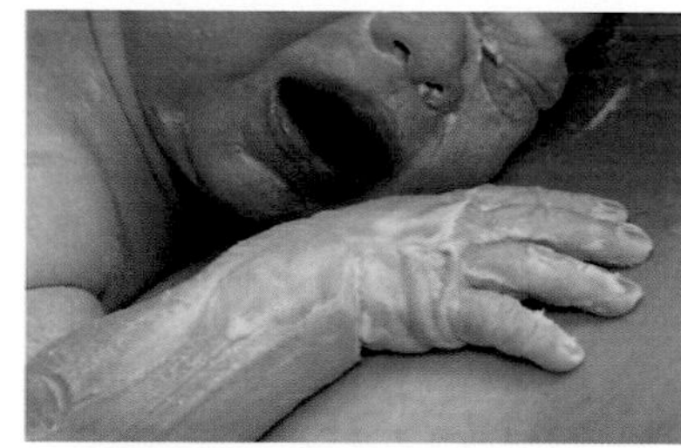

胎兒皮脂
覆蓋在胎兒身上的油膩白色物質，作用在於防止處於子宮中的胎兒因泡在羊水（羊膜液）中而皮膚起皺。

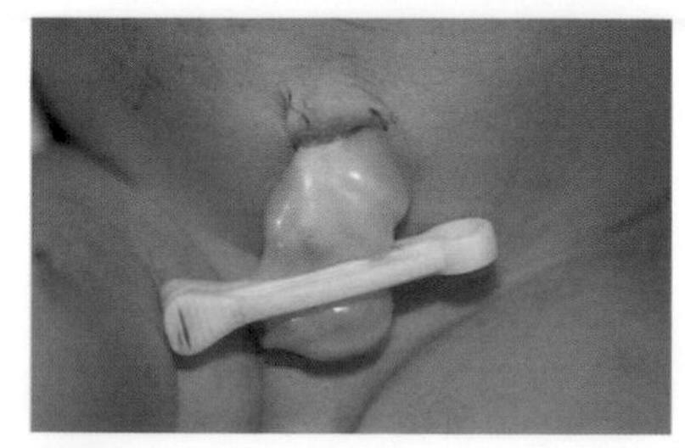

臍帶
臍帶是胎兒與母體胎盤之間的連結物，內含兩條動脈與一條靜脈，臍帶的外罩呈果凍狀。出生後即鉗住剪斷。

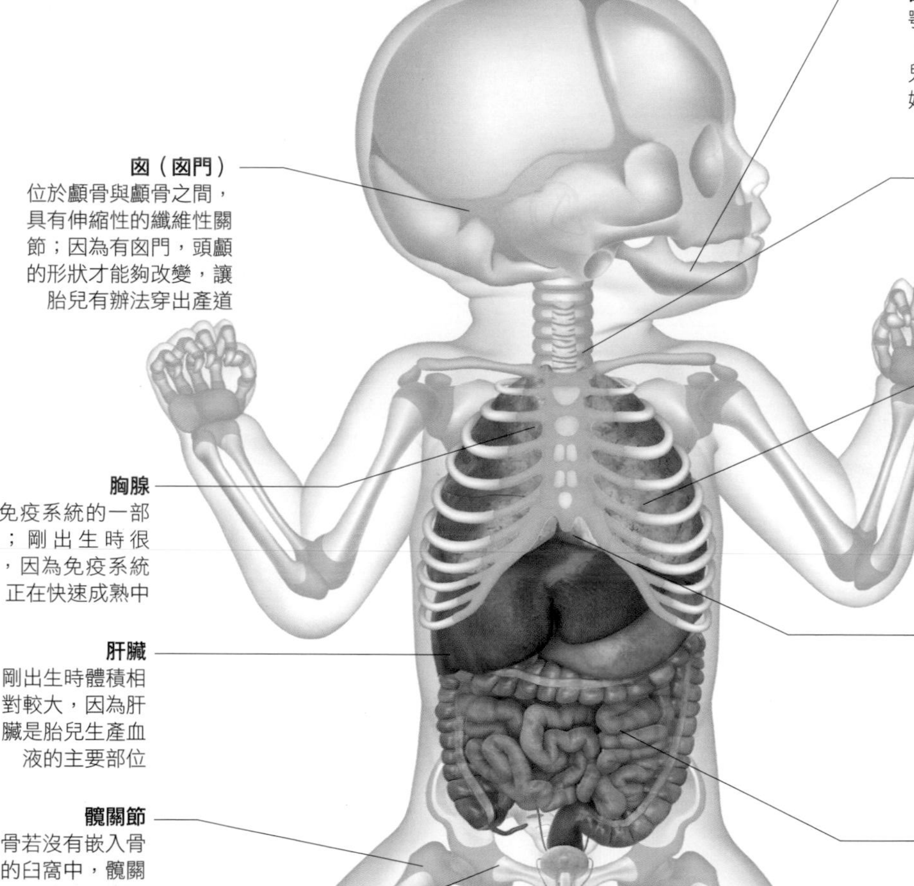

囟（囟門）
位於顱骨與顱骨之間，具有伸縮性的纖維性關節；因為有囟門，頭顱的形狀才能夠改變，讓胎兒有辦法穿出產道
胸腺
為免疫系統的一部分；剛出生時很大，因為免疫系統正在快速成熟中
肝臟
剛出生時體積相對較大，因為肝臟是胎兒生產血液的主要部位
髖關節
股骨若沒有嵌入骨盆的臼窩中，髖關節可能就會相當不穩固
骨盆
剛出生時主要由軟骨所構成；在幼年時期硬化（骨化）為骨組織
顎
顎骨內含已完全形成的乳牙（乳齒）；多數情形下，嬰兒要等到六個月大時才會開始長牙
頸部
肌肉尚未發育，剛開始的幾週仍無法支撐巨大沉重的頭部
肺臟
吸進第一口氣時，嬰兒的肺部會因充滿空氣而擴張，並開始進行規律的呼吸作用
心臟
一出生就會發生結構上的改變，使其能夠將血液帶到肺臟循環，而不是送到胎盤
腸道
第一次排泄出的殘渣物質稱為胎糞，是濃稠而具黏性的黑綠色膽汁和黏液混合物
股骨
大腿的長骨；剛出生時，已硬化為骨塊的部分只有骨幹；末端仍然為軟骨，以利其繼續生長
生殖器官
在兩性身上都很明顯；女嬰可能還會有一點陰道分泌物流出
足部
剛出生時，足部的大多數骨塊都還是軟骨，足部向內或向外取決於胎兒還在子宮時的胎位

嬰兒的骨骼
嬰兒剛出生時，約有300個骨塊，其中有一些會在幼年和青少年時期癒合，到了成年期時，只剩206塊。圖中嬰兒體內的軟骨由藍色顯示，而骨塊部位則顯示為米白色。當中有少數部位終其一生都是軟骨。

胎兒在子宮內的血液循環

因為有胎盤提供氧和營養素，胎兒的體內血液循環在解剖上與已經出生的人有所不同，可讓血液避開還未開始運作的肝臟和肺臟，繞道而行。靜脈導管帶著新進血液流經肝臟後，分流到右心房，而右心房的血液再通過一個稱為卵圓孔的缺口，分流進入左心室（大致繞過右心室）並繼續前往身體他處。進入右心室的血液會流入肺動脈，但會再由動脈導管分流入主動脈，藉此繞過肺臟。

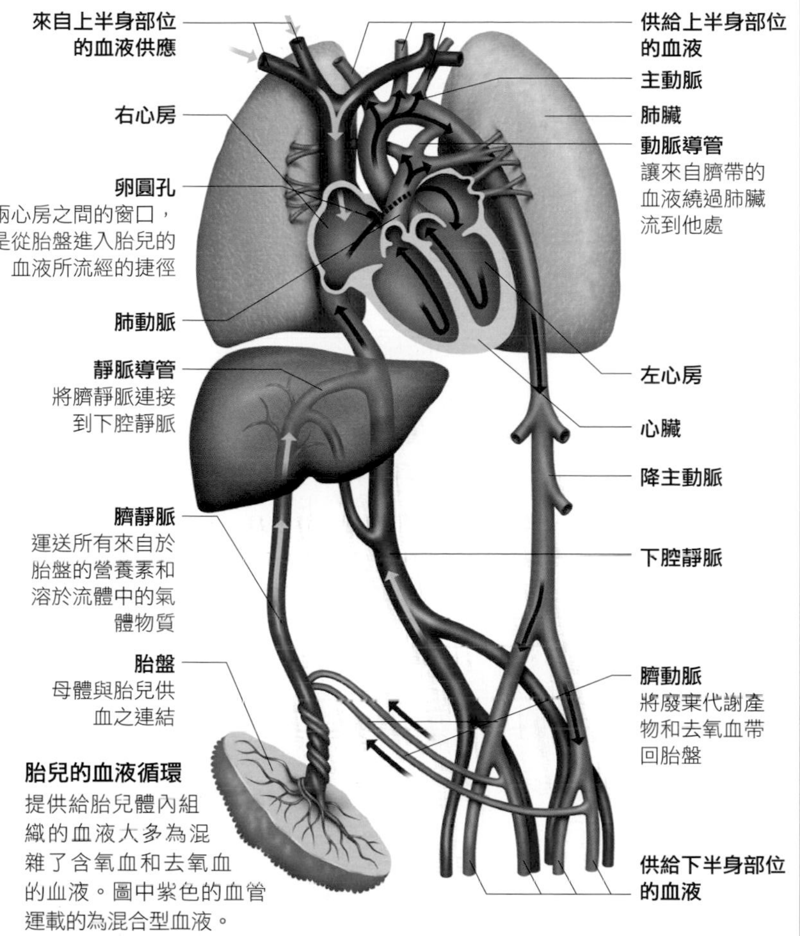

來自上半身部位的血液供應
右心房
卵圓孔
兩心房之間的窗口，是從胎盤進入胎兒的血液所流經的捷徑
肺動脈
靜脈導管
將臍靜脈連接到下腔靜脈
臍靜脈
運送所有來自於胎盤的營養素和溶於流體中的氣體物質
胎盤
母體與胎兒供血之連結
供給上半身部位的血液
主動脈
肺臟
動脈導管
讓來自臍帶的血液繞過肺臟流到他處
左心房
心臟
降主動脈
下腔靜脈
臍動脈
將廢棄代謝產物和去氧血帶回胎盤
供給下半身部位的血液

胎兒的血液循環
提供給胎兒體內組織的血液大多為混雜了含氧血和去氧血的血液。圖中紫色的血管運載的為混合型血液。

出生後的血液循環

出生時，新生兒會開始吸氣，接著臍帶會被鉗住。這些動作會逼迫血液循環系統做出巨大的反應：立即進行構造上的自我轉變，以利於從肺部取得氧分子。血液被送到肺臟，取得氧分子後，從肺臟出來的血液回到左心房時，會帶進一股壓力，迫使兩個心房之間的卵圓孔關閉，如此一來，便建立了正常的血液循環路徑。接著，動脈導管、靜脈導管、臍靜脈和臍動脈等血管會全部閉合，變成韌帶。

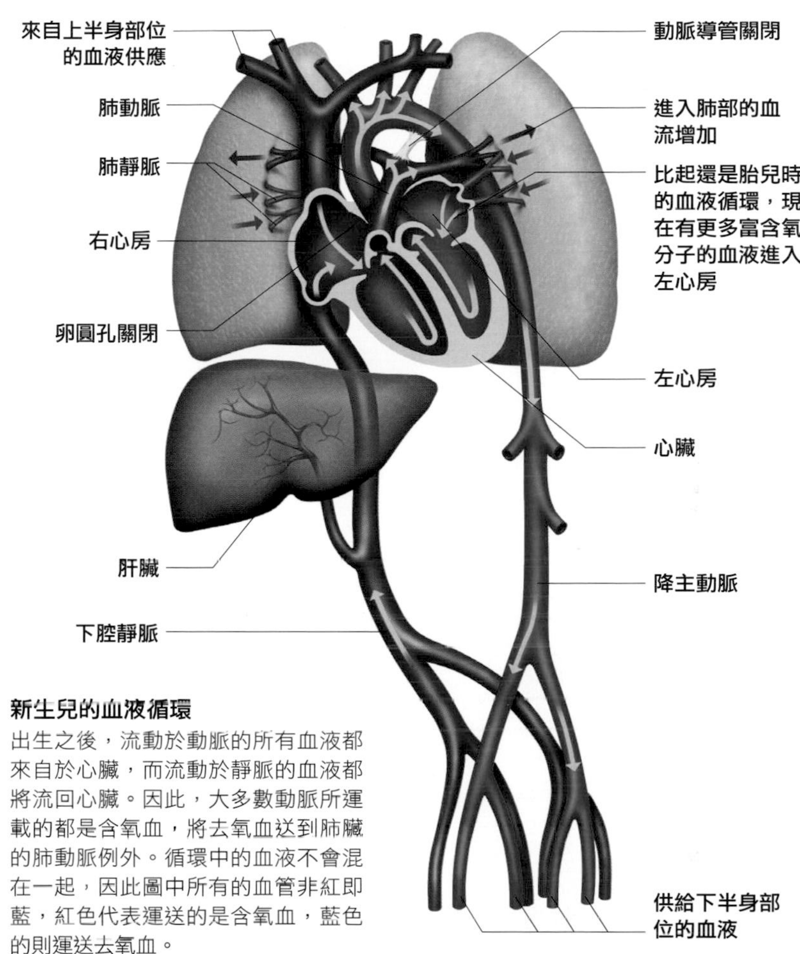

來自上半身部位的血液供應
肺動脈
肺靜脈
右心房
卵圓孔關閉
肝臟
下腔靜脈
動脈導管關閉
進入肺部的血流增加
比起還是胎兒時的血液循環，現在有更多富含氧分子的血液進入左心房
左心房
心臟
降主動脈
供給下半身部位的血液

新生兒的血液循環
出生之後，流動於動脈的所有血液都來自於心臟，而流動於靜脈的血液都將流回心臟。因此，大多數動脈所運載的都是含氧血，將去氧血送到肺臟的肺動脈例外。循環中的血液不會混在一起，因此圖中所有的血管非紅即藍，紅色代表運送的是含氧血，藍色的則運送去氧血。

母體的改變

母體與新生兒一樣，在生產後會出現許多生理性改變，這些改變是從妊娠期就開始。因預期哺乳而產生的乳房組織優化程序從妊娠早期就開始：乳房會明顯變大，而製造乳汁的腺體（小葉）中的腺泡也會腫脹並增生。從懷孕三個月開始，乳房就能夠製造初乳，初乳是一種富含抗體（有助於保護新生兒不受過敏症和呼吸道及腸胃感染的侵害）、水分、蛋白質和礦物質的流體。生產過後，如果母親以乳房哺餵，則新生兒可從初乳獲得養分，直到幾天過後一般的乳汁開始流出為止。子宮在生產過後沒多久就會開始縮小到未懷孕時的大小，餵母乳有助於加速子宮的收縮。

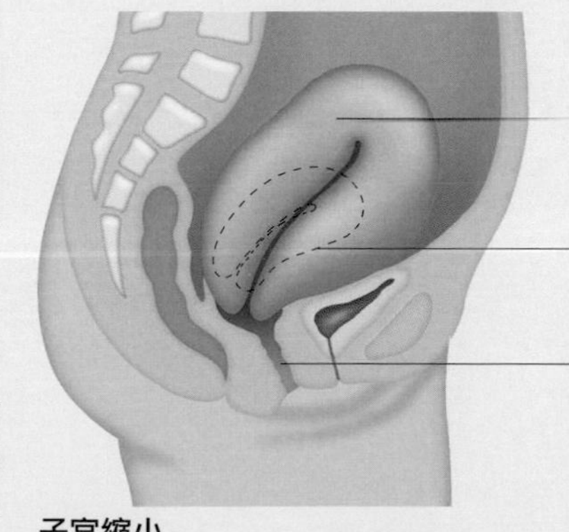

生產過後一週的子宮
生產過後六週的子宮
受牽張的陰道恢復正常大小

子宮縮小
經歷了分娩第二期（生產出嬰孩）和第三期（生產出胎盤）之後，母體會分泌激素，讓子宮和陰道縮回原本正常的大小，並回到原本的位置。

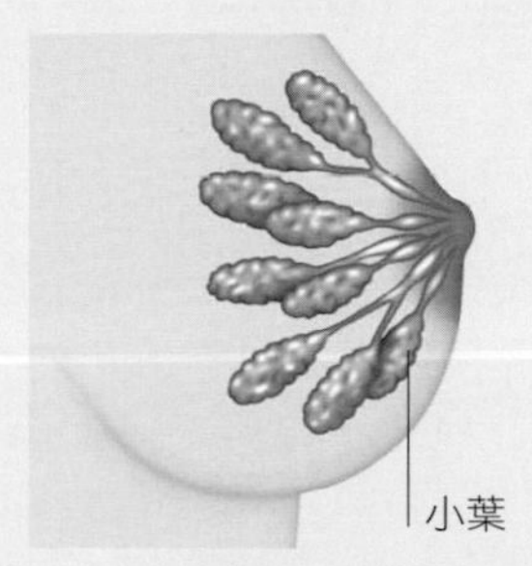

小葉

懷孕前

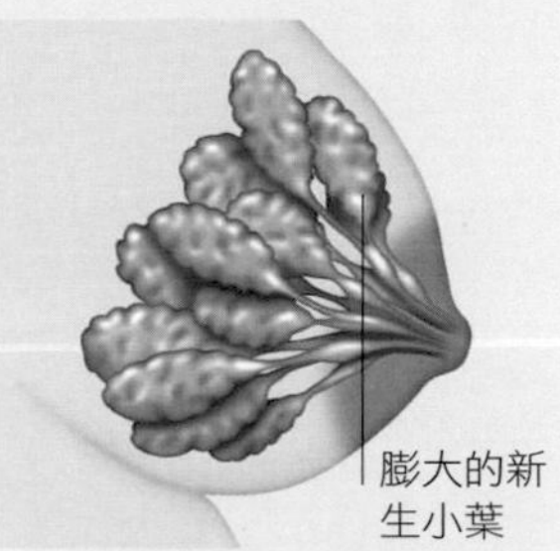

膨大的新生小葉

妊娠和哺乳期間

哺乳期
懷孕期間，小葉（製造乳汁的腺體）體積會變大，數量也會變多，開始為哺餵母乳做準備。到了第一個三月期即將結束的時候，母體會開始製造初乳，初乳是提供抗體的黃色流體，可保護新生兒不受過敏症、呼吸道和腸胃感染的侵害。

女性生殖系統的異常疾病

女性生殖道的任一部位以及單邊或雙邊乳房都有可能發生病變。有許多異常疾病都是無害的，有些甚至不會產生症狀。然而，女性生殖系統複雜的結構卻容易受到激素的劇烈波動所影響。妊娠和生產的生理壓力也容易導致某些更嚴重的疾病，包括各種類型的癌症。

乳房腫塊

乳房組織中可摸得到或看得到的固體或腫起部位即為乳房腫塊；10個乳房腫塊中只有1個會是癌症造成的。

乳房腫塊是個極為常見的問題，很少有婦女會說自己從來沒有在自己乳房中發現過。一般性乳房腫塊尤為常見於青春期、妊娠期和月經來潮前幾天乳房改變形狀的時候。非特異性腫塊可能會引發觸痛感，通常與月經週期激素的波動有關；此類疾病一般稱為纖維性囊腫病。單一顆乳房腫塊有可能是纖維腺瘤，即單個或多個製造乳汁的小葉增生的結果；此為非癌性疾病。腫塊的輪廓若較分明，就有可能是乳房囊腫，即乳房組織中充滿流體的囊泡。乳房中會產生疼痛感的腫塊有可能是膿腫，即積聚在一塊的膿汁，為受感染所引發。只有少部分腫塊會是罹患乳癌的症狀。所有成年女性都必須要清楚自己乳房的形狀，以及乳房形狀如何隨著月經週期而改變，這點是至關重要。理想狀況下，應從20歲左右開始，持續到生命結束為止，都要能掌握自身乳房的形狀，才能即時發現治療各種疾病。重點是要知道對於個體來說怎樣是正常的，外觀或觸感是否有改變，知道應該注意什麼，並在出現改變時立即告知醫護人員。婦女應從50歲開始定期接受篩檢。

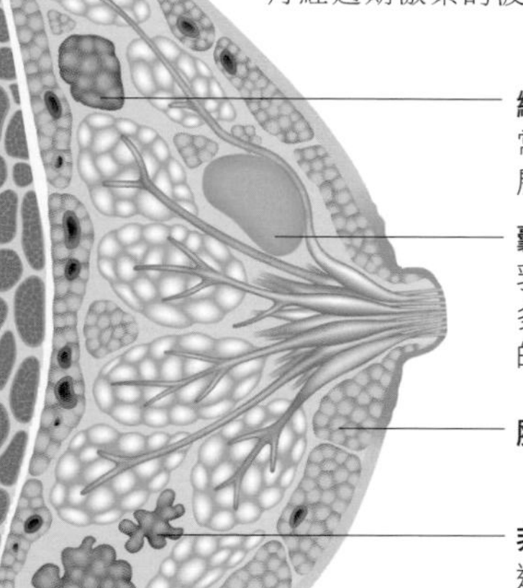

纖維腺瘤
常見的非癌性乳房腫塊

囊腫
乳房內一個或多個充滿流體的液囊

脂肪組織

非特異性腫塊
通常與月經來潮有關；常稱為纖維性囊腫病

乳房腫塊的類型
不同類型的乳房腫塊會導致不同程度的疼痛和觸痛感；通常都不會有症狀。出現時，可能為單顆，也可能為多顆，也有可能在同一時間出現多種不同類型的腫塊。許多類型的非癌性乳房腫塊都不需接受治療。

乳癌

乳癌是常見的一種癌症。罹患的風險會隨年齡的增長而增加，每過10年，風險就增加一倍。致病因不明，但已確定了一些風險因子。受雌激素（或稱動情激素，一種女性激素）曝露量越大的女性（例如年紀較輕就進入青春期的女性、較晚進入絕經期的女性或沒有生育過小孩的女性），罹患乳癌的機率越高。年紀是很重要的因素，許多病例中患者都是年過50歲的人。基因有缺陷也是已知致病因之一。罹患乳癌首先會出現的徵象通常是無痛感的乳房腫塊。

癌性腫瘤
典型的癌性贅瘤邊緣不平整並呈鋸齒狀

乳癌
此張乳房X光攝影片顯示出長在女性乳房中的腫瘤（白色團塊）。乳房X光攝影術是用於顯現乳房組織的特殊X光技術，可篩檢癌症。

子宮內膜組織異位

子宮內膜的組織有附著於骨盆腔中其他器官的可能。

子宮內膜組織異位是個常見的疾病，許多生育年齡的女性都會罹患。患有此病可能會引發使人軟弱無力的痛感及月經來潮時大量出血的狀況；情況嚴重時，還有可能導致不孕。子宮內膜（子宮的內襯腔面）大約每個月剝落一次，是月經週期的其中一階段。子宮內膜組織異位會使一小塊子宮內襯腔面組織附著於卵巢或大腸等附近器官上，而該組織也會對激素濃度的改變起反應，在月經來潮時出血。這些部位的血液無法從正常的出口（即陰道）離開身體，因而對周遭組織產生刺激，導致疼痛，終而形成瘢痕。致病因不明。

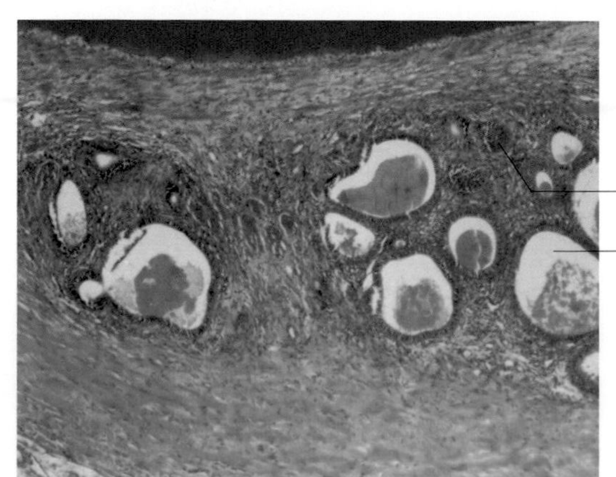

出血

膨大的腺體

子宮內膜組織異位
這張光學顯微照片顯示陰道內襯管面的切面，當中的異常組織會對激素起反應，在月經來潮時出血。

子宮頸癌

發於子宮頸的癌症是一種長在子宮頸下端的惡性贅瘤。

子宮頸的癌症是女性最常被診斷罹患的癌症類型之一。風險因子包括無防護措施的性行為、多個性伴侶以及生殖器疣（乳頭狀腫瘤病毒感染症）等。細胞變化的早期不會顯露出症狀，但過一段時間後，可能會有異常陰道出血的狀況。然而，癌化前的早期階段即可檢測出細胞的改變，予以醫治後可預防其擴散。例行性子宮頸抹片（潘尼克氏染色法）檢查可查出細胞改變的程度（發育不全）。定期篩檢是預防此病極為重要的措施。癌變前的狀態稱為子宮頸上皮內瘤樣病變，可分為輕度異常（第1期子宮頸上皮內瘤樣病變）、中度異常（第2期子宮頸上皮內瘤樣病變）及重度異常（第3期子宮頸上皮內瘤樣病變）等三個等級。第1期子宮頸上皮內瘤樣病變有機會恢復正常，但第2期和第3期子宮頸上皮內瘤樣病變如果沒有接受醫治的話，有可能惡化變成癌症。癌變前的細胞最常在35歲以下的婦女體中發現，但因為演變成發展成熟的癌症需要許多年的時間。子宮頸癌較好發於較年長的女性。

子宮頸抹片（潘尼克氏染色法）檢查
這張顯微鏡影像中可見發於子宮頸的鱗狀細胞癌。上皮表面不規則形狀的細胞和其中巨大的細胞核證實了癌細胞的存在。

異常細胞

變大的細胞核
癌細胞活動的徵象

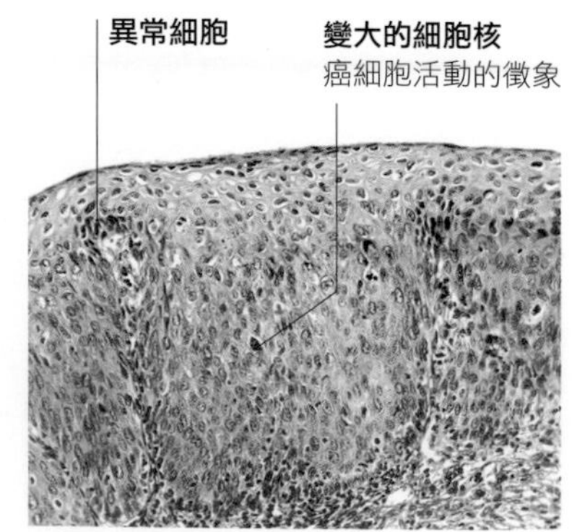

卵巢囊腫

長在單邊或雙邊卵巢表面或內部、充滿流體的腫塊稱為卵巢囊腫。

多數卵巢囊腫都是長在卵巢外面或內部，是充滿流體的非癌性腫塊。好發於生育年齡的女性。小的囊腫不會產生任何症狀，但如果長得太大了，就會壓迫到附近的構造，導致腹痛及頻繁產生尿意等不適感。許多囊腫會自行消失，但長得較大顆的（特別是已經造成症狀的）可能會需要以外科手術將之移除。卵巢囊腫可分為許多不同的類型，最常見的為濾泡囊腫。濾泡囊腫長在卵巢中製造卵子的濾泡裡，有可能長到達5公分的寬度。另一種類型的卵巢囊腫具有多重形態，稱為多囊性卵巢症候群。除此之外，也已發現了其他較不常見的形態。偶爾會有併發症產生，需要緊急予以醫治。例如囊腫有可能會破裂，或扭轉纏結；也有可能長得極為巨大，引發劇烈腹脹。罕見狀況下，囊腫可能會產生細胞突變，進而發展成卵巢癌。

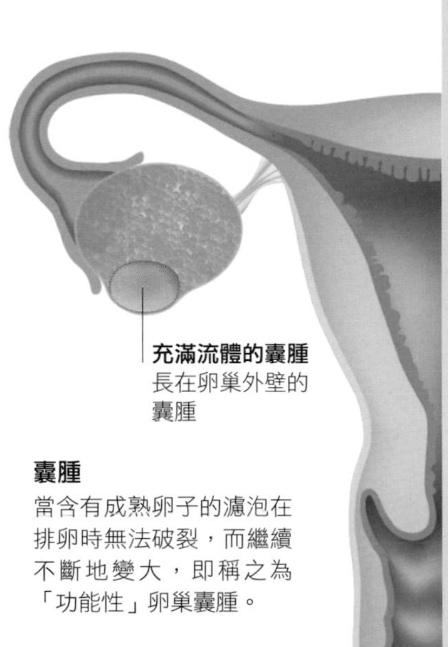
充滿流體的囊腫
長在卵巢外壁的囊腫

囊腫
當含有成熟卵子的濾泡在排卵時無法破裂，而繼續不斷地變大，即稱之為「功能性」卵巢囊腫。

卵巢癌

發於卵巢的癌症是一種長在單邊或雙邊卵巢的惡性贅瘤。

雖然卵巢癌不是女性生殖道癌症類型中最常見的，但是每年所造成的死亡人數卻比其他許多類型都還要高。這是因為此病患者往往到了晚期並已擴散到其他身體部位時才出現症狀。因此使得治療方式變得複雜許多，而且成功率較低。出現症狀時，可能會包括腹部疼痛腫脹與頻繁產生尿意等。此種癌症較常發生於年紀介於50與70歲之間的女性，鮮少有年紀小於40歲的女性罹患。從未生育的女性，以及近親曾罹患此病的女性，罹患機率較高。卵巢囊腫也可能變成癌症，但相當罕見。目前醫學掃描技術仍未能有效篩檢出卵巢癌細胞，然而可對罹病風險高的婦女群進行嚴密監測，一旦產生病變，就能在罹患早期時便發現。

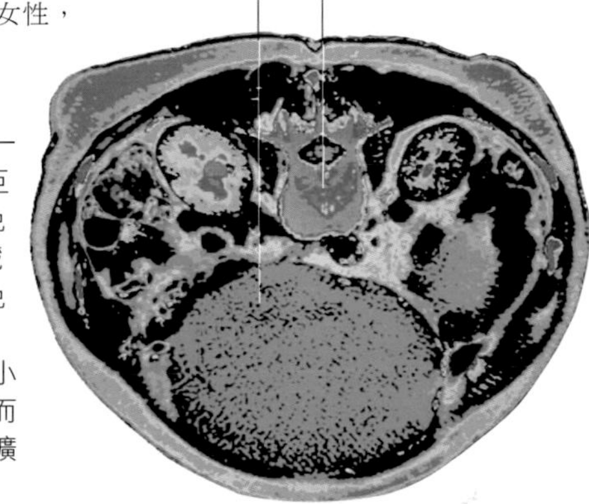
卵巢腫瘤
脊柱

卵巢癌
這張電腦斷層攝影掃描影像顯示一名婦女身體的切面，當中有一顆巨大的卵巢腫瘤（下半部中間的綠色部分）。影像中也可見到她的腎臟（黃色部分）、脊柱（中間粉紅色部分）、肋骨（邊緣粉紅色部分）和體脂肪（藍色部分）。這種大小的癌病變會因為壓迫到周遭構造而導致症狀的產生，也表明癌症已擴散到他處了。

子宮肌瘤（纖維瘤）

長在子宮壁內非癌性的腫瘤稱為子宮肌瘤。

子宮肌瘤（纖維瘤）極為常見，在所有生育年齡女性中，患者大約佔了三分之一。有的子宮肌瘤會單顆長出，有的則同時長出許多顆，體積小的如豌豆般大，大的可長到葡萄柚般大小。小的子宮肌瘤不太會造成什麼問題，但體積較大的就可能會導致月經出血時間持續很久且出血量大以及經痛逐漸加劇等症狀。大型的子宮肌瘤可使子宮變形，可能導致不孕或壓迫到其他器官，比如膀胱或直腸等。

子宮肌瘤的生長部位
子宮肌瘤可長在子宮壁的任何部位，而其正式名稱依其生長部位而定。

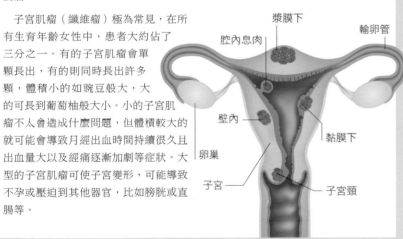

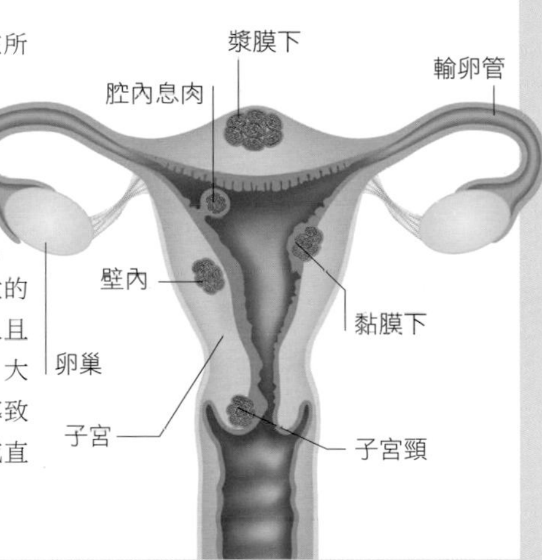
漿膜下
輸卵管
腔內息肉
壁內
黏膜下
卵巢
子宮
子宮頸

子宮癌

子宮的癌症源於長在子宮內襯腔面（子宮內膜）的腫瘤。

女性最容易罹患子宮癌的年紀介於55至65歲之間。雖然致病因仍不明，但已知有幾個明確的風險因子：體重過重、過晚（超過52歲）進入絕經期以及從未生育等。未絕經婦女罹患此病會有經血流量比平時大，或者在月經來潮前後或性行為後出血等症狀；已絕經婦女則可能會有陰道出血的現象。子宮癌的治療方式大多採子宮切除術。

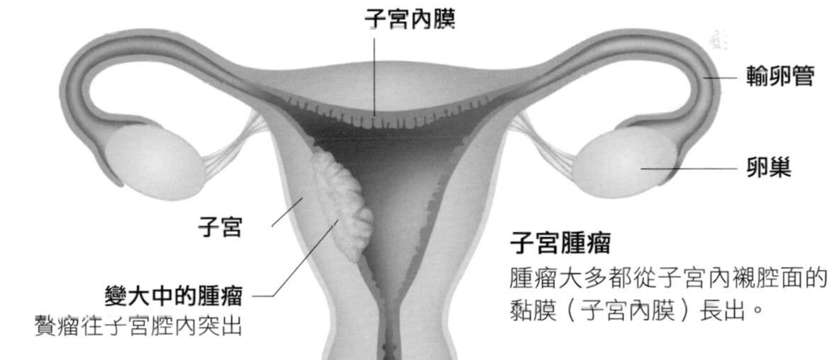
子宮內膜
輸卵管
卵巢
子宮
變大中的腫瘤
贅瘤往子宮腔內突出

子宮腫瘤
腫瘤大多都從子宮內襯腔面的黏膜（子宮內膜）長出。

子宮脫垂

固定子宮的韌帶和肌肉無力，導致子宮向下移位，即為子宮脫垂。

子宮脫垂較好發於已經進入絕經期的婦女；進入絕經期後，雌激素（動情激素）濃度降低，連帶影響韌帶拉住子宮的能力。導致此病的成因有許多，諸如生產、肥胖症、咳嗽或排便的力道造成子宮勞損等。向下突出的子宮會掉入陰道中，嚴重者甚至會往下墜至陰戶。症狀包括陰道飽脹感、下背部疼痛和排尿或排便困難等。

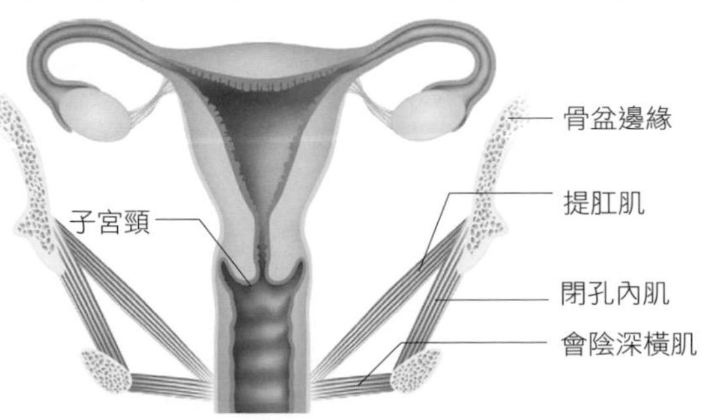
骨盆邊緣
提肛肌
子宮頸
閉孔內肌
會陰深橫肌

正常的子宮
子宮由肌肉和韌帶固定著。若要維持骨盆底肌的強度並避免脫垂，得規律進行骨盆底肌的運動，這點相當重要。

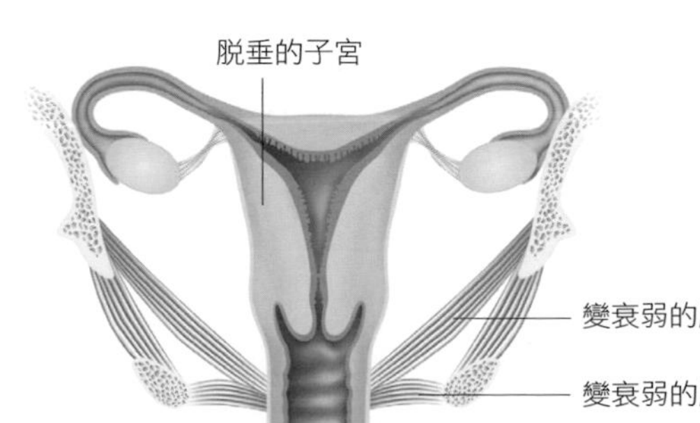
脫垂的子宮
變衰弱的肌肉
變衰弱的肌肉

子宮脫垂
此子宮脫垂患者的子宮已滑落入陰道。陰道壁也可能會脫垂。

男性生殖系統的異常疾病

男性的生殖道容易罹患多種不同類型的異常疾病。患病部位如果位於外部可見之處，通常在患病早期就可清楚顯現。反之，如果患病的生殖系統部位位於身體內部（例如前列腺），則發現時可能已進入疾病晚期，醫治較為困難，而治癒的機率也較低。

鞘膜積液（陰囊積水）

鞘膜積液（陰囊積水）是包覆著睪丸的膜中充滿了流體而導致腫脹的疾病。

兩個睪丸各由雙層膜包覆著，正常情況下含有少量流體。罹患鞘膜積液時，積累於其中的流體過量，使得睪丸出現腫脹外觀。這種病好發於嬰兒與老年人。鞘膜積液的致病因通常不明，但是受感染、發炎或睪丸損傷都是可能的觸發因素。鞘膜積液通常不會導致疼痛，但會隨著陰囊體積和重量的增加而出現明顯拖曳感。患者年紀小的話，通常不需要治療病情就會自行好轉。然而，如果因罹患鞘膜積液而引起不適，可利用外科手術將之移除，而若患者健康狀態不適合進行手術，則可利用針筒將該處的流體引流出體外。

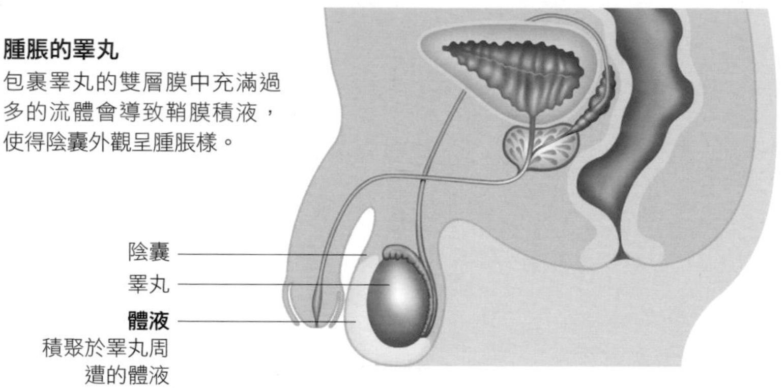
陰囊
睪丸
體液
積聚於睪丸周遭的體液

腫脹的睪丸
包裹睪丸的雙層膜中充滿過多的流體會導致鞘膜積液，使得陰囊外觀呈腫脹樣。

睪丸癌

長在睪丸中的癌化腫瘤，好發於青壯年男性。

睪丸癌是介於20與40歲之間的男性最常罹患的一種癌症。若於患病早期發現，治癒的難度低，但若一直沒有接受治療，則癌細胞可藉由淋巴結擴散到其他身體部位。罹患睪丸癌的症狀包括睪丸中出現質地堅硬但不造成疼痛的團塊、睪丸大小和外型有所改變、陰囊鈍痛（隱隱作痛）等症狀。睪丸瘤可分為許多不同的類型（胚細胞瘤、基質細胞瘤、續發性睪丸瘤等），不論類型為何，病灶都源自於睪丸中製造精子的細胞。若罹患此類癌症，接受早期治療極為重要，因此所有男性都應養成檢查自身睪丸的習慣；只要發現陰囊的皮膚有腫脹或有所改變，即應儘速告知醫護人員。若出現柔軟的團塊或發疼的腫塊，則可能為囊腫或感染所引起。

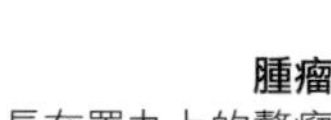
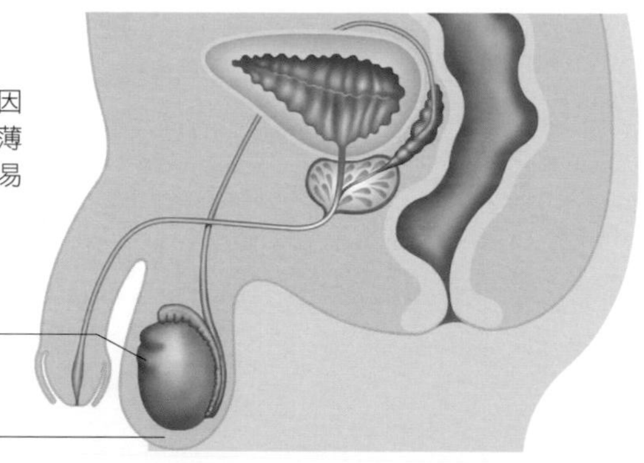
腫瘤
長在睪丸上的贅瘤
陰囊

睪丸上的腫瘤
睪丸外壁上長出腫瘤時，因為腫瘤之上只覆蓋了厚度薄的皮膚和陰囊層，必能輕易察覺。

前列腺異常疾病

前列腺疾病包括發炎、良性膨大等嚴重性較輕的異常疾病，也涵蓋了癌症等異常嚴重疾病。

前列腺位於膀胱正下方，圍繞在尿道（上接膀胱，下接陰莖的管狀器官）上半部的外圍。這個栗子般大小的前列腺負責製造分泌物並加入精液（內含精子的流體）。前列腺的異常疾病很常見，男性往往會在中老年時罹患。前列腺異常疾病中最嚴重的為前列腺癌（攝護腺癌），即前列腺中出現腫瘤性增生的疾病。此疾病可危及生命，但患者通常為老年男性，而此疾病的進程又相當緩慢，患者可能終其一生都不會有症狀產生。然而，患者如果是年紀較輕而需要接受治療的男性，依然能夠檢測得出。前列腺（攝護腺）肥大極為常見，幾乎所有年過50歲的男性都多多少少有某種程度上的增生問題。雖然此疾病被視為是老化過程的一部分，但如果該腺體使尿道受到壓縮，則可導致泌尿症狀，會令患者十分困擾。頻尿、起尿延遲、排尿的尿柱變小、收尿不佳以及排尿後仍然覺得有尿液尚未排出的感受等，都是罹患此病之可能症狀。前列腺炎（或稱攝護腺炎，請參閱右方說明）為一種常見疾病，通常由感染所致。

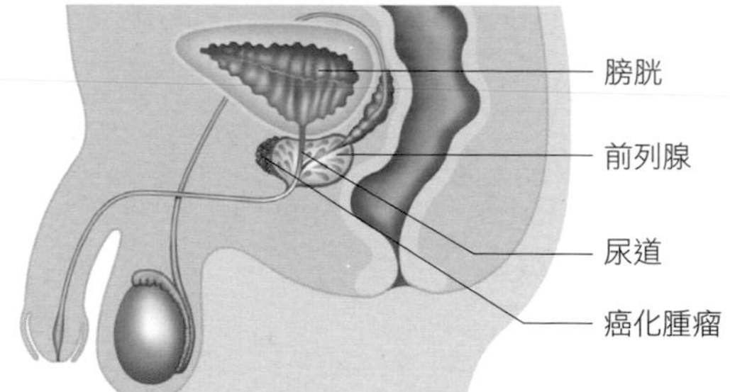
膀胱
前列腺
尿道
癌化腫瘤

前列腺癌（攝護腺癌）
如此大小的癌化腫瘤長在前列腺上時，不太會導致立即性的問題，但有可能會擴散到其他身體部位。

正常的前列腺

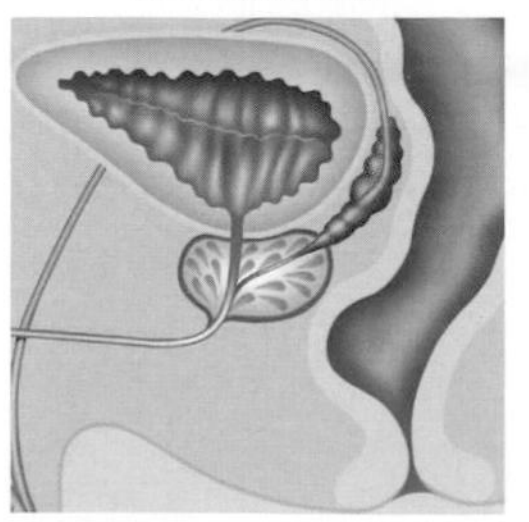

肥大的前列腺

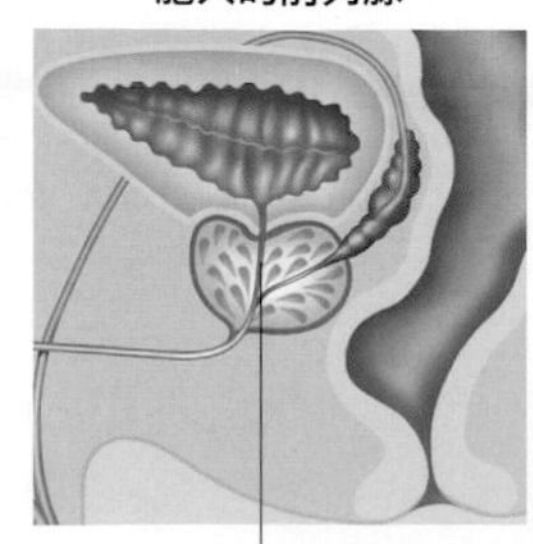
膨大的前列腺對尿道造成壓迫

前列腺肥大
正常的前列腺緊貼在尿道外圍並毗連膀胱；一旦肥大，會對尿道造成擠壓。

前列腺炎（攝護腺炎）

前列腺炎可分為急性和慢性兩種。急性前列腺炎較不常見；罹患時，會突然產生嚴重的症狀，但通常很快就消退。症狀可包括發燒、惡寒以及陰莖基底部位疼痛、下背部疼痛和排便疼痛等。慢性前列腺炎的症狀諸如腹股溝（鼠蹊）和陰莖疼痛、射精疼痛、精液帶血以及排尿疼痛等，特徵為持續時間長但通常不嚴重，難以醫治。致病因有可能是泌尿道細菌感染；兩種類型的前列腺炎都好發於年紀介於30和50歲之間的男性。

致病的細菌
這張電子顯微照片顯示與前列腺炎有關係的「糞腸球菌」。這是一種人類腸道中正常而無害的細菌。

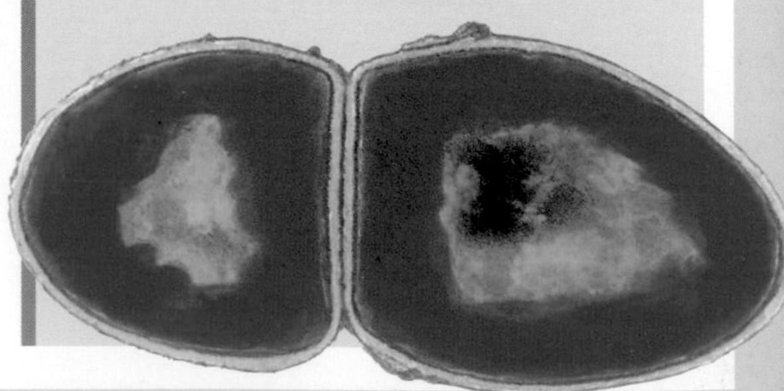

性傳播感染病

性傳播感染病，又稱性傳播疾病（性病），是藉由性行為在人與人之間傳播的感染症。生殖器性交、肛交和口交都會將感染症傳染給他人。性病通常能以藥物治癒，而「安全性行為」則是重要的預防措施。

淋病

因感染淋病奈瑟菌（淋球菌）而導致生殖器發炎，稱為淋病。

淋病患者較普遍為男性，但女性也可受感染。感染部位主要位於尿道，女性則位於子宮頸。通常不會出現症狀，但如果有症狀的話，一般會有陰莖或陰道流出膿汁或排尿疼痛等狀況。女性患者還可能會有下腹疼痛及不規律性陰道出血等症狀。偶爾也會因此部位感染，再經由血液循環散播到其他身體部位（例如關節）。若不予以治療，罹患此病的女性可因此而不孕。

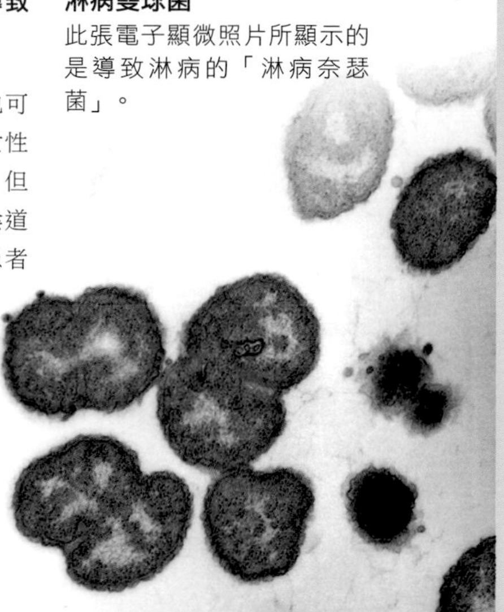

淋病雙球菌
此張電子顯微照片所顯示的是導致淋病的「淋病奈瑟菌」。

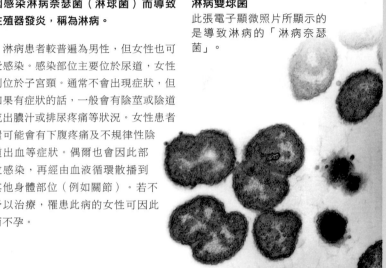

盆腔炎疾病

罹患盆腔炎疾病時，女性生殖道會發炎，通常由性病所導致。

盆腔炎疾病是造成青年女性骨盆疼痛的常見因素；此病的其他症狀還有發燒、月經出血量大或持續時間長，以及性交時疼痛等。也有些人完全沒有症狀。此疾病通常是披衣菌或淋病等性病所致。生產後或妊娠終止後受感染也是可能的致病因。發炎處始於陰道，再由該處散播到子宮和輸卵管。病情嚴重時，連卵巢都會遭感染。若未予以治療，則可能會使輸卵管遭受破壞，導致不孕及子宮外孕的可能性提高（請參閱第244頁）。

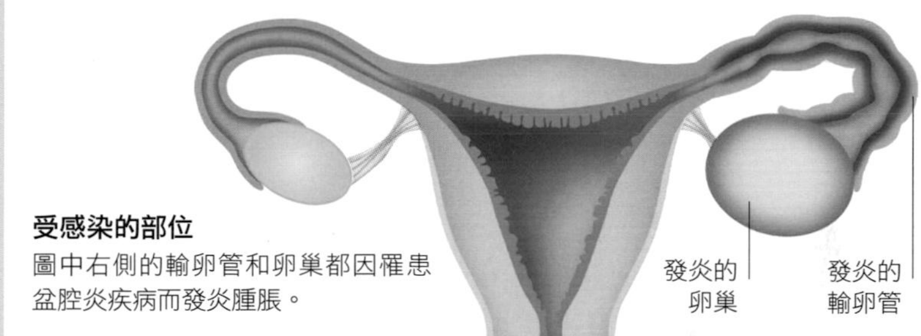
發炎的
卵巢
發炎的
輸卵管

受感染的部位
圖中右側的輸卵管和卵巢都因罹患盆腔炎疾病而發炎腫脹。

非淋球菌性尿道炎

又名非特異性尿道炎，這種男性性病是由非淋病的細菌感染所致。

非淋球菌性尿道炎是一種最常侵害全球各地男性的性病。典型的病徵包括尿道（從膀胱延展到陰莖末端的管道）發炎（可能有膿汁流出，也有可能沒有）、陰莖末端發炎或酸痛、排尿疼痛（特別是早上起床排出高濃度尿液的時候）。約有半數非淋球菌性尿道炎病例都是由「砂眼披衣菌」所致；這種細菌可傳染給女性，進而導致披衣菌感染。可能導致非淋球菌性尿道炎的其他致病菌還包括「溶尿素尿黴漿菌（一種細菌）」、「陰道滴蟲（一種原生動物）」、「白色念珠菌（一種真菌）」、「生殖器疣病毒（人類乳突瘤病毒，或稱乳頭狀腫瘤病毒）」、「生殖器皰疹病毒（單純皰疹病毒第1及第2型）」等等。性伴侶雙方都應接受治療，以免再次感染對方。為了有效預防性病，性生活活躍的人應限制其性伴侶的數量，並在進行插入式性交時使用保險套。

非淋球菌性尿道炎的症狀
最主要的問題為尿道發炎，會導致陰莖外部開口疼痛與瘀痛以及排尿疼痛。感染範圍如果擴散的話，睪丸和副睪丸也可能變得腫脹。

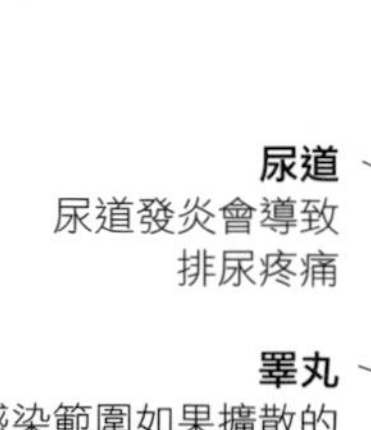

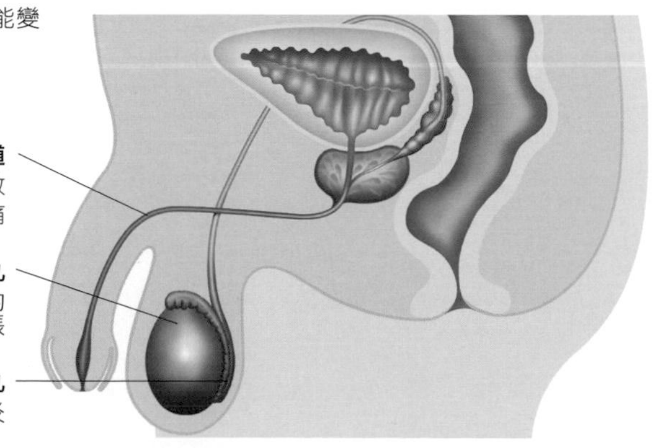
尿道
尿道發炎會導致排尿疼痛
睪丸
感染範圍如果擴散的話，可能會變腫脹
副睪丸
有時也會發炎

梅毒

梅毒是生殖器的細菌性傳染病，可感染男女兩性。

梅毒在歷史上惡名昭彰，但自從有了抗生素後，罹患此病的人數便大幅降低。此病的致病細菌為「梅毒螺旋體」，這種細菌會從生殖器的管道進入人體，並對生殖器官造成傷害；不予以醫治的話，有致死的可能。罹患此病的第一個徵象為陰莖或陰道產生具有高度傳染性的瘡（下疳），同時伴有淋巴結腫大。進入下個階段時，皮膚會發皮疹與類似疣的斑塊，同時產生類似流感的症狀。沒有接受治療的話，病情會繼續惡化到致命的最終階段，並會出現典型的性格改變、精神病及神經系統異常疾病。

披衣菌感染

「砂眼披衣菌」會導致女性罹患披衣菌性感染症。

披衣菌感染是極為常見的一種性病。雖然這類細菌會使男性罹患非淋病性尿道炎，但只有女性會罹患披衣菌感染症。遭此類細菌入侵會導致生殖器官發炎及陰道產生分泌物、頻繁想解尿、下腹疼痛及性交疼痛等症狀。披衣菌感染會導致盆腔炎疾病，如果不予以治療，還可能會造成不孕。從子宮頸取得的化驗標本可查出是否有該細菌的存在。

披衣菌入侵
內襯腔面的
細胞
上皮細胞
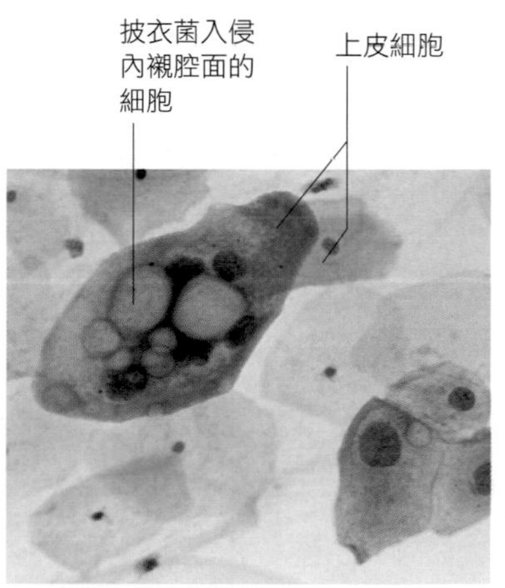

子宮頸抹片中的細菌
這張（放大400倍的）子宮頸抹片顯微照片中可見當中存有「砂眼披衣菌」（在大型藍色細胞中的粉紅色細胞）。

不育症

伴侶在進行無預防措施的性行為一年過後還是沒有受孕的話，表示可能一方或雙方都有生育障礙。若伴侶雙方等到年過30或40歲之後才開始建立家庭，則罹患生育異常疾病的可能性更高，因為到了這個年齡，自然具備的生育能力已走下坡。若無論如何都無法接受膝下無子，也有不同類型的生育輔助科技和療程可供選擇。

造成女性不育的因素

所有不育病例中，約有三分之一的原因出自女性的生殖系統上。有的問題屬於物理性的，例如輸卵管遭受破壞，使得卵子無法到達目的地；有的屬於排卵的問題，也就是卵子無法每個月定期釋出；還有子宮出現異常徵狀、排斥胎兒相關的植床（著床）問題；或是出現子宮頸環境對精子不利的情況。除此之外，也有查不出致病因，或是綜合了許多不同問題的病例。

輸卵管受損

輸卵管受損會導致輸卵管結瘢變形，卵子可能會因此而無法移動。

罹患子宮內膜組織異位時，子宮內襯腔面（子宮內膜）的碎片若是嵌入輸卵管組織，可能會使輸卵管受阻。通常由性傳播感染病（例如披衣菌，請參閱第241頁）所造成的盆腔炎疾病在感染時可能不會察覺，但發炎會導致結瘢，進而造成往後的生育問題。使用子宮內避孕器會增加罹患盆腔炎疾病的機率。病變的輸卵管通常只有一條，也就是說若另一條輸卵管情況良好，仍有受孕的機會。

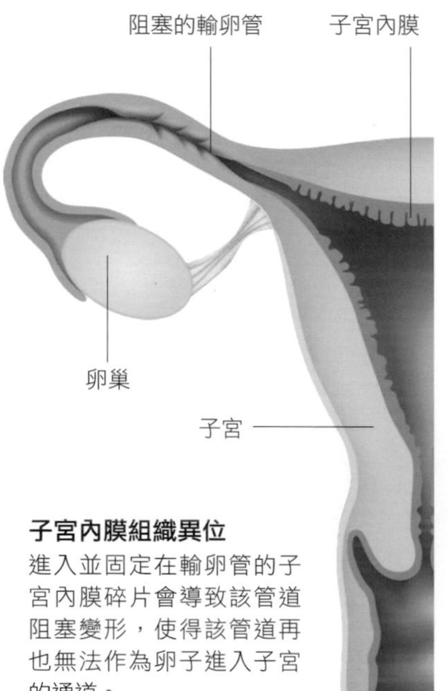
阻塞的輸卵管
子宮內膜
卵巢
子宮

子宮內膜組織異位
進入並固定在輸卵管的子宮內膜碎片會導致該管道阻塞變形，使得該管道再也無法作為卵子進入子宮的通道。

子宮的異常徵狀

有物理性問題的子宮可能會使受精卵無法植床（著床）。

子宮的結構性異常相當罕見，但卻也有可能導致不孕。胎兒期子宮在發育時可能會出問題，導致其子宮扭曲變形或畸形。長在子宮壁中、巨大且數量眾多的非癌性腫瘤（子宮肌瘤）可侵佔該器官的內部空間，導致子宮變形。子宮動過外科手術或罹患盆腔炎疾病也會影響子宮的結構，可能導致往後受孕困難。

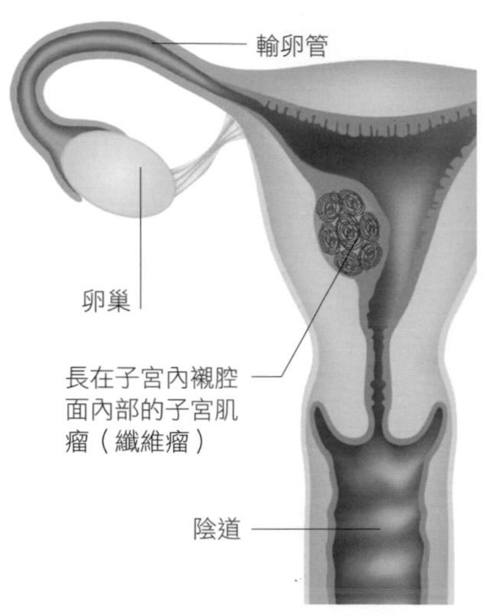
輸卵管
卵巢
長在子宮內襯腔面內部的子宮肌瘤（纖維瘤）
陰道

子宮肌瘤（纖維瘤）
圖中可見一顆巨大的良性（非癌性）贅瘤將子宮壁朝向子宮內部推出，導致子宮腔的空間變小且使子宮變形。

子宮頸的問題

子宮頸環境對精子不利或有物理性缺陷時，可導致生育困難。

子宮頸製造的黏液通常濃稠；即將排卵時，雌激素（動情激素）濃度會增高，讓黏液的黏稠度減低，好讓精子穿入。如果雌激素濃度低，或者陰道受感染，黏液的濃稠度就可能維持不變，使得精子不得其門而入。另一個會使子宮頸環境不利的問題是：有些女人的免疫系統會製造對抗配偶精子的抗體，殺害子宮頸中的精子。息肉、子宮肌瘤（纖維瘤）、狹窄症和變形都是與不孕有關的其他子宮頸病症。

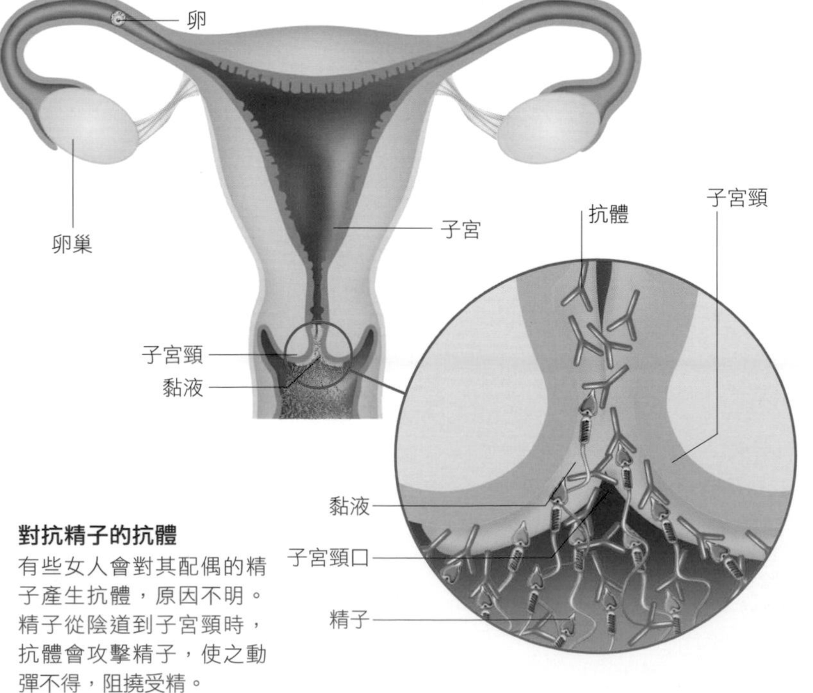
卵
卵巢
子宮
抗體
子宮頸
子宮頸
黏液
黏液
子宮頸口
精子

對抗精子的抗體
有些女人會對其配偶的精子產生抗體，原因不明。精子從陰道到子宮頸時，抗體會攻擊精子，使之動彈不得，阻撓受精。

排卵問題

卵子可能根本沒有釋出，或間歇性釋出，導致受孕困難。

成熟卵子釋出準備受精，此即排卵現象。正常狀況下，兩個卵巢大約每個月會輪流交替釋出一顆卵子。這個模式只要稍微偏離常軌，就可能導致受精出現問題。更明確地說，此類問題範圍擴及完全不排卵到排卵次數稀少等。這類問題相當常見，因為排卵要正常，有賴許多不同類型的激素彼此之間複雜的交互作用。會影響這些激素的因素包括腦下垂體和甲狀腺異常疾病、多囊性卵巢症候群、長期使用口服避孕藥、體重過重或過輕、運動過度和壓力等。提早進入絕經期也可能是其中一個致病因。

造成男性不育的因素

與女性不育一樣，男性造成不育的病例佔了三分之一左右（剩下三分之一的病例原因不明）。精子的品質不良為其中一個問題，另一個則是射精前，來自睪丸的精子經過副睪丸和輸精管的路途有問題。射精的問題可能是生理疾病或心理異常所致，會因無法勃起、無法維持勃起或射精逆流，而使得精子無法抵達陰道。

生產精子的能力出問題

精子的製造量可能過低，或者製造出的精子畸形或無法正常游動；這些全都會降低受孕的可能性。

要能夠受孕，精子的製造量必須相當大；無法製造出大量精子，即為精子稀少。如欲了解是否有此問題，可利用顯微鏡檢查得知，並可觀察單一精子的大小、形狀和運動狀態（能動性）。這幾方面只要有其中一個方面出了問題，都會導致受精機率降低。射精時製造出的精液量若太少，也會降低受精機率。

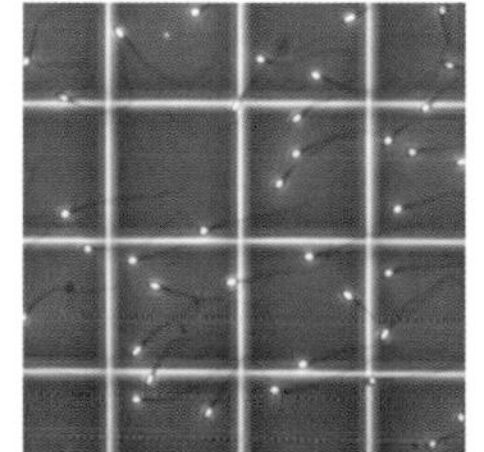

正常的精子計數

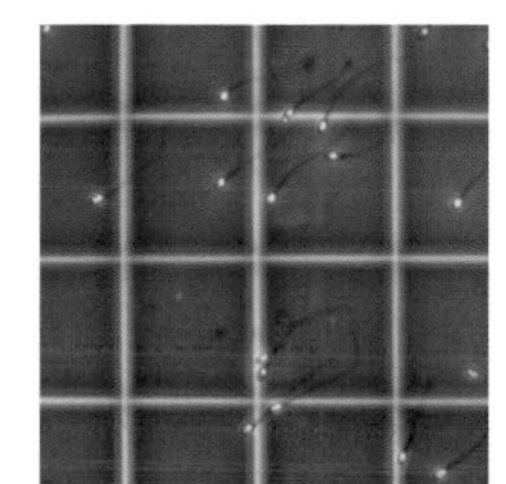

過低的精子計數

梗阻性無精症

將精子從睪丸帶到陰莖的管道，只要有其中一條變形或堵塞，受精機率就會降低。

從起源地睪丸出發的精子要經過一段漫長曲折的路途才能夠射出。此運輸網中的任一管道（包括副睪丸和輸精管）縮窄、堵塞或變形都可造成精子通過的速度減慢或甚至完全受阻。這個問題的起因有許多，但最有可能的是男性生殖系統受感染。有些性病（請參閱第241頁）會導致這些管道發炎（特別是淋病），遺留下的瘢痕組織會使構造變形，對運載精子的能力造成不利的影響。

輸精管管腔縮窄

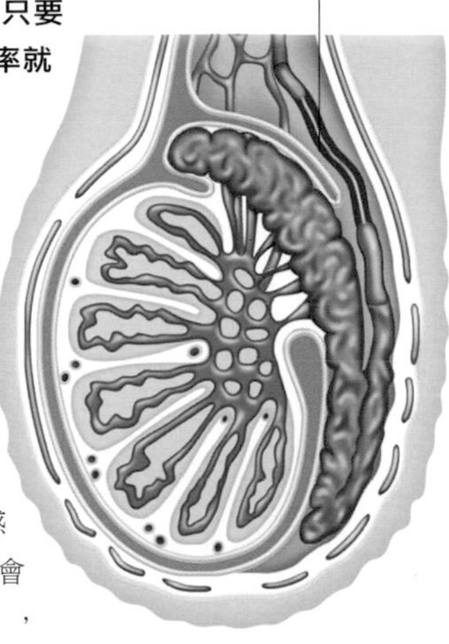

輸精管發炎
輸精管是輸送精子的管道，受損可導致精子無法通過或通過速度變慢。輸精管的損傷可由感染所致，通常為性傳播感染病。

射精問題

勃起機能障礙和射精逆流都可對受精能力產生不利的影響。

有幾種射精問題會導致精子無法經由正常方式抵達陰道進行受精。最常見的為勃起機能障礙（即無法勃起或無法維持勃起），起因可為糖尿病、脊髓疾病、血流障礙、某些藥物的作用或精神異常等。射精逆流是因瓣膜有缺陷而導致精液往回流到膀胱所產生的另一個問題；可能是部分或整個前列腺切除後所產生的併發症。可依勃起機能障礙的致病因，來給予不同的治療方式以緩解此病症狀。

試管（體外）受精

試管受精是一種輔助受孕的方法，即在體外結合精子和卵子。

第一個利用試管（體外）受精產出的「試管嬰兒」誕生於西元1978年，這個受孕方法至今已相當普及化。輸卵管受阻、不育原因不明或無法治療的情況下，可執行試管（體外）受精。進行這個方法時，會需要將卵子從卵巢內取出。取出之前，會先以人為方式施以激素（激素），讓多顆卵子同時成熟，以一口氣取出進行受精，增加成功的機會。接著，讓卵子與該女性配偶（或捐贈者）身上取得的精子結合，用正常身體的溫度培育48小時。利用一條細管穿過陰道和子宮頸，將多達三顆受精卵注入欲受孕婦女的子宮中。若有一顆或多顆卵子在子宮壁植床（著床），則可視為療程成功。以試管（體外）受精嘗試受孕者，實際成功並進入妊娠期的比例佔了45%。

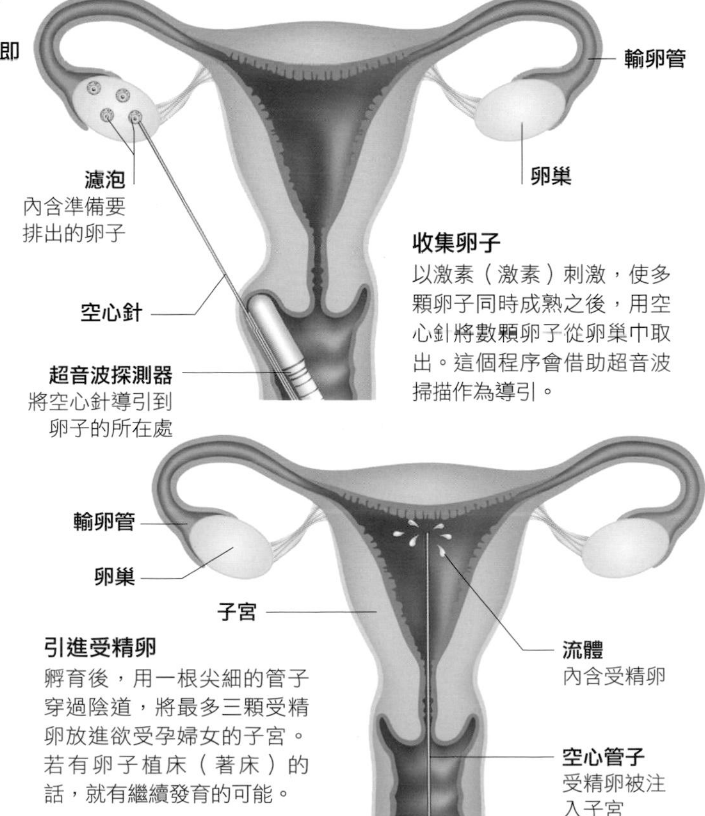
輸卵管
卵巢
濾泡
內含準備要排出的卵子
空心針
超音波探測器
將空心針導引到卵子的所在處
輸卵管
卵巢
子宮
流體
內含受精卵
空心管子
受精卵被注入子宮

收集卵子
以激素（激素）刺激，使多顆卵子同時成熟之後，用空心針將數顆卵子從卵巢中取出。這個程序會借助超音波掃描作為導引。

引進受精卵
孵育後，用一根尖細的管子穿過陰道，將最多三顆受精卵放進欲受孕婦女的子宮。若有卵子植床（著床）的話，就有繼續發育的可能。

卵子細胞質內精子注射法

卵子細胞質內精子注射法是精緻版的試管（體外）受精方法。若傳統輔助受孕技術皆失敗的話，可求助於此種方法。在實驗室中直接將精子注入單一顆成熟的卵子。此方法的手續相當繁複，需要以顯微鏡查看及操作顯微儀器。單次月經週期即成功的機率高達五成，只會發育出單個胚體。

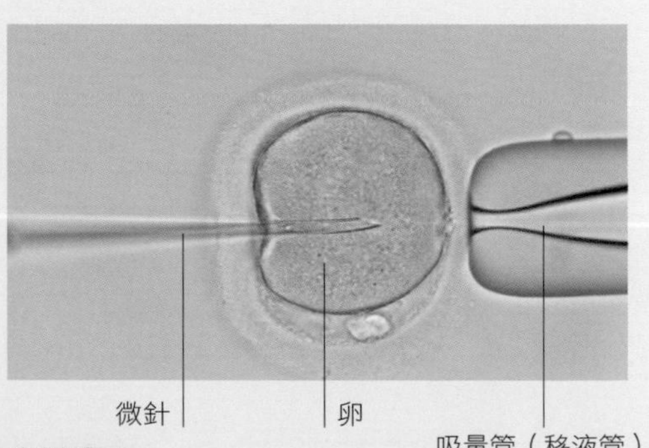
微針
卵
吸量管（移液管）

注射精子
從這張顯微照片可見一個精子正以人工方式被注入卵子的樣貌。有一根微針正在為圓形的卵細胞進行注射，而吸量管（移液管）的尖端則將卵子固定著。

妊娠和分娩的異常疾病

大多數妊娠和分娩都可在沒什麼大問題的狀況下順利完成，並產出健康足月的寶寶。然而，在這期間原本健康的婦女也可能發生一些問題，危及媽媽和寶寶雙方的健康。妊娠和分娩期間的異常疾病很少會對媽媽或寶寶的身體造成永久性的傷害。

子宮外孕

子宮外孕即：妊娠開始的地點不在子宮（通常會在輸卵管）。

約有1%的孕婦有子宮外孕的狀況；較好發於50歲以下的婦女。患者的受精卵植床地點不在子宮的內襯腔面，而是在其中一條輸卵管中，或在其他地方（較罕見）。胚體會因此無法進行正常發育，妊娠通常會因而失敗。患者必須接受外科手術將此胚體移除，以免輸卵管被撐裂，造成內出血。

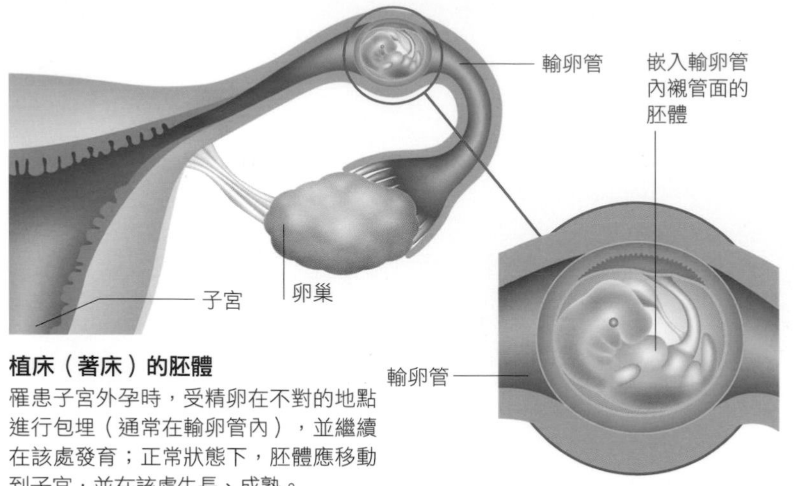
輸卵管
嵌入輸卵管內襯管面的胚體
子宮
卵巢
輸卵管

植床（著床）的胚體
罹患子宮外孕時，受精卵在不對的地點進行包埋（通常在輸卵管內），並繼續在該處發育；正常狀態下，胚體應移動到子宮，並在該處生長、成熟。

子癇前症

高血壓與體液滯留是此類妊娠疾病的特徵。

有5-10%的孕婦會罹患子癇前症，罹患時間點特別常在即將生產的前幾週。特徵包括高血壓、體液滯留及尿液中出現蛋白質分子等。子癇前症通常容易治療，但若是不予以理會，則會繼續惡化，變成一種危及生命的病症，稱為子癇；罹患子癇可引發頭痛、視覺障礙、癲癇發作，並最終導致昏迷。

胎盤問題

胎盤在生產前出現功能性或方位性問題，統稱為胎盤問題。

會影響到胎盤的問題主要有兩個：胎盤蓋住離開子宮的子宮頸口時稱為前置胎盤（先現胎盤）；胎盤與子宮壁分離則稱為胎盤早剝。前置胎盤（先現胎盤）的嚴重程度如何，取決於覆蓋子宮頸的範圍有多大，最輕度為邊緣性前置胎盤，可能只會造成一點問題，最嚴重的情況則為完全性前置胎盤。胎盤早剝通常開始得很突然，而且因其剝奪了胎兒最基本的物質供應，有危及胎兒的生命的可能。兩種病症都可造成陰道出血，但在沒那麼嚴重的情況下，症狀可能太輕，因而遭忽視。

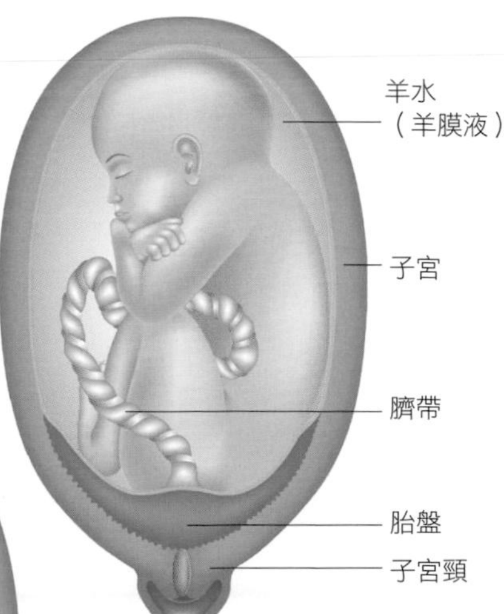
羊水
（羊膜液）
子宮
臍帶
胎盤
子宮頸

前置胎盤（先現胎盤）
圖中子宮頸完全被胎盤蓋住的情況稱為完全性前置胎盤，是一種嚴重的病症。較輕度的前置胎盤型態則為胎盤位置低窪，但只部分遮住子宮的出口。

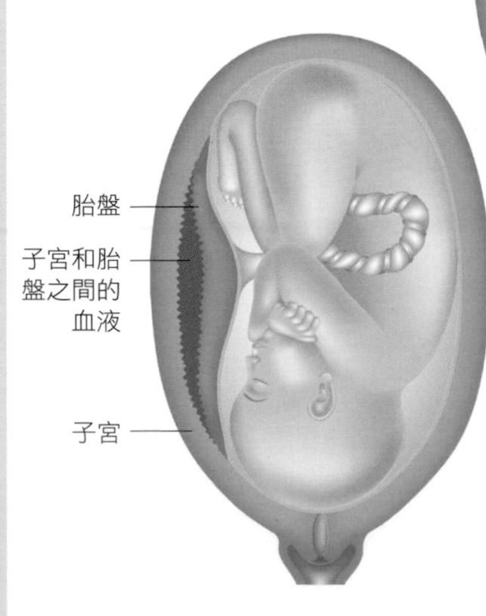
胎盤
子宮和胎盤之間的血液
子宮

胎盤早剝
如圖所示，胎盤提早剝離子宮壁，導致血液積聚於子宮和胎盤之間。也有其他病例中，血液逸出並從陰道排到體外，顯示出此問題的存在。

流產

妊娠期在還沒進入第24週之前就意外地終結，稱為流產，又稱為自發流產或自然流產。

懷孕婦女流產非常常見，發生率達25%。多數流產都在妊娠第14週前發生，其中有一半以上都是因為基因或胎兒異常所造成。較晚才流產的原因則較多樣，從子宮頸或子宮的物理性問題到嚴重感染都有。抽菸、喝酒、濫用藥物都是可能因素。若連續發生三次以上，則稱之為習慣性流產。

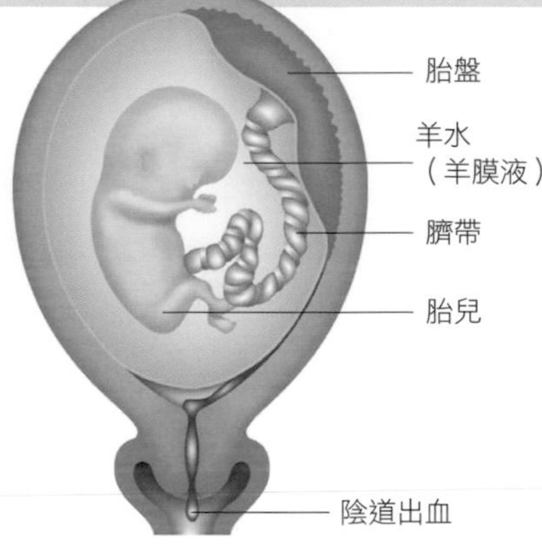
胎盤
羊水
（羊膜液）
臍帶
胎兒
陰道出血

先兆流產
胎兒依然活著，雖然有一點失血，但子宮頸仍緊閉。胎兒可能死亡，造成完全性流產，也有可能成功產出。

羊水過多

子宮裡的胎兒泡在過量羊水中時，即屬於此類病症。

子宮中羊水囤積量過大時會導致羊水過多，造成孕婦腹部疼痛或不適。羊水從第52週開始慢慢累積變多者屬於慢性；約第22週過後開始，並在幾天內惡化者屬於急性。急性羊水過多與懷有同卵雙胞胎有關。羊水過多會給胎兒更大的移動空間，使得胎位異常與早產的可能性增加。

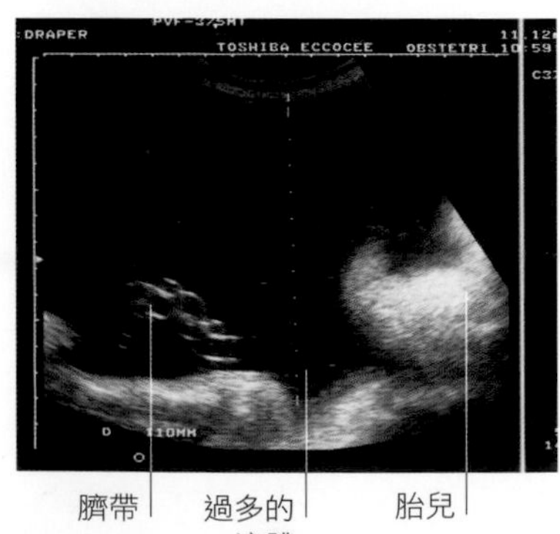
臍帶
過多的流體
胎兒

羊水過量
此張胎兒的超音波掃描顯示出羊水的量太多了，可能會對媽媽和寶寶雙方都造成問題。

胎位異常

胎兒的生產位置只要稍有偏差即視為異常。

有八成的胎兒都會呈正常的生產胎位，即「頭部朝下，而臉朝向母親背部」。胎兒通常會在第36週轉到這個方位，而轉到其他方位的胎兒可能會在分娩時造成問題。最常見的為臀位生產式（請參閱第232頁）和枕骨向後之胎位（請參閱右圖說明）。以臀位生產式生產時，胎兒的臀部會最先出現。某些胎位會使臍帶掉入產道中，導致胎兒窘迫。胎位異常時，子宮頸和陰道都較容易有撕裂傷產生。

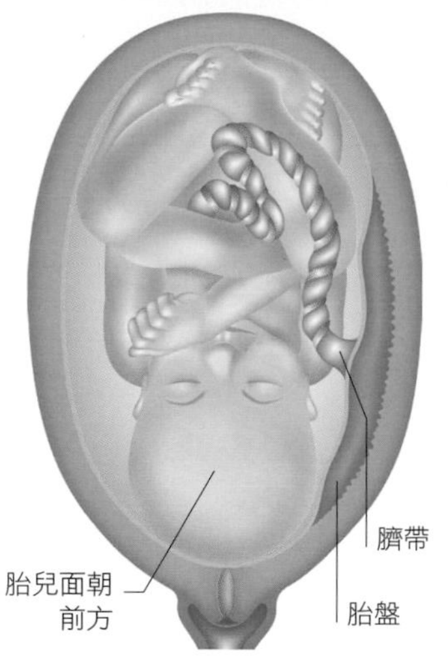
臍帶
胎兒面朝前方
胎盤

枕骨向後之胎位
雖然胎兒的頭部在正常朝下的位置上，臉卻轉了180度，變成朝向前方。多數胎兒都會在分娩期間轉到面向母親背側的方位。

早產

在妊娠第37週前分娩稱為不滿妊娠期分娩或早產。

大部分的妊娠期都會持續約40週，但在最後三週生產都算足月。37週前分娩為過早生產。早產很少會對母體造成問題，但胎兒越是提前出生，問題就越多。導致早產的原因並非都很明確，但已知的誘因包括多胎生產、羊水過多（請參閱對頁說明）及泌尿道感染等。有時可延長妊娠期或防止過早生產，讓胎兒能在子宮裡多待一點時間。

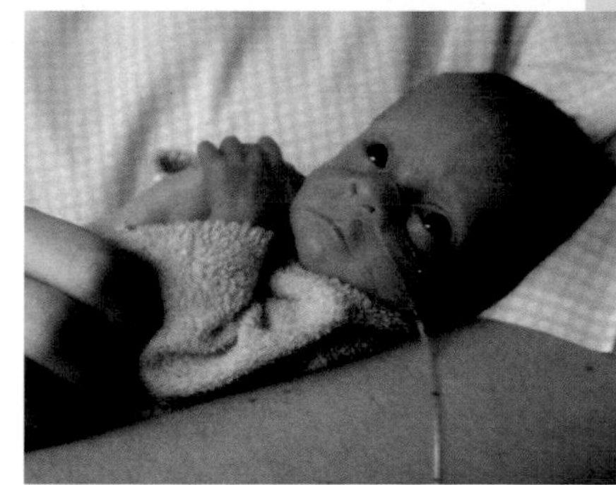

早產兒
這個早產兒因為吸吮反射還沒有發育完成，吞嚥能力不佳，所以用鼻胃管餵食。其他特徵還包括其極小的體型、皺而偏黃的皮膚以及大得不成比例的雙眼。

生產期間的問題

有些問題會使得分娩的第二階段時間延長，或妨礙正常生產的進行。

分娩的第二階段為生產，始於子宮頸完全擴張到10公分時，終於胎兒離開母體時。這個階段常有問題產生，特別是懷第一胎者。有些問題源於分娩的第一階段，包括宮縮太弱和胎位異常等問題，導致胎兒無法施壓於子宮頸以幫助擴張。還有，第一階段如果拖得太長，產婦可能會因此而筋疲力盡，使得力氣到了第二階段就所剩無幾，難以施力將胎兒推出。其他也有一些問題是單純於第二階段出現的，例如胎兒的胎位不正，導致通過產道的時間延長。胎兒也有可能無法順利通過骨盆，原因包括胎兒過大，或是母體的骨盆太小或形狀不規則等。胎兒抵達陰道口時，可能會因該處組織擴張的幅度不夠大，無法讓胎兒頭部滑出，而導致生產困難。即便有這些潛在性問題的存在，依然還是有可能進行正常或輔助性產道生產。然而在某些情況下，剖腹產（請參閱右方說明）可能會是唯一的選擇。

剖腹產

在難產、多胎生產或產婦有醫療原因而無法進行正常產道生產的情況，才會建議執行剖腹產，即在下腹劃開一個切口，將胎兒和胎盤從子宮中取出。這個手術通常會在施以硬膜外麻醉法之下進行，讓產婦在術中依然維持清醒，並能在胎兒出生後很快就與之互動。

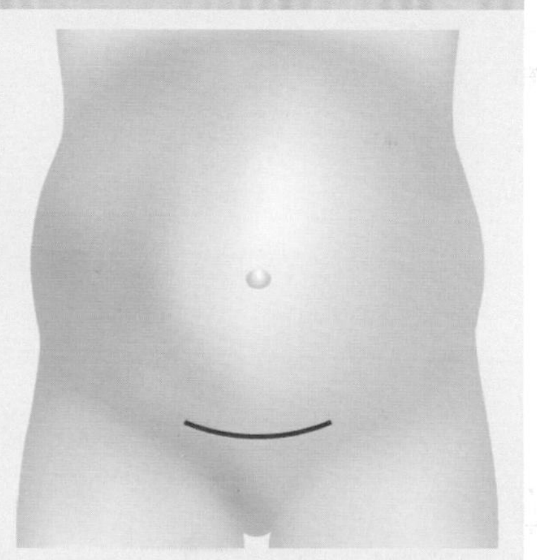
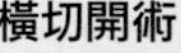

橫切開術
外科醫師在陰毛髮際線正上方劃開切口後，即可將胎兒與胎盤取出。

輔助性生產

生產若進行得不順利或不夠快，可採用一或兩種輔助性生產方式：真空吸引術助產或產鉗助產。

輔助性生產的意思是物理性幫助胎兒離開子宮、穿出產道。在產婦太過疲勞，無力推出胎兒，或是在胎兒卡住或窘迫的情況下，就可能有執行輔助性生產的必要。可供選擇的方法包括真空吸引術助產或產鉗助產兩種。兩種方式都是利用器具將胎兒頭部拉出陰道口，拉出之後就可繼續進行正常生產的程序。為了擴大產道開口好讓器具進入，並讓抽取胎兒頭部的作業更順利，通常會執行女陰切開術，即上局部麻醉藥之後，在會陰（陰道和肛門之間的組織）開一個切口的流程。將此部位組織以醫療方式切開可防止因未切開而造成的不規則撕裂傷。為了避開觸及肛門，切開時會呈斜角。

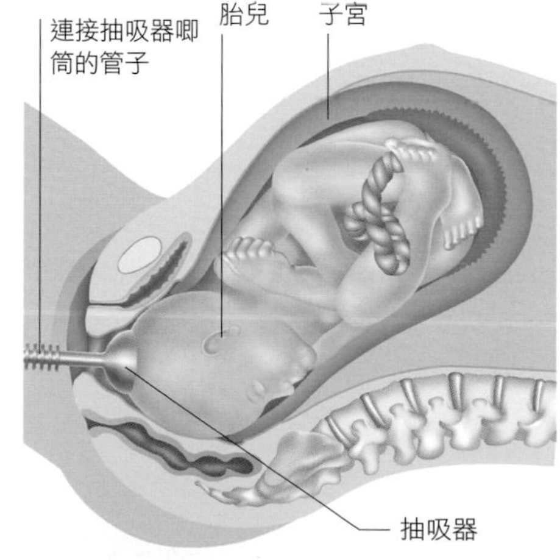
連接抽吸器唧筒的管子
胎兒
子宮
抽吸器

真空吸引術助產
將抽吸器放在胎兒的頭上，並將抽吸器的管子連接上開關打開的唧筒。每次宮縮的時候，醫師就會輕拉胎兒，使之朝外移動。

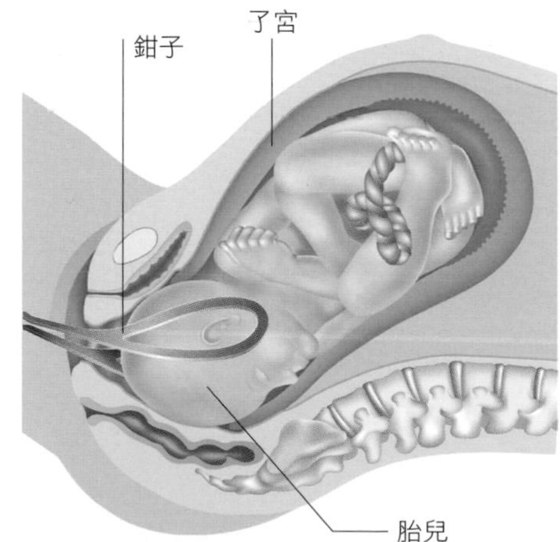
鉗子
子宮
胎兒

產鉗助產
小心地將勺狀產鉗置放在胎兒頭部外圍。醫師在產婦宮縮使力時輕拉產鉗，直到胎兒的頭達到陰道口為止。

「從精力旺盛、嗓音尖細的新生兒到活力漸減、機能衰退的老年，人體的一生都會遵照一條典型的道路走。在發展初期，遺傳和早期環境有一定的影響。然而在人體渡過青春期並到達成年的這段期間，對於生活型態所做的各種決定，例如飲食和運動習慣等，

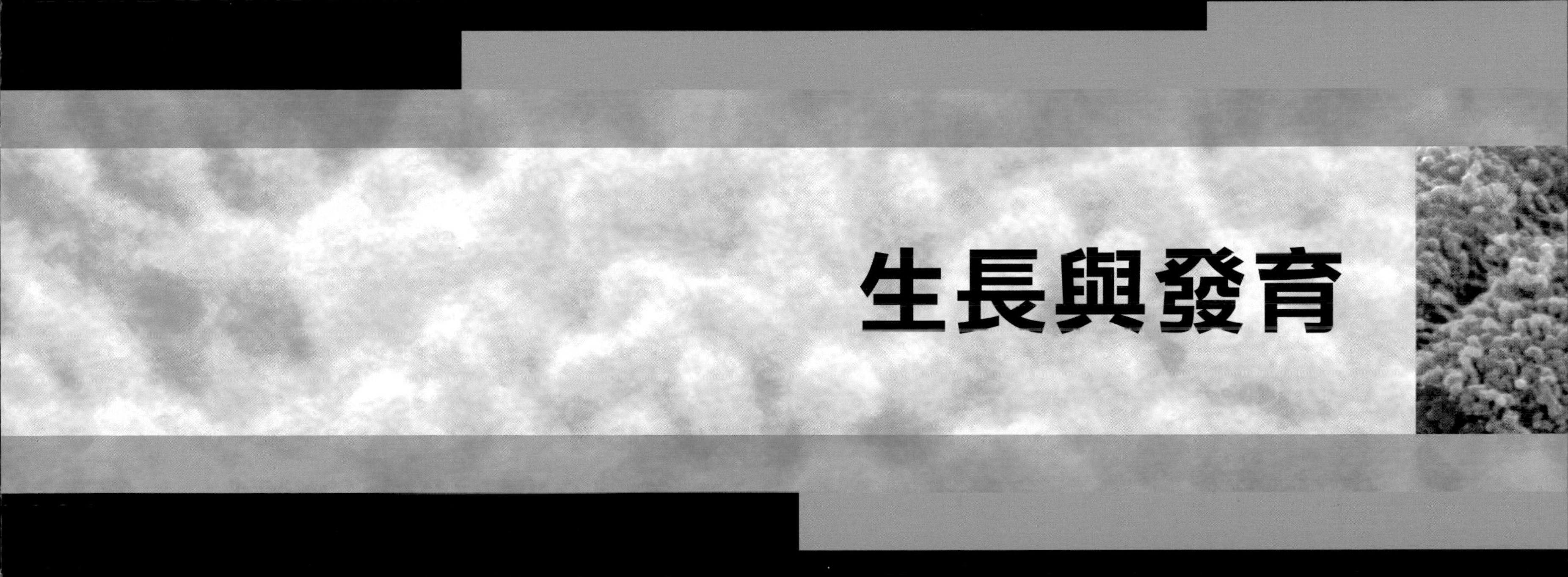

生長與發育

發育和老化

人體在一生中會經過幾個階段。最初的階段是成長和成熟的時期；接著是一段相對穩定的時期，然後人會衰老或退化，最終邁向死亡。

一生中的改變

每個身體都根據其遺傳物質的指令來發育與運作。每個個體中，這張藍圖都是獨一無二的（除了同卵雙胞胎以外），其他因素也是以這張藍圖作為基礎來產生影響。所謂的其他因素主要有環境和生活型態。有許多解釋我們為何會老化的理論，比如在細胞進行再生長時，複製去氧核糖核酸的過程出了錯、細胞機制錯修復的情形逐漸增加，以及在自由基之類的物質影響下所造成的廢棄物質積累等。人體老化的方式也可能是預先設定好的：現今已發現了所謂的「老化基因」，而環境和生活型態（例如飲食習慣）等因素可開啟或關閉這類基因。

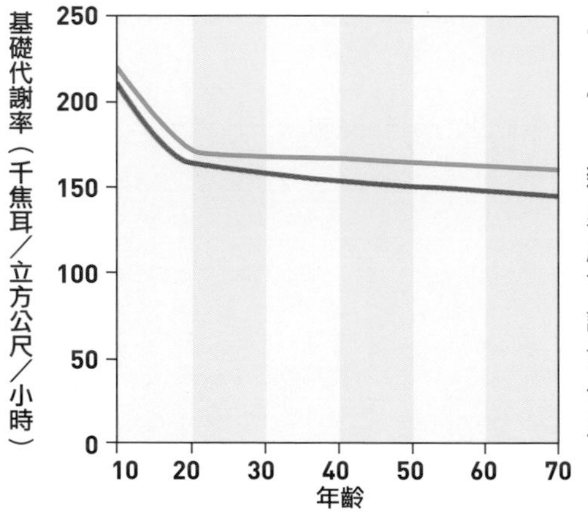
基礎代謝率（千焦耳／立方公尺／小時）
250
200
150
100
50
0
10
20
30
40
50
60
70
年齡
男性
女性

新陳代謝速率與年紀
身體老化的同時，運轉各種機能所需的能量也隨之減少。此現象可由基礎代謝率看出。基礎代謝率為供給所有化學作用所需能量的量（以千焦耳作為測量單位），依體型做調整（以立方公尺為測量單位）。

異常疾病與老化

「正常的」老化過程與已知異常疾病的「病理性」改變，兩者之間要如何區分，依然是個難題。例如腦中小血管堵塞，越老越容易發生，而發生於此處的堵塞可能會導致缺血部位腦組織的壞死。這些壞死組織部位累積的越來越多，失智症的徵象可能會出現，但這些徵象有可能結合了阿茲海默症的一部分徵狀，即類澱粉蛋白斑（澱粉樣蛋白斑）的出現。

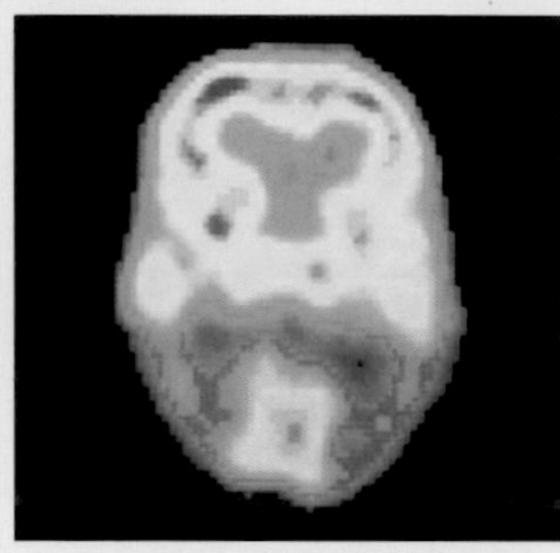

沒有罹患失智症的腦 　　**失智症患者的腦**

失智症患者的腦部活動
這些正子電腦斷層掃描影像顯示出沒有罹患失智症的人（左圖）和失智症患者（右圖）腦部的代謝活動。紅色和黃色表示高活動度；藍色和紫色表示低活動度；黑色表示活動度最低或完全沒有活動。

生命的各個階段
人體會隨著年紀增長而逐漸長大，到了老年又會稍微變矮，但生命中的變化遠多於此。剛學走路的小孩能以驚人的速度習得運動、溝通和其他技巧。在青春期，性器官開始有功能。人體會一直成熟，直到成年期的早期為止，屆時大多數身體部位都不會再變長或變大了。從中年開始，隨著器官逐漸退化，機能會跟著普遍下降，而這種情況還會持續到老年，到了老年通常還會出現身高變矮的情形。

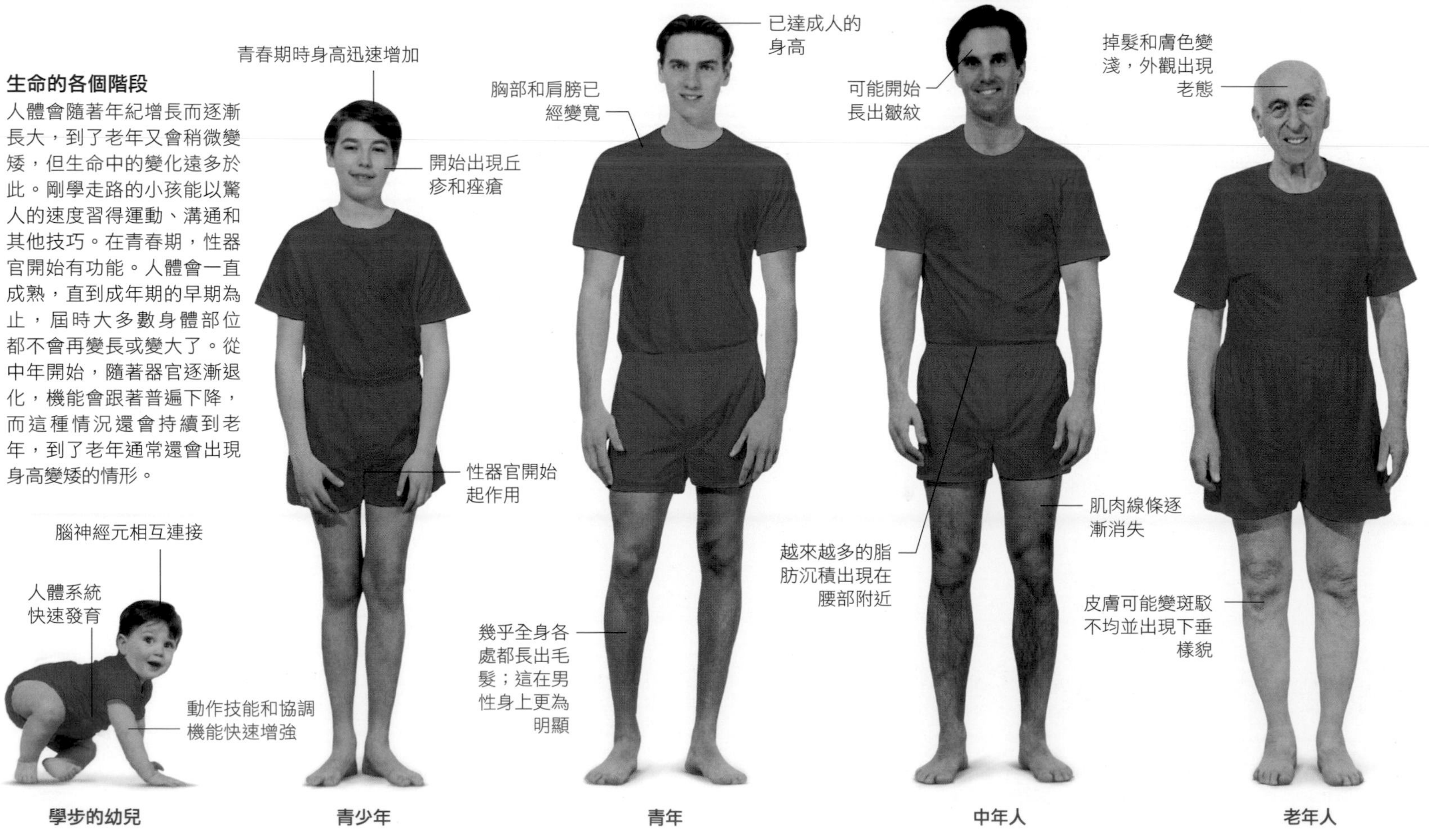

腦神經元相互連接
人體系統快速發育
動作技能和協調機能快速增強
學步的幼兒

青春期時身高迅速增加
開始出現丘疹和痤瘡
性器官開始起作用
青少年

胸部和肩膀已經變寬
已達成人的身高
幾乎全身各處都長出毛髮；這在男性身上更為明顯
青年

可能開始長出皺紋
越來越多的脂肪沉積出現在腰部附近
肌肉線條逐漸消失
中年人

掉髮和膚色變淺，外觀出現老態
皮膚可能變斑駁不均並出現下垂樣貌
老年人

基因性生長異常疾病
照片中央11歲的女孩患有小肢型軟骨發育不良，這種生長性異常疾病是由基因變異所導致。與她4歲（左）和13歲（右），的姐妹相比，她的身高顯得異常。

基因的影響

會影響生長與發育的基因性疾病有許多，其中有些還可能會縮短壽命。長久以來，人們普遍認為壽命長短以及老年健康狀態有遺傳性。這可能是基因的影響，但也可能是外部因素所致（例如健康的生活型態），因為這些外部因素也往往與家庭相關。某項人瑞的生活型態和衛生習慣的研究發現，平均而言，這些百歲老人的衛生習慣和生活型態，和英年早逝者的衛生習慣和生活型態幾乎沒有什麼不一樣。進一步的研究揭示了已知基因的「延長壽命」型變異體。其中一些變異體似乎是靠抑制會誘發異常疾病（如心臟問題）的「縮短壽命」型基因，來產生影響。

性別不同所造成的影響
男性有XY性染色體（如右圖），女性則具有XX性染色體。身為男性或女性會影響壽命長短：平均而言，女性活得比男性久，每五名百歲人瑞就有四名是女性。

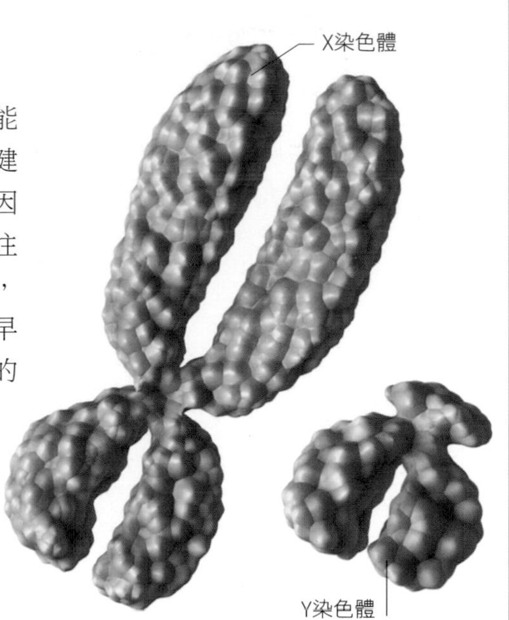
X染色體
Y染色體

環境造成的影響

飲用水品質、輻射線的暴露量等許多環境條件，都會影響發育和老化。被交通廢氣污染的空氣中可能混雜有各種影響肺部、心臟和腦的化學物質，這些化學物質還甚至可能引發某些類型的癌症。估計有90%的皮膚過早老化症狀（特別是皺紋）都是由太陽的紫外線（長波紫外線或中波紫外線）導致，而這種損害大多在幼年時期（損害變明顯的許久以前）就造成了。遺傳學也是一個因素，因為與淺色皮膚相比，天生的深色皮膚在一定程度上受其色素沉著的保護，因此產生老化跡象、皮膚贅瘤和黑色素瘤等癌症的風險較低。

日照的影響
過度曝曬陽光會使皮膚提早老化、產生凹痕、皺紋加深及生成瘢點，也會增加罹患癌症的可能。

空氣污染所造成的影響
受污染空氣中的有害物質中，有許多微小的漂浮微片，主要來自車輛排出的廢氣和化石燃料。這些物質卡在肺部深處可能會導致氣喘和肺癌。

生活型態造成的影響

隨著成長，特別是從青春期到成年期的早期，人們在社交上和思考上會變得更加獨立成熟。根據文化和傳統的不同，人對自己的生活型態有更多的選擇權，比如壓力程度、休閒時間及各種風險。在多數層面上，飲食對健康和老化都有很大的影響。飲食影響了消化系統處理食物的方式，也影響了血液中的膽固醇含量。要促進健康和延緩老化，最重要的生活型態因素包括：健康的體重、均衡的飲食、避免飲酒或適量飲酒、定期鍛煉身體、不吸菸等等。

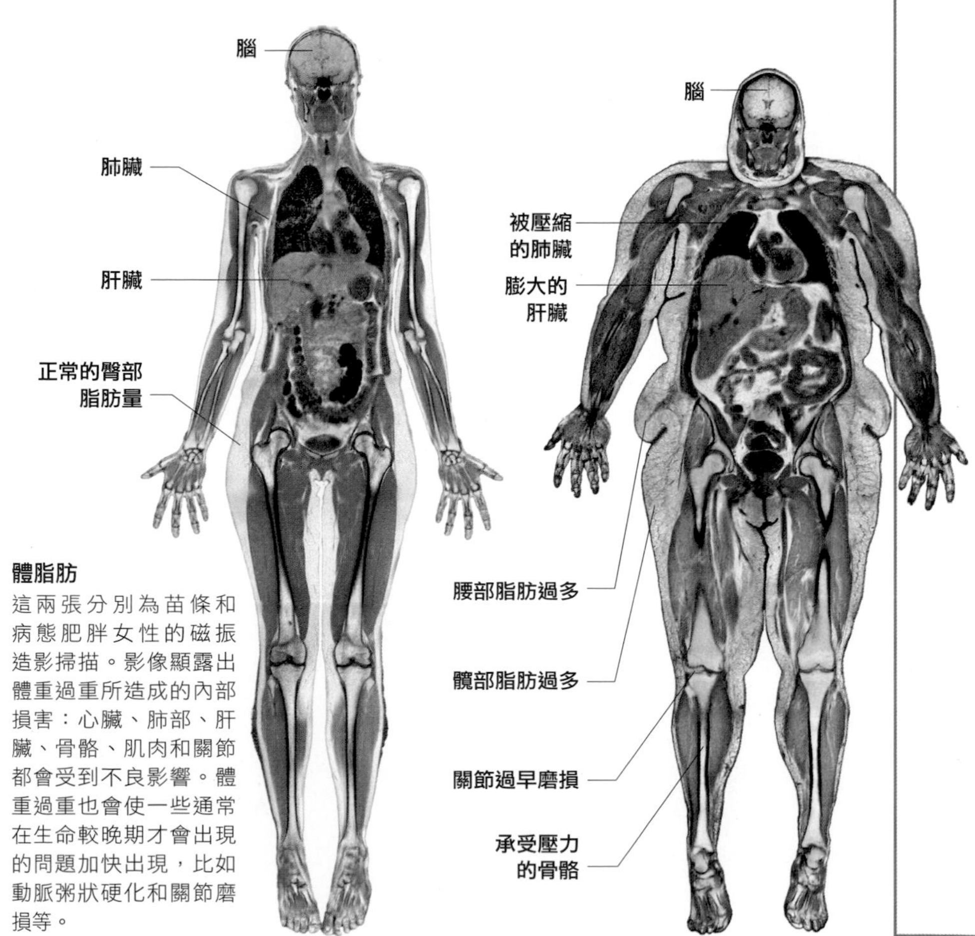
腦
肺臟
肝臟
正常的臀部脂肪量
腦
被壓縮的肺臟
膨大的肝臟
腰部脂肪過多
髖部脂肪過多
關節過早磨損
承受壓力的骨骼

體脂肪
這兩張分別為苗條和病態肥胖女性的磁振造影掃描。影像顯露出體重過重所造成的內部損害：心臟、肺部、肝臟、骨骼、肌肉和關節都會受到不良影響。體重過重也會使一些通常在生命較晚期才會出現的問題加快出現，比如動脈粥狀硬化和關節磨損等。

人體的一生

從出生到死亡，身體經歷了無數的變化。雖然這些變化會因個體不同和個體所處地域不同而異，但發生的年齡大致相同。

在身體的所有系統中都可以看到發育和老化所造成的影響（見下圖）。雖然有些變化在男女兩性都會發生，但也有其他變化（特別是影響生殖系統的變化）會依性別而不同。我們對於人為何會老化，仍知之甚少。然而，有一點很明顯：細胞（人體的基礎材料）會隨時間的流逝而變化。細胞分裂了一定次數之後，正常運作的能力就會開始下降。這意味著結締組織的伸縮性會變差，使得器官、血管和氣管的效能降低。細胞膜也會發生變化，使得組織在接受氧氣和營養物質以及清除廢物方面的效率變差。

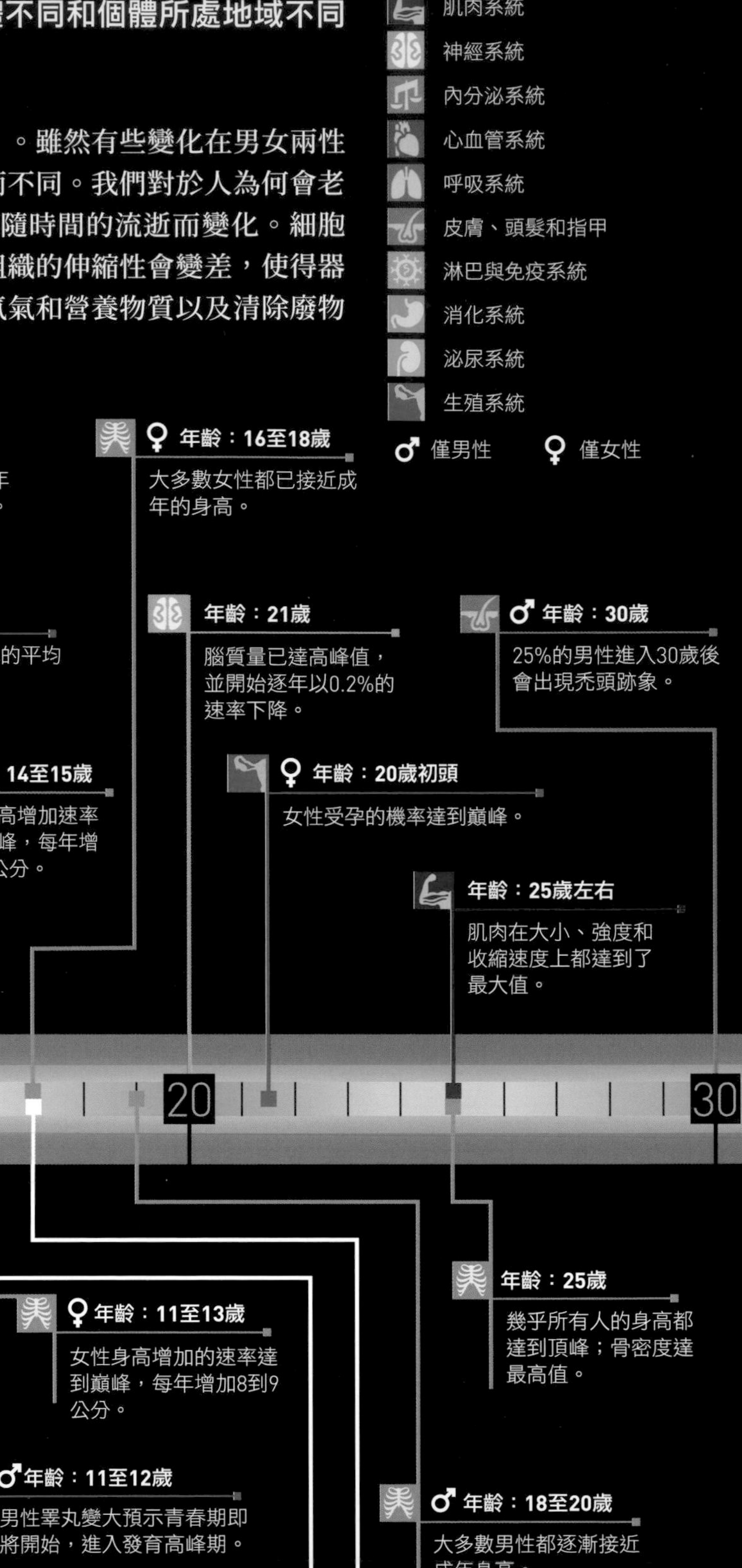

圖標索引
骨骼系統
肌肉系統
神經系統
內分泌系統
心血管系統
呼吸系統
皮膚、頭髮和指甲
淋巴與免疫系統
消化系統
泌尿系統
生殖系統
♂ 僅男性
♀ 僅女性
年齡
0
10
20
30

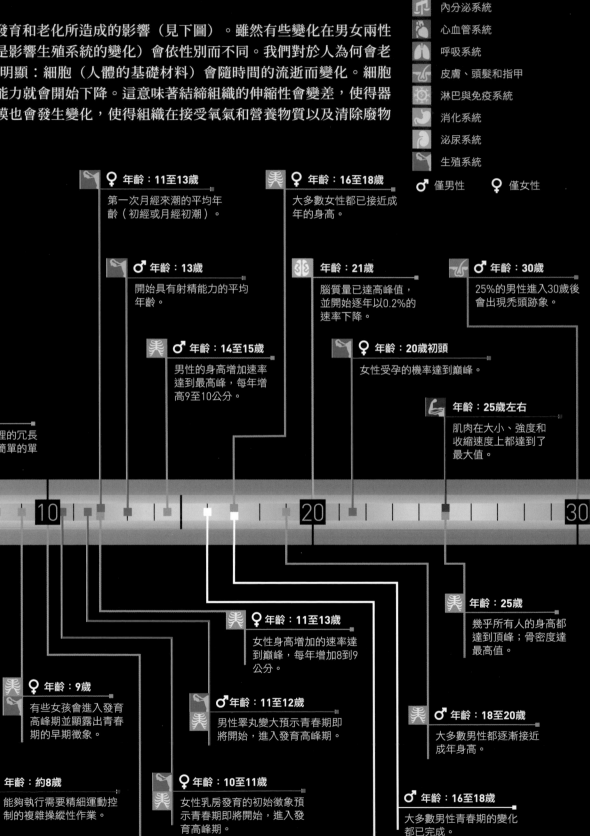

年齡：出生時
只有部分骨骼已骨化，有些部位（如手腕和腳踝）的軟骨數量還比骨塊多。頭骨的囟門約在18個月大時閉合。

年齡：出生時
嬰兒一出生就能夠看、聽，執行吸吮、抓取、小便和大便等反射動作。

年齡：4至8週大
能夠抬頭、握手、翻身、自發性微笑。

年齡：約6個月大
不靠支撐就可以坐著，並能夠抓取物品；會模仿面部表情。

年齡：約1歲
能夠不靠輔助而獨立走路，並能用杯子喝飲料；能夠說簡單的字詞。

年齡：約2歲
能夠畫出直線；能在白天時控制排尿。

年齡：約4歲
能夠單腳跳、接住不太難接的球以及在沒人幫助的情況下為自己穿衣服。

年齡：約5歲
能夠進行通情達理的冗長談話；能夠寫出簡單的單詞。

年齡：6至7歲
身高達到成人身材的三分之二；第一顆成人齒出現。

年齡：約8歲
能夠執行需要精細運動控制的複雜操縱性作業。

♀ 年齡：9歲
有些女孩會進入發育高峰期並顯露出青春期的早期徵象。

♂ 年齡：10歲
有些男孩開始進入發育高峰期並顯露出青春期的早期徵象。

♀ 年齡：10至11歲
女性乳房發育的初始徵象預示青春期即將開始，進入發育高峰期。

♂ 年齡：11至12歲
男性睪丸變大預示青春期即將開始，進入發育高峰期。

♀ 年齡：11至13歲
第一次月經來潮的平均年齡（初經或月經初潮）。

♀ 年齡：11至13歲
女性身高增加的速率達到巔峰，每年增加8到9公分。

♂ 年齡：13歲
開始具有射精能力的平均年齡。

♂ 年齡：14至15歲
男性的身高增加速率達到最高峰，每年增高9至10公分。

♀ 年齡：15至17歲
大多數女性青春期的變化都已完成。

♀ 年齡：16至18歲
大多數女性都已接近成年的身高。

♂ 年齡：16至18歲
大多數男性青春期的變化都已完成。

♂ 年齡：18至20歲
大多數男性都逐漸接近成年身高。

♀ 年齡：20歲初頭
女性受孕的機率達到巔峰。

年齡：21歲
腦質量已達高峰值，並開始逐年以0.2%的速率下降。

年齡：25歲左右
肌肉在大小、強度和收縮速度上都達到了最大值。

年齡：25歲
幾乎所有人的身高都達到頂峰；骨密度達最高值。

♂ 年齡：30歲
25%的男性進入30歲後會出現禿頭跡象。

預期壽命

影響預期壽命的因素有三個。女性通常活得比男性久，可能是因為停經之前分泌的激素的保護作用。世界各地的平均預期壽命不同，在非洲部分地區的預期壽命不到50歲，是全球最低，而在日本、加拿大、澳洲和歐洲部分地區則為全球最高，高於80歲。各地區平均預期壽命不同的因素包括遺傳傾向、生活型態因素、環境衛生和傳染病的流行程度等。以史料作為根據來看，環境衛生、保健事業和營養以及其他各種因素的改善都提高了平均壽命。

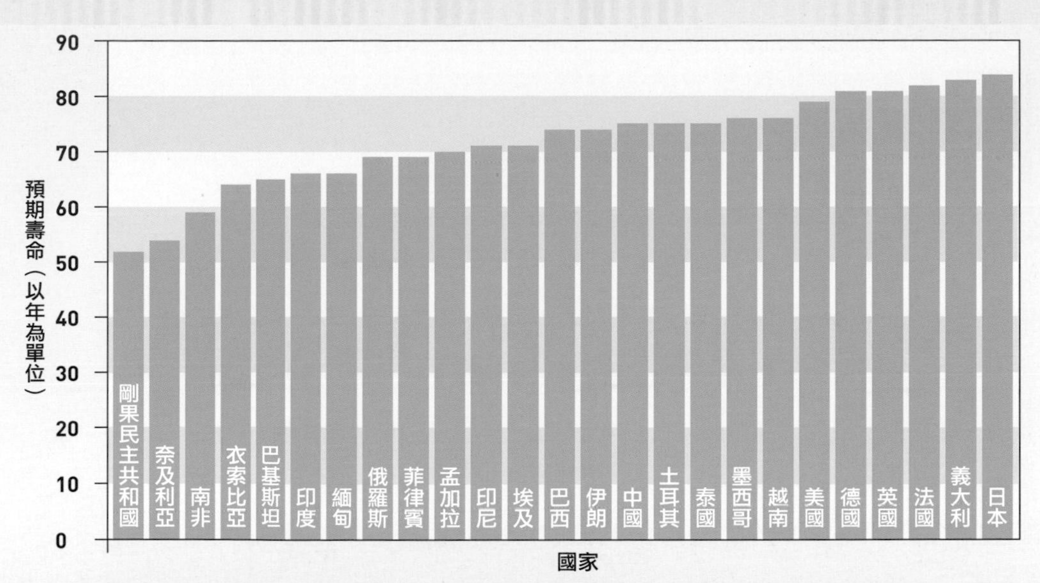

預期壽命（以年為單位）
90
80
70
60
50
40
30
20
10
0
剛果民主共和國
奈及利亞
南非
衣索比亞
巴基斯坦
印度
緬甸
俄羅斯
菲律賓
孟加拉
印尼
埃及
巴西
伊朗
中國
土耳其
泰國
墨西哥
越南
美國
德國
英國
法國
義大利
日本
國家

世界各地的預期壽命
這張圖表所顯示的是住在全世界最多人口的25個國家的預期壽命。預期壽命在窮國和戰亂國最低，在已開發區域最高。

年齡：30歲
大多數器官的儲備能力開始以每年1%的速率下降。

年齡：30歲
腦的前額葉皮質區已發育完成，使得下決策的能力變好。

♀ 年齡：40歲
女性懷孕機率比20歲低了一半以上。

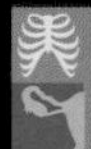
年齡：40歲初頭
骨骼開始失去礦物質含量；身高開始逐漸降低；睪固酮濃度開始下降。

年齡：42至44歲
由於老花眼所造成的視力問題變得明顯；女性開始失去大量的味蕾。

年齡：40歲中旬
五個人中會一個人會有聽障；膽汁的製造量會開始下降。

♀ 年齡：近50歲
月經週期開始變短。

♀ 年齡：50至52歲
大多數女性會經歷更年期（絕經期）。

♂ 年齡：50歲初頭
約有一半的男性都有男性型禿髮；男性的紅血球含量開始下降。

♂ 年齡：50歲中旬
男性味蕾的數量開始顯著下降。

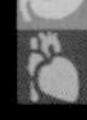
年齡：60歲
五個人中有一個人所有的牙齒都掉光；女性的紅血球含量開始下降。

年齡：60至65歲
肌肉質量的減低加速；總血量比25歲時低20-25%；嗅覺開始明顯減弱。

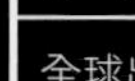
♂ 年齡：65.0歲
全球出生於2000年至2010年之間男性最高的平均預期壽命。

♀ 年齡：69.5歲
全球出生於2000年至2010年之間女性最高的平均預期壽命。

年齡：70歲初頭
心臟的血液輸送率僅有30歲的70%至75%。

♂ 年齡：79.0歲
日本出生於2000年至2010年之間男性最高的平均預期壽命。

年齡：80歲初頭
心臟的血液輸送率僅有25歲的40%至45%；八成的人有明顯的聽力障礙。

♀ 年齡：86.1歲
日本出生於2000年至2010年之間女性最高的平均預期壽命。

♂ 年齡：90歲
男性總肌肉量幾乎只剩20歲時的一半。

30 40 50 60 70 80 90

0-10 幼年時期

生命的頭幾年是一個快速生長和發育的時期，這個時期當中，身體變大、器官和身體系統變成熟並學會基本的身體技能，例如操縱物品、步行和說話，而智能也有所發展。

骨骼和肌肉

嬰兒期是生長最快的時候；嬰兒期的定義通常為從出生到12個月大之間的時期。大略而言，出生時的身高在頭兩年內會增加一倍；出生時的體重會在四個月大時增加一倍，一歲大時增加三倍，不過體重的增加程度往往因人而異。大部分的高度增加都在腿部的長骨。這些長骨會在稱為骨骺及生長板的特定區域變長。出生前，大多數的骨骼都由軟骨構成，這些軟骨會在初級骨化中心逐漸硬化（或稱骨化）成真正的骨。出生後，次級骨化作用發生在骨頭末端附近。肌肉也會迅速生長，並隨著身體脂肪量的減少而有更加清晰的身體曲線。

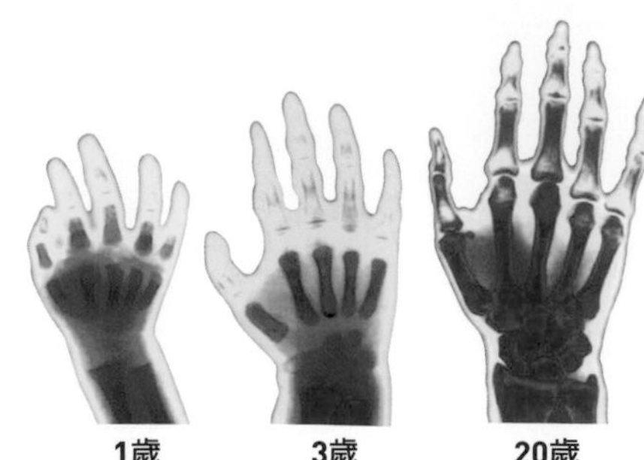
1歲
3歲
20歲

軟骨變骨骼
這些手部和腕部的X光片顯現呈深粉紅色、藍色或紫色的骨組織。一歲的時候，腕部和手指的骨頭主要由軟骨組成。三歲時，軟骨的骨化作用已開始進行，到了20歲，骨已完全成形。

器官的成熟
許多器官和身體系統在出生時都相對不太成熟，需要成熟以後才能充分發揮功能。例如，神經系統中的神經元之間必須形成連接才能運動協調，而消化系統的酵素生產量必須增加，才能夠消化固體食物。

腦
神經元之間的連接迅速形成

牙齒
乳牙逐漸被成人齒取代

胸腺
幼年時期重要的免疫系統部位，為T淋巴細胞（一種白血球）成熟的地方

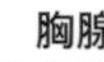

肌肉
變長及粗壯。肌肉的協調能力隨著神經系統的發展而增強

消化系統
迅速成熟，讓人體從6個月大開始就能夠消化固體食物

骨
成長並骨化

骨骺（頭部）
骨骺（生長）板
血管
髓腔
骨幹

次級骨化中心
骨膜
骨骺（生長）板
製造新的軟骨

關節軟骨
保護骨末端的平滑組織

骨骺線
在青春期晚期骨化，而此部位的骨化代表骨不會再變長了

新生兒的長骨
骨幹正在從發育中骨塊中間的初級骨化中心轉變成硬骨，且具有髓腔。球根狀的末端或頭部（骨骺）完全是軟骨，相對柔軟。

兒童的長骨
骨骺內部的次級骨化中心開始將周遭的軟骨轉變成硬化與礦化的骨組織。骺板介於骨幹和骨的頭部之間，會製造新的軟骨。

成人的長骨
約到18至20歲時，骨的所有區域都硬化成真正的骨，骺板則變成一條緻密骨組織構成的線。剩下唯一的軟骨是平整光滑的關節軟骨，關節軟骨包覆著骨的關節表面。

年齡 0 — 5

年齡：6至8週大
能夠抬頭、握手、翻身、自發性微笑。

年齡：約6個月大
不靠支撐就可以坐著，並能夠抓取物品；會模仿面部表情。

年齡：約1歲
能夠不靠輔助而獨立走路，並能用杯子喝東西；能夠說簡單的字詞。

年齡：約2歲
白天可以控制排尿；能夠繪出直線。

年齡：約4歲
能夠單腳跳、接住不太難接的球以及在沒人幫助的情況下為自己穿衣服。

神經系統

胎兒頭部的大小受限於母親的骨盆，因為出生時會於此通過。腦的大小於此階段是其成年的四分之一；腦中已經具備了幾乎整套的神經細胞（或稱神經元），但還沒有形成大量的相互連接點。出生後，大腦的生長速度加快。僅僅兩年的時間就長到成人大小的五分之四大，還形成了數百萬個相互連接點，建立神經路徑，以控制肌肉執行動作技能等。腦的基本結構到三歲時完工，但一些部分（例如前額葉皮質區和頂葉皮質區）仍尚未連線。腦幹網狀構造的成熟使得人比較不容易分心、注意力持續時間延長。

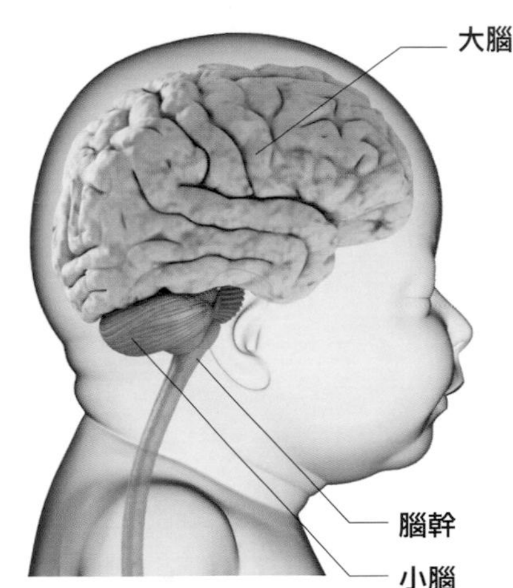
大腦
腦幹
小腦

出生時的腦
大腦隆起脊（腦迴）和凹槽（腦溝）的形態越來越複雜。涉及協調功能的小腦比較沒什麼發育。

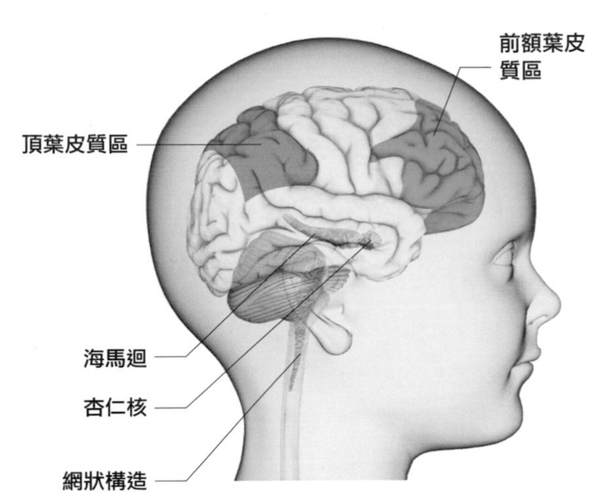
前額葉皮質區
頂葉皮質區
海馬迴
杏仁核
網狀構造

三歲的腦
由於海馬迴和杏仁核的發育，保留記憶的能力迅速增強。網狀構造成熟的同時，注意力持續時間也會延長。

消化系統和免疫系統

出生後的最初幾個月，嬰兒體內的消化酵素製造量相對較低，因此無法適當地消化固體食物，必須用乳汁哺餵。大約在四個月到六個月大時，消化系統通常已成熟到足以接受特定的固體食物。雖然胎兒已經由胎盤得到轉移自母體的數類抗病抗體，但其本身的免疫系統在出生時還尚未成熟。出生後，母乳中的抗體有助於讓嬰兒的腸道內襯腔面有能力抵禦有害的微生物。這些抗體在嬰兒三個月大前提供被動免疫，三個月大後，嬰兒的免疫系統會開始製作較大量的自身抗體。幼年時期，胸腺在免疫方面也起著重要作用，能夠幫忙生產T淋巴細胞（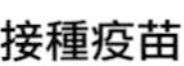種成熟白血球，請參閱第177頁）。

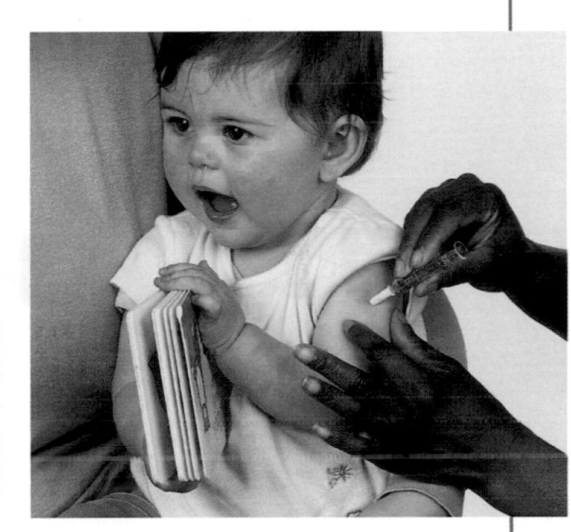

接種疫苗
在大多數地區，嬰兒和兒童都會接種疫苗（通常以打預防針接種）以防禦各式各樣的傳染病。疫苗藉由刺激人體的免疫系統來預防感染。

牙齒的發育

第一套牙齒稱為初生齒列或乳牙，大約從六個月大開始到三歲期間，會依照一定的先後順序冒出牙齦。一般而言，除了犬齒之外的其他牙齒都是從前到後長出。然而確切的長牙時間和順序都不盡相同，偶爾也會有嬰兒一出生就有一顆或多顆牙齒的情況。乳牙會在成人齒（或稱永久齒或恆齒）冒出牙齦時鬆脫掉落，始於六歲左右。在第三大臼齒（智齒）於快到二十歲或二十出頭歲出現時，一套32顆的永久齒（恆齒）就完整了。然而有些人的第三大臼齒一生都不會長出。

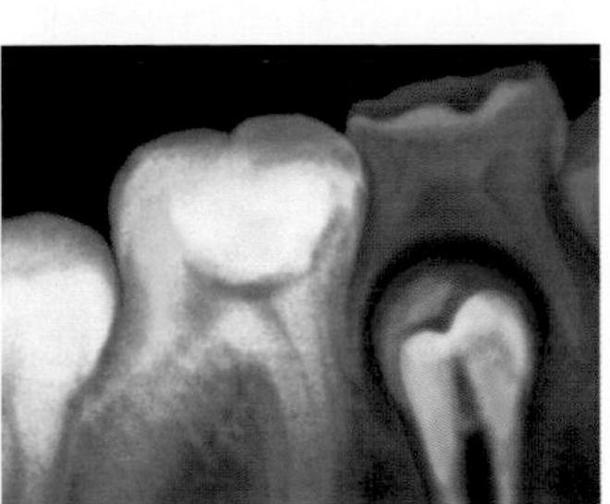

長牙
這張彩色X光影像顯示出一名孩童乳牙下方正在萌發的恆齒（綠色部分）。

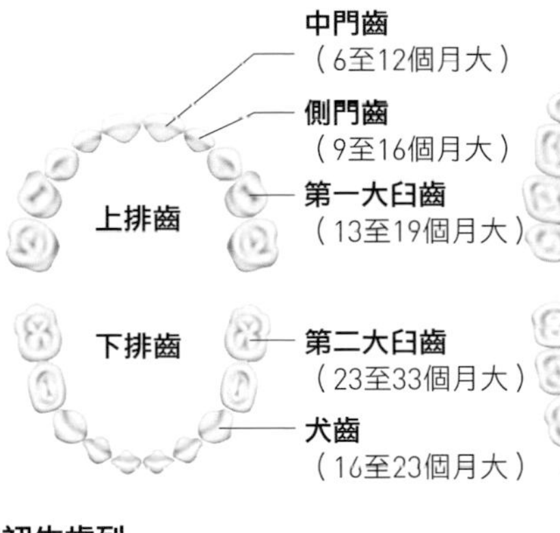
中門齒
（6至12個月大）
側門齒
（9至16個月大）
第一大臼齒
（13至19個月大）
上排齒
下排齒
第二大臼齒
（23至33個月大）
犬齒
（16至23個月大）

初生齒列
嬰兒的牙齒上、下顎每側各有兩顆門齒、一顆犬齒和兩顆大臼齒，總共20顆牙齒。其萌發的年紀如上圖所示。這些牙齒脫落的順序為由前往後。

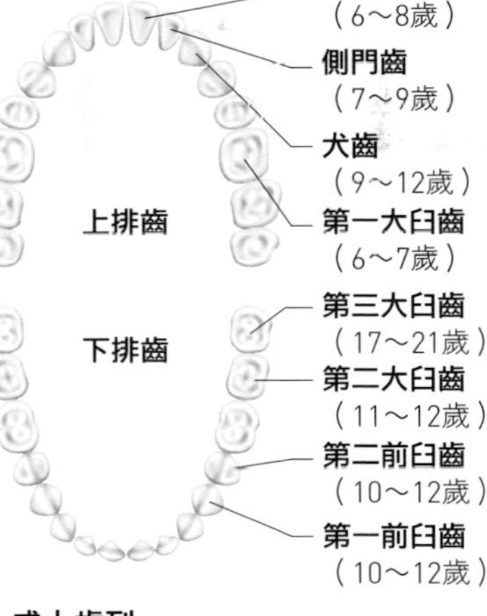
中門齒
（6～8歲）
側門齒
（7～9歲）
犬齒
（9～12歲）
第一大臼齒
（6～7歲）
上排齒
下排齒
第三大臼齒
（17～21歲）
第二大臼齒
（11～12歲）
第二前臼齒
（10～12歲）
第一前臼齒
（10～12歲）

成人齒列
首先萌發的為第一大臼齒和中門齒，約於6歲萌發。整套共有32顆牙齒。

5 — 10

年齡：約5歲
能夠進行通情達理的冗長談話；能夠寫出簡單的單詞。

年齡：6～7歲
身高達到成人身材的三分之二；第一顆成人齒出現。

年齡：約8歲
能夠執行需要控制精細動作的繁複操縱性作業。

♀ 年齡：9歲
有些女孩會進入發育高峰期並顯露出青春期的早期徵象。

♂ 年齡：10歲
有些男孩開始進入發育高峰期並顯露出青春期的早期徵象。

10–20 青春期

青春期是幼年期和成年期之間的過渡期。青春期的重點事件是發身期，發身期是性器官和生理成熟的時期，女生通常於10歲或11歲進入發身期，而男生則在12歲或13歲進入。

發身期

發身期是生殖系統成熟並開始起作用的時期。期間還伴隨有其他的變化，包括發育高峰期和第二性徵的出現，例如長陰毛和嗓音變低沉（特別是男生）。發身期是由下視丘的促性腺素釋素引起的。促性腺素釋素會刺激腦下腺釋出黃體生成素和濾泡刺激素。這兩種激素又會刺激性器官製造性激素，性激素是使兩性在發身期產生變化的激素。

發育高峰期
女生的發身期通常開始的比較早，會在男生進入發身的發育高峰期之前開始快速增高。然而，男生的身高增長更明顯，而且持續時間更長，因此男性平均比女性高。

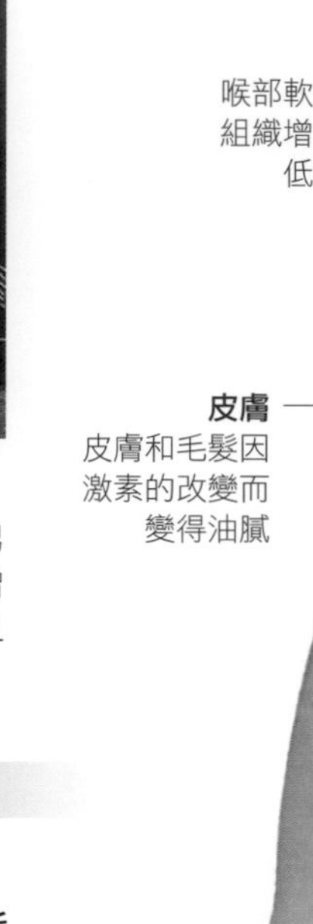

腦
由於喪失了不必要的神經路徑，灰質的體積縮小
喉
喉部軟骨延長，而聲帶組織增厚，導致嗓音變低沉，男性最明顯
皮膚
皮膚和毛髮因激素的改變而變得油膩
精囊
輸精管
前列腺（攝護腺）
陰莖體（陰莖幹）
尿道
龜頭
睪丸

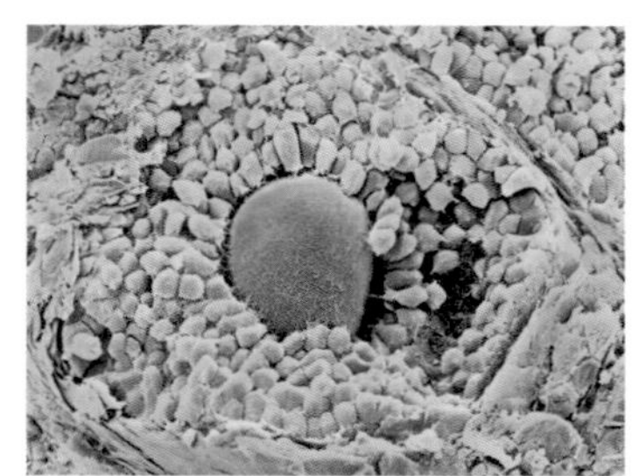
卵巢的卵泡

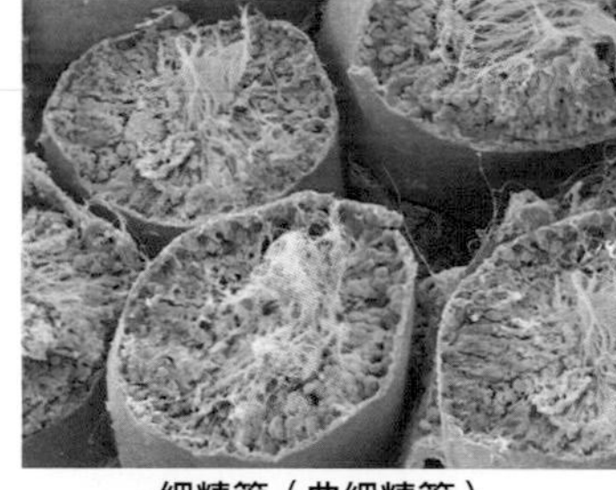
細精管（曲細精管）

卵子和精子的製造
卵巢在發身期時會開始形成成熟的濾泡（最上方顯微照片中藍色的細胞），各個濾泡中含有一顆成熟的卵子（紅色部分）。精子（下方顯微照片中綠色的細胞）在睪丸的細精管（曲細精管）中發育並從其支援細胞（橘色部分）離開。

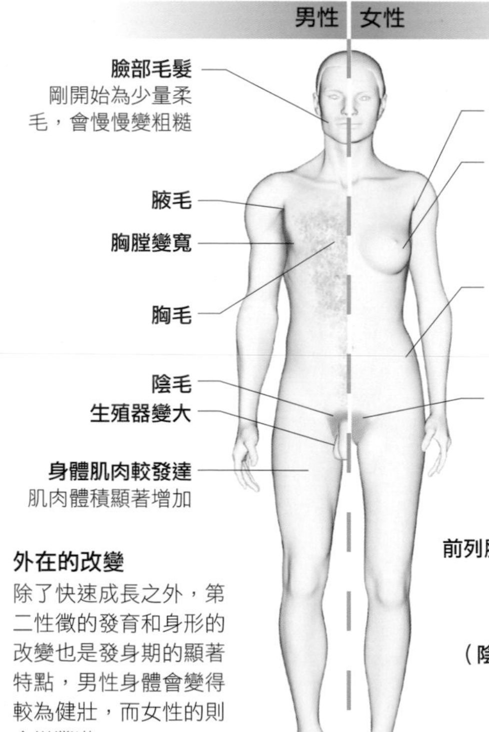

男性
女性
臉部毛髮
剛開始為少量柔毛，會慢慢變粗糙
腋毛
胸膛變寬
胸毛
陰毛
生殖器變大
身體肌肉較發達
肌肉體積顯著增加
腋毛
乳房
乳頭周遭區域鼓脹，形成下方有乳房組織的隆起部位
髖部變寬
骨盆和髖部因為脂肪的重新分配而變寬
陰毛

外在的改變
除了快速成長之外，第二性徵的發育和身形的改變也是發身期的顯著特點，男性身體會變得較為健壯，而女性的則會變豐滿。

年齡 10 — 15

♀ 年紀：10～11歲
出現乳房發育的初始徵象，預示青春期即將開始；進入發育高峰期。

♂ 年紀：11～12歲
睪丸變大預示著男性發身期的來臨；進入發育高峰期。

♀ 年齡：11～13歲
增高速率的峰值為每年8～9公分。

♀ 年齡：11～13歲
第一次月經來潮的平均年齡（初經或月經初潮）。

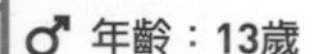

♂ 年齡：13歲
開始具有射精能力的平均年齡。

♂ 年齡：14～15歲
增高速率的峰值為每年9～10公分。

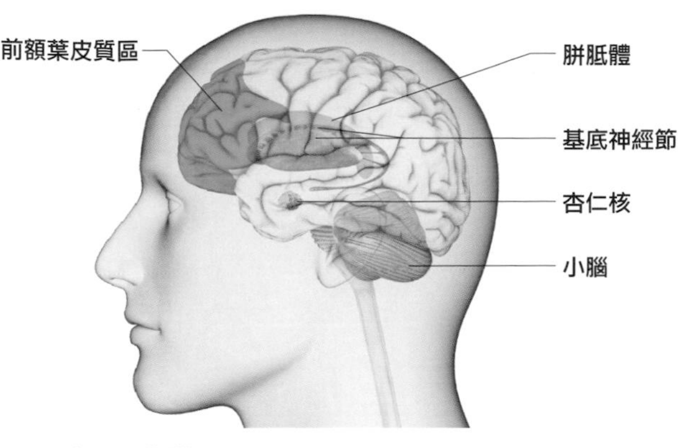
前額葉皮質區
胼胝體
基底神經節
杏仁核
小腦

青少年的腦
青少年腦的前額葉皮質區尚未成熟，與基底神經節和小腦緊密相連。這些都是對於動作技能和精緻運動很重要的部位。

神經系統

腦的感覺中樞和言語中樞在青少年時期完全成熟，使得個體有能力應付一系列的社交和智力挑戰。然而涉及計畫與評估風險後果的前額葉皮質區仍然在發展中。在前額葉皮質區隨著青春期的結束而變得更有控制力之前，處理情緒的杏仁核影響力相對較佔優勢。隨著青春期的進展，連接兩個腦半球的胼胝體變厚，讓資訊處理的技能得以增加。

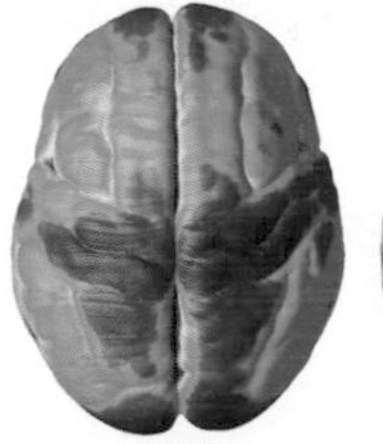
13歲

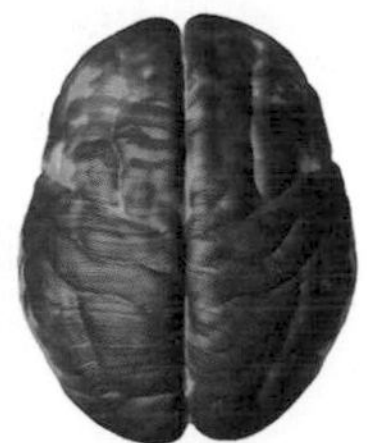
18歲

灰質的「刪減」
灰質（腦中巨大的神經細胞互聯網）在幼年時期達到高峰，到了青春期，不需要的神經路徑被「刪減」時又再度縮小。這些磁振造影掃描影像中，顯示為紅色的表示有大量灰質，而灰質量少的則顯示為藍色和紫色。掃描結果顯示，執行力較高的腦部區域（例如額葉）似乎較晚成熟。

月經週期

女性性成熟的主要標誌是月經來潮。每個月中會有幾天子宮的內襯腔面（子宮內膜）從週期開始時剝離，出血由陰道排出，這幾天稱為月經期。月經期結束後，子宮內膜又會再次變厚。週期開始時，濾泡刺激素會刺激卵巢裡的卵子濾泡。濾泡會分泌雌激素（動情激素），引發黃體生成素的生產；黃體生成素會使卵子成熟，並誘使其釋放（即排卵現象）。卵子排出後，空的濾泡（黃體）會分泌黃體脂酮。如果卵子沒有受精，黃體會死亡，黃體脂酮的濃度降低，致使月經來潮，結束之後，同樣的循環又會再度開始。

骨
骨的骨化完成

生理性成熟
大多數的身體部位都會被發身期分泌的激素影響。在男性體內，主要的激素是睪丸中的睪固酮。在女性體內，來自卵巢的雌激素（動情激素）與來自腦下垂體的濾泡刺激素和黃體生成素影響力最大。

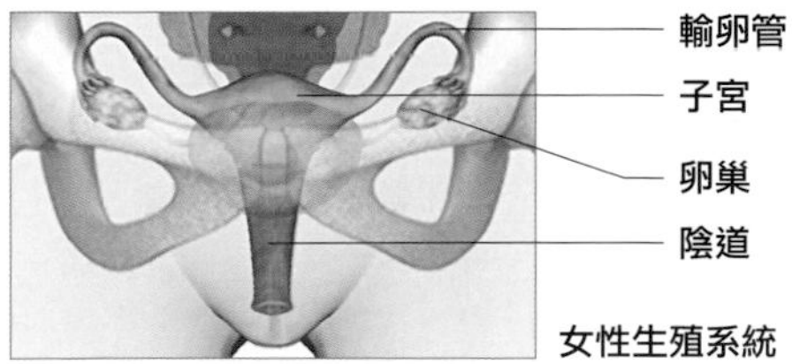
輸卵管
子宮
卵巢
陰道

女性生殖系統

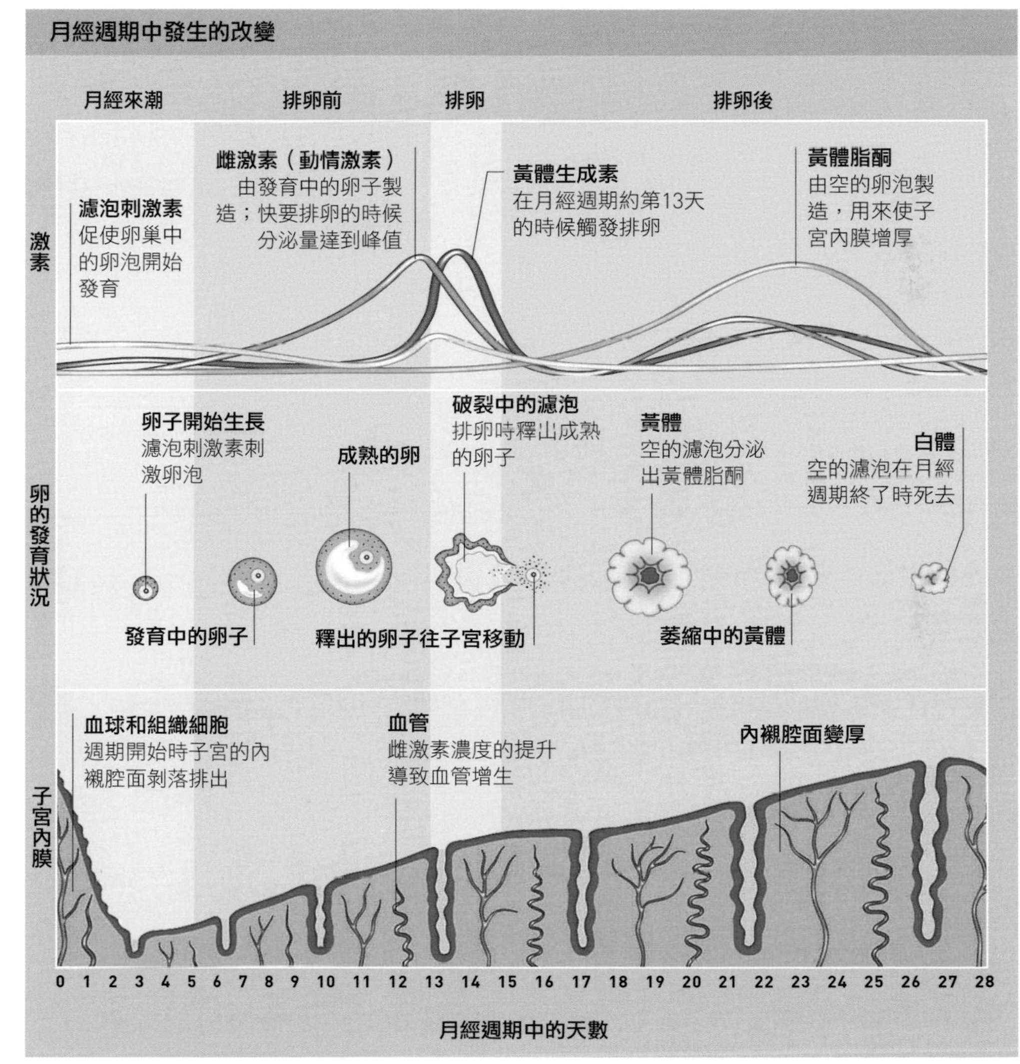
月經週期中發生的改變
月經來潮
排卵前
排卵
排卵後
激素
濾泡刺激素
促使卵巢中的卵泡開始發育
雌激素（動情激素）
由發育中的卵子製造；快要排卵的時候分泌量達到峰值
黃體生成素
在月經週期約第13天的時候觸發排卵
黃體脂酮
由空的卵泡製造，用來使子宮內膜增厚
卵的發育狀況
卵子開始生長
濾泡刺激素刺激卵泡
成熟的卵
破裂中的濾泡
排卵時釋出成熟的卵子
黃體
空的濾泡分泌出黃體脂酮
白體
空的濾泡在月經週期終了時死去
發育中的卵子
釋出的卵子往子宮移動
萎縮中的黃體
子宮內膜
血球和組織細胞
週期開始時子宮的內襯腔面剝落排出
血管
雌激素濃度的提升導致血管增生
內襯腔面變厚
0 1 2 3 4 5 6 7 8 9 10 11 12 13 14 15 16 17 18 19 20 21 22 23 24 25 26 27 28
月經週期中的天數

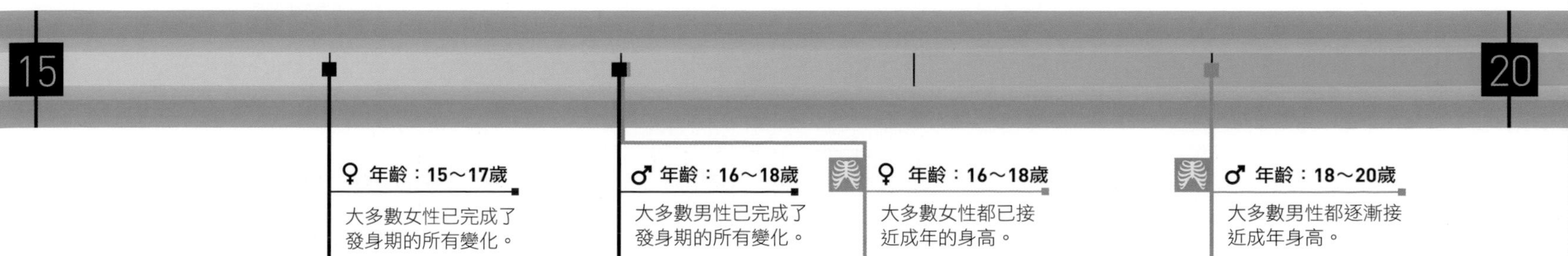
15
20
♀ 年齡：15～17歲
大多數女性已完成了發身期的所有變化。
♂ 年齡：16～18歲
大多數男性已完成了發身期的所有變化。
♀ 年齡：16～18歲
大多數女性都已接近成年的身高。
♂ 年齡：18～20歲
大多數男性都逐漸接近成年身高。

20–40 成年期

大多數的人到了20至23歲的時候，身高已到達了成長的最大值，不會再增高了。接下來是鞏固階段，在這階段中，其他人體部位及器官會完全成熟。在20幾歲和30歲出頭之間，女性的體力和生育能力處於巔峰。

骨骼和肌肉

因為發身期開始的時間不同，平均上來說，女性的骨骼會比男性的更快生長完全。青少年的發育高峰期過後，身高的增高速度會持續減緩，到25歲時，大多數人的身高已經不會再有所增長。然而，在未來的幾年中，骨骼和肌肉仍可能會繼續變化，這些變化主要是對壓力和應力（例如非常耗體力的職業或劇烈運動）所作出的反應。長骨可能變粗，而較扁平的骨在表面最寬處變厚。骨也可能因其組成成分的變化而變硬，其變化為增添了更多的磷酸鈣羥磷灰石（一種晶體結構），並以此取代了膠原蛋白和其他種蛋白質成分。到了25歲左右，肌肉在大小、強度和收縮速度上都達到了最大的潛能。

最佳反應
在三十歲與四十歲之間最能達到身體生理潛能的最大值。隨著現實環境對於體能的需求越來越高，身體於這個時期的反應速度會是最快，可為未來的身體健康奠定基礎。

腦
從最大體積開始縮小

下頜骨
變成全身最硬的骨

肌肉
對使用型態的變化做出快速反應

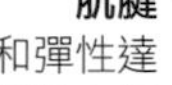

肌腱
強度和彈性達到最大值

—— 淨體重（男性）
- - - 淨體重（女性）
—— 脂肪（男性）
- - - 脂肪（女性）

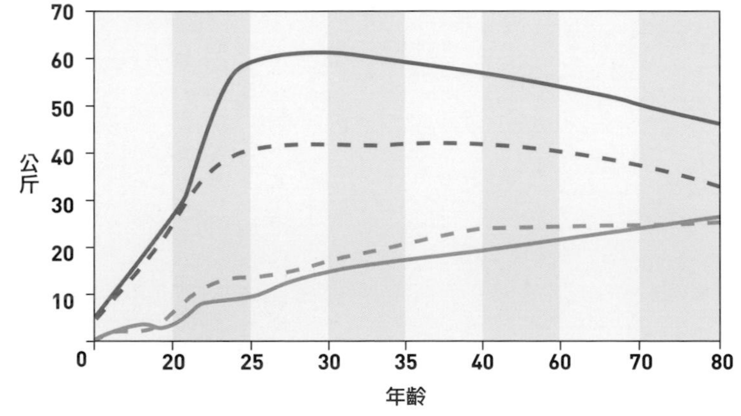

公斤
70
60
50
40
30
20
10
0
20
25
30
35
40
60
70
80
年齡

肌肉和脂肪
淨體重值（主要由肌肉構成）在25歲左右達到高峰值，然後維持不變或緩慢下降。體脂肪與此相反，終其一生都會不斷增加。

巔峰表現
在大多數體育賽事中，參賽者的年齡都在20到30歲之間，處於全盛巔峰時期。剛滿22歲的牙買加短跑選手博爾特在2008年的北京奧運會中破了世界和奧運的記錄。

年齡 20 25 30

年齡：20歲
已達高峰值的腦質量從這時開始以每年0.2%的速率下降。

♀ 年齡：20歲出頭
女性受孕的機率達到巔峰。

年齡：25歲
幾乎所有人都長到一生中最高的高度。骨密度處於最高峰。

年齡：25歲左右
肌肉在大小、強度和收縮速度上都達到了最大值。

神經系統

腦的重量在15至18歲之間達到最大值。到了20幾歲時，這個器官已經開始萎縮，但最初萎縮的速度非常慢，每年不到0.2個百分比。然而，這時的腦依然保有一種能力，即每日形成或強化數以萬計個新神經連接點，可提高接受心理挑戰的能力，並控制肌肉以完成各項精細的技術動作。整體心理機能隨著經驗的增加和學習能力的提高而持續改善。成人腦的活動型態也與青少年的不同。在處理情緒資訊時，額葉更活躍了，可更明顯顯現出成熟度和感知力（覺察力）的進步。20幾歲時，主要神經的變化不大，但如果身體暴露於毒素中（例如重金屬污染），則神經可能會受到損害。

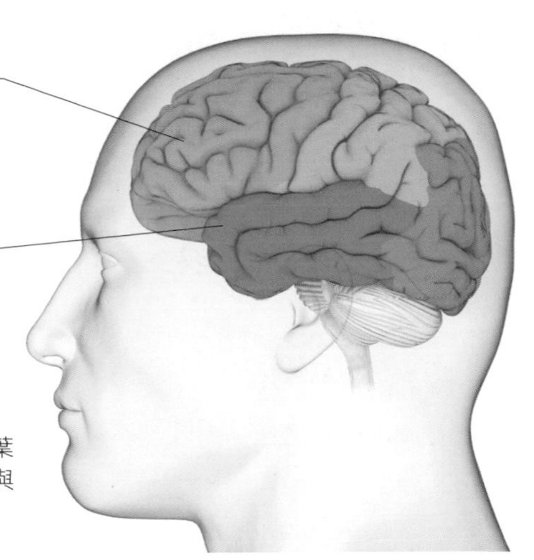
額葉
雖然是第一個開始萎縮的腦區，卻也是在此期間變得更加活躍的腦區
顳葉
腦皮質的這個區域也在此階段開始萎縮

腦萎縮
第一個萎縮的腦區是額葉與顳葉；額葉涉及計畫、記憶和決定，而顳葉則參與嗅覺、聽覺、語言和記憶。

皮膚

皮膚在25歲左右之前只會有輕微的變化。到了成年期，皮膚的主要蛋白分子：膠原蛋白和彈性蛋白生產速度減慢，而彈性蛋白也變得更缺乏「彈性」。皮膚細胞的更新率開始下降，而表層的死細胞脫落速度也變慢。這些變化全都是輕微的，逐年累月變得明顯。

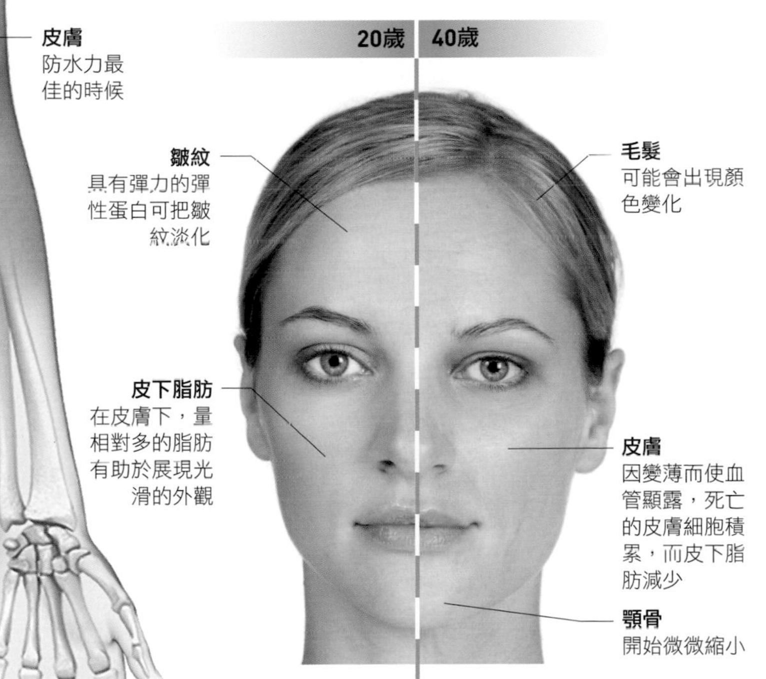
皮膚
防水力最佳的時候
20歲
40歲
皺紋
具有彈力的彈性蛋白可把皺紋淡化
毛髮
可能會出現顏色變化
皮下脂肪
在皮膚下，量相對多的脂肪有助於展現光滑的外觀
皮膚
因變薄而使血管顯露，死亡的皮膚細胞積累，而皮下脂肪減少
顎骨
開始微微縮小

面部外觀
過度曝曬陽光、皮膚變薄、重複做誇張的表情、輕微的面部骨萎縮和皮下脂肪減少等，都可能導致面部在近30歲和30歲出頭時產生變化。

受孕

生育力方面的統計數據因為人們的避孕措施而出現了偏差，而在某些地區則是因營養不良而出現偏差。即便如此，介於20歲與30歲之間的年紀仍通常被認為是生育能力最強的十年。卵巢對於引起排卵的激素變化所產生的反應極為迅速，釋出的卵子生長發育的可能性相對地高，輸卵管還沒有累積下因老化而自然生成的瘢痕，而子宮的內襯腔面會隨著最大血流量迅速增厚，以迎接受精卵的來臨。受孕機率從20歲出頭開始逐步下降，同時不孕的機率也逐步上升。

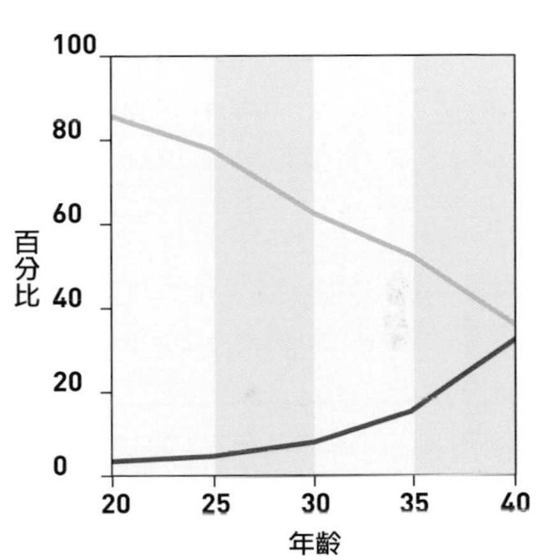
懷孕的可能性
不孕的可能性
100
80
60
40
20
0
百分比
20
25
30
35
40
年齡

不斷降低的受孕機率
營養狀態良好而健康的女性懷孕的機會在20歲時為85%，到了40歲時則降至36%。同時，不孕的可能性從3%升為32%，整整升高了十倍。

最佳受孕期

當今的青年婦女要成功受孕生子的可能性已因試管（體外）受精之類的科學技術而完全改觀。此張影像為試管受精進行中，即將受精的卵子。卵子受精後，會被轉移到子宮，使之植床（著床）並發育成胎兒。試管受精也延長了女性可懷孕的年齡，使得40幾歲和50幾歲（甚至於更高齡，但較為罕見）的女性都可處於「最佳受孕期」。

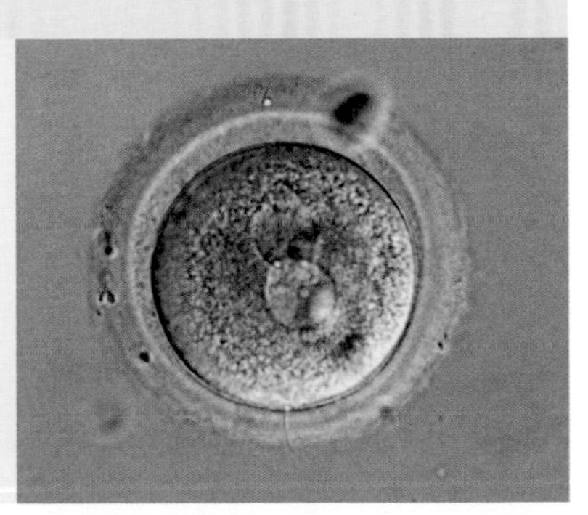

30 | 35 | 40

年齡：30歲
腦的前額葉皮質區已發育完成，使得下決策的能力增進。

♂ 年齡：30歲
25%的男性進入30歲後會出現禿頭徵象。

年齡：30歲
大多數器官的儲備能力開始以每年1%的速率下降。

♀ 年齡：40歲
女性懷孕機率比20歲時低了一半以上。

40–60 中年期

在歷經青春期和青年期之後，並在顯著的老化階段開始之前，從40歲到60歲有20年的時間，通常稱為中年期，又稱人體的停滯期。人體一生中所產生的重大改變在這個階段最少發生。

皮膚與頭髮

大多數人的皮膚到了40歲時都會產生皺紋，在做面部表情的時候會特別明顯。五成的人到了50歲時，皺紋會完全形成。形成皺紋的皮膚部位是經常受到牽張和擠壓之處，特別是在眼角和嘴角（請參閱第76頁），出現皺紋的部分原因是皮膚組成物中彈性蛋白（具有伸展性的蛋白質）的減少，使得彈力和「變回原形」的能力減弱。暴露於日光（和其他紫外線的光源，好比太陽燈）會促進皺紋的形成。其他使皺紋增加的因素還包括抽菸、遺傳性體質和淺膚色等。皮脂腺製造油滑似蠟的皮脂會減量，造成皮膚乾燥粗糙的現象。掉髮好發於男性，但女性也會有頭髮稀疏的情形：年紀達50歲的女性有半數髮量都會明顯稀疏。

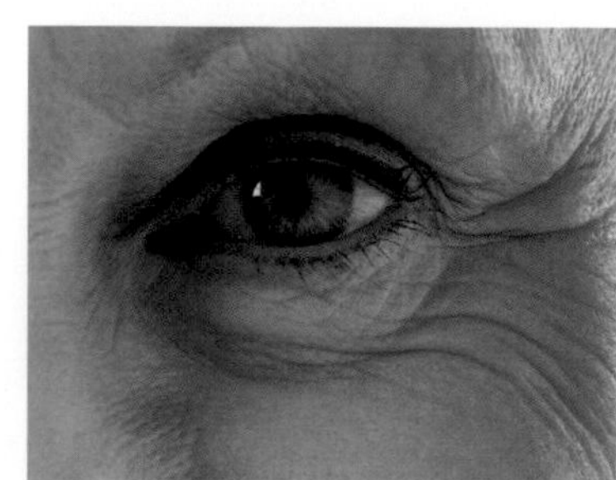

眼部皺紋
眼睛周圍的皮膚相對較薄，而由於皮膚底下具有減低衝撞力作用的脂肪較少，因此因習慣性動作所產生的細紋就比較容易出現。

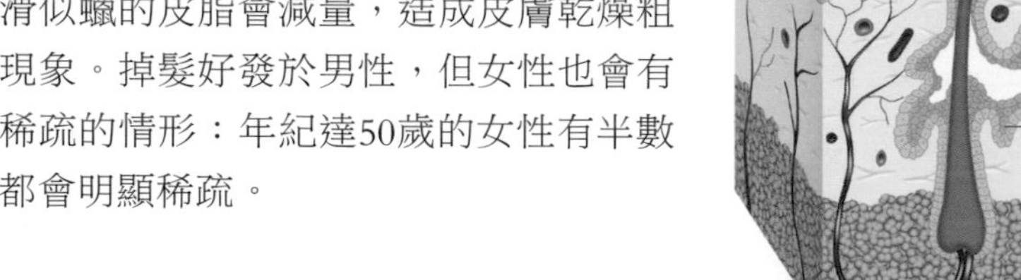

老人斑
暴露於陽光中的部位所出現的色素沉著斑點
皺紋
皮膚變薄並喪失彈力所導致的細紋
真皮
變薄；當中所含的膠原纖維變少，使得皮膚的回彈力減弱

老化皮膚的結構
皮膚的外層（或稱表皮）變薄，細胞的更替率也降低，而位於表皮底下的真皮中所含的膠原蛋白和彈性蛋白也不斷流失。

雄性禿

男性典型的掉髮型態稱為雄性禿，前方髮際線往後退，而頭頂的髮量則變稀疏。禿髮的部位逐漸變大，並互相連接成一整大塊，只剩兩側和後腦勺的頭皮有頭髮，樣貌如同右圖所示之男性。平均而言，年紀達60歲的男性三位中有兩位會患有雄性禿。此種禿髮現象與睪固酮（男性性激素）有關，且遺傳性強。

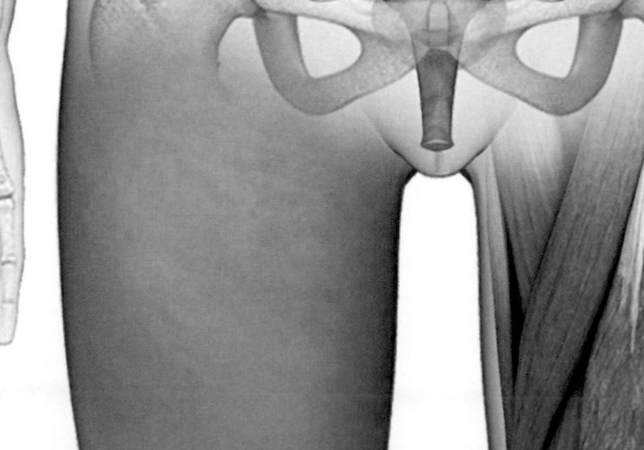
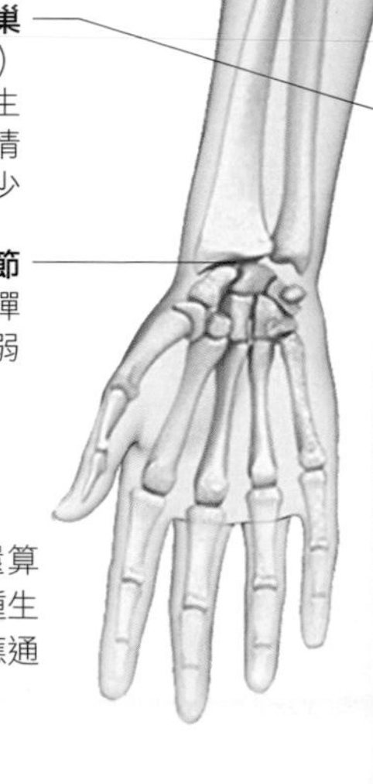

眼睛
水晶體（晶狀體）開始喪失彈力，使得眼睛的聚焦能力減弱
卵巢
進入絕經期（停經期；斷經期）後，卵巢不再對濾泡刺激素產生反應，黃體脂酮和雌激素（動情激素）的製造量也減少
關節
關節周圍韌帶的彈力開始減弱

中年期出現的變化
大多數人身體系統老化的速度都還算慢，但年過50之後會逐漸加快。各種生活型態因素（如抽菸）所累積的效應通常也會在這個年紀明顯顯現。

年齡 40 45 50

年齡：40歲初期
骨骼的礦物質含量開始降低；身高開始逐漸變矮；睪固酮濃度開始下降。

年齡：42～44歲
因老花眼所造成的視力問題變明顯；女性開始失去大量的味蕾。

年齡：45歲左右
五個人中有一個人會罹患聽障；膽汁的製造量開始下降。

♀ 年齡：近50歲
月經週期開始變短。

神經系統

從40歲開始到60歲之前，腦和周邊神經的神經細胞減量速率遞增。神經元之間的突觸減少或變性，神經傳遞質的含量降低。神經訊號傳遞的速度也減慢，這是反射作用和反應速度變慢的原因之一。感覺器官內的感覺神經細胞退化，而且細胞死去後不會有新的細胞遞補。視覺、聽覺、嗅覺和味覺都受到影響。觸覺（包括對冷、熱和痛的敏感度）也開始退化。

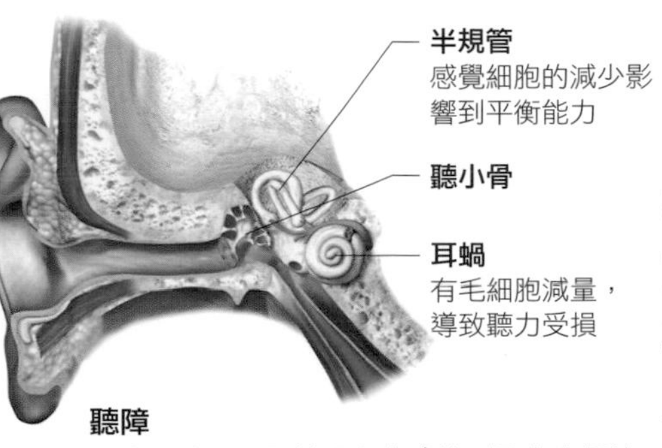

半規管
感覺細胞的減少影響到平衡能力
聽小骨
耳蝸
有毛細胞減量，導致聽力受損

聽障
過度長時間暴露於噪音中（特別是中高頻的噪音）、藥物的副作用和遺傳性體質都可能導致耳蝸中的有毛感覺細胞減少。

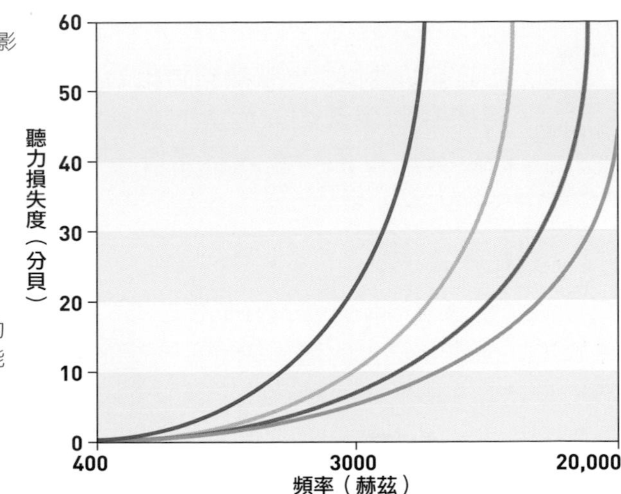

聽力損失度（分貝）
60
50
40
30
20
10
0
400
3000
20,000
頻率（赫茲）
20歲
30歲
50歲
70歲

高頻聽障
耳膜變僵硬的同時，迷你聽小骨之間的關節也會變僵硬，耳蝸將聲音轉化為神經訊號的效率因而降低，使得聽覺的敏銳度降低且失真。高頻率聲音受此影響特別大。

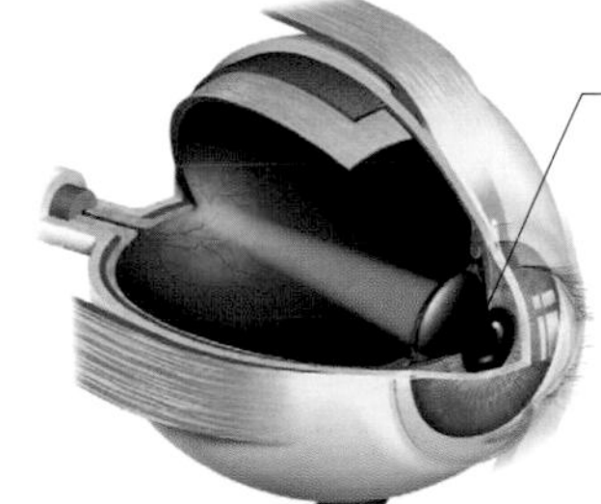

水晶體（晶狀體）變性
這種晶體構造的硬化是罹患老花眼的部分原因；水晶體混濁（白內障）也會損害視力

眼睛的變化
老花眼（即水晶體無法聚焦於鄰近物體的疾病）好發於40至50歲的族群。水晶體周圍的睫狀肌變衰弱也會使聚焦能力受損。

骨骼和肌肉

一些與老化相關的骨骼和肌肉變化通常於中年開始產生，其中包括骨質疏鬆症（請參閱第64頁），而此病症的起因為性激素的分泌減量，破壞了骨骼分解和重建兩種作用之間的平衡。這種現象最常發生於絕經後的女性，但也會發生在男性身上。骨中礦物質的流失會使骨的緻密度減低，變得脆而易碎。肌肉也變得比較無力而僵硬，進而影響人體隨意運動和自主運動的能力，比如吸氣和呼氣。

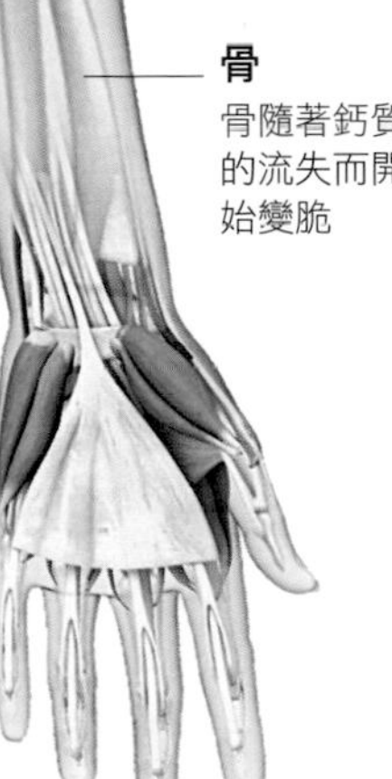

肌肉
肌肉質量減低
骨
骨隨著鈣質的流失而開始變脆

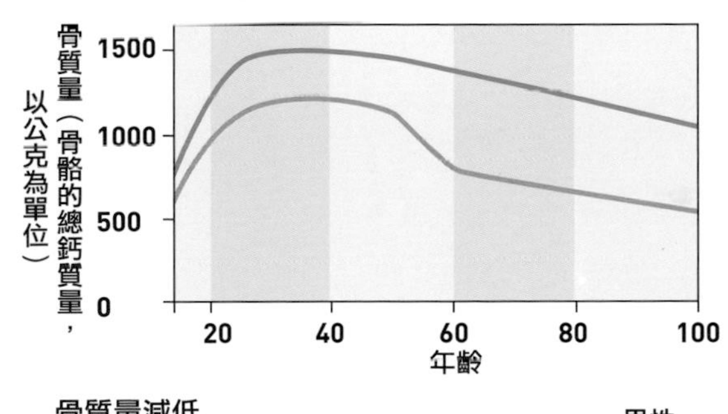

骨質量（骨骼的總鈣質量，以公克為單位）
1500
1000
500
0
20
40
60
80
100
年齡
男性
女性

骨質量減低
骨質量在30歲左右達到高峰之後，骨中礦物質（特別是鈣質）就開始慢慢流失了。50歲至60歲女性骨質量的下跌與更年期有關（請參閱右方說明）。

絕經期

（停經期；斷經期）

進入絕經期的女性代表其受孕能力自然終結。原因為性激素的減少，特別是來自卵巢的雌二醇（雌激素的主要型態）和黃體脂酮。在已開發國家中，絕經的平均年齡為50至52歲，而開發度較低的國家中，則可為45歲以下。即將進入絕經期所引起的症狀可能會在好幾年間偶發性地出現（這個時期稱為更年期），接著會有好幾個月的時間連續性出現。症狀包括熱潮紅、盜汗、失眠、頭痛、陰道乾燥、經期不規則出血等。女性要整整一年都沒有月經才算真正進入絕經期。

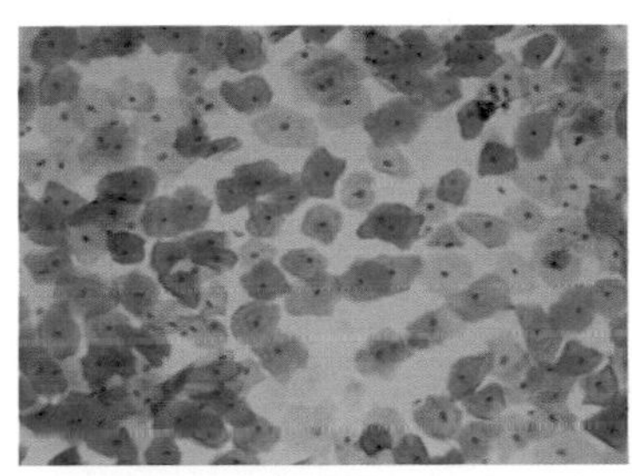

絕經前的子宮頸抹片
絕經前，陰道的內襯管面厚實且有良好的潤滑度。這張抹片可見存在於此部位中的典型大型細胞，胞內有小型細胞核（細胞內的黑點）。

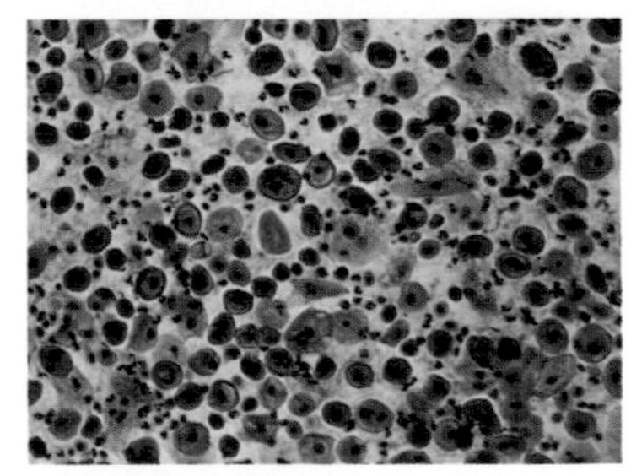

絕經後的子宮頸抹片
雌激素含量的下降導致陰道黏液製造量和陰道細胞數量的減少。此抹片顯現出細胞變少、呈簇聚集且具有較大細胞核的樣貌。

50　55　60

♀ 年齡：50～52歲
大多數女性會在這個年齡進入絕經期（停經期；斷經期）。

♂ 年齡：50歲出頭
男性約有半數都罹患男性型禿髮；男性的紅血球含量開始下降。

♂ 年齡：55歲左右
男性味蕾的數量開始顯著下降。

年齡：60歲
五個人中有一個人全口牙齒都掉光；女性的紅血球含量開始下降。

60+ 老年期

約從60歲開始，隨著器官的退化，老化的徵象會越來越明顯。退化的速度和模式因人而異，但最終總會有一個或多個重要器官完全停止作用，進而導致人體死亡。

皮膚與頭髮

皮膚的緊繃度和彈力持續降低，導致更大面積且更深的皺紋產生，特別是在曾暴露於陽光的部位。色素沉著產生的老人斑也會隨年齡增長而變多，皮膚的敏感度會變差，尤其對於輕柔觸碰、冷熱溫度和疼痛感等敏感度會大幅降低。頭皮方面，掉髮的嚴重度因人而異。即便沒有掉太多頭髮，也會因各根頭髮的寬度縮窄而導致外觀看起來整體髮量變稀疏。以顯微鏡觀察時，可見每根頭髮的表面變得越來越不規則、粗糙且凹凸不平，使得頭髮外貌呈乾枯狀。

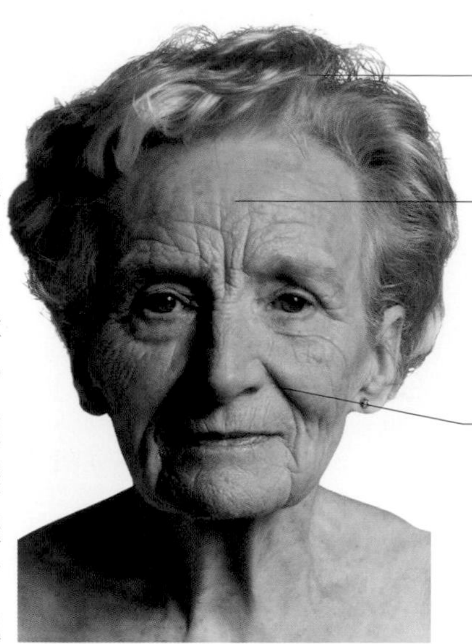

毛髮
一般而言會完全喪失色素
額頭
此部位出現大量皺紋是普遍的現象，尤其好發於長時間待在戶外的人
臉頰的頰脂體
下移而導致鼻子到外嘴角的皺襞深化

面部外觀
各種環境因素（如陽光）的累積效應和自然的老化作用在面部皮膚上留下大面積且深邃的皺紋。

神經系統

整體而言，腦會在年老時會失去神經元並萎縮，不過，並不是所有的腦部區域失去的神經元量都一樣多，有些區域的體積可能每年減少1至2個百分比，另有一些區域的體積可能幾乎沒有減少。智力方面，所謂的「流質（流動）智力」包括思考速度和召回記憶的迅捷度，流質智力一般會隨年歲漸長而緩慢退化，但可藉由用以做決策與解決問題的「晶質（固定）智力」（即經驗和知識）來作為彌補。周邊神經的神經元跟腦的神經元一樣會有失去連結、神經傳遞質製造量減少及運作效能變差的現象。

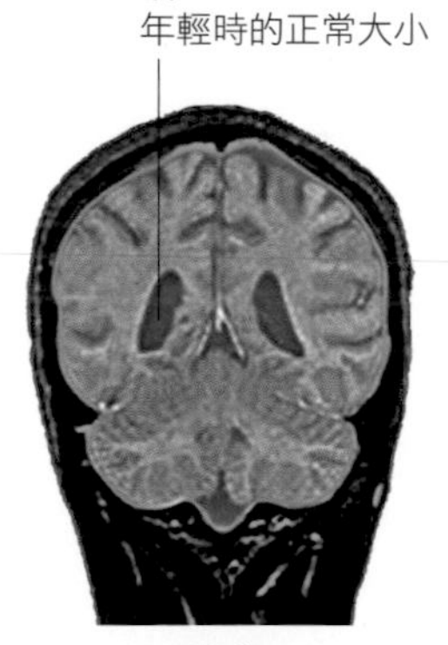

腦室
年輕時的正常大小
27歲

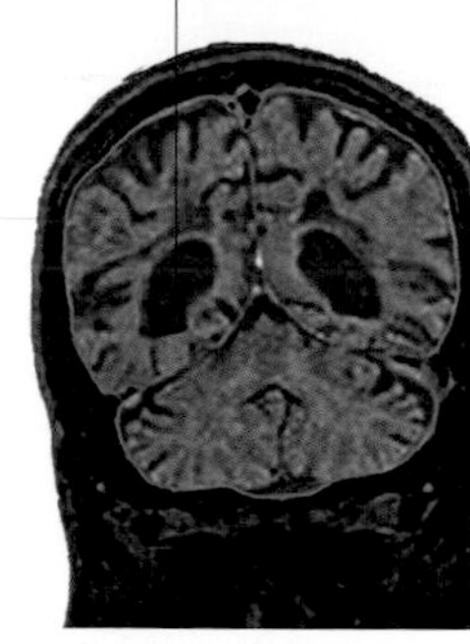

腦室
年老時膨大
87歲

灰質的減少
年老時，灰質大部分都喪失了。此外，腦室（充滿腦脊液的空間）也會變大，此情況可見於上方兩張磁振造影掃描影像中。

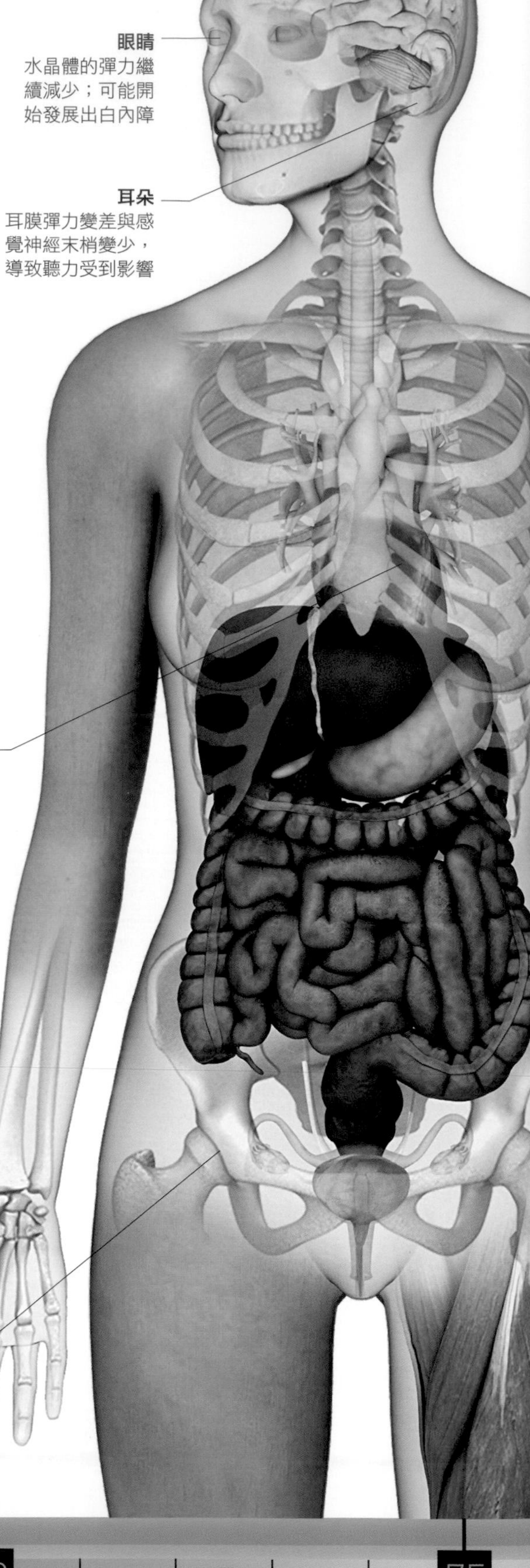

腦
灰質減量
眼睛
水晶體的彈力繼續減少；可能開始發展出白內障
耳朵
耳膜彈力變差與感覺神經末梢變少，導致聽力受到影響
心臟
心臟跳動速率減慢；瓣膜變厚且硬化
關節
關節內襯因磨損而退化

年齡 60 65 70 75

年齡：60～65歲
肌肉質量加速下降；總血量比25歲時低了20-25%；嗅覺開始明顯減弱。

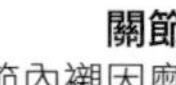
♂ 年齡：65歲
全球出生於2000年至2010年之間男性的平均預期壽命。

♀ 年齡：69.5歲
全球出生於2000年至2010年之間女性的平均預期壽命。

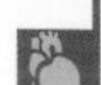
年齡：70歲初頭
心臟的血液輸送率僅有30歲的70%至75%。

骨骼和肌肉

一生中，骨質重塑的機能會不斷修復骨組織（請參閱第54至第55頁）。從60歲初頭開始，因解構的比例大於重建的比例，此作用的平衡機制會出現重大改變。此外，鈣的流失更導致骨骼加速變薄。這種現象尤其可見於脊柱，因為骨密度的降低和椎間盤的退化會造成身高變矮及更加彎駝的體態。其他變化還包括關節周圍韌帶僵硬及肌肉質量大幅降低等。肌肉強度在45歲到70歲之間平均衰退三分之一，其中一個原因是肌肉纖維在退化，而退化的肌肉纖維會被膠原蛋白結締組織和脂肪取代。因此，肌肉會變得更僵硬，反應也會變慢。

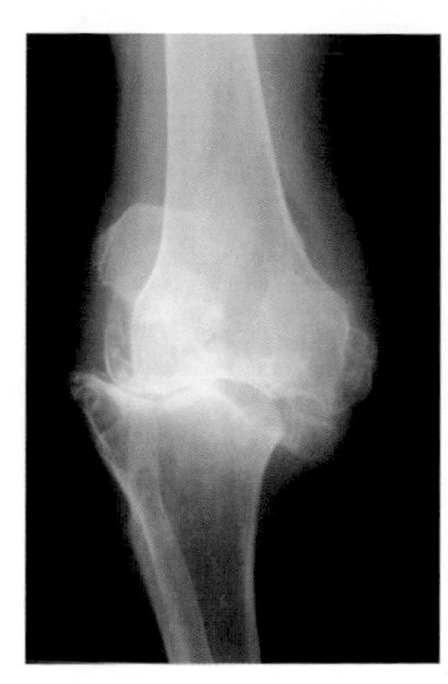

罹患骨關節炎的膝蓋X光影像
膝蓋骨關節炎好發於老年人，致病因為腿骨末端的軟骨磨損及失水，導致骨與骨的末端相互摩擦，而產生疼痛感。

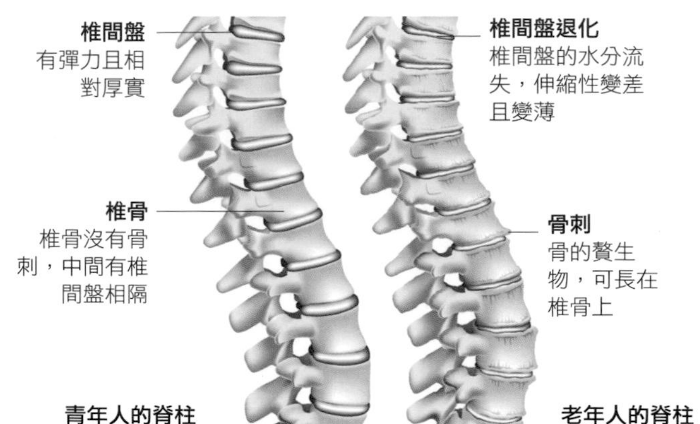

椎間盤
有彈力且相對厚實
椎骨
椎骨沒有骨刺，中間有椎間盤相隔
青年人的脊柱
椎間盤退化
椎間盤的水分流失，伸縮性變差且變薄
骨刺
骨的贅生物，可長在椎骨上
老年人的脊柱

脊柱的變化
椎骨（單塊脊柱骨）之間的軟骨椎間盤會隨著年齡的增長而失去水分並變薄，使人變矮。椎間盤也會變得較為硬脆易碎，使得脫出（椎間盤滑脫）的可能性增加，甚至完全萎陷。

器官的機能

年齡會影響所有的身體器官，但起初多數器官都有儲備能力：即超出平時所需時仍能運作的能力。隨著年紀漸長，儲備能力會用光。個體中體內系統老化的速率不盡相同。再者，哪些系統和器官會受最大影響，因人而異，取決於長期習慣和生活型態等不同因素。比如：飲酒過量會傷害肝臟和腦，而物理性運動量不足會使骨和肌肉退化的速度加快。

肌肉
膠原纖維和脂肪累積

骨
鈣質流失速度加快

老化中的人體系統
從踏入60歲開始，大多數的人體系統都會出現老化的徵象，即便這些徵象通常是複雜的。例如：味蕾減少會使人對鹹味和甜味的敏感度降低，接著才會對酸味和苦味的敏感度降低。

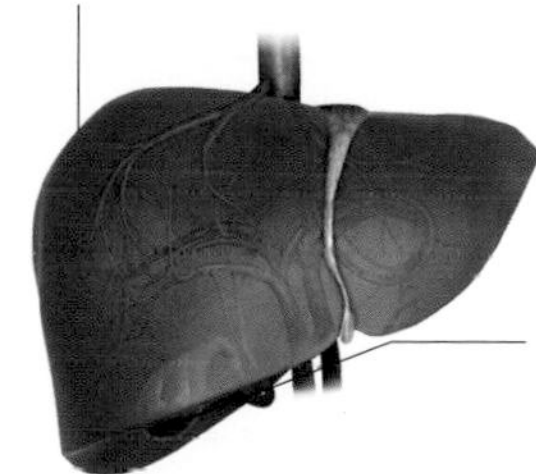

肝臟
酵素的生產量和代謝特定藥物的能力下降
膽囊
膽汁產量減少；膽石較容易生成

肝功能
老化會降低肝臟的酵素生產量和代謝特定藥物的能力，因此為老年人施用這些藥物時，劑量可能需要減少。

肌酸酐清除率（毫升／分鐘／17.3平方公尺）
150
140
130
120
110
100
90
30 40 50 60 70 80
年齡

腎臟效能
肌酸酐清除率的檢測質為腎臟效能高低的其中一種指標，肌酸酐清除率即肌酸酐（一種肌肉組織的副產物）從血液過濾到尿液的速率。這個數值代表腎臟處理和分解產物的能力有多好，而這個能力會隨著年齡的增長逐步下降。

瀕臨死亡與死亡

某些人體內的各種系統和器官的退化速度會比其他人快，這意味著老化的速率會受基因、生活型態和疾病等綜合因素影響。通常個體會有一個器官退化得最快，變成「最弱的一環」並導致最終的衰亡。心跳和呼吸停止為死亡的傳統定義，但現今已被現代的科學技術模糊化了（尤其是急重症醫護的科技），因此，死亡現在被看作是漸進的續發事件，而不是單一事件。

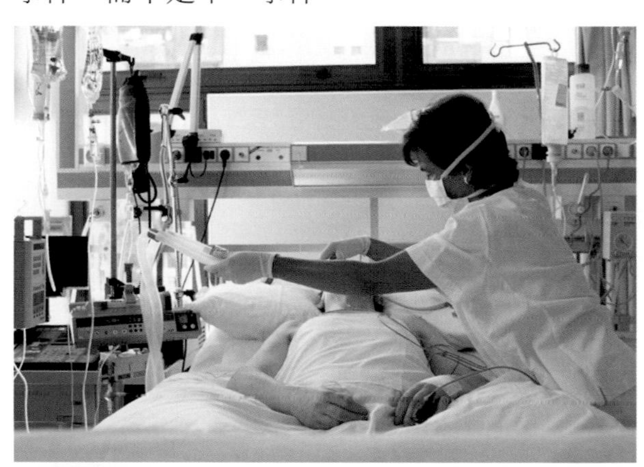

保留生命機能
急重症醫護技術可提供器官支援，例如以人工呼吸器來使空氣持續流入並流出肺臟，以及利用滲析（透析）來幫助衰竭的腎臟，這些技術可在器官不再能運作時，繼續保持人體機能的運轉。

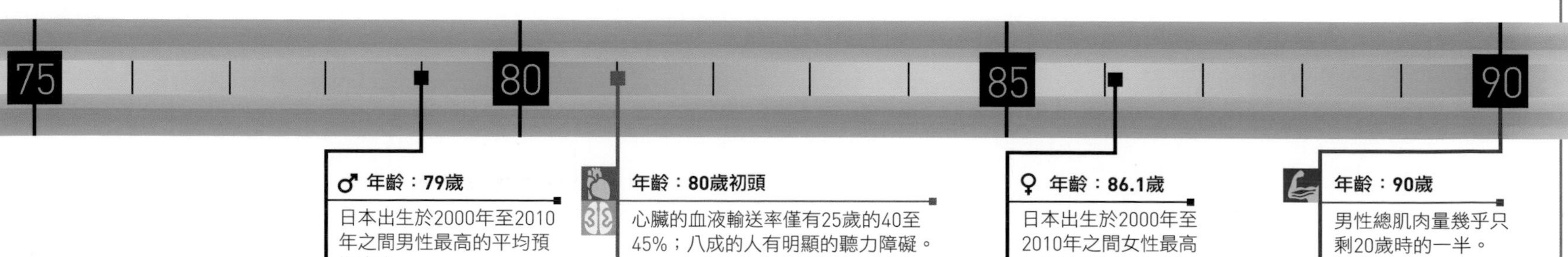

75
80
85
90

♂ 年齡：79歲
日本出生於2000年至2010年之間男性最高的平均預期壽命。

年齡：80歲初頭
心臟的血液輸送率僅有25歲的40至45%；八成的人有明顯的聽力障礙。

♀ 年齡：86.1歲
日本出生於2000年至2010年之間女性最高的平均預期壽命。

年齡：90歲
男性總肌肉量幾乎只剩20歲時的一半。

遺傳

基因資訊從父母轉移給小孩，稱為遺傳。這種資訊的語言是化學代碼，而載體則為生殖細胞（卵子和精子）中的去氧核糖核酸。

基因的遺傳

每個基因都帶有製造特定產品的「藍圖」。有些基因產物會對一個人的外貌或生理習性（例如皮膚的色素沉著度或眼珠顏色）有明顯的影響。然而，基因產物也可以相互結合（例如一個基因可控制或調節另一個基因），以產生複雜的特質，好比體育能力。由單一基因控制的簡單特徵會以可預測的型態遺傳給後代（請參閱第264至265頁）。然而，複雜的特質（例如體育能力）則由許多基因共同控管。這些特質是否會遺傳給下一代，不見得都能夠預測。身高高的父母所生下的孩子有身高高的傾向，但不見得一定如此。現代科技對於資訊是如何透過物理方式複製、並從父母傳給後代已有了更多的了解。

基因圖譜的定序

「人類基因圖譜定序計畫」到了西元2003年，已在整套人類的去氧核糖核酸中鑒定了三十億個鹼基對。西元2012年則認識到，去氧核糖核酸中有很大一部分都用於下指令組建核糖核酸，而非組建蛋白質分子。用於定序去氧核糖核酸的一個重要技術為膠體電泳。從細胞中提取去氧核糖核酸，將之純化，並利用名為限制酶的化學物質，將之分解成許多已知長度的小片段。接著將去氧核糖核酸片段置入一種膠體物質中，並送入電流。這些片段以不同的速度移動，並依照其大小與電荷在膠體中的不同位置定位。接著會以化學染劑上色，使之顯現為深色條紋，如下圖中所見的條形碼。電腦可讀取這些條形碼，並顯示其鹼基對序列片段。

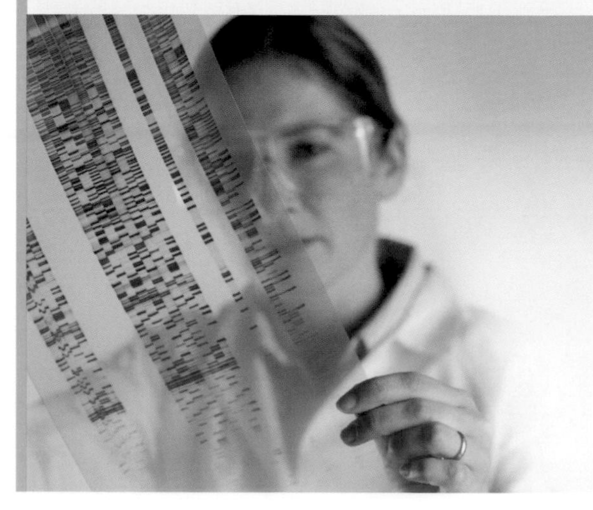

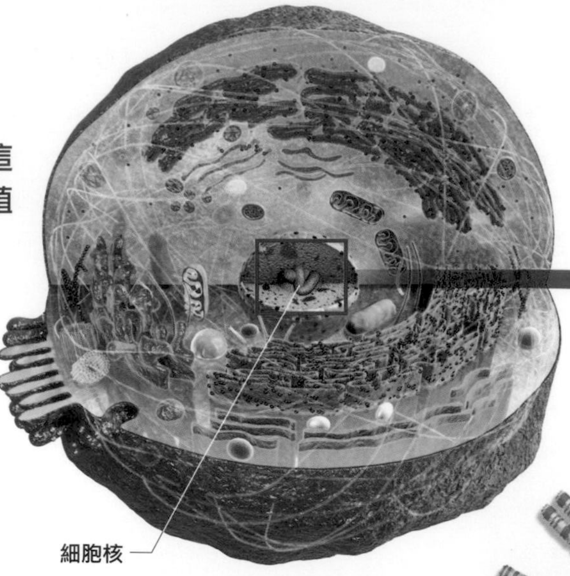

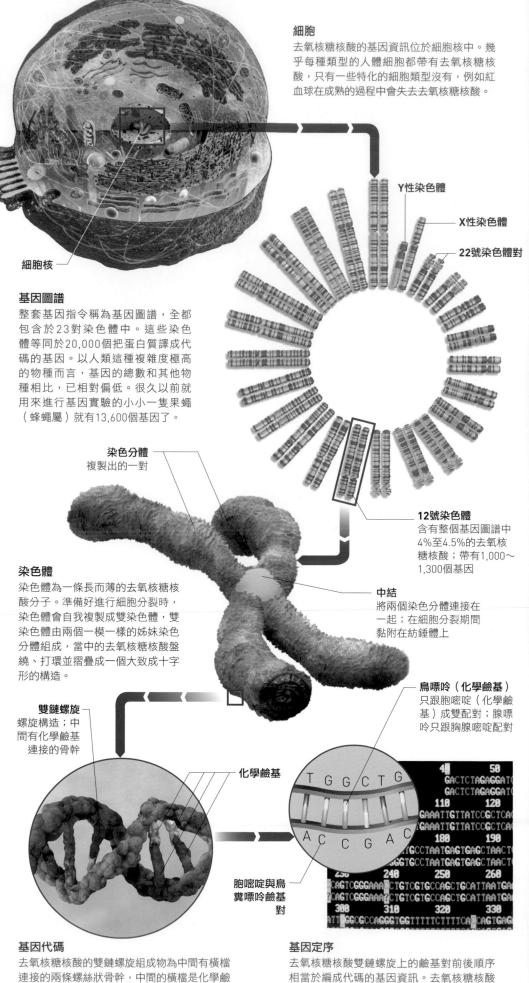

細胞
去氧核糖核酸的基因資訊位於細胞核中。幾乎每種類型的人體細胞都帶有去氧核糖核酸，只有一些特化的細胞類型沒有，例如紅血球在成熟的過程中會失去去氧核糖核酸。

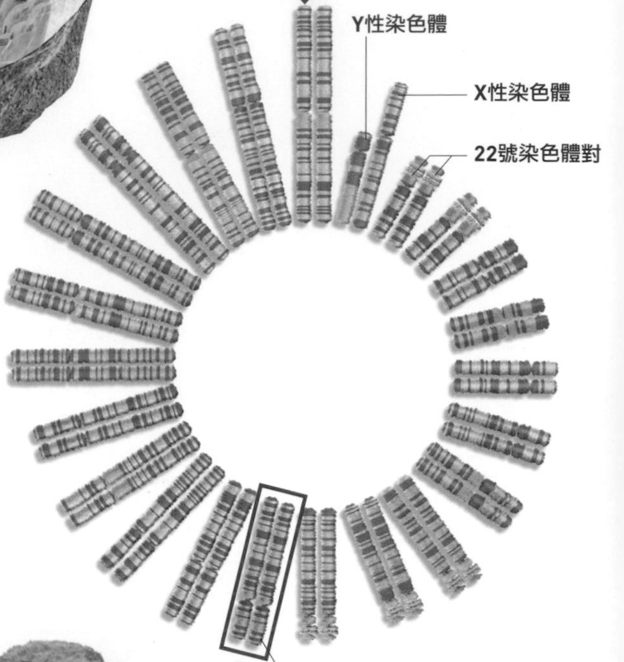

細胞核

Y性染色體

X性染色體

22號染色體對

基因圖譜
整套基因指令稱為基因圖譜，全都包含於23對染色體中。這些染色體等同於20,000個把蛋白質譯成代碼的基因。以人類這種複雜度極高的物種而言，基因的總數和其他物種相比，已相對偏低。很久以前就用來進行基因實驗的小小一隻果蠅（蜂蠅屬）就有13,600個基因了。

12號染色體
含有整個基因圖譜中4%至4.5%的去氧核糖核酸；帶有1,000～1,300個基因

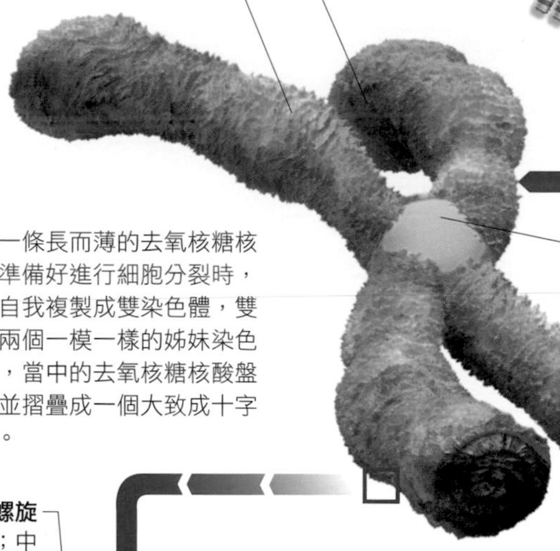

染色分體
複製出的一對

染色體
染色體為一條長而薄的去氧核糖核酸分子。準備好進行細胞分裂時，染色體會自我複製成雙染色體，雙染色體由兩個一模一樣的姊妹染色分體組成，當中的去氧核糖核酸盤繞、打環並摺疊成一個大致成十字形的構造。

中結
將兩個染色分體連接在一起；在細胞分裂期間黏附在紡錘體上

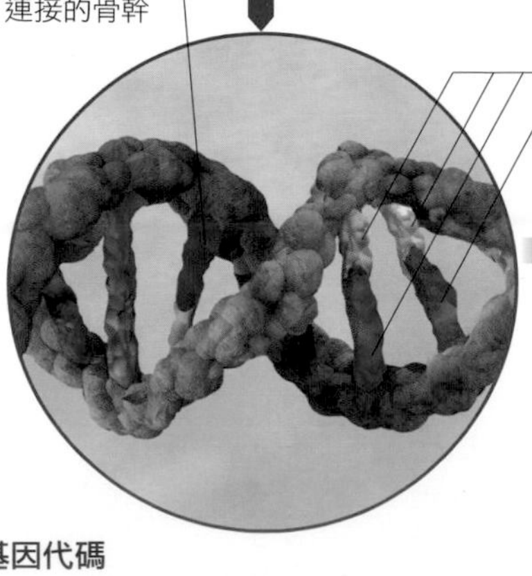

鳥嘌呤（化學鹼基）
只跟胞嘧啶（化學鹼基）成雙配對；腺嘌呤只跟胸腺嘧啶配對

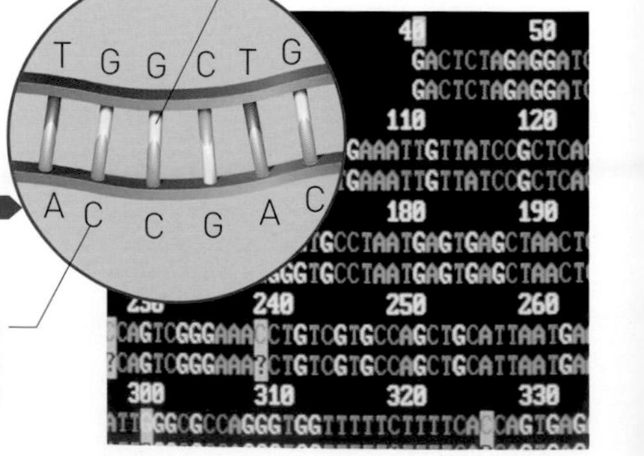

雙鏈螺旋
螺旋構造；中間有化學鹼基連接的骨幹

化學鹼基

胞嘧啶與鳥糞嘌呤鹼基對

T G G C T G

A C C G A C

基因代碼
去氧核糖核酸的雙鏈螺旋組成物為中間有橫檔連接的兩條螺絲狀骨幹，中間的橫檔是化學鹼基對，共有四種：腺嘌呤、胸腺嘧啶、鳥糞嘌呤和胞嘧啶。鹼基對有固定不變的組合方式。

基因定序
去氧核糖核酸雙鏈螺旋上的鹼基對前後順序相當於編成代碼的基因資訊。去氧核糖核酸定序儀器利用化學物質將去氧核糖核酸的兩股分開，識別鹼基後，可在螢幕上將數據顯示為英文字母列。

去氧核糖核酸的複製

去氧核糖核酸除了以化學編碼的型態（即其鹼基序列）帶有基因資訊之外，還有另一項重要的特色：能夠自我拷貝出完全相同的複本，而這個程序稱為複製。複製時，先把兩股骨幹之間配對鹼基的鏈結打開，然後將兩股分別作為模板，用以組建與之互補的對向股。去氧核糖核酸的複製作業發生於細胞劃分為二之前（請參閱右方說明）。

1 分離

雙鏈螺旋的兩股在鹼基對結合的地方分離開來，使得各個鹼基都暴露在外，準備抓住新造單股中的配對搭檔。

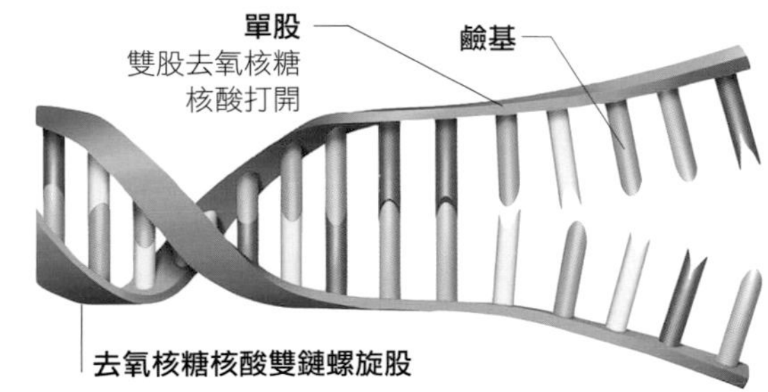
單股
雙股去氧核糖
核酸打開
鹼基
去氧核糖核酸雙鏈螺旋股

2 鹼基接合

游離的核苷酸各有一個鹼基，與去氧核糖核酸骨幹的一部分組合，並與兩組外露的鹼基接合。只會以對的順序接合，因為腺嘌呤只會與胸腺嘧啶配對，而胞嘧啶只會與鳥糞嘌呤配對。

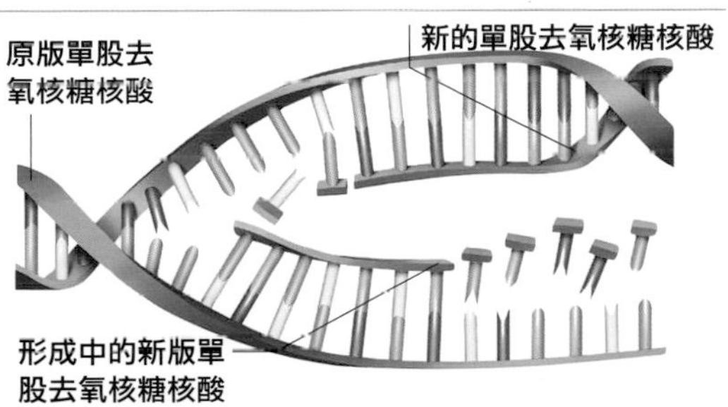
游離的核苷酸
為併入新的單股
而被製造出來
原版單股去
氧核糖核酸

3 形成兩股

更多由新骨幹鏈接的核苷酸接合在一起。現在各股都有一個新的「鏡像」搭檔，形成了兩條與彼此也與原版一模一樣的雙鏈螺旋。

原版單股去
氧核糖核酸

新的單股去氧核糖核酸

形成中的新版單
股去氧核糖核酸

突變

去氧核糖核酸的複製通常都能順利進行。然而輻射、某些化學物質等因素都可能引發故障，使一對或多對鹼基對的拷貝出錯。這種變化稱為突變。新的鹼基序列可能導致依其指令而製出的蛋白質分子不同，進而在體內產生問題。

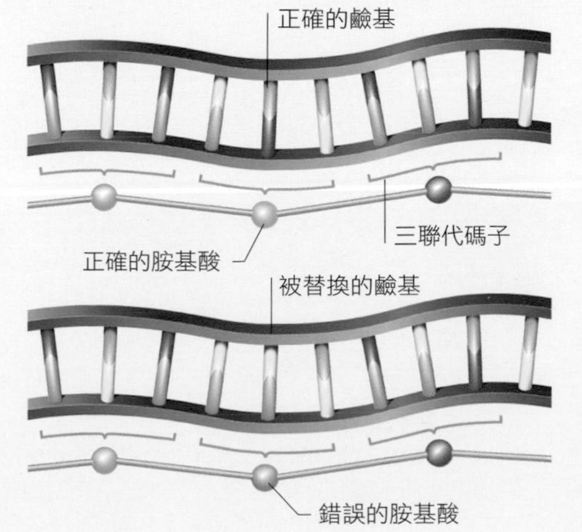
正確的鹼基
三聯代碼子
正確的胺基酸
被替換的鹼基
錯誤的胺基酸

正常的基因
三個鹼基對為一組的三聯代碼子會具體指定應加入製造該基因正常蛋白質分子的胺基酸為何。

產生突變的基因
發生點突變時，會有一對鹼基被更改，因而可能會下指令做出不同的胺基酸，進而破壞該蛋白質分子最終的形狀與功能。

新人體細胞的製造

一個細胞分裂成兩個一模一樣的子細胞，這個程序稱為有絲分裂。首先，利用去氧核糖核酸複製程序將所有的遺傳物質複寫一份，使各個染色體變成兩個一模一樣的單位，或稱染色分體。這些成對的染色體在細胞中央排成一行，接著分離並移開，隨著細胞一分為二的同時，分為兩半的染色體各往細胞的兩極遷移。為了製造生長、保養和維護所需的新細胞，人體經常會進行有絲分裂。

1 準備作業

去氧核糖核酸的兩股進行複製，並形成雙染色體。核膜分解。

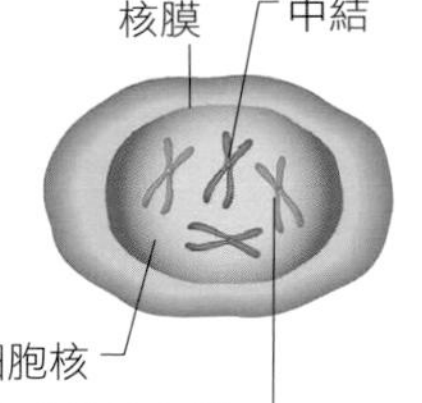
核膜
中結
細胞核
複寫出的染色體

2 對齊

雙染色體排成一行；絲線狀的纖維形成連接各個雙染色體中結的紡錘體。

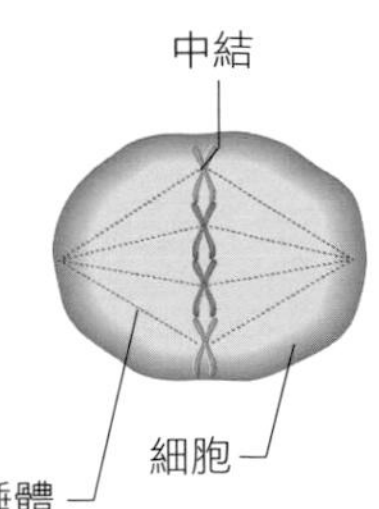
中結
紡錘體
細胞

3 分割

中結從中劈裂，讓單個染色體移動到細胞的一極。

4 分裂

紡錘體消失，而核膜分別在兩組染色體外圍形成。

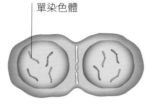

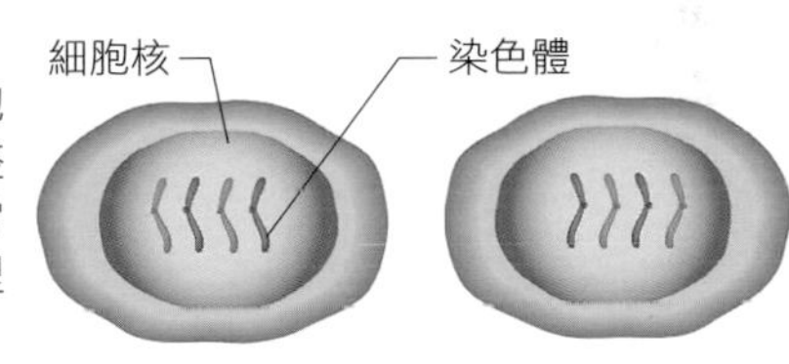
單染色體
單染色體
紡錘體

5 子代

細胞質劃分為二，而細胞劈裂為二。人體細胞各有完整的一套染色體（共23對），當中含有所有的基因資訊。這裡為了清晰起見，只繪出兩對。

細胞核
染色體

生殖細胞的製造

細胞劃分為二時若採用減數分裂，產生的則為生殖細胞：卵子或精子。程序與上述有絲分裂類似，但會經歷一連串步驟將各對染色體分割開來，最終形成四顆子細胞，各含有正常染色體數量的一半，並只有一半的染色體對。受精時，卵子和精子結合，恢復正常的染色體的數量（23對）。受精卵所有隨後的細胞分割作用都採有絲分裂。

1 預備作業

複製好的單股去氧核糖核酸會在細胞核中盤卷，形成十字狀的雙染色體。

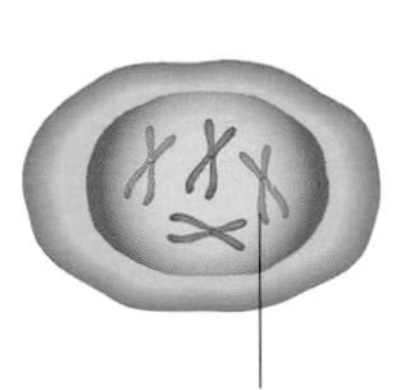
複寫好的染色體

2 配對

匹配的染色體對（同源染色體）互相對齊並交換遺傳物質。

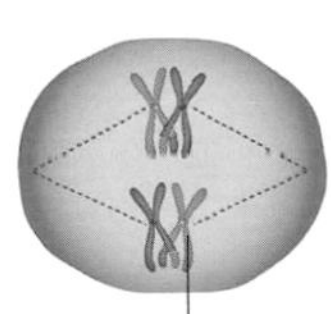
匹配的染色體對

3 第一次分割

絲線狀的紡錘體在細胞劈裂的時候，將兩個一組中的單一個染色體分別往兩極拉開。

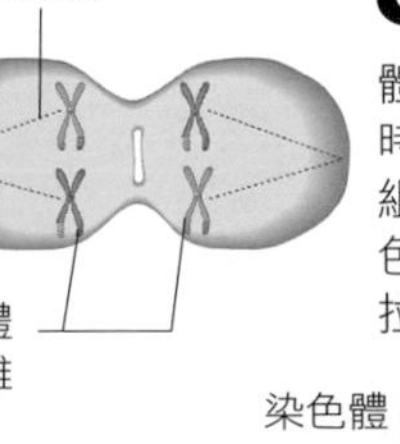
紡錘體
染色體
對分離

4 兩個子代細胞

在分割過程中的隨機選擇下，各顆細胞都有一對雙染色體中的其中一個。

複寫好的
染色體

5 第二次分割

雙染色體劈裂，各半往劃分開來的細胞之一極移動。

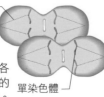

紡錘體
單染色體

6 四個子代細胞

四個生殖細胞的基因成分各不相同，也與母細胞的不同。

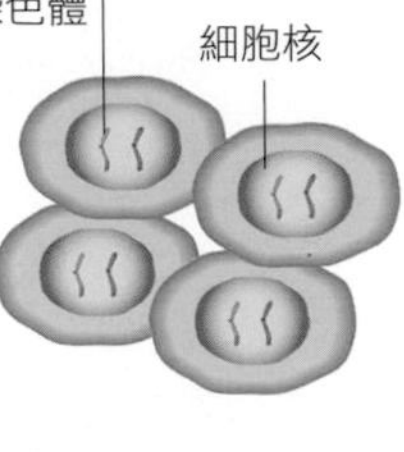
染色體
細胞核

遺傳的型態

基因從一代傳到下一代，有無數的遺傳排列組合。基因會在每個階段重新洗牌，讓各個子代都獨一無二，但遺傳的模式有型態可循。

基因的變異型

人體的各個細胞都有雙套遺傳物質，放在25對染色體中。每一對染色體中的其中一個（以及其內含的基因）來自於母親。另一個則來自於父親。所以實際上，每個基因組中都有兩種變異型：一個得自母親，一個得自父親。這些基因變異型稱為等位基因。遺傳型態取決於這兩種變異型的相互作用，因為它們有可能一模一樣或稍微不一樣。

成雙成對
染色體有相同的基因組。但一個染色體上的單一等位基因可能會跟其他染色體上與其對應的等位基因稍微不同。

世代序列

每個人的兩組基因中，一組遺傳自母親，另一組則遺傳自父親。相應地，父親與母親各方的其中一組基因也分別得自祖父與祖母，並以此類推。基因的變異型（等位基因）在每一代都會混合重組（重新洗牌）。所以實際上，小孩只有四分之一的基因得自於其祖父母。這就是為什麼小孩經由遺傳得到的相貌很像父母相貌的混合版，而與祖父母的相貌比較沒那麼像。

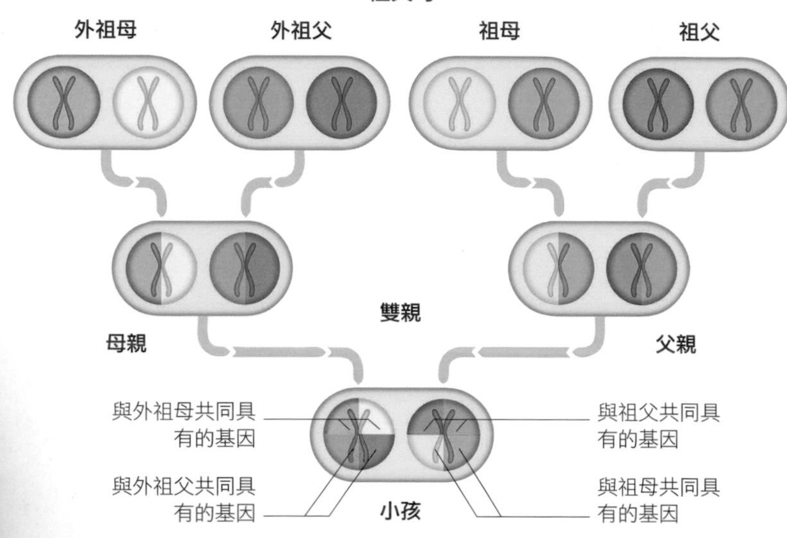
祖父母
外祖母
外祖父
祖母
祖父
雙親
母親
父親
與外祖母共同具有的基因
與祖父共同具有的基因
與外祖父共同具有的基因
與祖母共同具有的基因
小孩

混合而非融合
基因是遺傳的「單位」，每一代都會洗牌成不同的組合。個別基因不會與其他基因交融成新的變異型。

性別的遺傳

子代的性別由代號為25的兩個性染色體決定。女性體內這兩個染色體都是X，而且有同樣的基因組。男性體內有一個X染色體，另一個則是小很多的Y染色體，當中有男性基因。卵細胞形成的時候，各個卵細胞都含有一個X染色體。精細胞形成時，半數得到X染色體，另一半則得到Y染色體。使卵細胞受精的精子如果帶有X染色體的話，這個卵子就會出現XX性染色體的配對，那麼這個嬰兒就是女性。如果精子當中含有一個Y染色體，那麼配對就會是XY染色體，而這個嬰兒就是男性。子代的性別永遠由父親決定。

男孩或是女孩？
性別由性染色體的遺傳決定：即X和Y染色體（其他的22對染色體沒有顯示於此）。

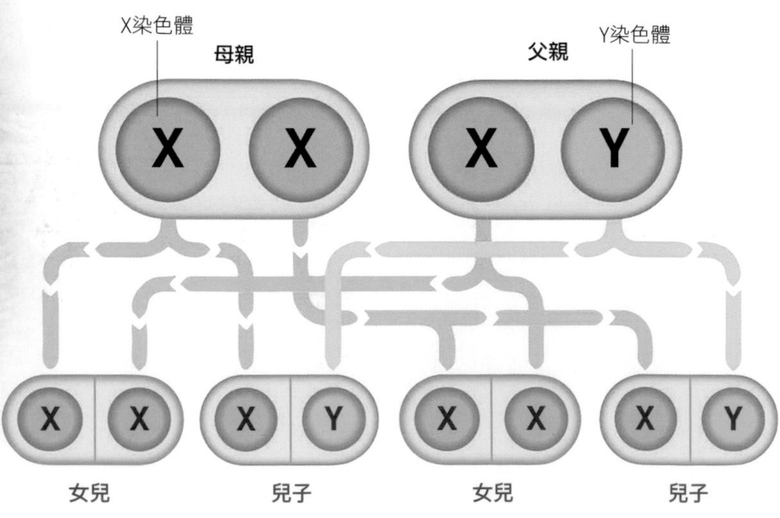
X染色體
母親
父親
Y染色體
X X X Y
X X
X Y
X X
X Y
女兒
兒子
女兒
兒子

隱性和顯性基因

因為染色體成對存在，染色體帶有的基因也同樣成對（各遺傳自父母其中一方）。一對基因中的單個基因稱為等位基因。在某些情況下，這兩個等位基因會一樣。其他情況下，這兩個等位基因則不同。其中一個等位基因可能會是顯性的，並會「壓制」住另一個隱性的等位基因。這會使遺傳的作用變複雜。

隱性和隱性
某一特定的人體特徵或特質在父母兩人身上都有兩個一模一樣的等位基因，稱為「同質結合」。此例中，它們是隱性的；沒有顯性的等位基因，它們會正常發揮功能，而且所有的子代都會有這個特質的隱性變異型。

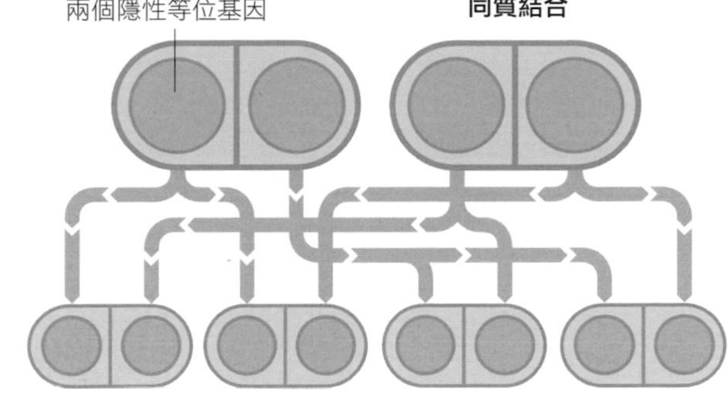
兩個隱性等位基因
同質結合
所有的子代都有該特質的隱性變異體

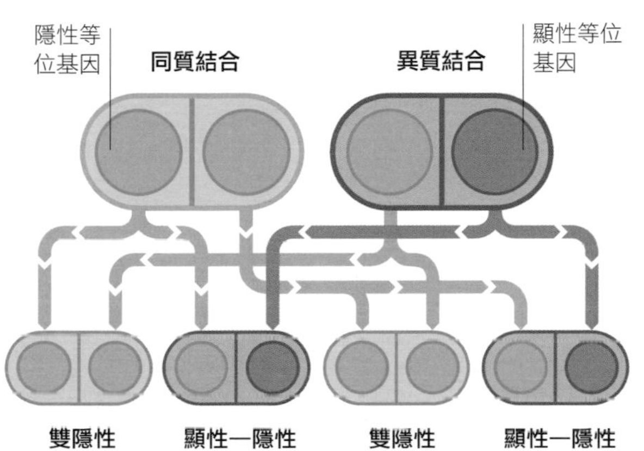
隱性等位基因
同質結合
異質結合
顯性等位基因
雙隱性
顯性—隱性
雙隱性
顯性—隱性

隱性和混合型
雙親之一方有兩個隱性等位基因，如上所示；另一方則為「異質結合」，有兩個不同的等位基因，一個為隱性，一個為顯性。機率為2個子代中有1個會遺傳隱性的特質。

混合型與混合型
這種狀況下，父母雙方都是混合型（或稱異質結合），各自有一個隱性等位基因和一個顯性等位基因。子代有隱性特質（沒有顯性等位基因）的機率降為四分之一。

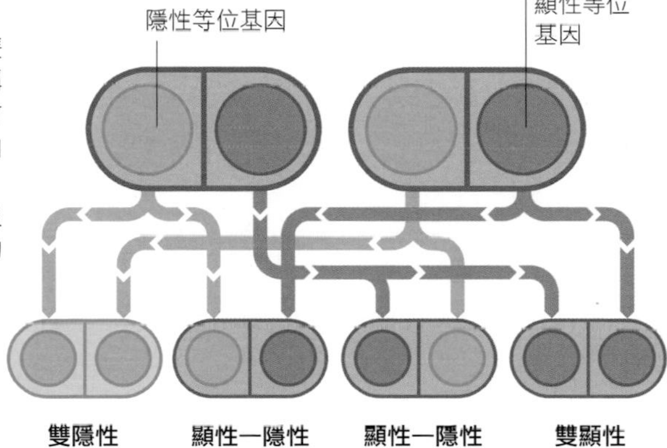
隱性等位基因
顯性等位基因
雙隱性
顯性—隱性
顯性—隱性
雙顯性

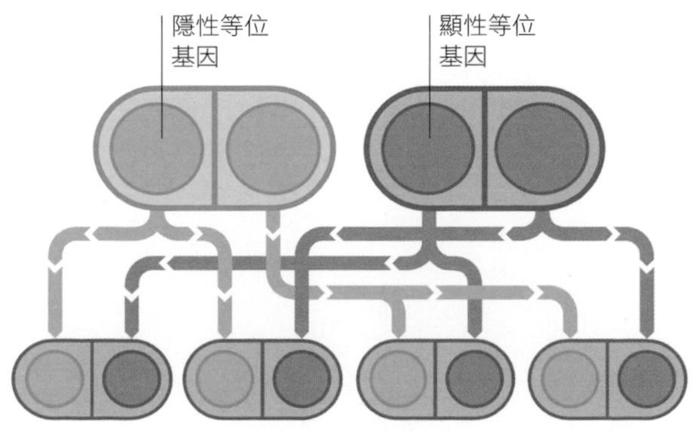
隱性等位基因
顯性等位基因

顯性與隱性
這時候，父母雙親都是同質結合，但一位是隱性特質的同質結合，另一位則是顯性特質的同質結合。四個子代全都是異質結合，且顯現出顯性變異型的特質。

所有子代的這個特質都屬顯性變異型，但帶有隱性變異型

與性染色體有關的遺傳

某人體特徵的等位基因若由性染色體對攜帶，而不是由正常染色體攜帶時，遺傳型態會發生改變。以女性而言，XX染色體中，任何顯性和隱性的等位基因都可以互相作用，如左圖所示。但男性中，X染色體上的等位基因不見得在Y染色體上有其等價物，反之亦然。也就是說，單個等位基因可能是唯一一個決定該特徵的。以彩色視覺受損為例，其有問題的等位基因位於X染色體上。

彩色視覺受損的父親和無患病的母親
性染色體的組合方式有四種，由偶然性主宰。此例中，任何一個女兒都會遺傳到彩色視覺受損的等位基因，且會成為基因攜帶者（帶因者），但也有位於其X染色體上正常的等位基因，使其有正常的視覺。沒有一個兒子會患病，他們也都不會成為基因攜帶者（帶因者）。

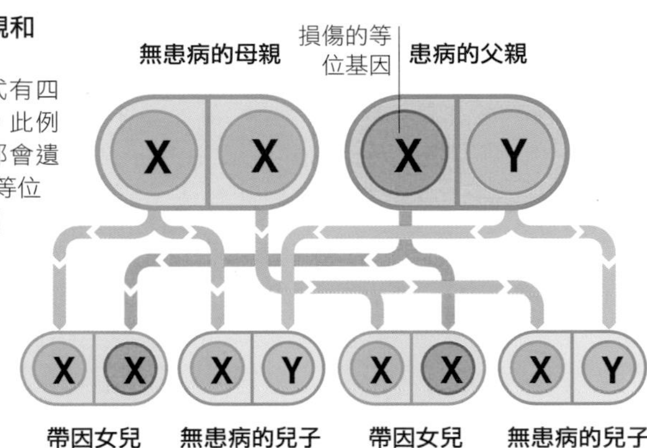
無患病的母親
損傷的等位基因
患病的父親
X
X
X
Y
帶因女兒
無患病的兒子
帶因女兒
無患病的兒子

帶因母親與無患病的父親
四種可能的組合讓兒子和女兒各有四分之一的機率不會患病。女兒成為基因攜帶者（帶因者）或兒子遺傳到彩色視力損傷的機率只有四分之一。兒子沒有第二個X染色體，因此沒有正常的等位基因，導致其患病，彩色視覺受損。

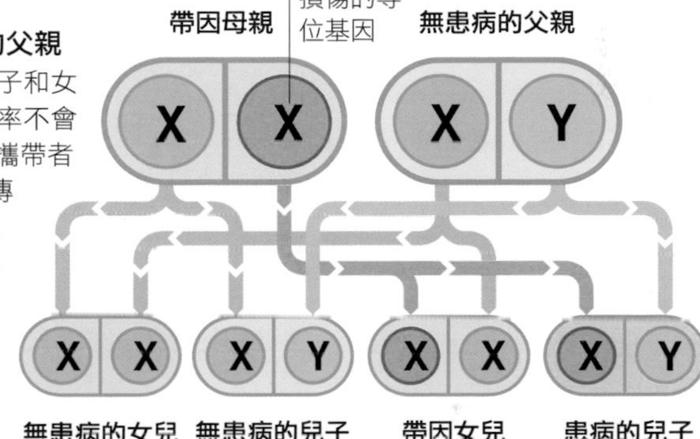
帶因母親
損傷的等位基因
無患病的父親
X
X
X
Y
無患病的女兒
無患病的兒子
帶因女兒
患病的兒子

多基因遺傳

有些人體特質遵循的是明確的單基因遺傳型態。不過有兩種方式會使情況變得更為複雜。第一，某一基因可能不只有兩個等位基因，之間只以簡單的顯性隱性相互產生作用。一般族群中有可能有多於三個等位基因的存在，但一個人只能有兩種。例如血型系統中，有A型、B型和O型的等位基因，是個被多於一個基因影響的特質。這兩種情況意味著某一特質會被多個基因支配，而且這些基因中還會有多個等位基因，全部加起來，這些基因可能會根據其所含有的等位基因之不同，而以不同的方式相互產生作用。在這種情況下，可能的組合方式增加，使得多基因的遺傳型態格外難以闡明。

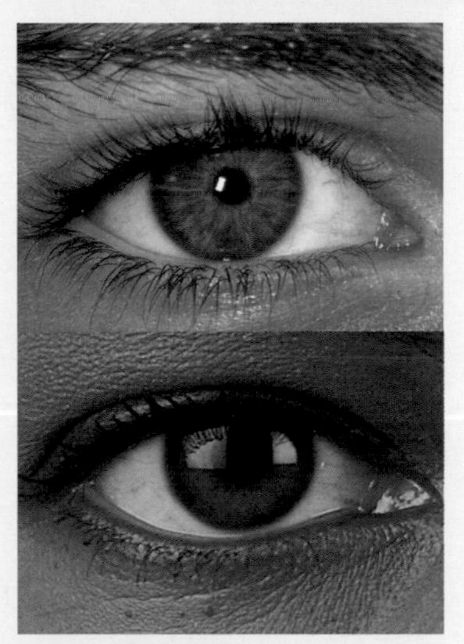

多於一個的基因
眼珠顏色原本被視為簡單的單一基因遺傳之例。但研究顯示，影響虹膜顏色的基因多於12種（請參閱第43頁）。

遺傳性異常疾病

有瑕疵的基因或異常染色體由父母遺傳給小孩時，會導致得到該基因的小孩罹患遺傳性異常疾病。染色體異常疾病為染色體的數量或結構有問題所致，基因異常疾病則是單個染色體帶有的一或多個基因缺陷所致。

染色體異常疾病

染色體異常疾病的致病因有兩種：父母傳給小孩的染色體數量不對（染色體數目變異之異常疾病），或是染色體中某些構造遭改動（染色體結構變異之異常疾病）。鑲嵌現象（鑲工態）是一種染色體數目變異造成的異常疾病，但並非每個細胞都會受此影響，因此所產生的問題可能不會外顯。失誤是發生在受精之前，於製造卵子和精子細胞分裂時，遺傳物質調換的過程。

數目上的變異

卵子或精子細胞進行分裂（減數分裂）時出錯，導致某個細胞內含有多於正常數量的染色體，而其他細胞內所含的染色體數量則少於正常值。

這是最常見的一種染色體反常現象，異常疾病中有三分之二都屬於這一類。染色體數量太多或太少時，多數都會導致流產。然而也有少數胎兒得以存活的例外情況。此類疾病中，最常見的為唐氏症（蒙古症），又稱為21號三染體症，原因是21號染色體多了一條。性染色體異常時，對胚體產生的影響比較沒有那麼嚴重，可能不會出現明顯的病徵。多出一條X染色體的女孩或多出一條Y染色體的男孩可能完全不會產生任何異樣。然而，有多一條X染色體（XXY）的男孩會罹患克萊恩費爾特氏症候群。在進入發身期卻無法發育出第二性徵時，可明顯查知患得此病。天生只有一條X染色體的女性為特納氏症候群患者。

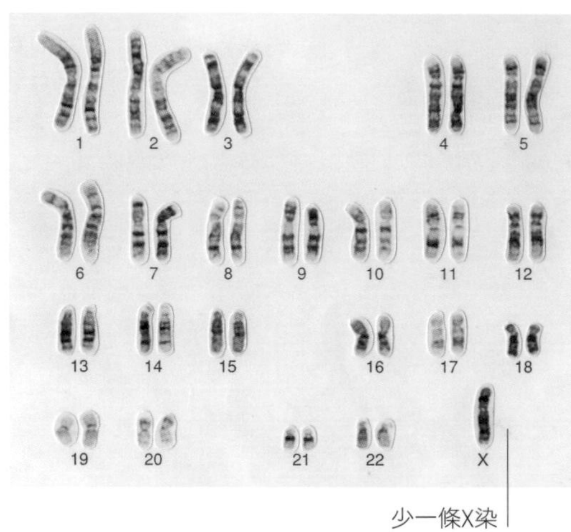
1
2
3
4
5
6
7
8
9
10
11
12
13
14
15
16
17
18
19
20
21
22
X
少一條X染色體

特納氏症候群

圖為一位特納氏症候群女性患者的染色體組（核型），可見她的X染色體只有一條，而不是像正常女性般有兩條X染色體。此症女性患者的智力和預期壽命都正常，但會有身材短小的現象，且通常無生育力。

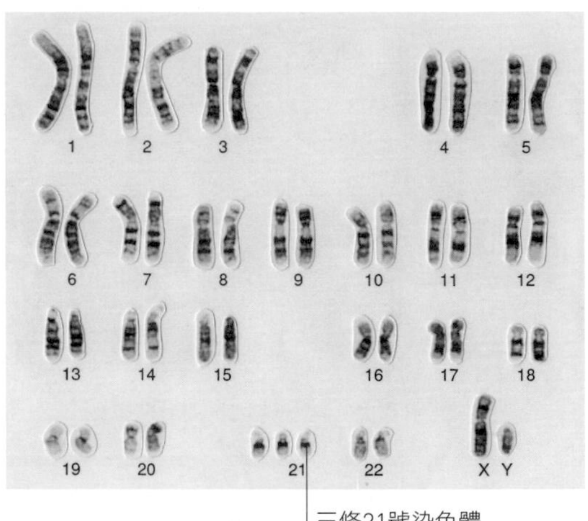
1
2
3
4
5
6
7
8
9
10
11
12
13
14
15
16
17
18
19
20
21
22
X Y
三條21號染色體（三染體）

唐氏症（蒙古症）

這種核型來自於患有唐氏症的男性，會多出一條21號染色體，稱為21號三染體。這是最常見的染色體異常徵狀，典型臨床特徵為此症患者特有的外貌、學習障礙，且常伴有心臟異常的徵狀。

結構上的變異

細胞分裂以製造卵子或精子的期間（減數分裂），可能會有一小部分的染色體錯位。

不同染色體遺傳物質的自然交換過程中，可能會有一小部分被刪除、複寫，或在嵌入時方向不對或倒置。這種結構性異常通常會導致流產，但如果妊娠持續到足月，就可能造成孩子有先天性缺陷，嚴重度如何取決於被改動的遺傳物質量有多大以及類型為何。易位是另一個問題，產生於兩條不同染色體的遺傳物質被調換時。遺傳物質如果沒有淨損或淨增益，稱為平衡型易位，不太會產生外表可見的問題。若為不平衡型易位，多出或不見的遺傳資訊會導致胚胎缺陷，嚴重者則導致流產。

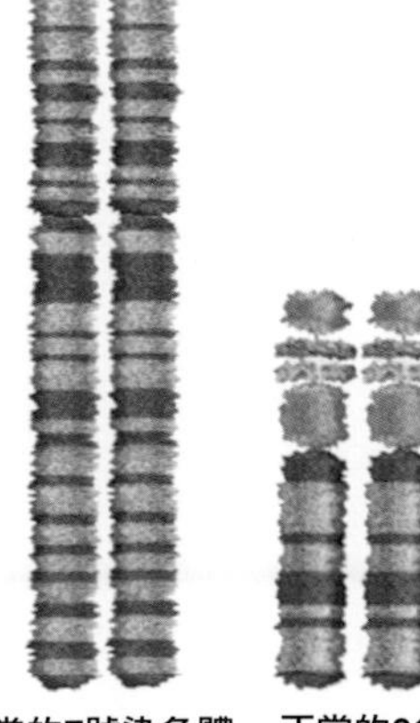
正常的7號染色體
正常的21號染色體

成對的染色體

正常的染色體對中，兩條相一致；23對染色體中，各對的染色體臂都一樣長，當中基因的位置也完全一樣。染色體無論長（好比7號染色體）或短（好比21號染色體），各對中的兩條都相互一致。

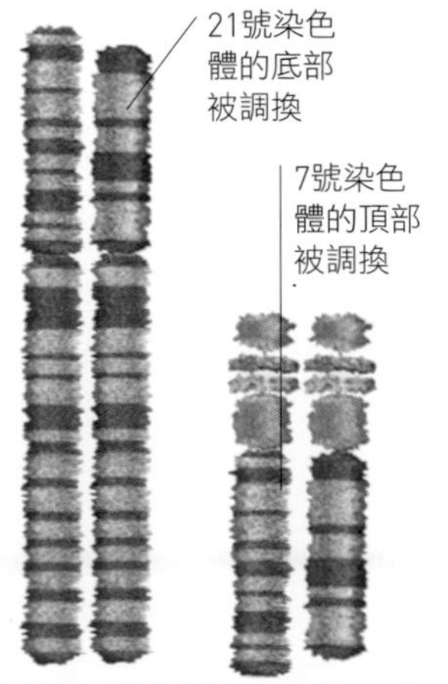
21號染色體的底部被調換
7號染色體的頂部被調換
易位的7號染色體
易位的21號染色體

平衡型易位

典型的易位型態，為一條染色體的一大部分與另一條染色體連結。圖中7號和21號染色體的絕大部分都呈連結狀。像這樣的平衡型易位不會失去任何遺傳物質，也不會產生外表可見的異常徵狀。

鑲嵌現象（鑲工態）

變異細胞鑲嵌是多人體細胞的混合物，有些含有正常的染色體數量，有些則含有異常的染色體數量。

有多於一種細胞存在的個體稱為鑲嵌型。舉例來說，有些細胞可能有正常的46條染色體，而其他的細胞則多了一條，使得染色體總數達47條。如果只有少數幾個細胞的染色體數量不正常，就不太會有外表可見的病徵，要藉由分析其血液樣本才能夠查出異常徵狀。有錯細胞佔比較大的情況下，就可能會引發異常疾病。這些異常疾病與簡單易懂的染色體數目變異一樣。舉例來說，唐氏症患者如果有大量細胞都多出一條21號染色體（導致染色體總數達47條），則可為變異細胞鑲嵌所致。然而因此種染色體數目變異而造成的唐氏症相當罕見，只佔1至2個百分比。其他症候群（好比特納氏症候群和克萊恩費爾特氏症候群）也可能是變異細胞鑲嵌所致。

基因異常疾病

有缺陷的基因導致的後果嚴重度從輕微、中等至有致命危險不等，也有可能完全沒有影響。有些會在出生不久後就顯現，有些則要到成年後才會發現。此類疾病的遺傳類型可分為顯性、隱性和X性聯三種；若為顯性，則為父母其中一方帶有瑕疵基因；若為隱性，則為父母雙方都是基因攜帶者；若為X性聯，有缺陷的基因位於X染色體上。

亨廷頓氏病（漢氏舞蹈症）

亨廷頓氏病是一種顯性的基因異常疾病，會導致部分腦組織變性。

亨廷頓氏病由一個反常的顯性基因所引起，又稱遺傳性舞蹈病，會導致產生不自主運動、人格改變和越來越嚴重的失智症。惡化的時程為15至20年。症狀通常會到年過30之後才發作，而到了那個時候，基因都已傳給下一代了。因此，如果有親戚患有此疾病，可接受基因檢測和諮詢。

患病的父或母
無患病的父或母
亨廷頓氏基因
正常的基因
患病的小孩
無患病的小孩

顯性遺傳
此例中，父母其中一方有異常基因，而另一方則沒有。其小孩各有二分之一的機會遺傳到有缺陷的基因，因此而罹患的疾病會在成人時期發作。

白化症

白化症是以缺乏黑色素（褐色色素）為特徵的異常疾病，會使人膚髮蒼白。

白化症有許多型態，起因為一個或多個基因產生突變，眼皮膚白化症第二型即為一例。這種基因突變會導致一種製造黑色素必須要使用的酵素產生缺陷。這是一種罕見的疾患，發生率約為20,000分之1。患病個體的皮膚、毛髮和眼珠幾乎或完全沒有色素；皮膚和髮色蒼白，而眼珠顏色從粉紅色到淡藍色不等。眼睛會對強光敏感，且常罹患視覺障礙。

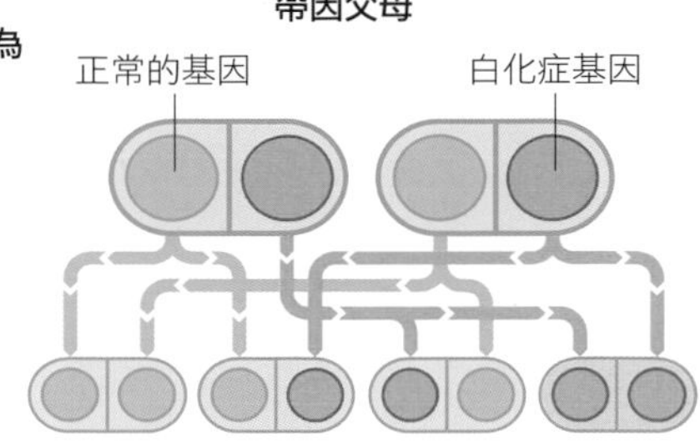
帶因父母
正常的基因
白化症基因
正常的孩子
帶因孩子
帶因孩子
患病的孩子

隱性遺傳
此例中，父母雙方都帶有異常基因，但並無患病。他們的小孩可能也不會患病（四分之一的機率），可能會成為有缺陷基因的基因攜帶者（二分之一的機率）或罹患此疾病（四分之一的機率）。

色盲（色覺障礙；彩色視覺受損）

色盲會影響分辨兩種顏色的能力，特別是紅綠不分，較不常見的為藍黃不分。

患有色盲的人會難以分辨兩種顏色是因為視網膜中的錐狀細胞有瑕疵。有缺陷的基因不同會導致不同型態的色盲，導致這類問題的基因大多位於X染色體上。較為常見的型態為紅綠不分，患者為男性，因為他們只有一條X染色體，因此只要帶有瑕疵基因，就很可能會表達出。女性有兩條X染色體，有缺陷的那一條會被另一條掩蓋，而這個女性變成為基因攜帶者。這種遺傳類型稱為X性聯隱性遺傳病。黃藍色覺辨認障礙也是經由遺傳罹患的，但與X染色體沒有關聯性。

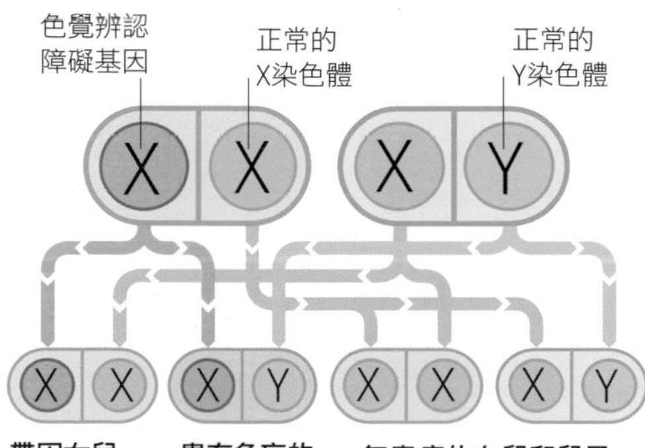
帶因母親
未患病的父親
色覺辨認障礙基因
正常的X染色體
正常的Y染色體
X
X
X
Y
帶因女兒
患有色盲的兒子
無患病的女兒和兒子

X性聯隱性遺傳病
此例中，母親的X染色體中帶有反常的基因，但沒有患病。其兒子有二分之一的機率會遺傳到此疾病，而女兒則有二分之一的機會成為基因攜帶者，但不會患病。

囊狀纖維化症

罹患囊狀纖維化症時，會因分泌黏液的腺體製造出異常濃的分泌物，而導致體內許多部位出現問題。

囊狀纖維化症是一種常見且嚴重的遺傳性疾病，會導致多種健康問題以及預期壽命變短。會因體內黏液過多而產生症狀，尤其常見於肺臟和胰臟，會導致重複性肺臟感染及食物消化問題，進而造成無法增重或以正常速率成長。囊狀纖維化症的致病因為7號染色體所帶有的一個基因異常。這是一種隱性異常疾病，也就是說必須要從父母雙方各得到一個有瑕疵的基因才會罹患。如果父母已生出一個患病的小孩，但想要再多生幾個，可接受產前基因檢測與諮詢。

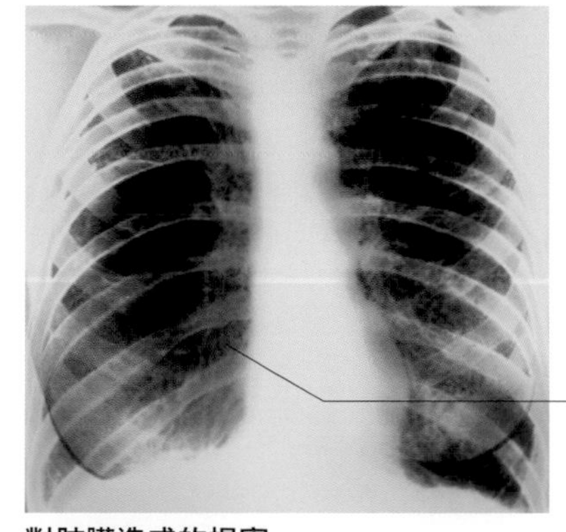
變厚的支氣管壁

對肺臟造成的損害
此張彩色胸部X光影像顯示一位囊狀纖維化症患者的肺臟，可見脊椎（中央的白色部分）兩側的支氣管壁（橘色部分）因重複感染而變厚，導致重複感染的原因是體內黏液製造量過大。

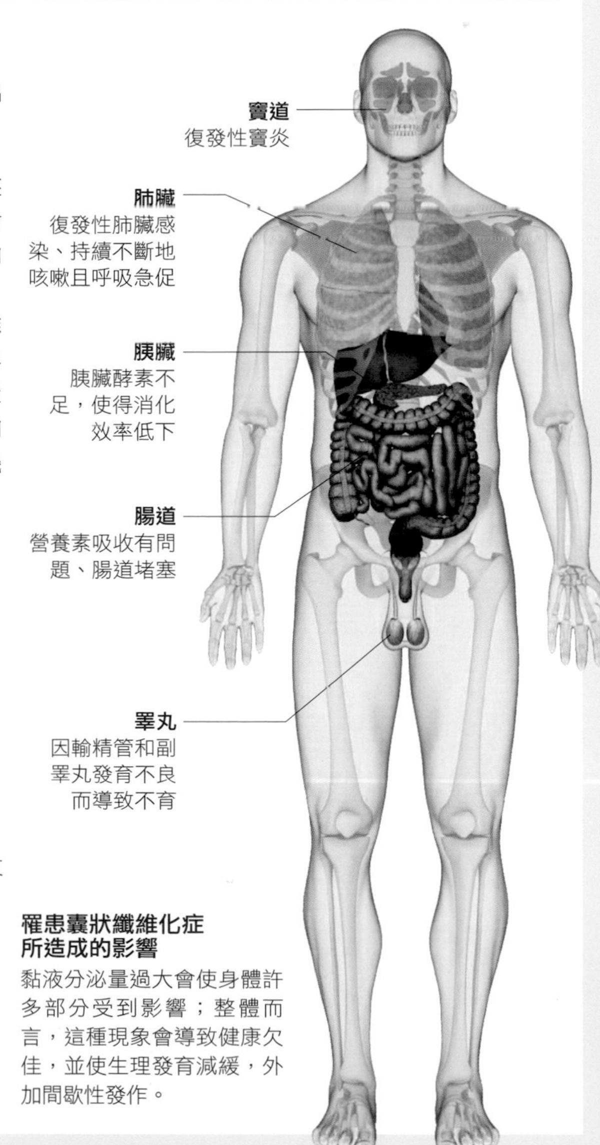
竇道
復發性竇炎
肺臟
復發性肺臟感染、持續不斷地咳嗽且呼吸急促
胰臟
胰臟酵素不足，使得消化效率低下
腸道
營養素吸收有問題、腸道堵塞
睪丸
因輸精管和副睪丸發育不良而導致不育

罹患囊狀纖維化症所造成的影響
黏液分泌量過大會使身體許多部分受到影響；整體而言，這種現象會導致健康欠佳，並使生理發育減緩，外加間歇性發作。

癌

癌症不是單一種病症，而是有不同症狀的許多異常疾病之集合體。幾乎所有類型的癌症都有相同的基本病因：細胞因正常分裂的調節機制被破壞，而失控地增殖。問題的根本原因是有多個帶有缺陷的基因，這些基因可能是遺傳得到的，也可能由已知的致癌物或老化作用導致。

癌性（惡性）腫瘤

癌症是破壞周圍組織或器官的贅瘤或團塊，可能會散播到其他身體部位。

正常情況下，細胞會以受控制的速率進行分裂與自我更替。惡性（癌性）腫瘤是一團分裂得過快的異常細胞，且這些細胞無法執行該組織的正常功能。這些細胞的大小和形狀通常不規則，而且與其出現處的正常細胞沒什麼相似之處。以顯微鏡檢查取自腫瘤的一小塊樣本時，通常會以這種不規則的細胞樣貌來判定是否為癌症。腫瘤通常會逐漸膨大，將正常細胞擠出，壓迫到神經，並浸潤到血管和淋巴管中。分辨腫瘤是惡性還是非惡性的是很重要的一件事，因為癌化細胞會散播到其他身體部位。

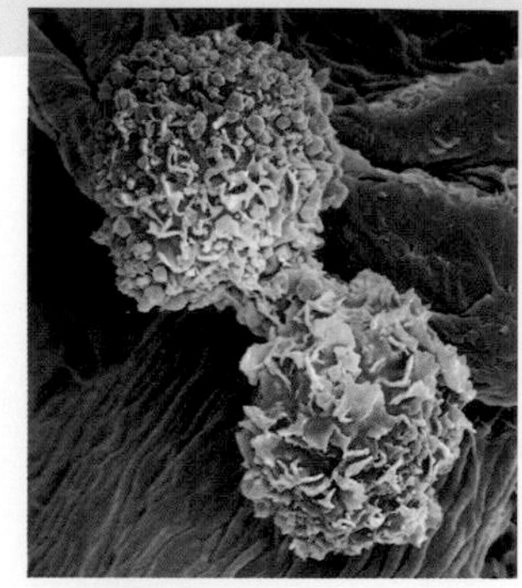

癌細胞的分裂
這張放大的影像中可見有一顆癌化細胞正在分裂成兩個帶有受損遺傳物質的細胞。如果不予以治療，癌細胞就會失控地不斷生成。

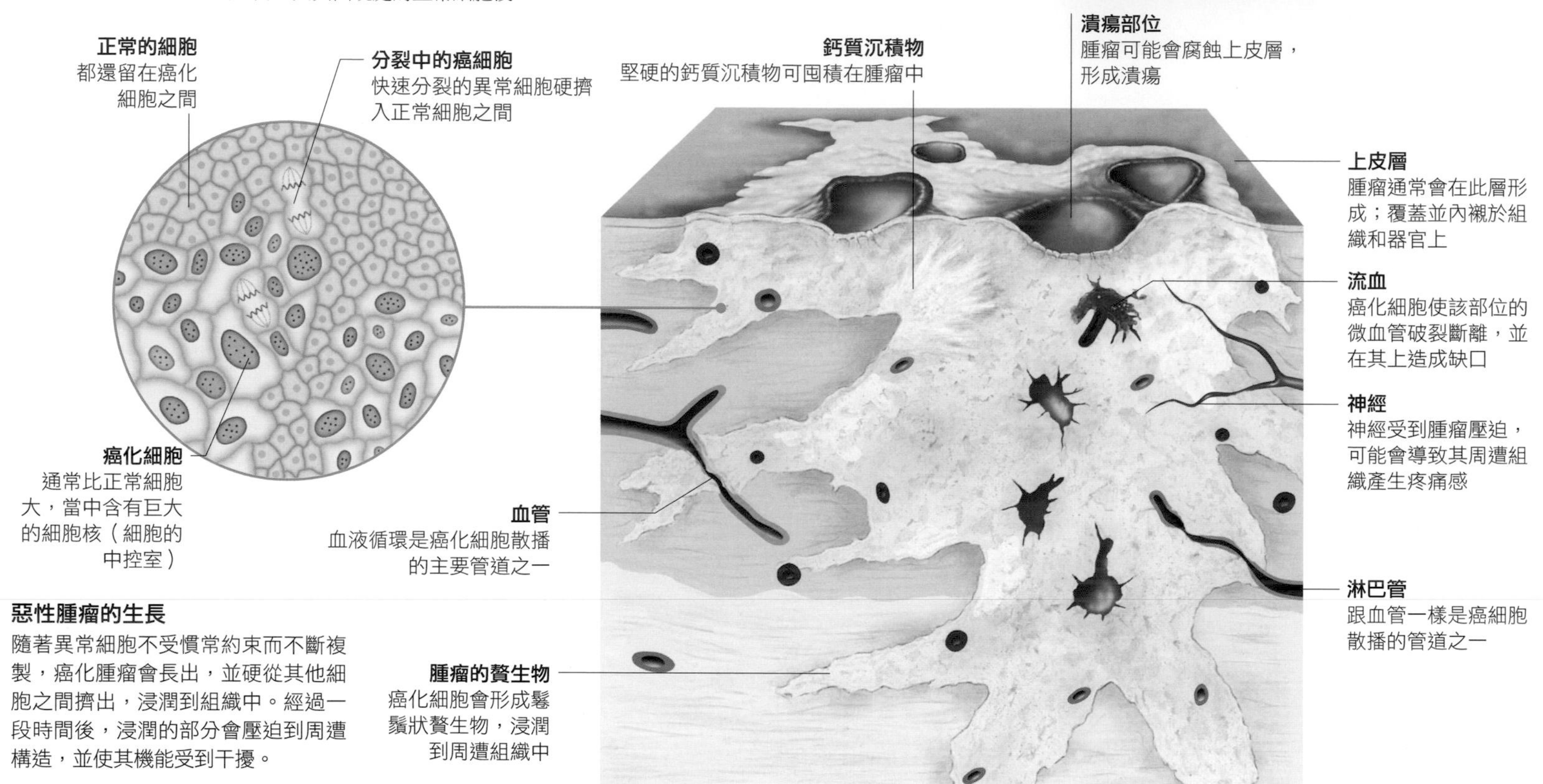
正常的細胞
都還留在癌化細胞之間
分裂中的癌細胞
快速分裂的異常細胞硬擠入正常細胞之間
鈣質沉積物
堅硬的鈣質沉積物可囤積在腫瘤中
潰瘍部位
腫瘤可能會腐蝕上皮層，形成潰瘍
上皮層
腫瘤通常會在此層形成；覆蓋並內襯於組織和器官上
流血
癌化細胞使該部位的微血管破裂斷離，並在其上造成缺口
神經
神經受到腫瘤壓迫，可能會導致其周遭組織產生疼痛感
癌化細胞
通常比正常細胞大，當中含有巨大的細胞核（細胞的中控室）
血管
血液循環是癌化細胞散播的主要管道之一
淋巴管
跟血管一樣是癌細胞散播的管道之一
腫瘤的贅生物
癌化細胞會形成鬆鬚狀贅生物，浸潤到周遭組織中

惡性腫瘤的生長
隨著異常細胞不受慣常約束而不斷複製，癌化腫瘤會長出，並硬從其他細胞之間擠出，浸潤到組織中。經過一段時間後，浸潤的部分會壓迫到周遭構造，並使其機能受到干擾。

非癌性（良性）腫瘤

細胞受到改變並異常增殖且無法執行其慣常的功能時，會導致良性腫瘤的形成。然而這些腫瘤通常都自給自足，而不會散播到周遭組織或其他身體部位。如果沒有造成什麼問題的話，可不予以治療，因為治療本身就帶有小風險。但有些良性腫瘤會不斷長大，變得不雅觀或壓迫到周遭部位，若為後者，則一般可能會建議接受治療。

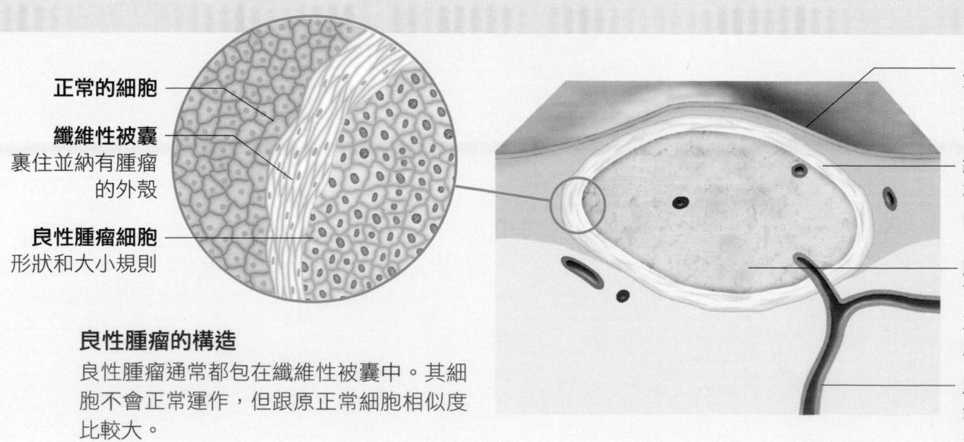
正常的細胞
纖維性被囊
裹住並納有腫瘤的外殼
良性腫瘤細胞
形狀和大小規則
周遭的組織
可能會變形但不會因此而產生缺口或被浸潤
纖維性被囊
構成可防止腫瘤細胞擴散的分界線
腫瘤主體
可能會緩慢或快速地膨大，速度多快取決於細胞中基因的變化情況
血管
氧分子和營養素經由血管系統抵達腫瘤

良性腫瘤的構造
良性腫瘤通常都包在纖維性被囊中。其細胞不會正常運作，但跟原正常細胞相似度比較大。

癌症開始的方式

癌症通常由致癌物質（好比菸草的煙和某些病毒）誘發。然而，遺傳到有缺陷的基因也具有一定的影響力。

致癌物質（即導致癌症的媒介物）會破壞致癌基因（去氧核糖核酸中的特定片段），這些基因負責調節細胞的分裂和生長，並修復遭破壞的基因。大多數遭破壞的基因都會在正常的細胞代謝作用中獲得修復。然而有些會因經常與致癌物質接觸，而慢慢被改變或突變，導致再也無法執行正常功能。致癌基因被破壞可能會使其在細胞中製造出被更改過的化學物質。這些被更改過的化學物質運作方式如同分子的鎖鑰，會「誘騙」細胞，使之運作反常；最終，細胞可能會癌化，並分裂出更多癌化細胞，形成腫瘤。

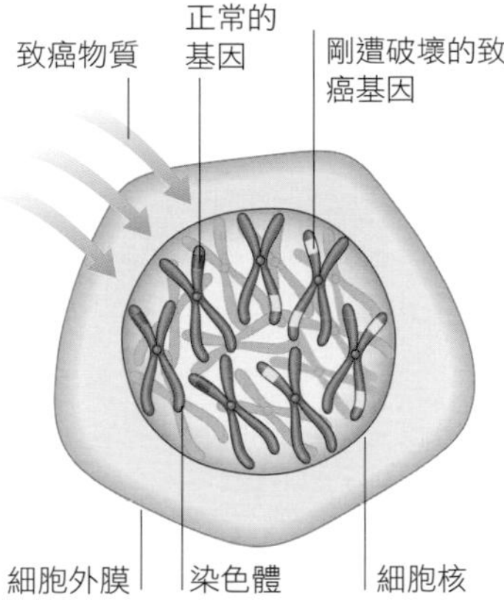
致癌物質
正常的基因
剛遭破壞的致癌基因
細胞外膜
染色體
細胞核

1 致癌物質造成的傷害

致癌物質持續不斷地攻擊細胞，最終使染色體上的基因病變。通常，致癌基因初遭受的損壞有限，且很快會被修復。

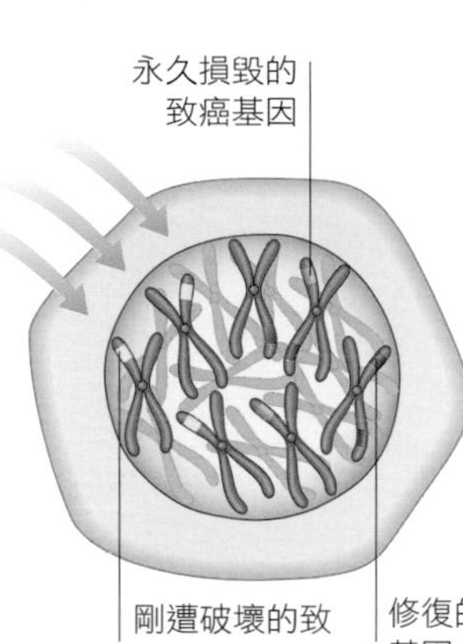
永久損毀的致癌基因
剛遭破壞的致癌基因
修復的致癌基因

2 永久性損壞

致癌基因會繼續遭受破壞與修復，但經過一定時間或遭受致癌物質暴露過量後，有些致癌基因會遭受永久性損傷。

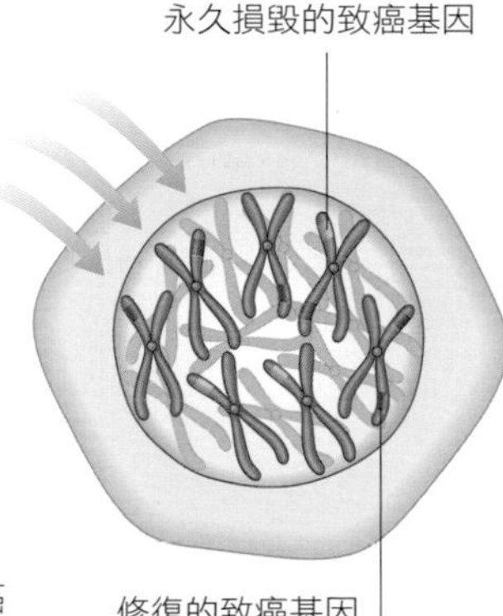
永久損毀的致癌基因
修復的致癌基因

3 細胞癌化

最終，會有若干致癌基因永久性變更。細胞的主要機能產生無法修復的病變，細胞因此而「切換」為癌化模式。

腫瘤形成的方式

只需要有一個細胞轉變癌化，就可以形成腫瘤。這個不受抑制的細胞會分裂成兩個細胞，而這兩個細胞又會再進行同樣步驟，以此類推。所有由此產生的細胞都遺傳到了癌化的基因。整體細胞數量在每次分裂之後都倍數成長。固體腫瘤可在25至30次雙倍成長後查出，這時，這個腫瘤當中已經含有約十億個細胞了。

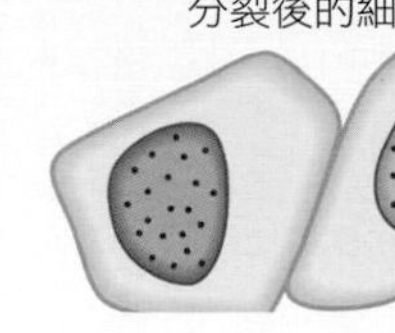
含有受損致癌基因的細胞核
受損的致癌基因遺傳給分裂後的細胞
癌化細胞
首次倍增

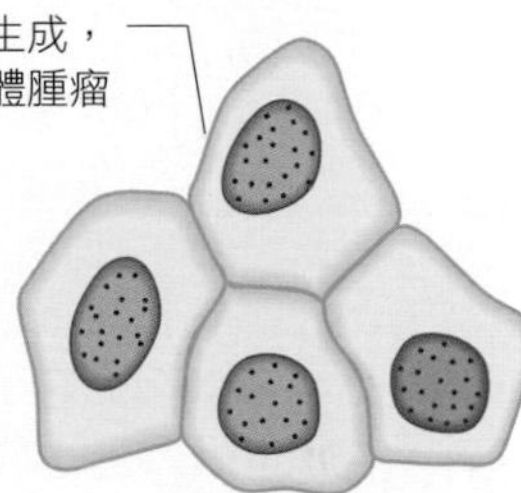
異常細胞不斷生成，形成了一顆固體腫瘤
第二次倍增

腫瘤的生長方式

僅僅四次倍增就生成了16粒細胞，而十次倍增後，生成細胞的數量則多達1,000餘個。倍增的速度會依腫瘤的種類而有所不同，快則數日，慢則數年。

癌症擴散的方式

惡性腫瘤最典型的特色在於其有散播的能力，而且不只是在局部散播到鄰近的組織，還會散播到其他更遙遠的身體部位。

癌化細胞散播到遠處身體部位時，稱為轉移。原始的腫瘤稱為原發性瘤，長在遠處身體部位的則稱為續發性瘤或轉移。續發性瘤不會隨機出現；比如乳癌的癌細胞傾向於散播到骨骼和肺臟。要轉移的癌細胞必須先戰勝許多難關，例如要對付負責到處清掃污物的白血球以及人體免疫系統的其他防衛機制。然而，一旦滲透到健康的組織中，惡性細胞就能夠藉由侵入現存血管而建立起自己的血流系統，並製造刺激血管的化學物質，用以浸潤腫瘤（血管新生作用）。主要的散播途徑為人體分送養分和收集廢棄物質的兩大「高速公路」：血液和淋巴系統。

藉由淋巴液的散佈方式

淋巴系統是一個脈管構成的網路，當中含有淋巴液和淋巴結（淋巴腺），內含白血球。癌化細胞進入淋巴管後，移動到淋巴結，並可能在該處形成腫瘤；有些細胞有可能會被免疫系統摧毀，暫時性停止散佈。

藉由血液的散佈方式

原發癌通常會散播到有良好血液供應量之處，像是肺臟和腦。肝臟是特別常發生轉移的地方，因為肝臟有來自於心臟和腸道從門脈系統（請參閱第197頁）傳來的豐足供應。癌化細胞一旦抵達小型血管，便能從構成血管壁的細胞之間鑽出，入侵血管外的組織。

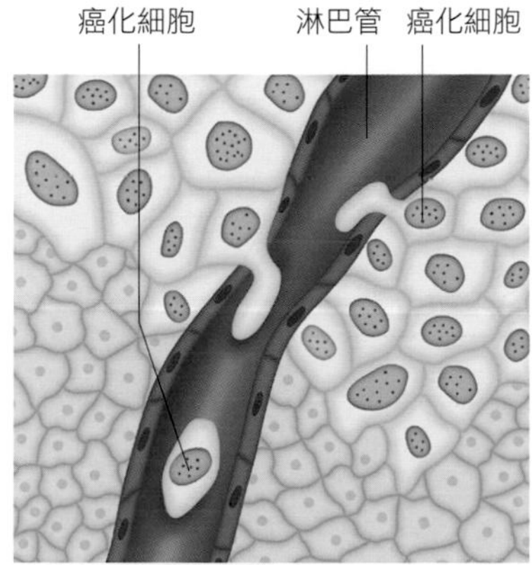
癌化細胞
淋巴管
癌化細胞

1 淋巴管開縫處

原發性瘤一邊生長，其細胞會一邊入侵毗鄰的組織和小型淋巴管。癌化細胞會進入淋巴液，並隨之流入最近的淋巴結。

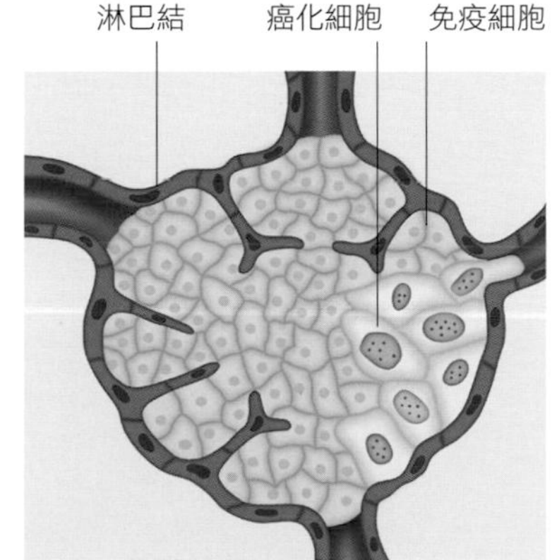
淋巴結
癌化細胞
免疫細胞

2 淋巴結中的腫瘤

只要有一顆癌化細胞進入局部的淋巴結，就會開始分裂生成更多的細胞，並長成續發性瘤（轉移）。

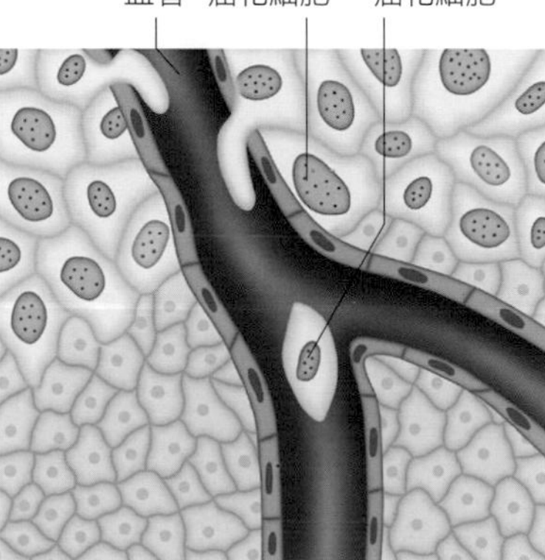
血管
癌化細胞
癌化細胞

1 血管壁破裂

原發性瘤擴大與浸潤時，腫瘤細胞會導致血管壁破裂。癌化細胞現在能夠脫離，被血液沖走，並在血液循環系統中四處流散。

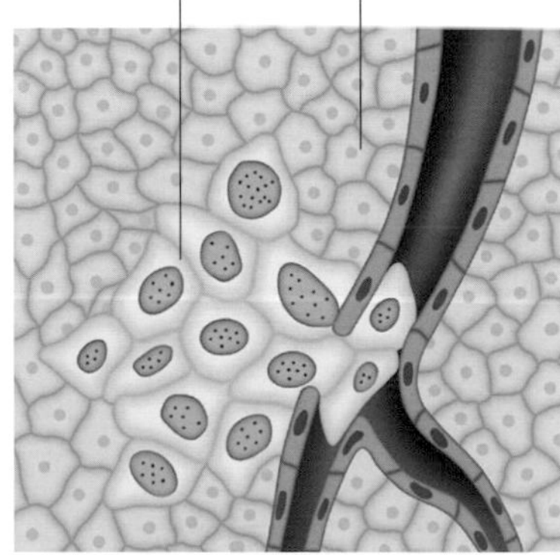
續發腫瘤
正常的組織

2 續發性瘤形成

癌化細胞通常比紅血球大，並會卡在窄小血管中。細胞便開始分裂生成更多的細胞，硬推進附近的組織，並長成續發性瘤。

專業術語表

內文中以粗斜體標示的詞彙，也列於本術語表之中。

A

Abscess 膿瘍
含有**膿**之帶壁腔窩，四周有發炎或凋亡中的**組織**。

Accommodation 調節
雙眼為了聚焦於近物或遠物，所做的調整。

Acoustic neuroma 聽神經瘤
腦瘤的一種，長在將耳與腦相連的神經上。

Acquired immune deficiency syndrome, AIDS 後天免疫不全症候群（愛滋病）
被**人類免疫缺陷病毒**（**愛滋病毒**）感染所導致的疾病。此病毒可藉由性行為或受感染的血液傳播。罹患愛滋病的人將失去抵禦感染和某些**癌症**的能力。

Acute 急性
突然發作並可能只會短時間持續的病症。反義詞請參見**慢性**病。

Adenoids 腺樣增殖體
位於咽喉上半部後方的**淋巴組織**。

Adipose tissue 脂肪組織
由特殊細胞組成，這些細胞可以儲存**脂類**物質，用來協助保溫、提供能量，並發揮「緩衝墊」的功能。

Allele 對偶質
某一**基因**（遺傳單位）的形式或變體。舉例來說，決定眼睛顏色的**基因**就有好幾種變體，可產生不同的眼睛顏色。

Allergen 過敏原（變應原）
先前接觸過，因而引起過敏反應的物質。

Alveolus（複數：Alveoli）肺泡
肺臟中的微型氣囊，為數眾多。氣體會通過肺泡壁，進入血液、離開血液。

Alzheimer's disease 阿茲海默症
因喪失了腦部**神經**細胞而形成的進行性**痴呆**。在65歲以上的人之中，有一成皆罹患此病症。

Amino acid 胺基酸
組成**蛋白質**的20種次單元之一。

Amniocentesis 羊膜穿刺術
為取得**胎兒**健康狀態與基因組成等資訊，而自**子宮**抽取液體採樣之程序。

Anaemia 貧血
與血液中**血紅蛋白**數量過低有關之病症。

Aneurysm 動脈瘤
一種**動脈**腫脹，因血管壁被破壞或過於脆弱而造成。

Angina 心絞痛
供給給心肌的血液不足，所以一旦施力，胸部中央就感到疼痛或緊繃。

Angiography 血管X射線檢法
讓血管成像的一種方法：先注射**造影劑**後，再照射**X光**。

Angioplasty 血管成形術
把因疾病而窄化的**動脈**孔道拓寬之處理方法。另請參閱**氣囊血管成形術**。

Antibiotic 抗生素
主要功能為對抗**細菌**的醫藥品。幾乎沒有抗**病毒**的功效。

Antibody 抗體
一種可溶性**蛋白質**，當體內出現如**細菌**等入侵物時，會黏附於其上，藉以幫助將其消滅。

Anticoagulant 抗凝劑（制凝藥）
使**動脈**或**靜脈**中的血液不容易凝結成塊的藥物。

Aorta 主動脈
位於人體正中央最大的**動脈**，起始於心臟的左**心室**，並將含氧血液輸送至所有其他的**動脈**（**肺動脈**除外）。

Aortic valve 主動脈瓣
位於**主動脈**起始點的三尖瓣，可阻止流出心臟左**心室**的血液回流。

Appendix 闌尾
黏附於大腸，貌似蚯蚓般的結構組織，功能不明。

Aqueous humour 房水
充填於眼前房（**水晶體**前面介於**角膜**和虹膜之間的空間）的液體。

Arrhythmia 心律不整
電脈衝或控制收縮的途徑失常，而造成的不規律心跳速率。

Arteriole 小動脈
動脈終端的細小分支，通往比其更細的**微血管**，而微血管則再接續連接上**靜脈**。

Artery 動脈
將心臟的血液輸送到身體各部位的彈性管狀器官，管壁由肌肉組成。

Arthritis 關節炎
發生於關節的炎症，會導致程度不一的紅、腫、疼痛感以及行動上的限制。

Articulation 關節（關節聯接）
關節或結合部位連在一起的方式。

Asthma 氣喘
因氣道窄化所導致間歇性呼吸困難的疾病。

Atherosclerosis 動脈粥樣硬化
一種退化性動脈疾病。因脂肪斑塊凸起，使得血流受阻，因而形成局部血液凝塊。

Atrial fibrillation 心房震顫
心房搏動速率過快的一種病症。

Atrial septal defect 心房中隔缺損
心臟上半部兩個空腔之間的分界壁（中隔）上出現裂孔。

Atrium（複數：Atria） 心房
心臟上半部由薄壁所包圍的兩個空腔。

Autoimmune disease 自體免疫疾病
免疫系統出現缺損，攻擊自身組織所造成的疾病。

Autonomic nervous system, ANS 自主神經系統
負責控制心跳與呼吸等下意識功能的神經系統。

Axon 軸突
神經細胞的長條突出物，狀似纖維，可將神經脈衝導進或導出細胞體。成捆的軸突，形成了神經纖維。

B

Bacterium（複數：Bacteria）細菌
一種單細胞微生物。種類繁多的細菌當中，只有少數細菌會真正致病。

Balloon angioplasty 氣球血管成形術
用末端可充氣膨脹之導管，將**動脈**撐開的技術。

Basal ganglia 基底核（底神經節）
位於人腦深處兩個成對的團塊，為多個**神經**細胞體的核，功能包含人體動作的控制。

Base 鹼基
核酸（**去氧核糖核酸**、**核糖核酸**）中含氮的化學單位，或稱含氮鹼基（分別為：腺嘌呤、胸腺嘧啶、鳥嘌呤、胞嘧啶、尿嘧啶），其排列順序之不同，即表示帶有遺傳訊息。

Benign 良性
溫和且沒有擴散的傾向。反之則為**惡性**病症。

Beta-blocker 乙種腎上腺阻斷劑
為一種阻斷腎上腺素作用的藥物，可降低脈搏跳動速率，並降低血壓。

Bile 膽汁
由**肝臟**製造的棕綠色液體，濃縮後儲存於**膽囊**，能幫助消化脂肪。

Biliary system 膽道系統
由**肝臟**與**膽囊**中輸送**膽汁**的管道以及**膽囊**本身所構成的膽管網。

Biopsy 活體組織切片
在疑似病變的身體部位進行**組織**取樣，以顯微鏡檢查。

Blood clot 血凝塊
血管受損時形成的網狀物，當中含有**纖維蛋白**、**血小板**與血球。

Boil 癤
皮膚上（通常為受感染的**毛囊**）發炎且化膿的部位。

Bolus 食團／單一劑
經過咀嚼磨碎，足以吞嚥的食物團塊。／用以一次迅速注射進入血流的藥物。

Bone marrow 骨髓
骨腔中的脂肪**組織**，顏色非紅即黃。紅骨髓能製造**紅血球**。

Bradycardia 心搏徐緩
心跳速率緩慢。若運動員有此症狀，可視為正常；除此之外，則可能代表健康狀態異常。

Brainstem 腦幹
腦部下段；內含控制呼吸與心跳等生命機能的中樞。

Breech delivery 臀位分娩
屁股先出現的出生方式；對於胎兒來說，此種出生方式會比頭先出現的出生方式來得危險。

Bronchial tree 支氣管樹
氣管與肺臟中由氣體管道所構成的枝狀管網，其中含括眾多**支氣管**與細支氣管。

Bronchitis 支氣管炎
因呼吸道的黏膜發炎，導致咳嗽時產生大量的痰（黏痰）。

Bronchus（複數：Bronchi） 支氣管
肺臟中管徑較大的氣體管道。兩肺臟中各有一條主支氣管，再由其向外分出更細的支管。

C

Calcium-channel blocker 鈣離子通道阻斷劑
抑制溶於液體中的鈣離子進出細胞膜一種藥物，用於治療高血壓與**心律不整**。

Cancer 癌
因某些細胞異常且失控地增殖，並侵入周遭組織所造成的局部組織新增，或稱**瘤**。若置之不理，可能會轉移散佈到身體的其他部位（請參閱**轉移**）。

Capillary 微血管
連接最細小的**動脈**與最細小的**靜脈**的微型血管。

Carcinoma 上皮癌
一種長在表層（上皮）內面或外面的癌症。上皮癌常長在皮膚、氣管黏膜、大腸、乳房、**前列腺**（**攝護腺**）以及子宮。

Cardiac 心臟的
與心臟相關的。

Carpal tunnel syndrome 腕隧道症候群
手上的正中**神經**在經過手腕處，受到神經上方的**韌帶**壓迫，拇指與中指因而感到酸麻疼痛。

Cartilage 軟骨
為結締**組織**的常見類型之一；質地通常堅韌且具有彈性，為構成一些身體結構（如耳朵、鼻子與關節中覆蓋在骨頭表面的保護層）之要件。

Central nervous system, CNS 中樞神經系統
即腦與脊髓。會接收並分析感官資訊，並做出反應。

Cerebellum 小腦
位於**腦幹**後方，其相關功能為平衡身體與控制精細的動作。

Cerebrospinal fluid 腦脊髓液
包覆著腦和脊髓的水狀液體。

Cerebrum 大腦
為腦中佔比最大的部位，由兩個大腦半球所組成。其中內含負責思考、人格、感官與自主性動作的**神經**中樞。

Chemotherapy 化學治療
使用強效化學藥物的療法，通常用於殺死癌化或**惡性**腫瘤細胞。

Chlamydia 披衣菌
為引發砂眼與骨盆腔發炎性疾病的一種小型細菌。

Cholecystitis 膽囊炎
膽囊發炎。通常因**膽石**阻塞**膽汁**外流的通道而引起。

Cholecystography 膽囊X光攝影法
注射X光顯影劑後，對**膽囊**進行X光攝影。

Cholestasis 膽汁鬱滯
肝臟中**膽汁**流動速度減緩，甚至中斷。

Chorionic villus sampling 絨毛膜絨毛取樣
從**胎盤**中移除一小塊**組織**，進行**染色體**或**遺傳因子**的分析。可藉此早期發現胎兒異常。

Chromosome 染色體
一種絲狀結構，帶有形成人體的遺傳密碼，存在於所有有核的細胞體中。細胞分裂期間，兩條染色體會互相盤繞成「X」形。正常人體應有23對染色體。

Chronic 慢性
持續性的病徵。存在時間通常為六個月以上，且可能在身體中導致長期變化。反之為**急性**。

Cirrhosis 肝硬變（肝硬化）
肝臟組織被細密的纖維**組織**所取代，導致硬化與功能受損。可能源自於飲酒過量或各類感染。

Cochlea 耳蝸
內耳中螺旋形的結構，內含科蒂氏**器官**（螺旋器），可將聲音振動轉換成**神經**脈衝，再傳送至腦部。

Collagen 膠原蛋白
是人體中最重要的結構**蛋白質**，存在於骨、**腱**、**韌帶**與其他結締**組織**中。多股膠原蛋白纖絲扭結成束，成為纖維。

Colon 結腸
大腸中介於盲腸與直腸之間的段落。主要功能為吸收糞便中的水分，將水保存於人體中。

Congenital 先天的
與生俱來的。導致先天性缺陷的原因，可能為遺傳，或者是胚胎成長期間或出生時，所遭遇的疾病與傷害。

Contrast medium X光顯影劑
一種**X光**無法穿過的物質。

Cornea 角膜
眼球前部的透明圓頂狀物，為眼睛主要的聚焦用**晶狀體**。

Coronary 冠狀
環繞心臟，並為心臟提供血液的動脈，狀似「皇冠」。

Corpus callosum 胼胝體
連結兩個**大腦**半球的寬弧形帶狀物，由兩千萬條上下的**神經纖維**集聚而成。

Corticosteroid 皮質類固醇
刺激腎上腺外層（**皮質**）原生類固醇激素的藥物。

Cortex 皮質
多種**器官**的外層，例如：大腦皮質、**腎**皮質以及腎上腺皮質。

Cranial nerves 腦神經
十二對由腦和**腦幹**衍生而出的**神經**，負責範圍包括嗅覺、視覺、眼部動作、臉部動作和知覺、聽覺，以及頭部動作。

Crohn's disease 克隆氏病（局部性迴腸炎）
腸胃道發炎性疾病。可能症狀有疼痛、**發燒**與腹瀉。

Cyst 囊腫
帶壁空腔，通常為球形，裡面充滿液體或半固體物質。通常為良性。

Cystadenoma 囊腺瘤
無害的腺**組織**發生**囊腫**狀增生。

Cystitis 膀胱炎
通常因感染而造成的膀胱發炎。患者有頻尿、解尿疼痛等症狀，有時甚至會造成尿失禁。

Cytoplasm 細胞質
充滿細胞大半部的液狀或膠狀物質。其中含有許多**胞器**。

D

Defibrillation 去心房（室）纖維顫動
為使心律恢復正常而施加於心臟的強力電流脈衝。

Dementia 痴呆症（失智症）
心智、**記憶**與自我照料等能力的喪失。痴呆症常為腦部退化性疾病所造成的結果。

Dermis 真皮
皮膚中厚厚的內層，由結締**組織**所組成。內含如汗腺等多種構造。

Dialysis 滲析（透析、洗腎）
溶質之分離，亦即人工**腎**機器的原理。以半滲透性薄膜過濾的系統。讓廢物排出並保留重要養分。

Diaphragm 橫隔膜
分隔胸腹的圓頂形薄片肌肉。該肌肉收縮時，圓頂變平，同時增加胸腔體積，並將氣體吸入肺部。

Diastole 舒張期
心搏週期中，心房、心室都呈放鬆狀態，而心臟充滿血液的期間。

Diffusion 擴散，瀰散， 析
液態物質往外流出以達到均等濃度的自然傾向，特別能見於溶液。

Digestive system 消化系統
口、**咽**、食道、胃以及腸道。相關**器官**有**胰腺**、**肝**、**膽囊**以及其中之輸送管。

Diverticular disease 憩室病
腸道的內裡部分，突出腸壁外，製造出名為「憩室」的小囊。

DNA（Deoxyribonucleic acid）去氧核糖核酸
一種具有雙螺旋結構並帶有遺傳訊息的化合物，遺傳訊息之所以能形成，是由於其成分（**鹼基**）的排列順序不同。

Dominant 顯性
遺傳學中，**基因**的某一種型態（等位基因）比其他形態（**隱性等位基因**）更「強勢」時，即取而代之。

Dopamine 多巴胺
一種存在於腦中，涉及控制身體動作的化學傳訊物質（神經傳遞物質）。

Down's syndrome 唐氏症（蒙古症）
一種遺傳性疾病。患者的細胞中第21對**染色體**多出了一體（正常為兩體，此疾病患者則有三體）。因此此病症的別名為「染色體第21對三體」。

Duodenum 十二指腸
形狀像英文字母「C」的小腸首段，為接收胃內容物的首站。來自**膽囊**、肝與胰的輸送管，會全部進入十二指腸。

Dura mater 硬膜：硬腦膜、硬脊膜
腦脊膜（覆蓋腦與脊髓）外層堅韌的薄膜，一面覆蓋著蛛網膜與軟腦膜，另一面緊密貼著頭蓋骨的內面。

E

Ear drum 鼓室（耳鼓膜）
隔開外耳與**中耳**的薄膜。聲音會使之產生顫動。

Ectopic pregnancy 子宮外孕
受精卵的著床點位於子宮內膜以外的其他地方。

Electrocardiography 心電圖（心動電流描記法）一種測量紀錄方式，能詳細檢查心臟的電活動性。

Electroencephalography 腦波圖（腦電描記法）
一種測量紀錄方式，能詳細檢查腦的電活動性。

Embolus（複數：Emboli）栓子
出現於血流中的物質，例如：**血凝塊**、氣泡、**骨髓**、脂肪以及**腫瘤**細胞。

Embryo 胚胎
從受孕起自懷孕第八週的嬰兒。

Endocarditis 心內膜炎
心臟壁內膜或**心臟瓣膜**發炎。

Endocrine gland 內分泌腺
製造**激素**（化學傳訊物質）且直接（而非藉由管狀器官或輸送管）將之釋放入血液的腺體。

Endorphin 腦內啡
人體在感到疼痛、遭遇壓力以及做運動時自身製造的一種類似嗎啡的物質。

Endoscopy 內腔鏡檢法
將觀察儀器從自然腔道或以手術切開小口插入人體，藉以檢查內部情況、取樣或予以治療。

Enzyme 酵素（酶）
加速化學反應的一種**蛋白質**。

Epidermis 表皮
皮膚外層。其細胞越靠近表面，形狀越扁平且呈鱗狀。

Epiglottis 會厭
位於**喉**部入口的片狀**軟骨**，吞嚥時蓋住呼吸道口，幫助防止食物與液體誤入**氣管**。

Epilepsy 癲癇
一種功能性失調，全腦或某一特定區域不受調節而放電。

Epithelium 上皮
覆蓋或排於**組織**上，在**器官**與其他**組織**外圍和內部所形成的薄片與薄膜。

Eustachian tube 歐氏管（耳咽管）
為連結鼻子後部與**中耳**空腔的管道，有均衡氣壓的功能。

F

Fallopian tube 輸卵管
卵子從**卵巢**釋出後，要進入**子宮**前，必須行經之一對管道。是最常發生**子宮外孕**之處。

Fertilization 受孕（受精）
經由性交、人工授精或實驗室試管，使精子與卵子結合。

Fetus 胎兒
受孕後第八週至分娩期間成長中的嬰兒。請參閱**胚胎**。

Fever 發燒（發熱）
口溫高於攝氏37度，或肛溫高於攝氏37.7度。

Fibreoptics 纖維光學
藉由成束的彈性玻璃或塑膠纖維傳遞影像。某些種類的內視鏡會直接利用光纖傳輸，來查看並治療人體深處的構造。

Fibrin 纖維蛋白
為一種不可溶**蛋白質**。從血液中的**蛋白質**（纖維蛋白原）轉化而成，用於形成纖維網。為**血凝塊**正式形成之前的一個階段。

Fibroid 纖維瘤（纖維肌瘤）
子宮壁上長出的纖維化**良性腫瘤**與肌肉**組織**，年過30的女性為好發族群。纖維（肌肉）瘤通常一次生成多個，並會引起某些症狀。

Fibrosis 纖維變性（纖維組織生成）
身體遭遇創傷或燒傷後，在自然癒合的階段，產生了過度生長的疤痕或結締**組織**。纖維化**組織**可能會改變**器官**的結構，進而使其效能受損。

Fistula 瘻管
一種異常的渠道，可能發生於體內某部分與皮膚表面之間，或介於兩個內**臟**之間。

G

Gallbladder 膽囊
位於肝臟下方，狀似無花果的小型袋狀物。由肝臟分泌出的膽汁即傳遞至此處儲存。

Gallstone 膽石
在膽囊中由膽固醇、鈣質與膽汁色素合併而成的卵形多面團塊。膽石大小不一，且較常出現於女性患者身上。

Ganglion 神經節／腱鞘囊腫
整群神經細胞（神經元）的細胞體相聯集聚而成的塊狀體。／長在接近肌腱、關節或骨頭處，狀似囊腫且充滿液體的局部腫塊。

Gastric juice 胃液
胃部細胞所製造出的混合物，內含鹽酸與消化酵素。

Gastritis 胃炎
因胃部感染，或因飲用酒精等各種因素，造成胃黏膜發炎。

Gastrointestinal tract 腸胃道
始於嘴巴，經過咽、食道、胃與大小腸，並終於直腸的肌肉管道。

Gene 基因（遺傳因子）
染色體中作為基本遺傳單位的獨特區域。每個基因都有一段去氧核糖核酸，其中含有調節某一特定蛋白質之製造的密碼。

Genome 染色體組
生物體的整組基因（遺傳資訊）。人類的染色體組含有3萬至3萬5千個基因。

Glaucoma 青光眼
眼內液體壓力異常升高，若不予以治療，會造成眼內結構受損，並可能導致失明。

Glial tissue 神經膠質組織
支撐神經元的一種神經細胞。

Glucose 葡萄糖
食物中，長鏈碳水化合物（如澱粉）分解後所得的單糖。葡萄糖亦為血糖，是體內能量的主要形式。

Glue ear 膠耳（咽鼓管堵塞）
黏稠的液體積累在中耳，導致聽小骨活動受阻的一種功能性失調。

Gonorrhoea 淋病
可能會導致女性盆腔炎、男性尿道窄化的一種性病。若未接受治療，則病症可能會散佈至患者身體他處。

Gout 痛風
一種代謝失調，可導致關節炎發作，通常病發於單個關節。

Grey matter 灰質
腦和脊髓中顏色較深的區域，主要由神經細胞體所構成。反之，其向外突出的纖維則形成白質。

H

Haematoma 血腫
因血管破裂而在體內任一部位所造成的血液積聚現象。

Haemoglobin 血紅蛋白，血紅素
存在於紅血球裡，會與氧氣結合的蛋白質。可將氧氣從肺臟帶往身體各處。

Haemophilia 血友病
由於凝血蛋白有缺陷而導致的出血性遺傳疾病。

Haemorrhage 出血
通常因為受傷而導致血液自血管中流溢而出。

Haemorrhoids 痔（痔瘡）
發生於肛門內膜或直腸下段的靜脈曲張（前者為外痔，後者為內痔）。

Hair follicle 毛囊
皮膚表面能生出毛髮的凹陷部位。

Heart-lung machine 心肺機
可以執行心肺功能的幫浦與充氧器，用於心臟手術。

Heart valve 心瓣膜
讓血液只往單方向流動的心臟構造，共有四片。

Hemiplegia 偏癱（單側癱瘓）
因腦部運動區受損或連接腦部運動區與脊髓的神經受損而造成的半邊身體癱瘓。

Hepatic 肝的
與肝相關的。

Hepatitis 肝炎
常由病毒感染、飲酒過量或攝入毒物所導致的肝臟發炎。症狀包括發燒與黃疸。

Hepatocyte 肝細胞
存在於肝臟的細胞，具有多功能。

Hernia 突逸（脫出、疝）
臟器或組織自其腔室易位。最常見的類型為食道裂孔疝。

Hiatus hernia 食道裂孔疝
一部分的胃穿過橫隔膜的開孔，往上滑出。

Hippocampus 海馬迴
腦部與學習和長期記憶有關的一個構造。

Homeostatsis 體內平衡
生物體為維持內在環境穩定而產生的許多主動作用。

Hormone 激素（荷爾蒙）
內分泌腺和某些組織所分泌的化學物質。激素作用於身體上的特定受體位置。

Human immunodeficiency virus, HIV 人類免疫缺陷病毒（愛滋病毒）
使人罹患愛滋病的病毒。此病毒會破壞免疫系統細胞，進而逐漸損毀免疫系統的效能。

Hypothalamus 下視丘（丘腦下部）
位於腦底部的小型結構。神經與內分泌系統即在此產生交互作用。下視丘的上方連接視丘（丘腦），下方則連接腦下腺（腦下垂體）。

I

Ileum 迴腸
小腸的最後一節。身體主要的養分吸收都是在此進行。

Immune deficiency 免疫缺乏
免疫系統的功能衰竭。愛滋病、癌症治療以及老化等等皆為可能導致此病症的因素。

Immunity 免疫性
對疾病（尤其是感染類疾病）的抵抗力或防護力。

Immunosuppressant 免疫抑制劑
干擾某些淋巴球的製造或活動力之藥物。

Interferon 干擾素
由細胞所製，用以防禦病毒感染和某些癌症的蛋白質。

In vitro fertilization 體外人工受精（試管受精）
將卵細胞放在實驗室的容器中，再放入精子或精子核，使卵細胞受精。待其變成胚胎後再植入女性的子宮。

Irritable bowel syndrome 腸躁症候群
經常有腸胃產氣、腹部不適和時而便秘、時而腹瀉的狀況。通常與心理壓力有關。

Jaundice 黃疸
由於膽汁色素沉積，導致皮膚與眼白變黃。黃疸是肝功能異變所引起之病徵。

Kaposi's sarcoma 卡波西氏肉瘤（皮膚之多發性出血肉瘤）
一種生長緩慢的血管瘤。好發於一部分愛滋病患者身上。患者的皮膚和體內會零星出現藍棕色的小瘤。

Kidney 腎
位於腹腔後方，狀似豆子，單顆或成雙的器官，有過濾血液與清除廢棄物（特別是尿素）的功能。

Killer T cells 殺手T細胞
能夠將遭受破壞及感染或**惡性**體細胞銷毀的**白血球**。

L

Laparoscopy 腹腔鏡檢查術
使用可照明式（且通常附有攝影機的）細長光學裝置，對腹腔內部所做的目視檢查。

Larynx 喉
位於脖子內**氣管**頂端，內含**聲帶**的構造。亦有「喉頭」之稱。

Lens 晶狀體
眼球內部的晶狀體，能夠藉調整曲度進行微調聚焦，又名**水晶體**。眼球外部的晶狀體則稱為**角膜**。

Leukaemia 白血病
因**惡性白血球**在**骨髓**中成長，侵入身體其他**器官**所造成的一系列血液相關失調病徵。

Ligament 韌帶
一種帶狀**組織**，內含有**膠原蛋白**（一種堅韌但彈性佳的纖維化蛋白）。韌帶能夠支撐骨骼，主要位於關節內或周遭。

Limbic system 邊緣系統
腦中負責自動（不會受意志控制的）身體功能、情緒以及嗅覺的一組構造。

Lipid 脂質
不溶於水的脂肪或油性物質，在身體中有多種功能，比如構成**脂肪組織**、細胞膜（磷脂質）和類固醇**激素**等。

Liver 肝臟
位於右上腹，負責執行許多關鍵性化學功能的大型器官，其功能包括處理來自腸道的養分，製造糖類、**蛋白質**與脂肪，解毒以及將廢棄物轉化為**尿素**等。

Lobe 葉
組成如腦、肺、**肝**等大型器官的圓弧狀突出物。

Lymphatic system 淋巴系統
由透明淋巴管與**淋巴結**共同架構出的巨大網路；除了能將過多的**組織**液帶回體內循環，還可對抗感染與**癌**化細胞。

Lymph node 淋巴結
一個小型的卵形腺體，與**白血球**一同防止感染擴散。淋巴結都串連在淋巴管上。

Lymphocyte 淋巴球（淋巴細胞）
屬於免疫系統的白血球。功用為防護遭受**病毒**感染與防**癌**。

Lymphoid tissue 淋巴組織
富含**淋巴球**的**組織**。可見於**淋巴結**、**脾臟**、腸道以及扁桃腺。

M

Macula 斑／黃斑部（視網膜斑）／篩斑
皮膚上有色的扁平小斑點。／**視網膜**中心。／耳前庭（內耳腔）內的一個構造。

Malignant 惡性
指癌化**腫瘤**可能會散播到身體各處，進而導致死亡。反義詞請對照**良性**。

Mammography 乳房X光攝影術
利用低輻射性的**X光**對乳房進行**X光攝**影，用以偵測早期乳**癌**。

Mastectomy 乳房切除術
開刀切除部分或所有乳房。通常是為了治療乳**癌**而執行的手術，一般會接續以放射線治療。

Mastitis 乳房炎（乳腺炎）
乳房發炎。通常為哺餵母乳期間，**細菌**從乳頭的裂縫進入，而使母親受到感染所致之疾病。罹患此病會出現**發燒**以及乳房變硬或觸痛等症狀。

Medulla 髓／延髓
腎臟或腎上腺等**器官**的內裡部分。／指**腦幹**中緊貼著脊髓起始點上方，並位於**小腦**前方的部分。

Meiosis 間接核分裂
人體要形成精子或卵子時，染色體材料進行隨機重新分配的特定階段。此時**染色體**的數量會由一般體細胞的46條降為23條。

Memory 記憶（記憶力）
為近期和遠期經驗所得之資訊儲存。短期記憶的儲存處較小，而且沒有不斷重複出現的內容很快就會不見。長期記憶的儲存處相當大，但需要取用其內容時，卻不一定能夠輕易取得。

Meninges 腦脊髓膜
包覆腦和脊髓的三層薄膜。從內而外依序為軟腦脊膜、蛛網膜以及貼著顱骨的**硬膜**。

Meningitis 腦脊髓膜炎（腦膜炎）
發生於腦脊髓膜的炎症，有時為**病毒**所導致。

Meniscectomy 關節半月板切除術
以手術移除膝關節中破裂或異位的**軟骨**（**半月板**）。此項手術通常會使用可插入關節的光纖顯像管，以及電視監視器等儀器。

Meniscus 半月板（彎月板）
膝蓋和其它一些關節中的新月形**軟骨**襯墊。

Menopause 絕經期（斷經期、更年期）
女性生殖期結束之時，**卵巢**停止生產卵子且月經不再來潮的現象。

Metabolism 新陳代謝
體內所有物理化學變化的總和。

Metastasis 轉移（轉移生長物）
疾病的散播或移轉現象。尤指從原發患處遷徙至他處，同時疾病進程依然繼續發展的**癌症**。

Microscopy 顯微鏡檢查
通常為做出診斷而使用顯微鏡所做之檢查。簡易技術使用的是聚焦光線與放大鏡，而如果要增加放大倍數檢驗，則需利用電子束進行。

Middle ear 中耳
顱骨中介於**鼓膜**與內耳外壁之間充滿氣體的裂口，內含**聽小骨**，又名鼓室。

Migraine 偏頭痛
頭皮或腦部一些**動脈**緊縮後又擴張所造成的結果。症狀包含視覺障礙、噁心想吐以及嚴重頭痛。

Miscarriage 流產
在**胎兒**尚未能於**子宮**外獨立生存前，即發生的自發性妊娠終結。

Mitochondrion（複數：Mitochondria） 粒線體（原漿小體）
自行帶有基因的**胞器**。負責製造細胞執行功能所需之能量，並具有雙層膜。

Mitosis 有絲分裂
細胞**核**一分為二，以製造出兩個子細胞的過程。子細胞皆帶有與母細胞完全相同的基因組成。

Mitral valve 僧帽瓣
位置介於左**心房**與左**心室**之間的瓣膜。

Mole 胎塊（黑痣、痣）
皮膚上各種扁平、突起，或生出毛髮的胎記、色斑。後天或先天性的色點。

Molecule 分子
為結合（鍵結）在一起的一群原子。水分子（一氧化二氫）由三個原子所組成：兩個氫原子和一個氧原子。**蛋白質**與**去氧核糖核酸**等大型分子則為數百萬個原子所組成。

Motor cortex 運動皮質
位於**大腦**兩個半球表層，負責發起隨意運動的區域。運動皮質可再細分為負責身體各個特定部分的不同區域。

Motor neuron 運動神經元
將脈衝帶到肌肉，並使之運動的**神經**細胞。

Motor neuron disease 運動神經性疾病
運動神經逐漸受到損壞，進而導致運動能力喪失的罕見疾病。

Mucocoele 黏液囊腫
出現於**黏膜**上，充滿黏液且有如**囊腫**的異常液**囊**。

Mucous membrane 黏膜
披覆於體內管道和腔室內，有如皮膚般柔軟且會分泌黏液的膜層。

Muscular dystrophy 肌肉萎縮症
多種遺傳性肌肉失調疾病的其中一種。特徵是肌肉會緩速而漸進地退化及弱化。

Mutation 突變（偶變）
遺傳物質的改變。通常由一個或多個**核酸**的鹼基變動而造成。

Myocardium 心肌
心臟獨有的特殊肌肉。此類肌纖維網有自發收縮的能力。

Myofibril 肌原纖維
組成肌肉細胞（纖維）的圓柱形元素。其中更細的單纖維會移動，使肌肉收縮。

Myofilament 肌絲
存在於肌肉細胞的**肌原纖維**中，有如細絲般的長條形**蛋白質**。

N

Nephron 腎元（腎單位）
腎臟的過濾與輸送管系統。其中含一個過濾囊、一個腎絲球，以及一整套腎小管。腎小管系統藉由再吸收或排出水分和廢棄物，維繫液體的平衡。

Nerve 神經
整體被纖維鞘所包纏而集結成束的**神經元**（神經細胞）絲狀突出物。電脈衝會經由神經進出腦、脊髓以及其他的身體部位。

Neuron 神經元（神經單位）
神經細胞，有傳遞電脈衝的功能。

Nociceptor 傷害受器
會對疼痛刺激起反應的**神經**末梢。

Noninvasive 非侵入性的
不需刺穿皮膚，或經由自然開口進入體內的醫療作業方式。

Nucleic acid 核酸
去氧核糖核酸或核糖核酸。由**核苷酸**所組成的鏈條，其中**核苷酸**鹼基的排序，即組成為遺傳訊息。

Nucleotide 核苷酸
組成**核酸**（**去氧核糖核酸**、**核糖核酸**）的結構次單元，其中含有糖、磷酸鹽以及含氮鹼基各一。

Nucleus（複數：Nuclei） 核
細胞的調控中心，其內含有遺傳物質：DNA（**去氧核糖核酸**）。其外有核膜包覆。

O

Oesophagitis （esophagitis） 食道炎
病發於食道的炎症。一般由胃酸逆流至食道而導致。

Oestrogen （estrogen） 雌激素
刺激女性第二性徵發展的性**激素**，能預備子宮內膜，使受精卵能著床。

Olfactory nerve 嗅神經
負責嗅覺的一對**神經**。此對神經的路徑始於上鼻甲的嗅球，再直接進入腦的下側。

Optic nerve 視神經
負責視覺的一對**神經**。各由一百萬條**神經**纖維所組成，始於**視網膜**，止於腦部，功能是將視覺刺激帶入腦部。

Organ 器官
維持生命重要機能的獨立身體部位或結構，例如：心臟、**肝臟**、腦以及**脾臟**。

Organelle 胞器
細胞內具有特定作用的微小部位，比如**細胞核**、**粒線體**以及核糖體等。

Ossicle 聽小骨
位於**中耳**的三塊小骨（即砧骨、錘骨與鐙骨），能夠將發自**鼓膜**的顫動傳導至內耳。

Ossification 骨化（成骨、化骨）
人體自動形成、新生以及修復骨骼的程序。人體大部分的骨骼都是由**軟骨**發展而成。

Osteoarthritis 骨關節炎
為**軟骨**遭受破壞的一種退化性關節殘疾。**軟骨**是覆蓋關節表面的構造，且具承重的功用。

Osteomalacia 軟骨病
因礦化不足而引起的骨質軟化。通常因缺乏維生素D，而使得鈣質吸收不足所導致。

Osteon 骨單位
桿狀單位，亦稱哈維氏系統，是組成骨皮質的基礎材料。

Osteoporosis 骨稀鬆病（骨質疏鬆症）
因骨質再吸收的速度比造骨的速度還快造成的骨質流失。患者的骨頭會變得硬脆易碎。

Osteosarcoma 骨肉瘤
一種高度**惡性**的骨**癌**，好發於成人，通常於膝蓋附近病發。

Osteosclerosis 骨硬化症
由於重傷、骨關節炎與骨髓炎，因而導致骨質密度增加過度的疾病。X光片中若見某一極為脆弱的區域，即可偵察此病症的存在。

Otitis media 中耳炎
發生於中耳腔內的炎症。鼻腔或喉嚨被感染後，進一步擴散到中耳，是十分常見的。

Otosclerosis 耳硬化
發生於內耳的一種遺傳性骨疾。位於最深處的**聽小骨**基底與其四周的骨頭融合成一體為其病徵。

Ovary 卵巢
位於**子宮**兩邊，輸卵管末端的結構，左右各一。卵巢內存卵巢濾泡，會排出成熟的**卵細胞**，並製造女性的性**激素**（即**雌激素**和**黃體脂酮**）。

Ovulation 排卵
在月經週期中段，**卵細胞**自**卵巢**中成熟的濾泡排出的現象。未受精的卵子則會在月經來潮之前脫落。

Ovum（複數：ova） 卵
卵細胞。若卵**受精**成功，則會發育成**胚胎**。

P

Pacemaker 心臟整律器
一種植入胸腔的電子儀器，會以電極發送短波電脈衝的方式來調節心跳速率。

Paget's disease 佩吉特氏病（變形性骨炎）
使骨骼變軟、加粗並變形的一種疾病。

Pancreas 胰（胰腺）
位於胃後方的一個腺體。會分泌消化**酵素**和用來調節**血糖**（**葡萄糖**）濃度的**激素**。

Paralysis 痲痹（癱瘓）
由於**神經**或肌肉失調，而使得身體某一部位失去活動力。

Paraplegia 下身痲痹（截癱）
發生於下肢的癱瘓。通常因脊髓或腦部受傷生病而導致。

Parasite 寄生物
居住於其他生物體（宿主）當中，吸取宿主養分的生物體。

Parasympathetic nervous system 副交感神經系統
兩大自主神經系統之一。具有能夠維持能量、恢復能量的功用，例如：自動降低心跳速率。

Parathyroid gland 副甲狀腺
一對位於甲狀腺後方的黃色**內分泌腺體**，有控管血鈣濃度的功能。

Parietal 壁的
意指體腔壁，而非其內容物。

Parkinson's disease 巴金森氏症，震顫痲痺
神經失調疾病，病徵有：不自主震顫、肌肉僵硬、活動遲緩、步履蹣跚以及書寫字體變小等。患者的智能並不受此疾影響。

Parotid glands 腮腺
位於下顎角上方，耳朵下前方，左右各一的大型唾腺。

Pelvic inflammatory disease 骨盆腔發炎性疾病
女性生殖**器官**被感染之疾病。可

能會有導致原因不明的狀況，但通常是由罹患性病而引起。

Pelvis 骨盆／盂
水盆狀的一環骨頭，上方貼附著**脊柱**下端，而下方則有與股骨連接的關節。／軟**組織**的內容物。

Peptic ulcer 消化性潰瘍
受**幽門螺旋桿菌**、胃酸及消化**酵素**的影響，而使食道、胃或十二**指腸**的內膜遭受局部性破壞。

Pericarditis 心包炎
裹著心臟的**心包**膜發炎之疾。可能會導致疼痛和液體積蓄（心包滲液）。

Pericardium 心包
裹著心臟的多層薄膜。外層纖維囊將心臟包覆在內，而幾個主要的大血管根部即由此穿出。心包內層則貼附著心臟壁。

Periosteum 骨膜
覆蓋於所有骨頭表面上的堅韌**組織**（關節除外），有生成新骨的功能，內含血管和**神經**。

Peripheral nervous system 末梢神經系統
從腦部和脊髓發散而出，連結起身體其他部位的所有有鞘**神經**，系統中包含**腦神經**和**脊神經**。

Peristalsis 蠕動
管狀結構（如腸道）的肌肉壁進行的協調交替性收縮與放鬆，此活動可使其內容物向前推進。

Peritoneum 腹膜
覆於腹部內壁的雙層膜。腹膜包覆著腹部的**器官**，並予以一定程度上的支承力。同時還會分泌有利於腸道活動的潤滑液。

Peritonitis 腹膜炎
細菌、**膽汁**、胰**酶**或化學物質所導致的腹膜發炎。有時可能會有病因不明的狀況。

Phagocyte 吞噬細胞（貪食細胞）
會包圍並吞食入侵微生物和細胞碎屑等有害物質的**白血球**或其相似細胞。

Pharynx 咽
從鼻子後方經口而下達食道的通道。由鼻咽、口咽及喉咽等部位所組成。

Pituitary gland 腦下腺
垂釣在腦部底面的腺體，分泌的**激素**可控管其他體內腺體，而本身則受**下視丘**調節。

Placenta 胎盤
懷孕時生成於**子宮**內的圓盤狀**器官**。胎盤上的**臍帶**連結母嬰，除了供血之外，並可藉此滋養胚胎成長。

Plasma 血漿
移除血液中所有細胞之後剩下的液體，其中含有**蛋白質**、鹽類以及各式養分。

Platelet 血小板
為巨核細胞（一種大型細胞）的碎片，存在於血液中，且數量龐大。為凝血必須之物。

Pleura 胸肋膜
內層包覆肺臟，外層形成胸腔內膜的雙層薄膜。兩者之間並有一層潤滑液，以利膜與膜之間的滑動。

Pleural effusion 胸肋膜滲出液
因**胸肋膜**雙層之間的液體積蓄過量，導致其中間距變寬，進而造成膜下的肺臟受到壓迫。

Pleurisy 胸肋膜炎
胸肋膜發炎。一般因肺臟受感染而導致，**肺炎**即為一例。罹患此疾可能致使兩層**胸肋**膜互相黏結成一塊，並造成呼吸時有痛感。

Plexus 叢：神經叢或靜脈叢
交織成網的**神經**或靜脈。

Pneumoconiosis 矽肺病（肺塵埃沉著症）
因為吸入礦塵而導致肺臟生成疤痕的失調疾病。肺部的疤痕會導致其供氧至血液的效率變低。

Pneumocystis pneumonia 肺囊蟲性肺炎（間質性漿細胞性肺炎）
肺臟被**肺胞囊蟲**（一種伺機性微生物）感染的疾病。好發於罹患**免疫缺乏**失調症的病人。

Pneumonia 肺炎
因為受到感染或吸入刺激物或有毒物質，而導致小型氣管和肺泡發炎的病症。

Pneumothorax 氣胸
胸肋膜的膜層之間有氣體進入，造成肺臟萎縮。

Primary 原發性
源於受感染的身體部位之疾病。

Progesterone 黃體素（黃體脂酮）
卵巢和**胎盤**分泌的一種女性性**激素**，能讓**子宮**接收並保留受精卵。

Prostaglandin 前列腺素
人體中自然合成的一組脂肪酸，與**激素**有相似的功能。

Prostate gland 前列腺（攝護腺）
位於膀胱底部，並有開口通往**尿道**的男性副性腺。部分精液的液體即由其分泌。

Prosthesis 假器
置入體內或體外任一部位之人工取代物，可為彌補功能所需，亦可作為美容需求。

Protein 蛋白質
由眾多**胺基酸**鏈所構成的大型**分子**。為組成許多結構性物質（角蛋白、**膠原蛋白**）、**酵素**（**酶**）和抗體的基礎材料。

Pulmonary artery 肺動脈，肺動脈幹
將脫氧血從右**心室**帶進肺臟重新充氧的**動脈**。

Pulse 脈搏
每次血液在**動脈**中沖壓而過所造成的節奏性擴張與收縮。

Pus 膿
被細菌感染的部位上生成的黃綠色液體，其中含有**細菌**、死亡的**白血球**以及遭受破壞的**組織**。

Q

Quadriplegia 四肢麻痺
上肢、下肢以及軀幹皆**癱瘓**的殘疾。通常由於頸部脊髓遭受嚴重破壞所造成。

R

Radiotherapy 放射線療法
利用如**X光**或放射性植入物等輻射能加以治療。一般為醫治癌化或**惡性**細胞所採用的方法。

Recessive 隱性的（潛性的）
就遺傳學而言，某一**基因**中，比起其他型態（**顯性對偶質**）相對「弱勢」，因而不被採用的形態（**對偶質**）。

Red blood cells 紅血球
內含**血紅蛋白**，具有雙凹面的圓盤形無核細胞。每毫升的血液中含有4百萬至5百萬顆紅血球。

Renal 腎的
與**腎臟**有關的。

Respiration 1.呼吸／2.外呼吸／3.內呼吸／4.有氧代謝
1.呼吸時肉體做出的動作。
2.肺中氧氣與二氧化碳的氣體成分交換。
3.**組織**中氧氣與二氧化碳的氣體成分交換（細胞呼吸）。
4.將**葡萄糖**等**分子**分解以將其能量釋放，供給細胞運作所需。

Reticular formation 網狀結構
四散於腦幹，負責對發生於外在環境的事件保持警覺和具方向性注意力的**神經**細胞。

Retina 視網膜
眼球後部內面披覆的感光層，可將光學圖像轉換成**神經**脈衝，再經由**視神經**傳達腦部。

Rheumatoid arthritis 風濕性關節炎
導致關節變形毀壞的疾病。一般會先侵襲小關節。

Ribosome 核酸糖小體
細胞內負責利用**胺基酸**組裝**蛋白質**的球形**胞器**。

RNA 核糖核酸
核糖核酸有多種不同類型，各自負責執行不同的任務，如傳遞遺傳訊息與製造**蛋白質**等。

Rubella 風疹
一種溫和的病毒傳染病，亦有德國麻疹之稱。若女性在妊娠早期被傳染，則會對**胎兒**造成嚴重傷害。

S

Saccharide 醣
組成碳水化合物的基本單位。

Saliva 唾液
分泌到口中的水狀液體，功用為幫助咀嚼、嘗味以及消化。

Sarcoma 肉瘤
一種發自結締**組織**（如：骨骼）、肌肉、纖維**組織**或血管的癌症。

Sciatica 坐骨神經痛
坐骨**神經**受到壓迫而產生疼痛，感到疼痛處為臀部和大腿背部。

Secondary 續發性
形容繼其他疾病，或因其他疾病（原發性疾病）而罹患的病症。

Spetal defect 中隔缺損
心臟中隔出現異常缺口，導致心臟左右兩房室的血液對流。

Sex hormones 性激素
可讓人體發育出肉體性徵的類固醇物質。性激素亦負責調節精卵的製造與月經週期。

Sinoatrial node 竇房結
右**心房**中一叢特化的肌肉細胞，作用有如天然的**心臟整律器**。

Sinus bradycardia 竇性心搏徐緩
因**竇房結**訂定的速率較低，而產生異常緩慢但節律穩定的心搏速率。

Sphincter 括約肌
環繞著人體自然開口處所產生的局部增厚之肌肉表層或肌肉環。

Spinal fushion 脊柱湊合術
為了穩固**脊柱**，將兩個或兩個以上毗鄰的**椎骨**湊合成一的外科手術。

Spinal nerves 脊神經
進出於脊髓的31對運動**神經**與感覺**神經**。

Spine 脊柱
由33塊名為**椎骨**的環形骨頭所組成的圓柱，並可再細分為7塊頸**椎骨**、12塊胸**椎骨**以及　骨和尾骨合而為一的**椎骨**。

Spleen 脾
位於左上腹的淋巴**組織**，功能為去除並銷毀老舊的**紅血球**，以及幫助對抗各種感染。

Stapedectomy 鐙骨切除術
減輕因罹患耳硬化症所造成的中聽症狀之手術。

Stem cell 幹細胞
未分化的細胞類型。通常能夠快速分裂，且有潛力成為不同類型的特化細胞。

Steroid drugs 類固醇藥物（類脂醇藥物）
刺激體內天然**皮質類固醇**或**性激素**產生作用的藥物。

Stroke 中風
腦部供血量不足，或血液從破裂的血管溢出，所造成的腦損傷。可能會造成活動力、感知力、視力、言語能力或智力的缺損。

Subarachnoid haemorrhage 蛛網膜下出血
腦脊膜中，存在於蛛網膜層的**動脈**或**動脈瘤**破裂所致之出血現象。

Subdural haemorrhage 硬腦膜下出血
腦脊膜中，**硬膜**與蛛網膜兩層之間的出血現象。

Sublingual glanda 舌下腺
位於口底的一對唾腺。

Submandibular glands 頷下腺
下顎骨角邊正下方的一對唾腺。

Suture 縫線
一種外科針法，用於縫合傷口或切口。

Sympathetic nervous system 交感神經系統
自主神經系統中兩個分支系統的其中一支。作用時，可讓身體做好採取行動的準備，比如收縮腸道和皮膚的血管、放大瞳孔以及加快心跳等。

Synapse 突觸
兩個**神經**細胞或**神經細胞**與肌纖維或腺體交會的匯合點。被送出細胞的化學傳訊物會穿越突觸，行抵目標細胞後，使之做出反應。

Synovial fluid 滑液
關節中稀薄水潤的潤滑液。

Synovial joint 滑液關節
帶有會製造潤滑液的薄膜之活動性關節。

Syphilis 梅毒
經由性交感染或**先天**罹患的傳染病。沒有接受治療的患者會歷經三階段的病程，且可能會使其神經系統遭受重大傷害。**先天性**梅毒患者極為罕見。

T

Taste bud 味蕾
內有受體細胞的圓形窩穴，主要存在於舌頭上，分別會對於酸、甜、苦、辣等不同味道做出強烈反應。

Tendinitis 腱炎
肌腱發炎。患處會有疼痛與觸痛感，通常是受傷所導致。

Tendon 腱（肌腱）
連結肌肉與骨骼的強韌**膠原蛋白**纖維束，能夠傳遞肌肉收縮所形成的拉力。

Tenosynovitis 腱鞘炎
腱鞘內膜發炎。通常是因為過度使用患處，使之摩擦過量所導致。

Testis（複數：Testes） 睪丸
陰囊中製造精子和**激素**的性腺。

Testosterone 睪脂酮
由**睪丸**製造，是首要男性性**激素**。腎上腺**皮質**和**卵巢**也會製造少量睪脂酮。

Thalamus 視丘（丘腦）
位於腦部深處的一大片**灰質**，負責接收和協調知覺訊息。

Thorax 胸廓，胸
軀幹中，介於頸部與腹部之間的區域，內含心臟和肺臟。

Thrombolytic drug 溶血栓藥
能夠溶解**血凝塊**，使受阻**動脈**血流復原的藥物。

Thrombus（複數：Thrombi） 血栓
通常因血管內膜受創而造成的**血凝塊**。

Tissue 組織
多個相似細胞所組成之結構，共同執行一項主要功能。

Tonsils 扁桃體，扁桃腺
位於喉嚨後方，軟齶兩邊，由**淋巴組織**構成的卵形團塊，有助於防止小兒感染。

Trachea 氣管
為內面披覆著**黏膜**的肌肉管道，並附有大約20個用於加固的**軟骨**環。

Transient ischaemic attack, TIA 暫時性腦缺血
最多只持續24小時的「迷你型中風」。這種突發病徵是極可能發生真正中風的前兆。

Tumour 瘤（腫瘤、贅瘤）
良性或**惡性**腫塊，尤指不受控制而不斷增殖的細胞團塊。

U

Umbilibal cord 臍帶
連結**胎盤**與**胎兒**的構造，提供母嬰免疫、營養和激素方面的連結。

Urea 尿素（甲醯二胺）
蛋白質被分解後產生的廢棄物。組成尿液的含氮成分。

Urethra 尿道
將尿液從膀胱輸出之管道。男性的尿道比女性長。

Urethritis 尿道炎
尿道內膜發炎，通常會因罹患性病而導致。

Urinary tract 尿路
形成尿液與排出尿液的系統，由**腎臟**、輸尿管、膀胱和**尿道**組成。

Uterus 子宮
中空的肌肉架構，是未出生**胎兒**成長與受滋養之處。

V

Vagina 陰道
從**子宮**到外生殖器的通道，在性交與分娩時能夠彈性拉伸。

Vagus nerves 迷走神經
第十對**腦神經**。有助於控管如心跳和消化等自主神經功能。

Vas deferens 輸精管
始於**睪丸**，能攜帶精子並和入液體，再送入**尿道**的一對管道。

Vasectomy 輸精管切除術
男性的絕育外科手術。術中會將**輸精管**切斷後打結。

Vein 靜脈
在低壓下，將血液帶回心臟的薄壁血管。

Vena cava 腔靜脈
注入右**心房**的兩條大**靜脈**，分別為上腔靜脈和下腔靜脈。

Ventricle 室
通常充滿液體的空腔或隔間，例如：心臟的兩個**心室**以及腦部的四個腦室。

Vertebra（複數：Vertebrae）椎骨
構成脊椎（**脊柱**）的骨頭，一共有33塊。

Virus 病毒
最小型的致病粒子（病菌）。會借用細胞進行自我複製。

Vocal cords 聲帶
橫跨**喉**內部的兩片**黏膜**，氣體通過時會震動而產生聲音。

W

Wart 疣
具接觸傳染性、但無害的皮膚贅生物，由人類乳突**病毒**所導致。

White blood cell 白血球
無色血球，在免疫系統中，職責不一。

White matter 白質
主要由許多**神經元**（**神經**細胞）的**軸突**（突出的纖維）集合所形成的**神經組織**。

X

X chromosome X染色體
性**染色體**的一種。女性的體細胞有一對X染色體。

X-ray X光（X射線）
為波長極短、肉眼看不見的電磁能，如果不謹慎控管，會射穿並損毀人體**組織**。利用於成像和治療（放射線治療）。

Y

Y chromosome Y染色體
性**染色體**的一種，是發展男性特徵不可或缺的要素。男性的體細胞有X和Y**染色體**各一。

Z

Zygote 接合子，胚子
卵子受精後生成的細胞，內含新個體的遺傳物質。

索引

六劃

七劃

八劃

十一劃

十二劃

十三劃

十四劃

十五劃

十六劃

致謝

特此感謝以下幾位幫忙製備本書的人士：安娜・巴洛（Anna Barlow）為心血管系統部分提供了寶貴的意見。可視化作業由彼得・勞斯（Peter Laws）協助完成，馬克・勞埃德（Mark Lloyd）則負責外加的設計工作。立體插圖是以合子傳媒集團有限公司（Zygote Media Group, Inc.）所提供的模型所創建。本・霍爾（Ben Hoare）、彼得・弗朗西絲（Peter Frances）和埃德・威爾遜（Ed Wilson）在編輯方面提供了幫助。瑪麗安・馬卡姆（Marianne Markham）和安德烈・巴格（Andrea Bagg）促成了初步的構想。另外也要感謝設計師彼得・勞斯（Peter Laws）、艾莉森・加德納（Alison Gardner）、克萊爾・喬伊斯（Clare Joyce）和安娜・萊恩博德（Anna Reinbold）；編輯大衛・薩默斯（David Summers）；進行圖片調研工作的利茲・摩爾（Liz Moore），以及進行開拓性作業的喬里恩・戈達德（Jolyon Goddard）。

本書照片提供，要特別感謝以下人士：

(Key: a-above; b-below/bottom; c-centre; f-far; l-left; r-right; t-top)

Sidebar Images: 8-47 Integrated Body - Corbis: Digital Art; **48-69 Skeletal System - Wellcome Images:** Prof. Alan Boyde; **70-81 Muscular System - Science Photo Library:** Eye of Science; **82-119 Nervous System - Science Photo Library:** Nancy Kedersha; **120-129 Endocrine System - Wellcome Images:** University of Edinburgh; **130-145 Cardiovascular System - Wellcome Images:** EM Unit / Royal Free Med. School; **146-161 Respiratory System - Science Photo Library:** GJLP; **162-171 Science Photo Library:** Steve Gschmeissner; **172-187 Lymph & Immunity - Science Photo Library:** Francis Leroy, Biocosmos; **188-209 Digestive System - Science Photo Library:** Eye of Science;). **220-245 Reproduction & Life Cycle - Science Photo Library:** Susumu Nishinaga; **246-269 Growth And Development - Science Photo Library:** Science Photo Library. **270-288 Corbis:** Digital Art

Feature Boxes: Corbis: Digital Art

6 Science Photo Library: Sovereign, ISM. **8-9 Corbis:** Digital Art (c). **10-11 Science Photo Library:** François Paquet-Durand. **12 Alamy Images:** Phototake Inc. (c); Rob Walls (br). **Science Photo Library:** CNRI (bl). **Wellcome Images:** Prof. R. Bellairs (cr); K. Hodivala-Dilke & M. Stone (tr). **13 Alamy Images:** Chad Ehlers (bl). **Getty Images:** Science Faction / L. Steinmark - CMSP (br). **Science Photo Library:** CNRI (bc); Zephyr (tr, cra); Wellcome Dept. of Cognitive Neurology (cr); Elscint (cl). **Wellcome Images:** Mark Lythgoe & Chloe Hutton (tc). **14 Robert Steiner MRI Unit, Imperial College London:** (clb, bl, cl). **14-15 Robert Steiner MRI Unit, Imperial College London. 15 Science Photo Library:** CNRI (br); Sovereign, ISM (tc); Antoine Rosset (cr). **16 Robert Steiner MRI Unit, Imperial College London:** (b). **17 Robert Steiner MRI Unit, Imperial College London:** (bl, bc, br). **Science Photo Library:** (c); Zephyr (cla); BSIP S&I (tr). **18 Robert Steiner MRI Unit, Imperial College London:** (cl, c, b). **19 Robert Steiner MRI Unit, Imperial College London:** (tc, tr). **Science Photo Library:** (c); Dr. Najeeb Layyous (bl); Medimage (br). **20 Robert Steiner MRI Unit, Imperial College London:** (tr, cb, clb). **Science Photo Library:** Simon Fraser (c). **20-21 Robert Steiner MRI Unit, Imperial College London:** (b). **21 Getty Images:** Abrams, Lacagnina (cra). **Science Photo Library:** Mauro Fermariello (br); Sovereign, ISM (c). **24 Science Photo Library. 25 Dorling Kindersley:** Andy Crawford (cl). **Science Photo Library:** Steve Gschmeissner (bc). **26 Specialist Stock:** PHONE Labat J.M. / F. Rouquette (cr); Volker Steger (tc). **27 Science Photo Library:** François Paquet-Durand. **28 Science Photo Library:** CNRI. **30 Science Photo Library:** Adam Hart-Davis (cr); Adam Hart-Smith (crb). **31 Science Photo Library:** Richard Wehr / Custom Medical Stock Photo. **32 Corbis:** Minden Pictures / Eric Phillips / Hedgehog House (bl). **Getty Images:** Tyler Stableford (br). **Science Photo Library:** Edward Kinsman (tr). **33 Corbis:** Science Faction / Hank Morgan - Rainbow (bl); Franck Seguin (cl). **NASA:** (cr). **35 Corbis:** Alessandro Della Bella (cr); Steve Lipofsky (tl). **37 Corbis:** Visuals Unlimited (tl). **39 Science Photo Library:** Professors P. Motta & T. Naguro (bl). **40 Alamy Images:** Phototake Inc. (br). **Science Photo Library:** Nancy Kedersha / UCLA (cl). **Specialist Stock:** Ed Reschke (bl). **41 Corbis:** Visuals Unlimited (br). **Science Photo Library:** Innerspace Imaging (tr); Claude Nuridsany & Marie Perennou (cl). **Specialist Stock:** Ed Reschke (tl, cr). **Wellcome Images:** David Gregory & Debbie Marshall (br). **42 Science Photo Library:** Lawrence Livermore Laboratory (cra). **43 Alamy Images:** Bjanka Kadic (tr). **46 Science Photo Library:** Biophoto Associates (ca); L. Willatt, East Anglian Regional Genetics Service (tr). **47 Science Photo Library:** Alain Pol, ISM (cr). **Wellcome Images:** Annie Cavanagh (bl). **52 Science Photo Library:** Steve Gschmeissner (bl). **Wellcome Images:** Prof. Alan Boyde (c). **53 Science Photo Library:** Biophoto Associates (c); Prof. P. Motta / Dept. of Anatomy / University "La Sapienza", Rome (bl). **Wellcome Images:** M.I. Walker (cra). **55 Science Photo Library:** Steve Gschmeissner (cra). **56 Dorling Kindersley:** Philip Dowell / Courtesy of the Natural History Museum, London (tr). **Wellcome Images:** (ca). **57 Science Photo Library:** Eye of Science (tl); GJLP (bc). **58 Science Photo Library:** Simon Brown (cl). **59 Science Photo Library:** Anatomical Travelogue (cl). **62 Science Photo Library:** Sovereign, ISM (cr). **Wellcome Images:** (c). **63 Wellcome Images:** (tl). **64 Wellcome Images:** (tr). **65 Science Photo Library:** CNRI (br); GCa (cr). **Wellcome Images:** (tc, tr). **66 Science Photo Library:** CNRI (tc); Zephyr (bc). **Wellcome Images:** (cr). **67 Science Photo Library:** Biophoto Associates (tl); St Bartholomew's Hospital, London (tr). **68 Science Photo Library:** Princess Margaret Rose Orthopaedic Hospital (ca); Antonia Reeve (br). **69 Mediscan:** (bc). **Science Photo Library:** CNRI (tl). **75 Science Photo Library:** (bl). **Wellcome Images:** M.I. Walker (bl). **76 Getty Images:** Stone / Catherine Ledner (bc). **Specialist Stock:** Ed Reschke (cl). **77 Science Photo Library:** Neil Borden (cla). **78 Science Photo Library:** Steve Gschmeissner (cl). **80 Science Photo Library:** Biophoto Associates (br). **81 Mediscan:** (bl). **Wellcome Images:** (ca). **86 Wellcome Images:** Dr. Jonathan Clarke (cla). **87 Wellcome Images:** (tr); Prof. Peter Brophy (ca). **91 Alamy Images:** allOver Photography (bl). **Science Photo Library:** Zephyr (bl). **Specialist Stock:** Alfred Pasieka (cla). **92 Science Photo Library:** CNRI (c). **93 Science Photo Library:** Bo Veisland, MI&I (bl); Zephyr (tc). **94 Science Photo Library:** Sovereign, ISM (bl). **96 Alamy Images:** Phototake Inc, (cl). **100 Science Photo Library:** Steve Gschmeissner (tr). **101 Wellcome Images:** (cl, c).**103 Corbis:** Visuals Unlimited (c). **104 Science Photo Library:** Eye of Science (cl). **105 Alamy Images:** Phototake Inc. (bc). **Science Photo Library:** Pascal Goetgheluck (tl). **107 Science Photo Library:** Susumu Nishinaga (tc). **108 Science Photo Library:** Prof. P. Motta / Dept. of Anatomy / University "La Sapienza", Rome (tc). **109 Dorling Kindersley:** (bc). **Louise Thomas:** (tr). **110 Corbis:** Glenn Bartley (cl). **111 Science Photo Library:** Eye of Science (br). **113 Science Photo Library:** Dr. G. Ravily (bl). **114 Science Photo Library:** Simon Fraser / Royal Victoria Infirmary, Newcastle Upon Tyne (br); Alfred Pasieka (bl). **115 Science Photo Library:** Alfred Pasieka (cr). **116 Alamy Images:** Medical-on-Line (br); Phototake Inc. (fbl, bl). **Dorling Kindersley:** Steve Gorton (cl). **117 Science Photo Library:** Ctesibius, ISM (c). **118 Science Photo Library:** Bo Veisland (tc); Prof. Tony Wright, Institute of Laryngology & Otology (clb). **Wellcome Images:** (cr). **119 Science Photo Library:** Sue Ford (br). **125 Science Photo Library:** Steve Gschmeissner (br); Manfred Kage (bc). **127 Alamy Images:** Medical-on-Line (cr). **Wellcome Images:** (br). **128 Dorling Kindersley:** (br). **Specialist Stock:** Ed Reschke (cl). **129 Alamy Images:** Scott Camazine (crb). **Wellcome Images:** (cr). **136 Science Photo Library:** (c). **137 Science Photo Library:** CNRI (bl); Manfred Kage (tr).**138 Alamy Images:** Phototake Inc. (tr). **140 Science Photo Library:** BSIP VEM (cra); Alain Pol, ISM (br). **141 Science Photo Library:** CNRI (cb); Prof. P. Motta / G. Macchiarelli / University "La Sapienza", Rome (tc). **142 Alamy Images:** Medical-on-Line (bl). **Science Photo Library:** (br). **143 Science Photo Library:** Professors P.M. Motta & G. Macchiarelli (bl). **144 Science Photo Library:** James King-Holmes (br). **150 Alamy Images:** Phototake Inc. (bc). **Dorling Kindersley:** Dave King (cl). **Mediscan:** (cl). **Science Photo Library:** BSIP, Cavallini James (tr). **154 Science Photo Library:** Zephyr (cl). **155 Science Photo Library:** CNRI (cra, fcra); Dr. Gary Settles (br). **156 Science Photo Library:** Dr. Gopal Murti (br); Dr. Gary Settles (cl). **Wellcome Images:** R. Dourmashkin (bc). **157 Alamy Images:** Scott Camazine (c). **Science Photo Library:** CNRI (cr). **158 Alamy Images:** Phototake Inc. (cl). **Science Photo Library:** CNRI (bl). **Wellcome Images:** (cr). **159 iStockphoto.com:** (bc); Daniel Fascia (cl). **160 Science Photo Library:** Biophoto Associates (c); CNRI (bc); (br). **161 Science Photo Library:** ISM (tr); James Stevenson (crb). **164 Science Photo Library:** Sheila Terry (cl). **166 Alamy Images:** Phototake Inc. (crb). **Science Photo Library:** J.C. Revy (ca). **167 Science Photo Library:** Steve Gschmeissner (clb); Prof. P. Motta / Dept. of Anatomy / University, "La Sapienza", Rome (cr); Prof. P. Motta / Dept. of Anatomy / University "La Sapienza", Rome (br). **168 Dorling Kindersley:** Steve Gorton (tr); Jules Selmes and Debi Treloar (ca). **Science Photo Library:** Alfred Pasieka (c). **169 Alamy Images:** Medical-on-Line (bl). **Mediscan:** (cl). **Wellcome Images:** (c, bc). **171 Alamy Images:** Ian Leonard (cra); WoodyStock (cla); Shout (clb); Medical-on-Line (bl). **Science Photo Library:** BSIP, Laurent (crb); Dr. P. Marazzi (br). **177 Science Photo Library:** CNRI (bl). **178 Alamy Images:** Phototake Inc. (cra). **180 Alamy Images:** Phototake Inc. (cla). **181 Science Photo Library:** (clb); NIBSC (cra); Eye of Science (br). **Wellcome Images:** (bl). **182 Alamy Images:** Scott Camazine (bc). **183 Science Photo Library:** Eye of Science (cla); David Scharf (tr, br); NIBSC (bc). **184 Alamy Images:** Phototake Inc. (cl). **Science Photo Library:** (br); Dr. P. Marazzi (bc). **Wellcome Images:** Annie Cavanagh (c). **185 Science Photo Library:** Sue Ford (cra). **186 Science Photo Library:** CNRI (br). **Wellcome Images:** (bl). **187 Science Photo Library:** ISM (bc); Manfred Kage, Peter Arnold Inc. (cl). **192 Science Photo Library:** CNRI (c); Eye of Science (tr). **193 Science Photo Library:** Steve Gschmeissner (bl). **194 Science Photo Library:** Eye of Science (ca). **195 Alamy Images:** Phototake Inc. (bc). **196 Science Photo Library:** Prof. P. Motta / Dept. of Anatomy / University "La Sapienza", Rome (br). **198 Science Photo Library:** Prof. P. Motta / Dept. of Anatomy / University "La Sapienza", Rome (ca); Alain Pol, ISM (cl); Professors P. Motta & F. Carpino / University "La Sapienza", Rome (bc). **201 Science Photo Library:** Dr. T. Blundell, Dept. of Crystallography, Birkbeck College (cra). **203 Corbis:** Frank Lane Picture Agency (bl). **204 Mediscan:** (c). **Science Photo Library:** David M. Martin, MD (cra). **Wellcome Images:** David Gregory & Debbie Marshall (br). **205 Science Photo Library:** P. Hawtin, University of Southampton (cla). **207 Science Photo Library:** Alfred Pasieka (tc). **209 Science Photo Library:** David M. Martin, MD (cra). **214 Wellcome Images:** David Gregory & Debbie Marshall (cl). **217 Science Photo Library:** Manfred Kage (tr). **218 Science Photo Library:** Prof. P.M. Motta et al (cl). **219 Science Photo Library:** CNRI (bl); Steve Gschmeissner (tc); Zephyr (cra) **222 Science Photo Library:** Steve Gschmeissner (cr); Parviz M. Pour (br). **224 Science Photo Library:** Professors P.M. Motta & J. Van Blerkom (tr). **Wellcome Images:** Yorgos Nikas (ca). **225 Alamy Images:** Phototake Inc. (tc). **228 Science Photo Library:** Tissuepix (cl). **230 Science Photo Library:** Simon Fraser (tr). **231 Dept of Fetal Medicine, Royal Victoria Infirmary:** (br, fbr). **232 Science Photo Library:** Alfred Pasieka (c). **234 Science Photo Library:** Keith / Custom Medical Stock Photo (cl). **235 Science Photo Library:** BSIP, Laurent (tl). **236 Alamy Images:** Pavel Filatov (cl); Ross Marks Photography (clb); Shout (bl). **238 Science Photo Library:** Dr. Isabelle Cartier, ISM (br); Sovereign, ISN (cr); CNRI (bl). **239 Science Photo Library:** GJLP (cra). **240 Science Photo Library:** CNRI (br). **241 Mediscan:** CDC (cla). **Science Photo Library:** (br). **243 Science Photo Library:** James King-Holmes (fcl, cl). **Specialist Stock:** Jochen Tack (br). **244 Mediscan:** Chineze Otigbah (br). **245 Alamy Images:** Janine Wiedel Photolibrary (tr). **248 Getty Images:** Michel Tcherevkoff (b). **Science Photo Library:** Science Source (cr). **249 Alamy Images:** Chad Ehlers (cl). **Corbis:** Karen Kasmauski (bl). **Science Photo Library:** Maria Platt-Evans (tr). **252 Science Photo Library:** (c). **253 Dorling Kindersley:** (cr). **Science Photo Library:** BSIP VEM (bl). **254 Getty Images:** Image Source (cla). **Science Photo Library:** Prof. P.M. Motta, G. Macchiarelli, S.A, Nottola (cl); Susumu Nishinaga (clb). **255 PNAS:** 101(21):8174-8179, May 25 2004, Nitin Gogtay et al, Dynamic mapping of human cortical development during childhood through early adulthood © 2004 National Academy of Sciences, USA. Image courtesy Paul Thompson, UCLA School of Medicine (tr). **256 Corbis:** Sampics (bl). **257 Corbis:** Image Source (clb). **Science Photo Library:** CC Studio (br). **258 Getty Images:** Philip Haynes (bl); Dougal Waters (tc). **259 Science Photo Library:** (br, cr). **260 Corbis:** Heide Benser (ca). **Oregon Brain Aging Study, Portland VAMC and Oregon Health & Science University:** (cb). **261 Getty Images:** Siqui Sanchez (br). **Wellcome Images:** (tl). **262 Corbis:** Andrew Brookes (bl). **Science Photo Library:** Philippe Plailly (br). **265 Alamy Images:** Albert Biest (crb). **Dorling Kindersley:** Jules Selmes and Debi Treloar (br). **266 Wellcome Images:** Wessex Reg. Genetics Centre (c, cr). **267 Science Photo Library:** Simon Fraser (bc). **268 Science Photo Library:** Steve Gschmeissner (tr).

Endpaper: **Wellcome Images:** K. Hardy
Skull animation on DVD-Rom: **Courtesy of WitmerLab at Ohio University / Lawrence M. Witmer, PhD.**

All other images © Dorling Kindersley
For further information see: **www.dkimages.com**